GUIA DE
MEDICINA HOMEOPÁTICA

O livro é a porta que se abre para a realização do homem.
Jair Lot Vieira

GUIA DE
MEDICINA HOMEOPÁTICA

Dr. Nilo Cairo

25ª
edição

Copyright desta edição © 2020 by Edipro Edições Profissionais Ltda.

Todos os direitos reservados. Nenhuma parte deste livro poderá ser reproduzida ou transmitida de qualquer forma ou por quaisquer meios, eletrônicos ou mecânicos, incluindo fotocópia, gravação ou qualquer sistema de armazenamento e recuperação de informações, sem permissão por escrito do editor.

Grafia conforme o novo Acordo Ortográfico da Língua Portuguesa.

25ª edição revista, 1ª reimpressão 2022.

Editores: Jair Lot Vieira e Maíra Lot Vieira Micales
Coordenação editorial: Fernanda Godoy Tarcinalli
Editoração: Alexandre Rudyard Benevides
Edição de texto: Fernanda Godoy Tarcinalli e Karine Moreto de Almeida
Revisão: Ângela Moraes
Diagramação: Ana Laura Padovan
Projeto gráfico e Capa: Karine Moreto de Almeida
Imagem de capa: Garrafas de óleo essencial com folhas de ervas de manjericão sagrado, alecrim, orégano, sálvia, manjericão e hortelã em fundo branco (kerdkanno / 123RF)

Dados Internacionais de Catalogação na Publicação (CIP)
(Câmara Brasileira do Livro, SP, Brasil)

Silva, Nilo Cairo da
    Guia de medicina homeopática / Nilo Cairo da Silva. – 25. ed. – São Paulo : Cienbook, 2020.

    Bibliografia.
    ISBN 978-85-68224-10-6 (impresso)
    ISBN 978-85-68224-15-1 (e-pub)

    1. Homeopatia 2. Medicamentos 3. Medicina alternativa 4. Saúde – Promoção I. Título.

19-29198   CDD-615.532

Índice para catálogo sistemático:
1. Homeopatia : Ciências médicas : 615.532

Maria Alice Ferreira – Bibliotecária – CRB-8/7964

A 24ª edição foi publicada pela Livraria Teixeira.

São Paulo: (11) 3107-7050 • Bauru: (14) 3234-4121
www.cienbook.com.br • edipro@edipro.com.br
 @editoraedipro @editoraedipro

*Não escrevo para sábios;
escrevo para homens práticos.*

Dieffenbach

*À memória de meu pai,
Simplício Manoel da Silva Júnior,
a cujo inexcedível amor paterno puro
devo o meu diploma de médico,
dedico este livro.*

Nilo Cairo da Silva

Sumário

Apresentação desta edição 11
Prefácio da 10ª edição 13
Introdução 17
    Modo de administrar internamente os medicamentos homeopáticos 17
    Modo de usar os medicamentos externos de Homeopatia 18
    Dieta homeopática 19
    Do uso do café na dieta homeopática 20
    Dieta na diarreia das crianças de peito 22
    Remédios incompatíveis 23
    Preventivos homeopáticos 24
    Observações 25

PARTE I
Teoria geral da Homeopatia

I – Natureza e origem da Homeopatia 29
II – História da Homeopatia 31
III – A Homeopatia no Brasil 35
    A Homeopatia no Brasil – Complemento 38
    A Homeopatia na Europa 38
IV – Natureza da moléstia 39
V – A Matéria Médica 43
VI – *Similia similibus curantur* 47
VII – A administração do remédio 53
    Diluições homeopáticas 68
    Conceitos modernos de Patologia (A.B.) 59
    Hormônios, vitaminas e Homeopatia (A.B.) 60
    Antibióticos e Homeopatia (A.B.) 63
    Os bioterápicos 65

PARTE II
Guia homeopático de matéria médica clínica

Índice dos medicamentos homeopáticos 69
Patogenesia dos medicamentos homeopáticos 87

PARTE III
Guia homeopático de terapêutica clínica

Índice das moléstias 273
Tratamento das moléstias 287

Apêndice 427
    Classificação e afinidade dos venenos 427
    Ação do veneno 428
    Tipos de envenenamento 428

Apresentação desta edição

Reconhecida no Brasil pelo Conselho Federal de Medicina (CFM) em 1980, por meio da Resolução CFM nº 1.000/1980, e pelo Conselho de Especialidades Médicas da Associação Médica Brasileira (AMB) em 1990, a Homeopatia permanece elencada na relação de especialidades médicas reconhecidas pela Resolução CFM nº 2.149/2016.

O presente Guia tornou-se obra de referência em Medicina Homeopática, com 24 edições esgotadas, ao ter seu conteúdo direcionado e acessível tanto para os profissionais das ciências médicas, quanto para pacientes leigos em busca de orientações e direcionamentos terapêuticos para sanar seus desequilíbrios.

Publicado pela primeira vez em 1907, intitulado *Pequeno Guia Homœopathico para uso do povo*, teve sua 2ª edição publicada com o título *Guia de Medicina Homœopathica*, em 1913.

Em sua 10ª edição, contou com a revisão e a atualização do Dr. Abrahão Brickmann, que foi responsável por uma considerável ampliação de seu conteúdo original, tendo acrescentado um prefácio e diversas novas enfermidades e medicamentos que passaram a compor a obra até a presente edição.

Composto por um conteúdo introdutório e três partes – que abordam a teoria geral da Homeopatia; um guia homeopático de matéria clínica médica, que inclui os medicamentos e suas indicações; e um guia de terapêutica clínica, que traz as moléstias acompanhadas do ouao respectivas indicações medicamentosas –, reúne 765 medicamentos homeopáticos e mais de 700 enfermidades, descritos e acompanhados de suas indicações terapêuticas.

Esta 25ª edição traz o conteúdo clássico da obra preservado, porém atualizado com a nova ortografia e disposto em um projeto gráfico pensado especialmente para facilitar o acesso aos medicamentos e às enfermidades consultadas.

Alguns termos que caíram em desuso pelo decurso do tempo foram atualizados. Aparentes inconsistências nas remissões foram também revistas e solucionadas.

As marcas temporais, que o leitor encontrará com maior regularidade nos textos introdutórios e ao longo das notas, correspondem ora ao momento do estabelecimento do texto pelo Dr. Nilo Cairo, ora ao da edição revisada pelo Dr. Brickmann.

Nesta edição incluímos algumas notas explicativas indicadas como "Nota dos Editores da 25ª edição", e índices específicos na abertura de cada uma das partes principais para facilitar o acesso e a localização do conteúdo por medicamentos ou por enfermidades.

Fundamentado nos princípios basilares estabelecidos pelo Dr. Samuel Hahnemann (1755-1843), o médico alemão que ficou conhecido como o pai da homeopatia, este Guia de Medicina Homeopática foi elaborado pelo Dr. Nilo Cairo.

Nilo Cairo da Silva (1874-1928) foi médico, engenheiro militar e bacharel em ciências físicas e matemática. Filiado ao Instituto Hahnemanniano do Brasil, fundado em 1859, a principal instituição homeopática brasileira, pioneira no ensino e na pesquisa da Homeopatia no Brasil, dedicou-se intensamente a estudar, experienciar e divulgar a Medicina Homeopática. Redigiu os *Anais do Instituto Hahnemanniano do Brasil* e teve diversos artigos publicados na *Revista Homeopática Brasileira*, nos *Annaes de Medicina Homœopathica*, na imprensa médica homeopática, na imprensa oficial, em periódicos médicos e em periódicos direcionados ao público leigo. Foi também o principal responsável pela introdução da medicina hahnemanniana no âmbito da Ciência.

Dando continuidade ao projeto iniciado pelo Dr. Nilo Cairo, o Dr. Abrahão Brickmann prestou uma colaboração imprescindível para a expansão do conteúdo desta obra, dedicando-se a uma extensa revisão, que lhe permitiu adicionar diversos medicamentos, enfermidades e indicações terapêuticas, todos frutos dos posteriores avanços da Homeopatia em seus estudos e práticas.

Dr. Abrahão Brickmann (1910-1981) foi médico formado pela Faculdade Hahnemanniana, no Rio de Janeiro, laureado com a medalha

"Dr. Licínio Cardoso" devido ao destaque de sua atuação na Faculdade e em seu trabalho no Hospital Hahnemanniano. Professor da Escola de Medicina e Cirurgia do Instituto Hahnemanniano, do Hospital Hahnemanniano do Rio de Janeiro, foi médico homeopata também da Beneficência Portuguesa de São Paulo. Atuou como Consultor Científico do Laboratório Homeopático Dr. W. Schwabe e participou da Associação Paulista de Homeopatia, do Centro Homeopático da França e da Liga Homeopática Internacional. Foi, ainda, um dos fundadores do "Hospital Albert Einstein", em São Paulo.

Das origens da Homeopatia à descrição completa dos medicamentos e às indicações terapêuticas para cada tipo específico de doença, esta obra atende tanto aos profissionais de medicina, medicina veterinária, odontologia e farmácia, quanto aos interessados que buscam o restabelecimento de sua saúde por meio dos princípios oferecidos pela Medicina Homeopática.

Os editores

Prefácio da 10ª edição

Convidado pelos senhores Vieira Pontes & Cia., editores desta obra, para fazer a revisão da 10ª edição, achei-me na obrigação de fazê-lo, cultuando dessa forma a memória do saudoso professor Dr. Nilo Cairo, e prestando um serviço à homeopatia.

Esta edição encontra-se grandemente aumentada, não só em patogenesias novas, como também aumentados estão os medicamentos que já dela constavam. Introduzi também, em alguns medicamentos, patogenesias completas, segundo o esquema de Hahnemann, baseadas nas matérias médicas de Lathoud, Boeriche e Kent.

O guia do Dr. Nilo Cairo é um livro a ser usado por famílias e por médicos. Tomo, no entanto, a liberdade de indicar aos colegas que desejam conhecer a homeopatia os seguintes livros, que dividi em séries, a fim de facilitar a aquisição dos conhecimentos hahnemannianos:

1ª série
- *Iniciação Homeopática*, Prof. Dr. José E. R. Galhardo, Brasil.
- *Como nos tornamos homeopatas*, Dr. Teste, tradução de Maria Licínio Cardoso, Brasil.
- *Que é a Homeopatia?*, Dr. Charette, edições em francês, espanhol e português. A tradução em português é do Dr. David Castro.
- *Esculápio na Balança*, Dr. Alberto Seabra, Brasil.
  Caráter Positivo da Filosofia Hahnemanniana, Prof. Dr. Sílvio Braga e Costa, Brasil.
- *Filosofia Homeopática*, Kent, edições em inglês ou espanhol (México).
- *Justification des methodes terapèuthiques homeopathiques*, Dra. Cecile Duhamel, França.
- *Doutrina Homeopática*, Dr. Conrado Medina, México.
- *La Homeopatía*, Dr. Angel N. Marzetti, Argentina.
- *The simile in Medicine*, Prof. Dr. Linn J. Boyd, Estados Unidos.
- *Lectures on homeopathic philosophy*, Stuart Close, Estados Unidos.
- *Curso completo de Homeopatia*, Profa. Dra. Margaret Tyler, edições em inglês (Inglaterra) e espanhol.
- *Principles and Pratice of Homeopathy*, Wheeler and Kenyon, Inglaterra.
- *Conto se deve curar*, Prof. Dr. Túlio Chaves, Brasil.
- *Medicina Homeopática*, Dr. F. Zammarano, Itália.
- *Homeopathie, als therapie des Person*, Quilisch, Alemanha.
- *Homeopathie*, Prof. Dr. Otto Leeser, diretor do Robert Bosch Kranikenhaus (Stuttgart), Alemanha.
- *The biophysical relationship between drugs and diseases*, Dr. W. E. Boyd, Inglaterra.
- *Páginas de Medicina Homeopática*, Dr. Armando J. Grosso, Argentina.
- *A Homeopatia ao alcance de todos*, Dr. Alfredo di Vernieri, Brasil.
- *Traité de Medicine Homeopathique*, Dr. Henri Bernard, França.
- *Les canceriniques*, Dr. Leon Vannier, França.
- *Les tuberculiniques*, Dr. Leon Vannier, França.
- *L'homeopathie sans peine*, Dr. Leon Vannier, Iliocici, França.
- *Dinioterapia Autonósica*, Prof. Dr. Licínio Cardoso, Brasil. Existe uma tradução francesa dessa notável obra, feita por Nebel Fils (Suíça).

2ª série
- *Etudes de matière medicale homeopathique*, Dr. J. A. Lathoud, França.
- *Matéria Médica*, Kent, edições em inglês e espanhol.
- *Matéria Médica*, Hahnemann, edições em alemão, inglês e francês.
- *Matéria Médica*, W. Boericke.
- *Clinical matéria médica*, Farrington, Estados Unidos.

PREFÁCIO DA 10ª EDIÇÃO

- *Elements of Pharmacodyamics*, Hughes, Estados Unidos.
- *Matéria Médica de Vannier*, Poirier, França.
- *Matéria Médica of the Nosodes*, Allen, Estados Unidos.
- *Homeoterapia*, Dr. Murtinho Nobre, Brasil.
- *Keynotes of the homeopathic matéria médica*, Dr. Von Lippe, Estados Unidos.
- *Dictionary of practical matéria médica*, Dr. John H. Clarke, Inglaterra.
- *Matéria Médica*, Dr. Otto Leesser, edições em alemão e inglês.
- *Homeopathie et physiologie*, Hodiamont, Bélgica.
- *Rémèdes vegetaux en Homeopathie*, Hodiamont, Bélgica.
- *Matière medicale*, Duprat, França.
- *Matière medicale*, Voisin, França.
- *Matéria Médica Homeopática*, Carrol Dunham, edição em inglês e ótima versão em espanhol por Gringauz (Argentina).
- *A Manual of Homoeo-Therapeutics*, Neatby and Stonham, Inglaterra.
- *Therapeutique homeopathique*, Vannier, França.

3ª série
- *Organon de l'art de guérir*, Hanhnemann.[1] Livro básico da doutrina homeopática, edições em alemão, inglês e francês. A edição aceita pelo Instituto Hahnemanniano do Brasil é a 4ª. Saiu ultimamente uma tradução da 6ª edição, com glossário e anotações do notável homeopata de Genebra (Suíça) Dr. Pierre Schmidt. É uma obra de grande valor.
- *Les doctrines de l'homeopathie suivies d'une formulaire medicamenteux et clinique*, Dr. Mouezy-Eon, França.
- *La doctrine de l'homeopathie française*, Dr. Vannier, França.
- *Les temperements*, Allendy, França.
- *Moléstias da pele*, Romero, México.
- *Therapeutique O. R. L. homeopathique*, Dr. Paul Chavanon, França.
- *Traité complet de la Therapeutique homeopathique*, Dr. Cartier, França.

4ª série
Obras ecléticas (alopatas e homeopatas):
- *Clinical endocrinology and Constitutional medicine*, Cawadias, Inglaterra.
- *Therapeutique cardiovasculaire*, Prof. Dr. Strumph-Pieron, antigo prof. de clínica médica da Universidade do Cairo, em francês.
- *Les maladies des nourissons et des enfants*, Dr. G. Blechmann, França.
- *La pratique des medications cardio-vasculaires*, M. Audier, prof. adjunto da Faculdade de Marseille, França.

Fiz questão de indicar nesta edição uma 4ª série de livros para estudo, a fim de os senhores leitores verificarem que o pseudoantagonismo existente entre a alopatia e a homeopatia está desaparecendo.

No campo da medicina teórica, as ideias de Speransky, Selye, Hess, Jenzen e Mosinger mostram o sentido evolutivo das concepções modernas da ciência oficial em um sentido nitidamente hahnemanniano. Quanto à terapêutica, a alopatia e a homeopatia se completam. Grande é o número de obras em que as indicações alopáticas são seguidas de indicações homeopáticas e vice-versa.

Procuraremos seguir esse espírito, pois a finalidade é curar quando possível e lutar contra o sofrimento por todos os meios e modos. É uma questão de consciência.

Estudando com afinco as obras citadas, e ao lado da teoria, praticando a terapêutica hahnemanniana, os colegas poderão verificar as verdades dos conceitos emitidos no *Organon*, e verão que as curas são feitas de um modo rápido, suave e duradouro.

Aos leitores, faço votos para que obtenham sempre um resultado satisfatório ao empregar a homeopatia.

Dr. A. Brickmann

Como complemento à Introdução, aconselharia aos médicos e leitores ávidos de uma atualização científica moderna os seguintes trabalhos:
- Sobre lei de semelhança: *Similitud y medicina*, do Dr. Enrique A. Puccio, da editorial La Clinica, de Buenos Aires.
- Sobre terapêutica de competição: *Los antagonistas similares en biologia y medicina*, do Dr. Bernardo Vijnovsky, da editorial La Clínica, de Buenos Aires.
- Sobre a aproximação das duas terapêuticas, alopata e homeopata, o excelente livro: *ET*, do Prof. Pierre Joannoin, editado por J. Peyronnet, Paris.
- Sobre método em Medicina: *Medicina, Ciência e Arte – Metodologia Clínica*, do Prof. Ulysses Lemos Torres, edição da Divisão do Arquivo Histórico, São Paulo; e, mais os seguintes trabalhos da Dra. Lise Wurmser, todos editados

---

1. Em 1963 foi publicada a edição brasileira, traduzida da 6ª edição alemã. Trata-se de obra recomendável.

pelos Laboratoires Homéopathiques de France:
1. *Peut-on etayer ou Justifier L'Homéopathie par L'expérimentation?*
2. *L'Homeopathie peut-elle être scientifique?*
3. *La recherche scientifique apliquée a l'homeopathie en France.*
4. *Hypothèses récentes sur le mode d'action des remèdes homeopathiques.*
5. *Actualictés homeopathiques.*
6. *Reflexions pharmacologiques a propos de l'action des doses infinitésimales.*
7. *Influence des doses infinitésimales sur la cinétique des éliminations.*
8 *De l'éxperimentation animale à la therapeutique humaine*, e do saudoso Dr. Jean Boiron.
9. *Les bases scientifiques de l'homeopathie*, edição dos Laboratoires du P.H.R. de Lyon.
– *L'Homéopathie*, do Dr. Pierre Vannier, tradução portuguesa do Dr. A. Brickmann.

Introdução

Modo de administrar internamente os medicamentos homeopáticos

Os medicamentos homeopáticos podem ser empregados em tinturas (líquido), em glóbulos, em tabletes ou pastilhas, em pó ou trituração e, hoje em dia, em injeções.

Os pós, os glóbulos e os tabletes podem ser tomados a seco sobre a língua, deixando que a saliva os dissolva, sem mastigar e depois engolindo, ou então previamente dissolvidos na água, em regra geral, do seguinte modo: pós ou triturações, 25 centigramas[1] para 10 colheres de água; tabletes: um para 2 colheres de água. Quanto aos líquidos, isto é, às tinturas, serão tomadas em gotas diretamente pingadas sobre a língua, ou então previamente dissolvidas em água destilada ou filtrada: uma gota para uma colherada de água. Das tinturas-mães (T.M.),[2] cuja dose não for expressamente indicada, usar-se-ão 8 gotas por dia, fracionadamente.

Na preparação das doses, deve-se sempre preferir as colheres de vidro ou de louça às colheres de metal, e copos comuns bem lavados, a frascos ou garrafas, cuja lavagem completa é habitualmente difícil.

Quanto às dinamizações, os medicamentos adiante apontados são indicados em dinamizações variadas, segundo os casos; mas, em regra geral, os nossos remédios devem ser empregados do seguinte modo: nas moléstias agudas, as baixas dinamizações (de T.M. à 3ª); nas moléstias subagudas que vão passando à cronicidade, as médias dinamizações (5ª e 6ª); e nas moléstias crônicas, as altas atenuações (12ª, 24ª, 30ª, 200ª, 1.000ª).

As moléstias agudas exigem doses tanto mais aproximadas quanto mais intensos são os seus sintomas; assim, o intervalo entre essas doses pode ser de 2 em 2 horas, de hora em hora, de meia em meia hora, de 15 em 15 minutos e até mesmo de 5 em 5 minutos, conforme o caso. Nas moléstias subagudas, as doses podem ser de 3 em 3 ou de 4 em 4 horas; nas crônicas, basta uma ou duas doses por dia, fazendo pausa por 6 dias, depois de 24 dias de tratamento.

Estando os remédios preparados em poção líquida, conforme indicamos anteriormente, a dose para um adulto é de uma colherada das de sopa; para uma criança de 3 a 10 anos, uma colherada das de sobremesa; e, para criança de peito, uma colheradinha das de chá. A dose deve ser equivalente a estas quando os remédios forem tomados a seco sobre a língua.

Nas moléstias agudas febris, uma vez escolhidos os remédios, não devem ser mudados levianamente só porque, no dia seguinte, o estado do doente não melhorou, é preciso esperar.

Nas moléstias crônicas, quando se toma um remédio durante meses seguidos, deve-se fazer, como dissemos, paradas de 6 dias todos os meses. Nunca se devem usar glóbulos abaixo da 3ª dinamização[3].

---

1. Esta quantidade equivale mais ou menos à que leva a ponta de cabo de uma colherinha de chá.
2. T.M. ou θ (*Teta*).
3. Existem medicamentos, porém, que podem ser usados abaixo da 3ª dinamização em glóbulos, como *Cinna ant.* θ, que, no entanto, somente devem ser tomados quando prescritos por médicos. Atualmente, com o progresso da indústria farmacêutica, podem os glóbulos ser preparados em qualquer dinamização.

Modo de usar os medicamentos externos de Homeopatia

É minha opinião que um tópico adaptado a certa superfície ferida deve levar em si alguma coisa mais do que suas propriedades microbicidas, que são, de resto, de resultados puramente mecânicos; isto é, deve ter uma influência direta sobre os tecidos afetados, onde modifica ou evita a supuração e promove a cicatrização.

Dr. W. T. Helmuth

Adiante, na *Matéria Médica*, daremos as indicações gerais sobre o uso externo de várias tinturas homeopáticas. Pois bem, essas tinturas podem ser empregadas externamente por qualquer pessoa, de quatro modos distintos ou formas de preparações farmacêuticas.

Soluções aquosas[4]

As soluções aquosas consistem na mistura simples da tintura-mãe com água fervida e filtrada ou destilada. Servem para loções, gargarejos, colírios, lavagens intestinais e injeções vaginais e uretrais.

Loções: São banhos externos que se dão às partes afetadas. Em geral, faz-se a mistura nas seguintes proporções:
    Água filtrada e fervida .... 10 partes
    Tintura-mãe .... 1 parte

Sempre que se puder, deve-se usar água destilada, sobretudo para banhar certos órgãos como os olhos, os ouvidos e o nariz. Nestes dois últimos casos, pode-se usar seringa comum ou própria (seringa nasal, seringa auricular) para injetar a água na venta ou no ouvido.

Gargarejos: Mistura-se a tintura-mãe e a água fervida nas mesmas proporções das loções e gargareja-se quatro ou mais vezes por dia.

Colírios: Devem ser feitos com água destilada, na proporção de uma parte da tintura-mãe para 20 de água: o colírio serve para ser pingado no olho, em caso de moléstias dos olhos. Um dos melhores colírios é a *Água de Euphrasia*[5], usada pura nas inflamações dos olhos.

Injeções vaginais: Usa-se nas moléstias do útero e da vagina, em injeções neste último órgão. Prepara-se primeiro a seguinte mistura:

Tintura-mãe .... 1 parte
Glicerina pura .... 4 partes
Água fervida e filtrada .... 4 partes

Depois, toma-se uma colheradinha, das de chá, desta mistura e dissolve-se em meio litro de água fervida morna, com que se faz uma injeção, seja por meio do irrigador d'Esmarch, seja por meio de uma seringa vaginal própria, 2 vezes por dia.

Injeções uretrais: São feitas em casos de gonorreia. Deve-se usar a água destilada e a tintura-mãe na proporção de 1 de T.M. para 20 de água filtrada e fervida. As tinturas mais usadas neste caso são as de *Calendula*, *Hamamelis* e *Hydrastis*. Deve-se, no entanto, preferir a simples infusão dessas plantas, encomendadas a propósito na farmácia homeopática, ou então os hidrolatos ou extratos aquosos (*Extrato de Hydrastis*, *Água de Calendula*[6] e *Extrato de Hamamelis*); pode-se então misturar a infusão ou o extrato, com partes iguais de água fervida, ou mesmo usá-lo puro. Isso tudo tem por fim não irritar a mucosa da uretra com o álcool forte, de que são feitas as tinturas-mães[7]. Podem-se fazer 2 ou 3 injeções por dia.

As injeções uretrais de tintura de *Hydrastis* são muito eficazes na blenorragia aguda.

Têm-se usado ultimamente, com grande resultado, as injeções com soluto de *Cordia curas*.

Gliceróleos

Tintura-mãe .... 1 parte
Glicerina pura .... 10 partes

Usam-se em fricções e em embrocações com um pincel macio sobre a parte afetada, em casos de inflamações, feridas, úlceras, nevralgias etc., ou em tampões (bonequinhas de algodão) no fundo da vagina, em casos de moléstias do colo do útero, ou ainda pingados às gotas na parte afetada, no nariz ou no ouvido.

Para uso vaginal, são empregados os óvulos.

Pomadas

Servem para ser aplicadas nas inflamações externas ou nas feridas e úlceras; são feitas misturando-se a tintura-mãe com um corpo gor-

---

4. As soluções aquosas estão hoje em desuso, devido à sua fácil deterioração. Algumas fermentam e outras são verdadeiros focos de germes, quando não guardadas em condições higiênicas. De modo geral, não é conveniente fazer uso delas, a não ser quando preparadas e usadas logo.
5. É preferível não se chamar de Água de Euphrasia a este produto, mas solução de Tintura de Euphrasia. Deve ser preparada no momento de ser usada, diluindo em água fervida e filtrada, ou em água destilada a tintura-mãe de Euphrasia na dose de 2 a 3 gotas por 50 g de água destilada.
6. Veja o que foi dito sobre a Água de Euphrasia.
7. Para este inconveniente, usam-se soluções mais diluídas.

duroso consistente qualquer. Quando se trata de feridas abertas ou úlceras supurantes, deve-se ajuntar um pouco de cânfora em pó, pois sem ela a ferida toma mau cheiro.

A melhor fórmula para se fazer em sua própria casa uma pomada é a seguinte:
Lanolina (banha de carneiro)
ou Axúndia (banha de porco) .... 5 partes
Vaselina pura .... 5 partes
Tintura-mãe .... 1 parte
Cânfora pulverizada .... 0,50 g[8]

Mistura-se a lanolina com a tintura, a frio, em uma xícara de louça, mexendo-se com o cabo de uma colher de metal, até que a tintura-mãe fique bem ligada com ela; depois ajunta-se a vaselina e a cânfora e torna-se a misturar bem. Nunca se devem misturar as tinturas com vaselina pura, porque não se ligam com ela.

Isso posto, aplica-se a pomada sobre a parte afetada, cobre-se com um chumaço de algodão (de preferência *algodão calendulado*) e amarra-se com uma atadura (de preferência *atadura elástica*); renova-se este curativo 2 a 3 vezes por dia.

Supositórios[9]

São pequenos cones feitos de cacau e ordinariamente da grossura do dedo mínimo, contendo em mistura a tintura-mãe homeopática que se quer aplicar, e destinados a serem introduzidos no reto ou na vagina. É um dos modos de se aplicar a essas duas cavidades do corpo as tinturas homeopáticas mais adiante indicadas.

Fazem-se com o cacau puro, amarelo, que se compra em qualquer farmácia. Raspa-se o cacau com um canivete ou uma faca, dentro de um gral de porcelana, ajunta-se tudo, de modo a reduzi-lo a um todo homogêneo. Em seguida, fazem-se os supositórios a mão; moldando-os em pequenos cones pontudos, do tamanho mais ou menos da metade mais fina do dedo mínimo.

É assim que se fazem os supositórios de *Aesculus* contra as hemorroidas secas; os de *Hamamelis* ou de *Polygonum* contra as hemorroidas sangrentas; os de *Ratanhia*, contra as fendas do ânus; os de *Hydrastis*, *Calendula* ou *Nimphea odorata* contra a queda do ânus; as de *Hydrastis*, *Calendula* ou os de *Cordia* contra a metrite hemorrágica etc., conforme as indicações dadas mais adiante. Podem-se fazer supositórios com 2 ou 3 tinturas; fazem-se assim os de *Aesculus* com *Hamamelis* ou ainda *Aesculus*, *Hamamelis* e *Collinsonia*, contendo 2% de cada uma dessas tinturas.

Em geral, para aplicá-los, introduz-se um desses cones no ânus ou no fundo da vagina, e lá se deixa ficar; ele derreterá e espalhará o remédio nas paredes da cavidade. Faz-se isso uma ou duas vezes por dia, à noite ao deitar e pela manhã ao levantar; pode-se, entretanto, aplicá-los mais vezes; 3 e 4, conforme a urgência do caso. As farmácias homeopáticas fabricam óvulos de *Hamamelis*, *Hydrastis* ou *Cordia* para uso ginecológico.

Pós[10] ou Talcos

Os pós mais usados externamente são os *pós contra assaduras* das pregas da pele (das virilhas ou nádegas das crianças, dos escrotos e debaixo dos seios nas mulheres). Pode-se usar para isso a seguinte mistura:
Amido .... 20 g
Talco .... 30 g
Ácido bórico .... 20 g
Alume pulverizado .... 10 g
Óxido de zinco .... 20 g

Salpica-se com uma bola de algodão sobre a assadura, 2 ou 3 vezes por dia. Esse mesmo pó mostra-se ainda muito eficaz no *ectima*.

Dieta homeopática[11]

Quanto à dieta homeopática, de um modo geral, aconselhamos que seja abolido o uso do café, do fumo, dos *espirituosos* (vinhos, licores), dos *condimentos* (pimenta, alho etc.), das *pastelarias*, dos *gordurosos*, dos *salgados*, dos *peixes carregados* (tainha, pescada), dos *camarões*, e evitados, o máximo possível, a carne de gado e os abusos e excessos de qualquer natureza.

---

8. Hoje em dia está se usando como veículo de pomadas o Carbovax. Com o uso desse ingrediente, a substância é mais facilmente absorvida e também mais facilmente removida.
9. Aconselhamos a procura de uma farmácia para o preparo de supositórios, por razões de higiene e técnica farmacêutica, que não estão ao alcance de um leigo.
10. Idem.
11. Acho que a dieta depende da moléstia e não dos remédios. Dei-me sempre bem na minha clínica em adotar dietas de conformidade com as moléstias. Quanto aos medicamentos, pouca influência têm sobre eles as bebidas e os comestíveis já adaptados à vida de quem está tomando os remédios. Existem, no entanto, remédios que exigem dieta. Por exemplo o *Calomelanos*, que exige abstenção do sal por razões químicas e fisiológicas.

Isso quanto às moléstias crônicas. Quanto às moléstias agudas, sobretudo febris, a alimentação deve ser toda líquida – leite, caldo de galinha, água de arroz, água de cevadinha e outras bebidas inocentes.

A esse respeito, seja-nos permitido transcrever o que diz Hahnemann no seu *Organon*:

> Como é necessário, na prática homeopática, que as doses sejam fracas, concebe-se facilmente que é preciso retirar do regime e do gênero de vida dos doentes tudo o que possa exercer sobre eles uma influência medicinal qualquer, a fim de que o efeito de tão exíguas doses não se extinga, perturbado ou suplantado por algum estimulante estranho.
>
> É sobretudo nas moléstias crônicas que importa afastar com cuidado todos os obstáculos deste gênero, pois elas já são ordinariamente agravadas por eles, ou por outros erros de regime frequentemente desconhecidos. Por exemplo, o café, o chá, a cerveja, os licores preparados com substâncias aromáticas medicinais, todos os tipos de espirituosos, chocolates, compostos, extratos e perfumarias quaisquer, os *bouquets* muito odoríferos, as preparações dentifrícias, pulverulentas ou líquidas, nas quais entram substâncias medicinais, os *cachets perfumados*, os alimentos fortemente condimentados, as pastelarias e os gelados aromatizados, os legumes medicinais, o queijo, as *carnes faisandées*, a carne e a gordura de porco, de ganso e de marreco, o veado muito novo e os alimentos azedos. Todas essas coisas exercem uma ação medicinal acessória, e devem ser afastadas, com cuidado, do doente. Proibir-se-á também o abuso de todos os prazeres de mesa, as bebidas espirituosas, o calor excessivo do aposento, as vestes muito pesadas, a vida sedentária em um ar confinado, o abuso dos exercícios, do sono, dos prazeres noturnos, a falta de asseio, os excessos sexuais e as leituras excitantes. Evitar-se-ão as causas de cólera, pesar ou despeito, o jogo com paixão e os trabalhos físicos ou intelectuais forçados etc. Todas essas influências devem ser, tanto quanto possível, evitadas ou afastadas, se se quiser que a cura tenha lugar sem obstáculos ou mesmo que ela seja possível. Alguns dos meus discípulos, entretanto, interdizendo aos seus doentes outras coisas além dessas, que são bastante diferentes, tornam inutilmente o regime mais difícil de suportar pelo doente, o que eu não poderia aprovar.
>
> O regime que convém mais nas moléstias crônicas durante o uso de medicamentos consiste em afastar tudo o que possa obstar a cura, e despertar a necessidade de condições opostas, prescrevendo, por exemplo, distrações inocentes, exercícios ativos ao ar livre e sem consideração ao tempo (passeios cotidianos, exercício manual moderado), alimentos convenientes, nutritivos e privados de virtudes medicinais etc.
>
> Nas moléstias agudas, pelo contrário, com exceção da alienação mental, o instinto conservador da vida, então superexcitado, fala de um modo tão claro e preciso, que o médico não tem senão que recomendar aos assistentes não contrariar a natureza, recusando ao doente o que ele pede com instância, ou procurar persuadi-lo a tomar coisas que não façam mal.
>
> Os alimentos e bebidas que pede uma pessoa atacada de moléstia aguda não são em geral, é verdade, senão coisas paliativas e aptas, quando muito, a procurar alívio passageiro; mas não têm qualidades medicinais, propriamente falando, e correspondem somente a uma espécie de necessidade. Contando que a necessidade que, nesse sentido, se procura dar ao doente se encerre em justos limites, os fracos obstáculos que possam opor a cura radical da moléstia sejam compensados, e muito, pela potência do remédio homeopático, pela liberação da força vital e pela calma consequente à posse da coisa ordinariamente desejada.

O revisor deste livro, no entanto, na sua prática diária, tem notado que a dieta deve ser dada de acordo com a doença a ser tratada, e que, no mais, o que já é do hábito individual não exerce influência sobre a medicação homeopática.

Do uso do café na dieta homeopática

Observa-se no exercício da medicina o emprego frequente de conhecimentos tradicionais, que se transmitem de geração em geração sem que haja a curiosidade de indagar sua origem e valor.

Volta-me à lembrança a anedota da guarda montada a um banco do jardim, de não sei que rei, para que ninguém se assentasse. Só passados muitos anos, o sucessor desse rei mandou sustar aquela sentinela, por ter verificado, depois de fastidioso inquérito, provir a proibição de ter o primeiro monarca manchado as roupas ao se assentar estando o banco pintado ainda de fresco, e assim evitar igual dissabor a outros.

Com o uso do café na dieta homeopática dá-se coisa parecida. Aquele que se trata pelo método homeopático considera o café riscado de sua dieta habitual, sofra do que sofrer, tome o remédio que for. O próprio médico, imbuído da tradição de que não deve permitir o uso do café é o primeiro a condená-lo. Ninguém examina a origem desse preceito, que, assim, vai caminhando pelo tempo afora.

Mas, enfim, de onde vem essa condenação sem apelo do uso do café durante o tratamento homeopático?

Em 1803, Hahnemann escreveu uma pequena brochura, *Efeitos do Café*, na qual mostra os estragos causados no organismo pelo abuso dessa bebida. Entre os meus compatriotas, diz ele, o café tem alterado o caráter nacional, destruído a solidez de pudor, a firmeza da vontade, não lhes deixando senão a loquacidade, a vacilação e a mobilidade fugaz.

Em 1810, na primeira edição do *Organon*, na parte referente à dieta, o mesmo autor proíbe o uso do café "por conter substâncias vegetais dotadas de propriedades medicamentosas". Mais tarde, no capítulo da Prova, "Tratando das Moléstias Crônicas", condena categoricamente o uso do café.

"Desde então, porém," diz ele, "fiquei convencido de que mesmo o hábito longo tempo continuado não o torna inócuo, e, como o médico só deve permitir o que é útil a seu doente, deve abandonar completamente esta parte da dieta."

Seus discípulos exageraram este conselho até o ridículo, de modo a ser respeitado e seguido ainda hoje cegamente, sem o menor exame oral, como a anedota do banco do jardim imperial.

Um pouco de análise, porém, sobre esses fatos mostrará o preceito não só imperativo, mas orientado, dos estudos da época sobre o uso do café e, por isso, modificável por orientação posterior das novas experiências e observações. Assim, no tempo de Hahnemann, era relativamente muito restrito o uso do café, que era sempre encontrado nas farmácias por ser considerado antes remédio, e era bebido em decocção por água fervendo das bagas tostadas e grosseiramente trituradas.

Por essa preparação, o decocto é rico em cafeína e, por isso, nocivo, não só pela abundância desse alcaloide, como ainda pela pouca tolerância do organismo humano, pouco afeito, naquelo tempo, a esse estímulo.

Não é, pois, de admirar que Hahnemann receasse a interferência dos efeitos do café na ação medicamentosa, por isso nocivo não só pela abundância desse alcaloide, como em doses pequenas, e assim proibisse seu uso.

Note-se que a princípio Hahnemann fazia concessões aos antigos bebedores de café, bem como às pessoas maiores de 20 anos, em uso de remédios antipsóricos, somente o proibindo às crianças e aos idosos.

Em sua nota ao capítulo "Da natureza das moléstias crônicas", ele confessa ter dado um lugar excessivamente proeminente aos efeitos do café no organismo.

Essa proeminência exagerada, diz ele, foi devida ao fato de não ter ainda descoberto a principal fonte das moléstias crônicas – a psora.

A proibição formal a que me referi só foi aconselhada por ele na sua última fase, quando empregava e experimentava seus medicamentos em doses infinitesimais, e residia em Paris, onde, influenciado pelos preconceitos dos franceses, temia o café puro e aconselhava o café falsificado com o trigo e o centeio torrados!

Estou convencido de que Hahnemann teria hoje outro modo de pensar, se conhecesse o processo brasileiro da manipulação do café, porque essa bebida só se torna nociva pelos processos defeituosos de sua preparação.

Assim, na Europa e nos Estados Unidos, o processo geral é a infusão em água quente das bagas de café ligeiramente tostadas e grosseiramente trituradas, na convicção de que diminuem a ação excitante do café forte, sem alterá-lo ou sem destruir seu aroma. No entanto, laboram em erro, pois o café preparado por esse modo é o mais rico em cafeína, contendo, segundo P. Cornel, cerca de 15 a 30 centigramas por xícara de 120 gramas de infusão a 15%!

Paul & Cawnley, de Chicago (EUA), calculam em 10 centigramas o alcaloide de igual infusão, quantidade que eles afirmam diminuir de um terço pela torrefação.

Acho esses cálculos excessivamente exagerados, e não correspondem às experimentações brasileiras e à nossa observação diária.

Basta lembrar que, por esses cálculos, a nossa pequena xícara de café deveria conter cinco centigramas de *cafeína*!

Mencionarei de passagem o processo de "decocção", somente usado, creio eu, entre os turcos e árabes.

O processo brasileiro é o da filtração, por água fervendo, do café torrado e reduzido a pó fino, na proporção de 1 kg de pó para 8 kg de água. Pela torrefação em aparelho fechado e levado quase à carbonificação, a maior parte da cafeína é transformada em cafeona ou ao cafeol, que dá o aroma e o gosto agradável dessa saborosa bebida.

Os efeitos nocivos devidos à cafeína ficam quase nulos por essa transformação da cafeína em cafeona, cujos efeitos são diferentes da cafeína, e por isso tornando o café uma bebida agradável e higiênica.

Preparado assim, seus efeitos sobre o organismo são devidos mais à cafeona ou ao cafeol, do que à cafeína, cuja ação é muito mais ativa e cujos efeitos nocivos são anulados pela torrefação pelo processo brasileiro. Com a bebida preparada por esse processo, seus efeitos sobre o sistema muscular são ligeiramente excitantes, diminuindo a sensação de fadiga e aumentando sua capacidade funcional e seu trabalho útil.

Nos músculos da vida vegetativa, a infusão do café aumenta sua força peristáltica e expulsiva, auxiliando a digestão e produzindo uma ação fracamente laxativa.

Sua ação sobre a circulação é ligeiramente excitante, aumentando o número das pulsações sem elevar a pressão arterial.

Sobre o sistema nervoso produz um bem-estar geral, uma sensação de saúde, a que dão agora o nome de euforia, uma exuberância de ideias, uma maior acuidade dos sentidos, mais ampla compreensão do entendimento, e a confiança em si mesmo, que se traduz na expressão viva da fisionomia.

Na luta pela vida, impede por mais tempo a fadiga moral proveniente das ânsias e dos tumultos, das decepções e falências da sorte; impede, enfim, murchar a mais bela das emoções humanas – a alegria de viver.

Esses fenômenos passam despercebidos em geral pelo hábito e pela tolerância da bebida usual, que não impressiona o organismo fortemente; eles, porém, se reproduzem, pode-se dizer, inconscientemente.

Devido a essas salutares propriedades, o governo dos Estados Unidos, e outros da Europa, incluem na alimentação dos seus soldados a infusão do café.

Hoje se explicam esses efeitos, não por diminuição da excreção da ureia, que não se dá, mas como um regulador dos gastos dos carboidratos, sem perda dos albuminoides, fazendo por esse modo render o trabalho útil.

À vista desses estudos, os vegetarianos deviam incluir na sua dieta o café, não como alimento, pois não repara as perdas albuminoides, mas como um regulador e distribuidor das energias físicas e morais.

Sua ação sobre o organismo pode ser comparada à das leucomaínas da série púrica que se encontram nos diferentes tecidos, humores, ou excreções do organismo, produzindo as reações da saúde.

Isoladamente, porém, essas leucomaínas são corpos altamente ativos, como a cafeína, impressionando fortemente o corpo humano, e, por isso, muito mais ativas que os compostos empireumáticos do café, cuja ação predomina no filtrado brasileiro, e dão a ele seu valor bromatológico.

Sendo assim, o café não interferirá, nem impedirá, a ação dos remédios homeopáticos e, por conseguinte, não deverá ser banido da dieta enquanto eles são usados.

Devo notar que me refiro ao uso moderado do café, que é sempre útil, ao menos entre nós, mas não ao abuso, que traz os males e as desordens de todos os abusos, mesmo das coisas mais inócuas.

Penso, pois, que não haverá inconveniente em se permitir o uso do café aos doentes que se tratam pelo método da homeopatia, podendo tomá-lo duas horas, pelo menos, antes do remédio, e vinte minutos a meia hora depois dele.

O café deverá ser sempre bebido em filtração recente, porque novas fervuras dão lugar ao aparecimento do ácido cafetânico, que o torna indigesto, além de alterar seu paladar agradável e volatilizar seu perfume esquisito.[12]

Dr. Teodoro Gomes

Dieta na diarreia das crianças de peito

Suspender imediatamente toda alimentação artificial e dar água pura fervida é a primeira medida que se impõe às primeiras evacuações diarreicas de uma gastroenterite. Se a criança estava sendo alimentada ao peito, devem-se regularizar as mamadas (de 2 ou 3 em 3 horas) e aumentar de uma hora os intervalos entre elas; se, ao cabo de dois dias, a diarreia não ceder, tirar a criança do seio e dar água pura fervida, fria e arejada, simples ou levemente açucarada. Deve-se dar a água em abundância, de hora em hora, por 24 horas, ou mesmo 48 horas, se a diarreia não tiver diminuído.

Ao cabo de 24 horas, proceder-se-á do seguinte modo:

Se a diarreia for *aguda, abundante e ácida, sem puxos*, dar-se-á à criança a água albuminosa ou o caldo de frango assoprado (sem gordura). Faz-se a água albuminosa da seguinte maneira: tomam-se dois ovos crus, separa-se a gema da clara e se desfaz esta em um prato com garfo e faca, sem bater, depois mistura-se esta clara assim desfeita com um litro de água pura, fervida, adoça-se com um pouco de açúcar refinado, junta-se uma pitada de sal, coa-se e dá-se à criança. Este regime pode se prolongar por 5 a 10 dias.[13]

Se a diarreia, porém, for *cheia de catarro, pequena, frequente, com puxos*, e se às vezes

---

12. É desejável, entretanto, esquecer o seu uso quando se toma *Belladona, Chamomilla, Colocyntis, Ignatia, Lycopodium* ou *Nux vomica*. (Dr. John Clarke)
13. Em vez de açúcar de cana, aconselhamos a dextrose, menos sujeita à fermentação.

houver sangue, dar-se-á, em vez de água albuminosa ou caldo de frango assoprado, a água de *arroz* ou a água *de cevadinha*, sós ou alternados.

Faz-se a água de arroz do seguinte modo:
Arroz .... 2 colheres das de sopa
Água .... 1 litro

Depois de lavar o arroz em um pouco de água e pôr fora a água da lavagem, juntar o litro de água e deixar ferver até reduzir à metade. Depois, tire do fogo, coe em pano e deixe em uma vasilha apropriada.

Para fazer a água de cevadinha, toma-se de:
Cevadinha, descascada .... 2 colheres das de sopa
Lava-se como o arroz e junta-se-lhe:
Água .... 1 litro

Ferve-se até reduzir à metade, como no caso do arroz; tira-se do fogo depois da fervura, coa-se em pano e deixa-se esfriar em outra vasilha.

Nesse caso, basta meio litro de água ou uma colherada cheia para 1 litro; e bastam ainda 20 minutos de fervura, coando-se, no fim, em pano.

Isso posto, alternem-se de 2 em 2 horas as xícaras ou mamadeiras dessas duas águas, uma vez uma, outra vez a outra, tendo o cuidado de adoçá-las no momento de dar à criança, com uma colheradinha de chá de açúcar refinado de cana, juntando-se-lhe uma pitada de sal.

Só depois de a diarreia ter diminuído é que se deve voltar ao leite, misturando-se aos poucos e sucessivamente em doses crescentes com as águas de cevadinha ou alternando essas águas com o peito.[14]

Remédios incompatíveis

Há muitos remédios na Matéria Médica homeopática que são *inimigos* uns dos outros e, portanto, *incompatíveis*, isto é, dados alternadamente ou antes ou depois uns dos outros, destroem mutuamente seus efeitos.

A seguinte lista dá alguns remédios que não devem ser administrados ao mesmo tempo nem dados antes ou depois do outro por serem incompatíveis.

Medicamentos incompatíveis							
Aconitum	Secale	Antimomium tartaricum	Kali sulfuricum	Bryonia	Calcarea carbonica e Sepia
Agaricus	Ammonium muriaticum	Apis mellifica	Phosphorus e Rhus toxicodendron	Caladium	Arum triphyllum
Allium sativum	Aloes, Allium cepa e Scilla	Argentum nitricum	Coffea	Calcarea carbonica	Baryta carbonica, Bryonia, Kali bichromicum e Nitri acidum
Allium cepa	Allium sativum, Aloes e Scilla	Arnica	Lyssinum		
		Arsenicum	Secale		
Aloes	Allium sativum, Alilium cepa e Scilla	Aurum muriaticum	Sulphur	Cannabis sativa	Chamomilla
		Barita carbonica	Calcarea carbonica	Cantharis	Coffea
Ammoneum carbonico	Lachesis	Belladona	Dulcamara e Secale	Carbo vegetabilis	Kreosotum
Ammoneum muriaticum	Agaricus	Bovista	Coffea	Caulophylum	Coffea

---

14. Deve-se ter muito cuidado com as desidratações e, logo no início de um caso desses, procurar imediatamente um médico.

Medicamentos incompatíveis

Causticum	Coffea e Cocculus	**Kreosotum**	Carbo vegetabilis e China	**Ranunculus bulbosus**	Apis e Phosphorus
Chamomilla	Zincum, Nux vomica e Cannabis	**Lachesis**	Carbo vegetabilis, China, Ammonium carbonicum, Dulcamara, Nitri acidum, Psorinum, Sepia e Carbolic acidum	**Secale**	Aconitum, Arsenicum, Belladona, China, Mercurius e Pulsatilla
China	Digitalis, Selenium e Psorinum			**Scilla**	Allium sativum, Allium cepa e Aloë
Cistus	Coffea				
Cocculus	Coffea e Causticum			**Selenium**	China
Conium	Psorinum	**Lyssinum**	Arnica	**Senna**	Nux vomica e Chamomilla
Coffea	Argentum nitricum, Bovista, Cantharis, Causticum, Cocculus, Ignatia e Mille folium	**Lycopodium**	Coffea e Sulphur	**Sepia**	Lachesis, Pulsatilla, Psorinum e Bryonia
		Mercurius	Silicea		
		Millefolium	Coffea	**Silicea**	Mercurius
		Nitri acidum	Calcarea carbonica e Lachesis	**Spongia**	Kali carbonica
Digitalis	China				
Dulcamara	Belladona e Lachesis	**Nux vomica**	Ignatia e Zincum	**Staphisagria**	Ranunculus bulbosus
Ignatia	Coffea, Nux vomica e Tabacum	**Phosphorus**	Rhus toxicodendron e Apis	**Sulphur**	Ignatia
				Tabacum	Ranunculus bulbosus e Aurum muriaticum
Kali carbonicum	Spongia	**Psorinum**	Secale e Sepia		
Kali sulfuricum	Antimonium tartaricum	**Pulsatilla**	Sulphur e Staphisagria	**Zincum**	Chamomilla e Nux vomica

Preventivos homeopáticos[15]

Há dois medicamentos de Homeopatia que conservam a saúde: *Carbo vegetabilis* 30ª e *Sulphur* 30ª. Tome-se uma dose do primeiro a cada 15 dias no verão, outono e inverno, e uma dose do segundo a cada 15 dias na primavera. Em caso de epidemia, poder-se-ão usar como preventivos os seguintes medicamentos, uma gota pela manhã e outra à noite, ao deitar:

---

15. É uma questão ainda muito debatida a dos preventivos homeopáticos. O preventivo em epidemias é o medicamento semelhante ao "caso epidêmico". Se não preserva, pelo menos cria no organismo anticorpos que o defendem contra a infecção que, desse modo, se aparecer, vem com caráter benigno. Na prática diária temos visto que as incompatibilidades não têm um rigor absoluto. Quando o medicamento é acertado, sua assimilação e seus efeitos são rápidos.

Moléstia	Preventivo
Alastrim	*Vaccininum* 5ª
Beribéri	*Veratrum album* 5ª
Caxumba	*Trifolium repens* T.M.
Cólera asiática	*Cuprum metalicum* 5ª e *Veratrum album* 5ª – alternados
Coqueluche	*Drosera* 30ª ou *Corallium rubrum* 30ª
Dengue	*Eupatorium perfoliatum* 3ª
Disenteria	*Mercurius corrosivus* 3ª
Difteria	*Mercurius cyanatus* 5ª, *Apis* 30ª ou *Tarantula cubensis* 5ª
Erisipela	*Graphites* 30ª
Escarlatina	*Belladona* 3ª ou 30ª
Febre amarela	*Crotalus horridus* 5ª
Febre puerperal	*Arnica* 5ª
Gripe	*Gelsemium* 1ª ou *Arsenicum album* 3ª
Impaludismo	*Ipeca* 5ª e *Nux vomica* 5ª – alternados
Meningite cérebro-espinhal	*Cicuta* 5ª
Sarampo	*Pulsatilla* 5ª ou *Aconitum* 1ª
Peste bubônica	*Tarantula* 5ª
Tracoma	*Aurum* 5ª
Tifo	*Rhus toxicodendron* 5ª e *Baptisia* 1ª
Varicela	*Rhus* 5ª
Varíola	*Rhus* 3ª, *Vaccininum* 3ª e *Thuya* 30

Observações[16]

1. Quem quiser aplicar os medicamentos que aconselhamos, em várias moléstias, não se esqueça de pedir o número da dinamização que indicamos, *sem esquecer o sinal "x"*, que acompanha o número de alguns deles e que indica a escala decimal em que são preparados.
2. O melhor modo de pingar as gotas do vidrinho homeopático é o seguinte: uma vez desarrolhado, coloca-se a boca do vidro sobre a rolha, vai-se inclinando o vidro e pingando por baixo dela. É preferível, entretanto, e para maior segurança, usar o conta gotas do vidro recurvado, que existe à venda nas farmácias homeopáticas e que é de fácil limpeza.
3. Nunca se devem guardar na mesma caixa medicamentos que, por suas emanações ou cheiro forte, possam alterar os outros, tais como a *Camphora*, *Moschus*, *Allium sativum*, *Kreasotum*, *Valeriana* etc.
4. Todos os medicamentos homeopáticos encontrados à venda no mercado, sem trazer o número da dinamização ao lado do nome, correspondem às 5ªˢ dinamizações centesimais; e sempre que certa dinamização for designada apenas pelo algarismo, sem o sinal "x", quer dizer centesimal. Assim, quando adiante designamos um medicamento, por exemplo, por 3ªx, quer dizer 3ª dinamização decimal, e por 3ª somente, quer dizer 3ª dinamização centesimal.[17]
5. Aconselhamos muito vivamente aos nossos leitores que tenham muita cautela na aquisição de medicamentos homeopáticos de reconhecida reputação. Os falsificadores surgem por toda parte.

---

16. Existem modernamente medicamentos injetáveis, em tabletes e em líquido que, adiante do número correspondente à dinamização, têm a abreviação *coloi*, que significa coloidal. São medicamentos estudados segundo os preceitos hahnemannianos e baseados nas teorias da físico-química moderna.
17. Modernamente, as dinamizações decimais são designadas pela letra D, e as centesimais pela letra C. Exemplo: Bryonia D3 correspondente à Bryonia 3ªx decimal. Pryonia C3 correspondente à Bryonia 3ª centesimal.

Parte I
TEORIA GERAL DA HOMEOPATIA

*A primeira, a única vocação do médico, é restabelecer
a saúde dos enfermos: é o que se chama curar.
Sua missão não é forjar sistemas, combinando ideias ocas com hipóteses
sobre a essência íntima da vida e a produção das moléstias
no interior invisível do corpo, ou procurar incessantemente explicar
os fenômenos mórbidos e sua causa próxima,
que permanecerá sempre oculta para nós,
submergindo o todo numa mixórdia de abstrações ininteligíveis,
cuja pompa dogmática embasbaca os ignorantes,
enquanto os doentes suspiram em vão por socorros.
Já estamos fartos destes sonhos sábios, que se chamam medicina teórica;
é tempo de todos aqueles que se dizem médicos cessarem, enfim,
de enganar os pobres humanos com palavras ocas de sentido,
e de começarem a agir, isto é, a aliviar e curar realmente os doentes.*

Hahnemann - *Organon da Arte de Curar*

I Natureza e origem da Homeopatia

A *Homeopatia* (palavra que deriva do grego e significa *moléstia semelhante*) é uma doutrina, ou *sistema médico vitalista*[18], que, concebendo as moléstias como simples grupos de sintomas da alteração geral da *energia vital*, cura-as com agentes que produzem no corpo. São grupos de sintomas semelhantes (*similia similibus curantur*), os quais são usados isoladamente (*remédios simples*), em doses mínimas, usualmente *infinitesimais*, que agem sobre a energia vital alterada por meio da sua *energia curativa*, posta em liberdade pelo seu modo de preparação farmacêutica ou pelos próprios líquidos orgânicos (*dinamização*).

Acentuemos, pois, desde já, este fato: a Homeopatia é um *sistema médico*, e não um simples método de cura; ela repousa sobre certo número de princípios fundamentais tão intimamente ligados entre si que a recusa de um só desses equivale à negação do conjunto. E esses princípios fundamentais são:

1º) Uma concepção vitalista da moléstia;
2º) Um método para constituir a matéria médica;
3º) Um princípio de indicações dos agentes terapêuticos; e
4º) Um método de preparar esses agentes para uso terapêutico e administrá-los aos doentes em doses diminutas e de um modo simples.

Pois que a Homeopatia é um sistema médico, deve ter tido um fundador. Esse fundador foi Samuel Hahnemann, um médico alopata alemão.

Hahnemann nasceu em Meissen, pequena cidade de Saxe, a 10 de abril de 1755, e era filho de um simples pintor de porcelana. Com 12 anos, começou seus estudos literários, nos quais se distinguiu de um modo excepcional, e aos 20 anos encetava em Leipzig seus estudos médicos. Muito pobre, porém, para poder sustentar esses estudos, viu-se então obrigado a traduzir para o alemão livros franceses, ingleses e italianos, línguas estas com as quais era ele familiarizado. Formado em Medicina, em 1779, pela Universidade de Erlangen, após mui duras dificuldades, aos 24 anos, exerceu Hahnemann a sua profissão em várias cidades da Alemanha. Durante esse tempo, contribuiu com diversos trabalhos para a literatura médica de seu país. Assim, em 1784, com 29 anos, publicou sua primeira obra original – ele já lamentava a *ausência de princípios para indicar o poder curativo dos medicamentos*. Em 1789, publicou um novo trabalho original, muito gabado pelo célebre toxicologista Chistison – *Envenenamento Arsenical*; e de 1793 a 1799 deu a lume, em diversos volumes, o seu grande *Dicionário Farmacêutico*, que por muito tempo foi, na Alemanha, a *obra-mater* sobre o assunto. Além disso, durante todo esse período de sua vida, foi colaborador assíduo do *Jornal de Hufeland*, então a revista médica mais importante de sua pátria, na qual publicou continuamente artigos sobre várias questões médicas; e, nos anos de 1790 e 1791, publicou duas traduções alemãs da *Matéria Médica*, de Cullen, e da *Matéria Médica*, de Monro.

Foi nesta última época que esse fez a descoberta da Homeopatia.

Desgostoso com as incertezas da sua arte, na qual ele não encontrava um princípio qualquer para guiar a administração dos remédios no tratamento das moléstias, havia Hahnemann, em 1789, abandonado a clínica e se dedicava a traduzir obras estrangeiras. Foi no correr da tradução da *Matéria Médica*, de Cullen, em 1790, que ele reconheceu pela primeira vez a verdade em que devia mais tarde repousar toda a terapêutica homeopática: isto é, que um doente qualquer deve ser tratado com o medicamento capaz de produzir no corpo são um conjunto de sintomas e sinais semelhantes aos do que ele apresenta.

Estava ele então traduzindo a passagem desse livro que diz respeito ao tratamento das febres palustres pela *quina*. Não se satisfazendo com a explicação dada pelo escritor escocês, da ação da *quina* nesse caso, atribuída às suas proprie-

---
18. O saudoso prof. Sylvio Braga e Costa tem um trabalho em que defende as bases positivistas da Homeopatia.

dades aromáticas e amargas, e pensando que a *quina*, como outros febrífugos, tal como o arsênico, podia talvez curar a febre por ser capaz de produzir febre, resolveu verificar a sua suspeita sobre si mesmo, tomando ele próprio várias doses de *quina*. E a cada dose que tomou, experimentou um verdadeiro acesso de febre intermitente, semelhante ao das febres palustres!

Esse fato o impressionou; e ele se pôs, então, não só a colecionar as observações alheias sobre o efeito dos medicamentos no corpo, mas ainda a fazer experiências sobre si mesmo com várias drogas; e reconheceu, com surpresa, que os fatos eram semelhantes aos da quina, isto é, que os efeitos ou sintomas produzidos correspondiam estritamente com os sintomas das moléstias que as drogas curavam permanentemente. Resolveu então dar publicidade a essa descoberta e, em 1796, no *Jornal de Hufeland*, publicou uma monografia intitulada "Ensaio sobre um novo princípio para achar as virtudes de um medicamento com um golpe de vista sobre os princípios seguidos até hoje".

Mas só em 1805 (tinha ele então 50 anos), após muitas experiências e observações, volta ele ao assunto, publicando duas novas obras, *Fragmentos sobre as virtudes positivas dos medicamentos*, isto é, *observadas no corpo são* (esta em dois volumes e escrita em latim, contendo as patogenesias ou os efeitos de 27 dos nossos medicamentos); e, em 1806, no seu artigo "Medicina Experimental", publicado no *Jornal de Hufeland*, chega ele, enfim, a pôr o princípio *Similia similibus curantur* como a base cardeal da terapêutica. Sob o título "Indicações do emprego homeopático dos medicamentos na prática ordinária", empregou ele pela primeira vez a palavra homeopatia para designar o seu novo método de curar.

Entretanto, já em 1801, no seu tratado sobre a *Cura e Prevenção da Escarlatina*, advogava ele a redução das doses, como já em 1797 proclamava a superioridade do método de, no tratamento das moléstias, só dar um medicamento de cada vez.

Mas todos esses princípios só vieram a lume inteiramente coordenados no ano de 1810, em que ele publicou seu livro-mestre, intitulado *Organon da Ciência Médica Racional* (nome que da 2ª edição, em 1819, em diante foi mudado para *Organon da Arte de Curar*) ou *Exposição da Doutrina Médica Homeopática*. Nesse livro famoso e memorável, seu autor, além de discutir largamente a teoria do seu método e dar demonstrações dos seus fundamentos científicos e filosóficos, apresenta regras minuciosas para o exame dos doentes, para a experiência dos medicamentos no corpo são, para a escolha dos remédios segundo o princípio *similia similibus* etc., constituindo assim um precioso guia para quem quisesse se iniciar no novo sistema médico.

Estava assim constituída a Homeopatia. Do ano seguinte, 1811, em diante, começou Hahnemann a publicar o restante de suas obras: de 1811 a 1821 deu esse à luz os seis volumes da sua *Matéria Médica Pura*, e de 1828 a 1839 seu grande tratado das *Moléstias Crônicas*, em quatro volumes. Foi na 4ª edição do *Organon*, em 1829, que ele falou pela primeira vez na psora (ou *afecção artrítica*, como hoje se diz). Durante esse tempo, que foi a segunda metade da sua vida, as edições dos seus livros se multiplicaram, e hoje, um século depois do seu primeiro surto, contam eles dezenas de edições em quase todas as línguas. No Brasil, foi o *Organon* traduzido para o português pelo Dr. João Vicente Martins.[19]

É escusado dizer, parece-me, que durante essa segunda metade de sua existência foi Hahnemann perseguido pelos seus antigos colegas, cujas doutrinas e métodos de tratamento ele condenava, *Invidia medicorum pessima*. Foi em Leipzig que ele publicou o seu *Organon*, e em Leipzig permaneceu de 1810 a 1821, retirando-se então para Anhalt-Coethen, onde o duque reinante lhe oferecera um asilo contra as perseguições de que era vítima.[20]

O ódio o alcançou, todavia, ainda aí. Conta-se que os médicos alopatas da cidade revoltaram contra ele a população, que chegou um dia a quebrar a pedradas os vidros das janelas de sua casa. Mas também foi aí, durante 15 anos, até 1835, que Hahnemann chegou à dupla fortuna da riqueza e da glória: a sua clientela era colossal, e todos o escutavam em suas consultas, como um oráculo.

Só em 1835 foi que ele mudou a sua residência para Paris, onde veio enfim a falecer a 2 de julho de 1843, com 88 anos, sendo enterrado no Cemitério de Montmartre. Enfim, a 21 de julho de 1900, foram os seus restos mortais transladados pelos membros do Congresso Internacional de Homeopatia, então reunido em Paris, para o monumento erigido pelos seus discípulos no Cemitério de Pére Lachaise; no mesmo dia do mesmo ano, no Scott Circle de Washington, o Presidente MacKinley, dos Estados Unidos, inaugurava a estátua aí levantada a Hahnemann, a qual custara 70 mil dólares aos médicos homeopatas americanos. Tal foi a carreira desse homem ilustre a quem a humanidade deve a renovação da arte médica.

---

19. O Instituto Hahnemanniano do Brasil também incumbiu uma comissão para traduzir o *Organon*, publicado em 1963.
20. Aconselho a leitura da *Iniciação Homeopática*, do Prof. Dr. Galhardo, onde existe o melhor resumo da história da Homeopatia por mim conhecido.

II História da Homeopatia

Durante os primeiros tempos da sua descoberta, teve a Homeopatia por único advogado seu próprio descobridor. Tal foi o que aconteceu até o ano de 1812, em que Hahnemann começou a lecionar na Universidade de Leipzig. Rodeou-se então de um grupo de discípulos que aprenderam a Homeopatia de seus lábios, assistiram-no em suas experiências com os medicamentos e fizeram propaganda da nova doutrina por toda parte da Alemanha. Aí se fundaram então as primeiras revistas médicas homeopáticas e as primeiras sociedades de médicos homeopatas. Entre os nomes desses primeiros batalhadores pelo novo sistema de medicina, figuram os bem conhecidos Stapf, Gross, Hartmann e Muller.

Da Alemanha havia logo a nova doutrina passado para a Áustria-Hungria, mas, por influência e perseguição dos médicos oficiais, fora a prática da Homeopatia proibida por decreto de 1819. Só mais tarde, em 1837, graças aos esforços do Dr. Fleichmann, que, em uma epidemia de cólera-morbo havida em Viena, demonstrou por estatísticas a superioridade do tratamento homeopático, aliás feito sob a fiscalização de dois médicos alopatas, em hospital, médicos homeopatas se multiplicaram e fundaram revistas. Aí então foi o decreto revogado. Desde então, como na Alemanha, os médicos homeopatas se multiplicaram, fundaram revistas, sociedades e hospitais homeopáticos. Entre os nomes desses pioneiros das ideias médicas no império austro-húngaro, figuram os bem célebres de Mayrhofer, Wurmb, Kafka, Caspar e Zlatarowich.

Foi, vinda da Áustria, que a Itália recebeu a homeopatia em 1821 e, em 1829, fundava-se a primeira revista homeopática italiana, tendo-se daí em diante espalhado por várias províncias da península; por conversões de médicos alopatas às novas ideias.

As novas doutrinas tomaram então da Itália o rumo da França e da Inglaterra. O Dr. Guidi, de Lyon, de volta de uma viagem à Itália, onde fora curado por um seu colega homeopata, fez-se por sua vez homeopata e converteu ao novo sistema o Dr. Feroz, de Paris. Isto foi em 1830, e essas duas conversões acarretaram outras; de sorte que, quando Hahnemann, em 1835, emigrou para Paris, já aí encontrou um grupo de discípulos organizado em uma sociedade de médicos homeopatas e publicando duas revistas homeopáticas. Desde essa época a Homeopatia estabeleceu-se solidamente na França, figurando entre os seus aderentes os nomes bem célebres de Amador Tessier, Fredault, Ozonam, Jousset, Leon Simon, Imbert, Goubeyre e Gallavardin, que espalharam com os seus livros a nova doutrina médica. Poderíamos, ainda, citar os nomes de Teste, Cretin, Charge, Meyhoffer, Roth, Jahr, Espanet e Claud, cujas obras são bem conhecidas pelos médicos homeopatas. Nos últimos anos, deve-se ao Dr. Vannier o grande desenvolvimento da Homeopatia francesa.

Na Inglaterra, foi o Dr. Quin quem introduziu a Homeopatia; convertido ao novo sistema na Itália, voltou a se fixar em Londres em 1832 e, em 1844, fundou a primeira sociedade médica homeopática. Quase ao mesmo tempo, o Dr. Drysdale introduzia a Homeopatia em Liverpool e Black e Russel, em Edimburgo, na Escócia. Daí em diante, o novo sistema médico fez rápido progresso no Reino Unido e, entre os nomes mais eminentes dos médicos homeopatas ingleses, figuram, até hoje, o do Kidd, Yeldham, Dudgeon, Chapman, Pope, Dycebrown, Sharp, Richard Hughes, Rudduck, Shuldham, Bales, Burnett e Clarke, todos autores de importantes obras sobre Homeopatia. Revistas médicas e hospitais foram então aí fundados e ainda hoje se conservam, como os dos outros países. Na Índia, o mais antigo representante da Homeopatia data de 1867 (Dr. Mahendra Lalsircar) e daí para cá espalhou-se ela por várias cidades dessa ex-colônia britânica, tendo revistas, escolas e dispensários. No Canadá, foi a Homeopatia introduzida pelo Dr. Lancaster em 1846; os neoconvertidos fundaram em seguida uma associação médica e obtiveram enfermarias em alguns hospitais e um hospital próprio em Montreal. Foi em 1851 que a Homeopatia entrou nas colônias inglesas da Oceania, pelas portas das capitais, Sydney e Melbourne. Em 1809, fundaram os homeopatas um hospital próprio, nesta última cidade, e obtiveram mais tarde enfermarias suas nos hospitais de Bathurst e Adelaide. Na Tasmânia, em Hobart e Launceston, fundaram também hospitais homeopáticos. Na Nova Zelândia, entrou a Homeopatia em 1853. Pouco depois, entrava ela também na Colônia do Cabo e nas Antilhas Inglesas, onde figuram os nomes de Kitchen, Navarro e Reinke.

Foi pouco depois de 1830 que apareceram na Espanha os primeiros médicos diplomados, representantes da nova doutrina – Pinciano Hurtado e Queral; mas, só depois de 1844, em que o Dr. Nunez, discípulo de Guidi de Linn, veio se estabelecer em Madri e foi médico da Rainha Isabel, é que se fundou a primeira sociedade de médicos homeopatas e se publicou a primeira revista homeopática espanhola. Somente em 1878 fundou-se o primeiro hospital homeopático e, desde a morte de Nunez, Barcelona tornou-se o principal foco de Homeopatia na Espanha.

Da Espanha passou a Homeopatia para Portugal, logo depois de 1833, e ali se espalhou rapidamente, sendo hoje representada em quase todas as capitais. O mesmo aconteceu da Alemanha para a Rússia em 1825 e aí se estabeleceu em Petrogrado, Moscou e Varsóvia, figurando entre os nomes dos médicos homeopatas russos os de Bigel, Bojanno, Brasol, Villares, Dahl, Hermann, Dittmann e Brzwiecki. Há várias sociedades homeopáticas, dispensários e um hospital em Petrogrado.[21] Nos países escandinavos adentrou também a Homeopatia de 1820 a 1830 e entre os nomes mais eminentes de médicos da Suécia, Noruega e Dinamarca que têm representado a Homeopatia, os de Lidebeck, Hagemark, Crundal, Lund e Hanse são os principais.

Como era de se prever, foi por volta de 1830 que a Homeopatia ingressou na Bélgica e na Holanda, onde fundou sociedades médicas e dispensários e publicou revistas homeopáticas. O mesmo aconteceu na Suíça.

A Homeopatia invadira, porém, o mundo inteiro. A república norte-americana, pela liberdade que sempre deu ao livre pensamento e às doutrinas médicas quaisquer, foi o país em que o novo sistema médico mais se desenvolveu. Hoje, seus médicos homeopatas contam-se por milhares, suas instituições, às centenas, suas revistas médicas e farmacêuticas, às dezenas. Tem hoje seguramente 12 Faculdades de Medicina Homeopática, que ensinam exclusivamente a Homeopatia, numerosos hospitais e manicômios, policlínicas, dispensários, associações médicas estaduais e nacionais, locais e clubes, sociedades e estudantes de Medicina, e publica cerca de 30 revistas médicas homeopáticas, e anualmente mais ou menos 20 obras sobre Homeopatia vêm a lume nos Estados Unidos. O número de médicos homeopatas existentes nesse país é calculado em 10 mil, e o de seus hospitais homeopáticos se eleva a 270.[22]

Foi em 1825 que surgiu o primeiro médico homeopata na grande república americana: era o Dr. Gram, de Nova Iorque, que logo provocou várias conversões e adesões. Em 1833, apareceu na Filadélfia e aí fundou um novo foco de homeopatas e uma primeira Faculdade de Medicina Homeopática. Em 1844 foi, enfim, aí fundado o atual Instituto Americano de Homeopatia, que conta hoje cerca de cinco mil sócios, todos médicos. Desses dois centros primitivos, emanou logo uma intensa propaganda por todo o país, de sorte que, em 1846, o número de médicos homeopatas nos Estados Unidos elevava-se já a 137 e, em 1886, a 535. Daí em diante, os progressos da nova medicina marcharam vertiginosamente entre os americanos, e citar hoje os vultos mais eminentes que frequentaram os anais da Homeopatia naquele país é quase absolutamente impossível. Citaremos, entretanto, Ludlam, Ladam, Lippe, Farrington, Guernsey, Hempel, Allen, Rauf, Helmouth, Arndt, Bartlett, Boericke, Dewey, Douglass, Eddonds, Gatchell, Hale, Jones, Kent, Lilienthal, Mitchell, Nash, Norton, Quay, Wood, Talbot, Buffun, Carleton, Franklin, Fisher, Cowpperthwaite, como autores homeopatas americanos universalmente consagrados.[23]

Infelizmente, a Homeopatia não fez tão rápidos progressos na América Latina. Sistematizada pelo catolicismo e pela realeza, a colonização latina da América, do México[24] para o sul, conservou um conjunto de antecedentes próprios para retardar a marcha muito rápida de uma inovação qualquer; ao passo que a colonização inglesa, na América do Norte, resultando espontaneamente da iniciativa individual de perseguidos e revoltados, e tendo sido consagrada pelo protestantismo, conservou a sua indisciplina es-

---

21. Na União Soviética, a Homeopatia existe ao lado da Medicina Oficial. Em Moscou existem cinco dispensários homeopáticos e em Leningrado, outros. Infelizmente, o número de médicos não corresponde à procura.

22. Infelizmente, o número de médicos, bem como o de Hospitais Homeopáticos, tem decrescido na grande República. Esperamos que haja um soerguimento da Homeopatia nesse país. Há até um grande trabalho do Instituto Americano de Homeopatia nesse sentido.

23. O Instituto Americano de Homeopatia é a mais velha associação médica existente nos Estados Unidos. Foi fundado antes da Associação Médica Americana.

24. No México, atualmente, a Homeopatia conta duas faculdades, uma livre e outra oficial.

piritual original, inteiramente avessa à influência das corporações sábias, sempre prontas a sufocar todas as ideias que não sejam as suas.[25]

Assim mesmo, tendo a Homeopatia penetrado no México em 1853, com os doutores Navarrete e Cornellas, aí se estabeleceu solidamente e conseguiu fundar três associações médicas, enfermarias em hospitais públicos e publicar várias revistas médicas. Na América Central ingressou ela também por essa mesma época, e aí tem hoje alguns representantes. O mesmo podemos dizer de todas as outras repúblicas sul-americanas de língua espanhola, sendo Bogotá, capital da República da Colômbia, o centro mais importante, possuindo até uma escola de medicina homeopática. Vários médicos homeopatas clinicam hoje na República do Uruguai, na Argentina e no Chile. Há, pois, pouco mais de um século que a doutrina de Hahnemann entrou e tomou lugar na ciência; apesar das perseguições de que tem sido vítima por parte daqueles que não querem ver a luz, ela conseguiu fazer uma verdadeira escola; fundou sociedades médicas, farmácias, drogarias, escolas de medicina, hospitais, manicômios, casas de saúde, dispensários, policlínicas, jornais periódicos etc.; tem publicado anualmente numerosas obras de medicina e, como os alopatas, ela tem também os seus oftalmologistas, os seus auriculistas, os seus cirurgiões, os seus ginecologistas, os seus parteiros. A Homeopatia progride assim constantemente, vendo diariamente todos os seus postulados confirmados pelos dados experimentais da própria ciência oficial.[26]

---

25. Afirmação exagerada. O médico do Papa Pio XII era homeopata, tratava-se do conhecido prof. Dr. Galeazo Lisi.
26. Na Inglaterra, o London Homeopathic Hospital dá um curso oficial e reconhecido de Homeopatia. Por sua vez, o médico da Casa Real inglesa, Sir Dr. John Weir, é homeopata.

III A Homeopatia no Brasil

Mas de toda a América Latina, é no Brasil que mais se tem desenvolvido a Homeopatia. Não há hoje, de fato, um só canto no país onde seja desconhecido o sistema médico de Hahnemann; e, se nem sempre existe presente o médico homeopata, presentes sempre se acham o nosso clássico formulário, a respectiva botica, essa botica tão milagrosa, conhecida por toda parte, à beira das mais ásperas estradas dos nossos sertões.

Embora já se falasse da Homeopatia no Brasil desde 1818, foi só em 1840 que começou a sua propaganda sistemática pela voz do Dr. Bento Mure, médico francês recém-chegado da Europa ao Rio de Janeiro. O primeiro convertido à nova doutrina foi o Dr. J. Souto do Amaral; o segundo foi o Dr. Thomaz da Silveira, de Santa Catarina; o terceiro foi o Dr. Vicente Lisboa; o primeiro e o terceiro do Rio de Janeiro. Logo após, ainda em 1841, veio o Dr. José da Gama e Castro, que durante muito tempo sustentou ardente polêmica pela imprensa, com os seus colegas alopatas. Em 1843, converteu-se à Homeopatia um dos maiores campeões que ela tem tido no Brasil: o Dr. João Vicente Martins. Ao lado de Mure, sustentou ardente luta contra a perseguição da medicina oficial. Foi por essa época, em 12 de dezembro de 1843, que se fundou, no Rio de Janeiro, o Instituto Hahnemanniano do Brasil, então com o título de *Instituto Homeopático do Brasil*; sua sessão solene de instalação teve lugar em 10 de maio de 1844.

Eram, então, numerosos os médicos que praticavam a Homeopatia na capital do Brasil, além dos nomes citados, podem-se ainda apontar os dos doutores Francisco Alves de Moura, Duque Estrada, Azevedo Coutinho, Rabelo, Pereira Rego, Noronha, Feital, Bento Martins, Cockrane, Ildefonso Gomes, Maximiliano de Lemos, Costa, Ackermann, Guedes, Monteiro, Chidloé e muitos outros, distinguindo-se o Dr. Soares Meireles, avô do atual diretor do Hospital Hahnemanniano.

Pouco depois de fundado o Instituto, pensaram esses médicos ser conveniente a oportunidade para fundarem também uma escola homeopática. Elaborado o projeto por Vicente Martins, foi o Curso de Homeopatia aberto em 12 de janeiro de 1845 e seus certificados reconhecidos pelo Governo Imperial por avisos de 27 de março de 1847 e 30 de julho do mesmo ano. Dividia-se o Curso em três anos e era diretor da Escola o Dr. Duarte Moreira, figurando no seu corpo docente os nomes dos doutores José Vitorino, Soares de Souza, Luciano Pereira, Vicente Martins, J. H. Medeiros, Maximiano de Carvalho, Chidloé, Alves de Moura, Mure, Luiza Vieira Figueiredo e Luiz A. de Castro. Os primeiros diplomas desta Escola foram conferidos em 2 de julho de 1847.

A existência da primeira escola de medicina homeopática do Brasil foi, porém, efêmera; não foi senão um longo combate, como diz o próprio Mure: de um lado as perseguições dos alopatas, de outro lado, as dissensões, intrigas e rivalidades no seio da própria escola, deram em terra com esta primeira tentativa de ensino da Homeopatia, no Brasil, e nesse mesmo ano fechou ela as portas. No ano seguinte, desgostoso com esses insucessos, retirava-se Mure para a Europa, para não mais voltar ao Brasil.

Todavia, do ponto de vista da propaganda, a Homeopatia progrediu daí em diante constantemente no Brasil. O seu maior propagandista foi, incontestavelmente, Vicente Martins; em outubro de 1847, esteve na Bahia, onde converteu o Dr. Mello Moraes, e, em princípios de 1848, em Pernambuco, onde auxiliou grandemente a propaganda que começara a fazer aí o Dr. Sabino. Este havia sido convertido na Bahia por Mello Moraes e fora se fixar em Recife; Mello Moraes conseguira também converter, na Bahia, os doutores Mesquita, Rohan, Jernested, Ezequiel Neves e outros.

Foi em 1847 que a Homeopatia adentrou no Norte do Brasil, pelos doutores Antonio Rego e José Maria Barreto, no Maranhão; no mesmo ano, por Jernested e Porte, no Ceará, e por Arnaud, no Pará. Nessa mesma época, deu-se no Rio uma conversão importante – a do Dr. Jacintho Rodrigues Pereira Reis, o mesmo fundador da *Academia Nacional de Medicina* dos alopatas.

Infelizmente, quatro anos depois, em 1852, Vicente Martins, o mais ardente campeão da nova doutrina no Brasil, deixava o nosso país, impelido pelas perseguições, e só voltou ao Rio de Janeiro, para aí morrer, em 8 de julho de 1854, deixando um nome aureolado da glória, que jamais poderá ser esquecido pelo historiador da Homeopatia no Brasil.

A propaganda das novas ideias médicas estava feita, restava agora que ela fizesse por si mesma a sua evolução. E assim se fez: não só o número de médicos homeopatas foi progressivamente aumentado, mas ainda ela foi conquistando enfermarias homeopáticas nos seguintes hospitais do Rio de Janeiro:

Hospital da Venerável Ordem Terceira da Penitência, em 1858;
Hospital de Beneficência Portuguesa, em 1859;
Hospital da Ordem Terceira do Carmo, em 1873;
Hospital da Santa Casa de Misericórdia, em 1883;
Hospital Central do Exército, em 1902;
Hospital Central da Marinha, em 1909.

Diversas revistas médicas homeopáticas vieram à luz durante todo esse tempo no Rio de Janeiro, na Bahia, em Recife, no Rio Grande do Sul e no Paraná. Infelizmente, devido à crise mundial, só resta atualmente uma em curso de publicação, os *Anais de Medicina Homeopática*,[27] órgão do *Instituto Hahnemanniano do Brasil*, e que se publica há 22 anos no Rio de Janeiro. Além disso, até hoje têm-se publicado, em folhetos e livros, 107 obras originais sobre Homeopatia e 14 traduções brasileiras de obras homeopáticas estrangeiras.

Finalmente, em 1914, fundou-se no Rio, graças aos esforços do Dr. Licínio Cardoso, a *Faculdade Hahnemanniana* do Rio de Janeiro, destinada a ministrar o ensino da Homeopatia e cujos diplomas são oficialmente reconhecidos pelo Governo Federal; anexo, fundou-se um *Hospital Homeopático*[28] estando ambas as instituições funcionando hoje regularmente na *ex-capital da República*.

Felizmente, durante os últimos 30 anos da história da Homeopatia no Brasil, sobretudo em virtude das aquisições científicas modernas que vêm confirmando os postulados essenciais da doutrina homeopática, a primitiva animosidade diminuiu extraordinariamente entre alopatas e homeopatas, que hoje se consideram bem mais como colegas do que adversários.[29]

Nestes últimos anos, inúmeros faleceram. Entre esses podemos citar Joaquim Murtinho, Licínio Cardoso, Nilo Cairo, Dias da Cruz, Alfredo Magioli, Marques de Oliveira, Mamede Rocha, Nelson de Vasconcelos, Alberto de Faria e Lobo Viana. Entre os farmacêuticos foram-se Adolfo de Vasconcelos e Almeida Cardoso, este último, médico também, além de farmacêutico.

A família hahnemanniana paulista também se viu privada de um de seus maiores batalhadores, o grande Alberto Seabra. Vimo-nos desfalcados também de uma de nossas maiores propagandistas, a viúva Licínio Cardoso que, quase no fim de sua vida, traduziu uma das obras de Teste.

Não há muito, houve uma séria campanha orientada no sentido de fechar a Escola de Medicina e Cirurgia do Instituto Hahnemanniano. O Dr. Sabino Teodoro, auxiliado pelos colegas e amigos do Hospital e Escola Hahnemannianos, conseguiu, no entanto, aparar esse golpe. Hoje a Escola de Medicina e Cirurgia do Instituto Hahnemanniano, dirigida pelo grande homeopata Jorge Murtinho, aí está com cerca de 800 alunos, e é considerada uma das melhores do país. Ao seu lado, o Hospital Hahnemanniano, dirigido por outro grande batalhador homeopata, Soares Meirelles, é um dos estabelecimentos hospitalares de maior movimento da Capital da República, e além disso serve de campo de experimentação aos alunos da Escola.[30]

Na Escola de Medicina e Cirurgia, as cadeiras homeopáticas estão confiadas a homeopatas de real valor, como Sílvio Braga e Costa, Rodrigues Galhardo, José Dias da Cruz, Armando Gomes, Jorge Murtinho, Sabino Teodoro, Batista Pereira, José de Castro, Lopes de Castro, Duque Estrada, Alcides Nogueira da Silva e Francisco Magalhães.[31]

Quando, aqui em São Paulo, aportou o revisor deste livro, vindo do Rio, onde já há anos clinicava, havia em São Paulo apenas o serviço de Homeopatia da Caixa de Aposentadoria e Pensões da S. P. R. Hoje, além daquele serviço, a Homeopatia foi introduzida na Beneficência Portuguesa, Centro Transmontano, Sociedade

---

27. Aqui em São Paulo publica-se a revista da Associação Paulista de Homeopatia e no Rio Grande do Sul a revista da Sociedade de Homeopatia, fruto do trabalho formidável do Dr. David Castro.
28. Atual Hospital Hahnemanniano, localizado na Rua Frei Caneca, nº 94.
29. A antiga Faculdade Hahnemanniana é chamada atualmente de Escola de Medicina e Cirurgia do Instituto Hahnemanniano, com curso alopata obrigatório e de homeopatia facultativo, atualmente federalizado.
30. Houve modificação na direção da Escola e do Hospital, quando da nova revisão deste livro, pois já se tinha esgotado o período eletivo dos colegas citados, sendo escolhidos novos nomes, que continuarão a lutar pelo progresso da Homeopatia.
31. Atualmente, novos nomes surgiram na escola como os de Mário Pessego, Túlio Chaves, Kamel Gury, Soares Meireles, Cadmo Brandão e Vervloet. Lamentando o desaparecimento de quase todos os que são citados e por um dever quase fraterno, não poderei deixar de citar o nome de Sylvio Braga e Costa, a quem devemos a nossa cultura teórica da Homeopatia.

Vasco da Gama, Sociedade Beneficente dos Empregados da Light, Caixa de Aposentadoria e Pensões da Light, Sociedade Beneficente das Damas Israelitas, Sindicato dos Bancários, Sindicato dos Jornalistas, Caficesp e Classes Laboriosas. Por sua vez, o Governo do Estado, quando dos exames de práticos de farmácia, colocou a Homeopatia em um plano oficial, pois no programa havia a parte de farmacotécnica homeopata. O número de médicos homeopatas tem crescido, e as principais cidades do interior, como Santos, Campinas e Guaratinguetá, já dispõem de clínicos homeopatas. Por sua vez, o número de laboratórios de Homeopatia tem também aumentado. Como a parte de farmácia homeopática é de enorme importância, pedimos licença para citar os principais de São Paulo: Laboratório de Homeopatia e Bioquímica Dr. Willmar Schwabe,[32] Laboratório Homeopático Dr. Alberto Seabra, Laboratório Homeopático Dr. Murtinho Nobre e Laboratório Homeopático Fiel.[33]

Em vista de não ter dados exatos sobre os últimos laboratórios criados no Rio de Janeiro, deixo de fazer a sua citação nominal, mas creio que no Rio todas as farmácias homeopáticas podem ser recomendadas.

No ano de 1942, a Homeopatia brasileira perdeu um dos seus mais ardorosos propagandistas, o Prof. Rod. Galhardo. Por vários anos Galhardo manteve no *Correio da Manhã* uma seção sobre a Homeopatia, que muito serviu para difundir os conhecimentos hahnemannianos no meio dos leigos e dos colegas alopatas.

Também em Santos tivemos a infelicidade de perder um grande médico e batalhador, Dr. Magalhães Castro, um dos mais profundos conhecedores de matéria médica homeopata que teve o Brasil.

Inúmeros colegas aderiram à Homeopatia, e ainda agora um surto de progresso enorme está havendo no Rio Grande do Sul, onde a voz moça e inteligente de David Castro tem propagado pelo rádio a doutrina hahnemanniana.

Em matéria de livros em português espera-se para muito breve a tradução de duas obras, pelo Dr. Paixa Ramos, e já se acha à venda a tradução da clássica obra de Charette, *O que é a Homeopatia*, que foi feita pelo Dr. David Castro.

Tivemos também a felicidade de ver traduzida para o francês, pelo Dr. Nebel Fils, permitindo assim uma maior divulgação, a extraordinária e fantástica obra de Licínio Cardoso, *Dinioterapia Autonósica,* que reputo um dos melhores trabalhos que existem sobre Homeopatia moderna.

Novas obras e traduções a cargo de Vernieri, Rezende Filho e Adolfo Corrêa de Araujo saíram a lume ultimamente.

Por sua vez, o ensino de Homeopatia foi oficializado em todas as escolas de Farmácia do país.

O progresso da Homeopatia é de tal ordem que, no ano corrente (1954), devido a esforços do homeopata Amaro de Azevedo, o Congresso Pan-Americano e a reunião da Liga Internacional Homeopática, o Congresso Brasileiro de Homeopatia, se farão no Rio e em São Paulo. Pela primeira vez na história da Homeopatia teremos os homeopatas de todo o mundo e de todas as associações médicas homeopáticas reunidos em congresso na mesma época e local.

Trata-se, evidentemente, de uma grande homenagem ao nosso país e aos dirigentes das nossas associações homeopáticas.

A Homeopatia foi introduzida em outros Institutos e Caixas, além dos serviços que já existiam, e na gestão do prefeito Dr. Abraão Ribeiro, grande amigo da doutrina hahnemanniana, criou-se o serviço de Homeopatia no Hospital Municipal de São Paulo, a cargo do Dr. Carlos de Almeida Prado.

Tivemos, ao lado das satisfações pelos progressos da Homeopatia, também golpes rudes. Perdemos inúmeros colegas de escola, citando-se dentre esses: os Magiolis, José e Francisco Dias da Cruz, Manoel e Antonio Murtinho Nobre e Brasílio Marcondes Machado.

A Antonio Murtinho Nobre a Homeopatia bandeirante muito deve. Homeopata de elite, aliava aos grandes conhecimentos médicos uma bondade infinita, atendendo do mesmo modo ao rico e ao pobre. Quando da sua morte, São Paulo inteiro chorou a sua perda.

Não podemos deixar de citar o nome de dois homeopatas que, pela idade, já se acham afastados do trabalho médico, mas que com suas luzes ainda iluminam e guiam colegas menos experimentados: Militão Pacheco e Nery Gonçalves. A esses, as nossas homenagens.[34]

Também não podemos deixar de aplaudir a criação de Homeopatia no SAMDU, cujo primeiro diretor, Dr. Alfredo di Vernieri, é homeopata. A ele se deve esse serviço. Aliás, o Dr. Vernieri foi o substituto na C. A. P. da São Paulo Railway, do Dr. Teopompo de Vasconcelos, o primeiro médico homeopata de Caixa de Aposentadoria no Brasil, e figura de primeiro plano, de sua época, atualmente a Cruzada Homeopática, dirigida pelo Dr. Alfredo Castro, muito tem contribuído para a divulgação da Homeopatia em São Paulo.

---

32. Atual Laboratório e Farmácia Homeoterápico Ltda.
33. Novos laboratórios homeopáticos surgiram em São Paulo, como a Homeopatia Cristal.
34. O Dr. Nery Gonçalves faleceu em 16.3.1954; o Dr. Militão Pacheco, pouco depois.

A Homeopatia no Brasil
Complemento

Capítulo acrescentado a fim de corrigir certos dados que pertencem ao Autor do livro e a bem da verdade histórica.

No dia 6 de agosto de 1828, nascia na cidade do Rio de Janeiro, o Cons. Dr. Saturnino Soares de Meirelles, um dos maiores vultos da homeopatia brasileira, neto do cirurgião Manoel Soares de Meirelles, o primeiro cirurgião a praticar a talha no Brasil. Seu pai, o Cons. Dr. Joaquim Candido Soares de Meirelles, cirurgião mor da Armada, deputado em várias legislaturas, foi o fundador da atual Academia Nacional de Medicina, em 1829. Sua progenitora, D. Rita Maria de Meirelles, foi filha do cirurgião Paulo Rodrigues Pereira e irmã do Dr. Jacinto Rodrigues Pereira Reis, fundador do primeiro Instituto Hahnemanniano do Brasil, diretor do Instituto Vaccinico e fundador com o seu cunhado, da Academia Brasileira de Medicina, da qual foi presidente de 1834 a 1836. Em 1856, declarou-se homeopata, em 1859, com o seu tio Dr. Jacinto Rodrigues Pereira Reis e José Silva Pinto, fundaram o Instituto Hahnemanniano do Brasil. Esse instituto desapareceu, mantendo viva apenas a Gazeta do Instituto Hahnemanniano, tendo o Cons. Meirelles como seu principal colaborador.

Em 1879, justamente em 1º de maio, fundou o Instituto Hahnemanniano Fluminense, que pelo Decreto nº 7.794, de 17 de agosto de 1880, que aprovou a reforma de seus estatutos, passou a ser chamado de Instituto Hahnemanniano do Brasil, denominação conservada até os dias de hoje, e que tem atualmente na sua presidência um descendente direto do Conselheiro Meirelles, na pessoa do Prof. Dr. Alberto Soares de Meirelles, catedrático de Clínica Médica Homeopática da Escola de Medicina e Cirurgia do Rio de Janeiro, e diretor dessa mesma Escola até poucos anos.

Como uma das maiores conquistas no Brasil, deve-se citar a oficialização da Pharmacopeia Homeopática Brasileira, reconhecida oficialmente no Governo do Presidente Médici, sendo Ministro da Saúde o Prof. Mário Machado de Lemos. No setor farmacêutico, houve a criação do Laboratório Almeida Prado, e a nova direção dada ao Laboratório Alberto Seabra, que, com os congêneres, acompanha o desenvolvimento da indústria farmacêutica. A fundação da Cruzada Homeopática, pelo Dr. Alfredo Castro em São Paulo, trouxe um grande número de adeptos médicos para a homeopatia em São Paulo e no Brasil.

A Homeopatia na Europa

Na Europa, o desenvolvimento homeopático se fez de maneira extraordinária. Na França, onde atualmente existe um curso de pós-graduação em Homeopatia, com duração de 3 anos e patrocinado pelas maiores associações médicas homeopáticas da França, as pesquisas médicas para demonstrar a veracidade dos princípios hahnemannianos têm tido um apoio enorme por parte da Faculdade de Medicina de Bordeaux e das Faculdades de Farmácia de Paris, Lyon e Bordeaux.

Na Alemanha Ocidental, os Laboratórios Madhaus e Schwabe se uniram, e houve ultimamente um recrudescimento extraordinário da homeopatia naquele país. Na Índia, existem várias Faculdades que lecionam homeopatia, e atualmente é o país com maior número de livros sobre homeopatia publicados, cerca de 300 títulos. Aos interessados nestes livros escritos em inglês, a National Homeopathic Pharmacy, localizada em 1, Hanuman Road, New Delhi 110001, envia um catálogo dos livros editados.

IV Natureza da moléstia

O que é a vida?

A essência da vida nos é e será sempre desconhecida. Apenas podemos dizer que ela é esse *movimento contínuo, incessante de composição e de decomposição que se passa no interior dos tecidos do ser vivo colocado em um meio conveniente*. Fora desta, nenhuma outra definição podemos dar da vida que convenha a todos os seres vivos, e ela realmente basta para caracterizar o fenômeno vital. É esse movimento contínuo e incessante que caracteriza a vida. Ele não tem similar entre os outros fenômenos naturais, e deles se distingue com precisão. Com efeito, olhando-se por toda parte os fatos naturais, verifica-se que as reações químicas que eles provocam são intermitentes, e seus efeitos estáveis ou fixos, ao passo que, nos seres vivos, essas reações variam incessantemente, e não param senão com a morte. Assim, todas essas combinações que se passam no âmago do nosso corpo entre os elementos dos nossos tecidos e os materiais nutritivos que neles penetram são móveis, instáveis e contínuas; elas são físicas e químicas em sua forma, mas se fazem e se desfazem por uma *causa superior*, que não é física nem química. É nesta causa superior, neste impulso estranho, contínuo, incessante, que está o mistério da vida, que não podemos penetrar. Mas ele não existe menos. Outros tantos mistérios também existem na natureza. Que é essa outra coisa misteriosa que impele os planetas a girarem em torno do Sol? Dê-se-lhe o nome de gravitação; à causa da vida, o nome de *força vital*, ele exprimirá apenas um fato, cujo modo essencial de produção somos incapazes de penetrar. Dê-se-lhe ainda o nome de *vitalidade*, ele exprimirá o mesmo fato sem explicá-lo.

Mas o que ficará explícito e claro é que a vida é um fenômeno *sui generis* no conjunto dos fenômenos naturais, e que é essa *causa superior* que a determina, que une as partes vivas do corpo humano e mantém o seu equilíbrio, essa unidade funcional, para onde, como dizia Hipócrates, o pai da Medicina, tudo conspira, tudo concorre e tudo converge.

É essa unidade funcional, em que tudo concorre e converge no organismo, que mantém constantemente a adaptação do indivíduo ao meio. A vida, como se diz vulgarmente, por isso, é uma contínua adaptação do organismo ao meio.

Quando essa unidade, ou melhor falando, harmonia, existe, diz-se que há *saúde*; quando ela deixa de existir, diz-se que há *moléstia*. A moléstia, pois, como a saúde, tem sua sede na força vital. Quando esta mantém a unidade ou o equilíbrio das diversas funções dos órgãos do nosso corpo, existe a saúde; quando causas várias lhe alteram a energia e essa unidade se desarranja, constitui-se a moléstia. A moléstia é o desarranjo da saúde; só há realmente uma moléstia – é a que resulta da *alteração ou desarranjo da vitalidade* ou *força vital*.

A moléstia é, portanto, uma *desordem vital da dinâmica geral*; é dessa ordem dinâmica que emanam, em seguida, consoante *predisposições hereditárias* e *circunstâncias especiais do meio ou do indivíduo*, as localizações anatômicas acompanhadas de uma série de sintomas particulares, cuja evolução mais ou menos idêntica em vários casos individuais dá o nome às várias formas de moléstias ou *espécies mórbidas*. As moléstias são, pois, *dinâmicas* em sua origem; é sobre a vitalidade que agem primeiramente, direta ou indiretamente, as causas patogênicas; as lesões anatômicas, que ordinariamente as acompanham, não são senão produtos ou efeitos secundários do *desarranjo geral primário da vitalidade*, invisível e intangível e somente revelado por sensações e funções alteradas.

A moléstia é geral; não há, pois, *moléstias mentais* e *moléstias corporais*; em toda moléstia, alma e corpo são solidários, porque é a vitalidade de todo o corpo que sofre, as vísceras não podendo ser perturbadas, sem que esta perturbação se repercuta imediatamente sobre a alma e vice-versa. O que há, na realidade, são formas da moléstia, em que, como na loucura, as perturbações da alma predominam no conjunto mórbido, e outras em que, como na disenteria, as perturbações intestinais predominam no quadro sintomático.

Isso equivale, por outro lado, a dizer que também não há *moléstias gerais e moléstias locais*. Toda moléstia é necessariamente geral; ela afeta todo o organismo; apenas quando acompanhada de lesões orgânicas diz-se que é uma *moléstia com localização anatômica*, ou *moléstia localizada*. É por esse meio que se classificam as moléstias, segundo os aparelhos ou órgãos em que se localizam. Diz-se assim: *moléstias gerais, moléstias do aparelho circulatório* etc., dispostas em série, conforme a classificação geral das funções.

Mas no conjunto de sintomas que caracteriza uma dada espécie mórbida e pelo qual esta se faz conhecida aos nossos sentidos, há *sintomas secundários* que variam de um caso para outro da mesma moléstia: essa variação determina o que se chama as suas *formas clínicas*. Em tal caso, a fisionomia geral da evolução mórbida muda, sem, entretanto, perder o seu *caráter fundamental*. Um exemplo é a *varíola hemorrágica*, que, embora diferindo da *varíola comum* pelas hemorragias, jamais perde o caráter fundamental de varíola.

Mas não é tudo. Independentemente das formas clínicas, as moléstias apresentam diferenças em cada indivíduo, o que faz com que se diga que *só há doentes, não há moléstias*. É que, não sendo a moléstia senão um simples tipo patológico de uma única *perturbação geral da atividade* ou *força vital*, a qual é sempre a mesma por toda parte, cada doente, sendo diferente, *por seu todo pessoal*, de todos os outros, deve necessariamente dar, e dá efetivamente, ao mesmo tipo fundamental de forma clínica uma feição especial, que constitui a *individualização* desse tipo. É que as reações do organismo, que constituem a moléstia, devem forçosamente variar com a idade, o gênero, o temperamento, as taras hereditárias, os hábitos, a profissão, o clima, a raça, a constituição, o meio social etc., cujo conjunto forma a *individualização* normal de cada paciente; portanto, a moléstia deve, em cada caso individual, apresentar uma feição diferente, ainda que conservando, na essência, seus caracteres fundamentais. Assim, o médico nunca se acha realmente à cabeceira do seu doente *em face da febre tifoide ou da varíola*, mas em presença de *tíficos e variolosos*, isto é, de indivíduos reagindo por suas próprias forças contra o mal estabelecido, e como essas forças próprias variam de um a outro doente, assim também variam os *casos individuais* da mesma moléstia ou forma clínica de moléstia.

É, portanto, o *terreno*, como dizem os materialistas, em que prolifera a moléstia, como uma semente em certo solo, que dá esse cunho especial, próprio a cada caso individual, e, como esse terreno é eminentemente variável de um indivíduo a outro, os casos diferentes de moléstias são extraordinariamente numerosos e variados.

Vemos, por tudo quanto temos dito, que a moléstia não é de natureza diferente da saúde: se esta consiste no ritmo normal da energia vital que mantém o equilíbrio ou a unidade funcional do organismo, aquela não pode ser senão um desarranjo dessa unidade, devido a uma alta reação da energia vital que a mantém.

Por isso, há todas as transições possíveis entre a saúde e a moléstia, consoante o grau de alteração da vitalidade orgânica; suas fronteiras não são nitidamente limitadas, podendo-se mesmo dizer que a saúde perfeita não existe, e consiste apenas em uma série de oscilações funcionais em torno de um tipo normal hipotético ou abstrato. Habitualmente, essas oscilações se mantêm dentro de certos limites, dentro de certa medida, e nós chamamos essa medida de *saúde*; quando, porém, essas oscilações se afastam muito do tipo normal, diz-se que há *moléstia*. Essencialmente, pois, entre os fenômenos de saúde e de moléstia não há senão uma diferença de intensidade.

Mas não é tudo. Sob a influência de mil causas múltiplas e simultâneas, inerentes à existência do indivíduo, o seu tipo médio de saúde pode sofrer uma modificação permanente, um vício constitucional, que prepara, provoca e entretém moléstias crônicas diferentes por sua sede, evolução e processo mórbido. É essa afecção constitucional, que se transmite por hereditariedade e constitui o *fundo comum* de certo número de moléstias rebeldes, persistentes e enraizadas, que Hahnemann chamava *miasma crônico* e hoje se chama *diátese*; em suma, um *temperamento mórbido* que predispõe e entretém certas moléstias crônicas que, por isso, se tornam difíceis de curar se ao mesmo tempo não se combater o vício constitucional que as entretém. As diáteses são em número de três: a *psora* ou *artritismo*, a *sicose* ou *herpetismo* e a *escrófula*. A primeira manifesta-se pelas moléstias crônicas mais importantes: a gota, o reumatismo, o diabetes, a obesidade, as litíases, a asma, as dispepsias rebeldes, as hemorroidas, a arteriosclerose, o aneurisma, a esterilidade etc. A segunda, a *sicose*, entretém o desenvolvimento de moléstias da pele ou das mucosas, especialmente a gonorreia, as verrugas, as excrescências esponjosas, os pólipos, as erupções herpéticas, o eczema etc. A terceira, a *escrófula*, é o *terreno fértil das manifestações tuberculosas e sifilíticas* e das inflamações crônicas e tórpidas, especialmente das mucosas e dos gânglios linfáticos.

Poder-se-ia ajuntar uma outra diátese – o *neuropatismo*, isto é, a afecção geral dos nervos, que se manifesta pelas moléstias nervosas e psíquicas, e que habitualmente se inclui na psora ou artritismo.[35]

---

35. Vannier, com sua escola, tem nova divisão para as constituições mórbidas.

Resumindo-se, vê-se, pois, que as numerosas moléstias classificadas como tais não são praticamente senão grupos de sintomas de uma única moléstia geral, que é o desarranjo da energia vital que mantém a vida em seu ritmo normal. Desaparecido esse grupo de sintomas, *ipso facto* está curada a moléstia; portanto, *para curar* a moléstia, o conhecimento desses sintomas é suficiente, pouco importa o seu modo de produção (o que atualmente se chama *patogenia*): pois que é óbvio que todo agente terapêutico que os fizer desaparecer terá agido sobre as partes internas do organismo que os sofre. Ora, para agir sobre o organismo de modo a fazer desaparecer os sintomas que caracterizam a moléstia, os agentes terapêuticos devem possuir a propriedade de alterar o estado de saúde, provocando excitações mórbidas de natureza idêntica às das moléstias, portanto, *dinâmicas,* como esta, isto é, sobre a energia vital que mantém o estado normal.

Para acertar, pois, este poder dos agentes terapêuticos sobre o organismo, de modo a inferir nesse o seu poder de fazer desaparecer os sintomas da moléstia, é preciso experimentá-los no corpo são.[36]

---

36. É aconselhável, para melhor conhecimento, a leitura do livro de Mouezy-Eon, *Les doctrines de l'homéopathie.*

V A Matéria Médica

Isto constitui tarefa da *Matéria Médica*.

A *Matéria Médica Homeopática* estuda, pois, os efeitos dos agentes terapêuticos no corpo são, a fim de adaptá-los, segundo princípios bem definidos, aos sintomas conhecidos da moléstia, de modo a fazê-los desaparecer, restabelecendo a saúde.

Esses efeitos constituem assim os *instrumentos* de que usa o homeopata no tratamento direto da moléstia; são os *materiais*, portanto, desses agentes terapêuticos que a Homeopatia usa na prática, e os conjuntos desses materiais metodicamente colecionados constituem aquilo que nós chamamos, para cada um deles, a *patogenesia* ou *matéria médica desse agente terapêutico*. O total dessas *patogenesias* ou dessas matérias médicas parciais é o que se chama, em Homeopatia, a *Matéria Médica Homeopática*.

A *Matéria Médica Homeopática* não trata, pois, da descrição dos agentes terapêuticos, de suas propriedades físicas ou químicas, ou de sua preparação e formas de administração; essa tarefa pertence ao que se conhece, em Homeopatia, por *Farmacotécnica Homeopática*, conforme diremos mais adiante.

E aqui devemos fazer uma observação: dizemos *agentes terapêuticos*, e não apenas medicamentos, porque não são somente os medicamentos que curam homeopaticamente as moléstias. Os agentes terapêuticos são vários – a luz, a eletricidade, os raios X, o radium; está hoje provado que as curas realizadas por eles são homeopáticas. O Dr. John Butler escreveu *A Text-Book of Electro-Therapeutics* (Manual de Eletroterapia), no qual demonstra a homeopaticidade de todas as aplicações terapêuticas das correntes galvânica e farádica; quanto à luz, aos raios X e ao radium, está-se farto de saber que eles também são capazes de produzir no corpo são exatamente o que eles curam – não se sabe que os dois últimos produzem epiteliomas (cancros malignos) e que curam o epitelioma? *Similia similibus curantur*. Podemos, portanto, inferir desses exemplos que todo agente terapêutico que cura o faz segundo o mesmo princípio; aqueles que assim não o fazem fazem-no apenas pela eliminação da causa que produz o mal – tal é o caso das *intervenções cirúrgicas*, dos *parasiticidas* e dos *contravenenos*. A *sugestão*, o *hipnotismo*, a *ginástica* e a *massagem* poderiam ainda ser incluídos nesta última categoria.

De todos os agentes terapêuticos, porém, aqueles que formam a maior massa são os medicamentos, isto é, substâncias simples ou compostas, de origem mineral, vegetal ou animal, que são introduzidas no corpo por qualquer dos seus orifícios naturais (ordinariamente pela boca) e pela pele. Por isso é, sobretudo, a eles que nos referimos no que a seguir vamos dizer a respeito da constituição da matéria médica homeopática.

Em toda a história da Medicina, foi Hahnemann o primeiro que instituiu sistematicamente as experiências dos medicamentos ao corpo são. Antes dele, pode-se dizer que nada *se sabia das propriedades fisiológicas*[37] *dos medicamentos*. É certo que, antes dele, algumas experiências isoladas tinham sido feitas por Storck, Crimn, Crumpe, Bard etc., mas compreende-se facilmente a insignificância dessa meia dúzia de observações isoladas se considerada a massa enorme de medicamentos empregados na prática médica. É preciso, pois, chegar a Hahnemann, para achar a verdadeira constituição da *medicina experimental*. Em seu livro intitulado *Fragmentos sobre as Virtudes Positivas dos Medicamentos observadas no corpo são*, expôs primeiramente os princípios sobre os quais se devem basear os estudos de matéria médica homeopática; e, em seguida, apresentou a história que pode servir ainda hoje de modelo a esse gênero de estudos. Mais tarde, em seu livro *Matéria Médica Pura* e em suas *Moléstias Crônicas*, apresentou a história detalhada de mais de 90 medicamentos. Depois de Hahnemann, centenas de observadores, na escola homeopática, têm confirmado as experiências dele e acrescentado outros materiais aos que ele nos legou, seja por meio de novas

---

37. O ilustre prof. Dr. Pedro Pinto, no seu livro de *Farmacologia Geral*, discorda da expressão "fisiológicas" usada neste sentido, e com razão.

experiências, seja pela introdução de medicamentos novos em nosso arsenal. Tornou-se então necessário remanusear os nossos livros sobre o assunto: o primeiro que escreveu a esse respeito foi Jahr, e depois dele Allen, todos os 10 volumes de *Matéria Médica* são um dos maiores monumentos da escola. Depois deste, pode-se citar Hering e, por fim, Clarke. Todos esses livros apresentam separadamente a patogenesia de cada medicamento, dispostos os sintomas em grupos de órgãos, desde as perturbações da alma que eles provocam até as das extremidades. Cada artigo é precedido de um esboço geral do medicamento, em que são anotados os seus sintomas mais *característicos* e peculiares.

O método adotado para recolher esses *materiais* foi e é, como dissemos, a experiência do medicamento sobre o homem e o animal: as doses empregadas são sempre pequenas, e podem ser diminuídas ou aumentadas conforme os efeitos produzidos; de certos remédios, inertes em estado natural, como o *Lycopodium*, podem-se fazer experiências com doses infinitesimais, que são ativas. E esse método, que não oferece perigo à vida do homem e permite uma longa sobrevivência dos animais em experiência, dá-nos o quadro dos sintomas e das lesões que o medicamento é capaz de produzir no corpo são. Mas as experiências sobre animais devem sempre ser secundárias e servem-nos para confirmar, pelas lesões que apresentam, as perturbações funcionais observadas no homem.[38]

Entretanto, a nossa matéria médica não contém somente o resultado das experiências propositais; nela se acham também incluídos os sintomas produzidos por certos medicamentos nos *envenenamentos voluntários* ou *involuntários*. Esses envenenamentos, ainda que constituindo uma classe de casos comparativamente pequena, são, todavia, uma fonte preciosa de dados para o perfeito conhecimento da ação patogênica do medicamento. Seja produto do suicídio, do descuido, do crime ou da profissão, os envenenamentos, pelo exame cadavérico, revelam-nos as lesões que certos medicamentos podem produzir, sem contar aqueles violentos sintomas que as experiências propositais no homem não podem chegar a manifestar e que, nos animais, não são bastante caracterizados como no corpo humano. Tudo serve para esclarecer a esfera particular de ação do medicamento. Um mérito idêntico têm as experiências sobre os animais, as quais, ainda que de valor secundário, como dissemos, fornecem informações importantes. Sem falar nos violentos efeitos das doses muito tóxicas, incompatíveis com a vida do homem, essas experiências nos revelam, como dissemos, as lesões produzidas pelos medicamentos, de modo a confirmar anatomicamente o que as experiências no homem nos ensinam em relação às perturbações funcionais.

A *Matéria Médica Homeopática*, pois, colecionando todos os efeitos produzidos pelos agentes terapêuticos no corpo são, torna-se uma verdadeira galeria de quadros mórbidos artificiais, na qual o olho observador poderá surpreender os lineamentos de todas as moléstias naturais conhecidas.

Isso não quer dizer, entretanto, que a Homeopatia condene a experiência clínica; ao contrário, ela a respeita, como necessária não somente para verificar se a propriedade positiva de um medicamento se aplica realmente, segundo o princípio *similia similibus*, a um estado mórbido determinado, mas também para fixar as doses e os modos de administração. A clínica é, como o ensina a tradição médica, o critério mais certo das ações terapêuticas; a *Matéria Médica Homeopática* e a lei dos semelhantes são métodos para achar os medicamentos apropriados a cada caso de moléstia, mas a clínica deve sancionar a escolha, e esta verificação, esta sanção, é que pode lhe dar a certeza última.

Daí resulta que, hoje, a maior parte dos nossos livros de matéria médica incluam em seus quadros sintomáticos aqueles estados mórbidos em que o medicamento dá, por experiência clínica, os mais certos resultados, e, em vez de se limitar a uma simples enumeração de sintomas, consideram também as moléstias, a que o medicamento convém, com seus característicos especiais e individuais, que distinguem o caso de um outro. Como exemplos desses livros, podemos citar a *Matéria Médica Clínica*, de Farrington, e a *Matéria Homeopática*, de W. Boericke.[39] Foi o que tentamos fazer na Segunda Parte deste livro, resumindo em indicações concisas e curtas não somente a *fisionomia característica* de cada medicamento, mas ainda os principais estados mórbidos naturais aos quais a clínica tem verificado que ele pode melhor convir, de acordo com aquela *fisionomia*.

Mas, entre os efeitos e sintomas produzidos por certos medicamentos, há alguns que possuem uma feição tão peculiar que os faz distinguir desses mesmos efeitos nos outros medicamentos, e lhes dá, assim, um caráter individual e singular. Aos fenômenos sintomáticos que traduzem essa feição particular, dá-se em geral o nome de *característica do medicamento*, ou, como dizem os americanos, *keynote* (nota de clave ou nota musical). Essas *características*

---

38. Na alopatia, hoje em dia já está se aceitando a experiência *in homini sans*. O advento das drogas frias farmacológicas muito contribui para esse fim. O papa Pio XII alertou o mundo para a sua importância.

39. Em 1961, o grupo de estudos médicos de Lyon, na célebre coleção *Convergences*, publica o volume "Perspectives et Limites de l'expérimentation sur l'homme".

ou *notas* indicam o emprego do remédio correspondente nos casos mórbidos que as apresentam como sintomas, pois em regra verificou-se que a essa característica acompanham todos os demais sintomas produzidos pelo medicamento e pela moléstia, a similaridade perfeita ou total sendo sugerida ou indicada pela presença única da característica. Tal é, *por exemplo, a dor ardente e a intolerável necessidade* frequente de urinar de *Cantharis*; a dor na espádua direita de *Chelidonium*; o cheiro da comida causando náuseas até a síncope de *Colchicum*; a forma hemorrágica das moléstias agudas de *Crotalus horridus*; a sensação de aperto como por cinturão de ferro de *Cactus*; a língua larga, mole, com a impressão dos dentes de *Mercurius*; a transudação aquosa, viscosa, pegajosa e transparente das erupções cutâneas de *Graphites*; o sintoma febril – sente arrepios de frio ao menor movimento ou ao se descobrir e, todavia, cobrindo-se, sente um grande calor – de *Nux vomica*; as dores erráticas e manhosas, saltando rapidamente de um ponto a outro de *Pulsatilla*; as dores que melhoram pelo movimento e pioram pelo repouso de *Rhus*; a sensação de uma bola nas partes internas de *Sepia*; a sensação de tremor interno de *Caulophillum*; a sensação como se alguma coisa viva estivesse se movendo dentro do *órgão de Croccus*; os sintomas de lombrigas de *Cinna* etc.*

---

*. Vide Apêndice complementar ao conteúdo desta seção, na p. 427. (Nota dos Editores desta 25ª edição.)

VI *Similia similibus curantur*[40]

Conhecidas assim todas as perturbações e alterações sintomáticas da moléstia e os efeitos ou sintomas patogênicos dos agentes terapêuticos no corpo são, como agora empregar esses efeitos para fazer desaparecer aqueles sintomas e curar, portanto, as moléstias?

Isso a Homeopatia o faz guiando-se pelo princípio *similia similibus curantur* – os semelhantes são curados pelos semelhantes.

O que isso quer dizer?

Que os *sintomas de uma moléstia natural* são curados pelo *agente terapêutico ou medicamento que produz, no corpo são, sintomas artificiais semelhantes.*

Para bem fazer compreender esse princípio, também chamado *lei dos semelhantes*, que é ponto cardeal do método de tratamento homeopático, citamos alguns fatos com os quais os nossos leitores são familiares.

Seja primeiramente o *café*.

Ninguém ignora que o café produz insônia, sobretudo nas pessoas que não têm o hábito de tomá-lo, excitando-lhe a imaginação de modo a não lhes permitir conciliar o sono; eis aí um fato. Por outro lado, quem quer que se trate pela Homeopatia, sabe muito bem que muitas vezes certas pessoas afetadas de *insônia nervosa*, curam-se muito bem com *Coffea*, eis aí outro fato. Eis aí, pois, o café que, em um homem são, determina a insônia e que, em outro indivíduo atacado de insônia, em vez de aumentá-la, cura-a. No primeiro caso, o café produziu a insônia; no segundo, ele a curou. O primeiro é um fato fisiológico[41], porque ele resulta da experiência sobre o homem são; chama-se também fato ou sintoma *patogenético*, porque esta última palavra significa *geração de moléstia*, e, com efeito, no caso presente, o café é gerador de moléstia, pois produz a insônia. Em face do fato fisiológico ou patogenético se acha o fato *terapêutico do café*, que, de outro lado, cura a insônia. Se agora compararmos esses dois fatos, daí resultará necessariamente que se curou uma moléstia, a insônia, com um remédio que tem justamente a propriedade de produzir um estado análogo ou semelhante a essa moléstia, e diz-se então que o café teve nesse caso uma *ação homeopática*, e essa relação existente entre esses dois fatos comparados constitui o que se *chama a lei dos semelhantes – similia similibus curantur*.

Seja agora o *fumo*.

Ninguém também ignora que o cigarro ou o charuto, nas pessoas não habituadas a fumar, provoca tonturas, náuseas e vômitos, palidez e até suores frios; eis aí um *fato patogenético*; no homem são, o fumo produz tonturas, náuseas e vômitos. Por outro lado, se uma pessoa atacada de vertigem nervosa acompanhada de náuseas e vômitos tomar o medicamento homeopático denominado *Tabacum*, feito do fumo, curar-se-á da sua moléstia; eis aí o *fato homeopático*. Assim, o fumo que, no homem são, provoca vertigens e náuseas, cura-o, pelo contrário. Então a moléstia foi curada pelo medicamento que tem a propriedade de produzir, no corpo são, sintomas semelhantes.

Lembrem-se do *Tabacum* 5ª nos enjoos de mar e nos vômitos incoercíveis da *gripe*.

Seja ainda o *veneno da cobra*.

Quem já viu um indivíduo são, mordido por uma jararaca ou outra cobra do mesmo gênero de veneno, sabe que ele apresenta *hemorragias generalizadas* por quase todos os orifícios do corpo; eis um *fato patogenético*: o veneno dessas cobras é *hemorragífero*; – ele produz, no homem são, hemorragias generalizadas, escuras, passivas. Se agora, a um doente de febre amarela, sarampo ou gripe, que apresente hemorragias generalizadas, escuras, passivas, dermos *Crotallus horridus* (feito com o veneno dessa serpente), curá-lo-emos. Então o veneno da serpente que provoca, no homem são, hemorragias generalizadas, cura-as, pelo contrário, quando dado a um doente sofrendo de hemorragias generalizadas. Ele agiu, pois, *homeopaticamente* neste segundo caso.

---

40. Hahnemann escreveu "Similia similibus curentur".
41. Vide nota 37.

Seja enfim a *poaia*.

Não há mãe de família que ignore o que é um *vomitório de poaia* (a *poaia* é a *ipeca* ou *ipecacuanha*); eis aí a *poaia*, que é capaz de provocar vômitos em uma pessoa sã. Pois bem, se a outro indivíduo, atacado de vômitos devidos a uma irritação gástrica qualquer, dermos algumas doses de *Ipeca*, curaremos prontamente os seus vômitos. Eis aí, pois, a *Ipeca*, que provoca vômitos, curando vômitos.

Que se faz nessas diversas circunstâncias? Combatem-se todos esses acidentes ou moléstias com medicamentos que têm a propriedade de produzi-las em pessoas sãs. Em todos eles, escolheu-se, para curar a moléstia natural, o remédio capaz de produzir, no corpo são, sintomas artificiais semelhantes aos dela.

Dizemos *sintomas artificiais semelhantes*, e não *moléstia semelhante*, porque é raro que um medicamento, agindo no corpo são, seja capaz de reproduzir uma moléstia natural *ab ovo usque ad mala*, isto é, com todo o curso da sua evolução. É que a ação das causas patogênicas se exerce sobre um organismo há muitos séculos habituado a elas, e, portanto, com predisposições hereditárias que fixam a evolução das perturbações que elas causam; ao passo que os agentes terapêuticos são causas sempre novas, que não encontram em sua ação essa unidade de predisposições orgânicas, e as perturbações que causam são da mais vasta esfera, reproduzindo sintomas que, agrupados isoladamente, podem convir a várias moléstias. Também essa semelhança de evolução não é necessária para estabelecer a desejada comparação homeopática: porque, em cada caso de moléstia presente, não se trata de combater a *evolução patogênica* dos fenômenos mórbidos, mas o *estado atual* da moléstia, removendo os sintomas; mas se atentar-se bem para a essência das coisas, reconhecer-se-á que é bem a própria moléstia que ela combate, combatendo, como faz, a totalidade dos sintomas atuais, e não sintomas isolados.

Vê-se, assim, que os dois termos (*similia* e *similibus*) da fórmula *similia similibus curantur* referem-se, respectivamente: o *similia*, aos sintomas e sinais atuais da moléstia natural de que sofre o doente; e o *similibus*, aos efeitos patogenéticos ou *fisiológicos*[42] dos medicamentos no corpo são, semelhantes aos daquela.

De modo que, quando dizemos *similia similibus curantur* (os semelhantes são curados pelos semelhantes), queremos apenas *dizer*, em bom e claro português, que *uma moléstia natural é curada pelo medicamento que produz, no corpo são, um conjunto de sintomas artificiais semelhantes ao estado da moléstia natural*. E não, como pode parecer à primeira vista, que a moléstia natural é curada pelo medicamento que

lhe é semelhante (o que seria um disparate) ou então por uma moléstia artificial semelhante provocada pelo medicamento no próprio doente (o que seria um absurdo).

A ideia desse princípio, que guia o emprego dos medicamentos homeopáticos, já existiu na medicina quando Hahnemann a formulou com precisão e clareza. Dizem que foi Hipócrates, na Antiguidade, quem primeiro teve a intuição dessa lei; nós não o cremos. É preciso chegar a Paracelso para vê-la surgir no caos da medicina da Idade Média; depois dele, Van Helmont, Stahl, Hoffman etc., e finalmente Hunter, tiveram uma vaga ideia dela; mas fácil é imaginar os poucos frutos que ela podia dar então, desde que se saiba que, nas épocas em que viveram esses homens, não se conheciam ainda os efeitos fisiológicos[43] dos medicamentos no corpo são para que por eles se pudesse fazer o seu emprego homeopático nos doentes. Porque, como o mostramos alhures, é a Hahnemann que pertence ainda a glória de ter instituído o precioso conhecimento da ação patogenética dos medicamentos, fundando e constituindo a Matéria Médica Homeopática. Portanto, é a Hahnemann e a mais ninguém que pertence também a glória terapêutica, capaz de dar todos os frutos práticos que ela comporta.

É assim a *lei dos semelhantes* que indica e nos permite escolher o remédio homeopático de um caso dado de moléstia, fazendo a comparação entre os sintomas apresentados pelo doente e os efeitos patogenéticos dos remédios.

Como se faz, agora, essa comparação?

Se aquilo que chamamos comumente *moléstia* apresenta em cada caso, como vimos, um caráter especial ou nuanças particulares a cada indivíduo, cuja existência moral, intelectual, física e material não é a mesma que a de um outro qualquer, é forçoso convir que, para restabelecer a saúde de tal doente, é preciso incluir, na comparação com os efeitos patogenéticos dos medicamentos, *todos os sintomas, sem exceção*, que ele apresenta, porque cada um deles deve ter uma razão patológica e deve, portanto, ser levado em conta na escolha do remédio. O médico – dissemos alhures – nunca se acha, realmente, à cabeceira do seu doente, em face da gripe ou da tuberculose, mas em presença de *gripados, de tuberculosos*, isto é de organismos reagindo por suas próprias forças contra o mal estabelecido. E, como essas forças próprias variam de um a outro doente, assim também variam os tipos clínicos da moléstia. De modo que, não havendo moléstias no sentido concreto do termo, mas unicamente pessoas doentes, não pode haver, *ipso facto*, um *tratamento específico* de moléstias: cada caso deve ser *individualizado* e *tratado* como um *todo*, segundo as peculiaridades que apresenta.

---

42. Melhor seria dizer farmacodinâmicos.

43. *Idem.*

Segue-se daí que é inútil o conhecimento da moléstia, isto é, *fazer o diagnóstico?* De modo algum. É que a experiência clínica tem demonstrado, sobretudo nas moléstias, que certo número de medicamentos dá mais resultados satisfatórios do que outros quaisquer; o diagnóstico da moléstia circunscreve, assim, o número de remédios entre os quais escolheremos aquele que convenha ao caso individual. E isso é devido, sobretudo nas moléstias epidêmicas, em que a moléstia, provocada em todos os casos pelas mesmas circunstâncias casuais que se generalizam, perde um pouco o caráter individual para assumir uma feição geral e comum, em que os traços individuais se atenuam sob a intensidade predominante dos traços gerais.

Então o prático, em vez de percorrer toda a *Matéria Médica* para escolher o medicamento que convém ao caso que tem diante de si, terá a sua tarefa circunscrita apenas a um grupo de remédios. É esse grupo de remédios que, para cada moléstia, indicamos na terceira parte deste livro.

Não é só. É preciso levar ainda em conta a *constituição médica reinante,* que dá uma forma comum a todas as moléstias, na nesma época do ano e na mesma localidade, e que influi sobre o próprio tratamento, o que faz com que um remédio homeopático que deu muito bom resultado em uma época não o dê em outra.

Mas, conhecida a moléstia, é preciso então *individualizar.*

Individualizar um medicamento homeopático é escolher aquele cujos efeitos patogenéticos mais se assemelham ao *conjunto das particularidades e características* que apresentam o doente, seja quanto à forma clínica da moléstia, seja quanto às nuanças patológicas individuais.

A individualização assim compreendida abrange não somente o diagnóstico da espécie mórbida ou moléstia, mas também sua forma clínica, suas variedades, as influências epidêmicas, o período da evolução mórbida e a idiossincrasia do doente, que se revela por sintomas especiais, nuanças sintomáticas, algumas vezes tão singulares e que são mais próprias do indivíduo doente do que da própria moléstia. Esses sintomas especiais, essas nuanças características, que não fazem parte das deserções comuns das moléstias mas que dão realmente ao caso mórbido a sua face, o seu cunho individual, têm realmente sua importância para o prático homeopático, quando diversos medicamentos correspondem ao conjunto sintomático da moléstia.

O *diagnóstico da moléstia* tem sua importância porque facilita a escolha do *remédio individual,* circunscrevendo o número de medicamentos a comparar com o caso mórbido. Assim, se diagnosticarmos um caso de *gripe,* já sabemos que *provavelmente* o seu medicamento se acha entre *Gelsemium, Baptisia, Arsenicum, Eupatorium perf., Glonoinum, Crotallus etc.*; se se trata *de pneumonia,* entre *Bryonia, Phosphorus, Ferrum phosphoricum, Chelidonium, Tartarus emeticus etc.* achar-se-á, a maior parte das vezes, o medicamento adequado; se se trata de diabetes, entre *Arsenicum, Uranium, Phosphori acidum, Syzygium etc.* encontrar-se-á o remédio próprio. E assim por diante. Isso evita que o prático se veja obrigado a percorrer de memória toda a Matéria Médica para achar o medicamento conveniente.

As *causas predisponentes* ou *ocasionais* são também importantes de conhecer. Reconhecer assim a *afecção diatésica* do doente, *psórica, sicótica* ou *escrofulosa,* facilita a escolha do remédio que, além de convir à *moléstia atual,* deve convir também ao vício constitucional que a entretém. *Sulphur, Lycopodium, Natrum muriaticum, Graphites, Sepia, Silicea etc.* são remédios *antipsóricos* ou *antiartríticos; Thuya* e *Nitri acidum* são medicamentos *antissicóticos; Calcarea carbonica, Silicea, Sulphur* são remédios *antiescrofulosos,* e *Mercurius* é um *antissifilítico.* Que dificuldade não encontraria o prático em tratar uma moléstia sifilítica, se esse não pudesse ligá-la à afecção sífilis. O diagnóstico, porém, guia-o a uma classe de medicamentos em que ele, de outro modo, não pensaria. Do mesmo modo, escolhendo entre *Nux vomica* e *Pulsatilla* em um caso de dispepsia, o sexo, o temperamento, a disposição do paciente e os alimentos que mais lhe desagradam entram bem na escolha de um deles. Receitando para dores reumáticas, pensa-se em *Aconitum* ou *Bryonia* se a causa ocasional foi o frio *sêco,* e em *Rhus* ou *Dulcamara* se for a umidade. Se o estado mórbido foi ocasionado por uma crise de cólera, escolheremos *Chamomilla;* se o foi por susto, *Aconitum* ou *Opium;* se devido a um traumatismo, *Arnica,* mesmo longo tempo após o acidente; e poderíamos assim multiplicar extensamente os exemplos, que os leitores encontrarão nas outras partes deste livro. Por que isso? É que a semelhança com os efeitos patogenéticos de um medicamento indica que este último atuou com uma causa predisponente, tornando o organismo mais suscetível à diarreia catarral, não porque ela seja um purgativo, mas porque os pacientes sob a sua influência se tornam mais suscetíveis a ter diarreia causada pelo frio úmido do que o são sem ela, e assim, dando-se a *Dulcamara,* nesse caso, ela age mais profundamente e não só cura a diarreia, mas torna o paciente menos suscetível à reincidência.

Mas não é tudo. Na comparação entre os sintomas do doente e os medicamentos, para acertar a sua escolha, é preciso ainda levar em conta a *natureza daqueles* – se a moléstia é febril ou inflamatória, é necessário que o remédio seja capaz de produzir febre ou inflamação; a *similaridade das sedes,* em que se passam os fenômenos mórbidos e os efeitos patogenéticos dos remédios, o que se reconhece às vezes pelos sintomas ou por analogias de tecidos; a *espécie de ação mórbida ou qualidade dos sintomas*, pois se a moléstia presente, uma úlcera, por exemplo, é devida à escrófula, requer *Silicea* ou *Calcarea carbonica;* se devida à sífilis, *Kali bichromicum* ou *Aurum muriaticum*, e se à inflamação gotosa requer antes *Colchicum* do que *Bryonia* ou *Pulsatilla*, que conviriam melhor à artrite reumática, ou do que *Calcarea carbonica*, que se adapta mais à artrite tuberculosa; o *caráter* das dores e outras sensações presentes, pois a dor ardente requer *Arsenicum*, a dor picante, *Apis*; a dor calambroide, *Magnesia phosphorica* etc.; enfim, a concomitância de sintomas, isto é, a presença no doente de sintomas ou síndromes *coincidentes*, que devem existir também na patogenesia do medicamento, pois um câncer da face *acompanhado* de um eczema úmido atrás da orelha pode requerer *Graphites* em vez de *Hydrastis* ou *Lobelia*, ou uma nevralgia facial acompanhada de náuseas e vômitos, *Ipeca*.

Há mais. A *constituição* e o *temperamento*, dissemos anteriormente, e bem assim o sexo, devem ser tomados em consideração na escolha do medicamento. *Causticum* convém melhor aos meninos, e *Pulsatilla* ou *Sepia*, às meninas; quanto à idade, *Aconitum* é o remédio dos jovens e *Lycopodium*, dos idosos; quanto à constituição, *Pulsatilla* convém mais às mulheres claras e louras, *Sepia*, às morenas de cabelos pretos; quanto ao temperamento: *Bryonia* é irascível, colérica, nervosa, como *Nux vomica*; *Pulsatilla*, dócil, triste e chorosa; *Platina*, altiva, orgulhosa, egoísta; *Sepia*, má, fria e indiferente etc.

O mesmo se deve dizer do *estado mental e moral* do paciente, que deve entrar na comparação e, portanto, na escolha do medicamento: a angústia mental, a agitação e o medo da morte indicam *Aconitum*; a melancolia com tendência ao suicídio, *Aurum;* o grande exagero, *Cannabis indica;* a impertinência, *Chamomilla* ou *Cinna;* as contradições, *Ignatia*; a grande loquacidade, *Lachesis* ou *Stramonium*; o desespero e desânimo, *Natrum mur.*; a teimosia, *Plumbum*; os lamentos chorosos, *Pulsatilla*; a suscetibilidade, *Staphisagria* etc. Esses são outros tantos exemplos do estado mental e moral que se deve levar em conta na escolha do remédio. Diga-se ainda o mesmo das *condições de agravação e melhora* apresentadas pelos sofrimentos do doente. Assim, em uma pleurodinia, por exemplo, se a dor do peito alivia por se deitar o paciente do lado são, *Nux vomica é indicada*; pelo contrário, *Bryonia* deve ser preferida se o alívio se produz quando o doente se deita do lado doloroso. Enquanto as dores reumáticas de *Bryonia* se agravam pelo movimento, as de *Rhus* se agravam, pelo contrário, pelo repouso, e são temporariamente aliviadas pelo movimento; se as dores, por outro lado, são aliviadas pela água fria, *Ledum* e *Apis* são os remédios. O aumento das dores de cabeça de *Belladona* por se deitar e o das de *Spigelia* por se levantar; a agravação de *Lachesis* depois do sono e a melhora de *Nux vomica* depois de dormir; o alívio dado pelo frio às dores de *Coffea*, e pelo calor às de *Arsenicum* e *Silicea*, e pelo ar livre às de *Pulsatilla* etc. são outros tantos exemplos desses elementos da comparação homeopática. O *lado do corpo afetado* tem às vezes certa importância na determinação do remédio homeopático. Constata-se então que um lado só do corpo é atacado ou que o mal começou de um lado e passou para o outro. Uma nevralgia supraorbitária do lado direito indicaria *Chelidonium;* do lado esquerdo, *Kali bichromicum; Viola odorata* cura o reumatismo do punho direito; *Spigelia* convém às nevralgias e enxaquecas do lado esquerdo; *Apis* conviria melhor às moléstias do ovário direito; *Lachesis* conviria mais aos males que começam à esquerda e passam para a direita; e *Lycopodium* aos que começam à direita e passam para a esquerda. Os exemplos poderiam se multiplicar, e os leitores os encontrarão na segunda parte deste livro.

As horas do dia ou da noite em que os sintomas do doente sobrevêm ou se agravam constituem também indicações para a individualização do remédio. As exacerbações de *Nux vomica* pelas 2 ou 3 horas da manhã; as de *Arsenicum* à noite, especialmente depois de meia-noite; as de *Pulsatilla* à tarde; as de *Lycopodium* das 4 às 8 horas da noite; as de *Natrum mur.* das 10 às 11 horas da manhã; as de *Sulphur* e *Rhus* pela madrugada etc.; são exemplos disto. A par das agravações horárias, poderíamos colocar a *periodicidade dos acessos* e a sua *duração*. Assim, há sintomas que só aparecem à mesma hora do dia (*Cedrom*), a cada 2 dias (*Calcarea carbonica*, *Chamomilla*), a cada 3 ou 4 dias (*Aurum*), a cada 12 dias (*Kali phosphoricum*), a cada 14 dias (*Arsenicum*, *Lachesis*) etc.; há sintomas que sobrevêm e desaparecem bruscamente ou desaparecem lentamente (*Platina* e *Stannum*) etc.

Enfim, a todas essas peculiaridades individuais há ainda a acrescentar as características ou *keynotes* a que já nos referimos em outro lugar e cuja presença nos leva logo à escolha do remédio, *muitas vezes mesmo quando os outros elementos da comparação não existem*. Muitos práticos homeopatas guiam-se quase exclusivamente por essas *notas de clave*, e, assim que as reconhecem nos doentes, dispensam o restante do exame e receitam por elas. Exemplo: suores frios na fronte com grande prostração, em qualquer moléstia, dê-se *Veratrum album*; pequenas feridas que sangram abundantemente, *Phosphorus*; grande acúmulo de catarro no peito, com dificuldade de expectorá-lo, em qualquer moléstia, dê-se *Antimonium tartaricum*; grande prostração nervosa, *Arsenicum*; sensação de uma bola nas partes internas, *Sepia*; etc.

Os sintomas da esfera sexual, quer no homem, quer na mulher, muita importância têm na escolha do medicamento.

Reunindo, pois, esses diversos elementos de comparação, desde as simples generalidades comuns a muitas moléstias até as peculiaridades especiais de cada caso individual, o prático homeopata terá escolhido o medicamento cujos efeitos patogênicos mais se assemelham ao conjunto dos sintomas apresentados pelo seu doente, e terá assim achado o remédio mais homeopático ao caso dado.

Para lhe facilitar essa árdua tarefa, possui a literatura homeopática os seus *Repertórios*.[44]

O Repertório Homeopático é *índice*, no qual podem ser achados todos os remédios capazes de produzir em seus efeitos patogenéticos um conjunto de sintomas ou um sintoma particular qualquer dado. De modo que aquele que procura o medicamento para certo caso, não conhecendo remédio algum similar correspondente, pode achá-lo, consultando o *Repertório*, o qual lhe indicará os remédios que são capazes de produzir os sintomas que o seu caso apresenta.[45]

Há diversas espécies de repertórios homeopáticos, e a construção de qualquer deles é uma das mais árduas tarefas que pesa nos ombros do escritor homeopático.

De um modo geral, duas são as espécies de repertórios: o *Repertório Clínico* e o *Repertório Sintomático*.

Como o diagnóstico da moléstia – isto é, o *nome* da espécie mórbida – serve, como vimos, para limitar o grupo de remédios homeopáticos cuja eficácia, em seu tratamento, a experiência clínica tem sancionado, e assim facilitar a escolha do medicamento, assim também o *Repertório Clínico Homeopático* serve para dar de pronto ao prático esse grupo de remédios, especificando mais ou menos detalhadamente, segundo o autor, a que *casos individuais* cada um deles convém. A terceira parte deste livro, que denominamos *Guia Homeopático de Terapêutica Clínica*, é um exemplo resumido dessa espécie de repertório que há hoje em todas as línguas; se bem que úteis, sobretudo aos que começam a prática médica, esses repertórios se ressentem ordinariamente não só do cunho de uma experiência pessoal, que às vezes não pode ser generalizada a todas as localidades, estados sociais e épocas, mas também da insuficiência de detalhes sobre os sintomas que indicam o remédio. Eles não podem, assim, servir senão de *lembrete* para os nomes dos medicamentos mais adequados, os quais devem ser estudados na *Matéria Médica* e convenientemente diferençados antes de serem aplicados. No caso do presente livro, é, pois, a segunda parte que deve ser bem estudada pelo prático, de modo a reter de memória as principais características e a fisionomia particular de cada medicamento.

Os principais repertórios homeopáticos são os sintomáticos, isto é, aqueles que indicam os sintomas atuais. A *Matéria Médica* dá todos os sintomas produzidos por cada remédio em um parágrafo que tem por título o nome desse remédio; o *Repertório Sintomático* é o organizado em sentido oposto, com um contrapeso da *Matéria Médica*: dá, em uma lista de sintomas, ordinariamente por órgão, o nome de todos os medicamentos que têm produzido cada um deles. Comparando agora os remédios de cada sintoma com os dos outros que o doente apresenta, procura-se achar aquele que é capaz de produzir a maior parte dos sintomas propostos: esse será o remédio homeopático do caso dado. Infelizmente, esses repertórios são muito complicados, e geralmente pouco práticos para o uso ordinário ou urgente, só servindo praticamente, em regra, para casos rebeldes especiais, quando o médico tem tempo para fazer a pesquisa entre o emaranhado de suas páginas.[46]

Praticamente, pois, o estudo do *Repertório Clínico*, acompanhado pelo da *Matéria Médica* e especialmente pelo das *principais cacterísticas* dos medicamentos, é tudo quanto se exige para uma boa prática homeopática.

---

44. Aconselhamos aos leitores como um dos melhores, atualmente, o *Repertório* do Dr. Anselmi, distinto colega de Buenos Aires, Argentina.

45. Um dos melhores repertórios é o de Kent. Em dezembro de 1963, saiu publicado um excelente livro sobre a técnica de empregá-lo, de autoria do Dr. J. Hui Bon, edição da Coquemard.

46. Nos "Apontamentos de Aula de Matéria Médica", do Dr. A. Brickmann, existe um capítulo referente ao uso do *Repertório*. Na "Iniciação Homeopática" do Prof. Dr. Galhardo, há também um capítulo referente ao assunto.

VII A administração do remédio

Em uma doutrina ou sistema qualquer, todas as questões que a ela se referem se acham ligadas sistematicamente e dependem umas das outras, com as quais são solidárias. Assim, a consideração do princípio fundamental, quanto à natureza da moléstia, de que "só há doentes, não há moléstias" leva logicamente à lei fundamental da terapêutica – *similia similibus curantur* –, a única que permite combater o conjunto individual dos sintomas mórbidos. Esta lei, por sua vez, implica os conhecimentos dos conjuntos mórbidos artificiais produzidos pelos medicamentos experimentados separadamente no corpo são, pois, sem isso, a comparação donde resulta a semelhança não poderia ter lugar.

Ora, se essa comparação efetua-se entre o estado atual do doente e as imagens sintomáticas dos diversos medicamentos, é claro que um deles deve ser indicado; a unidade de indicação, pelo conjunto do doente, deve corresponder à unidade de medicação. Desde que a face da moléstia se muda, desde que o conjunto mórbido do doente se modifica, desde que o concurso de sintomas se mostra diferente, o prático homeopata muda também de medicamento para corresponder à nova indicação.

Eis aí, pois, o primeiro princípio da administração dos remédios homeopáticos – *só se deve administrar um remédio de cada vez*. O remédio único, o remédio simples, é uma das grandes características do nosso método terapêutico.

Mas, quando dizemos *remédio simples*, deve ser subentendido que a Homeopatia não exclui o uso de compostos químicos, como os sais, ou dos produtos vegetais e animais, cuja composição complexa e análise química têm revelado: a única coisa que aí se requer é que a sua patogenesia seja conhecida como um todo, como uma unidade. Então *o remédio composto* constitui, de fato, terapeuticamente, um medicamento simples.

Alguns homeopatas vão mesmo mais longe; neste terreno eles administram, misturados, diversos medicamentos de ação patogenética conhecida, mas incapazes de se combinarem quimicamente; eles guiam então a indicação homeopática desse composto pela patogenesia total, que resulta da fusão das patogenesias parciais dos medicamentos constituídos e que lhe dão uma mais larga esfera de ação. Entre esses *complexistas*, como eles são chamados, está o Dr. Humphrey, com os seus conhecidos *específicos*. Longe estamos de afirmar que essas misturas sejam ineficazes e não sejam bem úteis àqueles que não estão habituados a escolher, em nossa *Matéria Médica*, remédios simples. Conhecemos mesmo por experiência os bons efeitos sobre as febres inflamatórias de uma mistura de *Aconitum, Belladona* e *Bryonia*; sobre as bronquites e laringites comuns, com tosse catarral, de uma mistura de *Bryonia, Causticum* e *Phosphorus*; sobre a coqueluche e as tosses espasmódicas, da mistura de *Cuprum, Ipeca, Drosera* e *Belladona*; sobre a dispepsia flatulenta, da mistura de *Nux vomica, Sulphur* e *China* etc., que citamos até na terceira parte deste livro. E não duvidamos que se possa, pela patogenesia total, indicar essas misturas, ou que, nelas, a ação de um medicamento seja reforçada ou completada pela dos outros, e as torne assim mais eficazes em certos casos do que escolhendo de um modo incerto um remédio simples. Mas se compreende que, para utilizar tal processo, é preciso um profundo estudo das patogenesias parciais combinadas; o que só pode ser feito com vagar por um médico muito perspicaz e criterioso, como é evidentemente o Dr. Humphrey. E, nessas condições, o método perde o seu valor para a prática ordinária das indicações de urgência da clínica diária, e só se torna útil para constituir *remédios complexos* de indicações fixas. Estender, pois, semelhante método à prática diária e comum da Homeopatia seria inutilizar a simplicidade da nossa terapêutica, e lançar-nos-ia uma vez mais, a todo o propósito, na confusa polifarmácia dos alopatas, de que tão felizmente escapamos.

O mesmo, porém, não se pode dizer do uso da *alternação de medicamentos*, tão comum hoje na prática da Homeopatia. O próprio Hahnemann alternava remédios, embora excepcionalmente. Assim, no crupe, mandava ele que sempre se fizesse preceder a *Spongia* pelo *Aconitum*, e algumas vezes se fizesse segui-la pelo *Hepar sulphuris* – prática essa que até foi erigida em sistema, no tratamento dessa moléstia, por um dos seus mais fiéis discípulos, o Dr. Boenninghausen. Do mesmo modo, na *púrpura miliária*, Hahnemann aconselhou a alternativa de *Aconitum* e *Coffea*; de *Cuprum* e *Veratrum album* no 2º período da cólera-morbo; de *Bryonia* e *Rhus toxicodendron* na febre pós-colérica; e assim em todas as moléstias crônicas com complicações – de *Mercurius* e *Sulphur*, quando a sífilis sobrevém em um artrítico, ou de *Mercurius* e *Thuya*, quando ela se estabelece em um fundo diatésico sicótico etc. Também, depois de Hahnemann, muitos dos seus discípulos imediatos, entre os quais Hering, Gross, Rummel, Hartmann e Hirsch, adotaram o uso da alternação dos medicamentos em certos casos.

É que a alternação dos medicamentos homeopáticos não afirma a regra teórica geral de só receitar um medicamento de cada vez; ela corresponde a algumas necessidades da prática diária, da psicologia clínica, se assim nos podemos exprimir, que somos forçados a levar em conta. Há casos mórbidos, a cujo conjunto sintomático não corresponde às vezes o quadro patogenético mesmo, como nos casos de *complicações,* seja porque o prático, ao receitar, não encontre de pronto, na sua memória, um único medicamento que corresponda a todos os sintomas que ele observou no seu doente (aqui a insuficiência não é do método, mas de quem o aplica); seja ainda porque o conhecimento da marcha do processo mórbido permita ao médico prever suficientemente a evolução dos sintomas sob a influência de um remédio simples, de modo a administrar um segundo, logo depois do primeiro, sem novo exame pessoal, e assim em seguida; seja enfim, porque, tendo a experiência clínica ensinado os bons resultados que se colhem no mesmo caso de dois remédios simples diferentes, queira o prático aproveitá-los conjuntamente, de modo a reforçar a ação de um pela do outro. É esta última razão que nos guia a maior parte das vezes nas alternações que aconselhamos na terceira parte deste livro; assim, quando mandamos alternar, na difteria, *Mercurius cyanatus* com *Tarantula cubensis,* é porque qualquer desses dois medicamentos, nos casos sérios dessa moléstia, tem provado ser de grande eficácia e, alternando-os, livramos o leitor e o prático do trabalho de manusear as filigranas da matéria médica, onde ele poderia, entretanto, lobrigar diferenças que o levariam ao emprego isolado de cada um deles.

Todavia, essa prática de alternar medicamentos deve ser, nas mãos do homeopata, mais rara do que frequente – ela constitui a exceção (como nos casos de *complicações*), antes do que a regra, para quem estuda bem a *Matéria Médica Homeopática* e sabe reconhecer a *fisionomia geral* e as *características* dos seus medicamentos.

Além de ser dado de um modo *isolado* ou *simples,* o remédio homeopático deve ser *dado mais ou menos espaçadamente,* consoante os ensinamentos da experiência clínica.

O fim do remédio é despertar uma reação da vitalidade ou força vital que, opondo-se à ação do medicamento, se oponha também à desordem dinâmica da moléstia, que lhe é similiar; portanto, acumular no organismo doses exageradas do remédio pode arriscar a sobrepassar os efeitos terapêuticos e agravar o estado mórbido. Nenhum prático ignora que, às vezes, moléstias incuráveis, como a tísica no terceiro período, vindo procurar na Homeopatia o seu último recurso de salvação, veem subitamente a sua marcha acelerada pelo tratamento homeopático pouco cauteloso. No caso, por exemplo, da tísica pulmonar, *Sulphur* é um medicamento perigoso, que só deve ser dado em alta dinamização e em doses muito espaçadas. De uma criança tuberculosa, após uma pneumonia mal tratada e que se mantinha havia meses no mesmo estado, vimos a morte sobrevir em 24 horas sob duas ou três doses de *Lycopodium* 30ª. Serve isso para mostrar que a administração do remédio homeopático deve acumular efeitos no organismo consoante a capacidade de reação deste. Ora, nas moléstias crônicas, ou de longo curso, a capacidade de reação da vitalidade é sempre maior do que nas moléstias agudas, em que a desordem vital é mais violenta. Portanto, nestas últimas, devem as doses ser mais repetidas do que nas primeiras. Essa conclusão teórica é confirmada pela experiência clínica nas moléstias agudas, em que a violência da desordem vital pode acarretar, a breve prazo, a morte, as doses devem ser repetidas frequentemente, desde a cada 5 minutos até a cada 2 horas; nas moléstias subagudas, a cada 3 ou 4 horas; enfim, nas moléstias crônicas, bastam uma ou duas doses por dia, e mesmo um dia sim outro não, devendo-se fazer cada mês uma pausa de 6 dias, em que não se tomará remédio algum. Em todo e qualquer caso, entretanto, deve-se, como se compreende facilmente, observar um princípio – *sempre que se notarem melhoras no estado do doente, devem-se espaçar mais as doses e, desde que elas se acentuem, suspendê-las, não voltando a novamente dar o remédio, a não ser que as melhoras se tornem estacionárias.* Então novas doses do medicamento poderão despertar nova reação da força vital, que fará progredir a melhora do paciente; se esta não progredir, porém, é que outro remédio deve ser indicado.

Mas o remédio homeopático, além de ser dado de modo *simples* e *raro* ou *espaçado,* deve ainda ser *posto em contato com todo o organismo*, em cujo interior deve penetrar. Isso se infere da própria natureza da moléstia e mesmo apenas da lei dos semelhantes: sendo escolhido por *similaridade* com a *totalidade dos sintomas* e destinando-se a agir sobre a força vital alterada, que está em todo o organismo, pois é uma propriedade inerente a esse, o remédio deve penetrar no corpo, a fim de poder exercer a sua ação dinâmica. Pouco importa a sua via de penetração; o que se requer é que ele penetre no sistema orgânico. O modo de introdução dos nossos remédios no organismo é comparativamente uma questão pouco importante; ela pode ser efetuada pela simples olfação, como algumas vezes fez o próprio Hahnemann em sua prática, ou por injeção hipodérmica, como outra vez fez Kafka e hoje o fazem, em certas circunstâncias, alguns médicos homeopatas; enfim, ele pode ter lugar por absorção da superfície cutânea ou da membrana mucosa retal ou do intestino grosso. E se assim não fosse, tornar-se-ia impossível tratar homeopaticamente um doente, dado que ele não pudesse, por qualquer circunstância, ingerir o medicamento pela boca. Apenas o que a nossa experiência tem demonstrado é que a introdução dos nossos medicamentos pela boca é a mais conveniente e a mais certa, só devendo ser abandonada quando se torna absolutamente impossível. Ela constitui o nosso método habitual de administrar os medicamentos homeopáticos; os outros processos são excepcionais.

Nessas condições, parece, à primeira vista, que as *aplicações externas de remédios* a moléstias locais devem ser condenadas em Homeopatia. Entretanto, não é assim. O que a Homeopatia condena são as aplicações locais isoladas, sem medicação interna, que podem levar a *metástases perigosas*. Quantas moléstias do cérebro, dos olhos e dos ouvidos têm resultado da supressão forçada de erupções da cabeça! E quantas crianças têm sido salvas pela Homeopatia tratando-as com remédios internos!

Quando, porém, às aplicações locais se ajunta um tratamento interno conveniente, nenhuma objeção há a fazer. Porque o que se requer, em *Homeopatia, é que se combata a totalidade dos sintomas apresentados* pelo paciente, e, nesse caso, obedece-se perfeitamente à regra fundamental: se o remédio externo age sobre a principal lesão da moléstia, o remédio interno combate todas as desordens vitais que a acompanham. Então, desde os simples acidentes traumáticos até as inflamações locais e suas erupções cutâneas e úlceras, a aplicação externa de remédios homeopáticos é perfeitamente justificada.

Isso não quer dizer, entretanto, que se vá até o ponto de usar o tratamento tópico como superior ao tratamento interno ou constitucional, nessas moléstias, colocando este último em posição secundária e usando o primeiro indiscriminadamente. Ao contrário, o que o verdadeiro homeopata deve ter em consideração é que o tratamento tópico não é senão um acessório, um auxiliar do tratamento constitucional.

Enfim, para agir no interior do corpo, o medicamento deve ser dinamizado. Isso é uma consequência lógica da natureza da moléstia.

Pois que esta não é senão um desarranjo da vitalidade geral ou força vital, manifestando-se por desordens funcionais, seguida secundariamente das lesões anatômicas, claro está que o medicamento, para curar a moléstia, deve agir sobre essa mesma *vitalidade* ou *força vital*. A sua espécie de ação é então *dinâmica*, e não física ou química. O medicamento age por dinamismo, e não por sua massa: ação catalítica ou diastásica![47]

Isso é tão verdadeiro no corpo são como no corpo doente; apenas em um e outro os seus efeitos são contrários; no corpo são, o medicamento produz efeitos patogenéticos; no doente, efeitos curativos. Por quê? Não o sabemos, como não sabemos o *porquê* de qualquer lei natural. Por que um corpo atirado ao ar cai para a superfície da Terra? Ignoramo-lo; sabemos apenas *como* ele cai – percorrendo espaços que são proporcionais ao quadrado dos tempos gastos em percorrê-los – eis aí tudo.

Mas, para produzir os seus efeitos curativos, é necessário que o medicamento não seja administrado nas doses em que ele produziu seus efeitos patogenéticos, do contrário provocaria esses efeitos e agravaria aqueles, que lhe são semelhantes.

Eis aí porque Hahnemann, logo no começo de sua carreira, em que empregava as doses usuais, foi obrigado a diminuí-las. Para isso, instituiu ele então os atuais processos que a Homeopatia emprega para preparar os seus medicamentos – o das diluições líquidas feitas por *sucussões* e o das *triturações* secas sucessivas. Mas, ao mesmo tempo que foi atenuando os seus medicamentos para evitar as agravações de que falamos, foi Hahnemann observando que, na maioria deles, a *energia* curativa se tornava maior depois que era *dissociado* pelos processos usados. Era como uma *força nova* que se desprendia do âmago da substância, dividida e subdividida, *dissociada*, como se diz hoje, pelo método empregado. A esse método deu ele, então, o nome de *dinamização*, o método empregado para *pôr em liberdade no veículo a energia curativa*, contida, até então, no interior da massa do medicamento. Que *energia* é essa que se difunde na massa do veículo, em que o

---

47. Sobre a ação dos medicamentos homeopáticos, existem várias hipóteses explicativas. O certo é que agem. Como e por quê? Dia virá em que teremos explicação segura.

medicamento é *sacudido*, ou *triturado*, e no qual não se encontram mais vestígios físicos e químicos dele?[48]

Ignoramo-lo, como ignoramos a natureza da *gravidade* que atrai os corpos para a superfície da Terra. Sabemos que a gravidade existe, porque os corpos caem; sabemos que a energia curativa existe nos medicamentos homeopáticos, porque eles curam – eis tudo.

Mas chega-se por aí a uma conclusão: é que essa energia, essa força oculta no âmago da substância, que age sobre a vitalidade e a desarranja no corpo são, cura no doente. Como então acontece que doses maciças de medicamentos possam produzir efeitos patogenéticos e, em certos casos, curar estados mórbidos naturais semelhantes? Sem falar já na ação física ou química de tais doses, que podem indiretamente, por seus efeitos locais, provocar o desarranjo geral da força vital, basta dizer que a *hidratação*, pelos líquidos orgânicos, é suficiente muitas vezes para dissociar e, portanto, dinamizar a substância, pondo em liberdade a sua *energia* patogenética e curativa.

Podemos assim curar uma moléstia, em certos casos, com fortes doses de medicamentos que não foram previamente dinamizados. Isto é a exceção. Ordinariamente, são os medicamentos dinamizados pelos *processos farmacêuticos homeopáticos* os que dão melhores e mais prontos resultados. É o resultado de uma observação prática, que deriva, entretanto, naturalmente da concepção que fazemos da natureza da moléstia – se é dinâmica em sua origem, dinâmica deve ser a ação do medicamento destinado a curá-la.

É o conjunto desses processos farmacêuticos que constitui a *Farmacologia Homeopática*, isto é, a arte de preparar os medicamentos para uso homeopático. Dois são, em geral, esses processos:

Obtidas as substâncias naturais, seja por processos químicos, seja por maceração no álcool ou expressão (cujo produto se mistura com álcool), constituindo as substâncias puras de um lado e as *tinturas-mães* de outro lado, procede-se à sua dinamização por *via líquida* ou por *via sólida*.

Procedendo por via líquida, mistura-se uma parte de preparação primitiva com 9 (é a *escala decimal*) ou 99 (é a *escala centesimal*) de álcool e, colocada a diluição em um frasco, sacode-se este certo número de vezes, fazendo bater o seu fundo sobre um corpo resistente – é o processo da *sucussão*; tem-se, assim, a 1ª dinamização; e, misturando-a com 9 ou 99 partes de álcool, procede-se do mesmo modo, e tem-se a 2ª dinamização; e assim sucessivamente até a 30ª, 200ª dinamização etc.[49] Se o número da dinamização pertence à *escala decimal*, faz-se acompanhar de um "x" e escreve-se assim: *Aconitum* 3ªx. Se a escala é a *centesimal*, então não é necessário adicionar sinal algum ao número da dinamização, por exemplo, *Aconitum* 3ª *dinamização centesimal*. Alguns, entretanto, fazem preceder ou seguir o número da dinamização centesimal pela letra "C" e da decimal, pela letra "D".

Procedendo-se por *via sólida* ou seca, mistura-se uma parte da preparação primitiva com 9 ou 99, consoante a escala, partes de açúcar de leite, e, colocando o todo em um gral de porcelana, *tritura-se* por certo espaço fixo de tempo – é o processo da *trituração*, e tem-se assim a 1ª dinamização; em seguida procede-se, como pela via líquida, usando-se sempre o açúcar de leite, em vez de álcool. Reconheceu, entretanto, a experiência que as substâncias insolúveis, como os metais triturados até a 3ª dinamização centesimal, tornam-se daí em diante solúveis, e a sua energia curativa posta suficientemente em liberdade pode continuar a ser desenvolvida pelo processo da via líquida, e sendo da 3ª trituração centesimal, pode-se fazer a 4ª dinamização líquida e daí em diante proceder por via líquida. O mesmo sinal "x" acompanha o número da dinamização por trituração, como no caso das diluições, quando elas pertencem à *escala decimal*.

Claro está que cada um desses processos, no que diz respeito às preparações originais, sobretudo tinturas-mães, têm aspectos particulares, que não podem aqui ser descritos. Essa tarefa pertence à *Farmacologia*.[50]

Mas outra obra existe, ainda na literatura homeopática, destinada a guiar o farmacêutico homeopata – é a *Farmacopeia Homeopática*, na qual se descreve de *per si* cada medicamento, em sua forma original, mineral, vegetal ou animal, e se ensina o modo de prepará-lo de acordo com as regras gerais da Farmacologia. Em geral, quase todas as Farmacopeias Homeopáticas trazem, em forma de Introdução, um resumo dos princípios da Farmacologia, o que muito facilita a tarefa do farmacêutico. A farmacopeia que conhecemos é a *American Ho-*

---

48. Aconselhamos a leitura da excelente monografia: "La Recherche Scientifique Appliquée a L'Homéopathie en France", de autoria da Dra. Lise Wurmser, grande farmacóloga francesa. As teses do Prof. Dr. Licínio Cardoso e do Prof. Dr. General Duque Estrada, baseando-se em mecânica racional, procuram dar uma interpretação sobre o modo de agir dos medicamentos homeopáticos.

49. Veja o brilhante artigo de D. Helena Minin sobre o preparo de altas dinamizações constante da edição de julho de 1939 da *Revista da Associação Paulista de Homeopatia*.

50. Veja o *Guia de Farmácia Homeopática*, do autor.

meopathic Pharmacopeia, publicada em inglês pelos senhores Boerike & Táffel, dos Estados Unidos. Outra existe, traduzida em português, é a *Farmacopeia Homeopática Poliglota*, do Dr. W. Schwabe, de Leipzig.[51]

As dinamizações líquidas podem ser adquiridas nas farmácias homeopáticas, seja em sua forma primitiva (líquida), seja sob a forma de *glóbulos* (que se embebem na dinamização líquida, secando-os em seguida), seja ainda sob a forma de *pastilhas* ou *tabletes* (que se fazem umedecendo o açúcar de leite com a dinamização líquida e moldando-o em formas adequadas).

As triturações só podem ser obtidas em forma de pó ou de *pastilhas*. Em lugar dos glóbulos, usam-se ainda, nos Estados Unidos, os *discos,* meias esferas feitas de açúcar de cana, que se embebem nas dinamizações líquidas e se secam em seguida.

Qual dessas dinamizações se deve usar em um dado caso? Em regra, é a experiência clínica que o determina; mas, de um modo geral, pode-se dizer que tanto mais aguda é a moléstia, tanto mais *baixa* pode ser a dinamização escolhida; tanto mais crônica a moléstia, mais *alta* deverá ser a dinamização. E isso porque, em regra geral, a energia terapêutica dos medicamentos, que combate as primeiras, é a que mais facilmente se desprende pelo processo da dinamização (tal é, por exemplo, *Aconitum,* ou ainda *Baptisia, Gelsemium* ou *Belladona* nas moléstias febris agudas); ao passo que a energia terapêutica, que combate as moléstias crônicas, precisa de um processo mais longo de *dissociação* do medicamento para se desprender (tais são, por exemplo, *Nux vomica* e *Gelsemium* nas *afecções nervosas*, e, em geral, os metais e substâncias inertes em natureza como *Silicea* e *Lycopodium*).

Tal é, de um modo geral, como se administra o medicamento homeopático – *simplesmente, espaçadamente, constitucionalmente* e *dinamizado* ou, pelo menos, *em doses diminutas.*

Não podemos deixar de citar os trabalhos da senhorita Wurmser, de Berné, de Boiron e de Gillet, que na França não têm tido descanso. Trabalhos esses destinados a mostrar ao mundo científico as bases sérias e honestas da medicina homeopática.

Para finalizar esta parte do nosso livro, mais algumas considerações:

O prático homeopata, além de receitar os seus medicamentos, deve cuidar da higiene de seus doentes e lhes prescrever o regime mais adequado, consoante os ensinamentos da experiência geral. Ele deve aproveitar todas as forças naturais a bem do seu doente – o calor, o frio, a água, a luz, o ar, o clima, o exercício e o repouso, a alimentação ou a dieta –, enfim deve cuidar da remoção de todas as causas palpáveis que possam obstar a cura do seu paciente. Todos esses elementos de *trabalho* são *auxiliares* dos seus medicamentos.

Mas, além disso, o prático homeopata, antes de ser homeopata, é um prático – seu dever é procurar salvar o seu doente por todos os meios que lhe oferece a *arte de tratar* (não dizemos de *curar*) os enfermos. Portanto, nos casos graves, de desenlace iminente, que não permita tempo para a ação de um medicamento homeopático ou que este não possa ser obtido de pronto ou ainda este, por mal escolhido na ocasião, não consiga remover prontamente um sofrimento intolerável, que, entretanto, é urgente eliminar, manda Hahnemann que se lance mão de medidas *puramente paliativas*, que, se não servem para curar, servem para aliviar, e dar tempo para que a ação do medicamento homeopático se desenvolva. Assim: um cataplasma contra uma dor intolerável, uma lavagem intestinal em caso de obstrução fecal do intestino, um clisterzinho de água morna em uma prisão de ventre nas crianças, a inalação de nitrito de amila em um acesso violento de angina de peito, uma sangria em caso de coma urêmico etc. são medidas auxiliares de tratamento que o prático homeopata pode usar. A massagem e a ginástica, em várias circunstâncias, entram ainda nessa categoria de adjuvantes do tratamento, eliminando certas causas de inércia funcional.

As aplicações de *luz, eletricidade, raios X* e *radium* agem segundo a *lei da semelhança*; portanto, sempre que o prático as julgar indicadas em dado caso, não deve hesitar em usá-las. Quando certas moléstias nervosas não cederem aos medicamentos internos, pode ele recorrer às correntes elétricas; e está hoje bastante provado que os *raios X* e o *radium*, assim como provocam, nos que os manejam, cânceres da pele, curam também os epiteliomas – sua ação é homeopática, e nenhum homeopata pode hesitar em empregá-los.

Enfim, quando o caso é *cirúrgico* e ele verificar que o medicamento homeopático só não conseguirá remover a causa mórbida, não deve hesitar em aconselhar ao seu doente a intervenção cirúrgica. O ideal será então que a *operação* seja efetuada *por cirurgião homeopata*.[52] Há então uma cirurgia homeopática? Há uma cirurgia homeopática. A cirurgia homeopática é essencialmente *conservadora*, e não faz *diletantismo*; dispondo de um grande arsenal terapêutico, ela

---

51. A *Farmacopeia* do Dr. W. Schwabe é a mais usada no mundo homeopático na atualidade.

52. É o cirurgião cujo tratamento pré ou pós-operatório segue as leis hahnemannianas.

procura, antes de intervir, resolver o problema médico por meio dele, relegando só para último caso ou para os casos que não comportam ação médica a intervenção mecânica dos seus ferros; além disso, ela procura auxiliar o tratamento interno com as aplicações externas dos seus remédios, e, por vezes, só com estes obtém sucessos, que de outro modo só se conseguem por meio da intervenção mecânica. É assim que, por exemplo, por meio de aplicações externas de *Cyrtopodium* e do uso interno de *Belladona* e *Mercurius*, ela obtém a resolução de um abscesso que outro qualquer processo terapêutico não poderia obter. Por outro lado, uma vez feita a operação, a cirurgia homeopática, seja por sua medicação interna, seja pela aplicação local dos seus remédios, procura agir, não somente sobre o sistema geral, mas também sobre as partes operadas, estimulando os tecidos lesados à reparação, sem se limitar, portanto, à simples assepsia ou antissepsia, que procura eliminar micróbios, deixando a cicatrização às forças da natureza. Tal o duplo aspecto que caracteriza a operação feita por um cirurgião homeopata: a *oportunidade* prudente de intervenção e a concepção da cura depois desta – embora a técnica puramente *operatória* seja comumente usada por todos os médicos.

Aliás, cumpre-me transcrever a definição de médico homeopata aceita pelo Instituto Americano de Homeopatia: "*Médico homeopata é aquele que adiciona ao conhecimento geral da Medicina um conhecimento especial de Terapêutica Hahnemanniana*".

Todos devemos ter em mente que *o método homeopático é um método de cura, mas não é o único método de cura*. Quando há perigo de morte, deve-se lançar mão de todos os recursos para salvar o enfermo.

A vida humana é preciosa sob todos os pontos de vista, e está acima dos métodos de cura. Ela exige, por parte do profissional, que tudo seja feito. Aos que creem em Deus, é um imperativo de ordem religiosa, aos que não creem, é um dever de solidariedade humana.

A ortodoxia, quer por parte de *alopatas*, quer por parte de *homeopatas*, é uma demonstração de intolerância e falta de conhecimento.

Diluições homeopáticas

Além das diluições decimais e centesimais usadas em homeopatia, por exemplo: *Aconitum* 3x ou *Aconitum* D3, e *Aconitum* 3ª ou *Aconitum* C3, mais adiante explicadas, existem países que costumam usar a seguinte expressão: *Aconitum* D3 H, isto é, trata-se do *Aconitum* de 3ª diluição decimal, feito pela *escala hahnemanniana verdadeira*.

Quando não tiver o H, significa que a diluição foi feita pelo processo de *Korsakov*.

No Brasil, no entanto, usamos somente as diluições feitas pelo processo hahnemanniano.

Como, porém, o leitor gosta de conhecer as coisas, é preciso que seja esclarecido.

Nas diluições hahnemannianas verdadeiras, quer nas escalas decimal ou centesimal, quando passamos de uma diluição para outra, é preciso mudar de frasco. Por exemplo, para o preparo de uma D3, tira-se 1 cm³ da D2, coloca-se em um novo frasco, onde se acrescentam 9 cm³ de álcool. Faz-se, então, a sucussão. Para o preparo da D3 *Korsakoviana*, deixa-se 1 cm³ da D2 e nesse mesmo frasco acrescentam-se 9 cm³ de álcool. Faz-se a sucussão e obtém-se a D3.

O que à primeira vista parece semelhante é, no entanto, muito importante sob o ponto de vista físico-químico quanto à sua diferença.

Segundo cálculos muito bem feitos, a relação é a seguinte:

Diluição Hahnemanniana (escala centesimal)	Diluição Korsakoviana (escala centesimal)
Relação estabelecida	
C4 corresponde a	C6
C5 corresponde a	C30 mais ou menos
C6 corresponde a	C100 mais ou menos
C7 corresponde a	C200 mais ou menos
C9 corresponde a	C1.000 mais ou menos
C12 corresponde a	C10.000 mais ou menos
C18 corresponde a	C50.000 mais ou menos
C30 corresponde a	C100.00 mais ou menos

O que à primeira vista parece não ter importância é, sob o ponto de vista científico, de uma importância extraordinária.

No Brasil, no entanto, usamos somente a escala hahnemanniana verdadeira.

Na França, em 21 de dezembro de 1948, saiu uma lei, publicada no *Jornal Oficial* de 29 de dezembro de 1948, *codificando* as preparações homeopáticas oficiais. Lá então as diluições vão apenas até a D18, que corresponde à C9.

Eles assim fizeram para poder comprovar, pelos processos físico-químicos e biológicos, a existência de substâncias na diluição.

Por esse ato não se julgue que os homeopatas franceses não usam as *altas*. Pelo contrário.

O que acontece é que não há um meio de se comprovar em laboratório a existência de medicamento.

No entanto, na prática, diariamente vemos o efeito da *alta* em pacientes e experimentadores.

Note-se que, por lei, na França somente aceitam as diluições feitas pela escala hahnemanniana verdadeira.

No parágrafo 270 da 6ª edição do *Organon*, edição essa não aceita oficialmente no Brasil, Hahnemann estabelece uma nova técnica de diluição, não encontrada em nosso país. É a 50.000ª.

Cito-a aqui para simples conhecimento dos leitores. Alguns médicos suíços e franceses são, no entanto, grandes entusiastas desse tipo de diluição.

Entre nós, não são encontrados.

Conceitos modernos de Patologia (A.B.)

Em vista da evolução manifestada pela escola oficial em diversos setores, sinto-me satisfeito em transcrever, sem comentários, a opinião de diversos autores, de diferentes nacionalidades, mas todos de elite.

Os caríssimos leitores verão que todos são concordes e essa concordância já está em Hahnemann. Basta ver o *Organon* e lá se encontrará a opinião abaixo expressa por grandes vultos da ciência oficial.

Em primeiro lugar, vamos transcrever um trecho da introdução do livro *A Basis for the Theory of Medicine*, de Speransky, trecho que pertence ao prefácio da edição inglesa. Speransky é o diretor do Departamento de Patofisiologia do Instituto de Medicina Experimental da União Soviética.

Chegamos à conclusão de que a Medicina cessou gradualmente e de maneira imperceptível de tratar o seu objetivo de forma sintética, substituindo-o por uma análise profunda de detalhes.

A especialização, levada a um grau extremo, tornou-se o escopo da medicina contemporânea, quer a teórica, quer a prática. Como resultado, a ciência médica foi retalhada em partes, tanto quanto toca ao objetivo ou ao método. Presentemente, inúmeros médicos proclamaram a necessidade de se voltar à forma sintética do trabalho.

Michel Mosinger, professor de Medicina Legal e de Medicina do Trabalho em Marselha, e atualmente professor de Anatomia-Patológica em Coimbra, no seu extraordinário livro *Médecine et Chirurgie Pathogéniques, Cancer*, diz em determinado trecho:

Se o sistema neuroergonal constitui uma unidade complexa, sua constituição e sua reatividade apresentam variações individuais consideráveis. Cada seguimento do sistema oferece, com efeito, certa autonomia funcional e uma relatividade química e física próprias. É a complexidade do sistema, o grande número possível de combinações de ergons variáveis quantitativamente e mesmo qualitativamente e topograficamente (caso dos gens), e a estrutura variável do sistema nervoso – sistema de integração físico-química – que explicam a variabilidade, segundo os indivíduos, da reatividade fisiológica e patológica.

A Medicina – individual, correspondente a uma biotipologia anátomo-fisiológica e reacional –, nos parece então receber uma base de pesquisa de síntese.

O professor Hans Selye, criador da célebre teoria das doenças de adaptação, professor e diretor do Instituto de Medicina e Cirurgia Experimental da Universidade de Montreal, no seu estupendo livro *Stress,* diz: "A doença consiste em dois componentes: *agentes nocivos* e *defesa*".

O professor Dr. Hans Eppinger, conhecido professor de Viena, antes da sua morte, escreveu um tratado notável, *Die Permeabilitäts Pathologie,* de onde transcrevemos o seguinte trecho:

O médico deve considerar como objeto principal a totalidade do organismo e, dentro do possível, dirigir a sua terapêutica em um sentido geral. Junto a um enfermo precisamos ter em mente, sempre, o conjunto fisiológico, o sistema funcional do organismo completo e inseparável, pois no homem temos que ver as partes subordinadas à finalidade do todo orgânico. Todo e qualquer órgão, para subsistir e permanecer ativo, deve estar ligado ao conjunto.

Mais adiante:

Não devem reger, de forma parcialmente especulativa, tão-só as ideias baseadas na patologia humoral; melhor seria, em oposição à atual Medicina, tendenciosamente especialista, se buscar restabelecer a coesão entre ambas as orientações. Assim voltaríamos ao ponto de vista de Rokintansky, que, em defesa de sua *teoria das crasis,* disse em certa ocasião: "A enfermidade pode ser, em qualquer uma das suas fases, objeto de exploração anatômica, tendo-se o cuidado de não trazer uma linha divisória demasiado rigorosa entre o morfológico e o biológico".

Trazendo essas opiniões ao conhecimento dos leitores, deixamos de fazer comentários, pois maior clareza não é possível. É por essa razão que, linhas atrás, afirmei que na patologia a evolução está sendo feita em um sentido nitidamente *Hahnemanniano*.

Hormônios, vitaminas e Homeopatia (A.B.)

Pouco a pouco a escola oficial vai admitindo a veracidade das concepções hahnemannianas, sem se dar conta dessa evolução. Vamos pois examinar, à luz dos conhecimentos modernos, como está se fazendo essa marcha para que de futuro se lembrem, os distintos e estudiosos colegas da escola alopática, de citar, pelo menos na bibliografia, algo a respeito, previsto ou escrito pelo sábio de Meissen.

Vamos tentar fazer um *mise au point* dos conceitos modernos de fisiologia, baseados em conhecimentos de neuroendocrinologia, e as deduções que daí decorrem, para verificar que tais conhecimentos já eram do conhecimento de Hahnemann.

Todos nós, homeopatas, sabemos de sobejo que Hahnemann compreende o ser humano no seu conceito unitário total, integral, antecedendo de um século, até, o conceito psicossomático. É o ser visto sob um ponto de vista indivisível, na sua concepção psicofisiológica. Vamos ver, agora, o que diz a moderna fisiologia alopática desse modo de encarar as coisas. Peço licença para transcrever na sua maior parte, para melhor compreensão, o excelente artigo de Paul Chauchard, publicado na *Presse Medicale* (59, n° 80, de 15.12.1951), sob o título *Equilíbrio simpático e correlações orgânicas*. Eis um pouco da transcrição:

Unidade orgânica. O fisiologista e o médico nunca devem se esquecer de que o ser vivo forma um organismo e uma individualidade. É preciso saber que, quando se decompõe o organismo vivo, isolando-o em diversas partes, não é senão para facilitar uma análise experimental, e nunca com o intuito de concebê-lo em partes separadas. E quando se quer dar a uma propriedade fisiológica seu real valor e seu real significado, é preciso sempre relacionar essa propriedade com todo o conjunto, e não tirar senão conclusões que não sejam relativas a efeitos dessa propriedade relacionada ao todo.

Nunca deveríamos esquecer esta judiciosa observação de Claude Bernard. Quando se descreve tal função fisiológica, própria de um determinado órgão, tal ação específica de um medicamento, tal perturbação patológica, a localização eletiva de um processo, isto não é verdade, a não ser à primeira vista, porque, no organismo, *tudo age sobre o todo*, pois que todos os órgãos são feitos de uma mesma matéria viva idêntica no seu fundo, com simples diferenciações de detalhe, e, por outro lado, *tudo ressoa sobre o todo*: cada célula é ligada ao conjunto ou por via humoral ou por via nervosa; ela é um final *common path* de múltiplas influências. A sensibilidade não depende, pois, somente da suscetibilidade local do elemento considerado, mas ela se relacionará, isto sim, com o estado de todo o organismo reagindo sobre esse elemento. Toda reação orgânica é, pois, mais ou menos imprevisível, pois que ela depende do estado variável de um conjunto onde ainda continuam a ter consequências perturbações passadas; é de toda a importância o conhecimento do *terreno*, e a sensibilidade diferente de cada indivíduo. A fisiologia moderna, depois de ter precisado as reações específicas de cada função, se orienta cada vez mais no sentido de explicar os processos não específicos, isto é, as reações secundárias resultantes seja da sensibilidade geral celular, seja reflexo da ação primária, fato esse chamado por Roussy e Mosinger, no seu *Tratado de Neuro-endocrinologia*, de modificações correlatas do efeito específico, fato esse existente tanto em *Fisiologia* como em *Patologia*. Essas modificações correlatas podem ser de duas qualidades ou ordens diferentes: pode se tratar de um processo de *adaptação*, isto é, de uma autorregulação harmônica permitindo ao organismo prosseguir sua vida; ou de uma perturbação grave, a ponto de haver uma queda em todo o seu funcionamento: é o caso da regulação reflexa da tensão arterial; afirmar a *finalidade* do fenômeno não é tomar uma posição filosófica, mas simplesmente constatar um *fato*, que resulta da harmonia da construção orgânica realizada graças às interações embrionárias. Mas todas as perturbações correlatas não são adaptativas, e existem muitas que não têm nenhum sentido fisiológico e dependem unicamente de relação de vizinhança. Em particular, as perturbações violentas da patologia aumentam a importância dessas reações não adaptativas. Às vezes, nesses casos, a persistência das reações adaptativas, conquanto felizes, pode, no entanto, levar a perturbações graves.

É difícil distinguir nas *doenças de adaptação* (Selye), segundo o termo atualmente em moda, a parte que pertence ao processo originariamente adaptativo e aquela que constitui a dos desvios, do mesmo modo que não se podem praticamente separar as reações não adaptativas das perturbações secundárias. É por essa razão que o termo *Patologia correlativa* (Roussy e Mosinger) é bem preferível.

Nesta patologia desempenham um papel preponderante, com justa razão, as *perturbações endócrinas,* mas existe uma tendência atual, filiada a Selye, que visa a dar uma predominância absoluta às relações hipófiso-córtico-suprarrenais, o que é excessivo e cria uma especificação abusiva de perturbações não específicas. Por outro lado, o lugar dado pelo grande mestre às correlações orgânicas, daquilo que os antigos chamavam de *simpatias*, ao sistema nervoso vegetativo parece ser muito pequeno.

Nós não desejaríamos aqui, sem entrar em detalhes, simplesmente pela constituição geral arquitetural e funcional desse sistema nervoso, mostrar como ele pode entrar em jogo, em circunstâncias as mais variadas, respondendo às perturbações orgânicas, principalmente às hormonais, ou então provocando-as. Terminando, nós mostraríamos como se pode passar de perturbação simplesmente funcional para lesional, pela excitação vegetativa crônica ou *irritação*. Faremos uma síntese de tudo o que resulta das recentes aquisições no campo da endocrinologia (principalmente Selye), com o estudo das relações neuroendócrinas (Callin, Roussy e Mosinger), associados esses conhecimentos às observações de Reilly e Tardieu sobre a irritação nervosa, e estudos recentes sobre a análise cronaximétrica.

Após Chauchard estudar, de modo o mais científico possível, no capítulo "Princípios de modulação simpática", níveis de integração simpática, ele chega ao capítulo "Simpático e Glândulas Endócrinas", que também vou reproduzir, em parte, pela importância que representa para o nosso estudo. Ei-lo, no seu final:

> Assim vai-se estabelecer um verdadeiro círculo: A excitação simpática central ou periférica provoca a liberação de hormônios, e estes, uma vez lançados na circulação, além de seus efeitos específicos, agem por sua vez sobre o simpático, seja para modificar sua eficácia sobre os efetores, seja para excitar ou paralisar os nervos e os centros e, desse modo, provocar novas perturbações endócrinas. A isso juntam-se as regulações propriamente humorais dos endócrinos, cuja atividade é regulada pela taxa de hormônios circulantes. Diante de uma perturbação qualquer (hoje barbaramente chamada de agente estresse), existe sempre um ataque simultâneo, quer do equilíbrio simpático, quer do equilíbrio hormonal, pois os dois estão *intimamente ligados*.

Mais adiante, no capítulo "Da perturbação juncional à lesão", diz o ilustre fisiologista francês:

> O sistema nervoso simpático é um sistema modulador que trabalha incessantemente. O que se passa, se uma perturbação patológica vai bloquear sua ação e permanece em determinado sentido? O problema é análogo ao que se nos deparou no estudo das origens das polinevrites; neste caso, atribuímos a uma baixa do poder trófico somático do neurônio motor periférico, fatigado por uma excitação permanente do centro de subordinação à origem da degenerescência das fibras. Aos simples efeitos fisiológicos da excitação da fibra simpática vão se suceder modificações histológicas permanentes de atrofia ou de hipertrofia, seguidas depois de lesões irredutíveis. A perturbação funcional simpática provoca nos efetores, se se prolonga por muito tempo essa perturbação, perturbações irredutíveis. A importância da vasomotricidade que tem influência sobre a alimentação dos efetores é aqui então de importância capital, segundo as observações de Leriche e Reilly. A irritação do simpático, tal como a pratica Reilly com a toxina sobre o esplâncnico, pode agir por diversos mecanismos que não se anulam em absoluto: excitação direta das fibras simpáticas, e principalmente vasomotoras, desencadeamento de reflexos vasomotores por excitação de fibras sensíveis etc.

Assim não é, pois, possível se opor totalmente uma patologia lesional a uma patologia correlativa funcional, pois se existem perturbações primitivamente lesionais, em inúmeros casos a lesão aparece como consequência de uma perturbação correlativa funcional. Vê-se, pois, como conclusão que o sistema nervoso simpático, com os seus dois fatores em equilíbrio, constitui um fator muito importante ao bom funcionamento orgânico, e que ele contribui de uma maneira fundamental no aparecimento de perturbações patológicas, agindo pela variedade de seus níveis de integração e sensibilidade, pela multiplicidade de seus comandos, sua intervenção na ativação das glândulas endócrinas e sua própria sensibilidade às perturbações hormonais e humorais.

Aliás, o conceito de organismo integral é tão importante que, no IV Congresso da Sociedade Internacional de Cirurgia, realizado em Paris, em setembro (23 a 29) de 1951, logo no início da 1ª reunião científica, M. Henschen, de Bâle, falou sobre o tema: "Da influência das concepções de Speranski, Leriche e Ricker sobre o futuro da Cirurgia". Em todas essas concepções, o ser humano é visto sob um prisma integral, indivisível; no nº 63 da *Presse Medicale*, publicado em 10 de outubro de 1951, os caríssimos leitores têm um ótimo resumo do trabalho apresentado pelo distinto colega de Bâle.

Não menos interessantes são os trabalhos de Hess, *sábio suíço de Zurique*, prêmio Nobel, que também em sua concepção defende o conceito unitário do ser humano, quer na fisiologia quer na patologia.

Frank S. Apperly, em seu excelente livro *Patterns of disease on a Basis of physiologic pathology*, publicado em 1951, logo na introdução diz o seguinte:

> No organismo vivo existe uma cooperação harmônica entre as células e os tecidos, de tal natureza que, quando uma parte do organismo é perturbada em sua função por qualquer influência estranha, imediatamente as outras partes agem no sentido de restaurar ou compensar, tão rapidamente quanto possível, a função perturbada. O equilíbrio entre as partes então é restabelecido.

Ha pouco, também Mosinger, quando lecionou em Coimbra, publicou um livro: *Bases d'une medicine et d'une biologie integratives: diencéphale, neuro-endocrinologie et neuro--ergonologie*. Pelo simples título, qualquer um pode saber que a meta do autor é o homem integral.

Pelo exposto, estamos vendo que a marcha da escola alopática é num sentido que *Hahnemann* expôs no seu livro básico da doutrina homeopática, o *Organon*.

Mas que relações têm os hormônios, vitaminas etc. com o exposto? Todos que seguiram o nosso raciocínio, naquilo que foi exposto, viram as relações neuroendócrinas da moderna fisiologia e patologia. Mas que têm a ver os hormônios com a Homeopatia? A resposta se encontra na excelente obra de Selye, *Textbook of Endocrynology*, p. 39 da edição de 1947, quando faz o histórico da *Endocrinologia*. Vou fazer a transcrição na língua original, por eu não estar de acordo com um fato que demonstrarei a seguir:

> Paracelsus (1493-1541) (his true name was Theophrastus Bombastus von Hohenheim), a Swiss physician, often described as the father of pharmaceutic chemistry was apparently the first, however, to justify such practices by a scientific hypothesis, characterized by his slogan *Similia similibus curantur* according to which a diseased organ is best cured by administration of a similar organ. Thus, we arrive at a fairly clear formulation of *Substitution therapy*.

Discordamos do ilustre Prof. Selye quanto à nacionalidade de Paracelso, sobre quem a *Enciclopédia Britânica* diz: "grande médico alemão, nascido em 1490, perto de Einsindeln, no Cantão de Schwyz".

Quanto ao outro ponto, qualquer médico sabe que o *slogan Similia similubus curantur* pertence a *Hahnemann*, e não a Paracelso. Pois Hahnemann edificou toda a sua doutrina baseado nesse *slogan*.

Estamos vendo, pois, que hormônios, que já eram considerados "similia" há tanto tempo, podem sê-lo ainda hoje.

Existe no entanto outro ponto na Homeopatia em que é preciso saber se podem os hormônios, vitaminas etc. ser enquadrados. É o das doses mínimas. Será isso possível? É o que tentaremos provar, e para isso somente lançaremos mão de autores alopatas ou tidos como tal.

Em 1934, A. Z. M. Bacq, quando era professor da Universidade de Liège, e autor do excelente livro *Princípios de Fisiopatologia e de Terapêutica Gerais*, publicado em 1950, publicava o trabalho *Hormônios e vitaminas, um aspecto do problema das quantidades infinitesimais em Biologia*. É desse trabalho que vamos destacar alguns trechos. Logo na introdução: "Os biologistas conhecem duas categorias de substâncias que agem em doses infinitesimais, os hormônios e as vitaminas".

Quando do estudo experimental, as doses de hormônios usadas foram todas de teor homeopático. Para a adrenalina, experiências com a D7 e a D10. Para a *Acetilcolina,* as diluições usadas vão de D8 a D10. A *Tiroxina* foi usada na D8. A *Hipófise* foi usada em uma solução de 1/550.000.000.

Os outros hormônios, também citados, foram usados em doses infinitesimais.

Quanto às vitaminas, lipo e hidrossolúveis, as experiências foram feitas com doses correspondentes a milésimos de miligrama. Aliás, fazendo um parêntese, hoje em dia as doses da B12 empregadas são de teor homeopático.

Os exemplos citados foram tomados de uma obra escrita em 1934. Será que os modernos estão também de acordo com tal? Vamos ver o que diz a respeito Benjamin Harrow, Head of Departament of Chemistry do *College* da cidade de Nova Iorque. Em 1950, esse ilustre e conhecido professor americano escreveu um interessante livrinho denominado: *One family: Vitamins, Enzymes, Hormones*. É desse livro que também transcreverei trechos. Logo na introdução: "Vitaminas, hormônios e enzimas têm sido citados como pertencendo às menores coisas. Por quê? Porque quando comparadas em peso com os teores dos alimentos mais comuns necessários ao nosso organismo, essas substâncias existem em quantidade infinitesimais".

Quanto às enzimas, ele define como "catalizadores produzidos em resultado da atividade celular".

Ainda recentemente, Alfred Burger, no seu excelente livro *Medicinal Chemistry*, com sua autoridade de professor associado de química da Universidade de Virgínia, diz o seguinte:

> Vitaminas e hormônios são compostos orgânicos que exercem no organismo funções específicas e vitais em concentrações relativamente minúsculas. São necessários para o crescimento e a saúde do homem e dos animais. As vitaminas não podem ser geralmente sintetizadas por processos anabólicos, enquanto os hormônios são produzidos dentro do organismo. Entretanto, não há diferença na definição. Ambos os tipos de substâncias são essenciais para a transformação da energia e a regulação do metabolismo das unidades anatômicas, mas eles não fornecem energia e não são utilizados como unidades construtivas da estrutura orgânica.
>
> A inter-relação entre as vitaminas exógenas e os hormônios endógenos é mostrada de modo mais claro pelo fato de certas vitaminas poderem ser sintetizadas por uns poucos animais nos quais agem também como hormônios. Os dois tipos de biocatalisadores dependem um do outro para um perfeito funcionamento. Sem as vitaminas das dietas os hormônios não poderiam ser sintetizados pelo organismo animal, e sem os hormônios os alimentos não poderiam ser metabolizados.

Vemos, pois, que existe uma interdependência dessas substâncias, e que somente agem no seu *optimum* em doses infinitesimais.

Em 1952, na França, M. F. Jayle escreveu excelente livro: *Les biocatalyseurs. Enzymes. Substrates. Vitamines et hormones*.

Creio que, pelo visto, não é preciso mais chamar a atenção dos caros colegas alopatas sobre a necessidade de um conhecimento da Homeopatia, para cuja doutrina estão inconscientemente caminhando. Melhor seria, e muito útil à humanidade, que essa marcha fosse consciente.

Antibióticos e Homeopatia (A.B.)

Ao tentarmos ver sob um ponto de vista moderno a posição da Homeopatia face aos antibióticos, temos que considerar o paciente sob o duplo aspecto terreno-germe, sem exagerar o valor germe e sem desfazer do valor do terreno. Temos que aceitar a questão sem exageros do início da escola *Pasteuriana*, em que todo valor era dado somente ao germe, nem aceitar *in totum* os resultados de certa moderna escola russa, em que o germe é considerado sintoma, produto final de uma doença. Acho melhor estarmos na linha média. Dar o valor necessário aos dois, terreno e germe.

Quando da realização do 1º Congresso Sul-Americano de Homeopatia, realizado em Porto Alegre em abril de 1944, chegou-se às seguintes conclusões quanto ao tema "Homeopatia, Sulfas e Penicilina":

> Visando a Lei dos Semelhantes a restauração da acomodação normal do organismo ao meio pela ativação das aptidões daquele, não se aplica de modo algum a destruição dos fatores externos da moléstia. Pode, portanto, o médico homeopata: 1º) destruir ou evitar por qualquer processo os fatores externos da moléstia que se tornem ameaçadores; 2º) usar livremente de todos os meios terapêuticos, medicamentosos ou não, que atuem diretamente sobre os agentes morbíficos introduzidos no organismo, respeitadas as suscetibilidades de cada indivíduo (§ 7º do *Organon*).

O uso, segundo a Lei dos Semelhantes, das *Sulfas* e da *Penicilina* é impossível no momento; dependerá de longas experiências no homem são, e não parece ser muito proveitoso.

Isso em 1944.

Estamos vendo que naquele tempo já se abriu uma porta para o uso dos antibióticos pelos homeopatas, porta essa fechada em parte pelo final das conclusões. Na parte final, tentaremos introduzir uma modificação, baseados que estamos em modernos estudos, a fim de provar que, na intimidade dos tecidos, todas as drogas e medicamentos "anti" agem baseados na lei do "símile". Antes disso, no entanto, faremos uma ligeira digressão pelo campo dos antibióticos e depois veremos certas opiniões de filósofos homeopatas, para termos os dados necessários à nossa explanação em defesa de nossos pontos de vista.

Antes da descoberta, por acaso, da *penicilina*, houve um período de observações acidentais sobre antibióticos e outro de observações sistemáticas. O prof. André Gratia, na sua pequena mas excelente monografia "Les antibiotiques autres que la pénicilline", é que nos relata, quanto às observações acidentais, o seguinte:

> Em 1877, Pasteur e Joubert constataram que: "Une culture de bactéridies charfonneuses lorsqu' elle est contaminée par des bactéries communes, est arrêtée dans son développement non seulement *in vitro*, c'est-à-dire dans les tubes de culture, mais même dans le corps de l'animal auquel elle est injectée". Pasteur e Joubert concluíram: "Tous ces faits autorisent peu-être les plus grandes esperances au point de vue thérapeutique".

Como exemplo ainda, poderíamos citar, ainda baseados nessa monografia, os estudos de Metchnikoff sobre a ação antagonista dos bacilos lácticos sobre certas bactérias intestinais.

Sobre as pesquisas sistemáticas nesse campo, ainda baseados em Gratia, poderemos citar a "teoria do antagonismo provocado", de Schiller, e a "micolise", de Gratia, isto é, o papel dos germes bacteriolíticos na natureza e sua seleção pela gelose microbiana.

Faço estas citações porque raramente, sobre o estudo dos antibióticos, tenho ouvido referências sobre o assunto. E é de justiça que um trabalho como esse do professor da Universidade de Liège se faça conhecido.

E os sucessos dos antibióticos de origem fúngica, bacteriana ou vegetal são de tal ordem que continuam inúmeras as pesquisas nesse campo no sentido do domínio do agente "germe". E vemos hoje essa série enorme, desde as *Penicilinas* até a *Tirotricina*, passando pelo Ácido *Aspergílico*, pela *Citricina*, pela *Claviformina*, pelo Ácido *Kojic*, pelo Ácido *Penicílico*, pela *Javanicina*, pela *Glio-toxina*, pela *Enniatina*, pela *Fumagilina*, pelas *Estreptomicinas*, pelas *Neomicinas*, pelo *Actidione*, pela *Aureomicina*, pelo *Clorafenicol*, pela *Terramicina*, pelas *Polimixinas*, pela *Bacitracina*, pela *Subtilina*, pela *Liqueniformina* etc.

A série é enorme, e os estudos a respeito continuam.

Vamos passar agora, feito esse rápido conhecimento dos modernos antibióticos, a conhecer a opinião de homeopatas de elite sobre pontos da doutrina hahnemanniana. Stuart Close, professor de filosofia homeopática do New York Medical College e do Flower Hospital, no seu extraordinário livro *The Genius of Homeopathy*, p. 41, diz o seguinte:

> Primarily homeopathy has nothing to do with any *tangible or physical cause*, effect or product of disease, although secondarily it is related to all of them. Effects of disease in morbid function and sensation may remain after the causes have been removed.

Mais adiante, afirma:

> It stands to reason, as Hahnemann says, that every intelligent physician, having a knowledge of rational etiology, will first remove by apropriate means, as far as possible, every exciting and

maintaining cause of disease and obstacle to cure, and endeaver to establish a correct and ordely course of living for his patient, with due regard to mental and physical hygiene. Having done this, he adresses himself to the problem of finding that remedy, the symptoms of which in their nature, origin, and order of development are most similar to the symptoms of the patient etc.

O próprio Close, na p. 43, depois de indicar quando o homeopata deve lançar mão da cirurgia, diz um pouco adiante o seguinte:

Entozoa or organized living, animal parasites, when their presence in the body gives rise to disease, must be expelled by mechanical measures or by the administration of medicines capable of weakening or destroying them without endangering the person suffering from their presence.

O Dr. Armando J. Grosso, que foi um dos maiores cultores de Hahnemann na vizinha república Argentina, em excelente artigo, limita o campo de ação da Homeopatia na prática diária, e mostra os casos que estão sob ação da psicoterapia, da alopatia e da cirurgia.

Outra também não é a opinião de Linn Boyd no seu livro *The simile in Medicine*.

Vemos, pois, que, em face de agentes estranhos de doença, esses devem ser afastados ou destruídos, e os sintomas restantes no organismo devem ser tratados pelo método homeopático.

É questão pacífica e aceita, pois, a destruição dos agentes de moléstia. Ora, sendo os antibióticos agentes destruidores de causa de doença, creio que eles estão enquadrados dentro dos princípios já citados. Mas o que de mais interessante existe nisso e que é ainda desconhecido de muitos, é que esses antibióticos, em sua maioria, quando agem na intimidade das células ou tecidos, o fazem baseados nas leis de competição, que seguem o princípio da semelhança. Eis o que podemos citar a respeito: Burger, no seu excelente livro *Medicinal Chemistry*, publicado em 1951, *Theorie of Metabolite Antagonism* (v. 2, p. 600):

Antagonism between chemicals in cell processes has long been recognized as possible explanation of the carefull controlled balance of normal physiological reactions. If one compound causes a biochemical process to go too far in one direction and thereby shifts the accustomed equilibrium of the system, and antagonistic compound may cancel out this influence by its own-opposite – effect. Examples of such balancing influences may be found among certain hormones (epinephrine and acetylcholine, insulin and epinephrine). They are illustrations of what A. J. Clark referred to as physiological or pharmacodynamic antagonist, and they probably oppose catch other by reacting selectively at different active chemical centers in the cell. Certain drugs which are themselves not hormonal products or endocrine secretion, can enter into these antagonistic processes, and this fact points to the possibility that drugs in general may counteract substances which, in connection with a protein, have been recognized as, or are strongly suspected to be part of enzyme systems.

Mais adiante, diz Burger:

In fact, there is a growing tendency to interpret the biochemical modo of action of all "anti" drugs on the basis of competition or interference with normal cell metabolites, and this hypothesis has assumed major importance in the intelligent interpretation of medicinal chemistry. (O grifo é meu.)

Um pouco adiante, no estudo do antagonismo dos metabólicos, diz o seguinte:

Structural inhibitory analogs: The seconde type of antagonisms, on the whole, much more fruitfull for medicinal chemistry. It involves the relationship between a metabolite and structurally closely – but not, too closely – analogous antagonist. The greater this steric and polar similarity (isoterism) of the two interplaying reagents, the higher the possibility of specific antagonism.

Um pouco adiante:

In order to reach the prosthetic or reactive group, a metabolite must have a shape suitable to fit into these dents. It will be attracted there by hydrogen bonding and held by covalences or electrovalences while it reacts. A metabolite can be replaced by other molecules at these active centers. *If the new molecule is extremely similar to that of the accustomed metabolite, it will produce an action similar to that of the replaced material*. If the new compound is just enough dissimilar to fit into the proper dent but unable to react there, its presence at the active center will block the approach of a molecule of the metabolite: it has become an antagonist. *The picture has been drawn that the metabolite is like a key which can open a certain lock. The antagonist looks like a very similar key, and fits into he keyhole but cannot open the lock. Nevertheless, it makes it impossible to insert the correct key as long it remains in the keyhole.* (O grifo é meu.)

É baseado nessa analogia que, pensa-se, agem todos os "anti" usados em medicina atualmente.

Já em 1948, Thomas W. Work e Elizabeth Work, no seu livro *The basis of chemotherapy*, p. 227, achavam que a penicilina e a estreptomicina agiam segundo a teoria da competição.

E citando Hahnemann, transcrevo no original a citação que dele faz o Dr. Deniau, em sua interessante conferência feita no Centro Homeopático da França, em 7 de dezembro de 1951:

L'unité de sa vie ne permet pas qu'il puisse souffrir simultanément de deux désaccords genéraux semblables et il faut que l'affection dynamique présente (maladie) cesse des qu'une deuxième puissance dynamique (médicament) plus capable de la modifier, agit sur lui et provoque des symptômes ayant beaucoup d'analogie avec ceux de l'autre. Hahnemann poursuit en disant: "Même localment deux irritations ne peuvent point se rencontrer dans le corps, sans que l'une suspende l'autre, lorsqu'elles sont dissemblables, ou san que l'une détruisse l'autre lorsqu'il y a analogie entre elles, quant à la manière d'agir et à la tendànce".

Por aí vemos que Hahnemann, há quase um século, sugeria as bases da terapêutica de competição segundo a analogia. E se os antibióticos agem baseados nesse princípio, creio que aos homeopatas é permitido o seu uso, baseado no § 7 do *Organon* e baseado nos pontos de vista anteriormente transcritos, e que eram a opinião do sábio de Meissen.

Eis, pois, as razões por que devem ser modificadas as últimas linhas das conclusões do 1º Congresso Sul-Americano de Homeopatia, e permitir-se o uso dos antibióticos, enquadrados que estão dentro dos bons princípios da ciência hahnemanniana.

Em 1960, o distinto colega Bernardo Vijnovsky publicou excelente trabalho sobre o assunto denominado "Los Antagonistas similares en Biología y Medicina". Trata-se de um estudo sério e muito bem ordenado, que vem trazer mais dados e bases em defesa do novo ponto de vista.

Os bioterápicos

É o nome dado modernamente aos nosódios, especialmente depois dos excelentes estudos feitos pela conhecida Dra. Lise Wurmser, diretora científica dos Laboratórios Homeopáticos da França.

A base do preparo dos nosódios é a sua perfeita esterilidade. Tanto a primeira diluição como as que se seguem quando submetidas a diferentes exames bacteriológicos devem estar absolutamente estéreis.

Na França, os nosódios são divididos, para fins de saúde pública, em dois grupos: os nosódios simples e os complexos. Os bioterápicos têm a mesma classificação.

Pertencem aos bioterápicos simples:
- *Tuberculinum*
- *Diphterotoxinum*
- *DTTAB*
- *Diphtericum*
- *Gonotoxinum*
- *BCG*
- *Aviare*
- *Staphylotoxinum*
- *Vaccinotoxinum*
- *Colibacillinum*
- *Eberthinum*
- *Enterococcinum*
- *Paratyphoidinum B*
- *Staphylococcinum*
- *Streptccoccinum*

Pertencem aos bioterápicos complexos:
- *Hepatoluseinum*
- *Medorrhinum*
- *Influenzinum*
- *Pertussin* ou *coquelucinum*
- *Serum anticolibacillar*

Nomenclatura dos bioterápicos e descrição de suas fontes de origem:

- *Tuberculinum*: preparada a partir da Tuberculina bruta fornecida pelo Instituto Pasteur de Paris.
- *Aviare*: preparada de uma cultura de bacilos tuberculosos, variedade *Aviare*.
- *Diphtericum*: preparada do soro antidiftérico.
- DTTAB: preparada a partir de uma vacina associada, diftérica, tetânica, tífica. Para A e para B. Usada como dessensibilizante.
- *Vaccinotoxinum*: preparada a partir da vacina antivariólica. Usada como dessensibilizante.
- *Gonotoxinum*: preparada de uma vacina antigonocócica. Não confundir com Medorrhinum, que é preparada do pus gonocócico.
- BCG: preparada com a BCG. Usada como dessensiblizante.
- *Diphterotoxinum*: preparada a partir da toxina hipertóxica do Instituto Pasteur, diluída por reação de Schick.
- *Staphylotoxinum*: preparada a partir da anatoxina estafilocócica.
- *Colibaccillinum*: lisado microbiano obtido de três cepas diferentes de *Escerichia-Coli*.
- *Enteroccinum*: lisado microbiano tirado de três cepas diferentes de *Streptococcus-fetalis*.
- *Eberthinum*: lisado microbiano concentrado preparado com três cepas diferentes de *Salmonela tifosas*.
- *Para B*: lisado microbiano concentrado, preparado com três cepas diferentes de *Salmonella Paratyphi B*.
- *Staphylococcinum*: lisado microbiano obtido de duas culturas diferentes de *Staphylococcus pyogenes aureus*.
- *Streptococcinum*: lisado obtido a partir de duas culturas diferentes de *Streptococcus pyogenes Rosenbach*.

Parte II
Guia homeopático de matéria médica clínica*

---

*. Farmacopeia homeopática: A todos os que se interessam pelo preparo dos medicamentos homeopáticos, aconselhamos a leitura da excelente aula dada no Centro Homeopático da França, em 20 de dezembro de 1963, pela Mademoiselle Lise Wurmser, sobre "Choix des Souches".

É o melhor trabalho que conheço sobre as fontes e o modo de preparo dos medicamentos usados em Homeopatia.

Para os que gostam dos estudos teóricos da Homeopatia, aconselhamos a obra *Homeopatia, Medicina Positiva*, do saudoso Professor Sylvio Braga e Costa, considerado o maior teórico da Homeopatia no Brasil.

São artigos esparsos e conferências, mas o leitor poderá aquilatar do valor e da grandeza daquele Professor, a quem rendemos as nossas humildes homenagens.

Índice dos medicamentos homeopáticos

001	Abies canadensis	87
002	Abies nigra (Abeto negro)	87
003	Abrotanum (Abrótano)	87
004	Absinthium	87
005	Acalypha indica (Acalifa indiana, Kuppi)	88
006	Aceticum acidum	88
007	Acetanilidum	88
008	Achyranthes calea	88
009	Aconitinum (Aconitina)	89
010	Aconitum napellus (Acônito)	89
010-A	Aconitum napellus (Acônito)	90
011	Aconitum ferox	91
012	Actea racemosa (Cimicifuga)	91
013	Actea spicata (Engos)	91
014	Adonis vernalis	92
015	Adrenalina	92
016	Aesculus glabra	92
017	Aesculus hippocastanum (Castanha-da-Índia)	92
018	Aethiops (Sulfureto negro de mercúrio)	92
019	Aethusa cynapium (Pequena cicuta)	93
020	Agaricus muscaria (Agárico mosqueado)	93
021	Agaricus phalloides	93
022	Agave americana	94
023	Agnus castus (Gatileira comum)	94
024	Agraphis nutans (Campainha)	94
025	Ailanthus glandulosa (Sumagre chinês)	94
026	Aletris farinosa (Erva estrelada)	94
027	Alfafa	94
028	Allium cepa	95
029	Allium sativum (Alho)	95
030	Alnus rubra (Álamo)	95
031	Aloë (Aloë socotrina)	95
032	Alstoma constricta	96
033	Alumen	96
034	Alumina (Óxido de alumínio)	96
035	Alumina silicata	96
036	Ambra grisea (Ambra cinzento)	97
037	Ambrosia	97

038	Ammoniacum-Dorema	97
039	Ammonium bromatum (Bromureto de amônio)	97
040	Ammonium carbonicum (Carbonato de amônio)	97
041	Ammonium muriaticum (Cloreto de amônio)	98
042	Ammonium phosphoricum (Fosfato de amônio)	98
043	Ammonium valerianicum (Valerianato de amônio)	98
044	Amygdalus persica (Pessegueiro)	98
045	Amyl nitrosum (Nitrito de amila)	99
046	Anacardium occidentale (Cajueiro)	99
047	Anacardium orientale (Fava de Malaca)	99
048	Anagallis arvensis (Pimpinela)	99
049	Anantherum (Erva da Índia)	99
050	Angelica archangelica (Angélica)	100
051	Anemopsis californica (Erva mansa)	100
052	Angelica brasilienses (Angélica do mato)	100
053	Angustura vera	100
054	Anhalonium lewinii	100
055	Anisum stellatum (Anis estrelado, Badiana)	100
056	Anthracinum (Vírus do carbúnculo)	100
057	Antimonium arsenicosum	101
058	Antimonium crudum (Antimônio)	101
059	Anthrokokali (Antracile potássico)	101
060	Antimonium iodatum (Iodureto de antimônio)	101
061	Antimonium sulphuratum aurum	102
062	Antimonium tartaricum (Tártaro emético)	102
063	Antipyrinum (Antipirina)	102
064	Apis mellifica (Abelha)	102
065	Apium graveolens	103
066	Apocynum androsaemifolium (Mata-cão)	103
067	Apocynum cannabinum (Cânhamo americano)	103
068	Apomorphinum (Apomorfina)	104
069	Aqua marina (Plasma isotônico)	104
069-A	Água marina	104
070	Aquilegia (Columbina)	104
071	Aralia racemosa (Salsaparrilha brava)	104
072	Aranea diadema (Aranha porta-cruz)	104
073	Arctium lappa Veja Lappa major	105
074	Arenaria rubra	105
075	Argentum metallicum (Prata)	105
076	Argentum nitricum (Nitrato de prata)	105
077	Aristolochia milhomens	106
078	Aristolochia serpentaria	106
079	Arnica montana	106
080	Arsenicum album	107
080-A	Arsenicum album	108
081	Arsenicum iodatum (Iodureto de arsênico)	109

#	Nome	Pág.
082	Arsenicum sulphuratum flavus	110
083	Arsenicum sulphuratum rubrum	110
084	Artemisia vulgaris (Artemísia)	110
085	Arum dracontium (Dragão verde)	110
086	Arum triphyllum (Tinhorão americano)	110
087	Arundo mauritanica (Caniço)	111
088	Asa foetida (Assafétida)	111
089	Asarum europaeum (Orelha de homem)	111
090	Asclepias cornuti (Siríaca)	111
091	Asclepias tuberosa	112
092	Asparagus officinalis	112
093	Aspidosperma (Quebracho)	112
094	Astacus fluviatilis (Caranguejo de água doce)	112
095	Asterias rubens	112
096	Atropia (Atropia pura)	112
097	Aurum metallicum (Ouro)	112
098	Aurum iodatum (Iodeto de ouro)	113
099	Aurum muriaticum (Cloreto de ouro)	113
100	Aurum muriaticum natronatum	113
101	Aurum sulphuratum (Sulfureto de ouro)	113
102	Avena sativa (Aveia)	114
103	Aviare ou Aviarium	114
104	Azadirachta indica (Cortex Margorae)	114
105	BCG	114
106	Bacillinum (Maceração de tubérculos pulmonares)	115
107	Badiaga (Esponja de água doce)	115
108	Balsamum peruvianum (Bálsamo do Peru)	115
109	Baptisia tinctoria (Anil selvagem)	115
110	Barosma crenata (Buchu)	116
111	Baryta acetica (Acetato de bário)	116
112	Baryta carbonica (Carbonato de bário)	116
113	Baryta iodada (Iodureto de bário)	117
114	Baryta muriatica (Cloreto de bário)	117
115	Belladona	118
115-A	Belladona	118
116	Bellis perennis (Margarida)	120
117	Benzinum (Benzol, C6 H6)	120
118	Benzoicum acidum ou Benzoës acidum (Ácido benzoico)	120
119	Berberis aquifolium (Uva do Monte)	121
120	Berberis vulgaris (Beriberis)	121
121	Bismuthum sub-nitricum (Subnitrato de bismuto precipitado)	121
122	Blatta americana (Barata americana)	121
123	Blatta orientalis (Barata do Oriente)	122

124	Boerhavia hirsuta (Erva-tostão)	122	
125	Boldo (Boldo fragans)	122	
126	Boletus laricis (Agárico branco)	122	
127	Boracicum acidum (Solução alcoólica de cristais de ácido bórico)	122	
128	Borax	122	
129	Bothrops lanceolatus (Cobra amarela da Martinica)	123	
130	Botulinum (Toxina diluída do Bacilo botulínico)	123	
131	Bovista	123	
132	Bowdichea major (Sucupira)	123	
133	Brachyglottis repens (Puca-puca)	123	
134	Bromum (Bromo)	123	
135	Bryonia alba (Nabo-do-diabo)	124	
135-A	Bryonia alba	125	
136	Bufo rana (Sapo)	126	
137	Cactus grandiflorus	126	
138	Cadmium sulphuricum (Sulfato de cádmio)	127	
139	Cahinca	127	
140	Caesalpinea ferrea (Jucá)	127	
141	Cajaputum (Óleo de cajaput)	127	
142	Caladium seguinum (Jarro tóxico)	127	
143	Calcária acética (Acetato de cálcio)	128	
144	Calcária arsenicosa (Arsenito de cálcio)	128	
145	Calcária carbônica (Cascas de ostra)	128	
145-A	Calcária carbônica ou Ostrearum	129	
146	Calcária fluórica (Fluoreto de cálcio)	130	
147	Calcária hipofosforosa (Hipofosfito de cálcio)	130	
148	Calcária iodata (Iodureto de cálcio)	131	
149	Calcária muriática (Cloreto de cálcio)	131	
150	Calcária ovorum (Cascas de ovo torradas)	131	
151	Calcária fosfórica (Fosfato de cálcio)	131	
152	Calcária pícrica (Picrato de cálcio)	132	
153	Calcária renalis	132	
154	Calcária silicata (Silicato de cálcio)	132	
155	Calcária sulfúrica (Sulfato de cálcio)	132	
156	Calendula (Malmequer dos jardins)	133	
157	Calotropis gigantea	134	
158	Caltha palustris	134	
159	Camphora (Cânfora)	135	
160	Camphora mono-bromata (Bromureto de cânfora)	135	
161	Canchalagua	135	
162	Cannabis indica (Pango)	135	
163	Cannabis sativa (Cânhamo)	136	
164	Cantharis (Cantárida)	136	
165	Capsicum (Pimenta comprida)	136	

166	Carbo animalis (Carvão animal)	137		189	Chelidonium majus (Cardo espinhoso)	143
167	Carbo vegetabilis (Carvão vegetal)	137		190	Chelone glabrae	143
168	Carbolicum acidum (Ácido fênico)	138		191	Chenopodium anthelminthicum (Quenopódio)	143
169	Carboneum sulphuratum (Sulfureto de carbônio)	138		192	Chimaphila umbellata (Erva diurética)	143
170	Carcinosin (Nosódio do carcinoma)	138		193	China (Quina amarela)	144
171	Carduus marianus (Cardo marinho)	139		194	Chininum arsenicosum (Arseniato de quinino)	144
172	Cáscara sagrada	139		195	Chininum sulphuricum (Sulfato de quinino)	144
173	Cássia médica	139		196	Chionantus virginicus (Flor-de-neve)	145
174	Castanea vesca (Castanha da Europa)	139		197	Chloralum (Cloral)	145
175	Castor equi	139		198	Chloroformium (Clorofórmio)	145
176	Castoreum (Castor)	140		199	Chlorum (Solução saturada de cloro em água)	145
177	Catuaba	140				
178	Caulophyllum (Ginsão azul)	140		200	Chromico--kali-sulphuricum (Alume de cromo)	145
179	Causticum Hahnemanni (Potassa de Hahnemann)	140		201	Cholesterinum (Colesterina)	145
180	Ceanothus americanus (Raiz vermelha)	141		202	Chromicum acidum (Ácido crômico)	146
181	Cecropia palmata (Umbaúba)	141		203	Chrysarobinum	146
182	Cedron (Cedrão)	141		204	Cicuta virosa (Cicuta venenosa)	146
183	Cenchris contortrix	141		205	Cimex lectularius (Percevejo)	146
184	Centaurea tagana	142		206	Cimicifuga Veja Actea racemosa	146
185	Cereus bonplandii	142				
186	Cereus serpentaria	142		207	Cina (Sêmen-contra)	146
187	Cerium oxalicum (Oxalato de cério)	142		208	Cinerária marítima	147
188	Chamomilla (Macela)	142		209	Cinnabaris (Cinabrio – sulfureto vermelho de mercúrio)	147

210	Cinnamonum (Canela)	147	231	Corallium rubrum (Coral)	153
211	Cistus canadensis (Sargaço helianteno)	147	232	Cordia coffeoide (Chá de negro-mina)	153
212	Clematis erecta (Congoca direita)	147	233	Cordyla haustona (Pambotano)	153
213	Clematis vitalba (Barba-de-velho)	148	234	Cornus florida (Sorveira)	153
214	Cobaltum metallicum (Cobalto)	148	235	Corydalis formosa (Ervilha-de-peru)	153
215	Coca	148	236	Costus pisonis (Cana branca do brejo)	153
216	Cocainum (Alcaloide da Erithroxylon coca)	148	237	Cotyledon umbilicus	154
217	Coccionella septempunctata	148	238	Crataegus oxyacantha (Espinheiro-alvar)	154
218	Cocculus indicus (Coco do Levante)	149	239	Crocus sativus (Açafrão)	154
219	Coccus cacti (Cochonilha)	149	240	Crotalus horridus (Veneno de Cascavel norte-americana)	154
220	Cochlearia armoracia	149	241	Crotalus terrificus (Veneno da Crotalus Cascavel – Cascavel sul-americana)	155
221	Codeinum (Alcaloide extraído do ópio)	150	242	Croton campestris (Valme do campo)	155
222	Coffea cruda (Café cru)	150	243	Croton tiglium (Óleo de croton)	155
223	Colchicum autumnale (Açafrão-do-prado)	150	244	Cubeba	156
224	Collinsonia canadensis (Collinsonia do Canadá)	150	245	Cucurbita pepo (Abóbora)	156
225	Colocynthis (Coloquíntida)	151	246	Cuphea viscosissima (Erva-de-breu)	156
226	Comocladia dentata (Guao)	151	247	Cuprum aceticum (Acetato de cobre)	156
227	Condurango (Parreira condor)	151	248	Cuprum arsenicosum (Arsenito de cobre)	156
228	Conium maculatum (Grande cicuta)	152	249	Cuprum metallicum (Cobre)	156
229	Convallaria majalis	152	250	Curare	157
230	Copaiva officinalis (Copaíba)	152	251	Cyclamen europaeum (Pão-de-porco)	157

252	*Cypripedium pubescens* (Chinelinha-amarela)	157	276	*Epiphegus virginianus* (Faia)	163
253	*Cyrtopodium* (Sumaré)	157	277	*Equisetum hiemale* (Cauda-de-cavalo)	163
254	*Damiana*	158	278	*Erechthites hieracifolia*	164
255	*Daphne indica*	158	279	*Ergotinum* (Ergotin)	164
256	*Denys*	158			
257	*Derris pinnata* (Tuba)	159	280	*Erigeron canadense* (Erva-pulgueira)	164
258	*Desmoncus ridentum* (Jequitibá)	159	281	*Erinaceus* (Espinhos de ouriço-cacheiro)	164
259	*Dialium ferreum* (Pau-ferro)	159	282	*Eriodyction californicum* (Erva-santa da Califórnia)	164
260	*Digitalis purpurea*	159			
261	*Dioscorea villosa* (Cará)	160	283	*Erodium cicutarium* (Alfileres)	164
262	*Dinitrophenolum*	160	284	*Eryngium aquaticum*	164
263	*Dioscorea petrea* (Cará-de-pedra)	161	285	*Ethil sulfur dichloratum* (Iperite)	165
264	*Diphtherinum* (Membrana diftérica dinamizada)	161	286	*Eucalyptus globulus*	165
			287	*Eugenia jambosa*	165
265	*Dolichos pruriens* (Pó-de-mico)	161	288	*Evonymus atropurpureus*	165
266	*Doryphora decemlineata*	161	289	*Eupatorium dendroides* (Perna-de-saracura)	165
267	*Drosera rotundifolia* (Orvalho-do-sol)	161	290	*Eupatorium perfoliatum* (Cura-ossos)	165
268	*Drymis granatensis* (Casca-de-anta)	161	291	*Eupatorium purpureum* (Rainha-dos-prados)	166
269	*Duboisia*	162	292	*Euphorbia lathyris* (Tártago)	166
270	*Dulcamara* (Doce-amarga)	162	293	*Euphorbium officinarum* (Suco resinoso da *Euphorbia resinifera*)	166
271	*Echinacea angustifolia*	162			
272	*Elaps corailinus* (Veneno da cobra Coral)	163	294	*Euphrasia officinalis*	166
			295	*Eupionum*	167
273	*Elaterium* (Elatério)	163	296	*Fabiana imbricata* (Pichi)	167
274	*Ephedra vulgaris* (Framboesa da Rússia)	163	297	*Fagopyrum esculentum* (Trigo-mourisco)	167
275	*Epigeae repens* (Arbusto rasteiro)	163	298	*Fel tauri* (Bílis de boi)	167

299	Ferrum arsenicosum	167
300	Ferrum iodatum	167
301	Ferrum metallicum (Ferro)	167
302	Ferrum muriaticum (Cloreto de ferro)	168
303	Ferrum phosphoricum	168
304	Ferrum picricum (Picrato de ferro)	169
305	Ferula glauca	169
306	Ficus religiosa (Figo religioso)	169
307	Filis mas (Feto-macho)	169
308	Fluoris acidum (Ácido fluorídrico)	169
309	Formalina (Formol)	169
310	Formica rufa (Formiga ruiva)	170
311	Formic acidum (Ácido fórmico)	170
312	Fragaria vesca	170
313	Fraxinus americana (Freixo-branco)	170
314	Fucus vesiculosus (Alga vesiculosa)	170
315	Galanthus nivalis	170
316	Galium aparine (Erva-de-pato)	170
317	Gallicum acidum (Ácido gálico)	171
318	Gambogia (Goma-guta)	171
319	Gaultheria procumbens (Wintergreen, Chá do Canadá)	171
320	Gelsemium sempervirens (Jasmim amarelo)	171
321	Geranium maculatum (Gerânio)	172
322	Ginseng canadense (Ginsão)	172
323	Glonoinum (Nitroglicerina)	172
324	Gnaphalium (Erva-branca)	173
325	Gossypium herbaceum (Algodoeiro)	173
326	Granatum	173
327	Graphites (Plumbagina)	173
328	Gratiola (Erva-dos-pobres)	174
329	Grindélia robusta (Girassol silvestre)	174
330	Guaco	174
331	Guaiacum (Pau-santo)	175
332	Guarea trichiloides (Gitó)	175
333	Gymnocladus canadensis	175
334	Hoematoxylon	175
335	Hamamelis virginica (Noz-das-feiticeiras)	176
336	Hedeoma pulegioides	178
337	Hekla lava	178
338	Helianthus annuus (Girassol)	178
339	Heliotropium	178
340	Helleborus niger (Heléboro negro)	178
341	Heloderma (Gila)	179
342	Helonias dioica (Heléboro-amarelo)	179
343	Hepar sulphuris (Fígado de enxofre)	179
344	Heracleum sphondylium	180
345	Hippomanes	180

#	Nome	Pág.	#	Nome	Pág.
346	Hippozaenium	180	370	Jaborandi	186
347	Histaminum (Cloridrato de Histamina)	180	371	Jacarandá (Caroba)	186
348	Hura brasiliensis (Açacu)	181	372	Jalapa	187
349	Hydrangea arborescens (Sete-casacas)	181	373	Jatropha curcas (Pinhão bravo)	187
350	Hydrastis canadensis (Cúrcuma)	181	374	Jequiriti	187
			375	Juglans cinerea	187
351	Hydrocotyle asiatica (Pé-de-cavalo)	181	376	Juglans regia	187
352	Hydrocyanicum acidum (Ácido prússico)	182	377	Juncus effusus (Junco comum)	187
353	Hydrophobinum (Saliva de cão hidrófobo)	182	378	Juniperus brasiliensis (Catuaba)	187
354	Hyoscyamus niger	182	379	Juniperus communis (Zimbro)	187
355	Hypericum perforatum (Hipericão)	182	380	Justicia adhatoda	188
356	Iberis amara (Ibérica amara)	183	381	Kali arsenicosum (Solução de arsenito de potássio; Solução de Fowler)	188
357	Ichthyolum (Ictiol)	183	382	Kali bichromicum (Bicromato de potássio)	188
358	Ignatia amara (Fava de Santo Inácio)	183	383	Kali bromatum (Bromureto de potássio)	188
359	Illicium anisatum (Anis estrelado)	184	384	Kali carbonicum (Carbonato de potássio)	189
360	Ilex aquifolium	184	385	Kali chloricum (Clorato de potássio)	189
361	Indigo (Anil)	184	386	Kali cyanatum (Cianureto de potássio)	189
362	Indium metallicum (Indium)	184	387	Kali ferro-cyanatum (Cianureto ferro-potássico)	189
363	Insulina	184			
364	Inula helenium (Escabiosa)	185	388	Kali hypophosphorosum (Hipofosfito de potássio)	190
365	Iodoformium (Iodofórmio)	185	389	Kali iodatum ou hydroiodicum (Iodureto de potássio)	190
366	Iodum	185			
367	Ipeca ou Ipecacuanha (Poaia)	185	390	Kali muriaticum (Cloreto de potássio)	190
368	Iridium (Irídio)	186	391	Kali nitricum (Nitrato de potássio)	190
369	Iris versicolor	186			

#	Medicamento	Pág.
392	Kali permanganicum (Permanganato de potássio)	191
393	Kali phosphoricum (Fosfato de potássio)	191
394	Kali silicatum (Silicato de potássio)	191
395	Kali sulphuricum (Sulfato de potássio)	191
396	Kalmia latifolia (Loureiro-da-montanha)	192
397	Kaolinum (Caulim)	192
398	Kousso	192
399	Kreosotum (Creosoto)	192
400	Lac caninum (Leite de cadela)	193
401	Lac defloratum (Leite de vaca desnatado)	193
402	Lachesis lanceolata (Veneno de Jararaca brasileira)	193
403	Lachesis trigonocephalus (Veneno da cobra Surucucu)	193
404	Lachnanthes (Erva espiritual)	194
405	Lacticum acidum (Ácido láctico)	194
406	Lactuca virosa (Alface cultivada)	195
407	Lamium album	195
408	Lapis albus (Silico-fluoreto de cálcio)	195
409	Lappa major (Bardana)	195
410	Lathyrus sativus (Chícharo)	195
411	Latrodectus mactans (Aranha)	196
412	Laurocerasus (Louro-cereja)	196
413	Ledum palustre (Rosmaninho silvestre)	196
414	Lemna minor (Lentilha aquática)	196
415	Lepidium bonariense	197
416	Leptandra virginica (Verônica da Virgínia)	197
417	Leptolobium elegans (Perobinha-do-campo)	197
418	Lespedeza capitata	197
419	Liatris spicata	197
420	Lilium tigrinum (Lírio-tigrino)	197
421	Limulus cyclops	197
422	Lithium carbonicum (Carbonato de lítio)	198
423	Lobelia erinus	198
424	Lobelia inflata (Tabaco indiano)	198
425	Lobelia purpurascens (Lobelia-purpúrea)	198
426	Lolium temulentum (Joio)	198
427	Lonicera xylosteum	198
428	Luffa operculata	198
429	Lupulus (Lúpulo)	199
430	Lycopodium clavatum (Licopódio)	199
431	Lycopus virgicus (Erva-consólida)	200
432	Magnesia carbonica (Carbonato de magnésio)	200
433	Magnesia muriatica (Cloreto de magnésio)	200
434	Magnesia phosphorica (Fosfato de magnésio)	200

435	Magnesia sulphurica (Sulfato de magnésio ou Sal de Epsom)	201	456	Mercurius iodatus flavus (Protoiodureto de mercúrio)	206
436	Magnolia grandiflora	201	457	Mercurius iodatus ruber (Biodureto de mercúrio)	206
437	Malandrinum (Esparavão de cavalo)	201	458	Methyleno azul (Azul de metileno)	206
438	Mancinella	201	459	Mezereum (Mezerão)	206
439	Manganum aceticum (Acetato de manganês)	202	460	Mikania setigera (Cipó-cabeludo)	207
440	Mangifera indica (Mangueira-indiana)	202	461	Millefolium (Mil-folhas)	207
441	Marapuama (Acanthes virilis)	202	462	Mimosa humilis (Mimosa)	207
442	Marmorek (Serum de Marmorek)	202	463	Mitchella repens	207
443	Medicago sativa Veja Alfafa	202	464	Monstera pertusa (Chaga de São Sebastião)	207
444	Medorrhinum (Vírus blenorrágico)	203	465	Morphinum (Alcaloide do ópio)	207
445	Medusa	203	466	Moschus (Almíscar)	208
446	Melilotus officinalis (Trevo amarelo)	203	467	Murex purpureus (Múrice vermelho)	208
447	Menispermum canadense	203	468	Muriatis acidum ou Hydrochloricum acidum (Ácido clorídrico)	208
448	Mentha piperita (Hortelã-pimenta)	203	469	Mururê (Mercúrio vegetal)	209
449	Menyanthes trifoliata (Trevo-d'água)	203	470	Mygale lasiodora (Aranha)	209
450	Mephitis putorius (Doninha da América do Norte)	204	471	Myosotis arvensis (Não-me-esqueças)	209
451	Mercurius (vivus ou solubilis) (Azougue)	204	472	Myrica cerifera (Cerieiro)	209
452	Mercurius auratus	205	473	Myristica sebifera (Ucuuba)	209
453	Mercurius corrosivus (Sublimado corrosivo)	205	474	Myrtus chekan	209
454	Mercurius cyanatus (Cianureto de mercúrio)	205	475	Myrtus communis (Murta)	209
455	Mercurius dulcis (Calomelanos)	205	476	Nabalus albus	209

477	Naja tripudians (Veneno da cobra Capelo)	210
478	Naphthalinum (Naftalina)	210
479	Narcissus (Narciso)	210
480	Natrum arsenicosum (Arseniato de sódio)	210
481	Natrum carbonicum (Carbonato de sódio)	210
482	Natrum hypochlorosum (Solução de Labarraque)	211
483	Natrum muriaticum ou Chloratum	211
484	Natrum phosphoricum (Fosfato de sódio)	211
485	Natrum salycilicum (Salicilato de sódio)	212
486	Natrum sulphuricum (Sal de Glauber, Sulfato de sódio)	212
487	Nectandra amara (Canela preta)	212
488	Niccolum (Níquel)	212
489	Niccolum sulphuricum (Sulfato de níquel)	212
490	Nicotinum (Nicotina)	213
491	Nitri acidum (Ácido azótico)	213
492	Nitrum Veja Kali nitricum	213
493	Nitri spiritus dulcis	213
494	Nitro-muriatic acidum (Água régia)	213
495	Nuphar luteum (Olfão amarelo)	213
496	Nux moschata (Noz-moscada)	214
497	Nux vomica (Noz-vômica)	214
498	Nyctanthes	215
499	Nymphaea odorata (Lírio-d'água, Gigoga aguapé)	215
500	Ocimum canum (Alfavaca)	215
501	Oenanthe crocata (Enanto açafroado)	215
502	Oenothera biennis (Primavera-da-tarde)	215
503	Oleander (Eloendro)	215
504	Oleum jecoris aselli (Óleo de fígado de bacalhau)	216
505	Oniscus asellus (Miepes)	216
506	Ononidis spinosae (Unha-de-gato)	216
507	Oophorinum ou Ovarinum (Extrato ovariano)	216
508	Onosmodium (Lágrimas de Jó)	216
509	Opium (Ópio)	216
510	Opuntia vulgaris (Nopal)	217
511	Oreodaphne californica (Laionel da Califórnia)	217
512	Origanum majorana (Manjerona)	217
513	Ornithogalum umbellatum (Estrela de Belém)	217
514	Oscillococcinum	217
515	Osmium (Ósmio)	217
516	Ostrya virginica (Pau-ferro da Virgínia)	218
517	Oxalicum acidum (Ácido oxálico)	218
518	Oxytropis (Loco)	218

519	Paeonia officinalis (Rosa albardeira)	218
520	Palladium (Paládio)	218
521	Panacea arvensis (Azougue dos pobres)	218
522	Panax	219
523	Pancreatinum (Extrato pancreático)	219
524	Parreira brava (Abutua)	219
525	Paris quadrifolia (Uva-de-raposa)	219
526	Parthenium	219
527	Passiflora incarnata (Maracujá-guaçu)	219
528	Paullinia pinnata (Timbó)	219
529	Paullinia sorbilis (Guaraná)	220
530	Penicillinum	220
531	Penthorum sedoides (Pinhão-de-rato)	220
532	Pepsinum (Pepsina)	220
533	Pertussin ou Coqueluchinum	221
534	Petiveria tetranda (Pipi)	221
535	Petroleum (Petróleo)	221
536	Petroselinum sativum (Salsa comum)	221
537	Phaseolus nana (Feijão-anão)	221
538	Phelladrium aquaticum (Funcho-d'água)	222
539	Phlorizin	222
540	Phosphori acidum (Ácido fosfórico)	222
541	Phosphorus (Fósforo)	222
542	Physalis	223
543	Physostigma venenosum (Fava-de-calabar)	223
544	Phytolacca decandra (Erva-dos-cachos)	223
545	Picramnia antidesma (Cáscara-amarga)	224
546	Picricum acidum ou Picrinicum acidum (Ácido pícrico)	224
547	Pilocarpus pinnatus (Jaborandi)	224
548	Pinus silvestris (Pinheiro)	225
549	Piperazinum (Piperazine)	225
550	Piper methysticum (Cava-cava)	225
551	Piper nigrum (Pimenta preta)	225
552	Pituitaria (Glândula pituitária)	225
553	Piscidia erythrina (Timbó-boticário)	225
554	Pix liquida (Alcatrão do pinho, Breu da Noruega)	225
555	Plantago major (Tanchagem)	226
556	Platanus occidentalis	226
557	Platinum (Platina)	226
558	Plectranthus	226
559	Plumbago	227
560	Plumbum iodatum (Iodeto de chumbo)	227
561	Plumbum metallicum (Chumbo)	227
562	Plumeria (Erva negra ou Erva botão)	227
563	Podophyllum peltatum (Mandrágora)	227

#	Nome	Pág.	#	Nome	Pág.
564	Polygonum punctatum (Erva-de-bicho)	228	587	Raphanus sativus (Rabanete negro)	234
565	Polymnia uvedalia	228	588	Ratanhia	234
566	Polyporus pinicola	228	589	Reserpinum (Reserpium)	234
567	Populus caudicans	228	590	Rhamnus californica (Café da Califórnia)	234
568	Populus tremuloides (Faia americana)	228	591	Rhamnus frangula	234
569	Pothos foetidus	228	592	Rheum (Ruibarbo)	234
570	Primula obconica (Primavera)	228	593	Rhododendron (Rosa da Sibéria)	235
571	Primula veris	228	594	Rhus aromatica (Sumagre cheiroso)	235
572	Propylaminum	229	595	Rhus glabra (Sumagre liso)	235
573	Prunus spinosa (Abrunheiro)	229	596	Rhus toxicodendron (Sumagre venenoso)	235
574	Psorinum	229	597	Rhus venenata	236
575	Ptelea trifoliata (Trebol de três folhas)	229	598	Ricinus communis (Óleo de rícino)	236
576	Pulex irritans (Pulga)	229	599	Rizophora mangle (Mangue vermelho)	236
577	Pulmão-histamina	230	600	Robinia pseudacacia (Acácia amarela)	236
578	Pulsatilla (Anêmona-dos-prados)	230	601	Rosa damascena (Rosa de Damasco)	236
578-A	Pulsatilla nigricans ou Pratensis	231	602	Rubus vilosus (Zargal)	237
579	Pyrogenium (Suco de carne podre)	232	603	Rumex crispus (Labaça amarela)	237
580	Quassia amara	232	604	Ruta graveolens (Arruda)	237
581	Quercus glandium spiritus (Bolotas de carvalho)	233	605	Sabadilla (Sevadilha)	237
582	Quilandina spinosissima (Carníncula)	233	606	Sabal serrulata (Saw palmetto)	238
583	Quillaia saponaria (Panamá)	233	607	Sabbatia angularis (Centauro americano)	238
584	Radium bromatum (Bromureto de rádio)	233	608	Sabina	238
585	Ranunculus bulbosus (Ranúnculo amarelo)	233	609	Salicylicum acidum (Ácido salicílico)	238
586	Ranunculus sceleratus (Ranúnculo d'água)	233			

610	Salix alba (Salgueiro branco)	238
611	Salix nigra (Salgueiro)	239
612	Salvia officinalis (Salva dos jardins)	239
613	Sambucus nigra (Sabugueiro)	239
614	Samyda sylvestris (Erva-de-bugre)	239
615	Sanguinaria canadensis (Tinta-índica)	239
616	Sanguinarinum nitricum (Nitrato de sanguinária)	240
617	Sanicula	240
618	Santoninum (Santonina)	240
619	Saponaria	240
620	Sarcolactic acidum (Ácido sarcolático)	240
621	Sarracenia purpurea (Copa de Eva)	240
622	Salsaparilla	240
623	Scammonium	241
624	Scilla maritima Veja Squilla maritima	241
625	Scolopendra	241
626	Scorpio (Veneno do escorpião ou lacrau)	241
627	Scrophularia nodosa (Pimpinela azul)	241
628	Scutellaria lateriflora (Coifa)	241
629	Secale cornutum (Centeio espigado)	242
630	Sedum acre (Saião)	242
631	Selaginella apus (Selaginela)	242
632	Selenium (Selênio)	242
633	Sempervivum tectorum (Sempre-viva-dos-telhados)	243
634	Senecio aureus (Tasneira)	243
635	Senega (Polígala)	243
636	Senna (Sene)	243
637	Sepia (Tinta de siba)	243
638	Serum anguillae ou Ichtyotoxin (Soro de enguia)	244
639	Siegesbeckia orientalis (Erva-divina)	244
640	Silica marina (Areia do mar)	245
641	Silicea (Silica)	245
642	Silphium laciniatum	245
643	Sinapis nigra (Mostarda negra)	245
644	Skatol (Escatol)	246
645	Skookum chuck (Sais do lago Moeris)	246
646	Solaninum aceticum (Acetato de solanina)	246
647	Solanum carolinense (Urtiga de cavalo)	246
648	Solanum lycopersicum (Tomate)	246
649	Solanum mammosum (Maçã de Sodoma)	246
650	Solanum nigrum (Erva-moura)	246
651	Solanum oleraceum (Gequirioba)	246
652	Solanum tuberosum aegrotans	247
653	Solanum vesicarium Veja Physalis	247

654	Solidago virga aurea (Vara-de-ouro)	247		675	Strychnia nitricum (Nitrato de estricnina)	251
655	Sparteina sulphurica (Sulfato de esparteína)	247		676	Strychnia phosphorica ou Strychninum (Fosfato de estricnina)	251
656	Spigelia anthelmia (Lombrigueira)	247		677	Strychnia valerianica (Valerianato de estricnina)	252
657	Spirae ulmaria (Erva-das-abelhas)	247				
658	Spiranthes autumnalis (Trança de mulher)	247		678	Succinum (Resina fóssil)	252
659	Spongia tosta (Esponja tostada)	247		679	Sulfonal	252
660	Squilla maritima (Cebola-do-mar)	248		680	Sulphur (Enxofre)	252
				680-A	Sulphur	252
661	Stannum (Estanho)	248		681	Sulphur iodatum (Iodeto de enxofre)	254
662	Stannum iodatum (Iodureto de estanho)	248		682	Sulphuris acidum (Ácido sulfúrico)	254
663	Staphisagria (Parparrás, Erva-piolheira)	249		683	Sulphurosum acidum (Ácido sulfuroso)	254
664	Stellaria media (Pé-de-galinha)	249		684	Sumbulus moschatus (Sumbul)	255
665	Sterculia acuminata (Noz-de-cola)	249		685	Symphoricarpus racemosus (Bola-de-neve)	255
666	Sticta pulmonaria (Pulmonaria oficinal)	249		686	Symphytum officinale (Consólida major)	255
667	Stigmata maydis-zea (Barbas-de-milho)	250		687	Syphilinum (Nosódio sifilítico)	255
668	Stillingia sylvatica (Raiz-da-rainha)	250		688	Synantherea dahlia (Dália)	256
669	Stramonium (Estramônio)	250		689	Syzygium jambolanum (Jambolão)	256
670	Streptomicina (Estreptomicina)	250		690	Tabacum (Fumo)	256
671	Strontium carbonicum (Carbonato de estrôncio)	250		691	Tachia guianensis (Caferana)	256
672	Strophantus hispidus (Estrofanto)	251		692	Tanacetum vulgare (Atanásia)	256
673	Strychninum (Estricnina)	251		693	Tarantula cubensis (Aranha de Cuba)	256
674	Strychnia arsenicum (Arseniato de estricnina)	251		694	Tarantula hispanica	257

695	Taraxacum (Dente-de-leão)	257	717	Titanium (Titânio)	261
696	Tartarus emeticus Veja Antimonium tartaricum	257	718	Tonca – Dipterix odorata	261
			719	Torula cerevisae	261
697	Taxus baccata (Teixo)	257	720	Tribulus terrestris (Tributo terrestre)	261
698	Tela araneae (Teia de aranha)	257	721	Trifolium pratense (Trevo encarnado)	261
699	Tellurium (Telúrio)	257	722	Trifolium repens (Trevo branco)	262
700	Terebinthina (Óleo de terebintina)	258	723	Trillium pendulum	262
701	Terpini hydras (Hidrato de terpina)	258	724	Triosteum perfoliatum (Raiz febrífuga)	262
702	Teucrium marum verum (Carvalhinha-do-mar)	258	725	Triticum repens (Grama)	262
703	Thallium (Talia)	258	726	Tuberculinum (Caldo filtrado de tuberculose humana)	262
704	Thaspium aureum-zizia (Quirívia-do-prado)	258	727	Tuberculinas (diversas)	263
705	Thea chinensis (Chá)	259	728	Turnera aphrodisiaca	263
			729	Tussilago petasites	263
706	Theridion curassavicum (Aranha de Curaçao)	259	730	Upas aniaria	263
707	Thiosinaminum (Tiosinamina)	259	731	Upas tieuté	263
708	Thlaspi bursa pastoris (Panaceia)	259	732	Uranium nitricum (Nitrato de urânio)	263
709	Thrombidium (Carrapato da mosca doméstica)	259	733	Urea (Ureia)	263
			734	Uricum acidum (Ácido úrico)	264
710	Thorazine	259			
711	Thuya occidentalis (Tuia)	260	735	Urotropinum (Urotropina)	264
712	Thymolum (Timol)	260	736	Urtica urens (Urtiga)	264
713	Thymus serpyllum	260	737	Usnea barbata	264
714	Thymus (Timo)	260	738	Ustilago maydis (Mofo de milho)	264
715	Thyroidinum (Tiroidina)	261	739	Uva ursi (Medronheiro)	264
716	Tilia europaea (Tília)	261	740	Vaccininum (Linfa vacínica)	264

#	Nome	Pág.
741	Valeriana	265
742	Vanadium (Vanádio)	265
743	Vanilla planifolia	265
744	Variolinum (Pus da varíola)	265
745	Veratrum album (Heléboro branco)	265
746	Veratrum viride (Heléboro branco americano)	266
747	Verbascum thapsus (Barbasco)	266
748	Verbena hastata	267
749	Vespa crabo	267
750	Viburnum opulus (Viburno)	267
751	Viburnum prunifolium	267
752	Vinca minor (Pervinca pequena)	267
753	Viola odorata (Violeta)	267
754	Viola tricolor (Amor-perfeito)	268
755	Vipera torva (Veneno de víbora germânica)	268
756	Viscum album (Visco, Gui)	268
757	Vitisnili (Mãe-boa)	268
758	Wyethia helenoides (Erva ruim)	268
759	Xanthoxylon fraxineum (Freixo espinhoso)	268
760	Xerophyllum	269
761	Yohimbinum (Ioimbina)	269
762	Yucca filamentosa	269
763	Zincum metallicum (Zinco)	269
764	Zincum valerianicum (Valeriano de zinco)	270
765	Zingiber (Gengibre)	270

Patogenesia dos medicamentos homeopáticos

001. ABIES CANADENSIS

Sinonímia: *Pinus canadensis*. Botanicamente pertence às *Coniferae* ou *Pinaceae*.
Dispepsia: sensação de queimadura ou substância corrosiva no estômago, fome, vazio epigástrico, fraqueza, desejo de comer alimentos indigestos ou pouco convenientes. Palpitações na região do estômago. Fome canina. Distensão gástrica.
Deslocamentos uterinos, com os sintomas dispépticos precedentes. Sensação de água gelada entre as espáduas. Suores noturnos. Perturbações hepáticas, acompanhadas de sensação de peso sobre o fígado.
Dose: 1ªx à 3ª.

002. ABIES NIGRA
(Abeto negro)

Botanicamente pertence às *Coniferae* ou *Pinaceae*.
O medicamento é feito da resina.
Dispepsia: sensação de uma substância indigesta, como de um ovo duro cozido, que se tivesse detido na boca do estômago: "Onde quer que este sintoma esteja presente, na dispepsia, em afecções pulmonares (quando a sensação é de que há um corpo duro a ser expelido pela tosse) com ou sem hemoptise, na prisão de ventre etc., *Abies nigra* será o remédio mais adequado" (Dr. Clarke). Dor de estômago depois de comer. Abatimento, tristeza. Eructações. Desejo de picles.
Dispepsia dos idosos, com sintomas funcionais do coração; dispepsia devida a excessos físicos ou ao fumo.
Sensação de que o trabalho cardíaco se processa lentamente. Febre intermitente crônica, com dores no estômago.
Prolapso do útero (queda da matriz) sintomático de nutrição geral imperfeita. Os sintomas são agravados após o comer.
Dose: 1ªx, 3ªx e 30ª.

003. ABROTANUM
(Abrótano)

Sinonímia: *Artemisia abrotanum*. Botanicamente pertence às *Compositae*.[53]
Marasmo infantil, com hereditariedade tuberculosa ou tuberculose desenvolvida, e notável *emagrecimento*, especialmente das pernas. Peritonite tuberculosa.
Fraqueza geral, febre hética; pernas atrofiadas e fracas; alimenta-se bem, mas emagrece cada vez mais. Fraqueza depois da *influenza*. Alternância de diarreia com prisão de ventre. *Paresia e emaciação dos membros*.
Face encarquilhada de idoso, com olheiras azuladas.
Pele flácida e enrugada. Angioma da face.
Metástases; *reumatismo metastático*; reumatismo seguindo supressão da diarreia; o reumatismo passa das juntas para o coração ou para a espinha. As hemorroidas se agravam quando o reumatismo melhora. Sensação de empiema. Pleuris exsudativo. Hidrocele das crianças. Como loção nos casos de alopecia. Apetite exagerado, contrastando com a magreza.
Ponto de Weihe: à esquerda e por baixo da cicatriz umbilical.[54]
Dose: 3ª à 30ª.
Uso externo: Frieiras, queda de cabelo (caspa).

004. ABSINTHIUM

Sinonímia: *Absinthium majus, Absinthium officinale, Artemisia absinthium* e *Absinthium rusticum*. Pertence às *Compositae*.
Medicamento que dá um quadro epileptiforme. Epilepsia precedida de tremores. Irritação cerebral. Espasmos histéricos e das crianças.

---

53. A classificação botânica é tirada da *Matéria Médica Vegetabilis*, de E. F. Steinmetz.
54. Utilização dos pontos medicamentosos de Weihe, que são elementos preciosos para uma indicação completa. Têm o valor de sintomas característicos.

Voz fraca e hesitante.
Alucinações. Cleptomania. Esquecimento de fatos recentes. Batimentos cardíacos irregulares.
Vertigem com tendência de queda para trás.
Dilatação pupilar. Dor de cabeça occipital.
Espermatorreia. Dor cortante no ovário direito.
Menopausa prematura. Desejo constante de urinar. Urina amarelo-escura. Otorreia após hemicrania.
Dose: 1ªx à 6ª.

005. ACALYPHA INDICA
(Acalifa indiana, Kuppi)

Preparado de plantas frescas.
Estudado pelo Dr. Holcomb, de Nova Orleans.
Sinonímia: *Acalypha canescans, Acalypha ciliata* e *Acalypha spicata*. Pertence às *Euphorbiaceae*.
Hemoptise da tuberculose, sobretudo incipiente e sem febre, com tosse seca, seguida de escarros de sangue vivo pela manhã e escuros com coalhos sanguíneos à tarde. *Bronquite sanguinolenta*. Um grande remédio da hemoptise.
Dores e sensação de constrição no peito.
Diarreia flatulenta. Tenesmo. Anshutz acha que na 6ªx é específica das hemoptises.
Icterícia.
Dose: 3ª à 6ª, 1ªx nas hemoptises.

006. ACETICUM ACIDUM

Sinonímia: *Acetic acidum*.
É um medicamento que traz uma profunda anemia, com sintomas hidrópicos, grande debilidade, dispneia, vômitos, micções profusas e grande transpiração,
Quando encontrarmos um doente apresentando emaciação, fraqueza, anemia, inapetência, sede, urina pálida e abundante, *Acetic acidum* fará milagres.
Sensação de calor, que vem e vai, como um orgasmo (Kent).
Olheiras profundas e escuras.
Tosse crupal com eliminação de membranas.
Grande sensibilidade ao frio.
Violenta dor queimante no estômago, seguida de grande frio na pele e suores frios na fronte (Clarke).
Diabetes com ou sem glicosúria, com sede violenta, insaciável, acompanhada de grande fraqueza e emagrecimento (Kent). Inspiração acompanhada de tosse.
Complementar: *China*.
Inimigos: *Borax, Causticum, Nux vomica, Ranunculus bulbosus* e *Salsaparilla*.

Antídotos: *Aconitum, Natrum muriaticum, Nux vomica, Sepia* e *Tabacum*.
Duração: 14 a 20 dias.
Dose: 1ª, 3ª, 6ª, 30ª, 200ª e 1.000ª.

007. ACETANILIDUM

Sinonímia: *Antifebrinum* e *Phenylacetamid*.
Deprime o coração. Diminui os movimentos respiratórios e abaixa a tensão arterial. Cianose e colapso.
Midríase.
Sensação de cabeça aumentada.
Albuminúria. Edema dos pés e joelhos.
Dose: 3ªx.

008. ACHYRANTHES CALEA

Resumo do trabalho do Dr. Luiz R. Salinas Ramos na *Revista Homeopatia*, da Escola Nacional de Medicina Homeopática do México, número de março e abril de 1939.
Sinonímia: *Irecine celosioides, Tlatlanayayerba da Tabardillo de Puebla, Tascuaya*.
Planta que vegeta em diversos estados mexicanos. Experimentação homeopática feita pelo Dr. Manuel M. de Legorreta.
É usada vulgarmente no México como diaforético e febrífugo. A população indígena a emprega contra tifo, paratifo etc.
Constituição e temperamento: Indivíduos sanguíneos de cor morena e cabelos negros.
Mente: Prostração, quietude e estupor. Apatia. Não fala mais do que o necessário, repentinamente parece que desperta, pergunta pelo seu estado de saúde, pede que o cubram com todas as roupas da cama, apesar do calor sufocante de que se queixa e volta ao estado da apatia anterior.
Grande depressão moral. Desconfia que está com tifo.
Medo da escuridão e aversão pela grande luminosidade. Desejo de companhia constante.
Cabeça: Cefalalgia frontal aguda, congestiva, com sensação de ruído estranho dentro da cabeça e batidas constantes das artérias temporais. Calor seco e ardente. Desejo de que lhe apertem a cabeça com uma faixa ou lenço.
Face: Avermelhada, como se tivesse sido queimada pelo sol.
Olhos e visão: Olhos brilhantes. Fotofobia. Sensação de areia nos olhos. Corrimento com edema e esclerótica injetada, melhorada pela pressão sobre o globo ocular.
Nariz e olfato: Obstrução e dor. Pequenas epistaxes, principalmente à esquerda, quando assoa o nariz.

Boca: Seca e ardente. Sede de água fresca, que não satisfaz. Desconfia que a água está suja. Boca aberta devida à dor nos masseteres.
Garganta e voz: Deglutição continuada para umedecer a garganta com saliva.
Orelhas e audição: Parece que o cerume impede a audição. Hipersensibilidade. Pavilhão da orelha vermelho e brilhante.
Estômago: Plenitude. Aversão pelos alimentos sólidos porque aumentam a sede.
Abdome: Sensação de inflamação.
Reto e ânus: Não há desejo de evacuar.
Rins e urina: Tenesmo vesical e ardor na uretra. Urina emitida aos poucos e com ardência. Pelo repouso a urina deixa um depósito avermelhado.
Órgãos sexuais masculinos: Flacidez e calor.
Órgãos sexuais femininos: Secura da mucosa. Durante a menstruação, há alívio do estado geral.
Aparelho respiratório: Respiração curta e ruidosa. Ao se sentar, grande opressão no peito e dispneia. Sensação de o diafragma estar machucado. Tosse ligeira.
Aparelho circulatório: Pulso violento, forte e isócrono com os batimentos cardíacos.
Peito e dorso: Opressão. Dores musculares nas regiões mamária, epigástrica e nos espaços intercostais.
Extremidades: Dores reumáticas nos músculos e sensação de "corpo moído".
Pele: Seca e ardente.
Febre: De 38° C a 41° C, constante e prolongada. Calafrios ao menor movimento.
Agravação: Movimento e luz. Umidade e mudanças atmosféricas.
Melhora: Pressão, micção e diaforese.
Terapêutica: Nas febres prolongadas. Resfriados por mudança atmosférica. Febres gástricas. Paludismo. Tifo e paratifo com perturbações cerebrais. Reumatismo muscular; torcicolo e lumbago provocados por resfriados. Usado em baixa dinamização é um excelente diaforético.
Relações: *Aconitum napellus, Bryonia alba, Arsenicum album, Rhus toxicodendron, Hoitzi coccinea* e *Rajania subsamata*.
Antídotos: Vinagre e café. O seu abuso é combatido por *Arsenicum alb.* e *Carbo vegetabilis*.
Dose: Da T.M. à 6ª.

009. *ACONITINUM*
(Aconitina)

É o alcaloide obtido do *Aconitum napellus*. Enquanto a aconitina alemã apresentava-se amorfa, a francesa era cristalina.
Sintomas ultrarrápidos quanto ao aparecer. O paciente em pé está sempre nauseoso.

Angústia e medo da morte. Vertigem e confusão com zumbido nos ouvidos. Hemicrania acompanhada de vômitos. Peso na cabeça. Surdez completa.
Bochechas e têmporas com sensação de pressão e formigamento. Dor ao longo do nervo infraorbitário. Trismos depois de convulsões crônicas de todo o corpo. Fácies hipocrática. Perda do gosto. Dentes que doem ao morder.
Angústia queimante na garganta. Constrição e ardor da boca do estômago.
Eructações e vômitos. Constrição ao nível do diafragma. Fígado e baço ingurgitados. Diurese abundante, seguida de dificuldade de urinar.
Opressão respiratória. Pulso intermitente. Pele fria e pálida. Frio seguido depois de ardor que se estende pelo corpo, mais intenso no estômago.
Dose: 30ª.

010. *ACONITUM NAPELLUS*
(Acônito)

Sinonímia: *Ubera aconiti, Aconitum vulgare, Aconitum caude simplex, Aconitum* e *Napellum coeruleum*. Pertence às *Ranunculaceae*.
Em todos os casos típicos deste remédio a angústia mental, a ansiedade, a agitação e o medo são muito característicos.
Medo da morte; prediz o dia em que vai morrer. Medo de qualquer coisa que está por acontecer.
Doentes jovens e sanguíneos de vida sedentária, que se veem atacados repentinamente de moléstias agudas, tais como congestões ativas, súbitas, febres violentas, resfriados agudos, dores desesperadoras, fortes nevralgias palpitantes etc. O remédio útil na blenorragia de gancho.
Congestões ativas (lanceta homeopática). *Inflamações* (qualquer causa); período congestivo ou de invasão, alternado com *Bryonia*. Profusa lacrimação depois da extração de cinzas e outros corpos estranhos.
Hemorragias, especialmente *hemoptise*, com febre.
Incômodos produzidos pela exposição ao *ar frio e seco* ou suspensão da transpiração por golpes de vento frio. Cegueira súbita. Paralisias. *Grande remédio da esclerite aguda.*
Eretismo cardíaco, com *fortes palpitações*. Hipertrofia cardíaca.
Mãos quentes e pés frios.
Agravação à *tarde* e à *noite*.
Efeitos do susto: Suspensão da menstruação.
Febres contínuas estênicas (com excitação), precedidas de *calafrios*, seguidos de *pele seca e quente*. Respiração acelerada, *sede ardente para grandes quantidades de água*

fria e pulso duro, cheio e frequente; *inquietação, impaciência, ansiedade, angústia,* temor exagerado da morte, *agitação;* suor profuso, quente e às vezes acre, que alivia.
Febres efêmeras; febres sinocas; siríase (febre de calor, inflamação do cérebro ou de suas membranas), *febres contínuas tropicais,* não gastrintestinais. *Febre uretral.*
Icterícia maligna (T.M.).
Casos precedidos de *arrepios* seguidos de febre; coriza incipiente, torcicolo e lumbago etc. Cãibras e espasmos, fraturas.
Asma. Um grande remédio do acesso de asma, em tintura-mãe.
Dores intoleráveis e desesperadoras, com agravação à tarde e à noite, e alternadas ou associadas com *entorpecimentos e formigamentos.* Nevralgia, especialmente do rosto e do lado esquerdo. Reumatismo, com congestão e calor locais. Dores de ouvidos (1ªx). Ciática. Câncer (T.M.).
Sensação de peso doloroso por trás do esterno; crises agudas de *aortite crônica* (remédio muito eficaz). *Enfarte.*
Desordens menstruais produzidas por medo, golpes de ar frio ou exposição ao *frio seco.* Mulheres sanguíneas.
O primeiro remédio no *crupe* e em todas as moléstias agudas precedidas de arrepios seguidos de febre; e principal remédio a dar depois de qualquer operação cirúrgica dos olhos. A ação deste remédio não é de longa duração. Ele abortará muitas moléstias agudas febris; mas se a moléstia progride, apesar do aparecimento dos suores, ou a inflamação se localiza, é preciso abandoná-lo. O *Aconitum* não convém também às febres com prostração e calma do doente, sobretudo se são remitentes ou intermitentes típicas.
Dose: 1ªx à 30ª. Em geral, nas febres, inflamações e congestões, 1ª à 3ª; nas moléstias nervosas, da 3ª à 30ª. Cortam os efeitos tóxicos do *Aconitum* largas doses de vinagre. Nas psicoses e moléstias nervosas crônicas, 200ª, 500ª e 1.000ª.
Uso externo: Hemorroidas inflamadas, frieiras inflamadas e dores de dentes.

010-A. *ACONITUM NAPELLUS*[55]
(Acônito)

Ação geral: *Aconitum napellus* é um dos medicamentos de ação mais extensa sobre o organismo. Provoca uma grande hiperemia, acompanhada de grande ansiedade e agitação física e mental. É um dos principais medicamentos para o início do estado inflamatório. Ataca os nervos sensitivos, dando uma sensação de formigamento e picadas na região inervada. Sobre os nervos motores, produz espasmos, paralisias, sendo que os espasmos são de caráter tônico.
Constituição e tipo: Indicado nos pletóricos que têm uma moléstia devida à mudança atmosférica, principalmente por umidade. As crises de *Aconitum* são rápidas, violentas e impressionantes, qualquer que seja o órgão afetado. O paciente de *Aconitum* apresenta uma grande agitação, uma angústia terrível e um grande medo de morrer. A maioria dos sintomas deste medicamento sobrevêm após uma exposição do corpo ao frio seco.
Aconitum napellus provoca uma dor intolerável, aguda, que é acompanhada de extrema agitação e medo de morte.
Modalidades: Lateralidade – ação sinistrotópica (lado esquerdo).
Agravação: De noite, em um quarto quente, deitando-se sobre o lado doente; pelo vinho e estimulantes; pela música, ruído, pelo medo e por emoções.
Melhora: Ao ar livre, pelo repouso e por uma transpiração quente.
Sono: Insônia acompanhada de grande inquietação e, dormindo, tem sonhos que provocam sobressaltos.
Cabeça: Cefaleia congestiva que aumenta de intensidade à noite. Dor de cabeça frontal, supraorbitária e com a face congestionada, vermelha, apresentando pele luzidia e seca. Vertigem ao se levantar, quando se está deitado.
Face: vermelha, vultuosa, apresentando pele luzidia e seca. Uma bochecha vermelha e outra pálida. Nevralgia facial, mais frequente à esquerda, com dores fortíssimas e pulsáteis.
Olhos: Inflamação brusca, sem supuração. Hipersensibilidade à luz.
Orelhas: Processos de otite aguda. O ouvido apresenta-se com extrema sensibilidade aos ruídos, e não suporta a música.
Aparelho digestivo:
Boca: Tudo que o paciente come apresenta gosto amargo. Sede insaciável com desejo de beber água fria. Língua coberta de saburra esbranquiçada. Dentes muito sensíveis ao frio.
Faringe: A garganta apresenta-se vermelha e seca, com dores queimantes.
Anginas que sobrevêm repentinamente em pletóricos.
Estômago: Anorexia. Náuseas acompanhadas de angústia. Vômitos biliosos ou de sangue vivo. Sensação de pressão sobre o estômago e queimadura no esôfago.
Abdome e evacuações: Abdome quente e timpânico, muito sensível à apalpação. Cólicas

---
55. Nos principais medicamentos, daremos a patogenesia, como foi apresentada por Hahnemann. O que aí está é apenas reprodução do que já foi dito. Em Homeopatia não existem novidades. Já se chegou à fase positiva da questão.

que não são aliviadas por nenhuma posição.
Hemorroidas sanguinolentas e tumefeitas.
Evacuações aquosas, frequentes e com tenesmo. Diarreia muco-sanguinolenta, que aparece por abuso de bebidas geladas.
Aparelho urinário e genital: Dores na região renal, após a exposição do corpo a um vento frio e seco.
Quanto ao aparelho genital masculino, ereções e emissões frequentes e dolorosas. Orquite que aparece bruscamente em indivíduos pletóricos, com febre e agitação.
No aparelho genital feminino encontramos menstruações abundantes e prolongadas.
Amenorreia súbita provocada por susto.
Aparelho respiratório:
Nariz: Coriza provocada por frio seco.
Laringe: Laringite aguda. Tosse crupal repentina, em crianças pletóricas.
Brônquios e pulmões: Bronquites e congestões pulmonares em indivíduos pletóricos e fortes. As dores são agudas e obrigam o paciente a um repouso quase impossível pela extrema ansiedade que ele apresenta. Tosse seca que se agrava de tarde e pela noite a dentro. Hemoptises de sangue vivo.
Aparelho circulatório: Pulso cheio, tenso, duro e às vezes intermitente.
Palpitações bruscas e peso doloroso sobre a região precordial.
Dores anginosas, que sobrevêm de repente após o susto.
Dorso e extremidades: *Nevralgias a frigore. Início de ciática. Processos inflamatórios agudos.*
Pele: Vermelha, seca e brilhante.
Febre: Agrava-se à noite. Suores nas partes que estão cobertas.
Complementares: *Arnica, Coffea* e *Sulphur.*
Remédios que lhe seguem bem: *Abrotanum, Arnica, Arsenicum, Belladona, Bryonia, Cactus, Cocculus, Coffea, Hepar, Ipeca, Kali bromatum, Mercurius, Pulsatilla, Rhus, Sepia, Sulphur* e *Silicea.*
Dose: 1ªx, 3ª, 6ª, 12ª, 30ª, 100ª, 200ª, 1.000ª e 10.000ª.

011. ACONITUM FEROX

Sinonímia: *Aconitum virosum* e *Aconitum indianum.* Pertence às *Ranunculaceae.*
Muitas vezes mais violento na sua ação do que *Aconitum napellus.* É mais diurético e menos antipirético.
Dispneia cardíaca. Gota. Nevralgia.
Respiração de Cheyne-Slokes. Ansiedade com sufocação proveniente da paralisia dos músculos da respiração.
Reumatismo muscular.
Dose: 3ªx, 5ª e 6ª.

012. ACTEA RACEMOSA (Cimicífuga)

Sinonímia: *Cimicifuga racemosa, Macrotis racemosa* e *Macrotis serpentaria.* Pertence às *Ranunculaceae.*
Medicamento feminino; *agitação e dor. Sensação de flutuação* ou *de abrir e fechar, no cérebro.*
Dismenorreia nervosa. "De um modo geral, este é o nosso mais valioso remédio em todas as variedades de dismenorreia" (Dr. Cowpperthwaite).
Nevralgias ovarianas e uterinas. "Eu a considero o nosso mais útil remédio na *ovarite crônica*" (Dr. Cowpperthwaite). *Perturbações reflexas* devidas a desordens ovarianas e uterinas; dor de cabeça; dor de olhos (*nevralgia ciliar*); tosse; nevralgias; espasmos, palpitações de coração; coreia etc. Irritação espinhal. Mais útil em qualquer caso de amenorreia do que qualquer outro medicamento.
Dores uterinas pós-parto, insuportáveis.
Dor inframamária das jovens celibatárias.
Reumatismo muscular, sobretudo dos músculos do ventre; pleurodinia, lumbago, torcicolo, coreia. Acne do rosto das adolescentes.
Um dos nossos mais poderosos remédios para deter o aborto: aborto habitual em mulheres reumáticas. Facilita o parto, se tomado com antecedência.
Menopausa; irritabilidade nervosa, dor de cabeça, vazio da boca do estômago.
Mania puerperal: fala muito; desconfiada.
Excesso, endolorimento muscular depois de qualquer exercício violento.
Dor de cabeça com sensação de que a cabeça vai estourar. Dores de cabeça na época da menstruação.
Convulsões histéricas. *Alternância de sintomas psíquicos com perturbações físicas.*
Ponto de Weihe: linha paraesternal, 1º espaço intercostal esquerdo.
Dor no tendão de Aquiles.
Antídotos: *Aconitum* e *Baptisia.*
Duração: 8 a 12 dias.
Dose: 1ªx, 3ª, 5ª, 6ª, 12ª, 30ª e 200ª
Uso externo: Em supositórios, na amenorreia e na dismenorreia.

013. ACTEA SPICATA (Engos)

Preparado de raízes frescas.
Sinonímia: *Actea americana, Actea rubra* e *Actea longipes.* Pertence às *Ranunculaceae.*
É um remédio reumático, especialmente das pequenas juntas, *reumatismo do punho e dos pés.* As juntas incham à mais leve fadi-

ga. Grande opressão. Respiração difícil após exposição ao ar frio. Piora das *dores pelo movimento*. Dores nas mãos, com enfraquecimento.
Dose: 30ª.

014. ADONIS VERNALIS

Sinonímia: *Adonis apenina*. Pertence às *Ranunculaceae*.
Medicamento cardíaco e da moléstia de Bright. Aumenta a secreção urinária e aumenta as contrações cardíacas. Como a *Convallaria*, é muito usado na Rússia como remédio do coração.
Hidrotórax. Anasarca.
Vertigens ao virar a cabeça rapidamente ou se deitando. *Tinnitus*.
Insuficiência mitral. Aortite crônica. Endocardite reumática. Dores precordiais com palpitação e dispneia. *Asma cardíaca* (*Quebracho*).
Pulso irregular e rápido.
É particularmente indicado em pessoas gordas, obesas, sedentárias, vivendo em lugares fechados e úmidos, e nos reumáticos oxalêmicos (Nebel).
Urina albuminosa e com película oleosa sobre a superfície.
Edemas. Não tem efeito acumulativo, mas deve ser usado com cuidado.
Dose: de cinco a dez gotas da T.M.

015. ADRENALINA

(Produto da secreção interna das glândulas suprarrenais).
Considerado um sarcódio em Homeopatia.
Grande medicamento do *edema pulmonar* e da *arteriosclerose*.
Aortite crônica. Angina de peito. *Hipertensão*.
Taquicardia.
Tinnitus aurium.
Soluço intratável, reflexo de cólica renal (3ªx).
Dose: 3ª, 5ª e 30ª.
Em injeção hipodérmica nas crises da asma.

016. AESCULUS GLABRA

Pertence à família das *Hippocastanaceae*.
Tem ação sobre o reto. Fezes endurecidas. Mamilos hemorroidários de cor purpúrea, com peso sobre as cadeiras e fraqueza nas pernas.
Cabeça pesada e como se estivesse cheia, mas sem dor. Olhos inexpressivos.
Estômago distendido.
Coceira de garganta.
Dose: 3ªx.

017. AESCULUS HIPPOCASTANUM
(Castanha-da-Índia)

Sinonímia: *Hippocastanum vulgare*. Da família das *Hippocastanaceae*.
A ação deste remédio se exerce principalmente sobre o baixo ventre (reto e ânus).
Maravilhoso medicamento da congestão abdominal.
Dores sacrolombares, mais ou menos constantes, agravando-se muito pelo andar ou se inclinar.
Sensação de inchaço, calor e secura no reto.
Prisão de ventre. *Enterite mucomembranosa*.
Hemorroidas sangrentas, purpúreas, salientes ou *cegas*, não sangrando, mas com *dores sacrolombares*.
Hemorroidas dando sensação de plenitude, com pulsação.
Sensação como se o reto estivesse cheio de *lascas de madeira*.
O Dr. Richard Hugues, em sua *Farmacodinâmica*, diz: "A forma de hemorroidas em que *Aesculus* parece especialmente eficaz é aquela em que o sintoma mais notável e mais constante é a *constipação, acompanhada de muita dor, porém pouca hemorragia*".
Moléstias do fígado associadas às hemorroidas. Laringite: tosses dependendo de moléstias do fígado. Outras afecções, com hemorroidas ou *dores sacrolomb*ares, leucorreia, deslocamentos do útero, fendas do ânus, *faringite folicular* etc. Prostatite, com frequentes desejos de urinar à noite.
Irritação causada por lombrigas; auxilia a sua expu*lsão*.
Rachaduras do ânus. Varizes. Úlceras varicosas.
Ponto de Weihe: No meio do 1/3 interno da linha que une a cicatriz umbilical ao ponto de *Chelidonium*.
Do *Aesculus* se isola a *Escina*, que é um glucosídio composto de glicose, xilose e ácido glucorônico com uma fração aglucônica pentacíclica, a *escigenina*. Trata-se de um álcool tritenômico pentacarbocíclico polivalente.
Dose: T.M., 3ªx, 12ª e 30ª.
Antídoto: *Nux vomica*.
Duração: 30 dias.
Uso externo: Hemorroidas cegas, salientes e rachaduras do ânus. Supositórios de *Aesculus* e *Paeonia*.

018. AETHIOPS
(Sulfureto negro de mercúrio)

Sinonímia: *Hydrargyrum sulphuratum nigrum* e *Mercurius sulphuratum niger*.
Útil em moléstias escrofulosas, oftalmia, otorreia, erupções cutâneas crostosas, irritantes e dolorosas e sífilis infantil.

Muito gabado pelo Dr. Petroz para deter a diarreia e as hemorragias da febre tifoide.
Complementar: *Calcareas.*
Antídoto: *Vegetais ácidos.*
Duração: 20 a 30 dias.
Dose: 3ªx.

019. *AETHUSA CYNAPIUM* (Pequena cicuta)

Sinonímia: *Apinum cicutarium, Cicuta minor, Cynapium* e *Petroselinum similis.* Pertence às *Umbeliferae.*
Especialmente para crianças durante a dentição nos tempos quentes de verão, *crianças que não podem tolerar o leite.*
Vômitos violentos de grandes coalhos de leite azedo, amarelos ou mais frequentemente verdes, seguidos de esgotamento e sono. *Esfomeado depois de vomitar.* Desperta com fome, come e vomita imediatamente.
Vertigem com palpitações. A cabeça fica quente logo que cessa a vertigem.
Rosto pálido e ansioso, olheiras; *linea nasalia bem acentuada.* Erupção herpética na ponta do nariz.
Cólicas, diarreia aquosa, amarelada ou esverdeada, cólera infantil, soltura dos idosos.
Ausência completa de sede.
Regurgitação de alimentos, uma hora depois de comer.
Erupção pruriginosa em torno das juntas.
Adenites crônicas (Petroz).
Impossibilidade de pensar ou fixar atenção. *Crianças imbecis.* Estudantes neurastênicos.
Sono agitado. Enxaqueca que termina por diarreia.
Convulsões epileptiformes, com o polegar preso na mão, face vermelha e *olhos voltados para baixo.*
Dose: 3ªx à 5ª e 30ª.

020. *AGARICUS MUSCARIA* (Agárico mosqueado)

Sinonímia: *Agaricus fulvus, Agaricus pustulatus, Amanita citrina* e *Amanita muscaria.* Pertence às *Agaricaceae.* Trata-se de um fungo.
Sobressaltos das pálpebras e de vários músculos, *contrações involuntárias de vários músculos; tremores; coreia, dança de São Guido.*
"Quanto a remédios para coreia, nenhum há em que mais confiança eu tenha do que *Agaricina.* Tenho o hábito de usar este remédio na 2ª trituração decimal, uma tablete de 2 em 2 horas ou mesmo, em casos extremos, de hora em hora. Eu receito invariavelmente, sempre que não há indicação precisa de outro medicamento." (Dr. Bartlett)
"*Agaricus* 1ªx é o remédio mais útil para a simples irritabilidade, mau humor e inquietação na dentição das crianças" (Dr. Dewey).
Delírio da febre tifoide, com constantes tentativas de sair da cama e tremor de todo o corpo (T.M.).
Nevralgia facial, como se agulhas de gelo estivessem picando o rosto do doente.
Língua trêmula, prejudicando a linguagem falada.
Blefarospasmo. Pestanejo nervoso. Epistaxes dos idosos. Coceira nervosa do nariz.
Vermelhidão com comichão ardente dos ouvidos, mãos e pés, como queimaduras por geada. *Frieiras que coçam e ardem intoleravelmente.* Erupções papulosas da pele. Bursite do dedo grande do pé. Edema essencial.
Movimentos involuntários durante a vigília, *diminuindo ou cessando mesmo, à noite.*
Excitação sexual cerebral, com impotência física.
Ação tumultuosa do coração nos consumidores de chá e café e fumantes inveterados. Gripe cardíaca.
Perturbações gástricas com dores de fígado.
Espinha dolorosa à pressão, sobretudo na região lombar, frio nas pernas, formigamentos nos pés e andar vacilante. Tosse espasmódica, terminando em espirros.
Dores de cadeiras depois da menopausa.
Ponto de Weihe: linha mediada entre a linha espinhal e a linha que passa pelo ângulo inferior da omoplata (braços pendentes), 4º espaço intercostal, bilateralmente.
Remédios que lhe seguem bem: *Belladona, Calcaria, Cuprum, Mercurius, Opium, Pulsatilla, Rhus, Silicea* e *Tuberculinum.*
Antídotos: *Calcaria, Pulsatilla, Rhus* e *Vinum.*
Duração: 40 dias.
Dose: 3ªx, 5ª, 30ª e 200ª. Em moléstias da pele, a 3ªx.
Uso externo: Frieiras e prurido vulvar.

021. *AGARICUS PHALLOIDES*

Sinonímia: *Amanita bulbosa.* Pertence às *Agaricacesae.*
Nos quadros de envenenamento pelo *Agaricus* têm-se a impressão de um caso de cólera-morbo. Grande prostração. Suores frios. Fácies hipocrática. Sede violenta.
Cãibras incessantes no estômago.
Abdome duro e tenso.
Pulso fino e intermitente, quase imperceptível.
Excitação mental.
Dose: 6ª, 12ª e 30ª.

022. AGAVE AMERICANA[56]

Pertence às *Amaryliduceae*.
Este remédio é indicado no *escorbuto e nas ereções dolorosas da gonorreia*.
Estomatites.
Dose: T.M. e a 1ªx.

023. AGNUS CASTUS
(Gatileira comum)

Sinonímia: *Vitex-agnus castus* e *Vitex verticillata*. Pertence às *Verbenaceae*.
A principal indicação deste medicamento é a apatia e a *impotência sexual*, principalmente dos homens.
Senilidade precoce, nos jovens, por abusos sexuais, e nos *idosos* ainda com desejos sexuais, por atonia dos órgãos genitais. Tem impressão de estar cheirando a herings[57]. *Ilusões olfativas*.
Impotência, consequência de gonorreias repetidas.
Neurastenia sexual. Ideia fixa de morte próxima.
Um remédio importante para *torceduras e maus jeitos*.
Taquicardia devida ao fumo. *Agalactia com depressão moral*.
Falta de leite nas mulheres recém-paridas. "O medicamento mais eficaz contra este estado e que jamais me falhou nos casos bastante numerosos em que o tenho empregado é o *Agnus castus*. Três glóbulos da 12ª dinamização em um copo de água, uma colher das de chá de 3 em 3 horas, até que o leite apareça." (Dr. C. Groseiro). Evacuação difícil de fezes moles.
Remédios que lhe seguem bem: *Arsenicum, Bryonia, Caladium, Ignatia, Lycopodium, Pulsatilla, Selenium* e *Sulphur*.
Antídotos: *Camphora* e *Nux vomica*.
Duração: 8 a 14 dias.
Dose: 1ª à 6ª, 30ª, 100ª e 200ª.

024. AGRAPHIS NUTANS
(Campainha)

Pertence às *Liliaceae*.
Estados catarrais da nasofaringe.
Catarro da trompa de Eustáquio.
Obstrução do nariz.
Vegetações adenoides da garganta, causando surdez. Hipertrofia das amígdalas.

Mutismo das crianças, que não é devido à surdez.
Dose: T.M. à 3ª.

025. AILANTHUS GLANDULOSA
(Sumagre chinês)

Sinonímia: *Ailanthus procenus, Rhus cacodendron* e *Rhus chinense*. Pertence às *Simarubaceae*.
Este remédio tem uma esfera de ação limitada, mas importante, principalmente nos casos de *escarlatina maligna*, em que a morte sobrevém ordinariamente no primeiro ataque. Há *sonolência* e *estupor*, erupção irregular, escassa e de cor azul escura ou purpúreo-lívida, garganta inchada, edema do pescoço, corrimento nasal escoriando o lábio superior. Pseudodifteria da escarlatina. Tonsilite folicular. *Estupor. Lividez. Malignidade*. Paralisia respiratória.
Dose: 1ªx à 5ª e 6ª.

026. ALETRIS FARINOSA
(Erva estrelada)

Sinonímia: *Aletris alba*. Pertence às *Liliaceae*.
Medicamento feminino, sobretudo das jovens cloróticas e das mulheres grávidas. Predisposição ao aborto.
Menstruação em avanço, profusa e acompanhada de cólicas uterinas semelhantes às dores do parto.
A doente está sempre fatigada. Vômitos incoercíveis.
Perturbações do útero, *com leucorreia muito profusa*, prisão de ventre rebelde, exigindo grandes esforços para evacuar, fraqueza da digestão. Menstruações prematuras.
Deslocamentos uterinos; prolapso. Dores musculares durante a gravidez. O útero parece pesado. Prolapso com dores na região inguinal direita.
Quando a pessoa defeca, o reto parece que vai se romper.
Dose: T.M. à 6ªx.

027. ALFAFA

Sinonímia: *Medicago sativa*. Pertence às *Leguminosae*.
Medicamento que age sobre o simpático, influenciando as ações reguladoras do anabolismo, aumentando o apetite e dando certo vigor físico e mental. Sarcótico.
Lactação deficiente. Melhora o leite da nutriz em qualidade e o aumenta. Fosfatúria. *Diabetes insipidus*.

---

56. Pouco usado.
57. Peixe conservado, que é muito usado na alimentação do trabalhador holandês.

Apendicite crônica. Desejo frequente de urinar. Poliúria. Aumento de eliminação da ureia e dos fosfatos.
Dose: 5 gotas de T.M., 4 a 5 vezes por dia.

028. ALLIUM CEPA

Sinonímia: *Cepa*. Pertence às *Liliaceae*.
Coqueluche com perturbações digestivas, vômitos e flatulência.
Coriza (defluxo): *corrimento nasal profuso, aquoso e irritante, com profuso e brando lacrimejamento* (contrário de *Euphrasia*), dor de cabeça, opressão na raiz do nariz, espirros. Hidrorreia nasal.
Laringite catarral; a tosse é tão dilacerante que o doente evita tossir e *leva a mão à garganta,* pois parece que a tosse *vai despedaçá-lo.* Tosse espasmódica.
Dores nevrálgicas *filiformes* na face, cabeça, pescoço, peito, unhas ou qualquer outra parte do corpo. Nevrite traumática crônica depois de amputação. Paralisia facial à esquerda. *Nevrites pós-operatórias.*
Eficaz nas feridas dos pés causadas pelo atrito dos sapatos.
Poderoso remédio das *cólicas flatulentas* das crianças (Dr. J. Kent).
Agravação à tarde e ao ar quente; melhora ao ar livre e fresco.
Cólicas com gases fétidos e úmidos.
Complementares: *Phosphorus*, *Pulsatilla*, *Salsaparilla* e *Thuya*.
Remédios que lhe seguem bem: *Calcaria* e *Silicea*.
Inimigos: *Allium sativum*, *Aloë* e *Scilla*.
Antídotos: *Arnica*, *Chamomilla*, *Nux*, *Thuya* e *Veratrum*.
Dose: 3ªx à 30ª e 200ª.

029. ALLIUM SATIVUM
(Alho)

Pertence às Liliaceae.
Influenza: com ou *sem febre,* manifestando-se por um ataque intenso das vias respiratórias – dor e vermelhidão dos olhos, lacrimejamento, corrimento nasal abundante; dores opressivas na raiz do nariz, espirros, tosse, rouquidão, gosto e olfato perdidos. Perturbações por abuso de alimentação. *Dispepsia fermentativa.*
Bronquite crônica, com profusa e difícil expectoração mucosa e hálito fétido. Hemoptise, Tuberculose pulmonar. Bronquiectasia, com expectoração fétida. Gangrena pulmonar.
Sensação de um cabelo na língua.
Complementar: *Arsenicum*.
Inimigos: *Aloë*, *Allium cepa* e *Scilla*.

Antídoto: *Lycopodium*.
Dose: T.M. à 6ª.

030. ALNUS RUBRA[58]
(Álamo)

Sinonímia: *Alnus serrulata*. Pertence às *Betulaceae*.
Tem alguma reputação como remédio das afecções da pele (*herpes crônico*) e *ingurgitamentos glandulares.*
Age também contra a *leucorreia,* com ulceração do colo sangrando facilmente; contra a amenorreia, com dores de cadeiras e do púbis, *de caráter ardente.*
Dose: T.M. à 3ª.

031. ALOË
(Aloë socotrina)

Sinonímia: *Aloë socotorina*, *Aloë officinalis* e *Aloë vera*. Pertence às *Liliaceae*.
Excelente remédio para auxiliar o restabelecimento do equilíbrio fisiológico depois de muitos remédios, quando os sintomas destes e da moléstia parecem misturados.
Maus efeitos de vida ou hábitos sedentários.
Congestão venosa dos órgãos da bacia.
Perda de segurança no esfíncter do ânus é uma indicação homeopática clássica; o paciente teme emitir ventosidade ou urinar, receando que as fezes se escapem na ocasião. Incontinência urinária dos idosos.
Hemorroidas em cachos de uvas, cobertas de muco; sangrando frequente e profusamente e muito aliviadas pela água fria. Lumbago alternado com dor de cabeça e hemorroidas.
Diarreia matutina e muito flatulenta, *precedida de grande ruído intestinal.* Violento tenesmo na disenteria, com desfalecimento depois de cada evacuação. Diarreia depois de operações cirúrgicas. Um excelente remédio da *diarreia hemorroidal* (3ªx). Evacuação queimante como fogo.
Fezes mucosas ou gelatinosas, precedidas de cólicas que continuam durante a defecação e cessam depois dela; reto doloroso depois da evacuação. Retite.
Prisão de ventre com mau humor; cólicas com inútil desejo de evacuar. Coceira e ardor do ânus, afugentando o sono.
Queda do reto nas crianças (3ªx).
Incontinência de fezes, mesmo quando estas são bem constituídas.

---

58. Tendo em outras edições saído com o nome de *Alamus rubra*, apressamo-nos em corrigir. O verdadeiro nome é *Alnus serrulata sive rubra*.

Agravação pela manhã, pela vida sedentária, pelo tempo seco e quente; depois de comer ou beber; em pé ou andando. Melhora ao ar livre.
Complementar: *Sulphur.*
Remédios que lhe seguem bem: *Kali bichromicum, Sepia, Sulphur* e *Sulphuris acidum.*
Inimigo: *Allium sativum.*
Antídotos: *Camphora, Lycopodium, Nux* e *Sulphur.*
Duração: 30 a 40 dias.
Dose: 3ªx, 6ª, 12ª, 30ª, 100ª e 200ª.
Entre nós, a tintura-mãe é muito usada.

032. ALSTOMA CONSTRICTA

Pertence às *Apocynaceae.*
Remédio do *impaludismo crônico*, com anemia, debilidade e diarreia sem cólicas. Diarreia logo após o comer.
Disenteria. Peso no estômago.
Um tônico depois de febres exaustivas.
Dose: T.M. à 3ª.

033. ALUMEN

Sinonímia: *Alumen crudum, Alumen kalicosulphuricum* e *Sulphas e aluminico-potassicum.*
Medicamento de grande ação sobre os vasos e sobre constipação de ventre. Remédio heroico das hemorragias que aparecem no curso do tifo.
Produz secura e constrições.
Dor no alto da cabeça, como se tivesse aí um peso, e que melhora apertando esta região com a mão.
Amígdalas enfartadas. Palpitações ao se deitar sobre o lado direito.
Desejo violento e ineficaz de evacuar. O reto parece não poder expulsar as fezes.
Colo do útero endurecido. Glândulas endurecidas. Hemoptises. Hemorragias.
Úlceras da pele, *com a base endurecida.* Varicose. Alopecia.
Músculos sem ação.
Piora pelo frio, com exceção da dor de cabeça que melhora por ele.
Antídotos: *Chamomilla, Nux, Ipeca* e *Sulphur.*
Dose: 3ª à 1.000ª.

034. ALUMINA
(Óxido de alumínio)

Sinonímia: *Argilla pura* e *Aluminum oxydatum.*
Este medicamento é o *Acônito das moléstias crônicas.* Confusão de espírito. O paciente é incapaz de decidir. Idosos secos e enrugados; jovens cloróticas ou histéricas; crianças escrofulosas, mal nutridas e enrugadas. Falta de calor animal. Faringite dos cantores e oradores. Amígdalas aumentadas e endurecidas.
Sensação de teia de aranha sobre o rosto.
Secura é a sua característica: mucosas secas, catarro seco, intestinos secos, pele seca etc. Rinite atrófica. Sensação de constrição ao nível do esôfago.
Pessoas com apetite pervertido – comem amido, carvão vegetal, lápis de ardósia, grãos de café, giz etc. As batatas desagradam e agravam.
Prisão de ventre: nenhum desejo de evacuar; *fezes duras, reto inativo,* grande esforço para defecar; as fezes, mesmo moles, são *difíceis de expelir.* Um grande remédio da prisão de ventre das *crianças de peito.* Prisão de ventre dos idosos (reto inativo) e das mulheres de vida sedentária.
Casos crônicos de gonorreia.
Leucorreia: *viscosa, corrosiva e profusa, escorrendo pelas coxas abaixo* e esgotando muito a paciente; piora de dia e depois da menstruação, melhora pelo banho frio.
Depois da menstruação, abatida física e mentalmente.
Fraqueza sexual dos idosos; emissões espermáticas involuntárias, ao se esforçar para defecar.
Pesado arrastar de pernas. Ataxia locomotora.
Prurido muito forte, ao calor do leito (Sulphur).
Não pode urinar, sem fazer esforço para defecar.
Melhora, enquanto come.
Ponto de Weihe: metade do terço externo da linha que une à cicatriz umbilical ao ponto *Calcaria phosphorica* bilateralmente.
Complementares: *Bryonia* e *Ferrum.*
Remédios que lhe seguem bem: *Argentum metallicum* e *Bryonia.*
Antídotos: *Bryonia, Camphora, Chamomilla* e *Ipeca.*
Duração: 40 a 60 dias.
Dose: 6ª, 30ª, 200ª e 1.000ª. Na ataxia locomotora, prefira-se *Aluminium.* Usa-se também D6, D12 e D30 coloidais.

035. ALUMINA SILICATA

Sinonímia: *Kaolinum.*
Poderoso remédio nas desordens nervosas crônicas. Convulsões epileptiformes. Constrição de todos os orifícios.
Cefaleias que melhoram pelo calor. Formigamento, entorpecimento dos membros. Corizas frequentes. Ulceração do nariz. Tosse espasmódica, com expectoração viscosa e purulenta. Formigamento ao longo do trajeto dos nervos.

Piora pelo ar frio, pelo comer e ficando em pé. Melhora pelo calor e ficando deitado.
Dose: 3ª, 100ª e 200ª.

036. AMBRA GRISEA
(Ambra cinzento)

Sinonímia: *Ambiarum cineriteum, Ambra cinerea, Ambra nigra, Ambrosiaca* e *Succinum griseum.*
Remédio *nervoso* ou *histérico.* Melancolia.
O paciente anda sempre apressado.
Falta de reação orgânica em pacientes nervosos.
Insônia em pessoas franzinas, fracas e nervosas, sobretudo devida a preocupações de negócios.
Idosos que esquecem as coisas mais simples. Nervos gastos. Partes do corpo se entorpecendo facilmente.
Vertigem nervosa, especialmente nos idosos.
Tendências a lipotimias. Fragilidade capilar. Queda de cabelos. Fragilidade das unhas. Vertigem com sensação de peso no vertex. Cãibras, abalos e espasmos musculares. Cãibras nas mãos e nos dedos. Abdome com sensação de frio glacial.
A presença de estranho, mesmo da enfermeira, é intolerável durante a defecação; *frequente, mas inútil desejo de defecar, que deixa o paciente ansioso.*
Coqueluche ou tosse espasmódica, com violentos arrotos ou soluços, com sibilos durante as inspirações.
Bom remédio do *prurido vulvar.* Hemorragias entre as menstruações. Menstruações abundantes que pioram ao se deitar. Ninfomania.
A música agrava os sintomas.
Ponto de Weihe: linha paraesternal direita, no terceiro espaço intercostal.
Antídotos: *Camphora, Coffea, Nux vomica, Pulsatilla* e *Staphisagria.*
Duração. 40 dias.
Dose: 5ª à 30ª, 100ª e 200ª.

037. AMBROSIA

Sinonímia: *Ambrosia artemicefolia.* Pertence às *Compositae.*
Remédio muito útil na asma de feno.
Coceira intensa nas pálpebras e grande lacrimejamento.
Diarreia multiforme, especialmente no verão.
Coriza aquosa. Hemorragia nasal. Acessos de asma. Rinite espasmódica.
Dose: na hemorragia nasal, 10 gotas de tintura-mãe em um cálice de água, durante e depois da hemorragia, com intervalo de 15 minutos.

Depois de umas 3 doses, aplicam-se duas gotas de 3 em 3 horas.
Para as outras indicações, 3ªx. Na rinite espasmódica, as altas dinamizações.

038. AMMONIACUM-DOREMA

Sinonímia: *Ammoniacum gummis* e *Peucedanum ammoniacum.* Pertence às *Umbelliferae.*
Expectorante de primeira grandeza.
Remédios dos idosos e dos fracos, atacados de bronquite crônica. Mau humor. Grande sensibilidade ao frio. Usada externamente em emplastros.
A vista se cansa com facilidade pela leitura.
Dificuldade de respirar. *Catarro crônico. Bronquite crônica que piora no tempo de frio.* Sente o coração bater no estômago. Batimentos cardíacos fortes e piorando por se deitar sobre o lado esquerdo.
Antídotos: *Arnica* e *Bryonia.*
Dose: 3ªx.

039. AMMONIUM BROMATUM
(Bromureto de amônio)

Excitação como se tivesse bebido vinho. Dor de cabeça por sobre o olho esquerdo.
Sensação de fita comprimindo: bem em cima das orelhas. Ovaralgia esquerda.
Catarro crônico nos oradores, com tosse espasmódica, que se torna contínua, principalmente à noite.
Dose: 3ª e 5ª.

040. AMMONIUM CARBONICUM
(Carbonato de amônio)

Sinonímia. *Ammonium* e *Carbonas ammonicus.*
Mau humor, com tempo úmido. Mulheres chorosas.
Sensação de peso em todos os órgãos. Remédio venenoso.
Forma crônica e subaguda das moléstias das mucosas, sobretudo do aparelho respiratório das pessoas linfáticas de fibras frouxas. Pessoas robustas e gordas, de vida sedentária. Mulheres delicadas que desmaiam facilmente e usam frequentemente sais.
Nariz entupido à noite; precisa respirar pela boca; sobretudo nas crianças; o paciente desperta com tosse seca, anelante, com coceira na laringe. Coriza rebelde. Difteria, quando o nariz está entupido. Escarlatina. Ulceração gangrenosa das amígdalas.

Congestão da ponta do nariz. *Asma cardíaca*.
Epistaxe, *quando lavando o rosto e as mãos pela manhã*, da venta esquerda; *depois de comer*. *Tosse das 2 às 5 da manhã*.
Um dos melhores remédios no enfisema (aqui também são úteis: *Antimonium arsenicosum* 3ª trit. e Adrenalina 3ª) e na bronquite crônica dos idosos. Edema pulmonar.[59]
Vesículas em torno da boca; rachaduras dos cantos da boca. *Erisipela dos idosos*, com sintomas cerebrais precoces.
Sintomas coleriformes no começo da menstruação, avançada e profusa. Furúnculos, pústulas e hemorroidas durante a menstruação.
Prurido anal e vulvar. Fadiga.
Favorece a erupção do sarampo.
Escarlatina maligna, com gânglios submaxilares inchados, garganta vermelho-escura, respiração estertorosa, erupção miliar ou escassa, paralisia iminente. Uremia.
Grande aversão à água; nem tocá-la pode suportar. Falta de asseio nos hábitos do corpo.
Aversão ao outro sexo. Leucorreia acre.
Agravação no inverno e pela madrugada. Durante as menstruações. Menstruações antecipadas e profusas.
Melhora, deitando-se sobre o lado doloroso.
Remédios que lhe seguem bem: *Belladona, Bryonia, Lycopodium, Pulsatilla, Phosphorus, Rhus, Sepia, Sulphur* e *Veratrum*.
Inimigo: *Lachesis*.
Antídotos: *Arnica, Camphora* e *Hepar*.
Duração: 20 a 30 dias.
Dose: 6ª, 12ª, 100ª e 200ª.

041. *AMMONIUM MURIATICUM*
(Cloreto de amônio)

Sinonímia: *Ammonium chloridum, Ammonium hydrochlorum, Chloruretum ammonium*.
Sensação de *fervura*.
Deseja gritar, mas não pode; histeria; consequência de pesares.
Pessoas obesas e indolentes, de *corpo grosso e gordo e pernas delgadas*, com perturbações do aparelho respiratório. Ventre obeso.
Coriza corrosiva com o nariz entupido, *sobretudo à noite*, habitualmente de uma só venta de cada vez. *Perda do olfato*.
Erosões nos cantos da boca.
Bronquite e tísica: *sensação de frio entre as espáduas, rouquidão e ardor na laringe. Tosse sufocante*.
Palpitações nas amígdalas – amigdalite e escarlatina, com muita sufocação. Esofagismo.
Dejeções mucosas verdes alternadas com prisão de ventre. Enterite mucomembranosa.

Bom remédio da congestão crônica do fígado.
Durante a menstruação, *diarreia e vômitos; perdas de sangue intestinais, mais profusas à noite; dores nevrálgicas nos pés*.
"Para as dores fulgurantes da tabes sem sintoma algum de incoordenação ou de esgotamento. *Ammonium muriaticum*, é o nosso principal remédio." (Dewey)
Ciática com agravação ao se sentar e alívio ao andar e deitar. Nevralgia dos tocos de amputação. Dor ciática com sensação de que os tendões são curtos.
Remédios que lhe seguem bem: *Antimonium crudum, Coffea, Mercurius, Nux vomica, Phosphorus, Pulsatilla, Rhus* e *Sanicula*.
Antídotos: *Coffea, Hepar* e *Nux vomica*.
Duração: 20 a 30 dias.
Dose: 3ª à 6ª.

042. *AMMONIUM PHOSPHORICUM*
(Fosfato de amônio)

Sinonímia: *Ammoniae phosphas*.
É usado nos casos de gota em que existem concreção e nódulos de urato de sódio, nas articulações.
Sensação de tensão na cabeça e peso nas pernas.
Allen fez uso com sucesso na paralisia facial.
Dose: 3ªx, 5ª e 6ª.

043. *AMMONIUM VALERIANICUM*
(Valerianato de amônio)

Remédio das cefalalgias nervosas e prosopalgia. Face pálida e fria. Eretismo.
Insônia por excitação ou em pessoas histéricas. Dores nevrálgicas violentas sobre a região precordial.
Enurese das crianças nervosas.
Dose: 3ªx trit.

044. *AMYGDALUS PERSICA*
(Pessegueiro)

Sinonímia: *Persica vulgaris*. Pertence às *Rosaceae*.
Um remédio muito eficaz no vômito; *vômito matutino da gravidez*. Perda do olfato e do gosto.
Irritação gástrica das crianças; nenhuma forma de alimento é tolerada.
Hemorragia da bexiga.
Conjuntivite catarral.
Dose: T.M., 5 gotas.

---
59. É aconselhável sangria.

045. AMYL NITROSUM
(Nitrito de amila)

Sinonímia: *Amyl-nitrit* ou *Amylenum nitrosum*.
Um remédio do aparelho circulatório, aliviando *congestões*, sobretudo da cabeça e especialmente na *menopausa, palpitações*, bafos de calor no rosto, *seguidos de suores, dores de cabeça*, angústia precordial. As horas parecem mais longas. Deseja estar ao ar livre. Bócio exoftálmico. *Convulsões epilepetiformes. Batimentos do coração* e *carótidas*.
Dispneia, tosse sufocante. Asma, *soluço* e *bocejo*.
Suores anormais depois da *influenza. Cefaleia da menopausa. Ansiedade como se algo estivesse por acontecer*.
Antídotos: Chloroformium, Strichnos e Cactus.
Dose: 3ª à 5ª. Na menopausa a 30ª.
Em inalação, na angina pectoris.

046. ANACARDIUM OCCIDENTALE
(Cajueiro)

Pertence às *Anacardiaceae*.
Emprego como tônico nos estados de debilidade orgânica ou nervosa, especialmente, no *diabetes insípido. Anafrodisia*.
Vermes intestinais.
Erisipela; eczema da face. Rachaduras e calosidades das solas dos pés.
O linimento preparado de folhas esmagadas é usado externamente no pênfigo e em queimaduras.
Antídoto de *Rhus toxicodendron*.
Dose: T.M.

047. ANACARDIUM ORIENTALE
(Fava de Malaca)

Sinonímia: *Anacardium latifolium, Anacardium officinarum, Avicennia tomentosa* e *Semecarpus anacacardium*. Pertence às *Anacardiaceae*.
Remédio dos neurastênicos. *Desconfiança*.
A grande característica deste remédio é o *grande alívio depois de comer*, os sintomas voltando, entretanto, e aumentando de intensidade até que o paciente *seja forçado a comer novamente para aliviar*. Dispepsia que é aliviada por comer, mas volta logo que a comida é digerida. Dor de cabeça aliviada pelo comer ou pelo deitar, mas voltando depois da digestão.
Neurastenia. Dupla personalidade. Tosse excitada por falar, em crianças, após um acesso de gênio.
Um excelente remédio para a *debilidade senil* sem paralisias e a *debilidade de origem sexual*. Surmenage.
Perda de memória, especialmente nos idosos esgotados. Uma dose tomada antes de aparecer em público *previne o embaraço e o acanhamento*. Esgotamento por abusos sexuais.
Delírio religioso, com preocupação de salvar sua alma.
Desejo de blasfemar. Duas vontades opostas, das quais uma ordena o que a outra proíbe. Ouve vozes longínquas; alucinações olfativas. Ofende-se facilmente.
Insônia do alcoolismo. Mau hálito. Gastralgia. Sensação de um *tampão* em diversas partes internas; de uma *faixa* em torno do corpo. Prisão de ventre. Evacuação difícil, mesmo para fezes moles.
Remédio dos estudantes que têm medo de fazer exames e da debilidade por excesso de estudos. Pele apresentando vesículas e pústulas com grande prurido. Eczema pruriginoso.
Ponto de Weihe: linha paraesternal esquerda, no 4º espaço intercostal.
Remédios que lhe seguem bem: Lycopodium, Pulsatilla e Platina.
Antídotos: Clematis, Croton, Coffea, Juglans, Ranunculus e Rhus.
Duração: 30 a 40 dias.
Dose: 3ª, 5ª e 200ª.

048. ANAGALLIS ARVENSIS
(Pimpinela)

Sinonímia: *Anagallis coerulea* e *Anagallis phonicea*. Pertence às *Primulaceae*.
Ação sobre a pele muito acentuada. *Prurido. Erupção seca e farelenta, especialmente na palma das mãos e nos dedos. Vesículas em grupos*. Dores nos músculos da face.
Possui o poder de amolecer carnosidades e de destruir verrugas. Úlceras localizadas nas juntas. Dor nos músculos da face. Hipocondria. Epilepsia.
Favorece a expulsão das lascas que se introduzem debaixo da pele. Contra mordidas de animais.
Dose: 1ª à 3ª.

049. ANANTHERUM
(Erva da Índia)

Sinonímia: *Andropogon murcatus, Phalaris zizanoides, Vetivria odorata* e *Virana*. Pertence às *Gramineae*.
Um bom remédio de moléstias da pele. Prurido. Herpes, úlceras e abscessos do couro cabeludo. Unhas deformadas.

Furúnculos e tumores da ponta do nariz. Salivação intensa. *Verrugas localizadas nas pálpebras.*
Erisipela.
Tumores duros dos seios. Adenites.
Cistite: constante vontade de urinar. Suores fétidos dos pés. *Pústulas na vulva.*
Dose: 3ª.
Externamente em pomadas, nas verrugas das pálpebras.

050. *ANGELICA ARCHANGELICA*[60]
(Angélica)

Sinonímia: *Angelica officinalis, Angelica Gmelini, Coelopleturum Gmelini.* Pertence às *Umbeliferae.*
Digestões laboriosas, bronquite crônica e cólicas são as suas três principais indicações.
Rouquidão.
Dizem que 5 gotas da T.M. três vezes ao dia combatem o vício da embriaguez.
Dose: T.M.

051. *ANEMOPSIS CALIFORNICA*
(Erva mansa)

De muito valor nos *estados catarrais,* com profusos corrimentos mucosos ou serosos, rinite, faringite, diarreia, uretrite, vaginite.
Palpitações; é um sedativo do coração.
Flatulência; facilita a digestão.
Dose: T.M.

052. *ANGELICA BRASILIENSES*[61]
(Angélica do mato)

Sinonímia: *Canthim febrifugum.* Pertence às *Rubiaceae.*
Um grande remédio contra a *febre amarela* e a *febre puerperal.*
Febres tíficas.
Dose: T.M.

053. *ANGUSTURA VERA*

Sinonímia: *Angustura cuspara, Galipea cusparia* e *Galipea officinailis.* Pertence às *Rutaceae.*
Pacientes que têm *um irresistível desejo pelo café.*
Reumatismo com grande dificuldade de andar; estalos em todas as juntas. Rigidez de músculos e articulações. Hipersensibilidade. *Trismus neonatorum,* quando as mães abusam de mercúrio. *Convulsões tetaniformes.*
Paralisias de origem medular.
Cárie dos ossos longos. Dores nos joelhos. Poluções.
Dispepsia atônica; gosto amargo na boca. Diarreia crônica, com fraqueza e emagrecimento. Cólicas. Prolapso uterino.
Ponto de Weihe: linha paraesternal esquerda, no 3º espaço intercostal.
Remédios que lhe seguem bem: *Lycopodium, Pulsatilla* e *Platina.*
Antídotos: *Clematis, Croton tiglium, Juglans, Ranunculus bulbosus* e *Rhus.*
Duração: 30 a 40 dias.
Dose: 5ª e 6ª.

054. *ANHALONIUM LEWINII*

Pertence às *Cactaceae.*
Planta usada pelas tribos de índios americanos, nas suas cerimônias religiosas. Estudada cientificamente pelo Dr. W. Mitchell.
Visões fantásticas de intenso colorido brilhante. Perda da noção do tempo. Dores anginosas, crises de asma.
Sons comuns aumentados.
Dores de cabeça e náuseas.
Tremor muscular e falta de coordenação. Pioram os sintomas pelo fechar dos olhos.
Dose: 6ª.

055. *ANISUM STELLATUM*
(Anis estrelado, Badiana)

Sinonímia: *Anisum, Cymbostemon parviflorus* e *Illicium anisatum.* Pertence às *Magnoliaceae.*
Durante os *três primeiros meses de idade,* as crianças de peito costumam ter muitas *cólicas. Anisam stellatum* é, nesses casos, um bom remédio; a dor aparece habitualmente à tarde e é acompanhada de inchaço do estômago e roncos na barriga.
Idosos asmáticos e idosos alcoólatras com catarro brônquico purulento ou dispepsia.
Dores intercostais da tísica. À direita, vértice do pulmão.
Dose: 3ª e 5ª.

056. *ANTHRACINUM*
(Vírus do carbúnculo)

Sinonímia: *Anthraxinum.*
Feridas e *úlceras malignas,* gangrenosas, azuladas, de mau aspecto: *com dores dilacerantes e ardentes.* Carbúnculos, antraz,

---
60. Remédio usado empiricamente.
61. Remédio usado empiricamente e por isso pouco aconselhado pelos médicos homeopatas.

erisipelas, furúnculos, picadas infetadas etc. *Furúnculos*. Parotidite gangrenosa. Em todas as inflamações do tecido conjuntivo, em que haja um foco purulento. Acne inveterado. *Edema pulmonar*.
Lesões inflamatórias de cor preto azulada.
Maus efeitos da inalação de gases mefíticos.
Febre séptica, remitente ou intermitente, com calafrios, suores, prostração das forças, pulso pequeno e rápido, delírio. Febre de supuração. Pioemia. Eczema crostoso e rachado.
Remédios que lhe seguem bem: *Aurum muriaticum natronatum* e *Silicea*.
Antídotos: *Arsenicum, Camphora, Rhus toxicodendron, Silicea, Lachesis, Salicylicum acidum* e *Apis*.
Dose: 3ª, 100ª, 200ª e 1.000ª.

057. ANTIMONIUM ARSENICOSUM

Sinonímia: *Antimonium arsenitum* e *Stibium arsenicos*.
Edema da face.
Usado com sucesso no enfisema com excessiva dispneia e tosse. Broncopneumonia das crianças.
"É também um dos remédios mais úteis da bronquite capilar" (Dr. W. Dewey). Grande acúmulo de catarro no peito, expectoração insuficiente, paralisia iminente dos pulmões, dispneia, ansiedade, sede, febre alta. Pleuris, sobretudo à *esquerda*, com derrame. Miocardite. Pericardite.
Dose: 3ª trit.

058. ANTIMONIUM CRUDUM
(Antimônio)

Sinonímia: *Antimonium, Antimonium nigrum* e *Stibium sulphuratum crudum*.
Agravação pela *água fria interna* ou *externamente*. Caracterizado por uma língua revestida de *saburra espessa e branca como leite*.
Extrema irritabilidade e enfado. A criança não quer que se lhe toque ou encare. Agravação pelo calor do sol ou do fogo e pelo banho frio. A tosse agrava-se, penetrando-se em um quarto quente. Sono de dia.
Remédio clássico do embaraço gástrico simples.
Desordens do estômago por abuso de mesa, sobretudo de pão, pastelarias, ácidos, vinho azedo, indigestões de coisas doces. Arrotos constantes, arrotos com gosto de alimento. Cheio de gases, depois de comer. O cheiro da comida provoca náuseas.
A criança *vomita o leite coalhado* e logo sente fome.

Reumatismo, no qual a *planta dos pés é muito sensível;* calos inflamados. Unhas fendidas, quebradiças e disformes. Dores artríticas nos dedos. Dor de cabeça no vertex, por abuso de doces.
Rachaduras dos cantos da boca, com crostas e sangrando.
Diarreia alternando com prisão de ventre, nos idosos. Diarreia aguda com passagens intermitentes de cíbalos duros. Bom remédio dos *gases intestinais* e da predisposição *aos vermes nas crianças*. "É um excelente remédio nesse estado mórbido do canal intestinal que favorece a procriação dos vermes" (Dr. Ruddock).
Hemorroidas, de onde emana continuamente um muco semelhante à clara de ovo, que mancha as roupas com grande desagrado do paciente. *Retite catarral*.
Erupções nos órgãos genitais. Urticária de origem gástrica. Blefarite crônica. Impetigo.
Ventas rachadas e crostosas. Pequenos furúnculos ou acne em torno da boca e das narinas. Verrugas córneas.
Menstruação suprimida pelo banho. Leucorreia cremosa.
Melhora pelo repouso ao ar livre, e por aplicações quentes. *Agrava pelo banho frio*.
Ponto de Weihe: Na reunião do 1/3 externo com o meio da linha que une a cicatriz umbilical ao ponto de *Stannum*, lado direito.
Complementar: *Scilla*.
Remédios que lhe seguem bem: *Calcaria, Lachesis, Mercurius, Pulsatilla, Sepia* e *Sulphur*.
Antídotos: *Calcaria, Hepar* e *Sulphur*.
Duração: 40 dias.
Dose: 3ªx à 30ª, 100ª e 200ª. D6 coloidal em tabletes.

059. ANTHROKOKALI
(Antracile potássico)

Sinonímia: *Lithanthrakokali simplex*.
Útil em moléstias da pele (eczemas, prurido, herpes, rachaduras e úlceras), no reumatismo crônico e nas congestões hepáticas com vômitos biliosos e timpanismo.
Dose: 3ª, 6ª e 12ªx trit.

060. ANTIMONIUM IODATUM
(Iodureto de antimônio)

Remédio muito gabado por Goodno na *tísica pulmonar*. Hale aconselha-o na *hiperplasia uterina*.
Tosse espasmódica, agravada especialmente pela manhã e frequentemente à noite e acompanhada por uma livre expectoração de escarros mucopurulentos, de gosto indiferente ou

adocicado, emagrecimento e enfraquecimento rápidos o suores noturnos. Bronquite crônica.
Dose: 3ª trit. decimal, 10 centigramas, de 3 em 3 horas, durante o dia.

061. ANTIMONIUM SULPHURATUM AURUM

Sinonímia: *Sulphur stibio-aurantiacum* e *Stibium sulphuratum aurum.*
Age sobre os olhos e sobre o peito. Amaurose (no início). Hipopion.
Catarro nasal e bronquite catarral de forma crônica.
Hemorragia nasal ao se lavar. Gosto metálico.
Acne. Coceira nos pés e nas mãos.
Dose: 2ª e 3ª triturações coloidais.
Uso externo: injeções coloidais de D6.

062. ANTIMONIUM TARTARICUM (Tártaro emético)

Sinonímia: *Kali-stibico tartaricum, Tartarus antimoniatus* e *Tartarus emeticus.*
A característica principal deste medicamento é o excessivo acúmulo de mucosidade no peito com expectoração difícil e insuficiente; opressão, dispneia, suores frios, face pálida ou azulada, grande sonolência, bronquite, asma pulmonar (sobretudo no curso de uma hidropisia geral), bronquite capilar e broncopneumonia da infância (grande remédio), pneumonia da gripe etc. Grande sonolência. Face coberta de suor frio.
"Pouco importa o nome da moléstia, bronquite, pneumonia, asma ou coqueluche: há grande acúmulo de mucosidades com estertores grossos enchendo todo o peito e ao mesmo tempo impossibilitando de expectorar, *Tartarus emeticus* é o primeiro remédio em que se deve pensar. Isto é certo em todas as idades e constituições, porém particularmente nas crianças e nos idosos." (Dr. E. B. Nash). Desejo de comidas ácidas. Aversão pelo leito.
"É um remédio muito valioso para a forma catarral das asmas, quando há muito muco no peito e acentuada falta de ar" (S. Ram). Indigestão por abuso de maçãs cruas.
Um remédio do lumbago (3ª) e da fotofobia. Peso no cóccix.
Pode ser dado na varíola, desde o começo; nas cólicas espasmódicas e flatulentas depois de *Colocynthis.*
Ponto de Weihe: Sobre a linha mediana, entre a linha espinhal e o ângulo interno da omoplata (braços pendentes) no 3º espaço intercostal, bilateralmente.
Complementar: Ipeco.

Remédios que lhe seguem bem: *Baryta carbonica, Cinna, Camphora, Ipeca, Pulsatilla, Sepia, Sulphur, Terebinthina* e *Carbo vegetabilis.*
Antídotos: *Asafoetida, China, Cocculus, Lauroceras, Opium, Pulsatilla, Rhus* e *Sepia.*
Duração: 20 a 30 dias.
Dose: 3ªx trit., 5ª, 6ª, 12ª e 30ª.

063. ANTIPYRINUM (Antipirina)

Sinonímia: *Analgesinum, Amodynum, Metozinum Paradynum, Phenylonum* e *Selatinum.*
Provoca a leucocitose. Age sobre os centros vasomotores, causando dilatação dos capilares da pele e, em consequência, zonas circunscritas de hiperemia e inflamação.
Eritema multiforme.
Medo de se tornar louco. Alucinações auditivas. Sensação de constrição na cabeça.
Conjuntivas avermelhadas e edemaciadas com lacrimejamento.
Tinitus aurium.
Afonia. Dispneia.
Contraturas, tremores e cãibras. Prostração geral. Eritema. Prurido. Urticária. Edemas angioneuróticos.
Antídoto: *Belladona.*
Dose: 3ªx e 3ª.

064. APIS MELLIFICA (Abelha)

Sinonímia: *Apis.*
O edema é o santo e a senha deste medicamento.
É o grande remédio dos inchaços pálidos e cor de cera. Grande remédio das hidropisias. Em todo e qualquer edema ou derrame interno seroso não inflamatório, experimente *Apis.*
"Depois das inflamações das serosas, para reabsorver o derrame; é o remédio mais útil" (Dr. Dewey). Dores que, pelas aplicações de água fria, são aliviadas.
Ausência de sede; sonolência, agravação pelo calor; dores picantes. Inchaço das pálpebras inferiores.
Inchaço agudo da garganta, vermelha por dentro; difteria crupal; escarlatina, com erupção muito áspera; edema da glote; amigdalite edematosa; impigem picante e ardente. Na difteria laríngea, *Apis* é um grande remédio.
Pernas, e pés inchados, cor de cera, hidropisias; pele transparente e cor de cera. *Beribéri.*
Urinas escassas e albuminosas. Mal de Bright. Albuminúria da gravidez.
Sobressaltos e gritos súbitos das crianças durante o sono; moléstias do cérebro, meningite.

Dor picante e inflamação dos *olhos* ou *pálpebras;* exsudação serosa. *Queratite* com quemose intensa. Terçol (curativo e preventivo). Entrópio. *Estafiloma*.
Inflamação erisipelatosa em todo o corpo; inchada, quente. Erisipela da face e do couro cabeludo; erisipela traumática; do umbigo das crianças; erisipela crônica, repetindo-se periodicamente. *Urticária*. Edema essencial. "É um excelente remédio para a *asma das crianças"* (Dr. Raue), quando os acessos alternam com urticária.
Sensação de constrição.
Micção difícil das crianças; desejos frequentes e poucas gotas de cada vez. *Diarreia todas as manhãs.*
Pessoas tristes que choram sem cessar, sem causa aparente. Grito encefálico. Incoordenação de movimentos.
Nefrite durante ou consecutiva a moléstias eruptivas. Edema pulmonar do Mal de Bright.
Afecções do *ovário direito. Dismenorreia ovariana.* Suspensão da menstruação com sintomas cerebrais e da cabeça, especialmente nas jovens celibatárias. *Hidropisia do útero* durante a gravidez (hidrâmnios) é o grande remédio. *Quistos aquosos.* Edema dos grandes lábios. Metrite.
Um remédio da cefaleia sifilítica.
Insuficiência ovariana.
Febres intermitentes hepáticas ou gastrintestinais com acesso à tarde. Pele com erupção rugosa e espessa.
Febre palustre; um dos mais importantes remédios (Dr. Wolf).
Ponto de Weihe: Na união do bordo inferior da arcada zigomática com a vertical que passa diante do tragus, lado direito.
Complementar: *Natrum muriaticum.*
Remédios que lhe seguem bem: *Arnica, Arsenicum, Graphites, Iodium, Lycopodium, Pulsatilla, Natrum muriaticum, Stramonium* e *Sulphur.*
Inimigo: *Rhus.*
Antídotos: *Carbolicum acidum, Cantharis, Ipeca, Lachesis, Lactum acidum, Lodum, Natrum muriaticum* e *Plantago.*
Os estudos feitos por Hepburn e Garth Boerioko publicados no *Journal of The American Institute of Homeopathy,* números 5 e 6 de 1963, vieram provar que as alterações laboratoriais obtidas na experimentação de *Apis* correspondem às alterações laboratoriais das doenças nas quais têm indicações.
Dose: 3ª, 6ª, 12ª, 30ª, 200ª e 1.000ª.

065. *APIUM GRAVEOLENS*

Pertence às *Umbelliferae*.
Retenção da urina. Peso na região sacra, que melhora pelo andar e piora em se deitando.

Hidropisia.
Sensação de que os olhos estão sendo apertados para dentro das órbitas.
Peso no estômago, precedendo urticária e melhorando quando a urticária aparece.
Dor nos molares esquerdos, que piora pondo água fria na boca.
Dose: 3ª e 5ª.

066. *APOCYNUM ANDROSAEMIFOLIUM*[62] (Mata-cão)

Pertence às *Apocynacese*.
Afecções hepáticas crônicas. Dores erráticas em sifilíticos. A tintura tem sido usada como vermífugo e para expelir cálculos e areias.
Remédio usado no *reumatismo* dos pés e das mãos e também no do *ombro*. *Calor* na sola dos pés.
Dose: T.M. à 3ª.

067. *APOCYNUM CANNABINUM*[63] (Cânhamo americano)

Sinonímia: *Apis hipericafoliam, Apis pubescens* e *Apis siliriam.* Pertence às *Apocynaceae*.
Hidropisias, particularmente de origem hepática ou cardíaca (moléstias mitrais), com *estômago irritável, sede para grandes quantidades de água,* ainda que a bebida produza mal-estar do estômago e mesmo vômitos. *Hidrocefalia*. Hemoptise. Metrorragia com grandes coalhos. *Mal de Bright* (forma gástrica). Útil também para o coma e convulsões da nefrite da gravidez. Ascite.
Distensão flatulenta do abdome, logo depois de comer. Fezes aquosas. Diabetes com sensação de fraqueza. *Diabetes insípido*.
Maus efeitos do alcoolismo; alcoolismo agudo.
Dose: T.M. (10 gotas 3 vezes por dia) à 3ªx. Também se usa a *Decocção de Apocynum cannabinum,* uma colheradinha das de chá duas ou três vezes por dia. Entretanto, o Dr. MacFarlan gaba muito este medicamento na 3ª dinamização contra o Mal de Bright. O Dr. F. A. Boericke aconselha 20 gotas de decocção três vezes por dia. A mesma dose nas crianças (S. Raue).

---

62. Nas edições anteriores saiu o nome deste medicamento como *Apocynum cannabinum,* nome que pertence ao outro. O *Apocynum androsaemifolium* é usado empiricamente.
63. Erroneamente chamado de *Apocynum cannabium* em outras edições, erro comum nos livros franceses. Steinmetz as considera debaixo do mesmo nome.

068. APOMORPHINUM
(Apomorfina)

Sinonímia: *Apomorphium hidrochloricum.*
Não se esqueça de *Apomorfina em qualquer espécie de vômito,* quando outros remédios falharem.
Vômitos incoercíveis da gravidez; da enxaqueca; dos tumores cerebrais. *Enjoo de mar.* Vômitos sem náuseas.
Alcoolismo e morfinismo combinados, com náusea constante, constipação e insônia.
Dose: 3ª à 6ª.

069. AQUA MARINA
(Plasma isotônico)

Muito gabado nas *gastrenterites infantis* e na *atrepsia.* Prepara-se este medicamento diluindo a água de mar em dois terços de seu volume de uma água de fonte pura e esterilizada à solução por filtração. Seus efeitos terapêuticos são rápidos, mas perde esses efeitos se for conservada por mais de dois meses. Nos efeitos de residência perto do mar.
Dose: Usa-se em injeções hipodérmicas, sob o ângulo inferior da omoplata das crianças de peito, na dose de 30 a 50 cm³ nas gastrenterites infecciosas ou crônicas, duas a três vezes por semana; e de 400 a 600 cm³ na cólera infantil diariamente; 30, 50 e 100 cm³ na atrepsia duas ou três vezes por semana.[64]

069-A. ÁGUA MARINA

Patogenesia: extraída do *The British Homeopathic Journal,* v. LII, n. 2, abril 1963.
Remédio preparado pelos laboratórios A. Melson & Cia., de Londres, e experimentado por P. Saukaran, de Bombaim, Índia.
Psiquismo: Concentração cerebral difícil. Aversão pelo banho (*Amonium Carie, Antimonium Crudum, Sepia* e *Sulfo*); sente-se deprimido.
Cabeça: Cefaleia frontal. Cefaleia da região temporal, que melhora pela pressão e cerrando os dentes.
Nariz: Coriza aquosa da narina esquerda. Coriza após tomar chá, correndo de início do lado direito e depois do lado esquerdo.
Aparelho Digestivo: Apetite aumentado. Dor no epigástrio. Dores no reto durante e após a defecação. Fezes mal digeridas. Fezes de início moles e depois duras.

Aparelho Genital: Perda seminal de manhã. Fraqueza dos órgãos sexuais, apesar de forte desejo psíquico.
Membros: Extremidades gélidas. Tremor das mãos. Suor gélido das palmas das mãos e das plantas dos pés.
Febre: Febre matinal com secura excessiva da boca.
Dose: 30ª.

070. AQUILEGIA
(Columbina)

Sinonímia: *Aquilegia vulgaris.* Pertence às *Ranunculaceae.*
Um remédio útil na *histeria;* gobus e clavus histéricos.
Vômitos matutinos esverdeados de mulheres na menopausa. Icterícia.
Insônia; tremores nervosos.
Dismenorreia das adolescentes, com menstruação escassa.
Dose: T.M. e 1ª.

071. ARALIA RACEMOSA
(Salsaparrilha brava)

Pertence às *Araliaceae.* Preparada de raízes frescas.
Um remédio da *asma* que sobrevém à noite, ao se deitar e em geral, das *tosses noturnas* que começam durante a primeira parte da noite, seja logo depois de deitar, seja mais frequentemente após um curto sono.
Febre de feno; com frequentes espirros a menor corrente de ar e copioso corrimento aquoso do nariz, escoriando o lábio. Leucorreia acre. *Menstruação paralisada por resfriamento. Sensação de corpo estranho na garganta.*
Ponto de Weihe: linha mediana entre as linhas axilar anterior e mediana, no 3º espaço intercostal do lado direito.
Complementar: *Lobelia.*
Dose: T.M. à 3ª.

072. ARANEA DIADEMA
(Aranha porta-cruz)

Sinonímia: *Aranea* e *Epeira diadema.*
Os sintomas deste remédio são caracterizados pela *periodicidade* e a *frilosidade* e pela grande suscetibilidade à umidade. Dores como choques elétricos.
É o remédio da *febre palustre,* com a sensação de inchaço de certas partes do corpo; baço aumentado de volume. Medicamento muito seguro. *Angina pectoris.*

---

64. O soro fisiológico dos alopatas é uma solução do cloreto de sódio, a 7 por 1.000, e de efeito semelhante à *Água marina.*

Odontalgia; todos os dias à mesma hora. Cólicas de estômago ao comer. Sensação de aumento das partes do corpo.
Nevralgia que se agrava à meia-noite e obriga a sair da cama.
Diarreia muito flatulenta.
Frio glacial nos pés à noite; não deixando dormir.
Menstruação avançada e profusa.
Dose: 5ª à 30ª. A 30ª tem a indicação na *Angina pectoris.*

073. ARCTIUM LAPPA

Veja *Lappa major.*

074. ARENARIA RUBRA[65]

Pertence às *Caryophyllaceae.*
Usada contra a cistite e as cólicas nefríticas.
Facilita a expulsão dos cálculos renais.
Dose: T.M.

075. ARGENTUM METALLICUM
(Prata)

Sinonímia: *Argentum* e *Argentum foliatum.*
Vertigem, com sensação de estar envenenado; vertigem ao ver a água correr. Dores de cabeça que crescem lentamente e desaparecem subitamente.
Gota militar (*blenorragia crônica*).
Rouquidão ou afonia depois de falar ou de cantar: oradores; cantores. O riso provoca tosse, grande fraqueza no peito. Laringite crônica. Alterações no timbre da voz.
Coxalgia; dores articulares. Remédio das cartilagens.
Gonorreia amarelo-esverdeada, depois de terem falhado outros remédios.
Reumatismo no joelho ou no cotovelo, sem inchaço.
Diabetes insípido.
Emissões de esperma, sem ereções; onanismo.
Deslocamento uterino; dores no *ovário esquerdo;* urinas abundantes e turvas. Hemorragias da menopausa. Paliativo no câncer do útero. Prolapso uterino com dor no ovário esquerdo.
Maus efeitos do abuso do *Mercúrio.*
Remédios que lhe seguem bem: *Calcaria, Pulsatilla* e *Sepia.*
Antídotos: *Mercurius* e *Pulsatilla.*
Duração: 30 dias.
Dose: 6ª, 12ª, 30ª, 100ª, 200ª e 1.000ª. Em injeções e tabletes coloidais, D6.

---

65. Uso empírico, isto é, sem experimentação hahnemanniana.

076. ARGENTUM NITRICUM
(Nitrato de prata)

Sinonímia: *Azotas argenticus, Nitras argenti* e *Nitrus argenticus.*
Indicado nas crianças secas e enrugadas como idosos.
Dor de cabeça profunda no cérebro, hemicrania, vertigem, debilidade e tremor. Sensação como se o corpo ou alguma parte dele estivesse dilatado. Sente-se a cabeça enormemente avolumada. Dores de cabeça devidas à dança. Melhora, amarrando e apertando. Erros de percepção.
Medo de andar só. Fotofobia. Paralisia iminente. Medo de lugares muito frequentados.
Paralisias de moléstias espinhais. Ataxia locomotora, remédio importante em altas dinamizações, na 30ª, 100ª ou 200ª em doses espaçadas.
Melancolia, depressão mental, tremor de todo o corpo. Hipocondria. Neurastenia.
Oftalmia purulenta (30ª). Conjuntivite granular aguda.
As notas agudas da voz provocam tosse.
Irresistível desejo de comer açúcar ou doces, os quais causam diarreia. Laringite.
Catarro tenaz, viscoso, espesso, na garganta. Catarro dos fumantes. Sensação de uma espinha na garganta ao engolir. Ulceração uterina (200ª), sangrando facilmente.
Gastrites dos alcoólatras. Dispepsia com arrotos excessivos, ruidosos e difíceis, logo depois das refeições; especialmente na neurastenia.
Ponta da língua vermelha, com papilas salientes, em qualquer moléstia. Grande desejo de doces e alimentos adocicados.
Úlcera gástrica, com dores irritantes.
Um grande remédio no vômito preto da febre amarela.
Vômitos nervosos sintomáticos, sobretudo na nefrite.
Diarreia causada por excitação cerebral.
Diarreia verde das crianças, com catarro semelhante a espinafre cortado em flocos, sobretudo crônica. Flatulência. Diarreia depois de comer ou beber.
Blenorragia ou leucorreia purulenta. Úlcera das mucosas.
Epilepsia, com dilatação da pupila antes, e agitação e tremor das mãos, depois do ataque.
Ponto de Weihe: Face anterior do esterno, ao nível dos 5ºˢ arcos anteriores. É o mesmo de *Argentum metal.*
Remédios que lhe seguem bem: *Bryonia, Calcaria, Kali carbonicum, Lycopodium, Mercurius, Pulsatilla, Sepia, Spigelia, Spongia, Silicea* e *Veratrum.*

Antídotos: *Arsenicum, Lycipodium, Natrum muriaticum, Mercurius Silicea, Phosphorus, Pulsatilla, Rhus, Sepia, Sulphur* e *Calcaria*.
Duração: 30 dias.
Dose: 5ª, 30ª, 100ª, 200ª, 500ª e 1.000ª.

077. ARISTOLOCHIA MILHOMENS

Sinonímia: *Aristolochia cymbifera* e *Aristolochia grandiflora*. Pertence à aristolochiaceae.
Dores picantes em várias partes. Irritação do ânus com sensação de fogo. Diabetes. Manchas de sangue extravasado ao longo das pernas.
Flatulência. Dores nas extremidades superiores e inferiores. Dor do tendão de Aquiles. Maléolos inflamados.
Dose: 3ª, 5ª e 6ª.

078. ARISTOLOCHIA SERPENTARIA

Sinonímia: *Aristolochia hastata, Aristolochia hirsuta, Aristolochia virginica, Contragerva virginica, Endodeca Bartonii, Rarix colubrinae* e *Serpentaria virginiana*. Pertence às Aristolochiaceae.
Sintomas intestinais. Diarreia. Meteorismo. Dispepsia flatulenta. Distensão abdominal, acompanhada de dores cortantes. Irritação do trato urinário com desejo frequente de urinar.
Dose: 3ªx e 5ªx.

079. ARNICA MONTANA

Sinonímia: *Caltha alpina, Chrysanthemum latifolia, Doronicum austricum quartum, Nardus celtica, Panacea lepsorum, Ptarnica montana* e *Veneno de leopardo*. Pertence às Compositae.
É o *grande remédio do traumatismo*, pouco importa qual seja o órgão lesado. O remédio mais geral a dar depois das operações cirúrgicas, para prevenir as complicações.
A dar *depois do parto*, não havendo outra complicação: "Se se dá *Arnica* antes e depois da expulsão do feto quase infalivelmente prevenirá a febre puerperal" (Dr. Dewey).
A grande característica deste medicamento é uma sensação de *endolorimento e contusão*, como se o corpo tivesse sido espancado ou pisado; daí seu grande uso, interna e externamente, em todas as pancadas, machucados, contusões, quedas, comoções (do cérebro ou da espinha) e *excessos musculares* de qualquer sorte.
Só deve ser usado externamente *quando não houver esfoladura ou ferimento da pele*. Toda-

via, o Dr. Grauvogl o usava nas fraturas e feridas supurantes e operações cirúrgicas.
Perturbações cardíacas dos atletas. Velhice prematura ou decadência geral precoce, com dores reumatoides, entre os caboclos que se dão a pesados trabalhos agrícolas (1ª à 3ª din., 2 gotas, três vezes por dia).
Indicado nas pessoas propensas à congestão cerebral.
Um grande tônico muscular.
Todas as coisas sobre que se descansa ou repousa parecem muito duras. À cama dói.
Arrotos com cheiro de ovos podres.
Estado *tifoídico*, cabeça quente, mas corpo frio. Fezes pútridas, involuntárias. Petéquias.
Estupor com fezes e urina involuntárias.
Tenesmo com diarreia; disenteria.
Em qualquer moléstia em que o *nariz esteja anormalmente frio*.
Internamente, para prevenir a *supuração*, a *septicemia* e as *equimoses* nos traumatismos e nas operações cirúrgicas, sobretudo dos olhos; e também a *apoplexia* cerebral. A dar na *apoplexia cerebral*, depois dos sintomas agudos, para reabsorver o derrame (30ª).
Previne a *pioemia* e, para as hemorragias por feridas, é o nosso remédio mais útil. Antraz.
Furunculose. *Erisipela*. Furúnculos localizados na nuca.
Aquieta as contrações nervosas do membro fraturado, que impedem a união dos ossos.
Afecções agudas ou crônicas (mesmo muito antigas) consecutivas aos traumatismos. Tumores devidos a traumatismos. Moléstias nervosas, use-se a 12ª din.
Dor de dentes consequente a operações dentárias.
Gota e reumatismo, com temor de ser tocado na parte doente.
Influenza. Tosse espasmódica. Tosse dos cardíacos à noite. Tosse provocada por chorar ou se lamentar. Dores intercostais; *pleurodinia*.
Suores noturnos ácidos.
Coqueluche: a criança chora ao pressentir o acesso. Ciática devida a demasiado exercício ou compressão do nervo. Tinnitus. Varizes.
Dose: internamente – 1ª, 3ªx, 6ª, 12ª, 30ª, 100ª, 200ª e 1.000ª.
Uso externo: É o remédio externo de todas as lesões traumáticas não dilaceradas. Emprega-se, pois, nas *contusões, machucados, pancadas* ou *quedas,* inchaços ou galos da cabeça, contusões das partes genitais devidas a um parto laborioso, contusões dos escrotos, *torceduras;* bolhas dos pés produzidas pelas botinas*; calos* machucados; *furúnculos* que amadurecem bem; *frieiras pruriginosas; reumatismo muscular* resultante da exposição ao ar frio e à umidade*; rachaduras do bico do peito; tumor maligno*. Em todos esses casos,

aplica-se em fricções com a *tintura-mãe pura* (exceto havendo escoriação) ou misturada com glicerina; ou ainda misturada com água fervida morna banhando-se a parte afetada ou aplicando em panos molhados. Pode-se usar também a pomada ou unguento. Em geral, renova-se o curativo 2 vezes por dia.

Usa-se também a *Arnica* em solução aquosa para *dores de dentes, abscesso alvéolo-dentário e gengivite,* fazendo-se bochechos seguidos.

Nas pequenas escoriações e esfoladuras, emprega-se também a *Arnica,* sob a forma de *colódio de Arnica,* que se pode fazer em casa, misturando:

Colódio comum das boticas .... 10 partes
Tintura-mãe de Arnica .... 1 parte

Pincelam-se as pequenas escoriações, cortes e esfoladuras com um pouco dessa preparação.

Em fricções com o *Gliceróleo de Arnica,* serve também para fazer desaparecer as dores musculares, ou articulares, que sobrevêm em consequência de um esforço violento ou de uma luxação. Nesses mesmos casos, pode-se usar o *Opodeldoque de Arnica,* que se encontra à venda nas farmácias homeopáticas.

Encontra-se ainda nas farmácias um *óleo de Arnica* que é feito com *óleo de olivas* (azeite doce) superior e *raízes de Arnica,* em maceração, na proporção de 1:10. É um remédio de inestimável valor nos cortes, feridas, escoriações e queimaduras em geral, sempre, enfim, que se precisar de uma forma de preparação de arnica branda e macia. *Para o reumatismo* e as *dores dos músculos* causadas pelo tempo frio e úmido, é este um remédio externo de inexcedível utilidade. As dores reumáticas locais cedem na maioria dos casos a uma ou duas aplicações desse *óleo,* por fricção das partes afetadas, feita ao se deitar. O *óleo de Arnica* é hoje muito estimado pelos atletas, que o usam para friccionar os músculos ao terminar os exercícios, pois não somente se evitam com ele os resfriados, mas também a rigidez, que costuma resultar do exercício muscular vigoroso.

Na queda dos cabelos, usa-se também um especial *óleo de Arnica,* em que se associa o *óleo de Rícino à Arnica,* o qual constitui um poderoso tônico para o cabelo; fortifica os bulbos pilosos, impede a queda prematura e a calvície, destrói os parasitas e faz desaparecer a caspa, a secura e a aspereza dos cabelos. Bastam 2 ou 3 fricções por semana, para se obter o resultado desejado.

Enfim, há nas farmácias homeopáticas um *Sabonete de Arnica* – excelente para limpar partes contundidas, machucadas ou feridas, e para conservar a pele macia e elástica, fazendo desaparecer as *rachaduras e asperezas do rosto e das mãos;* e uma *Pasta de Arnica* para os dentes, destinada à limpeza da boca. Neste último caso, pode-se usar também, como água dentifrícia, uma solução comum aquosa de tintura de *Arnica,* feita no copo, na proporção de 1 de *Arnica* para 20 de água, e com ela escovar os dentes.

Complementares: *Aconitum, Ipeca, Veratrum, Hypericum* e *Rhus.*

Remédios que lhe seguem bem: *Aconitum, Arsenicum, Belladona, Bryon, Baryta muriatica, Berberis, Cactus, Calcaria, China, Chammomila, Calendula, Conium, Curare, Hepar, Ipeca, Nux vomica, Phosphorus, Ledum, Pulsatilla, Psorinum, Rhus, Ruta, Sulphur* e *Veratrum.*

Antídotos: *Aconitum, Arsenicum, Camphora, Ignatia* e *Ipeca.*

Duração: 6 a 10 dias.

080. *ARSENICUM ALBUM*[66]

Sinonímia: *Acidum arsenicosum, Arsenicum, Gefion* e *Metallum album.*

As grandes características que guiam na escolha deste remédio são:

1. *Periodicidade* dos sintomas; donde seu uso nas *febres intermitentes,* com violenta sede durante o suor. Gripe de forma intermitente. Febres gástricas intermitentes.

2. *Grande prostração,* agravada pelo frio e pelo repouso. Tifo; gripe, grande *esfalfamento depois do mais leve exercício.* Fraqueza irritável. Melancolia, com tendência a se mutilar.

3. *Inquietação e angústia.* Nenhum remédio é mais inquieto do que este, em período avançado das moléstias. "Qualquer que seja a enfermidade, se houver inquietação persistente e sobretudo grande debilidade, não olvides o emprego do *Arsênico*" (Dr. Nash).

4. *Malignidades.* "Em todas as febres, exantemas e inflamações em que se manifesta esta tendência a putrefações e à decomposição, que constituem a malignidade, o *Arsênico* é um dos primeiros remédios em que devemos pensar para nosso auxílio. Minha própria experiência permite-me assegurar com um artigo de fé que o *Acônito* é para a *febre simples* o que o *Arsênico* é para a forma maligna. Onde quer que apareçam os sintomas tifoidicos, eu aconselho a confiar em nosso *Arsênico* e administrá-lo francamente e com constância." (Dr. R. Hughes). *Febres cirúrgicas sépticas.*

---

66. Segue-se a este estudo uma patogenesia de *Arsenicum album,* segundo os estudos de Hahnemann.

Especialmente útil na endocardite e na pericardite, que sobrevêm à supressão do sarampo ou da escarlatina. "Quase específico do sarampo" (Dr. Gaudy).

5. *Ardor,* particularmente nas moléstias agudas e sobretudo de origem inflamatória.
Corrimentos transparentes, ardentes e corrosivos, em qualquer moléstia. *Coriza. Gripe. Asma.* Conjuntivite.
Dores semelhantes a picadas feitas com *agulhas quentes, nevrálgicas.* Dor ardente nos dentes e gengivas, como fogo. Úlceras que ardem como fogo. *Ciática* ardente, melhorada pelo calor. "Especialmente valioso em *úlceras indolentes* das pernas" (Dr. Ruddock).
Diz o Dr. Jahr que, na *prosopalgia,* seu efeito é rápido e algumas vezes equivale a uma poderosa dose de ópio (30ª). Pior à noite.
Cólera, com intenso ardor interno, mas frio nas costas; período de colapso.
Câncer, com dores ardentes; sobretudo da pele; evita a reincidência depois de operado. *Lupus.*
Pele *seca, escamosa, dartrosa. Prurido ardente. Prurido violento,* agravado à noite, provocando dor de agulhas quentes. *Psoríase. Ptiríase. Urticária. Eczema.*
Lacrimejamento ardente; *fotofobia;* nevralgia ciliar.
Lábios tão secos que o paciente procura umedecê-los.
Más consequências de coisas *frias* – água fria, gelados, sorvetes, saladas, vegetais etc., frutos aquosos. É quase específico para a urticária por comer moluscos.

6. *Sede frequente para pequenas quantidades de água.*
Hidropisias com grande sede. *Pleuris.* Pericardite. Nefrite aguda, pós-escarlatinosa. Mal de Bright. Hidropisias cardíacas.

7. *Agravação pelo repouso e à noite* (especialmente depois de meia-noite), e *pelo frio; melhora pelo calor e pelo exercício.* Nevralgias.
Dor ao nível do terço superior do pulmão direito, sobretudo no último período da pneumonia dos idosos. *Metrite hemorrágica.*
Diarreia em pequena quantidade, de cor escura, mau cheiro e grande prostração consecutiva. *Pior à noite e depois de comer ou de beber.*
Mal das montanhas e dos balões. Paralisias das pernas.
Um remédio da agonia: acalma e facilita os últimos momentos da vida, quando dado na 30ª din.

Dose: 3ªx, 5ª, 30ª, 100ª, 200ª e 1.000ª. Nas moléstias digestivas e urinárias 3ª e 5ª; nas nervosas e nevralgias, a 12ª, a 30ª e a 200ª. Nos casos superficiais a 3ªx.

080-A. *ARSENICUM ALBUM*

Ação geral: As forças vitais são por ele paralisadas, dando uma grande fraqueza e prostração. Provoca grande irritabilidade, ansiedade e profunda agitação moral e física.
Ataca a substância cinzenta da medula e os nervos periféricos. Na sua ação há uma mistura de depressão e irritação.
Atacando o sangue, ele altera a sua constituição. Diminui os glóbulos vermelhos, provocando anemia. Agindo sobre o simpático, age também sobre a circulação.
As mucosas são por ele irritadas, inflamadas, com exsudato pequeno mas que provoca grande irritação.
As serosas são por ele também atingidas e também irritadas.
No tecido muscular, ele provoca contraturas, pelo sistema nervoso.
Diminui a troca dos tecidos com o meio, influenciando desse modo o anabolismo.

Constituição e temperamento: Pessoas enfraquecidas, de pouca resistência vital.
Alternância de excitação e depressão.
Pacientes apresentando face alongada, pálida, emagrecida, cadavérica. Pele fria, seca, revestida de pequenas escamas furfuráceas.
Arsenicum album, com *Acotinitum* e *Rhus,* formam o "trio da agitação". Ansiedade indeterminada.
Fraqueza e prostração, comuns na febre tifoide.
O menor movimento esgota o paciente.
As dores de *Arsenicum* são queimantes, como se se estivesse encostando carvões em brasa nas partes afetadas. As dores de *Arsenicum,* com exceção das localizadas na cabeça, que são aliviadas por água fria, são todas aliviadas por água quente.
Todas as secreções de *Arsenicum* são acres e escariantes. As dores são aliviadas por água quente, em qualquer parte do corpo, com exceção de dores de cabeça que são aliviadas por água fria. São agravadas depois da meia-noite, pelo frio e deitando-se sobre o lado direito.

Sintomas mentais: Paciente ansioso e agitado, desesperado e esgotado.
Melancólico, triste, tem medo do escuro e de fantasmas. Pensa na morte, da qual tem medo, e nos seus males incuráveis. Grande medo, com suores frios.

Sono: Sonolência diurna, entrecortada de agitações. Desejo frequente de dormir com batimentos fortes e frequentes. Acessos de sufocação durante o sono.

Cabeça: Seborreia seca. Descamação do couro cabeludo. Prurido. Erupção de crostas, pústulas e úlceras. Dores de cabeça congestivas, com batimentos, calor, agitação e ansiedade.

As dores de cabeça pioram depois da meia-noite. Vertigens, de tarde, fechando os olhos.
Olhos: Lacrimejamento ácido, quente e escoriante. Pálpebras vermelhas e ulceradas. Edema palpebral, principalmente ao nível da pálpebra inferior.
Orelhas: Eczemas ao redor das orelhas. Otorreia escoriante, ofensiva, com dores agudas.
Face: Pálida, caquética. Lábios secos, azulados.
Boca: Secura das mucosas, da língua e com grande secura dos lábios.
Faringe: Sede inextinguível para pequenas porções de água de cada vez. Desejos de água fria, ácidos, vinhos, café e leite. O estômago suporta apenas água fria e esta, quando cai no estômago, parece uma pedra. Dores no estômago agravadas pelos alimentos e pelas bebidas, principalmente frias. Dores como carvões acesos dentro do estômago. Vômitos e diarreias ao mesmo tempo.
Abdome: Dores que são aliviadas pelo calor. Ascite. Hipertrofia do fígado e baço.
Ânus: Hemorroidas ardentes como fogo e aliviadas pelo calor. Tenesmos. Prolapsos espasmódicos.
Fezes: Mal cheirosas e irritantes. Diarreia de fezes irritantes, expulsas dificilmente e com grande prostração do paciente.
Aparelho urinário: Secreção urinária diminuída ou suprimida. Albuminúria com edemas e anasarca; cilindros epiteliais, pus e sangue. Diabetes com grande sede, prostração e ansiedade.
Órgãos genitais masculinos: Ulcerações mucosas e cutâneas, com dores cáusticas.
Órgãos genitais femininos: Ulcerações mucosas e perdas de sangue escuro, ou insignificantes de cor pálida. Leucorreia ácida, corrosiva e de mau cheiro.
Aparelho respiratório, nariz: Coriza aquosa, escoriante e que chega a irritar o lábio superior.
Pulmões: Respiração difícil, que impossibilita o paciente de se deitar. Tosse seca, fatigante, que piora depois da meia-noite. Dor fixa, lancinante no 1/3 superior do hemitórax direito.
Pleuras: Pleurisia com derrame abundante, dispneia violenta que piora à noite ou pelo menor esforço. Complicações cardíacas.
Aparelho circulatório: Coração com batimentos fortes, que chegam a ser notados pelos circundantes do doente. Pulso rápido e irregular. Endocardite e pericardite. Varizes que dão sensação de queimadura e que são aliviadas por aplicações quentes.
Sangue: Hemorragias de sangue escuro, acompanhadas de ansiedade. Grande anemia.
Dorso e extremidades: Fraqueza e peso ao nível dos membros, dificultando os movimentos. Paralisia e contrações dos membros. Tremores, contrações espasmódicas, movimentos coreiformes. Cãibras, à noite. Ciática com sensação de queimadura ao longo do nervo.
Pele: Endurecida, seca, escamosa, e às vezes pápulas. Tudo isso melhora pelo calor. Urticária com dores queimantes. Antrax com dores lancinantes que melhoram pelo calor. Ulcerações pouco profundas, de fundo azulado deixando correr um pus fétido e escoriante, cujas dores melhoram pelo calor.
Zona, gangrena e lúpus acompanhados de sede para pequenas porções de água em pacientes ansiosos.
Febre: De caráter intermitente.
Ponto de Weihe: No ângulo das 7^a e 8ª cartilagens costais do lado esquerdo.
Complementares: *Allium sativum, Carbo vegetabilis, Natrum sulphuricum, Phosphorus, Pyrogenium* e *Thuya.*
Remédios que lhe seguem bem: *Aranea, Arnica, Apis, Belladona, Baryta carbonica, Cactus, Calcaria phosphorica, Chamomilla, China, Cina, Ferrum, Fluor acidum, Hepar, Iodium, Ipeca, Kali bichromicum, Lachesis, Lycopodium, Mercurius, Natrum sulphuricum, Phosphorus, Sulphur, Thuya* e *Veratrum.*
Antídotos: *China, Sulphur, Carbo vegetabilis, Camphora, Euphrasia, Ferrum, Graphites, Hepar, Iodum, Ipeca, Kali bichromicum, Mercurius, Nux, Opium, Sambucus, Sulphur, Tabac* e *Veratrum.*
Duração: 60 a 90 dias.
Dose: 3^a, 6^a, 12^a, 30^a, 100^a, 200^a, 500^a e 1.000^a.

081. *ARSENICUM IODATUM*
(Iodureto de arsênico)

Sinonímia: *Ioduretum arsenici* e *Gefion iodatum.*
Tuberculose pulmonar, em qualquer período: tosse; emagrecimento; febre hética; suores noturnos; tendência à *diarreia*; grande prostração e debilidade. "Em alternação com *Calcarea phosphorica*, ambos na 3ª trit., um dia um, outro dia outro" (Dr. Martiny).
Febre hética. Diarreia aquosa dos tísicos.
Melhora as dores de cabeça provocadas por estudo excessivo. Irritabilidade. Diarreia durante o dia. Fraqueza das pernas.
Um bom remédio do Mal de Bright.
Escrófula e afecções tuberculosas em geral. Botão venéreo (excelente remédio). Adenopatia traqueobrônquica. "Remédio nutritivo na *caquexia de qualquer modéstia*" (Dr. Von Grauvogl). Cancro.
Corrimentos corrosivos e irritantes; coriza, otorreia, leucorreia. Rinite hipertrófica. *Influenza. Febre de feno.* Otite crônica, com espessamento da membrana do tímpano. *Excreções amarelas com aspecto de mel.*
Moléstia do coração. "Em muitos casos de debilidade cardíaca, tenho achado *Arsenicum io-*

datum de assinalado serviço, muito especialmente quando associada a moléstias crônicas do pulmão. Uso-o na 3ªx." (Dr. J. Clarke). Coração senil, miocardite, degeneração gordurosa. Aortite crônica. Angina de peito. *Lesões valvulares* em geral (tônico cardíaco). Pulso irregular e rápido.

Inflamações crônicas dos pulmões e dos brônquios, com expectoração profusa, amarelo-esverdeada, semelhante a pus, e respiração curta, são especialmente aliviadas por *Arsenicum iodatum*. Pneumonia prolongada ou indecisa. Broncopneumonia depois da gripe.

Asma (a dar entre os ataques). Tumores, inclusive epiteliomas.

Profilático e quase específico da febre do feno. Exfoliação da pele em largas escamas. *Psoríase. Ictiose. Piora pelo vento frio e melhora no calor.*

Dose: 3ª à 6ª. Quando tiver de ser usado na 3ªx, é preferível receitá-lo em trituração, e preparado de fresco. As triturações devem ser feitas, levando cada uma o tempo de 15 minutos.

082. ARSENICUM SULPHURATUM FLAVUS

Sinonímia: *Arsenicum citirum* e *Arsenicum sulphuratum.*

Sensação de picadas de alfinetes que vão das costas ao peito. Leucoderma. Sifílides escamosas. Ciática. Dores nos joelhos. Dores reumáticas erráticas. Debilidade geral. *Vitiligo.*

Dose: 3ªx trit.

083. ARSENICUM SULPHURATUM RUBRUM

Foi experimentado e introduzido na nossa Matéria Médica por Neidard.

Mac-Lauglin fala de seu uso com sucesso na psoríase, no eczema e na furunculose.

Dor de cabeça occipital. Amígdala direita inflamada. Coceira intolerável na garganta, levando a uma tosse seca e expulsiva.

Ardor no estômago, como se tivesse carvões acesos e bebe água fria para aliviar essa sensação.

Diarreia amarelada pela manhã, tenesmo.

Dose: 3ª, 5ª e 6ª.

084. ARTEMISIA VULGARIS (Artemísia)

Sinonímia: *Artemisia.* Pertence às *Compositae.*

Artemisia é um remédio antiepiléptico. Sua característica é uma grande inquietação. Clorose acompanhada de pele seca.

O Dr. Burdach considera *Artemisia vulgaris* como um grande específico contra as *convulsões epileptiformes nas crianças. Coreia.*

Epilepsia: Artemisia vulgaris é um excelente remédio das epilepsias que aparecem depois de um susto ou de alguma forte emoção moral, e quando os ataques se sucedem rapidamente e são seguidos de um sono profundo. *Pequeno mal.* Gripe, excelente remédio. Epilepsia sem causa. Contrações uterinas fortes. Coma durante a menstruação.

Sonambulismo. Suores com cheiro de alho.

Dose: 1ª e 3ª. Dá-se no vinho, que o efeito é melhor.

085. ARUM DRACONTIUM (Dragão verde)

Não confundir com *Arum dracunlus* e *Arum italicum.*

Pertence às *Araceae.* Tirado das raízes frescas.

Indicado na forma da asma com rouquidão matinal. Expectoração de um catarro purulento amarelo-esbranquiçado e espesso.

Ataques de asma que se reproduzem um por semana ou de 10 em 10 dias.

Resfriados acompanhados de acessos de asma.

Urina frequente e copiosa.

Diminuição ou falta de desejo sexual. Pênis flácido. Dores ao longo do cordão espermático. Prurido escrotal.

Erupção ao nível do nariz.

Urticária no braço direito, perto do cotovelo.

Dose: 3ª, 5ª e 6ª.

086. ARUM TRIPHYLLUM (Tinhorão americano)

Sinonímia: *Ariscoma atrorubens* e *Arum atrorubens.* Pertence às *Araceae.*

A palavra – acre – é a chave da indicação deste remédio.

Grande irritação das mucosas da boca e do nariz, estas superfícies ficam roxas como se estivessem em carne viva; o doente as *esfola* até sangrar, apesar da dor que sente; salivação e coriza acres e corrosivas. Cantos da boca feridos e rachados. *Escarlatina maligna* com agitação e insônia. Febre tifoide. Difteria. Diarreia crônica dos países quentes. Estomatite aftosa.

É obrigado a respirar pela boca.

Rouquidão ou *afonia, por golpe de ar,* de manhã, ou dos cantores, atores e oradores, ao

mudar o tom da voz. *Nariz entupido. Impetigo contagioso.*
Acorda assustado por sufocação.
Rachadura dos lábios e nariz, que sangram facilmente.
Um excelente remédio do prurido vulvar.
Remédio que lhe segue bem: *Euphrasia.*
Inimigo: *Caladium.*
Antídotos: *Aceticum acidum, Belladona, Lactum acidum* e *Pulsatilla.*
Duração: 1 a 2 dias.
Dose: 3ª, 5ª, 6ª, 12ª e 30ª.

087. ARUNDO MAURITANICA
(Caniço)

Sinonímia: *Arundo pliniana.* Pertence às *Gramineae.*
O principal uso deste remédio é na *febre de feno* e na *diarreia esverdeada das crianças em dentição.*
Dor nos cordões depois do coito. Suor fétido dos pés. Rachaduras nos dedos e calcanhares. Urina queimante. Sedimento vermelho. Oftalmia em crianças escrofulosas.
Dose: 3ª, 5ª e 6ª.

088. ASA FOETIDA
(Assafétida)

Sinonímia: *Ferula asa foetida, Ferula nastex, Nastex asa foetida* e *Scarodosma fetidum.* Pertence às *Umbelliferae.*
Este medicamento convém às pessoas fracas e nervosas, cujo estado é consecutivo à supressão de uma excreção habitual. *Extrema sensibilidade.*
Leite escasso nas amas ou mães que amamentam.
Após abusos de mercúrio.
Cáries e sífilis ósseas; cáries dos ossos nasais; especialmente da tíbia, com fortes dores noturnas. 12ª dinamização. Muito útil em aliviar as dores e a inflamação da periostite. Úlceras profundas, com pus ralo e fétido. *Grande sensibilidade ao toque.*
Histeria. Bolo histérico, piora por excitação nervosa. Grande acúmulo de gases no estômago e nos intestinos, produzindo opressão da respiração. Regurgitação e flatulência. Esofagismo. Pulsação na boca do *estômago. Diarreia muito fétida, com meteorismo.*
Corrimentos aquosos abundantes com muito mau cheiro. Úlceras profundas de bordos azulados, com secreção fétida e hipersensíveis ao toque mais leve. Diátese sifilítica. Cicatrizes antigas de cor violácea ou começo de supuração.
Ponto de Weihe: No bordo inferior da arcada zigomática, sobre a linha vertical diante da traqueia, pelo lado esquerdo.
Remédios que lhe seguem bem: *China, Mercurius* e *Pulsatilla.*
Antídotos: *Causticum, Camphora, China, Mercurius, Pulsatilla* e *Valeriana.*
Duração: 20 a 40 dias.
Dose: 3ª, 6ª, 12ª, 30ª e 200ª.

089. ASARUM EUROPAEUM
(Orelha de homem)

Sinonímia: *Asarum vulgare* e *Nardum rusticanum.* Pertence às *Aristolochiaceae.*
Eretismo. Histeria. *Sensação como se o corpo flutuasse no ar.* Hiperestesia.
Arrepios ao pensar em linho ou ao arranhar o linho ou a seda. A crepitação do papel é insuportável.
Pessoas nervosas, irritáveis e friorentas.
Astenopia e surdez nervosas.
Dores agudas nos olhos depois de operação. Sintomas oculares melhorando por se banhar em água fria.
Atonia gastrintestinal. Alcoolismo. Fezes constituídas por alimentos não assimilados. Colite mucosa. Cefaleia antes e depois da menstruação. *O menor ruído é intolerável.*
Ponto de Weihe: Nível do bordo inferior da cartilagem tireoide do lado direito. Fazer pressão na direção do tubérculo anterior da apófise transversal da vértebra cervical.
Remédios que lhe seguem bem: *Bismuth, Caustic, Pulsatilla, Silicea* e *Sulphuris acidum.*
Antídotos: *Aceticum acidum* e *Camphora.*
Duração: 8 a 14 dias.
Dose: 3ª, 5ª e 6ª.

090. ASCLEPIAS CORNUTI
(Siríaca)

Sinonímia: *Asclepias syriaca.* Pertence às *Asclepiadaceae.*
Age sobre o sistema nervoso e aparelho urinário. Remédio da hidropisia e complicações pós-escarlatina. Medicamento do reumatismo das grandes articulações.
Tem a impressão *de que um instrumento afiado atravessa a cabeça de uma têmpora a outra.*
Dor de cabeça nervosa, por falta de transpiração, seguida de aumento de diurese.
Uremia com forte dor de cabeça.
Dose: T.M.

091. ASCLEPIAS TUBEROSA

Sinonímia: *Asclepias decumbens*. Pertence às *Asclepiadaceae*.
Seu uso principal é nas moléstias do peito e do tubo digestivo. Pleuredinia. Nevralgias intercostais.
Bronquite, com dores intercostais. Pleuris, complicando pneumonia ou tuberculose.
Dispepsia flatulenta, com dores de cabeça.
Disenteria catarral com dores reumáticas generalizadas. Diarreias estivais.
Ponto de Weihe: Sobre a 5ª vértebra cervical.
Dose: 1ª.

092. ASPARAGUS OFFICINALIS

Pertence às *Liliaceae*.
Ação imediata sobre a secreção urinária. Hidropisia com fraqueza. Dores reumáticas sobre o coração e espádua esquerda. Coriza forte acompanhada de secreção catarral.
Cistite com pus, muco e tenesmo. Litíase. Palpitações com opressão. Pulso fraco e intermitente associado a perturbações vesicais.
Dor no acrômio e espádua esquerdos.
Dose: 6ª.

093. ASPIDOSPERMA
(Quebracho)

Pertence às *Apocynaceae*.
É a digitális do pulmão (Hale). *Enfisema*.
Remédio muito eficaz no tratamento da *asma essencial* e da *asma cardíaca*. Dispneia urêmica e cardíaca.
Falta de ar durante o exercício.
Dose: T.M.

094. ASTACUS FLUVIATILIS
(Caranguejo de água doce)

Sinonímia: *Cancer fluviatilis*. Pertence aos *Crustaceae*.
A principal indicação deste medicamento é na *urticária*.
Urticária por todo o corpo. Prurido. Febre com dor de cabeça. Muito sensitivo ao ar. Artritismo de etilistas.
Moléstias do fígado, com urticária. Icterícia. Erisipela.
Crosta láctea, com ingurgitamentos ganglionares.
Dose: 3ª à 30ª.

095. ASTERIAS RUBENS

Sinonímia: *Asterias astacus* e *Uraster rubens*. Pertence às *Radiatas*.
Mulheres excitadas, mas não satisfeitas.
Foi usado por Hipócrates nas perturbações uterinas.
Diátese sicótica, pessoas nervosas e emotivas. Congestão cerebral, com constipação rebelde.
Câncer do seio com dores agudas e lancinantes, sobretudo à esquerda, mesmo ulcerado. Câncer do estômago. Tem uma real influência sobre o câncer em geral.
Disposição a espinhas do rosto nos adolescentes. Comedões. Velhas úlceras. Gânglios axilares inflamados. Sensação de seio puxado para dentro. Epilepsia, histeria e coreia. Excitação sexual.
Inimigos: *Coffea* e *Nux*.
Antídotos: *Plumbum* e *Zincum*.
Dose: 6ª, 12ª, 100ª e 200ª.

096. ATROPIA
(Atropia pura)

Sinonímia: *Atropinum* e *Atropinum sulfurico*, Alcaloide da *Belladona*.
Este remédio ocupa apenas a *esfera nervosa* de *Belladona*. Hiperestesia é a sua principal característica: dos olhos, ouvidos, paladar, tato, bexiga, ventre, espinha, vagina, útero. *Hiperestesia dos nervos sensoriais*.
Ilusões da visão; alucinações; os objetos parecem maiores do que realmente são, com figuras luminosas. Presbiopia. Midríase. *Nevralgia irradiando-se do olho esquerdo até o ouvido*.
Dores histéricas; hiperestesia histérica.
Cefaleias nervosas. Cólicas espasmódicas: dismenorreia. *Ovaralgia* (grande medicamento). Prosopalgia. Gastralgia; acidez do estômago. Nevralgias pelos membros.
Asma espasmódica. Espasmos de vários músculos. Convulsões puerperais. Coqueluche.
Palpitações nervosas do coração. Entorpecimento, peso e paralisia das pernas.
"No edema pulmonar, *Atropia* é a âncora-mestra" (Dr. S. Raue).
Sintomas agudos da blenorragia.
Antídotos: *Opium* e *Physostigma*.
Dose: 3ª.

097. AURUM METALLICUM
(Ouro)

Sinonímia: *Aurum foliatum*.
Um remédio de ação profunda, muito usado na Idade Média pelos árabes. Sentimentos de indignação e desespero. Antropofobia.

Loucura. Seu sintoma mental proeminente e característico *é a melancolia com tendência ao suicídio;* desgosto da vida: moléstias do fígado do homem, e útero-ovarianas nas mulheres. Crianças apáticas, imbecis, inertes, de fraca memória. Dor de cabeça, pior à noite.
Psicastenia.
Otorreia fétida.
Arteriosclerose, com dores noturnas atrás do esterno. Dor queimante no estômago, com eructações queimantes.
Orquite crônica, sobretudo do lado direito.
Atrofia dos testículos em rapazes. Puberdade retardada.
Descolamentos da retina: só a metade inferior dos objetos é vista, a metade superior oculta por um corpo negro. Diplopia.
Um remédio do mau hálito. Congestão com sufocação.
Acidentes sifilíticos secundários em indivíduos escrofulosos. Sífilis cerebral. Esterilidade com depressão moral.
Dores nos ossos. Cárie dos ossos cranianos e palatinos. Osteomielite. Inflamações ulcerativas do nariz, com corrimento fétido. *Melancolia precedendo a menstruação.*
Ponto de Weihe: Meio de 1/3 médio da linha *que une a cicatriz umbilical ao ponto de Carduus.*
Remédios que lhe seguem bem: *Aconitum, Belladona, Calcaria, China, Lycopodium, Mercurius, Nitri acidum, Pulsatilla, Rhus, Sepia, Sulphur* e *Syphil.*
Antídotos: *Belladona, China, Cocculus, Coffea cruda, Cuprum, Mercurius, Pulsatilla, Spigelia* e *Solanum nigrum.*
Duração: 50 a 60 dias.
Dose: 3^a, 5^a, 6^a, 30^a, 100^a, 200^a e 1.000^a.

098. AURUM IODATUM
(Iodeto de ouro)

Espasmo da laringe. Paresia senil.
Pericardite crônica; afecções valvulares; arteriosclerose, ozena; lúpus; quistos ovarianos. Usado por Hale.
Dose: 3^ax trit., 6^a e 12^a.

099. AURUM MURIATICUM
(Cloreto de ouro)

Sinonímia: *Aurum chloratum* e *Aurum hydrochloricum.*
As principais esferas de ação deste precioso medicamento são nas moléstias do coração, do útero e na sífilis.
Especialmente útil no período terciário da *sífilis,* quando a moléstia atingiu os ossos. *Ozena, cárie dos ossos,* sobretudo dos *ossos da face* e da *mastoide.* Otorreia. Respiração fétida (mau hálito); nas mulheres púberes. Halbert fez o uso da 2^ax nas lesões esclerosadas do sistema nervoso.
Moléstias sifilítico-mercuriais.
Oftalmias sifilíticas. Excelente remédio da conjuntivite granulosa (*tracoma*).
Nariz vermelho e inchado.
Tumores do útero. Excelente remédio das hemorragias uterinas da *menopausa.* Metrite crônica, com endurecimento do colo e queda da matriz. Fibroma uterino.
Lepra.
Degeneração gordurosa do coração nos idosos pletóricos, robustos e corpulentos, acompanhada de sufocações noturnas, violentas palpitações e ansiedade. Hipertensão arterial, por distúrbios nervosos. *Palpitações com afluxo sanguíneo dirigido para a cabeça.*
Um grande remédio das escleroses. Escleroses medulares com paralisias, 2^ax ou 3^ax.
Arteriosclerose. Aortite crônica. Insuficiência aórtica. Angina de peito.
Nefrite crônica intersticial. Cirrose hepática com ascite.
Dispepsia nervosa com tendência à diarreia depois de comer.
Antídotos: *Belladona, Cannabis* e *Mercurius.*
Dose: 2^ax trit. à 3ª trit. cent.

100. AURUM MURIATICUM NATRONATUM

Sinonímia: *Auro-natrium chloratum* e *Aurum et sodae chloridum.*
Remédio de ação pronunciada sobre os órgãos genitais femininos. Burnett o acha o melhor remédio dos tumores uterinos. Hale o usou na dispepsia nervosa com diarreia pós-refeições.
Psoríase sifilítica. Orquite. Histeria. Espasmos histéricos.
Hipertensão arterial ligada a perturbações nervosas. Arteriosclerose. Ataxia locomotora.
Cirrose hepática. Nefrite intersticial. Icterícia com fezes esbranquiçadas.
Palpitações da puberdade. Metrite crônica e prolapso. Leucorreia com contrações espasmódicas da vagina. Útero lenhoso. Aborto habitual.
Dose: 2^ax e 3ª trit.

101. AURUM SULPHURATUM
(Sulfureto de ouro)

Sinonímia: *Aurum sulphuricum.*
Dores lancinantes, afecções das mamas; bico dos seios inflamados com dores agudíssimas.

Constantes movimentos de cabeça. *Paralisia agitante*. Peso nos escrotos.
Dose: 3ªx trit., 6ª trit. ou D6 coloidal em tabletes ou injeções.

102. AVENA SATIVA
(Aveia)

Pertence às *Gramineae*.
Sinonímia: *Amylum Avenae*.
Excelente remédio para todos os casos de *depressão nervosa* e *debilidade geral*, consecutivas às *moléstias graves* ou a *excessos sexuais*. Impotência. Não pode prestar atenção. *Insônia. Palpitações*.
O melhor tônico para a debilidade consecutiva às moléstias exaustivas. Dor de cabeça occipital com perda de fosfatos.
Manifestações histéricas e desordens de origem uterina.
Tremores nervosos dos idosos. Coreia, paralisia agilante, epilepsia. Paralisia pós-diftérica. Corta a coriza em doses de 15 gotas da T.M. Tomada antes das refeições, levanta o apetite. Depois da gripe (3ª).
Resfriamentos. *Morfinismo, Insônia dos alcoolistas*.
Dose: 2 a 30 gotas de T.M. por dia, em água quente de preferência.
Associada em partes iguais à *Medicago sativa*, é excelente tônico.

103. AVIARE ou AVIARIUM

(Medicamento feito com o bacilo da tuberculose aviária.) Introduzido na homeopatia pelo Dr. Cartier.
Age principalmente sobre os ápices pulmonares. Bronquite gripal. Combate a debilidade, aumentando o apetite e fortalecendo o organismo. Bronquite pós-sarampo.
Dose: 100ª, 200ª, 500ª e 1.000ª, dados com grandes intervalos (8 em 8 dias).

104. AZADIRACHTA INDICA
(Cortex Margorae)

Sinonímia: *Nimba* e *Sanskirt*. Pertence às *Meliaceae*.
Usada em casos de clorose, helmintoses e perturbações biliares. Em uso externo, em casos de úlceras que pioram pela posição em pé.
Antitérmico.
Excitação sexual.
Dormência dos pés e das mãos.

Coceiras pelo corpo e sudorese localizada no dorso. Não há sudorese na parte inferior do corpo e nas outras, sim.
Maus efeitos do quinino.
Dose: 3ª, 5ª e 6ª.

105. BCG

Preparado homeopaticamente, a partir do bacilo tuberculoso atenuado de Calmette e Guérin, após controle de esterilidade.
O seu uso homeopático é baseado sobre os sintomas observados após vacinações antituberculosas.
Os Srs. Desbordes e Paraf, encarregados, pelo Sindicato de Laboratórios e Farmácias homeopáticas especializados, de um estudo deste bioterápico, verificaram que uma solução em concentração 10-16, tinha ainda um efeito imunizante sobre a cobaia inoculada com o B. K. Patogenesia (resumo do trabalho de O. A. Julian):
Generalidades: desejo de fumar desaparecido; palidez, da face; cabeça com sensação de dor e aumento; excitação intelectual; frilosidade excessiva.
Sistema nervoso e psíquico: tristeza e depressão; encontra dificilmente as palavras adequadas; nervosismo, grande irritabilidade e cólera; sonhos eróticos e ausência de libido.
Aparelho respiratório: dor à deglutição no lado da amígdala direita; dor que melhora ao engolir; nariz seco; coriza intensa, de curta duração, que melhora ao ar livre.
Olhos irritados e pálpebras inchadas.
Aparelho circulatório: dor precordial, entre os dois mamilos, que não sofre influência do repouso ou movimento.
Aparelho digestivo: ligeiro estado nauseoso; língua saburrosa com gosto amargo; náuseas ao se levantar, mas que melhoram comendo; fome incessante.
Aparelho locomotor: dor ligeira torcendo o pescoço para a direita, ao nível da 1ª e 4ª vértebras cervicais, principalmente à tardinha e melhorando à noite; dores calambroides ao nível dos artelhos esquerdos.
Pele: seca, fissuras; grande sensibilidade do couro cabeludo e dores ao escovar os cabelos.
Comparar: *Aviare; Natrum muriaticum; Calcaria phosphorica; Silicea* e *Baryta carbonica*.
Indicações clínicas: eritema nodoso, astenia, estados tuberculínicos, hipertrofia das amígdalas, reumatismo tuberculoso de Poncet-Leriche, Síndrome de Burand-Tacquelin.
Dose: C4, C5, C30 e C200.
Aos que se interessam pelo estudo dos bioterápicos e nosódios homeopáticos, aconselhamos o livro do Dr. O. Julian, *Biothérapeutiques et Nosodes*, Editora Maloine, Paris.

106. BACILLINUM[67]
(Maceração de tubérculos pulmonares)

Diátese escrofulosa; sobretudo pessoas claras, louras, de olhos azuis, altas, esguias, de peito chato e estreito, tendo na *família antecedentes tuberculosos*.
Quando, havendo antecedentes tuberculosos na família, os *remédios mais bem escolhidos falharem*, este medicamento deve ser empregado, sem olhar para o nome da moléstia.
No primeiro período da tuberculose, ele, muitas vezes, curará radicalmente a moléstia; e, no último período, produzirá mais melhoras do que qualquer outro remédio.
Favorece a queda do tártaro dos dentes.
Extrema facilidade em se resfriar.
Emagrecimento rápido e notável, apesar de comer bem.
Tristeza e irritabilidade nervosa.
Grande fraqueza e suores noturnos.
Eczema do bordo palpebral.
Moléstias respiratórias não tuberculosas: *opressão por acúmulo de catarro nos brônquios e expectoração mucopurulenta. Asma.*
Bronquite crônica, sobretudo nos idosos.
Muito útil na *impigem*.
Remédios que lhe seguem bem: *Calcaria, Phosphorus, Lachesis* e *Kali carbonicum*.
Dose: 30ª, 100ª, 200ª e 1.000ª. Nunca se dê mais do que uma dose (uma gota) por semana. Se não aparecem prontas melhoras, é inútil insistir.

107. BADIAGA
(Esponja de água doce)

Sinonímia: *Spongia fluviatilis* e *Spongia palustris*.
Badiaga, a esponja de água doce da Rússia, tem dois pontos principais de ação; o primeiro se exerce sobre os gânglios linfáticos, cujo ingurgitamento e endurecimento produz. Tem-se usado dela com muito bom êxito contra os bubões endurecidos (adenites crônicas) especialmente quando o tratamento tem sido impróprio. Carcinoma do seio.
Cabeça com sensação de estar crescida. Picadas sobre o coração por notícias mesquinhas.
Tosse coqueluchoide com catarro amarelado.
Reumatismo crônico que piora pelo frio.
Ponto de Weihe: Bordo posterior do músculo esternoclidomastoideo, meio da linha que vai de sua inserção clavicular ao ponto de *Stramonium*.

Complementares: *Iodium, Mercurius* e *Sulphur*.
Remédio que lhe segue bem: *Lachesis*.
Dose: 1ª, 3ª, 6ª e 12ª.

108. BALSAMUM PERUVIANUM
(Bálsamo do Peru)

Sinonímia: *Balsamum indicum nigrum, Myrospermum pereirae* e *Myroxylon perniferum*. Pertence às *Leguminosae*.
O *Balsamum peruvianum* deve ser lembrado como um remédio admirável para o *catarro brônquico*, quando na formação de *muco-pus*, quando ao auscultar o peito se ouvem *estertores ruidosos*, e a expectoração é espessa, cremosa e branco-amarelada. "Este medicamento é ainda um excelente remédio para suores noturnos em héticos que mostram os progressos de uma tuberculose para um estado alarmante; eu o uso em baixas dinamizações" (Dr. Farrington).
Uso externo: Sarna, úlceras indolentes, rachaduras dos seios, dedos e lábios. Hale o empregou como ceroto após o *gliceróleo de Aloe*, em rachaduras, com grande sucesso.

109. BAPTISIA TINCTORIA[68]
(Anil selvagem)

Sinonímia: *Podalyria tinctoria* e *Sophora tinctoria*. Pertence às *Leguminosae*.
É o verdadeiro *específico das febres gástricas e das infecções gastrintestinais febris*, com tendência ao estado tífico.
Grande prostração. Todas as exalações e excreções são fétidas, especialmente nos estados tifoidicos: hálito, fezes, urinas, suores, úlceras, saliva. Prostrado, responde ao que se lhe pergunta para cair depois de novo em prostração.
Ar triste e embrutecimento da face.
Depressão mental. Incapaz de pensar.
O paciente de *Baptisia* tem de começo calafrios, dores pelo corpo, endolorimento geral e irritabilidade nervosa. Em seguida à sonolência, o doente *cai em estupor;* distração mental ao responder a uma pergunta; a fisionomia se torna triste e embrutecida. *Está perdido em pedaços espalhados em torno da cama*. Delírio musicante. Diarreia muito fétida ou constipação com timpanite. Procura reunir o seu corpo que lhe parece estraçalhado.
Intolerância à pressão. Indescritível sensação de mal-estar. *Em qualquer posição em que se*

---

67. Clarke dá a seguinte definição: Nosódio da tuberculose assim chamado e primeiramente descrito pelo Dr. Burnett, para quem foi preparado de um esputo tuberculoso pelo Dr. Heath.

68. Hochsteiter no Chile fez um trabalho experimental muito interessante no que diz respeito ao efeito sobre a *Salmonella tiphosa*.

deite, o doente sente as partes, sobre as quais descansa, doloridas e contusas.
Não esquecer o trio:
1°) grande fétido;
2°) expressão embrutecida;
3°) depressão mental.
A pele da fronte parece arrancada.
Gengivas e boca ulceradas. Estomatite.
Difteria sem dor de garganta; o doente *pode somente engolir líquidos. Esofagismo.* Sede constante.
Varíola, excelente medicamento a empregar desde o começo, em todo o curso da moléstia, na 1ª dinamização. Útil também para favorecer a saída do sarampo.
"É na *febre gástrica* que *Baptisia* tem-se mostrado um verdadeiro específico. Se esta febre for tratada desde o começo com doses repetidas de uma baixa diluição de *Baptisia tintoria,* abortará ou desaparecerá por defervescência em menor prazo do que levaria em seu curso natural." (Dr. Hughes)
Gripe:
Forma catarral. "Um quase específico para a moléstia é *Baptisia.* Ela tem todos os sintomas do tipo clássico da *influenza;* as dores gerais, o mal-estar, a sonolência, a cabeça pesada, o catarro, o ar embrutecido, língua carregada, a inflamação da garganta, falta de apetite, a grande prostração, a depressão mental e a febre, – e se nenhum outro medicamento é claramente indicado, de preferência eu dou *Baptisia* de hora em hora. Ela é eficaz em todas as dinamizações. Eu prefiro a 3ª, mas outros têm usado a *tintura-mãe* com sucesso, bem como todas as diluições entre essas duas. Para a prática, uma ou duas gotas da 3ª decimal de hora em hora é talvez a melhor." (Dr. J. H. Clarke)
Forma gastrintestinal. "Na *gripe gastrintestinal,* quando a língua é coberta de espessa saburra, quando há náuseas e vômitos, e quando as dejeções tendem a se tornar diarreicas, especialmente se são também fétidas, a *Baptisia,* já por outros sintomas adaptada à pirexia, torna-se homeopática à totalidade do estado do enfermo, e operará a cura mais rapidamente do que qualquer outro medicamento." (Dr. Hughes)
Pulso intermitente, especialmente dos idosos. Disenteria dos idosos.
Um dos nossos melhores remédios para combater a *febre hética dos tísicos*: "reduz o pulso e a temperatura, diminui a profusa expectoração purulenta e quase extingue a tosse" (Dr. T. S. Mitchell).
Adinamias febris.
Quando é aparentemente indicada e ineficaz, dê Opium.
Na *colibacilose, na febre remitente biliosa,* nas *febres tifoides benignas,* nas *febres tropicais inominadas,* com sintomas gastrintestinais;

depois de *Aconitum,* no começo de uma febre, se aparecerem sintomas gastrintestinais, náuseas, anorexia, *língua muito saburrosa,* tendência à constipação de ventre ou à diarreia, febre contínua irregular, prostração etc., dê-se logo *Baptisia* (podendo-se alterar com *Arsenicum album* ou com *Rhus toxicodendron*).
Diarreia matinal com evacuações frequentes, fétidas, eructações.
Infecções gastrintestinais das crianças, com fezes fétidas e eructações.
Quando, em uma febre grave, há ameaça de aborto, *Baptisia* é o remédio.
Ponto de Weihe: Meio do 1/3 da linha que vai da cicatriz umbilical ao ponto de *Chelidonium.*
Remédios que lhe seguem bem: *Nitri acidum, Terebinthina, Crotalus, Hamamelis* e *Pyrogen.*
Duração: 6 a 8 dias.
Ação análoga: *Echinacea.*
Dose: T.M., 1ª, 3ª, 5ª, 6ª, 12ª e 30ª.

110. BAROSMA CRENATA (Buchu)

Sinonímia: *Barosma crenulata.* Pertence às *Rutaceae.*
Um remédio para os órgãos geniturinários, com *corrimentos mucopurulentos;* cistite, prostatite, gravalia, pielite, blenorragia, leucorreia. Espasmo da bexiga. Areia e cálculos renais.
Dose: T.M.

111. BARYTA ACETICA (Acetato de bário)

Sinonímia: *Baryum aceticum* e *Acetas barytae.*
Paralisia que começa pelas extremidades, toma o abdome, peito e nuca, e finalmente ataca os esfíncteres.
Prurido senil. *Lumbago.* Dores reumáticas musculares e nas juntas. Esquece as palavras no meio das frases.
Dose: 2ªx, 3ªx, 5ªx, 6ªx e 12ªx trit., em doses repetidas.

112. BARYTA CARBONICA[69] (Carbonato de bário)

Sinonímia: *Baryum carbonicum* e *Carbonas baryticus.*
Timidez. Aversão pelos desconhecidos. Sonolência diurna. *Resfriados frequentes.*

---

69. Modernamente, as Baritas carbônica, muriática, sulfúrica e iodada são chamadas *Baryum carbonicum, muriaticum, sulphuricum* e *iodatum.*

Crescimento atrasado, mental e fisicamente; crianças prematuramente envelhecidas e adultos prematuramente infantilizados, são as indicações características para este medicamento antiescrofuloso.

"É o remédio das crianças escrofulosas, especialmente se são atrasadas de corpo e de espírito, de talhe acanhado, não crescem nem se desenvolvem, têm oftalmia escrofulosa, ventre inchado, resfriados frequentes, e depois sempre amígdalas hipertrofiadas" (Dr. Boericke). Coriza com inchaço do lábio superior e do nariz. Abscessos amigdalianos. Tonsilite folicular.

Impotência prematura. Suor fétido nos pés, cuja supressão traz moléstias da garganta. Paralisia dos idosos. *Demência senil. Memória perdida.* Apoplexia dos idosos. Língua paralítica. Espasmos esofagianos.

Ingurgitamentos e hipertrofias ou incipiente induração das glândulas, especialmente cervicais e inguinais. Próstata e testículos endurecidos. Comedões. Tendências às supurações ou abscessos linfáticos pelo corpo. Hipertrofia da próstata. *Feridas de cicatrização lenta.*

"Segundo a minha experiência, é a *Baryta carbonica, na amigdalite aguda,* o mais poderoso dos medicamentos. Posso falar disto com toda a segurança. Poucas vezes em minhas mãos chegou a amigdalite à supuração, quando a *Baryta carbonica* foi dada a tempo." (Dr. R. Hughes). Evita a reincidência, na 30ª.

Afonia crônica nos escrofulosos. Dor de dentes antes da menstruação. Constipação crônica. *Hemorroidas que aparecem ao paciente urinar.* Hemorragias nasais antes da menstruação.

Complementar: *Dulcamar.*
Remédios que seguem bem: *Antimonium tartaricum, Conium, China, Lycopodium, Mercurius, Nitri acidum, Pulsatilla, Rhus, Sepia, Sulphur* e *Tuberculinum.*
Inimigos: *Apis* e *Calcaria.*
Antídotos: *Antimonium tartaricum, Belladona, Camphora, Dulcamara* e *Zincum.*
Ponto de Weihe: No ângulo superior dos dois feixes do músculo esternoclidomastoideo. Fazer pressão no sentido da apófise transversa da vértebra cervical, lado direito.
Dose: 3ª trit., 5ª, 6ª e 30ª ou *Baryum carbonicum* D6 coll.

113. BARYTA IODADA
(Iodureto de bário)

Sinonímia: *Baryum iodatum* e *Baryta hydroidica.*
O Dr. Hale considera a *Baryta iodada* o nosso melhor remédio das adenopatias crônicas e ingurgitamentos glandulares endurecidos (das amígdalas, testículos, próstata etc.).

O Dr. Liebold a recomenda na oftalmia escrofulosa flictenoide, com tumefação das glândulas do pescoço, fotofobia e aspecto geral doentio.

Adenopatia traqueobrônquica crônica. Hipertrofia das amígdalas. Aneurisma. Estenoses valvulares.
Dose: 3ªx trit.

114. BARYTA MURIATICA
(Cloreto de bário)

Sinonímia: *Baryum muriaticum, Murias barytae* e *Baryus chloratum.*
Um dos nossos mais importantes medicamentos – *é o medicamento capital da arteriosclerose.*
Grande remédio da velhice. Velhice atual ou prematura; velhice medida pela das artérias; velhice com sua patética fraqueza mental e física.

"O paciente de *Baryta* se resfria facilmente, é sempre friorento, os músculos cedem, sintomas paralíticos sobrevêm, aparecem perturbações prostáticas, a memória decai, surge a fraqueza mental. Sua inteligência se perturba, como a do Rei Lear; seus pensamentos se tornam sonolentos; todos os sentidos especiais são preguiçosos, o ouvido, a vista etc. Os alimentos entopem e engasgam o esôfago; os intestinos são inativos, por insuficiência da inervação; falta de atenção; os músculos e as juntas são rígidos e fracos. A fraqueza mental progride, e, se bem que a *Baryta* não possa aí deter a progressão inevitável do mal, ela torna, entretanto, a existência do paciente mais confortável em algumas das suas afecções, especialmente nos *estados catarrais,* na *bronquite crônica dos idosos.*

Aqui tenho eu visto os mais satisfatórios resultados de sua ação. O estado catarral é exatamente o de *Tartarus emeticus* – grande acúmulo de catarro, muitos estertores úmidos na traqueia e pouca expectoração; o pulso é irregular, intermitente o fraco, icto o característico. Pois bem, sob a sua influência, a ação do coração se torna mais ampla e mais enérgica, a expectoração se torna mais fácil e os sintomas catarrais são dominados.

O estado do coração e dos vasos sanguíneos, próprio da velhice, é reproduzido pela ação fisiológica da *Baryta;* é a senilidade das artérias, a contração dos vasos sanguíneos, a diminuição de volume das arteríolas. Desde então esse é o nosso grande remédio para a *asma cardíaca, ortopneia da velhice,* com queda do pulso. A *Baryta* domina aí o espasmo dos brônquios e alivia assim a respiração.
Penso que a *Baryta* é o remédio específico que possuímos para modificar e influenciar a *esclerose arterial, cardíaca, pulmonar* e o *aneurisma.* Ela detém os progressos do mal,

modifica a tensão arterial e alivia o paciente; mas o tratamento deve ser contínuo e persistente. Eu uso a *Baryta muriatica* 2ª ou 3ª trituração decimal, três ou quatro doses por dia.

Do mesmo modo ela corresponde à *atrofia artério-esclerótica do cérebro*, que se anuncia pelos sintomas prodrômicos de dor de cabeça surda, noturna, vertigem e perda de memória, um trio de sintomas tendendo sempre a aumentar de intensidade. Esta síndroma é acompanhada por uma mudança na individualidade psíquica, que também é reproduzida por *Baryta*. Além disso, ela é excelentemente indicada pelos zumbidos de ouvidos, sintomas pré e pós-apopléticos, afasia, hemiplegia etc." (Dr. W. Boericke).

Aortite crônica e aneurismas.

Onde quer que haja paralisia de músculos voluntários, sem dor. *Neurastenia,* com fadiga rápida, dores nos ombros e nas pernas, entorpecimento, dor e sensação de agulhadas. Em todas as formas de mania, em que há excessivo desejo sexual. Ninfomania, Satiríase. *Hipertrofia da próstata.*

Paresias pós-diftéricas; paresias depois da gripe, ou outras moléstias infecciosas.

Crianças que andam sempre de boca aberta e falam pelo nariz.

"*Baryta muriatica* é um dos nossos mais valiosos remédios na otite média supurada ou não. O sintoma *estalos em ambos os ouvidos ao engolir,* tem sido repetidamente curado com este medicamento." (Dr. H. Hougton). *Otites dos idosos.*

Sensação de vazio na boca da estômago em moléstias crônicas.

Dose: 2ªx, 3ªx e 6ªx trit.

115. BELLADONA

Sinonímia: *Atropa belladona, Belladona bacifera, Solanum furiosum* e *Solanum lethale.* Pertence às *Solanaceae.*

Remédio agudo, repentino, violento, vermelho e quente.

Unicamente útil nos casos agudos, caracterizados por *olhos vermelhos e dilatados,* alucinações, *latejos,* manias, *delírio violento* e febre. Cabeça quente e pés frios. A *trepidação* e a *luz agravam.* Hipersensibilidade do couro cabeludo.

Congestão cerebral, exceto da insolação.

Cefalalgia intensa, congestiva, com face vermelha e latejos da cabeça e das carótidas, piorada por se inclinar ou se deitar. Meningite. Males que começam na cabeça e acabam nos pés.

Sono agitado das crianças, olhos meio abertos, cabeça quente, ranger de dentes, sobressaltos, *convulsões súbitas da dentição, com febre.* Um grande remédio das crianças. Fisionomia que traduz ansiedade e pavor.

"Nas inflamações locais, *Belladona* é no primeiro período mais importante do que qualquer outro medicamento. Não importa o lugar em que se estabeleçam essas inflamações, cabeça, garganta, seios, ou qualquer outro órgão, contanto que se apresentem de um modo brusco, tenham uma evolução rápida e a região esteja vermelha, dolorosa e latejando." (Dr. Nash)

Inflamações, abscessos, furúnculos, carbúnculos, caxumbas, amigdalites, dores de dentes, qualquer estado mórbido em que há *latejamento.*

Ilusões de óptica.

Dores que se agravam pelo deitar do lado oposto ao doloroso; que vêm e vão subitamente. Congestão ocular. Dilatação pupilar.

Erisipela lisa, luzente e tensa.

Nevralgia facial relampejante, em curtos acessos, com *vermelhidão* da face e dos olhos.

Escarlatina lisa, variedade de Sydenham, pele vermelha, brilhante, principal remédio. Profilático (30ª).

Otites com dor intensa. Bócio exoftálmico.

Boca seca. *Dor de garganta;* vermelha, brilhante, lustrosa, muito seca. Um grande medicamento da garganta. Aversão à água. *Espasmos* na garganta. Língua com raia vermelha no centro.

Convulsões, espasmos e tremores. Um grande remédio dos casos antigos de *epilepsia,* em alternação *com Calcarea carb.*

Alucinações sensitivas; ilusões oculares, auditivas e olfativas.

Espasmos do colo do útero. Menstruações antecipadas e profusas. Estrangúria nervosa. Hemorragia uterina de sangue vivo, fluido e com coalhos.

Útil no começo das febres infecciosas, quando predominam as desordens dos centros nervosos; febre sem sede.

Tendência à transpiração.

Preventivo e curativo do *Mal do ar* dos aviadores.

Dose: 1ª, 3ª, 6ª, 12ª, 30ª, 100ª, 200ª 1.000ª e 10.000ª.

115-A. BELLADONA

É a planta que, com *Hyosciamus* e *Stramonium,* constitui o trio dos remédios do delírio.

Ação geral: Ataca profundamente o sistema nervoso, onde produz uma congestão ativa, uma perversão da sensibilidade, uma excitação furiosa, dores, espasmos e convulsões. Produz sobre os centros nervosos o "delírio atropínico".

115-A - BELLADONA

Sobre o cérebro age, produzindo insônia, mania furiosa, acompanhados de um afluxo de sangue a essa região traduzido pelo rubor da face, cefalalgia congestiva, intolerância pela luz e pelo ruído.

Produz ainda nos centros nervosos perturbações traduzidas por movimentos coreiformes, ilusões auditivas e ópticas, espasmos etc.

Nos intoxicados pela *Belladona*, a autópsia revelou uma enorme congestão cerebral, acompanhada também de congestão bulhar, do cerebelo e da medula.

Sobre o coração, ela age como se se tivesse seccionado o vago. Provoca uma aceleração intensa do músculo cardíaco. Eleva a pressão sanguínea e provoca uma vasoconstrição capilar. Todos os vasos são hiperemiados, provocando o *"eritema da belladona"* e o rubor escarlatiniforme que se observa após o abuso de doses elevadas da *Belladona*, como fala Manquat.

Sobre as mucosas e glândulas, ela quase paralisa as secreções.

Características: É um medicamento que convém aos pletóricos e aos intelectuais. Provoca uma congestão da cabeça, parecendo que todo o sangue do organismo lá se encontra, pois a cabeça fica quente enquanto as extremidades são frias. Os olhos vermelhos, injetados; a face purpúrea; as carótidas batendo violentamente.

Delírio violento, terrível. Há uma violência terrível chegando ao estupor só por exceção, justamente o contrário de *Hyosciamus*.

É o primeiro remédio do estado inflamatório de qualquer região do organismo. Inflamação acompanhada de calor, rubor, sensação de queimadura objetiva e subjetiva, que acompanham um edema inflamatório com sensação de batimentos.

Todos os sintomas de *Belladona* aparecem e desaparecem bruscamente. Grande hiperestesia; sensibilidade extrema; reação vital aumentada; irritabilidade de toda a economia e, sobretudo, dos centros nervosos.

Dores lancinantes, pulsáteis, agravadas pela luz, pelo ruído, ao menor contato, pela posição deitada, e melhorada pela posição sentada e pelo repouso.

Espasmos gerais e locais. Espasmos dos esfíncteres.

Modalidades: lateralidade, direita.

Agrava pelo tocar, ruído, corrente de ar, luz brilhante e deitado. Pelas bebidas, depois do meio-dia e pelo movimento. *Melhora* pelo repouso, sentado ou em pé, por aplicações frias e em um quarto quente.

Sintomas mentais: excitação e violência. O paciente se torna selvagem, rasga e morde tudo e a todos que estão ao seu alcance. Faz coisas estranhas e incompreensíveis. Delírio furioso, insensato. Delírio acompanhado de visões e alucinações. Vê fantasmas. Sonhos angustiosos e pesadelos. Estupor das crianças atacadas da meningite. Tendência ao suicídio por submersão.

Sono: estupor acompanhado de sonhos e agitação.

Cabeça: hipersensibilidade do couro cabeludo. Os males começam pela cabeça e depois prosseguem para baixo. Dor de cabeça congestiva; sensação de plenitude na frente, no occipital e nas têmporas. Dores lancinantes. Sensação dolorosa, expansiva, como se a cabeça estivesse aumentando de volume. Pressão dolorosa de dentro para fora.

Vertigem na qual o paciente cai para trás ou para a esquerda.

Face: vermelha, quente, brilhante ou então pálida e fria. Ansiedade e medo representados no aspecto fisionômico. Movimentos convulsivos dos músculos faciais. Dores violentas na face. Paralisias *a frigore*. Erisipela de face de cor vermelha brilhante, tornando-se purpúrea e acompanhada de febre alta. Inflamação das parótidas (caxumba).

Olhos: congestão intensa. Pálpebras e conjuntivas inflamadas. Estrabismos sobrevindo bruscamente na congestão cerebral. Dilatação pupilar. Ilusões de óptica.

Orelhas: estados congestivos e inflamatórios.

Aparelho digestivo: *Boca*: mucosa bucal seca e vermelha. Secura da boca com sede intensa, tanto para grandes ou pequenas quantidades de água de uma ou muitas vezes. Língua inflamada, com papilas salientes. Faixa vermelha no meio da língua, mais larga na ponta. Tremores da língua e paralisia lingual.

Faringe e esôfago: amígdalas aumentadas, com dificuldade no engolir, principalmente os líquidos. Sensação de uma bola na garganta. Espasmos de garganta com sensação de secura da mucosa do esôfago. Esofagismo.

Estômago: enjoo para o leite e pela carne. Grande sede, com violento desejo de água fria. Soluços. Náuseas. Dores em cãibra no epigástrio, depois das refeições.

Intestinos: distensão e inflamação do cólon transverso. Dores violentas e espasmódicas. Extrema sensibilidade ao tocar o abdome. Hemorroidas vermelhas, muito inflamadas, com dor queimante, que não podem ser tocadas. Prolapso anal.

Fezes: aquosas, líquidas, acompanhadas de tenesmo. Fezes esverdeadas, disentéricas com puxos.

Aparelho urinário: intensa irritação da bexiga e uretra. Desejo ardente de urinar. A urina sai gota a gota e queima intensamente o canal que está inflamado.

Órgãos genitais masculinos: inflamação dos testículos. Suores noturnos no escroto.
Órgãos genitais femininos: congestão útero-ovariana, dolorosa ao toque e sensível ao menor movimento. Hemorragia uterina acompanhada de contrações espasmódicas do útero. Hemorragia de um sangue vivo, fluido, misturado de coalhos. Seios ingurgitados e inflamados. Febre do leite.
Aparelho respiratório: *Nariz*: secura da mucosa nasal. Coriza mucosa misturada com sangue. Epistaxe com rubor congestivo da face.
Laringe: afonia. Inflamação laríngea com contrações. Tosse seca, breve, barulhenta, pior à noite.
Brônquios e pulmões: tosse seca, curta, noturna. Pontos dolorosos no peito enquanto tosse.
Aparelho circulatório: batimento das artérias e especialmente das carótidas. Palpitações violentas. Pulso duro, cheio e acelerado. Flebite inflamatória.
Dorso e extremidades: dor ao nível da nuca. Dor nos músculos intercostais e lombares que melhora pelo movimento lento. Dores reumatismais erráticas. Dores de ciática, agudas, aparecendo e desaparecendo bruscamente. Frilosidade.
Pele: formação de abscessos e furúnculos. Provoca um eritema vermelho escarlate, tão vivo que parece um *rash* escarlatinoso. Erisipela.
Febres: tremores iniciais, com frio geral e palidez da face, seguidos de intenso calor, com face vermelha, vultuosa, batimentos carotidianos, pulso duro, frequente, forte, e transpiração quente, geral, e mais pronunciada na face. Febre sem sede.
Ponto de Weihe: atrás do meio do esternoclidomastoideo, lado esquerdo.
Dose: 3ª x, 5ª, 6ª, 12ª, 30ª, 100ª, 200ª, 500ª, 1.000ª e 10.000ª.
Complementar: *Calcaria*.
Remédios que lhe seguem bem: *Aconitum, Arsenicum, Cactus, Calcaria, Chamomilla, Carbo vegetabilis, China, Conium, Curare, Hepar, Hyoscycimus, Lachesis, Mercurius, Moschus, Muriatis acidum, Mercurius iodatus ruber, Nux, Pulsatilla, Rhus, Sepia, Sil'cea, Stramononium, Sulphur, Senega, Valereriana* e *Veratrum*.
Inimigos: *Dulcamara* e *Aceticum acidum*.
Antídotos: *Aconitum, Camphora, Coffea, Hepar, Hyoscycimus, Mercurius, Opium, Pulsatilla, Sabadilla* e *Viscum*.
Duração: 1 a 7 dias.
Externamente: *Pomada de belladona,* nos mesmos casos em que é usada alopaticamente.

116. *BELLIS PERENNIS*
(Margarida)

Sinonímia: *Bellis*. Pertence às *Compositae*.
Complementar de *Vanadium* nos estados degenerativos.
Remédio semelhante à *Arnica*. *Fadiga e estase sanguínea* são as suas duas principais características. Congestão venosa, devida a causas mecânicas. Sensações dolorosas de quadris e abdome, na gravidez. Muito recomendado por Burnett no câncer que é precedido do traumatismo, especialmente o câncer do seio. Traumatismo dos órgãos da bacia. *Autotraumatismo. Metrites da menopausa; veias varicosas. Maus efeitos do onanismo.*
Vertigens e cefaleia dos idosos; esgotamento pelo trabalho, pelo surmenage, na gravidez. Impossibilidade de trabalhar durante a gravidez. Desperta muito cedo de manhã e não pode depois adormecer de novo.
Maus efeitos de beber água fria, suando.
Excelente remédio para machucados e torções. *Depois de grandes operações cirúrgicas. Nas erisipelas.*
Furunculose. Equimose, o efeito é extraordinário.
Dose: T.M. à 3ª.
Uso externo: Traumatismo, feridas, *verrugas, furunculose e naevus.*

117. *BENZINUM*
(Benzol, C6 H6)

Sinonímia: *Benzolum*.
Hemidrose: suor local profuso, especialmente do lado oposto àquele sobre o qual se está deitado, é a indicação característica deste medicamento. Aumento dos glóbulos brancos e diminuição dos vermelhos. Coriza fluente. Dor intensa nos testículos. Erupção como de sarampo. Insônia. Ilusões de óptica.
Dose: 6ª.

118. *BENZOICUM ACIDUM*
ou *BENZOËS ACIDUM*
(Ácido benzoico)

Sinonímia: *Benzoicum acidum, Acidum benzoicum* e *Benzoës*.
Diátese uricêmica. Propensão à formação de cálculos.
A grande característica central deste medicamento se encontra nas urinas; urinas escuras, sem depósitos, de cheiro ativíssimo e desagradável, como a de cavalo, e desde

o momento em que é emitida. Reumatismo, enurese noturna, diarreia infantil muito fétida, hipertrofia da próstata nos idosos, cistite depois da supressão de uma gonorreia, cálculos renais etc. Fosfatúria. Útil depois de *Copaiva* na blenorragia. Catarro vesical. *Asma em gotosos.*
Ataques recentes de *gota*; *juntas dos dedos quentes* ou *inchadas* ou *juntas dos pulsos vermelhas*, inchadas e dolorosas; é a esfera principal deste medicamento: útil depois de *Colchicum* ter falhado. Concreções gotosas.
A criança quer ser embalada nos braços; não quer ficar deitada. Sensação de constrição no reto.
Gânglios. Bursite do dedo grande do pé. Dor no tendão de Aquiles.
Dose: 1ª, 3ª, 5ª e 6ª.

119. BERBERIS AQUIFOLIUM
(Uva do Monte)

Sinonímia: *Mahonia aquifolia*. Pertence às *Berberidaceae*.
Um remédio da pele. Pele seca, áspera, escamosa. Diz-se que uma gota de T.M. por dia limpa o rosto das espinhas. *Enjoo bilioso.*
Eczema da cabeça; eczemas secos. Psoríase. Cefalalgia hepática. Náusea e fome logo após comer.
Dose: T.M., 1ª e 3ª.

120. BERBERIS VULGARIS
(Beriberis)

Sinonímia: *Berberis canadensis, Berberis dumetorum, Berberis serrulata, Oxycantha* e *Spina acida*. Pertence às *Berberidaceae*.
Cabeça parece aumentada de volume. Face interna do lábio superior de cor azulada.
Velhas constipações gotosas. *Dores irradiantes.*
Dores renais dilacerantes, prolongando-se pelos ureteres abaixo até à bexiga e mesmo à uretra, cordões e coxas; urinas amarelas, abundantes e turvas, com depósito esbranquiçado ou avermelhado. *Cólicas nefríticas* ou *Cálculos biliares.* Metrite, enterite, peritonite, gota, reumatismo, leucorreia, dismenorreia etc. Um bom remédio da *cólica hepática.* Hemorroidas com ardor e coceira no ânus, após o evacuar.
"Sempre que encontrardes sensibilidade, dor e ardor nos condutos biliares ou urinários (especialmente se houver, neste último caso, muita dor nos quadris) com tendência aos cálculos biliares ou à gravalia, fareis bem em pensar em *Berberis*" (Dr. Hughes).
Fístula e eczema do ânus. Eczema das mãos. *Faz desaparecer as manchas deixadas na pele pelos eczemas.* Nevralgias sob as unhas dos dedos, com inchaço das juntas. Eczemas com prurido, piorado pelo coçar e melhorado por aplicações frias. Na ulceração da escrófula, a *tintura-mãe* é eficaz. *Remédio dos gotosos, artríticos com tendências a doenças da pele.*
Ponto de Weihe: meio do 1/3 médio da linha que une a cicatriz umbilical ao ponto de *Calcarea phosphorica.*
Antídotos: *Camphora* e *Belladona.*
Duração: 20 a 30 dias.
Dose: T.M. à 6ª.

121. BISMUTHUM SUB-NITRICUM
(Subnitrato de bismuto precipitado)

Paciente que sempre deseja companhia.
Gastralgia simples, puramente nervosa, sem complicação de qualquer estado inflamatório do estômago, mas acompanhada de *vômitos espasmódicos,* logo depois de comer ou beber. Alterna com dores de cabeça, que envolvem a face e os dentes. Eructações fétidas. Digestão lenta (Teste).
Diarreia mucosa, abundante, sem cólicas, com borborismos. Cólera infantil. *Phlegmatia alba dolens*. Dismenorreia histérica. Gangrena e úlcera gangrenosas.
A solidão é insuportável para a criança, deseja ir para o colo ou pegar na mão da mãe para ter companhia.
Aflição: para, anda, senta-se, nunca fica por muito tempo no mesmo lugar. Sonolência pela manhã.
Remédios que lhe seguem bem: *Belladona, Calcaria, Pulsatilla* e *Sepia.*
Antídotos: *Coffea, Calcaria, Capsicum* e *Nux.*
Duração: 20 a 50 dias.
Dose: 1ªx à 6ª.
O *Dismuthum metallicum* tem quase as mesmas indicações e é aconselhado na D6 coloidal, injetável ou por via oral.

122. BLATTA AMERICANA
(Barata americana)

Sinonímia: *Kakerlat americana* e *Periplaneta americana*. Pertence aos *Orthoptera*.
Ascite. Formas variadas de hidropisia. Tendência às icterícias.
Dose: 6ª.

123. BLATTA ORIENTALIS
(Barata do Oriente)

Sinonímia: *Blatta*. Pertence aos *Orthoptera*.
Remédios cuja esfera de ação é nos piores casos de *asma,* onde ele age maravilhosamente, quase especificamente.
Tosse com dispneia, na bronquite e na tísica.
Robustas e corpulentas pessoas, antes do que fracas e franzinas.
Dose: 3ªx em doses repetidas durante o acesso; 3ª em doses espaçadas nos intervalos; 5ª ou 12ª contra a tosse consecutivamente. Numerosas curas de asma pela 1.000ª, uma gota a cada 15 dias em 20 g de água destilada.

124. BOERHAVIA HIRSUTA[70]
(Erva-tostão)

Pertence às *Nictagineae*.
Medicamento da *congestão hepática* e da icterícia.
Hidropisias. Retenção de urinas. *Cistite*. Beribéri.
Hemoptises da tuberculose.
Dose: T.M. à 5ª. Também infusão das folhas.

125. BOLDO[71]
(Boldo fragans)

Remédio do fígado e dos brônquios, preconizado contra as *congestões hepáticas* consecutivas ao impaludismo; congestões hepáticas de repetição. Colecistite. Cálculos biliares; cólica hepática.
Disenteria; diarreias. Blenorragia.
Asma. Bronquite.
Dose: T.M. à 5ª.

126. BOLETUS LARICIS
(Agárico branco)

Sinonímia: *Agaricus alhus, Boletus purgans* e *Polyporus officinalis*. Pertence ao *Fungi*.
Febre intermitente cotidiana. *Suores noturnos nos tísicos,* com febre e tremores.
Cefaleia frontal. Língua com saburra amarelada e espessa. Náuseas frequentes. Baforadas de calor. *Transpiração abundante à noite.*
Pele seca e quente, especialmente nas palmas das mãos.
Dose: 3ªx, de 1 a 3 tab., uma vez ao dia.

---
70. Uso empírico.
71. Uso empírico.

127. BORACICUM ACIDUM
(Solução alcoólica de cristais de ácido bórico)

Sinonímia: *Boricum acidum.*
Dores de cabeça acompanhadas de salivação fria. Dor nos ureteres e urina aumentada. Albuminúria.
Erupção eritematosa da face. *Frilosidade.*
Depressão nervosa. Baforadas de calor. Formigamento nas mãos e nos pés. *Desejo constante de urinar. Sensação de gelo dentro da vagina.*
Dose: 3ª trit., 5ª e 6ª.

128. BORAX

Sinonímia: *Borax veneta, Natrum subboracicum* e *Tinca.*
Aftas. Estomatite aftosa. Boca ferida, sangrando facilmente ao comer ou ao tocar. (Não se deve dar o *remédio em substância*). *Enjoo em viagem ou de elevador, quando desce.*
Excessivamente nervoso *ao menor ruído.*
Temor *do movimento de descida;* quando se desce uma escada ou do cavalo, ou se tenta deitar a criança, ou se embala, ela grita e manifesta grande medo e agitação. De muito valor na *epilepsia.* Alternância de choros e risos.
Margem dos olhos inflamada. Entropion e ectropion. *Triquíase.*
Nariz vermelho luzente das jovens celibatárias.
A criança urina frequentes vezes e grita antes de urinar. Medo à noite, nas crianças.
A mais ligeira escoriação supura facilmente.
Erisipela; a face sente como se tivesse teias de aranha. *Psoríase;* casos recentes. Principal remédio da *Fitiríase*. Cólicas abdominais. Borborismos.
Esterilidade: favorece a concepção.
Gastralgia dependente de afecções uterinas.
Secreções correm com sensação de água quente. Leucorreia profusa e albuminosa como amido. Menstruação abundante e dolorosa.
Vaginite crônica, na 2ªx trit. Dismenorreia membranosa.
Galactorreia das amas de leite. Dores no seio que não está amamentando.
Nevralgia intercostal.
Ponto de Weihe: linha paraesternal direita, 1º espaço intercostal.
Remédios que lhe seguem bem: *Arsenicum, Bryonia, Calcaria, Lycopodium, Nux, Phosphorus* e *Silicea.*
Inimigos: *Aceticum-acidum* e *Vinum.*
Antídotos: *Chamomilla* e *Coffea.*
Dose: 3ªx à 5ª ou 30ª Não use vinho e tampouco vinagre.
Duração: 30 dias.
Externamente: Diluído em água fervida morna, nos pruridos.

129. BOTHROPS LANCEOLATUS
(Cobra amarela da Martinica)

Sinonímia: *Coluber glaucus, Cophias lanceolatus, Trigon lanceolatus* e *Vipera maegera*.
Pertence às *Crotalidae*.
Veneno coagulante. Fenômenos de trombose. Hemiplegia. Afasia. Impossibilidade de articular a linguagem.
Constituições hemorrágicas. Hemorragias *"por todos os poros"*. Sintomas nervosos, em diagonal.
Amauroses. Cegueira por hemorragia retiniana. Conjuntivite hemorrágica. *Congestão pulmonar*.
Deglutição difícil. Impossibilidade de engolir líquidos.
Hematêmese. Vômito negro. Fezes sanguinolentas. Erisipela maligna. Antraz. Gangrena. Piora à direita.
Dose: 6ª, 3ª, 100ª e 200ª.

130. BOTULINUM[72]
(Toxina diluída do Bacilo botulínico)

Paresia bulhar. Ptose palpebral. Visão dupla. Dificuldade no respirar e no engolir. Fraqueza no andar. Andar de cego em estado vertiginoso. Constipação de ventre.
Dose: 30ª, 100ª e 200ª.

131. BOVISTA

Sinonímia: *Bovista nigrescens, Crepitus lupi, Fungus chinergoeus* e *Lycoperdon globosum*.
Pertence às *Lycoperdaceae*.
A *hemorragia uterina* a que convém este medicamento é de natureza *congestiva* (e não devida a inserção viciosa da placenta) e se caracteriza por aparecer principalmente ou unicamente à *noite* ou de *madrugada;* do mesmo modo, a menstruação. Traços de menstruação entre as épocas.
Diarreia antes e durante a menstruação. Diarreia crônica dos idosos; piora à noite e de manhã cedo.
Sensação de *aumento enorme de volume da cabeça;* leucorreia (como clara de ovo), metrorragia, neuroses, ou qualquer outra moléstia.
Mulheres de meia-idade celibatárias com palpitações.
Suores axilares com cheiro de cebolas.
Cólicas melhoradas por comer. Prurido na extremidade do cóccix.

Impigens aqui e ali, úmidas ou secas; pacientes impiginosos. *Urticária devida à excitação*. Depois de *Rhus* na urticária crônica. *Eczema do dorso das mãos*. Acne devida a uso de cremes; pior no verão. Coceira na ponta do cóccix.
Crianças gagas.
Inchaço prolongado do tornozelo depois de torcedura ou luxação.
Ponto de Weihe: No ponto em que se juntam a 7ª e 8ª cartilagens costais bilateralmente.
Remédios que lhe seguem bem: *Alumina, Calcaria, Rhus, Sepia* e *Croton*.
Inimigo: *Coffea*.
Antídoto: *Camphora*.
Duração: 1 a 21 dias.
Dose: 3ª, 5ª, 6ª e 30ª.

132. BOWDICHEA MAJOR[73]
(Sucupira)

Pertence às *Leguminosae*.
Remédio usado no Brasil contra as *boubas*. *Cravos nos pés*.
Úlceras cancerosas, sobretudo do nariz. *Eczemas. Vegetações sifilíticas. Blenorragia*. Reumatismo. Diabetes açucarado. Hemorragias.
Dose: T.M. à 3ª.

133. BRACHYGLOTTIS REPENS[74]
(Puca-puca)

Pertence às *Eupatoriaceae*.
A única esfera clínica deste medicamento é no *Mal de Bright*, com *cãibras e sensações de ondulação*. Cãibra dos escritores. Desejo ardente de urinar. Peso na bexiga.
Dose: 3ªx à 5ª.

134. BROMUM
(Bromo)

Sinonímia: *Bromium* e *Murinal*
Moléstias glandulares em pessoas escrofulosas, de *constituição delicada, cabelos louros, pele branca e olhos de cor azul-clara*. Tumores duros. Parotidite (sobretudo à esquerda), adenites, cancro dos seios, amigdalites, bócio, orquites etc. Alucinações, principalmente no escuro.
Coriza nas crianças escrofulosas. Asma dos marinheiros, quando vêm à terra; melhor no mar. Fraqueza geral. *Espasmos*.

---

72. É um dos muitos nosódios usados em homeopatia. Nosódio é o medicamento preparado com os produtos patológicos vegetais ou animais, dinamizados e aplicados pela lei dos semelhantes, após experimento em homem são.

73. Uso empírico.
74. Uso empírico.

Coqueluche, com tosse seca e rouca (use por 10 dias).
Hipertrofia do coração, devida à ginástica, na puberdade.
Vertigem congestiva com ansiedade mental, aliviada por epistaxes.
Dismenorreia. Fisometria (ruidosa emissão de gases pela vagina).
Difteria, estendendo-se da laringe para cima, com muitos estertores, mas *sem sufocação ao tossir*. Dispneia. Dismenorreia membranosa.
Ponto de Weihe: atrás do bordo superior semilunar do manúbio esternal; fazer pressão do alto para baixo.
Remédios que lhe seguem bem: *Argentum nitricum* e *Kali carbonicum*.
Antídotos: *Ammonium carbonicum, Camphora, Magnesia carbonica* e *Opium*.
Duração: 20 a 30 dias.
Dose: 1ª à 30ª. De 1ª à 3ª deve ser preparada fresca, porque se deteriora facilmente. Na difteria, preferir a solução aquosa de *Bromo* a 1%; 3 gotas de hora em hora, na difteria crupal (Dr. A. Teste).
Blackwood aconselha somente de 6ªx para cima.

135. BRYONIA ALBA
(Nabo-do-diabo)

Sinonímia: *Bryonia dioica, Bryonia vera, Uva angina, Uva serpentaria, Vitis alba* e *Vitis nigra*. Pertence às *Cucurbitaceae*.
Sempre que houver agravação por qualquer movimento e o correspondente alívio pelo absoluto repouso, mental ou físico, dê-se a *Bryonia* sem olhar para o nome da moléstia.
Dores que melhoram pelo deitar do lado doloroso.
Pleurodinia.
Respiração curta acelerada, dores no peito (pior por inspirar, tossir ou mover-se); precisa levar as mãos ao peito no momento da tosse; a tosse abala a cabeça e partes distantes do corpo; face vermelha e quente, escarros sanguíneos ou cor de tijolo, necessidade frequente de respirar longa e profundamente.
É o remédio capital da *pneumonia* só ou alternado com *Phosporus*. Diz o Dr. Hughes que, dada na 1ªx din., a *Bryonia* aborta a pneumonia.
"Para as pneumonias complicadas de pleuris, *Bryonia* 5ª é o remédio por excelência" (Dr. Dewey).
Broncopneumonia; excelente medicamento alternado com *Ipeca* ou *Antimonium tartaricum*.
Náusea e tontura pelo levantar-se. *Vertigem de Meniére*.

Cefalalgia frontal dilacerante, agravada pelo movimento dos globos oculares.
Eructações amargas, gosto amargo, regurgitação, biliosidade. *Dispepsia ácida* com sensação de um peso, uma pedra no estômago.
Gastralgia, com sensibilidade a pressão.
Constante movimento de mastigação da boca.
Pessoas artríticas predispostas a ataques *biliosos, irritáveis*, irascíveis, coléricas, nervosas, secas. *Congestão hepática* com dor na espáduá direita e constiparão ou fezes, duras e secas. Icterícia devida a um acesso de cólera. "Quando há dores pungentes na região do hipocôndrio direito, Bryonia é o primeiro remédio em que se deve pensar" (Guernsey).
Membranas mucosas secas: lábios secos, boca seca, língua seca, garganta seca, tosse seca etc. Diabetes. Tosse que piora ao entrar em quarto quente.
Grande sede: bebe grande quantidade de água com longos intervalos.
Catarro muito seco.
Constipação sem desejos de evacuar; fezes secas, torradas, duras e grossas; nas crianças de peito (30ª).
Diarreia matutina, logo depois de se levantar, assim que o paciente se move.
Efeitos do álcool.
Alternada com *Aconitum* é um grande remédio de toda a espécie de inflamações locais em seu começo. Jahr considera *Bryonia* o medicamento mais eficaz para reabsorver ou promover a rápida maturação do antraz.
Inflamação das membranas *mucosas;* depois do aparecimento do exsudato: *pleuris*, pericardite, peritonite, sinovite, *meningite* (sobretudo por supressão de um exantema), apendicite, ovarite, diafragmite. *Reumatismo agudo*, atacando juntas e músculos periarticulares. Torcicolo. *Lumbago*. Dores lombares.
Globos oculares dolorosos. Glaucoma.
Sarampo: profilático e curativo. Primeiro remédio a ser prescrito para facilitar a saída da erupção.
Abscesso do seio. Excelente medicamento alternado com *Belladona* ou *Phytolacca decandra*.
Grande remédio da *febre puerperal*. Em qualquer caso, dado logo no começo, alternadamente com *Veratrum veride*, ambos da 1ª din., abortará a moléstia.
Epistaxes em lugar da *menstruação*; hemoptise. O Dr. Ivins considera *Bryonia* como quase específico para a epistaxe passiva dos jovens.
Crupe, alternada com *Ipeca*.
Cabelos muito gordurosos. *Seborreia*.
Alternada com *Rhus toxicodendron*, pode curar a febre tifoide. *Erisipelas* localizadas nas articulações.
É o principal remédio dos *sonâmbulos*.
Dose: 1ª, 3ª, 5ª, 6ª, 12ª, 30ª, 100ª, 200ª, 500ª, 1.000ª e 10.000ª.

135-A. BRYONIA ALBA

Ação geral: Kent diz que *Bryonia* é o "medicamento perseverante", e cujas afecções se desenvolvem lentamente em todos os casos agudos. Afecções contínuas, remitentes, que vão aumentando de violência aos poucos, mas sem chegar à extrema violência de *Aconitum* e *Belladona*. Ataca o tecido fibroso. Nenhum medicamento ataca mais as serosas do que *Bryonia*. Age sobre as sinoviais, ligamentos fibrosos periarticulares, pleuras, meninges, pericárdio, peritônio etc. Ela não ataca somente os envoltórios, mas também os órgãos aí encerrados. Indicado no segundo estado das inflamações serosas, quando o exsudato se produz e o derrame já existe.

Constituição e tipo: pessoas morenas de aspecto "bilioso", facilmente irritáveis, robustas, mas tendentes a emagrecer. Caráter irascível e colérico. Dores agudas, lancinantes, atacando de preferência o lado direito do corpo, e agravadas pelo menor movimento. As dores agravam-se de noite e às 3 horas da manhã. Elas melhoram sempre pelo repouso e por pressão forte.

Modalidades: *lateralidade*, direita.

Agravação: pelo movimento. O paciente deseja repouso físico e moral. Agrava pelo calor, em todas as suas formas. Piora deitando-se sobre o lado direito, depois da alimentação e à noite.

Melhora: pelo repouso, pela pressão forte e deitado sobre o lado doente e pelo frio sob todas as suas formas.

Sintomas mentais: extrema irritabilidade com desejo de chorar. Maus efeitos da cólera. O paciente tem desejos, mas não sabe o que quer. Angústia que é agravada pelos movimentos. Apatia e confusão de espírito. Desejo de solidão e tranquilidade. Deseja repouso físico e mental.

Sono: insônia com agitação, principalmente à meia-noite.

Cabeça: couro cabeludo coberto de películas e sensível. Cefaleia congestiva com sensação de plenitude. Parece que a cabeça vai estourar e o seu conteúdo vai sair pela fronte. Cefaleia frontal com sensação de que a cabeça vai estourar, estendendo-se ao *occiput* e descendo ao longo das espáduas, do dorso e do pescoço. Dores de cabeça agravadas pelo calor.

Vertigens e náuseas, sentando-se no leito. Derrames meningíticos.

Olhos: inflamação congestiva e dolorosa dos olhos, em gotosos. Irite reumatismal provocada pelo frio.

Face: pálida, amarelada e terrosa. Movimento lateral contínuo do maxilar inferior.

Aparelho digestivo, boca: secura da boca, da faringe, da língua e dos lábios, donde se destacam pequenas escamas, que as crianças vivem arrancando. Odontalgia, que piora pelo comer. Língua seca e sangrante. Perda de paladar, durante as corizas e após elas. Aftas com mau cheiro. Movimento contínuo do maxilar inferior em sentido lateral.

Faringe: *secura da garganta*.

Apetite e sede: sede para grandes quantidades de água fria, tomadas com longos intervalos. Os males do estômago são melhorados pelas bebidas quentes. O paciente sempre deseja bebidas frias e ácidas. Aversão pelos alimentos gordos e suculentos.

Estômago: pressão na boca do estômago depois de comer. Pressão como de pedra dentro do estômago, depois de comer, e aliviada pelas eructações. Perturbações dispépticas do verão. Mau gosto na boca.

Abdome: *sensibilidade da parede abdominal*. Peritonite com derrame. Cólicas com timpanismo (borborigmos), que precedem de algumas horas as diarreias. Região hepática tensa e dolorosa, aliviada quando o paciente se deita sobre a região dolorosa. Náuseas, vômitos de bílis. Icterícia com catarro duodenal, precedido de um estalo colérico.

Ânus e fezes: constipação passiva sem desejo de evacuar. Extrema secura da mucosa intestinal. Fezes constituídas de matérias endurecidas, parecendo calcinadas.

Diarreia de fezes castanhas, matinais.

Aparelho urinário: urina vermelha, de cor escura como cerveja quente e com depósitos uráticos.

Órgãos genitais masculinos: dores testiculares.

Órgãos genitais femininos: sensibilidade útero-ovariana agravada pelo movimento e pela pressão. Ovarite. Dor violenta no ovário direito, como se estivesse sendo arrancado, agravada pela pressão, e se estendendo pela coxa. Menstruações precoces, abundantes, pioradas pelo movimento e acompanhadas de dores que se propagam pelas pernas. Dismenorreia. Amenorreia provocada por exercício violento dias antes de vir a menstruação. Hemorragia de sangue escuro, no intervalo das menstruações. Dores nos seios durante a menstruação. Os seios são pesados, duros e quentes.

Aparelho respiratório, nariz: catarro nasal, espesso e amarelado, com secura da mucosa. Coriza com dores frontais. Coriza suprimida bruscamente, dando então violenta dor de cabeça. Epistaxes de manhã, dormindo, ou por menstruação suprimida.

Laringe: tosse seca, provocada por coceira na laringe.

Brônquios e pulmões: dores agudas, lancinantes, picantes no peito, agravadas pelo movimento. Respiração rápida, difícil, pior pelo movimento. Tosse seca, agravada pelo movimento, e por entrar em um quarto quente depois de sair do ar livre. Tosse após o comer, acompanhada de vômitos. Tosse que obriga a colocar as mãos sobre o peito, tal a dor provocada. Mucosidade traqueal, que se destaca com dificuldade. Bronquite aguda. Pneumonia à direita, que melhora pelo repouso, com expectoração pouco abundante de um catarro fibroso. Pleurisia agravada pelo movimento e com dispneia.

Aparelho circulatório: endocardite e pericardite.

Dorso e extremidades: articulações inflamadas, quentes, com dores lancinantes que pioram pelo movimento e pelo tocar. Reumatismo articular agudo, com articulações inflamadas, sensíveis ao tocar e impossibilitadas de movimento. Tendência a mudar de lugar, nos casos de reumatismo articular agudo, dos processos inflamatórios.

Pele: seborreia gordurosa. Transpiração oleosa de couro cabeludo. Erupções flictenoides, com descamações e calor. Rubéola com fenômenos de irritação do aparelho respiratório.

Febre: calor seco interno, com desejo de grande quantidade de água fria. Febre tifoide, apresentando corpo com sensação de fadiga e com medo de se mover, e sede para grandes porções de água.

Ponto de Weihe: meio de 1/3 médio da linha que vai da cicatriz umbilical ao ponto de *Nux vomica*.

Complementares: *Alumina* e *Rhus*.

Remédios que lhe seguem bem: *Alumina, Arsenicum, Abrotanum, Antimonium tartaricum, Belladona, Cactus, Carbo vegetabilis, Dulcamara, Hyoscycimus, Kali carbonicum, Muriatis acidum, Nux, Phosphorus, Pulsatilla, Rhus, Silica, Sabadilla, Squilla* e *Sulphur*.

Antídotos: *Aconitum, Alumina, Camphora, Chelidonium, Clematis, Coffea, Ignatia, Muriatis acidum, Nux, Pulsatilla, Rhus* e *Senega*.

Duração: 7 a 21 dias.

Dose: 1ª, 3ª, 5ª, 6ª, 12ª, 30ª, 60ª, 100ª, 200ª, 500ª, 1.000ª e 10.000ª.

136. BUFO RANA
(Sapo)

Sinonímia: *Bufo cinereus, Bufo fuscus* e *Rania bufo*. Pertence aos *Buforidae*.

"A epilepsia causada por susto, onanismo ou excessos sexuais terá com frequência seu remédio em *Bufo rana*. A aura que precede os ataques, parte dos órgãos genitais: durante a cópula, o paciente pode ser atacado de violentas convulsões. Especialmente na forma sexual, produzida pela masturbação, é que *Bufo* é notavelmente útil." (Dr. W. A. Dewey).

"Nenhum outro remédio me tem dado mais satisfação do que este no tratamento desta moléstia" (Dr. J. Clarke). Desejo de estar só para se masturbar.

Pessoas moralmente fracas; tendência à infantilidade e à imbecilidade. Uso em crianças idiotas ou imbecis, prematuramente senis. Desejos de solidão. Impotência. Disposição a pegar constantemente no pênis. Ri e chora com facilidade. Panarício ou machucado dos dedos; as dores sobem ao longo dos nervos, pelo braço. *Bubões*. Dado no começo, é muito eficaz no *antraz*.

Ardor nos ovários e no útero: dismenorreia, quistos do ovário, cancro uterino etc. Menstruação suprimida. Menstruação precoce com dores de cabeça. Espasmos epiléticos aumentados durante a menstruação. Corrimentos fétidos e sanguinolentos. Cancro do seio. Combate o mau cheiro do cancro. Leucorreia. Espasmos musculares, locais ou gerais. Coreia.

Complementar: *Salamandra*.

Antídotos: *Lachesis* e *Senega*.

Dose: 6ª, 12ª, 30ª, 100ª, 220ª e 1.000ª.

137. CACTUS GRANDIFLORUS

Sinonímia: *Cereus grandiflorus*. Pertence às *Cactaceae*.

A grande esfera de ação deste remédio é o *coração*, e seu sintoma característico é a sensação de constrição do coração, como se uma *mão de ferro* estorvasse seu movimento normal (angina de peito, aortite crônica, insuficiência aórtica, pericardite, hipertrofia do coração, palpitações, miocardite, sintomas cardíacos devidos à dispepsia, congestão do fígado, cálculos biliares, reumatismo agudo etc.). Congestões sanguíneas em pletóricos. *Peso no alto da cabeça*.

Mas essa sensação não está circunscrita somente ao coração: ela também se encontra na garganta, no peito, na bexiga, no estômago, no reto, no útero, na vagina. "A sensação de aperto – diz Guernsey – como por um cinturão de ferro, produzida por *Cactus*, em vários pontos do corpo, é, na prática, uma indicação segura deste medicamento." Medo da morte e amedrontamento fácil.

Fraqueza cardíaca da arteriosclerose. Um remédio das artérias ateromatosas.

Dores de cabeça congestivas, periódicas, sensação de um peso sobre a cabeça; depois de menorragias; na *menopausa*. Ameaça de apoplexia. *Prosopalgia do lado direito*, voltando diariamente à mesma hora.

Eretismo cardíaco das afecções valvulares, com palpitações violentas e irregulares. Palpi-

tações devidas a sustos ou outras emoções na puberdade e nas épocas menstruais. Piora deitando-se sobre o lado esquerdo.
Edema somente do braço esquerdo (nas moléstias do coração). Dor e formigamento do braço esquerdo, em moléstias do coração.
Hemorragias intestinais em conexão com os sintomas cardíacos. Hemorragias vesicais, ficando os coalhos na uretra, obstruindo a passagem da urina, e provocando contrações espasmódicas de bexiga.
Ponto de Weihe: no bordo da auréola do mamilo do lado esquerdo.
Remédios que lhe seguem bem: *Digitalis, Eupatorium, Lachesis, Nux* e *Sulphur*.
Antídotos: *Aconitum, Camphora* e *China*.
Duração: 7 a 10 dias.
Dose: T.M., 1ª e 3ª.

138. *CADMIUM SULPHURICUM*
(Sulfato de cádmio)

Sinonímia: *Cadmium* e *Sulphas cadmicus*.
Náusea constante e vômitos negros são uma grande indicação de *Cadmium* no terceiro período da *febre amarela*. Extrema prostração.
"Os sintomas nasais são muito importantes, nenhum remédio me tem serviço melhor em casos de *ozena* e de *pólipos*" (Dr. J. Clarke).
"Um grande remédio do *cancro do estômago*, para aliviar as dores e melhorar os vômitos rebeldes; o doente deseja ficar quieto" (Dr. Bobricke).
Opacidade da córnea. *Paralisia facial, a frigore.*
Sente frio, mesmo quando perto do fogo.
Colapso. Paralisia facial do lado esquerdo.
Urina com sangue e pus.
Ponto de Weihe: linha axilar anterior, no 7º espaço intercostal direito.
Remédios que lhe seguem bem: *Belladona, Carbo vegetabilis, Lobelia* e *Ipeca*.
Dose: 3ª, 5ª, 6ª, 12ª e 30ª. D6 coloidal em tabletes.

139. *CAHINCA*

Sinonímia: *Cainca, Chiccoca racemosa* e *Serpentina brasiliana*. Pertence às *Rubiaceae*.
Indicada nas hidropisias. Albuminúrias com dispneia ao se deitar. Anasarca e ascite com pele seca.
Desejo constante de urinar. Dor ardente na uretra anterior. Dor nos testículos e no cordão espermático. Dor nos rins. Melhora pelo repouso e piora pelo movimento.
Dose: T.M. à 3ªx.

140. *CAESALPINEA FERREA*
(Jucá)

Pertence às *Leguminosae*.
Dado em tintura-mãe ou em baixa diluição, às gotas, é um grande remédio das *hemoptises da tísica pulmonar*, sobretudo com cavernas, e, em geral, dos escarros de sangue. Hemorragias nasais.
Dose: T.M. à 3ªx.
Uso externo: Contusões, torções, conjuntivites.

141. *CAJAPUTUM*
(Óleo de cajaput)

Sinonímia: *Arbor alba, Meladenca cajaputi, Meladenca minor* e *Oleum cajaputi*. Pertence às *Myrtaceae*.
Remédio para *flatulência* e espasmos. Cólica flatulenta; timpanismo. Sensação de que o conteúdo é maior que o continente. Sensação de envenenado.
Soluça à mais leve provocação depois de operação abdominal. Esofagismo. Sensação de inchaço geral.
A língua se sente inchada; glossite. Lóbulo da orelha vermelho.
Suores noturnos. Dispneia nervosa histérica. Nevralgia; reumatismo.
Dose: 1ª à 5ª. Também 5 gotas de óleo por dia.
Uso externo: Reumatismo, nevralgia, queimaduras, inchaços e torções.

142. *CALADIUM SEGUINUM*
(Jarro tóxico)

Sinonímia: *Arum seguinum* e *Dieffenbachia seguina*. Pertence às *Araceae*.
Um dos melhores remédios do *prurido vulvar que induz ao onanismo e mesmo à ninfomania,* durante a gravidez. Diminui os desejos na mulher.
Masturbação e seus resultados. Espermatorreia; pênis relaxado, todavia excitação e desejo sexual.
Ejaculação sem ereção. Coito sem ejaculação. Sensação de frialdade e transpiração fria nos órgãos genitais e de estar voando.
Medo de se mover. Impressão de estômago cheio de líquidos. Suor adocicado que chega a atrair moscas.
Combate o vício de fumar. Remédio das perturbações do coração devidas ao fumo.
Dose: 3ª à 6ª.
Uso externo: prurido vulvar.

143. CALCÁRIA ACÉTICA[75]
(Acetato de cálcio)

Sinonímia: *Calcium aceticum* e *Acetas calcicus*.

Diarreia da dentição; abundante, ácida, espumosa pálida, de odor fétido, algumas vezes involuntária; em alternação com *Phosphori acidum* 3ª.
Prisão de ventre consecutiva a moléstias uterinas (remédio de segurança).
Tosse solta com expectoração de grande mucosidade, parecendo a parede dos brônquios.
Enxaqueca à direita, com frio na cabeça, acidez de estômago, vômito. *Vertigem ao ar livre. Exsudações fétidas.*
Exsudação membranosa das mucosas. Dismenorreia membranosa, bronquite com expectoração semelhando membranas dos tubos brônquicos. Enterite mucomembranosa. Dores cancerosas. *Prurido anal.*
Dose: 3ª trit., 5ª, 6ª e 12ª.

144. CALCÁRIA ARSENICOSA
(Arsenito de cálcio)

Sinonímia: *Calcium arsenicosum* e *Calcii arsenias*.

Grande depressão mental. *A mais leve emoção causa palpitações;* mulheres gordas; acidentes do alcoolismo devidos à abstenção. Coração fraco, com dispneia e palpitações. *Frilosidade.* Epilepsia, com subida de sangue para a cabeça antes do ataque. Dor de cabeça semanal, que melhora deitando-se sobre o lado doente.
Nefrite, com dores lombares. Impaludismo crônico. Fígado e baço ingurgitados nas crianças; *cirrose infantil.* Leucorreia sanguínea. Câncer do útero. Gânglios inguinais inflamados.
Alivia as dores ardentes do câncer do pâncreas.
Remédios que lhe seguem bem: *Conium, Glonoinum, Opium* e *Pulsatilla.*
Antídotos: *Carbo vegetabilis, Glonoinum* e *Pulsatilla.*
Dose: 3ªx trit., e D3, D6 coloidais em tabletes.

145. CALCÁRIA CARBÔNICA
(Cascas de ostra)

Sinonímia: *Calcium carbonicum, Calcaria carbonica, Hahnemanni, Ostrea edulis* e *Testae ostrae*.

Clarke diz que o estudo da *Calcária* é um dos maiores monumentos do gênio de Hahnemann.
Remédio constitucional por excelência.
Escrófula, suores na cabeça, sobretudo dormindo e molhando o travesseiro; pés frios e úmidos, ventre crescido, cabeça volumosa e pescoço fino (nas crianças); vômitos azedos, obesidade, moleza, respiração curta, indolência; pele pálida e alva, com tendência às *erupções crostosas* da cabeça; *curvatura dos ossos* ou da espinha, *fontanelas abertas, raquitismo, maroísmo*. Esquecido, confuso, estúpido. Valioso remédio no começo da tuberculose intestinal; e no tratamento da epilepsia (casos antigos e inveterados).
Dentição retardada e crescimento defeituoso.
A criança demora a aprender a andar.
Dispepsia ácida. Azia. Mau hálito.
Diarreia ácida, com alimentos indigeridos.
Litíase. Cólica hepática.
"Quando se administra em repetidas doses da 3ª dil., goza a *Calcaria carb.* do poder de aliviar a cólica hepática. Para mim ela evita completamente a necessidade do clorofórmio ou do banho quente." (Dr. R. Hijgues)

Diz o Dr. Bayes que o mesmo sucede nas cólicas renais.
Febre hética, extremidades frias, *suores noturnos*. Tísica pulmonar, sobretudo no começo.
Queratite (3ª). "Nenhum remédio a excede nas ulcerações e opacidade da córnea" (Dr. Dewey).
Dilatação crônica das pupilas. Oftalmia escrofulosa; fístula lacrimal. Chalazion.
Diz o Dr. Baer que este remédio é superior a qualquer outro para a cárie das vértebras.
Rouquidão, sem dor, pela manhã.
O nariz escorre a cada mudança de tempo. Nariz vermelho em consequência de dismenorreia ou amenorreia. *Pólipos.*
Adolescentes gordas, sanguíneas, que *crescem muita rapidamente. Clorose típica* e mesmo perniciosa.
Leucorreia leitosa; das *crianças.* O leite da mãe ou ama causa diarreia na criança.
Menstruações adiantadas e muito abundantes e demoradas; com vertigem, dor de dentes e pés frios e úmidos. Esterilidade. Pólipos uterinos.
Juntas inchadas sem qualquer inflamação.
Otorreia do canal auditivo externo em indivíduos escrofulosos. Espessamento do tímpano.
Frialdade geral; de partes isoladas; cabeça, estômago, ventre, pés, pernas, mãos; aversão ao ar livre frio e úmido; disposição a *se resfriar facilmente.* Males causados por trabalhar na água.
Suores *de uma parte isolada*, com o resto do corpo seco; cabeça, nuca, peito, sovaco,

---
[75]. As calcárias modernamente são chamadas, a carbônica, de *calcium carbonicum*; a fosfórica, de *calcium phosphoricum* e a iodada, de *calcium iodatum*.

órgãos genitais, mãos, joelhos, pés etc. Sempre com a pele e os pés frios.
Ardor na sola dos pés.
Muito eficaz em *tumores internos* que evoluem lentamente durante anos. Tem sido usada com êxito no adenoma e no *bócio*. Evita a recorrência da mola e combate a predisposição aos vermes nas crianças.
Complementares: *Belladona* e *Rhus*.
Remédios que lhe seguem bem: *Agaricus, Belladona, Borax, Bismuthum, Dulcamara, Graphites, Ipeca, Kali bromatum, Natrum carbonicum, Nitri acidum, Nux vomica, Phosphorus, Platago, Rhododendron, Rhus, Silicea, Sepia, Salsaparilla, Theridion* e *Tuberculinum*.
Inimigos: *Baryta carbonica* e *Sulphur* não lhe devem seguir; e *Kali bromatum* e *Nitri acidum*, não lhe devem preceder.
Antídotos: *Bryonia, Camphora, China, Ipeca, Nitri acidum, Nux, Sepia* e *Sulphur*.
Duração: 60 dias.
Dose: 5ª à 30ª, 200ª, 500ª, 1.000ª e 10.000ª.

145-A. CALCÁRIA CARBÔNICA ou OSTREARUM

Ação geral: ação profunda sobre os interstícios dos tecidos, sobre a vida vegetativa, sobre a nutrição em geral. Age sobre o tecido ósseo provocando exostoses. Sobre o tecido linfoide, ela age, hipertrofiando os gânglios, inflamando-os e até provocando supurações, principalmente nos cervicais e mesentéricos. O músculo cardíaco tem a sua contração aumentada e a dilatação retardada. Os vasos se contraem e a pressão arterial sobe. A coagulação do sangue aumenta. Deprime o sistema nervoso central e agrava as neuroses espasmódicas.
Calcária carbônica serve aos temperamentos cloróticos. Provoca uma anemia extremamente perniciosa, com grande relaxamento dos tecidos, principalmente os músculos e as paredes dos vasos sanguíneos.
Produz também irregularidades circulatórias, que se traduzem por todas as formas de congestão. Determina também um estado de pioemia. Tem aptidões para provocar pólipos.
Constituição, temperamento: Nash designa o temperamento de *Calcaria carb.* por "leucofleumático". Constituição gorda, tendendo para a obesidade. Cor da pele esbranquiçada, cor de giz. Disposição para a apatia, especialmente nas crianças. Lentas nos movimentos, preguiça, a apatia é produto de uma fraqueza, e de uma fraqueza que se segue ao menor esforço feito. Tipo de talhe pequeno, de cabelos louros ou castanhos, com olhos azuis, gânglios duros e hipertrofiados e abdome muito desenvolvido.

Calcária tem transpirações parciais com a superfície do corpo e extremidades frias.
Grande sensação de frio, interno e externo.
Modalidades: *lateralidade*, direita.
Agravações, pelo frio, pelo trabalho intelectual e físico.
Melhora, pelo tempo seco, quando está constipado deitando-se sobre o lado doloroso.
Sintomas mentais: grande fraqueza e incapacidade para qualquer esforço intelectual. Qualquer esforço mental provoca a subida do sangue à cabeça. Pessoa sem energia, melancólica, triste, deprimida, com vontade de chorar. Medo de ficar louco. Preocupação com detalhes sem importância. Visões e parece que está sendo seguido.
Sono: desejo de dormir à tarde e insônia à noite.
Cabeça: erupções secas e úmidas, muito pruriginosas, do couro cabeludo. Transpiração muito abundante na cabeça, durante o sono, a ponto de molhar o travesseiro. Transpiração localizada no frontal e occipital.
Congestão interna, com cabeça fria pelo lado externo do ponto congesto. Dor de cabeça com mãos e pés frios. Vertigem com perda de equilíbrio e tendência a cair para trás. Vertigem subindo a lugares altos.
Epilepsia precedida da seguinte aura: ela começa no plexo solar e sobe, ou então desde do epigástrio ao útero e aos membros inferiores. As causas da epilepsia são o medo ou a supressão brusca de alguma erupção.
Face: pálida e terrosa. Lábios secos.
Olhos: frio nos olhos. Conjuntivas vermelhas e congestas. Pálpebras vermelhas e com crostas. Dilatação crônica das pupilas.
Orelhas: inflamação escrofulosa com otorreia mucopurulenta e enfarte ganglionar.
Aparelho digestivo: *boca;* gosto persistente na boca. Sensação de queimadura na boca, pior pela mastigação. Língua vermelha e lisa. Dentes bem dispostos e apresentando dor à água fria. Atraso da dentição nas crianças.
Apetite: desejo de ovos, nas crianças principalmente. Gosta também de pão, mas detesta a carne.
Estômago: preguiçoso e lento. Digere mal todo alimento que fica estacionado no estômago. Sensação de plenitude gástrica. Vômitos ácidos. Tudo se torna ácido ao longo do tubo digestivo.
Abdome e fezes: sensível, flatulento e borborigmos. Sensação de frio em todo o ventre. Aumento de volume dos gânglios inguinais e mesentéricos, que se apresentam dolorosos. Gordura na parede abdominal. Hérnia umbilical.
Fígado sensível. Cólicas hepáticas com dores que vão da direita para a esquerda e que melhoram pela marcha.

Diarreia com fezes ácidas, contendo restos alimentares não digeridos, de mau cheiro, agravada pelo leite.
Diarreia ao menor golpe de frio. Constipação que melhora o doente.
Órgãos genitais masculinos: exaltação do apetite sexual. Ereções diminuídas ou imperfeitas. No coito, a ejaculação é prematura.
Órgãos genitais femininos: suor abundante ao nível das paredes genitais externas. Ardência na vulva, nas adolescentes. Menstruações que tardam a chegar, na puberdade.
Menstruação na época, profusa, longa, abundante, seguida de amenorreia.
Menstruação adiantada, abundante, com os pés frios. Leucorreia leitosa, mucosa, profusa. Pólipos uterinos. Seios quentes e dolorosos antes da menstruação.
Aparelho respiratório, nariz: coriza à menor mudança de tempo. Catarro crônico com crostas nas narinas e corrimento amarelo espesso. Pólipos nasais. Epistaxes.
Laringe: rouquidão crônica nos escrofulosos.
Brônquios e pulmões: dor no lado direito do peito, com estertores mucosos à direita.
Aparelho circulatório: palpitações ao menor exercício. Palpitações no leito, com vertigem e desfalecimentos. Pulso acelerado e fraco.
Dorso e extremidades: desvio da coluna vertebral. Fraqueza das pernas e coxas. Pés frios e úmidos como se tivesse estado em um banho. As crianças andam tardiamente.
Pele: eczema úmido da cabeça ou crosta de leite em criança tipo *"Calcária"*.
Febre: tremores de frio, sobretudo à noite. Calor com baforadas na face e sede. Suores parciais na cabeça, peito, mãos e pés. Transpiração noturna.
Ponto de Weihe: atrás do meio do bordo superior da clavícula direita, fazer pressão do alto para baixo e de fora para dentro na direção da 1ª costela.
Dose: 3ªx trit., 5ª, 6ª, 12ª, 30ª, 100ª, 200ª, 500ª, 1.000ª e 10.000ª.

146. *CALCÁRIA FLUÓRICA*
(Fluoreto de cálcio)

Sinonímia: *Calcium fluoricum* e *Fluorit*.
"Convém às moléstias assestadas na substância que forma a superfície do osso, do tecido dos dentes e as fibras elásticas, seja da pele, do tecido conjuntivo ou das paredes vasculares etc. Tais são os estados mórbidos devido ao relaxamento das fibras elásticas, inclusive a dilatação dos vasos sanguíneos, hematomas arteriais ou venosos, hemorroidas, *varizes* e *veias dilatadas,* glândulas endurecidas como pedra. Má nutrição dos ossos, especialmente dos dentes; *fístulas dentárias. Exostoses traumáticas.* Ventre frouxo. Deslocamentos uterinos etc. *Endurações*." (Dr. W. Boericke). Osteossarcoma. Hematomas dos recém-nascidos. Assimetria facial. Dentes mal implantados. Endocardite crônica.
Um bom remédio do *lumbago* (30ª).
Catarata. Ragádias. Queratite flictenular escrofulosa. Quistos palpebrais subcutâneos.
Cera endurecida nos ouvidos. Esclerose da caixa. Otorreia da orelha média. Varicosidades na garganta.
Constipação de ventre acompanhada de hemorroidas internas e dores renais.
Tísica pulmonar no terceiro período (cavernas), com muita expectoração purulenta – excelente medicamento.
Sífilis congênita, em ulcerações da boca e da garganta e cárie dos ossos.
Lumbago que melhora pelo movimento, após insucesso de *Rhus*.
Nódulos duros do seio. Um dos primeiros remédios em que se deve pensar. Facilidade para luxações ósseas.
Engrossamento raquítico do fêmur nas crianças.
Ponto de Weihe: linha média entre as linhas axilar mediana e posterior, no 3º espaço intercostal esquerdo.
Remédios que lhe seguem bem: *Calcaria phosphorica, Natrum muriaticum, Phosphori acidum* e *Silicea*.
Dose: 3ªx à 30ª, 100ª, 200ª e 1.000ª.
Dose: D3, D6 e D12 coloidais, em tabletes e injeções.

147. *CALCÁRIA HIPOFOSFOROSA*
(Hipofosfito de cálcio)

Sinonímia: *Calcium hipophosphis* e *Hypophosphis calcius*.
Indicada nos casos de prostração nervosa, depressão espiritual e perda da força nervosa. Nas *crianças escrofulosas,* com face pálida e emaciada.
Congestão cerebral. Suores noturnos com extremidades frias. Nos casos de tuberculose pulmonar já adiantados, com suores noturnos, hemoptises, febre hética, e nas mulheres também menstruadas abundantemente. Pressão no centro da cabeça do frontal ao occipital.
Casos propensos à tuberculose vertebral (Mal de Pott). *Abscessos do psoas,* em tuberculínicos. Meningite tuberculosa, no início. Perda completa do poder muscular.
Dose: 3ªx à 6ªx.

148. CALCÁRIA IODATA
(Iodureto de cálcio)

Sinonímia: *Calcaria hydroiodica* e *Calcium iodatum*.
Crianças emaciadas, com ventre grande, parecendo *de um pássaro ainda sem penas* (Royal). Medicamento muito importante no tratamento da *escrófula*, especialmente *glândulas hipertrofiadas*, gânglios linfáticos, amígdalas, vegetações adenoides, pólipos (do nariz e do ouvido), tumores fibrosos do útero. Metrite crônica.
Amigdalite críptica ou caseosa.
Crupe. Pneumonia.
Excelente remédio da *bronquite seca*; *adenopatia traqueobrônquica*. Um bom remédio das bronquites infantis, otite média, tísica pulmonar e outras moléstias da *família escrofulosa* em pessoas escrofulosas.
Úlceras varicosas indolentes. Enterite tuberculosa.
Ponto de Weihe: face anterior do esterno, ao nível do 2º par de costelas.
Dose: 3ª trit. 5ª e 6ª.

149. CALCÁRIA MURIÁTICA
(Cloreto de cálcio)

Sinonímia: *Calcii chloridum, Calcium chloratum* e *Calcium hidrochloricum*.
Dada em baixa diluição (1ª centesimal, feita com álcool retificado) é um excelente medicamento da *tísica pulmonar,* sobretudo com *tendência às hemoptises* frequentes ou aos *escarros de sangue*. Vomita o que come e bebe.
Prurido capitii. Furúnculos.
Dose: 1ªx.

150. CALCÁRIA OVORUM
(Cascas de ovo torradas)

Sinonímia: *Ova tosta.*
A sua principal esfera de ação é na *leucorreia*, com ulceração do colo do útero, corrimento branco, leitoso e profuso, principalmente em mulheres que tiveram muitos filhos ou abortos. Endocervicite. Menorragia. *Dores de cadeiras como se tivesse partido o corpo em dois.*
Dose: 3ªx ou 3ª.

151. CALCÁRIA FOSFÓRICA
(Fosfato de cálcio)

Sinonímia: *Calcium phosphoricum, Calcarea phosphorata* e *Phosphas calcius*.

Pessoas magras e morenas. Fraqueza nervosa. Ansiedade mental. Nos lactentes, as moleiras anterior e posterior, abertas.
Moléstias dos *ossos, raquitismo; flores brancas* (e, em geral, em todas as *exsudações brancas*); *clorose, suores noturnos, escrófulas, fístulas* (com repercussão no órgão); *reumatismo em tempo úmido; tuberculose pulmonar.*
Promove a consolidação do calo nas fraturas. Fraturas nos idosos. Vertigens dos idosos.
Dentição difícil ou retardada. Crianças que demoram a aprender a andar. Crianças atrofiadas e dispépticas. Anemia das crianças devida à prolongada amamentação. Facilidade de os dentes terem cáries.
Hidrocefalia, hipertrofia das amígdalas, em pacientes escrofulosos. Vegetações adenoides. Grauvogl dava às mães, durante a gestação, este remédio, quando já tivessem tido criança com hidrocefalia, a fim de evitar se repetir o mesmo em outras gestações.
"Se encontrardes uma criança doente, com as fontanelas abertas, ou que se reabrem depois de se tarem fechado e, além disto, for magra e anêmica, pensai desde logo neste remédio" (Dr. Nash).
Piora em tempo úmido. Desejo de alimentos salgados e defumados. A criança pede comida e vomita logo o que comeu.
Incontinência noturna de urina e frequentes desejos de urinar.
Diarreia esverdeada e explosiva devida à flatulência exagerada. Dores no ânus nos ataques hemorroidários. Gânglios mesentéricos hipertrofiados.
Sofre mais, quando pensando em seus males. Demência senil ou por onanismo. Prurido senil.
Eis o que, a respeito deste medicamento, diz o Dr. William Boericke:
"Além de um grande remédio constitucional da infância, é a *Calcária fosfórica* um precioso alimento para crianças e adultos. É especialmente indicada na *dispepsia infantil* e consequentes *estados atróficos*, durante a dentição, e especialmente quando a *diátese escrofulosa ou tuberculosa* predispõe a *desordens glandulares*.
Essas crianças têm uma constituição empobrecida, ainda que, aparentemente, possam ser gordas e pesadas, e ter pernas grossas, embora os ossos sejam delgados e friáveis e as carnes fracas e moles. Tais crianças têm um fraco poder de resistência – elas rapidamente sucumbem à moléstia, as operações cirúrgicas nelas são mais perigosas e leves, traumatismos transformam-se em sérias desordens. É aqui a esfera de ação de *Calcária fosfórica* e ela fará tudo quanto um remédio pode fazer. Eu a dou frequentemente durante a dentição, a crianças alimentadas artificialmente, como um alimento adjuvante adicionado ao leite. É meu costume aconselhar às mães terem em casa tabletes da 3ª trituração decimal, de que mando

dissolver 6 a 10 em uma mamadeira de leite e dar à criança diariamente. A criança recebe deste modo um alimento constituinte muito necessário ao corpo.

Com efeito, não há hoje quem ignore quão necessário é o fosfato de cálcio para o desenvolvimento e crescimento do organismo, e quanto, na verdade, é a sua presença essencial para a iniciação deste crescimento fornecendo a base primeira da formação dos tecidos e promovendo a multiplicação celular; o que torna evidente à sua importância como um constituinte do alimento. Assim, no raquitismo, que ele previne frequentemente.

Este método de administrar a *Calcária fosfórica* é de especial benefício em *pacientes fracos e escrofulosos*, nos quais as dificuldades digestivas e a irritabilidade intestinal dão lugar ao *marasmo*. Em crianças mais velhas, depois, o fosfato de cálcio prova ser um *tônico real*. A *atividade geral* do organismo aumenta e todo o seu sistema glandular e absorvente se torna intensamente ativo, e o organismo, peculiarmente perceptivo, oferece, por isto, as melhores condições para assimilar o remédio; tal o que eu penso que se passa quando se dá um medicamento constitucional como este misturado ao alimento.

Mais tarde encontramos no fosfato de cálcio um excelente remédio da *puberdade,* para as *adolescentes anêmicas,* que têm muita dor de cabeça, sobretudo no *alto do crânio,* acne no rosto, *dispepsia flatulenta* e dor de estômago temporariamente aliviada por comer. Excitação sexual, após a menstruação.

A *diarreia* também requer *Calcária fosfórica,* sobretudo na dentição – dejeções quentes, indigeridas, explosivas, fétidas, acompanhadas de assaduras e desejos de comer coisas indigestas.

Enfim, na idade adulta, é o fosfato de cálcio um alimento de incontestável valor na *tuberculose* e no *diabetes,* bem como na convalescença de graves moléstias agudas."

Ponto de Weihe: Meio da linha oblíqua que une os pontos de *Nux vomica* ou de *China* ao ponto de *Stramonium.*

Complementares: Ruta, Sulphur e Zincum.

Remédios que lhe seguem bem: Rhus, Sulphur, Iodum, Psorinum e Sanicula.

Duração: 60 dias.

Dose: 3^ax trit., 30^a, 200^a, 500^a, 1.000^a e 10.000^a. D12 coloidais, por via oral e injetáveis.

152. CALCÁRIA PÍCRICA
(Picrato de cálcio)

Sinonímia: *Calcium picricum* e *Calcaria picrata.*
Excelente remédio do *furúnculo do canal auditivo externo,* descoberto pelo Dr. H. Houghton e muito gabado pelos especialistas homeopáticos norte-americanos. Útil também nos furúnculos localizados em partes cobertas de pouco tecido muscular: canela, cóccix, costelas, esterno, fronte etc. Intensa prostração e fadiga (Clarke).

Um dos nossos medicamentos mais úteis para a *acne facial.*

Dose: 3^ax trit.

153. CALCÁRIA RENALIS

(Preparada com cálculos renais fosfáticos e úricos.)

Sinonímia: *Calcium renalis.*

É o remédio dos cálculos e areias renais, e muito elogiado o seu uso, para evitar a formação de tártaro dentário (Blackwood).

Dose: 3^ax à 6^ax trit. e 12^a, 30^a, 100^a, 500^a e 1.000^a em diluição.

154. CALCÁRIA SILICATA
(Silicato de cálcio)

Sinonímia: *Calcium silicatum* e *Calcarea silicica.*

Moléstias que se desenvolvem lentamente. Constituição hidrogenoide. Friolosidade.

O paciente se apresenta emaciado, com frio, sem forças, mas piora quando se procura aquecê-lo.

Medroso e irritável.

Vertigens e cabeça fria, principalmente no vértex. Sede, flatulência e distensão abdominal após comer. Eructações e vômitos.

Útero prolabado e pesado. Leucorreia, menstruação irregular e dolorosa.

Sensível ao ar frio. Mucosidades abundantes verde-amareladas. Tosse acompanhada de frio, emaciação, fraqueza e irritabilidade, que piora pelo ar frio.

Dose: 3^ax trit., 5^a, 6^a, 12^a, 30^a, 100^a e 200^a.

155. CALCÁRIA SULFÚRICA
(Sulfato de cálcio)

Sinonímia: *Calcium sulphuricum.*

Remédios das supurações, a empregar depois de Silicea. A supuração continua, depois de aberto o foco purulento, apesar de terem, as partes infiltradas, descarregado seu conteúdo de pus, sob a influência de *Silicea.* Corrimentos amarelos, espessos e viscosos. Adenites tórpidas. Inflamação dos olhos com corrimento amarelo.

A presença de pus *emanando por um pequeno orifício* é a indicação geral do remédio. *Abscessos dolorosos em torno do ânus,* em caso de fístula. Espinhas do rosto.

Eczemas, com crostas amarelas. *Coceira ardente na sola dos pés.* Hansen o aconselha no eczema seco das crianças. *Piora pela umidade* (contrário de *Hepar*).
Um remédio muito útil no *abscesso dentário*.
Dose: 3ª à 5ª. Diz o Dr. W. E. Leonard que a 12ª fará abortar os panarícios e furúnculos. Usado no lúpus. Usa-se também 3ª, 60ª, 100ª e 200ª. D6 e D12 coloidais.

156. CALENDULA
(Malmequer dos jardins)

Sinonímia: *Calendula officinalis, Caltha officinallis, Caltha sativa, Flos amnium mensinus, Solis sponsa* e *Verrucaria*. Pertence às *Compositae*.

Uso externo: É um dos mais poderosos *vulnerários* da Homeopatia, e seu considerável poder sobre a cicatrização das feridas com a menor produção de pus possível tem sido amplamente demonstrado na prática dos médicos homeopatas.
As loções de uma solução de tintura de *Calendula* em água são de um grande efeito para curar feridas abertas e dilaceradas, com ou sem hemorragias, bem como as feridas produzidas por golpes ou talhos profundos, e mesmo as contusões com equimoses subcutâneas. Acalma as dores insuportáveis das feridas, estanca a hemorragia, previne a inflamação e favorece em pouco tempo a sua cicatrização. Nas orquites traumáticas é também empregada a *Calendula* com sucesso. Nada lhe é superior no curativo do cancro.
Por isso dizia o Dr. W. Tod Helmuth, célebre cirurgião homeopata dos Estados Unidos que, de todos os remédios locais contra as supurações, a *Calendula* devia ocupar o primeiro lugar, e era eficaz *depois das operações cirúrgicas* e no tratamento das *feridas sépticas*, das *queimaduras, antrazes* etc. como o era a *Arnica* no tratamento das contusões.
"A *Calendula* – diz o Dr. Clarke – é o *antisséptico homeopático;* torna os tecidos imunes contra a putrefação e é indicada em todos os casos de traumatismo em que há solução de continuidade da pele. Panos embebidos de *Calendula* podem ser aplicados em abscessos ainda fechados; se ela não aborta o processo supurativo, favorece a maturação do abscesso e ultima a sua cura. Além disso, é a *Calendula* um excelente hemostático nas hemorragias depois da extração de dentes."
Foi em virtude dessas propriedades antipútridas da *Calendula* que, em 1818, Jahr, célebre médico homeopata, tratou durante a revolução, em Paris, numerosos casos de feridas por balas com fraturas ósseas, nas quais aplicou com sucesso a solução de *Calendula*; e que, em 1863, na guerra civil, os homeopatas norte-americanos também a usaram com eficácia no curativo das feridas.
Hoje é ainda a *Calendula* muito estimada no tratamento das moléstias das senhoras, especialmente aconselhada pelos Drs. Lulam e Cowperthwaite, nas úlceras supurantes do colo do útero, nas leucorreias, nas vaginites, em todas as ulcerações vaginais e uterinas, seja ou não depois do parto, na gonorreia, casos em que se pode aplicar a tintura de *Calendula* diluída, em uma bonequinha de algodão bem embebida, que se introduz todas as noites no fundo da vagina.[76]
Nas feridas, pode-se usar também o unguento de *Calendula*, o qual deve, entretanto, ser preferido para as queimaduras, as unhas encravadas, úlceras varicosas, nas quais produz uma rápida cicatrização. As úlceras *crônicas* das pernas cedem muito rapidamente à ação da *Pomada de Calendula*, que as limpa dos micróbios, dá-lhes um bom aspecto e promove rapidamente a cicatrização; o mesmo se pode dizer dos *cancros venéreos*.
Encontra-se, nas farmácias homeopáticas, um *óleo de Calendula,* feito com óleo de oliva ou de amêndoas: é uma preparação que deve ser preferida para o curativo das queimaduras, escoriações, esfoladuras e certas erupções da pele, como o eczema.
O *Gliceróleo de Calendula* é usado nas inflamações da vagina e nas ulcerações do colo do útero, só ou associado à *Calendula* e ao *Hydrastis*.
Uma boa fórmula é a seguinte (Dr. Cowperthwaite):
Tintura-mãe de *Hydrastis* .... 1 parte
Tintura-mãe de *Calendula* .... 1 parte
Glicerina .... 6 partes

Dissolva-se uma colherinha desse gliceróleo em meio copo de água quente e, com uma seringa grande comum, dê uma injeção vaginal, retendo-a dentro da vagina o mais tempo possível.
Outra fórmula é a seguinte (Dr. Ludlam):
Tintura-mãe de *Calendula* .... 1 parte
Água destilada .... 5 partes
Glicerina .... 5 partes

Dissolva também uma colherinha em uma xícara de água quente para uma injeção.
Repitam-se as injeções 2 ou 3 vezes por dia; elas não somente cicatrizam a superfície ulcerada da ferida do útero, mas também pro-

---

76. Óvulos vacinais de *calendula*, feitos com glicerina e *calendula*, substituem com eficiência as bonecas, anteriormente indicadas. Os óvulos são encontrados puros somente de *calendula* ou então misturas de *calendula* e *hydrastis* com glicerina, chamados de óvulos mistos de *calendula* e *hydrastis*.

movem a desinflamação, aliviam as dores e o inchaço do colo, detendo a leucorreia.

Usa-se ainda a *Calendula* sob a forma de *Ácido bórico calendulado,* também chamado *Boro-calendula,* e que é feito de ácido bórico puro e que se mistura, até secar, 5% de extrato fluido de *Calendula* ou 20% de tintura-mãe. É empregado nas feridas profundas e supurantes, bem como nas afecções cutâneas, sobretudo eczemas, onde a pele é rachada e irritável. "Não há temor de irritações com o uso do ácido bórico calendulado – diz o Dr. Shuldham – pois eu tenho usado largamente nas feridas profundas do couro cabeludo, braços, pernas e nas extensas dilacerações da pele, com grande conforto para o paciente e rápida cicatrização das feridas. O termo *ácido* é um pouco alarmante para os leigos, que supõem que todo ácido deve ser forçosamente um irritante; mas tenho feito larga aplicação em minha prática, até no catarro crônico do *nariz*." Pode-se também empregar o *Ácido bórico calendulado* nas assaduras das crianças, nas brotoejas, nas escoriações da pele, nas queimaduras, nos pruridos, nas escaldaduras, nas frieiras e em todas as afecções externas que requeiram o uso de um pó antisséptico. Salpica-se a parte afetada 2 a 3 vezes por dia, por meio de uma bola de algodão.

Nos pequenos cortes, lacerações e esfoladuras da epiderme, pode-se usar o *Colódio calendulado* (preparado como o de *Arnica*); ou então o *Emplastro de Calendula,* aplicado do mesmo modo e que é, como o de *Arnica* e de *Hamamelis,* muito superior ao ponto falso comum.

Nas estomatites ulcerosas, pode a *Calendula,* em solução aquosa, ser usada em bochechos de 3 em 3 horas; do mesmo modo para banhar os olhos, sofrendo de inflamação purulenta, e para curativo, em fios de linha, no panarício, depois de aberto.

O certo é que, devido às suas virtudes antipurulentas, os médicos homeopatas norte-americanos têm empregado largamente a *Calendula* nas operações cirúrgicas, quer sob a forma de loções aquosas, quer sob a forma de *suco puro de Calendula* (quase sem álcool), *de algodão calendulado e da gaze calendulada.*

O *suco de Calendula (Calendulae Sucus)* é uma excelente preparação para substituir a tintura de *Calendula,* e muito mais enérgica do que ela. Pode ser usado puro nas *feridas* e nas *úlceras crônicas,* ou então misturado com água, na proporção de uma colherinha para meio copo de água fervida. Esse *suco de Calendula* é feito do suco puro de toda a planta espremida em uma prensa comum, ao qual se ajuntam 15% de álcool a 70º, para conservação. Sempre que se puder, deve-se preferir o uso do suco ao da tintura.

O *Algodão,* rival do algodão fenicado ou boricado dos alopatas, é o melhor algodão que há, em homeopatia, para proteger curativos de cortes, feridas, úlceras, antrazes, apostemas, queimaduras, operações cirúrgicas etc. O mesmo se pode dizer da *gaze calendulada.* Pode ser usada ainda a *Calendula,* em solução aquosa, em injeções, na *gonorreia,* nas *fístulas do ânus,* do *catarro nasal crônico,* em lavagens no *prurido da vulva* e do *ânus,* repetindo-se o curativo 3 a 4 vezes por dia.

Enfim, encontra-se, nas farmácias homeopáticas, o *Sabonete de Calendula;* é um sabonete antisséptico de primeira ordem, sobretudo para a toalete das crianças pequenas; amacia a pele, tira sardas e manchas, faz desaparecer as gretas e asperezas, bem como as escoriações e ulcerações, e combate a predisposição da pele às inflamações, às supurações e às erupções eczematosas. Serve também para ensaboar partes doentes, lavar feridas e úlceras por ocasião dos curativos, bem como para a lavagem das mãos dos médicos e cirurgiões e, em geral, das pessoas que tratam de doentes.

Verrugas localizadas no peito.

Complementar: *Hepar.*
Remédios que lhe seguem bem: *Arsenicum, Bryonia, Nitri acidum, Phosphorus* e *Rhus.*
Inimigo: *Camphora.*
Antídoto: *Arnica.*
Dose: internamente, T.M., 3ª, 5ª e 6ª.

157. CALOTROPIS GIGANTEA

Sinonímia: *Madar* e *Mudar.* Pertence às *Asclepiadaceae.*

Usado com muito sucesso no tratamento da *sífilis,* sobretudo *secundária,* depois de *Mercurius;* mas age também na *anemia primária* dessa moléstia.

Calor no estômago é a sua principal característica.

Obesidade. Elefantíase, Lepra. Lúpus.

Disenteria aguda.

Pneumonia tuberculosa.

Dose: T.M. 1 a 5 gotas três vezes ao dia.

158. CALTHA PALUSTRIS

Sinonímia: *Caltha arctica.* Pertence às *Ranunculaceae.*

Dá resultado em alguns casos de pênfigo.

Face inflamada, principalmente ao redor das órbitas. Pústulas. Câncer uterino, em tintura-mãe, mas com intervalos grandes (Cooper).

Dose: T.M.

159. CAMPHORA
(Cânfora)

Sinonímia: *Camphora officinalis, Cinnamomum camph.* Pertence às *Lauraceae.*
Grande remédio do colapso; todo o corpo é *frio* como o gelo, a face é mortalmente pálida, os lábios azulados, o pulso apenas perceptível, a prostração profunda. E, contudo, *o paciente não pode suportar ficar coberto.* Face pálida, lívida e fria exprimindo ansiedade. Convulsão com angústia mental. *Espasmo em recém-nascido, em consequência de asfixia.*
Cólera asiática em seu começo, com colapso, ou seca ou fulminante; cólera infantil, febre tifoide, febre perniciosa, pneumonia, febres eruptivas, broncopneumonia, choque traumático. "Em todas as moléstias, sejam quais forem, em que sobrevier o *colapso súbito* com aversão ao calor, *Camphora* é o primeiro remédio em que se deverá pensar" (Dr. Nash).
Angústia cardíaca. Palpitações. Pulso filiforme.
Insônia com pernas frias. "Sob a forma de pílulas comuns de *Camphora*, eu a tenho achado um excelente remédio para a insônia simples" (Dr. John Clarke). *Cefaleia martelante no occiput.*
Poluções noturnas. *Priapismo. Amenorreia.*
Dada logo ao primeiro arrepio de frio, pode cortar um defluxo iminente. "Em todas as espécies de dores internas, súbitas, devidas a resfriamento, ou a outras causas, *Camphora*, em doses rapidamente repetidas, é excelente" (Dr. John Clarke).
Más consequências do sarampo; convulsões; espasmos; crianças escrofulosas e irritáveis.
Localmente, é útil no reumatismo crônico e em tinhas.
Súbita impossibilidade de urinar, ou frequente, difícil e dolorosa micção. Algumas gotas apenas passando de cada vez – excelente remédio.
"Nos ataques histéricos violentos, uma gota de *Camphora* T.M. em um pequeno torrão de açúcar posto sobre a língua, a cada 5 ou 10 minutos, é muito eficaz" (Dr. Bayes).
Boenninghausen diz que *Camphora*, administrada de 15 em 15 minutos, cura a erisipela em pouco tempo.
Melhora da dor, pensando nela.
Complementar: *Cantharis*
Remédios que lhe seguem bem: *Aesculus, Antimonium, Belladona, Cocculus, Nux, Rhus* e *Veratrum.*
Inimigos: *Apis* e *Kali nitricum.*
Antídotos: *Cantharis, Dulcamara, Nitri spiritus dulcis, Opium* e *Phosphorus.*
Duração: 1 dia.
Dose: T.M. uma gota de cada vez em um pouco de açúcar seco sobre a língua, mas, como a *Camphora* irrita o estômago, deve-se preferir, nos casos de colapso, as injeções hipodérmicas de óleo canforado a 10%, conforme os alopatas. 1ª, 3ª, 5ª, 6ª, 12ª e 30ª.

160. CAMPHORA MONO-BROMATA
(Bromureto de cânfora)

Sinonímia: *Camphora bromata.*
Congestão cerebral. Eretismo nervoso. Cefaleias provenientes de excitação mental. Anemia cerebral.
Espasmos coreicos e histéricos. Epilepsia. *Eretismo sexual* com ereções espasmódicas dolorosas e ejaculações noturnas. *Perde a noção de direção.*
Paralisia agitante. Convulsões e diarreia nas crianças. Sonhos lúgubres.
Dose: 2ªx trit.

161. CANCHALAGUA

Sinonímia: *Cachen-laguem, Erythrae chilensis* e *Erythraceae chilonioides.* Pertence às *Gentianaceae.*
Usada no impaludismo e na *influenza.* Pele enrugada como a das lavadeiras.
Dose: T.M. Tem de ser feita de planta fresca.

162. CANNABIS INDICA
(Pango)

Sinonímia: *Cannabis sativa, indica* e *Hachshish.* Pertence às *Moraceae.*
Os mais proeminentes sintomas deste medicamento são mentais – *grande exagero, minutos parecem anos,* alguns passos parecem milhas, as ideias se amontoam e se confundem no cérebro, as coisas parecem enormes. Pesadelos. *Catalepsia. Conversação incoerente.* Extrema loquacidade. Ri ou grita imoderadamente a cada frioleira que lhe dizem.
Ilusões espectrais. Delirium tremens. Histeria. Pequeno mal (epilepsia). Impossibilidade de prestar atenção. Ideias fixas. Apreensão de ficar louco.
Muito esquecido: esquece suas próprias palavras e ideias; depois de começar a falar, esquece-se do que tinha a dizer. Constante medo de ficar louco. Sensação de levitação. Clarividência. Movimentos involuntários da cabeça.
Dor de cabeça; enxaqueca, com flatulência. Cefaleia urêmica. Esquece-se do que vai dizer ou escrever.
"Nas formas obstinadas e intratáveis de *insônia, Cannabis* é um dos melhores remédios que temos para produzir o sono, em dose de

5 a 15 gotas de T.M." (Dr. W. Dewey).[77] Está morto de sono e não consegue dormir.
Ranger de dentes durante o sono. Paraplegia.
Lumbago constante, sem agravação nem melhora. Dor de cadeiras depois do coito. Esforço para poder urinar. Hiperestesia dos órgãos genitais.
Dose: T.M. à 30ª, 60ª, 100ª e 200ª.

163. *CANNABIS SATIVA*
(Cânhamo)

Sinonímia: *Cannabis chinensis* e *Polygonum viridiflorum*. Pertence às *Moraceae*.
Inteligência fraca. Sonolência invencível durante o dia e após o comer.
Sensação de água gotejando. Vertigem. Moléstias cardíacas. Dores queimantes na uretra e bexiga antes ou durante a urinação.
Excelente remédio para a blenorragia aguda só, ou alternada com *Thuya* 1ª. A uretra é muito sensível e dolorosa ao toque e à pressão, que força o doente a andar com as pernas abertas. Dê-se, depois, *Mercurius corrosivus*, se o corrimento persiste, ou *Sulphur*, *se sobrevier a gota militar*. Indicado para acalmar as dores da *cistite aguda*.
Gagueira (dê-se a 30ª). Espermatorreia.
Asma com muita falta de ar – doses frequentes da 1ª ou 2ª dil. Dores nos rins irradiando-se para a região inguinal, com náusea.
Tuberculose pulmonar; opressão da respiração, peso no peito, palpitações, necessidade de estar em pé; escarros verdes ou sanguinolentos.
Opacidade da córnea e catarata. Oftalmia blenorrágica. *Abalo causado por coitos muito repetidos*.
Moléstia da planta dos pés e da parte inferior dos dedos.
Ponto de Weihe: linha que vai da cicatriz umbilical ao ponto de *Stramonium*, no limite do 1/3 externo e médio, lado esquerdo.
Remédios que lhe seguem bem: *Belladona, Hyoscycimus, Lycopodium, Nux, Ophorinum, Pulsatilla, Rhus* e *Veratrum*.
Antídotos: *Camphora* e *Mercurius*.
Duração: 1 a 10 dias.
Dose: T.M., 3ª, 5ª, 6ª, 12ª, 100ª e 200ª.

164. *CANTHARIS*
(Cantárida)

Sinonímia: *Cantharides, Cantharis vesicatoria, Lytta versicatoria* e *Meloe vesicatoria*. Pertence aos *Insetos, Coleoptera*.

---
77. A receita de *Cannabis* T.M. somente poderá ser prescrita por médico e no bloco de entorpecentes fornecido pelo Serviço de Fiscalização de Medicina.

Medo e inquietação, com gemidos. Frenesi amoroso.
A *dor ardente* (em qualquer parte do corpo) e a *intolerável necessidade frequente de urinar*, indicam este remédio, qualquer que seja a moléstia considerada (moléstia dos rins, uretra, bexiga, cérebro, pulmão, garganta, ovário, útero, estômago, intestino, pele etc.). Fácies hipocrática. Colapso com frio na superfície e calor interno.
A urina passa gota a gota ou não passa. Estrangúria. Cistite. Um grande remédio dos *cálculos renais*.
Grande remédio da nefrite aguda, com muita albumina e anasarca, sobretudo depois de moléstias infecciosas. Depois da Belladona na escarlatina, "uma das poucas certezas da medicina" (Dr. W. Dewey). Pericardite com derrame.
Furioso desejo sexual, quase maníaco. Excitação amorosa. Priapismo. Ninfomania. Delírio frenético.
Blenorragia aguda, de gancho, com muito desejo sexual; ereções dolorosas, urinas com sangue, gota a gota.
Retenção da placenta. Promove a expulsão da mola e feto morto. Esterilidade.
Desarranjos gástricos. Febre puerperal com cistite.
Pleuris; para absorver o derrame. *Tendência à síncope*.
Erupções vesiculosas; erisipela da face; erisipela tifoide. Queimaduras. Eczemas. Ardor nas solas dos pés, à noite.
Perturbações do estômago, fígado e intestinos, que *se agravam por beber café*.
Ponto de Weihe: linha vertical passando pelo ângulo inferior da omoplata (braços pendentes) até o bordo inferior da 1ª costela, bilateralmente.
Complementar: *Camphora*.
Remédios que lhe seguem bem: *Belladona, Kali iodatum, Nux, Phosphorus, Pulsatilla, Sepia* e *Sulphur*.
Inimigos: *Coffea*.
Antídotos: *Aconitum, Apis, Camphora, Kali nitricum, Laurocerasus, Pulsatilla* e *Rhus*.
Duração: 30 a 40 dias.
Dose: 3ªx à 30ª, 60ª, 100ª e 200ª.
Uso externo: Queimaduras (1 para 40 de água ou vaselina), eczemas, queda dos cabelos, úlceras das pernas (óleo cantarizado a 1:10), erisipela vesiculosa, *herpes-zóster* (neste último, pomada com a 3ªx).

165. *CAPSICUM*
(Pimenta comprida)

Sinonímia: *Capsicum annuum, Piper hispanicum, Piper indicas* e *Piper turvicum*. Pertence às *Solanaceae*.

Pessoas fracas, gordas, indolentes, com aversão ao exercício e ao asseio do corpo. Nostalgia. Pensamentos continuados em suicídio. Pessoas claras, de olhos azuis.
"É um remédio que deve ser lembrado em todas as moléstias acompanhadas de muito *ardor* nas mucosas de qualquer região do corpo, como se se houvesse aplicado *pimenta sobre elas*" (Dr. Nash). *Disenteria, gonorreia, moléstias da garganta; hemorroidas* etc.
Otite média aguda ou crônica com mastoidite; apófise mastoide inchada e muito dolorosa ao toque.
Um bom remédio da *amigdalite aguda* (3ªx ou 3ª).
Surdez melhorando no meio do barulho.
Sensação de constrição com ardor; garganta, nariz, peito, bexiga, uretra, reto. *Pior entre os atos de deglutição*. Um dos remédios mais eficazes para combater a *constrição dolorosa do ânus nos ataques hemorroidários.*
Dispepsia atônica dos grandes alcoólatras; *vômito matutino;* abranda o intenso desejo de beber. *Mau hálito*. Muita flatulência, sobretudo em pessoas fracas.
Febre intermitente na qual os suores vêm com a febre. Sede excessiva, mas com calafrios ao beber. O calafrio começa nas costas, entre as espáduas. Dor nas costas e nas pernas.
Dor em partes distantes, ao tossir (cabeça, bexiga, joelhos, pernas, ouvidos etc.) Tosse fétida. Gangrena pulmonar. Grande remédio da *bronquite fétida.*
Herpes labialis. Estomatite com mau cheiro da boca.
Um dos nossos remédios mais eficazes para a hipertrofia, inchaço e sensibilidade do *baço*, que acompanham certas moléstias agudas ou crônicas.
Ponto de Weihe: linha vertical passando pelo ângulo inferior da omoplata (braços pendentes) no 10º espaço intercostal, bilateralmente.
Remédios que lhe seguem bem: *Belladona, Cina, Lycopodium, Pulsatilla* e *Silica*.
Antídotos: *Caladium, Camphora, China, Cina* e *Sulphuris acidum.*
Duração: 7 dias.
Dose: 3ª à 6ª. No *delirium tremens*; a T.M. em gotas no leite. O pó é usado na alimentação de canários, para lhes embelezar a plumagem. Grande fonte de vitamina C.
Uso externo: Reumatismo crônico e nevralgias (em gliceróleo, partes iguais), dores de garganta (em gargarejos), frieiras.[78]

---

78. Essas aplicações devem ser feitas com cuidado, a fim de evitar irritações da pele e das mucosas.

166. *CARBO ANIMALIS*
(Carvão animal)

Pessoas idosas ou escrofulosas, muito debilitadas. Falta de energia. *Desejo de solidão* e *aversão pela conversação.*
Glândulas endurecidas, inchadas, dolorosas: no pescoço, nos sovacos, nas virilhas, nos seios. *Pletora venosa.*
Cancro do seio, não ulcerado. Cancro do colo do útero. *Pólipo do ouvido.*
Não tolera gorduras. Pirósis.
Verdadeiro *específico* dos *bubões ainda não abertos,* sifilíticos, blenorrágicos ou devidos a cancro mole – provoca rapidamente a resolução.
Excelente remédio do *quisto sebáceo* e da *acne pontuada* do rosto das adolescentes.
Lóquios fétidos (3ª). Náuseas da gravidez, piores à noite. Hemorroidas com grande fraqueza. Coccigodinia devida a traumatismo.
Depois do aparecimento da menstruação, fica *tão fraca que mal pode falar;* menstruação somente pela manhã. Fraqueza das mulheres que amamentam. Útero endurecido.
Suores noturnos fétidos. Suores que mancham as roupas de amarelo.
Pontadas no pleuris.
No pólipo do ouvido, insufle a 3ª trit.
Complementar: *Calcaria phosphprica.*
Remédios que lhe seguem bem: *Arsenicum, Belladona, Bryonia, Nitri acidum, Phosphorus, Pulsatilla, Sepia, Sulphur* e *Veratrum*.
Inimigo: *Carbo vegetabilis.*
Antídotos: *Arsenicum, Camphora, Nux* e *Vinum*.
Duração: 60 dias.
Dose: 3ªx trit., 5ª, 6ª, 12ª, 30ª, 100ª, 200ª, 500ª, 1.000ª e 10.000ª.
D6 col. em tabletes.

167. *CARBO VEGETABILIS*
(Carvão vegetal)

É o grande remédio da *agonia*: no último período de qualquer moléstia, com *face hipocrática, pele fria, suor frio e copioso, hálito frio,* língua fria, voz apagada, ele ainda pode salvar a vida. *Colapso*. Dores de cabeça occipitais.
O doente *deseja constantemente ser abanado,* em qualquer moléstia. Bronquite crônica dos idosos; *asma dos idosos com pele azul. Pleuris purulento.*
Queda dos cabelos depois do parto ou de uma moléstia grave.
Tosse espasmódica depois da coqueluche; rouquidão depois do sarampo. Rouquidão crônica; pior ao anoitecer.
Dispepsia, com excessiva flatulência do estômago: arrotos, acidez, dor de estômago. Cân-

cer do estômago, com ardor. É o remédio do *arroto*. Maus efeitos provocados por peixadas, alimentos salgados e gorduras rançosas.
Um bom remédio da *piorreia* (3ª). Úlceras varicosas.
Coceira e ardor na vulva, provocando excitação sexual.
Útil nos doentes que fazem datar os seus incômodos *desde que o sofri* tal ou qual moléstia ou tal ou qual acidente.
Hemorragia de qualquer superfície mucosa. Hemorragias *escuras* das pessoas caquéticas e debilitadas. Epistaxe recorrente. *Peritonite crônica*.
Bom também de tomar, de vez em quando, para preservar a saúde geral.
Ponto de Weihe: no ângulo anterior das 8ª e 9ª costelas, lado esquerdo.
Complementares: *Drosera, Kali carbonicum* e *Phosphor*.
Remédios que lhe seguem bem: *Arsenicum, Aconitum, China, Drosera, Kali carbonicum, Lycopodium, Nux, Phosphori acidum, Pulsatilla, Sepia, Sulphur* e *Veratrum*.
Inimigos: *Carbo aninalis* e *Kreosotum*.
Antídotos: *Arsenicum, Camphora, Coffea, Lachesis* e *Nitri spiritus dulcis*.
Duração: 60 dias.
Dose: 30ª no colapso. Da 1ª à 3ª trit. nas desordens do estômago. 6ª, 12ª, 30ª, 60ª, 100ª, 500ª. 1.000ª e 10.000ª.
D6, D12 coloidais em tabletes e líquido.

168. CARBOLICUM ACIDUM
(Ácido fênico)

Sinonímia: *Carbolicum acidum*.
Dores terríveis e *súbitas*. Profunda prostração com suores frios; cólera asiática.
Corrimentos pútridos: da boca, nariz, garganta, reto, útero, vagina, ferida, úlceras etc.
Leucorreia, *febre puerperal, disenteria* e escarlatina maligna, *varíola confluente*, difteria.
Eczema generalizado das pálpebras (12ª).
Grande acuidade do olfato é um sintoma muito característico.
Dor de cabeça frontal, com a sensação de uma *faixa apertada sobre a fronte*.
Vômitos: *indigestão habitual* (12ª dil.), dos alcoólatras; da gravidez; do enjoo de mar; dos cânceres do estômago; das gastrenterites infantis. Dor queimante na boca do estômago.
Eructações constantes.
Prisão de ventre, com hálito horrivelmente fétido.
Deslocamentos uterinos (30ª).
O Dr. Cooper o considera como específico da *influenza catarral*, na 3ªx para o ataque, e na 30ª para a debilidade resultante da moléstia; e o Dr. Middleton como o específico da *varíola*, na 1ªx.
Ponto de Weihe: meio do 1/3 externo da linha que vai da cicatriz umbilical ao ponto *Carduus*.
Dose: 3ªx à 30ª.

169. CARBONEUM SULPHURATUM
(Sulfureto de carbônio)

Sinonímia: *Alcohol lampadi, Alcohol sulphuris* e *Carburetum sulphuris*.
Sua patogenesia representa um caso típico de *beribéri;* alguns empíricos no Brasil o empregam contra essa moléstia. *Dores que voltam regularmente após intervalos longos*.
Polineurites periféricas. Impotência. Ciática. Perda de memória para nomes.
Muito útil contra o alcoolismo crônico. *Diátese hepática*. Odontalgia por alimentos quentes.
Restringe o crescimento do cancro. *Tinnitus aurium*. Vertigem de Meniére. Inflamação da retina. Atrofia do nervo ótico. *Hipoestesia da superfície dos braços, mãos e pés*.
Dores no peito, *agudas, constritivas e importunas*. Primeiro período da *tuberculose pulmonar*, com pouca febre, tosse seca e cansaço pelo exercício. Hemorragias pós-evacuação.
Ponto de Weihe: sétima vértebra cervical. Fazer pressão do alto para baixo sobre a apófise espinhosa.
Dose: 1ª. Pode-se administrar este remédio na tuberculose, por inalação dos vapores produzidos pelas chamas (esse é inflamável e arde com chama azul), durante três minutos uma vez por dia.
Uso externo: Nevralgia facial e ciática.

170. CARCINOSIN
(Nosódio do carcinoma)

Como interesse histórico, convém citar os seguintes nosódios usados na homeopatia:
Epithliominum – extraído do epitelioma.
Scirrhinum – extraído do *squirrho* da mama.
Carcinosin – extraído de um câncer qualquer. O Dr. Cahis, de Barcelona, andou usando uma cancerotoxina e o Dr. Nebel preconizou o uso de Micrococcin 30ª e 200ª, extraído do Micrococcus de Doyen. Mais tarde, o Dr. Nebel preparou as Onkolysinas, a partir da Onkomyxa neoformans e, segundo ele afirmou, obteve alguns resultados.
As carcinosinas usadas na homeopatia são originárias da Inglaterra, e foram obtidas com material colhido no Royal London Homeopathic Hospital. Eis a sua relação:

1. *Carcinosin-Adeno-Stom.* de 6ª à 1.000ª.
2. *Carcinosin-Adeno-vesica* de 6ª à 1.000ª.
3. *Carcinosin-Intestinal* comp. de 6ª à 1.000ª.
4. *Carcinosin-Scirrus-mammae* de 6ª à 1.000ª.
5. *Carcinosin-Sqam-pulmonar* de 6ª à 1.000ª.
6. *Carcinosin* de 6ª à 50.000ª.

Indicados como remédio de terreno, principalmente havendo antecedentes de diabetes, tuberculose, anemia perniciosa e câncer.
Sintomatologia geral: crianças com afecções intestinais agudas. Crianças com coloração café com leite, com escleróticas azuladas, numerosos *naevi* e com muita insônia.
Crianças com tendência a afecções pulmonares.
Sistema neuropsíquico.
Indiferença, pensa com dificuldade, piora pela conversação.
Tendência ao suicídio. Detesta ser consolado.
Criança medrosa, sensível aos castigos.
Sensibilidade especial à música e à dança.
Medo na boca do estômago, com desejo de vomitar.
Paciente meticuloso.
Insônia. Cefaleias antes de tempestade. Sono em posição geno-peitoral até aos nove meses, nos bebês.
Sono sobre o dorso, com as mãos sobre a fronte das crianças.
Aparelho digestivo: aversão pelo sal, leite, ovos, gorduras e frutas e ao mesmo tempo desejo desses alimentos.
Diarreias e constipação de ventre nas crianças com tendência à acetonemia.
Aparelho respiratório: asma que melhora à beira-mar.
Aparelho urogenital: nefrite albuminúrica.
Pele: numerosos *naevi*.
Modalidades: melhora pelo tempo chuvoso; à tarde; à beira-mar. Piora em pleno mar.
Complementares: *Tuberculinum, Medorrhin, Natrum muriaticum, Sepia, Alumina, Phosphorus, Calcarea phosphorica, Luesinum, Lycopodium, Sulphur, Psorinum, Opium, Arsenicum, Nux vomica, Anacardium* e *Graphites.*
Dose: C30 à C1.000.

171. *CARDUUS MARIANUS*
(Cardo marinho)

Sinonímia: *Cinicus marianus* e *Silybum marianum.* Pertence às *Compositae.*
Grande remédio do *fígado*, do sistema da veia porta e das *veias varicosas.*
Congestão do fígado, sobretudo do lobo esquerdo, com manchas hepáticas sobre o esterno. Icterícia. Gosto amargo. Dispepsia de fundo hepático.

Cólicas hepáticas, as dores melhoram prontamente e, frequentemente, não mais se reproduzem. Parece agir melhor nas mulheres.
Perturbações hepáticas da menopausa. Estado bilioso consecutivo à gripe. Náuseas e vômitos biliosos. Fezes endurecidas e de difícil expulsão.
Litíase biliar: a dar nos intervalos das cólicas hepáticas, para preveni-las.
Cirrose, com ascite. Abuso da cerveja.
Asma dos mineiros.
Veias varicosas. Úlceras varicosas. Elefantíase.
Piora dos males ficando em pé.
Ponto de Weihe: no ângulo anterior da 9ª e 10ª costelas do lado direito.
Dose: T.M., 3ªx, 5ª, 6ª e 12ª.

172. *CÁSCARA SAGRADA*

Sinonímia: *Rhamnus purshiana.* Pertence às *Rhamnaceae.*
Usado por alguns homeopatas na prisão de ventre, mas, verdade se diga, obedecendo aos preceitos alopáticos.
Na homeopatia, suas principais características; esperar algum tempo antes de poder urinar e reumatismo das juntas e dos músculos, com obstipação de ventre.
Dose: Da T.M. à 6ª.

173. *CÁSSIA MÉDICA*

Um grande remédio da *erisipela;* cura e previne a recorrência da moléstia.
Febres palustres.
Congestão hepática. Hidropisias. Gonorreia.
Dose: T.M. à 3ª.

174. *CASTANEA VESCA*
(Castanha da Europa)

Sinonímia: *Castanea edulis* e *Castanea sativa.* Pertence às *Fagaceae.*
Um remédio muito útil na *coqueluche,* especialmente no começo, com tosse seca, espasmódica e violenta. É quase específico da moléstia. Também no lumbago. Sensação acre na garganta.
Dose: T.M.

175. *CASTOR EQUI*

Sinonímia: *Equus caballus* e *Verruga equorum.*
Ação geral sobre a pele e os epitélios. Psoríase lingual. Ulcerações e fissuras dos bicos

dos seios. Dores na tíbia direita e no cóccix. Verruga na face e nos seios. Mãos fendidas. Coceira violenta nos seios. Estudado por Hering. Pele seca e espessada.
Dose: 6ª, 12ª e 30ª. Externamente, sob forma de pomada.

176. CASTOREUM
(Castor)

Sinonímia: Clastor fiber, Castoreum muscoviticum, Castoreum russicum e Castoreum sibiricum. Pertence às Rodentia.
Um grande remédio da *histeria*; acentuada prostração; não pode suportar a luz; cegueira diurna. Constante bocejo.
Mulheres nervosas, que não se curam completamente, são continuamente irritáveis e sofrem de suores debilitantes.
Crises espasmódicas depois de moléstias exaustivas.
Dismenorreia espasmódica; o sangue sai gota a gota. Dores começam no meio das coxas. Amenorreia com doloroso timpanismo. Antissicótico das histéricas (Teste).
Dose: T.M. à 3ªx.

177. CATUABA

Usado empiricamente no Brasil como *tônico do sistema nervoso*, seja nos neurastênicos, seja nos convalescentes de moléstias graves. É também um poderoso e inocente *afrodisíaco*, do qual se pode abusar sem prejuízo algum dos órgãos.
Dose: Usa-se a T.M. ou o extrato fluido na dose de 2 a 3 colheradinhas por dia, em vinho ou água açucarada.

178. CAULOPHYLLUM
(Ginsão azul)

Sinonímia: *Caulophyllum thalictroides, Leontice thalictroides* e *Leontopetalon thalictroides*. Pertence às *Berberidaceae*.
Um *remédio da mulher*; um grande remédio da *atonia uterina*.
Remédio capital do *parto demorado*, por debilidade do útero; dores curtas, fracas, irregulares, importunando, sem resultado; só ou alternado com *Pulsatilla*, de 20 em 20 minutos, provocará prontamente dores fortes e a expulsão do feto. Também nos casos em que há extrema rigidez do colo do útero. Dado com antecedência, facilita o parto.

Retenção da placenta ou lóquios demorados por atonia do útero. Aborto habitual por debilidade uterina. Hemorragia passiva prolongada depois do aborto.
Sensação de tremor interno, com debilidade.
Cólicas uterinas pós-parto; *dismenorreia, cãibras uterinas*. Dores de cabeça frontais durante a menstruação.
Falsas dores de parto durante as últimas semanas da gravidez; "é quase específico para estas dores" (Dr. Dewey).
Reumatismo, sobretudo das mulheres, atacando as pequenas juntas, mãos ou pés; dores erráticas, paroxísticas; rigidez dolorosa nas juntas; durante a gravidez. Máculas da pele do rosto em mulheres com irregularidades menstruais ou moléstias uterinas.
Aftas. Dores de estômago espasmódicas. Inflamação da cárdia.
Ponto de Weihe: na junção do 1/3 superior e médio da linha que une a cicatriz umbilical à sínfise pubiana.
Inimigo: *Coffea*.
Dose: T.M., 1ª, 2ª e 3ª.
Evitar o café, que é antídoto.

179. CAUSTICUM HAHNEMANNI
(Potassa de Hahnemann)

Sinonímia: *Acris finctura sine Kali*.
Moléstias internas devidas a uma supressão de moléstia da pele. Antipsórico, antissicótico e antissifilítico.
Gente seca e amarelada. Urina-se involuntariamente, ao tossir, ao respirar, assoar-se e ao andar. A urina escapa quase *inconscientemente*; ou, na *paralisia da bexiga*, a urina é expelida lentamente ou mesmo retida. *Enurese noturna*. Fraqueza extrema. Indivíduos tímidos e tristes. *Maus efeitos de choques morais prolongados*.
Maus efeitos da longa retenção de urinas – não se urina, quando se tem vontade. Retenção depois de operações cirúrgicas.
Sensação de *endolorimento e esfoladura*, sobretudo das mucosas. *Ardor* com endolorimento. Melancolia.
Rouquidão matinal. *Perda da voz. Coriza*, com rouquidão. Laringite aguda. Rouquidão dos cantores e oradores.
Paralisias de partes isoladas, sobretudo da face; geralmente à direita. Ptose. Paralisias que persistem depois da apoplexia. Coreia paralítica com dificuldade de falar e estender a língua. Paralisia glossofaríngea.
"Para os casos recentes de epilepsia menstrual, que ocorrem na puberdade, *Causticum* é o remédio" (Dr. Dewey).

Contração dos tendões flexores. Paraplegia espasmódica.
Tosse, mas não pode expelir catarro, pelo que o engole.
Nevralgia facial a cada mudança de tempo.
Crianças que demoram a aprender a andar.
Prisão de ventre; a evacuação é *mais fácil em pé.*
Aversão pelos doces e açúcar.
Menstruação muito fraca, em avanço, *somente durante o dia.* Leucorreia à noite, com grande fraqueza. Frieza sexual nas mulheres.
Efeitos remotos de queimaduras: "nunca passei bem depois daquela queimadura".
Velhas cicatrizes (sobretudo de queimaduras) que doem; velhas feridas que se reabrem. Fístula dentária.
Intertrigo durante a dentição. Verrugas debaixo das unhas.
Reumatismo crônico das articulações do maxilar inferior.
Ponto de Weihe: entre as linhas mamilonar e axilar anterior no bordo inferior da 5ª costela, na junção do 1/3 interno e médio desse intervalo, lado direito.
Complementares: *Petroselinum, Colocynthis* e *Carbo vegetabilis.*
Remédios que lhe seguem bem: *Antimonium tartaricum, Arum triphyllum, Colocynthis, Calcaria, Guaiacum, Kali iodatum, Lycopodium, Nux, Pulsatilla, Rhus, Sulphur, Ruta, Sepia, Silicea* e *Stannum.*
Inimigos: *Aceticum acidum, Sulphur* e *Phosphorus.*
Antídotos: *Assafaetida, Colocynthis, Dulcamara* e *Guaincum.*
Duração: 50 dias.
Dose: 5ª à 30ª, 200ª, 500ª e 1.000ª. Nas moléstias crônicas, a 30ª, a 100ª ou a 200ª uma a duas vezes por semana.
Uso externo: Queimaduras, feridas, úlceras, panarícios e unhas encravadas.

180. CEANOTHUS AMERICANUS
(Raiz vermelha)

Sinonímia. *Ceanothus herbaceus, Ceanothus intermedius, Ceanothus tardiflorus* e *Ceanothus trinervus.* Pertence às *Rhamnaceae.*
Específico das *moléstias do baço*, com dor por baixo das costelas, à esquerda do ventre, e um pouco de falta de ar. *Esplenite aguda* ou crônica; hipertrofia esplênica correspondente às cirroses do fígado e outras moléstias: *leucemia.* Piora com o tempo úmido. Diarreia e disenteria.
Vertigem forte deitando-se do lado direito.
Bronquite crônica, com profuso catarro.
Leucorreia profusa, espessa, amarela, com dor do lado esquerdo. Urina com pigmentos biliares e glicose.

Remédios que lhe seguem bem: *Berberis, Conium* e *Quercus.*
Antídoto: *Natrum muriaticum.*
Dose: T.M. e 1ª.
Ponto de Weihe: linha indo da cicatriz umbilical ao ponto de *China*; junção do 1/3 externo com 1/3 médio.

181. CECROPIA PALMATA[79]
(Umbaúba)

Remédio usado com sucesso nas bronquites, tosse e coqueluche.
Hidropisias cardíacas: aumenta a energia das contrações do músculo cardíaco.
Aumenta a quantidade das urinas.
Dose: T.M. e 1ªx.

182. CEDRON
(Cedrão)

Sinonímia: *Simaba cedron* e *Simaruba cedron.* Pertence às *Simarubaceae.*
Útil às pessoas nervosas e excitáveis.
A grande característica deste remédio, nas febres *intermitentes palustres* e nas *nevrálgicas,* em que é principalmente empregado, é a *periodicidade regular como um relógio,* na recorrência dos sintomas; *nevralgias* e acessos febris começam regularmente à mesma hora todos os dias. Entorpecimento dos membros. Convulsões epileptiformes durante a menstruação.
Excelente medicamento da nevralgia ciliar, com dores agudas em torno do olho, sobretudo do lado esquerdo. Glaucoma. Irite. Coroidite. *Olhos queimando como fogo.*
Alivia as dores do cancro (T.M.) e, aplicado localmente, as das mordeduras de insetos.
Dose: 1ªx à 6ª.

183. CENCHRIS CONTORTRIX

Sinonímia: *Ancistrodon contortrix.* Pertence aos *Ofídios.*
Grande alternância no humor.
Patogenesia muito parecida com a das outras serpentes; coma, insensibilidade da córnea, edemas, paralisias e suores frios. Pesadelos. Ovaralgia direita acentuada.
Diarreia paspacenta, com dores antes de evacuar. Gonorreia amarelada, com dores no ovário direito. Herpes dos lábios.
Antídotos: *Chamomilla, Ammonium carbonicum* e *Pulsatilla.*
Dose: 6ª, 12ª e 60ª.

---

79. Uso empírico.

184. CENTAUREA TAGANA

Pertence às *Compositae*.
Sintomas congestivos. Apetite alternado com náuseas. Salivação intensa e vômitos. Eructações. Angina, catarro, confusão e dores na fronte (Allen).
Sintomas agravados à noite. Melhora comendo.
Dose: 3ª, 5ª e 6ª.

185. CEREUS BONPLANDII

Sinonímia: *Apunia tuna*. Pertence às *Cactaceae*.
Grande desejo de trabalhar e fazer algo de útil. Dor de cabeça e dor através do globo ocular e dos olhos. Dor atravessando o cérebro da esquerda para a direita.
Fitch o considera um antipsórico de grande valor.
Dor no osso malar direito, que se espalha pelo temporal deste lado.
Dores sobre o coração, como se estivesse sendo transfixado. As dores vão do coração ao baço. Sensação de grande peso sobre o peito. Hipertrofia cardíaca.
Dores nas costas, espáduas, braços, mãos e dedos.
Dose: 1ª à 6ª.

186. CEREUS SERPENTARIA

Sinonímia: *Cereus serpentinus*. Pertence às *Cactaceae*.
Poluções noturnas, com relaxamento dos órgãos sexuais, dores nos testículos e sensação de que o coração vai parar, com uma intensa dor precordial.
Dose: T.M., de 3 a 15 gotas.

187. CERIUM OXALICUM
(Oxalato de cério)

Vômitos espasmódicos reflexos e tosses espasmódicas reflexas estão dentro da esfera deste remédio. *Vômitos matutinos da gravidez*. Enjoo de mar. Coqueluche, com vômitos e hemorragia. *Convulsões na época da dentição*.
Dismenorreia em mulheres robustas e gordas; as cólicas uterinas aparecem antes da menstruação e *cessam quando esta se estabelece*.
Dose: 1ª trit. à 6ª.
D6, D12 coloidais, em tabletes, líquido ou injeções.

188. CHAMOMILLA
(Macela)

Sinonímia: *Anthemis vulgaris, Chamomilla matricaria, Chamomilla nostras, Chamomilla vulgaris, Chrysanthemum chamomilla, Leucanthemum, Manzanilla* e *Matricaria suaveolens*.
Pertence às *Compositae*.
Gênio *impertinente, vingativo, queixoso, mal-humorado*. Não sabe o que quer. Sonolência diurna e insônia noturna. *Antídoto* dos maus efeitos provocados por abusos de café.
Muito sensitivo à dor. Dor com *entorpecimento*. Dores que *levam o paciente ao desespero;* nevralgias, dismenorreia nevrálgica, *parto*. Dores de dentes pioradas pelas bebidas quentes; durante a menstruação e a gravidez. Quase específico das dores de ouvido das crianças. Piora à noite.
Diminui as dores dos abscessos e promove a supuração, quando *Hepar* falha, sobretudo nos casos crônicos.
Suores quentes na cabeça, umedecendo os cabelos. Salivação noturna. *Antídoto* dos abusos de entorpecentes.
Uma bochecha vermelha e outra pálida. Lábios secos. *Odontalgia que piora pelo calor*.
Um bom remédio das *hemorragias uterinas*, com sangue coalhado e escuro e dores uterinas expulsivas.
Dentição das crianças; enfadadas, impertinentes. Inquietação e insônia; em crianças irritáveis, *só quietas quando carregadas ao colo*.
Cólicas flatulentas; gases encarcerados.
Diarreia aguda, verde, ou amarela e verde, semelhante a *espinafres com ovos cozidos picados, quente, muito fétida, com cheiro de ovos podres;* durante a dentição; durante o período puerperal.
Más consequências de acessos de cólera. Congestão hepática. Icterícia.
"Remédio excelente para os estados biliosos das mulheres nervosas e irritáveis" (Dr. Dewey).
O doente que sofre *alternâncias de tremores e calor*.
Usado externamente como colutório.
Ponto de Weihe: à direita do ponto de *Natrum carbonicum*.
Complementares: *Belladona* e *Magnesia carbonica*.
Remédios que lhe seguem bem: *Aconitum, Arnica, Belladona, Bryonia, Cactus, Calcaria, Coccul, Ferrum, Mercurius, Nux, Pulsatilla, Rhus, Sepia, Silicea* e *Sulphur*.
Inimigo: *Zincum*.
Antídoto: *Aconitum, Alumina, Borax, Camphora, China, Cocculus, Coffea, Colocynthis, Conium, Ignatia, Nux, Pulsatilla* e *Valereriana*.
Duração: 20 a 30 dias.

Dose: 5ª à 30ª, 200ª, 1.000ª e 10.000ª. Geralmente a 12ª. Nos estados biliosos a 1ª. Nas cólicas, a T.M.

189. CHELIDONIUM MAJUS
(Cardo espinhoso)

Sinonímia: *Chelidonium haematores* e *Papaver carni calatum luteum.* Pertence às *Papaveraceae.*

A principal esfera de ação deste medicamento é nas moléstias do fígado (icterícia catarral simples, litíase biliar, cólicas hepáticas, hepatite, congestão hepática com diarreia amarela) e um sintoma característico é uma dor fixa (surda ou aguda) no ângulo inferior da omoplata direita. Onde quer que se encontre este sintoma, deve-se dar *Chelidonium.* Esclerótica amarelada. Aversão pelo queijo.
Dor e mal-estar do estômago, *aliviado temporariamente por comer,* sobretudo quando há desordem do fígado.
Biliosidade; pele amarela; língua amarela, com a impressão dos dentes nos bordos; diarreia biliosa amarela ou esbranquiçada, com desejo de bebidas quentes. Ascite, por moléstia do fígado, cirrose. Complicações biliosas durante a gravidez. Angiocolecistite. Deseja beber leite.
Letargia: *aversão a qualquer esforço. Cirrose hipertrófica.*
Coqueluche, a dar depois de *Corallium rubrum.*
Pneumonia, com sintomas biliosos. Teste gabava muito este remédio no tratamento da pneumonia das crianças: dava logo no começo *Chelidonium* 5ª de 15 em 15 minutos, durante hora e meia, e depois *Pulsatilla* 5ª e *Spongia* 30ª alternadamente de duas horas; "na broncopneumonia consecutiva ao sarampo ou à coqueluche, existindo sintomas biliosos, *Chelidonium* é um excelente remédio" (Dr. Dewey). Bronquite asmática dos artríticos biliosos.
Pior à direita Derrame seroso: hidrocele. Reumatismo dos tornozelos e pés.
Produção exagerada de Indol (Nebel).
Nevralgia sobre o olho, com profuso lacrimejamento.
Febre dos tísicos. *Febres palustres,* com sintomas biliosos.
Movimento constante das narinas das crianças, nos casos de broncopneumonia.
Verrugas. Pele desprendendo odor fecaloide.
Ponto de Weihe: no ângulo anterior da 8ª e 9ª costelas, lado direito.
Remédios que lhe seguem bem: *Aconitum, Arsenicum, Bryonia, Corallium rubrum, Ipeca, Ledum, Lycopodium, Nux, Sepia, Spigelia* e *Sulphur.*
Antídotos: *Aconitum, Chamomilla, Coffea, Ácidos* e *Vinho.*

Duração: 7 a 14 dias.
Dose: 5 gotas de T.M. à 6ª. Nas moléstias do fígado a T.M. é muito eficaz.

190. CHELONE GLABRAE

Sinonímia: *Chelone alba* e *Chelone obliqua.* Pertence às *Scrofulariaceae.*
Dores que atacam o lobo esquerdo do fígado e se irradiam para baixo. Debilidade. Dispepsia. Icterícia. Verminose. *Febre intermitente.*
Dose: T.M., de 1 a 5 gotas.

191. CHENOPODIUM ANTHELMINTHICUM
(Quenopódio)

Sinonímia: *Ambrina anthelminthica* e *Cina americana.* Pertence às *Chenopodiaceae.*
Dores escapulares. Apoplexia. Hemiplegia direita. Afasia. Respiração estertorosa.
Vertigem repentina. Vertigem de Meniére.
Afecções dos nervos auditivos. Ouve melhor os sons graves. Surdez para a voz humana, mas ouve bem os barulhos.
Sedimento amarelo da urina.
Menstruação substituída por leucorreia.
Dor abaixo do ângulo da omoplata direita.
Verminose.
Ponto de Weihe: quarta vértebra cervical, fazer pressão do alto para baixo sobre a apófise espinhosa.
Dose: 3ªx, 5ª e 6ª.

192. CHIMAPHILA UMBELLATA
(Erva diurética)

Sinonímia: *Chimaphila corymbosa, Pyrola corymbosa* e *Pyrola umbellata.* Pertence às *Pirolaceae.*
O principal uso conhecido deste remédio é o *catarro da bexiga* (cistite), com urina turva, viscosa e *contendo pus ou muco;* pode ser sanguinolenta. Quando ingerida secreta a hidroquinona, que tem ação antisséptica.
Mulheres jovens e pletóricas, com disúria e seios volumosos. *Hipertrofia da próstata.* Tumores em seios volumosos, com dores agudas, não ulcerados. *Atrofia rápida dos seios.*
Glicosúria. Reumatismo agudo no ombro. Sensação de bola no períneo.
Útil nas desordens prostáticas.
Assistolia com *edema* nas moléstias do coração.
Dose: 5 a 20 gotas de T.M., 1ª, 2ª e 3ª.

193. CHINA
(Quina amarela)

Sinonímia: *China calisaya, China officinalis, Cinchona, China calisaya, China cinesea, Chinachona corona* e *Chinchona officinalis*. Pertence às *Rubiaceae*.

Febres intermitentes cotidianas simples, sem qualquer fenômeno especial, moderadas, discretas, *nunca à noite* e sempre *sem sede* durante a febre. Pioemia. Febre dos tísicos. Febre palustre. Febres gastrintestinais.
Rubor e calor da face.
Olheiras escuras, face pálida e fatigada, suores noturnos, emagrecimento rápido, zumbido nos ouvidos.
Hemorragias passivas prolongadas.
Fraqueza, debilidade e outras afecções devidas a perdas de líquidos orgânicos (espermatorreia, *hemorragia*, excessiva lactação, diarreia prolongada, suores copiosos, supuração exagerada) ou consequentes a moléstias graves e prolongadas, com eretismo nervoso. Excelente tônico. Depois de operações cirúrgicas.
Flatulência tão grande que parece que todos os alimentos se transformam em gases. *Cefaleia occipital depois de excessos sexuais.*
Sonolência durante o dia e insônia depois da meia-noite, com grande agitação.
Vertigem por anemia cerebral.
Pielite crônica supurada.
Icterícia por excessos sexuais.
Dor de cabeça dos anêmicos, com latejos.
Dispepsia: sensação de *repleção contínua, flatulência estomacal, arrotos* que não aliviam. Diarreia amarela indigerida, sem *cólicas*, com gases. Pior à noite e depois de comer. Diarreia por comer frutas ou no verão. Desarranjos gástricos de crianças, que estão sempre a comer guloseimas. Fome sem apetite. Piora tomando leite ou comendo frutas. *Medo de correntes de ar.*
Gota crônica. 3ª trit., alternada com *Ledum* 3ª.
Muito sensitivo ao toque leve; a pressão forte alivia.
Grande remédio da erisipela, mesmo grave e maligna; 2 a 5 gotas de T.M. por dia. *Eczemas vesiculosos dos artríticos.*
Agravação: todos os dias ou de 3 em 3 dias.
Nevralgia facial; alternada com *Thuya*, ambas na 3ª dinamização.
Alternado com *Arsenicum album* é um bom remédio de todas as espécies de hidropisias e edemas.
Remédio muito eficaz a dar nos intervalos das *cólicas de fígado* para afastar e mesmo extinguir os acessos. Inchaços do baço. Icterícia.
Contra o hábito do alcoolismo, 10 a 30 gotas de T.M., duas ou três vezes por dia.
Melhora pela pressão forte; piora ao mais leve toque e depois de comer.

Ponto de Weihe: linha axilar mediana esquerda, por baixo da 2ª costela.

Remédios que lhe seguem bem: *Aceticum acidum, Arsenicum, Arnica, Asa foetida, Belladona, Colocynthis, Carbo vegetabilis, Ferrum, Lachesis, Nux, Pulsatilla, Phosphorus, Phosphori acidum, Sulphur* e *Veratrum.*

Inimigos: Depois de *Digitalis* e *Selenium.*

Antídotos: *Aranea, Arnica, Apis, Arsenicum, Asa foetida, Belladona, Bryonia, Carbo vegetabilis e animalis, Calcaria, Capsicum, Causticum, Cedron, Cina, Eupatorium, Ferrum, Ipeca, Lachesis, Ledum, Lycopodium, Menyanthes, Mercurius, Natrum carbonicum, Natrum muriat, Nux, Pulsatilla, Rhus, Sepia, Sulphur* e *Veratrum.*

Duração: 14 a 21 dias.

Dose: T.M. à 30ª. Na debilidade sintomática, prefira-se a 30ª, 60ª, 100ª, 1.000ª e 10.000ª.

194. CHININUM ARSENICOSUM
(Arseniato de quinino)

Sinonímia: *Quinina arsenias* e *Triquinia arseniate.*

O principal uso deste remédio é nas *diarreias simples*, em que ele é prontamente curativo. *Os ovos produzem diarreia.*
Hipercloridria.
Extremidades frias.
Degeneração do miocárdio. Parece que o coração vai parar.
É também útil nos casos em que o paciente está *fatigado e prostrado*, aborrecido e fraco; por isso tem sido usado como *tônico* em casos de debilidade. Difteria. Asma. *Anorexia.*
Febres intermitentes cotidianas, palustres, gripes ou gastrintestinais, com calafrios e suores disceptos (3ªx). *Febres de feno* (2ªx). *Febre dos tísicos* (1ªx). Pioemia quando há muita prostração (1ªx).

Dose: 2ªx trit. à 3ª.

195. CHININUM SULPHURICUM
(Sulfato de quinino)

Sinonímia: *Chininum, Quinia sulphate, Quiniais sulphas* e *Sulphas quinicus.*

Empregado por alguns homeopatas nas febres palustres, na 1ªx trit. ou 2ªx trit., dois tabletes a cada 2 ou 3 horas, sobretudo quando, durante o acesso, há dor na espinha a pressão.
Grande fraqueza, especialmente das pernas.
Polineurites palustres (30ª dil.).

Nevralgia supraorbitária intermitente (2ªx trit.).
Cefalalgia congestiva crônica (3ªx).
Vertigem de Meniére (1ªx trit.). Zumbidos de ouvidos com surdez. Nevralgia facial matutina.
Tártaro dos dentes.
Prolapso do reto, sobretudo das crianças.
Reumatismo poliarticular agudo.
Um grande remédio do eczema vesiculoso dos artríticos (1ªx) e do *eritema nodosum*.
Sintomas de nefrite crônica intersticial.
Dose: Substância pura à 30ª, 60ª e 1.000ª. No reumatismo agudo, deem-se 3 tabletes de 1ªx, de 2 em 2 horas.

196. *CHIONANTUS VIRGINICUS*
(Flor-de-neve)

Pertence às *Oleaceae*.
Bom remédio da *enxaqueca*: algumas gotas de T.M., tomadas em um pouco de água, aos primeiros prenúncios do ataque, prevenirão este: nos intervalos dos ataques, uma gota três vezes por dia cortará o hábito dos acessos. Cefaleia frontal neurastênica. Conjuntivite catarral. A conjuntiva apresenta-se amarelada. Congestão ativa do fígado. Cólicas hepáticas. Icterícia. Colerético e colagogo.
Bom medicamento da *icterícia catarral*, sobretudo das crianças e da gravidez. Icterícia, voltando todos os verões.
Diabetes açucarado.
Dose: T.M. à 3ªx.

197. *CHLORALUM*
(Cloral)

Sinonímia: *Chloralhydrat.*
"Remédio muito útil na urticária. Frequentemente a aliviará, dando-se do seguinte modo: 1g de cloral puro dissolvido em um copo de água, uma colherinha de cada vez.[80] Convém também aos grandes *furúnculos*, que aparecem repentinamente em consequência de um resfriamento." (Dr. W. Dewey)
Dor de cabeça matinal. Eritemas e equimoses. Vista vendo "branco" em todas as coisas.
"*Chloralum*, dado na 1ª trit. decimal, é, o meu remédio favorito da *urticária crônica obstinada*" (Dr. R. Hughes).
Prurido com ou sem erupção – 1ª ou 3ª dil.
Terrores noturnos nas crianças – 5ª à 30ª dil.
Moléstia do sono – 5ª à 30ª.
Dose: O uso em tintura-mãe é perigoso, e por isso não aconselhável, a não ser sob receita médica. 3ª, 5ª e 6ª.

---

80. Prática pouco recomendável.

198. *CHLOROFORMIUM*
(Clorofórmio)

Sinonímia: *Formylum trichloratum.*
Antiespasmódico. Relaxamento muscular. Convulsões. Cólicas nefríticas e de vesícula. Gastralgia. Flatulência.
Delírio onde predomina a violência e a excitação. Os olhos se abrem e se fecham rapidamente. Pupilas contraídas. Movimentos convulsivos da face, dos músculos e das extremidades. Desejos de matar.
Dose: 6ª, 12ª e 30ª.
É aconselhável aplicar *Phosphorus* 12ª, 3 gotas, 4 vezes ao dia, após uma anestesia pelo clorofórmio.

199. *CHLORUM*
(Solução saturada de cloro em água)

Sinonímia: *Clorinum.*
Um remédio importante do *espasmo* e do *edema da glote*. Amnésia para os nomes.
Útil também no *acesso de asma*. Inspiração livre e expiração dificultosa. Emaciação rápida.
Tifo exantemático. Dispneia repentina com espasmo das cordas vocais.
Catarro nasal e dispneia consecutiva à bronquite aguda (12ª à 30ª).
Dose: 5ª, 6ª, 12ª e 30ª. As baixas devem ser usadas somente sob prescrição médica.

200. *CHROMICO-KALI--SULPHURICUM*
(Alume de cromo)

Foi estudado homeopaticamente pelo Dr. Mensch, de Bruxelas.
Eletividade pela mucosa óculo-nasal.
Manifestação aguda da *rinite alérgica.*
Rinite crônica com secreções espessas.
Sensação de filamentos muito tênues, fazendo cócegas na rinofaringe.
Dose: 1ª, 2ª e 3ª trit., nas rinites agudas e 5ª e 6ª nas rinites crônicas.

201. *CHOLESTERINUM*
(Colesterina)

Um remédio do fígado. *Congestões hepáticas obstinadas. Cálculos hepáticos com cólicas. Câncer do fígado* (3ªx alternada com *Iodoformium* 3ª). *Nas taxas elevadas de colesterol.*
Opacidades do corpo vítreo.
Dose: 3ª trit., 6ª, 12ª, 30ª, 100ª e 200ª.

202. CHROMICUM ACIDUM
(Ácido crômico)

Sinonímia: *Chromic acidum.*
Difteria. Tumores nasais. Epitelioma lingual. Lóquios sanguíneos e fétidos. Úlcera nasal. Crostas nasais. Ozena. Hemorroidas sangrentas.
Dose: 3ª à 6ª trit.
Existe *Chromium oxyde hydrate colloidal* usado em D6 e D12.

203. CHRYSAROBINUM

Sinonímia: *Araroba.*
Poderoso medicamento da psoríase, herpes tonsurans e acne rosácea. Lesões acompanhadas de vesículas e escamas, deitando um líquido mal cheiroso, com crostas que tendem a se unir e cobrir toda a área doente. Prurido intenso.
Hiperestesia óptica. Fotofobia. Queratite. Eczema atrás das orelhas.
Dose: internamente 3ª e 6ª.
Externamente, em pomada.

204. CICUTA VIROSA
(Cicuta venenosa)

Sinonímia: *Cicuta aquática, Cicutaria aquatica* e *Sium majus angustifolium.* Pertence às *Umbelliferae.*
Violentas convulsões, sobretudo se o paciente se *encurva para trás* (opislótonos). Estrabismo. Sintomas espasmódicos dos olhos. Efeitos de comoção do cérebro ou da espinha. Convulsões devidas a traumatismos e feridas. Um bom remédio da *epilepsia.* Trismos.
Espasmos dos músculos cervicais. *Torticollis.* Maus efeitos no esôfago por engolir lasca de osso.
"*Cicuta* é um dos remédios mais eficazes para o soluço persistente" (Dr. S. H. Talbott). Nos loucos.
Meningite cérebro-espinhal, principal remédio, especialmente o remédio maligno.
Em qualquer espécie de convulsões, o *caráter violento* é uma indicação de *Cicuta.* Como giz, carvão e outras coisas indigeríveis. Hipoemia intertropical (anquilostomíase, opilação). Acne rebelde. Eczema da barba. *Otorragia. Prurido generalizada.*
Falta de orientação no tempo e no espaço.
Ponto de Weihe: no ângulo dos músculos esplenius e estemoclidomastoideo, lado esquerdo.
Remédios que lhe seguem bem: *Belladona, Hepar, Pulsatilla, Rhus, Opium* e *Sepia.*
Antídotos: *Arnica, Coffea, Opium* e *Tabacum.*
Duração: 35 a 40 dias.
Dose: 5ª à 30ª, 60ª, 100ª, 200ª, 500ª e 1.000ª.

205. CIMEX LECTULARIUS
(Percevejo)

Sinonímia: *Acantha lectularis.*
A principal característica deste medicamento é uma sensação de que os *tendões são muitos curtos,* especialmente os dos músculos flexores dos membros inferiores.
Contraturas, sobretudo após náuseas. *Ozena. Febres palustres,* com dores nas juntas, especialmente dos joelhos. Sede durante a apirexia e falta de sede durante os outros períodos. Febres de caráter intermitente.
Violenta dor de cabeça, causada por bebida. Coriza fluente com dor sobre o seio frontal.
Dose: 5ª à 200ª.

206. CIMICIFUGA

Veja *Actea racemosa.*

207. CINA
(Sêmen-contra)

Sinonímia: *Absinthium austriacum tenuifolium, Artemisia austriaca, Artem. contra, Semen contra, Semen santocini* e *Sementina.* Pertence às *Compositae.*
Crianças impertinentes, mal-humoradas, irritáveis, que querem tudo e rejeitam tudo quanto se lhes dá, que não querem ser tocadas nem acariciadas.
Seja na *verminose,* seja em qualquer outra moléstia em que apareçam *sintomas de lombrigas, Cina* é indicada – *coceira no nariz, fome canina, ranger de dentes* cólicas, gritos, estrabismo, *cor azulada em torno da boca,* febre etc. *Tosse.* Combate a predisposição aos vermes nas crianças. Coqueluche. Espasmos acompanhados de perturbações digestivas e vermes.
Na febre de *Cina,* a face é fria e as mãos quentes.
Enurese noturna.
Hemorragia uterina antes da puberdade. Pulsação do músculo superciliar.
Ponto de Weihe: linha axilar média direita, 2º espaço intercostal.
Remédios que lhe seguem bem: *Calcaria, China, Ignatia, Nux, Platago, Pulsatilla, Rhus, Silicea* e *Stannum.*
Antídotos: *Arnica, Camphora, China, Capsicum* e *Piper nigrum.*
Duração: 14 a 20 dias.
Dose: 5ª à 30ª e 200. Para as crianças nervosas e irritáveis, prefira-se a 30ª e a 200ª.
Santonina na 3ªx trit.

208. CINERÁRIA MARÍTIMA

Sinonímia: *Senecio maritimus.*
Pertence às *Compositae*.
Tem reputação como remédio de uso externo na cura da catarata e das opacidades da córnea. Deve ser pingada, 1 a 4 gotas por dia, no olho doente, durante meses seguidos. É sobretudo eficaz nos casos traumáticos. Usa-se o *Suco puro de Cinerária*.

209. CINNABARIS
(Cinabrio – sulfureto vermelho de mercúrio)

Sinonímia: *Hydrargiri sulphuretum rubrum* e *Mercurius sulphuratus ruber.*
Um grande remédio da sífilis e das moléstias dos olhos.
"Quando um doente vos consultar, saturado do *Mercúrio* e do *Iodureto de potássio* dos alopatas, com a conhecida dor de canela, com exostoses, perturbações dos olhos e a garganta cheia de feridas, fareis bem em usar *Cinnabaris*" (Dr. J. T. Kent). *Verrugas sangrantes*.
Ulceração dos tecidos é uma das suas características. Úlceras sifilíticas, vermelhas, supurantes, granulosas, ardentes, na pele e mucosas. Bubões sifilíticos.
Cefaleia sifilítica com dores nos ossos.
Nevralgia dos olhos, com toda a sorte de dores, em pessoas sifilíticas. Vermelhidão de todo o olho. Nevralgia ciliar: *dores por cima do olho esquerdo* (quase específico).
Em todas as moléstias dos olhos, em que houver *dor através do olho de um ângulo a outro ou circularmente, ao redor dele, Cinnabaris* está indicado. Conjuntivite flictenular. Precioso medicamento da *irite sifilítica*.
Dor na uretra ao urinar, resultante de uma gonorreia ou estreitamento. Cancro sifilítico.
Exostoses da canela. Condilomas sangrando facilmente. Leucorreia.
Piora pelo repouso, à noite e ao ar livre.
Dose: 1ª à 3ª trit. e D6 coll., em tabletes.

210. CINNAMONUM
(Canela)

Sinonímia: *Canella zeilanica* e *Laurus cassia*.
Pertence às *Lauraceae*.
Um remédio das *hemorragias,* sobretudo das *hemorragias pós-parto,* em que é um excelente hemostático. Pacientes fracos com fraca circulação. Hemorragia nasal.
Menorragia; menstruações adiantadas, profusas, prolongadas, vermelhas. Acessos *histéricos seguidos de eructações.*
Cancro doloroso com a pele intata.
Sonolento. Os dedos parecem inchados. Flatulência.
Dose: T.M. à 3ª.
Soluço (3 gotas de *óleo de Cinnamonum* em um torrão de açúcar). Óleo em soluto aquoso é usado como desinfetante.

211. CISTUS CANADENSIS
(Sargaço helianteno)

Sinonímia: *Helianthemum canadense* e *Lechea major.* Pertence às *Cistaceae*.
Muito eficaz contra as diversas manifestações da escrófula, sobretudo contra os ingurgitamentos dos gânglios linfáticos, com ou sem supuração. Glândulas inflamadas e endurecidas. *Tumor branco do joelho. Coxalgia*.
Extremamente *sensitivo ao frio*. Sensação de *frialdade em várias partes; garganta muito seca;* sensação de uma *esponja na garganta.* Males que fazem sair a língua.
Na Alemanha, para os casos de faringite granulosa, rinite alérgica e rinite crônica está se usando com sucesso a seguinte fórmula:
– Cistus con D3 + Guaiacum D3 + Sticta pulm D3 em partes iguais, 8 gotas, após as refeições principais.
O resultado é tão animador que até médicos alopatas estão prescrevendo esse complexo homeopático.
Oftalmia escrofulosa.
Cancro das glândulas do pescoço.
Rinite crônica com sensação de *frio ardente* no nariz ao inalar o ar.
Prurido em certas partes. Escorbuto; boca fria.
Cárie do maxilar superior. Piorreia.
Cáries: velhas úlceras. Tudo muito frio e pior pelo frio.
Ponto de Weihe: ângulo costoxifoideo direito.
Remédios que lhe seguem bem: *Belladona, Carbo vegetabilis* e *Magnesia carbonica.*
Inimigo: *Coffea.*
Antídotos: *Sepia* e *Rhus.*
Dose: 1ª à 30ª. Localmente, para corrimentos fétidos.

212. CLEMATIS ERECTA
(Congoca direita)

Sinonímia: *Clematis recta* e *Flamula jovis*. Pertence às *Ranunculaceae*.

Pessoas escrofulosas ou sifilíticas.
Começo de *estreitamento da uretra*: inflamatória ou orgânica; devida a uma gonorreia crônica. O doente espera muito tempo, antes de poder urinar, mas, apesar dos esforços que faz, a urina é intermitente e às gotas. Tomado a tempo, este remédio evitará muitas vezes uma operação sempre dolorosa e algumas vezes perigosa. Espasmos da uretra. Calor e picadas na uretra, antes, durante e depois de urinar. *Dor no cordão espermático à direita.*
Orquite blenorrágica; testículos inchados e duros como pedra; muito dolorosa. Devida à supressão de gonorreia. Pior à direita e à noite.
Um grande remédio da *irite* com pouca dor e grande sensibilidade ao frio. *Irite sifilítica* ou reumática. Tem um grande poder reabsorvente sobre as *sinéquias. Grande insônia.* Erupção na região occipital.
Dores de dentes aliviadas pela água fria e agravadas à noite na cama e pelo fumo.
Remédios que lhe seguem bem: Calcaria, Rhus, Sepia, Silicea e Sulphur.
Antídotos: Bryonia, Camphora, Chamomilla, Anacardium, Croton tiglium, Rhus e Ranunculus.
Dose: 3ª à 30ª.

213. CLEMATIS VITALBA
(Barba-de-velho)

"*Clematis vitalba* é muito indicada no tratamento das varizes e das úlceras varicosas, intus e extra. Internamente, prescreve-se a 3ª ou a 6ª diluição" (Dr. J. P. Tessier).
Dose: 3ª, 5ª e 6ª.

214. COBALTUM METALLICUM
(Cobalto)

Moléstias medulares. Neurastenia. Perturbações sexuais. Fadiga, dores ósseas que pioram pelas manhãs. Constantes modificações do humor. Os dentes, quando doem, parecem compridos para as cavidades. Dores no fígado e baço. *Ejaculações sem ereção. Dores nas costas e no sacro, que pioram enquanto o paciente está sentado. Fraqueza nos joelhos.* Raquialgia lombar.
Distúrbios nervosos por sonhos lascivos. *Perdas seminais.*
Ponto de Weihe: No bordo da auréola do bico do peito.
Duração da ação: 30 dias.

Dose: 6ª, 12ª, 30ª e 100ª. D6 e D12 coloidais em tabletes.

215. COCA[81]

Sinonímia: *Erythroxylon coca, Hayo* e *Ipadu.* Pertence às *Erithroxylaceae.*
O remédio do montanhês. Útil nas diversas perturbações que sobrevêm na *subida de montanhas*; síncope, palpitações, dispneia, zumbidos de ouvidos, ansiedade, insônia, dores de cabeça. Enurese. *Sensação de grãos de areia debaixo da pele.* Hemicrania por fadiga mental. Diabetes, com impotência.
Cárie dentária.
Falta de ar dos atletas idosos e das alcoólatras. Asma espasmódica. Enfisema.
Afonia; piora depois de falar.
O vinho agrava.
Dose: T.M. à 3ª. Na afonia, deem-se 5 a 6 gotas, a cada meia hora, duas horas antes de se precisar da voz.

216. COCAINUM[82]
(Alcaloide da *Erythroxylon coca*)

Sensação como se pequenos pedaços de corpo estranho ou vermes estivessem debaixo da pele. Este sintoma é mais característico de *Coca.*
Tagarela. Megalomania. Vê e sente percevejos e vermes. Pupilas dilatadas. *Coreia. Tremor senil.*
Glaucoma. Fala com dificuldade. Coreia, paralisia agitante. Formigamentos nas mãos e antebraços. Frio com palidez.
Dose: 3ª e 6ª.

217. COCCIONELLA SEPTEMPUNCTATA

Sinonímia: *Chrysomela septempunctata, Coccionela septempunctata* e *Coccinella europeae.* Pertence aos *Coleoptera.*
Remédio das nevralgias dentárias. Pessoas que acordam com a boca cheia de saliva. A úvula parece aumentada.
Dor na fronte, sobre o olho direito e sensível ao toque. Dor que vai do maxilar superior à

---
81. As baixas dinamizações somente são vendidas sob receita médica e de acordo com as leis que regulam o assunto sobre entorpecentes.
82. Vide nota anterior.

testa. Baforadas de calor. Sensação de frio nos dentes. Lado direito mais atingido. Dor na região renal.
Dose: T.M. à 3ª.

218. COCCULUS INDICUS
(Coco do Levante)

Sinonímia: *Anamirta cocculus, Cocculus suberosus* e *Menispermum cocculus.* Pertence às *Menispermaceae.*
Debilidade geral. Fraqueza irritável. Sensação de debilidade e de *vazio* em vários órgãos: cabeça, abdome, intestinos, peito, coração e estômago etc. Debilidade espinhal. *Hemiplegia depois de apoplexia.* O tempo passa muito depressa. *Lentidão intelectual.*
Mulheres louras, especialmente durante a gravidez, apresentam náuseas e dores nas cadeiras.
Moças delicadas e românticas; jovens celibatárias; senhoras sem filhos, com irregularidades menstruais. Onanistas ou debilitados por excessos sexuais.
É um dos remédios mais úteis de dismenorreia e na menstruação escassa e irregular; distensão do ventre. Muito fraca depois da menstruação e depois das hemorroidas.
Muita sensibilidade ao toque; reumatismo, úlceras, dores nos ossos.
Dor de cabeça occipital e na nuca.
Vômitos e *vertigem* ou outras afecções causadas ou agravadas por *andar de carro ou de barco,* ou mesmo vendo um bote em movimento. Enjoo de mar.
Grande vertigem é o seu principal característico. Vertigem neurastênica. Epilepsia.
Náuseas e vômitos acompanham frequentemente os casos a que convém *Cocculus.* Enxaqueca. Náuseas até cair.
Grande repugnância pelos alimentos e pelas bebidas. Gosto metálico na boca. Dores de estômago espasmódicas; dispepsia flatulenta; dispepsia neurastênica.
Consequência da perda do sono ou de excesso de trabalho mental. *Grande estafa na época menstrual.*
Quer dormir, mas, quando vai adormecendo, desperta em sobressalto com uma sensação de terror.
Ponto de Weihe: ao lado esquerdo do ponto de *Natrum carbonicum.*
Remédios que lhe seguem bem: *Arsenicum, Belladona, Sepia, Ignatia, Lycopodium, Nux, Rhus, Pulsatilla* e *Sulphur.*
Inimigo: *Coffea.*
Antídotos: *Camphora, Chamomilla, Cuprum, Ignatia* e *Nux.*

Duração: 30 dias.
Dose: 3ª à 30ª, 60ª, 100ª e 200ª.

219. COCCUS CACTI
(Cochonilha)

Sinonímia: *Coccionella indica, Coccionella* e *Coccinella.* Pertence aos *Hemiptera.*
Um remédio para *tosse* e *coqueluche,* em que o acesso termina em vômito de *mucosidades claras, viscosas e filamentosas,* sobretudo pela *manhã.* As urinas são *claras e abundantes.* Menstruação que é suspensa à tarde e à noite.
Em qualquer moléstia, em que se apresentar um *muco claro, branco* e *filamentoso,* este remédio será útil. Bronquite crônica complicada com gravatia. Sensação de fio do cabelo alojado no fundo da traqueia. *Vulva inflamada.*
Cálculos renais; hematúria. Disúria. *Cálculo de uratos.*
O caminhar contra o vento tira a respiração.
Bronquites prolongadas, consecutivas à coqueluche. Dores de dentes, sobretudo dentes cariados, alternado com *Thuya,* ambos na 6ª diluição. *Tique doloroso da face.*
Ponto de Weihe: sobre a linha vertical que passa pelo ângulo inferior da omoplata (braços pendentes) no 8º espaço intercostal bilateralmente.
Dose: 1ª à 5ª.

220. COCHLEARIA ARMORACIA

Sinonímia: *Armoracia, Nasturtium amphibium, Roripa rusticanus* e *Sisymbrium amphibium.* Pertence às *Cruciferae.*
Ataca de preferência os seios frontais, o antrum e as glândulas salivares. Perda das forças vitais. Sensação de inchaço. Usado como gargarejo no escorbuto e nas ulcerações da garganta.
Gonorreia, usado internamente.
A infusão de suas raízes na cidra são indicadas na hidropisia e provocam intensa diurese.
Usado localmente contra a caspa.
Dificuldade no pensar. Ansiedade e desespero provocados pela dor. Dor de cabeça violenta, com vômitos. Inflamação traumática dos olhos. Lacrimejamento intenso.
Cólicas de estômago, com dores nas costas. Violenta cãibra de estômago, que se estende pelos lados até as costas.
Faz-se com a cochlearia uma água dentifrícia indicada nas gengivites esponjosas e úlceras da boca, porque contém a mirosina e um óleo essencial (essência de butyl-mostarda).

Flatulência presa, que provoca dor no estômago ao sacro. Edema pulmonar. Asma com mucosidades.
Dose: 1ª à 3ª.

221. CODEINUM[83]
(Alcaloide extraído do ópio)

Coceira e tremores pelo corpo. Nevralgia. Insônia e acessos de tosse. *Coceira ardente.*
Tremores palpebrais.
Enteralgia e diabetes.
Dose: da 1ªx à 3ª trit.

222. COFFEA CRUDA
(Café cru)

Sinonímia: *Coffea laurifolia* e *Jasminum arabicum.* Pertence às *Rubiaceae.*
O principal uso deste remédio é na *insônia por superexcitação nervosa*; o espírito é excessivamente ativo, com ideias que vão e voltam insistentemente. Grande atividade mental: nervosidade com exagerada exaltação dos sentidos. Tosse seca do sarampo. Hipersensibilidade.
Insônia da dentição. Humor variável.
Palpitações nervosas do coração, com abundante secreção de urina.
Dores são sentidas intensamente; parecem quase insuportáveis, levando o paciente ao desespero. *Dores do parto. Nevralgias e dores de dentes melhoradas pela aplicação da água fria. Durante a menstruação.*
Vulva e vagina sensíveis. Nevralgia crural agravada pelo movimento.
Maus efeitos de súbitas emoções ou surpresas agradáveis. Insônia causada por boas notícias.
Ponto de Weihe: debaixo da arcada zigomática, adiante da inserção do lóbulo da orelha, do lado direito.
Complementar: *Aconitum.*
Remédios que lhe seguem bem: *Aconitum, Ammonium, Bellandona, Fluor acidum, Lycopodium, Opium* e *Sulphur.*
Inimigos: *Cantharis, Causticum, Cocculus* e *Ignatia.*
Antídotos: *Aconitum, Aceticum acidum, Chamumilla, China, Gratiola, Mercurius, Nux, Pulsatilla* e *Sulphur.*
Duração: 1 a 7 dias.
Dose: 5ª, 30ª e 200ª. Geralmente a 12ª. Na insônia a 30ª.

223. COLCHICUM AUTUMNALE[84]
(Açafrão-do-prado)

Sinonímia: *Colchicum commune, Colchicum anglicum* e *Colchicum radice.* Pertence às *Melanthaceae das Liliaecease.*
Pessoas reumáticas e idosas, porém fortes e robustas. *Há sempre muito prostração.* Tendência à hidropisia.
Uma pupila contraída; a outra dilatada.
Um grande remédio do *ataque agudo de gota* – 5 gotas de T.M. de 4 em 4 horas.
Reumatismo, dores dilacerantes. Torcicolo. Fraqueza das partes afetadas. *Endocardite aguda simples.* Pericardite.
O cheiro da comida causa náuseas até à síncope; sobretudo o peixe, ovos e gordurosos.
Um bom remédio para abrir o apetite. Urinação pouco abundante, com tenesmo.
O abdome é imensamente distendido *por gases, com sensação de estar prestes a arrebentar.*
Evacuações de *puro catarro.*
Disenteria com retalhos brancos da mucosa dos intestinos. Apendicite. Disenteria do outono.
Violento ardor e frialdade de gelo no estômago e no ventre. Dispepsia.
Maus efeitos de velar à noite, sobretudo estudando.
Um grande remédio do vômito *matutino da gravidez*; logo ao levantar, de mucosidades filamentosas: "*Colchicum* 2ªx ou 3ªx não falhará, nesses casos, nove vezes sobre dez, de aliviar o paciente" (Dr. J. Loiseaux).
Cura muitas vezes a *hidropisia,* depois que *Apis* e *Arsenicum* falharam. *Pericardite brightica.*
Remédios que lhe seguem bem: *Carbo vegetabilis, Mercurius, Nux, Pulsatilla, Sepia* e *Rhus.*
Antídotos: *Belladona, Camphora, Cocculus, Ledum, Nux, Pulsatilla* e *Spigelia.*
Duração: 14 a 20 dias.
Dose: T.M. à 30ª. Contra as dores intensas do reumatismo, pode-se usar Colchicina 2ªx trit.

224. COLLINSONIA CANADENSIS
(Collinsonia do Canadá)

Sinonímia: *Collinsonia decussata* e *Collinsonia socorina.* Pertence às *Labiatae.*
Um remédio das *mulheres.*

---

83. As baixas dinamizações só sob receita médica e de acordo com o código de entorpecentes.

84. A dosimetria, processo terapêutico que lança mão de alcaloides em doses mínimas, tem *colchicina, aconitina, ioimbina* etc. como produtos à venda no mercado.

Rouquidão por abuso da voz, nos oradores, pregadores etc.
Alternância de prisão de ventre e diarreia.
Uma acentuada sensação de *constrição em qualquer ou em todos os orifícios do corpo* é uma indicação característica para este medicamento.
Especialmente útil em obstinada prisão de ventre e *grande flatulência*, acompanhadas de *hemorroidas* salientes e sangrentas, com perturbações do coração, palpitações, opressão, dispneia, descolamento do útero; *durante a gravidez*. Um excelente remédio das hemorroidas com prisão de ventre que acompanham a gravidez; e da *ovaralgia*. Hemorroidas datando da gravidez ou do parto. Retite.
Hemorroidas, com alternações de prisão de ventre e diarreia, e muita flatulência. Bust recomenda a T.M.
Prisão de ventre das crianças por inércia dos intestinos.
Tem curado *cólicas* depois que *Colocynthis* falhou.
Tosse por excessivo uso da voz.
De especial valor, quando dado antes de operações cirúrgicas do reto.
Todos os sintomas se agravam pela *mais leve emoção ou excitação*. Tônico cardíaco (30ª e 200ª); palpitações por supressão do fluxo hemorroidário.
Remédios que lhe seguem bem: Aloë, Aesculus e Conium.
Antídoto: Nux.
Duração: 30 dias.
Dose: T.M. à 3ª.

225. *COLOCYNTHIS* (Coloquíntida)

Sinonímia: *Citrullus colocynthis* e *Cucumis colocynthis*. Pertence às *Cucurbitaceae*.
Irritabilidade. Gosto amargo na boca.
Um grande remédio da *dor de barriga*.
Cólica e ciática são as duas esferas deste excelente remédio.
As cólicas são intensas, o paciente se encurva para a frente ou comprime o ventre contra alguma coisa para aliviar a dor. As *dores deste remédio* são aliviadas por *pressão dura* e agravadas depois de comer ou *beber*.
Vertigem quando se volta a cabeça para a esquerda. *Cólicas secas* ou com diarreia; disenteria; cólera asiática; *apendicite*; volvo.
As baixas dinamizações não devem ser dadas às mulheres que estão aleitando, pois os princípios ativos passam para o leite e podem prejudicar os bebês.

Evacuação disentérica cada vez que toma o menor alimento ou bebida. Fezes gelatinosas, às vezes com sangue.
Dado logo às primeiras cólicas, faz abortar a apendicite (Dr. Cartier).
Peritonite e pelvi-peritonite, alternado com *Mercurius corrosivus*.
Cólicas uterinas ou ovarianas. *Ovaralgia*. Dismenorreia.
Ciática. Tudo de natureza nevrálgica ou calombroide. Luxação espontânea da coxa; coxalgia. Contração muscular.
Nevralgias da face, com *arrepios de frio* à esquerda.
Maus efeitos de excessos de cólera. Cólicas, vômitos, diarreia, *suspensão da menstruação*.
Ponto de Weihe: meio do 1/3 interno da linha que vai da cicatriz umbilical ao ponto de *Balsamum Peruvianum*. O ponto de *Balsamum* é o meio da linha que une *Stannum* a *Ferrum*.
Remédios que lhe seguem bem: Belladona, Bryonia, Causticum, Chamomilla, Mercurius, Nux, Pulsatilla, Spigelia e Staphisag.
Antídotos: Camphora, Causticum, Chamomilla, Coffea, Opium e Staphis.
Duração: 1 a 7 dias.
Dose: 1ª à 30ª, 100ª, 200ª e 1.000ª. Nas cólicas infantis pode-se alternar com *Chamomilla* e *Magnésia fosfórica*.

226. *COMOCLADIA DENTATA* (Guao)

Sinonímia: *Guao*. Pertence às *Anacardiaceae*.
É um remédio do *eczema agudo*, muito semelhante a *Rhus*; sobretudo da *face*, com inchaço muito acentuado, oclusão parcial das pálpebras e grande vermelhidão; pode também convir a casos crônicos. Pele avermelhada.
Dores no seio esquerdo.
Dores nos olhos; os olhos se sentem muito volumosos. Nevralgia ciliar. Glaucoma.
Sinusite do antro de Higmore. Úlceras indolentes.
Dose: 1ª à 30ª.

227. *CONDURANGO* (Parreira condor)

Sinonímia: *Cundurranga, Echites acuminata, Equatoria garciniana* e *Marsdenia Reichenbachii*. Pertence às *Asclepiadaceae*.
Este remédio tem alcançado considerável reputação no tratamento de cancro. Muitos casos melhoram sob o uso da 1ª dinamização decimal; cancros abertos e úlceras cancerosas;

"tem um grande poder de aliviar as dores do cancro" (Dr. W. A. Dewey).
Dolorosas rachaduras nos cantos da boca é uma das principais características deste medicamento. Catarro crônico do estômago; estreitamento do esôfago. Epiteliomas com rachaduras. Lepra.
Dose: T.M. à 3ªx. Nos tumores, a 30ª.
Uso externo: Úlceras, rachaduras da pele e lepra.

228. *CONIUM MACULATUM*
(Grande cicuta)

Sinonímia: *Cicuta vulgaris* e *Coriandrum cicuta*. Pertence às *Umbelliferae*.
Depressão do sistema cérebro-espinhal. Paralisia de tipo ascendente.
Vertigem, *volvendo a cabeça para os lados ou voltando-se na cama*. Vertigem dos idosos; ou com afecções útero-ovarianas.
O Aconitum das doenças crônicas (Clarke).
Queratite estrumosa ou flictenular, com *fotofobia intensa*, excessivo lacrimejamento, e pouca inflamação. Ptose. Catarata. Presbiopia prematura. Muitas vezes o remédio do estudante noturno. Ulcerações da córnea. Polineurite com insônia.
Paralisia ascendente. Paralisia de *Landry*. Mielite aguda. *Ataxia locomotora*. Peso, tremor, rigidez e perda de forças das pernas.
Azia, piora ao ir à noite para a cama, em mulheres grávidas.
Tosse noturna, coqueluchoide, seca, frequente, dolorosa, com expectoração difícil, sobretudo à tarde e à noite; tosse noturna dos tísicos; tosse noturna dos idosos; *durante a gravidez*. Laringite. Adenopatia tráqueo-brônquica, adenites crônicas.
Diátese cancerosa. Contusão em grãos glandulares, sobretudo os seios – *tumores e cancros do seio*. "Se há alguma coisa em medicina (e eu o tenho experimentado repetidas vezes) é o poder exato, positivo e maravilhoso que tem *Conium* na 30ª dinamização para curar certos tumores suspeitos, recentes, do seio da mulher" (Dr. W. A. Dewey). Inchaço doloroso dos seios, antes e durante a menstruação. Seios frouxos e enrugados.
Moléstias da próstata; a urina passa *gota a gota*.
Maus efeitos da libertinagem, da suspensão da *menstruação*, ou da *continência sexual*; grande medicamento dos idosos celibatários e das idosas celibatárias. Impotência, emissões fáceis, à simples presença de uma mulher. Esterilidade. Prurido vulvar. Perda do líquido prostático quando evacua.
Fraqueza e tremores após a evacuação.
Adenites axilares.

Leucorreia *dez dias depois* da menstruação. Menstruação escassa e pálida, sobretudo em mulheres de meia-idade celibatárias; dismenorreia; deslocamentos uterinos. Amenorreia.
Fraqueza cardíaca (em T.M.). Um remédio da *arteriosclerose*.
Sua, logo que adormece, ou mesmo fechando apenas os olhos, à noite ou de dia. Suores das palmas das mãos.
Tônico, depois de um ataque de gripe.
Muito valioso no acúmulo de cera no ouvido.
Maus efeitos de pancada ou choques na espinha; coccigodinia. Cárie do esterno.
Ponto de Weihe: entre as cartilagens tireoide e cricoide do lado esquerdo.
Complementar: *Baryta muriatica*.
Remédios que lhe seguem bem: Arnica, Arsenicum, Belladona, Calcaria, Calcaria arsenicosa, Cicuta, Drosera, Lycopodium, Nux, Psorinum, Phosphorus, Pulsatilla, Rhus, Stramonium e Sulphur.
Antídotos: Coffea, Dulcamara e Nitri acidum.
Duração: 30 a 50 dias.
Dose: 6ª à 30ª e 200ª. Altas dinamizações nos tumores e moléstias nervosas.
Uso externo: Tumores duros dos seios, glândulas endurecidas, prurido vulvar e nos eczemas.

229. *CONVALLARIA MAJALIS*

Sinonímia: *Lilium convallium*. Pertence às *Liliaceae*.
Tem de ser preparado de plantas frescas.
Tonicardíaco. Dá energia ao coração e os batimentos se tornam regulares. Dilatação ventricular, sem a hipertrofia compensadora com estase venosa. Dispneia e anasarca.
Irritabilidade. Manifestações histéricas.
Hidroa do nariz. Epistaxe.
Gosto de cobre na boca.
Abdome doloroso. Movimento como o de uma criança dentro da barriga.
Urinação frequente.
Fraqueza na região uterina com palpitações cardíacas. Congestão pélvica.
Congestão pulmonar passiva. Ortopneia. Dispneia.
Palpitações cardíacas devidas a tabagismo.
Parece que o coração vai parar de bater.
Dose: Tintura-mãe nas afecções cardíacas, na dose de 1 a 15 gotas. Nos outros casos, 3ª, 5ª e 6ª.

230. *COPAIVA OFFICINALIS*
(Copaíba)

Sinonímia: *Copaifera glaba* e *Copaifera Langsdorfii*. Pertence às *Leguminosae*.

Atua poderosamente sobre as membranas mucosas, especialmente do aparelho urinário, dos órgãos respiratórios e pele, produzindo nesta uma urticária muito notável. Perturbações gástricas durante a menstruação ou após urticária. Colite mucosa.
Cistite; *disúria*; a urina cheira a violetas. Retenção, com dor na bexiga, ânus e reto. Tenesmo vesical; a urina sai gota a gota; em mulheres idosas. Vaginite. Catarro vesical.
Coriza. Bronquite. Tosse com profusa expectoração esverdeada e fétida. Colite mucosa.
Urticária, com febre, e constipação; urticária crônica das crianças. Roséola. Inflamação erisipelatosa ao redor do abdome.
Antídotos: *Belladona, Calcaria, Mercurius* e *Sulphur*.
Dose: 1ª à 3ª.

231. *CORALLIUM RUBRUM*
(Coral)

Sinonímia: *Gorgonia nobilis, Iris nobilis* e *Oculina virginea*. Pertence às *Gorgoniaceae*.
Tosses nervosas, espasmódicas, coqueluchoides, com quintas e intervalos regulares. Tosse histérica.
Laringismo estrídulo.
Coqueluche: de dia, é uma tosse seca, contínua, rápida, curta, *incessante*, como latidos, tão incessantes que recebe o apelido de *tosse de minuto*, e os acessos são muito juntos e repetidos; à noite, as quintas de tosse são mais agudas, os sibilos mais acentuados, os acessos precedidos de sufocação e seguidos de abatimento; com *escarros de sangue*. Sensibilidade da garganta ao ar frio.
Um dos melhores remédios para o catarro pós-nasal, com muito corrimento de mucosidades para a garganta. Descalcificação (Chavanon).
Sífilis, com manchas cor de cobre pelo corpo, sobretudo nas palmas das mãos.
Remédio que lhe segue bem: *Sulphur*.
Antídotos: *Mercurius* e *Calcaria*.
Dose: 3ª à 30ª, sobretudo a 12ª.

232. *CORDIA COFFEOIDE*[85]
(Chá de negro-mina)

Remédio usado no Brasil, com muito sucesso, contra as dores reumáticas e a *influenza*, de que é considerado um específico popular.
Dose: T.M.

---
85. Uso empírico.

233. *CORDYLA HAUSTONA*[86]
(Pambotano)

Remédio mexicano aconselhado no tratamento das *febres intermitentes* cotidianas, contínuas, simples e crônicas.
Dose: T.M.

234. *CORNUS FLORIDA*[87]
(Sorveira)

Sinonímia: *Benthamidia florida*. Pertence às *Cornaceae*.
Considerado o substituto do quinino.
Empregado no *impaludismo crônico*; os acessos febris são acompanhados de sonolência e seguidos de grande debilidade.
Debilidade geral por perda de fluidos e suores noturnos. Velhas dispepsias com azia.
Dores nevrálgicas pelos membros e tronco.
Dose: T.M. à 5ª.

235. *CORYDALIS FORMOSA*
(Ervilha-de-peru)

Sinonímia: *Corydalis canadensis, Dicentra canadensis* e *Dielytra*. Pertence às *Fumariaceae*.
Empregado nas afecções cutâneas, escrofulosas e sifilíticas. Glândulas linfáticas inflamadas.
Um remédio da *sífilis* e da *gastrite*; moléstias crônicas, com atonia geral. Caquexia cancerosa.
Úlceras da boca e das bochechas. Dores noturnas nos ossos. Catarro gástrico.
Dose: T.M., 10 gotas 4 vezes por dia.

236. *COSTUS PISONIS*[88]
(Cana branca do brejo)

Pertence às *Anonaceae*.
Remédio usado, no Brasil, na *assistolia*, na albuminúria e nas hidropisias em geral, com dificuldades de urinar. *Arteriosclerose*.
Sífilis. Leucorreia. Gonorreia.
Dose: 1ªx.

---
86. Uso empírico.
87. A *Cornus circinata* é mais usada, principalmente nas ulcerações.
88. Uso empírico.

237. COTYLEDON UMBILICUS

Sinonímia: *Umbilicus pendulinus.* Pertence às *Crassulaceae.*
Ação sobre o coração. Opressão do peito.
Epilepsia, Ciática. Catarro da laringe e da traqueia.
Dor pressiva no vértex da cabeça. *Tem a impressão de que lhe falta uma parte do corpo.*
Dose: T.M. à 3ª.

238. CRATAEGUS OXYACANTHA
(Espinheiro-alvar)

Pertence às *Rosaceae.*
Um grande tônico do coração. No começo das perturbações cardíacas, depois do reumatismo. Não tem influência sobre o endocárdio. Quando os outros tônicos cardíacos não agem, é caso de indicá-lo.
Remédio do coração fraco e irregular, nas moléstias cardíacas crônicas; extrema dispneia ao menor exercício. Insônia dos cardíacos, sobretudo aórticos. Miocardite.
Asma cardíaca. Hipertensão arterial.
Atua surpreendentemente bem sobre a fraqueza irritável do coração, consecutiva à *Gripe* ou à *Neurastenia.* Sustenta o coração nas moléstias infecciosas.
Arteriosclerose: tem um poder dissolvente sobre os depósitos crustáceos e calcários das artérias. Aortite crônica. Angina de peito.
Diabetes insípido. Diabetes sobretudo em crianças.
Colapso da febre tifoide. Anemia das adolescentes.
Ponto de Weihe: linha paraesternal direita, 6º espaço intercostal.
Dose: 1 a 25 gotas de T.M. por dia, em doses de 5 gotas por vez. Também 10 a 15 gotas de T.M. depois das refeições.

239. CROCUS SATIVUS
(Açafrão)

Sinonímia: *Flores croci. Stigmata croci.* Pertence às *Iridaceae.*
Súbitas e frequentes mudanças de sensações; de repente passa da maior hilaridade à mais profunda tristeza; de muito bom humor, passa subitamente à mais violenta cólera; cólera violenta logo seguida de arrependimento.
Sensação como se alguma coisa viva estivesse se movendo em vários órgãos: *estômago, ventre, útero,* com náusea e desmaio; sobretudo do lado esquerdo. Prisão de ventre das crianças.
Loucura.

Histeria; riso histérico; gravidez imaginária. Movimentos do feto muito violentos.
Dor de cabeça da menopausa – *durante os dois ou três dias da menstruação habitual.*
Hemorragia de qualquer parte do corpo, semelhante ao alcatrão, escura, viscosa, coalhada, formando longos filamentos viscosos pendentes da superfície que sangra.
Epistaxe: *sangue escuro, pegajoso, viscoso, a cada gota podendo ser transformado em um fio pendente do nariz;* com suores frios em grossas gotas na fronte; em crianças que crescem muito rapidamente.
Ameaça de aborto. Metrorragia.
Contrações; espasmos; sobressaltos musculares.
Coreia e histeria.
Faz sair a erupção do sarampo retardada.
Velhas feridas cicatrizadas que se reabrem e supuram.
Vista fraca, como se houvesse um véu diante dos olhos. Astenopia com extrema fotofobia.
Sensação como se uma corrente de ar frio estivesse atravessando os olhos. Olhos com aspecto de terem chorado.
Ponto de Weihe: fixar o meio da linha que une *Ferrum* a *Balsamum peruvianum.* Sobre a linha que vai deste ponto à cicatriz umbilical, no limite do 1/3 interno e médio, lado esquerdo.
Remédios que lhe seguem bem: *China, Nux, Pulsatilla* e *Sulphur.*
Antídotos: *Aconitum, Belladona* e *Opium.*
Duração: 8 dias.
Dose: T.M. à 30ª.

240. CROTALUS HORRIDUS[89]
(Veneno de Cascavel norte-americana)

Sinonímia: *Crotalus cascavella* e *Ophitoxiconium.* Pertence às *Crotalidae.*
Constituições fracas, abatidas, hemorrágicas. Tendência aos estados sépticos. *Durante as moléstias infecciosas.*
Perda de forças: *prostração das forças; envenenamento do sangue.*
Primeiro período das moléstias infecciosas agudas, quando o doente apresenta a face vermelha, e intumescida, *semelhante à face dos bêbados; febre amarela,* febre remitente biliosa, *gripe,* meningite cérebro-espinhal epidêmica, peste, sarampo etc.
O *veneno de Crotalus* tem a propriedade de aglutinar o *bacilo de Eberth.*

---

[89]. Aos senhores médicos aconselhamos a leitura do brilhante artigo dos Profs. Gho Leeser, G. F. Manarse e Boman-Behran, publicado no *The British Homeopatic Journal,* v. XLVII, n. 3, de julho de 1958, sob o título "Actions an a medicitial use of snake-venoms".

Um grande remédio da *febre amarela* a dar desde os primeiros sintomas.
Diátese hemorrágica; sangue dos olhos, dos ouvidos, no nariz e de todos os orifícios do corpo. *Moléstias malignas, com grande tendência às hemorragias de um sangue fluído e escuro. Metrorragias.*
Cancro.
Em qualquer moléstia em que se declare um estado hemorrágico, constituindo sua forma hemorrágica. Aquelas formas de intoxicação do sangue do tipo mais ruim, mais maligno e mais pútrido, que evoluem rapidamente, com hemorragias generalizadas pelos ouvidos, pelos olhos, pelo nariz, pelos pulmões, pelo estômago, por todas as membranas mucosas, pelos intestinos, pelo útero, pela bexiga, pelos rins, com perda de sentido, e adinamia rapidamente crescentes. *Febre amarela*, escarlatina maligna, febre tifoide, icterícia maligna, peste, púrpura hemorrágica, sarampo maligno, *tuphus fever*, gripe, mormo, *varíola hemorrágica*, disenteria gangrenosa, disenteria hemorrágica. Febre puerperal; lóquios fétidos.
Inflamações locais de mau caráter, muito intensas, com enorme infiltração hemorrágica; envenenamento do sangue e prostração de forças; sintomas de infecção geral. Erisipela maligna. *Antraz*. Angina gangrenosa.
Útil para reabsorver hemorragias intraoculares. Maus efeitos da vacinação.
Largo flegmão, com grande esfacelo dos tecidos. Gangrena úmida. Feridas e úlceras gangrenosas. Picadas em estudos anatômicos.
Úlcera gástrica.
Epistaxe dos idosos e da difteria. Ozena, depois de moléstias exantemáticas ou sífilis.
O Dr. Hilbers gaba muito *Crotalus* na tosse dos tísicos.
Palpitações durante o período menstrual.
Clareia a vista, depois de uma queratite. Nevralgia ciliar.
Nevralgias consequentes a infecções purulentas ou moléstias infecciosas, a estados biliosos, menopausa. Mal de Bright. Mudez sem surdez. Na *mudez*, dê-se C200, uma gota a cada três dias. Hemiplegia direita.
Gastrite do alcoolismo crônico.
Antídoto: *Lachesis*
Duração: 30 dias.
Dose: 5ª à 30ª principalmente a 6ª, 12ª, 30ª, 100ª e 200ª.

241. *CROTALUS TERRIFICUS*
(Veneno da *Crotalus* Cascavel – Cascavel sul-americana)

Pertence às *Crotalidae*.
Ambliopia; um grande remédio da ambliopia e da atrofia óptica. Úlceras da córnea. *Esclerite e episclerite*; lacrimejamento.

Indicado nas *paresias* e *paralisias* dos membros por moléstias cerebrais, medulares e *polineurites periféricas*, com dores reumáticas.
Paralisia dos músculos respiratórios.
Esofagismo.
Diarreia amarela e pastosa *somente* à noite.
Epistaxes.
Urinação frequente; cistite, devida à moléstia uterina. Albuminúria.
Congestão hepática. Degeneração gordurosa do fígado, rins e coração.
Dose: 3ª à 30ª, 100ª e 200ª.

242. *CROTON CAMPESTRIS*[90]
(Valme do campo)

Pertence às *Euphorbiaceae*.
Remédio empregado, no Brasil, como depurativo nos casos de moléstias cutâneas, úlceras, venéreas ou não, *sífilis*, cárie dos ossos e ulcerações uterinas.
Também no *reumatismo* e na *cistite*. Blenorragia.
Dose: T.M.

243. *CROTON TIGLIUM*
(Óleo de croton)

Sinonímia: *Croton jamalgota*, *Grama tiglii* e *Tiglium officinale*. Pertence às *Euphorbiaceae*.
Diarreia aquosa, amarela, agravada por comer ou beber e expelida de súbito, em jorro de sifão; cólicas e diarreia imediatamente depois de mamar, nas crianças de peito. Alternância de perturbações cutâneas com sintomas internos.
Cada vez que a criança mama, dor desse lado do seio à espádua. Mastite.
Asma com tosse. Tosse, assim que se deita; melhora levantando-se. Quintas de tosse, à noite, que melhoram quando o doente se senta.
Em qualquer moléstia da pele, muito prurido, mas é tão sensível que mal se pode coçar; basta coçar pouco para aliviar. Erisipela com excessivo prurido. Otorreia, coçando muito.
Urticária.
Eczema, especialmente na face e no escroto. "O modo rápido e permanente por que *Croton* frequentemente alivia o prurido que acompanha o eczema, é uma das coisas mais maravilhosas da medicina" (Dr. R. Hughes). *Herpes-zóster. Herpes prepucial.*
Brotoeja.
Ponto de Weihe: fixar o meio da linha que une *Stannum* a *Balsamum peruvianum*. Do meio dela à cicatriz umbilical, na junção do 1/3 interno e médio, lado direito.

---

90. Uso empírico.

Remédio que lhe segue bem: *Rhus.*
Antídotos: *Anacardium, Antimonium tartaricum, Clematis, Rhus* e *Ranunculus bulbosus.*
Duração: 30 dias.
Dose: 5ª à 30ª.
Uso externo: Eczemas.

244. CUBEBA

Sinonímia: *Piper cubeba* e *Piper caudatum.* Pertence às *Piperaceae.*
Age especialmente sobre as membranas mucosas do aparelho urinário.
Uretrite, com muito muco, sobretudo *em mulheres.* Cistite. Prostatite. Leucorreia corrosiva em crianças. Frequente desejo de urinar de origem nervosa.
Dose: 2ª e 3ª.

245. CUCURBITA PEPO
(Abóbora)

Sinonímia: *Pepo.* Pertence às *Cucurbitaceae.*
Náuseas depois de comer. Vômitos da gravidez. *Um dos mais eficientes tenífugos.* Enjoo nas viagens marítimas.
Dose: T.M.

246. CUPHEA VISCOSISSIMA
(Erva-de-breu)

Pertence às *Lythraceae.*
A única esfera de ação conhecida deste medicamento é no *cholera infantum* das crianças de peito. A criança vomita o alimento indigerido ou o leite coalhado, sem poder reter nada no estômago; as evacuações são aquosas, verdes e ácidas. Pode ser usado também nos casos de *enterite disenteriforme,* com cólicas, evacuações frequentes, pequenas, com sangue e tenesmo. Há febre, agitação e insônia. É ineficaz nas diarreias comuns.
Dose: T.M. à 3ªx. O Dr. Roth aconselhava 5 a 10 gotas de T.M., conforme a idade, em um pouco de água, de hora em hora até sobrevirem melhoras; depois, mais espaçadamente.

247. CUPRUM ACETICUM
(Acetato de cobre)

Sinonímia: *Acetas cupri* e *Aerugo.*
É o grande remédio dos *maus efeitos de erupções recolhidas*: prostração, resfriamento, vômitos espasmódicos, dispneia, convulsões e coma.
Em toda a classe de espasmos devidos à supressão de um exantema, *Cuprum aceticum* é o primeiro remédio em que se deve pensar.
Repercussão sobre o cérebro e dentição difícil das crianças em qualquer moléstia infecciosa. Vômitos do cancro.
Excelente medicamento do *laringismo estrídulo* (3ª trit.).
Meningite cérebro-espinhal epidêmica, quando predominam os sintomas cerebrais.
Trabalho de parto retardado.
Dose: 3ªx à 6ª trit.

248. CUPRUM ARSENICOSUM
(Arsenito de cobre)

Sinonímia: *Cuprum arsenitum.*
Diarreia verde das crianças, com prostração, sintomas espasmódicos ou convulsivos, cãibras, *mais vômitos do que diarreia,* sede. Goodno aconselha dar *Cuprum ars.* em qualquer diarreia infantil "em que não houver sintomas especiais, indicando outro remédio qualquer". Gastrenterite.
Cholera-morbus: cãibra e vômitos. Um bom remédio das cãibras da barriga das pernas.
Um dos remédios da *arteriosclerose,* com dispneia e arritmia cardíaca. Aortite crônica. Angina de peito.
Diarreia dos tísicos. Clorose.
Um grande remédio das *convulsões urêmicas;* em todas as espécies de nefrites. Albuminúria da gravidez; convulsões puerperais.
O melhor remédio da uremia, mesmo com anúria completa: dá-se com persistência a 2ª trit. decimal em tabletes de hora em hora. Cãibras na barriga das pernas.
Uretrite com corrimento esbranquiçado. Dor na próstata.
Excelente medicamento da *gastralgia,* com ou sem vômitos.
A urina tem cheiro de alho. Diabetes. Nefrite gravídica.
Asma brônquica, com ou sem enfisema. "Um remédio de excepcional valor no tipo comum de asma brônquica" (Goodno).
Dose: 3ª trit., 5ª e D6 coloidal.

249. CUPRUM METALLICUM
(Cobre)

Sinonímia: *Cupper.*
Hipersensibilidade. Sono profundo com sobressaltos.
Espasmos e cãibras são as duas principais característica de *Cuprum* – cãibras nos dedos das mãos e dos pés, na *barriga das pernas,* no estômago, no *cholera-morbus;* espasmos começando por sobressaltos nos dedos das mãos

ou dos pés; *epilepsia, coreia, tetania, convulsões, meningite aguda ou cérebro-espinhal. Coqueluche muito sufocante, com convulsões.*
Asma nervosa, sem catarro; alivia o acesso.
Laringismo estrídulo. Dores pós-parto; violentas. Esgotamento por surmenage.
Diarreia simples das crianças, com cólicas, esverdeada, contendo leite indigerido (Dr. R. A. Benson).
Quando bebe, o fluido desce com um som de gargarejo. *Forte gosto metálico na boca.*
Vômito matutino dos alcoólatras.
Náusea maior do que em qualquer outro remédio.
Epilepsia; a aura começa nos joelhos. "*Cuprum* deterá a frequência dos ataques epiléticos mais satisfatoriamente do que qualquer outro remédio; é a minha âncora de salvação para os casos mais antigos e obstinados" (Dr. Halbert).
Tosse com *som de gargarejo,* melhorada por beber água fria. *Asma espasmódica. Espasmo e constrição do peito.*
Alongamentos e retrações constantes da língua parecendo língua de serpente. Paralisia lingual.
Paralisia das mãos ou do braço. *Paralisias* em geral. Degeneração gordurosa do coração.
Ponto de Weihe: na junção do 1/3 externo e média da linha que vai da cicatriz umbilical ao ponto de *Balsamum peruvianum,* lado esquerdo.
Complementar: *Calcaria.*
Remédios que lhe seguem bem: *Arsenicum, Apis, Belladona, Calcaria, Causticum, Cicuta, Hyoscycimus, Kalium nitroso, Pulsatilla, Stramonium, Veratrum* e *Zincum.*
Antídotos: *Belladona, Camphora, Cicuta, China, Cocculus, Conium, Dulcamara, Hepar, Ipeca, Mercurius, Nux, Pulsatilla* e *Veratrum.*
Duração: 40 a 50 dias.
Dose: 5ª à 30ª, 60ª, 100ª, 200ª, 500ª e 1.000ª. D6 e D12 coloidais.

250. CURARE

Sinonímia: *Paullinia curaru, Strichnos toxifera* e *Urari.* Clarke diz, interrogativamente, pertence às *Loganiaceae* ou *Strychnaceae*?
Paralisia muscular sem alterar a sensibilidade e a consciência. Paralisia dos músculos respiratórios. Atos reflexos diminuídos. Catalepsia motora. Enfisema. Cirrose hepática com vômitos biliosos.
Dores lancinantes ao redor da cabeça.
Ozena. Tuberculose nasal.
Paralisia facial e bucal.
Paralisia respiratória.
Fraqueza das mãos e dos dedos em pianistas.
Lepra.
Dose: 6ª, 30ª e 200ª.

251. CYCLAMEN EUROPAEUM (Pão-de-porco)

Sinonímia: *Artanita cyclamen, Cyclamen orbiculare* e *Cyclamen vernum.* Pertence às *Primulaceae.*
Sonolência, morosidade e lassidão, imagens coloridas diante dos olhos.
Mulheres *pálidas, cloróticas,* com menstruações desarranjadas, vertigens, dores de cabeça e vista escura. Irritável, mal humorada, com tendência a chorar; deseja ficar só: aversão ao ar livre. Acne.
Menstruações precoces, profusas, escuras e coalhadas; ou amenorreia (excelente medicamento). Dismenorreia membranosa.
Fatiga-se facilmente; preguiçosa; repugnância aos alimentos depois dos primeiros bocados; gosto salgado constante na boca. Dor no ânus e no períneo.
Nevralgia do calcanhar – na 30ª.
Coriza espesso e amarelo, com espirros.
Tosse à noite, dormindo, sem acordar, sobretudo crianças. *Estrabismo convergente.*
Diarreia provocada pelo café, *com solução.*
Soluço durante a gravidez.
Remédios que lhe seguem bem: *Phosphorus, Pulsatilla, Rhus, Sepia* e *Sulphur.*
Antídotos: *Camphora, Coffea* e *Pulsatilla.*
Duração: 14 a 20 dias.
Dose: 3ª.

252. CYPRIPEDIUM PUBESCENS (Chinelinha-amarela)

Pertence às *Orchidaceae.*
Antídoto de *Rhus,* nos envenenamentos por ele produzidos.
Útil na irritação nervosa das crianças; da dentição ou de perturbações intestinais. *Insônia;* a criança grita e chora à noite. Espermatorreia.
Dores de cabeça dos idosos e durante a menopausa.
Dose: T.M. à 6ª.

253. CYRTOPODIUM (Sumaré)

Pertence às *Orchidaceae.*
Uso externo: É um dos mais poderosos remédios que possui a homeopatia para uso externo em todas as espécies de inflamações *fechadas,* resolvendo todas as espécies de tumores se ainda não supurados e promovendo rapidamente sua abertura para o exterior, depois de formado o pus e aliviando em qualquer caso imediatamente as dores.

O *Cyrtopodium* é o mais poderoso antiflogístico local que conhecemos; usa-se, com os mais felizes resultados em todas as inflamações locais externas, que possam ser atingidas diretamente pela sua aplicação – nas contusões, *machucaduras, panarícios, antrazes, furúnculos ou leicenços, qualquer apostema, em qualquer parte do corpo* em que possa ser aplicado diretamente, nas *conjuntivites catarrais* bem como nas inflamações do *colo do útero* e da *vagina*.

Podemos acrescentar que o *Cyrtopodium* é ainda um maravilhoso medicamento nos *cancros venéreos ou malignos* (sobretudo da face, dos lábios ou das extremidades), nas *linfatites supuradas,* na *erisipela,* nas *dores de dentes* e nas *dores de ouvido*.

"Onde quer, pois, que sobrevenha uma inflamação local, ameaçando ou não supuração, aplique-se o *Cyrtopodium*: ele resolverá o tumor e, se a resolução não for mais possível, esse promoverá rapidamente a abertura do foco purulento, aliviando as dores em qualquer caso". Uma vez aberto o tumor, está indicado o uso da *Calendula*.

Entretanto, em úlceras rebeldes e profundas e nos *cancros ulcerados da pele, o Cyrtopodium* ainda é um poderoso cicatrizante. É o melhor remédio externo do cancro.

Pode-se usar o *Cyrtopodium* em forma de solução aquosa pela pele; a solução aquosa deve, porém, ser sempre usada nas inflamações das mucosas da boca (em bochechos), do nariz e do ouvido (em seringadas), dos olhos (lavagens) e dos órgãos genitais, (em lavagens ou injeções), nas dores de dentes e abscessos dentários (em bochechos), nas estomatites (em bochechos), nas blefarites e outras afecções. O gliceróleo pode ser aplicado com um pincel a esses mesmos casos. Renova-se o curativo 3 a 4 vezes por dia.

Especialmente nos furúnculos (vulgarmente chamados *cabeça-de-prego* ou *leicenços),* nos *antrazes* e nos *panarícios,* não conhecemos remédio mais seguro para acalmar as dores e resolver ou abrir o tumor; nestes casos deve-se preferir a pomada.

Dose: T.M., 3ªx, 5ªx e 6ª.

254. DAMIANA

Sinonímia: *Turnera aphrodisiaca.* Pertence às *Turneraceae.*

É indicada na impotência, na neurastenia de fundo sexual e na frieza íntima feminina. Regulador da menstruação nas meninas recém-menstruadas.

Descargas prostáticas. Catarro cístico e renal.
Dose: T.M.

255. DAPHNE INDICA

Sinonímia: *Daphne cannabina* e *Daphne odorata.* Pertence às *Thymelaceae.*
Age sobre os músculos, pele e ossos.
Língua suja somente na metade.
Sacudidelas repentinas em partes diversas do corpo. Dor queimante no estômago. Mau hálito. Suores e urina fétidos.
Sensação de que a cabeça está separada do corpo. Língua saburrosa só de uma metade. Sensação de cabeça que vai estourar.
Urina espessa, turva, amarelada com cheiro de ovos podres.
Dose: 1ª à 6ª.

256. DENYS

Tuberculina preparada por Denys de Louvain, em 1896.
Modo de preparar: O caldo filtrado de Denys é uma tuberculina preparada por filtração de caldo não concentrado. Segundo Calmette, o micróbio encerraria uma toxalbumina termolábil, que a diferencia da tuberculina clássica.
Patogenesia
  Generalidades: Começo brusco de mal-estar com perturbações funcionais, em pessoas com boa saúde aparente. Pessoa florida, com faces rosadas e congestionada.
  Crises de depressão com fraqueza. Falta de resistência e fadiga.
  Sistema nervoso: Depressão com fraqueza, sobrevindo bruscamente não importa quando. Enxaquecas irregulares, intermitentes, com início brusco e desaparecendo bruscamente também.
  Aparelho respiratório: Coriza sobrevinda bruscamente sem razão aparente, de um líquido seroso, não irritante, e desaparecendo bruscamente.
  Rouquidão intermitente.
  Dores torácicas nas costelas e nos mamilos, de predominância direita.
  Bronquites de repetição: Asma em pessoas pletóricas.
  Aparelho circulatório: Dores precordiais, com pontadas dolorosas depois de marchas ou esforços.
  Hipotensão com sensação de fraqueza e mal-estar.
  Aparelho digestivo: Anorexia. Embaraços gástricos com vômitos bruscos e náuseas.
  Diarreias, sobretudo aquosas, de fezes moles, frequentes, durante 2 ou 3 dias e desaparecendo bruscamente.
  Crises dolorosas na região apendicular.
  Febre: Acessos febris, sem horário preciso. Dores no corpo, com fadiga intensa.
  Pele: Erupção vesicular com secreção.

Modalidades: Agravação ao menor esforço, melhora pelo repouso.
Dose: C5, C30 e C1.000.

257. DERRIS PINNATA[91]
(Tuba)

Sinonímia: *Derris elliptica*. Pertence às *Leguminosae*.
Planta muito bem estudada pelo Dr. X. Roussel.
Indicada nos estados nervosos no qual o paciente diz ter medo de ter matado alguém com uma faca.
Exaltação da sensação do olfato. Percebe odores celestiais. Urina e saliva viscosas.
Choques como por eletricidade. Cãibras.
Dose: 3ª, 5ª e 6ª.

258. DESMONCUS RIDENTUM[92]
(Jequitibá)

Usado, no Brasil, no tratamento das moléstias da pele – eczemas, acne, úlceras. Pele áspera, grossa, cheia de pápulas, espinhas e manchas.
Dose: T.M.

259. DIALIUM FERREUM[93]
(Pau-ferro)

Remédio empregado, no Brasil, com muito sucesso, contra o *diabetes açucarado*, sífilis e o reumatismo.
Dose: T.M. 5 g por dia.

260. DIGITALIS PURPUREA

Sinonímia: *Campanula sylvestris* e *Digitalis tomentosa*. Pertence às *Scrophulariaceae*.
Dada em fortes doses, é grande remédio da *assistolia*, das *moléstias cardíacas*, muita falta de ar, pulso fraco, pés e pernas fracas ou então *anasarca* e *insônia*. Cor azulada da pele.
Moléstia mitral. Fibrilação auricular.
Dada em pequenas doses, às gotas, da T.M. ou da 1ªx ou 2ªx, é um excelente *tônico cardíaco*: *pulso lento e intermitente*, urinas raras, dispneia de esforço, depressão das forças até à lipotimia, tosse seca com escarros de sangue, e agravação pelo movimento ou eretismo cardíaco com falta de ar e palpitações violentas. Coração fraco na pneumonia, sobretudo dos idosos.
Um grande remédio da *febre amarela* ou de outra qualquer moléstia, sempre que houver agitação constante, *insônia e ansiedade epigástrica acompanhada de profundos suspiros, sós ou associados* (1ªx).
Irritabilidade cardíaca e perturbações oculares de origem tabágica. Bebe muito e come pouco.
Anúria calculosa (3ª). Aumento da taxa de ureia, na urina.
"Em pequenas doses (8 gotas de T.M. por dia) é um excelente diurético a empregar em toda e qualquer *hidropisia*. De acordo com a nossa experiência em numerosos casos, *Digitalis* é muito valiosa em quase todas as variedades de hidropisia e frequentemente age admiravelmente nos casos mais desesperados." (Dr. Ruddock). Nefrite pós-escarlatinosa.
Delirium tremens (T.M.).
Impotência e *espermatorreia* (T.M. ou *Digitalina* 3ªx).
"Para as crianças que, por insuficiência do fígado passam a evacuar *fezes moles, pastosas e brancas como argila*, sem entretanto apresentar icterícia, *Digitalis* é um remédio capital" (Dr. Hughes).
Cirrose hepática com hipertrofia do fígado e icterícia. Icterícia maligna. Atrofia amarela aguda do fígado. O doente não suporta falar muito.
"Em velhos casos de *hipertrofia da próstata*, em que há um constante desejo de urinar e o paciente usa constantemente da sonda para poder fazê-lo, eu não sei o que faria sem a *Digitalis*" (Dr. J. Clarke).
Ponto de Weihe: no meio da linha que vai da cicatriz umbilical ao púbis.
Remédios que lhe seguem bem: *Aceticum acidum, Belladona, Bryonia, Chamomilla, Lycopodium, Nux, Ophorinum, Phosphorus, Pulsatilla, Sepia, Sulphur* e *Veratrum*.
Antídotos: *Apis, Cumphea, Calcana, Colchearia, Nux, Nitri acidum* e *Opium*.
Inimigos: *Nitri acidum* e *China*.
Duração: 40 a 50 dias.
Dose: T.M. à 3ªx. Na assistolia, preferir dar o pó das folhas de *Digitalis* (meio grama em uma xícara de água fervendo, macerando por 12 horas) em um só dia, em três doses, engolindo o líquido e o pó.[94]
A tintura-mãe deve ser dada em açúcar ou pão, e nenhum líquido deve ser tomado por 20 minutos antes ou depois da sua administração.

---

91. Da *Derris elliptica* se extrai a rotenona usada para combater os insetos e certos ácaros de sangue frio. Não tem efeito sobre animais de sangue quente.
92. *Idem*.
93. Uso empírico.

94. Somente sob prescrição médica.

261. DIOSCOREA VILLOSA
(Cará)

Sinonímia: *Dioscorea quinata* e *Ubium quinatum*. Pertence às *Dioscoreaceae*.

Um bom remédio para *dores de barriga,* cuja intensidade melhora quando o paciente *se estira para trás* e quando se move, em vez de se dobrar para a frente e encolher as pernas sobre o ventre e ficar em repouso, como em *Colocyntis. Apendicite.* Cólicas uterinas. *Cólica hepática. Cólica renal.* Dor ao longo do esterno e se estendendo pelos braços.
Cólicas flatulentas das crianças.
Dispepsia com muitas dores flatulentas de estômago, *arrotos,* azia e *soluços.* Dores que vão do fígado ao bico do seio.
Cólicas intestinais espasmódicas.
Útil na azia das mulheres grávidas. Dismenorreia nevrálgica. Nevralgia ovariana.
Diarreia matutina, com cólica, flatulência, fezes como clara de ovo, ardor no reto.
Um dos primeiros remédios do *panarício* (logo no começo).
Espermatorreia, depois de sonhos lascivos; com impotência e frieza dos órgãos; suores de cheiro ativo nos testículos; com joelhos fracos. Só ou alternado com *Salix nigra,* ambos em T.M. *Sensação de tendões encurtados.*
Angina de peito, com coração fraco, respiração difícil e flatulência.
Duração: 1 a 7 dias.
Dose: T.M. à 3ªx.

262. DINITROPHENOLUM

Segundo estudos do conhecido oftalmologista mexicano de Tacubaya (México), Dr. Mario Escobar Ramirez, essa substância foi muito usada pelos alopatas, desde 1940, nas curas da obesidade. Para o presente estudo, foi utilizada a seguinte substância:
Para-oxipropiophenone sódico, derivados dos fenóis.
Phenol, C6H5OH Oxybenzeno-acidocarbolico: substituindo o H do (oxidrila) por um metal de uma base, no presente caso o nitrato de sódio, com eliminação da água, obtém-se o Dinitrofenol.
Toxicologia
Na intoxicação aguda:
Morte em tempo breve.
Náuseas, mal-estar epigástrico, sensação de calor, congestão da pele, suores profusos, dispneia, cianose, febre e estupor até chegar ao estado comatoso.
Na intoxicação crônica:
Ataque aos diferentes aparelhos e sistemas com erupções pruriginosas e nevrites periféricas.
Anemia com agranulocitose, anorexia, vômitos, diarreias, constipações, disfunção hepática, bloqueio renal e cataratas.
Sobre um grupo de 11 pacientes, todos obesos por hipotireoidismo e hipogonadismo, em oito observou-se: hipertermia, polipneia, sede ardente, vertigens, delírios, oligúria, albuminúria, subicterícia, cataratas e nevrites.
A catarata pode ser prematura ou tardia até 15 meses após a tomada do remédio; bilateral em geral subcapsular anterior e sob forma de vacúolos; opacidades pulverulentas, estriadas ou filiformes; cristalinos subcapsulares posteriores brilhantes, policromia de aspecto único.
Estudo homeopático
Indicado nos hidrogenoides, obesos, hipoliroidianos e adiposos.
Sintomas mentais: angústia, depressão, medo, sonolência, estupor e ansiedade.
Aparelho digestivo: anorexia, sede, dor epigástrica difusa irradiante; prisão de ventre com fezes secas, difíceis de expulsar; sede intensa.
Aparelho circulatório: dispneia após qualquer esforço; taquicardia, palpitações, hipotensão e sensação de frio.
Metabolismo: desidratação brusca com queda rápida do peso por sudorese intensa e rápido esgotamento físico e mental.
Fígado: vias biliares hipocinéticas com bílis espessa e grossa quando eliminada, subicterícia.
Rins: oligúria com albuminúria e cilindrúria.
Sistema nervoso: vertigens, cefaleias, zumbidos, estupor e algias provocadas por neurites, especialmente nas extremidades.
Pele: flácida, seca, escamosa, pruriginosa com erupções pontilhadas e secas; suores abundantes e desidratantes.
Aparelho visual: visão progressivamente atrapalhada por cataratas duplas com as seguintes características: subcapsulares, pulverulentas ou estriadas, tumefação dos prismas cristalinos com depósitos de cristalizações brilhantes subcapsulares posteriores, provavelmente de colesterol ou de derivados de colesterol; retenção sódica, impermeabilidade da membrana e alteração grave do PH cristalino.
Modalidades: agravação pelo movimento e pela alimentação.
Melhora pelo repouso e pela ingestão de água.
Indicações terapêuticas: Síndromes hepato-renais dos diabéticos em evolução.
Cataratas do albuminúricos, diabéticos, tetânicos e pós-hepáticos.
Perturbações metabólicas nos pós-hepáticos e nos renais com cilindrúria e albuminúria.
Pele de diatésico emaciada e pruriginosa.
Gastralgias com discinesias vesiculares.
Dose: C5 e C30.

263. DIOSCOREA PETREA
(Cará-de-pedra)

Empregado no Brasil contra a *asma, bronquite* e *coqueluche*. Estudada por Araújo Penna.
Dose: T.M. à 3ª.

264. DIPHTHERINUM
(Membrana diftérica dinamizada)

É um nosódio preparado com as toxinas do bacilo diftérico.
Adaptado às pessoas escrofulosas, sujeitas às moléstias do aparelho respiratório.
Difteria; a dar logo no começo. Útil também nas paralisias pós-diftéricas.
"Tendo-o usado, durante 25 anos, como profilático da difteria, nunca vi na mesma família um segundo caso da moléstia sobrevir, depois de sua administração" (Dr. H. C. Allen). *Nevrite com paralisia.*
Dose: 3ª à 200ª. Não repeti-la frequentemente.
Diphterotoxinum 8M, como preventivo dá surpreendentes resultados, segundo Chavanon. Negativa a reação de Schick, por quatro anos e meio.

265. DOLICHOS PRURIENS
(Pó-de-mico)

Sinonímia: *Carpopogon pruriens, Mucana pruriens* e *Stitzolobium pruriens.* Pertence às *Leguminosae.*
A principal esfera de ação deste medicamento é nos *pruridos sem erupção;* nos idosos; nas mulheres nervosas; na histeria, na gravidez, nas congestões hepáticas; nos diabéticos. Prisão de ventre com prurido interno. Abdome intumescido.
Hemorroidas com intensa coceira.
Icterícia; prurido noturno.
Dor do garganta, que piora ao engolir, sobretudo atrás do ângulo direito do maxilar inferior, como se um alfinete aí estivesse espetado verticalmente. Prurido.
Piora à noite, por coçar.
Irritação nervosa da dentição.
Usado como complementar de *Rhus,* no *herpes.*
Dose: 3ªx à 6ª.

266. DORYPHORA DECEMLINEATA

Pertence aos *Coleoptera.*
Um remédio útil na *blenorragia aguda* e na *gota militar.*

Sensação ardente. Uretrite em crianças devida a irritação local ou gonorreia.
Muita dor ao urinar.
Dose: 5ª à 30ª.

267. DROSERA ROTUNDIFOLIA
(Orvalho-do-sol)

Sinonímia: *Rorella rotundifolia* e *Ros solis.* Pertence às *Droseraceae.*
Tosse espasmódica, quintosa, de acesso prolongado, terminando em náuseas e vômitos alimentares, especialmente com coceira na garganta, pior depois de beber ou de comer, à noite, quando deitado. Mania de perseguição. *Coqueluche,* às vezes acompanhadas de *perdas de sangue pelo nariz.* Hahnemann usava a 30ª e obteve *curas rapidíssimas.*
Tísica laríngea. Tísica pulmonar. Como *Hyosciamus* e *Hepar, Drosera* alivia frequentemente a tosse noturna dos tísicos. Adenite cervical tuberculosa.
Adenopatia traqueobrônquica. *Terreno tuberculínico.*
Durante, ou depois de um ataque de *sarampo.* "É um dos remédios mais frequentemente indicados no *sarampo com tosse espasmódica*" (Dr. J. T. Kent).
Tosse fatigante e titilante das crianças – não durante o dia, mas começando assim que a cabeça toca o travesseiro à noite. *Laringite.*
Dores paralisantes da articulação coxofemural e das coxas.
Faringite crônica: voz rouca, asma, quando fala.
Comedões.
Ponto de Weihe: terceiro espaço intercostal direito, na linha mamilonar.
Complementar: *Nux.*
Remédios que lhe seguem bem: *Calcaria, Cina, Conium, Pulsatilla, Sulphur* e *Veratrum.*
Antídoto: *Camphora.*
Duração: 20 a 30 dias
Dose: 6ª à 30ª na coqueluche; 1ª à 3ªx nas outras tosses espasmódicas.

268. DRYMIS GRANATENSIS
(Casca-de-anta)

Remédio muito gabado pelo falecido Dr. Saturnino Meirelles nas *hemorragias uterinas.* "Se a hemorragia não é daquelas para as quais encontramos medicamentos com patogenesia característica, o que estes não produzam o resultado esperado, não hesitamos no emprego de *Drymis,* sempre com bom resultado, especialmente na hemorragia passiva."
Dose: T.M. à 5ª.

269. DUBOISIA

Pertence às *Solanaceae*.
Age no sistema nervoso e sobre o aparelho respiratório. Dilata as pupilas, seca a boca, provoca dores de cabeça e sonolência.
Usado na faringite com mucosidades escuras. Manchas escuras que ficam boiando perante os olhos. Vertigem com face muito pálida sem desordens digestivas.
Conjuntivite aguda e crônica. Midríase. Paralisia de acomodação. Hiperemia retiniana com acomodação enfraquecida, fundo de olho vermelho, e os vasos tortuosos. Pupilas dilatadas, com visão obscura. Dor localizada entre o olho e a sobrancelha. *Bócio exoftálmico*.
Fonação difícil. Tosse seca com opressão no peito.
Dose: 3ª, 6ª, 12ª e 30ª.

270. DULCAMARA
(Doce-amarga)

Sinonímia: *Dulcamara flexuosa, Dulcis-amara, Solanum dulcamara* e *Vitis sylvestris*. Pertence às *Solanaceae*.
A grande indicação característica deste remédio é para as moléstias ou incômodos causados ou agravados pelo tempo *frio* e *úmido* ou pela súbita mudança do tempo quente em frio – lumbago, *reumatismo*, diarreia, pescoço duro, dores de perna, dor de cabeça, nevralgias, tosse, urticária, erupção etc., tudo quanto for causado ou piorado pelo ar frio e úmido.
Maus efeitos de morar ou trabalhar em casas ou aposentos frios e úmidos ou de se deitar sobre chão úmido e frio. Entupimento do nariz das crianças. Crostas amareladas sobre o couro cabeludo, que sangram facilmente.
Tosse crônica consecutiva ao sarampo. Coqueluche, com excessiva secreção do muco.
Salivação intensa.
Resfriamentos repetidos dos tuberculosos.
Quando os dias são quentes e as noites frias. Conjuntivite por umidade. Ptose palpebral superior.
Sede ardente por bebidas frias.
"Sou muito predisposto – diz o Dr. Hughes – a resfriar-me por pouco que me molhe; mas desde que, nestes casos, tomo *Dulcamara* como preventivo, quase nunca me constipo."
É um dos remédios da *anorexia* (fastio).
"Eu poderia quase asseverar que, nos nove décimos dos casos de *diarreia simples*, idiopática, aguda ou crônica, sem outros sinais particulares que a possam bem caracterizar, vi o fluxo intestinal curar-se imediatamente com este agente. De ordinário, nestes casos, as dejeções são aguadas, mucosas, escuras, ou amareladas, sem mais nenhum sintoma concomitante." (Dr. Rummel)
Diarreia com vômitos durante a dejeção. Reumatismo alternado com diarreia.
Excelente remédio para a *cistite aguda ou crônica*. (T.M. ou 1ª din.) e para prevenir a supuração da *otite média aguda*. Também para a *crosta láctea e a leucorreia das crianças*. Erupções cutâneas de origem reumática; durante o período menstrual, nas mãos, braços e face. Urticária. Verrugas largas e lisas, na face e nas mãos. "Rash" cutâneo antes da menstruação. Afecções da pele que pioram estando descobertas.
Ponto de Weihe: metade da linha que vai do ponto de *Carbo vegetabilis* à cicatriz umbilical.
Complementares: *Baryta carbonica, Calcaria, Kali sulphuricum* e *Sulphur*.
Remédios que lhe seguem bem: *Calcaria, Lycopus, Rhus, Sepia* e *Belladona*.
Inimigos: *Belladona, Lachesis* e *Aceticum acidum*.
Antídotos: *Camphora, Cuprum, Ignatia, Ipeca, Kali carbonicum* e *Nux*.
Duração: 30 dias.
Dose: 3ª, 5ª, 6ª e 30ª.

271. ECHINACEA ANGUSTIFOLIA

Sinonímia: *Rudbeckia*. Pertence às *Compositae*.
O uso deste esplêndido remédio é quase puramente empírico; todavia, sua esfera de ação tem sido tantas vezes confirmada, que esse é digno de ocupar um lugar proeminente em nossa matéria médica. A sua grande e única característica é o estado séptico – mau sangue, envenenamento do sangue; *furunculose,* antraz, erisipela, velhas úlceras, eczema, leucorreia pútrida, abscessos, abscesso alvéolo-dentário, piorreia, meningite cérebro-espinhal, febre puerperal (grande remédio), *apendicite, eczema, todas as espécies de tifo e de septicemia ou pioemia,* oftalmia escrofulosa, *gangrena, varíola, difteria* etc.; com efeito, *em qualquer estado depravado do sangue* este remédio agirá excelentemente, interna e externamente.
Um *grande depurativo homeopático* do sangue contra *a sífilis e a tendência às erupções pustulosas;* cura a blenorragia. Urina ardente e albuminosa.
Febre dos tísicos, se *Baptisia* e *China* falharem.
É ainda um valioso remédio no *diabetes*, na nefrite mesmo com uremia, no cancro, no tétano, na hidrofobia e, em regra, em todas as moléstias graves com tendência à malignidade.
Antídotos nos casos de erupções causadas pelo bromureto de potássio.

Dose: 1 a 5 gotas de T.M., de 2 em 2 horas, e de 3ª à 6ª.
Uso externo: Em todos os casos citados, em que for aplicável.

272. ELAPS CORAILINUS
(Veneno da cobra Coral)

Sinonímia: *Elaps venustissimus* e *Vipera corallina*. Pertence às *Elapidae*.
Um remédio do *ouvido*. Hemiplegia direita.
"Elaps é um valioso remédio na otorreia crônica das crianças, complicada com catarro naso-faringiano; o fundo da garganta é ulcerado ou coberto de crostas secas, o nariz é entupido, de modo que, à noite, a criança respira pela boca, e o corrimento do ouvido é esverdeado e irritante" (Dr. Houghton). *Esofagismo*. Fotofobia. Dor de cabeça violenta que começa à esquerda, depois passa sobre o olho esquerdo e em se*guida se estende da fronte ao occipital. Medo de chuva.*
Um quase específico, do catarro naso-faringiano crônico, com crostas verdes e mau cheiro. (Dr. Moffat). Ozena. *Sonhos com pessoas já falecidas.*
Surdez nervosa com cefaleia crônica, sobretudo à direita (Dr. Goullon). *Gosto de sangue na boca antes de tossir. Sensação de frio no peito, após beber.*
Tosse dos tísicos, com escarros de sangue escuro e dores no pulmão direito (Dr. Hitchman).
Dose: 5ª à 30ª, 60ª, 100ª e 200ª.

273. ELATERIUM
(Elatério)

Sinonímia: *Cuccumis agrestis, Elaterium cordifolium* e *Memordica*. Pertence às *Cucurbitaceae*.
Um inapreciável remédio nas *diarreias violentas acompanhadas de muito vômito*, especialmente se as evacuações são copiosas, verde-azeitonadas, aguadas, espumosas e expelidas em jorro (a comparar com *Croton, Gambogia, Podophyllum, Veratrum album, Gratiola* e *Jatropha*). Gastrenterite das crianças. Desejo de se mudar de casa, à noite.
Febre palustre, acompanhada de muitos *bocejos e espreguiçamentos.*
Se as desordens mentais ou a urticária sobre todo o corpo aparecem depois da supressão da febre intermitente, *Elaterium* é o remédio.
Muito eficaz em certas formas de hidropisia. Beribéri (Dr. Cooper). Cirrose do fígado com ascite. Nefrite.
Dose: 3ªx e 3ª. Nas hidropisias, T.M. como paliativo, até produzir purgação.

274. EPHEDRA VULGARIS
(Framboesa da Rússia)

Pertence às *Ephedraceae*.
Indicado no bócio exoftálmico, com batimentos cardíacos tumultuosos e com a sensação de os olhos serem atirados ou arrancados das órbitas. *Asma. Rinite alérgica.*
Dose: T.M., de 1 a 20 gotas.
É necessário tatear a sensibilidade individual.

275. EPIGEAE REPENS
(Arbusto rasteiro)

Pertence às *Ericaceae*.
Cura as dores de cabeça que sobrevêm depois de um dia de muito trabalho, fadiga ou excitação (dor de cabeça de cansaço). Pielite com incontinência urinária. Areia na urina, de cor parda.
Um remédio da *cistite crônica* com disúria e tenesmo vesical. Gravalia úrica. Cálculos renais. Depósitos de ácido úrico e mucopus.
Dose: T.M. 5 a 10 gotas a cada 3 horas.

276. EPIPHEGUS VIRGINIANUS
(Faia)

Sinonímia: *Orobanche virginiana*. Pertence às *Orobanchaceae*.
O lugar deste remédio é na dor de cabeça dos neurastênicos, especialmente em mulheres, provocada por um excesso de trabalho (por exemplo, andar comprando pelas lojas) precedida de fome e melhorada por um bom sono; *precisa constantemente cuspir, saliva viscosa*. Pior do lado esquerdo.
Dose: 1ªx à 3ª.

277. EQUISETUM HIEMALE
(Cauda-de-cavalo)

Pertence às *Equisetaceae*.
A principal esfera de ação deste remédio é nas perturbações da bexiga; *incontinência noturna de urinas nas crianças; cistite com frequente necessidade de urinar*, dores na bexiga, *sobretudo ao acabar de urinar*, irritação da bexiga, especialmente em mulheres grávidas; paralisias da bexiga em mulheres idosas; micção difícil das crianças. Hidropisia. Língua fissurada (Burnett).
Dose: T.M. à 6ª. Algumas gotas de tintura em água quente têm aplicação nas irritações dos condutos urinários; cálculos e disúria. Também nos derrames pleurais.

278. ERECHTHITES HIERACIFOLIA

Sinonímia: *Herechthites praealta* e *Senecio hieracifolius*. Pertence às *Compositae*.
Um remédio das hemorragias – *Epistaxes de sangue* vivo e rutilante. Hemoptises. Baforadas de calor e de frio. Urina avermelhada e edemas das extremi*dades. Sintomas parecidos ao envenenamento por Rhus toxicodendron*.
Dose: T.M.

279. ERGOTINUM
(Ergotin)

Sinonímia: *Estractum secalis cornuti spissum*.
Remédio das hemorragias uterinas, com sangue escuro, quer seja fluido ou coalhado.
Menstruação profusa, que é agravada pelo movimento.
Diarreia crônica por atonia do esfíncter.
Paralisia das extremidades inferiores, seguida de *anemia. Gangrena das extremidades*.
Dose: T.M. à 3^ax.

280. ERIGERON CANADENSE
(Erva-pulgueira)

Sinonímia: *Leptilon canadense*. Pertence às *Compositae*.
Hemorragias são causadas e curadas por este remédio e alguns médicos o consideram quase específico para todas as formas de hemorragia.
Hemorragia do útero, com violenta *irritação do reto e da bexiga* (os atos de urinar e defecar são dolorosos), profusa, de cor *avermelhada brilhante,* vinda aos saltos, com intervalos, em jorros repentinos, às vezes com coalhos escuros. Piora pelo movimento. Placenta prévia. Lóquios sanguinolentos.
Persistente hemorragia da bexiga, profusa e viva: depois de operações cirúrgicas. Epistaxes em lugar da menstruação.
Gonorreia crônica, com ardor ao urinar.
Grande irritação do reto e do colo da bexiga.
Disenteria; *Timpanismo* (neste caso 1ª de *Erigeroni Oleum*); *leucorreia* com irritação da bexiga, entre os períodos menstruais. Lóquios que voltam pelo movimento.
Dose: T.M. à 3^a. Uma lavagem intestinal de uma colherinha de óleo de Erigeron, com uma gema de ovo, em um copo de leite, reduzirá a maior timpanite.

281. ERINACEUS[95]
(Espinhos de ouriço-cacheiro)

Sinonímia: *Kino*.
Remédio usado com algum sucesso contra a *asma* e a amenorreia devida a susto.
Dose: 3^a.

282. ERIODYCTION CALIFORNICUM[96]
(Erva-santa da Califórnia)

Sinonímia: *Eriodyction glutinosum, Wigandia californica* e *Yerba santa*. Pertence às *Hidrophylaceae*.
"Tenho feito aplicação deste precioso medicamento nas *pleurisias* agudas, tuberculosas ou não, com derrame ou sem ele, e o resultado tem sido sempre admirável: a reabsorção do líquido seroso dá-se rápida e completamente, e nunca falha, ou o exsudato não se constitui" (Dr. Licínio Cardoso).
Bronquite tuberculosa. Asma aliviada por expectorar. Derrames nas serosas.
Tosse depois da *influenza*.
Dose: T.M. à 3^ax.

283. ERODIUM CICUTARIUM
(Alfileres)

Pertence às *Geraniaceae*.
É o grande remédio das hemorragias, quer nas metro ou menorragias. *Contrai o útero*.
Dose: T.M.

284. ERYNGIUM AQUATICUM

Sinonímia: *Eryngium petiolatum* e *Eryngium yuccaefolium*. Pertence às *Umbelliferae*.
Corrimentos mucopurulentos, espessos e amarelos. Influenza. Cistite. Função sexual masculina deprimida. Coqueluche.
Uridrose; suor de odor urinoso à tarde.
Estrangúria espasmódica.
Cólicas nefríticas. Congestão renal, com dores pelos ureteres. *Prostatorreia. Ejaculação fácil.*
Bexiga irritável por prostatismo ou pressão do útero.
Dose: T.M. à 3^a.

---
95. Uso empírico.
96. Muito bem estudado pelo saudoso Prof. Dr. Licínio Cardoso.

285. ETHIL SULFUR DICHLORATUM
(Iperite)

Estudado pelos Drs. Barishac e Lefévre (*Homéopathie Moderne*, 1954 n. 5).
É indicado nos fenômenos inflamatórios pulmonares, com aspecto do *edema agudo do pulmão*.
Expectoração mucosa abundante. Dispneia com *cianose dos lábios, nariz, orelhas e batimentos das asas do nariz*.
Espasmo esofagiano.
Albuminúria. Erupções flictenulares.
Dose: 6ª, 12ª e 30ª.

286. EUCALYPTUS GLOBULUS

Sinonímia: *Eucalyptus globosus*. Pertence às *Myrtaceae*.
Um remédio de notáveis efeitos sobre moléstias catarrais. *Influenza, coriza;* leucorreia.
Rinite crônica, com corrimento fétido e pútrido.
Disenteria; diarreia da febre tifoide.
Todos os corrimentos têm mau cheiro.
Erupções herpéticas. Glândulas inflamadas.
Asma; bronquite dos idosos. Coqueluche em crianças raquíticas. Expectoração profusa e pútrida; bronquite fétida. Digestão vagarosa.
Vômitos sanguíneos do estômago.
Hemorragias. Febres tíficas (use-se a T.M.).
Nefrite aguda complicando a influenza.
Dose: T.M. à 3ªx.
Uso externo: Gangrenas e moléstias gangrenosas, sífilis, cancro e úlceras do útero.

287. EUGENIA JAMBOSA

Sinonímia: *Eugenia vulgaris, Jambosa vulgo* e *Myrtus jambo*. Pertence às *Myrtaceae*.
Intoxicação como pelo álcool. Tudo tem aparência de belo e grande.
Um grande remédio da pele. Acne simples ou rosácea. Comedões. Rachaduras entre os dedos do pé.
Cãibras nas solas dos pés, à noite. Lacrimejamento quente. Melhora urinando.
Náuseas, que melhoram por fumar.
Dose: 1ª à 3ª.

288. EVONYMUS ATROPURPUREUS

Sinonímia: *Evonymus carolinensis* e *Evon. tristis*. Pertence às *Celastraceae*.
As "brunetes" são mais afetadas, tomadas de dor de cabeça, perturbações mentais, dores do fígado e rins. Albuminúria. Enxaqueca.

Congestão hepática passiva. Reumatismo e gota. Irritabilidade. Confusão mental. Perda de memória e incapacidade de se recordar dos nomes familiares.
Dor e peso na cabeça, na região frontal. Estado bilioso. *Diarreia de verão, nas crianças.*
Prisão de ventre, hemorroidas e dores nas cadeiras.
Piora à tarde.
Dose: T.M., 2ª, 3ª, 5ª e 6ª.

289. EUPATORIUM DENDROIDES[97]
(Perna-de-saracura)

Pertence às *Compositae*.
Usado no Brasil para curar as úlceras crônicas, tórpidas, das pernas.
Dose: T.M. à 5ª. Externamente, pode-se usar o pó fino das folhas secas.

290. EUPATORIUM PERFOLIATUM
(Cura-ossos)

Sinonímia: *Eupatorium connatum, Eupatorium salviaefolium* e *Eupatorium virginicum*. Pertence às *Compositae*.
Vertigem com sensação de queda para o lado esquerdo.
Em qualquer moléstia em que predominar o sintoma – *dores por todo o corpo como se fossem nos ossos*, as quais não aliviam nem pelo repouso nem pelo movimento, está indicado o *Eupatorium – influenza de forma reumática* (principal remédio), *febre intermitente* (pela manhã, com vômitos biliosos), dengue, febres biliosas, bronquites etc. Ossos sensíveis e carnes dolentes. Dor occipital, com sensação de peso, após ter se deitado.
Rouquidão e tosse com endolorimento do peito; tosse catarral pior à noite. Rouquidão matinal. *Náuseas pelos cheiros da cozinha.*
Estado bilioso; congestão hepática; vômitos de bílis e diarreia biliosa. A sudorese alivia todos os sintomas, menos a dor de cabeça.
Caquexia palustre. Soluço.
Dor de cabeça occipital depois de se deitar, com sensação de peso.
Ponto de Weihe: meio do 1/3 interno da linha que une o ponto de *Carbo Veg.* à cicatriz umbilical.
Remédios que lhe seguem bem: *Natrum muriaticum, Sepia* e *Tuberculinum*.
Duração: 1 a 7 dias.
Dose: T.M. à 6ª.

---
97. Uso empírico.

291. EUPATORIUM PURPUREUM
(Rainha-dos-prados)

Pertence às *Compositae*.
Um bom remédio para irritação vesical e nefrite albuminúria.
Irritabilidade vesical nas mulheres, com ardor na bexiga e na uretra e frequentes desejos de urinar. Diabetes insípido. Hale o usou com sucesso na esterilidade.
Um excelente medicamento da *hidropisia renal.*
Dor no ovário esquerdo. Ameaça de aborto.
Hemicrania esquerda com vertigem.
Dose: T.M. à 3ªx.

292. EUPHORBIA LATHYRIS
(Tártago)

Pertence às *Euphorbiaceae*.
Delírio e alucinações. Estupor, coma.
Os olhos fechados por edemas palpebrais.
Erisipela.
Erupção edematosa, com calor, agravada pelo toque e pelo frio, melhorada em quarto fechado. Sensação de teias de aranha sobre o rosto.
Gosto ácido. Náuseas e vômitos de líquido claro, com pedaços esbranquiçados semelhantes à gelatina.
Fezes brancas com muco gelatinoso. Drástico em doses fortes.
Urinação abundante.
Inflamação do saco escrotal, resultante de ulceração profunda e ácida, com coceira e ardor.
Tosse em paroxismos regulares, terminando em vômitos e diarreia.
Pulso cheio, rápido e frequente.
Temperatura elevada.
Eritema. Erupção ardente com coceira. Pontos da pele ulcerados, vermelhos.
Dose: 3ª à 30ª.

293. EUPHORBIUM OFFICINARUM
(Suco resinoso da *Euphorbia resinifera*)

Sinonímia: *Euphorbia resinifera, Euphorbium polygonum* e *Gum euphorbium.* Pertence às *Euphorbiaceae*.
O principal uso deste medicamento tem sido feito em moléstias do aparelho respiratório (coriza, asma, laringite) e em moléstias da pele, sobretudo a *erisipela da cabeça e da face,* com grandes vesículas. Sialorreia com gosto salgado. *Diarreia com delírio. Medo de ser envenenado.*

Útil ainda em velhas úlceras e nas dores do cancro da pele e dos ossos. Cólicas flatulentas. Carcinoma. Gangrena. Ulceração cancerosa e epitelioma da pele.
Ponto de Weihe: quinto espaço intercostal esquerdo, sobre a linha intermediária entre as axilas média e posterior.
Remédios que lhe seguem bem: *Ferrum, Lachesis, Pulsatilla, Sepia* e *Sulphur.*
Antídotos: *Aceticum acidum* e *Camphora.*
Duração: 50 dias.
Dose: 3ª, 6ª e 12ª.

294. EUPHRASIA OFFICINALIS

Sinonímia: *Euphrasia alba, Euphrasia candida, Euphrasia pratensis* e *Euphrasia pusilla.* Pertence às *Scrophulariaceae*.
Um dos nossos melhores remédios para as moléstias dos olhos. Tendência à acumulação de mucosidades pegajosas na córnea, fotofobia profusa e *acre lacrimação,* com ou sem profusa *coriza branca* (inverso de *Allium cepa*) devem sugerir o uso deste remédio. Conjuntivite catarral, simples, aguda. Começo do sarampo. Irite e tracoma (exacerbações agudas). Sarampo, alternado com *Aconitum.* Coqueluche somente durante o dia, com profuso lacrimejamento. *Amenorreia com oftalmia.*
Visão suja, que se alivia pestanejando, o que limpa os olhos.
Tosse depois do desaparecimento de hemorroidas.
Prostatite. Amenorreia acompanhada de sintomas catarrais. Cólicas, hemorroidas e condilomas anais.
Melhora ao ar livre. Menstruações dolorosas.
Ponto de Weihe: Segundo espaço intercostal esquerdo, sobre a linha axilar anterior.
Remédios que lhe seguem bem: *Aconitum, Alumina, Calcaria, Conium, Lycopodium, Mercurius, Nux, Phosphorus, Pulsatilla, Rhus, Silicea* e *Sulphur.*
Antídotos: *Causticum, Camphora* e *Pulsatilla.*
Duração: 7 dias.
Dose: 1ªx à 6ª.
Uso externo: É o principal remédio, em solução aquosa e em colírio, para o curativo das inflamações agudas ou crônicas dos olhos, especialmente *blefarites e conjuntivites* de todas as espécies; *irites, queratites, úlceras e opacidades da córnea, vista que dói ao ler, traumatismo do olho etc.* Sempre que aparecer uma inflamação dos olhos, com vermelhidão, horror à luz e grande lacrimejamento: banhe-se 4 ou 5 vezes por dia com uma solução de *Euphrasia.*
Use-se a tintura-mãe misturada com água na proporção de 1 parte de tintura para 20 de

água; com esta solução se banham demoradamente os olhos, por meio de uma bola de algodão embebida, que se mantém no lugar por meio de uma atadura, de preferência *elástica*. Em vez de tintura, pode-se usar a *Água de Euphrasia (hidrolato)* pura ou misturada com igual volume de água destilada.[98]
A *Água de Euphrasia* é uma excelente preparação para todos esses casos e deve ser preferida à tintura-mãe, porque não contém álcool e não irrita os olhos; pode ser usada pura ou misturada com igual parte de água.

295. EUPIONUM

Remédio dos deslocamentos uterinos. Dores nas cadeiras seguidas de leucorreia esbranquiçada. Menstruações antecipadas e copiosas. O menor esforço provoca abundante sudorese.
Vertigens e dores de cabeça localizadas no vértex.
Versões uterinas (reto e anteroversão). Dor ardente no ovário direito. Leucorreia fluente. Durante a menstruação, irritável e sem vontade de conversar.
Depois da menstruação, leucorreia amarelada, com dores nas costas e cadeiras. Lábios inflamados.
Pruritus pudendi.
Cãibras durante o parto.
Dores sacras.
Dose: T.M., 1ª, 3ª, 5ª e 6ª.

296. FABIANA IMBRICATA[99]
(Pichi)

Pertence às *Solanaceae*.
A ação deste medicamento parece se exercer principalmente sobre o aparelho urinário. *Cistites. Cálculos vesicais.* Prostatite. Epidemite. Gonorreia. Congestão hepática. Icterícia. Colelitíase.
Dose: T.M. à 3ªx.

297. FAGOPYRUM ESCULENTUM
(Trigo-mourisco)

Sinonímia: *Polygonum fagopyrum*. Pertence às *Polygonaceae*.
Um remédio do *prurido*, com ou sem erupção da pele.
Eritema e eczema pruriginosos.
Prurido da vulva, com leucorreia amarela.

Prurido dos membros, que piora à tarde e por coçar. Prurido senil. Dores no alto da cabeça, compressivas.
Coriza fluente. Eructações ácidas e ardentes. Náusea matinal. *Cefaleia com sensação de pressão de baixo para cima.* A rutina usada pelos alopatas na fragilidade capilar é o seu alcaloide.
Palpitações de coração, com opressão e batimento de todas as artérias, que pioram à noite.
Dose: 3ª à 6ª, 12ª e 30ª.

298. FEL TAURI
(Bílis de boi)

Sinonímia: *Fel bos taurus* e *Fel bovis*. Pertence aos *Ruminantes*.
Aumenta a secreção duodenal e o peristaltismo do intestino. Colagogo e purgativo. Perturbações digestivas e diarreia. Obstrução dos canais biliares. Icterícia. Colecistite calculosa. Eructações. Sono após o comer.
Dose: 3ªx trit. e 5ªx trit.

299. FERRUM ARSENICOSUM

É um medicamento que tem sobre o sangue e o estado geral uma ação mais profunda que os outros sais de ferro.
Indicado nas *anemias intensas* com grande fraqueza, mal de Bright; na hipertrofia do fígado e do baço (Malária).
Dose: 3ª trit. e 5ª trit.

300. FERRUM IODATUM

Sinonímia: *Ferri iodidum, Ferrum hydrohiodicum* e *Iodetum ferrosum*.
Afecções glandulares. Nefrite pós-moléstias eruptivas. Anemia. Bócio exoftálmico após amenorreia. Debilidade. Estômago cheio. Sensação de ter comido muito.
Incontinência de urina das crianças anemiadas. Sentada, a paciente sente pressão na vagina. Retroversão e prolapso uterino.
Dose: 3ª trit.

301. FERRUM METALLICUM
(Ferro)

Sinonímia: *Ferrum purum*.
É o grande remédio das *jovens anêmicas, com aparência de ter muito sangue* – há extrema palidez da face, dos lábios e das mucosas,

---
98. De difícil conservação.
99. Uso empírico.

que coram à mais leve emoção, dor ou exercício; *as partes vermelhas tornam-se brancas*, especialmente as da boca; dor de cabeça pulsátil, sobretudo depois de hemorragias (*Ferrum pyrophosphoricum* 3ªx); amenorreia ou menstruação prematura, profusa, pálida, aquosa, debilitante, de longa duração. Hipersensibilidade. *Hipersensibilidade ao ruído.*
Hemorragia em jorro de sangue vermelho com muita congestão da face. Tendência ao aborto. Clorose.
Apetite voraz. Vômitos imediatamente depois de comer e depois de meia-noite. Intolerância para os ovos.
Dor de dentes aliviada pela água fria e gelada. Diarreia de comida indigerida, sem cólicas, sobretudo à noite ou enquanto come ou bebe. Comichão do *ânus nas crianças* (3ª). *Insensibilidade feminina durante o coito.*
Nefrite aguda consecutiva a moléstias eruptivas (*Ferrum iodatum* 3ª). Palpitações cardíacas. Sopro anêmico.
O *Ferrum iodatum* é um valioso remédio da caquexia sifilítica das crianças e dos *deslocamentos uterinos* (3ª trit.) e o *Ferrum aceticum* das varizes dos pés e das hemoptises (3ªx).
Reumatismo do ombro esquerdo, que piora à noite. Acne da face.
Melhora passeando lentamente, apesar de fraco.
Ponto de Weihe: Bordo da bacia, ao lado da sínfise pubiana dos dois lados.
Complementares: *Alumina, China* e *Hamamelis.*
Remédios que lhe seguem bem: *Arsenicum, Arnica, Belladona, Conium, Lycopodium, Mercurius, Phosphorus, Pulsatilla* e *Veratrum.*
Inimigo: *Aceticum acidum.*
Antídotos: *Arsenicum, Arnica, Belladona, China, Hepar, Ipeca, Pulsatilla, Sulphur* e *Veratrum.*
Duração: 50 dias.
Dose: 5ª à 30ª, 100ª e 200ª. Às vezes, nas anemias das jovens, é preciso dar diariamente de 5 a 10 centigramas de 1ªx trit. Em trituração, as 3ªx e 3ª.
D6 e D12 coll. em tabletes.

302. FERRUM MURIATICUM
(Cloreto de ferro)

Sinonímia: *Chloricum ferricum, Oleum martis* e *Sal martis liquidam.*
Esplenomegalia provocada pela maleita. Dor no hipocôndrio esquerdo, que piora à noite. Face pálida e anemiada.
Alternâncias de calor e frio. Nevralgia localizada na face.
Diarreia crônica com perda de apetite e tenesmo. Diarreia de membranas e sangue.

Dose: 3ªx trit. T.M., de 1 a 5 gotas 3 vezes ao dia, na nefrite intersticial crônica (Boericke).

303. FERRUM PHOSPHORICUM

(Preparado especial de sulfato de ferro e fosfato de sódio, insolúvel na água. Não é o fosfato de ferro dos alopatas.)
Sinonímia: *Ferrum oxydatum phosphoricum.*
Um dos grandes remédios homeopáticos. *Indicado no começo de todas as moléstias com febre e nas inflamações em seu começo, especialmente antes de principiar a exsudação*, isto é, *no período congestivo.*
Bronquite das crianças de peito (alterne-se com *Bryonia*). Bom remédio da *laringite aguda*. Um excelente remédio da pneumonia. "De todos os medicamentos indicados no começo da pneumonia, parece-me que *Ferrum phos.* é aquele que será mais frequentemente achado de uso, e deve ser continuado até o fim da moléstia, se não houver nítida indicação para outro remédio; por diversas vezes vi esse medicamento provocar a crise final em menos de cinco dias" (Dr. Clarence Bartlett). *Expectoração de puro sangue na pneumonia.* Pneumonia secundária, especialmente em pessoas idosas e debilitadas. Pode-se alternar com *Kali muriaticum* 3ª.
Começo da *otite aguda*; quando *Belladona* falha. *Ferrum phosph.* evita a supuração. Dor de ouvido ao frio. "É remédio seguro para a dor aguda do ouvido" (Dr. Dewey). Zoadas pulsáteis nos ouvidos.
Olhos inflamados e vermelhos, com ardor e dor, visão vermelha, sensação de grão de areia dentro dos olhos. Corpo estranho no olho. (Durante e após a retirada do corpo estranho.)
Congestão em geral e suas consequências. Um grande medicamento homeopático; hemorragias causadas por congestão de qualquer parte do corpo; sangue vermelho brilhante, que se coagula rapidamente. *Epistaxes, especialmente nas crianças.* Nevralgias, dores de cabeça e vertigens congestivas.
É o principal remédio nas *dores de cabeça das crianças, com latejos na cabeça, face vermelha e olhos injetados.* Dor de cabeça melhorada por aplicações frias.
Reumatismo articular subagudo, especialmente do ombro.
Dores que se agravam com o movimento e melhoram com o frio.
Feridas recentes causadas por traumatismo.
Um bom remédio a dar no *começo dos resfriados.*
Especialmente útil na debilidade das crianças com falta de apetite, que se tornam apáticas e estúpidas e perdem peso e forças. *Ferrum phosphoricum* não só levanta as forças, mas

desenvolve o corpo e regula os intestinos (3ªx).
Indigestão das crianças; febre, língua saburrosa, *vômitos de alimentos indigeridos*; dor de estômago; falta de apetite; diarreia lientérica, aquosa, às vezes com catarro e sangue; flatulência. Útil no começo da enterite aguda das crianças. Eructações azedas.
Excelente medicamento das *perturbações gástricas da gravidez*. Vaginismo.
Incontinência diurna de urina, com fraqueza do esfíncter, irritação do colo da bexiga (3ªx trit.).
Um bom remédio da *queda do reto*.
Dose: 3ª trit. à 12ª. D6 coll., D12 coll. e D30 coll. em tabletes, líquido e injeções.

304. FERRUM PICRICUM
(Picrato de ferro)

Quando falha a função de um órgão, em exercício: a voz falha quando o orador discursa. Pacientes pletóricos.
Hipertrofia da próstata dos idosos, com frequente desejo de urinar à noite, sensação de enchimento e compressão do reto e ardência no colo da bexiga.
Dispepsia nervosa. Remédio hepático.
Surdez artrítica, quando há zumbido e estalidos *nos ouvidos, conduto auditivo rígido, duro e muito* seco. Esclerose da caixa do tímpano. Nevralgia dentária, estendendo-se aos ouvidos e aos olhos. Dores no ombro e braço direitos.
O Dr. Mende o considera quase específico na epistaxe. Ataxia locomotora.
Calos e calosidades. Verrugas. *Leucemia*.
Dose: 2ª trit., 3ª trit. e 5ª.

305. FERULA GLAUCA

Sinonímia: *Ferula napolitana* e *Bonnafa*. Pertence às *Umbelliferae*.
Calor em determinados segmentos e frio em outros.
Menstruação profusa, com calor e coceira na vulva. Excitação sexual nas mulheres.
Tosse seca e sensação de constrição no peito. Inflamação subcutânea. Sonolência de dia.
Dose: 3ª, 5ª e 6ª.

306. FICUS RELIGIOSA
(Figo religioso)

Pertence às *Moraceae*.
Empregado com algum sucesso pelos médicos homeopatas indianos contra *hemorragias de vários órgãos*; menorragia, hematêmese, epistaxe, hemoptise, hematúria etc. Vertigens. Melancolia. Náuseas e vômitos de sangue.
Dose: 1ª.

307. FILIS MAS
(Feto-macho)

Sinonímia: *Aspidium filix mas, Dryopteris filix mas* e *Poypolium filix mas*. Pertence às *Polypodiaceae*.
Um remédio para sintomas verminóticos, acompanhados de prisão de ventre. *Taeniase*.
Inflamações tórpidas das glândulas linfáticas. Ambliopia monocular.
Dose: 1ª à 3ª.

308. FLUORIS ACIDUM
(Ácido fluorídrico)

Sinonímia: *Acidum fluoricum, Aciddum hidrofluoricum* e *Hydrofluori acidum*.
A principal esfera de ação deste medicamento é nos processos destrutivos (*cáries e úlceras*) e nas *veias varicosas, com ou sem ulceração*. Sensação de queimadura.
Cáries especialmente dos ossos longos; mas também dos ossículos do ouvido e da apófise mastoide, com corrimento sanioso e corrosivo.
Tique da face.
Fístula lacrimal; sensação de vento nos olhos.
Fístula dentária, com corrimento sanguíneo.
Queloide. Alopecia, sobretudo sifilítica. Leucorreia ácida, corrosiva e abundante. *Esperma sanguinolento*.
Prurido, sobretudo dos orifícios do corpo.
Velhos casos de varizes e úlceras varicosas das pernas. Varizes da gravidez. Naevus. Testículos inflamados.
Suores nas palmas das mãos.
Sobretudo indicado nos idosos ou nos *moços que parecem idosos*. Edema das pernas.
Ponto de Weihe: meio da linha da inserção mastoidea do esternoclidomastoideo ao ponto de *Siramonium*.
Complementares: *Silicea* e *Coca*.
Remédios que lhe seguem bem: *Graphites* e *Nitri acidum*.
Antídoto: *Silicea*.
Duração: 30 dias.
Dose: 5ª à 30ª, 100ª, 200ª, 500ª e 1.000ª.

309. FORMALINA
(Formol)

(Solução aquosa a 35% de formaldeído.)
Ansiedade. Inconsciência.

O formol misturado com água quente a 1% e aplicado assim em inalações é um remédio muito valioso na *coqueluche,* na tísica pulmonar, na coriza, no *espasmo da glote,* e, em geral, em todas as moléstias catarrais do aparelho respiratório. Dispneia. Laringite estridulosa.
Dose: 3ª.
Em uso externo, como desinfetante e na conservação de cadáveres.

310. FORMICA RUFA
(Formiga ruiva)

Sinonímia: *Formica* e *Myrmexine.* Pertence aos *Hymenoptera.*
Um medicamento *artrítico;* da gota, do reumatismo, do lúpus, do cancro, da nefrite intersticial. Más consequências de esforços exagerados.
Tem a notável propriedade de entravar a formação dos pólipos.
Urticária vermelha, pruriginosa e ardente.
Dores articulares reumáticas que aparecem de repente.
Dose: 3ª à 30ª. Pterígio e úlceras da córnea.

311. FORMIC ACIDUM
(Ácido fórmico)

Mialgia crônica. Dores musculares. Gota. Reumatismo articular que aparece repentinamente. Dores que pioram pelo movimento, do lado direito e melhoram pela pressão. Visão enfraquecida. Tremores.
Doenças que atingem os ligamentos, cápsulas e bolsas articulares.
Grande diurético.
Dose: 6ª à 30ª.
D6 e D12 coll, em injeções. Existe um produto, à base de ácido fórmico, com as mesmas indicações e chamado *Formidium,* também injetável e usado em D6 e D12 coloidais.

312. FRAGARIA VESCA

Sinonímia: *Fragulae* e *Trifolii fragifer.* Pertence às *Rosaceae.*
Evita as formações calculosas. Remove o tártaro dentário e previne contra os ataques de gota. Urticária com língua inchada.
Dose: Da T.M. à 6ª.

313. FRAXINUS AMERICANA
(Freixo-branco)

Sinonímia: *Frazinus acuminata, Frazinus canadensis* e *Fraxinus novae angliae.* Pertence às *Oleaceae.*

Um remédio do útero. *Tumores fibrosos.* Subinvoluções. *Queda da matriz.* Dismenorreia. O Dr. Burnett chama-o de pessário médico.
Cancro uterino, com sensação de peso da bacia. Leucorreia aquosa, não irritante.
Cãibra nos pés, à noite.
Eczema infantil.
Dose: T.M. 10 a 15 gotas, 3 vezes por dia.

314. FUCUS VESICULOSUS
(Alga vesiculosa)

Sinonímia: *Quercus marina.* Pertence às *Algae.*
Um poderoso remédio para a *obesidade;* e "em qualquer espécie de *papeira,* simples ou mesmo exoftálmica eu nunca o vi falhar, quando o doente é uma pessoa jovem" (Dr. R. N. Foster). Hipertrofia tireoidea em pessoas obesas. *Hipertireoidismo.*
Hipertrofia das amígdalas (Dr. Tooker).
Dose: na obesidade, alternem-se, às refeições, 20 gotas de T.M. com 20 gotas de T.M. de *Phytolacca decandra,* na papeira, dê uma colheradinha das de café de T.M., quando o caso é antigo, ou meia colheradinha, só quando o caso é recente, em água açucarada, duas ou três vezes por dia, de preferência entre as refeições.

315. GALANTHUS NIVALIS

(Dados da experimentação feita pelo Dr. A. Whiting Vancouver.)
Pertence às *Amarylidaceae.*
Cefaleia congestiva. Fraqueza cardíaca com sensação de que vai ter um colapso. Pulso irregular, rápido, e com palpitações violentas. Sopro sistólico na ponta.
Insuficiência mitral com início de descompensação. Miocardite com insuficiência mitral em início.
Dose: 1ª à 5ª.

316. GALIUM APARINE
(Erva-de-pato)

Sinonímia: *Gallium.* Pertence às *Rubiaceae.*
Um remédio das úlceras. Favorece a cicatrização das *úlceras atônicas.* Disúria e cistite. Exerce uma notável influência sobre a ação cancerosa, confirmada clinicamente por seu uso nas úlceras cancerosas e nos tumores nodulares da língua.
Inveteradas moléstias da pele. Escorbuto. Psoríase. Indicado em areias e cálculos renais.

Dose: T.M., até uma colheradinha em um copo de água ou de leite três vezes por dia.

317. *GALLICUM ACIDUM*
(Ácido gálico)

Sinonímia: *Galli acidum.*
Remédio lembrado na tuberculose. Hemorragias passivas com pulso fraco. Pele fria. Hematúria. Hemofilia. *Pirose.*
Delírio noturno. Medo da solidão. Rudeza.
Dores na nuca e nas costas. Coriza espessa.
Fotofobia com pálpebras ardentes.
Hemoptises. Urina espessa, com muco leitoso.
Dose: 1ªx trit.

318. *GAMBOGIA*
(Goma-guta)

Sinonímia: *Cambogia, Cathaticum aureum, Gutta gamba* e *Hebradendron gambogioides.* Pertence às *Gattiferae.*
O uso deste medicamento em Homeopatia tem sido confinado ao tratamento das *diarreias.* Ele produz uma diarreia muito semelhante à de *Croton*, violenta, flatulenta, amarela, aguda, *expelida com força* como se saísse de um sifão, precedida de cólicas e seguida de alívio ou de tenesmo e ardor no ânus, pior à tarde ou à noite, e sobretudo nos *idosos* e nas *crianças.*
Ponto de Weihe: no ângulo das 7ª e 8ª cartilagens costais do lado direito.
Antídotos: *Camphora, Coffea, Colocynthis, Kali carbonicum* e *Opium.*
Duração: 1 a 7 dias.
Dose: 3ª à 30ª. É considerado por Abrams como específico dos casos incipientes de tuberculose pulmonar, em aplicação de goma-guta sobre o peito.

319. *GAULTHERIA PROCUMBENS*
(*Wintergreen,* Chá do Canadá)

Sinonímia: *Gautheria humilis, Gautiera procumbens* e *Gautiera repens.* Pertence às *Ericaceae.*
O *reumatismo articular agudo,* a pleurodinia e as nevralgias em geral entram na esfera deste medicamento. *Prosopalgia. Ciática.*
Gastralgia com vômito prolongado; depressão nervosa vesical e prostática, devida à exagerada ou prolongada excitação sexual.
Dose: 2 a 5 tabletes de óleo puro ou da 1ªx, 3ª e 6ª.

320. *GELSEMIUM SEMPERVIRENS*
(Jasmim amarelo)

Sinonímia: *Gelseminum, Gelsemium* e *Gelsemium nitidum.* Pertence às *Loganiaceae.*
Um dos maiores remédios da matéria médica homeopática. *Fraqueza e prostração musculares, sonolência,* lassidão, torpor, embotamento, vertigem e tremores, levam à escolha deste remédio. Hipersensibilidade.
Febres intermitentes ou remitentes (especialmente por infecção gastrintestinal) com langor, *fraqueza e prostração musculares,* desejo de absoluto repouso e sonolência, *sem sede.* É o remédio quase específico desses casos que se encontram tão comumente de *febres remitentes* infantis, cujas exacerbações, à tarde, vêm *sem calafrios* e declinam pela madrugada *sem suores.*
Verdadeiro específico da *influenza, de forma catarral.* Todo caso de *influenza,* com febre, prostração muscular, dor de cabeça e catarro no nariz e no peito, é um caso de *Gelsemium.* Um dos melhores remédios das corizas do verão; sobretudo eficaz na mulher.
Febres biliosas. Febres de calor.
Febre com prostração, dor muscular, peso nos membros e ausência de sede.
Sarampo (principal medicamento a dar desde os primeiros sintomas). Facilita a saída da erupção.
Pelagra.
Depressão geral devida ao calor do sol e do verão.
Neurastenia.
A criança se abraça à ama e grita, como se tivesse *medo de cair.*
Paralisias de vários grupos de músculos; nos olhos, na garganta, no peito, na laringe, esfíncter, extremidades etc. *Rouquidão durante a menstruação. Congestão espinhal. Paralisias pós-diftéricas. Paralisia infantil;* depois de moléstias agudas. Afonia por paralisia das cordas vocais.
Dor de cabeça, começando *na nuca,* pela manhã; precedida de turvação da vista; devida a esforço exagerado da vista. Nevralgia do nervo crural anterior.
Surdez devida à quinina.
Moléstias nervosas com tremores. Moléstias nervosas dos fabricantes de cigarros. Neuroses profissionais.
Histeria; *convulsões com espasmos da glote;* irritação da bexiga com desejo constante de urinar. Histeria devida a onanismo.
Remédio da *coreia* (1 a 5 gotas de T.M. a cada 4 horas).
Maus efeitos do medo, susto ou súbitas emoções; um dos mais proeminentes remédios para a diarreia provocada por susto ou medo.

Insônia das pessoas que trabalham com a inteligência. Homens de negócios ou escritores.
Agravação pelo repouso nas moléstias do coração (contrário de *Digitalis*). Pulso lento e fraco dos idosos. Piora, quando *pensando em seus incômodos*.
Perturbação nervosa e medo de aparecer em público.
Um dos mais importantes remédios para *moléstias dos olhos*. *Dupla visão*, vertigens e dores nos globos oculares são indicações características. Inflamações serosas intraoculares – *irite serosa*: *descolamento da retina*: *coroidite serosa* (com enfraquecimento gradual da vista e peso das pálpebras); astigmatismo; ptose; paralisia pós-diftérica; *glaucoma*; *retinite albuminúrica, especialmente durante a gravidez;* nevralgia orbitária com espasmos e tremores dos músculos. Astenopia por insuficiência dos músculos retos externos.
Bom remédio da *orquite* (*a frigore* ou blenorrágica) e da *blenorragia subaguda*. Escrotos suando continuamente.
Espermatorreia: emissões noturnas involuntárias frequentes, *sem ereções*.
Rigidez do colo do útero no parto, é uma indicação característica; mas só deve ser administrado depois de bem começado o trabalho, nunca antes como preventivo, pois pode neste caso provocar ruptura precoce da bolsa de água e retardar e prolongar o parto.
Dores uterinas na menstruação (*dismenorreia*), espasmódicas com corrimento diminuído ou cessando temporariamente no momento em que aperta a dor; *emissões abundantes de urina pálida e clara*. "Para a forma espasmódica da dismenorreia, eu acho *Gelseminum* na 1ª diluição decimal um excelente remédio; eu o dou, como o recomenda o Dr. Ludlam, na dose de 15 gotas em meia xícara de água quente, uma colherinha das de chá de 5 em 5 minutos até aliviar, depois menos frequentemente. Tenho ainda a mais alta opinião da eficácia desta diluição nas dores pós-parto, que também são de natureza espasmódica." (Dr. R. Hughes). *Dor de garganta durante a menstruação.*
Para crianças, moços e especialmente mulheres nervosas ou histéricas.
Ponto de Weihe: quinto espaço intercostal, sobre a linha intermediária que fica entre a linha espinhal e a linha que sai do ângulo interno da omoplata. Bilateralmente.
Remédios que lhe seguem bem: *Baryta, Cactus* e *Ipeca*.
Antídotos: *Atropia, China, Coffea* e *Digitalis*.
Duração: 30 dias.
Dose: T.M., 1ª à 30ª, 100ª, 200ª e 1.000ª Sobretudo a 1ª. As altas, nas moléstias nervosas.
Uso externo: Em supositórios na endometrite.

321. *GERANIUM MACULATUM*
(Gerânio)

Sinonímia: *Geranium pusillum*. Pertence às *Geraniaceae*.
Empregado com bons resultados em todas as formas de hemorragias. Boca seca. Ponta da língua ardente.
Hemorragias profusas de diferentes órgãos; estômago, pulmões ou útero.
Úlcera gástrica. Vômito de sangue. Gastrite catarral com secreção profusa.
Hemoptise.
Menorragia; hemorragia pós-parto.
Úlceras atônicas e de mau aspecto.
Enxaqueca.
Dose: T.M. à 3ª. Na úlcera gástrica, T.M.
Uso externo: Úlceras atônicas, epistaxe, hemorragias dentárias, blenorragia e faringite.

322. *GINSENG CANADENSE*
(Ginsão)

Sinonímia: *Aralia quinquefolia, Panax americanum* e *Panax quinquefolium*. Pertence às *Araliaceae*.
Estimulante das glândulas salivares.
Um remédio do *soluço*. Tonsilites em pessoas escuras.
Age também contra o lumbago, a ciática e o reumatismo dos membros inferiores, com fraqueza paralítica. É afrodisíaco.
Dose: T.M. à 3ªx. Geralmente 5 a 20 gotas de T.M.

323. *GLONOINUM*
(Nitroglicerina)

Sinonímia: *Angioneurosinum* e *Nitroglycerium*.
Violentas e repentinas congestões, sobretudo da cabeça, *especialmente devidas ao calor do sol ou do fogo*. Principal remédio de todos os efeitos imediatos ou remotos da *insolação;* da dor de cabeça produzida por um foco de calor artificial qualquer.
Face vermelha congesta, coberta de suores. A cor vermelha vai se tornando mais intensa até ficar roxa.
Ansiedade precordial. Pulso rápido, acelerado e filiforme. *Eretismo cardíaco*.
Sensação de pulsação através do corpo. Dores latejantes. Zoadas pulsáteis nos ouvidos.
Dor de cabeça *latejante e pulsátil*, de natureza *congestiva*, com face vermelha, ardente e muito sensível *à mais leve trepidação*. *Dor de cabeça devida ao sol*. Dor de cabeça de

suspensão: dor de cabeça em lugar da menstruação. Idem da gravidez e da menopausa.
Apoplexia iminente. Gripe. Meningite.
Papeira exoftálmica.
Convulsões puerperais. Violentas convulsões, associadas à congestão cerebral. Arteriosclerose. Angina de peito. *Ciática*, com latejo e entorpecimento. *Nevralgias congestivas latejantes.* Dores de dentes. Bafos de calor da menopausa. Nefrite intersticial crônica, com hipertensão.
Ponto de Weihe: linha paraesternal, quarto espaço intercostal do lado direito.
Antídotos: *Aconitum, Coffea, Camphora* e *Nux.*
Duração: 1 dia.
Dose: 5ª. (*N.B.* – Diluições abaixo de 5ª podem produzir terríveis agravações.)

324. *GNAPHALIUM*
(Erva-branca)

Sinonímia: *Gnaphalium polycephalum.* Pertence às *Compositae.*
Este remédio tem sido usado principalmente na ciática, quando os ataques de dor alternam com períodos de *entorpecimento da perna*, ou quando a dor é acompanhada de cãibras no membro afetado. O Dr. O'Connor pensa que este é o melhor remédio desta nevralgia e muitos outros médicos o consideram como verdadeiro específico dela. Reumatismo com diarreia matinal.
Nevralgia crural anterior. Reumatismo crônico muscular das costas e da nuca. *Dismenorreia com menstruação dolorosa.*
O Dr. Cartier o indicava, no reumatismo crônico da coluna, 1 gota de tintura-mãe de manhã e à noite.
Dose: T.M. à 30ª.

325. *GOSSYPIUM HERBACEUM*
(Algodoeiro)

Sinonímia: *Lana gossypii.* Pertence às *Malvaceae.*
Remédio empregado contra desordens uterinas. *Dismenorreia com menstruações profusas. Dores ovarianas intermitentes.* Emenagogo em doses fisiológicas.
Menorragia (excelente medicamento).
Hemorragias pós-parto.
Parto retardado (T.M.). Retenção da placenta.
Boubas. Cravos. Fibroma uterino com debilidade e dores gástricas. Melhora pelo repouso e piora pelo movimento.
Dose: T.M. à 6ª din.

326. *GRANATUM*

Sinonímia: *Granati cortex radieis* e *Arnica granatum.* Pertence às *Granateae.*
É um ótimo tenífugo. Apresenta salivação com náuseas e vertigens. Espasmo da glote. Vertigem persistente. Fome constante. Dores no estômago e principalmente ao redor do umbigo. *Coceira no ânus.* Inflamação umbilical parecendo hérnia.
Dores entre as espáduas. Qualquer roupa causa opressão no peito.
Coceira na palma das mãos. Movimentos convulsivos.
Dose: 1ª à 3ª.

327. *GRAPHITES*
(Plumbagina)

Sinonímia: *Carbo mineralis, Carbon amorphus, Gerusa nigra* e *Plumbago mineralis.*
Tendência à obesidade; mulheres idosas e friorentas; a música faz chorar; crianças impudentes, impertinentes, zombando das repreensões. Sensação de frio no corpo. Timidez. *Pessoas hesitantes.*
A principal característica deste remédio é nas afecções da pele – *erupções úmidas*, transudando um líquido *aquoso, viscoso, pegajoso e transparente*, em qualquer parte do corpo em que apareçam. Eczema da orelha; da palma das mãos. *Zona.*
"Um dos mais úteis remédios para as afecções escrofulosas da pele" (Dr. Raue).
Dispepsia, alternado com *Nux vomica*, ambos na 12ª dil. *Nux vomica* uma hora antes das refeições e *Graphites* uma hora depois. Diarreia crônica, fétida, com substâncias indigeridas ou mucosidades. Hemorroidas ardentes.
Flatulência. Ardência provocada no estômago pela fome.
Surdez que melhora em meio do ruído; andando de carro ou de bonde; esclerose atrófica da caixa, surdez artrítica. Descamação epitelial seca do conduto auditivo externo.
Dado na 30ª, evita as reincidências das *erisipelas, as recaídas e as oftalmias escrofulosas.*
Amolece as cicatrizes velhas e duras, sobretudo do seio. Lobinhos. Queloide.
Unhas deformadas e espessadas.
Má pele: qualquer pequena machucadura ou ferida supura. Erisipela errática. Úlceras escorrendo um líquido viscoso e pegajoso.
Menstruações escassas; o que *Pulsatilla* é para as adolescentes, *Graphites* é para as mulheres de meia-idade. Leucorreia aos borbotões, mais profusa pela manhã, assando.
Decidida aversão ao coito. Debilidade sexual devida a abuso sexual.

Anemia com vermelhidão da face.
Cancro do útero. Prurido vulvar antes da menstruação.
As mãos ou outras partes *racham;* fendas do ânus. Rachaduras do bico do seio.
As unhas crescem grossas e disformes.
Pálpebras pegajosas, com fotofobia. *Blefarite,* sobretudo nos indivíduos eczematosos ou em consequência do sarampo. *Queratite e conjuntivite flictenular,* oftalmias escrofulosas com tendência à queda das *pestanas e fotofobia;* um dos melhores remédios. *Graphites* é um dos mais valiosos remédios que nós temos para todas as formas de inflamação flictenular do olho. É útil tanto nas formas agudas como nas crônicas, sobretudo havendo acentuada tendência à reincidência (Dr. Buffum). Terçol de repetição. Canal lácrimo-nasal obturado por catarro.
As *bebidas quentes desagradam* e alimentos cozidos causam repugnância.
Ponto de Weihe: linha paraesternal, 5º espaço intercostal, bilateralmente.
Complementares: *Arsenicum, Cansi, Ferrum, Hepar* e *Lycopodium.*
Remédios que lhe seguem bem: *Euphrasia, Natrum sulphuricum* e *Silica.*
Antídotos: *Aconitum, Arsenicum* e *Nux.*
Duração: 40 a 50 dias.
Dose: 5ª à 200ª. Geralmente a 30ª, 500ª, 1.000ª e 10.000ª nos casos crônicos. D6 e D12 col. em tabletes e líquido.
Uso externo: é usado somente em pomada, feita do seguinte modo:
Plumbagina pura em pó .... 1 parte
Lanolina .... 20 partes
Vaselina .... 20 partes
Mistura-se tudo, bem misturado.

Aplica-se diretamente sobre a parte afetada, 2 ou 3 vezes por dia – nas *gretas ou rachaduras do bico do seio;*[100] antigas *cicatrizes inflamadas,* irritadas e dolorosas; cobreiro; eczema crônico; blefarite crônica, *mãos calosas* e rachadas; *fendas do ânus;* feridas entre os dedos do pé; velhas úlceras fétidas; erupções da pele, orelhas; ptiríase do couro cabeludo; lobinhos.

---

100. Nas rachaduras do bico do seio ou dos dedos dos pianistas, há outro remédio que dá também ótimos resultados em pomada. É o *Castor equi,* que se prepara do seguinte modo:

Castor equi 1ª trituração centesimal .... 1 parte
Lanolina .... 5 partes
Vaselina .... 25 partes
Mistura-se bem misturado e aplica-se 3 a 4 vezes por dia. Pode-se adicionar a esta pomada o *Hydrastis,* 1 parte.

328. *GRATIOLA*
(Erva-dos-pobres)

Sinonímia: *Gratiola officinalis, Centauroidis* e *Digitalis minima.* Pertence às *Scrophulariaceae.* Especialmente útil nas mulheres.

O principal uso que deste remédio tem feito a Escola Homeopática é na *diarreia, muito aguada, espumosa, verde,* expelida em *jorros* com força, como água por um batoque; sem cólicas, acompanhadas de frio na barriga e seguida de ardor no ânus. Teste considera *Gratiola* o crônico de *Chamomilla.*

Vertigem durante e depois das refeições. Disfagia para líquidos. Dispepsia flatulenta, com dores, cólicas e dilatação do estômago e do ventre. Hemorroidas com *neurastenia. Convulsões tetaniformes.*

Miopia. Olhos secos e ardentes.

O Dr. Burnett a considerava como o específico da masturbação das mulheres e da ninfomania. Leucorreia.

Ponto de Weihe: no bordo da auréola do bíco do peito, por baixo e do lado esquerdo.
Dose: 3ª à 6ª.

329. *GRINDÉLIA ROBUSTA*
(Girassol silvestre)

Pertence às *Compositae.*

Baço aumentado. Dores na região esplênica.

A principal característica deste medicamento é que, quando o doente *vai começando a dormir, para de respirar e desperta em sobressalto,* com a boca aberta em busca de ar, e assim não pode conciliar o sono. Nefrite. *Moléstias do coração;* bronquite crônica; *asma úmida catarral,* com profusa e tenaz expectoração, que alivia o paciente. Respiração de Cheyne-Stokes. Eleva a pressão arterial. Diabetes.

Dose: T.M. à 30ª. Na asma 5 gotas de T.M. de hora em hora, durante o acesso, e de 4 em 4 horas nos intervalos.

Uso externo: Soberano remédio para erupções cutâneas pruriginosas.

330. *GUACO*

Sinonímia: *Mikania guaco.* Pertence às *Compositae.*

Remédio do sistema nervoso. Útil na *paralisia bulbar progressiva* e na *paraplegia.* Hemiplegia, depois de apoplexia. Língua pesada e difícil de mover, com surdez. *Sífilis.* Cancro. *Nevralgias.* Irritação espinhal. Dor ao longo da espinha. Pernas pesadas; paraplegia. Útil também no *reumatismo crônico.*
Dose: 5ª.

Uso externo: emprega-se sob a forma de gliceróleo em fricções ou embrocações com um pincel, várias vezes por dia. Suas principais indicações são as *dores reumáticas* e *nevrálgicas;* é um poderoso e heroico remédio contra as moléstias reumáticas e gotosas, sobretudo o *reumatismo crônico das juntas,* as *nevralgias, queimaduras, tumores e contusões dolorosas* em geral, *picadas de insetos, frieiras.* Nas *dores reumáticas,* quer das juntas, quer das carnes, tem o *Guaco* se revelado um poderoso resolutivo e calmante, para o que bastam apenas algumas fricções em torno da parte que dói.

Nas *nevralgias* de qualquer parte do corpo, gliceróleo de *Guaco* está indicado; nas dores dos ouvidos ou dos dentes, na nevralgia da perna ou do rosto, em qualquer parte do corpo, fricciona-se bem com ele a parte afetada, três ou mais vezes por dia, agasalhando depois a parte doente com uma flanela. Nos *dentes* e *ouvidos,* aplica-se o gliceróleo de *Guaco* em uma bola de algodão que se deixa no lugar tapando o orifício. Nas *queimaduras,* seu poder calmante sobre as dores é muito notável e preciso; unta-se com ele a queimadura e se cobre com pastas de algodão, de preferência *algodão calendulado.* Emprega-se também contra as paralisias e o pescoço duro.

Existe à venda nas farmácias homeopáticas um *Opodeldoque de Guaco;* pode-se empregar em lugar do gliceróleo, do mesmo modo que este, em fricções. Mas não convém confundir o *Opodeldoque de Guaco homeopático* com o *Opodeldoque de Guaco alopático,* que se vende nas farmácias alopáticas que cheira ativamente a cânfora e a amoníaco, constituindo um terrível irritante que não se deve usar.

331. *GUAIACUM*
(Pau-santo)

Sinonímia: *Guaiacum officinale, Guaiacum resina* e *Pallus sanctus.* Pertence às *Zygophyllaceae.*
Mau cheiro de todas as partes do corpo.
Pessoas reumáticas, indolentes, preguiçosas, fracas, aborrecidas, de sono difícil. Reumatismo que piora pelo calor.
É muito eficaz no reumatismo agudo (Dr. W. Boericke). Falta de calor vital nos membros afetados.
Remédio do reumatismo crônico, quando as articulações estão deformadas por concreções calcárias e contraturas dos tendões. O reumatismo *sifilítico* ou *blenorrágico* encontrará em *Guaiacum* poderoso remédio. Faringite reumática. Cefaleia reumática. Ciática.
Dor ardente no estômago. Aversão pelo leite.
Deseja comer maçãs e outras frutas. Fermentação intestinal.

O Dr. Goodno o considera um verdadeiro específico da *faringite simples comum;* e o Dr. Dewey afirma que, dado na 1ªx dil., em curtos intervalos, ele frequentemente abortará a *amigdalite aguda.*
Ataques recorrentes de amigdalite em pessoas reumáticas ou artríticas.
Remédio da *tuberculose pulmonar;* "nas dores e pontadas do peito que acompanham esta moléstia. *Guaiacum* é um remédio que raramente falha." (Dr. Farrington); sobretudo no vértice, à esquerda, agravando-se pelos movimentos, com expectoração fétida amarelo-esverdeada. Pontadas na pleura.
Dismenorreia membranosa.
Promove a supuração dos abscessos. Balanite.
Ponto de Weihe: Segundo espaço intercostal esquerdo, a igual distância das linhas anterior e média axilares.
Remédios que lhe seguem bem: Calcaria e Mercurius.
Antídoto: Nux.
Duração: 40 dias.
Dose: T.M. à 6ª.

332. *GUAREA TRICHILOIDES*
(Gitó)

Pertence às *Meliaceae.*
Um medicamento útil em moléstias dos olhos.
Dores e tensão no globo ocular.
Conjuntivite. *Glaucoma.* Sintomas oculares alternados com surdez.
Quemose. Pterygium.
Dose: T.M. à 3ª.

333. *GYMNOCLADUS CANADENSIS*

Sinonímia: *Guilandia dioica.* Pertence às *Leguminosae.*
Erisipela da face. Faringite com mucosa escarlate. Dores ao engolir, acompanhadas de tosse.
Dose: T.M.

334. *HOEMATOXYLON*

Sinonímia: *Haematoxylon coupechianum.* Pertence às *Leguminosae caesalpiniae.*
Foi estudada por Jouve, em 1839. Constrição é o sintoma-chave deste medicamento. Sensação culminante de constrição ao nível do estômago e abdome.
Angina do peito.
Herpes-zóster no peito com dor transfixa.
Antídoto: *Camphora.*
Dose: 3ª, 5ª e 6ª.

335. HAMAMELIS VIRGINICA
(Noz-das-feiticeiras)

Sinonímia: *Hamamelis androgyna, Hamamelis dioica, Hamamelis macrophylla* e *Tripolis dentata*. Pertence às *Hamamelidaceae*.
O doente deste remédio é notadamente corajoso.
Congestão venosa e hemorragia, sobretudo *passiva, escura*, é a dupla característica deste remédio.
Onde estas características predominem, *Hamamelis* está indicada – *metrorragias, epistaxe, enterorragias, hematêmeses, hemoptises e hematúria*.
Hemorroidas sangrentas. "Sua ação neste caso é quase certa e, manejando com perseverança, esse assegura a cura nos casos mesmo em que uma operação parece o único recurso; é tão certo que, quando ele falha de cortar as hemorragias hemorroidárias, suspeito logo da existência de um cancro do reto" (Dr. P. Jousset).
"O Dr. Dyce-Brown considera *Hamamelis* um dos melhores remédios para as hemorragias uterinas em geral, e a experiência clínica tem amplamente confirmado o seu dizer, não somente nesses casos, mas também nas hemorragias de qualquer parte do corpo, sobretudo dos pulmões, para as quais é de grande importância e para a *hematúria*, para a qual é na verdade um dos nossos remédios mais eficazes" (Dr. Dewey). Metrorragia no intervalo das menstruações.
Congestão ovariana. *Ovarite*: da gravidez; de menstruação ou blenorrágica. Previne o aborto. Dores nos cordões espermáticos.
Um bom medicamento interno e externo do *vaginismo* (Dr. George).
É o principal remédio das *varizes* e das *úlceras varicosas*. Flebite. Varicela.
Orquite blenorrágica, "*remédio quase específico*" (Dr. Ludlam). Pulsações no reto.
Sensação de machucaduras das partes afetadas é uma característica das moléstias deste remédio.
Ponto de Weihe: no meio do 1/3 superior da linha que vai da cicatriz umbilical à sínfise pubiana.
Dose: T.M. à 30ª. Geralmente a 1ª ou 3ª.
Uso externo: dos numerosos remédios preconizados em uso externo, não haverá talvez outro que mais se tenha usado, entre médicos e profanos, do que o *Extrato de Hamamelis*.
É um rival da *Arnica* e da *Calendula* e reúne incontestavelmente em si as virtudes curativas destes dois medicamentos.
A *Maravilha Curativa do Dr. Humphrey* é feita exclusivamente com este extrato; de resto, o próprio autor lhe deu o subnome de *Hidrolato de Hamamelis virginica*, de modo que, quem não puder obter o *Extrato de Hamamelis* (que não é a mesma coisa que a *tintura-mãe de Hamamelis*), pode utilizar a *Maravilha Curativa do Dr. Humphrey*, mais acessível, por existir à venda em todas as farmácias alopáticas e mesmo em casas de comércio.
Pela universalidade de suas aplicações, o *Extrato de Hamamelis* é um remédio precioso; aplicado externamente, a sua ação é muito pronta para estancar as hemorragias, limpar as feridas, impedir ou resolver as inflamações, descongestionar as partes afetadas, evitar a supuração e aliviar as dores quaisquer, promovendo com rapidez a regeneração dos tecidos e a consolidação das fraturas ósseas, e restaurando a beleza e a maciez da pele.
Por isso, é o *Extrato de Hamamelis* empregado com grande eficácia nos seguintes males:
1. *Quedas, pancadas, machucaduras, torceduras, luxações* e *fraturas sem feridas*, são curadas por ele. *Esfregue-se* demoradamente a pele na parte ou partes afetadas com um pouco de *Extrato de Hamamelis* e cubra-se ou amarre-se com um pano molhado no extrato, tendo o cuidado de umedecê-lo sempre que secar.
2. *Feridas por golpes ou cortaduras, esfoladuras, queimaduras e fraturas expostas, com ferida*. Lave-se a ferida com o *Extrato* e, depois de reunir os bordos dela, ponha-se uma ligadura constantemente umedecida com o remédio, sem tirá-la do lugar.
3. *Apostema, antrazes (nascidas), leicenços, panarício* e qualquer espécie de inflamação externa, curam-se, pondo-se sobre elas um pano umedecido com o *Extrato de Hamamelis*, renovando-se sempre que ficar seco.
4. *Inflamação do seio das mulheres que amamentam*, sede com facilidade às aplicações de flanela embebida de *Extrato de Hamamelis*, umedecendo-se sempre que secar.
5. *Assaduras das crianças* são curadas aplicando-se às partes uma solução do *Extrato*, em igual quantidade de água, logo depois do banho, diariamente.
6. *Picadas de insetos, mosquitos, abelhas, marimbondos, aranhas* ou *escorpiões*, aliviam-se imediatamente pela aplicação de um chumaço de algodão embebido no *Extrato*.
7. *Feridas, e úlceras antigas das pernas*, sobretudo as *úlceras varicosas* e as *varizes* (veias inchadas e escuras), são curadas muito rapidamente pela aplicação de chumaços de algodão, bem embebidos, sobre elas com o auxílio de uma atadura que se conserva no lugar. Deve-se renovar o curativo pela manhã e à noite. Se a úlcera doer,

dilua-se o *Extrato* em maior quantidade de água filtrada e aplique-se esta solução do mesmo modo.

8. *Frieiras, rachaduras dos dedos, das mãos, dos lábios e do ânus, bolhas dos sapatos, calos machucados*, são também curados pelo *Extrato de Hamamelis* em algodão e panos embebidos sobre a parte afetada. Extrai os *calos* dos pés.

9. *Reumatismo crônico ou recente das juntas ou das carnes, dores reumáticas, pescoço duro, dores de cadeiras, nevralgias do rosto ou dos membros*, curam-se com fricções demoradas do extrato e aplicações de panos molhados com ele várias vezes por dia.

10. *Eczemas, impigens, coceiras, erupções tinhosas da pele, urticária* e outras moléstias da pele podem ser curadas com as aplicações do extrato.

11. *Inflamações das pálpebras e dos olhos cedem* facilmente às lavagens com uma solução de partes iguais de extrato e de água bem filtrada e fervida, por meio de olheiro ou de um chumaço de algodão.

12. *Dores de ouvidos* são curadas pingando-se algumas gotas no ouvido e tapando com uma bola de algodão embebida no *Extrato*, que se terá o cuidado de umedecer de vez em quando.

13. *Dores de dentes* cedem aos bochechos repetidos de uma solução de duas partes do *Extrato* e uma de água filtrada, conservando o bochecho por algum tempo em contato com o dente.

14. *Catarro crônico, fétido, do nariz com feridas* dentro das ventas curado com rapidez pelo seringar duas vezes por dia, com uma seringa pequena (nº 4 zeros), seja o *Extrato* puro ou diluído em igual quantidade de água filtrada ou fervida.

15. *Feridas do colo do útero e corrimento das mulheres* (*leucorreia*) são curados fazendo-se duas injeções diárias (uma pela manhã e outra à noite) de uma solução de iguais partes de *Extrato de Hamamelis e de água filtrada*. Assim também no *vaginismo*.

16. *Hemorroidas sangrentas ou não* são curadas com aplicações de panos ou algodão embebidos de *Extrato*.

17. *Inflamação da garganta, amigdalites agudas* cedem prontamente aos gargarejos repetidos com frequência, de 20 em 20 minutos, com uma solução de iguais partes de água e *Extrato*.

18. *Sangue pelo nariz* (epistaxe) para prontamente banhando-se o nariz com o *Extrato* ou aspirando-se pelas ventas um pouco dele ou ainda seringando as ventas com ele, puro ou diluído em outro tanto de água.

19. *Hemorragias de qualquer parte* afetada, ou ferida ou úlcera, cedem prontamente às aplicações locais do *Extrato*, que é assim um excelente hemostático.

20. *Orquite blenorrágica* ou por machucaduras dos escrotos é prontamente curada por aplicações de panos molhados com o *Extrato, frequentemente* renovados.

21. *Inflamação* ou dor dos ovários curam-se com aplicações quentes de panos molhados com o *Extrato* puro sobre os lados do baixo ventre e renovados constantemente, a fim de se conservarem sempre úmidos.

Em alguns dos casos apontados, havendo laceração da pele e dos tecidos com ulceração, mais ou menos profunda, ou em inflamações salientes, exigindo mudanças menos frequentes de curativos, pode-se usar, em vez das *soluções aquosas do Extrato de Hamamelis*, a *Pomada* de *Hamamelis*, feita do *Extrato* segundo a fórmula geral.

Emprega-se, então, a *pomada* no tratamento externo das *hemorroidas sangrentas ou não*;[101] *fístulas, fendas* ou *rachaduras* do ânus; *queda do reto* nas crianças; *úlceras e chagas antigas e rebeldes; úlceras varicosas e eczemas; assaduras das crianças; sarnas, impigens, eczemas, comichões, urticária* e erupções escamosas da pele; inflamação crônica ou recente das pálpebras; *rachaduras* da pele, das mãos, dos pés, dos lábios e do bico do peito; *leicenços, antrazes e calos machucados, bolhas de sapato e picadas de insetos*.

Renova-se o curativo 2 a 3 vezes por dia.

São essas (a *solução aquosa e a pomada*) as duas formas principais em que se costuma empregar externamente o *Extrato de Hamamelis*, no curativo das afecções externas.

Além dessas duas formas de aplicar o *Hamamelis*, fazem também as farmácias homeopáticas *supositórios*, introduzindo-o no ânus, pela parte mais fina, e lá deixando-o ficar – ele lá se derreterá espalhando o remédio que contém sobre os mamilos hemorroidários.

Sob essa mesma forma de supositórios, pode ainda ser empregado no *vaginismo*.

---

101. Contra as hemorroidas, pode-se associar o *Hamamelis* ao *Aesculus*, na seguinte pomada:

Extrato de *Hamamelis* .... 1 parte
Tintura-mãe de *Aesculus* .... 1 parte
Lanolina .... 3 partes
Vaselina .... 7 partes

Misture-se e aplique-se.
Mas contra as hemorroidas dolorosas (bem como contra quaisquer dores do ânus), o Dr. P. Jousset gabava muito a seguinte pomada feita com a *Paeonia*:

Tintura-mãe de *Paeonia* .... 10 gotas
Vaselina pura .... 20 g
ou então
Paeonia 1ª trit. decimal .... 4 partes
Vaselina pura .... 20 partes

Enfim, o *Extrato de Hamamelis* é ainda uma excelente *água de toucador*, que, com o *Sabonete de Hamamelis*, deve ser usado por toda mulher que queira ver sempre sua cútis conservada, macia e lisa. Quando a pele do rosto ou das mãos é rugosa e escoriada ou gretada, para torná-la macia, sedosa e elástica, deita-se uma colheradinha das de chá do *Extrato* na água que servir para lavar as mãos e o rosto, ou então junta-se o extrato à espuma de um bom sabonete comum e deixa-se estar em contato com a pele durante alguns minutos. Ou então usa-se o *Sabonete de Hamamelis*, que se vende em farmácias homeopáticas; esse faz desaparecer as espinhas, panos, manchas, escoriações, lacerações da cútis, asperezas e rugas da pele, restaurando e conservando sua beleza, maciez e sedosidade.

Com o *Extrato de Hamamelis* ainda se poderá fazer uma excelente e inocente *água dentifrícia* para lavagem dos dentes e da boca. Eis a melhor fórmula:

Extrato de Hamamelis .... 1 parte
Água destilada de rosas .... 1 parte

(A *água destilada de rosas* encontra-se à venda nas farmácias alopáticas.)
Complementar: *Ferrum metalicum*.
Remédio que lhe segue bem: *Arnica*.
Duração: 1 a 7 dias.

336. HEDEOMA PULEGIOIDES

Sinonímia: *Cunila pulegioides, Melissa pulegioides* e *Ziziphora pulegioides*. Pertence às *Labiatae*.
Doenças da mulher com perturbações nervosas. Sensação de peso no útero com leucorreia acre. Amenorreia. Ovários congestos e dolorosos.
Gastrite. Tudo que cai no estômago dói. Abdome distendido e doloroso.
Desejo frequente de urinar, com dores ardentes e cortantes. Dor ardente no colo da bexiga que traz imenso desejo de urinar com incapacidade de reter a *urina*. Dores ao longo dos ureteres.
Tendão de Aquiles doloroso e inflamado.
Dose: T.M. 1ª e 3ªx.

337. HEKLA LAVA

Sinonímia: *Hecla lava*.
Notável ação sobre os ossos maxilares. Um grande remédio das exostoses, abscessos da gengiva e dentição difícil. Nodosidades, cáries dos ossos, osteíte, periostite, *cancro do osso*.

Raquitismo. Tumores em geral. Nevralgia facial de dente cariado. Dores de dentes, depois da extração.
Hipertrofia da osso maxilar. Glândulas cervicais, aumentadas e endurecidas.
Dose: 3ª trit. à 30ª.

338. HELIANTHUS ANNUUS[102] (Girassol)

Sinonímia: *Flos solis*. Pertence às *Compositae*.
O uso deste remédio é empírico e a sua principal indicação (que devemos ao falecido Dr. Saturnino Meirelles) é no *tétano traumático*, contra o qual é eficaz. Velhos casos de febre palustre.
Um dos remédios do baço. O óleo é usado como sucedâneo do óleo de oliva.
Dose: 5ª.
Uso externo: Feridas e úlceras.

339. HELIOTROPIUM

Sinonímia: *Heliotropium peruvian*. Pertence às *Borraginaceae*.
Sintomas de pressão e tensão em vários lugares. Pressão no esterno, impedindo a respiração. Rouquidão e "voz grossa".
Queda e versões do útero.
Dismenorreia membranosa.
Dose: 3ª, 5ª e 6ª.

340. HELLEBORUS NIGER (Heléboro negro)

Sinonímia: *Helleborum nigrum, Melampodium* e *Veratrum nigrum*. Pertence às *Ranunculaceae*.
Remédio útil em muitas formas de hidropisia. Convulsões crônicas. Mau hálito. Queda do maxilar inferior. Há uma diarreia semelhante à gelatina; a urina é *escura, escassa e albuminosa*, depositando às vezes um *sedimento parecido com borra de café*. Pode se usar na anasarca em geral, devida às moléstias do coração, na ascite e nas *hidropisias pós-escarlatinosas*, sobretudo nestas últimas, em que ele tem demonstrado ser um remédio maravilhoso. Hidropisias repentinas. Hidrocefalia. Beribéri.

---

102. No Hospital Hahnemanniano, quando interno do Prof. Dr. Sabino Theodoro, observei um caso de tétano em um empregado da destilaria Guichard curado unicamente com *Helianthus*.

Depressão sensorial e fraqueza muscular geral, podendo ir até a paralisia. Movimentos automáticos de uma perna e braço. *Estupor.*
Mania de tipo melancólico. Em mulheres na puberdade.
As crianças querem só mamar e não querem comer.
Agravação à tarde.
Ponto de Weihe: do meio do 1/3 interno da linha que une a cicatriz umbilical ao ponto de *Scilla.*
Remédios que lhe seguem bem: *Belladona, Bryonia, China, Lycopodium, Nux, Phosphorus, Pulsatilla, Sulphur* e *Zincum.*
Antídotos: *Camphora* e *China.*
Duração: 20 a 30 dias.
Dose: 3ª, 5ª, 6ª, 12ª e 30ª.

341. HELODERMA
(Gila)

Sinonímia: *Heloderma horridas.* Pertence às *Helodermidae dos Lacertilia.*
Exoftalmia. Frigidez do alto da cabeça aos pés. Medicamento útil na paralisia agitante, na ataxia locomotora e na debilidade cardíaca, com *grande resfriamento* ou sensação de frialdade interna – *frialdade de gelo.* Homeopaticamente chamado o remédio *do* "frio ártico". *Polinevrite. Parquinsonismo.*
Dose: 30ª.

342. HELONIAS DIOICA
(Heléboro-amarelo)

Sinonímia: *Chamaelirium cardinianum, Helonias lutea, Melanthium dioicum, Ophiostachys virginica* e *Veratrum luteum.* Pertence às *Siliaceae.*
Remédio uterino, na queda da matriz, menorragia, leucorreia e estados atônicos do útero – anemia, clorose. Clorose depois da difteria. Sobretudo em mulheres enervadas pela Indolência ou a luxúria ou exaustas por pesados trabalhos; melhora pela atenção ou quando o médico chega. Languidez, prostração, dor de cadeiras. Sente *o útero com endolorimento e peso.* Melhor, quando em algum trabalho ou companhia. Profunda melancolia. Melhora pelo trabalho. Na menopausa, alternância de baforadas de calor com onda de frio.
Dor de cabeça com perturbações uterinas. Prurido vulvar. *Vaginite; vulvite. Menstruações profusas.*
No *Mal de Bright* e perturbação dos rins é muito eficaz – nas mulheres, sobretudo durante a gravidez. Diabetes.

Depressão mental devida ao bromureto de potássio. Debilidade depois da difteria.
É um *tônico uterino* e seu *uso,* feito com firmeza na esterilidade, será muitas vezes seguido de gravidez.
Ponto de Weihe: meio do 1/3 externo da linha que vai da cicatriz umbilical ao meio de uma linha que une a espinha ilíaca ântero-superior com a sínfise pubiana. Lado direito.
Dose: 5 a 10 gotas de T.M.

343. HEPAR SULPHURIS
(Fígado de enxofre)[103]

Sinonímia: *Calcarea sulphurata, Calcium sulphuratum* e *Hepar sulphuris calcareum.*
Constituição escrofulosa e gânglios ingurgitados.
Supuração e muita sensibilidade, mental e física (ao toque, à dor e ao frio) são as duas características deste medicamento. Hipersensibilidade ao frio, ao toque e às contrariedades.
Moléstias purulentas dos olhos. Hipopion. Vilas diz que *Hepar* curará mais casos de queratite do que qualquer outro medicamento. Úlceras e abscessos da córnea, com hipopion. Um dos nossos mais importantes remédios da conjuntivite em qualquer caso. Blefarite. Dacriocistite.
Um remédio ideal para *erupções pustulosas* da pele. Psoríase palmaris. Esfoladuras úmidas entre o escroto e a coxa.
Ausência quase total de febre. *Suores profusos;* na menopausa.
Ameaçando a supuração, *Hepar* pode fazê-la abortar; se ela for inevitável, ele a conduzirá a bom termo; outra vez, ele reabsorverá o pus. "Clinicamente, *Hepar* e *Mercurius*, dados alternadamente, são dois remédios fiéis para a reabsorção do pus de qualquer abscesso quente" (Dr. Cartier). Abscessos. Furúnculos. Panarícios.
A mais leve causa irrita. *Extremamente sensível* ao toque; erupções, feridas, úlceras, todas as inflamações locais.
Tosse, quando se descobre qualquer parte do corpo – *rouca, sufocante, estrangulando. Difteria crupal.*
Tosse noturna dos tísicos – valioso remédio que deve ser dado na 3ªx, duas pastilhas de hora em hora, à noite, até aliviar. Bronquite crônica. Pleuris purulento ou complicado com bronquite (remédio excelente).

---

103. Não é propriamente o fígado de enxofre. É um preparado de Hahnemann constituído de carbonato de cálcio e flores de enxofre.

Laringite aguda ou crônica; com *rouquidão*, das crianças e dos cantores. O Dr. Mitchell considera *Hepar* o remédio mais eficaz da laringite crônica. "É, a meu ver, o remédio mais fiel da *laringite estridulosa*" (Dr. F. Cartier).
Profusa transpiração na menopausa.
Incômodos produzidos pelo abuso do mercúrio ou de ferro. Ulcerações ao nível das comissuras labiais.
Nariz entupido, cada vez que se expõe ao frio.
Inflamação das amígdalas, surdez.
Disenteria crônica. Abscessos do fígado.
Diarreia branca das crianças de peito, de natureza ácida.
As fezes, ainda que moles, e a urina são expelidas com dificuldades. Nunca pode esvaziar de todo a bexiga. Perturbações urinárias dos idosos. Catarro vesical com pus.
Nefrite e hidropisia durante a escarlatina (3ª).
Cheiram a queijo velho – úlceras e secreções.
Ponto de Weihe: linha axilar anterior 3º espaço intercostal, lado direito.
Complementar: *Calendula.*
Remédios que lhe seguem bem: *Abrotanum, Aconitum, Arum triphyllum, Belladona, Bryonia, Calendula, Iodum, Lachesis, Mercurius, Nitricum acididum, Rhus, Sepia, Spongia, Silica* e *Sulphur.*
Antídotos: *Aceticum acidum, Arsenicum, Belladona, Chamomilla* e *Silicea.*
Duração: 40 a 50 dias.
Dose: 5ª à 200ª. As altas dinamizações (30ª, 100ª, 200ª e 1.000ª) podem abortar a supuração, quando ela ameaça; as dinamizações baixas (3ª ou 5ª) podem promovê-la. Se for necessário apressá-la, dá-se a 2ªx em pastilhas.
Uso externo: abscessos em geral, sob a forma de pomada: uma parte da 1ªx trit. para 10 de vaselina.

344. HERACLEUM SPHONDYLIUM

Sinonímia: *Acanthus vulgaris. Branca ursina, Pastinaca vulgaris* e *Pseudo-acanthus.* Pertence às *Umbelliferae.*
Estimulante da medula espinhal. Epilepsia com flatulência e sintomas da pele.
Suores gordurosos na cabeça, com coceira violenta. *Seborreia capitis.*
Dores no estômago com ânsias de vômito.
Regurgitações e gosto amargo. Fome, com incapacidade para comer. Dores esplênicas e hepáticas.
Dose: 3ª.

345. HIPPOMANES

(*Depósito de mecônio tirado do líquido amniótico que envolve o potro.*)
É o famoso afrodisíaco dos gregos.
Frio glacial no estômago. Desejo sexual aumentado. Prostatite. Dor nos testículos.
Dores e paralisias dos punhos. Coreia.
Antídoto: *Coffea.*
Dose: 6ª à 30ª.

346. HIPPOZAENIUM[104]

Sinonímia: *Malleinum, Glanderin* e *Farcin.*
Poderoso nosódio estudado pelo Dr. J. J. Garth Wilkinson, e indicado no câncer, sífilis, ozena, escrófulas, pioemia e erisipelas.
Rinite crônica. Tubérculos das asas do nariz. Glândulas inflamadas. Bronquite asmática. Bronquite dos idosos. Nódulos no braço. Eczemas. *Asma. Rinite alérgica.*
Dose: 30ª, 100ª e 200ª

347. HISTAMINUM
(Cloridrato de Histamina)

Nos últimos tempos, o mais notável trabalho feito dentro da *Matéria Médica Homeopática* foi a experimentação de *Histaminum*, debaixo da orientação sábia do grande homeopata argentino Dr. Jacobo Gringauz. Dois anos levou aquele nosso colega experimentando em 38 voluntários para conseguir a patogenesia.
Ao lado da escola argentina, não podemos deixar de citar também a escola inglesa do London Homeopathic Hospital que também, sob a direção do grande homeopata Prof. Dr. Templeton, deu-nos a patogenesia da *aloxana*. Eis um resumo de *Histaminum*:
Grande irritabilidade. Desejo de chorar.
Angústia. Cansaço geral acentuado.
Prurido do couro cabeludo. Rosto enrubecido e quente. Ardor nos olhos. Ouvidos tapados.
Coriza abundante, com espirros. Nervosismo na boca do estômago. *Náuseas.*
Diarreia matinal (6 horas da manhã) com dores abdominais e calafrios. Opressão na região precordial ao caminhar. *Dor na nuca.*
Cansaço acentuado nas pernas. Parestesias no braço e no antebraço. Sangue menstrual escuro e fétido.
Transpiração abundante e generalizada. Sensação de febre.
Dose: 5ª, 30ª, 100ª e 200ª.

---

104. Conhecido, especialmente na França, por *Malleinum.*

348. HURA BRASILIENSIS
(Açacu)

Sinonímia: *Açacu.* Pertence às *Euphorbiaceae.*
Remédio usado na *sífilis* e em certas moléstias cutâneas, dartros, erupções pustulosas e oftalmias. O remédio mais eficaz na *lepra.*
Dose: T.M. Na lepra, a 1ªx ou a 2ªx, 3ª, 5ª e 6ª.

349. HYDRANGEA ARBORESCENS
(Sete-casacas)

Pertence às *Saxifragaceae.*
Um remédio para *gravalia* e *fosfatúria.*
Cálculos renais. Cólicas neríticas. Urina sanguinolenta. Adenoma prostático (*Ferrum picricum* e *Sabal*).
Dor nos lombos, especialmente à esquerda.
Dose: T.M.

350. HYDRASTIS CANADENSIS
(Cúrcuma)

Sinonímia: *Warneria canadensis.* Pertence às *Ranunculaceae.*
Pessoas magras e fracas apresentando corrimentos mucosos, espessos e filamentosos.
Catarro crônico de todas as mucosas, espesso, amarelado, viscoso – rinite, estomatite, angina, bronquite, *leucorreia,* conjuntivite, gonorreia etc.; em pessoas idosas e *debilitadas.*
Sinusite aguda consecutiva a defluxo, com corrimento mucopurulento. Otite média supurada, consequente à gripe.
Faringite folicular crônica; *feridas da garganta.*
Dispepsia atônica, acidez, mau fígado, pele cor de terra, vazio e pulsação na boca do estômago. Prisão de *ventre* (1 ou 2 gotas de tintura-mãe diariamente antes do almoço); sobretudo com sensação do vazio profundo na boca do estômago, devida a hábitos sedentários ou abuso de purgativos. Língua limpa nos lados e na ponta, tendo uma faixa amarela no centro, com a marca dos dentes nos bordos.
Na dilatação do estômago, use *Hydrastinum muriaticum* 3ªx trit.
O Dr. Garth Wilkinson considera *Hydrastis* tão específico para a *varíola* como *Belladona* o é para a *escarlatina.*
O Dr. Jousset considera *Hydrastis* como o melhor remédio do *lúpus* (forma *ulcerosa*).
Um grande *tônico,* na debilidade, anemia e emagrecimento (em T.M. no vinho branco).
Combate a tendência de certas mulheres à retenção da placenta; preventivo, durante as últimas semanas da gravidez.
Nas metrorragias, doses de 10 gotas de T.M. repetidas a cada 15 minutos regulam a hemorragia.
Papeira da puberdade e *gravidez.*
Cancro, sobretudo do seio, do útero e do estômago. Um grande remédio do cancro. Úlceras. Má pele.
Cólica hepática (10 gotas de tintura-mãe em um pouco de água bem quente de meia em meia hora).
Ponto de Weihe: limite do 1/3 médio e inferior da linha que une a cicatriz umbilical à sínfise pubiana.
Dose: T.M. à 30ª.
Uso externo: pode-se dizer que é hoje o medicamento mais empregado, em uso externo, contra as *moléstias catarrais crônicas das mucosas,* sobretudo dos órgãos genitais da mulher; muito prontamente eficaz também na erisipela, nas rachaduras da pele, dos lábios, da língua, do ânus, do bico do peito; nas assaduras das crianças; no cancro do reto; nas feridas de mau caráter; no corrimento crônico do ouvido, no catarro crônico do nariz, nas moléstias da garganta (em gargarejo) e nas vegetações adenoides das crianças mal desenvolvidas. Lúpus ulcerado. Na gonorreia, constitui uma injeção local muito eficaz; dissolve-se uma parte de tintura-mãe em 10 ou 15 partes de água fervida e fazem-se 2 ou 3 injeções por dia; pode-se nesses casos usar também o *Extrato de Hydrastis,* incolor e transparente como água, puro ou misturado com metade de água. O Dr. Yeldham aconselha injeções na gonorreia de uma infusão de 0,30 g de pó de raiz de *Hydrastis* em uma garrafa de água destilada. É, porém, nos órgãos genitais femininos que ele desenvolve inexcelível eficácia, nas leucorreias e úlceras do útero, nas inflamações da vagina e da vulva. Pode ser usado só um associado à *Calendula,* em *gliceróleo,* conforme indicamos. Além da injeção, pode também o gliceróleo de *Hydrastis* ser aplicado na vagina por meio do *tampão vaginal* ou então sob a fórmula de Óvulos de *Hydrastis* feitos de glicerina solidificada; e em outras cavidades a tintura-mãe em injeções, em solução aquosa (assim no nariz, em casos de vegetações adenoides). No cancro do reto, em pequenos clisteres. Em geral, renova-se o curativo 2 a 3 vezes por dia.

351. HYDROCOTYLE ASIATICA
(Pé-de-cavalo)

Sinonímia: *Hydrocotyle nummularioides* e *Hydrocotyle pallida.* Pertence às *Umbelliferae.*
O principal uso que deste remédio tem feito a Escola Homeopática é na *lepra* e na *elefan-*

tíase dos árabes, especialmente nesta última, onde, de fato, parece muito eficaz. *Lúpus não ulcerado. Acne rosácea*.
Grande espessamento da pele, com esfoliação de escamas. Psoríase. Ictiose.
É também usado nas *úlceras do colo do útero* (remédio de grande valor), bem como no cancro uterino.
Dose: T.M. à 6ª.

352. *HYDROCYANICUM ACIDUM*
(Ácido prússico)

Sinonímia: *Acidum borussicum, Acidum zooticum* e *Prussicum acidum*.
A mais bela esfera de ação deste medicamento é na epilepsia, contra a qual deve ser dado na dose de 5 gotas de 6ª ou 3 gotas da 5ª quatro vezes por dia (Dr. R. Hughes). Medo de tudo. *Hipoestesia sensorial*.
Antiespasmódico; *coqueluche; asma* (casos recentes); palpitações nervosas ou orgânicas do coração; tosse dos tísicos (12ª din.); *convulsões urêmicas* e histéricas. Tétano. Angina pectoris.
Gastralgia melhorada por comer. Dispepsia com palpitações. Vazio da boca do estômago na menopausa.
Cólera asiática: colapso súbito, respiração espasmódica, lenta, profunda, suspirosa. *Uremia convulsiva*.
Ponto de Weihe: linha que vai do apêndice xifoide à cicatriz umbilical, debaixo do ponto de *Natrum carbonicum*.
Dose: 6ª, 12ª, 30ª, 100ª e 200ª.

353. *HYDROPHOBINUM*[105]
(Saliva de cão hidrófobo)

Sinonímia: *Lyssin*.
Este remédio afeta principalmente o sistema nervoso, produzindo uma *hiperestesia geral dos sentidos*, com exagero do instinto sexual, convulsões, todos os sintomas sendo agravados por *ver e ouvir a água correr* ou mesmo *pensando em água*.[106]
Não pode suportar o calor do sol.
Queda da matriz. Vaginismo.

---

[105]. Estudado por Hering, 50 anos antes de Pasteur, em 1833.
[106]. Nota dos Editores [da edição de 1940]: Foi graças a este extraordinário agente terapêutico que o notável médico Dr. Joaquim Murtinho, engenheiro civil e insigne homem de Estado, viu realizar-se a cura de uma jovem que, padecendo horrivelmente havia já 7 anos, percorrera consultórios e clínicas das maiores sumidades médicas do Brasil e da Europa!

Histeria; nevralgia e artralgias histéricas. Cefalalgia. Esofagismo.
Más consequências de desejo sexual anormal. Atrofia dos testículos.
Dose: 30ª, 60ª, 100ª e 200ª.

354. *HYOSCYAMUS NIGER*

Sinonímia: *Hyoscyamus, Hyoscycimus agrestis, Hyoscycimus pallidus* e *Jusquiami*. Pertence às *Solanaceae*.
Delírio estuporoso e murmurante das moléstias agudas, sobretudo *tíficas*; *tenta apanhar no ar coisas imaginárias*; belisca as roupas da cama; *sobressaltos musculares*. Febre puerperal. Pneumonias tíficas. Alucinações.
Mania *desconfiada* ou lasciva. Descobre-se e mostra o seu corpo. Mania senil. Medo constante de ser envenenado pelos que o tratam. "Bom remédio para os maus efeitos dos ciúmes excessivos, susto ou amor contrariado" (Dr. Dewey). Excitação seguida de prostração. Paralisia da bexiga ou diarreia; depois do parto. *Contrações nervosas. Blefaroespasmo. Convulsões causadas por susto*. Soluços. Gastrite tóxica. Sede insaciável. *Convulsões puerperais*.
Tosse pior à noite na cama (excelente remédio), depois de comer, beber ou falar. Calmante maravilhoso para a *tosse noturna dos tísicos* e da gripe.
Diz o Dr. Buttler que, para combater a insônia constante do alcoolismo agudo, nenhum outro remédio se pode comparar a *Hyoscyamus* em T.M. (5 a 10 gotas em meio copo de água, uma colheradinha a cada meia hora).[107]
Ponto de Weihe: ângulo externo entre a inserção do esternoclidomastoideo e a clavícula, lado esquerdo.
Remédios que lhe seguem bem: *Belladona, Pulsatilla, Stramonium* e *Veratrum*.
Antídotos: *Nitri acidum, Belladona, Citricum acidum, China* e *Stramonium*
Duração: 6 a 24 dias.
Dose: 3ªx à 30ª e 200ª. Sobretudo a 3ª ou 5ª.

355. *HYPERICUM PERFORATUM*
(Hipericão)

Sinonímia: *Fuga daemonum, Herba solis* e *Hypericum pseudo perforatum*. Pertence às *Hypericaceae*.
Em qualquer contusão ou ferimento em que os *nervos* tenham sido ofendidos, apresentando muita dor; na depressão nervosa consecutiva, ou no *trismus* ou *tétano* que possam ocorrer mais tarde, *Hypericum* é o remédio, interna e

---

[107]. Indicação perigosa.

externamente. Espasmos depois de um traumatismo. Dores e nevralgias depois de operações cirúrgicas; na arteriosclerose. Nevrites. *Coccigodinia.* Dores ao longo da coluna vertebral. *Hérnia do disco. Neurastenia pós-estafa.* Hemorroidas; diz Kochig que *Hypericum* é o remédio por excelência das hemorroidas. Combate as hemorragias das feridas laceradas. Asma que piora por tempo nublado.
Dado na 3ªx de 20 em 20 minutos, alivia em 12 horas as dores consecutivas à laparotomia. Serve também para prevenir o tétano em pessoas que se ferem na palma da mão ou na planta do pé (1ªx).
Ponto de Weihe: quinta vértebra lombar. Fazer pressão do alto para baixo sobre a apófise espinhosa.
Antídotos: *Arsenicum, Chamomilla* e *Sulphur.*
Duração: 1 a 7 dias.
Dose: T.M. à 5ª.
Nos casos em que há traumatismo nervoso antigo, como causa de moléstia atual, convém iniciar o tratamento por uma dose de 200ª, 500ª ou 1.000ª.
Uso externo: este remédio tem a mesma relação para as *lacerações dos nervos como tem Arnica para as contusões;* daí seu frequente emprego no tratamento das *feridas dos nervos* e das partes ricas de nervos, como os *dedos das mãos e dos pés,* e das feridas que são *excessivamente dolorosas,* sobretudo havendo depressão nervosa; daí ainda seu emprego nos casos de feridas dos pés por pregos ou lascas, e dos dedos por lasquinhas e corpos estranhos enterrados debaixo da unha, e nas machucaduras dos dedos por martelo ou dos dedos dos pés por deixar cair sobre eles coisas pesadas; daí, enfim, seu uso frequente no tratamento das *dores agudas que se seguem a algumas operações cirúrgicas,* quando é ofendido algum ramo nervoso. Modifica e detém as escaras e, dado internamente, depois dessas operações, é muito mais importante do que a morfina dos alopatas, para aliviar a dor. Emprega-se, por isso, o *Hypericum* nas *feridas por armas de fogo,* no *panarício,* nas *nevrites traumáticas,* no *traumatismo da medula espinhal* (machucaduras ou feridas), nas *queimaduras* muito dolorosas, nas úlceras gangrenosas e sépticas muito sensíveis ao toque, nas *feridas dilaceradas* e nas *nevralgias traumáticas.*
Na Guerra Civil dos Estados Unidos, em 1863, o Dr. Franklin, célebre cirurgião homeopata americano, usou com muito sucesso a tintura de *Hypericum* no tratamento dos seus feridos. Ele aconselha que se use uma solução de 1 parte de tintura em 20 partes de água fervida, quente. "Com efeito, diz esse, tenho visto os mais notáveis e prontos resultados do uso de *Hypericum,* aplicado em loção quente, por meio de compressas, nas feridas laceradas, para as quais ele é o que a *Calendula* é para as *feridas supuradas".*
Há outra preparação, um extrato da planta em óleo de linhaça quente, chamado *Óleo de Hypericum.* Um óleo que é muito eficaz nas escaras provocadas pela posição deitada, durante longo tempo.

356. IBERIS AMARA
(Ibérica amara)

Pertence às *Cruciferae.*
Vertigem como se o *occiput* estivesse dando voltas.
Grande medicamento do coração. Irregularidade e fraqueza do músculo cardíaco, nas moléstias valvulares daquele órgão; palpitações com vertigens e sufocações na garganta, e agravadas pelo mais leve exercício, pelo falar ou pelo tossir. Excitação nervosa. Pulso irregular e intermitente. *Bradicardia vagal tóxica* 30ª (Jarricot).
Taquicardia. Dispneia cardíaca. O doente sente o coração.
Debilidade cardíaca depois da gripe.
Dose: T.M. e 1ª.

357. ICHTHYOLUM
(Ictiol)

Tem ação sobre as mucosas, a pele e os rins. Tosse de inverno em pessoas idosas. Poliartrite. Reumatismo crônico. Diátese úrica. Tuberculose. Alcoolismo.
Irritável e, em seguida, depressão. Esquecido. Acne e coceira na face, que apresenta a pele seca. Coriza esbranquiçada. Grande vontade de espirrar.
Mau gosto na boca, com dor ardente no estômago e muita sede. Náusea. Aumento do apetite. Diarreia matinal diária.
Aumento da urinação e do número de vezes que urina. Dor ardente no meato.
Tosse seca, que atormenta. Bronquite dos idosos. Psoríase, acne rosácea, erisipela. Furúnculos.
Dose: 3ª, 5ª e 6ª.

358. IGNATIA AMARA
(Fava de Santo Inácio)

Sinonímia: *Faba febrífuga, Faba indica, Ignatia,* S*trychnos Ignatii* e S*trychnos philippensis.* Pertence às *Loganiaceae.*
É o *remédio das grandes contradições*; o zumbido de ouvidos melhora com o ruído; as

hemorroidas com o andar; a dor de garganta com a deglutição dos sólidos; quanto mais tosse pior; riso convulso de pesar; desejo e impotência; prisão de ventre e muita vontade de evacuar: *sede durante o calafrio da febre intermitente e calor febril sem sede.*

Caprichoso: muda rapidamente de estado mental, de alegria em pesar, de riso em choro. Grande remédio da histeria; *globus histericus*; *clavus histericus*.

Pessoas mental e fisicamente exaustas por um pesar longamente concentrado. Suspiros involuntários. Pesar silencioso. Aliviará o angustioso pesar causado por morte na família – a peculiar fraqueza ou vazio da boca do estômago, quando algum pesar o consome.

Espasmos ou convulsões devidas ao medo, castigos (nas crianças) ou outras emoções fortes. Tremor das pálpebras. Astenopia, com espasmos das pálpebras e dores nevrálgicas em torno do olho. Fotofobia.

Humor melancólico. Aversão pelo fumo.

Insônia após contrariedades. Dor de cabeça localizada em um só lado e melhorada quando se deita sobre esse lado. Frieza sexual e esterilidade.

Sensação de constrição gástrica, melhorada por profunda inspiração.

Um grande remédio do reto – puxos ou quedas do reto, sobretudo nas crianças, com evacuações normais.

As fezes passam com dificuldade; constrição dolorosa do ânus depois da evacuação.

Um valioso remédio na *amigdalite folicular*, com pontos brancos disseminados sobre as amígdalas e dores lancinantes estendendo-se aos ouvidos. *Epilepsia nas crianças* (o mais valioso remédio a dar, ao se começar um caso).

Complementar: *Natrum muriaticum.*

Remédios que lhe seguem bem: *Calcaria phosphorica, Arsenicum, Belladona, China, Cocculus, Lycopodium, Pulsatilla, Rhus, Sepia, Silica* e *Sulphur.*

Inimigos: *Coffea, Nux* e *Tabacum.*

Antídotos: *Aceticum acidum, Arnica, Cocculus, Chamomilla* e *Pulsatilla.*

Duração: 9 dias.

Dose: 5ª à 30ª, 200ª, 500ª e 1.000ª. Prefira a 200ª, nos traumas morais.

359. ILLICIUM ANISATUM
(Anis estrelado)

Pertence às *Magnoliaceae*.
Veja *Anisum stellatum.*

360. ILEX AQUIFOLIUM

Sinonímia: *Ilex canadensis, Iles caxiflora* e *Ilex querefolia.* Pertence às *Aquifoliaceae.*

Febre intermitente. Dor sobre o braço. Os sintomas melhoram no inverno.

Estafiloma. Infiltração da córnea. Órbitas ardentes à noite.

Dose: 1ª.

361. INDIGO
(Anil)

Sinonímia: *Color indicus, Indicum, Indigofera anil, Indigum* e *Pigmentam indicum.* Pertence às *Leguminosae.*

Sua ação é muito notável sobre o sistema nervoso e de indubitável benefício no tratamento da epilepsia *com grande tristeza.*

Gênio caprichoso e desejo de se ocupar com alguma coisa.

Neurastenia; histeria. Sensação de uma faixa em torno da cabeça e de ondulação dentro dela.

Eructações; bafos de calor que sobem do estômago à cabeça. Esofagismo.

Ciática. Nevralgias histéricas; irritação.

Epilepsia; ataque começando por vertigem. Coreia.

Gonorreia; estreitamento da uretra.

Cistite; *prolapso retal.* Catarro vesical crônico. Convulsões verminosas; *febre verminosa.*

Dose: 3ª à 30ª, 60ª, 100ª e 200ª.

D6 e D12 coloidais, em tabletes.

362. INDIUM METALLICUM
(Indium)

Remédio das cefaleias e da enxaqueca; *dores de cabeça, quando se forçando para defecar*; dores nas têmporas e fronte com náuseas, fraqueza e *insônia.*

Dores nas costas. Urina fétida, após ficar de pé algum tempo.

Psicopatia sexual. Ejaculação sem ereção.

Dose: 6ª à 200ª.

363. INSULINA

(Princípio ativo do pâncreas que regula o metabolismo do açúcar.)

Irritação da pele. Eczema crônico. Ulceração varicosa com glicosúria. Sintomas da pele em diabéticos.

Dose: 3ªx à 30ª.

364. INULA HELENIUM
(Escabiosa)

Sinonímia: *Corvisartia helenium* e *Enula campana*. Pertence às *Compositae*.
Um remédio das membranas mucosas.
Empregado na bronquite crônica, com debilidade, fraca digestão e expectoração muito espessa.
Asma; pior à noite ao deitar. Tosse seca e laringe dolorosa.
Dismenorreia com desejos de defecar; espasmos nos órgãos genitais, com violentas dores de cadeiras. *Uretrite crônica*.
Leucorreia, com sensação de peso nos órgãos genitais.
Tuberculose, alternado com *Echinaceia ang.* 1^ax.
Cistite; disúria; urina com cheiro de violetas.
Na França e na Suíça as raízes são usadas na destilação do absinto.
Dose: 1^a à 3^a.

365. IODOFORMIUM
(Iodofórmio)

A principal esfera de ação deste medicamento é em estados tuberculosos. Um grande medicamento da *meningite*, sobretudo *tuberculosa*; e também dá os mais excelentes resultados na *tuberculose intestinal*: diarreia crônica, distensão do ventre, inchaço das glândulas mesentéricas.
"Para as lesões tuberculosas das glândulas e dos ossos não conheço remédio algum que dê os prontos e positivos resultados que se obtêm do *iodofórmio*" (S. Raue). Cáries; adenites tuberculosas ou não. Coxalgia.
Cólera infantil. Diarreias crônicas; esverdeadas, aguadas, indigeridas. *Pupilas dilatadas e de tamanho desigual*.
O quanto contenha da 2ª trituração a ponta do cabo de uma colher de chá, posto sobre a língua, a seco, aliviará prontamente ataques de *dispneia asmática*.
Um bom remédio da asma (3^a).
Dose: 3^ax o 6^a.

366. IODUM

Sinonímia: *Iodium*.
Paciente magro, face alongada, seca, amarelada e cabelos pretos.
Come bem, mas emagrece cada vez mais: alívio por comer. Marasmo infantil. Tuberculose mesentérica. Caquexia das moléstias crônicas. Diarreia gordurosa, pancreatite crônica.
Ansiedade do espírito e do corpo agravada pelo repouso.

Hipertrofia e endurecimento das *glândulas* – tiroide (papeira), seios, ovários, testículos, útero, próstata, gânglios linfáticos, sobretudo do pescoço. *Escrófula*. *Vegetações adenoides*.
Dores profundas agravadas pelo calor.
Útil nas exacerbações agudas das inflamações crônicas.
O Dr. Lambrechts gaba muito a 3ª trituração decimal do *Iodum* (25 centigramas por dia em três doses) no tratamento da asma. Edema da glote.
Cefaleia ou vertigem congestiva crônica dos idosos.
Vômitos da gravidez (remédio muito seguro).
Ovarite. Remédio dos seios frouxos e atrofiados. Evita a recorrência da mola. Aftas e ulcerações da mucosa bucal.
Surdez catarral.
Um grande remédio da pneumonia (3^ax). *Pneumonia estendendo-se rapidamente*.
Coriza que desce para o peito.
Tosses crônicas suspeitas, simulando a tísica; pneumonia retardada e prolongada.
Prisão de ventre com desejo ineficaz e urgente, melhorada pelo uso de leite frio. Diarreias alternando com a prisão de ventre.
Urina amarelo-esverdeada, espessa, acre e com cutícula superficial. Macray aconselha-o nas lombrigas, quando *Santoninum* falha.
Ponto de Weihe: meio da linha que une a ponta do apêndice xifoide à cicatriz umbilical.
Complementares: *Badiaga* e *Lycopodium*.
Remédios que lhe seguem bem: *Aconitum, Argentum nitricum, Calcaria, Calcaria phosphorica, Kali bromatum, Lycopodium, Mercurius, Phosphorus* e *Pulsatilla*.
Antídotos: *Antimonium tartaricum, Apis, Arsenicum, Aconitum, Belladona, Camphora, China, China Sulphur, Coffea, Ferrum, Graphites, Gratiola, Hepar, Ophorinum, Phosphorus, Spongia, Sulphur* e *Thuya*.
Dose: 1^a à 6^a e mesmo a 30^a.
Uso externo: Para pincelar feridas, sem usar água do oopócio alguma.

367. IPECA ou IPECACUANHA
(Poaia)

Sinonímia: *Callicocca ipeca, Cephaëlis emetica, Cephaëlis ipecacuanha, Hipecacuanha brasiliensis, Hyg. dysenteria, Ipecacuanha fusca* e *Psychotria ipecacuanha*. Pertence às *Rubiaceae*.
Pessoas irritáveis e que não sabem o que desejam.
Náuseas e vômitos insistentes, hemorragias profusas de sangue vermelho vivo e asma são as três principais indicações deste remédio.

Em todas as moléstias com constante e contínua náusea, que nada alivia. Febre intermitente. O Dr. Jahr começa sempre por *Ipeca* o tratamento de qualquer caso de malária. Gravidez. Morfinismo. Retrocessão da erisipela com vômitos. *Náusea que não melhora vomitando.*
Diarreia fermentada, espumosa, esverdeada, aquosa, ou viscosa – bom remédio para crianças.
Disenteria tropical (1 gota de T.M. para 120 g de água). Cólicas ao redor do umbigo, acompanhadas de rigidez do corpo.
Em perturbações do estômago com *língua limpa.*
Cólica hepática (na 5ª din.).
Poderoso remédio das *hemorragias quaisquer* (sobretudo vermelhas brilhantes) *e dos acessos de asma brônquica;* na 1ª din. Estertores no peito com quintas de tosse.
Na metrorragia. *Dor do umbigo ao útero.*
Um remédio heroico da *broncopneumonia* infantil alternado com *Bryonia,* ambos na 5ª din.
Crupe.
Coqueluche ou tosse coqueluchoide, *com bronquite,* terminando em náuseas e vômitos. Tosse incessante e violenta do sarampo.
Rouquidão, sobretudo no fim de um defluxo. *Afonia catarral completa.* Coriza, com obstrução nasal.
Queratite ulcerosa; queratite, na 1ª din., seguida de *Apis* 5ª.
Acúmulo de mucosidade na árvore respiratória, que provoca tosse espasmódica.
Útil em afecções espasmódicas. Meningite cérebro-espinhal epidêmica.
Ponto de Weihe: linha que une o apêndice xifoide à cicatriz umbilical, acima do ponto de *Natrum carbonicum.*
Complementares: *Antimonium tartaricum, Cuprum* e *Arsenicum.*
Remédios que lhe seguem bem: *Aranea, Antimonium crudum, Antimonium tartaricum, Apis, Arnica, Arsenicum, Belladona, Bryonia, Cactus, Cadmium, Calcaria, Chamomilla, China, Cuprum, Ignatia, Nux, Podophyllum, Phosphorus, Pulsatilla, Rhus, Sepia, Sulphur, Tabacum* e *Veratrum.*
Antídotos: *Arnica, Arsenicum, China, Nux* e *Tabacum.*
Duração: 7 a 10 dias.
Dose: 1ª à 200ª. Alterne-se com *Nux vomica* nas *febres intermitentes palustres.*

368. *IRIDIUM*
(Irídio)

Sua ação se exerce principalmente sobre o sistema nervoso e as membranas mucosas.

Paresia espinhal: *debilidade depois de moléstias.* Putrefação intestinal. Septicemia.
Epilepsia. Reumatismo.
Crianças que são débeis e crescem muito depressa. *Anemia.*
Hidrorreia nasal. Ozena.
Laringite crônica: tosse rouca; secreção amarela e espessa; agravada por falar.
Moléstia de Bright. Nefrite da gravidez.
Tumores do útero.
Dose: 5ª à 30ª, 100ª e 200ª.

369. *IRIS VERSICOLOR*

Sinonímia: *Iris hexagona.* Pertence às *Iridaceae.*
A principal esfera de utilidade deste medicamento é nas *dores de cabeça,* sobretudo gástricas ou biliosas; dores localizadas, sobre os olhos, nos nervos supraorbitários, sobretudo à direita; náuseas contínuas seguidas por vezes de *vômitos muito amargos e azedos,* tão azedos que ardem na garganta e na boca; alívio pelo movimento moderado, ao ar livre. Dores de cabeça do domingo, em professores e estudantes, cujo espírito descansa. *Enxaqueca, começando por enturvamento da vista.* Vômitos recorrentes das crianças. Náuseas e vômitos, depois de operação cirúrgica. *Náuseas da gravidez.*
Congestão hepática dos climas quentes ou do verão, com diarreia e flatulência.
Diarreia queimante como fogo, escoriando o ânus.
Prisão de ventre (dê-se a 30ª); entretanto, na 1ª din., é um bom remédio das *diarreias biliosas.* Diarreia periódica, à noite, com cólicas e fezes esverdeadas. Papeira. Pancreatite aguda. Útil na ciática da perna esquerda; e nas *cólicas flatulentas. Herpes-zóster* do lado direito.
Ponto de Weihe: linha axilar média, 4º espaço intercostal esquerdo.
Dose: 1ª à 30ª melhor a 30ª.

370. *JABORANDI*

Pertence às *Rutaceae.*
Veja *Pilocarpus pinnatus.*

371. JACARANDÁ
(Caroba)

Sinonímia: *Bignonia caroba, Caroba brasiliensis* e *Jacarandá tomentosa.* Pertence às *Bignoniaceae.*
Remédio usado contra as *moléstias vegetantes* da pele. *Boubas, cravos.* Psicopatas que se masturbam e machucam o prepúcio.

Sífilis; condilomas; úlceras sifilíticas.
Cistite. Blenorragia. Reumatismo blenorrágico. Vômitos matutinos. Reumatismo do joelho direito.
Dose: T.M. à 3ª. Na sífilis a T.M.

372. JALAPA

Sinonímia: Chelapa, Convolvulus jalapa, Exogonium purga e Ipoma jalapa. Pertence às Convolvulaceae.
Cólica e *diarreia das crianças;* diarreia aguda e rala. Gastrenterite infantil. Flatulência e náuseas. Dor no abdome como se estivesse sendo cortado em pedaços.
Dentição difícil: a criança passa bem durante o dia, mas grita e é agitada e impertinente durante a noite.
Dose: 3ª à 12ª.

373. JATROPHA CURCAS
(Pinhão bravo)

Sinonímia: *Curvas purgans, Figus infernalis* e *Ricinus majoris.* Pertence às *Euphorbiaceae.*
Remédio muito útil na *diarreia,* sobretudo das crianças – aguada, amarelada, profusa, evacuada com grande força e acompanhada, no momento da evacuação, de muitos gases que se escapam, produzindo um ruído semelhante ao gargarejo de uma garrafa que se esvazia: pode haver prostração, sede, vômitos aquosos al albuminosos, extremidades e suores frios. Vomita facilmente.
Cãibras; resfriamento geral. *Cholera-morbus.*
Dose: 3ª à 30ª.

374. JEQUIRITI

Sinonímia: *Arbus precatorius* e *Abi semina.* Pertence às *Leguminosae.*
Empregado nas úlceras granulosas, lúpus e no epitelioma. Queratite.
É usado na maioria dos casos externamente, em solução de 1/10 da tintura-mãe.
Internamente, 3ªx.

375. JUGLANS CINEREA

Sinonímia: *Juglans cathartica* e *Juglans ablongata.* Pertence às *Juglandaceae.*
Um dos melhores remédios para a cefalalgia óccica com eructações e flatulência.
Icterícia e congestão hepática, com aguda dor de *cabeça occipital. Colelitíase.* Dor de cabeça occipital.

Um remédio do fígado e da pele. Dispepsia atônica. Eczema; impetigo. Eczema especialmente nas pernas, sacro e mãos. Parece que todos os órgãos do corpo, principalmente os do lado esquerdo, estão aumentados. *Eritema nodoso.*
Dose: T.M. à 6ª.

376. JUGLANS REGIA

Sinonímia: *Juglans* e *Nux juglan.* Pertence às *Juglandaceae.*
Remédio da escrófula e da sífilis. Dor de cabeça occipital.
Acne e comedões da face. Crosta láctea com feridas nas orelhas; prurido noturno. Terçol. Supuração das glândulas axilares.
Sífilis; cancro; sifílides.
Raquitismo. Em uso externo, como tônico capilar.
Dose: T.M. à 3ª.

377. JUNCUS EFFUSUS
(Junco comum)

Sinonímia: *Juncas.* Pertence às *Juncaceae.*
Empregado em moléstias urinárias, com dificuldade de urinar e flatulência abdominal. *Estrangúria.*
Útil nos sintomas asmáticos dos hemorroidários. Artrite e litíase.
Dose: T.M. e 1ª.

378. JUNIPERUS BRASILIENSIS[108]
(Catuaba)

Remédio empregado no Brasil como *afrodisíaco,* poderoso e inocente.
Dose: T.M. à 1ª. Da T.M., 2 colheradinhas de chá, no vinho, uma vez por dia.

379. JUNIPERUS COMMUNIS
(Zimbro)

Pertence às *Gymnospermae* das *Coniferae.*
Urina sanguínea, ardente, com cheiro de violetas.
Remédio renal e vesical; empregado na *nefrite,* especialmente dos idosos, na cistite, na pielite crônica.
Dose: T.M. à 5ª. Podem-se também usar 30 g da infusão, feita de 30 g das bagas em uma garrafa de água fervendo. O licor chamado Genebra é feito do *juniperus.*

---

108. Uso empírico.

380. JUSTICIA ADHATODA

Sinonímia: Adhatoda vasica e Basaka.
Um dos medicamentos mais antigos da Índia. O culto Auyuverdie garante que quem tomar este remédio por algum tempo não morrerá pelos pulmões. Indicado nas gripes, coriza, bronquite e pneumonia.
Coqueluche e tosses paroxísticas. *Traqueobronquite.* Rinite com tosse.
Dose: 3ª à 6ª.

381. KALI ARSENICOSUM
(Solução de arsenito de potássio; Solução de Fowler)

Sinonímia: *Kali arseniatus.*
Paciente nervoso e anêmico, com perturbações para o lado da pele. Sensação de língua grande.
Acne. Coceira intolerável. Eczema que piora no calor. Psoríase. Úlceras fagedênicas. Pequenos nódulos debaixo da pele.
Excrescências uterinas, com dores pressivas sobre o púbis. Leucorreia irritante com mau cheiro.
Dose: 3ª à 30ª.

382. KALI BICHROMICUM
(Bicromato de potássio)

Sinonímia: *Kali bichromicum* e *Potassium bichromate.*
Excreções filamentosas e uma cor geral amarela caracterizam este remédio.
Pessoas gordas escrofulosas, muito perseguidas por catarro.
Em qualquer que seja a moléstia, em que a expectoração, *muco ou secreções e excreções sejam espessas, glutinosas, pegajosas, filamentosas e amarelas,* este remédio está indicado. Moléstia dos olhos, nariz, boca, garganta, útero, vagina, uretra e pele. Eczema do couro cabeludo.
Dores que aparecem em lugares limitados, erráticas e que desaparecem logo. Sensação de pulsações por todo o corpo.
Muita ulceração ou inflamação e pouca dor.
Ulceração e inflamação dos olhos, *sem dor nem fotofobia.* Dacriocistite. Tracoma.
Nariz entupido: *Septo ulcerado e perfurado.* Sinusite. "Na difteria nasal eu o acho específico" (Dr. Hughes).
Úlceras redondas e profusas das mucosas ou da pele. Úlcera do estômago e do duodeno, *com língua amarela.* Úlcera da perna, com bordos revirados.

Lúpus não ulcerado. Impetigo. Lueta edemaciada. Depósitos membranosos nas amígdalas.
Um dos nossos melhores remédios para moléstias da laringe, com tosse rouca, seca, de cachorro; consecutiva ao sarampo. Sarampo com inchaço das glândulas e sintomas no ouvido. Difteria e *crupe com membranas espessas, tenazes e amarelas.* Eczema do ouvido. Bronquite e asma com catarro filamentoso. Reumatismo crônico e agravado pelo frio, sobretudo sifilítico.
Leucorreia. Prolapso do útero; piora no verão. *Hematoquilúria; pielite.* Nefrite com perturbações gástricas.
Dispepsia dos consumidores de cerveja. Dor de cabeça frontal sobre o olho esquerdo.
Os sintomas se agravam pela manhã. Diarreia gelatinosa pior de manhã.
Ponto de Weihe: no limite do 1/3 médio e interno da linha que vai da cicatriz umbilical ao meio da linha que une a espinha ilíaca ântero-superior à sínfise pubiana, lado esquerdo.
Complementar: *Arsenicum.*
Remédios que lhe seguem bem: *Antimonium tartaricum, Berberis* e *Pulsatilla.*
Antídotos: *Arsenicum, Lachesis* e *Pulsatilla.*
Duração: 30 dias.
Dose: 3ªx à 30ª.
Uso externo: Úlceras indolentes e tórpidas (a 2% em água).

383. KALI BROMATUM
(Bromureto de potássio)

Sinonímia: *Kalium bromatum.*
Depressão mental; perda da memória. Melancolia. Mania de perseguição; tendência ao suicídio; temor de ser envenenado ou assassinado, sobretudo nas crianças. Torpor. Ataques apopléticos. Espermatorreia.
Sono agitado; com maus sonhos. *Pesadelos. Terrores noturnos.* Ranger de dentes.
Um remédio do *sonambulismo* (1ªx).
Coriza com tendência a descer para a garganta.
Principal remédio da psoríase. Soluços persistentes.
Quistos do ovário: *quistos em geral* (Dr. Helmuth). Sede intensa, com vômitos, após cada refeição.
Acne facial. "O bromureto de potássio raramente me falha na acne simples da face e das partes superiores do corpo. A 1ªx ou a 2ªx, e mesmo uma pequena palitada da substância pura, dada três vezes por dia, durante uma

semana, fará desaparecer completamente a erupção, especialmente em mulheres sensíveis e nervosas." (Dr. Deschere). Desejo sexual exagerado. *Mãos em agitação. Diminuição da excitabilidade reflexa.*
Ponto de Weihe: linha axilar mediana, 8º espaço intercostal bilateralmente.
Remédio que lhe segue bem: *Cactus.*
Antídotos: *Camphora, Helonias, Nux* e *Zincum.*
Dose: 1ªx à 3ªx. Nos quistos, 10g de bromureto puro em um cálice de água, três vezes por dia. Use comidas sem sal.

384. KALI CARBONICUM
(Carbonato de potássio)

Sinonímia: *Kalium carbonicum, Nitrum fixum* e *Sal tartaricum.*
Pessoas gordas e cansadas. Hipersensíveis. Tendência hidrópica.
Pontadas, em qualquer parte do corpo ou em conexão com qualquer moléstia. Sobretudo na região inferior direita do peito – pneumonia, pleuris, *tuberculose, hidrotórax*. Febre puerperal. Alívio pelo movimento e pelo deitar do lado oposto. Muito catarro no peito e expectoração difícil. *Congestão hepática* e *Icterícia*. Expectoração abundante e fétida; bronquite fétida. Bronquite crônica purulenta. Dores pulmonares no 1/3 inferior do pulmão direito.
A pálpebra superior incha como um pequeno saco – anemia, coqueluche, moléstias cardíacas, menopausa. Edema dos recém-nascidos. Fraqueza do coração com inchaço dos pés e dos tornozelos.
Sensação de angústia no estômago. Náuseas após uma emoção. Dispepsia dos idosos. Tendência aos edemas.
Fraqueza dos batimentos cardíacos.
Sensação como se o coração estivesse suspenso por um fio.
Sobressalta-se facilmente, ao menor toque, sobretudo dos pés. Baforadas de calor da menopausa.
Muita fraqueza das costas. Coxalgia. Dores lombares durante a gravidez.
Muita sensibilidade ao frio, porém sem transpiração.
Um dos melhores remédios a dar depois do parto ou do aborto – anemia, fraqueza, esgotamento, hemorragias, dores e outras afecções, incômodos e irregularidades. Incômodos devidos ao coito. Urinas com uratos em quantidade. Amenorreia com dores nas cadeiras.
Hemorroidas largas, inchadas, dolorosas; dores nas hemorroidas ao tossir. *Dor de dentes, somente enquanto come*. Piorreia. Epistaxe ao lavar o rosto pela manhã. Pele ardente como se estivesse com cataplasma de mostarda.

Kent aconselha prudência no seu uso no reumatismo e gota, principalmente em altas dinamizações, a fim de evitar cardites reumatismais.
Agravação: às 3 ou 4 horas da manhã; pelo repouso.
Ponto de Weihe: linha axilar anterior, 6º espaço intercostal, bilateralmente.
Complementares: *Carbo vegetabilis* e *Nux.*
Remédios que lhe seguem bem: *Arsenicum, Carbo vegetabilis, Fluoris acidum, Lycopodium, Nitri acidum, Phosphorus, Pulsatilla, Sepia* e *Sulphur.*
Antídotos: *Camphora, Coffea* e *Dulcamara.*
Duração: 40 a 50 dias.
Dose: 3ªx à 30ª, 100ª e 200ª.

385. KALI CHLORICUM
(Clorato de potássio)

Sinonímia: *Chlorum potassicus, Kali muriaticum oxigenatum* e *Potassae chloras.*
"Nunca emprego outro medicamento, a não ser *Kali chloricum*, na *estomatite simples catarral* (que vem *só ou com sapinhos*); na forma *ulcerativa* desta afecção, também nunca penso em qualquer outro medicamento a não ser nele. A 1ª trituração decimal é aquela de que tenho sempre usado." (Dr. Hughes). Um dos nossos melhores remédios para prevenir a invasão da mucosa nasal pelo processo diftérico. *Noma*. Secreção profusa de saliva ácida. *Toxemia gravídica.*
Um bom remédio da *sífilis infantil.*
Nefrite da gravidez. Mal de Bright.
Dose: 3ªx trit. à 5ª.

386. KALI CYANATUM
(Cianureto de potássio)

Sinonímia: *Kali cyanidum, Kali hydrocyanicum* e *Kalium cyanatum.*
Não pode respirar profundamente. Dificuldade no falar. *Nevralgia orbitária e supra-orbitária que vem em hora certa.*
Emprego com sucesso no cancro ulcerado da língua e nas nevralgias da região temporal, que reincidem diariamente à mesma hora. Enfraquecimento repentino.
Dose: 6ª à 200ª.

387. KALI FERRO-CYANATUM
(Cianureto ferro-potássico)

Sinonímia: *Cyanuretum ferroso-potassicum* e *Kali borussicum.*

Indicado nas flexões uterinas quando há dor e sensação de peso. Leucorreia profusa. Hemorragia passiva do útero.
Perturbações cardíacas. Pulso fraco e irregular. Paciente anêmico, clorótico e atacado de dispneia.
Dose: 3ª à 6ª, 12ª e 30ª.

388. *KALI HYPOPHOSPHOROSUM*
(Hipofosfito de potássio)

Sinonímia: *Hypophosphis kalicus* e *Hypophosphis potassicus.*
Debilidade muscular. Atonia e palidez das mucosas. Bronquite. Tuberculose.
Fosfatúria com leucorreia. Oxalúria. Densidade de urina aumentada. Pneumonia crônica.
Reumatismo muscular.
Pneumonia que se prolonga além do ciclo normal.
Dose: 3ª, 5ª e 6ª.

389. *KALI IODATUM*
ou *HYDROIODICUM*
(Iodureto de potássio)

Sinonímia: *Ioduretum kalicum, Ioduretum potassicum, Kali ioditum* e *Kalium iodatum.*
Um grande medicamento da *sífilis terciária*, em qualquer parte do corpo ou sob qualquer forma em que se apresente.
Gomas sifilíticas são o seu *keynote. Úlceras sifilíticas. Irite e coroidite sifilíticas. Ozena sifilítica.* Coriza sifilítica infantil. Nevralgia facial.
Coriza profusa, aquosa, corrosiva, sobretudo quando acompanhada de dores na raiz do nariz. Constipação que tende a *descer para o peito*. Bronquite crônica pseudomembranosa.
Um remédio muito importante em velhos casos intratáveis de *surdez crônica, sobretudo sifilítica.*
Resolução retardada da pneumonia, com tendência a escarros como coalhos ou *água de sabão*, esverdeados, ardor na laringe, dores no peito. Meningite pneumocócica.
Um excelente medicamento da *papeira simples*. "Kali iodatum em doses ponderáveis exerce sobre esta moléstia uma ação muito pronta e muito certa; pode-se prescrevê-lo na dose de 10 centigramas da substância pura em 200 g de água, uma colher das de sopa por dia; cada poção devendo ser separada por um repouso de oito dias" (Dr. P. Jousset).
Arteriosclerose (excelente remédio). *Aortite crônica. Aneurisma.* Reumatismo dos joelhos, com derrame.

Blenorragia crônica (3ªx). Ciática.
Acne rosácea.
Dores ósseas. Periósteo espessado, especialmente da tíbia.
Ponto de Weihe: linha axilar posterior, sobre o bordo inferior da 10ª costela, bilateralmente.
Antídotos: *Ammonium muriaticum, Arsenicum, China, Mercurius, Rhus, Sulphur* e *Valeriana.*
Duração: 20 a 30 dias.
Dose: na sífilis, 1ª *diluição decimal*: 20 gotas ao almoço e 20 gotas ao jantar; nos outros casos, a 3ªx ou 3ª.

390. *KALI MURIATICUM*
(Cloreto de potássio)

Sinonímia: *Chloruretum potassicum, Kali hydrochloricum* e *Kalium chloratum.*
Dores reumáticas pioradas à noite pelo calor da cama.
Um dos mais úteis e positivos de todos os nossos remédios dos ouvidos, convindo sobretudo ao segundo período (de exsudação plástica) dos estados catarrais.
Surdez, sobretudo ao lado direito, por inflamação crônica da *trompa de Eustáquio. Surdez lenta progressiva* por inflamação crônica proliferante da caixa do tímpano, com secura e esfoliação do meato externo. Esclerose da caixa. Surdez artrítica. Em todos os casos de surdez, por mais antigos que sejam, deve-se sempre experimentar este remédio. Cistite crônica. Secreções brancas.
"Uma das coisas positivas em medicina é o poder de *Kalium muriaticum* para curar a amigdalite folicular das crianças, na 6ª dinamização" (Dr. W. A. Dewey).
"Um dos remédios mais convenientes para o tratamento do *eczema da cabeça e para os eczemas úmidos*, em geral, especialmente quando são de caráter crônico e obstinado."
Herpes-zóster. Acne. Afonia. Rouquidão.
Um remédio da *pneumonia* alternado com *Ferrum ph.*
Saburra branca ou *cinzenta* na base da língua; os alimentos gordurosos produzem indigestão ou diarreia. Reumatismo com articulações inflamadas.
Ponto de Weihe: linha axilar anterior, 5º espaço intercostal, bilateralmente.
Antídotos: *Belladona, Calcaria sulphurca, Hydrastis* e *Pulsatilla.*
Dose: 3ª trit. à 12ª e 30ª.

391. *KALI NITRICUM*
(Nitrato de potássio)

Sinonímia: *Nitrum depuratum, Sal nitri* e *Sal petrae.*

Frequentemente indicado na asma, com muita falta de ar, enjoo de estômago e pontadas no peito. A falta de ar não deixa beber. Astenia.
Moléstias do coração e dos rins, com *inchaços hidrópicos súbitos* por todo o corpo. Nefrite supurada.
Diarreia por comer carne de vitela; com sangue e tenesmo. Menstruação profusa e de cor preta, precedida de dor nas cadeiras.
Exacerbações agudas da tísica pulmonar; surtos de congestão pulmonar. Crupe espasmódico; paroxismos como canto de galo. Difteria laríngea.
Remédios que lhe seguem bem: *Belladona, Calcaria, Pulsatilla, Rhus, Sepia* e *Sulphur.*
Inimigo: *Não convém usar Camphora após o seu uso.*
Antídoto: *Nitri spiritus dulcis.*
Dose: 3ª à 30ª.

392. KALI PERMANGANICUM
(Permanganato de potássio)

Sinonímia: *Kali permanganas.*
Irritação nasal. Difteria. Dismenorreia. Condições sépticas. Infiltração tissular.
Hemorragia nasal. Sensação de constrição na garganta. Tosse rouca e curta.
Mau hálito. Músculos do pescoço dolentes. Amenorreia.
Externamente; na dose de 1/1.000 como desinfetante.
Dose: Internamente, 3ª.

393. KALI PHOSPHORICUM
(Fosfato de potássio)

Sinonímia: *Phosphas kalicus* e *Phosphas potassicuns.*
Ansiedade e tristeza. Insônia por fadiga ou por excitação nervosa. *Estafa.*
Um dos maiores remédios dos nervos, e do sistema linfático. Dores nevrálgicas com depressão, que pioram pelo medo e pela luz.
Especialmente adaptado aos jovens. Anemia cerebral.
Grande falta de poder nervoso e estados de adinamia e decadência orgânica: tal é a dupla esfera de ação principal deste importante medicamento.
Neurastenia, depressão mental e física e debilidade muscular consecutiva a moléstia aguda são poderosamente melhoradas por este remédio. *Dispepsia neurastênica. Paralisia.*
Dores de cabeça de estudantes. Histeria.
O menor trabalho parece ser enorme.

Um excelente medicamento de todas as *febres* de caráter tífico, quando *Baptisia, Rhus* ou *Arsenicum* falham ou deixam de melhorar – alta temperatura, pulso frequente e irregular, grande fraqueza e prostração, boca seca, fuliginosidades nos dentes, prisão de ventre ou diarreia com ou sem delírio ou sonolência. Febre gástrica, febres tíficas (infecções gastrintestinais), febre tifoide, gripe etc. Hálito fétido. Priapismo matinal ou impotência com emissões dolorosas. *Expiração fétida.*
Gangrena. Cancro, quando, depois de sua remoção por operação, a pele é muito apertada sobre a ferida. Retinite albuminúrica; fraqueza da vista, durante a gravidez ou depois da difteria. Fraqueza visual após o coito.
Menstruação muito atrasada ou muito escassa em mulheres pálidas, sensíveis e lacrimosas.
Ponto de Weihe: bordo inferior da 5ª costela, no limite do 1/3 externo e médio da distância que separa a linha mamilonar da linha axilar anterior, bilateralmente.
Dose: 3ª trit. à 30ª, 200ª, 500ª e 1.000ª.

394. KALI SILICATUM
(Silicato de potássio)

Um medicamento de ação profunda.
Desejo de ficar deitado todo o tempo. Esgotamento físico e mental. Ansiedade, indolência e timidez, força de vontade reduzidíssima.
Cabeça congesta com baforadas de calor.
Vertigens e fotofobia.
Catarro nasal escoriante e sanguinolento.
Peso no estômago com náuseas e flatulência.
Constipação do ventre.
O ânus parece se fechar na hora de defecar.
Tremores nos músculos das pernas. Pernas fracas e pesadas.
Piora ao ar livre, pelo exercício e por se banhar.
Dose: 6ª, 30ª, 200ª e 1.000ª.

395. KALI SULPHURICUM
(Sulfato de potássio)

Sinonímia: *Arcanum duplicatum, Kali sulphas* e *Tartarus vitriolatus.*
Um remédio do último período das inflamações, *língua amarela; corrimentos mucosos e serosos amarelados.* Coriza, bronquite, asma, otite, diarreia, gastrite, gonorreia, orquite, leucorreia etc.
Tosse depois da gripe, especialmente nas crianças.

Período de descamação das moléstias eruptivas (escarlatina, sarampo etc.) e da erisipela. Eczematides.
Epiteliomas. Psoríase. Pólipos. Seborreia.
Um remédio do *reumatismo, agudo ou crônico, com dores errantes*. Dor de cabeça reumática. Impigem do couro cabeludo e da barba, com descamações.
Ponto de Weihe: linha axilar anterior, 8º espaço intercostal, bilateralmente.
Remédios que lhe seguem bem: *Aceticum acidum, Arsenicum, Calcaria, Hepar, Kali carbonicum, Pulsatilla, Rhus, Sepia, Silicea* e *Sulphur.*
Dose: 3ª e 5ª.

396. KALMIA LATIFOLIA
(Loureiro-da-montanha)

Sinonímia: *Comeadaphne foliis lina, Cistus chamaer holodendros, Kalmia* e *Ledum flodibus bullatis.* Pertence às *Ericaceae.*
Reumatismo errante e moléstia do coração consecutiva. Excelente remédio para as moléstias cardíacas consequentes à supressão do reumatismo por aplicações externas, inflamações valvulares, pericardite, dores, palpitações, pulso lento, fraco e dispneia.
Entorpecimento do braço esquerdo. *Coração dos fumantes.* Aortite tabágica. Angina de peito.
Nevralgia da face, pior à direita. Ataxia locomotora. *Esclerite.* Dores lombares nervosas.
Um bom remédio do reumatismo do ombro.
Dores fulgurantes da tabes. *Febres contínuas rebeldes, com timpanismo.* Dor na boca do estômago, que melhora pela posição ereta.
Agravação antes das trovoadas.
Ponto de Weihe: no bordo superior da aréola do bico do peito, lado esquerdo.
Complementar: *Benzoicum acidum.*
Remédios que lhe seguem bem: *Calcaria, Lithium carbonicum, Lycopodium, Natrum muriaticum, Pulsatilla* e *Spigelia.*
Antídotos: *Aconitum, Belladona* e *Spigelia.*
Duração: 7 a 14 dias.
Dose: T.M. à 6ª.

397. KAOLINUM[109]
(Caulim)

Sinonímia: *Alumina silicata* e *Bolus alba.*
Um remédio do crupe e da bronquite. Landerman cita um caso de gripe por ele curado.

---
109. O Prof. Dr. Sabino Teodoro curou um abscesso pulmonar com este medicamento após o caso ter sido dado por perdido pelos alopatas.

Coriza amarelada e escoriante. Laringite membranosa. Bronquite capilar.
Dose: 3ªx trit. e 6ªx trit.

398. KOUSSO

Sinonímia: *Kanksia abyssinica, Brayera anthelmintica* e *Hagenia abyssinica.* Pertence às *Rosaceae.*
Um poderoso vermífugo. Náuseas, vômitos, vertigens e ansiedade precordial. Pulso irregular. Colapso. Prostração extrema.
Usado como tenífugo.
Merrel aconselha uma limonada purgativa antes de seu uso.
Dose: 3ªx trit.

399. KREOSOTUM
(Creosoto)

Sinonímia: *Creasote* e *Creosotum.*
Secreções profusas, fétidas e corrosivas. Leucorreia que assa as partes – remédio capital. Prolapso da matriz; ulceração uterina. Moléstias de senhoras pós-idade crítica. Cancro.
Surdez, durante a menstruação; menstruação prolongada e intermitente, cessando por se sentar ou andar e reaparecendo ao se deitar. Dores de cabeça menstruais.
Dentição difícil; gengivas inchadas, esponjosas, dolorosas; os dentes caem logo que saem; prisão de ventre e irritação geral; insônia (30ª). As gengivas sangram muito.
Cólera infantil com *vômitos incessantes*, ligada à *dentição dolorosa* (24ª din.). "Kreosotum é um valioso remédio da diarreia de crianças sifilíticas" (S. Raue). Teste o aconselhava nas efélides secundárias das crianças de peito.
Dores de dentes cariados – 12ª din.
Vômito simpático, isto é, ligado a moléstia não do estômago – tísica, cancro, nefrite, histeria, útero. *Vômitos da gravidez*, com salivação.
Laringite com *dor da laringe;* tosse depois da gripe; tosse de inverno nos idosos, com pressão sobre o esterno. Gangrena pulmonar.
Incontinência noturna de urina. O paciente nunca pode urinar bastante e depressa, porque a vontade é repentina e pressiva. Urinas fétidas e corrosivas.
Queimaduras e descamações na vulva e vagina, que pioram ao contato da urina. Leucorreia amarelada, corrosiva e de cheiro pútrido.
Pulsações em todo o corpo.
Menstruação adiantada, abundante, que fica muitos dias, de sangue claro, com mau cheiro e irritante.

Tendência a hemorragias nas moléstias agudas. Pequenas feridas sangram muito. Eczemas e urticária.
Ponto de Weihe: linha axilar anterior, 4° espaço intercostal, lado direito.
Remédios que lhe seguem bem: *Arsenicum, Belladona, Calcaria, Kali carbonicum, Lycopodium, Nitri acidum, Nux, Rhus, Sepia* e *Sulphur*.
Inimigos: *Após o seu uso, Carbo vegetabilis.*
Antídotos: *Aconitum* e *Nux.*
Duração: 15 a 20 dias.
Dose: 3ª à 30ª. A 200ª é preferível nas pessoas sensíveis.
Uso externo: Naevus, queimaduras, frieiras e úlceras (1 gota para 80 de água, 2 ou 3 vezes por dia).

400. LAC CANINUM
(Leite de cadela)

Sinonímia: *Lac canum.*
Um remédio de incontestável valor nas *dores de garganta*, na difteria e no *reumatismo quando as dores são erráticas e mudam constantemente de um lado para outro*. Dor de garganta durante a menstruação. Visões de serpente. *Hipersensibilidade e esgotamento. Tristeza crônica.*
O paciente é *muito esquecido e desesperado*; julga-se incurável. O maxilar inferior estala enquanto come.
Coriza. Amigdalite. Torcicolo.
Mastite; pior ao sacudir os seios. Seios inchados antes da menstruação. Galactorreia; serve para secar o leite das amas que deixam de amamentar.
Dose: 30ª à 200ª, 500ª e 1.000ª.

401. LAC DEFLORATUM
(Leite de vaca desnatado)

Remédio das perturbações por alimentação viciosa; dores de cabeça enjoativas, com grande urinação durante a dor. *Enjoo das pessoas que viajam de carro, bonde, trem etc. Diabetes. Hemicrania.*
Pulsação forte na cabeça, com náuseas, vômitos, cegueira e grande constipação. Piora pelo movimento, pela luz, durante a menstruação, e melhora pela pressão ou apertando a cabeça com um pano.
Constipação de ventre, com fezes grandes e duras.
Dose: 6ª, 30ª, 100ª e 200ª.

402. LACHESIS LANCEOLATA
(Veneno de Jararaca brasileira)

Pertence aos *Ofídios*.
As grandes inflamações locais e as hemorragias do estômago, intestino e bexiga dominam o uso deste medicamento. Perda do sentido do tempo.
Antraz, fleimão e *gangrena úmida*, com muito inchaço e dores intensas.
Grande prostração, sonolência e hemorragias generalizadas, nas moléstias graves.
Febre amarela. Peste. Varíola. Sarampo. Febre escarlatinosa. Icterícia grave. Grande loquacidade.
Febre palustre perniciosa, álgida.
Congestão pulmonar; pneumonia. Gripe pneumônica.
Gastrorragia; cancro e úlcera do estômago.
Enterorragia; tifo e disenteria. Degeneração gordurosa do fígado. Nefrite. Ambliopia. Afasia da apoplexia cerebral.
Dose: 6ª à 30ª, 100ª e 200ª.

403. LACHESIS TRIGONOCEPHALUS
(Veneno da cobra Surucucu)

Sinonímia: *Bothrops surukuku, Crotalus mutus, Lachesis rhombeata, Ophiotoxicon, Scytale anomodystes, Surukuku, Trigonocephalus lachesis* e *Trigonocephalus rhombeata.*
Temperamentos biliosos de espírito vulgar. Nash acha que *Lachesis* presta-se a todos. *Vivacidade. Intuitivos.*
Septicemia é a principal indicação característica deste poderoso remédio. *Pequenas inflamações locais malignas, com grande envenenamento secundário do sangue e prostração nervosa;* as lesões locais são nulas ou quase nulas, enquanto a infecção é muito rápida e muito intensa. *Gangrena traumática,* antraz, picadas anatômicas, angina gangrenosa; escarlatina; erisipela. *Pele azulada. Alternância de excitação e depressão.*
"*Lachesis* é um remédio maravilhosamente bom na difteria" (Dr. Dewey). Sensibilidade extrema ao menor contato.
Pouca inflamação e muita dor é a sua característica, nas moléstias da garganta. Faringite. Erisipela da face. *Loquacidade. Delírio loquaz.*
Afecções da *idade crítica das mulheres* – principal remédio; hemorroidas, hemorragias, *bafos de calor na face e suor quente;* pressão ardente no alto da cabeça, dores de cabeça, hemorragias intermitentes rebeldes. *Mulheres que nunca passaram bem desde a sua idade crítica*, "nunca passei bem desde esse tempo".
Um remédio da *insuficiência ovariana*, depois de ovariotomia.

Moléstias que começam à esquerda e passam para a direita – *ovário, testículo, amígdala, pulmão; difteria; paralisia.*
Sonolência após as refeições.
Grande sensibilidade ao toque: garganta, pescoço, estômago, abdome. *Não suporta coisa alguma em torno da garganta ou sobre o ventre, nem mesmo as roupas do leito, porque isso lhe causa um mal-estar que o torna nervoso. Moléstias do coração, sobretudo mitrais.* Laringite; pouca secreção e muita sensibilidade. Apendicite. Congestão hepática dos alcoolistas.
Um bom remédio dos *abscessos dentários,* dores de dentes estendendo-se aos ouvidos. Nevralgia facial esquerda.
Agravação pelo toque e pela pressão. Últimos e piores dias da peritonite. Afecções uterinas da idade crítica. *Agravação depois do sono;* piora pela manhã ou ao despertar; afecções do coração; *tosse dos cardíacos;* o doente desperta sufocado. *Alívio pela expulsão do fluxo menstrual;* dores uterinas da idade crítica, dismenorreia, ovarite, ovaralgia, cefalalgia e asma catarral. *Ao começar a dormir, o doente desperta sufocado.* O paciente não suporta nada que cubra a região doente.
Fezes muito fétidas, qualquer que seja a moléstia, mesmo nos estados mais graves.
Febre tifoide com estupor, queda do queixo, *língua trêmula* que se estende com grande dificuldade.
Febre palustre depois do abuso da quinina.
Hemorragias escuras com flocos de sangue coalhado semelhante à *palha picada carbonizada;* metrorragias, febre tifoide. Apoplexia cerebral. Retinite hemorrágica.
Tremor dos alcoólatras. Convulsões e paralisias; *paralisias bulhares* que vêm lentamente.
Prisão de ventre, muita vontade de evacuar, mas sem poder fazê-lo, porque o ânus parece fechado; *sensação de aperto no ânus.* Hemorroidas com constrição do ânus.
Grande falador; muda rapidamente de conversação; *mania religiosa,* especialmente na mulher.
Ao toque, o útero se apresenta doloridíssimo. A paciente tem a impressão de que o colo do útero está sempre aberto.
Ulcerações, escaras, antrazes, furúnculos, abscessos muito sensíveis ao toque, de cor azulada e com secreções fétidas em extremo. Ulcerações que sangram facilmente. Púrpura hemorrágica. Erisipela à esquerda. Hemofilia.
Pessoas tristes e indolentes, mulheres irritáveis e vermelhas; pessoas que não podem suportar o sol e se sentem mal no verão; moléstias crônicas produzidas por um longo pesar.
Cefalalgia, cada vez que o indivíduo se expõe ao sol. Medo de dormir.

Maus efeitos da supressão de corrimentos.
Ciúme, infidelidade conjugal, aversão ao casamento.
Ponto de Weihe: acima da extremidade interna da clavícula esquerda, no bordo interno do esternoclidomastoideo.
Complementares: Hepar, Lycopodium e Nitri acidum.
Inimigos: Aceticum acidum, Carbo animalis, Dulcamara, Ammonium carbonicum, Nitri acidum e Psorinum.
Remédios que lhe seguem bem: Aconitum, Arsenicum, Alumina, Belladona, Bromum, Carbo vegetabilis, Causticum, Calcaria, Cina, Cicuta, China, Euphrasia, Hepar, Hyoscycimus, Kali iodatum, Lacticum, Lycopodium, Mercurius, Mercurius iodatum, Glonoinum, Nux, Natrum muriaticum, Oleander, Phosphorus, Pulsatilla, Rhus, Silicea, Sulphur e Tarant.
Antídotos: Alumina, Arsenicum, Belladona, Calcaria, Chamomilla, Cocculus Carbo vegetabilis, Coffea, Hepar, Ledum, Mercurius, Nitri acidum, Nux, Ophorinum e Phosphorus acidum.
Duração: 30 a 40 dias.
Dose: 5ª à 200ª, 500ª, 1.000ª e 10.000ª.

404. LACHNANTHES
(Erva espiritual)

Sinonímia: *Lachnantes tinctoria.* Pertence às Hasmodoraceae.
O seu principal uso em Homeopatia tem sido no *reumatismo do pescoço* (*torcicolo*), no qual é, de fato, um excelente remédio, e na *tuberculose. Ataques. Loquacidade. Frio entre as espáduas. Tuberculose e Febre tifoide.*
Dose: 3ª. Na tuberculose a T.M.

405. LACTICUM ACIDUM
(Ácido láctico)

Sinonímia: *Lactis acidum.*
Diabetes açucarado com dores reumáticas pelas articulações e constantes náuseas ao despertar, melhoradas por comer; prisão de ventre. Grande salivação.
Diarreia verde das crianças de peito – mole ou aguada, com tenesmo, contendo flocos de cor verde como folha moída ao almofariz; febre alta, prostração ou agitação, sede, náuseas ou vômitos, evacuações frequentes, urinas escassas etc.
Náuseas matutinas da gravidez, especialmente em mulheres pálidas e anêmicas. Dores reumáticas nos joelhos.
Dores no seio, estendendo-se ao braço, com ingurgitamento das glândulas; substância pura na diarreia verde (80 gotas de ácido láctico

puro em meio copo de água com xarope simples, às colheradas, de meia em meia hora); nos outros casos, 5ª à 30ª.
Remédio que lhe segue bem: *Psorinum.*
Inimigo: *Coffea.*
Antídoto: *Bryonia.*
Dose: 5ª à 30ª.

406. LACTUCA VIROSA
(Alface cultivada)

Sinonímia: *Lactuca faetida* e *Intybus angustus.* Pertence às *Compositae.*
Um remédio do alcoolismo e da hidropisia. *Delirium tremens* com insônia, frialdade e tremor. Hidrotórax; ascite. Impotência. *Mau humor. Ideias atrapalhadas.*
Tosse espasmódica, constante e sufocante; laringotraqueíte.
Sensações de aperto em todo o corpo, especialmente no peito. Tremores nas mãos e braços.
Ativa a secreção do leite nas amas. Urina com cheiro de violeta. *Sufocação cardíaca.*
Ponto de Weihe: sobre o lado esquerdo da laringe, ao nível do bordo superior da cartilagem tireoide.
Dose: T.M.

407. LAMIUM ALBUM

Sinonímia: *Galeopsidis masculata, Lamium* e *Lamium vulgatum.* Pertence às *Labiatae.*
Afinidade pelos órgãos genitais femininos e pelo aparelho urinário.
Cefaleia com movimentos da cabeça para diante e para trás. *Leucorreia. Menstruação escassa.*
Hemorroidas. Fezes duras e sanguinolentas. Sensação de gota de água escorrendo pela uretra. Hemoptises.
Dose: 3ªx.

408. LAPIS ALBUS
(Silico-fluoreto de cálcio)

Sinonímia: *Silico-fluoride calcium.*
"Tenho usado este remédio em muitos casos de *inchaço escrofuloso das glândulas do pescoço,* e acho que ele é quase específico, quando as glândulas inchadas são elásticas e maleáveis, antes que duras como pedra, tal como se encontra nos casos de *Calcaria fluorica, Cistus* ou *Carbo anim*" (Dr. Dewey). Otite média com supuração.

Papeira, com sintomas anêmicos e aumento do apetite.
Cancro não ulcerado: *cirro* (tumor, cancro), *incipiente do seio*: *cancro do útero, com dores ardentes e picantes.* Fibromas, com intensas dores ardentes e profusas hemorragias. Lipoma e sarcoma. Prurido.
Dose: 3ª trit. à 30ª.

409. LAPPA MAJOR
(Bardana)

Sinonímia: *Arctium bardana, Arctium lappa, Bardana, Lappa minor* e *Lappa tomentosa.* Pertence às *Compositae.*
Tem sido usada no *eczema,* sobretudo das crianças, na cabeça, na face ou no pescoço; e nos deslocamentos uterinos, especialmente na *queda da matriz,* agravada pelo andar ou estar de pé. Dores nas mãos, joelhos, dedos e artelhos.
Tem grande reputação no *antraz.*
Ascite, terçol; ulcerações dos bordos das pálpebras.
Quilúria (urina de leite). Erisipela de repetição.
Dose: T.M. à 3ªx.
Uso externo: é um excelente remédio, para aplicações externas, em forma de pomada, nas moléstias da pele, de que ele promove rapidamente a reparação, aumentando-lhe a vitalidade – nos *eczemas* em geral, *crostas da cabeça e da face das crianças,* tinha, acne, antraz e outras afecções inflamatórias da pele. O Dr. M. E. Douglas aconselha a seguinte pomada:
Tintura de *Lappa major* .... 4 partes
Glicerina .... 15 partes
Vaselina .... 41 partes

Misture-se e aplique-se uma vez por dia.
Pode-se associar a tintura de *Petroleum* (1 parte) contra as frieiras, ragádias e erupções úmidas da pele.

410. LATHYRUS SATIVUS
(Chícharo)

Sinonímia: *Resaree* e *Teoree.* Pertence às *Leguminosae.*
Um remédio para *paralisia das pernas,* com hiperestesia da pele, agravada pela umidade. Tremores; rigidez das pernas. Paraplegia espástica das crianças de pés tortos; atetose; beribéri, *mielite.* Reflexos exagerados.
Contraturas histéricas.
A empregar depois da gripe ou outra qualquer moléstia exaustiva, em que há lento restabelecimento do poder nervoso.
Dose: 3ª.

411. LATRODECTUS MACTANS
(Aranha)

Pertence aos *Arachnideos*.
Um remédio útil na *angina do peito*, com ansiedade, angústia precordial, dor na região do coração estendendo-se ao braço e mão esquerda, com entorpecimento e frialdade. Apneia. Frialdade geral. Pele tão fria como mármore. *Convulsões tetaniformes*.
Dose: 5ª, 6ª, 12ª e 30ª.

412. LAUROCERASUS
(Louro-cereja)

Sinonímia: *Cerasus folio-laurino, Padus laurocerasus* e *Prunus laurocerasus*. Pertence às *Rosaceae*.
Tosse espasmódica seca, com coceira na garganta, é muitas vezes magicamente curada por este remédio. Tosse dos cardíacos. Cianose dos recém-nascidos. Asfixia neonatal. *Sufocação ao se sentar voltando da posição deitada*.
Falta de reação, especialmente em moléstias do peito e do coração. *Respiração estertorosa no sono*.
Colapso, dispneia, constrição do peito, paralisia ameaçadora dos pulmões. Expectoração sanguinolenta.
Remédios que lhe seguem bem: *Belladona, Carbo vegetabilis, Phosphorus, Pulsatilla* e *Veratrum*.
Antídotos: *Camphora, Coffea, Ipeca, Opium* e *Nux moschata*.
Duração: 4 a 8 dias.
Dose: 1ªx à 3ª.

413. LEDUM PALUSTRE
(Rosmaninho silvestre)

Sinonímia: *Anthos sylvestris, Ledum decumbens* e *Rosmarinum sylvestre*. Pertence às *Ericaceae*.
Constituições reumáticas e gotosas. Equimoses por queda ou traumatismo.
Feridas por *instrumento picante*: particularmente se as partes feridas estão frias. *Mordeduras ou picadas de insetos, sobretudo de mosquitos* – 1ª din.
Eczemas – 15ª din. alternado com *Rhus* 1ª.
Hemoptises; metrorragias. Fendas do ânus.
Dores reumatismais começando pelos pés, indo de baixo para cima, com as articulações inchadas, mas com a pele que as recobre de aspecto pálido.
Dores agravadas à noite, pelo calor da cama e cobertas, e melhoradas pelo frio. *Órgãos genitais femininos sensíveis*.
Gota crônica, especialmente das pequenas articulações *das mãos ou dos pés*; com tendência à formação de nódulos nas articulações; alternado com *China*, ambos na 3ª din. Muito frio e falta geral de calor do corpo. *Reumatismo das pequenas articulações, começando nos pés e subindo*; tornozelo inchado. Excelente remédio para *o eritema nodoso com dores reumáticas*.
Pior à noite pelo movimento e pelo calor da cama, aliviado pelo banho frio.
Equimoses que persistem por muito tempo depois de machucaduras. *Olho negro devido a um soco*.
Espinhas da fronte e das faces. Fendas do ânus.
Ponto de Weihe: linha axilar média, 2º espaço intercostal à esquerda.
Remédios que lhe seguem bem: *Aconitum, Belladona, Bryonia, Chelidonium, Nux, Pulsatilla, Rhus, Sulphur* e *Sulphuris acidum*.
Inimigo: *China*.
Antídoto: *Camphora*.
Duração: 30 dias.
Dose: 3ª à 30ª, 60ª, 100ª, 200ª, 500ª e 1.000ª.
Uso externo: suas primeiras aplicações externas em Homeopatia as devemos ao Dr. Teste, célebre médico homeopata francês. "Um fato extremamente notável – disse ele – e a ser eu o primeiro a assinalar, é que o *Ledum* é para as *feridas por instrumento perfurante* o que a *Arnica* é para as contusões e que sua ação se exerce especialmente sobre as partes do corpo em que falta o tecido celular, e que são secas e resistentes." Assim, ele usou com sucesso a tintura de *Ledum* no curativo do *panarício traumático por picadas de agulha ou insetos; nas feridas dos dedos* da mão e do pé, nas *picadas e mordeduras* de insetos (mosquitos, abelhas, marimbondos, aranhas etc.), cães, gatos, ratos e cavalos; nos *ferimentos estreitos e profundos*, como pregos enterrados nos pés, lasca de osso ou de madeira enterrada nas mãos ou nos dedos; enfim, no traumatismo do olho, por exemplo, *produzido por um soco* sobre a órbita, que deixa todo o olho roxo.
Pode-se também usar o *Ledum* exteriormente contra as *artrites gotosas* e nodulosas das extremidades e as erupções cutâneas picantes, furúnculos, contusões, herpes etc.
Emprega-se uma solução de 1 parte da tintura para 20 de água fervida morna em compressas sobre a parte afetada ou em pomada.

414. LEMNA MINOR
(Lentilha aquática)

Pertence às *Lemnaceae* ou *Pistaceae*.
Remédio catarral. Age especialmente sobre o nariz, rinite crônica. Secura na faringe e laringe.

Pólipo nasal; cornetos inchados. Asma por obstrução nasal; piora em tempo úmido.
Rinite atrófica; cheiro e gosto pútridos. Disposição à diarreia flatulenta. Rinite espasmódica.
Externamente como refrigerante sobre partes inflamadas.
Dose: 3ª à 30ª.

415. LEPIDIUM BONARIENSE

Sinonímia: *Lepidium mastruco*. Pertence às *Cruciferae* ou *Brassicaceae*.
Afecções do coração; *seios com dores lancinantes. Sensação de navalha cortando tudo das têmporas ao queixo.* Sensação de faca atravessando o coração. *Solarite.*
Dose: 1ªx à 5ª.

416. LEPTANDRA VIRGINICA
(Verônica da Virgínia)

Sinonímia: *Callistachya virginica, Eustachia alba, Paederota virginica* e *Veronica virginica*. Pertence às *Scrophulariaceae*.
A ação deste remédio se exerce sobre o fígado e os intestinos. *Congestão hepática e icterícia com diarreia papacenta fétida e negra como piche*, dor de cabeça frontal e nos globos oculares. Língua com saburra amarela. Prisão de ventre por moléstia uterina. Dispepsia patogênica. Icterícia catarral.
Dose: T.M. à 3ªx.

417. LEPTOLOBIUM ELEGANS[110]
(Perobinha-do-campo)

Remédio de ação antiespasmódica muito acentuada, aconselhado na *histeria, histero-epilepsia*, dismenorreia, enxaqueca, asma, coqueluche e outras moléstias nervosas espasmódicas.
Dose: T.M.

418. LESPEDEZA CAPITATA[111]

O Dr. C. M. Richardson considera este remédio um quase específico do Mal de Bright. Dotado de *notáveis propriedades diuréticas. Hidrotórax.*
Dose: T.M.

---

110. Usado na maioria dos preparados antiespasmódicos alopáticos.
111. Uso empírico.

419. LIATRIS SPICATA

Sinonímia: *Serratula*. Pertence às *Compositae*.
Estimulante vascular. Aumenta a atividade da pele e das mucosas.
Perturbações do fígado e baço. *Anasarca* devida a *perturbações renais*.
Gonorreia. *Nefrose*.
Dose: T.M.

420. LILIUM TIGRINUM
(Lírio-tigrino)

Sinonímia: *Lilium*. Pertence às *Liliaceae*.
Remédio uterino, com *profunda depressão de espírito*, indicada por uma *sensação de saída do útero pela vulva*, melhorada por suster esta com a mão. *Congestão do útero;* leucorreia; deslocamento uterino, queda da matriz, tumores fibrosos do útero, sensação de peso e repuxamento para baixo na região uterina, quando, *depois do parto*, o útero não voltou ainda à sua posição e tamanho naturais. Melancolia da gravidez. Ovarite. Eretismo cardíaco. *Melancolia com lágrimas incontidas.*
Menstruações se estabelecem quando anda, cessam quando para de andar. Agitação constante.
Astigmatismo miópico. Presbiopia. Desordens cardíacas puramente nervosas, devidas a perturbações uterinas. Mania religiosa.
Ponto de Weihe: Combinação dos pontos de *Cuprum* e *Sepia*.
Antídotos: *Helonias, Nux, Pulsatilla* e *Platina*.
Dose: 3ª à 30ª, 60ª, 100ª, 200ª e 500ª.

421. LIMULUS CYCLOPS

Sinonímia: *Limulus polyphernus, Polyphernus occidentalis* e *Xyphosura americana*. Pertence às *Merostomata*.
Remédio introduzido na matéria médica por C. Hering, após experimento feito por ele e Lippe.
Sintomas gastrentéricos. Depressão mental. Dificuldade em se lembrar de nomes. *Baforadas de calor que pioram pela meditação.*
Coriza fluente. Pressão sobre o nariz e atrás dos olhos.
Cólicas com fezes líquidas. Abdome quente. Constrição do ânus.
Dispneia após beber água. Opressão no peito. Nevralgia crural.
Vesículas no rosto e mão, que coçam horrivelmente. *Calor na palma das mãos.*
Dose: 6ª.

422. LITHIUM CARBONICUM
(Carbonato de lítio)

Sinonímia: *Carbonas lithicus* e *Lithium*.
Quando um caso de *reumatismo,* sobretudo crônico, especialmente das pequenas articulações, com formações nodulares nas juntas, se complicar de *desordens cardíacas dolorosas,* pensai em *Lithium carbonicum* 3ªx trit. Dores no coração durante a menstruação. Gota.
Astenopia. Hemianopia vertical, vendo só a *metade esquerda. Cefaleia pela interrupção repentina da menstruação.*
Dor de cabeça, enquanto come.
Dor nos seios, estendendo-se aos braços e dedos.
Tenesmo vesical. Depósito arenoso na urina.
Segundo Puhlman, o remédio não age sobre os gotosos, a não ser que se abstenham do álcool.
Ponto de Weihe: linha mamilar, 4º espaço intercostal, lado esquerdo.
Dose: 1ª trit. à 3ªx trit., 5ª, 6ª, 12ª e 30ª.

423. LOBELIA ERINUS

Pertence às *Campanulaceae.*
Um medicamento útil no tratamento dos *tumores malignos, especialmente do epitelioma da face.* Tumores dos seios.
Dose: 30ª à 200ª.

424. LOBELIA INFLATA
(Tabaco indiano)

Sinonímia: *Lobelia* e *Rapuntium inflatum.* Pertence às *Campanulaceae.*
O Dr. Cooper acha que a *Lobelia,* preparada por maceração em vinagre, age melhor que a tintura alcoólica.
Surdez devida a eczemas suprimidos.
Pessoas claras, louras, de olhos azuis e gordas.
Languidez, frouxidão muscular, *profusa salivação,* com bom apetite, *náusea, vômitos e dispneia,* são as indicações gerais que levam ao uso deste remédio, na *asma com ou sem enfisema,* e nas moléstias do *estômago* ou maus efeitos do alcoolismo. Gravidez. Difteria.[112]
"Pensai em *Lobelia* na bronquite asmática das crianças, *com muito catarro, mas dificuldade de expectorá-lo,* com sensação de opressão e de peito cheio" (Dr. T. G. Roberts). "Na broncopneumonia das crianças e no restabelecimento imperfeito das afecções do peito, especialmente quando se teme a tuberculose,

Lobelia é indispensável" (Dr. J. Clarke). Coqueluche.
Surdez devida à supressão de um corrimento ou a um eczema. Extrema sensibilidade do sacro; não pode suportar o mais leve contato. Dor no sacro.
Ponto de Weihe: bordo interno do bico do peito esquerdo.
Antídoto: *Ipeca.*
Dose: 1ªx à 5ª. T.M. contra o acesso de asma.

425. LOBELIA PURPURASCENS
(Lobelia-purpúrea)

Pertence às *Campanulaceae.*
A profunda prostração de todas as forças vitais e do sistema nervoso, no curso das moléstias, é uma indicação deste remédio; paralisia respiratória. Impossibilidade de conservar os olhos abertos.
Prostração nervosa da gripe. Estado comatoso de várias moléstias. Intoxicações alimentares.
Dose: 3ª à 6ª.

426. LOLIUM TEMULENTUM
(Joio)

Sinonímia: *Lolium arvence* e *Lolium robustum.* Pertence às *Gramineae.*
Tem sido utilizado na cefalalgia, na ciática e na paralisia, *sobretudo das pernas.*
Violenta dor na barriga das pernas, como se estivesse amarrada com corda. Extremidades frias; tremor das mãos; movimentos espasmódicos dos membros.
Dose: 6ª, 12ª e 30ª.

427. LONICERA XYLOSTEUM

Sinonímia: *Xylosteum*. Pertence à *Caprifoliaceae.*
Sintomas convulsivos. *Convulsões urêmicas.* Albuminúria. Sífilis.
Congestão cerebral. Coma. Contração de uma pupila e dilatação da outra. Faces vermelhas, estuporadas, com olhos semiabertos. Sacudidelas dos membros. Convulsões violentas. Extremidades frias.
Dose: 3ª à 6ª.

428. LUFFA OPERCULATA

Sinonímia: *Espongilla.*
Referências: *Allgemeine Homopatische Zeitung,* 1963-208, p. 641-2.

---
112. Ellingwood diz que a aplicação hipodérmica de *Lobelia* faz o mesmo efeito da antitoxina diftérica.

O remédio foi experimentado da D4 à D15, com reações e agravações nas baixas dinamizações, em certos doentes sensíveis, principalmente sobre forma de cefaleia intensa, dores supraesternais, sensação de vibração cardíaca, hipersensibilidade à luz, sensação de tensão nos olhos e uma sensação especial de "bola", no estômago e na cabeça.
De 90 doentes de sinusite frontal ou maxilar crônicas, 80% melhoraram ou se curaram; nos casos agudos, houve 50% de melhora.
Em nove casos de doentes asmáticos, quatro melhoraram de maneira notável, tanto nos casos alérgicos como infecciosos.
A rinite alérgica é sensivelmente melhorada, bem como a laringite crônica.
Cabeça: Cefaleia que vai da fronte para o occipital, pressão surda na cabeça com imagens cintilantes defronte os olhos e vertigens.
Nariz: Mucosa nasal úmida, como se tivesse uma corrente de ar fria; ligeira secreção que é mais amarela pela manhã e clara e transparente durante o resto do dia.
Boca e laringe: Sensação de secura na garganta, língua seca, sensibilidade e pressão nas gengivas.
Dose: 5ª e 6ª.

429. LUPULUS
(Lúpulo)

Sinonímia: *Humulus lupulus.* Pertence às *Moraceae.*
Bom remédio a empregar contra as desordens nervosas (náuseas, vertigens, dores de cabeça) que sucedem a uma noite de farra.
Icterícia infantil. Sonolência durante o dia.
Ejaculações por enfraquecimento sexual e onanismo.
Espermatorreia. Debilidade sexual masculina.
Dose: T.M. à 3ª.

430. LYCOPODIUM CLAVATUM
(Licopódio)

Sinonímia: *Lycopodium, Muscus ursinus, Pes leoninus, Muscus clavatus* e *Muscus esquamosus vulgaris.* Pertence às *Lycopodiaceae.*
Pessoas de inteligência viva e penetrante e de fraco desenvolvimento muscular.
Remédio dos artríticos.
Idosos e crianças; gente seca e irritadiça. Encanecimento precoce. *Pré-senilidade.*
Três principais características dominam os sintomas deste grande remédio: *flatulência intestinal, areias avermelhadas na urina e agravação das 16 às 20 horas.* Dores nos rins.
Dispepsia ácida e muito flatulenta, com bom apetite, mas *pronta saciedade* – come alguns bocados e se sente logo repleto. *Cardialgia, acidez e azia.* Prisão de ventre. Extremidades frias. Ventre inchado, com borborigmo; constante fermentação. Sempre com muito sono depois do jantar. *Intolerância pelas bebidas frias; quer tudo quente.*
Fígado preguiçoso; velhas congestões hepáticas.
Diz o Dr. A. Pope, que *Lycopodium* é mais útil do que qualquer outro remédio para as antigas moléstias do fígado; e que poucos medicamentos são tão eficazes como este na tísica pulmonar, quando usado com perseverança.
Cirrose atrófica do fígado, com ascite e hidropisias. *Icterícia. Hérnia inguinal.*
Enterite infantil por alimentos que não pode digerir (Teste). A criança só tolera o leite materno.
Catarro seco do nariz, com entupimento à noite, obrigando a respirar pela boca, nas crianças.
Cistite crônica.
Aneurisma. Veias varicosas. Acne.
Secura da vagina. Fisometria (ruidosa emissão de gases pela vagina). Ardor interno durante e depois do coito.
Impotência dos idosos e de onanistas.
Males que passam da *direita para a esquerda* – garganta, peito, ventre, ovários. Amenorreia provocada por susto. *Cefaleia quando come depois da hora.*
Amigdalite; difteria. Reumatismo dos músculos da faringe, dificultando a deglutição.
Movimento incessante das asas do nariz – bronquite, broncopneumonia, pneumonia, asma, difteria, todas as moléstias do peito. Bronquite crônica, com expectoração purulenta.
Pneumonia mal cuidada e retardada, que não quer acabar, sobretudo quando se teme a tuberculose.
Pneumonia crônica. Transpiração viscosa e de mau cheiro.
Tem uma notável influência reguladora sobre as *glândulas sebáceas.* É um bom remédio da *alopecia sifilítica e do intertrigo das crianças.* Hemeralopia. *Canície precoce.*
Ponto de Weihe: linha paraesternal, 2º espaço intercostal, lado direito.
Complementares: *Iodum Lachesis* e *Pulsatilla.*
Remédios que lhe seguem bem: *Anacardium, Belladona, Bryonia, Carbo vegetabilis, Colchicum, Dulcamara, Graphites, Hyoscycimus, Kali carbonicum, Lachesis, Ledum, Nux, Phosphorus, Pulsatilla, Stramonium, Sepia, Silicea, Theridion* e *Veratrum.*
Inimigos: *Depois de Sulphur, com exceção no ciclo: Sulphur, Calcaria, Lycopodium* e *Coffea.*
Antídotos: *Aconitum, Camphora, Causticum, Chamomilla, Graphites* e *Pulsatilla.*
Duração: 40 a 50 dias.
Dose: 30ª à 200ª, 500ª, 1.000ª e 10.000ª.

431. LYCOPUS VIRGICUS
(Erva-consólida)

Sinonímia: *Lycopus macrophullus, Lycopus pumilus* e *Lycopus uniforus*. Pertence às Labiatae.
A ação tumultuosa do coração, com dor e dispneia. *Asma cardíaca*; palpitações nervosas. Baixa a pressão arterial.
Hemoptises, devidas a moléstia valvular do coração.
"A respeito de remédios da *papeira exoftálmica*, tenho a maior confiança em *Lycopus*, que uso há já quinze anos, na dose de 5 a 10 gotas de T.M. de 3 em 3 horas. Sob seu uso, o tumulto do coração se acalma e o estado geral do paciente melhora." (Dr. C. Bartlett). *Bócio. Doença de Basedow.*
Hemorroidas sangrentas. Nevralgias do cordão.
Dose: T.M. à 30ª.

432. MAGNESIA CARBONICA
(Carbonato de magnésio)

Sinonímia: *Carbonas magnesius, Magnesia, Magnesia aerata* e *Magnesia hydrico-carbonica*.
Vertigens com quedas súbitas e epileptiformes.
Frequentemente indicado nas crianças; *todo o corpo cheira azedo e furúnculos saem com frequência*.
Mulheres abatidas com desordens uterinas e climatéricas. Um remédio do esgotamento nervoso. Caquexia como se tivesse estado doente muito tempo.
Extrema sensibilidade. Grande desejo de carne. Eructações ácidas.
Catarro gastrintestinal com acentuada acidez.
Diarreia verde, viscosa, espumosa, com *cólicas*; semelhante à nata verde bolhosa que se observa nos charcos estagnados, onde vivem rãs. *Diarreia gordurosa das crianças, indigerida*, de cor branca argilosa; *diarreia crônica da marasmo infantil*, com coalhos de leite indigerido, semelhante a massas flutuantes de sebo coagulado.
Sinusites. Pré-tuberculose.
Menstruações escassas e tardias, espessas e escuras como piche. *Dismenorreia; os fluxos correm somente à noite* ou quando deitada.
Dores de garganta antes da menstruação.
Durante a gravidez; dor de dentes, nevralgias, *pior à noite*, pelo frio e pelo repouso (obrigando a se levantar e a passear para aliviar); eructações, azia, cardialgia, gosto, vômito, *tudo azedo. Nevralgia na região malar.*
Reumatismo do ombro direito. Catarata.

Ponto de Weihe: parte interna no bordo superior da arcada orbitária direita. Fazer pressão de baixo para cima.
Complementar: Chamomilla.
Remédios que lhe seguem bem: Causticum, Phosphorus, Pulsatilla, Sepia e Sulphur.
Antídotos: Arsenicum, Chamomilla, Mercurius, Nux, Pulsatilla e Rheum.
Duração: 40 a 50 dias.
Dose: 3ª à 30ª. D6 e D12 coloidais em tabletes e líquido.
Acidentes devidos à ruptura dos dentes do siso.

433. MAGNESIA MURIATICA
(Cloreto de magnésio)

Sinonímia: *Chloras magnesicus, Magnesia chlorata* e *Muria magnesiae*.
Grande antipsórico. Verrugas e pólipos.
Remédio especialmente adaptado a moléstias de mulheres, fenômenos espasmódicos e histéricos, complicados com moléstias uterinas. Mulheres com uma longa história de indigestão e dores de fígado. Dor de cabeça aliviada por pressão forte.
Leucorreia, com dores abdominais, estendendo-se às coxas.
Crianças que não podem digerir o leite; com prisão de ventre e fezes duras e em cíbalos, expelidas com dificuldades, grudando-se à margem do ânus; durante a dentição. Grande fome, sem saber ao certo o que deseja comer. Bulimia. Falta de sensibilidade na bexiga e uretra, que, não vendo se sai urina, o paciente não o pode dizer, porque não o sente.
Muito suor na cabeça.
Cefalalgia.
Nariz entupido; coriza; *perda do olfato e do paladar*.
Congestão hepática; língua amarela e prisão de ventre; hipertrofia do fígado das crianças pequenas e raquíticas. Urticária, à beira-mar.
Maus efeitos de banhos de mar.
Remédios que lhe seguem bem: Belladona, Lycopodium, Natrum muriaticum, Nux, Pulsatilla e Sepia.
Antídotos: Arsenicum, Camphora, Chamomilla e Nux.
Duração: 40 a 50 dias.
Dose: 3ª à 200ª.

434. MAGNESIA PHOSPHORICA
(Fosfato de magnésio)

Sinonímia: *Phosphas magnesiae*.
Dores agudas, lancinantes, erráticas e acompanhadas de cãibras.

O maior remédio homeopático da *dor*, sobretudo das *cólicas flatulentas das crianças e dos recém-nascidos*.
Em regra, a língua é limpa.
"*Magnesia phosphorica* – diz o Dr. Nash – ocupa o primeiro lugar entre os nossos melhores remédios para as *nevralgias* ou *dores*, e nenhum como ela possui tão variada quantidade de *dores*. Podem ser agudas, cortantes, lancinantes, picantes, despedaçantes, penetrantes, aparecer ou desaparecer subitamente, intermitentes, com acessos quase intoleráveis, mudando rapidamente de lugar, *calambroides*. Esta forma é, na minha opinião, a *mais característica* e se observa principalmente no estômago, no ventre e na bacia. Para a cólica das crianças, é tão útil como *Chamomila* e *Colocynthis* e, na *dismenorreia nevrálgica*, com dores calambroides, não conheço remédio que a iguale; age mais rapidamente que qualquer outro medicamento". Dores de cabeça espasmódicas, após esforço mental. *Dores que obrigam o paciente a se curvar para a frente*.
As dores de *Magnesia phosphorica* são aliviadas pelas aplicações locais quentes. Reumatismo.
Um remédio antiespasmódico. Espasmos da dentição sem febre. Cãibras nas extremidades. Paralisia agitante. Enteralgia. Cólicas flatulentas que obrigam o doente a se curvar, aliviada pelas fricções, calor e, apesar da eliminação dos gases, não passam.
Angina do peito. Coreia. Papeira, Tetania. Epilepsia. Ciática.
Remédio proeminente da *coqueluche*, que começa como um resfriado comum e cujo acesso termina por um grito agudo; use-se a 30ª din.
Ponto de Weihe: combinação dos pontos de *Calcaria phosphoricum e Nux vomica*.
Antídotos: *Belladona, Gelsemium* e *Lachesis*.
Dose: 3ª à 200ª. O Dr. J. C. Morgan obteve *sucessos absolutos, prontos e invariáveis* com a 30ª din. nas cólicas das crianças. *Age melhor, quando dada em água quente*. D6 e D12 coloidais.

435. MAGNESIA SULPHURICA
(Sulfato de magnésio ou Sal de Epsom)

Sinonímia: *Magnesia vitriolata, Sal amarum, Sal anglicum, Sal epromense* e *Talcum sulphuricum*.
Doente apreensivo. Vertigens. Cabeça pesada durante a menstruação.
Eructações frequentes, com gosto de ovos podres. Coceira e ardor no orifício da uretra. Urina clara pela manhã e depois com depósito.
Leucorreia espessa, tão profusa como menstruação, acompanhada de dores nas cadeiras.
Dor como se existisse uma ulceração entre as espáduas.
Erupção pequena, que coça muito. *Verrugas*.
Dose: em dose ponderável é usada em água morna como purgativo de grande valor nas doenças hepato-vesiculares.
Homeopaticamente: 3ªx, 5ª e 6ª.

436. MAGNOLIA GRANDIFLORA

Sinonímia: *Magnolia glauca, Magnolia gragrans* e *Magnolia virginiana*. Pertence às *Magnoliaceae*.
Reumatismo acompanhado de lesões cardíacas.
Entorpecimento e dor. Dores alternadas entre o braço e coração. Dores erráticas. Aneurisma aórtico.
Opressão sobre o peito, que impossibilita o paciente de expandir os pulmões. Dispneia. Dor calambroide no coração. Angina pectoris. Endocardite e Pericardite. *Sensação como se o coração fosse parar de bater*. Dor ao redor do coração com coceiras nos pés.
Dose: 3ª.

437. MALANDRINUM
(Esparavão de cavalo)

Usado a primeira vez por Boskowitz e, posteriormente, pelos estudantes do "Hering College".
Usado como preventivo da varíola.
Maus efeitos da vacinação.
Eficaz para dispersar os remanescentes dos depósitos cancerosos. *Cefaleia* e *raquialgia violentas*.
Erupções cutâneas secas, escamosas e pruriginosas. Ragádias das mãos e dos pés em tempo frio e devidas ao banho.
Dose: 30ª, 100ª, 200ª, 500ª e 1.000ª.

438. MANCINELLA

Sinonímia: *Hyppomane mancinella*. Pertence as *Euphorbiaceae*.
Dermatite com excessiva vesiculação, transudando um líquido seroso espesso e com crostas.
Depressão mental da puberdade e da idade crítica, com exaltação sexual. Perda da visão.
Dor no polegar.
Modo de pensar inconstante. Medo de ficar louco.
Vertigem. Queda de cabelos após moléstia aguda.
Gosto pervertido. *Salivação intensa, de mau cheiro*.

Gosto de sangue na boca. Disfagia.
Dores ardentes no estômago, com vômito negro. Eritema. Vesículas. Pênfigo.
Duração: 40 a 50 dias.
Dose: 6ª à 30ª.

439. MANGANUM ACETICUM
(Acetato de manganês)

Sinonímia: *Manganesium Hahnemanni* e *Manganum*.
Irritabilidade e depressão.
Um remédio do reumatismo, da clorose, da asma e das grandes dores periósticas. Tendências à psoríase.
Inflamação dos ossos e juntas, com dores noturnas, agravadas pelo frio úmido; reumatismo dos pés, sífilis; gota. Ausência de sede. Tifo com intensas dores ósseas.
Pessoas anêmicas e sifilíticas, com sintomas paralíticos. *Otorreia. Otite média crônica.*
Menstruação irregular; amenorreia associada com *eczema crônico;* piora na época da menstruação e da menopausa; menstruação adiantada e escassa. *Bafos de calor no rosto; mulheres anêmicas, com sintomas paralíticos. Tremores. Parquinsonismo e fenômenos paralíticos ascendentes.*
Tosse espasmódica com coceira, do conduto auditivo.
Rouquidão crônica, com catarro difícil de expelir; tuberculose laríngea; oradores e cantores; dores da laringe, estendendo-se aos ouvidos. *Tosse melhorada pelo se deitar;* asma; *todo resfriamento provoca uma bronquite.*
Surdez provocada por tempo úmido.
Erupções pruriginosas: melhoram por coçar.
Ponto de Weihe: no bordo interno do bico do peito direito.
Remédios que lhe seguem bem: *Pulsatilla, Rhus* e *Sulphur*.
Antídotos: *Coffea* e *Camphora*.
Duração: 40 dias.
Dose: 6ª à 30ª, 100ª, 500ª e 1.000ª. D6 e D12 coloidais de *Manganum carbonicum*.

440. MANGIFERA INDICA
(Mangueira-indiana)

Um dos melhores remédios para *hemorragia passiva,* uterina, renal, gástrica, pulmonar e intestinal.
Rinite, faringite, veias varicosas. Atonia por pobreza de circulação.
Dose: T.M.

441. MARAPUAMA[113]
(*Acanthes virilis*)

Medicamento afrodisíaco e neurastênico. Aconselhado com sucesso na *neurastenia sexual com impotência.*
Empregado também no tratamento do *reumatismo crônico e em paralisias parciais.*
Dose: T.M. ou extrato fluido (meio a um grama, duas vezes por dia).

442. MARMOREK
(*Serum* de Marmorek)

O *serum* de *Marmorek* foi obtido de cavalos vacinados com filtrados de culturas jovens do bacilo tuberculoso chamado "primitivo", ainda destituído de carapaça.
Segundo Calmette, é pobre em anticorpos.
Na homeopatia, o seu uso é feito em médias e altas dinamizações e foi aconselhado por Nebel e Leon Vannier.
Indicado principalmente nos pacientes chamados por Vannier de "*Tuberculínicos*".
Sintomatologia geral: Emagrecimento; estados febris. Paciente magro, nervoso, irrequieto, agitado, hipersensível.
Sintomas neuropsíquicos: Irritabilidade, insônia nevrites, nevralgia-dentária, nevralgias erráticas e astenia.
Aparelho digestivo: Lábios secos e vermelhos com crostas secas. Boca seca e língua seca.
Falta de apetite e constipação do ventre com fezes duras e secas.
Aparelho respiratório: Dores torácicas difusas. Dores nos ápices dos pulmões e dores axilares com adenopatias axilares.
Aparelho locomotor: Cãibras musculares, dores articulares, osteítes supurantes vistuladas. Dores que se manifestam repentinamente com cãibras, após marchar com fadiga.
Pele: Erupção de tipo miliar. Pele seca.
Aparelho circulatório: Eretismo cardíaco, hipotensão.
Modalidades – Agravação: Antes da menstruação, por trabalho cerebral excessivo, pela marcha ou exercícios prolongados.
Melhora pelo repouso.
Dose: 6ª, 30ª, 100ª e 200ª.
Deve ser sempre aconselhado um drenador, quando de seu uso.

443. MEDICAGO SATIVA

Veja *Alfafa*.

---
113. Uso empírico.

444. MEDORRHINUM[114]
(Vírus blenorrágico)

Más consequências de uma gonorreia mal tratada e suprimida: para mulheres com afecções crônicas dos órgãos genitais, especialmente malignas. *Sicose.*
Tumores do útero. Leucorreia corrosiva.
Esterilidade. Amnésia para fatos recentes. Leucorreia.
Gosto de cobre na boca e eructações cheirando a ovos podres.
Dores do fígado e baço, que melhoram deitando-se de barriga para baixo.
Enurese noturna. A urinação é lenta.
Metrorragia da menopausa. Prurido vulvar.
Menstruação fétida, profusa, com coalhos.
Seios frios e sensíveis. Espinhas no rosto durante a menstruação.
Impotência. Gota militar.
Crianças retardadas e raquíticas; *enurese noturna*; urinas abundantes, amoniacais.
Muita sede; fome canina constante.
Gota; cólica renal; afecções da medula.
Intensa coceira do ânus.
Constante movimento das pernas e pés; ardor das mãos e dos pés. *Endolorimento nas plantas dos pés.* Inchaço e rigidez das juntas, especialmente das extremidades.
Peso e perda de forças das pernas e dos pés.
Asma. Tosse seca incessante noturna. Começo da tuberculose.
Remédios que lhe seguem bem: *Sulphur* e *Thuya.*
Antídoto: *Ipeca.*
Dose: 200ª à 1.000ª uma vez por semana (5 gotas).

445. MEDUSA

Sinonímia: *Aurelia aurita.* Pertence às *Acalephae.*
Um remédio de *urticária*; inchaço de todo o rosto, olhos, nariz, lábios e ouvidos, com calor ardente e picante.
Ativa a secreção láctea. Eritema. Ansiedade. Dificuldade no falar.
Dose: 5ª à 30ª.

446. MELILOTUS OFFICINALIS[115]
(Trevo amarelo)

Sinonímia: *Melilotus vulgaris* e *Trifolium officinalis.* Pertence às *Leguminosae.*

---

114. Considerado um bioterápico pelos homeopatas franceses.
115. Usado na composição do queijo suíço (Schabzieger) e no Gruyère.

O principal uso deste remédio é nas *dores de cabeça congestivas, com faces afogueadas, latejos na* fronte e sensação de ondulação no cérebro; às vezes aliviadas pelo botar sangue pelo nariz ou pelo aparecimento da *menstruação.* Rival de *Belladona* e *Gloncinum.*
Útil também nas dores de cabeça *nervosas.*
"Eu o aprecio muito nas dores de cabeça nervosas, e sempre ando com ele na minha carteira, em tintura-mãe, que administra por olfação" (Dr. Hughes).
Onde há ou houve grande *hemorragia, precedida de faces quentes e vermelhas*, este remédio dá alívio – em tais casos, a face pode estar mortalmente pálida.
Mania, delirium tremens. Espasmos infantis. Melancolia. Falta de memória.
Dismenorreia; nevralgia ovariana. *Eclampsia.*
Dose: 1ª à 3ªx ou T.M. em inalações.

447. MENISPERMUM CANADENSE

Pertence às *Menispermaceae.*
Remédio da enxaqueca. Boca e garganta secas. Dor de cabeça frontal e nas têmporas, que se estende para trás. Língua inflamada, acompanhada de abundante salivação. *Escrofulose dos antigos* é de grande utilidade.
Dose: 3ªx.

448. MENTHA PIPERITA
(Hortelã-pimenta)

Sinonímia: *Mentha hirvina* e *Mentha viridi aquatica.* Pertence às *Labiatae.*
"*Mentha* é para a tosse seca, qualquer que ela seja, o que *Arnica* é para as machucaduras e *Aconitum* para as inflamações. Até alivia a *tosse* dos tísicos." (Dr. Demeures). Tosse seca que piora pelo ar frio, fumo e falando.
Prurido ardente da vagina. *Herpes-zóster.*
Cólica hepática, com flatulência. Qualquer cólica flatulenta.
Dose: 3ª. Nas tosses, em geral a 30ª.
Uso externo: Prurido da vagina.

449. MENYANTHES TRIFOLIATA
(Trevo-d'água)

Sinonímia: *Trifolium amarum, Trifolium fibrinum* e *Trifolium aquaticum.* Pertence às *Gentianaceae.*
Dor de cabeça *melhorada por forte pressão com a mão*; muitas vezes com pés e mãos frias como gelo e sensação de um grande peso sobre o vértice do crânio.

Febre intermitente, em que o calafrio é notável e mais sentido no ventre e nas pernas; ponta do nariz fria.
Tremores, sobretudo das pernas, ao se deitar. O paciente nunca tem sede. Fome canina, que melhora comendo um pouco. *Paludismo crônico* (Nebel).
Sensação de tensão e compressão. Desordens urinárias nas mulheres.
Ponto de Weihe: terceira vértebra cervical. Fazer pressão de alto para baixo sobre a apófise espinhosa.
Remédios que lhe seguem bem: *Capsicum, Lycopodium, Pulsatilla* e *Rhus.*
Antídoto: *Camphora.*
Duração: 14 a 20 dias.
Dose: 3ª à 30ª.

450. MEPHITIS PUTORIUS
(Doninha da América do Norte)

Sinonímia: *Mephitis chinga.* Pertence aos *Mustelidae.*
"Se os numerosos fatos colecionados desde 1851 não provam que *Mephitis* é o melhor dos remédios na coqueluche, certamente o fazem considerar um valioso específico nesta moléstia" (Dr. Neidhard).
Sensação de sufocação, paroxismos asmáticos; *tosse espasmódica violenta;* inspiração larga e ruidosa; expiração difícil; catarro no peito; agravação à noite e depois do deitar. *Poucos acessos de dia, mas muitos à noite.*
Asma, com sensação de ter respirado vapores de enxofre.
Duração: 1 dia.
Dose: 1ªx à 3ªx, 5ª, 6ª e 30ª.

451. MERCURIUS
(*VIVUS* ou *SOLUBILIS*)[116]
(Azougue)

Um grande remédio das *inflamações locais.* Dado em começo, só ou alternado com *Belladona,* ele poderá abortar a supuração. Formando o pus, ele favorecerá a sua saída ou promoverá a sua reabsorção, e pode ser então alternado com *Hepar sulph. Abscessos da glândula, da raiz dos dentes e das amígdalas. Otorreia.*
Língua larga, mole, com a impressão dos dentes nos bordos – é uma indicação segura de *Mercurius* em qualquer moléstia, mesmo na loucura.
Salivação abundante, fétida, com gosto de cobre. *Boca úmida, gengivas esponjosas e mau hálito.* Estomatite ulcerosa.
Dores de dentes cariados. Nevralgia facial devida à obturação de um dente. *Otalgia.* Furúnculo do conduto auditivo. Otite crônica supurada depois de uma febre eruptiva.
Reumatismo articular agudo, na 3ªx trit.
Em moléstias dos ossos: dores piores à noite. Um remédio do 2ª período da febre tifoide.
Em qualquer moléstia, com *suores abundantes, oleosos, de cheiro ativo, persistente, que não aliviam* e às vezes mesmo *agravam* os sofrimentos, *Mercúrio* é o primeiro remédio em que se deve pensar. Reumatismo, bronquite, *influenza,* pneumonia etc.
Agravação *à noite,* em *quarto quente,* e pelo *calor da cama;* em tempo úmido e durante a transpiração.
Corrimento profuso e corrosivo do nariz, espirros e olhos vermelhos e inchados. "Quando um resfriamento começa com coriza, *Mercurius* é um importante remédio" (Dr. Dewey).
Laringite aguda; tosse rouca, com muita coceira na laringe (3ªx). Bronquite aguda, com catarro amarelo, mucopurulento.
Tremor das extremidades, especialmente das mãos: paralisia agitante.
Primeiro período da blenorragia sem complicações.
Diarreia viscosa, verde, amarela ou sanguinolenta, com cólicas; tenesmo antes e depois da evacuação *(nunca acaba).* "Eu prefiro sempre *Mercurius* quando há muito catarro nas evacuações" (Dr. S. Raue).
Leucorreia corrosiva com *sensação de esfoladura* nas partes. Um dos melhores paliativos do cancro do útero e dos seios. Prurido agravado pelo calor da cama.
Combate a predisposição da mulher de engravidar facilmente.
Varíola, quando começam a supuração e a febre secundária.
Cancro sifilítico (duro). Anemia sifilítica. O melhor remédio da *balanite.*
Congestão do fígado. Pneumonia biliosa. Icterícia, sobretudo infantil. *Fígado inerte;* secreção deficiente de bílis; remédio esplêndido.
A pele é úmida em quase todas as moléstias em que *Mercurius* é indicado. Entretanto, é útil nos casos recentes de *psoríase.*
Ponto de Weihe: debaixo da ponta do apêndice xifoide *(Mercurius vivus).*
Complementar: *Badiaga.*
Remédios que lhe seguem bem: *Arsenicum, Asafoetida, Belladona, Calcaria, Calcaria phosphorica, Carbo vegetabilis, China, Dulcamara, Guaiacum, Hepar, Iodum, Lachesis, Lycopodium, Muriatis acidum, Nitri acidum, Phosphorus, Pulsatilla, Rhus, Sepia, Sulphur* e *Thuya.*

---
116. O *Mercurius vivus* é o *Hydrargyrum* ou *Argentum vivum.* O *Mercurius solubilis Hahnemanni* é o *Hydrargyrum ammonio-nitrico.* As patogenesias são tão semelhantes que foram englobadas em um único capítulo.

Antídotos: Arsenicum, Aurum, Aranea, Camphora, Belladona, Bryonia, Caladium, Carbo vegetabilis, Calcaria, China, Cuprum, Conium, Clematis, Daphne, Dulcamara, Ferrum, Guaiacum, Hepar, Iodum, Kali iodatum, Kali chloricum, Kali bichromicum, Lachesis, Mezerium, Nitri acidum, Nux moschata, Opium, Phosphorus, Phytolacca, Ratanhia, Salsaparilla, Staphisagria, Sepia, Stillingia, Spigelia, Stramonium e Valeriana.
Duração: 30 a 60 dias.
Dose: 3^ax à 30^a, 100^a, 200^a e 1.000^a. Na sífilis infantil, a 30^a. Dizem alguns autores que as dinamizações altas (12^a e 30^a) abortarão comumente a supuração (tal como *Hepar*). D6, D12 e D30 coloidais.[117]

452. MERCURIUS AURATUS

Psoríase palmar e catarro nos sifilíticos. Sífilis nasal e dos ossos. Eczema. Orquite. Tumores cerebrais.
Dose: 3^ax trit. à 6ª trit. e 30^a.
D6 e D12 coloidais.

453. MERCURIUS CORROSIVUS
(Sublimado corrosivo)

Sinonímia: *Cloretum hydrargyricum, Hidrargyrum muriaticum corrosivum, Mercurius sublimatus* e *Sublimatus corrosivus*.
É o grande remédio da *disenteria; sangue e muito tenesmo contínuo* (anal ou vesical) são as suas características. Mau cheiro da boca.
Principal remédio da enterite mucomembranosa. Cistite.
Nefrite aguda, com anasarca; albuminúria da gravidez (principal remédio, quase infalível); previne as convulsões puerperais; seguido de *Phosphorus*, quando a gravidez está a termo.
Hidrotórax do Mal de Bright.
Um importante remédio dos olhos. "Nas mais violentas formas de oftalmia aguda com extremo horror à luz, ou na quemose, a 5^a ou 6ª diluição decimal deste remédio cortará frequentemente o ataque" (Dr. E. C. Franklin).
Dores ardentes nos olhos, *fotofobia, lágrimas corrosivas*. "Se há algum remédio superior para a *irite é Mercurisus corrosivus;* é quase um específico para as *irites simples e sifilíticas*, acompanhadas de dores nos olhos, estendendo-se ao alto da cabeça" (Dr. Dewey). Úlceras de córnea. Conjuntivite ou queratite flictenular grave em crianças escrofulosas. Retinite albuminúrica.

Um bom remédio da garganta; *inchada, dolorosa, intensamente inflamada; dores ardentes;* muito sensível à pressão externa; deglutição dolorosa; úvula inchada. Faringite aguda; amigdalite aguda; "dizem que este remédio na 3^ax trit. aplicado localmente nas amígdalas deterá a supuração" (Dr. G. Guay). Faringite crônica dos oradores. *Estomatite ulcerosa. Piorreia.*
Gonorreia, depois de *Can. sat.;* o Dr. J. Tessier alterna, desde o começo, *Mercurius corr.* 3ª com *Sulphur* 3^a. Com tenesmo contínuo.
Combate a disposição às hemorragias, que caracterizam a *hemofilia. Púrpura.*
Peritonite. Apendicite. Ovarite. *Balanite.*
Cancro venéreo fagedênico. Úlceras do colo do útero.
Sífilis secundária.
Sífilis terciária. Úlceras violentas, ativas, muito destruidoras, serpiginosas, fagedênicas, de bordos desiguais; em qualquer parte do corpo. Use-se a 3^ax.
A má ação é neutralizada por *Sepia* quando se tratar de pacientes do sexo masculino.
Ponto de Weihe: parte interna do bordo inferior da arcada supra-orbitária direita. Fazer pressão de baixo para cima.
Dose: 6^ax à 30^a.

454. MERCURIUS CYANATUS
(Cianureto de mercúrio)

Sinonímia: *Cyanuretum hydrargyrii, Mercurius borussicus* e *Mercurius hydrocyanicus*.
É um dos melhores remédios que temos para *prevenir e curar a difteria maligna*, com muita prostração e extrema debilidade, desde o começo da moléstia, tendendo a invadir o nariz e a laringe.
Pioemia.
Úlceras sifilíticas da boca, com falsas membranas cinzentas e ameaçando de perfuração. Destruição da abóbada palatina.
Dose: 6^a à 30^a.
Na difteria, segundo Chavanon, a 6ª deve ser dada de 3 em 3 horas e a 30ª somente de 12 em 12 horas.

455. MERCURIUS DULCIS[118]
(Calomelanos)

Sinonímia: *Calomelano, Chloretum hydrargyrosum, Hydrastis chloratum dulce* e *Hydrastis muriaticum dulce.*

---

117. Nos coloides, existem o *Mercurius solubilis* e o *Mercurius vivus*. Apresentam, no entanto, patogenesia semelhante e, por isso, as mesmas indicações.

118. Deve-se evitar o sal de cozinha e alimentos salgados, quando no uso deste medicamento.

Excelente remédio *em qualquer caso de diarreia infantil*, especialmente nas *diarreias verdes* com frequentes e pequenas dejeções e muitos puxos. Inflamação com exsudatos. *Palidez*.
Cirrose do fígado, alcoólica, com ascite e hipertrofia hepática. Congestões hepáticas remitentes.
"O mais satisfatório remédio, em minha experiência, para limpar a língua e dominar a náusea e o vômito da gastrite das crianças, é *Mercurius dulcis* 3ªx trit., duas pastilhas, a cada 2 ou 3 horas" (Dr. S. Raue).
Bom medicamento a alternar com *Baptisia* 1ª nas febres gástricas simples. Estomatite gangrenosa.
Inflamação catarral crônica do ouvido médio com surdez e ruídos de tons profundos; membrana do tímpano espessada, retraída e imobilizada; faringite granulosa; catarro da trompa de Eustáquio. Surdez dos idosos. Rival de *Kali muriaticum*, com o qual pode ser alternado nos casos de surdez crônica, sem corrimento.
Sífilis infantil: úlceras fagedênicas da boca e da garganta. Pele flácida e mal nutrida.
Ponto de Weihe: acima e sobre o lado direito da cicatriz umbilical.
Dose: 3ªx trit. à 6ª trit. D6 e D12 coloidais.

456. MERCURIUS IODATUS FLAVUS
(Protoiodureto de mercúrio)

Sinonímia: *Hydragium iodidum, Mercurius iodatus* e *Mercurius protoiodatus.*
Amigdalites com glândulas inchadas e língua saburrosa amarela, na base; começa à *direita*. Úlceras na garganta. Constante desejo de engolir. *Sífilis infantil*. Dores de garganta que começam à direita e depois passam para a esquerda.
Coriza crônica. Impetigo.
Úlceras da córnea; quase específico.
Tumores do seio, com muita transpiração e desordens gástricas.
Dose: 3ªx trit. Na sífilis infantil, a 2ªx, um tablete 4 vezes por dia. D6 e D12 coloidais.
Uso externo: Eczema, ectima (1,40 de vaselina).

457. MERCURIUS IODATUS RUBER
(Biodureto de mercúrio)

Sinonímia: *Mercurius biiodatus* e *Mercurius deut-iodatus.*
Um dos mais úteis remédios da garganta, *com muito inchaço das glândulas – da difteria* com membranas cinzento-amareladas; da *pseudo-difteria*, que às vezes acompanha a escarlatina; da amigdalite aguda superficial ou folicular, com exsudação abundante da tonsilite úlcero-membranosa; alternado com *Belladona*, dá melhores resultados. *Pior do lado esquerdo.*
Feridas da garganta, especialmente à esquerda, com muito inchaço glandular. *Ossos malares doloridos.*
"Em casos de papeira antiga; e quando o tumor tende sempre a aumentar a despeito dos remédios, tenho usado este medicamento com excelente resultado" (Dr. Ruddock).
Apendicite; logo em começo, alternado com *Belladona*, ambos na 5ª din.
"As minhas mais brilhantes curas de *tuberculose intestinal* foram realizadas com este medicamento" (Dr. G. Lade).
Calor e latejamento no vértex.
Um dos melhores medicamentos na sífilis, sobretudo no cancro duro e bubão lentos e indolentes, e as *sifílides secundárias*. Assim que aparecerem as primeiras manifestações secundárias, dá-se 1 tablete da 3ªx trit., três vezes por dia.
"Um dos melhores remédios para as ulcerações escrofulosas da pele, escrofuloderma" (Dr. M. E. Douglass).
Um grande e importante remédio das *adenites* em geral. *Febre ganglionar. Parotidite.*
Começo da coriza nas crianças.
Ponto de Weihe: face anterior do esterno ao nível do 3º par de costelas.
Dose: 3ª trit. à 6ª trit.

458. METHYLENO AZUL
(Azul de metileno)

Um remédio indicado nas *nevralgias*, neurastenia e malária. Diminui o timpanismo da febre tifoide.
Nefrite aguda e nefrite pós-escarlatina. *Rim operado*, com grande quantidade de pus na urina. Mal de Bright. Artrite reumática. Melancolia periódica.
Prurido vulvar, interno e externo.
Cistite e reumatismo gonocócico.
Dose: 3ªx trit. Externamente em solução glicerinada a 2%, como colutório e desinfetante.

459. MEZEREUM
(Mezerão)

Sinonímia: *Chamaedaphne, Chamälia germanica, Coccus chamelacus, Daphonoides* e *Thymelae*. Pertence às *Thymelaceae.*
Dores noturnas nos ossos, sobretudo sifilíticas. Periostite antes do período de supuração. Necrose fosfórica. Melhora das moléstias internas, quando aparecem as erupções.

Erupções pruriginosas, coçam intoleravelmente; piora à noite na cama. *Crostas espessas e aderentes*, sob as quais se colecciona o pus. *Crosta láctea da cabeça das crianças. Ectima. Eczema. Erupções em torno da boca; erupções depois da vacinação. Úlceras sifilíticas das pernas.*
Surdez consecutiva à supressão de uma erupção da cabeça. Vegetações adenoides.
Nevralgias agravadas por comer, aliviadas pelo calor, e ligadas a dentes cariados; sobretudo por baixo do olho, estendendo-se para a fonte. *Zona e Sarampo. Nevralgia ciliar com sensação de frio no olho; depois de operações*, especialmente extração do globo ocular.
Úlcera gástrica com muito ardor.
Sensibilidade ao ar frio.
Ponto de Weihe: bem por baixo do ponto de *Iodium*, sendo que esse está no meio da linha que une o apêndice xifoide à cicatriz umbilical.
Remédios que lhe seguem bem: *Calcaria, Camphora, Ignatia, Lycopodium, Nux, Phosphorus* e *Pulsatilla*.
Antídotos: *Aconitum, Bryonia, Calcaria, Kali iodatum, Mercurius, Nux* e *Ácidos*.
Duração: 30 a 60 dias.
Dose: 3ªx à 30ª, 60ª, 100ª e 200ª.
Uso externo: Úlceras fagedênicas, aftas, dartros, cáries, sífilis e prurido.

460. *MIKANIA SETIGERA*[119]
(Cipó-cabeludo)

Usado com sucesso, no Brasil, no tratamento das *nefrites agudas*, primitivas ou secundárias, ou nos casos crônicos após passado o período agudo desta moléstia.
Blenorragia. Cistite. Pielite crônica.
Dose: T.M. Nos casos de anasarca urêmica, o povo usa o cozimento a 5%, em pequenas porções.

461. *MILLEFOLIUM*
(Mil-folhas)

Sinonímia: *Achillea alba, Achillea millefolium* e *Achillea setacea*. Pertence às *Compositae*.
Um grande remédio de *hemorragias* sem dor e sem febre, especialmente do *pulmão* (na tísica, na suspensão da menstruação ou nas moléstias do coração) e das *hemorroidas*.
Sangue vermelho brilhante.
Epistaxes. Metrorragias. Hematúrias. Depois de operações de pedras na bexiga.

Maus efeitos da queda de uma altura ou de esforço para levantar peso. *Excessos musculares.*
Varíola com grande dor de estômago.
Preventivo do aborto, das hemorragias pós-parto.
Varizes dolorosas durante a gravidez.
Nas hemorragias, pode-se alterná-lo com *Ipeca* ou com *Hamamelis*.
Ponto de Weihe: linha média entre a linha espinhal e a linha vertical tangente ao ângulo interno da omoplata, 2º espaço intercostal bilateralmente.
Inimigo: *Coffea*.
Antídoto: *Arum*.
Duração: 1 a 3 dias.
Dose: T.M. à 3ª.

462. *MIMOSA HUMILIS*
(Mimosa)

Pertence às *Leguminosae*.
Indicada no reumatismo dos joelhos com inflamação, vermelhidão, tensão e dor.
Dose: Tintura-mãe.

463. *MITCHELLA REPENS*

Pertence às *Ruhiaceae*.
Sintomas vesicais acompanhando congestão uterina. Irritação do colo da bexiga com desejo frequente de urinar. Disúria. Catarro vesical.
Colo do útero inflamado e vermelho escuro. *Dismenorreia*. Hemorragia uterina. *Ajuda o trabalho de parto*.
Dose: T.M.

464. *MONSTERA PERTUSA*[120]
(Chaga de São Sebastião)

Bom remédio das *linfangites*, sobretudo do seio e pós-parto. Mastites e orquites (interna e externamente).
Dose: T.M. à 3ª.

465. *MORPHINUM*[121]
(Alcaloide do ópio)

Sinonímia: *Morphinum aceticum* e *Morphia*.
Profunda depressão. Qualquer trauma moral leva ao terror. Tudo lhe parece sonho.
Vertigens ao menor movimento da cabeça.

---

119. Uso empírico.

120. Uso empírico.
121. Baixas dinamizações, somente sob receita médica.

Coceira nos olhos. *Pupilas dilatadas desigualmente.* Ptose palpebral. Paresia do músculo reto interno do globo ocular. Estrabismo por debilidade do reto interno.
Face vermelha sombria ou palidez lívida da face, lábios, língua, boca e garganta.
Boca muito seca.
Náuseas e vômitos levantando-se.
Timpanite. Dores agudas no abdome.
Diarreia aquosa, escura, acompanhada de tenesmos.
Paresia vesical. Estrangúria. Urinação lenta e difícil. Retenção devida à hipertrofia prostática. Uremia. Impotência. Dor no cordão espermático direito. Alternância de taquicardia e braquicardia. Paralisia do diafragma.
Pele lívida. *Herpes-zóster.* Urticária da idade crítica.
Hiperestesia. Delírios. Melancolia. Nevralgias intensas. Neurites múltiplas. Agravação depois do sono.
Antídotos: *Avena sativa, Atropia, Belladona, Café forte, Aconitum* e *Ipeca,* especialmente nos efeitos secundários.
Inimigo: *Vinagre.*
Dose: 5ª e 6ª trit.

466. MOSCHUS
(Almíscar)

Sinonímia: *Moschus moschiferus, Moschus tibetanus* e *Moschus tunquinensis.* Pertence às *Mammalia.*
Desmaio é a grande característica de Moschus. "Eu o levo sempre em minha botica portátil, em virtude do seu grande valor em dois estados que pedem pronto alívio. Não conheço outro meio algum que tão rapidamente dissipe um *ataque histérico,* mesmo com perda de sentidos, como *Moschus.* Não é de menor poder nas *palpitações puramente nervosas, sem moléstia orgânica do coração".* (Dr. R. Hughes).
Debilidade mais acentuada pelo repouso.
Dispneia nervosa ou histérica, síncope; laringite estridulosa; crupe; espasmos da glote; coqueluche; acesso de asma nas crianças; soluços *nervosos espasmódicos. O doente sente muito frio.* Agravação pelo frio. *Hilaridade irresistível.*
Nosso melhor remédio dos arrotos ruidosos das histéricas. Grande flatulência. Espasmo da glote.
Diabetes, com impotência. Violenta excitação sexual.
Suspensão da menstruação, sufocação na garganta, súbita falta de ar, opressão no peito. Ninfomania.
Antídotos: *Camphora* e *Coffea.*
Duração: 1 dia.

Dose: "Costumo empregar a 2ª e a 3ª dil. decimal da tintura. Creio que é mais útil administrá-las em olfação e que é inútil dá-las pela boca." (Dr. R. Hughes).

467. MUREX PURPUREUS
(Múrice vermelho)

Sinonímia: *Murex inflata* e *Purpura patula.* Pertence aos *Gasteropoda.*
Especialmente adaptado às mulheres nervosas, vivas e afetuosas, mas fracas e deprimidas, especialmente na menopausa.
Fácil excitação sexual, ao menor contato. Ninfomania.
Sensação de queda da matriz; *precisa conservar as coxas fechadas.* Endolorimento do útero. Vazio gástrico.
Dismenorreia e endometrite crônica, com deslocamento do útero. Leucorreia, alternando com depressão mental.
Dores nos seios durante a menstruação. Tumores benignos das mamas. Mentruações irregulares e profusas com grandes coalhos.
Diabetes *insipidus.*
Ponto de Weihe: linha axilar média, 3º espaço intercostal, lado direito.
Dose: 3ª à 30ª.

468. MURIATIS ACIDUM ou HYDROCHLORICUM ACIDUM
(Ácido clorídrico)

Sinonímia: *Muriaticum acidum.*
Um grande remédio das *febres* de caráter *tífico* com alta temperatura, *grande prostração, diarreia verde-escura, involuntária,* ao urinar. Fuliginosidades nas gengivas, *pulso fraco, pequeno e intermitente,* queda do queixo, língua muito seca e retraída; o doente torna-se *tão fraco* que resvala ao pôr os pés na cama. Febre tifoide, febre gástrica, gripe intestinal, *typhus.*
Estomatite aftosa. Úlceras da língua; cancro.
Hemorroidas azuladas, quentes, com violentas agulhadas no ânus, excessivamente sensíveis ao toque; hemorroidas dos idosos; *durante a gravidez; aparecendo subitamente nas crianças.* Prolapso do reto.
Sequelas da escarlatina no nariz e no ouvido.
Erupções papulosas e vesiculosas. Furúnculos e úlceras de mau cheiro, nos membros inferiores.
Ponto de Weihe: sobre a extremidade interna da clavícula direita, no bordo interno do esternoclidomastoideo. Fazer pressão de dentro para fora.
Remédios que lhe seguem bem: *Calcaria, Kali carbonica, Nux, Pulsatilla, Sepia, Sulphur* e *Silicea.*

Antídotos: *Bryonia* e *Camphora*.
Duração: 35 dias.
Dose: 1ª à 6ª.

469. MURURÊ[122]
(Mercúrio vegetal)

Usado no Brasil, no tratamento da *sífilis*, do *reumatismo* e da *lepra*.
Dose: T.M. à 5ª.

470. MYGALE LASIODORA
(Aranha)

Sinonímia: *Mygale avicularia, Aranea avicularis* e *Mygale lasiodora cubana*. Pertence aos *Arachnideos*.
Coreia é o principal campo terapêutico deste remédio; principalmente dos músculos da *face*. Boca e olhos abrem-se e fecham-se em rápida alternação; movimentos convulsivos da cabeça para o lado direito; corpo todo em constante movimento. "Um dos nossos melhores remédios – diz Farrington – para curar os casos simples, sem complicações". "Foi o meu remédio favorito – diz Clarence Bartlett – antes de conhecer *Agaricina*."
Ranger de dentes à noite.
Dose: 3ª à 30ª.

471. MYOSOTIS ARVENSIS
(Não-me-esqueças)

Sinonímia: *Myosotis intermedia*. Pertence às *Borraginaceae*.
Empregado quase exclusivamente em moléstias do aparelho respiratório. Bronquite crônica e tísica, com suores noturnos.
Dores no peito, à esquerda, tosse de acesso com vômitos e expectoração abundante mucopurulenta com mau cheiro; *bronquite fétida*.
Dose: T.M.

472. MYRICA CERIFERA
(Cerieiro)

Pertence às *Myricaceae*.
Um remédio do *fígado*, empregado na icterícia catarral e nas cólicas hepáticas. Nas crianças. Insônia persistente. Câncer do fígado (Burnett). Abundante secreção de um *muco tenaz, fétido e difícil de destacar;* leucorreia, bronquite crônica, faringite e estomatite.
Dose: T.M. à 3ª.

473. MYRISTICA SEBIFERA
(Ucuuba)

Sinonímia: *Variola sebifera*. Pertence às *Myristicaceae*.
"Este remédio tem uma ação muito notável sobre o tecido conjuntivo, que ele inflama vivamente até produzir a *supuração* e a necrose. Ele é, pois, indicado quando o tecido conjuntivo é sede de uma inflamação. Em caso de supuração, *Myristica* facilita a saída do pus para o exterior com uma rapidez maior do que *Hepar* ou *Calcarea sulph*. Também os médicos homeopatas da Escola Catalã a chamam o *bisturi homeopático*. Ela tem-se mostrado de uma eficácia maravilhosa no *panarício*, onde nenhum medicamento lhe é superior." (Dr. Pinart). Tendência ulcerativa em todos os tecidos do corpo.
Antraz (Dr. Olive). Otite média; período da supuração.
Um importante remédio da *elefantíase dos árabes* (Dr. Hansen).
Fístula do ânus.
Dose: T.M. à 30ª.
Uso externo: Panarício, antraz e abscessos em geral.

474. MYRTUS CHEKAN[123]

Pertence às *Myrtaceae*.
Remédio peruano empregado com sucesso nas *bronquites crônicas*, com *catarro espesso e amarelo*, difícil de expectorar; especialmente nos idosos.
Dose: 3ª.

475. MYRTUS COMMUNIS
(Murta)

Pertence às *Myrtaceae*.
Único uso deste medicamento é nas *dores de peito e pontadas dos tísicos,* das quais é um excelente remédio; *sobretudo do lado esquerdo, parte superior,* correndo da frente para a omoplata (vértice do pulmão esquerdo afetado). Piora pela manhã.
Dose: 3ª.

476. NABALUS ALBUS

Sinonímia: *Nabalus serpentaria, Prenanthes albus* e *Prenanthes serpens*. Pertence às *Compositae*.

---
122. Uso empírico.

123. Uso empírico no Peru.

Dispepsia com eructação ácida e ardente. Obstipação com fezes endurecidas, que machucam o ânus quando expelidas. Suscetibilidade a magnetismo. Desejo de alimentos com sabor ácido.
Leucorreia, com corrimento branco.
Dose: T.M.

477. NAJA TRIPUDIANS
(Veneno da cobra Capelo)

Sinonímia: *Cobra di capella, Coluber naja* e *Ophiotoxi Conium*. Pertence aos *Colubrídeos*.
Moléstias mitrais crônicas do coração, com hipertrofia, palpitações, falta de ar, dor de cabeça frontal, temporal e *tosse irritante*. "Este é o mais útil de todos os remédios que possuímos para os estados cardíacos com poucos sintomas ou sintomas assestados somente em torno do coração" (Dr. Kent). Tosses dos tísicos. *Dores nas regiões orbitária e temporal esquerdas, estendendo-se ao occipital com náuseas e vômitos.*
Um grande remédio da *asma cardíaca*. Palpitações nervosas crônicas. Angina de peito. *Coração danificado* por *moléstias infecciosas*. Palpitações histéricas, com dores no ovário esquerdo. Endocardite aguda e crônica. *Dor que vai do ovário esquerdo ao coração.* Parecem ligados.
Asma, começando com coriza. Tosse seca, devida a lesões cardíacas.
Paralisia bulbar.
Paralisia iminente do centro respiratório, com respiração difícil, frequente e superficial, sinais de asfixia, grande prostração e resfriamento geral – no *cholera morbus*; na *peste bubônica* (grande medicamento).
Mania de suicídio.
Ponto de Weihe: meio do 1/3 externo da linha que vai da cicatriz umbilical ao ponto de *Balsamum peruvianum*, do lado esquerdo.
Antídotos: *Ammonium* e *Tabacum*.
Dose: 6ª à 30ª, 100ª, 200ª e 500ª.

478. NAPHTHALINUM
(Naftalina)

Tosse coqueluchoide; longos e contínuos acessos de tosse sufocante, com rosto azulado, acompanhados às vezes de suores: *coqueluche* (bom remédio); asma; tísica pulmonar. Rinite espasmódica. *Catarata.*
Coriza. Opacidades da córnea. *Febre do feno.*
Remédio que lhe segue bem: *Drosera.*
Dose: Na bronquite crônica, 3ª e 5ª. Da 3ª trit. à 6ª.

479. NARCISSUS
(Narciso)

Pertence às *Amaryllidaceae*.
Um remédio para *tosse e bronquite*. Náuseas seguidas de vômito e diarreia.
Coriza com lacrimejamento e dor de cabeça frontal. Conjuntivite. Salivação intensa ou boca seca.
Período convulsivo da coqueluche.
Diarreia simples. Eritema com vesículas, pústulas, que pioram com a umidade.
Dose: 1ª à 5ª.

480. NATRUM ARSENICOSUM
(Arseniato de sódio)

Sinonímia: *Sodium arsenicosum*.
Coriza com cefalalgia e dor na raiz do nariz, olhos secos, ardentes e doloridos; corrimento aquoso, nariz entupido, *crostas no nariz*. Asma dos mineiros. Lacrimejamento ao vento. Bronquites em crianças. Garganta inflamada e edemaciada. Psoríase.
Um tônico geral da nutrição (3ªx).
Dose: 3ª à 30ª.

481. NATRUM CARBONICUM
(Carbonato de sódio)

Sinonímia: *Cartonas natricus* e *Sodae carbonas*.
Depressão e fraqueza cerebral. *Antipsórico*.
Grande debilidade causada pelo calor do verão; cansaço pelo mais leve esforço mental ou físico.
Efeitos crônicos da insolação.
Excitação e nervosismo durante as tempestades.
Dores de cabeça, devidas ao mais leve exercício mental; ao sol ou por trabalhar sob um foco de luz. Erupção vesiculosa sobre a língua.
Coriza constante; nariz entupido; *catarro com mau cheiro, chupado pela garganta, em abundância*.
Maus efeitos de beber água fria suando.
Digestão muito fraca, manifestando-se pelo mais ligeiro desvio de regime. Sede intensa pelas bebidas frias, algumas horas após as refeições, com mal-estar após as ter bebido. Fome voraz às 11 horas da manhã e às 5 da tarde, com sensação de vazio na boca do estômago e aliviada pelo comer. *Dispepsia atônica flatulenta*.
Sensação de fraqueza, retração, contrações espásticas e encurtamento dos tendões. Facilidade em torceduras e luxações dos tornozelos e joelhos.

Colo uterino endurecido.
Diarreia flatulenta, *amarela como polpa de laranja*.
Aversão ao leite; diarreia devida ao leite.
Corrimento de muco da vagina, depois do coito, expelindo o esperma e impedindo a fecundação. Esterilidade.
Ponto de Weihe: meio da linha que vai do apêndice xifoide ao ponto de *Iodium*.
Remédios que lhe seguem bem: *Calcaria, Nux vomica, Nitri acidum, Pulsatilla, Sepia, Sulphur* e *Selenium*.
Antídoto: *Camphora*.
Duração: 30 dias.
Dose: 3ª à 30ª, 100ª, 200ª, 500ª e 1.000ª.

482. *NATRUM HYPOCHLOROSUM*
(Solução de Labarraque)

O livro de Boericke, por descuido, chama esta *solução de Natrum chloratum*.
Atonia uterina. Menstruação profusa. Entre as menstruações, profusa leucorreia e dores nas cadeiras. Perturbações hepáticas. *Mãos inchadas pela manhã*.
Vertigens, mau gosto na boca. Ulceração aftosa.
Antídotos: *Pulsatilla* e *Guaiacum*.
Complementar: *Sepia*.
Dose: 3ªx trit.

483. *NATRUM MURIATICUM* ou *CHLORATUM*

Sinonímia: *Chloruretum sodicum, Sodium chloride* e *Natrum hydrochloricum*.
Desespero e desânimo (consolando é pior); anemia e emagrecimento, embora coma bem; boca seca; sede constante; prisão de ventre com fezes secas e duras, indicam este remédio. Menstruação escassa. Hiperestesia geral.
Marasmo infantil; pescoço fino. "Um dos nossos melhores remédios para os estados anêmicos" (Dr. Dewey). Hipertireoidismo.
Língua *geográfica ou limpa*, fala com dificuldade. Crianças que demoram para aprender a falar. Face pálida com espinhas múltiplas.
Dor de cabeça crônica martelante dos anêmicos, sobretudo pior às 11 horas da manhã. Dor de cabeça das *crianças de escola* e dos *estudantes*, começando por turvação da vista. Depois da menstruação. Dor de cabeça que cega.
Febres intermitentes – acessos das 10 para as 11 horas da manhã, sede durante todo o acesso, dor de cabeça martelante, sintomas gástricos. *Febre palustre*. Infecções gastrintestinais.
Magnífico remédio da *astenopia*, sobretudo por insuficiência do músculo reto interno. Estreitamento do conduto lacrimal. Perturbações devidas à acomodação.

Lábios e cantos da boca secos e rachados. Grêta profunda no meio do lábio. Gengivas escorbúticas.
Erupções em torno da boca e *vesículas semelhantes a pérolas sobre os lábios*. Eczemas.
Pele oleosa; seborreia. Alopecia; durante o aleitamento.
Coriza aquosa como água clara. Perda do olfato e do gosto, *coriza crônica*. Asma que piora em quarto fechado.[124]
Constrição do reto e do ânus. Dores picantes e ardentes depois de evacuar.
Prisão de ventre. Fezes irregulares, duras, em quantidade que não satisfaz. Constipação de ventre durante a menstruação.
Palpitações cardíacas com desfalecimento ao menor esforço.
Dor no dorso melhorada pelo apoio forte sobre qualquer coisa dura.
Paresia de grupos musculares.
Vagina seca; coito difícil e dolorido.
Concepção fácil.
Incômodos que pioram ou melhoram à *beira-mar*.
Ponto de Weihe: linha axilar média, 4º espaço intercostal, lado direito.
Complementares: *Apis, Ignatia* e *Sepia*.
Remédios que lhe seguem bem: *Apis, Bryonia, Calcaria, Hepar, Kali carbonicum, Pulsatilla, Rhus, Sepia, Sulphur* e *Thuya*.
Antídotos: *Arsenicum, Phosphorus, Nitri spiritus dulcis, Sepia* e *Nux*.
Duração: 40 a 50 dias.
Dose: 5ª à 30ª, 200ª, 500ª, 1.000ª e 10.000ª.

484. *NATRUM PHOSPHORICUM*
(Fosfato de sódio)

Sinonímia: *Natri phosphas, Phosphatus sodicus* e *Hydro-disodic-phosphate*.
Moléstias *com excessos de acidez* chamam por este remédio. Icterícia. Corrimento amarelo dos olhos.
Arrotos ácidos, vômitos azedos, diarreia ácida esverdeada, azia, regurgitações ácidas. Remédio muito útil para as náuseas dos primeiros meses da gravidez.
Saburra amarela, cremosa, na parte posterior da língua e do céu da boca. Disfagia.
Dispepsia ácida; acidez gástrica.
Inflamação de qualquer parte da garganta com sensação de um corpo estranho. Ejaculações durante o sono.
Tremor no coração, que se agrava após as refeições.
Cólicas, com sintomas de lombrigas.
Ponto de Weihe: no meio do 1/3 médio da linha que vai da cicatriz umbilical ao ponto de *Scilla*.

---
124. O Dr. Blunt recomenda muito o seu uso na asma.

Antídotos: *Apis* e *Sepia*.
Dose: 3ª trit. Na icterícia 1ªx trit.

485. NATRUM SALYCILICUM
(Salicilato de sódio)

Remédio da *vertigem de Meniére*.
Um dos melhores remédios para a prostração muscular da convalescença da influenza. Estrabismo divergente.
Surdez súbita com vertigem; surdez das crianças devida à meningite cérebro-espinhal. Edema. Urticária.
Dose: 3ª trit.

486. NATRUM SULPHURICUM
(Sal de Glauber, Sulfato de sódio)

Sinonímia: *Soda vitriolata* e *Sulphas natricus*.
Hipersensibilidade. Corrimentos esverdeados. *Remédio amargo bilioso*. Inquietude matinal que passa depois do almoço. Língua recoberta de saburra verde-acinzentada ou verde-marrom, principalmente na sua base. Perda do apetite e sede. Náuseas e vômitos ácidos, biliosos. Flatulência principalmente no cólon ascendente. Dor subaguda na região ileocecal. Grauvogl o considera o melhor anti-hidrogenoide.
Fígado dolorido ao toque, acompanhado de conjuntivas amareladas. A dor hepática se agrava, deitando-se sobre o lado esquerdo ou usando roupas apertadas.
Febre biliosa; vômitos amargos, biliosos; diarreia biliosa, flatulenta e matutina, com cólica.
Gosto amargo na boca; saburra esverdeado-escura na base da língua.
Influenza; um grande remédio da *influenza*.
Icterícia, com febre e moléstia do fígado.
Tosse úmida, com dor através da parte inferior do peito, do lado esquerdo: asma, tísica, bronquite, pneumonia etc. *Remédio constitucional da asma das crianças: a ser dado por diversos meses, uma dose pela manhã e outra à noite*.
Valioso remédio da *meningite espinhal* e dos sintomas cerebrais devidos a *pancadas na cabeça*.
Leucorreia amarelo-esverdeada consecutiva à gonorreia. Prurido ao tirar a roupa.
Agravação por se deitar do lado esquerdo e *pelo tempo úmido*. Maus efeitos de morar em casas ou aposentos úmidos; quase específico para a anemia resultante da falta de exercício ao ar livre e de luz. Erupções cutâneas que voltam todos os anos na primavera.
Ponto de Weihe: linha que vai da cicatriz umbilical ao ponto de *Chelidonium*. Meio do 1/3 externo.
Complementares: *Arsenicum* e *Thuya*.

Remédios que lhe seguem bem: *Belladona* e *Thuya*.
Duração: 30 a 40 dias.
Dose: 3ªx trit. à 5ª, 6ª, 12ª, 100ª, 200ª, 500ª e 1.000ª.

487. NECTANDRA AMARA[125]
(Canela preta)

Pertence às *Lauraceae*.
Sinonímia: *Nectamdra mollis*.
Remédio de uso eficaz, no Brasil, contra a *diarreia verde das crianças*, devida ao aleitamento artificial impróprio (Dr. Fernando Costa). Dispepsia e enterite crônicas.
Dose: T.M. à 2ªx.

488. NICCOLUM
(Níquel)

Sinonímia: *Niccolum metallicum*.
Dores de cabeça, de fundo nervoso, periodicamente.
Catarro nasal com vermelhidão e inflamação da ponta do nariz.
Garganta muito dolorosa do lado direito. Dolorida ao leve tocar, externamente.
Estômago dolorido, sem desejo de se alimentar. Gastralgia aguda com dores se estendendo até à espádua. *Vazio gástrico sem fome*.
Sede e soluços frequentes. Hemicrania esquerda que passa para o lado direito.
Menstruação tardia, com debilidade e ardência nos olhos. Precisa segurar as têmporas quando tosse.
Rouquidão. Tosse seca que obriga a apoiar os braços sobre as coxas, enquanto tosse. Diarreia pelo leite.
Piora de duas em duas semanas.
Estalos nas vértebras quando mexe a cabeça.
Ponto de Weihe: em cima da auréola do bico do peito direito.
Dose: 3ªx trit., 5ª, 12ª, 30ª e D3, D6 e D12 em tabletes coloidais.

489. NICCOLUM SULPHURICUM
(Sulfato de níquel)

Sinonímia: *Niccoli sulphas*.
Perturbações climatéricas. *Nevralgias periódicas de natureza palúdica*. Aumento da urinação e salivação. Gosto de cobre.
Pessoas dadas à literatura, fracas e com astenopia, que estão sempre piores pela manhã e com dores de cabeça periódicas.

---
125. Uso empírico.

Dor de cabeça occipital, que se estende pela coluna.
Planta dos pés ardente logo ao se levantar.
Sensação de que a menstruação vai aparecer.
Baforadas de calor.
Dose: 2ª, 3ª e 5ª trit.

490. NICOTINUM
(Nicotina)

Alcaloide do Tabaco.
Sinonímia: *Nicotylia.*
Espasmos ora tônicos ora clônicos, seguidos de relaxamento muscular e tremores.
Colapso com suores frios e náuseas.
Dose: 2ª, 3ª e 5ª trit.

491. NITRI ACIDUM
(Ácido azótico)

Sinonímia: *Acidum azoticum* e *Nitricum acidum.*
Pessoas morenas e maduras, que sofrem de moléstias crônicas, que se resfriam facilmente e têm predisposição à diarreia. Antídoto da intoxicação mercurial.
A principal indicação deste remédio é nas *gretas, fendas, feridas, úlceras, crostas, nos limites da pele com as mucosas* – boca, olhos, nariz, ânus, uretra, pênis, vagina. Com dores como se tivesse *lascas na parte afetada.* Sangram facilmente. Estomatite ulcerosa.
Dores de lascas. Úlceras no véu do paladar.
Grande dor no ânus depois de defecar. Bom remédio das hemorroidas muito dolorosas, com grande tenesmo. Disenteria.
Excrescências esponjosas, sangrando facilmente. Sífilis secundária. Cancro mole com bubão. Abusos do mercúrio alopático.
Estalos nos ouvidos ao mastigar e nas juntas ao andar. Desejo de comidas picantes. Grande fome e sede intensa.
Tosse crônica, seca e forte; com depressão física geral ou prisão de ventre, tuberculose pulmonar. Tosse crônica que volta todos os anos no inverno. Laringites. Úlceras da laringe. Tosse durante o sono. Pirose. Eructações ácidas.
Dores terebrantes no ânus, durante a evacuação e persistindo por algum tempo após.
Hemorragias escassas, lentas, escuras, prolongadas, rebeldes – febre tifoide; *metrite hemorrágica; depois de aborto*; depois das raspagens do útero; *menopausa.* Um bom remédio da metrite hemorrágica.
Urina fria, escura, turva, com forte cheiro, como a de cavalo.
Queda dos cabelos do púbis.
Congestão hepática crônica.
Corrimentos fétidos e corrosivos: coriza, ozena, cárie do mastoide, rinite crônica, difteria nasal, balanite, leucorreia. Suores fétidos. Prurido vulvar.
Notável melhora de todos os sintomas por andar de carro. Surdez.
Ponto de Weihe: atrás do meio do bordo superior da clavícula esquerda; apoiar do alto para baixo e de fora para dentro na direção da 1ª costela.
Complementares: *Arsenicum* e *Caladium.*
Remédios que lhe seguem bem: *Arnica, Aconitum, Belladona, Calcaria, Carbo vegetabilis, Kali carbonicum, Kreosotum, Mercurius, Phosphorus, Pulsatilla, Silica, Sulphur, Sepia* e *Thuya.*
Inimigos: *Lachesis* depois de *Calcaria.*
Antídotos: *Aconitum, Calcaria, Hepar, Conium, Mercurius, Mezereum* e *Sulphur.*
Duração: 40 a 60 dias.
Dose: 6ªx à 30ª. Nas hemorragias uterinas, o Dr. Ludlam usava a 3ªx ou 3ª, de hora em hora ou de 4 em 4 horas, conforme a urgência do caso. Nas moléstias do reto e ânus, a 5ª e a 30ª. Usam-se também a 30ª, 100ª, 200ª, 500ª e 1.000ª.

492. NITRUM

Veja *Kali nitricum.*

493. NITRI SPIRITUS DULCIS

Sinonímia: *Naphta nitri, Spiritus aetheris nitrosi* e *spiritus nitrico-aethereus.*
Apatia sensorial com estupor. Pele seca, náuseas e flatulência. *Perturbações por abuso de sal (halofagia).*
Prosopalgia com fotofobia. Bochechas ardentes, vômitos e lassidão. Sensibilidade ao frio. Piora por aborrecimentos no inverno e na primavera.
Dose: Algumas gotas da tintura-mãe em água de 2 em 2 horas.

494. NITRO-MURIATIC ACIDUM
(Água régia)

Sinonímia: *Agua regia.*
Ptialismo. Gosto metálico. Gengivas que sangram facilmente. Constipação de ventre, com desejos ineficazes. Oxalúria. Urina ardente.
Dose: 3ª.

495. NUPHAR LUTEUM
(Olfão amarelo)

Sinonímia: *Nenuphar luteum* e *Nymphae lutea.* Pertence às *Nymphaeaceae.*

Impotência sexual e diarreia matutina são as duas únicas indicações homeopáticas deste medicamento.
Completa ausência de desejo sexual, órgãos amolecidos incapazes de ereções e *espermatorreia com emissões involuntárias,* sobretudo ao defecar e ao urinar.
Diarreia amarela com grande abatimento. *Enterite mucomembranosa,* alternado com *Conium maculatum,* ambos da 30ª de 3 em 3 dias, uma gota.
Dose: T.M. à 6ª, 12ª e 30ª.

496. NUX MOSCHATA
(Noz-moscada)

Sinonímia: *Myristica, Myristica aromatica, Nuces aromaticae, Nux myristica* e *Semen myristica.* Pertence às *Myristicaceae.*
A esfera de ação deste medicamento é principalmente *mental, na memória.* Pensamentos desvanecentes. *Estupor.* Desmaio fácil. Histeria e coma.
Sono invencível em todas as moléstias. Principal remédio a tentar na moléstia do sono.
Boca muito seca sem sede. Dor de dentes da gravidez. *Grande flatulência; dispepsia flatulenta;* diarreias infantis; durante a gravidez; na histeria. Distensão abdominal pelos gases. Língua que cola na abóbada palatina.
Extrema secura das mucosas e da pele. Fraqueza paralítica do intestino.
Globus hystericus.
Afonia nervosa; perda da voz, ao caminhar contra o vento. Tosse histérica.
Um excelente remédio do *soluço.*
Crianças que, embora muito espertas, demoram entretanto para aprender a falar.
A menstruação muda constantemente de época e de quantidade.
Ponto de Weihe: linha mamilar, 5º espaço intercostal, lado direito.
Remédios que lhe seguem bem: *Antimonium tartaricum, Lycopodium, Nux, Pulsatilla, Rhus* e *Stramonium*
Antídotos: *Camphora, Gelsemium, Laurocerasus, Nux, Opium, Valeriana* e *Zincum.*
Duração: 60 dias.
Dose: 5ª, 30ª e 200ª.

497. NUX VOMICA
(Noz-vômica)

Sinonímia: *Nux, Solanum arboreum indicum maximum, Strychnos colubri, Strychnos ligustrina* e *Strychnos nux vomica.* Pertence às *Loganiaceae.*
Moreno, cabelos pretos, magro, *colérico, irritável,* impaciente, teimoso, nervoso, melancólico, de hábitos sedentários e preocupações de espírito; tal é o doente de *Nux vomica.* Homens de negócios.
Hipersensitivo. Ação muscular peristáltica em sentido inverso da necessidade.
Um dos melhores remédios a ser administrado na 30ª dinamização aos pacientes que têm abusado dos remédios alopáticos, sobretudo purgantes.
Adaptado às moléstias das pessoas de *vida sedentária.*
Neurastenia com hipocondria e sintomas gastrintestinais; alternado com *Sulphur.*
Um dos remédios do *tétano.*
Frequente desejo de evacuar, mas poucas ou nenhumas fezes – prisão de ventre (30ª e 200ª din.), diarreia, disenteria ou qualquer outra moléstia. Obstrução fecal do intestino. *Hemorroidas cegas e coçando muito. Dismenorreia.*
Boca amarga. Gastrite crônica, com dilatação do estômago (3ª).
Dispepsia, com dor de cabeça; pior meia hora depois de comer. Epilepsia. Vômitos matinais da dispepsia, sobretudo dos alcoólatras. O melhor remédio para os resultados agudos de uma bebedeira (cabeça pesada, mau gosto na boca etc.). Tremor das mãos. Remédio das náuseas e vômitos que ocorrem depois de operações cirúrgicas. Língua amarelada na porção posterior e com bordos avermelhados.
Hérnias. Hérnia umbilical das crianças.
Maus efeitos de excessos sexuais. Espermatorreia noturna. Alivia as dores na 30ª dinamização; cólicas hepáticas, a dar nos intervalos dos acessos; a 12ª alivia as cólicas nefríticas.
Inflamação intestinal das crianças, que não toleram senão o leite materno, com diarreia, mas sem catarro na obra. Use a 1ª din.
Diarreia ou constipação com grandes esforços e fezes em pequena quantidade.
Convulsões com opistótonos. A língua fica arroxeada e o doente permanece semiconsciente durante a crise.
Tetania. Em qualquer febre, *sente arrepios de frio ao menor movimento ou ao se descobrir e, todavia, cobrindo-se, sente um grande calorão* – é uma indicação segura de *Nux vomica.*
Alternado com *Ipeca,* é um grande remédio das febres intermitentes palustres (sezões ou maleitas).
Nevralgia intercostal agravada ao se deitar sobre o lado dolorido. *Lumbago. Dores nas costas.*
Nariz entupido. Um dos melhores remédios para abortar a coriza. "Para a coriza com entupimento do nariz, *Nux vomica* é o específico" (Dr. Hughes).
Em alta dinamização (30ª), é um excelente remédio da inflamação do útero depois do parto (*metrite puerperal*).
Rinite espasmódica.

Menstruação abundante, adiantada e prolongada.
Acorda todas as manhãs pelas três ou quatro horas e não pode mais conciliar o sono. Insônia dos neurastênicos, com vertigem e fácil fadiga. Sonha, fala e se agita durante o sono. Nevralgia supraorbitária, matutina, intermitente, cotidiana – 30ª din., uma dose logo depois do acesso e outra duas ou três horas mais tarde ou ao se deitar.
"É inteiramente seguro afirmar que *Nux vomica* está mais frequentemente indicada para a dor de cabeça do que qualquer outro remédio" (Dr. Dewey). *Enxaquecas.* Dores de cabeça com perturbações gástricas.
Todos os sofrimentos melhoram pelo repouso.
Ponto de Weihe: linha axilar média, abaixo do bordo da 2ª costela, lado direito.
Complementares: *Sulphur, Kali carbonicum* e *Sepia.*
Remédios que lhe seguem bem: *Aranea, Aesculus, Arsenicum, Actea spicata, Belladona, Bryonia, Cactus, Carbo vegetabilis, Calcaria, Cocculus, Colchicum, Cobaltum, Hyoscycimus, Lycopodium, Phosphorus, Pulsatilla, Phosphorus acidum, Rhus, Sepia* e *Sulphur.*
Inimigos: *Aceticum acidum, Ignatia amara* e *Zincum.*
Antídotos: *Aconitum, Arsenicum, Belladona, Camphora, Chamomilla, Cocculus, Coffea, Euphrasia, Opium, Pulsatilla* e *Thuya.*
Dose: 1ª à 200ª, 500ª, 1.000ª e 10.000ª. Age melhor sendo tomada à tarde.

498. *NYCTANTHES*

Sinonímia: *Arbor tristis* e *Paghala malli.* Pertence às *Jasminaceae.*
Febre biliosa de caráter remitente. Ciática. Obstipação infantil.
Língua saburrosa, com dores de cabeça. Sensação ardente no estômago, que melhora pelo frio. Fezes com muita bílis. Náuseas. Melhora depois de vomitar.
Dose: T.M. à 3ª.

499. *NYMPHAEA ODORATA*
(Lírio-d'água, Gigoga aguapé)

Sinonímia: *Castalia pudica* e *Nymphaea alba.* Pertence às *Nymphaeaceae.*
Usado principalmente em aplicações locais.
Ulcerações e corrimentos constituem a sua melhor indicação. Úlceras atônicas; estomatites. Úlceras da boca e do colo do útero; leucorreia, vaginite, *queda da matriz.*
Empregado também na disenteria, nas diarreias matutinas, na blenorragia e na elefantíase dos árabes.
Moléstias da pele em geral; psoríase.

Dose: T.M.
Uso externo: usa-se em óvulos nas afecções uterinas, um, todas as noites, ao se deitar.
Em gargarejos, nas anginas e faringites.

500. *OCIMUM CANUM*
(Alfavaca)

Sinonímia: *Alfavaca.* Pertence às *Labiatae.*
Areias nos rins é a principal característica deste remédio, frequentemente verificada. Sedimento cor de tijolo; odor de musgo na urina. Cólica renal especialmente do lado direito. Dores uretrais. Inflamação testicular esquerda. *Irritação vulvar.*
Dose: T.M., 3ªx, 5ª e 30ª.

501. *OENANTHE CROCATA*
(Enanto açafroado)

Sinonímia: *Oenanthe apiifolia.* Pertence às *Umbelliferae.*
O uso mais conhecido deste medicamento é na *epilepsia,* de que é um soberano remédio; convulsões violentas, opistótonos, espuma na boca, queixo cerrado, extremidades frias. Pior durante a menstruação e a gravidez. Os casos de cura dessa enfermidade vão sendo cada vez mais numerosos. Crises epilépticas sem aura.
Eclampsia puerperal; convulsões infantis; convulsões urêmicas. Psoríase; ictiose. Lepra.
Dose: 1ªx à 6ª. Pode-se alterná-lo com *Hydrocyanicum acidum,* na epilepsia.

502. *OENOTHERA BIENNIS*
(Primavera-da-tarde)

Sinonímia: *Oenothera gauroide, Onagra biennis* e *Onosuris acuminata.* Pertence às *Onagriaooac.*
O único uso homeopático deste medicamento tem sido feito na diarreia aguda, sem esforço, esgotante, e na disenteria, com dejeções pequenas, frequentes, sanguinolentas, com cólicas, tenesmo, às vezes queda do reto nas crianças, profundo abatimento, esgotamento e prostração.
Dose: T.M. à 2ªx.

503. *OLEANDER*
(Eloendro)

Sinonímia: *Kumaree, Nerium album, Nerium splendens* e *Nerium variegatum.* Pertence às *Apocynaceae.*

Diarreia lientérica, com alimentos *não digeridos*; *saída involuntária das fezes, nas crianças, por ocasião de expelir gases*. Diarreia crônica, pior pela manhã; fome canina; frequente urinação. Catarro intestinal.
Fraqueza das pernas. Paraplegias. Sensação de que os olhos entram para dentro da cabeça.
Erupções úmidas crostosas e pruriginosas do couro cabeludo; por trás das orelhas. Crosta láctea, com desordens gastrintestinais. Prurido intenso.
Ponto de Weihe: linha axilar média, 5º espaço intercostal, à esquerda.
Remédios que lhe seguem bem: *Conium, Lycopodium, Natrum muriaticum, Pulsatilla, Rhus, Sepia* e *Spigelia*.
Antídotos: *Camphora* e *Sulphur*.
Duração: 20 a 30 dias.
Dose: 3ª, 5ª e 6ª.

504. OLEUM JECORIS ASELLI
(Óleo de fígado de bacalhau)

Sinonímia: *Gadus morrhua* e *Oleum morrhuae*. Pertence aos *Gadidae*.
Um remédio para as crianças escrofulosas, emagrecidas e depauperadas. Crianças que não podem tomar leite. Tosse seca. Febre dos tuberculosos.
Raquitismo. *Atrofia infantil;* com mãos e cabeça quentes; agitação e febre à noite. Palpitações cardíacas.
Um valioso remédio do *lúpus* (Dr. Douglass).
Um tônico para crianças depois das moléstias agudas, sobretudo do aparelho respiratório (10 a 20 gotas de óleo puro em um pouquinho de leite três vezes ao dia).
Uso externo: Impigem. O óleo puro pode ser friccionado pelo corpo das crianças mal nutridas, magras ou atrofiadas.
Dose: 1ªx trit. à 3ªx trit.

505. ONISCUS ASELLUS
(Miepes)

Sinonímia: *Asellus* e *Millepedes*. Pertence aos *Isopoda*.
Remédio da hidropisia e grande diurético. Dor terebrante atrás da orelha direita em processo de mastoidite. Violenta pulsação de todas as artérias.
Meteorismo abdominal. Cólica muito intensa. Dor cortante da uretra. *Tenesmo fetal e vesical, sem conseguir evacuar* ou urinar. Reputação de antiepiléptico na Alemanha.
Dose: 6ª.

506. ONONIDIS SPINOSAE
(Unha-de-gato)

Sinonímia: *Remora alopecurois, Ononi spinosa* e *Resta bovis*. Pertence às *Leguminosae*.
Indicado em nefrites crônicas associadas à calculose. *Cólica renal.*
Dose: T.M.

507. OOPHORINUM ou OVARINUM
(Extrato ovariano)

Útil após as extirpações dos ovários.
Perturbações climatéricas. Quistos ovarianos. Moléstias da cútis e acne rosácea. Prurido.
Dose: 3ªx trit., 6ªx trit., 12ª, 30ª, 100ª e 200ª. Os homeopatas costumam aplicar, como medicamento de ação patogênica semelhante, o *Orchitinum*, que é o extrato testicular.

508. ONOSMODIUM
(Lágrimas de Jó)

Sinonímia: *Onosmodium virginicum* ou *virginianum*. Pertence às *Borraginaceae*.
Um remédio da *perda completa do desejo sexual,* tanto no sexo masculino como no sexo feminino; *impotência psíquica*. Neurastenia sexual. Dores nas têmporas e mastoide.
Dores de cabeça devidas à fadiga da noite. Astenia neuromuscular.
Dose: 3ª à 200ª. Também a 2ªx e 3ªx.

509. OPIUM
(Ópio)

Sinonímia: *Landanum, Meconium, Opianyde, Papaver, Papaver hortense, Papaver officinale, Papaver sativum, Papaver setigerum, Papaver somniferum, Papaver sylvestre, Succus thebaicum* e *Thebaicum*. Pertence às *Papaveraceae*.
Sono comatoso, soporoso, sem dores e sem queixas, respiração profunda e estertorosa, face vermelha, carregada, olhos congestionados e meio abertos, pupilas contraídas, suores quentes – pintam este remédio em qualquer moléstia. Pulso cheio e lento. Males dos antigos estilistas.
Estupor prolongado depois de convulsões.
Paralisias recentes. Paralisia do cérebro.
Falta de vitalidade para reagir aos remédios.
Maus efeitos de susto; vertigem; retenção ou incontinência de urinas; aborto; supressão dos lóquios; suspensão da menstruação; afonia. Paralisia vesical.

Prisão de ventre, *sem desejo de evacuar* (quando as fezes requerem meios artificiais para serem *extraídas*); *durante a gravidez.* Inércia intestinal. *Hipersensibilidade sensorial. Cólicas de chumbo.* Hérnias. Volvo.
Ponto de Weihe: meio de 1/3 interno da linha que vai da cicatriz umbilical ao ponto de *Carduus marianus.*
Remédios que lhe seguem bem: *Calcaria, Ledum, Lycopodium, Nux, Pulsatilla, Phosphorus, Rhus, Sepia* e *Sulphur.*
Inimigo: *Ferrum phosphoricum.*
Antídoto: *Coffea.*
Duração: 2 a 4 dias.
Dose: 3ª à 30ª, 100ª, 200ª, 500ª e 1.000ª.

510. OPUNTIA VULGARIS
(Nopal)

Sinonímia: *Cactus humifusus, Opuntia humifusa* e *Opuntia maritima.* Pertence às *Cactaceae.*
Diarreias acompanhadas de náuseas. Enteroptose com frequentes evacuações. Tem-se impressão de que toda a massa intestinal está acumulada na pequena bacia.
Dose: 2ªx trit.

511. OREODAPHNE CALIFORNICA
(Laionel da Califórnia)

Pertence às *Lauraceae.*
Cefaleia nervosa. *Dor cérvico-occipital.* Cabeça pesada, com pressão sobre a órbita.
Diarreia sem sentir. *Enterocolite crônica.* Eructações.
Dose: 1ª à 3ª. A tintura-mãe, somente por olfação.

512. ORIGANUM MAJORANA
(Manjerona)

Sinonímia: *Herba amaraci, Herba sampsuchi* e *Majorana.* Pertence às *Labiatae.*
Remédio usado na Antiguidade pelas cortesãs gregas como afrodisíaco e hoje homeopaticamente empregado em doses infinitesimais contra todos os *excessos dos instintos sexuais, especialmente na mulher. Masturbação.* Exaltações do apetite venéreo. Desejo de exercícios e marchas.
Ninfomania. Ideias e sonhos lascivos. Histeria. Leucorreia.
Dose: 3ª à 5ª.

513. ORNITHOGALUM UMBELLATUM
(Estrela de Belém)

Pertence às *Liliaceae.*
Remédio empregado pela primeira vez por Cooper nas afecções do estômago, aparentemente malignas.
Cancro do estômago, especialmente do piloro, com indigestão, eructações, dores espasmódicas, flatulência, abatimento de espírito, língua saburrosa, tendência à diarreia, inapetência, emagrecimento. Depressão. Úlcera gástrica com hemorragia. *Ideias de suicídio.*
Dose: T.M. Cooper dava uma gota de T.M. e só dava outra dias depois, quando via que todo traço da ação da primeira se tinha esgotado. 1ª, 3ª e 5ª.

514. OSCILLOCOCCINUM

Deve-se ao Dr. Joseph Roy a descoberta de um micróbio ao qual ele denominou *Oscillococcus,* e que pensava ser causa do câncer.
Fez-se um extrato diastático desse *Oscillococcus* deslizado e dinamizado até a 200ª.
Chavanon, no seu excelente livro *Therapéutique O.R.L. Homéopathique,* o emprega e o indica muitíssimo nos casos de gripe, anginas gripais e especialmente nas otites.
Nas otites agudas, o resultado é simplesmente surpreendente.
Nesses casos, associamos *Belladona* D3, *Capsicum annum* C3 e *Pyrogenium* C30.
Indicado também nas mastoidites.
Dose: C200.

515. OSMIUM
(Ósmio)

Sinonímia: *Osmium metal.*
Um remédio da irritação e catarro dos órgãos *respiratórios; tosse seca e forte; rouquidão; dor na laringe e na traqueia;* coriza.
Laringite ou laringo-traqueíte aguda.
Albuminúria; nefrite aguda.
Glaucoma; violentas dores nos olhos e lacrimejamento. Nevralgia orbitária. Cores verdes em torno da chama da luz. Conjuntivite.
Combate a tendência da pele a aderir à unha que cresce.
Eczema pruriginoso. Catinga dos sovacos.
Dose: 6ª, 12ª e 30ª.

516. OSTRYA VIRGINICA
(Pau-ferro da Virgínia)

Pertence às *Betulaceae*.
Medicamento de grande valor na *anemia do impaludismo*.
Febres palustres. Congestão hepática.
Língua amarela, saburrosa na base. Perda do apetite. *Náusea frequente com cefalalgia frontal*.
Dose: 1ª à 3ª.

517. OXALICUM ACIDUM
(Ácido oxálico)

Sinonímia: *Oxali acidum*.
Neurastenia é a sua principal indicação. *Psicastenia*.
Sintomas que pioram ao pensar neles; dores por zonas; *reumatismo do lado esquerdo; hiperestesia da retina*, dores nos olhos; cólicas intestinais.
Terrível nevralgia do cordão.
Dor lancinante no pulmão esquerdo, lobo inferior, vindo repentinamente, paralisando a respiração.
Sintomas espasmódicos da garganta e do peito. *Rouquidão. Afonia. Dores no pulmão esquerdo. Dispneia*. Palpitações. *Angina de peito*. Remissões periódicas dos sintomas.
Fraqueza das pernas; dores dos membros; dores nas costas.
Diarreia devida ao café.
Más consequências de comer morangos.
Ponto de Weihe: bordo posterior do esternoclidomastoideo, meio de linha que vai da mastoide ao ponto de *Stramonium*.
Dose: 5ª à 30ª.

518. OXYTROPIS
(Loco)

Pertence às *Leguminosae*.
Ação nítida sobre o sistema nervoso. Congestão espinhal e paralisia. As dores vêm e vão rapidamente. Relaxamento esfincteriano.
Desejo de estar só. Depressão mental. Vertigens. Dores nos maxilares e nos masseteres.
Boca e nariz secos.
Paralisia dos músculos dos olhos.
Eructações com dores em cólica.
O esfíncter anal parece relaxado e as fezes escorrem como melado.
Desejo de urinar toda vez que pensa nisso.
Urinação profusa com dores renais.
Desejo sexual ausente. Dores nos testículos e cordões.
Dose: 3ª, 5ª, 6ª, 12ª, 30ª, 100ª e 200ª.

519. PAEONIA OFFICINALIS
(Rosa albardeira)

Sinonímia: *Paeonia peregrina* e *Rosa benedicta*. Pertence às *Ranunculaceae*.
"O melhor medicamento de todos para as *hemorroidas dolorosas é a Paeonia* (3ª ou 6ª), internamente e externamente; é sobretudo a aplicação externa que consegue acalmar as *dores hemorroidárias*, sob a forma de pomada (4 g de 1ª trit. decimal de *Paeonia* para 20 g ou 50 g de vaselina). Esta pomada é de tal modo eficaz contra as dores hemorroidárias que se poderia certamente fazer com ela uma fortuna, se se cometesse a indignidade de vendê-la como um remédio secreto. É também útil na *fenda do ânus*, contra as dores do espasmos do esfíncter." (Dr. P. Jousset). Na fístula anal.
Convulsões devidas a pesadelo.
Úlceras crônicas nas partes inferiores do corpo.
Antídotos: *Aloë* e *Ratanhia*.
Dose: 3ª à 5ª.
Uso externo: Pomada e supositórios.

520. PALLADIUM
(Paládio)

Um remédio ovariano; *dor e inchaço na região do ovário direito. Ovaralgia*: Salpingo-ovarite. Ciática. A dor melhora pela pressão.
Dores uterinas, aliviadas pela defecação.
Leucorreia glutinosa. Prurido.
Combate às menstruações que aparecem durante o aleitamento.
Mulheres vaidosas, que se ofendem facilmente e usam uma linguagem violenta; com dores de cabeça que vão de um ouvido a outro.
Nevralgia temporoparietal estendendo-se aos ombros. *Pessoas egocêntricas*.
Ponto de Weihe: meio do 1/3 externo da linha que vai da cicatriz umbilical ao ponto de *Juniperus*. O ponto de *Juniperus* é na união do 3/4 e do 1/4 inferior da linha que vai do ponto de *Stannum* ao ponto de *Ferrum*.
Complementar: *Platina*.
Antídotos: *Belladona, China* e *Glonoin*.
Dose: 6ª à 30ª, 100ª e 200ª.

521. PANACEA ARVENSIS
(Azougue dos pobres)

(Remédio introduzido na matéria médica homeopática pelo Dr. Mure.)
Dor sobre a região gástrica com fome, mas com aversão pelos alimentos.
Dose: Da T.M. à 3ª.

522. PANAX

Sinonímia: Aralia quinquefolia, Panax americanum e Ginseng.
Veja Ginseng canadense.

523. PANCREATINUM
(Extrato pancreático)

As primeiras experimentações foram feitas com extrato pancreático associado ao extrato das glândulas salivares.
Perturbações da digestão no trato intestinal.
Dor no intestino, que começa uma hora ou mais após se alimentar.
Erudições de alimentos gordurosos. Diarreia com partículas gordurosas.
Dose: 1^ax trit.

524. PARREIRA BRAVA
(Abutua)

Sinonímia: Botryopsis platyphylla, Chondodendron tomentosum e Sissampela pareira. Pertence às Menispermaceae.
Remédio muito eficaz nas *cólicas nefríticas* e na irritação dos condutos urinários que precede ou segue a expulsão dos cálculos.
Cistite com violento esforço para urinar e terrível ardência durante a micção; urina com cheiro de amoníaco. Dores violentas nos músculos. Estrangúria.
Hidropisia generalizada.
Hipertrofia da próstata.
Ponto de Weihe: combinação dos pontos de Sepia e de Berberis.
Dose: T.M. à 5^a.

525. PARIS QUADRIFOLIA
(Uva-de-raposa)

Sinonímia. Aconitum pardalianche, Solanum quadrifolium bacciferum e Uva lupulina. Herba paridis. Pertence às Liliaceae.
Histeria e neurastenia. Loquacidade exagerada.
Sente maus odores imaginários.
Sensações de expansão e aumento de volume da cabeça, da raiz do nariz, dos olhos.
Língua seca ao acordar.
Hiperestesia do couro cabeludo; dor de cabeça occipital, com sensação de peso.
Sensação de *um fio através dos globos oculares. Nevralgia medular.* Nevralgia do cóccix.
Inflamação do antro de Higmore, com sintomas oculares.
Dormência nos dedos e nos braços.
O lado direito do corpo frio, o esquerdo quente.

Ponto de Weihe: terceira vértebra dorsal. Fazer pressão do alto para baixo sobre a apófise espinhosa.
Remédios que lhe seguem bem: Calcaria, Ledum, Lycopodium, Nux, Pulsatilla, Phosphorus, Rhus, Sepia e Sulphur.
Inimigo: Ferrum phosphorum.
Antídoto: Coffea.
Duração: 2 a 4 dias.
Dose: 3^a, 5^a e 6^a.

526. PARTHENIUM

Sinonímia: Escoba amarga. Pertence às Compositae.
Remédio usado em Cuba contra a maleita.
Aumenta o leite. Amenorreia e debilidade.
Ritmo de Cheyne-Stokes.
Diminui a hepatomegalia e esplenomegalia palustres. Ótimo após abuso do quinino.
Nevralgias periódicas.
Dose: T.M. à 6^ax trit.

527. PASSIFLORA INCARNATA
(Maracujá-guaçu)

Pertence às Passifloraceae.
Um antispasmódico. Os principais usos deste remédio são: na *insônia nervosa* (10 gotas ao se deitar e, se for preciso, ir até 30 gotas); na *asma* (10 gotas a 30^a de 10 em 10 minutos, repetidas quatro ou cinco vezes); no alcoolismo crônico (10 gotas pela manhã); nas convulsões; no *tétano*, na *gonorreia das mulheres* (10 gotas por dia); e muitas outras afecções espasmódicas, nas quais age como um sedativo semelhante ao bromureto e à morfina dos alopatas; tais são a coqueluche (2 ou 3 gotas depois de cada acesso), a mania aguda, a dismenorreia, as nevroses infantis, a febre verminosa, a dentição com espasmos, a histeria, as convulsões puerperais e as tosses espasmódicas de acessos.
Dose: T.M. (ou *Suco de passiflora*) 30 a 60 gotas repetidas diversas vezes.
Uso externo: Erisipela.

528. PAULLINIA PINNATA
(Timbó)

Sinonímia: Paullinia timbó. Pertence às Sapindaceae.
Desordens da sensibilidade e dos órgãos genitais femininos.
Histeria; hiperestesia.
Ovarite. Cólicas uterinas.
Nevralgias. Enxaqueca.
Dose: T.M. à 3^ax.

529. PAULLINIA SORBILIS
(Guaraná)

Sinonímia: *Guaraná* e *Paullinia*. Pertence às *Sapindaceae*.
Remédio usado em casos de *disenteria, diarreia e hemorroidas*. Excitação intelectual. Enxaqueca. Nevralgias. *Dor de cabeça que piora pelo exercício*.
Dose: T.M.

530. PENICILLINUM

Deve-se ao Dr. Michel Guermonprez, de Lille, a experimentação hahnemanniana. A patogenesia foi publicada no *Bulletin* do Centro Homeopático de França, 2º sem. de 1951, e o resultado das experimentações na *Homéopathie Française*, n. 4 e 5, de 1955.
Preparação: A partir do sal de *sodium* da Benzylpenicillina ou Penicilina G.
Patogenesia
Sintomatologia geral: astenia, frilosidade e estado subfebril.
Estado sicótico com furúnculos, dermatoses, formações verrucosas e corrimentos mucopurulentos.
Sistema neuropsíquico: astenia com obnubilação mental, não se encontrando bem a não ser deitado. Qualquer esforço lhe faz mal.
Dores agudíssimas, agravadas pelo movimento, acompanhadas de picadas debaixo da pele.
Cefaleia frontal direita. Nevralgia supra e retro-orbitária direita. Peso na cabeça com náuseas, agravadas pelo movimento e sensação de frio generalizado.
Vertigens com náuseas agravadas pelo movimento.
Sono pesado ou ligeiro, mas agitado.
Olhos e sistema O. R. Laringológico: conjuntivite com pálpebras coladas pela manhã. Terçóis de evolução lenta. Inchaço palpebral inferior.
Sinusite frontal direita. Coriza com corrimento amarelo e espesso.
Otite supurante. Furúnculos ou eczema do conduto auditivo.
Aparelho respiratório: Angina subfebril, recidivante. Tosse seca, rouca em acessos, obrigando o paciente a se dobrar e melhorando pelo repouso.
Dispneia asmatiforme às 4 da manhã.
Aparelho circulatório: dor precordial, que piora ao se levantar. Palpitações com pulso rápido. Extremidades frias e tendência a equimoses.

Aparelho digestivo: boca com mucosas avermelhadas, placas esbranquiçadas e ligeiro sangramento gengival. Língua com papilas eriçadas e bordo com as marcas dos dentes.
Dores epigástricas e periumbilicais calambroides e com timpanismo. Prisão de ventre, sem desejo de evacuar.
Aparelho geniturinário: dor renal bilateral, irradiando-se para a região lombo-sacra. Urinas raras, albuminúricas, com edemas.
Menstruação atrasada e pouco abundante. Leucorreia amarela ou esbranquiçada, não irritante.
Aparelho locomotor: dores articulares com edemas e agravadas pelo movimento. Dores musculares com fadiga pelo menor esforço. Dores lombares.
Pele e fâneros: suores quentes ou frios, com odor acre. Furúnculos na face com edemas. Eczema úmido, com secreção de um líquido claro. Verrugas.
Modalidades: agravação pelo frio úmido, movimento e às 4 da manhã.
Melhora pelo repouso, tempo quente e seco.
Lateralidade: direita.
Indicações clínicas: retículo-endoteliose crônica. Eczema. Furúnculos. Urticária. Artrose dentária. Asma. Nefrite albuminúrica. Nefrose lipóidica. Poliartrite evolutiva. Verrugas. Condilomas, Tumores benignos. Hipomenorreia.
Dose: C5, C30 e C200.

531. PENTHORUM SEDOIDES
(Pinhão-de-rato)

Pertence às *Crassulaceae*.
Um remédio para a *coriza, com esfoladura e sensação de umidade do nariz*, que ao assoar não alivia; corrimento espesso, amarelo e estriado de sangue.
Catarro pós-nasal da puberdade. Secreções catarrais purulentas. Sinusite.
Faringite aguda.
Dose: 2^ax e 3^ax.

532. PEPSINUM
(Pepsina)

Digestão imperfeita, com dores gástricas e neurastenia. Marasmo das crianças alimentadas artificialmente.
Diarreia de crianças e adultos, após abuso alimentar.
Dose: T.M. à 3^a.

533. PERTUSSIN
ou COQUELUCHINUM[126]

Collete no seu livro sobre biopatia (1898) já falou nesse produto.
É o nosódio da coqueluche. Prepara-se com o agente microbiano existente nas mucosidades filamentosas dos coqueluchentos. Foi introduzido pelo Dr. John H. Clarke para o tratamento da coqueluche, tosses coqueluchoides e espásticas. *Asma com tosse quintosa.*
Dose: 30ª, 100ª, 200ª, 500ª e 1.000ª.

534. PETIVERIA TETRANDA
(Pipi)

Sinonímia: *Petiveria mappa graveolens.* Pertence às *Phytolaccaceae.*
Remédio brasileiro de uso nas *hidropsias,* no reumatismo, na sífilis e na blenorragia. Paralisias. Beribéri.
Dose: T.M. à 3ªx.

535. PETROLEUM
(Petróleo)

Sinonímia: *Bitumen liquidum, Naphta montana* e *Oleum petrae.*
Cabelos claros, pele clara, nervoso e desejoso de briga.
Eczema pior no inverno e desaparecendo no verão. Eczema atrás das orelhas. Mãos, pés, lábios, dedo e nariz racham e sangram. Pontas dos dedos rachadas e sangrentas. Frieiras. Blefarite marginal. Tudo piora no inverno.
Dores que aparecem e se vão bruscamente.
O mais leve arranhão da pele supura. Cabeça pesada como chumbo.
Catarros crônicos (da uretra, do útero, dos intestinos, dos brônquios); surdez com ruídos nos ouvidos, especialmente simulando conversas entre várias pessoas falando ao mesmo tempo. Dacriocistite catarral. Blefarite marginal.
Suor azedo dos sovacos e dos pés. Pés sensíveis.
Reumatismo com estalidos das juntas.
Incômodos devidos a andar de carro ou viajar em navio, incômodos rebeldes, consecutivos a emoções (susto, vexame etc.).
Enjoo de mar, 3ªx. Enjoo da gravidez.
Diarreia crônica, *somente durante o dia.* Disenteria das crianças, alternado com *Ipeca* (Teste).

---

126. Nos casos de coqueluche rebelde, mando preparar um autonosódio, nas doses de 30ª, para uso diário e 200ª, uma vez por semana. Os sucessos são além da expectativa.

Sensação de frio no coração.
Gastralgia, quando o estômago está vazio; aliviada por comer; é obrigado a se levantar à noite e comer, na histeria; na gravidez. Diz o Dr. Guernsey que este remédio é particularmente útil em todas as perturbações gástricas da gravidez.
Clorose das jovens, com ou sem úlcera do estômago. Sede excessiva e grande vontade de tomar cerveja. Repugnância pela carne e pelos gordurosos. Eructações ácidas.
Prurido, sensibilidade, umidade e erupções eczematosas ao nível das partes genitais externas.
Ponto de Weihe: no lado da cartilagem cricoide, à direita.
Remédios que lhe seguem bem: *Bryonia, Calcaria, Lycopodium, Nitri acidum, Nux, Pulsatilla, Sepia, Silica* e *Sulphur.*
Antídotos: *Coccul* e *Nux.*
Duração: 40 a 50 dias.
Dose: 3ªx à 30ª, 100ª, 200ª, 500ª e 1.000ª. Nas moléstias da pele e nos catarros crônicos, o Dr. Drysdale aconselha doses de três gotas de substância pura.
Uso externo: Eczemas, rachaduras e úlceras.

536. PETROSELINUM SATIVUM
(Salsa comum)

Sinonímia: *Apium hortense, Apium petroselium* e *Carum petroselinum.* Pertence às *Umbelliferae.*
A característica deste medicamento é uma súbita e urgente necessidade de urinar.
Ardor em toda a uretra; voluptuosa comichão na fossa navicular ou dentro da uretra.
Gonorreia: cistite, urinas purulentas. Corrimento leitoso.
Espasmos da bexiga nas crianças, com dor antes de urinar. O seu princípio ativo, *Apiol,* é empregado nas amenorreias.
Dispepsia: sedento e esfomeado, mas o desejo desaparece logo ao começar a beber ou comer.
Hemorroidas com muita comichão.
Dose: 1ª à 3ª.

537. PHASEOLUS NANA
(Feijão-anão)

Pertence às *Leguminosae.*
Nas experiências feitas pelo Dr. Cushing com este medicamento, ele pareceu enfraquecer e desordenar o coração, de onde o seu emprego atual em homeopatia nas moléstias orgânicas deste órgão. *Moléstias* valvulares do coração – tônico cardíaco, quando há fraqueza e irre-

gularidade do pulso; palpitações tumultuosas com sensação de que o coração vai parar. Diabetes. Pleuris e pericardite.
Dose: 3ª à 30ª. Decocção das cascas, no diabetes.

538. PHELLADRIUM AQUATICUM
(Funcho-d'água)

Sinonímia: *Foeniculum aquaticum* e *Oenanthe phellandrium*. Pertence às *Umbelliferae*.
Doentes débeis, muito irritáveis, linfáticos sem reação. Um bom remédio para a *expectoração purulenta fétida e a tosse da tísica pulmonar, da bronquite e do enfisema*. O Dr. Goullon considerava *Phellandrium*, 2ª decimal, *um remédio universal da tosse*. Tosse contínua e sufocante. *Dor no alto da cabeça*.
O Dr. Chargé tinha este remédio em alta estima no tratamento da tísica pulmonar, em qualquer período. Tuberculose, afetando ordinariamente os lobos médios do pulmão, sobretudo direito; falta de apetite, hemoptise, febre hética, suores noturnos, diarreia e emagrecimento progressivo. Sinais estetoscópicos de fusão ou de cavernas. *Tudo tem gosto adocicado.*
Dor no bico do seio, enquanto a criança mama, e dentro do seio, depois que ela acaba de mamar.
Ponto de Weihe: linha vertical média entre a espinha dorsal e a vertical tangente ao ângulo interno da omoplata, no 1º espaço intercostal, bilateralmente.
Antídoto: *Rheum*.
Dose: T.M. à 30ª. Na tísica, preferir a 6ª, 12ª ou 30ª.

539. PHLORIZIN

É um medicamento muito elogiado por Blackwood no combate ao *diabetes mellitus*.
Dose: 3ªx trit.

540. PHOSPHORI ACIDUM
(Ácido fosfórico)

Sinonímia: *Acidum phosphoricum*.
Debilidade nervosa sem eretismo – de excessos sexuais ou perdas seminais, fraco, apático, vertiginoso, desesperado; de moléstias agudas ou *pesares. Impotência; espermatorreia*. Suores noturnos da tísica (12ª din.). *Calvície*. Círculos azulados ao redor dos olhos. Vertigem à tardinha, estando de pé e conversando.
Urinas frequentes e abundantes; à noite. *Diabetes nervosa*. Fosfatúria. *Quilúria*. Um grande remédio da demência aguda e crônica.

"A presença de simples diurese, especialmente quando noturna e as urinas muito descoradas, é uma indicação em favor da escolha deste remédio em qualquer moléstia" (Dr. Hughes).
Maus efeitos de alimentos ou bebidas azedas. Dores no coto de amputação.
Afecções dos rapazes que *crescem muito depressa, e que estudam com afinco; dor de cabeça*. Neurastenia. Raquitismo. Ambliopia devida ao onanismo. Vesiculite.
Diarreia profusa e pálida, sem cólicas ou dores, não enfraquecendo o doente. Diarreia da dentição, alternado com *Calcária acética*. Na tísica pulmonar. Sede de leite gelado. Prostatite. Peso no estômago. Pressão atrás do esterno.
Grande debilidade. Sonolência.
Dores no fígado durante a menstruação. Fisometria.
Febre tifoide, diarreia pálida; hemorragia intestinal.
Ponto de Weihe: limite do 1/3 médio e externo da linha que vai da cicatriz umbilical ao ponto de *Bals. peruvianum*, lado direito.
Remédios que lhe seguem bem: *Arsenicum Belladona, China, Causticum, Ferrum, Fluoris acidum, Lycopodium, Nux, Pulsatilla, Rhus, Selenium, Sepia, Sulphur* e *Veratrum*.
Antídotos: *Camphora, Coffea* e *Staphis*.
Duração: 40 dias.
Dose: 1ªx à 30ª. Na espermatorreia, preferir a 12ª ou a 30ª.

541. PHOSPHORUS
(Fósforo)

Pessoas louras ou vermelhas, debilitadas, emagrecidas, pálidas, com olheiras escuras, muito sensíveis às impressões externas. Seus sintomas são súbitos. Neurastenia. Fraqueza com irritabilidade. Hipersensibilidade no exterior.
Ardor, principalmente em moléstias nervosas. *Ardor das mãos*. Sono agitado. Deitado sobre o lado esquerdo, tem angústia e palpitações.
Diátese hemorrágica. *Pequenas feridas que sangram abundantemente*. Cancro, tumor ou ferida, *sangrando muito. Facilidade de sangrar*. Grande remédio da *púrpura*. Escorbuto. Pólipo nasal. Hemofilia.
Epistaxes em vez de menstruação.
Hematúria, sobretudo no *Mal de Bright. Convulsões urêmicas*. Segue a *Mercurius corrosivus* na albuminúria da gravidez, quando a gravidez está a termo.
Degeneração gordurosa. Anemia com inchaço de todo o rosto. *Cirrose do fígado, com atrofia e icterícia. Icterícia grave.*

Pernas fracas. Paralisia pseudo-hipertrófica.
Amolecimento cerebral. Nevralgia facial, com sensação de calor.
Mania lasciva, mais psíquica do que física; sobretudo nos tuberculosos.
Pneumonia, sobretudo com sintomas tíficos; edema pulmonar. *Bronquite: tosse seca pior ao ar frio e à tarde. Tísica pulmonar,* sobretudo dos jovens que crescem muito rapidamente *– sem escarros de sangue e com um peso sobre o peito.*
Laringite com rouquidão e muita *dor na laringe.*
Forte exaltação do apetite venéreo com desejo constante e imperioso. Impotência de terminar o ato sexual, mas os desejos permanecem, se bem que não tenha força de satisfazê-los. Hemorroidas sangrentas e prolabadas.
Nas mulheres, ninfomania.
Inchaço e necrose do maxilar inferior. Periostite alvéolo-dentária.
Piora quando deitado sobre o lado esquerdo.
Remédio a dar a todos os pacientes que tomam clorofórmio para se operar.
Remédio da *ruminação* e da *regurgitação*; vômitos da dispepsia crônica. Simples náuseas.
Desejo de alimentos salgados.
Diarreia crônica, profusa e debilitante, sem suores nem dores. Ânus aberto, disenteria. Prolapso do reto. Retite crônica. Estreitamento incipiente do reto – fezes achatadas em forma de fita e dejeções mucosas (30ª din.).
Mastite supurada. Fístulas no seio, depois de mastite. "Nos abscessos sinuosos e fístulas da glândula mamária, eu tenho mais confiança em *Phosphorus* e *Silicea* do que em quaisquer outros remédios" (Dr. Ludlam).
Debilidade nervosa consecutiva a um ataque agudo de *influenza.* Influenza de forma pneumônica.
Ameaça de catarata; as coisas aparecem em uma névoa cinzenta.
Atrofia do nervo óptico. Cegueira por momentos. *Glaucoma incipiente*, com nevralgia. Retinite.
Vertigem, especialmente *nervosa,* por debilidade nervosa.
Arteriosclerose; retarda ou corrige a degeneração calcária dos vasos arteriais. Sífilis terciária.
Maus efeitos do iodo e do uso excessivo do sal. "Eu tenho achado *Phosphorus* o melhor antídoto para os maus efeitos de tempestades" (Dr. J. H. Clarke).
Previne a reincidência dos abscessos alveolares.
Ponto de Weihe: no esterno embaixo, na junção do apêndice xifoide.
Complementares: *Arsenicum, Allium* e *Carbo vegetabilis.*
Remédios que lhe seguem bem: *Arsenicum, Belladona, Bryon, Carbo vegetabilis, China,* Calcaria, Kali carbonicum, Lycopodium, Nux, Pulsatilla, Rhus toxicodendron, Sepia, Silica e Sulphur.
Inimigo: *Causticum.*
Antídotos: *Coffea, Calcaria, Mezerium, Nux, Sepia* e *Therebentina.*
Duração: 40 dias.
Dose: 5ª à 200ª, sobretudo a 30ª e poucas doses por dia. Aos tísicos com tendência às hemoptises, não se deve dar Phosphorus. Emprega-se também a 500ª e a 1.000ª.

542. PHYSALIS

Sinonímia: *Alkekengi* e *Solanum vericorium.* Pertence às *Solanaceae.*
Usado em males urinários. Litíase urinária. Fraqueza muscular.
Vertigens; desejo constante de tagarelar.
Peso sobre os olhos e na fronte. Paralisia facial.
Suores durante a evacuação, com urinação abundante.
Tosse. Irritação na garganta. Opressão no peito que causa insônia.
Urina ácida, abundante. Poliúria. As mulheres urinam repentinamente. Enurese. Incontinência noturna.
Dose: T.M. à 3ª.

543. PHYSOSTIGMA VENENOSUM
(Fava-de-calabar)

Sinonímia: *Calabar, Fava calabarica* e *Orleal bean.* Pertence às *Leguminosae.*
O interesse clínico deste remédio se reduz quase exclusivamente ao emprego que dele faz o Dr. Woodyatt, de Chicago, na *miopia adquirida*, que quase sempre resulta de um espasmo dos músculos ciliares, e na qual ele obteve "resultados favoráveis além da expectativa". Espasmos das pálpebras. *Sensação de que o coração bate na garganta.*
Glaucoma. Astigmatismo. Ataxia locomotora.
Cefaleia sifilítica. Dor no espaço poplíteo direito.
Antídotos: *Coffea* e *Arnica.*
Dose: 3ªx, quatro gotas por dia.

544. PHYTOLACCA DECANDRA
(Erva-dos-cachos)

Sinonímia: *Blitum americanus, Solanum magnum virginianum* e *Solanum racemosum americanum.* Pertence às *Phytolaccaceae.*

Diátese reumatismal. Alterações periódicas nos sifilíticos. (*Mercúrio vegetal,* segundo Kent.)

Dor de garganta, estende-se aos ouvidos, vermelha, inflamada, manchas brancas, deglutição quase impossível; febre alta, *intensa dor de cabeça, cadeiras e pernas,* indicam este remédio em qualquer moléstia – *influenza;* difteria simples, *tonsilite,* escarlatina, faringite; *amígdalas purpurinas. Caxumba;* bom remédio.

Dor de garganta. Não pode engolir nada quente. *Faringite folicular crônica,* com pigarro constante. Amigdalite reumática. Afonia dos oradores.

Deseja apertar as gengivas ou morder; *dentição;* dentição retardada.

Reumatismo blenorrágico ou sifilítico. *Bubões venéreos.* Cefaleia sifilítica ou reumática.

Um bom remédio da *obesidade.* Degeneração gordurosa do coração.

Seios endurecidos; dores nos seios durante a menstruação; *mastite* (um grande remédio); seios duros, inchados, doloridos; tumores nos seios; bicos rachados e doloridos. Quando a criança mama, *a dor se estende do bico do seio a todo o corpo.* Previne a supuração.

Muito útil no começo das erupções cutâneas. *Tendência à furunculose.*

Ciática: as dores correm para o lado extremo do membro; endolorimento e contusão. Sífilis. Dores volantes como choques elétricos.

Grande esgotamento e profunda prostração.

Dose: T.M. à 3ª. Na obesidade, use a tintura de *Phytolacca Berries* (Bagas de Phytolacca).

Uso externo: *Phytolacca folia* – Epitelioma.

Phytolacca decandra folia – Epitelioma ulcerado.

Phytolacca: Úlceras, inflamações no seio. Em gargarejos, nas anginas.

"Eu considero *Phytolacca* o mais valioso agente local no tratamento de quase todas as formas de tumores mamários" (Dr. Copperthwaite).

545. *PICRAMNIA ANTIDESMA*[127]
(Cáscara-amarga)

Sífilis é a sua principal indicação; na *tuberculose sifilítica* e na *sífilis secundária,* onde os sintomas desaparecem logo e sua ação tônica é notável.

Dose: T.M.

---
127. Uso empírico.

546. *PICRICUM ACIDUM* ou *PICRINICUM ACIDUM*
(Ácido pícrico)

Sinonímia: *Nitro-phenisic acidum* e *Nitro-picric acidum.*

Neurastenia e esgotamento cerebral; excitação sexual, priapismo; o menor exercício esgota e produz dor de cabeça; sensação de *fadiga geral.* É um dos melhores remédios da neurastenia. Causa degeneração da espinha, com paralisias.

Dor de cabeça aliviada por amarrar a cabeça com um pano. Dores na nuca. Dores de cabeça dos estudantes e homens de estudo. Sensação de areia nos olhos.

Anemia perniciosa progressiva.

Útil na hipertrofia da próstata, especialmente em casos não muito adiantados. Ereções violentas durante muito tempo.

Polinevrites, sobretudo das pernas. Paralisias dos escritores. *Otite externa* (furúnculo). Um grande remédio do furúnculo do ouvido. Sensação de ardência ao longo da coluna.

Uremia, com completa anúria.

Ponto de Weihe: primeira vértebra dorsal. Fazer pressão do alto para baixo sobre a apófise espinhosa.

Dose: 3ª à 30ª, 100ª, 500ª e 1.000ª.

Uso externo: Em solução na água, a 1%, nas queimaduras.

547. *PILOCARPUS PINNATUS*
(Jaborandi)

Sinonímia: *Pilocarpus pinnatifolius* e *Pilocarpus selcanus.* Pertence às *Rutaceae.*

Os *suores excessivos* são a sua principal indicação, sobretudo os suores noturnos dos tísicos, em que ele tem dado grandes resultados. Suores da convalescença das moléstias agudas. *Vagotonia dominante.*

Zoadas nos ouvidos (*Pilocarpina* 2ª).

"No espasmo da acomodação ou irritabilidade do músculo ciliar, com vista nublada a distância, não há remédio tão frequentemente útil como este" (Dr. Norton). Irritação da vista pela luz artificial. Ceroidite atrófica.

Papeira exoftálmica, com ação violenta do coração e pulsação das artérias; tremor e nervosismo, calor e suor; irritação brônquica. Edema pulmonar.

Moléstias nervosas do coração.

Um valioso remédio para limitar a duração das caxumbas.

Antídotos: *Atropia* e *Ammonium carbonicum.*

Remédio que lhe segue bem: *Mercurius.*

Dose: 3ªx à 30ª. Não deve ser dado na uremia pós-puerperal.

548. PINUS SILVESTRIS[128]
(Pinheiro)

Sinonímia: *Pinus*. Pertence às *Coniferae*, variedade *Pinaceae*.
Tem sido achado de uso real no tratamento da *fraqueza dos tornozelos e atraso de andar, das crianças escrofulosas e raquíticas*. Emagrecimento das pernas.
Cistite, reumatismo e bronquite crônica. Os banhos têm indicação no reumatismo.
Dose: T.M. à 3ª.

549. PIPERAZINUM
(Piperazine)

Fórmula $C_4H_{10}N_2$.
Excesso de ácido úrico e uratos na urina.
Dores nas cadeiras. Pele seca e urina com depósito avermelhado.
Artrite reumática, gota ou reumatismo agudo, com formação excessiva de ácido úrico no organismo.
Dose: T.M.

550. PIPER METHYSTICUM
(Cava-cava)

Sinonímia: *Ava, Ava-kava, Kava-kava* e *Macropier methysticum*. Pertence às *Piperaceae*.
Tem uma acentuada influência sobre o aparelho geniturinário; por isso, é empregado com sucesso na *gonorreia de gancho*, na uretrite e na *cistite*. Melhora das dores, distraindo-se.
Lepra. Ictiose.
Artrite deformante.
Antídotos: *Pulsatilla* e *Rhus*.
Dose: T.M. à 3ªx.

551. PIPER NIGRUM
(Pimenta preta)

Sinonímia: *Piper trioicum* e *Piper albi*. Pertence às *Piperaceae*.
Sensação de calor e ardência em todo o corpo. Espírito apreensivo e incapaz de se concentrar. Cabeça pesada. Pressão nos ossos nasais e faciais.
Amígdalas com dor ardente. Sensação de têmporas empurradas para dentro.

---

128. O *Pix* líquido é o alcatrão tirado do Pinus.

Dor no peito. Palpitações, dores sobre o coração e pulso intermitente.
Urinação difícil. Ardência na uretra e bexiga. Priapismo.
Dose: 3ª, 5ª e 6ª.

552. PITUITARIA
(Glândula pituitária)

Estimulante da atividade muscular e exerce o controle do desenvolvimento dos órgãos sexuais.
Inércia uterina após o colo completamente dilatado. Prostatite. Nefrite crônica. Hipertensão arterial. Vertigens.
Dose: 30ª.

553. PISCIDIA ERYTHRINA[129]
(Timbó-boticário)

Sinonímia: *Erythrinae Jamaicae*. Pertence às *Leguminosae*.
Remédio usado no Brasil, com muito sucesso, na histeria, epilepsia, coreia, *delirium tremens*. Nevralgias. Tosse noturna dos tísicos.
Excelente narcótico.
Dose: T.M. à 3ªx (30 gotas de T.M. por dia).[130]

554. PIX LIQUIDA
(Alcatrão do pinho, Breu da Noruega)

Pertence às *Pinaceae*.
Sinonímia: *Pinus silvestris*.
O alcatrão e seus constituintes agem sobre as várias membranas mucosas do organismo. Irritação brônquica pós-gripal. Vômitos constantes de um fluido enegrecido com dores no estômago.
Dor localizada no ponto de união da 3ª cartilagem costal esquerda com a costela. Catarro mucopurulento. Bronquite crônica.
Coceira na pele. Erupções na palma das mãos e nas costas. *Enuresis somni das crianças*.
Dose: 1ª à 6ª.

---

129. Talvez seja a *Paullinia timbó*, pois as indicações são semelhantes. Apesar de consultar vários compêndios de botânica, não consegui desfazer esta dúvida. Clarke acha que é outra planta. Foi estudada por W. Hamilton e citada por Allen. Blackwood, na tradução de Luna Castro, diz que os naturais do Haiti empregam a raiz para a pesca e para fazer flechas envenenadas.

130. Somente sob prescrição médica.

555. PLANTAGO MAJOR
(Tanchagem)

Sinonímia: *Plantago* e *Plantagini majoris*. Pertence às *Plantaginaceae*.
Dor de ouvidos, nervosa, indo de um ouvido ao outro através da cabeça.
É o melhor remédio das *dores de dentes*, sobretudo cariados, com ou sem *dor de ouvido*, e ele cura quase todos os casos na 2^ax. Piorreia alveolar. Dor aguda nos olhos, reflexo de dentes cariados ou de otite média.
É um grande remédio das *febres intermitentes* na 3^ax, e até em chás, bebidos como água.
Enurese noturna; urina muito pálida e abundante; sobretudo pela madrugada (3^ax).
Combate o vício de fumar e a insônia e depressão dos fumantes (1^ax).
Uso externo: "*Plantago* – diz o Dr. J. H. Clarke – é um dos mais úteis remédios *locais* em Homeopatia e uma das suas indicações é a aplicação em *hemorroidas inflamadas e dolorosas*. Em *todas as nevralgias*, em que se puder alcançar a parte afetada. *Plantago*, tintura-mãe, pode ser pincelado ou aplicado em pomada ou outra forma mais adequada, sem qualquer receio de que faça mal, e frequentemente com o mais assinalado alívio dos sofrimentos; assim, nas *dores de dentes, dores de ouvido, zona, dores intercostais do peito, nevralgia do rosto, nevralgia do braço ou da perna, reumatismo crônico* etc."
Em todos esses casos, pode-se usar o gliceróleo; nos dentes e ouvidos, pinga-se o gliceróleo e se arrolha com uma bola de algodão calendulado.
Plantago convém, também, às *úlceras* de mau caráter, às *erisipelas* com abscessos, às *frieiras*, às *úlceras do ânus*, à *gangrena* e, em geral, às inflamações malignas, cancros ulcerados e às *hemorroidas dolorosas*, sendo, neste caso, um grande calmante da dor.
Em todos esses casos, pode-se usar o *ácido bórico* com *Plantago* ou *Boro-plantago*, que se vende nas farmácias homeopáticas e que se prepara com a tintura-mãe ou extrato fluido de *Plantago*, nas mesmas proporções do ácido bórico calendulado. Essa preparação é especialmente útil para salpejar o conduto do ouvido, em caso de otorreia crônica, ou de úlceras dolorosas, 2 a 3 vezes por dia.
Antídotos: *Apis, Rhus* e *Tabacum*. Em dores de dentes, *Mercurius*.
Dose: T.M., 1^ax, 2^a e 3^a.

556. PLATANUS OCCIDENTALIS

Pertence às *Platanaceae*.
Tumores do tarso. Tecidos destruídos e mal cicatrizados, em casos agudos e crônicos. Age melhor nas crianças e deve ser usado por muito tempo.
Ictiose.
Dose: T.M. e 1^a.

557. PLATINUM
(Platina)

Sinonímia: *Platina* e *Platinum metallicum*.
Sua esfera é *mental, nervosa* e *sexual*; remédio altivo, orgulhoso, egoísta, exaltando-se a si mesmo e *olhando os demais com desprezo. Anda com ares de rainha. Teimosia.* Os sintomas físicos desaparecem quando aparecem os mentais, e vice-versa.
Dores com entorpecimento, aumentando e diminuindo aos poucos.
"*Platina* – diz o Dr. R. Hughes – ocupa o mesmo lugar no tratamento das *afecções crônicas do ovário*, que *Aurum*, nas correspondentes do testículo". Ovarite crônica, sobretudo à direita. Pederastia e amores lésbicos.
Ninfomania; ninfomania puerperal; desejo sexual exagerado nas adolescentes virgens; histeria. Vaginismo; prurido vulvar. Hiperestesia da vagina e do colo do útero. Espasmos histéricos. Queda da matriz.
Neurastenia devida ao onanismo; rapazes quase imbecis devido ao onanismo; satiríase.
Prisão de ventre dos viajantes, que estão constantemente mudando de alimentos e água. As fezes têm aspecto de argila mole.
Menstruação precoce e abundante, tendo inúmeros coalhos de sangue escuro. Peso na região do útero, com espasmos que chegam até a transformá-lo em um músculo tetanizado.
Trismos e contraturas alternando com dispneia.
Alterne com *Lachesis* nos casos de ovarite.
Ponto de Weihe: do lado direito, na união do 1/3 médio e interno da linha que vai da cicatriz umbilical ao ponto de *Bals. peruvianum*.
Remédios que lhe seguem bem: *Anacacardium, Argentum metallicum, Belladona, Ignatia, Lycopodium, Pulsatilla, Rhus, Sepia* e *Veratrum*.
Antídotos: *Belladona, Nitri spiritus dulcis* e *Pulsatilla*.
Duração: 35 a 40 dias.
Dose: 5^a à 30^a, 100^a, 200^a, 1.000^a e 10.000^a. D6 e D12 coloidais.

558. PLECTRANTHUS

Sinonímia: *Plectranthus fruticosus*. Pertence às *Labiatae*.
Dores de dentes com inflamação da face e dificuldade de abrir a boca.

Sensação de queimadura ao longo do trato digestivo.
Peso no estômago. Melhora por aplicação de gelo e por eructações.
Dose: 3ª, 5ª e 6ª.

559. PLUMBAGO

Sinonímia: *Plumbago littoralis*. Pertence às *Plumbaginaceae*. Estudado por Bento Mure.
Salivação profusa e leitosa. *Ulceração da comissura labial.*
Vertigens após as refeições.
Braços quentes e mãos frias.
Aversão por tudo.
Excitação sexual.
Dose: 3ª, 5ª e 6ª.

560. PLUMBUM IODATUM
(Iodeto de chumbo)

Sinonímia: *Plumbum iodidum*.
Arteriosclerose, pelagra e paralisia acompanhada de degeneração medular.
Endurecimento das glândulas mamárias. Pele seca.
Dose: 3ªx trit.

561. PLUMBUM METALLICUM
(Chumbo)

Medo de ser assassinado. Fraqueza de memória. Apatia mental. Demência parética.
Emagrecimento.
Violenta cólica. Sensação como se o ventre fosse apertado por uma cinta, sobre a espinha; ou ventre duro e tenso. A dor se irradia por todo o corpo. Estupor apoplético.
Prisão de ventre, com desejo de evacuar, fezes secas e duras. Obstrução fecal do intestino.
Clorose, com inveterada constipação. Fuligem ao nível dos dentes, com gengivas tumefeitas.
Vulvo. Hérnias. Cólicas abdominais violentas e paroxísticas. *Hiperestesias associadas a fenomenos paréticos.*
Um grande remédio das escleroses. Nefrite crônica intersticial, com grande dor no ventre.
Arteriosclerose. *Diabetes mellitus.* Tenesmo vesical.
Ataxia locomotora (30ª ou 200ª din.). *Dismenorreia* espástica e amenorreia.
Paralisias espinhais. Do punho. Dos dedos nos pianistas. Atrofia muscular. Excessivo e rápido emagrecimento. Poliomielite. *Beribéri paralítico com dores* fortíssimas. Pé torto das crianças. Polinevrite. Paralisia agitante.
Tumores nos seios (*Plumbum iodat.* 3ª trit.).
Vaginismo. Nevralgia do reto.

Ponto de Weihe: (1°) No limite da cicatriz umbilical, para cima e à esquerda. (2°) Combinação dos pontos: *Chamomilla* e *Cuprum*.
Remédios que lhe seguem bem: *Arsenicum, Belladona, Lycopodium, Mercurius, Phosphorus, Pulsatilla, Silicea* e *Sulphur*.
Antídotos: *Alumina, Alumen, Antimonium crudum, Arsenicum, Belladona, Coccus, Causticum, Hepar, Hyoscycimus, Kali bromatum, Kreosotum, Nux vomica, Nux moschata, Opium, Petroselinum, Platina, Sulphuris acidum, Stramononium* e *Zincum*.
Duração: 20 a 30 dias.
Dose: 5ª à 200ª, 500ª e 1.000ª. Nas paralisias, quando falhar *Plumbum*, experimentar o *Plumbum iodatum* 3ª trit.
D6 e D12 em tabletes coloidais. O *Plumbum sulphuricum* coloidal tem as mesmas indicações.

562. PLUMERIA
(Erva negra ou Erva botão)

Usado empiricamente no Brasil contra os envenenamentos por mordedura de cobra.
Dose: 1ª e 3ª.

563. PODOPHYLLUM PELTATUM
(Mandrágora)

Sinonímia: *Aconitifolius humilis, Anapodophyllum canadense* e *Podophyllum montanum*. Pertence às *Berberidaceae*.
Remédio bilioso.
Diarreia indolor, aquosa, abundante, verde ou amarela, fétida, matutina, e seguida de sensação de grande *fraqueza do reto. Cólera infantil* (39ª ou 200ª din.).
Diarreia crônica (o melhor remédio).
Dentição difícil; a criança rola a cabeça de um lado para outro e tem intenso desejo de apertar as gengivas.
Prisão de ventre com muitos puxos nas crianças; *queda do reto* (12ª din.).
Queda da matriz, devida a um *esforço;* depois do parto. Dor no ovário direito, irradiando-se pela coxa do mesmo lado.
Moléstias do fígado; o doente esfrega constantemente com a mão a região do fígado. Congestão crônica. Colecistite e angiocolite; acessos febris intermitentes ou remitentes com *delírio falador*. Só ou alternado com *Chelidonium* 1ª. Febre remitente biliosa, icterícia etc. Hepatite crônica.
Um remédio para todas as formas de sífilis (Dr. Adrian Stokes).
Ponto de Weihe: no lado superior da cicatriz umbilical.
Complementar: *Sulphur*.

Antídotos: *Colocynthis, Leptandra, Lactum acidum* e *Nux.*
Duração: 30 dias.
Dose: 1ªx à 12ª, 30ª, 100ª, 200ª, 500ª e 1.000ª.
Uso externo: Prolapso do reto.

564. POLYGONUM PUNCTATUM
(Erva-de-bicho)

Sinonímia: *Hydro piper, Polygonum acre* e *Polygomae hydropiperoides.* Pertence às *Polygonaceae.*
Sensação de quadris desconjuntados.
Verdadeiro específico das *hemorroidas*, especialmente quando há *hemorragia*. Utilíssimo também em *qualquer forma desta moléstia, que ele cura quase infalivelmente.* Peso e tensão sobre a pelve.
Varizes. Cólicas flatulentas. Amenorreia das adolescentes. Úlceras superficiais dos membros inferiores, em senhoras na idade crítica.
Dose: 1ªx à 30ª.
Uso externo: varizes, úlceras varicosas, úlceras crônicas das pernas (especialmente em mulheres na menopausa), hemorroidas.

565. POLYMNIA UVEDALIA

Pertence às *Compositae*.
Remédio indicado na hepato e esplenomegalia. Sensação de calor no fígado, estômago e baço.
As partes inervadas pelo plexo celíaco se apresentam congestionadas e prejudicadas na sua função. Na esplenomegalia palustre é empregado interna e externamente, com grandes resultados.
Dose: T.M.

566. POLYPORUS PINICOLA

Sinonímia: *Boletus pini.* Pertence aos *Fungi.*
Febres intermitentes de tipo *terçã* e *quartã.*
Dores hepáticas com náuseas. Constipação de ventre, com bolo fecal preto e, após a sua passagem, grande astenia. Tísica, suores noturnos e diarreia. Vertigens, lassidão e baforadas de calor.
Dose: T.M.

567. POPULUS CAUDICANS

Pertence às *Salicaceae.*
Gripes com rouquidão ou afonia completa. O corpo se apresenta insensibilizado. Sensação de corpo moído.
Dose: T.M.

568. POPULUS TREMULOIDES
(Faia americana)

Pertence às *Salicaceae.*
Indigestão, com flatulência e acidez.
Catarro da bexiga, nos idosos; *hipertrofia da próstata.* Bom remédio nas perturbações vesicais depois de operações ou durante a gravidez. Tenesmo. Urina com muco e pus. Metrite e vaginismo. Suores. Febres palustres. Calor generalizado.
Dose: T.M. e 1ª.

569. POTHOS FOETIDUS

Sinonímia: *Dracontium foetidurn* e *Ictodes foetidus.* Pertence às *Orontiaceae.*
Asmáticos. Piora inalando qualquer pó. Histeria.
Dores erráticas espasmódicas. Filometria. Tensão abdominal.
Irritabilidade. Dor de cabeça em lugares marcados, com violenta pulsação das têmporas.
Crupe espasmódico. Asma aliviada pelo evacuar.
Dose: T.M., 3ª e 5ª.

570. PRIMULA OBCONICA
(Primavera)

Pertence às *Primulaceae.*
Sensação de paralisia. Enfraquecimento.
Inflamação palpebral. Eczema úmido. Urticária.
Eczema dos braços, mãos e antebraços, com pápulas e escoriações. Dor reumática ao redor do ombro. Erupções entre os dedos. Coceira pior à noite. Sintomas de moléstias da pele acompanhados de febre.
Dose: 3ª, 5ª e 6ª.

571. PRIMULA VERIS

Sinonímia: *Primula officinalis.* Pertence às *Primulaceae.*
Congestão cerebral com nevralgia; dores reumáticas e gotosas. *Eczema palmaris.*
Sensação de fita ao redor da cabeça, a apertar. Vertigens violentas, em que tudo gira.
Tosse com ardência dos canais respiratórios. Voz enfraquecida.
Urina que cheira a violetas.
Músculos axilares direitos doloridos. Peso nas espáduas. Ardor na mão direita.
Dose: 3ª.

572. PROPYLAMINUM

Sinonímia: *Trimethylaminum.*
No reumatismo agudo, o seu uso corta a febre em dois dias. Prosopalgia reumática. Metástases reumáticas, especialmente cardíacas.
Dores nos joelhos e tornozelos. Piora pelo movimento. Muita sede. Dores reumáticas com os dedos pesados. Amortecimento dos dedos.
Dose: 10 a 15 gotas da tintura-mãe, em meio copo de água.

573. PRUNUS SPINOSA
(Abrunheiro)

Sinonímia: *Acacia germanica, Prunus communis* e *Prunus justitia*. Pertence às *Rosaceae*.
Um remédio dos idosos; dores violentas no olho, sobretudo direito, como se este fosse explodir, através da cabeça, até à nuca. *Nevralgia ciliar; coroidite; iridociclite: glaucoma*. As dores do olho melhoram pelo lacrimejamento. *Moléstias do coração*; na hidropisia alternada com *Strophantus* (15 gotas de T.M. por dia); falta de ar, palpitações, sufocação; muito útil no inchaço dos pés.
Tenesmo da bexiga. Precisa fazer esforço durante muito tempo, para a urina aparecer. Cistite devida a sondagens. Disúria nevrálgica.
Dose: 3ª x à 6ª.

574. PSORINUM

(Diluição da substância sero-purulenta contida na vesícula da sarna.)
Sinonímia: *Psorinum Hahnemanni.*
Primeiro nosódio a figurar na Matéria Médica.
Remédio a ser empregado no curso do tratamento de uma moléstia qualquer, especialmente crônica, quando *os remédios mais bem escolhidos não conseguem melhorá-la. Alternâncias mórbidas, asma e eczema.*
Um remédio da *amigdalite aguda, sobretudo de repetição*; deglutição dolorosa com dor nos ouvidos.
Evita as moléstias de *repetição; oftalmias, amigdalites e corizas.*
Grande debilidade e falta de reação, *depois de moléstias agudas,* independentemente de qualquer lesão orgânica. Excelente remédio na convalescença da gripe.
Muito sensível ao frio ou à mudança de tempo.
O corpo tem mau cheiro, mesmo depois de lavado; todas as excreções têm um *cheiro cadavérico.*
Fome constante, precisa comer à noite, fora de horas.
Tosse com fraqueza no peito. Sensação de feridas atrás do esterno. Bronquites; tuberculose. Febre do feno.

Erupções da pele, úmidas e pruriginosas, no couro cabeludo, *em torno ou dentro da orelha,* em torno das unhas, nas faces. Consequências de erupções suprimidas. Pele suja e escura. Úlceras indolentes e tórpidas. "*Psorinum* dominaria mais casos de prurigo do que qualquer outro remédio" (Dr. Romero).
Depressão moral com complexo de inferioridade. Está convicto de que não tem cura. Inibição psíquica.
Erupção pruriginosa que se agrava com o calor da cama.
Coceira intolerável do ouvido. Otorreia crônica e fétida.
Arrotos com cheiro de ovos podres. Prisão de ventre das crianças pálidas, doentias e escrofulosas. Paludismo.[131]
Complementares: *Sulphur* e *Tuberculinum.*
Remédios que lhe seguem bem: *Alumina, Borax, Baryta carbonica, Carbo vegetabilis, China* e *Sulphur.*
Inimigo: *Sepia.*
Antídoto: *Coffea.*
Duração: 30 a 40 dias.
Dose: 200ª, 500ª, 1.000. e 10.000ª. Não tome café. Não convém ser repetido com frequência e, no mínimo, um intervalo de 9 dias, nas altas dinamizações.

575. PTELEA TRIFOLIATA
(Trebol de três folhas)

Sinonímia: *Amyris elemifera* e *Ptelea vilicifolia.* Pertence às *Xanthoxylaceae das Rutaceae.*
Sua principal esfera de ação é na *asma*, da qual é um excelente remédio, e na *congestão do fígado,* que é *muita agravada pelo deitar do lado esquerdo. Cirrose hipertrófica*. Sintomas gastro-hepáticos, com dores nos membros.
Dor de cabeça da *fronte, na raiz ao nariz.* "Remédio sem rival para as dores de cabeça frontais" (Dr. Kopp).
É ainda útil na *dispepsia atônica*, com muita salivação, gosto amargo, sensação de peso e repleção, calor e ardor no estomago; dores nos membros, papilas da língua vermelhas e proeminentes. Anti-helmíntico.
Dose: T.M. à 30ª, sobretudo a 2ªx ou a 3ªx.

576. PULEX IRRITANS
(Pulga)

Sintomas urinários e femininos.
Impaciência e irritabilidade. Dor de cabeça frontal com sensação de que os olhos estão aumentados.

---

131. Diz o Dr. Attomyr que os pacientes tratados com *Psorinum* se tornam refratários à maleita.

Gosto metálico na boca. Sede durante a dor de cabeça. *Ozena.* (Chavanon).
Náuseas e vômitos. Evacuações extremamente fétidas.
Urina ardente com desejo frequente, com peso na bexiga e ardência na uretra. Entre as menstruações, lumbago e leucorreia.
Leucorreia profusa amarelo-esverdeada. Manchas de menstruação e leucorreia por se lavar. Pele com mau cheiro.
Dose: 30ª, 100ª e 200ª.

577. PULMÃO-HISTAMINA

Baseado no estudo do Dr. G. Dano.
Publicações feitas no *Bulletin de la Societé Française d'Homoepathie* n. 1-2-1955 e nos *Annales Homéopathiques Françaises*, n. 2, novembro, 1962.
Modo de preparar o medicamento:
Sensibiliza-se a cobaia com ovalbumina e faz-se a sensibilização de preferência em tecidos ou órgãos, chamados de choque, pois neles com mais facilidade se localizam os elementos tóxicos provenientes do choque.
Na cobaia, o órgão mais sensível é o pulmão, não somente o alvéolo pulmonar, mas toda a mucosa da árvore respiratória participa ativamente da reação antígeno-anticorpo, bem como os músculos lisos peribrônquicos e peribronquiolares cujo espasmo provoca o enfisema superagudo, pelo qual o animal morre em poucos minutos.
Injeta-se em uma cobaia fêmea uma injeção na cavidade abdominal de uma solução de 1/10 de ovalbumina em soro fisiológico. Um ovo fresco é a matéria-prima. Injetam-se 2 cm³ dessa solução e se repete essa injeção 48 horas depois.
A injeção desencadeante do choque é aplicada três semanas depois, bastando poucas gotas injetadas na veia da face externa da pata anterior.
Poucos segundos depois, começa o choque, que vai em um crescendo. Três minutos depois de aplicada a injeção, em pleno auge do choque, sacrifica-se o animal. Esse sacrifício tem de ser feito com todas as regras da esterilização.
Tira-se um fragmento do pulmão, pesa-se e se acrescenta soro fisiológico na proporção de 9/10. Espera-se um pouco. Tira-se depois um volume determinado do líquido que sobrenada nessa solução e se ajunta 9/10 de soro fisiológico. Essa é a primeira diluição centesimal.
Da 4ª centesimal em seguida usa-se a água bidestilada para dissolver em vez do soro fisiológico.
Indicações clínico-terapêuticas: trata-se de um isopático do choque antígeno-anticorpo,

isto é, um *simillim face* às manifestações alérgicas em geral.
É empregado na asma, asma de feno, rinites alérgicas, urticária, eczema, edema de Quincke, nas enxaquecas periódicas etc.
Dose: C5 a C30.

578. *PULSATILLA*
(Anêmona-dos-prados)

Sinonímia: *Anemone pratensis, Anemone pulsatilla, Herba venti, Pulsatilla nigricans, Pulsatilla pratensis* e *Pulsatilla vulgaris.* Pertence às Ranunculaceae.
O doente clássico deste remédio é a mulher, clara, loura, dócil, triste, chorosa, lamentando-se constantemente; *piora em quarto quente, melhora ao ar livre* ou *por aplicações frias,* embora friorenta; corrimentos brandos, espessos e amarelo-esverdeados; *sintomas variáveis, dores erráticas e manhosas* saltando rapidamente de um ponto a outro. *Reumatismo blenorrágico.*
Um grande remédio do sarampo. "Previne o sarampo e, se for usado no curso da moléstia, prevenirá sequelas" (Dr. Ruddock).
Rivaliza com Nux vomica, para a neurastenia dos homens. Congestão venosa com coloração violácea da pele.
Indigestão e dispepsia crônica; mau gosto e secura na boca, *sem sede,* dores de cabeça por cima dos olhos, palpitações do coração, língua saburrosa esbranquiçada, indigestão ou erupção urticariana ou vesiculosa por alimentos gordurosos ou ricos de gorduras. *Perda do gosto.*
Fezes normais, mas duas ou três evacuações por dia.
Diarreia à *noite;* sempre variando: *não há duas defecações iguais.* Diarreia durante e depois da menstruação. Diarreia devida a frutas. Diarreia do sarampo. Pulsações perceptíveis na boca do estômago.
"É um dos nossos melhores remédios para as hemorroidas depois de *Aesculus"* (Dewey).
Dose: 30ª à 200ª.
Conjuntivite. Dacriocistite catarral. *Terçol.* Fim do defluxo ou da gonorreia; estreitamento da uretra. Corrimento espesso amarelo-esverdeado.
Dor de ouvido. Um específico da otite externa. É o específico da *otite das crianças.* Otorreia. Zoadas nos ouvidos acompanhando o pulso. Coriza aquosa abundante.
Grande remédio dos *abscessos fistulosos.* Só ou alternado com *Silicea.*
Tosse catarral noturna dos tísicos.

É o primeiro remédio em que se pensa quando *falta o leite* às mulheres que amamentam.
Orquite. Nevralgia dos testículos. Artrite blenorrágica. *Prostatite aguda e hipertrofia da próstata nos idosos.*
Menstruações escassas, atrasadas ou suprimidas; clorose.
Desordens menstruais por ter-se molhado; desordens menstruais em jovens louras. Parto demorado; Dores fracas. Corrige as apresentações viciosas do feto nos partos.
Meninas e adolescentes com menstruação em atraso. Leucorreia espessa, leitosa, amarelo-esverdeada e não irritante. Retenção da placenta (curativo e preventivo). *Leucorreia nas meninas.* Enurese noturna.
"É um dos nossos melhores remédios do puerpério" (Dr. Dewey). "Administrado alguns meses antes do parto, facilita o trabalho" (Dr. Ruddock).
Varizes. Frieiras. Erisipela errática.
O melhor remédio para *simples dores nas costas*, "e um dos melhores remédios para a nevralgia facial de origem reumática" (Dr. Dewey).
Um dos melhores remédios com que começar o tratamento de um caso crônico. Sobretudo depois de muito *ferro* e *quina.*
Moléstia que surge na puberdade: *nunca passou bem desde aquela época.* Acne. Ataques histéricos durante a puberdade.
Não pode dormir na primeira parte da noite.
Ponto de Weihe: na união de 1/3 esterno e médio da linha que vai da cicatriz umbilical ao ponto de *Juniperus.* Este se encontra na união do 1/4 inferior e do 3/4 da linha que une a cicatriz umbilical ao ponto de *Ferrum,* à esquerda.
Complementares: *Lycopodium, Sulphuris acidum, Allium cepa, Silicea, Kali sulphuricum, Sian.* e *Kali muriat.*
Remédios que lhe seguem bem: *Anacacardium, Antimonium crudum, Antimonium tartaricum, Asafoetida, Arsenicum, Belladona, Bryonia, Calcaria, Euphrasia, Graphites, Ignatia, Kali sulphuricum, Kali muriaticum, Lycopodium, Nitri acidum, Nux, Phosphorus, Rhus, Sepia, Silicea* e *Sulphur.*
Antídotos: *Asafootida, Coffea, Chamomilla, Ignatia, Nux* e *Stannum.*
Duração: 40 dias.
Dose: 3ª à 30ª, 100ª, 200ª, 500ª, 1.000ª e 10.000ª.
Uso externo: apostemas, surdez, terçol, dores de ouvidos, enfraquecimento da vista.

578-A. *PULSATILLA NIGRICANS* ou *PRATENSIS*

Ação geral: age sobre o sistema nervoso, dando um estado mental característico. Sobre o aparelho circulatório, age mais sobre as veias e a circulação venosa. Produz um catarro verde-amarelo, mas não irritante. Age sobre as serosas e as articulações.
Constituição e tipo: é um remédio mais adaptado às constituições femininas, apesar de ser indicado também para homens. É indicado para as mulheres louras, claras e de olhos azuis. O caráter das pacientes é dócil, silencioso e submisso. É uma paciente triste e sem coragem, que chora por um nada e a propósito de tudo. Procura, no entanto, desabafar-se, buscando o consolo das pessoas que a ouvem.
Pulsatilla caracteriza-se por uma extrema variabilidade de sintomas, uma congestão venosa com coloração violácea dos tecidos e um estado catarral das mucosas.
Modalidades: *unilateralidade,* isto é, os sintomas podem apresentar o seu estado máximo quer à direita, quer à esquerda.
Agravação: pelo calor, em um quarto quente, pelo repouso, pelo aumento da pressão atmosférica, depois da comida, pelos alimentos gordurosos, de manhã e após ter-se molhado.
Melhora: ao ar frio, aplicações frias e pelo movimento.
Sintomas mentais: nervosa, agitada, caprichosa mas ao mesmo tempo dócil e submissa. Caprichos e ideias variáveis, imaginações e muito excitável.
Sintomas mentais associados às perturbações útero-ovarianas.
Melancolia religiosa. Pavor do sexo oposto. Ansiedade. Impulso ao suicídio.
Sono: sonolência diurna após o meio-dia. Sono agitado, entrecortado de sonhos frequentes e incoerentes.
Cabeça: dores lancinantes na bossa frontal e regiões supraorbitárias. As dores melhoram pele movimento ao ar livre. Dor de cabeça unilateral, depois de ter abusado de alimentos gordurosos. Dores de cabeça relacionando-se com menstruações suprimidas e desordens menstruais.
Olhos: corrimento espesso, profuso, amarelo-esverdeado, não irritante. Pálpebras inflamadas, com inflamação do seu bordo marginal. Sensação de bem-estar após lavar os olhos.
Orelhas: otorreia com corrimento verde-amarelado, não escoriante e às vezes sanguinolento. Otalgia. Otite média e abscesso do ouvido, com supuração abundante, que chega a provocar a ruptura do tímpano.
Aparelho digestivo, boca: seca e sem sede. Mau gosto, logo de manhã, ao acordar. Saburra sobre a língua. Odontalgia pulsátil.
Faringe e glândulas salivares: *secura da garganta.* Mucosa da faringe com varicosidade e de uma cor azulada sombria. Deglutição difícil. Parotidite e metástases.

Estômago: aversão pelos gordurosos. Repugnância pelo leite, manteiga, pão e salsicharia. Desejo de saladas e vinagre. Alternância de fome canina e anorexia. Ausência de sede. Digestão difícil. Sensação de distensão gástrica, após as refeições. Eructações ácidas ou amargas. Digestão lenta. Náuseas e vômitos. Sensação de peso no estômago, como por uma pedra, principalmente pela manhã.
Abdome: sensação de frio no abdome e extremamente sensível ao apalpar. Cólicas e borborigmos após as refeições, como precedendo uma diarreia.
Hepatite com perturbações da secreção biliar.
Ânus e evacuações: escoriações do ânus. Prurido anal. Hemorroidas com dores picantes. Diarreia com evacuações aquosas, fétidas, principalmente à noite, após ter comido frutas e salsicharias.
Aparelho urinário: ardência no meato urinário durante e depois da micção. Dores espasmódicas na bexiga, após ter urinado e desejos frequentes e inúteis de urinar estando deitado sobre o dorso. Urinação involuntária pelo tossir. Catarro crônico vesical e piora do sistema urinário pelo frio.
Órgãos genitais masculinos: exaltação sexual e ereções matinais prolongadas. Sensação de ardência e machucadura nos testículos. Orquite e epididimite blenorrágicas. Caxumba e metástase testicular. Gonorreia com corrimento amarelo-esverdeado.
Órgãos genitais femininos: desejo sexual aumentado. Inflamação dos ovários e útero. Amenorreia. Menstruações atrasadas ou suprimidas por ter-se molhado. Menstruações em atraso nas adolescentes. Os fluxos correm intermitentemente, mais de dia. Dores nos rins, no ventre, nas coxas durante a menstruação. Fluxos doloridos, com grande agitação. Diarreia durante e depois da menstruação. Leucorreia espessa, amarelo-esverdeada e não irritante.
Aparelho respiratório: corizas frequentes com sensação de obstrução. Catarros amarelo-esverdeados não irritantes. Epistaxes de sangue espesso, viscoso e escuro, quase preto. Febre de feno.
Laringe: sensação de secura, constrição e coceira que provocam tosse. Tosse seca que começa de tarde e vai pela noite a dentro.
Brônquios e pulmões: bronquite com tosse seca, principalmente à tarde. Hemoptises de sangue escuro, coagulado, com menstruação suspensa. Sensação de congestão no peito.
Aparelho circulatório: sensação de pulsações, batimentos em todo o corpo. Varizes e dilatação das veias nos membros. Varicocele. Veias azuladas, inflamadas e túrgidas com dores lancinantes.
Dorso e extremidades: irritação espinhal. Lumbago. Dores reumatismais nos membros, mudando facilmente de local. Dores nas articulações, que estão vermelhas e inchadas, e que mudam de lugar frequentemente. Varizes dolorosas, com sensação de picadas.
Pele: coloração azulada. Varicosidades da pele. Úlceras e veias varicosas.
Rash cutâneo semelhante à erupção da rubéola e acompanhado de sintomas catarrais mucosos. Extremidades frias. Coloração azulada da pele nas extremidades.
Dose: 3ª, 6ª, 12ª, 30ª, 100ª, 200ª, 500ª, 1.000ª e 10.000ª.

579. *PYROGENIUM*[132]
(Suco de carne podre)

Empregado a primeira vez pelo Dr. Drysdale em 1888.
Sinonímia: *Sepsinum artificialis.*
Remédio poderosamente curativo em todas as febres *tíficas, com temperatura muito elevada*, grande agitação e muita prostração; todas as evacuações são fétidas, *terrivelmente fétidas; a língua é larga, seca, limpa, vermelha, reluzente como se tivesse sido envernizada*. Males crônicos devidos a estados sépticos anteriores.
Um grande remédio da *febre puerperal* plenamente desenvolvida. "Nas febres sépticas, especialmente na puerperal, *Pyrogenium* tem demonstrado seu grande valor como um antisséptico dinâmico homeopático" (H. C. Allen). Septicemia puerperal depois de aborto.
Febres sépticas graves em geral; colapso ameaçador. *Pioemia.* Supuração pulmonar no fim da pneumonia.
Chavanon indica *Pyrogenium* em todos os processos inflamatórios. Discordância entre pulso e temperatura.
Grande dor e violento ardor nos abscessos.
Dose: 12ª à 30ª, 200ª, 1.000ª e 10.000ª com largos intervalos.

580. *QUASSIA AMARA*

Sinonímia: *Picraenia excelsa, Picrasma excelsa, Quassia, Simaruba excelsa* e *Simaruba quassia*. Pertence às *Simarubaceae*.
Tônico do estômago. Produz ambliopia e catarata. Dor nos músculos intercostais, acima do fígado. Pressão sobre o fígado e o baço. Dispepsia atônica, com gases e acidez. Regurgitação dos alimentos.
Abdome retraído e como que vazio. Dispepsia após gripe, disenteria etc. Língua seca e saburra amarela e espessa.

---
[132]. O *Pyrogenium P. C.* preparado pelo Dr. Paul Chavanon é mais polivalente em seu preparo.

Cirrose hepática com ascite.
Excessiva vontade de urinar. Impossibilidade de reter a urina. Urinação intensa dia e noite. Soluços. Frialdade nas costas. Prostração com fome. Extremidades frias, com frio interno.
Dose: 1ªx à 5ª. Usa-se também às colheradas, a *água de Quássia*.

581. QUERCUS GLANDIUM SPIRITUS
(Bolotas de carvalho)

Sinonímia: *Quercus* e *glandulis*. Pertence às *Fagaceae*.
O principal uso deste remédio tem sido no vício da *embriaguez*, que ele aos poucos dissipa, dado por meses seguidos, na dose de 10 gotas do espírito puro, três a quatro vezes por dia. Esplenite e alcoolismo crônico, 3ªx trit. Ascite. Hepato e esplenomegalias.
Dose: T.M. e 1ª.

582. QUILANDINA SPINOSISSIMA[133]
(Carníncula)

Usado com muito sucesso, no Brasil, no tratamento da *asma* e da *erisipela*.
Dose: T.M. 8 gotas por dia.

583. QUILLAIA SAPONARIA
(Panamá)

Sinonímia: *Quillaia*. Pertence às *Rosaceae*.
"Remédio muito eficaz – diz o Dr. W. Boericke – no começo do defluxo, que ele faz abortar." Catarro agudo, espirros, corrimento pelo nariz, dores de garganta, tosse, expectoração difícil. Pele escamosa.
Dose: T.M. à 1ª.

584. RADIUM BROMATUM
(Bromureto de rádio)

Sua principal esfera de ação é na *gota, no reumatismo crônico* e nas moléstias da pele: lúpus, epitelioma, eczema crônico, psoríase, prurido, adenites, pápulas, acne rosácea, máculas, vegetações, erupções escamosas etc. Tosse noturna dos tísicos. Coceira generalizada.
Arteriosclerose. Nefrite. Nevrites. Enurese. Neurastenia. Dor lombo-sacra.
Dose: 12ªx trit., 30ª, 100ª e 200ª.

---
133. Uso empírico.

Uso externo: faz-se a pomada com a 12ªx: lúpus, epiteliomas, eczema crônico, adenites, psoríase, erupções escamosas e vegetações.

585. RANUNCULUS BULBOSUS
(Ranúnculo amarelo)

Sinonímia: *Ranunculus* e *Ranunculus tuberosus*. Pertence às *Ranunculaceae*.
Dores lancinantes; miálgicas, nevrálgicas ou reumáticas, que agravam pela mudança de tempo.
"O reumatismo intercostal cede mais prontamente a este remédio do que a qualquer outro" (Dr. Farrington). *Peito dolorido, pior pelo toque, pelo movimento ou voltear o corpo e pelo tempo úmido.*
Erupções herpéticas com muito prurido. Rachaduras das pontas dos dedos e palma das mãos. Calos dolorosos. *Herpes-zóster, intercostal* ou oftálmico. Hemeralopia.
Moléstias do baço.
Um dos nossos melhores remédios para os *maus efeitos do álcool; embriaguez aguda, delirium tremens*. Soluços espasmódicos. Hidrotórax.
Ponto de Weihe: no meio do 1/3 médio e interno da linha que vai da cicatriz umbilical ao ponto de *Stannum*, lado esquerdo.
Remédios que lhe seguem bem: *Bryonia, Ignatia, Kali carbonicum, Nux, Rhus, Sepia* e *Sabal serrulata*.
Inimigos: *Aceticum acidum, Staphisagria, Sulphur* e *Vinum*.
Antídotos: *Anacacardium, Clematis, Bryonia, Camphora, Castor, Pulsatilla* e *Rhus*.
Duração: 30 a 40 dias.
Dose: 1ª à 30ª. No alcoolismo, use-se a T.M., 10 a 30 gotas. Na ciática, aplicar a tintura no calcanhar do pé doente.

586. RANUNCULUS SCELERATUS
(Ranúnculo d'água)

Sinonímia: *Herba sardor* e *Ranunculus palustris*. Pertence às *Ranunculaceae*.
Um grande remédio da pele. *Dores perfurantes e corrosivas* muito acentuadas.
Pênfigo. Erupção vesicular de largas bolhas de água com exsudação acre que assa.
Eczemas. Pênfigo dos recém-nascidos.
Estomatites; escorbuto. *Língua geográfica; ardor e esfoladura da língua.*
Dor ardente atrás do apêndice xifoide.
Congestão hepática.
Ponto de Weihe: no bordo posterior do esternoclidomastoideo, no meio da distância que

separa a inserção clavicular e o ponto de *Stramonium*, lado esquerdo.
Remédios que lhe seguem bem: *Belladona, Lachesis, Phosphorus, Pulsatilla, Rhus* e *Silicea*.
Antídoto: *Camphora*.
Duração: 30 a 40 dias.
Dose: 1ª à 3ª.

587. RAPHANUS SATIVUS
(Rabanete negro)

Sinonímia: *Raphanus hortensis, Raphanus niger* e *Raphanus sativas var. nigra*. Pertence às *Cruciferae*.
Grande acumulação e encarceração de gases nos intestinos, é a sua principal indicação. Cólicas flatulentas depois de operações cirúrgicas. Insônia sexual.
Abdome duro, timpânico e distendido.
Flatulência, sem emissão de gases.
Histeria; globus histéricos; frio nas cadeiras e nos braços. Edemas das pálpebras inferiores.
Ninfomania, com aversão ao seu próprio sexo e às crianças; menstruações profusas e prolongadas.
Seborreia. Pênfigo.
Remédios que lhe seguem bem: *Lycopodium, Chionant*. e *Thlasp*.
Dose: 3ª à 30ª.

588. RATANHIA

Sinonímia: *Krameria triandra, Ratanhia peruviana* e *Rathana*. Pertence às *Leguminosae*.
Este medicamento é especialmente um remédio do ânus – *prurido do ânus, fenda anal e hemorroidas*; com grande constrição; ardem como fogo por muito tempo depois da evacuação. *Vermes. Oxiúros*.
Diz Cushing que este remédio curará mais moléstias do reto do que todos os outros da Matéria Médica. Traumatismo do reto nos pacientes pederastas passivos.
Rachaduras do bico do seio.
Violento soluço. Dores como facadas, no estômago.
Tem curado o *pterigium* (1ª din.) e a dor de dentes da gravidez, que força a paciente a se levantar de noite e a andar para aliviar.
Ponto de Weihe: sobre a linha axilar anterior, no 3º espaço intercostal, lado esquerdo.
Remédios que lhe seguem bem: *Sulphur* e *Sepia*.
Dose: 3ª à 6ª.
Uso externo: fendas do ânus e hemorroidas. Nas gengivites, sob forma de bochechos.

589. RESERPINUM
(Reserpium)

Segundo estudo do Prof. Gaith Boerick. Sintomas mentais: depressão, tendência *ao suicídio*, melancolia, vertigem e moleza.
Aparelho respiratório: *obstrução nasal*.
Dose: C5 e C30.

590. RHAMNUS CALIFORNICA
(Café da Califórnia)

Sinonímia: *Rhamnus cathartica, Frangula caroliniana* e *Sarcomphalus carolianus*. Pertence às *Rhamnaceae*.
Um dos remédios mais eficazes contra o *reumatismo agudo* e as *dores musculares*.
Reumatismo muscular. Pleurodinia, lumbago, gastralgia, dismenorreia. Surdez. Apendicite.
Dose: T.M. 15 gotas a cada 4 horas.

591. RHAMNUS FRANGULA

Pertence às *Rhamnaceae*.
Fezes esverdeadas, copiosas e de natureza pastosa. Distensão abdominal. Flatulência.
Ardor na uretra enquanto urina e micções frequentes.
Dose: 3ª, 5ª e 6ª.

592. RHEUM
(Ruibarbo)

Sinonímia: *Rhabarbarum, Rheum compactum* e *Rheum russicum*. Pertence às *Polygonaceae*.
De frequente uso nas crianças, especialmente durante a dentição.
Criança ácida: cheiro ácido de todo o corpo; a criança cheira azedo, mesmo depois de se lavar; cólicas, debilidade, *diarreia azeda* e com calafrios, agitação, impertinência. Dentição difícil. Cólicas, com desejos ineficazes de evacuar. Suor frio na face, especialmente em torno da boca e do nariz.
Diarreia crônica das crianças: 5 gotas de T.M.
Ponto de Weihe: acima do ponto de *Thuya* e tangencialmente a ele.
Complementar: *Magnesia carbonica*.
Remédios que lhe seguem bem: *Belladona, Pulsatilla, Rhus* e *Sulphur*.
Antídotos: *Camphora, Chamomilla, Colocynthis, Mercurius, Nux* e *Pulsatilla*.
Duração: 2 a 3 dias.
Dose: 3ª à 6ª.

593. RHODODENDRON
(Rosa da Sibéria)

Sinonímia: Rhododendron chrysanthemum.
Pertence às *Ericaceae*.
Pessoas nervosas que pioram com a atmosfera carregada.
Os sintomas reumáticos e nevralgias deste remédio são bem acentuados.
As dores se agravam pelo repouso e pelo tempo nebuloso ou tempestuoso e melhoram pelo calor e pelo comer. São as suas principais características.
Sempre que um mal se agrava antes de um temporal ou trovoada, dê-se *Rhododendron*.
O doente não pode dormir a não ser de pernas cruzadas.
Hidrocele. Epididimite.
Dores de cabeça; *nevralgias*; *cólicas*. Prosopalgia; *dores de dentes*. Suores acompanhados de formigamentos.
Pleurodinia. Reumatismo. Gota.
Ponto de Weihe: na união do 1/3 médio e externo da linha que vai da cicatriz umbilical ao ponto de *Juniperus*.
Remédios que lhe seguem bem: *Arnica, Arsenicum, Calcaria, Conium, Lycopodium, Mercurius, Nux, Pulsatilla, Sepia, Silicea* e *Sulphur*.
Antídotos: *Bryonia, Sulphur, Clematis* e *Rhus*.
Duração: 30 a 40 dias.
Dose: 1ª à 6ª.

594. RHUS AROMATICA
(Sumagre cheiroso)

Sinonímia: Betula triphyllumilum e Lobad aconatium. Pertence às *Anacardiaceae*.
O Dr. John Gray considera este remédio soberano no *diabetes mellitus*, em doses de 10 gotas a uma colheradinha de T.M.
Enurese dos idosos. Hematúria. Cistite.
Muita dor no começo ou antes de urinar; sobretudo nas crianças.
Dose: T.M.
Temos colegas que aconselham o uso da T.M. no leite.

595. RHUS GLABRA
(Sumagre liso)

Sinonímia: Rhus carolinense e Rhus elegans. Pertence às *Anacardiaceae*.
Epistaxe e *dor de cabeça occipital*. Sonha que está voando.
Quando gases e fezes são muito fétidos, Rhus glabra lhes tira o mau cheiro.

Profusos suores de debilidade.
Atua bem contra a tendência às úlceras da pele.
Úlceras em geral.
Escorbuto; estomatite aftosa das amas de leite.
Dose: 1ª.
Uso externo: escorbuto, estomatites, faringites e formações esponjosas.

596. RHUS TOXICODENDRON
(Sumagre venenoso)

Sinonímia: Rhus, Rhus humile, Rhus pubescens, Rhus radicans, Rhus toxicarium, Rhus verrucosa e Vitis canadensis. Pertence às *Anacardiaceae*.
Dores que melhoram pelo movimento e pioram pelo repouso é a grande característica deste remédio.
Torceduras. Estupor com delírio calmo, regular e persistente.
Efeitos do ar frio e da umidade; agravação pelo frio e pelo tempo úmido. *Reumatismo*. Torcicolo. Lumbago. Paralisia das pernas. Agitação que melhora pelo movimento.
Grande remédio quando as moléstias agudas tomam um *caráter tífico*, estupor, delírio musicante, fezes involuntárias, língua seca, escura, *triângulo vermelho na ponta da língua – na febre tifoide* ou em qualquer outra moléstia.
Na loucura, medo de ser envenenado. Secura da boca, língua e faringe, com grande sede.
Tosse seca durante o calafrio das febres intermitentes. *Erisipela* da face.
Inflamações supurativas do olho. Celulite orbitária. Machucaduras antigas. Coroidite. Irite reumática, plástica ou supurada. Crostas na cabeça.
Dado depois da extração da catarata, impede a irite subsequente e a formação de pus.
Varíola com pústulas escuras.
Inflamação erisipelatosa do escroto, com prurido e erupção úmida
Fretismo circulatório. Hipertrofia cardíaca por esforço.
Rigidez muscular ou articular que desaparece pelo movimento.
Rhus é o remédio das vesículas. Erisipela vesiculosa. Herpes. Prurido e ardor. Eczema. Urticária. Pênfigo. *Rhus* 12ª de tarde e *Ledum* 6ª pela manhã, constituem um meio seguro, heroico, em todos os casos de eczema seguido de um sucesso imediato.
O Dr. Teste considera *Rhus* o principal remédio do *eritema*.
Gripe com inflamação da garganta e muita debilidade. Gripe reumática.
O Dr. Grundal considera *Rhus* 2ªx o específico constitucional da gripe.

Ponto de Weihe: no meio de 1/3 inferior da linha que vai da cicatriz umbilical à sínfise pubiana.
Complementares: *Bryonia* e *Calcaria*.
Remédios que lhe seguem bem: *Arsenicum, Aranea, Arnica, Belladona, Bryonia, Berberis, Cactus, Calcaria, Calcaria phosphorica, Conium, Graphites, Hyoscycimus, Lachesis, Mercurius, Muriatis acidum, Nux, Pulsatilla, Phosphorus, Phosphorus acidum, Sepia* e *Sulphur*.
Antídotos: *Anacacardium, Aconitum, Ammonium carbonicum, Belladona, Bryonia, Camphora, Coffea, Clematis, Croton tiglium, Graphites, Guaiacum, Grindelia, Lachesis, Ranunculus bulbosus, Sulphur* e *Sepia*.
Duração: 1 a 7 dias.
Dose: 3ªx à 30ª, 100ª, 200ª, 500ª, 1.000ª e 10.000ª.
Uso externo: poderoso remédio contra as torceduras, *deslocações*, *dores nas juntas*, *dores reumáticas*, dores pelas carnes, pelas costelas, na barriga das pernas (cãibras), nas cadeiras (lumbago), pescoço duro e outras afecções dolorosas de natureza reumática. Seu uso é ainda de grande valor nas *paralisias*, nas *nevrites*, nos *inchaços das glândulas*, em várias moléstias da pele, com *bolhas*, na *erisipela*, no *eczema* com crosta grossa e supurante, nas frieiras, nas *queimaduras*, na *urticária* e ainda contra *verrugas e calos*. É também útil nas celulites orbitárias.
Conforme a parte afetada, usa-se a solução aquosa, o gliceróleo (para fricções) e a pomada, todos na proporção de 1 de tintura de *Rhus* para 40 de veículo inerte.
O gliceróleo pode ser substituído pelo *Opodeldoque* de *Rhus*, que se vende nas farmácias homeopáticas. É muito útil contra o reumatismo. Renovam-se as fricções 3 a 4 vezes por dia.

597. RHUS VENENATA

Sinonímia: *Toxicodendron pinnatum*. Pertence às *Anacardiaceae*.
Melancolia. Não deseja viver.
Cabeça pesada. Olhos quase fechados pela grande inflamação. Inflamação vesicular nos ouvidos. Nariz vermelho e brilhante na ponta, com fissuras no meio e vesículas na face inferior.
Fezes aquosas, esbranquiçadas, com cólicas, às 4 da manhã.
Puxos no punho e braço direito, estendendo-se até aos dedos.
Coceira melhorada pela água quente. Vesículas. Erisipela. Pele de cor vermelho-escura. Eritema *nodosum*, com coceira noturna e dores ósseas. *Eczema melhorado pela aplicação de água quente.*
Antídotos: *Phosphorus, Bryonia* e *Clematis*.
Dose: 6ª à 30ª.

598. RICINUS COMMUNIS
(Óleo de rícino)

Sinonímia: *Oleum ricinus communis* e *Ricinus oicidis*. Pertence às *Euphorbiaceae*.
Aumenta a quantidade de leite nas nutrizes.
Vertigens com palidez da face.
Fezes verde-sanguinolentas, com cólicas e dores calambroides nos músculos das extremidades.
Anorexia, sede, pirose, náuseas e vômitos.
O Dr. Ghose, de Calcutá, Índia, viu a eficácia na cólera quando a diarreia é esbranquiçada, riziforme e as evacuações não são precedidas de cólicas.
Dose: 3ª. Cinco gotas diariamente de 4 em 4 horas, aumentam o leite da nutriz.

599. RIZOPHORA MANGLE[134]
(Mangue vermelho)

Sinonímia: *Canaponga* e *Guarapary*. Pertence às *Rhyzophoraceae*.
Preventivo e curativo da varíola. Blenorragia. Acne. Alopecia. Elefantíase.
Dose: T.M. à 5ª.

600. ROBINIA PSEUDACACIA
(Acácia amarela)

Sinonímia: *Pseudacacia odorata, Robinia acacia* e *Robina fragilis*. Pertence às *Leguminosae*.
Um grande remédio da *acidez do estômago. Hipercloridria.* Eructações intensamente acres. Distensão do estômago; cólicas flatulentas; vômitos ácidos; gastralgia. No cancro do estômago.
A acidez de *Robinia* é acompanhada de dor de cabeça frontal.
Acidez das crianças. Fezes e transpiração fétidas.
Dose: 3ª tomada por muito tempo. Emprega-se também a tintura-mãe.

601. ROSA DAMASCENA
(Rosa de Damasco)

Pertence às *Rosaceae*.
Indicado na febre de feno, com sensação de entupimento da trompa de Eustáquio. Audição difícil. *Tinnitus aurium*.
Dose: T.M. a 3ªx.

---
134. Uso empírico.

602. RUBUS VILOSUS
(Zargal)

Pertence às *Rosaceae*.
Diarreias infantis. Pacientes fracos e pálidos.
Fezes aquosas de cor marrom-escuro.
Dose: T.M.

603. RUMEX CRISPUS
(Labaça amarela)

Sinonímia: *Rumex*. Pertence às *Polygonacieae*.
Tosse seca com coceira na garganta, rouquidão, *agravadas pelo ar frio; cobre a cabeça com a colcha para fazer ar quente e melhorar a tosse*, é a principal indicação deste remédio.
Laringite. Prurido agravado pelo ar frio e melhorado pelo calor.
Não pode comer carne, pois causa azia e coceira pelo corpo.
Coceira intensa pelo corpo ao se despir à noite, para se deitar. Urticária.
Icterícia depois de um excesso de bebida alcoólica.
Diarreia escura, líquida, pior pela manhã. Bom remédio na diarreia da *tuberculose avançada*.
Ponto de Weihe: linha axilar posterior, 7° espaço intercostal, lado esquerdo.
Antídotos: *Camphora, Belladona, Hyoscycimus, Lachesis* e *Phosphorus*.
Remédio que lhe segue bem: *Calcaria*.
Dose: 3ªx à 30ª.

604. RUTA GRAVEOLENS
(Arruda)

Sinonímia: *Ruta hortensis, Ruta latifolia, Ruta sativa* e *Ruta vulgaris*. Pertence às *Rutaceae*.
Fadiga dos olhos, seguida de dor de cabeça.
Fadiga dos olhos, devida ao estudo, à costura etc., olhos lacrimosos, vista escura, dor nos globos oculares, ardor. Nevralgia dos olhos.
Astenopia. Congestão da retina. Erupções da pele com descamação que aparecem em outro lugar após se coçar.
Um importante remédio da *queda do reto*. *Cancro do reto*.
Erisipela traumática por feridas.
O Dr. Cooper, de Londres, revelou a eficácia de *Ruta* no câncer do reto, dado em doses únicas de algumas gotas de tintura-mãe, doses repetidas com intervalos longos.
"É para os tendões, cápsulas sinoviais e articulações, o que é *Arnica* para os músculos e partes moles" (Dr. Dewey). *Dores nos ossos, juntas e cartilagens, como se tivessem sido esmagados*. Dores reumáticas nos punhos e nos tornozelos; *torceduras*. Ganglion *(quisto sinovia) sobretudo no punho.* (Bursite no pé.)
Apressa a formação dos calos nas fraturas.
Ponto de Weihe: meio do 1/3 externo da linha que vai da cicatriz umbilical ao ponto de *Nux-vomica*.
Complementar: *Calcaria phosphorica*.
Remédios que lhe seguem bem: *Calcaria, Causticum, Lycopodium, Phosphorus acidum, Pulsatilla, Sepia, Sulphur* e *Sulphuris acidum*.
Antídoto: *Camphora*.
Duração: 30 dias.
Dose: 1ª à 6ª, 12ª, 30ª, 100ª e 200ª.
Uso externo: emprega-se este remédio contra as úlceras consequentes a decúbito prolongado nas moléstias graves, em chumaços de algodão, embebidos na solução aquosa. Serve-se desta mesma solução para curar a escoriação produzida entre as pernas pela sela do cavalo ou nos pés por uma marcha prolongada. É igualmente eficaz contra machucaduras dos ossos, e em pomada nas unhas encravadas, úlceras atônicas, verrugas, gânglios, sarna, comichão de vermes oxiúros. Em tintura pura, é também usado com sucesso em fricções contra o tétano e as torceduras e luxações das juntas das mãos e dos pés e em solução aquosa para banhar os olhos em casos de *astenopia;* neste último caso, pode-se usar um colírio, de manhã e à noite, feito de 2 gotas de tintura de *Ruta* para uma colher das de sopa fervida morna, pingando-se algumas gotas nos olhos.

605. SABADILLA
(Sevadilha)

Sinonímia: *Asagraea officinale, Cebadilla, Helonias officinale, Hordeum causticum, Metanthius sabadilla, Veratrum sabadilla* e *Veratrum officinale*. Pertence às *Melanthaceae das Liliaceae*.
Útil em *moléstias imaginárias*. Suores frios na fronte.
Defluxo, com corrimento aquoso do nariz, *violentos e repetidos espirros e lacrimejamento dos olhos*, com vermelhidão das pálpebras, e dor de cabeça frontal, agravados pelo ar livre, é a indicação capital deste medicamento. *Influenza*. Febre de feno (30ª e 100ª). *Ilusões cenestésicas*.
Ascáridas, com sintomas reflexos (ninfomania, convulsões etc.). Prurido no reto e ânus.
Pode engolir mais facilmente os alimentos quentes: difteria, amigdalite. Gosto adocicado na boca.
Sensação de corpo estranho na garganta, com *constante necessidade de engolir*.
Menstruações intermitentes.

Ponto de Weihe: linha axilar anterior, 4º espaço intercostal do lado esquerdo.
Complementar: *Sepia.*
Remédios que lhe seguem bem: *Arsenicum, Belladona, Mercurius, Nux* e *Pulsatilla.*
Antídotos: *Conium* e *Pulsatilla.*
Duração: 20 a 30 dias.
Dose: 3ª à 5ª, 6ª, 12ª, 30ª, 100ª e 200ª.

606. SABAL SERRULATA
(Saw palmetto)

Pertence às *Palmaceae.*
Um remédio de incontestável valor da *próstata,* da *epididimite* e de dificuldades urinárias. *Hipertrofia da próstata com urinação difícil.* Enurese.
Debilidade sexual. *Impotência. Neuroses sexuais.* Perturbação ou debilidade sexual das jovens. Medo de dormir.
Valioso remédio para as mulheres que têm os seios mal desenvolvidos e enrugados; desenvolve as glândulas mamárias. Expectoração copiosa, com catarro nasal.
Dose: 10 a 30 gotas de T.M. por dia, 3ªx e 6ª.

607. SABBATIA ANGULARIS
(Centauro americano)

Sinonímia: *Chironia angularis.* Pertence às *Gencianaceae.*
Febres periódicas e próprias do outono.
Usado na dispepsia e amenorreia. *Maleita.*
Dose: T.M.

608. SABINA

Sinonímia: *Juniperus foetida, Juniperus lycia, Juniperus prostata, Juniperus sabina, Sabina officinalis* e *Sabina vulgaris.* Pertence às *Cupressaceae.*
Remédio das mulheres; *dores dilacerantes nos ossos da bacia, indo do sacro ao púbis,* em qualquer moléstia. Metrite aguda. Vertigens com menstruações suprimidas.
Aborto e hemorragias nos primeiros meses da gravidez. *Menstruações excessivas ou hemorragias uterinas, vermelhas, meio coalhadas, profusas, agravadas pelo menor movimento.* Retenção da placenta. Promove a expulsão da mola do útero. Hemorroidas com sensação de plenitude e hemorragia de sangue brilhante.
A música é intolerável; deixa-a nervosa.
Dores artríticas nas juntas; gota, piora pelo calor.
Verrugas.

Metrorragia com fluxo paroxístico de sangue claro e límpido, acompanhado de dores articulares.
Inflamação artrítica das articulações do punho e artelhos.
Gota com dores artríticas.
Blenorragia com fimose.
Nodosidades gotosas.
Ponto de Weihe: entre a apófise mastoide e articulação maxilar do lado direito. Fazer pressão perpendicularmente sobre a superfície cutânea.
Complementar: *Thuya.*
Remédios que lhe seguem bem: *Arsenicum, Belladona, Pulsatilla, Rhus, Spongia* e *Sulphur.*
Antídoto: *Pulsatilla.*
Duração: 30 a 50 dias.
Dose: 3ªx e 5ª. Nas verrugas, tintura-mãe, uso local, de preferência em solução oleosa.

609. SALICYLICUM ACIDUM
(Ácido salicílico)

Sinonímia: *Salicyli acidum.*
Usado na vertigem de Meniére, reumatismo e dispepsia. *Tinnitus aurium.* Prostração pós-gripal. Hematúria. *Delírio.*
Cefaleia. Coriza incipiente. Dores perfurantes nas têmporas.
Retinite albuminurica ou pós-gripal. Hemorragia retiniana.
Surdez com vertigem. Sensação de rodas andando dentro do ouvido.
Úlcera cancerosa do estômago com ardor e hálito fétido. Flatulência e pirose. Dispepsia fermentativa.
Diarreia pútrida. Prurido anal.
Reumatismo articular agudo, que piora pelo tocar, movimento e acompanhado de transpiração abundante. Joelhos inchados e doloridos.
Dor ardente na ciática, que piora à noite.
Suores dos pés que produzem distúrbios quando suprimidos.
Vesícula e pústulas. Urticária. Pele quente e ardente. Púrpura. *Herpes-zóster.* Necrose óssea.
Dose: 3ªx trit., 5ª, 6ª e 30ª.

610. SALIX ALBA
(Salgueiro branco)

Sinonímia: *Salix coerulea* e *Salix vitellina.* Pertence às *Salicaceae.*
Empregado na febre intermitente quando há fraqueza do aparelho digestivo, hemorragias passivas e, depois, prolongadas convalescenças. Tosse com escarros hemoptoicos.
Dose: T.M.

611. SALIX NIGRA
(Salgueiro)

Pertence as *Salicaceae*.
Um remédio dos órgãos genitais. *Modera os desejos sexuais*. A dar contra a masturbação; espermatorreia. Na gonorreia, com muitos desejos sexuais.
Dose: T M., 30 gotas.

612. SALVIA OFFICINALIS
(Salva dos jardins)

Sinonímia: Salvia. Pertence às *Labiateae*.
Um tônico da tísica, com suores noturnos e tosse seca sufocante. Vômitos espasmódicos: fastio, debilidade do estômago. Galactorreia. *Neuroses. Crises epileptiformes.*
É também um tônico da pele: pele mole, relaxada, pálida e fria.
Dose: T.M., 20 gotas de 2 a 6 em 6 dias.

613. SAMBUCUS NIGRA
(Sabugueiro)

Sinonímia: *Sambucus acinis albis, Sambucus laciniatis folis* e *Sambucus maderensis*. Pertence às *Caprifoliaceae*.
Tosse sufocante, à meia-noite.
Coriza seca ou úmida das crianças de peito, com nariz entupido, impedindo de respirar e de mamar.
Calor seco, enquanto dorme; suores abundantes na convalescença das moléstias agudas.
Laringismo estriduloso, espasmos da glote; a criança acorda subitamente sufocada, *inspira o ar, mas parece que não pode expirar. Sarampo.*
O Dr. Jousset o aconselha em tintura-mãe no acesso de asma, alternado com Ipeca.
Remédios que lhe seguem bem: *Arsenicum, Belladona, Conium, Drosera, Nux, Phosphorus, Rhus* e *Sepia*.
Antídotos: *Arsenicum* e *Camphora*.
Duração: 1 dia.
Dose: 1ª à 6ª.

614. SAMYDA SYLVESTRIS[135]
(Erva-de-bugre)

Pertence às *Bixaceae*.
Poderoso remédio da *sífilis*, usado com sucesso no Brasil: útil também no tratamento das moléstias da pele.
Dose: T.M.

---
135. Estudada na Homeopatia por Albuquerque.

615. SANGUINARIA CANADENSIS
(Tinta-índica)

Sinonímia: *Sanguinaria, Sanguinaria acaulis, Sanguinaria grandiflora* e *Sanguinaria vernadis*. Pertence às *Papaveraceae*.
Um remédio do lado direito. Grande fraqueza e prostração.
Enxaqueca: a dor começa pela manhã, com o nascer do sol, atrás da cabeça, acima da nuca, sobe para a fronte e se localiza sobre *o olho direito* (no olho esquerdo, *Spigelia*), melhor em quarto escuro, no silêncio e no repouso; vômitos biliosos; e *decresce com o deitar do sol*, à tarde; útil especialmente nas mulheres, cuja menstruação é abundante. Baforadas de calor e perturbações vasomotoras. *Enxaqueca hebdomadária.*
Hemoptises por suspensão da menstruação.
Ardor em vários órgãos, olhos, ouvidos, língua, garganta, peito, planta dos pés e palma das mãos.
Faringite crônica seca, com garganta vermelha, lisa e envernizada.
Evita a reincidência do cancro, depois de operado.
Menopausa: calor no rosto, ardor nas mãos e nos pés, dor de ouvido, leucorreia, ingurgitamento dos seios etc.
Um grande remédio das tosses, secas ou úmidas.
Tosse de origem gástrica, aliviada por arrotar. Expectoração com mau cheiro; bronquite fétida. Tosse espasmódica que se prolonga depois da *influenza* ou da *coqueluche*; volta com o menor resfriamento; piora à noite. Asma, com desordens do estômago. *Tuberculose pulmonar, febre hética, face vermelha*, tosse seca, garganta seca, ardor no peito, pior à direita. *Bronquites*. Muito útil no começo da tísica. "Poucos remédios têm, em minhas mãos, demonstrado serem iguais a *Sanguinaria* para as tosses brônquicas" (Dr. Brigam).
Corrimentos ácidos e dores ardentes. Variabilidade contínua de sintomas. *Pólipos nasais. Sinusite.*
"*Sanguinaria* – diz o Dr. Holcombe – tem-me dado, nas moléstias do pulmão, melhores resultados do que qualquer outro remédio." "É um dos nossos melhores remédios – diz o Dr. Dewey – para a tosse seca ou úmida, devida à inflamação."
Gripe pneumônica.
"Minha própria experiência leva-me a considerar *Sanguinaria* como a Guarda Imperial de todos os remédios do *laringismo estrídulo*" (Nichol). *Edema da glote.*
Parada súbita de uma bronquite, seguida de diarreia.
Reumatismo do ombro direito e da nuca (6ª). Rinite crônica.

Ponto de Weihe: linha mamilar, 2º espaço intercostal, lado direito.
Antídoto: Opium.
Dose: 1ª à 30ª. Tintura-mãe nas dores de cabeça; entretanto, alguns a dão na 12ª e 30ª.

616. SANGUINARINUM NITRICUM
(Nitrato de sanguinária)

Sinonímia: *Sanguinarinae nitras.*
Um remédio do catarro crônico e do *pólipo nasal*. *Rinite crônica*. Vegetações adenoides. Laringite crônica. Bronquite crônica. A dar no fim da pneumonia, para auxiliar a resolução.
"Na faringite granulosa crônica, *Sanguinarin. nitr.* é a minha âncora de salvação: é o remédio a empregar na ausência de indicações claras para outro" (Dr. Ivins).
Febre de feno. Influenza. Coriza intensa, com sensação de entupimento do nariz. Pressão atrás do esterno.
Dose: 3ª trit.

617. SANICULA

(Fonte de água mineral em Ottawa, Ilinois.)
Sinonímia: *Sanicula europeae.*
Usada na enurese, constipação etc. Raquitismo.
Suores profusos no occipital e na nuca, durante o sono. Fotofobia. Lacrimejamento ao ar livre frio, ou por aplicações frias. Ulcerações atrás das orelhas.
Vômitos ou náuseas, ao andar de carro.
Fezes grandes, pesadas e dolorosas. Dor no períneo. Escoriações da pele ao redor do ânus e períneo. Diarreia após comer.
Sensação de o útero querer sair pela vagina. Leucorreia com cheiro de peixe ou queijo velho. Suores dos pés com mau cheiro. Guernsey o considera o crônico de *Chamomilla*.
Dose: 30ª.

618. SANTONINUM
(Santonina)

Princípio ativo neutro, obtido da *Cina*.
Sinonímia: *Santonini acidum.*
Perturbações verminóticas, irritação gastrintestinal. Coceiras no nariz. *Indicado contra os nematelmintos*. Cistite crônica. *Tosse noturna das crianças*.
Dor de cabeça occipital com alucinações cromáticas.
Estrabismo devido a vermes. Xantopsia. Círculos escuros em torno dos olhos.
Ranger de dentes. Náuseas.

Urina esverdeada quando ácida, e vermelha quando alcalina; *Incontinência e disúria. Enurese*. Nefrite.
Dose: 2ª e 3ª trit. As dinamizações baixas são tóxicas. Não deve ser aplicada em crianças com febres ou prisão de ventre.

619. SAPONARIA

Sinonímia: *Saponaria officinalis*. Pertence às Caryophyllaceae.
Usado nos resfriados com coriza, dos quais é um abortivo. Apatia, depressão e sonolência.
Dor em pontada, sobre as órbitas; pior do lado esquerdo. Congestão cefálica. *Coriza*.
Nevralgia ciliar. Fotofobia. *Nevralgia do trigêmio*. Exoftalmia. Pressão intraocular aumentada. Glaucoma.
Náuseas. Sensação de estômago cheio que não é melhorada pela eructação.
Palpitação com ansiedade.
Dose: 3ª, 5ª e 6ª.

620. SARCOLACTIC ACIDUM
(Ácido sarcolático)

Sinonímia: *Acidum sarcolacticum.*
Influenza com grande prostração. Neurastenia. Fraqueza muscular com prostração muscular. Constrição da faringe.
Náuseas com vômitos, seguidos de extrema fraqueza. Cãibras durante o parto.
Dose: 6ª à 30ª. A 15ª é a mais usada.

621. SARRACENIA PURPUREA
(Copa de Eva)

Sinonímia: *Sarazina gibbosa, Sarracenia Gronovii* e *Sarracenia leucophylla*. Pertence às Sarraceniaceae.
Um remédio da *varíola*; aborta a moléstia e detém a pustulação. Desordens visuais. Congestão cefálica com ação cardíaca irregular. *Herpes flictenoide.*
Clorose. Fotofobia. Fome, até depois das refeições. Fraqueza entre as espáduas.
Antídoto: *Podophyllum.*
Dose: 3ª à 6ª.

622. SALSAPARILLA[136]

Sinonímia: *Salza, Salsaparrilla, Smilax medicinal, Smilax salsaparilla* e *Smilax syphilitica.*

---

[136]. Das suas raízes extrai-se a Testosterona de maneira muito mais econômica.

Pertence às *Smilaceae das Siliaceae*.
A principal indicação deste remédio é nas *areias renais*. Urina escassa, grossa, nebulosa, com depósito, *sanguinolenta. Gravalia. Cólica renal. Dor intensa ao acabar de urinar.* A criança grita ao urinar. Depósito na urina. Dificuldade de urinar nas crianças. Língua branca. Aftas. Salivação intensa. Erupção de natureza sicótica.
Bico do peito pequeno, retraído; não deixa mamar; cancro do seio.
Feridas nas pontas dos dedos; rachaduras, oníxis.
Um dos melhores remédios para a dor de cabeça e outras dores reumáticas provenientes da gonorreia suprimida, inchaço doloroso dos cordões depois de excitação genésica prolongada. Cólicas e dores nas costas ao mesmo tempo.
Marasmo infantil; pele enrugada. Erupções úmidas *na face e lábio superior*; crosta láctea; erupção na testa antes da menstruação.
"Quando uma criança de cabelos vermelhos toma *Salsaparilla* 18ª (3 gotas para 120 g de água, 3 colherinhas por dia), seus cabelos mudam de cor e tornam-se louros, ao cabo de 3 meses" (Teste).
Ponto de Weihe: linha axilar anterior, 7º espaço intercostal, lado esquerdo.
Complementares: *Allium cepa, Mercurius* e *Sepia*.
Remédios que lhe seguem bem: *Allium cepa, Belladona, Hepar, Mercurius, Phosphorus, Rhus, Sepia* e *Sulphur*.
Inimigo: *Aceticum acidum*.
Antídotos: *Belladona, Mercurius* e *Sepia*.
Duração: 35 dias.
Dose: 1ª à 6ª.

623. SCAMMONIUM

Sinonímia: *Convolvulus scammonia* e *Scammonium halpense*. Pertence às *Convolvulaceae*.
É um drástico catártico. Vômitos e diarreia. Fezes abundantes, esverdeadas e, em seguida, colapso. Abdome distendido e dolorido.
Dose: 3ªx.

624. SCILLA MARITIMA

Veja *Squilla maritima*.

625. SCOLOPENDRA

Sinonímia: *Scolopendra morsitans*. Pertence aos *Chilopoda*.
Inflamação e gangrena da parte mordida. Vômitos, ansiedade precordial.

Falta de transpiração no braço direito por três meses.
Dose: 12ª e 30ª.

626. SCORPIO[137]
(Veneno do escorpião ou lacrau)

Pertence aos *Scorpionida*. Classe: *Arachnideos*.
Coriza intensa, com espirros frequentes e lacrimejamento.
Salivação; vômitos frequentes, com sangue. Diarreia.
Espasmos e convulsões infantis. Perda da fala, paralisia da língua. Paralisias; mielite aguda.
Inflamações locais com *dor intolerável*.
Poliúria; hematúria; albuminúria. Glicosúria.
Asma com muita dispneia.
Papeira exoftálmica.
Edema pulmonar. Palpitações.
Ambliopia. *Angina de peito.*
Dose: 3ª à 30ª.

627. SCROPHULARIA NODOSA
(Pimpinela azul)

Sinonímia: *Galiopsis, Ocimastrum, Scrophularia foetida* e *Scrophularia vulgaris*. Pertence às *Scrophulariaceae*.
Um remédio das *escrófulas*. Inchaços glandulares. Moléstia de Hodgkin.
Tumores e nodosidades duras do seio. Eczema da orelha. Orquite tuberculosa.
Prurido da vagina. Hemorroidas dolorosas. Crosta láctea. Dores na alça sigmoide e reto.
Remédio que lhe segue bem: *Digitalis*.
Antídoto: *Bryonia*.
Dose: T.M. à 5ª. Aplicação local nas glândulas cancerosas.

628. SCUTELLARIA LATERIFLORA
(Coifa)

Pertence às *Labiateae*.
Remédio muito usado para combater o medo; medo de alguma calamidade. Impossibilidade de fixar a atenção. *Terrores noturnos*; pesadelos; sonhos maus. Neurastenia.
Excitação nervosa da gravidez. Crises epileptiformes.

---

137. Esta patogenesia de *Scorpio* (aliás já existente em nossa Matéria Médica) foi extraída do *Envenenamento Escorpiônico*, tese inaugural de Maurano, RJ, 1915 sendo que a espécie escorpionídica, que mais observações forneceu ao autor foi a *Tityas bahiensis*, a mais espalhada no centro e no Sul do Brasil.

Insônia histérica.
Coreia; sobressalto e tremores musculares.
Irritação nervosa e espasmos das crianças durante a dentição.
Dores de cabeça explosivas de mestres de escola, com frequentes urinações; na fronte e na base do cérebro.
Hidrofobia, como calmante.
Dose: T.M. à 3ªx.

629. SECALE CORNUTUM
(Centeio espigado)

Sinonímia: *Acinula clavis, Clavaria clavus, Clavi siliginis, Claviceps purpurea, Clavus secalinum, Secale clavatum* e *Speemoedia clavus.*
Pertence aos *Fungi.*
Um remédio útil para pessoas idosas, de pele encarquilhada, especialmente mulheres caquéticas. *Arteriosclerose.*
Debilidade, ansiedade, emagrecimento, ainda que o apetite e a sede possam ser excessivos.
Hemorragias passivas, escuras, lentas, ralas, fétidas, de sangue preto aguado. Epistaxe.
Hemorragias uterinas. Menstruação excessiva. Dismenorreia. Retenção da placenta no parto prematuro. Fibromas uterinos.
Ameaça de aborto no terceiro ou nos últimos meses da gravidez. Dores pós-parto contínuas, sem intermitências.
Alivia as dores do cancro uterino.
Catarata em começo, senil, especialmente em mulheres.
Grande frialdade de pele, mas não quer ficar coberto.
Melhora pelo frio. Grande aversão ao calor.
Cholera morbus. Evacuações involuntárias; ânus aberto. Disenteria. Peritonite, depois de operações cirúrgicas abdominais. Sensação de queimadura, apesar da sensação objetiva de frio externo. Inflamação violenta. Convulsões, espasmos musculares. Cãibras e amortecimento dos membros. Formigamentos nos dedos.
Gangrena seca, desenvolvendo-se lentamente. Moléstia de Raynaud. Ainhum. Lepra. Úlceras varicosas.
Poliomielite anterior aguda. Ataxia locomotora. Epilepsia, com ataques muito frequentes e prostração muscular.
Paralisia da bexiga. Enurese nos idosos. Paralisia do esfíncter do ânus (*Ergotinum* 2ªx). Urinação frequente com tenesmos.
Ponto de Weihe: no ponto de junção da 8ª e 9ª cartilagens costais, bilateralmente.
Remédios que lhe seguem bem: *Aconitum, Arsenicum, Belladona, China, Mercurius* e *Pulsatilla.*
Antídotos: *Camphora* e *Opium.*

Duração: 20 a 30 dias.
Dose: T.M. à 3ª. "Quando *Secale,* ainda que indicado, falhar, dê-se *Ergotinum*" (Kafka). Na arteriosclerose, *Ergotinum* 2ªx trit. é muito útil. *Na poliomielite aguda,* 10 gotas da T.M. a cada 4 horas para uma criança de dois anos, e mais 2 gotas por dose para cada ano mais de idade. Na gravidez, deve-se aplicá-la, quando o útero estiver completamente esvaziado (Lei de Pagot).

630. SEDUM ACRE
(Saião)

Sinonímia: *Sedum, Sedum minoris* e *Sempervivum minoris.*
Medicamento muito útil nas *fendas do ânus* com hemorragias, dores constritivas do reto, espasmódicas, piores algumas horas depois da defecação.
Dose: T.M. à 6ª. O suco é usado externamente em úlceras escrofulosas.

631. SELAGINELLA APUS
(Selaginela)

Pertence às *Selaginelaceae.*
É usado localmente como remédio contra a picada de serpentes e insetos. Usa-se um pouco da tintura-mãe, 10 a 20 gotas, em um cálice de leite.

632. SELENIUM
(Selênio)

Tem efeitos muito notáveis sobre os órgãos geniturinários, a laringe e o sistema nervoso.
Grande debilidade; piora pelo calor. Fácil esgotamento mental e físico, nos idosos. Debilidade depois de moléstias exaustivas. Tristeza excessiva.
Excelente medicamento da impotência com espermatorreia. Prostatismo, nos idosos, com atonia sexual. Neurastenia sexual (30ª); tentando o coito, o pênis amolece. *Desejo aumentado e potência diminuída.*
Dor de cabeça por beber chá: sobre o olho esquerdo por *andar ao sol;* por *fortes odores.*
Laringite; rouquidão dos cantores; tuberculose laríngea incipiente. Gosto adocicado na boca.
Desejo de bebidas. Perturbações abdominais após as refeições.
Fígado dolorido com uma faixa avermelhada sobre a região hepática.
Sono prejudicado pelos batimentos em todos os vasos.

O *Selenium coll.* injetável é usado no câncer. Queda dos cabelos. Seborreia; comedões. Acne.
Ponto de Weihe: terceira vértebra lombar. Fazer pressão do alto para baixo sobre a apófise espinhosa.
Remédios que lhe seguem bem: *Calcarea, Mercurius, Nux* e *Sepia.*
Inimigos: *China* e *Vinum.*
Antídotos: *Ignatia* e *Pulsatilla.*
Duração: 40 dias.
Dose: 6ª à 30ª. Não tome vinho. D3, D6 e D12 *coll.*

633. SEMPERVIVUM TECTORUM
(Sempre-viva-dos-telhados)

Pertence às *Crassulaceae.*
Recomendado no *herpes-zóster* e nos *tumores cancerosos.* Tumores malignos da boca e dos seios.
Cancro da língua. Verrugas e calos. Úlceras linguais que sangram muito à noite.
Dose: T.M. à 5ª. Sobretudo a 2ª.
Uso externo: Mordeduras de insetos, sobretudo abelhas e marimbondos.

634. SENECIO AUREUS
(Tasneira)

Sinonímia: Pertence às *Compositeae.*
Tônico uterino empregado contra a menstruação retardada ou suprimida e a dismenorreia. Amenorreia das adolescentes. Suspensão da menstruação por resfriamento. Deslocamentos uterinos. Dores transfixantes sobre o olho esquerdo. Epistaxes substituindo a menstruação. Bolo histérico.
Dor de cadeiras. Cólica renal. Prostatite.
Tenesmo vesical e anal. Diarreia aquosa entremeada de fezes duras. Unhas frágeis.
Um bom remédio das náuseas da gravidez e da tosse catarral das mulheres amenorreicas.
Ponto de Weihe: sétima vértebra dorsal (Nebel). Fazer pressão do alto para baixo sobre a apófise espinhosa.
Dose: T.M. à 3ª. Como tônico uterino, 5 a 10 gotas da 1ªx três vezes por dia. *Senecinum* em 1ª trituração.

635. SENEGA
(Polígala)

Sinonímia: *Polygala senega, Polygala virginiana* e *Seneca.* Pertence às *Polygalaceae.*

Estados catarrais do aparelho respiratório e *sintomas paralíticos dos olhos,* tal é a esfera de ação deste medicamento.
Bronquite crônica dos idosos, com dores intercostais e muito *catarro no peito,* difícil de expectorar. Na *influenza.* Tosse terminando por espirros. Bom remédio do *acesso de asma. Tosse que termina em espirros.*
Pleuris com derrame. Hidrotórax.
Paralisia dos músculos oculares. *Hipopion.*
Os olhos parecem muito grandes para as órbitas.
Blefarite seca e crostosa. Astenopia muscular.
Dupla visão. Opacidade do corpo vítreo.
Depois de operações cirúrgicas nos olhos, promove a reabsorção dos restos do cristalino. *Urina com filamentos mucosos.*
Ponto de Weihe: linha axilar média, 5º espaço intercostal, lado esquerdo.
Remédios que lhe seguem bem: *Arum triphyllum, Calcaria, Lycopodium, Phosphorus* e *Sulphur.*
Antídotos: *Arnica, Belladona, Bryonia* e *Camphora.*
Duração: 30 dias.
Dose: T.M. à 30ª. Nas tosses a 3ª. No acesso de asma, a T.M., 5 a 7 gotas em meio copo de água, às colheradinhas.

636. SENNA
(Sene)

Sinonímia: *Cassia acutifolia, Cassia senna* e *Senna alexandrinas.* Pertence às *Leguminosas,* família das *Cesalpinae.*
Um bom remédio nas cólicas infantis, com gases presos na barriga e insônia; cólicas infantis, quando a criança parece *cheia de vento.*
Cólicas com prisão de ventre.
Azotúria, oxalúria, fosfatúria e acetonúria, em T.M.
Dose: 3ª à 6ª.

637. SEPIA
(Tinta de siba)

Sinonímia: *Sepia officinalis, Sepia octopus* e *Sepia succus.* Pertence aos *Cephalopoda.*
Eretismo nervoso com agitação, ansiedade e perturbações mentais.
Um dos maiores remédios da mulher.
O doente deste remédio é a mulher de cabelos pretos, *face amarelada,* alta, magra, delicada, triste e lacrimosa, como a de *Pulsatilla,* mas irritável, colérica e má ou fria e indiferente.
Fraqueza e desfalecimento.
Sensação de uma bola nas partes internas.

Acidentes da menopausa (alternada com *Calcarea carbonica*). Baforadas de calor com transpiração e desfalecimento.
Manchas amarelas e panos pela pele indicam caracteristicamente este medicamento. Lentigo nas jovens.
Fácil fadiga. *Debilidade. Olheiras escuras.*
Um dos mais proeminentes remédios para o excesso de ácido úrico, com areias vermelhas na urina.
Sensação de pressão para baixo. Sensação de que *tudo vai sair pela vagina; aliviada por cruzar as pernas.*
Enurese noturna, logo no primeiro sono.
Tendência ao aborto: é um dos nossos melhores remédios preventivos do aborto.
Hemicrania com perturbações uterinas. Cefaleia congestiva durante a menstruação.
Leucorreia das jovens, sobretudo das adolescentes. Enxaqueca ou prurido vulvar com leucorreia.
Prolapso e outros deslocamentos do útero; com irritabilidade da bexiga e leucorreia. *Irregularidades da menstruação, sobretudo escassez. Dismenorreia com menstruações escassas.* Dor de cadeiras. Dor de cabeça menstrual. Vagina dolorosa, especialmente ao coito.
Dispepsia: *sensação de vazio no estômago, que não é aliviada por comer.* Náuseas ao ver ou ao sentir o cheiro dos alimentos. Diarreia das crianças devida ao leite fervido. *Dispepsia dos fumantes.* Ptose dos órgãos abdominais.
Erupções escamosas da pele; na das pernas; em torno das juntas. Impigens. Herpes. Acne. Crosta de leite, na 3ª din. Lepra. Ulcerações indolores. Hiperidrose. Cromidrose.
Catarro nasal crônico. Gota militar; também remédio da blenorragia depois que os sintomas agudos passaram; na mulher, *vaginite blenorrágica.*
Dores de dentes das 6 da tarde à meia-noite, piores depois de deitar. Nevralgia facial da gravidez. Prisão de ventre da gravidez (200ª din.). É usado também no tracoma e na catarata. *Raquialgia sacro-lombar.*
Ponto de Weihe: (1º) Parte anterior da apófise coracoide da omoplata, adiante da articulação escápulo-umeral, bilateralmente. (2º) Meio da linha que vai do ponto de *Calcaria phosphoricum* até a cicatriz umbilical, lado esquerdo.
Complementares: *Nux, Natrum muriaticum* e *Sabadilla.*
Remédios que lhe seguem bem: *Belladona, Calcaria, Conium, Carbo vegetabilis, Dulcam, Euphrasia, Graphites, Lycopodium, Natrum carbonicum, Nux, Petroleum, Pulsatilla, Salsaparilha, Silicea, Sulphur, Rhus* e *Tarantula.*
Inimigos: *Bryonia* e *Luches.*

Antídotos: *Aconitum, Antimonium crudum, Antimonium tartaricum, Sulphur, Nitri spiritus dulcis, Vegetais* e *ácidos.*
Duração: 40 a 60 dias.
Dose: 5ª à 200ª, 500ª, 1.000ª e 10.000ª. As altas dinamizações são preferíveis, em largos intervalos.
D6, D12 e D30 em líquido e tabletes de natureza coloidal.

638. *SERUM ANGUILLAE* ou *ICHTYOTOXIN*[138]
(Soro de enguia)

A *oligúria,* a *anúria* e a *albuminúria* indicam principalmente este remédio. *Nefrite aguda a frigore.*
Quando, em *moléstias do coração,* produz-se de repente *insuficiência renal.* Dispneia de esforço e por falar.
Hipertensão arterial, falta de urinas, mas sem edemas (com edema, *Digitalis*). Uremia cardíaca; produz abundante diurese.
Em presença de nefrite aguda com uremia ameaçadora, deve-se pensar sempre neste medicamento.
Muito eficaz, em moléstias funcionais do coração, sem lesões.
Dose: 1ªx à 3ªx (feitas com glicerina e água destilada) nas moléstias do coração. A 5ª e a 12ª nos ataques renais súbitos.

639. *SIEGESBECKIA ORIENTALIS*
(Erva-divina)

Pertence às *Compositeae* (Ásia).
Era um remédio usado empiricamente até a publicação da sua experimentação pelos Drs. Allendy e Reaubourg na *Revue Française d'Homeopathie,* em janeiro de 1927.
Supuração crônica dos ossos, tecidos moles, supuração acompanhada ou não de fístulas.
Ingurgitamento dos gânglios linfáticos, com supuração ou não.
Ulceração varicosa, epiteliomatosa etc.
Em seguida ao traumatismo, em uso local e por boca. Cabeça puxada para trás com peso sobre a nuca. Convulsões tetaniformes e astenia nervosa. Sicose. Dartros. Acne.
Sensação de frio e inchaço na ponta dos dedos.
Dose: T.M., 1ª, 3ª, 5ª e 30ª.

---

138. O Dr. Paul Chavanon prepara um medicamento do soro de diversos cavalos, uma espécie de soro polivalente-dinamizado, e o aplica nos casos de moléstia sérica, urticária etc. Chamam a este medicamento *serum polivalente P. C.*

640. SILICA MARINA[139]
(Areia do mar)

O Dr. E. C. Lowe gaba muito este medicamento no tratamento da *prisão de ventre*, especialmente depois do abuso purgativo.
Dose: 3ªx. Use 5 tabletes por dia.

641. SILICEA
(Silica)

Sinonímia: *Acidum silicicum, Silicea terra* e *Terra siliceae.*
Indivíduo hipersensível e magro por falta de assimilação.
Remédio capital da *supuração, logo depois de aberto o foco supurado*; onde houver pus escoando-se, dê-se *Siliccea*: a empregar depois de *Hepar sulphuris* e antes de *Calcarea sulphurica*. Entretanto, se for dado, cedo bastante, quando a supuração apenas começa, tem a propriedade de abortá-la, reabsorvendo o pus. Abscessos. Furúnculos. Antraz, dacriocistite supurada. Panarício; *úlceras crônicas, fístulas, e especialmente fístulas do ânus*; feridas; cancros; corrimento purulento do ouvido.
Promove a expulsão de corpos estranhos dos tecidos: lascas de ossos, alfinetes, agulhas etc. Falta de vitalidade e reação.
Um remédio das crianças. *Crianças teimosas. Escrófula, Raquitismo. Suores da cabeça. Membros magros, cabeça e ventre volumosos, face encarquilhada de idoso. Não se nutre*. Tem constantemente falta de calor vital. Prisão de ventre, alternado com *Calcaria carb.*, um dia um, outro dia outro, ambos na 30ª. Epilepsia.
Esgotamento nervoso; o paciente foge de qualquer exercício mental ou físico; precisa se excitar para trabalhar ou fazer qualquer coisa. Neurastenia. Abscessos dentários.
Enurese noturna em crianças com lombrigas.
Dor de cabeça crônica. Quando o paciente anda com a cabeça atada com um pano, para esquentá-la; couro cabeludo muito sensível; devido a excessivo exercício mental. Fístulas lacrimais. Fotofobia. Oftalmias escrofulosas.
Constipação por *inatividade do reto;* prisão de ventre antes e durante a menstruação.
O melhor remédio das *úlceras crônicas da perna. Úlceras do colo do útero*. Eretismo sexual. Orquite crônica. Onixe da raiz das unhas. Manchas brancas nas unhas.
Maus efeitos da vacinação, sobretudo supurativos.

---

139. A terra virgem dinamizada tem aplicação semelhante. Foi estudada pelo Sr. Araújo, gerente da Farmácia Homeopática De Faria, filial do Meyer, Rio de Janeiro.

Sensação de um fio de cabelo na língua.
Suspensão da transpiração dos pés e suas consequências. *Suor fétido dos pés.*
Tísica pulmonar no último período. *Suores noturnos*. Tosse violenta com abundante expectoração; expectoração fétida. Bronquite crônica ou tuberculosa dos idosos. Bronquite fétida.
"*Silicea* é um específico para a reabsorção dos tecidos esclerosados dos órgãos nervosos" (Dr. J. E. Wilson). Esclerose cerebral e medular com paralisias, sobretudo da infância. Mal de Pott.
Nevralgias rebeldes. Cicatrizes dolorosas. *Piorreia alveolar*. Paresia com tumores dos membros. *Após aplicação de raios X*.
Intolerância por bebidas alcoólicas.
Ponto de Weihe: meio do 1/3 inferior da linha xifoide-umbilical.
Complementares: *Calcaria, Pulsatilla, Thuya, Fluoris acidum* e *Sanicula*.
Remédios que lhe seguem bem: *Aranea, Arsenicum, Asafoetida, Belladona, Calcaria, Clematis, Fluoris acidum, Graphites, Hepar, Lachesis, Lycopodium, Nux, Phosphorus, Pulsatilla, Rhus, Sepia, Sulphur, Tuberculinum* e *Thuya*.
Inimigo: *Mercurius*.
Antídotos: *Camphora, Fluoris acidum* e *Hepar*.
Duração: 40 a 60 dias.
Dose: 3ª à 200ª, 500ª, 1.000ª e 10.000ª. Geralmente a 30ª, mas, nas dores do cancro, a 2ª trit. D4, D6, D12 e D30 coloidais.

642. SILPHIUM LACINIATUM

Pertence às *Compositeae*.
Asma. Bronquite crônica, com enfisema. Catarro vesical. Gripe catarral. Disenteria precedida de constipação de ventre, com fezes recobertas de muco.
Tosse com expectoração profusa e de cor brilhante. Irritação da nasofaringe, com dor constritiva da região supra-orbitária.
Dose: 3ª.

643. SINAPIS NIGRA
(Mostarda negra)

Sinonímia: *Brassica nigra* e *Melanosinapis communis*. Pertence às *Crucifereae*.
Coriza, faringite e febre de feno. Varicela.
Suores no lábio inferior e fronte. A língua parece ferida.
Frio na nasofaringe. *Coriza acre*. Narina esquerda paralisada. Tosse que melhora se deitando. Tosse asmática.
Hálito fétido, com cheiro de cebolas. Ardência no estômago, que se estende pelo esôfago, garganta e boca. Cólicas no estômago.

Dor na bexiga, com urinação forte dia e noite. Dor reumática nos músculos intercostais e lombares.
Antídotos: *Nux* e *Rhus*.
Dose: 3ª.

644. SKATOL
(Escatol)

(Resultado da decomposição proteica e constituinte das fezes humanas.)
Acne com autointoxicação intestinal.
Sintomas gástricos e abdominais com dores de cabeça.
Dor de cabeça frontal, pior sobre o olho esquerdo e à tarde, e que melhora após um sono ligeiro.
Gosto ruim na boca. Todos os cereais têm gosto salgado.
Fezes amarelas e fétidas. Eructações. Impossibilidade de estudar por falta de concentração.
Dose: 6ª.

645. SKOOKUM CHUCK
(Sais do lago Moeris)

Muito recomendado nas moléstias da pele: *eczemas*, urticária e outras afecções cutâneas. Pele seca. Um *bom remédio da acne*. Útil também nos estados catarrais; otite média; coriza profusa com espirros constantes.
Antídoto: *Tabacum*.
Dose: 3ªx trit., um tablete de 4 em 4 horas.
Uso externo: Eczemas, urticária. O sabonete *Skookum chuck*, vendido em farmácia homeopática, é muito útil nas moléstias da pele, sobretudo na *acne*.

646. SOLANINUM ACETICUM
(Acetato de solanina)

Recomendado na paralisia ameaçadora dos pulmões, com asfixia, no curso das broncopneumonias dos idosos e das crianças. Idosos fracos, com bronquite, tossindo muito tempo para poder expectorar o catarro.
Dose: 3ªx ou 5ª.

647. SOLANUM CAROLINENSE
(Urtiga de cavalo)

Pertence às *Solanaceae*.
O Dr. Trusch considera este medicamento quase específico da *epilepsia*. É de grande valor no *grande mal idiopático*, sobretudo quando começou após a infância. Igualmente muito útil na *hístero-epilepsia*, na *coqueluche* e nas convulsões da infância.
Dose: T.M., 20 a 40 gotas.

648. SOLANUM LYCOPERSICUM
(Tomate)

Sinonímia: *Lycopersicum esculentum*. Pertence às *Solanaceae*.
Sua principal indicação é na *gripe de forma reumática*, com dores por todo o corpo, em *febre de feno*, com profusa coriza aquosa, rouquidão e tosse. Constante pingar do nariz *ao ar livre*. Dores que ficam depois da gripe, principalmente à esquerda.
Reumatismo do ombro direito e dos músculos do peito. Nevralgia crural direita.
Dose: 3ª à 30ª.

649. SOLANUM MAMMOSUM
(Maçã de Sodoma)

Pertence às *Solanaceae*.
Remédio das Índias Orientais, onde é empregado para aliviar as dores das juntas do lado esquerdo. Irritabilidade e incapacidade de pensar.
Dose: T.M.

650. SOLANUM NIGRUM
(Erva-moura)

Sinonímia: *Solanum, Solanum crenato-denlatum, Solanum petrocaulon* e *Solanum ptycanthum*. Pertence às *Solanaceae*.
Usado com sucesso no *ergotismo*, com espasmos tetânicos e rigidez de todo o corpo, com mania.
Meningite. Irritação cerebral da dentição; convulsões. Tetania.
Cefalalgia congestiva; delírio; tremores noturnos; vertigem.
Coriza aguda, aquosa, profusa, da *venta direita*, e depois passa para a esquerda. Calafrios e calor alternam. Asma. Tosse espasmódica.
Escarlatina; erupção em manchas, largas e lívidas.
Dose: 3ª à 30ª.

651. SOLANUM OLERACEUM
(Gequirioba)

Pertence às *Solanaceae*.
Congestão das glândulas mamárias, com abundante secreção láctea. Sensação de frio na parte esquerda do peito após ter bebido.
Dose: T.M.

652. SOLANUM TUBEROSUM AEGROTANS

Sinonímia: *Botrytis devastatrix* e *Peronospera infestans.* Pertence às *Solanaceae.*
Remédio indicado nas cãibras.
Dose: 3ª.

653. SOLANUM VESICARIUM

Veja *Physalis.*

654. SOLIDAGO VIRGA AUREA
(Vara-de-ouro)

Pertence às *Compositeae.*
Um remédio da *hipertrofia da próstata;* o doente só pode urinar por meio da sonda. Tumores fibrosos do útero. Urina clara e fétida. Sensibilidade à pressão da região lombar.
Congestão renal com dor nos lombos. Mal de Bright.
Sensação de fraqueza. Tosse, catarro e opressão do peito. Asma. Calafrios da tuberculose (2ªx).
Ponto de Weihe: Debaixo do ângulo inferior da omoplata, na altura do 11º espaço intercostal, bilateralmente.
Dose: T.M. à 3ª, 15 gotas da tintura-mãe na bronquite asmática dos idosos.

655. SPARTEINA SULPHURICA
(Sulfato de esparteína)

Alcaloide do *Spartium scoparium,* que pertence às *Leguminoseae.*
Remédio usado nas *moléstias do coração,* sobretudo mitrais, para combater a *fraqueza deste órgão* (1ªx).
Tônico cardíaco aplicado ainda nas irregularidades do coração consequentes à gripe.
Coração tabágico. Depois da supressão do hábito da morfina.
Respiração de Cheyne-Stokes.
Útil na nefrite intersticial e na angina de peito.
Flatulência; grande acúmulo de gases no estômago e nos intestinos; depressão mental.
Urinação abundante.
Dose: 1ª e 3ªx.

656. SPIGELIA ANTHELMIA
(Lombrigueira)

Sinonímia: *Spigelia anthelmintica.* Pertence às *Loganiaceae.*
Um grande remédio para nevralgia em qualquer parte.

Pessoas anêmicas e fracas. Dores de cabeça à esquerda, que se agravam pelo menor movimento ou ruído.
Helmintose com estrabismos, movimentos musculares, palidez e fraqueza.
Dores nevrálgicas intensas caracterizam este remédio. Dores de cabeça, dores de dentes, nevralgia facial à esquerda. Dores nos olhos; *glaucoma.* Nevrite óptica. Pior por se levantar. Mau hálito.
Violentas palpitações visíveis do coração, dores no coração; falta de ar. *Angina de peito. Pericardite.* Endocardite reumática. Precisa se deitar do lado direito com a cabeça alta. *Enxaqueca evoluindo segunda a curva solar.*
Um remédio para sintomas devidos a vermes nas crianças. Diarreia devida a lombrigas.
Ponto de Weihe: no ângulo costo-xifoidiano, lado esquerdo.
Remédios que lhe seguem bem: *Arnica, Arsenicum, Belladona, Colchicum, Cimicifuga, Digitalis, Iris, Kali carbonicum, Kalm, Nux, Pulsatilla, Rhus, Sepia, Sulphur* e *Zinc.*
Antídotos: *Aurum, Camphora, Cocculus* e *Pulsatilla.*
Duração: de a 30 dias.
Dose: 1ª a 3ª nas moléstias do coração; 5ª à 30ª nas dores nevrálgicas.

657. SPIRAE ULMARIA
(Erva-das-abelhas)

Sinonímia: *Regina Hahnemanni* e *Filipardula ulmaria.* Pertence às *Rosaceae.*
Calor e pressão no esôfago. Irritação do aparelho urinário. Prostatorreia e prostatite.
Dose: T.M.

658. SPIRANTHES AUTUMNALIS
(Trança de mulher)

Pertence às *Orchidaceae.*
Age sobre as glândulas mamárias das amas de leite, *promovendo a lactação.*
Remédio do lumbago e do reumatismo.
Cólica. Ciática, sobretudo à direita.
Dor ardente na vagina durante o coito. Secura da vagina.
Prurido vulvar; vulva vermelho-escura e ardor na vagina.
Dose: 3ª.

659. SPONGIA TOSTA
(Esponja tostada)

Sinonímia: *Carbo spongiae, Spongia officinalis* e *Spongia marina-tosta.* Pertence aos *Coelenterata.*

Esgotamento depois do mais leve exercício, com calor no rosto e no peito. Crianças escrofulosas, com predisposição à tuberculose e adenites crônicas. Ansiedade e respiração difícil. Hipertrofia e endurecimento glandulares.
Tosse seca e sibilante, que *soa como uma serra cortando um tronco de árvore;* melhora por comer ou beber. *Muito útil no crupe.* Bronquite crônica. Secura das mucosas.
Tísica laríngea. Laringite simples aguda. Rouquidão crônica. Agravação à noite, durante o sono.
Apetite aumentado com sede inextinguível.
Tosse das moléstias cardíacas, que melhora pelas bebidas e alimentos quentes.
O paciente desperta do sono com um acesso de sufocação no crupe ou moléstias do coração.
Moléstias valvulares do coração. Angina de peito. Tosse seca e crônica das moléstias do coração.
Papeira. Inchaço do cordão e dos testículos com dor e sensibilidade; orquite e epididimite crônicas. Menstruações adiantadas. Amenorreia com asma.
Eczemas. Cãibras na barriga das pernas.
Falta de cera no ouvido.
Ponto de Weihe: linha mamilar, 3º espaço intercostal esquerdo.
Remédios que lhe seguem bem: *Bromum, Conium, Carbo vegetabilis, Fluoris acidum, Hepar, Kali bromatum, Nux, Phosphorus* e *Pulsatilla.*
Antídoto: *Camphora.*
Duração: 20 a 30 dias.
Dose: 1ªx trit. à 30ª. Nas laringites a 2ªx tri:. Age melhor na 6ª, segundo Chavanon.

660. SQUILLA MARITIMA
(Cebola-do-mar)

Sinonímia: *Cepa marina, Ornithogalum maritimum, Ornithogalum scilla, Pacratium verum, Scilla, Scilla maritima* e *Urginea scilla.* Pertence às *Liliaceae.*
Um remédio de ação lenta. Dores reumáticas persistentes. Remédio do baço e dos rins.
Broncopneumonia. *Pleurisia.*
Bronquite dos idosos, com estertores mucosos, dispneia e urina ardente.
Pressão no estômago, como se tivesse uma pedra. Coriza fluente. Tosse violenta e exaustiva. Espirros e tosse.
Estimulante cardíaco, das artérias coronárias e dos vasos periféricos.
Urinação profusa e aquosa. Urinação involuntária ao tossir. *Diabetes insípido.*
Pequenas manchas vermelhas sobre a pele, em todo o corpo.
Mãos e pés gelados, com calor no resto do corpo.
Ponto de Weihe: no ângulo da 9ª e 10ª cartilagem costal, lado esquerdo.
Remédios que lhe seguem bem: *Arsenicum, Baryta carbonica, Ignatia, Nux, Rhus* e *Silicea.*
Inimigo: *Allium sativum.*
Antídoto: *Camphora.*
Duração: 14 a 20 dias.
Dose: 1ª à 3ª.

661. STANNUM
(Estanho)

Sinonímia: *Stannum metallicum.*
Muita fraqueza é a característica deste remédio. *Peito fraco, tão fraco que nem pode falar. Fatiga-se facilmente.* O cheiro da cozinha provoca náuseas e vômitos.
Catarro crônico, bronquite crônica; expectora muito muco grumoso, com gosto adocicado. Grande remédio dos cantores e oradores.
Tosse de acesso, rouquidão, *sensação de vazio no peito. Tísica pulmonar avançada,* último período (*Stannum iodatum* 2ª trit. y). Bronquite fétida.
Lombrigas (dê a 3ª trit. em pastilhas).
Sensação de pressão para baixo, em moléstias uterinas. Prolapso do útero. Menstruações adiantadas e profusas.
Dores que crescem e decrescem lentamente. Cólicas intestinais aliviadas pela pressão. Enxaqueca.
Ponto de Weihe: por baixo da espinha ilíaca ântero-superior dos dois lados.
Complementar: *Pulsatilla.*
Remédios que lhe seguem bem: *Calcaria, Kali carbonicum, Nux, Phosphorus, Pulsatilla, Rhus* e *Sulphur.*
Antídoto: *Pulsatilla.*
Duração: 35 dias.
Dose: 3ªx trit. à 30ª. Água fervida em vasilhas de folha é boa para crianças que sofrem de lombrigas.
D6 e D12 coloidais em tabletes.

662. STANNUM IODATUM
(Iodureto de estanho)

Bronquite crônica, que se confunde com a tísica. Grande fraqueza geral. Tosse precedida de rouquidão e expectoração mucopurulenta.
Irritação traqueobrônquica.
Opressão no peito.
Dose: 3ªx trit.

663. STAPHISAGRIA
(Parparrás, Erva-piolheira)

Sinonímia: *Delphinium staphisagria, Staphydis agria, Staphydis pedicularis* e *Staphisagria macrocarpa*. Pertence às *Ranunculaceae*.
Paciente deprimido, esgotado por abusos sexuais ou onanismo.
Maus efeitos de cólera ou de injúrias. Hipersensibilidade.
Facilmente encolerizável; ofende-se por qualquer bagatela. Face pálida, olhos encovados e com olheiras. *Efeitos do onanismo ou de excessos sexuais.* Espermatorreia; pessoas ansiosas e apreensivas, com preocupação constante do seu estado de saúde. Neurastenia sexual. Prostatismo com frequente urinação e ardor na uretra, *quando não urinando*. Espermatorreia com prostatismo. Falta de ar depois do coito.
Náuseas e vômitos das mulheres grávidas.
Cárie e queda fácil dos dentes. *Dores de dentes cariados;* sobretudo nas pessoas idosas, com a boca cheia de tocos de dentes. Dores e nervosidade depois da extração de dentes. *Dor de dentes durante a menstruação.* Piorreia alveolar. Dores de dentes após as refeições e que pioram pelos líquidos frios.
Nevralgia crural.
Feridas por instrumento cortante.
Erupções secas e pruriginosas: o coçar muda a localização do prurido. Eczema úmido. Condilomas.
Excrescências em couve-flor. Nodosidades. *Terçol de repetição. Quisto sebáceo da pálpebra.* Calázio. Moléstias dos cantos do olho, particularmente o interno. *Blefarite.*
Desejo frequente de urinar, nas jovens recém-casadas. Partes muito sensíveis. *Ovaralgia;* em mulheres nervosas e irritáveis. *Sensação de uma gota de urina rolando continuamente no canal da uretra.* Opressão durante e após o coito.
Dores abdominais internas depois de uma operação. Dor depois de litotomia. Fome extrema, mesmo com estômago cheio.
Nas crianças que têm persistentemente muito piolho na cabeça, este remédio deve ser dado internamente.
Ponto de Weihe: meio da linha que une a cicatriz umbilical, ao ponto de *China*.
Antídoto: *Camphora*.
É antídoto para *Mercurius* e *Thuya*.
Complementar: *Colocynthis*.
Dose: 3ªx à 30ª, 100ª, 200ª, 500ª e 1.000ª.
Uso externo: Piolhos, terçol, feridas por instrumentos cortantes.

664. STELLARIA MEDIA
(Pé-de-galinha)

Sinonímia: *Stellaria macropetala*. Pertence às *Caryophyllaceae*. Planta altamente rica em sais de potássio.
O reumatismo crônico e a *insuficiência do fígado* são as duas principais indicações deste remédio. Agravação pela manhã. *Reumatismo articular agudo.*
Dores por todo o corpo, agravadas pelo movimento; rigidez das juntas. *Sinovite.*
Fígado ingurgitado, inchado, doendo à pressão. Fezes descoradas. Torpor hepático. Prisão de ventre, que pode alternar com diarreia.
Dose: Tintura-mãe externamente e 2ªx internamente.

665. STERCULIA ACUMINATA
(Noz-de-cola)

Sinonímia: *Cola*. Pertence às *Sterculiaceae*. As nozes são ricas em cafeína.
Um remédio para o hábito do *alcoolismo;* promove o apetite e a digestão e faz perder a paixão pelas bebidas.
Excelente tônico nas anemias, moléstias crônicas debilitantes e convalescença de moléstias graves. Neurastenia.
Asma.
Seu uso permite suportar prolongado exercício físico, sem tomar alimentos e sem se sentir fatigado.
Dose: T.M., três a dez gotas, três vezes ao dia.

666. STICTA PULMONARIA
(Pulmonaria oficinal)

Sinonímia: *Lichen pulmonuris, Muscus pulmonaria, Pulmonaria reticulata, Sticta pulmonacea* e *Sticta sylvatica*. Pertence aos *Lichenes*.
Um remédio do aparelho respiratório; no começo da *coriza* e da *bronquite aguda*. Necessidade frequente de assoar o nariz, mas com saída alguma de catarro.
Influenza catarral com dores reumáticas; dores reumáticas precedem as moléstias catarrais. Febre do feno. Gripe nos tuberculosos.
Tosse depois do sarampo e da gripe; pior à tarde e quando fatigado. Tosse seca dos tísicos. Tosse seca durante a noite. Pulsação no lado direito do esterno até o abdome.
Coreia histérica; dos membros inferiores.
Rigidez reumática do pescoço.
Fadiga por falta de sono.
Bursite do joelho; sinovites agudas em geral (1ª).

Inflamação, calor e manchas vermelhas circunscritas ao redor das articulações.
Insônia por tosse e nervosismo.
Sensação de flutuar no ar. Confusão das ideias. Muito falador.
Ponto de Weihe: linha mamilar, 6º espaço intercostal direito.
Dose: T.M. à 6ª. Use-se a 3ªx.

667. STIGMATA MAYDIS-ZEA[140]
(Barbas-de-milho)

Pertence às *Gramineae.*
Usado com sucesso em moléstias do coração, com inchaço das pernas e falta de urina.
Também na hipertrofia da próstata, disúria, cistite, cálculos renais e blenorragia.
Dose: T.M., 10 a 50 gotas por dia.

668. STILLINGIA SYLVATICA
(Raiz-da-rainha)

Sinonímia: *Sapium sylvaticum* e *Stillingia.* Pertence às *Euphorbiaceae.*
Sífilis; laringite sifilítica; dores osteocópicas; osteíte e periostite; exostoses; úlceras; sifilides. Valioso remédio intercorrente. "É de resultados nos nódulos da sífilis secundária" (Dr. Dewey).
Quilúria. Fosfatúria.
Rouquidão dos oradores. Glândulas cervicais infartadas.
Insuficiência do fígado; icterícia e prisão de ventre.
Antídotos: *Ipeca* e *Mercurius.*
Dose: T.M. e 1ª.

669. STRAMONIUM
(Estramônio)

Sinonímia: *Datura lurida, Datura stramonium, Solanum maniacum, Stramonium foetidum, Stramonium majus albus* e *Stramonium spinosum.* Pertence às *Solanaceae.*
Delírio que vai até aos acessos de loucura furiosa.
A principal indicação deste medicamento é o *delírio,* especialmente com *terror e* nos jovens.
Mania furiosa, com alucinações aterradoras; paciente *muito falador;* fala em tolices, tem toda a sorte de caprichos extravagantes; *tem medo de estar só e no escuro.* Escrúpulos ridículos. *Mania religiosa.*

---
140. Uso empírico.

Especialmente útil nas complicações cerebrais da epilepsia.
Ninfomania antes da menstruação; mania das mulheres grávidas; *mania puerperal. Metrorragia com loquacidade e canto.*
Vertigem no escuro. Medo da água, como *Hidrophobinum.*
Gagueira. Estrabismo.
Todos os movimentos vivos, violentos e espasmódicos. Pesadelo das crianças. Coreia.
Hidrofobia. Eretismo sexual.
Vômitos, assim que levanta a cabeça do travesseiro.
Pouca dor é a característica dos casos de Stramonium.
Efeitos da supressão da erupção na escarlatina, delírio etc.
Ponto de Weihe: no meio do bordo posterior do músculo esternoclidomastoideo direito.
Remédios que lhe seguem bem: *Aconitum, Belladona, Bryonia, Cuprum, Hyoscycimus* e *Nux.*
Inimigo: *Coffea.*
Antídotos: *Aceticum acidum, Belladona, Hyoscycimus, Nux, Opium, Pulsatilla* e *Tabacum.*
Dose: 3ª à 30ª, 60ª, 100ª, 200ª, 500ª, 1.000ª e 10.000ª.

670. STREPTOMICINA
(*Estreptomicina*)

Estudado entre nós pelo nosso colega Dr. Roberto Costa, de Petrópolis, e preparado o medicamento pela Farmácia Vollum, de Petrópolis.
Indicado nas labirintoses e na vertigem de Menière.
Tontura com ânsia de vômito, com alteração auditiva (tinidos, zumbidos).
Hipoacusia, após abuso de estreptomicina. Hipoacusia que se instala gradativamente.
Complementares: *Conum, Coccubs* e *Tabacum.*
Dose: 6ª, 30ª e 200ª.

671. STRONTIUM CARBONICUM
(Carbonato de estrôncio)

Sinonímia: *Strontiana carbonica* e *Carbonas stronticus.*
No *choque traumático,* depois das operações, este medicamento é rival de *Carbo vegetabilis,* e, por isso, *é denominado o Carbo vegetabilis cirúrgico.*
Sintomas congestivos da cabeça aliviados por envoltórios quentes.
Sensação de sufocação que parte da região cardíaca.
Moléstias dos ossos, especialmente do fêmur.

Nevralgia supra-orbitária; dores crescem e decrescem lentamente.
Crostas sanguíneas no nariz.
Vertigem com dores de cabeça e náuseas.
Sequelas crônicas de hemorragias. Choque operatório.
Diarreia noturna, com constante tenesmo.
Fendas do ânus.
Estenose do esôfago.
Dores reumáticas, especialmente das juntas.
Torceduras crônicas, particularmente do tornozelo; *com edema.* Nevrite com extrema sensibilidade ao frio.
Ponto de Weihe: no bordo e por baixo do mamilo direito.
Remédios que lhe seguem bem: *Belladona, Causticum, Kali carbonicum, Pulsatilla, Rhus, Sepia* e *Sulphur.*
Antídoto: *Camphora.*
Duração: 40 dias.
Dose: 5ª à 30ª. D3, D6 e D12 coloidais.

672. STROPHANTUS HISPIDUS
(Estrofanto)

Sinonímia: *Strophantus.* Pertence às *Apocynaceae.*
Na Homeopatia, este remédio é empregado em dupla posologia. Em doses ponderáveis como medicação organotrópica, na insuficiência cardíaca. Em doses infinitesimais, nas diversas perturbações tóxicas que ele provoca, tais como: bradicardia ou pulso lento, estados renais e perturbações gastrintestinais.
Medicamento cardíaco: tônico do coração; remove os inchaços das moléstias cardíacas.
Na pneumonia e na prostração devidas à hemorragia de operações cirúrgicas ou consecutiva a moléstias agudas.
Depois de longo uso de estimulantes; *arritmia cardíaca dos fumantes.*
Dipsomania, dar 7 gotas de T.M., duas vezes ao dia.
Arterioesclerose dos idosos. Bócio exoftálmico. Muito útil na fraqueza cardíaca devida à degeneração gordurosa do coração.
Dispneia; congestão e edema dos pulmões. Asma cardíaca. Anasarca.
Dose: 1ª e 2ªx. Nos casos de inchaços e fraqueza grave do coração, 5 a 10 gotas de T.M. três vezes ao dia.

673. STRYCHNINUM
(Estricnina)

Alcaloide tirado da noz-vômica.
Sinonímia: *Strychnia.*

Um grande remédio da meningite cérebro-espinhal epidêmica. Hiperirritabilidade.
Age sobre o sistema nervoso central, produzindo convulsões violentas e tetânicas; o paciente se encurva para trás (opistótonos). *Tétano. Violentas contrações e tremores. Dores calambroides.* Epilepsia.
Agitação e irritabilidade; cefalalgia; vertigem com ruídos nos ouvidos; estrabismo; trismo; deglutição difícil, vômitos violentos. *Náuseas da gravidez.*
Incontinência de fezes e urina. Prisão de ventre.
Rigidez dos músculos da nuca e do dorso. Reumatismo. Rigidez dos membros.
Espasmo dos músculos da laringe; falta de ar. Asma espasmódica. Tosse persistente depois da gripe.
Antídoto: *Passiflora,* sugerida por Hale.
Dose: 5ª, 6ª e 30ª.

674. STRYCHNIA ARSENICUM
(Arseniato de estricnina)

Paresia com edema tissular. Músculos relaxados. Anemia com tendência a edemas. Grande fraqueza e prostração nervosa. Convalescença de moléstias da infância, que foram prolongadas.
Dose: 3ª.

675. STRYCHNIA NITRICUM
(Nitrato de estricnina)

Alcoolismo crônico e maus efeitos de bebedeiras.
Uso prolongado.
Dose: 3ª.

676. STRYCHNIA PHOSPHORICA ou STRYCHNINUM
(Fosfato de estricnina)

Age sobre os músculos, produzindo contrações, rigidez, fraqueza e paralisia. Desejo insopitável de rir ou outro, que não pode dominar. *Útil na coreia* e nas escleroses medulares ou cerebrais, com paralisias espasmódicas. Histeria.
Debilidade geral depois de moléstias agudas.
Paralisias e contraturas consequentes à apoplexia cerebral. Sintomas que pioram pelo movimento e melhoram pelo repouso ao ar livre.
Dose: 3ª trit.

677. STRYCHNIA VALERIANICA
(Valerianato de estricnina)

Sinonímia: *Strychninum valerianicum.*
Eretismo nervoso das mulheres, acompanhado em seguida de grande prostração.
Dose: 3ª.

678. SUCCINUM
(Resina fóssil)

Sintomas nervosos e histéricos. Asma. Afecções do baço.
Medo de locomotivas e lugares fechados.
Tuberculose incipiente. Bronquite crônica. Coqueluche.
Dor de cabeça e lacrimejamento.
Dose: 3ªx trit.

679. SULFONAL

Sinonímia: *Sulphonal.*
Vertigem de origem cerebral, perturbações do cerebelo, ataxia, coreia etc. Incoordenação muscular. Perda de controle dos esfíncteres e profunda fraqueza.
Confusão mental, ilusões e incoerências.
Alternância de estados alegres e felizes com depressão e tristeza. Visão dupla. *Tinnitus aurium.*
Disfagia e dificuldade no falar.
Constante desejo de urinar. Urina vermelho-escura.
Albuminúria pulmonar. Respiração estertorosa.
Púrpura azulada. Eritema.
Dose: 3ªx trit.

680. SULPHUR
(Enxofre)

Sinonímia: *Flores sulphuris, Sulphur depuratum, Sulphur lotum* e *Sulphur sublimatum lotum.*
Quando, no curso do tratamento de uma moléstia qualquer, especialmente aguda, os remédios mais bem escolhidos não conseguirem melhorá-la, dá-se Sulphur. "Muito poucas são as moléstias crônicas, em que o tratamento não possa ser vantajosamente começado por algumas doses ou um curto uso de *Sulphur.* Mas raramente ele cura sozinho. Se for continuado, então, além de uma ou duas semanas, as melhoras estacionam e mesmo retrogradam; é preciso, pois, fazê-lo seguir por outro remédio." (Dr. Hugues). É o rei dos antipsóricos.
Ardores nas *moléstias crônicas;* olhos ardentes, boca ardente, reto ardente, *sola dos pés ardentes.* Orifícios do corpo muito *vermelhos.*
Fezes grossas, duras, secas, dolorosas; *ânus escoriado.* Prisão de ventre. *Hemorroidas.* Moléstias do fígado devidas às hemorroidas.
Marasmo infantil: criança com aparência de idoso.
Bom remédio para começar o tratamento da *enurese noturna* das crianças; e para terminar o da pneumonia e o da pleuris. Um dos nossos mais poderosos reabsorventes em todas as formas de exsudação inflamatória. *Depois de moléstia aguda,* em qualquer órgão.
Em moléstias do aparelho respiratório, pulso mais rápido pela manhã do que à tarde. Em moléstias do coração (*Arsenicum*).
Um importante remédio da asma dos artríticos, com afecções cutâneas.
Diarreia matutina, obrigando a saltar da cama muito cedo. *Disenteria crônica.*
Disenteria flatulenta dos alcoólatras; pronta saciedade. *Bebe muito e come pouco. Repugnância pelo leite. Fraqueza e vazio do estômago pela manhã.*
Sono de gato; o mais insignificante ruído desperta e é difícil dormir de novo. Sonhos vivos. Fala e se move dormindo
Alucinações do olfato.
Erupções papulosas e voluptuosamente pruriginosas, quanto mais coça, mais arde; pior com o calor da cama e ao se lavar.
Não pode suportar estar de pé. Aversão ao banho. Pele seca e escamosa. Secura do couro cabeludo; queda dos cabelos.
Cabeça quente e pés frios e vice-versa. Tuberculose dos artríticos, no 2º período (30ª e 200ª), uma dose por dia.
Moléstias que reincidem continuamente. Furúnculos. Leucorreia. Reumatismo. Um bom remédio dos casos crônicos.
Período de depressão e estupor da *Meningite.* É o remédio mais útil para a hidrocefalia.
Oftalmia escrofulosa ou devida a corpo estranho. Úlceras rebeldes; um dos melhores remédios das velhas úlceras das pernas. Um bom remédio geral da acne.
Grande remédio da *febre aftosa.*
Ponto de Weihe: meio do 1/3 ext. da linha que vai do umbigo ao ponto de *Carbo vegetabilis.*
Dose: 5ª à 200ª, 500ª, 1.000ª e 10.000ª. A 30ª é a mais usual. Nas moléstias crônicas em geral, a 200ª é boa; nas erupções tórpidas, da 5ª à 12ª. Na 3ªx é um preventivo da varíola. Umas poucas doses deste remédio tomadas na primavera tendem a conservar a boa saúde. D2, D3, D6, D12 e D30 coloidais.
Uso externo: Sarna, eczema e crosta láctea.

680-A. SULPHUR

Ação geral: rei dos antipsóricos de Hahnemann. É o medicamento que completa a ação do medicamento semelhante, e que a psora não

deixou agir. É o medicamento do fim das moléstias, nas quais os doentes tardam a ter sua convalescença. Nebel, de Lausanne, diz que *Sulphur* é o antídoto geral, ele traz para a superfície, no caso, a pele, todas as moléstias internas (*centrífugo*).
Indicado nos corrimentos mucosos fétidos, mal cheirosos e escoriantes. Todas as eliminações orgânicas são quentes e corrosivas.
Ele age no tecido linfoide, inflama e hipertrofia os gânglios. No aparelho circulatório determina perturbações congestivas, quer ativas quer passivas. Sobre as paredes das veias age, tornando-as flácidas. É o remédio das varizes e hemorroidas.
Provoca uma congestão no sistema nervoso. Há uma espécie de euforia patológica, com delírio de grandeza, egoísmo absoluto e chega a imaginar que os trapos são vestes luxuosíssimas. O sono de *Sulphur* é o "sono do gato".
É indicado no pequeno escrofuloso e raquítico, que tem aparência de idoso.
Há uma assimilação defeituosa, com inércia e relaxamento das fibras, segundo Espanet.
Grande poder de absorção ao nível das inflamações serosas. Tecidos com falta de vitalidade e tendência à supuração.
Constituição e tipo: *pessoas magras, arqueadas,* com andar de idoso. Quando sentadas, sempre irrequietas. Pacientes sujos, com mau cheiro e secreções extremamente fétidas. No meio de um corpo magro, surge um abdome distendido com borborigmos e dores ardentes. Pele rugosa, espessa e sujeita a erupções várias. Sistema piloso rude e grosseiro. Alcoólatra inveterado.
A criança tem aspecto de idoso. Corpo magro, com pele flácida e enrugada de cor amarelada, malsã, com enorme ventre distendido. A cabeça é volumosa e aí é local de abundantes transpirações durante o sono.
Apesar de o doente de *Sulphur* ser sujo, ele é hipersensível aos maus cheiros. Apenas não se sente.
Sensações particulares: (1°) Sensação do calor. Tudo em *Sulphur* é quente. (2°) Enquanto uma parte se torna quente, outras partes do corpo dão sensação de frio.
Modalidades: lateralidade: esquerda.
Agravação: pelo calor do leito, no leito, pelo repouso, pelo sono, pela água, banhos, de manhã ou por volta de 11 horas, depois das refeições; periodicamente; por estimulantes alcoólicos, ao ar livre e pelo frio.
Melhora: pelo tempo seco e quente, deitando-se sobre o lado direito, por fricções e se deitando sobre o membro doente.
Sintomas mentais: nervoso, vivamente impressionado e logo acalmado. Debilidade mental. Fraqueza da memória. Confusão de espírito e tristeza. Egoísmo. Imaginações fantásticas.
Sono: mau. Agitado e excitado. Entrecortado de pesadelos angustiosos. Acorda às 3 ou 4 horas da manhã e não pode mais dormir. Sensação de calor na planta dos pés, que o obriga a descer da cama para refrescá-los.
Cabeça: hiperestesia do couro cabelo. Os cabelos são secos e caem. Descamações, prurido intenso, com sensação de calor. Calor constante na cabeça e pés frios.
Dor de cabeça congestiva, com obscurecimento da vista, náuseas e vômitos. Dor de cabeça aos domingos, nos trabalhadores. Vertigens frequentes.
Olhos: qualquer golpe de ar provoca conjuntivites. Rubor do bordo ciliar das pálpebras. Queratite. Perturbações visuais. Sensação de calor.
Orelhas: otite crônica com corrimento purulento. Surdez em seguida a gripes frequentes. Barulho nos ouvidos, principalmente de tarde e ao se deitar, com afluxo de sangue aos ouvidos e à cabeça.
Face: amarelada e doentia. Espinhas e acne. Lábios avermelhados como se tivessem recebido batom. Baforadas de calor com suores, e face vermelha. Cabeça ardente.
Aparelho digestivo, boca: aftas. Mau hálito após as refeições, com gosto amargo-matinal. Língua branca no centro, mas vermelha na ponta e nas margens.
Apetite e sede: grande desejo de açucarados, doces. Repugnância pela carne. Muita sede e bebe água toda hora, em grande quantidade. Sensação de fraqueza na boca do estômago, pelas 11 horas da manhã.
Estômago: dispepsia que nada digere, apenas os alimentos leves. Sente que vai morrer de fome, uma hora antes de se alimentar. Sensação de peso após se alimentar.
Abdome: ventre distendido, sensível e dolorido. Extrema flatulência, com borborigmos, eructações e emissão de gases. Pletora abdominal. Sensação de repleção, tensão e plenitude. Constipação e hemorroidas. Cólicas ardentes. Sensação como se houvesse alguma coisa viva no abdome.
Reto e evacuações: ânus avermelhado. Diarreia matutina, das 5 às 6 horas da manhã, indolor, mas imperiosa, obrigando o doente a sair do leito.
Constipação crônica, nos hemorroidários hipocondríacos e mulheres grávidas. Alternância de diarreia com perturbações cutâneas.
Aparelho urinário: catarro vesical. Rubor, calor e descamações do meato urinário.
Órgãos genitais masculinos: frigidez, perdas seminais involuntárias, ardência na uretra ao urinar e após a micção, durante algum tempo.

Órgãos genitais femininos: erupção ao redor dos grandes lábios, com transpiração fétida. Ardência vaginal. Menstruação apresentando inúmeras variações, quer adiantadas, quer atrasadas. Leucorreia amarela, abundante, ardente e escoriante. Baforadas de calor, na menopausa. Náuseas durante a gestação.
Aparelho circulatório: processos congestivos ativos e passivos.
Aparelho respiratório:
Nariz: ao menor ar frio, coriza. Epistaxes frequentes pela manhã.
Brônquios e pulmões: dispneia e grande afluxo sanguíneo. Sensação de calor no peito, que vai até ao rosto.
Tosse seca e breve. Sensação de picadas na parte superior esquerda do peito, irradiando-se para o dorso e para a omoplata esquerda. Exsudações pleurais, no fim destes processos.
Dorso e extremidades: anda curvado para a frente. Lumbago. Transpiração abundante e fétida nas axilas, pela menor emoção. Sensação de tremores nas mãos ao escrever. Cãibras nas plantas dos pés, à noite. Calor na planta dos pés, à noite.
Reumatismo crônico. Gota.
Pele: rugosa e malsã. Mau cheiro da pele. Suores locais ou gerais. Tem propriedade de exteriorizar os males internos.
Febre: pele seca e com grande sede. Suores ácidos e fétidos, com baforadas de calor no rosto e tremores em todo o corpo.
Complementares: *Aconitum, Arsenicum, Aloë, Badiaga, Nux vomica* e *Psorinum*.
Remédios que lhe seguem bem: *Aesculus hippocastanum, Aconitum, Alumina, Apis, Arsenicum, Belladona, Bryonia, Barita carbonica, Berberis, Borax, Calcaria, Carbo vegetabilis, Euphrasia, Graphites, Guaiacum, Kali carbonicum, Mercurius, Nitri acidum, Nux, Phosphorus, Pulsatilla, Podophyllum peltatum, Rhus, Salsaparilla, Sepia* e *Sambucus*.
Inimigos: *Sulphur* segue *Lycopodium*, mas *Lycopodium* não segue *Sulphur* (Kent), *Ranunculus bulbosus*.
Antídotos: *Aconitum, Camphora, Arsenicum, Chamomilla, China, Conium, Causticum, Nux, Mercurius, Pulsatilla, Rhus, Sepia* e *Silicea*.
Duração: 40 a 60 dias.
Dose: 3ª, 6ª, 12ª, 30ª, 100,ª 200ª, 500ª, 1.000ª e 10.000ª. D2, D3, D6 e D30 coloidais.

681. SULPHUR IODATUM
(Iodeto de enxofre)

Sinonímia: *Iodum sulphuratum, Ioduretum sulphuris* e *Sulphur iodidum*.
Afecções da pele que não cedem a nenhum tratamento, tendendo a perpetuar-se.
Acne. *Furunculose* (o melhor medicamento, segundo o Prof. Bier). Eczema úmido. Coceira apanhada nos barbeiros.
Úvula e amígdalas vermelhas e inflamadas. Parótidas hipertrofiadas.
Coceira nas orelhas, nariz e uretra. Erupção papular, na face. Líquen plano. Dores nos rins e ureteres.
Dose: 3ª trit. D4 e D6 injetáveis.

682. SULPHURIS ACIDUM
(Ácido sulfúrico)

Sinonímia: *Acidum sulphuricum*.
Grande prostração e esgotamento.
Dores que aumentam lentamente e desaparecem subitamente, quando em seu acme.
Um remédio das aftas da boca das crianças e da acidez do estômago com eructações azedas e azia.
Soluço.
Criança que cheira a azedo.
Prurido em moléstias da pele (3ªx).
Obstrução do reto por hemorroidas.
Sensação de tremor interno, sobretudo nos idosos alcoólatras ou em pessoas debilitadas.
Desejos constantes de bebidas alcoólicas; alcoolismo crônico. Desejo de estimulantes. Transpiração abundante.
Evacuações moles seguidas de uma sensação de vazio no abdome.
Equimose debaixo da pele. *Púrpura hemorrágica*. Tendência à gangrena no traumatismo. Cicatrizes se tornam vermelhas ou roxas e doem. Hemorragia intraocular consequente de traumatismo. Quemose. Hemorragias passivas por todos os orifícios do corpo. Fibroma uterino. Metrorragias. Esterilidade.
Leucorreia sanguinolenta, acre e queimante.
Complementar: *Pulsatilla*.
Remédios que lhe seguem bem: *Arnica, Calcaria, Conium, Lycopodium, Platago, Sepia* e *Sulphur*.
Antídoto: *Pulsatilla*.
Duração: 30 a 40 dias.
Dose: 3ª à 30ª. Uma parte do ácido puro, misturada a três partes de álcool, 10 a 15 gotas três vezes ao dia, durante 3 a 4 semanas, serve para combater o vício da embriaguez.

683. SULPHUROSUM ACIDUM
(Ácido sulfuroso)

Tonsilite. Acne rosácea. Estomatite ulcerosa. Furioso, disposto sempre a brigar. Dor de cabeça que melhora vomitando.
Inflamação ulcerativa da boca. Língua avermelhada ou azul-avermelhada.

Tosse persistente, com expectoração copiosa.
Rouquidão com constrição do peito. Dificuldade no respirar.
Perda do apetite. Obstipação.
Antídoto: *Hydrastis can.*
Dose: 3ªx.

684. *SUMBULUS MOSCHATUS*
(Sumbul)

Sinonímia: *Euryangium sumbul, Ferula sumbul* e *Sumbulus.* Pertence às *Umbelliferae.*
Um remédio da *histeria com vertigens.*
Criança. Catarro nasal com nervosismo e espasmos, especialmente em:
Nevralgias histéricas. Ovaralgia; ventre inchado e dolorido. Entorpecimento pelo frio.
Palpitações nervosas. Bafos de calor no rosto.
Menopausa. Entorpecimento do lado esquerdo.
Insônia da gravidez e do *delirium tremens* (15 gotas de T.M.). Asma cardíaca.
Película oleosa na superfície da urina.
Abdome cheio, distendido e dolorido.
Comedões.
O Dr. Wallace Mc George, no *Homeopathic Recorder,* de junho de 1925, insiste no uso do *Sumbulus* em *doentes cardiorrenais* e na *arteriosclerose.* Ele afirma que é um medicamento que chega a rejuvenescer.
Ponto de Weihe: meio da linha que vai da cicatriz umbilical ao ponto de *Balsamum peruv.* do lado *esquerdo.*
Dose: T.M. à 3ª.

685. *SYMPHORICARPUS RACEMOSUS*
(Bola-de-neve)

Pertence às *Caprifoliaceae.*
Este remédio é muito recomendado para o persistente *vômito da gravidez;* náusea durante a menstruação.
Náusea pior por qualquer movimento.
Melhora, de ventre para o ar.
Aversão a todos os alimentos. Dispepsia ácida; azia; gosto amargo: náuseas. Constipações de ventre.
Dose: 2ª e 3ª. Também a 200ª. Nos vômitos da gravidez, use a 3ªx.

686. *SYMPHYTUM OFFICINALE*
(Consólida major)

Sinonímia: *Symphytum* e *Consolida majoris.*
Pertence às *Boraginaceae.*

Indicado no tratamento da úlcera do estômago e do duodeno e também nas gastralgias, mas seu uso principal tem sido externamente.
É chamado de "específico ortopédico".
Remédio que lhe segue bem: *Arnica.*
Dose: T.M.
Uso externo: Machucaduras dos ossos, contusões ou fraturas indicam o uso externo deste remédio; sua aplicação externa nas fraturas dá excelentes resultados, pois favorece de um modo extraordinário a formação do calo e alivia prontamente a irritabilidade e sensibilidade das extremidades ósseas fraturadas. Deve-se aplicar a solução aquosa em chumaços de algodão hidrófilo em torno do lugar da fratura.
Para traumatismo dos olhos, não há remédio que o iguale.
É igualmente remédio para as dores do coto de amputação, depois da operação; e se gaba muito o uso da pomada ou da solução contra o *cancro do osso (osteossarcoma)* e o prurido do ânus.
A pomada de *Symphytum* é também de utilidade nas feridas que atingem o periósteo e a superfície do osso, e nas inflamações destes dois, periostites e osteítes, bem como nas contusões do globo ocular.
Use-se a solução aquosa de 1 parte de tintura para 5 partes de água.
As folhas do *Symphytum* contêm *alantoína,* que é um estimulante para o crescimento dos tecidos.

687. *SYPHILINUM*
(Nosódio sifilítico)

Sinonímia: *Luesinum.*
Prostração e debilidade matinal.
Dores reumáticas erráticas. Erupções crônicas. Ictiose. Tendência hereditária para o alcoolismo.
Ulcerações da boca, nariz, partes genitais e da pele em geral. Abscessos frequentes.
Perda de memória. Apatia. O paciente tem a impressão de que está ficando mal ou em princípio de paralisia.
Queda de cabelo. Cefalalgia estupefaciente. Inflamação flictenular crônica da córnea. Irite tuberculosa. Fotofobia. Inflamação palpebral.
Medo, à noite. Desespero para se restabelecer.
Cáries dos ossos do nariz e da abóbada palatina.
Salivação intensa à noite, durante o sono.
Desejo de bebidas alcoólicas.
Ciática. *Reumatismo que piora à noite.* Úlceras indolentes. Desejo constante de lavar as mãos.

Ulcerações dos grandes lábios. Leucorreia ácida e profusa. Dor de facada nos ovários.
Afonia. Asma, no verão.
Erupção vermelho-acastanhada na pele, com mau cheiro.
Dores ósseas noturnas, ao nível dos ossos longos.
Dose: 200ª, 1.000ª e 10.000ª com grandes intervalos.

688. *SYNANTHEREA DAHLIA*
(Dália)

Pertence às *Compositae*.
Usada empiricamente no Brasil, em moléstias exantemáticas. Sarampo. *Varíola*, bom remédio, aconselhado pelo Dr. Lobo Vianna no começo da supuração, varicela.
Dose: T.M. à 1ª.
Uso externo: O suco das folhas esmagadas faz passar imediatamente a dor produzida pelo contato dos pelos das lagartas (*taturanas*).

689. *SYZYGIUM JAMBOLANUM*
(Jambolão)

Pertence às *Myrtaceae*.
Um remédio muito útil no diabetes açucarado. "Nenhum outro remédio produz em tão notável grau a diminuição e o desaparecimento do açúcar na urina" (Dr. W. Boericke). Úlceras velhas da pele. Ulcerações diabéticas. Deem-se, três vezes ao dia, 60 centigramas de sementes pulverizadas ou então a tintura-mãe, 10 gotas três vezes ao dia. O Dr. Mafrat aconselha a 12ª dinamização. É uma planta originária da Índia.

690. *TABACUM*
(Fumo)

Sinonímia: *Consolida indica, Hyoscyamus peruviana, Nicotianum, Nicotianum auriculata* e *Nicotianum tabacum*. Pertence às *Solanaceae*.
Completa prostração do sistema muscular. *Frieza de gelo em toda a superfície do corpo;* coberto de suores frios. *Colapso.*
Vertigem ao abrir os olhos; ao se levantar ou olhar para cima. Enxaqueca. *Amaurose* por atrofia do nervo óptico. *Zumbidos.*
Vômitos violentos, com suores frios, ao menor movimento; na gravidez; na enxaqueca; *no enjoo de mar,* melhorados pelo ar fresco. Náusea incessante. Gastralgia. Enteralgia. Vômitos incoercíveis na gripe. Enjoo de mar. Cólica renal com dores no ureter esquerdo.

Cólera infantil; a criança descobre o ventre para melhorar das náuseas e dos vômitos.
Arteriosclerose. Angina de peito. Palpitações violentas. Paralisia depois de apoplexia.
A infusão de tabaco é um remédio muito usado na Alemanha contra as adenites escrofulosas (Burnett).
Dizem ter o *Tabacum* uma propriedade antisséptica contra o vibrião colérico.
Ponto de Weihe: entre a apófise mastoide e a articulação maxilar, do lado esquerdo. Fazer pressão perpendicular à superfície.
Remédio que lhe segue bem: *Carbo vegetabilis.*
Antídotos: *Aceticum acidum, Arsenicum, Clematis, Cocculus, Ignatia, Ipeca, Lycopodium, Phosphorus, Nux, Pulsatilla, Sepia, Staphisagria* e *Veratrum.*
Dose: 3ª à 30ª e 200ª. Na angina de peito a 3ªx.

691. *TACHIA GUIANENSIS*[141]
(Caferana)

Pertence às *Gentianaceae*.
Empregado com sucesso, no Brasil, contra as *febres palustres,* a cefalalgia occipital e os cálculos renais.
Dose: T.M. à 5ª.

692. *TANACETUM VULGARE*
(Atanásia)

Sinonímia: *Athanasia* e *Tanacetum*. Pertence às *Campositae*.
Remédio de grande utilidade nas moléstias das mulheres dadas a desordens dos órgãos genitais e apresentando reflexos espasmódicos ou sintomas cerebrais.
Grande lassidão, sensação nervosa de fadiga; *metade do corpo morta, metade viva.* Surdez repentina.
Ameaço de aborto. Amenorreia; dismenorreia; palpitações; metrite; metrorragia, vômitos; espasmos histéricos.
Coreia; convulsões e espasmos devidos a vermes. A T.M. ou a 1ª *provocam o aborto.*
Dose: T.M. à 3ª

693. *TARANTULA CUBENSIS*
(Aranha de Cuba)

Pertence aos *Araneideae*.
Remédio preventivo e curativo da *peste bubônica,* 3ª dil. decimal. Há *dor intensa* nos bubões e *placas carbunculosas.* Antraz.

---
141. Uso empírico.

Excelente remédio da *difteria* – 6ª ou 12ª din. Alterne-se com *Mercurius cyanatus* 30ª.
Abscessos azulados; panarício. Úlceras com muita dor.
Prurido nos órgãos genitais. Gangrena. Abscessos onde a dor e a inflamação predominam. Erisipela. Úlceras de um azulado maligno. Bubões muito inflamados, velhos. Dores mortais. Prostração; febre à tarde.
Remédios do acesso da asma. *Condições sépticas.*
Dose: 6ª à 30ª.

694. TARANTULA HISPANICA

Sinonímia: *Ascalabotes, Lycosa tarantula* e *Tarantula hispânica*. Pertence aos *Araneideae*.
Um grande remédio da *histeria. Histeria com clorose;* extrema agitação, em constante movimento; tremor dos membros; ataques de riso. Esclerose cérebro-espinhal múltipla. Palpitações com desejo de chorar.
Contradições psicológicas.
Coreia do braço e perna esquerdos, mesmo dormindo; devida a sustos, pesares ou coisas desagradáveis. Hístero-epilepsia. Sensação de milhares de agulhas picando o cérebro.
Excessiva sensibilidade da espinha e dos ovários. Moléstia da espinha, com tremor. Menstruações dolorosas, com *ovários muito sensíveis. Doentes que melhoram pela música.*
Vertigem; excitação sexual, ninfomania; *prurido vulvar.*
Sufocações bruscas. Suor abundante ao ouvir música.
Dose: 6ª à 30ª.

695. TARAXACUM
(Dente-de-leão)

Sinonímia: *Dens leonis, Lactuca praiense, Leontodontis, Leontodon officinale* e *Taraxacum vulgare*. Pertence às *Compositae*.
Cefalalgia de origem gástrica. Congestões hepáticas e icterícia, com a característica língua geográfica.
Debilidade, anorexia e suores noturnos, na convalescença de moléstias agudas, sobretudo tíficas.
Um grande remédio dos *gases intestinais;* meteorismo. Timpanismo histérico. Câncer da bexiga.
Alívio pelo toque.
Nevralgia do joelho; melhor pela pressão. Os dedos tremem de frio.
Esternoclidomastoideo dolorido à pressão.
Diabetes mellitus (Hahnemann).

Ponto de Weihe: diante da inserção do lóbulo da orelha, contra o côndilo da articulação maxilar, do lado esquerdo.
Remédios que lhe seguem bem: *Arsenicum, Assofoetida, Belladona, China, Lycopodium, Rhus, Staphisagria* e *Sulphur.*
Antídoto: *Camphora.*
Duração: 14 a 21 dias.
Dose: T.M. à 3ª.

696. TARTARUS EMETICUS

Veja *Antimonium tartaricum.*

697. TAXUS BACCATA
(Teixo)

Pertence às *Taxaceae.*
Nas perturbações pustulares da pele e suores noturnos. Reumatismo crônico e gota.
Dor supra-orbitária e temporal do lado direito com lacrimejamento. Pupilas dilatadas. Face pálida e inchada. *Epilepsia.*
Salivação quente e ácida. Náuseas. Dor no estômago e umbigo. Tosse após comer. Sensação de agulhas na boca do estômago. *Sensação de vazio gástrico, que obriga o paciente a comer a todo instante.*
Pústulas grandes que coçam. Suores noturnos fétidos. Pelagra. Erisipela.
Dose: T.M. à 3ª.

698. TELA ARANEAE
(Teia de aranha)

É usado como febrífugo, sedativo e antispasmódico. A teia de aranha é usada localmente para estancar hemorragias.
Dose: 3ªx.

699. TELLURIUM
(Telúrio)

Sinonímia: *Tellurium metallicum.*
Eczemas atrás da orelha e na nuca. Eritema Iris. Impigem. Exsudação fétida. Herpes circinatus.
Otite média, com corrimento corrosivo cheirando a peixe salgado. Dores da última vértebra cervical e 1ª vértebra dorsal.
Blefarite pruriginosa. Conjuntivite purulenta. Pterígio. Catarata. Pálpebras espessadas, inflamadas e com coceira.
Cadeiras doloridas. *Ciática, pior à direita por tossir, por fazer esforço, e à noite. Prurido anal*

e perineal após evacuar. Infecções apanhadas em banheiro.
Suor fétido das axilas e dos pés.
Ponto de Weihe: quinta vértebra dorsal. Fazer pressão de cima para baixo sobre a apófise espinhosa.
Antídoto: Nux.
Duração: 30 a 40 dias.
Dose: 5ª à 200ª. Tomar por muito tempo. D6 e D12 coloidais.

700. TEREBINTHINA
(Óleo de terebintina)

Sinonímia: Oleum terebinthinae, Pinus pinaster, Terebinthina laricina, Terebinthina taris e Terebintinae oleum. Pertence às Coniferae.
Inflamação dos rins, estrangúria. *Urina sanguinolenta* ou escura e enfumaçada, contendo sangue e albumina e com *cheiro de violetas.*
Congestão renal, com congestão hepática.
Nefrite aguda a frigore. Insuficiência renal. Depois da escarlatina e de qualquer moléstia aguda. *Mal de Bright.* O Dr. R. Hughes pensa que *Terebinthina* só convém às nefrites agudas *devidas ao frio e ao Mal de Bright,* não convindo, porém, às nefrites secundárias a moléstias infecciosas, caso em que *Cantharis* deve ser usada.
Muito útil na cistite.
Hemorragias intestinais da febre tifoide. *Dores nos intestinos com frequente urinação.*
Influenza hemorrágica.
Intenso ardor no útero; metrite; peritonite puerperal; metrorragia.
Muita dor ardente na região dos rins. Disúria.
Ciática. Lombrigas. *Frieiras rebeldes.* Esclerite. Irite reumática de forma plástica.
Dentição difícil: grande agitação à noite, inchaço das gengivas, sobressaltos musculares durante o sono, ranger de dentes, prurido do nariz. Age prontamente.
Forte meteorismo abdominal, com grande sensibilidade à pressão.
Suor frio nos membros inferiores (Royal).
Ponto de Weihe: sobre a linha que vai do ângulo inferior da omoplata ao ponto de *Coccus-cacti* (9º espaço intercostal, bilateralmente).
Remédio que lhe segue bem: *Mercurius corrosivus.*
Antídoto: *Phosphorus* e *Mercurius.*
Dose: 1ª à 6ª.

701. TERPINI HYDRAS
(Hidrato de terpina)

Usado na coqueluche, rinite espasmódica, afecções brônquicas, tosses e resfriados.
Dose: 3ªx trit. e 5ª.

702. TEUCRIUM MARUM VERUM
(Carvalhinha-do-mar)

Sinonímia: *Marum verum.* Pertence às *Labiatae.*
O mais importante uso deste remédio é contra os *vermes oxiúros das crianças.* "Aqui – diz o Dr. Hughes – o meu remédio favorito é *Teucrium;* ele raramente falha, quando se dá em pequenas doses de tintura-mãe, ou de uma baixa diluição (pessoalmente, eu prefiro a 1ª decimal), para neutralizar os sintomas que esses vermes produzem e para promover a sua expulsão. Sob o seu uso, grande quantidade deles é expelida e todos os sintomas mórbidos desaparecem." Há muita *irritação do reto;* coceira do ânus, sobretudo à noite, e agitação noturna.
Pólipo nasal. Um remédio muito importante no catarro nasal crônico, com atrofia e crostas grandes e fétidas; *perda do sentido do olfato; ozena.*
Unhas encravadas do pé.
Antídoto: *Camphora.*
Remédios que lhe seguem bem: *China, Pulsatilla* e *Silicea.*
Duração: 14 a 21 dias.
Dose: 1ªx à 6ª.
Uso externo: Pólipo nasal (use-se o pó seco).

703. THALLIUM
(Talia)

Sinonímia: *Thallium metallicum.*
Parece exercer influência sobre a tiroide e o córtex da suprarrenal.
Dores nevrálgicas, espasmódicas e horríveis. Atrofia muscular. Tremores. *Ataxia locomotora.* Paralisia dos membros inferiores. Dores no estômago e intestinos, com sensação de choques elétricos.
Paraplegia. Polinevrite. Suores noturnos. Lesões tropicais da derme.
Dose: 3ªx trit., 5ª trit., 12ª e 30ª.

704. THASPIUM AUREUM-ZIZIA
(Quirívia-do-prado)

Sinonímia: *Sison aureus, Sium trifoliatus, Sium trifoliatum, Smyrnium acuminatum e Zizia aurea.* Pertence às *Umbelliferae.*
Mania de suicídio. Dor de cabeça na têmpora direita, com dores nas costas.
Aumento do poder sexual, com grande prostração após o coito.
Ovaralgia esquerda. Leucorreia profusa, acre, com menstruações atrasadas.

Dispneia e tosse.
Coreia durante o sono. Pés inquietos.
Epilepsia. Histerismo. *Hipocondria*.
Antídotos: *Pulsatilla* e *Carbo aninalis*.
Dose: T.M. à 3ª.

705. THEA CHINENSIS
(Chá)

Sinonímia: *Camellia thea, Camellia theifera, Thea, Thea assamica, Thea bohea, Thea sinensis* e *Thea viridis*. Pertence às *Camelliaceae*.
Palpitações e dispepsia. Antídoto do *Tabacum*. Exaltação mental temporária.
Meteorismo repentino em grande quantidade.
Sensação de fraqueza no epigástrio. Borborigmos. Facilidade para se herniar.
Pulso rápido, irregular e intermitente. *Taquicardia*.
Sonhos horríveis. Sonolência diurna.
Antídotos: *Thuya, Ferrum* e *Cerveja*.
Dose: 3ª à 30ª.

706. THERIDION CURASSAVICUM
(Aranha de Curaçao)

Pertence aos *Arachnideos*.
Um remédio da vertigem com náusea e vômito; ao *fechar os olhos; ao menor ruído ou movimento*. Qualquer som parece penetrar através de todo o corpo, causando náuseas e vertigem. Dor de dentes. Histeria. Enjoo de mar. Perturbações ligadas ao labirinto.
Extrema sensibilidade nervosa; na puberdade, durante a gravidez, na menopausa.
Um bom remédio da *escrófula*, quando os remédios mais bem escolhidos falham: "em casos de raquitismo, cáries e necroses – diz o Dr. Baruch – eu conto principalmente com *Theridion*, o qual, ainda que pareça não afetar os sintomas escrofulosos externos, penetra aparentemente até à raiz do mal e destrói a sua causa".
Dores de cabeça com alucinações luminosas da vista, sobretudo à esquerda.
Antídotos: *Aconitum, Mosch* e *Graphites*.
Dose: 3ª à 30ª, sobretudo a 30ª.

707. THIOSINAMINUM
(Tiosinamina)

Sinonímia: *Rhodallium*. Derivado de *Mustarda*.
Um remédio da esclerose e dos tumores fibrosos; *resolvente dos tecidos de cicatriz*. Sugerido, por isso, pelo Dr. A. S. Hard, para *retardar a velhice*.

Esclerose da orelha média. *Tinnitus aurium*.
Cicatrizes viciosas. Anquiloses. Ectropion.
Opacidades da córnea. Catarata.
Dores fulgurantes do tabes dorsalis; crises gástricas, retais e vesicais.
Dose: 2ªx (seis tabletes por dia).

708. THLASPI BURSA PASTORIS
(Panaceia)

Sinonímia: *Capsella bursa pastoris* e *Bursa pastoris*. Pertence às *Cruciferae*. Usado como substituto da Ergotina.
Menstruações precoces, profusas e prolongadas; metrorragias com violentas dores uterinas. Leucorreia sanguinolenta. Na clorose; depois do parto ou aborto; na menopausa; nos tumores uterinos. Hemorragias de fibromas uterinos. Dor violenta no útero ao se levantar.
Hemorragia nasal, sobretudo passiva, depois de operações no nariz.
Depósito cor de tijolo na urina. Cálculos renais; cólica nefrítica. Hematúria. Muito útil na cistite e na prostatite dos idosos.
Retenção espasmódica da urina, Nefrite da gravidez.
Dose: T.M. (30 gotas por dia) à 6ª.

709. THROMBIDIUM
(Carrapato da mosca doméstica)

Sinonímia: *Liptus auctumnalis, Thrombidium holosericeum* e *Thrombidium muscae domesticae*.
Remédio indicado na *disenteria*. Fezes moles, pardacentas, sanguinolentas e acompanhadas de tenesmo. Dores cortantes no lado esquerdo durante a evacuação. Fígado congesto.
Dose: 12ª, 30ª, 100ª e 200ª.

710. THORAZINE

(Segundo estudo do Prof. Garth Boericke, da Filadélfia, in: *The Hahnemannian*, v. 48, n. 2, jun. 1963.)
Sintomas mentais: sonhos persistentes e fantásticos.
Aparelho digestivo: diarreia alternada com constipação, vômitos, anorexia e bulimia.
Sintomas gerais: vertigens. Sonolência com movimentos das mãos; taquicardia; extrassístoles; síndrome de Claude Bernard-Horner, miose, Ptose palpebral, exoftalmia, miastenia grave; enxaqueca; alcoolismo; doenças da córnea, fácies "ebeteé", associada ou não à

doença de Parkinson ou parkinsonismo. O Prof. Boericke sugere tratar o parkinsonismo com altas diluições.
Pele: dermatite eczematosa e pruriginosa.
Agravação: no outono; agravação e melhora periódicas. Estresse, choque ou estafa.
Dose: C5 e C50.

711. THUYA OCCIDENTALIS
(Tuia)

Sinonímia: *Arboris vitae, Cedrus licea* e *Thuya.* Pertence às *Coniferae.*
Inquietude e agitação. Hiperestesia da pele.
É o grande remédio da *sicose – excrescências esponjosas, condilomas, pólipos, verrugas.* Pólipos uterinos, Papilomas da laringe. Vegetações adenoides. Cancro epitelial. *Rinite crônica. Leucemia. Retite crônica com vegetações do reto e estreitamento.* Grande sede noite e dia. Falta de apetite.
Rânula. Úlceras, fendas e fístulas especialmente da região *anugenital.* Flatulência e distensão abdominal.
Gonorreia e seus efeitos remotos, especialmente devidos à sua supressão; *gota militar; reumatismo blenorrágico. Espermatorreia.* Balanite. *Vagina muito sensível;* coito dolorido.
Pielite.
Hipertrofia da próstata.
Asma nas crianças.
Vacinose. Todos os maus efeitos, imediatos ou remotos, da vacina cedem à *Thuya.* Varíola.
Erupções cutâneas unicamente nas partes cobertas; piora pelo coçar. Suores unicamente sobre as partes descobertas. Transpiração fétida nos escrotos e períneo.
Remédio muito importante de todas as formas de esclerose. Calázio.
Tique dolorido da face. Bom remédio das *nevralgias faciais,* alternado com *China.* Piorreia alveolar.
Um grande remédio da *acne facial,* na 30ª ou 200ª dinamização.
É preventivo da varíola e combate os *maus efeitos do luar.* Dores reumáticas após o reumatismo.
Quando, em uma moléstia crônica, não se apresenta indicação clara para a escolha de um remédio e o médico fica em dúvida – dê-se *Thuya. Na dúvida... vai Thuya.*
Ponto de Weihe: justamente acima do ponto de *Iodium* que se encontra no meio da linha que vai do apêndice xifoide à cicatriz umbilical.
Complementares: *Arsenicum, Nitrum acidum, Sabina, Silicea* e *Medor.*
Remédios que lhe seguem bem: *Asafoetida, Calcaria, Ignatia, Kali carbonicum, Lycopodium, Mercurius, Nitri acidum, Pulsatilla, Sabina, Silicea* e *Sulphur.*

Antídotos: *Camphora, Cocculus, Mercurius, Pulsatilla, Sulphur* e *Staphisagria.*
Duração: 60 dias.
Dose: 3ªx à 30ª, 200ª, 500ª, 1.000ª e 10.000ª. Para os casos duvidosos, Burnett receita 24 papéis numerados; em cada um dos números 1, 11, 17, eram contidos 6 glóbulos da 30ª dil. de *Thuya,* e nos outros apenas açúcar de leite, sendo os glóbulos pulverizados, e mandava tomar, seguidamente, na ordem numérica, o conteúdo de um papel, diariamente, ao se deitar.
Uso externo: Verrugas e feridas sifilíticas; queda dos cabelos, úlceras, fendas e fístulas, sobretudo anais; vegetação e pólipos nasais.

712. THYMOLUM
(Timol)

Remédio com o campo de ação nas perturbações geniturinárias. *Emissões doentias, priapismo e prostatorreia. Neurastenia sexual.*
Irritável, arbitrário e com falta de energia. Desejos de companhia.
Emissões seminais profusas, com sonhos lascivos de caráter pervertido. Poliúria. Aumento de uratos. Diminuição de fosfatos.
Piora pelo trabalho físico e mental.
Dose: 6ª.

713. THYMUS SERPYLLUM

Sinonímia: *Serpyllum.* Pertence às *Labiatae.*
Infecções respiratórias nas crianças. *Asma nervosa.* Coqueluche. Espasmos para eliminar um pouco de catarro. *Espasmos dos órgãos genitais.*
Sensação de zumbidos nos ouvidos com pressão da cabeça. Ardência na faringe.
Dose: T.M.

714. THYMUS
(Timo)

Glândula de secreção interna colocada no mediastino. É de função mais nítida no período de formação do organismo. Começa a declinar a função nas proximidades da puberdade, quando as gônadas se tornam ativas.
Nas perturbações da pituitária, tiroide, na hipoplasia ovariana ou castração, há uma hipertrofia do timo.
A insuficiência do timo provoca um marasmo nas crianças. Sajous, após experiências, achou que a insuficiência da secreção tímica provoca um estado de idiotia e falta de desenvolvimento mental.

Pensa-se também que os estados adenoidianos estão ligados a uma perturbação timo-linfática.
Na artrite deformante, tem-se feito ultimamente uso do extrato de timo.
É empregado no *raquitismo* e *marasmo infantil*.
Dose: 3ªx trit. à 5ª trit.
Com pacientes gotosos, deve-se ter grande cuidado na prescrição, em vista da riqueza em nucleínas que é contida no timo.

715. THYROIDINUM
(Tiroidina)

É um sarcódio homeopático.
O principal uso deste medicamento é a *enurese noturna das crianças* – deve-se dar 25 centigramas da 3ª ou 5ª trituração decimal, à noite, ao deitar; diariamente, a seco sobre a língua ou em um pouco de água.
Útil também nos fibromas uterinos e nos tumores do seio. Taquicardia; papeira; obesidade. *Agalactia.* Diabetes. *Psoríase.* Dor de cabeça frontal persistente.
Vômitos da gravidez (dar de manhã, antes de a paciente se levantar). Taquicardia. Adiposidade.
Segundo Leopold Levy, a tiroide é a "glândula da emoção". O Dr. Duprat acha, pois, interessante o uso de *Thiroidinum,* quando a emoção teve uma influência causal nas perturbações patológicas do doente.
Dose: 3ªx à 30ª. Nos tumores fibrosos do seio, a 3ªx.

716. TILIA EUROPAEA
(Tília)

Sinonímia: *Tilia platophyllos* e *Tilia ulmifolia.* Pertence às *Tiliaceae.*
Fraqueza muscular dos olhos. Sensação de uma *gaze diante dos olhos.* Visão binocular imperfeita. *Nevralgia facial. Enxaqueca.*
Metrite puerperal; timpanismo, sensibilidade do ventre e *suores quentes* que não aliviam.
Urticária pruriginosa, ardendo como fogo depois de coçar.
Sinusite do antro de Highmore.
Leucorreia, pior por andar. Inflamação dos órgãos pélvicos.
Dose: T.M. à 5ª.

717. TITANIUM
(Titânio)

Sinonímia: *Titanium metallicum.*
Lúpus e processos tuberculosos externos.

Vê somente metade das coisas. Vertigem com hemiopia vertical. Fraqueza sexual com ejaculação precoce. Moléstia de Bright. Eczema. Rinite.
Dose: 5ª trit., 6ª, 12ª e 30ª.

718. TONCA – DIPTERIX ODORATA

Sinonímia: *Baryosma tongo, Coumarouma adorata, Tonga* e *Tango.* Pertence às *Leguminosae.*
Nevralgia. Coqueluche.
Dor dilacerante na cabeça. Confuso, com sonolência e parece intoxicado. Tremores sobre o lábio superior, do lado direito.
Dores lancinantes no joelho, fêmur, articulações, especialmente do lado esquerdo.
O Prof. Dr. Sabino Theodoro tem feito uso, com grande resultado, nos casos de pré-tuberculose e adenopatias.
Dose: T.M., 1ª, 2ª e 3ª.

719. TORULA CEREVISAE

Pertence aos *Saccharomycetes*.
Introduzido na terapêutica pelos Drs. Lehman e Yingling. Remédio sicótico. Choques anafiláticos produzidos por enzimas e proteínas.
Flatulência. Náuseas e grande facilidade em dormir.
Espinhas. Eczema.
Dose: 3ª, 6ª e 12ª. Pode ser usado em substância.

720. TRIBULUS TERRESTRIS[142]
(Tributo terrestre)

Um remédio muito útil e eficaz nas moléstias geniturinárias, especialmente na *impotência, com espermatorreia e debilidade seminal, e na prostatite e afecções calculosas, com disúria.* Neurastenia sexual.
Impotência incompleta dos idosos debochados, ou com incontinência, micção dolorosa etc.
Dose: T.M. (10 a 20 gotas três vezes por dia).

721. TRIFOLIUM PRATENSE
(Trevo encarnado)

Sinonímia: *Trifolium rubrum.* Pertence às *Leguminosae.*
Muita salivação. Sialorreia.

---
142. Uso empírico.

Tosses espasmódicas: *coqueluche; rouquidão.* Pior à noite e ao ar livre.
Crosta láctea.
Pescoço duro. Cãibra do músculo esternoclidomastoideo.
Diátese cancerosa.
Dose: T.M.

722. TRIFOLIUM REPENS
(Trevo branco)

Sinonímia: *Trifolium album.* Pertence às *Leguminosae.*
Um profilático da *caxumba. Reumatismo* gotoso. Grande salivação; ptialismo ao se deitar. Gosto de sangue na boca e na garganta.
Dose: T.M.

723. TRILLIUM PENDULUM

Sinonímia: *Trillium album* e *Trillium erectum.* Pertence às *Trilliaceae das Lilliaceae.*
Um remédio hemorrágico geral, com *grande palidez e tonturas.* Sensação de que os olhos estão grandes.
É especialmente útil para a hemorragia vermelha brilhante ou escura e com coalhos nas mulheres depois *do parto. Os lóquios se tornam subitamente sanguinolentos. Hemorragias agudas, hemorragias de fibromas uterinos* ou devidas a exercício violento. Hemorragias da menopausa. Ameaça de aborto. Prolapso uterino.
Pondo a tintura em uma bola de algodão e a aplicando localmente, é muito útil para deter o *sangue do nariz* ou a hemorragia que ocorre depois da extração de um dente. *Gengivas sangrentas.*
Sensação de que as articulações sacrilíacas e as coxas estão se separando.
Epistaxes. Hemoptise; hematêmese; disenteria.
Complementar: *Calcaria picrica.*
Dose: T.M. à 3ªx.

724. TRIOSTEUM PERFOLIATUM
(Raiz febrífuga)

Pertence às *Caprifoliaceae.*
Diarreia, acompanhada de náuseas e cólicas, aumento da urina e *dormência das pernas depois das dejeções.*
Influenza, com dores pelo corpo e calor nas pernas. *Ozena.*
Congestão hepática. Icterícia. Cólica hepática.
Urticária devida a desarranjos gástricos.
Dose: 5ª, 6ª e 12ª.

725. TRITICUM REPENS
(Grama)

Sinonímia: *Agropyron repens.* Pertence às *Gramineae.*
Um excelente remédio em excessiva irritabilidade da bexiga, disúria, cistite e gonorreia. Urinação frequente, difícil e dolorosa. Urinas com depósitos uréticos. Urinas com depósitos purulentos; cistite, pielite e prostatite.
Dose: T.M.

726. TUBERCULINUM
(Caldo filtrado de tuberculose humana)

De incontestável valor no tratamento da *tuberculose, especialmente pulmonar.* Casos do *primeiro e segundo períodos,* com pouca febre e estado geral bom. *Contra-indicado na tísica, isto é, no terceiro período.* Especialmente útil na *tuberculose tórpida,* com fácil disposição e insensibilidade aos melhores remédios indicados. Tumores benignos das glândulas mamárias.
De grande valor na epilepsia, neurastenia e nas crianças nervosas, com acne.
Eczemas crônicos pruriginosos, que pioram à noite. Cobreiro.
O Dr. Tyler considera *Tuberculinum* quase um específico das ulcerações da córnea.
O Prof. Kent o considera um dos medicamentos básicos das *adenoides.*
Pneumonia e broncopneumonia lentas no resolver.
Um remédio importante na *pneumonia,* a dar uma dose da 30ª por dia, intercalado com os outros remédios desta moléstia.
Útil também na broncopneumonia infantil, na 30ª dinamização. Previne ataques recorrentes de *influenza.*
Perfuração da membrana do tímpano.
Resultados brilhantes e permanentes na *cistite crônica.*
Complementares: *Psorinum, Hydrastis, Sulphur, Belladona* e *Calcaria.*
Remédios que lhe seguem bem: *Calcaria phosporica, Calcarea, Silicea* e *Baryta carbonica.*
Dose: Na tuberculose, 8ªx à substância pura, passando sucessivamente pelas diluições decimais intermediárias, em doses crescentes de 2 gotas até 20 gotas, em um pouco de água, pela boca, de 3 em 3 dias, até tomar a tintura pura. Preferir a *Tuberculina de Denys.* Nos outros casos, 30ª à 200ª a largos intervalos. Usa-se também a 500ª, 1.000ª e 10.000ª.[143]

---

[143]. Os homeopatas modernos indicam da 30ª diluição em diante, e nunca as baixas dinamizações.

727. TUBERCULINAS
(diversas)

Existem diferentes qualidades de *Tuberculinas* que se diferenciam pelo preparo e origem.

Bacillinum
Introduzido pelo Dr. Burnett, de Londres.
É preparado com pus de um pulmão tuberculoso. É mais suave do que o de Koch e de manejo mais fácil. Indicado na tuberculose e usado por Cartier nos catarros brônquicos mucopurulentos.
Dose: 30ª, 100ª, 200ª e 1.000ª.

Marmoreck
É o *serum de Marmoreck* dinamizado.
Doentes rosados e pálidos. Lábios finos, secos exteriormente e recobertos de fuliginosidades róseo-violáceas, no seu interior (Nebel). Mesmas doses do anterior.

Denys
É preparado somente com as *exotoxinas*.
Doentes pletóricos e artríticos, sensíveis ao frio e necessitando oxigênio.
Segundo o Dr. Jacob, é um dos maiores medicamentos do *reumatismo crônico deformante*.
Mesmas doses dos anteriores.

Tuberculinas de Koch – T. R. e T. K.
Têm ação mais violenta que as precedentes.
A *T. K.* convém, segundo Nebel, mais aos pacientes carbonitrogenados, psóricos e sicóticos, muito sensíveis às mudanças de tempo e ao frio.
A *T. R.* é indicada nas manifestações tuberculosas fibrosas e nos reumatismos crônicos, anquilosantes.
Mesmas doses dos anteriores.

Aviária
É a tuberculina das aves e é indicada nas flegmasias pulmonares agudas, na broncopneumonia das crianças e na pneumonia gripal, principalmente se os focos estão localizados nos ápices. Complicações pulmonares da rubéola.
Dose: 100ª, 200ª e 1.000ª.

728. TURNERA APHRODISIACA

Pertence às *Turneraceae*.
Veja *Damiana*.

729. TUSSILAGO PETASITES

Sinonímia: *Petasites*. Pertence às *Compositae*.
Ação sobre os órgãos urinários e indicado na gonorreia. Afecções pilóricas.
Ardor na uretra. Gonorreia. Corrimento espesso e amarelado. Ereções com dores na uretra. Dor no cordão espermático.
Dose: T.M.

730. UPAS ANIARIA

Sinonímia: *Antiaris Toxicaria* e *Upas*. Pertence às *Loganiaceae*.
Espasmos crônicos com vômitos, diarreia e prostração.
Dose: 3ªx e 6ªx.

731. UPAS TIEUTÉ

Sinonímia: *Strychnos tieuté*. Pertence às *Loganiaceae*.
Produz espasmos, tétano e asfixia.
Irritável. Não pode efetuar trabalhos mentais.
Dor nos olhos e órbitas, com conjuntivite.
Desejo aumentado, com perda da potência.
Dores nas costas, após coitos inúmeros.
Dor lancinante do pulmão direito ao fígado, dificultando a respiração.
Dose: 3ª à 6ª.

732. URANIUM NITRICUM
(Nitrato de urânio)

Sinonímia: *Uranii nitras*.
Um grande remédio para o *diabetes doce*, quando este provém do *desarranjo da nutrição*, como se dá nos artríticos, e quando se apresentam os sintomas seguintes: má digestão, abatimento geral, debilidade, grande quantidade de açúcar na urina, muito apetite e sede imperiosa, continuando, não obstante o doente emagrece cada vez mais.
Impotência completa com poluções noturnas.
Também útil na *úlcera gástrica e na úlcera duodenal*. Igualmente útil na *nefrite*, com fraqueza geral e tendência à ascite e à hidropisia geral.
Emagrecimento e timpanismo.
Enurese.
Ponto de Weihe: quarta vértebra lombar. Fazer pressão do alto para baixo sobre a apófise espinhosa.
Dose: 3ªx trit. à 30ª.

733. UREA
(Ureia)

Tuberculose. Glândulas aumentadas.
Hidropisia com sintomas de intoxicação.

Eczemas nos gotosos. Albuminúria. Diabetes. Uremia.
Dose: 1ªx à 3ª.

734. URICUM ACIDUM
(Ácido úrico)

Usado em condições gotosas. Burnett o aplica na 5ª e 6ª trit.
Usados em casos em que os depósitos (tofi) persistem. *Eczema gotoso.* Lipoma.
Dose: 3ª, 5ª e 6ª.

735. UROTROPINUM
(Urotropina)

Sinonímia: *Hexametileno-tetramina.*
Empregado na pielite, cistite e outras perturbações do aparelho urinário. Processos supurativos dos condutos urinários.
Dose: 3ªx trit.

736. URTICA URENS
(Urtiga)

Sinonímia: *Urtica* e *Urtica minora*. Pertence às *Urticaceae*.
Remédio para a *falta de leite* e *litíase renal*. Detém, entretanto, o leite depois do desmame.
Enurese e *urticária*; urticária com calor ardente, formigamento, muita coceira. Queimaduras. Brotoeja. Prurido vulvar com coceira. *Aumento do baço.*
Bom remédio das *hemorroidas.*
Edema essencial.
Reumatismo associado a erupções urticarianas.
Nevrites. Perda da força muscular.
É antídoto dos maus efeitos de comer ostras.
Sintomas que voltam todos os anos na mesma época.
Muito recomendado por Burnett no ataque de gota, em dose de 5 gotas de tintura-mãe em um copo de água quente de duas ou de três em três horas. Um bom remédio das queimaduras de 1ª grau.
Dose: T.M. à 3ªx.
Uso externo: erupções leves da pele, urticária, frieiras, queimaduras, brotoejas.

737. USNEA BARBATA

Pertence aos *Lichenes.*
Dor de cabeça congestiva. Insolação.

Sensação de que as têmporas vão estourar e de que os olhos vão sair das órbitas. Pulsações das carótidas.
Dose: T.M.

738. USTILAGO MAYDIS
(Mofo de milho)

Sinonímia: *Ustilago madis.* Pertence aos *Fugi.*
Um remédio do útero, muito eficaz na *dismenorreia membranosa.* Dor de cabeça menstrual.
Excelente medicamento das *metrorragias passivas* da menopausa; o menor toque do colo do útero provoca um surto sanguíneo. *Metrorragia.* Fibroma uterino.
Ulceração do colo do útero, que sangra facilmente.
Metrorragia depois do aborto ou do parto. *Sensação de água fervente nas costas.* Suores profusos. *Alopecia.* Eczema. Psoríase. *Crosta láctea. Esterilidade feminina.*
Útil ainda na cistite e nas areias dos rins.
Queda dos cabelos e das unhas. Unhas espessadas.
Dose: T.M. à 3ª.

739. UVA URSI[144]
(Medronheiro)

Sinonímia: *Arbutus uva ursi, Arctostaphylos officinalis, Arctostaphylos uva ursi* e *Daphnidost-phylis Fendleriana*. Pertence às *Ericaceae.*
O principal uso deste medicamento é na *cistite crônica,* com dor, tenesmo, muco e sangue na urina, especialmente determinada por *cálculos;* facilita a expulsão dos cálculos. *Pielite.*
Ardência após uma urinação viscosa.
Inércia uterina; hemorragia uterina; irritações da bexiga. Urina com pus, sangue e pedaços de mucosidades.
Hematúria renal. *Quilúria.* Gonorreia crônica. Bronquite crônica.
Dose: 1ªx à 3ªx. Às vezes T.M., 5 a 30 gotas por dia.

740. VACCININUM
(Linfa vacínica)

Nosódio homeopático.
"Há um recurso – diz o Dr. Olyntho Dantas – que, se não pode ser considerado abortivo,

---

144. As folhas de *Uva ursi* contêm 10% de *Arbutina,* que se decompõe em glicose e hidroquinona, no aparelho renal. A hidroquinona é desinfetante dos órgãos urinários.

influi beneficamente como que dando ao organismo certo *tonus* para a luta e ao mesmo tempo tornando menos violenta a erupção; é a vacina. Mas é preciso dar a substância pura ou a 1ª e a 2ª dinamização feita com glicerina neutra. Nada consegui com a 5ª. Assim, *Vaccininum* domina todo o tratamento da varíola no período eruptivo até à seca."
O melhor medicamento do *alastrim*, forma benigna; de varíola chamada *varíola branca* ou *milk-pox*; use-se aqui a 5ª dinamização.
Antídotos: Thuya, Apis, Sulphur, Antimonium tartaricum, Silicea e Malandrinum.
Dose: 5ª, 6ª à 200ª.

741. VALERIANA

Sinonímia: *Valeriana officinalis, Phu germanicum, Phuparvum, Valeriana sambucifolia* e *Valeriana sylvestris major*. Pertence às *Valerianaceae*.
Um remédio geral dos espasmos e moléstias histéricas, especialmente na época da menopausa. Hipocondria histérica: supersensitividade; insônia; nervosismo; *flatulência histérica*. Dores simulando o reumatismo. Dor de ouvidos devida a puxões de orelhas e ao frio. Remédio dos hábitos histéricos. Dores nos calcanhares, sentando-se.
Quando falham os remédios aparentemente bem escolhidos. Sensação de um fio pendurado através da garganta.
Vômitos de leite coalhado nas crianças depois do mamar. Diarreia de leite coalhado, com cólicas.
Cefaleia ao menor esforço muscular. Ciática melhorada por andar e agravada ficando deitado. Melhora deitando, quando se firma o pé sobre uma cadeira.
Ponto de Weihe: por baixo e à direita da cicatriz umbilical.
Remédios que lhe seguem bem: Pulsatilla e Phosphorus.
Antídotos: Belladona, Coffea, Camphora, Pulsatilla e Mercurius.
Duração: 8 a 10 dias.
Dose: 1ªx e 2ªx.

742. VANADIUM
(Vanádio)

Estimulante da defesa orgânica.
Degeneração hepática e das artérias. Anorexia com sintomas de irritação gastrintestinal.
Urina com sangue e albumina.
Tremores, vertigem, histeria e melancolia.
Neuro-retinite e cegueira.
Anemia. Emaciação.

Tosse seca, irritante, algumas vezes com sangue. Tuberculose, reumatismo crônico e diabetes.
Tônico da função digestiva e geral.
Arteriosclerose. Sensação de compressão cardíaca. Ateroma e aortite. Degeneração gordurosa.
Dose: 3ªx trit., 5ªx trit., 6ª, 12ª e 30ª.

743. VANILLA PLANIFOLIA

Sinonímia: *Myrobrarna fragrans vanilla, Vanilla claviculata* e *Vanilla ciridiflora*. Pertence às *Orquidaceae*.
Estimulante sensual. Emenagogo. Menstruações prolongadas. Moléstias da pele.
Dose: 6ª à 30ª.

744. VARIOLINUM
(Pus da varíola)

Diz o Dr. Linn que quatro doses de 0,10 da 3ªx trit., dadas em um dia, produzem a *imunidade contra a varíola*; e que, dado como curativo, da 5ª à 30ª Variolinum faz abortar a varíola, embora a erupção pareça já bem estabelecida.
Seguramente, ele encurta e torna benigna a moléstia.
É também remédio do *lumbago*.
Cefaleia violenta, intolerável, que deixa louco. É agravada a cada batimento cardíaco.
Sensação de água gelada correndo em filetes sobre o dorso.
Antídotos: Malandrinum, Thuya, Antimonium tartaricum, Vaccininum e Salsaparilla.
Dose: 5ª à 30ª.

745. VERATRUM ALBUM
(Heléboro branco)

Sinonímia: *Helleborum album, Helleborus albus, Helleborus praecox* e *Veratrum*. Pertence às *Lilliaceae*.
Cãibras, suores frios, diarreia aquosa e profusa, vômitos, cólicas, prostração e colapso indicam este remédio. Cólera asiática, diarreia como água de arroz. Dismenorreia.
Cólera infantil, quando predomina a diarreia. Diarreia aguada e profusa, com dor de barriga. Um *dos mais importantes remédios da diarreia infantil* quando é aguada e abundante. Também um grande remédio da prisão de ventre, por inércia intestinal, sem desejos de evacuar. "Produzirá a defecação mais depressa do que qualquer outro medicamento" (Dr. Bryce). Especialmente nas crianças de peito.

Todas as eliminações são abundantes. Sensação de queimadura interna. Dores de cabeça com náuseas. Vômitos, diarreia, face pálida e fria. Sensação de gelo no occipital ou de gelo envolvendo a cabeça.
Sede violenta de água e gelados.
Mania sexual antes da menstruação. Dismenorreia com sensação de frio geral.
É o principal remédio do beribéri, em qualquer caso.
Qualquer moléstia com *suores frios na fronte.* "Pouco importa que seja um caso de cólera morbo, cólera infantil, pneumonia, asma, febre tifoide ou constipação, se este sintoma proeminente está presente e o doente se sente desfalecer, com colapso (resfriamento geral) ou com grande prostração, *Veratrum album* é o primeiro remédio em que se deve pensar" (Dr. Nash).
Um grande remédio do *colapso,* como *Camphora;* as *forças decaem,* o pulso some; o corpo todo esfria; a face se torna hipocrática. Febre palustre perniciosa álgida. "No choque cirúrgico, *Veratrum album* é um dos melhores estimulantes cardíacos que nós temos e dele, na 3ªx., podem-se obter tão prontos resultados como de uma injeção hipodérmica de estricnina" (Dr. J. S. Mitchell). Desmaio ao menor exercício.
Mania religiosa ou amorosa, com desejo de despedaçar as roupas; *frenesi.* Melancolia atônita.
Eis aqui um bom resumo prático de alguns remédios da cabeça: *Aconitum*: medo; *Belladona*: violência; *Cantharis*: raiva; *Hyosciamus*: estupor ou impudência; *Stramonium*: terror; *Veratrum album*: frenesi.
Ponto de Weihe: abaixo do ponto de *Mercurius vivus,* que está localizado abaixo da ponta do apêndice xifoide.
Complementar: *Arnica.*
Remédios que lhe seguem bem: *Aconitum, Arsenicum, Arnica, Argentum nitricum; Belladona, Carbo vegetabilis, China, Cuprum, Chamomilla, Dulcamara, Ipeca, Pulsatilla, Rhus, Sepia, Sambucus* e *Sulphur.*
Antídotos: *Aconitum, Arsenicum, Camphora, China* e *Coffea.*
Duração: 20 a 30 dias.
Dose: 3ª a 30ª, 100ª, 200ª e 1.000ª. Nas diarreias, a melhor é a 5ª e às vezes 12ª ou a 30ª. Na prisão de ventre, a 3ª.
Uso externo: nevralgia facial e *beribéri.*

746. VERATRUM VIRIDE
(Heléboro branco americano)

Sinonímia: *Helonias viridis.* Pertence às *Lilliaceae.*

Congestões ativas do cérebro são a sua principal indicação; convulsões, espasmos, tremores: *dores de cabeça, meningite basilar.* Grande excitação arterial. *Língua amarela com faixa vermelha no centro.* Fibrilação auricular.
Bafos de calor da menopausa; talvez o melhor remédio. *Aumenta o índice opsônico contra o pneumococcus.*[145]
Medicamento importante em todas as moléstias inflamatórias do coração e suas membranas; recomenda-se o seu uso contínuo na hipertrofia com dilatação.
Insolação. *Dores de cabeça congestivas.*
Febre alta em pessoas robustas; pele seca e ardente, sede intensa, face vultuosa e congestionada; pulso forte e frequente; *sobretudo com náuseas e vômitos.* Alguns médicos usam sistematicamente o *Veratrum viride* 1ª sempre que a febre *sobe acima* de 39,5ºC, dado em doses frequentes, só ou alternado com *Belladona* 3ª, em todas as febres inflamatórias. Pulso lento, mole, fraco e irregular. Tensão baixa.
Pneumonia; no começo da *Congestão pulmonar. Reumatismo agudo.* Febre biliosa. *Febre amarela,* a dar logo no começo. Erisipela, com delírio. Febres de supuração, com grande variação de temperatura. Esofagismo.
Febre puerperal; convulsões puerperais. Um grande remédio da febre puerperal, alternado com *Bryonia,* ambos na 1ª dinamização, de 20 em 20 minutos ou de meia em meia hora. Suores quentes.
O Dr. Elliot considera *Veratrum viride* o melhor remédio da *meningite aguda.*
Remédio das hemorragias nas amputações e nas feridas.
Ponto de Weihe: linha paraesternal, 2º espaço intercostal, lado esquerdo.
Dose: 1ª à 3ªx. Nas convulsões puerperais, dê-se a T.M.
Uso externo: Erisipela. Frieiras. Bursite. Calos machucados. Artrites.

747. VERBASCUM THAPSUS
(Barbasco)

Sinonímia: *Verbascum* e *Thapsus barbatus.* Pertence às *Scrophulariaceae.*
Nevralgia afetando a face e o ouvido, especialmente do lado esquerdo, com lacrimação, coriza e *sensação como se as partes estivessem comprimidas entre tenazes.* Ao falar, espirrar, apertar os dentes ou mudar de tem-

---
145. *Baptisia tinctoria* provoca no soro de indivíduos em estado hígido aglutininas para o bacilo de Eberth, conforme experiências feitas nos Estados Unidos e no Chile.

peratura, agravam. *Bronquites e corizas com nevralgia facial* periódica. Age sobre o ramo maxilar inferior do 5º par craniano.
Surdez. Secura do conduto externo (uso local). Dor de ouvido, com sensação de entupimento.
Enurese. Um remédio da *rouquidão*. Tosse seca e rouca, noturna. Rigidez e dor nas juntas das extremidades inferiores.
Segundo Clark, a pomada feita com tintura de *Verbascum* é muito útil no prurido anal e nas hemorroidas. Gérard faz uso do *óleo de Mullein*, que é feito das flores de *Verbascum*, nas hemorroidas.
Remédios que lhe seguem bem: *Belladona, China, Lycopodium, Pulsatilla, Stramonium, Sulphur, Sepia* e *Rhus*.
Antídoto: *Camphora*.
Duração: 8 a 10 dias.
Dose: T.M. à 3ª. Localmente, use puro o *óleo de Mullein* nas otites, mastites, orquites, dores de ouvido, surdez crônica ou recente, otorreia e excesso de cera no ouvido.

748. VERBENA HASTATA

Pertence às *Verbenaceae*.
Afeta a pele e o sistema nervoso. Depressão nervosa, fraqueza, irritação e espasmos. Promove a absorção do sangue e alivia as dores das pisaduras. Erisipela vesicular. Congestão passiva e febre intermitente. Epilepsia.
Dose: T.M. Na epilepsia o uso deve ser feito por muito tempo. *Sob forma de chá* é usado por Vannier, *como drenador na terapêutica da tuberculose.*

749. VESPA CRABO

Sinonímia: *Crabo vespa*. Pertence aos *Hymenoptera*.
Face dolorida e inchada. Inflamação erisipelatosa dos lábios. Quemose da conjuntiva. Boca e garganta inflamadas com dores ardentes. Ardência e coceira ao urinar.
Menstruação precedida de depressão, dor, pressão e constipação.
Afecção marcante do ovário esquerdo, com ardência ao urinar.
Eritema com intensa coceira. Furúnculos.
Eritema multiforme, aliviado por um banho com vinagre. Dor calambroide nos intestinos. Glândulas axilares inflamadas, com dores sobre os braços.
Inimigo: *Argentum nitricum*.
Antídoto: *Apis* e *Aceticum acidum*.
Dose: 3ª à 30ª.

750. VIBURNUM OPULUS
(Viburno)

Sinonímia: *Viburnum edule* e *Viburnum oxycoccus*. Pertence às *Caprifoliaceae*.
Moléstias uterinas, com cãibras e espasmos: *dismenorreia espasmódica e membranosa;* menstruações escassas e adiantadas.
Ameaça de aborto; falsas dores de parto. Aborto muito precoce e frequente, causando esterilidade. Histeria. Palpitações durante a gravidez.
Ponto de Weihe: meio da linha que une, no lado direito, a cicatriz umbilical ao ponto de *Balsamum peruvianum*.
Antídotos: *Aconitum* e *Veratrum*.
Dose: T.M. à 3ªx.

751. VIBURNUM PRUNIFOLIUM

Pertence às *Caprifoliaceae*.
Aborto habitual. Dismenorreia com dores menstruais de caráter expulsivo. Falsas dores de parto. Prepara e facilita o trabalho de parto. Preventivo da hemorragia pós-parto.
Irregularidades menstruais de mulheres estéreis.
Deslocamento uterino.
No *tétano*, grande remédio. No *câncer da língua*, em uso local. Espasmos e soluços.
Antídoto: *Gossypium*.
Dose: T.M., 1ª à 3ª.

752. VINCA MINOR
(Pervinca pequena)

Sinonímia: *Vinca pervinca*. Pertence às *Apocynaceae*.
Um remédio do eczema, das hemorragias uterinas e da difteria.
Eczema da cabeça e da face, pustuloso, úmido, *pruriginoso, ardente;* grande sensibilidade da pele ao menor coçar, com vermelhidão e esfoladura. Plica polonica.
Hemorragias passivas uterinas; grande fraqueza na idade crítica. Menorragia. Fibromas uterinos.
Dose: 1ª à 3ª.

753. VIOLA ODORATA
(Violeta)

Sinonímia: *Viola, Viola alba, Viola imberis, Viola mactia, Viola martia* e *Viola suavis*. Pertence às *Violaceae*.
Tem uma ação específica sobre o ouvido; otorreia com surdez.

Um bom remédio das *lombrigas* das crianças, alternada com *Spigelia*, antes das refeições.
Quilúria; urinas leitosas. Enurese das crianças. Ardência na fronte. Peso na cabeça. Couro cabeludo tenso; necessidade de franzir as sobrancelhas.
Dispneia durante a gravidez.
Um excelente remédio do *sarampo*, a dar desde o começo da moléstia até o fim, e do *reumatismo do braço direito*, especialmente *do punho. Início de coqueluche.*
Reumatismo do carpo e meacarpo.
Remédios que lhe seguem bem: *Belladona, Cina, Nux* e *Pulsatilla.*
Antídoto: *Camphora.*
Duração: 2 a 4 dias.
Dose: 1ª à 6ª.

754. VIOLA TRICOLOR
(Amor-perfeito)

Sinonímia: *Herba trinitantis* e *Jecea.* Pertence às *Violaceae.*
O principal uso deste medicamento é na *crosta láctea das crianças,* eczema que dá no rosto e na cabeça, com coceira e exsudação. Foi pela primeira vez indicado por Hartmann e muito gabado por R. Hughes. Útil também no *impetigo* dos adultos. Sicose. Reumatismo com erupção pruriginosa ao redor das juntas. Usado também na *espermatorreia* com emissões noturnas acompanhadas de sonhos voluptuosos.
Remédios que lhe seguem bem: *Pulsatilla, Rhus, Sepia* e *Staphisagria.*
Antídotos: *Camphora, Mercurius, Pulsatilla* e *Rhus.*
Duração: 8 a 14 dias.
Dose: 1ªx, 2ªx e 3ª.

755. VIPERA TORVA
(Veneno de víbora germânica)

Sinonímia: *German viper* e *Vipera berus.* Pertence aos *Ophidia, Viperideae.*
Os dois principais usos deste medicamento são a *congestão do fígado*, sobretudo de repetição, e a *dilatação e inflamação das veias* com grande inchaço. Sensação de queimadura. No impaludismo crônico. Congestão dolorosa do fígado, com icterícia e febre. Congestão por emoção moral. *Veias varicosas. Flebite.* Paraplegia. Reflexos exagerados.
O Dr. Tyler acha que *Vipera* é um dos grandes remédios da *Epistaxe.*
Alívio por elevar as partes doentes.
Dose: 5ª à 30ª.

756. VISCUM ALBUM
(Visco, Gui)

Sinonímia: *Viscum flavescens* e *Viscum quercinum.* Pertence às *Loranthaceae.*
Remédio da asma, *acompanhada de gota ou reumatismo.* Tosse espasmódica. *Coqueluche.* Nevralgias, especialmente ciática.
Reumatismo; *surdez reumática; asma.*
Epilepsia. *Coreia.*
Sufocação deitando-se sobre o lado esquerdo. Hipertrofia cardíaca, com insuficiência valvular. Tônico do coração nas moléstias valvulares. Metrorragias da menopausa. Endometrite crônica; dores de cadeiras. Retenção da placenta.
Antídotos: *China* e *Camphora.*
Remédio que lhe segue bem: *Aconitum.*
Dose: T.M. à 3ª. No acesso de asma, a T.M.

757. VITISNILI[146]
(Mãe-boa)

Seu uso tem sido, no Brasil, contra o *beribéri* e o *reumatismo agudo.*
Dose: T.M. 3ªx.

758. WYETHIA HELENOIDES
(Erva ruim)

Pertence às *Compositeae.*
Tem acentuados efeitos sobre a garganta, sendo um excelente remédio na *faringite*, especialmente na forma folicular. Útil também nas hemorroidas cegas. Coceira na nasofaringe. Amígdalas inflamadas. Irritação da garganta dos oradores e cantores.
Dose: 1ª à 6ª.

759. XANTHOXYLON FRAXINEUM
(Freixo espinhoso)

Sinonímia: *Thylax fraxineum, Xanthoxylum, Xanthoxylum mite, Xanthoxylum tricarpium* e *Zanthoxylum.* Pertence às *Rutaceae.*
Este medicamento quase que só tem um uso em Homeopatia – é na *dismenorreia nevrálgica* (ovariana ou uterina) com dores de cabeça nervosas e dores pelas cadeiras e pernas; nas *dores uterinas* pós-parto*; e nas dores uterinas* em geral. As dores são de caráter nevrálgico. Muito eficaz nesses casos, sobretudo quando o corrimento é profuso. *Ovaralgia,* pior do lado esquerdo.

---

146. Uso empírico.

Sensação de picadas, de corrente elétrica passando ao longo dos nervos.
Paralisias, hemiplegia. Reumatismo crônico. Ciática. Nevralgia do nervo crural anterior.
Dose: Nas dores uterinas, 1ªx, 14 gotas em uma xícara de água bem quente, de que se tomará uma colheradinha de chá, de cinco em cinco minutos até aliviar, ou então na dismenorreia, 5 gotas de T.M. a cada hora; nos intervalos das menstruações, 5 gotas de T.M. duas vezes ao dia. Nos outros casos, 1ª à 5ª.

760. XEROPHYLLUM

Usado no eczema e estados tifoidicos.
Não pode concentrar o espírito para estudar. Esquece os nomes das coisas. Escreve as últimas letras das palavras em primeiro lugar.
Flatulência. Eructações fétidas.
Constipação de ventre com fezes duras.
Vulva inflamada, com coceira furiosa.
Desejo sexual aumentado, com dores útero-ovarianas e leucorreia.
Eritema com vesicação. Dermatite ao redor dos joelhos, glândulas inguinais inflamadas.
Dose: 6ª, 12ª e 30ª.

761. YOHIMBINUM
(Ioimbina)

Alcaloide tirado da *Pausinystalia Yohimbia*, que pertence às *Rubiaceae*.
Excita os órgãos sexuais e age sobre o sistema nervoso central e centros respiratórios.
Como afrodisíaco, em doses ponderáveis.
Homeopaticamente nas congestões dos órgãos sexuais. Hiperemia das glândulas mamárias; estimula a lactação. Menorragia.
Agitação com sensação de calor na face. Náuseas e eructações.
Dose: 3ª.

762. YUCCA FILAMENTOSA

Pertence às *Melanthaceae* (*Liliaceae*).
Face amarelada. Língua amarela, saburrosa, com a impressão dos dentes.
Sintomas biliosos com dores de cabeça.
Nariz vermelho. Pulsação das artérias da fronte.
Gosto de ovos podres. Sensação de alguma coisa pendurada pela garganta e suspensa à nasofaringe.
Dor profunda no lado direito, sobre a região hepática, estendendo-se até às costas. Fezes amarelo-acastanhadas, com bílis.

Ardência e inflamação do prepúcio, com vermelhidão do meato. Gonorreia.
Eritema rubro.
Antídoto: *Cocculus.*
Dose: T.M. à 3ª.

763. ZINCUM METALLICUM
(Zinco)

Sinonímia: *Stannum indicum* e *Zincum*.
O que o ferro é para o sangue, o zinco é para os nervos. Esgotamento nervoso e cerebral.
O característico mais importante de todos os sintomas de *Zincum* em relação à debilidade nervosa geral é uma *incessante e violenta sensação de inquietação nos pés e nos membros inferiores, necessitando movê-los constantemente.* Neurastenia.
Tremor geral e movimentos incessantes, são grandes característicos deste poderoso remédio. Sonolência diurna.
Moléstias do cérebro. A criança enterra a cabeça no travesseiro e a rola de um lado para o outro. *Meningite* pelo não aparecimento de um exantema (sarampo, escarlatina etc.), ou tuberculose. Dentição difícil; convulsões com *face pálida e fria.* Hemicrania. Dor de cabeça dos escolares.
O estômago não pode suportar a menor quantidade de vinho. Muito esfomeado ao almoço.
Vertigem, como alcoolizado.
Irritação espinhal. Ciática.
Paralisias. Paresia geral. Micção difícil. Paralisia vesical.
Não tem força para expectorar; a expectoração alivia. Asma; bronquite.
Hidroencefalia. Pterígio. Conjuntivite; pior no *canto interno do olho.* Estrabismo com fenômenos cerebrais.
Sempre pior pelos estimulantes alcoólicos. Não pode suportar a menor quantidade de vinho.
Veias varicosas.
Retrocesso de erupções; coreia.
Todos os sintomas femininos são acompanhados de agitação, depressão, frialdade, sensibilidade espinhal e pés inquietos. Menstruações irregulares e mais abundantes à noite.
Abortivo e preventivo da varíola (30ª).
Tosse com incontinência de urina.
Sensação de queimaduras ao longo da coluna vertebral.
Dores ao nível da última vértebra dorsal e 1ª lombar, piorando ao se sentar.
Varizes nas coxas, estendendo-se até os grandes lábios.
Ponto de Weihe: ângulo externo entre o bordo superior da clavícula e o bordo externo da porção anterior do esternoclidoinastoideo do lado direito. Fazer pressão de fora para dentro.

Remédios que lhe seguem bem: *Hepar, Ignatia, Pulsatilla, Sepia* e *Sulphur.*
Inimigos: *Chamomilla, Nux* e *Vinum.*
Antídotos: *Camphora, Hepar* e *Ignatia.*
Duração: 30 a 10 dias.
Dose: 3^a à 30^a, 100^a, 500^a, 1.000^a e 10.000^a. D12 e D30 coloidais em tabletes.

764. ZINCUM VALERIANICUM
(Valeriano de zinco)

Sinonímia: *Zinci valerianas* e *Valerianas zincicus.*

Um remédio da *histeria* e das nevralgias histéricas. Cardialgia histérica, *nevralgia facial violenta à esquerda*. *Inquietação histérica dos pés*. Sensação de grande peso no peito (Finney).
Soluço obstinado.
Cefalalgia, nevralgia violenta e intermitente.
Ovaralgia; as dores descem pelas pernas abaixo.
Nevralgia. Ciática; melhor pelo movimento constante.
Epilepsia sem aura.
Insônia das crianças.
Dose: 1^a à 3ª trit. Nas nevralgias, insista por algum tempo.

765. ZINGIBER
(Gengibre)

Sinonímia: *Amomum zingiber, Gingiber albus, Gingiber niger* e *Zingiber*. Pertence às *Zingiberaceae*.

O uso mais importante deste medicamento é nas *menorragias e nas metrorragias* em geral, em T.M., depois do aborto, do parto ou da menopausa. Hemicrania.
Bronquite, rouquidão, *asma. Asma de origem gástrica.*
Completa supressão da urina, depois da febre tifoide.
Maus efeitos de comer melão e de beber água impura. Acidez. Diarreia flatulenta, com cólicas. Hemorroidas quentes e dolorosas.
Antídoto: *Nux.*
Dose: 1^a à 6^a. O óleo é usado para preparo de bebidas.

Parte III

Guia homeopático de terapêutica clínica

Índice das moléstias

Aborto (Movito)	287
Abscesso (Postema, Tumor)	287
Acetonemia	288
Acidez	288
Acidose	288
Acne (Espinhas)	288
Acne rosácea (Nariz vermelho)	288
Acromegalia	289
Actinomicose	289
Adenite	289
Adenopatia traqueobrônquica	289
Aerofagia	289
Afonia (Rouquidão, Falta de voz)	290
Aftas Veja *Estomatite*	290
Agalácia ou Agalactia (Falta de leite materno) Veja *Leite*	290
Agonia	290
Água na barriga Veja *Ascite, Cirrose, Coração, Nefrite*	290
Ainhum	290
Alastrim (Milk-pox, Varíola branca e Varíola benigna)	290
Albuminúria Veja *Nefrite*	291
Alcoolismo	291

Alergia	291
Alienação mental Veja *Impulsos irresistíveis*	292
Alopecia Veja *Calvície*	292
Amaurose Veja *Ambliopia*	292
Ambliopia	292
Amenorreia (Ausência de menstruação)	292
Amigdalite (Angina)	293
Amolecimento cerebral	293
Anasarca	294
Anemia	294
Anemia perniciosa	294
Aneurisma	294
Angina	294
Angina de peito	294
Angiocolite Veja *Cálculos biliares*	295
Anorexia (Fastio)	295
Anquilostomíase Veja *Opilação*	295
Antraz	295
Ânus Veja *Estreitamento do reto, Fendas no ânus, Hemorroidas, Prolapso do reto, Retite e Tenesmo*	295
Aortite	295

Apendicite	296	Bexiga Veja *Cancro, Cistite, Enurese, Espasmos, Hematúria, Pedra, Quilúria, Tenesmo, Urinas* e *Varíola*	301
Apoplexia	296		
Ardor do estômago	296		
Arrotos	296	Bichas Veja *Lombrigas* e *Oxiúros*	301
Artérias Veja *Arteriosclerose, Aneurisma* e *Aortite*	297	Bico do peito rachado Veja *Seios*	301
Arteriosclerose	297	Blefarite Veja *Ptose*	301
Artrite	297		
Articulações Veja *Artrite, Coxalgia, Ganglion, Hidrartrose* e *Reumatismo*	298	Blefarospasmos	301
		Blefaroptose	302
Ascárides Veja *Lombrigas*	298	Blenorragia (Gonorreia, Esquentamento)	302
Ascite (Barriga d'água)	298	Boca	302
Asma	298	Bócio (Papeira)	302
Assadura Veja *Intertrigo*	299	Bócio exoftálmico (Doença de Graves-Basedow)	302
Astenopia	299	Botão-do-Oriente	303
Astigmatismo	299	Boubas (Piã, Framboesia)	303
Ataxia locomotora	299	Broncopneumonia (Bronquite capilar)	303
Atrepsia	299	Brônquios Veja *Asma, Adenopatia traqueobrônquica, Bronquite, Bronquite fétida, Broncopneumonia, Constipação, Coqueluche* e *Tosse*	303
Atrofia muscular progressiva	300		
Atrofia óptica	300		
Ausência de menstruação Veja *Amenorreia*	300		
Azia	300	Bronquite (Constipação de peito)	303
Baço Veja *Esplenite*	300	Bronquite capilar Veja *Broncopneumonia*	304
		Bronquite fétida	304
Balanite (Fogagem)	300	Brotoeja	305
Barriga Veja *Apendicite, Cálculos, Cólicas intestinais, Dismenorreia, Ovarite, Ovaralgia, Peritonite* e *Volvo*	300	Bubão	305
		Bursite (Sinovite das bolsas serosas)	305
Barriga d'água Veja *Ascite*	300	Cabeça-de-prego Veja *Furunculose*	305
Bartolinite	300	Cabelos	305
Bebedeira Veja *Alcoolismo*	301	Cacoete (Tique convulsivo não doloroso)	305
Beribéri	301	Cãibras	305

PARTE III — ÍNDICE DAS MOLÉSTIAS

Cãibra dos escritores	306
Calázio	306
Cálculos biliares	306
Cálculos renais	306
Calos	307
Calvície	307
Câncer (Cancro)	307
Cancro duro (Cancro sifilítico)	309
Cancro mole (Cavalo)	309
Cancro venéreo Veja *Cancro mole* e *Cancro duro*	309
Canície Veja *Cabelos*	309
Caquexia	309
Carbúnculo Veja *Antraz*	309
Cárie dentária	309
Cárie dos ossos	309
Catalepsia	310
Cataporas (Varicela)	310
Catarata	310
Catarro	310
Cavalo Veja *Cancro mole* e *Cancro duro*	310
Caxumba Veja *Parotidite*	310
Cefalalgia (Dores de cabeça)	310
Cegueira noturna Veja *Hemeralopia*	311
Celulite orbitária	311
Cérvico-metrite Veja *Metrite*	311
Chagas Veja *Úlceras*	311
Choque	311
Ciática	311
Cicatrizes Veja *Feridas*	311
Ciclite	312
Cicloplegia (Paralisia da acomodação)	312
Cirrose do fígado	312
Cirrose infantil	312
Cistite	312
Cloasma (Panos)	312
Clorose	313
Cobreiro Veja *Herpes*	313
Cocainismo	313
Coccigodinia	313
Coito	313
Colapso	314
Colecistite	314
Colelitíase Veja *Cálculos biliares*	314
Cólera asiática	314
Cólera infantil Veja *Diarreias infantis*	314
Colerina Veja *Diarreia*	314
Cólicas	314
Cólicas intestinais	314
Comedões (Acne punctata ou Cravo)	315
Comichão Veja *Prurido*	315
Comoção cerebral	315
Congestão cerebral	315
Congestão hepática	315
Congestão pulmonar	316
Congestão da retina Veja *Retinite*	316
Conjuntivite catarral	316

ÍNDICE DAS MOLÉSTIAS

Conjuntivite estival	316
Conjuntivite flictenular (Conjuntivite escrofulosa, Oftalmia estrumosa)	316
Conjuntivite purulenta	316
Constipação	317
Constipação de ventre	317
Contratura essencial Veja *Tetania*	317
Contusões (Machucaduras)	317
Convulsões Veja *Eclampsia, Epilepsia, Histeria, Meningite, Nefrite* etc.	318
Coqueluche (Pertussis, Tosse comprida)	318
Coração Veja *Anasarca, Angina de peito, Edema dos recém-nascidos, Endocardite aguda, Endocardite crônica, Hidropericárdio, Miocardites, Palpitações, Pericardite, Síncope e Taquicardia paroxística*	319
Coreia (Mal ou Dança de São Guido)	319
Corrimento	320
Coriza (Rinite simples, Defluxo, Resfriamento e Constipação do nariz)	320
Coroidite	320
Coxalgia (Artrite do quadril)	321
Cravos Veja *Boubas* e *Comedões*	321
Cretinismo Veja *Idiotismo*	321
Crosta láctea	321
Crupe (Laringite catarral aguda da infância)	321
Dacrioadenite	321
Dacriocistite	321
Dança de São Guido Veja *Coreia*	322
Debilidade	322
Dedos Veja *Mãos*	322
Defluxo Veja *Coriza*	322
Degenerações	322
Delírio	322
Delirium tremens Veja *Alcoolismo*	322
Demência	323
Dengue	323
Dentição	323
Descolamento da retina	323
Deslocamentos uterinos	323
Desmaio Veja *Síncope*	324
Desordens cerebrais	324
Desordens sexuais	324
Destroncamentos Veja *Luxações*	324
Diabetes açucarados (Urinas doces)	324
Diabetes insípido (Poliúria)	325
Diarreia (Catarro intestinal ou Enterite catarral)	325
Diarreia crônica	325
Diarreia crônica dos países quentes	325
Diarreias infantis (Gastrenterite)	326
Dificuldades escolares da criança (Dislexias)	326
Difteria (Crupe pseudomembranoso, Angina diftérica ou Garrotilho)	327
Diplopia	328
Disenteria (Cãibras de sangue)	328
Dismenorreia (Menstruações dolorosas)	329
Dispepsia (Má digestão)	329
Dores	330
Dores nas costas	330

Moléstia	Página
Eclampsia (Convulsões)	330
Ectima (Impetigo ulceroso)	331
Ectropion	331
Eczema	331
Edema (Inchaço) Veja *Hidropisia*	332
Edema essencial (Edema angioneurótico)	332
Edema da glote	332
Edema pulmonar	332
Edema dos recém-nascidos	332
Efélides	333
Elefantíase	333
Embaraço gástrico Veja *Dispepsia, Febre gástrica* e *Indigestão*	333
Embolia	333
Embriaguez Veja *Alcoolismo*	333
Empanturração Veja *Flatulência*	333
Encefalite letárgica (Encefalite de von Economo)	333
Endocardite aguda	333
Endocardite crônica (Moléstia valvular do coração)	334
Endometriose	334
Endometrite (Catarro uterino)	335
Enfarte do miocárdio	335
Enfisema	335
Enfraquecimento Veja *Debilidade*	336
Enjoo de mar	336
Enterite Veja *Diarreias*	336
Enterite mucomembranosa (Enterite regional)	336
Enterocolite Veja *Diarreia* e *Diarreias infantis*	336
Entrópio	336
Enurese (Incontinência noturna das urinas, em crianças acima dos três anos)	336
Enxaqueca	337
Epididimite	337
Epilepsia	337
Episclerite	338
Epistaxe	338
Epitelioma	338
Equimose	338
Ergotismo	338
Erisipela (Fogo de Santo Antônio)	339
Eritema	339
Escarlatina	340
Escarros de sangue Veja *Hemoptise*	340
Esclerite	341
Esclerodermia	341
Esclerose cérebro-espinhal (Esclerose múltipla, esclerose em placas)	341
Escorbuto	341
Escoriação	341
Escrófula	341
Escrotos Veja *Cancro, Espermatorreia, Hematocele, Hidrocele, Nevralgias* e *Orquite*	342
Esgotamento nervoso Veja *Neurastenia* e *Espermatorreia*	342
Esofagite	342
Esofagismo	342
Esôfago	342

ÍNDICE DAS MOLÉSTIAS

Espasmo da acomodação	342
Espasmo da bexiga (Estrangúria)	342
Espasmo do esôfago Veja *Esofagismo*	342
Espasmos da glote Veja *Laringismo estrídulo*	342
Espasmos da uretra	342
Espermatorreia (Poluções noturnas)	343
Espinha Veja *Ataxia locomotora, Atrofia muscular progressiva, Mielite, Paralisias e Poliomielite anterior aguda*	343
Espirros	343
Esplenite	343
Esquentamento Veja *Blenorragia*	343
Estafiloma	343
Esterilidade	343
Estômago Veja *Acidez, Anorexia, Ardor do estômago, Arrotos, Atrepsia, Azia, Dispepsia, Gastralgia, Gastrite, Gastroptose, Hematêmese, Indigestão, Náuseas, Úlcera gástrica e Vômitos*	344
Estomatite	344
Estrabismo	344
Estrangúria Veja *Espasmo da bexiga e Espasmos da uretra*	344
Estreitamento do esôfago Veja *Esôfago*	344
Estreitamento lacrimal	344
Estreitamento do reto	345
Estreitamento da uretra	345
Estrofulus Veja *Brotoeja*	345
Exostose (Nódulo ou tumor dos ossos)	345
Falta de sangue Veja *Clorose*	345
Faringite	345

Fastio Veja *Anorexia*	345
Febre	345
Febre [Estudo comparativo]	346
Febre amarela	346
Febre biliosa	347
Febre de calor Veja *Febre climática*	347
Febre de caroço Veja *Peste bubônica*	347
Febre cirúrgica	347
Febre climática	347
Febre de dentição Veja *Dentição*	348
Febre efêmera	348
Febre de feno (Rinite hiperestésica periódica)	348
Febre fluvial do Japão	348
Febre ganglionar	348
Febre gástrica	348
Febre intermitente Veja *Impaludismo*	348
Febre de leite Veja *Febre puerperal*	348
Febre de lombrigas Veja *Lombrigas*	348
Febre mediterrânea (Febre de Malta)	348
Febre miliar Veja *Miliária*	349
Febre negra	349
Febre puerperal	349
Febre recorrente (Tifo recorrente)	349
Febre remitente infantil	349
Febre tifoide	350
Febres eruptivas Veja *Alastrim, Cataporas, Dengue, Erisipela, Escarlatina, Miliária, Roséola, Sarampo, Tifo exantemático, Vacinose e Varíola.*	350

Febres gastrintestinais	350	Gastralgia (Dores de estômago)	354
Febres palustres Veja *Impaludismo*	350	Gastrenterite Veja *Diarreias infantis*	354
Fendas Veja *Rachaduras*	350	Gastrite (Inflamação da mucosa gástrica)	354
Fendas no ânus	350	Gastroptose	354
Feridas	351	Glândulas Veja *Adenite, Febre ganglionar* e *Linfatismo*	354
Fibromas	351		
Fígado Veja *Cálculos biliares, Cancro, Cirrose do fígado, Cirrose infantil, Congestão hepática, Degenerações, Hepatite* e *Icterícia*	351	Glaucoma	354
		Glossite	355
Filariose Veja *Elefantíase* e *Quilúria*	351	Gonorreia Veja *Blenorragia*	355
Fimose Veja *Balanite*	351	Gordura (Excesso) Veja *Obesidade*	355
Fisometria	351	Gota	355
Fístulas	352	Gota militar Veja *Blenorragia*	355
Flatulência	352	Gravália Veja *Cálculos renais*	355
Flebite	352		
Fleimão ou Phlegmão Veja *Abscesso*	352	Gravidez (Incômodos)	355
Flores-brancas Veja *Leucorreia*	352	Greta do ânus Veja *Fendas no ânus*	356
		Gripe (*Influenza*)	356
Fogagem Veja *Balanite*	352	Helmintíase Veja *Lombrigas, Opilação, Oxiúros* e *Tênia*	358
Fosfatúria Veja *Urinas*	352	Hematêmese	358
Fraturas	352	Hematocele	358
Frieiras	353	Hematocele periuterina	358
Furunculose	353	Hematoma dos recém-nascidos	358
Gagueira	353	Hematoquilúria Veja *Quilúria*	358
Galactorreia (Excesso de leite materno) Veja *Leite*	353	Hematúria	358
Ganglion (Quisto sinovial)	353	Hematúria endêmica (Bilharziose)	358
Gangrena	353	Hemeralopia (Cegueira noturna)	359
Garganta Veja *Amigdalite, Difteria, Hipertrofia das amígdalas* e *Faringite*	354	Hemianopsia (Hemiopia)	359
		Hemiplegia	359

Hemofilia	359
Hemoglobinúria	359
Hemoptise	359
Hemorragias	360
Hemorroidas	360
Hepatalgia Veja Cálculos biliares	360
Hepatite	360
Hérnias (Abdominais)	360
Herpes	360
Hidrâmnios (Hidropisia do âmnios)	361
Hidrartrose	361
Hidrocefalia (Hidropisia do cérebro)	361
Hidrocele	361
Hidrofobia	361
Hidronefrose	362
Hidropericárdio	362
Hidropisia	362
Hidrorreia nasal Veja Coriza	362
Hidrotórax	362
Hipertensão arterial (Doença vascular hipertensiva)	362
Hipertrofia das amígdalas	362
Hipertrofia da próstata Veja Prostatismo	363
Hipocondria Veja Neurastenia	363
Hipoemia intertropical Veja Opilação	363
Hipopion	363
Hipotensão arterial	363
Histeralgia	363
Histeria	363
Icterícia	364

Ictiose	364
Idade crítica Veja Menopausa	364
Idiotismo	364
Impaludismo (Febres palustres, Sezões, Malária, Febres intermitentes)	365
Impetigo	366
Impigem Veja Tinea tonsurans	366
Impotência	366
Impulso sexual Veja Desordens sexuais	366
Impulsos irresistíveis (Alienação mental)	366
Inchaço	367
Incontinência de urinas	367
Indigestão	367
Infecção	367
Inflamação	367
Influenza Veja Gripe	368
Ínguas Veja Adenite e Bubão	368
Insetos Veja Picadas de insetos	368
Insolação	368
Insônia	368
Intertrigo	368
Intestinos Veja Apendicite, Cancro, Cólicas intestinais, Constipação de ventre, Disenteria, Diarreia, Diarreia crônica dos países quentes, Diarreia infantil, Enterite mucomembranosa, Fendas, Lombrigas, Oxiúros, Paralisias, Tênia, Tenesmo, Timpanismo, Prolapso do reto, Tuberculose intestinal e Volvo	368
Intoxicações Veja Alcoolismo, Cocainismo, Ergotismo, Intoxicações alimentares, Morfinismo, Mordeduras de cobra e Tabagismo	368
Intoxicações alimentares	368

Irite	369	Lumbago	374
Lábios	369	Lúpus	374
Lactação *Veja Leite*	369	Luxações	374
Lagoftalmo	369	Machucadura *Veja Contusões*	374
Laringe *Veja Afonia, Cancro, Crupe, Edema da glote, Laringite, Laringismo estrídulo, Pólipos e Voz*	369	Mal das altitudes (Mal das montanhas, Mal dos balões, Mal do ar nos aviadores)	374
Laringismo estrídulo (Espasmo da glote ou Falso-crupe)	369	Mal de Bright *Veja Nefrite*	374
Laringite (Traqueíte, Laringotraqueíte)	369	Mal de gota *Veja Epilepsia*	374
		Mal de Pott	374
Leicenço *Veja Furunculose*	370	Mal de sete dias *Veja Tétano*	374
Leite	370	Malária *Veja Impaludismo*	374
Lentigo	370		
Lepra	370	Mamas *Veja Seios*	374
Lesões do disco intervertebral	371	Manchas da pele *Veja Cloasma, Equimose, Efélides, Lentigo e Vitiligo*	375
Leucemia	372		
Leucoplasia	372	Mania	375
Leucorreia (Flores-brancas)	372	Mãos	375
Lienteria *Veja Diarreia*	372	Marasmo infantil *Veja Atrepsia*	375
Linfatite (Angioleucite)	372	Marasmo senil	375
Linfatismo	373	Mastite	375
Linfossarcoma (Moléstia de Hodgkin)	373	Mastodinia *Veja Nevralgias*	375
Língua geográfica *Veja Leucoplasia*	373	Mastoidite *Veja Otite*	375
Líquen	373	Masturbação *Veja Onanismo*	375
Litíase *Veja Cálculos*	373	Mau hálito	376
		Maus efeitos de (...)	376
Lobinho *Veja Quisto*	373	Medo	376
Lombrigas (Ascaridíase ou Bichas)	373	Melancolia	377
Loucura	373	Meningite (Leptomeningite cerebral aguda)	377

Meningite cérebro-espinhal epidêmica	377
Meningite tuberculosa	378
Menopausa	378
Menorragia	378
Menstruação Veja *Amenorreia, Dismenorreia, Menorragia, Menstruação irregular* e *Menopausa*	378
Menstruação irregular	378
Mentagra	379
Meteorismo Veja *Timpanismo*	379
Metrite	379
Metrorragia	379
Mialgias	380
Mielite	380
Miliária	380
Miocardites	380
Miopia	380
Miringite	380
Mixedema	381
Mola (Mixoma cório-placentário)	381
Moléstia de Addison	381
Moléstia de Basedow Veja *Bócio exoftálmico*	381
Moléstia de Hodgkin Veja *Linfossarcoma*	381
Moléstia de Raynaud	381
Moléstia do sono	381
Moléstias venéreas Veja *Balanite, Cancro mole, Cancro duro, Sífilis* e *Blenorragia*	381
Molluscum	381
Mordeduras de cobra	382
Morfeia Veja *Lepra*	382
Morfinismo	382

Movito Veja *Aborto*	382
Mula Veja *Adenite*	383
Nariz	383
Nascida Veja *Furunculose*	383
Náuseas	383
Necrose óssea	383
Nefrite	383
Neurastenia	384
Neurose barométrica	384
Nevo	384
Nevralgias	384
Nevrites	385
Nevroses cardíacas Veja *Palpitações* e *Taquicardia*	385
Nictalopia Veja *Hemeralopia*	385
Ninfomania Veja *Desordens sexuais*	385
Nistagmo	385
Nó de tripas Veja *Volvo*	385
Nódulos Veja *Exostose*	385
Noma Veja *Estomatite*	385
Obesidade	385
Obstrução intestinal Veja *Volvo*	386
Odontalgia	386
Oftalmias Veja *Olhos*	386
Olhos	386
Omodinia	386
Onanismo	386
Onixe	387

Opacidade da córnea	387
Opilação (Anquilostomíase)	387
Orquite	387
Ossos	387
Osteíte	387
Osteomalacia	388
Osteomielite	388
Osteossarcoma Veja *Cancro dos ossos (Câncer)*	388
Otalgia (Dor de ouvidos)	388
Otite externa	388
Otite interna	388
Otite média	389
Otorragia	389
Otorreia	389
Ouvidos	389
Ovaralgia	389
Ovários Veja *Cancro*, *Esterilidade*, *Fibromas*, *Quisto*, *Ovaralgia* e *Ovarite*	389
Ovarite (Salpingite, Salpingo-ovarite e Celulite pelviana)	389
Oxalúria Veja *Urinas*	390
Oxiúros	390
Ozena Veja *Rinite atrófica*	390
Palavra	390
Palpitações	390
Panarício	390
Pancada Veja *Contusões*	390
Pâncreas	391
Panos Veja *Cloasma*	391
Papeira Veja *Bócio*	391

Papilomas Veja *Pólipos*	391
Paralisia agitante (Doença de Parkinson)	391
Paralisia amiotrófica	391
Paralisia do ânus	391
Paralisia atáxica (Esclerose medular póstero-lateral)	391
Paralisia da bexiga	392
Paralisia bulbar progressiva (Paralisia da língua, Paralisia lábio-grosso-faríngea)	392
Paralisia facial (Paralisia de Bell)	392
Paralisia geral dos alienados (Mania das grandezas)	392
Paralisia de Landry (Paralisia ascendente aguda)	392
Paralisia pseudo-hipertrófica	392
Paralisias	393
Paralisias isoladas	393
Paraplegia espástica (Paraplegia espasmódica, Diplegia)	393
Parotidite (Caxumba)	394
Parto	394
Pediculose (Piolhos)	394
Pedra	394
Pelagra	395
Pele	395
Pelvi-peritonite	395
Pênfigo	395
Pênis Veja *Balanite*, *Cancro mole*, *Cancro duro*, *Coito* e *Impotência*	395
Pericardite	395
Periostite	395
Peritônio Veja *Ascite* e *Peritonite*	396

Peritonite	396
Pés	396
Pesadelos	396
Peste bubônica (Febre de caroço)	396
Picadas de insetos	396
Pielite	396
Pioemia (Infecção purulenta)	397
Piorreia (Periodontite, Piorreia alveolar)	397
Pirose	397
Pleura Veja *Hidrotórax*, *Pleuris* e *Pleurodinia*	397
Pleuris	397
Pleurodinia	398
Pneumonia	398
Poliomielite anterior aguda (Paralisia espinhal infantil)	399
Polinevrite Veja *Nevrites*	399
Pólipos	399
Poluções noturnas Veja *Espermatorreia*	399
Pontadas	399
Presbiopia (Vista cansada)	399
Prisão de ventre Veja *Constipação de ventre*	399
Proctite Veja *Retite*	399
Prolapso do reto (Queda da via)	400
Prolapso do útero Veja *Deslocamentos uterinos*	400
Prostatite	400
Prostatismo (Hipertrofia da próstata)	400
Prurido	400
Prurigo	400
Psoríase	401
Pterígio	401
Ptialismo (Salivação)	401
Ptiríase	401
Ptose (Blefaroptose)	401
Puerpério (Estado puerperal)	401
Pulmões Veja *Congestão pulmonar*, *Edema pulmonar*, *Enfisema*, *Gangrena*, *Hemoptise*, *Pneumonia*, *Soluço*, *Tísica pulmonar* e *Tosse*	402
Púrpura	402
Pústula maligna Veja *Antraz*	402
Queda	402
Queimaduras	402
Queloide	405
Quemose	405
Queratite	406
Quilúria (Urinas leitosas)	406
Quisto	406
Rachaduras Veja *Fendas no ânus*, *Lábios*, *Nariz* e *Seios*	406
Raiva Veja *Hidrofobia*	406
Rânula	406
Raquitismo	406
Retinite	407
Retite (Proctite)	407
Resfriamento	407
Reumatismo	407
Rinite aguda Veja *Coriza*	408
Rinite alérgica	408

Rinite atrófica (Ozena)	408	Siringomielia	412
Rinite hipertrófica	408	Solitária *Veja Tênia*	412
Rinite pseudomembranosa *Veja Difteria*	409	Soltura *Veja Diarreia*	412
Rins *Veja Cálculos renais, Degenerações, Diabetes, Hemoglobinúria, Hidronefrose, Nefrite e Pielite*	409	Soluços	412
		Sonambulismo	412
Roséola	409	Sono	413
Rouquidão *Veja Afonia*	409	Suores	413
Rupia *Veja Ectima*	409	Supuração *Veja Abscessos, Furunculose, Pioemia, Piorreia etc.*	413
Salivação *Veja Ptialismo*	409	Surdez	413
		Suspensão *Veja Amenorreia*	414
Salpingo-ovarite *Veja Ovarite*	409	Tabagismo	414
Sangue	409	*Tabes dorsalis* *Veja Ataxia locomotora*	414
Sapinhos *Veja Estomatite*	409	Taquicardia paroxística (Moléstia de Bouveret)	414
Sarampo	409	Tártaro dentário	414
Sardas *Veja Lentigo e Efélides*	410	Tendências morais	414
Sarna	410	Tenesmo	415
Satiríase *Veja Desordens sexuais*	410	Tênia	415
		Terçol	415
Seborreia (Dermatite seborreica)	410	Tetania	416
Seios	410	Tétano	416
Septicemia	410	Tifo *Veja Febres gastrintestinais e Febre tifoide*	416
Sezões *Veja Impaludismo*	410	Tifo recorrente	410
Sicose	411	Tifo exantemático	416
Sífilis	411	Timpanismo	416
Síncope	411	*Tinea tonsurans* (Impigem)	416
Sinovite *Veja Artrite, Bursite e Ganglion*	411	Tinha *Veja Tinea tonsurans*	416
Sinusites	411	*Tinnitus aurium* (Ruídos dos ouvidos) *Veja Otite média e Surdez*	416
Siríase *Veja Febre climática*	412		

ÍNDICE DAS MOLÉSTIAS — PARTE III

Tísica pulmonar (Tuberculose pulmonar)	417
Tique doloroso Veja *Nevralgias*	417
Torcedura	417
Torcicolo	417
Tosse	418
Toxicose	418
Tracoma (Conjuntivite granulosa)	419
Traqueíte Veja *Laringite*	419
Tremor senil	419
Triquíase	419
Trombose Veja *Amolecimento cerebral*	419
Tuberculose intestinal	419
Tuberculose pulmonar Veja *Tísica pulmonar*	419
Tumor branco Veja *Artrite*	420
Tumores Veja *Cancro*	420
Úlceras	420
Úlcera de Bauru	420
Úlcera duodenal Veja *Úlcera gástrica*	420
Úlcera gástrica	420
Ulceração uterina	420
Unhas	420
Unheiro Veja *Onixe*	421
Uremia Veja *Nefrite*	421
Urinas	421
Urticária	421
Útero Veja *Amenorreia, Cancro, Deslocamentos uterinos, Dismenorreia, Endometrite, Fibromas, Hematocele periuterina, Histeralgia, Leucorreia, Menorragia, Menstruação irregular, Metrorragia, Metrite, Pólipos* e *Ulceração uterina*	421
Vacinose	421
Vaginismo	421
Vaginite	422
Varicela Veja *Cataporas*	422
Varicose	422
Varíola (Bexigas)	422
Vegetações adenoides	423
Veias Veja *Flebite* e *Varicose*	423
Vermes	423
Verrugas	424
Vertigem	424
Vitiligo	424
Volvo	425
Vômitos	425
Voz	425
Vulvite	425
Zona	425
Zumbidos de ouvido Veja *Otite média*	425

Tratamento das moléstias

ABORTO
(Movito)

Chama-se aborto a expulsão do produto da concepção antes da época da vitalidade, isto é, antes do fim do sexto mês; depois, chama-se parto prematuro. Em qualquer dos casos, deve ser evitado.

O aborto se anuncia por sensação de peso nos órgãos genitais, dores pelos ossos da bacia e cadeiras, desejos frequentes de urinar, náuseas, vômitos, corrimento aquoso do útero. Depois, se o mal não retrocede e se torna inevitável, aparece um corrimento de sangue, as dores se acentuam, como as do parto, e o embrião é expulso.

Para prevenir o aborto em pessoas suscetíveis a ele, dê-se Sepia 30ª de 6 em 6 horas (Hamamelis 5ª também previne o aborto). Sabina 5ª para combater a ameaça de aborto no terceiro mês; aborto nos dois primeiros meses, Secale 3ª e Viburnum opulus 3ª alternados; aborto nos últimos meses, Secale 3ª ou Actea racemosa 3ª e Caulophyllum 2ª alternados; se for devido a algum acidente, queda, pancada etc., Arnica 1ª; se ficar no útero parte das membranas, Caulophyllum 2ª; aborto no curso de febre grave, Baptisia, 1ª; aborto devido a susto ou zanga, Aconitum 5ª e Chamomilla 5ª alternados. Placenta prévia, China 5ª. Todos os medicamentos devem ser dados de meia em meia hora, Aletris farinosa 3ªx é muito elogiada para evitar os abortos.

Além da medicação, repouso absoluto o uso de supositórios antiespasmódicos.

Os abortos de mais de dois meses necessitam sempre da presença do médico.

Fraqueza geral depois do aborto, Kali carbonicum 5ª, de 6 em 6 horas, alternado com China off. 30ª.

ABSCESSO
(Postema, Tumor)

É um tumor constituído por uma coleção de pus (matéria), que se desenvolve em qualquer parte do corpo, em consequência de uma inflamação.

Inchaço vermelho, dor e calor no lugar inflamado, caracterizam os abscessos; além disso, pode haver febre, com leve embaraço gástrico (língua saburrosa) e dor de cabeça.

Logo que uma inflamação dessas começa a se desenvolver, dê-se Mercurius solubilis 5ª alternado com Belladona 3ª (ou ainda Aconitum 3ª e Bryonia 3ª alternados) de meia em meia ou de hora em hora; se, apesar disso, o pus se formar, dê-se Hepar sulphuris 5ª de hora em hora, só ou alternado com Mercurius solubilis 5ª (se se quiser tentar reabsorver o pus) ou com Chamomilla 12ª, Scorpio 3ª ou Tarantula cubensis 5ª, se as dores forem intoleráveis; uma vez aberto e expelido o pus, dê-se Silicea 30ª de 3 em 3 horas, e se, de todo desinflamado, custar a se fechar, dê-se, depois de Silicea, Calcarea sulphurica 5ª, de 3 em 3 horas, só ou alternado com Pulsatilla 5ª. A febre hética da supuração se combate com China T.M. Contra os abscessos encruados, que permanecem duros, sem se resolver, dê-se Conium 30ª a cada 3 horas.

Chavanon aconselha o uso de Pyrogenium 30ª no início de qualquer foco supurativo.

O Hepar sulphuris de alta, 500ª, 1.000ª, é indicado nos casos iniciais, para efetuar a regressão. Quando já há pus, aplica-se o Hepar sulphuris 2ªx trit. que é chamado de "bisturi" homeopático.

Nas inflamações de mau caráter, costumo alternar Echinacea 1ªx com Pyrogenium 30ª.

Estando o abscesso aberto, enquanto houver supuração, convém fazer curativos locais com Calendula, tintura-mãe.

Um ótimo antisséptico também é Cordia curas.

Na alopatia, o uso de antibióticos e sulfas que têm ação sobre Staphylococcus e Streptococcus.[147]

---

147. O uso de antibióticos e sulfas deve ser feito sob prescrição médica, em vista dos efeitos colaterais danosos que provocam e a resistência que podem provocar.

ACETONEMIA

Intoxicação devida à acetona. A criança, quase sempre, apresenta-se com cólicas, diarreia amarelada alternada com obstipação. Fígado grande e dolorido e o doentinho sempre com náuseas e vômitos, e hálito característico com cheiro de acetona.

O principal remédio é *Senna* 3ªx. *Lycopodium clavatum* 30ª é muito indicado nos intervalos das crises de acetonemia. *Arsenicum album* 6ª é indicado quando, ao lado da sintomatologia citada, há sede frequente para pequenas porções de água de cada vez. *Kreosotum* 5ª tem suas indicações.

O uso de *dextrosol* via oral e a aplicação de *soro glicosado* por via *subcutânea* são muito úteis e não interferem na medicação homeopática. Inúmeras vezes há necessidade de transfusões, porque a criança fica desidratada. O soro glicofisiológico, gota a gota, endovenoso, tem suas indicações.

ACIDEZ

É uma forma de dispepsia caracterizada por dores ardentes de estômago depois das refeições, ardores por trás do esterno, azias, arrotos azedos, eructações acres e vômitos muito azedos, dores de cabeça, cólicas, flatulência etc.

Tome-se *Calcarea carbonica* 30ª, de 6 em 6 horas, e *Atropina sulphurica* 3ª trit., um ou dois tabletes logo depois de cada refeição. Se não der resultado, experimente-se *Robina* 3ª, *Capsicum* 5ª ou *Conium* 5ª ou ainda *Sulphuris acidum* 3ª. *Natrum phosphoricum* 5ª é também um grande remédio, e bem assim *Muriatis acidum* 3ªx, dado pouco antes das refeições.

Argentum nitricum 3ª, se houver grande quantidade de gases. *Ornithogalum* T.M. antes das refeições, se houver suspeita de úlcera.

ACIDOSE

Faço simples referência a um grupo de condições nas quais existem distúrbios ligados ao equilíbrio ácido-base do organismo e ao metabolismo da água.

Neste capítulo, podem ser englobadas a *Acidose, Quetose, Alcalose* e *Desidratação*.

Como se trata de assunto que exige conhecimentos aprofundados de fisiopatologia, achamos de melhor alvitre, em face de quaisquer dos casos supra, recorrer ao médico.

Deve-se, no entanto, observar que toda e qualquer medicação feita no sentido de restabelecer o equilíbrio metabólico não interfere na medicação homeopática. O soro glicosado, fisiológico, glicofisiológico, bicarbonatado, solução de lactato de sódio, o soro albumina humana, plasma, transfusões etc. podem e devem ser aplicados nos casos indicados, associados à medicação homeopática.

ACNE
(Espinhas)

É uma erupção muito conhecida, que dá, sobretudo, no rosto, caracterizada por pequenas pápulas vermelhas mais ou menos endurecidas, repousando sobre uma base de pele avermelhada; é uma inflamação das glândulas sebáceas. (Veja *Comedões*).

Os primeiros remédios desta moléstia e que devem ser tentados uns após outros ou alternados são: quando recente, *Belladona* 3ª (em pessoas sanguíneas) ou *Pulsatilla* 3ª (em pessoas anêmicas) 3 doses por dia; quando crônica, *Carbo animalis* 30ª; *Thuya* 3ª; *Calcarea picrica* 3ª trit.; *Sanguinaria* 3ª (se houver perturbações da menstruação nas jovens); *Sulphur* 30ª; *Lycopodium* 30ª; *Kali bromatum* 30ª; *Kali muriaticum* 5ª; *Berberis aquifolium* T.M.; *Skokum chuk* 3ªx; *Calcarea sulphurica* 5ª, duas doses por dia. O *Sulphur iodatus* 3ª trit. é muito indicado. *Staphylocum* 200ª, 5 gotas à noite, de 15 em 15 dias.

ACNE ROSÁCEA
(Nariz vermelho)

A acne rosácea, que se confunde muitas vezes com a acne vulgar, é uma congestão crônica de pele da face, sobretudo do nariz, caracterizada por vermelhidão, dilatação das veias e algumas vezes por espessamento hipertrófico das partes afetadas. A pele, a princípio, torna-se vermelha, depois violácea com vênulas dilatadas e tortuosas, serpenteando pela área afetada, enfim, com o andar do tempo, espessa-se, incha, apresenta pequenos tubérculos e pode mesmo deformar o nariz.

Os principais medicamentos desta moléstia, e que devem ser tentados sucessivamente, são: *Hidrocotyla asiatica* 1ª ou 5ª; *Arsenicum iodatum* 3ªx; *Sulphur iodatum* 3ªx; *Rhus* 5ª; *Psorinum* 30ª; *Ledum palustre* 3ª; *Capsicum* 3ª; *Silicea* 30ª e *Juglans cinerea* 1ªx; todos de 6 em 6 horas. *Eugenia jambosa* 3ª.

Calcarea fluoratada 200ª, 5 gotas, em jejum a cada 7 dias. Localmente, *Creme de Hamamelis* sem gordura.

ACROMEGALIA

É um distúrbio do crescimento causado pela hiperfunção das células eosinofílicas da pituitária. O aumento exagerado das mãos, pés e do rosto é o sintoma inicial. O prognatismo, distúrbios oculares e dores musculares aparecem depois.

Às vezes, complica-se a acromegalia com o hipertireoidismo e o *diabetes mellitus*. A galactorreia e a hipertricose também podem aparecer.

Seus principais remédios são: *Calcarea phosphorica* 30ª; *Hecla lava* 30ª, e *Calcarea fluorica* 5ª. A cada 6 horas.

ACTINOMICOSE

É uma moléstia parasitária, caracterizada pela presença, nos tecidos subcutâneos ou em certos órgãos, de um cogumelo chamado actinomiceto, que ataca a pele secundariamente, vindo de dentro, produzindo nódulos ou tumores, que se abrem em numerosas fístulas na superfície, dando um corrimento purulento ou sanguinolento.

Existem quatro formas principais de *actinomicose*:
1. cérvico-facial, de 50% dos casos;
2. torácica;
3. abdominal (*caecum*, apêndice e peritônio);
4. generalizada, com envolvimento da pele, corpos vertebrais, fígado, rins, ureter e pelve feminina. É a forma que ocorre nos casos não sujeitos a tratamento.

O principal remédio homeopático é *Kali iodatum* 1ªx (50 gotas por dia) só ou alternado com *Calcarea fluorica* 3ª ou *Hepar sulphuris* 3ªx, a cada 3 horas. *Nitri acidum* 3ª também é indicado.

Na alopatia está se fazendo uso das *sulfas*. Injeções à base de *iodo* e ultimamente até a *Isoniazida* (*Nidrazida*).

A respeito da *Isoniazida*, foi publicada uma observação sobre três casos, de MacVay Júnior e Sprunt, no *Jama*, de 12.9.1953.[148]

ADENITE

É a inflamação de um gânglio linfático. Quando aguda, apresenta os mesmos sintomas de um abscesso; quando crônica, constitui um caroço endurecido sob a pele, no pescoço, no sovaco, por baixo do queixo, na virilha.

Para combatê-la, alterne-se *Belladona* 3ª com *Mercurius iodatus ruber* 3ª de hora em hora; quando aguda, seguindo depois o mesmo tratamento que o caso de um abscesso. Na adenite da virilha, vulgarmente chamada *bubão* ou *mula*, um bom medicamento é *Carbo animalis* 5ª e outro é *Arsenicum iodatum* 3ªx. Contra as adenites crônicas, pode-se usar: *Iodum* 3ª sobretudo do pescoço, *Conium* 3ª, *Baryta iodata* 3ª, *Badiaga* 5ª, *Scrophularia nodosa* 1ª, *Cistus canadenses* 30ª, *Aethusa* 5ª, *Calcarea iodata* 3ª, *Calcarea fluorica* 5ª, *Lapis* 30ª, *Carbo animalis* 5ª, *Calcarea carbonica* 30ª. Contra a adenite tuberculosa, o principal remédio é *Iodoformiun* 3ªx trit. A cada 6 horas. *Lapis albus* 30ª nas adenites antigas. Nas adenites agudas, externamente pomada de *Cirtopodium* ou de *Belladona*.

ADENOPATIA TRAQUEOBRÔNQUICA

É a inflamação crônica, geralmente de natureza tuberculosa, dos gânglios linfáticos do mediastino que acompanham a traqueia e os brônquios; caracteriza-se por febre irregular, emagrecimento, fastio, sufocações paralíticas da laringe, tosse de acesso como a da coqueluche, seguida de vômitos, dores no peito etc.

Comece-se o tratamento alternando *Arsenicum iodatum* 5ªx com *Conium* 5ªx, a cada 3 horas.

Outros medicamentos são: *Calcarea carbonica* 30ª, *Calcarea iodata* 3ª, *Baryta iodata* 3ª, *Calcarea fluorica* 3ª trit., *Iodoformium* 3ªx trit. Nos acessos de sufocação laríngea, semelhantes ao laringismo estrídulo, dê-se *Ignatia* 12ª e, nos intervalos, *Iodum* 3ªx. *Calcium phosphoricum* D6 coll., alternado com *Baryum carbonicum* D6 coll. de 2 em 2 horas. É aconselhável iniciar o tratamento com uma dose de *Denys* 200ª. Os raios ultravioleta são muito aconselhados.

Marmorek 200ª também tem indicação.

AEROFAGIA

É uma moléstia devida à deglutição anormal do ar que distende o estômago, dando perturbações nevrálgicas, cardíacas o respiratórias. As nevrálgicas, caracterizadas por dores epigástricas e torácicas. As cardíacas, devidas à compressão do coração feita por intermédio do diafragma pelos gases, que são as palpitações e angústia. As respiratórias, que correspondem a uma grande opressão que obriga o paciente a amplas inspirações.

A aerofagia foi muito bem estudada entre nós pelo saudoso professor Dr. Miguel Couto.

Os principais medicamentos homeopáticos são: *Ignatia amara* 30ª, *Kali carbonicum* 30ª, *Carbo vegetabilis* 30ª, *Argentum nitricum* 6ª e *Lycopodium clavatum* 30ª.

Ignatia amara 30ª apresenta sensação de fome com vazio epigástrico pelas 11 horas da manhã. O doente melhora sempre pela distração.

---

148. Entre nós, o Prof. Lacaz e o Prof. Dr. Sebastião de Almeida Prado Sampaio estão empregando um antibiótico com grande sucesso.

Kali carbonicum 30ª é indicado nos casos em que todos os alimentos parecem se transformar em gás. O doente de *Carbo vegetabilis* tem suores frios, mal-estar, dispneia e dores sempre acima do diafragma.

Argentum 3ª apresenta flatulência excessiva, azia e regurgitações.

Sparteina sulphurica 3ª e *Nux moschata* 5ª têm suas indicações.

AFONIA
(Rouquidão, Falta de voz)

É a perda parcial ou completa da voz, acidental, aguda ou crônica, devida a várias causas, sobretudo catarro laríngeo agudo ou crônico.

Para a afonia catarral, os melhores medicamentos são: *Ipeca* 5ª ou *Causticum* 5ª ou 12ª de hora em hora; *Phosphorus* 5ª convém sobretudo à rouquidão dos tísicos; *Arnica* 1ª ou *Arum tryphillum* 3ª para a rouquidão dos cantores e oradores; *Hepar sulphuris* 5ª nas crianças; *Carbo vegetabilis* 5ª para a rouquidão indolor que se agrava ao anoitecer. Sem dor, pela manhã, *Calcarea carbonica* 30ª. Afonia nervosa, *Nux moschata* 30ª. Paralítica, *Silicea* 30ª, *Gelsemium* 3ª ou *Phosphorus* 3ª. Todos de hora em hora. Nos casos subagudos, de 3 em 3 horas. Nos casos crônicos, de 6 em 6 horas. Afonia ao menor resfriamento, *Aconitum* 5ª ou *Dulcamara* 3ª. Também *Viola odorata* 3ª alternado com *Kali chloricum* 3ª. Gargarejos de *Phytolacca* T.M., nos casos agudos.

Nas afonias histéricas, *Ignatia amara* 5ª.

Argentum metallicum 5ª deve ser empregado, nos casos em que outros medicamentos falharem.

AFTAS

Veja *Estomatite*.

AGALÁCIA ou AGALACTIA
(Falta de leite materno)

Veja *Leite*.

AGONIA

É o último período das moléstias fatais. O paciente jaz no decúbito dorsal, insensível às excitações, com os sentidos obscurecidos, os olhos semicerrados, as pupilas dilatadas, insensíveis à luz, os olhos embaciados, as faces esverdeadas, cavadas, cobertas de suores frios, o nariz afilado, o pulso pequeno, fraco e irregular, a respiração difícil produzindo um ronco característico; pode haver soluços, evacuações involuntárias, convulsões etc.

Está perdida toda a esperança? Tente-se assim mesmo, se o doente ainda engole, o *Carbo vegetabilis* 30ª, de 5 em 5 minutos. Se se trata de moléstia irreparável, crônica, pode se facilitar os últimos momentos do enfermo com *Arsenicum album* 5ª. Contra os soluços dê-se *Crataegus* T.M. Contra as convulsões, *Cicuta virosa* 3ª.

ÁGUA NA BARRIGA

Veja *Ascite*, *Cirrose*, *Coração*, *Nefrite*.

AINHUM

É uma moléstia singular, própria dos países tropicais e da raça negra, caracterizada por um estrangulamento do grande artelho, seguido da queda espontânea deste dedo. É uma espécie de gangrena seca, forma-se um sulco em torno da base do dedo, o qual se vai cada vez mais aprofundando até que o dedo cai.

Pulsatilla 5ª e *Secale* 3ª são os dois principais medicamentos desta moléstia. Duas doses por dia.

Ergotinum 3ª, de 3 em 3 horas.

ALASTRIM
(Milk-pox, Varíola branca e Varíola benigna)

É uma forma benigna, que se caracteriza por uma erupção varioliforme, ordinariamente confluente, de vesículas que supuram e são precedidas de alta febre, mas sem febre de supuração. No começo, há dores de cabeça e pelo corpo, lassidão, sonolência, embaraço gástrico, febre elevada, que pode durar 3 a 4 dias; depois aparece a erupção e a febre cai. A erupção é de pápulas, que se transformam em vesículas lactescentes e, por fim, supuram; as vesículas são em grande parte umbilicadas e às vezes tão confluentes que se assemelham à *pele de lixa* da varíola. A seca é lenta; as crostas caem e deixam por muito tempo manchas escuras na pele e aqui e ali verdadeiras cicatrizes variólicas. O falecido Prof. Dr. Eduardo Meireles deixou ótimo trabalho a respeito do *Alastrim*.

Na epidemia que reinou no Paraná em 1909-1910, os medicamentos que melhores resultados deram foram, no começo: *Aconitum* 5ª e *Belladona* 5ª alternados de hora em hora; depois de apontar a erupção, *Vaccininum* 5ª de hora em hora até ao fim. Em alguns casos, *Vaccininum* 5ª foi o único remédio do princípio ao fim. No fim, *Thuya* 3ª.

ALBUMINÚRIA

Veja *Nefrite*.

ALCOOLISMO

É o envenenamento crônico pelo álcool, de que sofrem os alcoólatras. Começa por tremor das mãos, que aos poucos ganha os outros membros e a face, enfraquecimento muscular, formigamentos contínuos nos membros superiores, alucinações, sono com terríveis pesadelos, má digestão, fastio, sede viva, vômitos mucosos e mesmo biliosos, enfim, a memória se vai perdendo, as faculdades mentais se degradando, os tremores e as paralisias aumentam e o doente morre com caquexia ou por uma moléstia intercorrente.

É no curso do alcoolismo crônico que ocorre o *delirium tremens*; acesso de delírio falador, com tremores, prostração e insônia constante.

O principal e outros sintomas do alcoolismo crônico, mas também para os resultados agudos (que o vulgo chama *ressaca* de uma bebedeira, cabeça pesada, mau gosto na boca etc.), *Nux vomica* 3ª; *Hyosciamus* 3ª ou *Sumbulus* 3ª convêm ao *delirium tremens*, com insônia constante; *Ranunculus bulbosus* 3ªx e *Cannabis indica* 3ªx, convém também aos ataques de *delirium tremens*; *Arsenicum* 5ª, à prostração e tremores do *delirium tremens*; *Antimonium tartaricum* 3ª aos desarranjos gástricos; *Capsicum* 3ª aos vômitos matutinos. Contra os maus efeitos do abuso da cerveja, *Carduus marianus* 3ªx. Sensação de tremor interno nos idosos alcoólatras, *Sulphuris acidum* 5ª. O Dr. Hughes aconselha, no *delirium tremens*, *Hyosciamus* à noite e *Antimonium tartaricum* ou *Arsenicum* de dia. Esses medicamentos devem ser dados de hora em hora. Para combater o vício da embriaguez, *Spiritus glandium quercus*, 10 gotas em um pouco de água três vezes por dia; também 5 gotas, três vezes por dia, de *Angelica*, T.M. Veja-se ainda: *Apocynum cannabinum, China* e *Sterculia acuminata*.

A internação em muitos casos se faz necessária.

ALERGIA

O termo alergia foi criado por von Pirquet em 1910 e significa etimologicamente "reação diferente". Em patologia humana, é um aumento da sensibilidade. São mais ou menos seus sinônimos hipersensibilidade, idiossincrasia e atopia.

As doenças alérgicas são manifestações observadas *in vivo* quando um antígeno se combina a um anticorpo.

Existem dois tipos de manifestações alérgicas; as *precoces*, que se processam logo após o contato com o *antígeno*. Nesse caso, trata-se de uma *alergia humoral*, pois pode-se perfeitamente demonstrar a existência de anticorpos no sangue circulante; e as *tardias*, que aparecem um ou mais dias após o contato com o alérgeno. Denomina-se a esse tipo de *alergia tissular*, pois pensa-se que os anticorpos se fixam aos tecidos e por essa razão não são encontrados no sangue circulante.

Antígeno é uma substância capaz de provocar a formação de anticorpos. O termo *alérgeno* designa os antígenos que provocam reações alérgicas, tomado no sentido de um aumento de sensibilidade.

Os alérgenos podem ser introduzidos no organismo por via cutânea, inalações, como alimentos, medicamentos, bactérias, vírus, parasitas, micoses, agentes físicos e até os próprios tecidos do organismo.

O capítulo da alergia é um ponto de contato extraordinário da alopatia com a homeopatia. Aos estudiosos do assunto, aconselhamos a excelente tese de concurso para a cátedra de Clínica Médica da Escola de Medicina e Cirurgia do Rio de Janeiro, "Das Manifestações alérgicas, contribuição ao seu estudo clínico", do Prof. F. da Costa Cruz.

A individualização do doente, o emprego dos alérgenos em doses mínimas após feita a escolha baseada na lei de semelhança, enfim, é o emprego pelos alopatas de medicação que é baseada na escolha, preparo e aplicação, em conceitos homeopáticos.

Ainda nas manifestações alérgicas, vamos ver que as doenças alérgicas metastáticas existem, como os homeopatas sempre acharam e que atualmente é um termo aceito correntemente pelos alopatas também.

Nas diferentes formas de doenças alérgicas, desde as manifestações cutâneas, alergias gastrintestinais, medicamentosas etc., deve-se identificar o agente alérgeno e mandar preparar o medicamento homeopático em altas ou em baixas dinamizações feito com o alérgeno identificado como agente desencadeador da manifestação alérgica.

Existem já na farmácia homeopática Dr. Wollmer de Petrópolis, Estado do Rio, medicamentos tipo *stock*, para dessensibilização, preparados sob controle e estudos do nosso colega Dr. Roberto Costa, que de há muito vem estudando o assunto.

Lá já existem à venda os seguintes alérgenos preparados homeopaticamente:
1. Poeira e germes respiratórios;
2. *Histaminum*;
3. *Penicillinum notatu*;
4. Soro antitetânico;
5. Nosódio micótico de unhas;
6. Sulfato de estreptomicina;
7. *Estafilococcus* mais *estreptococcus* juntos ou separadamente;
8. Leite de vaca, chocolate e proteínas.

Deve-se identificar o agente alérgeno e depois fazer a dessensibilização com esse mesmo agente, seguindo as indicações da terapêutica hahnemanniana.

Ainda nesse capítulo de alergia, convém serem transcritos aqui os conselhos dados pelo ilustre Prof. Dr. Carlos da Silva Lacaz, em artigo publicado na *Folha de S. Paulo*, com o título de "Reações colaterais aos antibióticos":
1. A aplicação de antibióticos deve, sempre que possível, ser feita com prescrição médica, a fim de se evitarem sensibilizações que eventualmente podem ocorrer, principalmente quando tais antibióticos são aplicados por via parenteral.
2. Cuidados especiais devem ser tomados nos pacientes que já apresentaram manifestações de hipersensibilidade, com o uso de antibióticos, por ocasião de nova antibioticoterapia. Como tais manifestações são frequentemente observadas com a penicilina, melhor será que o médico, em tais casos, evite o emprego desse antibiótico, lançando mão de outro produto, selecionado de acordo com a sensibilidade do microrganismo em causa.
3. Do mesmo modo, pacientes portadores de alergoses devem ser interrogados no sentido de reações anteriores a antibióticos, preferindo-se, então, o emprego da via oral para a administração dos mesmos, nos casos indicados.
4. As revistas científicas e os jornais devem difundir, entre os profissionais e leigos, os perigos e os inconvenientes do emprego indiscriminado dos antibióticos.
5. Maiores cuidados deve merecer o estudo imunológico das reações aos antibióticos, lançando-se mão de um conjunto de provas – sorológicas e cutâneas – para que novos esclarecimentos se obtenham a respeito da patogenia de tais acidentes, bem como sobre os recursos de profilaxia. Não há, até o momento atual, provas de laboratório seguras, capazes de auxiliar o clínico na prevenção das reações alérgicas aos antibióticos.

Trata-se da opinião de um dos mais competentes professores de Microbiologia e Imunologia de nosso país e figura de grande projeção ao cenário científico mundial.

ALIENAÇÃO MENTAL

Veja *Impulsos irresistíveis*.

ALOPECIA

Veja *Calvície*.

AMAUROSE

Veja *Ambliopia*.

AMBLIOPIA

É a perda, mais ou menos completa e súbita ou gradual, da vista, sem lesão do aparelho visual. Súbita, devido a um resfriamento, *Aconitum* 3ªx; durante a gravidez, *Kali phosphoricum* 3ª; devida à debilidade geral ou perdas de sangue, *China* 3ª; se falha, *Phosphorus* 3ª ou *Tabacum* 3ª; devida ao alcoolismo ou ao abuso do fumo, *Nux vomica* 1ª e, especialmente na do fumo, *Arsenicum* 5ª; devida ao onanismo, *Phosphorus acidum* 3ª. *Crotalus terrificus* 3ª é também remédio da ambliopia. Uma dose a cada 3 ou 4 horas.

Na maioria das vezes, a causa é tóxica. Afastado o elemento tóxico, estamos em meio caminho da cura.

AMENORREIA[149]
(Ausência de menstruação)

É a ausência completa da menstruação, seja na época em que ela deve aparecer, aos 13 ou 14 anos, e não aparece, seja no curso normal da menstruação, por suspensão total ou diminuição, devida a susto, resfriamento ou outra qualquer causa acidental.

No primeiro caso, diz-se que a menstruação está *atrasada*, e se, em vez da menstruação, aparecem sintomas tais como dores de cadeiras, preguiça muscular, dores de cabeça, falta de apetite, prisão de ventre, peso no baixo ventre etc., e ainda palpitações de coração ou epistaxes, deve-se dar *Senecio aureus* 3ªx ou *Kali carbonicum* 5ª, ou ainda *Actea racemosa* 3ª, de 4 em 4 horas. Se, em lugar da menstruação, aparecerem flores-brancas, *Sepia* 30ª é o remédio.

No segundo caso, havendo suspensão total da menstruação ou esta apenas não aparece na época própria ou desaparece subitamente durante o período menstrual. Se ela não aparece na época, dê-se *Pulsatilla* 5ª (nas mulheres claras e louras) ou *Sepia* 30ª (nas mulheres morenas de cabelos escuros) ou então *Senecio aureus* 3ªx ou ainda *Actea racemosa* 3ª.

---

149. Aconselhamos a leitura de excelente artigo da autoria da Dra. Léa de Mattos, médica homeopata brasileira, radicada em Paris, artigo esse publicado na revista do Centro Homeopático da França, 1º semestre de 1953.

Se a menstruação se suprimir de repente, depois de ter aparecido, o melhor remédio é *Aconitum* e, se falhar, *Pulsatilla* 5ª; se houver congestão e dores de cabeça, alterne-se com *Belladona* 3ª ou *Glonoinum* 5ª com *Actea racemosa* 3ª havendo dores de cadeiras; com *Phosphorus* 5ª, se houver hemoptises ou vômitos de sangue; com *Bryonia* 3ª, *Erigeron* 1ª ou *Phosphorus* 5ª havendo epistaxes; com *Sepia* 5ª, se houver leucorreia.

Se a ausência da menstruação for devida a uma viagem, *Platina* 3ª; se devida a desgostos de amor, *Helleborus* 3ª; à tuberculose pulmonar, *Calcarea carbonica* 30ª.

Se, em lugar da menstruação, aparece inflamação dos olhos, *Euphrasia* 3ª é o remédio. *Sanguinaria* 3ª é também um bom remédio das hemoptises.

Esses remédios devem ser tomados, na *suspensão súbita*, de hora em hora; na amenorreia crônica, de 4 em 4 horas, no intervalo das épocas.

Enfim, no caso em que, em vez de suspensão total, a menstruação é apenas escassa, rala e retardada, pode-se dar, nas mulheres jovens, um dos seguintes remédios: *Pulsatilla* 5ª, *Cocculus* 5ª, *Cyclamen* 3ª, *Causticum* 3ª, *Sulphur* 3ª ou *Sepia* 12ª de 12 em 12 horas. Menstruações escassas em mulheres entrantes na menopausa, *Graphites* 5ª ou *Conium* 30ª. Suspensão por choque moral, *Staphisagria* 30ª.

AMIGDALITE
(Angina)

É a inflamação simples das amígdalas. Nos casos leves, pode haver apenas inchaço e vermelhidão das amígdalas e um pouco de dor de garganta. Esses casos cedem facilmente à alternância de *Belladona* 3ª e *Mercurius iodatus ruber* 3ª de hora em hora.

Em casos mais agudos, há muita febre, grande inchaço e vermelhidão das amígdalas, dificuldade e dor ao engolir, sobretudo a saliva, mal-estar geral, agitação, língua suja, dor de garganta pulsátil, delírio etc. Nesses casos, deve-se dar, desde o começo, *Baryta carbonica* 5ª, *Phytolacca* 3ªx ou *Guaiacum* 1ªx, de meia em meia hora. Se a supuração das amígdalas não abortar, dê-se *Hepar* de hora em hora até arrebentarem os tumores na boca. *Mercurius corrosivus* 3ª é também um bom remédio da amigdalite aguda. Consulte-se ainda *Ignatia*, *Capsicum*, *Lachesis*, *Lycopodium*. Para evitar a reincidência nas pessoas predispostas, *Baryta carbonica* 30ª ou *Psorinum* 30ªx nas pessoas reumáticas.

Em caso se assemelhando à difteria (*amigdalite úlcero-membranosa*), em que as amígdalas se apresentam cobertas por um exsudato amarelado, *Mercurius iodatus ruber* 3ªx de hora em hora é o remédio mais útil.

Na amigdalite folicular, com os pontos ou manchinhas brancas de exsudato disseminadas sobre as amígdalas, *Mercurius iodatus ruber* 3ª e *Kali muriaticum* 6ªx são os dois principais remédios. *Ignatia* 3ª também pode ser útil neste caso e, bem assim, *Phytolacca* 3ª.

Quando os pontos brancos da amigdalite folicular se transformam, por sua abundância, em pseudomembranas, tem-se o que se chama a pseudodifteria, que às vezes acompanha a escarlatina. Nesse caso, *Belladona* 3ª, alternada com *Mercurius iodatus ruber* 3ªx ou com *Phytolacca* 3ª são os remédios.

Nos casos de angina gangrenosa, há pouca febre, muita prostração, emagrecimento rápido, placas gangrenosas cinzentas sobre as amígdalas inchadas, ansiedade, dispneia, resfriamento, síncope e morte. O principal medicamento é *Lachesis* 5ª de hora em hora, ou *Kali phosphoricum* 5ª. O Dr. Erasmo de Assumpção, que apesar de não ser médico, era profundo conhecedor da Homeopatia, tirava grandes resultados com a alternância de *Ferrum phosphoricum* 3ªx e *Kali muriaticum* 5ª nos casos de amigdalite simples.

Em vista do abuso que existe na prática da amigdalectomia, desejo transcrever trecho do artigo de Lelong e Viallate, publicado nos *Anais Nestlé*, n. 53, sob o título "O papel da alergia na prática pediátrica: método de investigação e resultados terapêuticos":

> Existem outros fatores que nos parecem favorecer igualmente as manifestações alérgicas respiratórias, podendo incluir-se entre eles a anestesia geral, assim como as intervenções na nasofaringe, tão frequentemente praticadas sem necessidade nas crianças, em especial a amigdalectomia que ainda pode transformar em asma distúrbios respiratórios até então relativamente discretos.

AMOLECIMENTO CEREBRAL

É a mortificação de uma parte da substância cerebral, devida a uma trombose (coalho de sangue que se forma e entope uma artéria cerebral em certo ponto) proveniente de sífilis, arteriosclerose e moléstias debilitantes nas crianças; ou a uma *embolia* (partícula de tecido carregada pelo sangue, até encalhar e entupir uma artéria cerebral) proveniente de uma moléstia valvular do coração.

Pode ser súbita ou apoplética, matando rapidamente o doente no coma; ou lenta e hemiplégica, provocando aos poucos paralisias de um lado do corpo e perda da palavra. Em um e outro caso, o doente pode se curar, mas por vezes ficando com lesões paralíticas irremediáveis.

Para o tratamento dos casos apopléticos, veja *Apoplexia*.

Phosphorus 30ª é o principal remédio do amolecimento lento. Uma dose a cada 4 horas.

Aconitum 30ª e *Arnica* 30ª dão resultados satisfatórios.
Plumbum metallicum 30ª e *Baryta muriatica* 2ª trit. têm suas indicações.
O uso dos anticoagulantes pelos alopatas é assunto ainda controverso quanto aos resultados.

ANASARCA

É o inchaço geral do corpo, o edema generalizado (pés, pernas, ventre, mãos, rosto etc.) que ocorre ordinariamente no curso das moléstias do coração e dos rins e é acompanhada habitualmente de falta de ar.
Devida a moléstia do coração, *Digitalis* T.M. 10 gotas por dia, tomadas de uma só vez, e depois *Arsenicum* 3ª ou 5ª, de hora em hora; *Apocynum cannabinum* T.M., 10 gotas três vezes por dia, pode também ser útil nesses casos. Devida a moléstias dos rins, *Apis* 3ªx ou 3ª de hora em hora; *Helleborus* 3ªx ou 3ª e *Arsenicum* 5ª também podem ser usados nesses casos.
Apis 3ªx, *Colchicum* 5ª e *Apocynum Cannabinum* T.M. são bons medicamentos da anasarca. Alguns alternam *Arsenicum* 5ª com *China* 5ª. *Carbo vegetabilis* 30ª quando há gases.
O uso de diuréticos alopatas, somente sob controle médico.

ANEMIA

É uma condição patológica na qual as células vermelhas circulantes são deficientes em número ou no conteúdo de hemoglobina.
Eis a seguir uma classificação das *Anemias* de acordo com os conceitos modernos;
1. Anemias por perda de sangue:
    a) pós-hemorragia aguda.
    b) por perdas de sangue crônicas.
2. Anemias hemolíticas:
    a) Anemia hemolítica primária.
    b) Anemia hemolítica secundária, devida a agentes químicos, toxinas, hemolisinas etc.
3. Formação de sangue defeituosa ou diminuída:
    a) Anemias macrocíticas, como a perniciosa e outras encontradas no *Spru*, *Steatorreia*, doenças hepáticas e desordens gastrintestinais.
    b) Anemias microcíticas hipocrômicas (anemia da gravidez e da infância).
    c) Anemias por diminuição da formação de sangue, como a anemia mioloftísica.

ANEMIA PERNICIOSA

É uma anemia macrocítica crônica, caracterizada por acloridria e distúrbios gastrintestinais e neurológicos, ocorrendo quase somente na raça branca, mas raramente antes dos 30 anos.
Hoje em dia o termo "pernicioso" não deve mais ser aplicado a essa doença.
Para combater esse estado, alterne-se *Arsenicum* 5ª e *Phosphorus* 5ª de 4 em 4 horas. *Calcarea carbonica* 5ª e *Picricum acidum* 3ª podem também ser úteis. *Ferrum metallicum* 3ªx trit. Associar uma alimentação rica em fígado de vitela, mal passado, proteínas e vitaminas em grande quantidade.
Na alopatia, *Extrato hepático, Vitamina B12* e *Ácido fólico* são os medicamentos indicados.
Aos estudiosos, recomendamos excelente trabalho dos Drs. Horácio M. Canelas e Michel Abujamra, publicado nos *Arquivos de Neuro-Psiquiatria*, set. 1953.

ANEURISMA

É uma dilatação localizada em um vaso sanguíneo, especialmente uma artéria. Os sintomas principais são: anemia, enfraquecimento, falta de ar e dores, sobretudo dores, às vezes violentas e agravadas à noite, na região em que se desenvolve o aneurisma, no peito, no pescoço, no ventre (se o aneurisma é na aorta abdominal); mata ordinariamente por hemorragia, por asfixia (comprimindo a traqueia ou os brônquios) ou por volvo (comprimindo uma alça intestinal). É moléstia raramente curável. Pode ser sifilítica.
Para combater essa moléstia, dê-se alternadamente *Kali iodatum* 1ªx e *Baryta muriatica* 3ªx, de 6 em 6 horas, com persistência por muito tempo. *Lycopodium* 30ª é também um bom remédio, e bem assim *Phosphorus* 30ª. Contra as dores, especialmente, *Aconitum* 3ª, *Veratrum viride* 1ª ou *Glonoinum* 5ª, a cada 2 horas. Nos casos de origem sifilítica, alterne-se *Mercurius dulcis* 6ª trit. e *Aurum iodatum* 3ªx trit.
Na alopatia, o tratamento do aneurisma sifilítico é feito pelos ioduretos, *mercúrio, bismuto, arsênico e penicilina*. Em certos casos, cirurgia.

ANGINA

Veja angina:
    – catarral: *Faringite*.
    – gangrenosa: *Amigdalite*.
    – granulosa: *Faringite*.

ANGINA DE PEITO

É uma moléstia do coração, que se caracteriza por uma dor súbita e atroz na região do coração, no peito, que às vezes se propaga para o ombro e braço esquerdos, até os dedos, e que ordinariamente mata por síncope. Dá em vários acessos e as dores apresentam vários graus de intensidade.

Durante o acesso, *Aconitum* 1ª alternado com *Spigelia* 1ª (se houver muita dor no braço) ou com *Cactus* T.M. (se houver opressão no peito como por uma mão de ferro) de 15 em 15 minutos. *Latrodectus mactans* 5ª é também um remédio útil da angina de peito e bem assim *Magnesia phosphorica* 3ª. Para evitar a recorrência dos acessos, dê-se *Arsenicum* 5ª alternando com *Spigelia* 3ª ou com *Nux vomica* 5ª, de 6 em 6 horas, ou tome-se pela manhã ao levantar e à noite ao deitar, uma dose de *Baryta muriatica* 3ªx, *Baryta phosphorica* 3ª e *Baryta carbonica* 5ª, um a cada semana. *Aurum muriaticum* 3ª também pode ser útil e bem assim, *Cuprum arsenicosum* 3ª. Vários casos têm cedido a *Aranea diadema* 30ª.

Glonoinum 6ª e *Amylum nitrosum* 6ª tem suas indicações ótimas para esses casos.

Repouso físico e mental.

ANGIOCOLITE

Veja *Cálculos biliares*.

ANOREXIA
(Fastio)

Não confundir com a anorexia nervosa.

É a ausência, completa ou incompleta, da vontade de comer. Ocorre no curso, ou em consequência, de certas moléstias, sobretudo crônicas e principalmente do estômago.

Nux vomica 3ª e *China* 3ª são os dois principais medicamentos; *Dulcamara* 1ªx ou 3ªx é também um bom remédio, se não há desgosto dos alimentos, achando maus todos os alimentos que se apresentam, e com língua branca, *Antimonium crudum* 5ª; com náuseas ao pensar ou ao sentir o cheiro dos alimentos, *Colchicum* 3ª ou 5ª (é um bom remédio de qualquer fastio); nas histerias, *Ignatia* 3ª e *Dulcamara* 1ª alternadas; depois da gripe. *Avena sativa* 3ª; nas crianças *Calcarea phosphorica* 30ª ou *China* T.M. (em tabletes ou discos, 1 de 3 em 3 horas). Uma dose a cada 6 horas. *Avena sativa* T.M. e *Medicago sativa* T.M., às refeições, estimulam o apetite.

ANQUILOSTOMÍASE

Veja *Opilação*.

ANTRAZ

É uma reunião de diversos furúnculos, que se inflamam e formam um só tumor, tendendo à supuração. Uma vez supurado, abre-se em diversas bocas e expele tecidos gangrenados que costumam chamar o carnicão.

Nos casos simples, sem febre nem prostração, dê-se *Tarantula cubensis* 5ª ou *Crotalus horridus* 3ª de hora em hora e, depois de aberto o tumor, *Silicea* 3ª, de 4 em 4 horas. A alternação de *Arnica* 1ª com *Arsenicum album* 5ª também pode ser útil, desde o começo; o mesmo se pode dizer de *Bufo* 5ª, *Lappa major* 3ªx e *Rhus toxicodendron* 3ª.

Nos casos graves, dê-se *Lachesis* 5ª ou se alterne *Arsenicum* 6ª com *Anthracinum* 30ª, de hora em hora. Depois de aberto o foco, dê-se *Silicea* 30ª, e, por fim, *China* 30ª para combater a debilidade. *Ecchinacea* T.M. é também um bom remédio para qualquer espécie de antraz. O Dr. Hughes aconselha *Tarantula cubensis* 6ª para todos os casos de antraz. Para combater a predisposição à recorrência do antraz, *Arsenicum album* 3ªx ou *Nitri acidum* 3ª, de 12 em 12 horas. É de grande resultado associar à medicação homeopática a *Anatoxina staphilococcica*, que já é fabricada entre nós pelo Instituto Butantã e outros laboratórios. Modernamente, a "*Sulfa*" na alopatia tem feito milagres. *Penicilina*, *Estreptomicina*, *Terramicina* etc. são indicados, sob controle médico.

ÂNUS

Veja *Estreitamento do reto*, *Fendas no ânus*, *Hemorroidas*, *Prolapso do reto*, *Retite* e *Tenesmo*.

AORTITE

É a inflamação crônica da aorta, sem lesão valvular do coração, caracterizada por dispneia de esforço, sobretudo depois de comer o à noite na cama, e que vem, às vezes, por acessos, como na asma, dores no peito, disfagia paralítica, palpitações, pulso irregular, edemas, urina albuminosa, perda das forças, emagrecimento, anemia e morte por anasarca, uremia ou síncope.

Baryta muriatica 3ªx e *Arsenicum iodatum* 3ªx ou *Antimonium arsenicosum* 3ª, alternados, de 3 em 3 horas, constituem o principal tratamento. Outros medicamentos são: *Aurum muriaticum* 3ª e *Crataegus* T.M.; contra as crises de dores de peito, *Spigelia* 1ª; contra os acessos de dispneia, *Cuprum metallicum* 5ª ou *Cuprum arsenicosum* 3ª de meia em meia hora; sensação de peso doloroso subesternal, *Aconitum* 1ªx. Na aortite sifilítica, alterne-se *Mercurius dulcis* 6ª trit. e *Aurum muriaticum natronatum* 3ª trit. (Veja *Matéria Médica*). Na aortite sifilítica, iniciar o tratamento por *Syphilinum* 200ª.

APENDICITE[150]

É a inflamação do *apêndice vermiforme*; caracteriza-se por dor, às vezes intensa, na fossa ilíaca direita (quatro dedos para baixo e para fora do umbigo), náusea e vômitos, sensibilidade geral da parede do ventre e, febre, rigidez dos músculos da região inflamada, prostração e prisão de ventre, com língua saburrosa. Essa inflamação pode se resolver ou ir à supuração e arrebentar no intestino, no peritônio (caso em que produz uma peritonite grave) ou no exterior. Pode também ser crônica, com crises agudas.

Os dois medicamentos do começo são *Belladona* na 3ª e *Mercurius iodatus ruber* 3ª (ou então *Mercurius corrosivus* 3ª) alternados de hora em hora. *Dioscorea villosa* 3ªx é também um bom medicamento dessa moléstia; *Ecchinacea* T.M. também. Alguns médicos, entretanto, aconselham a dar *Colocynthis* 3ª desde o começo, só ou alternado com *Belladona* 3ª. Se a supuração se estabelecer e houver empastamento na região, *Hepar* 5ª e *Mercurius solubilis* 5ª alternados de hora em hora. Se houver muita prostração e sintomas de peritonite, dê-se *Lachesis* 30ª e *Colocynthis* 3ªx alternados de meia em meia hora. Nos casos crônicos, *Lachesis* 30ª e *Arsenicum* 6ª alternados semanalmente, ou *Sulphur* 30ª para prevenir a recorrência; três doses por dia.

Nas crianças, S. Raue aconselha, no começo, *Nux vomica*, seguida de *Bryonia*.

Na apendicite gripal, Cartier aconselha a se começar com *Rhus radicans* 5ª.

APOPLEXIA[151]

É o conjunto de sintomas que surgem, ordinariamente, de súbito, em consequência de uma hemorragia dentro do cérebro, produzida por congestão cerebral, por arteriosclerose ou por sífilis. No primeiro caso, é prenunciada por calor na cabeça, tonturas, faces vermelhas, dores de cabeça, língua presa etc.; no segundo caso, é inesperada. O doente cai como que fulminado por um raio, sem sentido e sem movimentos, em estado comatoso, com o rosto às vezes pálido,

às vezes congesto, respiração estertorosa e profunda, e neste estado algumas vezes sucumbe. Outras vezes, o doente melhora; ao cabo de alguns dias, volta a si aos poucos, mas fica mais ou menos paralítico de um lado, perna, braço, face e língua, falando mal. Depois, de duas, uma: o doente se cura inteira ou parcialmente de todos esses sintomas e pode ficar completamente restabelecido ou ocorre a encefalite com alta febre, sonolência e coma e o doente morre. Os ataques de apoplexia, quando devidos à arteriosclerose, podem se repetir várias vezes no mesmo doente e este ir cada vez ficando mais paralítico até que um último lhe põe termo à existência.

Modernamente, existem três fatores aceitos como causa da *apoplexia cerebral*: a *hemorragia cerebral*, a *trombose* e a *embolia cerebrais*.

Havendo sintomas de congestão cerebral no começo, alterne-se *Aconitum* 3ª e *Belladona* 8ª, de 15 em 15 minutos: *Melilotus* 3ªx se a dor de cabeça é proeminente. No estado comatoso da apoplexia, os dois principais medicamentos são: *Arnica* 5ª e *Opium* 5ª alternados, quando o rosto é muito congestionado. Se o rosto é pálido, alterne-se a *Arnica* 1ª com *Belladona* 5ª. *Laurocerasus* 3ª serve ainda para prevenir as ameaças de apoplexia e mesmo começar o tratamento das paralisias deixadas por essa moléstia; é remédio que deve ser dado para promover a reabsorção do coalho da hemorragia. Se ocorrer a encefalite, dê-se *Lachesis* 5ª ou *Belladona* 5ª e *Nux vomica* 5ª alternados. Todos esses remédios devem ser dados de hora em hora e mesmo de meia em meia hora.

Contra as consequências da apoplexia, nos idosos, *Causticum* 12ª ou *Cocculus* 5ª durante o dia, a cada 6 horas (se as paralisias persistem), ou, pela manhã e à noite, *Baryta muriatica* 3ª. *Aphasia*, *Mercurius solubilis* 5ª ou *Causticum* 5ª.

Nux vomica 3ªx, *Strychina phosphorica* 3ªx e *Zincum phosphoricum* 2ªx também podem ser úteis para restabelecer o enfermo.

Se se trata de sífilis: *Cinnabaris* 5ª, *Mercurius corrosivus* 3ª e *Kali iodatum* 1ªx são os três principais medicamentos.

ARDOR DO ESTÔMAGO

O ardor do estômago está ordinariamente ligado à acidez ou dispepsia ácida. O principal medicamento de acesso é *Capsicum* 3ª de 15 em 15 minutos; nos intervalos, dê-se *Pulsatilla* 5ª, de 2 em 2 horas. Veja *Acidez*.

ARROTOS

É um sintoma que ocorre no curso de certas moléstias do estômago ou da histeria e se

---

150. Há casos onde é necessário o tratamento cirúrgico. Essa solução fica a critério do clínico homeopata, que melhor do que ninguém sabe dos casos em que há necessidade da presença do cirurgião.

151. Aos estudiosos, recomendamos excelente artigo do Dr. Roberto Melaragno Filho, publicado na *Revista da Associação Paulista de Medicina*.

caracteriza pela emissão ruidosa de gases pela boca.
Durante o acesso, *Chamomilla* T.M., de 15 em 15 minutos; nos intervalos, *Carbo vegetabilis* 3ª trit. ou 5ª ou *Nux moschata* 3ª, de 2 em 2 horas; *Argentum nitricum* 5ª também pode ser útil. Nos *arrotos histéricos*, dê-se *Moschus* 3ªx, de hora em hora. Nos cardíacos, *Sparteina sulphurica* 2ªx. Nas moléstias do fígado, *Lycopodium clavatum* 30ª.

ARTÉRIAS

Veja as moléstias das artérias: *Arteriosclerose*, *Aneurisma* e *Aortite*.

ARTERIOSCLEROSE

É o endurecimento das artérias dos vários órgãos, caracterizado pelo mau funcionamento deles, e por sintomas diferentes, conforme a esclerose se localiza sobre o coração, cérebro, rins, fígado, pulmões ou intestinos. As artérias superficiais se tornam endurecidas como cordões; há algidez das extremidades, vertigens, enfraquecimento da memória, perda de fala, ataques de apoplexia com paralisia do lado, falta de ar, cor terrosa da pele, asma noturna, dores de cabeça, palpitações, diarreia com ou sem sangue, enfraquecimento da digestão, escarros de sangue, urinas raras, ataques de angina de peito etc.
O principal remédio dessa moléstia é *Baryta muriatica* 3ªx, de 6 em 6 horas, que deve ser dado desde o começo durante muitos meses seguidos.
Podem-se ainda dar as três *Barytas* – *Baryta carbonica*, *Baryta muriatica* e *Baryta iodada* – alternadamente, a cada semana uma. Outros medicamentos (Veja a *Matéria Médica*) são: *Arsenicum iodatum* 3ª, *Aurum muriaticum* 3ª, *Crataegus* I.M., *Conium* 30ª, *Cuprum arsenicosum* 3ª, *Glonoinum* 5ª, *Phosphorus* 30ª. *Paullinia sorbilis* T.M., *Plumbum* 200ª e *Secale* 3ª. Enfim, *Adrenalina* 3ª alternada com *Glonoinum* 5ª.

ARTRITE

A artrite é a inflamação de uma articulação; a artrite simples é quase sempre devida a uma contusão; há febre, língua branca, sede viva, dor e inchaço da junta afetada, perda das funções da articulação, insônia. Se passa à supuração, o estado se agrava; há febre ética com calafrios, prostração, língua seca, dores atrozes e emagrecimento, podendo levar à morte.

Além dos traumatismos, a artrite pode ser devida ao reumatismo, à gonorreia, à sífilis, à tuberculose (tumor branco), à gota, às febres eruptivas e às infecções sépticas, apresentando sempre mais ou menos os mesmos sintomas e maior ou menor duração, podendo ser aguda, subaguda ou crônica.
Além dessas diversas espécies de artrites, encontra-se ainda a *artrite deformante* ou seca, em que as dores aparecem primeiro, depois a imobilidade completa; essa artrite pode se propagar a diversas juntas e condenar o doente ao leito e, enfim, conduzi-lo à morte por caquexia progressiva.
Vamos atualizar o capítulo da *artrite* com uma classificação mais de acordo com os conhecimentos modernos:
1. Artrite, possivelmente de base infecciosa, mas de etiologia ainda não comprovada:
   a) artrite ou febre reumática tipo adulto;
   b) artrite reumatoide tipo juvenil (*Stil, spondil, anquilos* e *psoriática*).
2. Artrite infecciosa – gonocócica, tuberculosa etc.
3. Doença degenerativa das articulações (artrite hipertrófica e osteoartrite).
4. Artrite associada a distúrbios metabólicos (gota).
5. De origem neuropática – Tabes e seringomielia.
6. Fibromiosite.

Se for devida a um traumatismo, dê-se *Arnica* 3ª ou 3ªx, de hora em hora. Se for reumática ou devida a um resfriamento, dê-se *Bryonia* 3ª e *Pulsatilla* 5ª alternados de hora em hora. Se for escrofulosa ou tuberculosa (tumor branco), dê-se *Calcarea carbonica* 5ª, *Silicea* 5ª, *Apis* 3ª, *Iodum* 3ªx ou *Iodoformium* 3ªx trit., de 6 em 6 horas. Sifilítica, *Phytolacca* 3ª, *Guaiacum* 3ªx, *Kali bichromicum* 3ª ou *Kali iodatum* 1ªx de 3 em 3 horas. Blenorrágica, *Pulsatilla* 3ª, *Thuya* 5ª, *Guaiacum* 3ª ou *Natrum sulphuricum* 5ª, de 2 em 2 horas. Deformante ou seca, *Guaiacum* 3ª nos homens e *Pulsatilla* 5ª ou *Sepia* 30ª nas mulheres. Se houver supuração, *Hepar* 5ª e *Mercurius solubilis* 5ª alternados de hora em hora; aberto o foco de pus, *Silicea* 30ª, de 3 em 3 horas. Na gonocócica, de início, *Medorrhinum* 1.000ª, uma dose.
Na alopatia, na artrite reumatoide está se fazendo uso do *Cortisone*, *Acth* e *Irgapyrin* com sucesso. São medicamentos que devem ser usados somente sob prescrição médica.
Na *gota*, os alopatas estão fazendo uso do *Benemid*, que dizem ser superior à *Colchicina*. Também são medicamentos que deverão ser usados por prescrição médica.
Os antimaláricos de síntese devem ser usados com muito cuidado, pois o seu uso abusivo determina lesões oculares.

ARTICULAÇÕES

Veja *Artrite, Coxalgia, Ganglion, Hidrartrose* e *Reumatismo.*

ASCÁRIDES

Veja *Lombrigas.*

ASCITE
(Barriga d'água)

É a hidropisia do ventre ou derramamento de serosidade no peritônio, manifestando-se no curso de várias moléstias, como a cirrose do fígado, a nefrite, o câncer do estômago ou do fígado, as moléstias do coração etc. Caracteriza-se pelo grande desenvolvimento do ventre, que pode chegar a prejudicar seriamente a respiração, e pela sensação de onda líquida que se sente sob a mão, quando se coloca esta espalmada sobre um dos lados do ventre e se dá sobre o lado oposto uma pancada, curta e seca, com a ponta dos dedos da outra mão.

O tratamento da ascite depende da moléstia de que é um sintoma; quando, entretanto, ela precisa ser diretamente combatida, *Apis* 3ªx trit., *Arsenicum* 5ª, *Helleborus* 2ª, ou *Apocynum cannabicum* T.M., podem ser empregados. *Arsenicum album* 5ª e *China* 5ª alternados podem ser úteis. O Dr. Licínio Cardoso gabava muito a *Digitalis* T.M., 8 gotas por dia. Outros alternam *Prunus spinosa* 3ª com *Strophantus* T.M. (15 gotas por dia), nas moléstias do coração e dão *Lycopodium* 30ª nas moléstias do fígado. Os três primeiros remédios de 2 em 2 horas. *Carbo vegetabilis* 30ª, nos casos de meteorismo e grande prostração.

Os diuréticos mercuriais, quando as condições do paciente permitem a sua indicação, são de grande utilidade. Regime rico de proteínas e hipo-sódico.

Os diuréticos alopáticos quando prescritos devem ser sob controle médico.

ASMA

É uma neurose da respiração, espasmo dos músculos respiratórios, caracterizada por acessos de falta de ar, com um sibilo especial, no qual a expiração é mais longa e difícil do que a inspiração. Ela apresenta três formas: a *periódica,* com acessos isolados, sobretudo noturnos, e longos intervalos de perfeita saúde; a *comum* ou *asma brônquica,* acompanhada de bronquite e de falta de ar constante (é a que dá frequentemente desde a infância); e a *habitual* ou *asma úmida* dos idosos, constante, fatigante, às vezes com febre, muita tosse, podendo se complicar com moléstias broncopulmonares e cardíacas, especialmente de enfisema pulmonar. Na asma brônquica, em que o doente é muito sensível aos resfriamentos, endefluxando-se facilmente, pode haver fortes palpitações do coração e escarros de sangue, que é preciso não confundir com os da tísica; às vezes, alterna com urticária (asma anafilática).[152]

Teste para determinação do terreno alérgico.

Quando o sérum humano normal é acrescentado a uma solução de um sal de histamina, verifica-se que uma fração da histamina se torna incapaz de agir sobre o íleon isolado da cobaia.

Os autores propuseram, em 1952, chamar a essa nova propriedade do sérum sanguíneo de *"poder histaminopéxico".*

As pesquisas na clínica humana (cerca de 300 casos) mostraram que o "poder histaminopéxico" é nulo em 94% de doentes alérgicos e fora do terreno alérgico jamais é nulo.

Nesses casos, vamos determinar quando existe o terreno alérgico, pelo teste.

A ausência de poder histaminopéxico caracteriza, pois, um terreno alérgico. A técnica pode ser encontrada na *Presse Médicale* de 12.9.1953, à p. 1.151, no ótimo artigo dos Drs. Laborde, Parrot e Urquia.

Para combater o acesso, dê-se logo ao começar *Ipeca* 1ªx trit. em uma porção, às colheradinhas de chá de 15 em 15 minutos. *Sambucus* T.M. também pode ser útil, só ou alternado com *Ipeca;* e bem assim *Iodoformium* 2ªx, *Tarantula cubensis* 5ª, *Lobelia inflata* T.M., *Aspidosperma* T.M. (10 gotas), *Senega* T.M., *Chlorum, Cuprum* 12ª, *Passiflora* T.M., *Viscum album* T.M. e *Aconitum* T.M. Nas crianças, *Moschus* 3ªx.

No intervalo dos acessos, *Kali iodatum* 1ªx, de 2 em 2 horas, ou *Iodum* 3ªx trit. Podem-se ainda empregar os seguintes medicamentos: *Nux vomica* 1ª, *Arsenicum* 5ª, *Arsenicum iodatum* 3ª, *Natrum sulphuricum* 5ª, *Antimonium tartaricum* 5ª, *Lachesis* 5ª, *Iodoformium* 3ª, *Sulphur* 30ª, *Blatta orientale* 3ª, *Thuya* 5ª, *Quilandina spinosissima* T.M., *Bromium* 5ª, *Cuprum arsenicosum* 3ª trit., *Cannabis sativa* 1ª, *Lobelia inflata* T.M., *Grindelia robusta* T.M., *Natrum arsenicosum* 3ª, *Ptelea* 2ªx (Veja a *Matéria Médica*), de 4 em 4 horas. *Apis* 3ª é o remédio quando os acessos, nas crianças, alternam com erupção de urticária. *Blatta orientale* 1.000ª, uma gota a cada 15 dias em 20 g de água destilada tem curado numerosos casos![153]

---

152. As teorias modernas procuram demonstrar que a síndrome asmática tem causas alérgicas.
153. Veja-se o importante trabalho *Asthme e Homéopathie,* do Dr. Jean Daniel, de Marselha (França).

Os alérgenos desencadeantes podem ser; *inalantes* (pólen, fungos, poeiras); *por ingestão* (ovos, leite, chocolate, frutas etc.); *infecciosos* (bactérias, fundos); *físicos* (sol, calor, frio e unidade etc.).

No estado asmático, a *Cortisone* e o *Acth* são indicados, mas devem ser feitos sob controle médico.

O uso de antígenos individualizados, em doses homeopáticas, tem indicação.

ASSADURA

Veja *Intertrigo*.

ASTENOPIA

É uma moléstia dos músculos oculares, em que os olhos não podem ser usados por muito tempo, sem fadiga, dor ou outros sintomas. Pode ser muscular, devida à fraqueza de algum dos músculos externos dos olhos (reto interno e reto externo), ou *acomodativa*, [...]* a distância e muita dor ao ler.

Contra a astenopia muscular, os melhores remédios são: *Natrum muriaticum* 30ª, se devida à insuficiência dos músculos retos internos. *Gelsemium* 30ª ou *Cuprum aceticum* 3ªx trit., se devida aos retos externos. Contra a astenopia acomodativa, *Ruta* 3ª é o principal remédio, mas *Pilocarpus pinnatus* 3ªx pode também ser útil. Na astenopia muscular devida a irritação uterina, *Sepia* 30ª. Dores somente ao ler, *Kali carbonicum* 5ª. Contra a hiperemia e fotofobia, *Macrotinum* 3ªx. A cada 6 horas.

ASTIGMATISMO

É um defeito de refração da luz no globo ocular, produzindo dificuldade de ler, dores de cabeça e outras desordens nervosas reflexas.

Seus principais medicamentos são *Lilium tigrinum* 5ªx e *Physostigma* 3ª, de 6 em 6 horas.

Correção por lentes, ao lado da medicação interna.

ATAXIA LOCOMOTORA

É uma forma parenquimatosa da neurossífilis caracterizada por uma degeneração crônica e habitualmente progressiva dos neurônios sensoriais ascendentes e que afeta as colunas posteriores da medula espinhal, raízes dos nervos cranianos, especialmente o nervo óptico.

Distúrbios sensoriais, incoordenação muscular, estados atáxicos e pré-atáxicos.

A tabes se desenvolve em 2 a 5% dos pacientes sifilíticos, quase sempre na 4ª década da vida.

No começo, *Belladona* 30ª; depois *Argentum nitricum* 30ª ou 1.000ª; *Plumbum* 30ª; ou *Aluminium* 5ª, de 6 em 6 horas; se for devida à sífilis, *Syphilinum* 200ª, *Nitri acidum* 5ª ou *Kali iodatum* 1ªx, de 4 em 4 horas; contra as dores fulgurantes, *Ammonium muriaticum* 3ª, *Thallium* 30ª, *Colchicum* 1ª e *Cuprum* 30ª. O Dr. Lippe considera *Nux moschata* e *Phosphorus* os dois principais remédios desta moléstia. *Aurum muriaticum* 2ªx também pode ser útil nos casos sifilíticos.

ATREPSIA

Esta moléstia, própria das crianças de peito, começa por uma simples *dispepsia* ou *catarro gástrico crônico* que não lhes permite aproveitar para a sua nutrição todo o alimento que ingerem. Essa irritação gástrica pode ser devida a uma alimentação imprópria ou a uma debilidade congestiva do aparelho digestivo, ou ainda à falta de vitaminas nas alimentações. Daí resulta que, apesar de comer e às vezes ter fome em excesso, a criança emagrece cada vez mais até morrer com a pele sobre ossos. Essa moléstia apresenta assim vários períodos.

Em princípio, há apenas atraso de crescimento, do aumento de peso e da dentição, acompanhado de prisão de ventre ou ligeira diarreia com flocos brancos e amarelos e cheiro de queijo fermentado. Às vezes, há vômitos. O melhor remédio, neste caso, é *Nux vomica* 5ª (se houver prisão de ventre) ou *Chamomilla* 5ª (se houver diarreia), a cada 3 horas, e, pela manhã e à noite, uma dose de *Calcarea carbonica* 30ª.

Se a moléstia progride, há completa parada do crescimento, anemia, pele suja e enrugada, carnes frouxas nas coxas, agitação e impertinência, vômitos azedos, cólicas, ventre muito crescido, prisão de ventre, com fezes secas, pálidas e quebradiças, ou diarreia aguada ou catarrosa, espumosa e azeda. A língua é saburrosa, o apetite quase sempre exagerado, continua-se com a *Calcarea carbonica*. No correr do dia, fezes secas e descoradas ou líquidas indigeridas, *Pulsatilla* 5ª; fezes muito azedas, *Rheum* 3ª; fezes espumosas, *Magnesia carbonica* 5ª; muita flatulência, *China* 5ª; prisão de ventre rebelde, *Hydrastis* 3ª ou *Nux vomica* 30ª; na dentição, *Kreosotum* 5ª. Se falharem, *Salsaparilla* 3ª.

Enfim, se a moléstia não é detida, surge o *estado de marasmo*. O emagrecimento torna-

---

*. Lapso de conteúdo do original. A *astenopia acomodativa* ocorre devido ao cansaço visual decorrente do esforço de acomodação em consequência do esforço contínuo de manutenção do foco a curta distância, como na leitura (livros, celulares, computadores etc.). (Nota dos Editores desta 25ª edição.)

-se extremo, a pele enrugada, o rosto se afina, tornando-se semelhante ao de um idoso ou de um macaco, os membros emagrecem horrivelmente, há prisão de ventre ou diarreia, fome voraz e insônia, febre hética toda a noite, criança sucumbindo, enfim, no coma ou em convulsões. Chegada a criança a esse estado, a cura é difícil. Dê-se então *Calcarea carbonica* 30ª de manhã e *Sulphur* 30ª à noite, e no correr do dia, *Iodum* 5ª (ou *Arsenicum iodatum* 3ª), *Natrum muriaticum* 30ª ou *Abrotanum* 3ª, que deverão ser escolhidos de acordo com a *Matéria Médica*. *Arsenicum album* 6ª alternado com *Calcium phosphoricum*, D6 coll., tem curado inúmeros casos.

O uso do soro, do plasma ou mesmo a transfusão são indicados, como coadjuvantes do tratamento homeopático ou alopático. Nesses casos, é conveniente a presença do médico.

ATROFIA MUSCULAR PROGRESSIVA

É uma doença héredo-familiar de causa desconhecida, que atinge mais os homens que as mulheres. As alterações patológicas atingem os músculos somáticos, mas, em muitos casos, o músculo cardíaco também é atacado. Doença progressiva e de longa duração.

Os principais medicamentos a serem tentados sucessivamente são: *Plumbum* 30ª, *Phosphorus* 30ª, *Arsenicum* 30ª, *Physostigma* 3ª ou *Secale* 5ª, de 4 em 4 ou de 6 em 6 horas.

Na alopatia, usa-se a *Glycina* (*Ácido aminoacético*) e *Vitamina E*. Poucos resultados.

ATROFIA ÓPTICA

É a atrofia do 2ª par craniano. Pode ser simples ou primária, secundária ou pós-neurítica.

A atrofia simples é causada pela sífilis, compressão da artéria central retiniana, glaucoma ou intoxicação medicamentosa.

A atrofia secundária é consequente a uma neurite óptica ou então a um papiledema severo e prolongado.

A volta da visão é difícil. A medicação deve ser voltada para as causas e os fatores que desencadeiam a atrofia.

Os dois principais medicamentos desta moléstia são *Nux vomica* 1ª e *Agaricus muscarius* 3ªx, de 4 em 4 horas. *Tabacum* 30ª pode ser também útil, assim como *Phosphorus* 30ª. Na sifilítica, começar por *Syphilinum* 1.000ª, uma dose. *Plumbum metallicum* 30ª, de 6 em 6 horas, tem suas indicações.

AUSÊNCIA DE MENSTRUAÇÃO

Veja *Amenorreia*.

AZIA

É uma sensação de queimadura, ardência, ou ferro quente que do estômago se propaga pelo esôfago acima e vem até a garganta, onde o doente crê sentir a impressão de um corpo irritante, que às vezes o faz tossir. Está sempre ligado à dispepsia, sobretudo à acidez gástrica, passageira ou crônica.

Contra o acesso, *Lycopodium* 30ª de 15 em 15 minutos; se não aliviar, *Nux vomica* 5ª do mesmo modo. Nos intervalos dos acessos de azia, dê-se *Phosphorus* 5ª ou *Natrum phosphoricum* 3ª, de 2 em 2 horas. Veja o tratamento da acidez. *Robinia*, tintura-mãe, 5 gotas às refeições principais.

BAÇO

Veja *Esplenite*.

BALANITE
(Fogagem)

É a inflamação da mucosa que reveste o prepúcio e a glande, determinando o estreitamento da abertura do prepúcio e a secreção de uma mucosidade fétida.

Belladona 3ª alternada com *Mercurius solubilis* 5ª ou com *Cinnabaris* 5ª, de hora em hora, são os principais medicamentos. *Guaiacum* também pode ser útil, e bem assim *Thuya* 3ª, *Nitri acidum* 3ª, *Rhus toxicodendron* 5ª e *Mercurius corrosivus* 3ª. Se houver muito edema, dê-se *Apis* 3ª ou *Sulphur* 5ª. Aplicação local de *Talco calendulado*, após ter lavado com uma solução de *Calendula* em água fervida a 1/10.

BARRIGA

Veja *Apendicite*, *Cálculos*, *Cólicas intestinais*, *Dismenorreia*, *Ovarite*, *Ovaralgia*, *Peritonite* e *Volvo*.

BARRIGA D'ÁGUA

Veja *Ascite*.

BARTOLINITE

É o abscesso da vulva, na mulher, ou melhor, o abscesso da glândula vulvovaginal chamada *glândula de Bartolin*. Pode ser simples ou blenorrágica. É mais frequente do lado esquerdo.

Caracteriza-se, como todos os abscessos, pela formação de pus; e, depois de evacuado o pus, pode passar ao estado crônico, com corrimento seropurulento.

Para a bartolinite simples, o melhor remédio é *Phytolacca* 3ª; se for blenorrágica, *Mercurius corrosivus* 3ª. De curso lento, *Hepar* 5ª e, se falhar ou houver muitas dores, *Chamomilla* 5ª. *Aconitum* 1ª será indicado pela febre, e *Silicea* 30ª ou *Calcarea sulphurica* 5ª pelo corrimento de pus. Nos casos agudos, uma dose a cada 2 horas; nos casos crônicos, a cada 4 horas. Na blenorrágica, iniciar o tratamento com uma dose de *Medorrhinum* 1.000ª. Aplicações locais de solução de *Cyrtopodium* ou de *Cordia curas* a 1/10.

Na alopatia, *Penicilina*, *Estreptomicina*, *Terramicina* etc., sob controle médico.

BEBEDEIRA

Veja *Alcoolismo*.

BERIBÉRI[154]

O beribéri é uma moléstia própria dos países tropicais, onde pode reinar endêmica ou epidemicamente, caracterizar-se habitualmente por edemas e paralisias simultâneas. Apresenta duas formas – a forma *paralítica* ou *atrófica*, na qual dominam as paralisias, e a forma *paralítico-edematosa* ou mista, na qual se casam igualmente paresia das pernas, dificultando o andar, que se acompanha de grande enfraquecimento e acaba impossibilitando o doente de se mover: esta paresia sobe para as coxas, o tronco e os braços, produzindo na mão a *garra beribérica*; há cãibras e dores nevrálgicas, sobretudo na barriga das pernas, anestesia dolorosa e sensação de aperto, como por uma cinta, em torno da cintura (*cinta beribérica*) que produz às vezes extrema angústia no doente; desordens do coração, falta de ar, dores na região cardíaca, embaraço gastrintestinal, tastio, língua suja, prisão de ventre, dores de estômago, urinas diminuídas, e o doente sucumbe por síncope ou fraqueza do coração, ou então por asfixia devida à paralisia dos músculos do peito e da respiração. Na *forma mista*, às *paralisias* se ajuntam os inchaços, que começam habitualmente pelas pernas e sobem pelo corpo acima até ao pescoço e o rosto, produzindo anasarca geral, com ascite, hidrotórax e edema pulmonar.

O principal, senão o único, remédio do beribéri é o *Veratrum album* 5ª, de 2 em 2 horas, sobretudo quando são acentuadas as paralisias e as desordens do coração e da respiração. *Plumbum* 30ª, de 2 em 2 horas, convém, quando predominarem as dores fortíssimas e a anestesia dolorosa ou quando a forma atrófica tem uma marcha rápida. *Apis* 3ª alternado com *Arsenicum* 3ª ou com *Veratrum* 5ª, de hora em hora, convém sobretudo a forma edematosa ou mista; *Helleborus* 3ª convém também a esta forma. Associar ao tratamento homeopático *Vitamina B1*.

BEXIGA

Veja *Cancro*, *Cistite*, *Enurese*, *Espasmos*, *Hematúria*, *Pedra*, *Quilúria*, *Tenesmo*, *Urinas* e *Varíola*.

BICHAS

Veja *Lombrigas* e *Oxiúros*.

BICO DO PEITO RACHADO

Veja *Seios*.

BLEFARITE

É a inflamação crônica do bordo das pálpebras, caracterizada por vermelhidão, inchaço, escoriações com crostas superficiais, descamando e, por fim, queda das pestanas.

Existem dois tipos de blefarite. A ulcerativa de origem bacteriana, na maior parte, estafilocócica e a não ulcerativa, de tipo seborreico, de causa obscura, mas que parece ser de natureza alérgica.

Os principais remédios desta moléstia são: *Hepar Sulphuris* 5ª, *Graphites* 5ª ou *Sulphur* 5ª, de 4 em 4 horas; ou então *Hepar* 3ª e *Mercurius solubilis* 3ª alternados. Em casos rebeldes, *Sopia* 30ª o *Sulphur* 30ª alternados podem ser úteis. O uso externo do *Óleo de Tamaquoró* é muito eficaz.

BLEFAROSPASMOS

É o fechamento espasmódico das pálpebras devido à irritação reflexa do nervo oftálmico. Quando as contrações são crônicas ou intermitentes, constitui-se o pestanejo constante, espécie de cacoete, que se encontra em certos indivíduos, que piscam frequentemente os olhos.

Se a contração é tônica, permanente ou crônica e intermitente, *Agaricus* 3ª ou T.M. (4 gotas em 24 horas); pode-se empregar também *Physostigma* 3ª, *Hyosciamus* 3ª, *Cicuta* 3ª ou *Igna-*

---

154. Para maiores esclarecimentos, leia-se o *Tratamento Homeopático das Moléstias Tropicais*, pelo Dr. Nilo Cairo, Curitiba, 1909.

tia 3ª, de 3 em 3 horas. *Cuprum metallicum* 30ª tem indicação.

BLEFAROPTOSE

Veja *Ptose*.

BLENORRAGIA
(Gonorreia, Esquentamento)

É uma moléstia venérea com localização predominante na uretra, que se caracteriza por um escoamento abundante de pus espesso e esverdeado, dores ardentes e picantes, extremamente vivas, quando o doente urina, urinas frequentes e ereções doloridas às vezes, em ganho, sobretudo à noite. Dura ordinariamente 20 a 40 dias, depois a *gota militar*; todas as manhãs aparece uma gota de pus no meato urinário, sem dores nem mais perturbação alguma – pode então se produzir o *estreitamento da uretra*. Nos casos agudos, pode haver febre, língua suja, embaraço gástrico; e podem aparecer certas complicações: *cistite, epididimite, oftalmia e artrite blenorrágica.* (Veja estas moléstias).

No começo, havendo febre, dê-se *Aconitum* 1ª ou *Gelsemium* 1ª, de hora em hora; passada a febre e continuando abundante o corrimento, dê-se *Cannabis sativa* 3ª e *Thuya* 3ª, alternados de hora em hora ou *Cannabis sativa* 3ª e *Mercurius corrosivus* 3ª alternados do mesmo modo; com violentas e doloridas ereções ou priapismo e muito tenesmo da bexiga, *Cantharis* 30ª; com muita inflamação, *Belladona* 5ª e *Mercurius solubilis* 5ª alternados de hora em hora; nos casos leves, com pouquíssimo ardor e corrimento escasso, *Sepia* 30ª ou *Gelsemium* 30ª ou *Cannabis indica* 3ªx; com corrimento muito profuso e pouca dor, *Pulsatilla* 3ª; na mulher, *Sepia* 12ª ou *Pulsatilla nigricans* T.M. Se o corrimento foi suprimido de repente, *Thuya* 1ª ou *Sulphur* 30ª, de 3 em 3 horas; *Salsaparilla* 3ª é um bom remédio para a dor de cabeça e outras dores reumáticas provenientes de gonorreia suprimida; crônica ou *gota militar*, os seguintes medicamentos devem ser tentados: *Thuya* 3ª, *Kali iodatum* 3ªx, *Nitri acidum* 3ª, *Natrum muriaticum* 30ª, *Sepia* 30ª, *Naphtalinum* 3ªx, *Sulphur* 30ª, de 4 em 4 horas. Como remédio intercorrente, tome-se *Medorrhinum* 200ª, 5 gotas de 5 em 5 dias. Iniciar o tratamento com uma dose de 6 gotas de *Medorrhinum* 1.000ª.

O uso da *Sulfadiazina* sob orientação medica é de efeito surpreendente, assim como o *Dagenan*, *Thiazamida* e outros produtos similares, na Terapêutica alopática.

A *Penicilina*, *Estreptomicina*, *Cloromicetina* etc. modificaram inteiramente o curso da doença. Hoje em dia, em 24 horas, pode-se perfeitamente curar uma blenorragia, quando o seu portador não apresenta germes resistentes aos antibióticos usuais. Essa resistência provém do uso e abuso indiscriminado que se faz dessa terapêutica.

BOCA

Estalos do osso do queixo ao mastigar, *Rhus toxicodendron* 3ª *Nitri acidum* 3ª ou *Ammonium carbonicum* 3ª.

Fácil deslocamento do osso do queixo, *Rhus toxicodendron* 3ª ou *Petroleum* 5ª.

Incessante tremor do queixo, *Antimonium tartaricum* 3ª ou *Gelsemium* 5ª.

Morde facilmente a bochecha, quando mastigando, *Ignatia* 30ª ou *Causticum* 12ª.

Veja as diversas moléstias da boca: *Cancro, Cárie dentária, Dentição, Estomatite, Fístulas, Glossite, Lábios, Leucoplasia, Mau hálito, Odontalgia, Parotidite, Piorreia, Rânula, Salivação* e *Sífilis*.

BÓCIO
(Papeira)

É o adenoma da glândula tireoide.

O bócio ou papeira é uma moléstia caracterizada pela hipertrofia da glândula tireoide, que às vezes toma enormes proporções, e por uma debilidade geral especial. Quando ela é benigna, essa debilidade não ocorre; há simples aumento de volume da glândula. Em sua forma comum, porém, há emagrecimento e perda de forças e, por seu volume, o bócio pode comprimir a traqueia e provocar falta de ar muito grave.

Os dois principais remédios dessa moléstia são *Iodum* 5ª e *Spongia* 5ª alternados um mês, outro mês outro, três doses por dia. Outro medicamento que dá muito bom resultado é *Kali iodatum*, substância pura (Veja a Matéria Médica). Pode-se também empregar *Calcarea carbonica* 5ª ou 30ª, *Mercurius iodatum ruber* 3ª, *Fucus vesiculosus* T.M. ou *Thyrodinum* 3ªx trit. (10 centigramas de 8 em 8 horas). *Hydrastis* 1ª é um bom remédio da papeira, da puberdade e da gravidez. *Lycopus virgicus*, tintura-mãe, 4 gotas, 3 vezes por dia, dá grandes resultados.

BÓCIO EXOFTÁLMICO
(Doença de Graves-Basedow)

Principais sintomas: bócio (papo), exoftalmia, tremor e taquicardia. A esses sintomas se aliam irritabilidade, metabolismo elevado, perda de peso, palpitações e sensibilidade anormal ao calor. Há paroxismos de fortes palpitações e violenta falta de ar, que duram algumas horas; a moléstia dura de alguns meses a anos e é curável. É mais comum na mocidade e no sexo feminino. *Belladona* 3ª ou 30ª é o primeiro remédio a tentar nesta moléstia, só ou alternado com *Thyroidinum* 3ªx (10 centigramas de 8 em 8 horas); em caso de insucesso, dê-se *Lycopus virginica* T.M., *Arsenicum* 5ªx ou *Fucus vesiculosus* T.M. (Veja a *Matéria Médica*); contra crises de palpitações e sufocação, dê-se *Glonoinum* 5ª e *Cactus* 1ª, alternados de 20 em 20 minutos, ou *Pilocarpus* 3ª.

Na alopatia, solução de *Lugol*, *Di-iodo-tirosina*, *Propiltiouracil* etc., mas sempre por indicação médica.

BOTÃO-DO-ORIENTE

É uma moléstia da pele, própria dos países quentes, caracterizada por uma ou mais pápulas iniciais que se inflamam, *descamam*, recobrem-se de uma crosta e terminam finalmente pela formação de uma *úlcera muito indolor*, de lenta extensão, cuja duração é de três meses a um ano. Em certos casos, ocorrem também ulcerações das mucosas do nariz, da boca, da garganta e até da laringe, produzindo graves deformações e mesmo caquexia e morte.

O principal remédio dessa moléstia é *Antimonium tartaricum* 3ªx, sobretudo da forma cutânea; quando a úlcera apresenta a forma verrucosa ou de couve-flor, *Thuya* 5ª ou *Nitri acidum* 5ª. Nos casos de úlceras no nariz, *Kali bichromicum* 3ª ou *Nitri acidum* 3ª; ulcerações da boca ou da garganta *Arsenicum* 3ªx. Úlceras da laringe. *Nitri acidum* 3ª. Uma dose a cada 4 horas. *Lachesis* 30ª alternado com *Fluoris acidum* 30ª.

BOUBAS
(Piã, Framboesia)

É uma moléstia crônica da pele, própria dos países quentes, caracterizada pelo aparecimento, na superfície da pele, de pápulas que acabam geralmente em uma erupção fungosa, granulomatosa e crostosa, de tumores semelhantes a amoras, salientes, carnudos e vermelhos, do tamanho de um grão de milho, ou maior, e cobertos de crostas lardáceas, amareladas, úmidas e muito aderentes e tenazes. Podem ulcerar-se, dando lugar a feridas rebeldes, exsudando pus; o pus que exala é fétido e muito repugnante. Quando a bouba se desenvolve na planta do pé, chama-se *cravo*. Pode durar semanas ou anos.

Os principais medicamentos desta moléstia, que devem ser experimentados sós ou alternados, de 3 em 3 horas são: *Jacarandá caroba* 3ªx, *Bowdichea major* 2ª, *Gossypium herbaceum* 3ªx, *Thuya* 5ª, *Nitri acidum* 3ª e *Silicea* 30ª. Um bom remédio é *Caroba*.

A *Penicilina* tem sido usada com sucesso pelos colegas alopatas.

BRONCOPNEUMONIA
(Bronquite capilar)

Praticamente, a bronquite capilar não se distingue da broncopneumonia. Broncopneumonia é uma inflamação aguda do pulmão e dos pequenos brônquios, caracterizada por alta febre, prostração, sonolência, tosse, peito muito cheio de catarro e grande falta de ar. É moléstia própria da infância; mas também se encontra nos idosos. A criança respira com dificuldade, com grande cansaço do peito e bater constante das asas do nariz. Dura de 15 dias a um mês.

Há vários tratamentos homeopáticos que dão excelentes resultados nesta moléstia. O Dr. Jousset aconselha *Ipeca* 6ª e *Bryonia* 6ª, alternados de hora em hora. O Dr. Hughes: *Aconitum* 3ªx e *Phosphorus* 3ª, alternados de hora em hora, e *Antimonium tartaricum* 3ªx trit., caso haja muito catarro sem poder expectorar. O Dr. Boericke: *Ferrum phosphatum* 3ª logo no começo, de meia em meia hora, durante 5 ou 6 horas, depois *Phosphorus* 6ª e *Antimonium tartaricum* 3ª alternados de hora em hora, e uma vez por dia ou cada 2 dias uma dose de *Tuberculinum* 200ª ou *Bacilinum* 100ª. Havendo sintomas de asfixia, dê-se *Carbo vegetabilis* 30ª ou *Solanum aceticum* 2ª de meia em meia hora. Se existirem sintomas hepáticos (icterícia), *Chelidonium* 1ª é o remédio. *Antimonium arsenicum* 1ª também pode ser útil em lugar de *Antimonium tartaricum*. Na pneumonia da gripe alterna-se *Phosphorus* 5ª com *Antimonium* 5ª e *Gelsemium* 1ª. Os alopatas estão usando com sucesso a *Sulfapyridina*, a *Sulfuthiazol* e especialmente a *Sulfadiazina*.

Os antibióticos *Penicilina*, *Estreptomicina*, *Cloromicetina* etc., podem ser usados ao lado do tratamento homeopático, mas sob controle médico.

BRÔNQUIOS

Veja *Asma*, *Adenopatia traqueobrônquica*, *Bronquite*, *Bronquite fétida*, *Broncopneumonia*, *Constipação*, *Coqueluche* e *Tosse*.

BRONQUITE
(Constipação de peito)

É a inflamação dos brônquios. Pode ser aguda ou crônica; localizada ou difusa. É causada por infecção ou por agentes físicos ou químicos.

A bronquite aguda, quando branda, constitui um simples catarro brônquico, cujo remédio deve ser escolhido entre os da tosse em geral; quando intensa (forma comum), apresenta os seguintes sintomas: fraqueza geral, cansaço muscular, peso na cabeça, secura e endolorimento na garganta, opressão, dores vagas pelo peito, um pouco de febre e tosse; a princípio seca, esta tosse vai se umedecendo aos poucos e se torna catarral.

Os escarros, raros no princípio, vão se tornando mais abundantes e mais espessos e a febre cai, até que a tosse desaparece aos poucos. Nas crianças, a bronquite aguda é mais séria, pois a inflamação pode descer aos pequenos brônquios e provocar falta de ar e febre elevada, prostração e sonolência, com muito catarro no peito, tosse e pouca expectoração.

A bronquite crônica é habitualmente de acesso, com esforços violentos, lacrimejamento, vermelhidão no rosto e por vezes vômitos. Pode ocorrer em consequência da bronquite aguda ou acompanhar e seguir outras moléstias, como ser crônica desde o começo. A tosse ora é seca, ora acompanhada de pouco ou muito catarro; pode haver falta de ar e escarros de sangue. Dura muitos anos.

No começo da bronquite aguda, dê-se *Aconitum* 3ªx ou 3ª de hora em hora; se a bronquite não diminuir dentro de três dias e a tosse começar a ficar catarral, dê-se *Mercurius solubilis* 5ª, *Kali bichromicum* 3ª ou *Sanguinaria* 3ª de hora em hora. Nas crianças, dê-se no começo *Ferrum phosphoricum* 3ª de hora em hora; se houver muito catarro no peito, alterne-se *Bryonia* 3ª e *Ipeca* 3ª (*Lobelia inflata* 3ª também pode ser útil) de hora em hora. Quando o catarro se torna espesso e abundante, *maduro* como se diz, dê-se *Pulsatilla* 5ª para completar a cura da bronquite aguda.

Nas bronquites agudas que surgem em decorrência das operações cirúrgicas, o melhor remédio é *Antimonium tartaricum* 5ªx; mas, de um modo especial, naquela que segue frequentemente a anestesia pelo éter, *Belladona* 3ªx é o melhor remédio.

Em todos esses casos, as doses devem ser repetidas de hora em hora.

A bronquite crônica se caracteriza pela inflamação crônica, alterações fibróticas e atróficas nas mucosas e estruturas brônquicas, associadas com fibrose pulmonar, enfisema ou outra doença pulmonar crônica.

Na *bronquite crônica seca*, com tosse seca, espasmódica, incessante, *Spongia* 2ª; com expectoração rara, tenaz, tosse coqueluchoide e opressão respiratória, *Naphtalinum* 3ª e *Grindelia* 5ª alternados; muito sufocante, em pessoas obesas, *Ammonium carbonicum* 3ªx.

Na *bronquite crônica catarral*, com tosse não espasmódica, e expectoração de catarro mucoso ou mucopurulento, tenaz, pegajoso, *Kali bichromicum* 5ª; com muito catarro acumulado no peito e fraqueza para expectorar, *Antimonium tartaricum* 3ª só ou alternado com *Ipeca* 5ª.

Na bronquite crônica com expectoração purulenta, há dois remédios principais: *Silicea* 30ª e *Lycopodium* 30ª sobretudo nos adultos, e *Calcarea carbonica* 30ª especialmente nas crianças. Entretanto, *Mercurius solubilis* 5ª também pode ser útil nos casos moderados.

Na bronquite crônica, com expectoração pseudomembranosa (moléstia rara), *Bryonia* 3ª, *Kali iodatum* 1ªx ou *Kali bichromicum* 5ª são os principais remédios.

Na bronquite crônica catarral das crianças, a tosse é paroxística e a expectoração mucopurulenta; neste caso, dê-se *Pulsatilla* 5ª durante o dia, uma dose de 3 em 3 horas, e à noite, ao deitar, uma dose de *Hepar* 3ªx. Se a tosse for seca e atormentadora, *Calcarea iodata* 3ª. Havendo facilidade de se resfriar e de apanhar tosse, *Lycopodium* 30ª.

Bronquite sifilítica, *Kali iodatum* 1ªx; reumática, com dores no peito, *Kali carbonicum* 30ª; devida à retrocessão de moléstias da pele, *Sulphur* 30ª; nos artríticos, *Nux vomica* 30ª; nos cardíacos, *Cactus* 1ª ou *Spongia* 3ªx; nos idosos em geral, *Carbo vegetabilis* 30ª, *Scilia* 3ª, *Baryta muriatica* 3ªx ou *Senega* 3ª. Nos casos crônicos, uma dose de 4 em 4 horas.

BRONQUITE CAPILAR

Veja *Broncopneumonia*.

BRONQUITE FÉTIDA

Bronquiectasia

A fim de o leitor compreender o que é uma bronquite fétida, a seguir descrita como uma bronquiectasia infetada, é necessário que saiba o que é uma bronquiectasia.

Trata-se de uma doença congênita crônica ou então adquirida, caracterizada pela dilatação cilíndrica, sacular ou cística dos brônquios e infecção secundária. Quanto ao tratamento, é o mesmo da bronquite fétida.

É uma bronquite com dilatação dos brônquios ou bronquiectasia, que se caracteriza por febre irregular, pontadas no peito, tosse de acesso seguida por vezes de vômitos e abundante expectoração purulenta e fétida. É curável, mas pode se prolongar por alguns meses e matar por uma violenta hemoptise ou por gangrena pulmonar.

Os principais medicamentos desta moléstia são: *Capsicum* 3ª, *Sanguinaria* 3ª, *Calcarea carbonica* 3ª, *Sulphur* 30ª, *Stannum* 5ª e *Stannum iodatum* 3ª, em doses de 2 em 2 horas. *Eucalyptus* 2ªx pode também ser útil, e bem assim *Allium sativum* 1ª, *Kali carbonicum* 3ª, *Myosotis* 2ª, *Silicea* 30ª e *Pyrogenium* 30ª.

Na alopatia, além dos antibióticos por via oral e injetável, está se usando a nebulização dos mesmos. Esse tratamento pode ser associado ao homeopático, sem maiores inconvenientes, sob controle médico.

BROTOEJA

É uma moléstia cutânea, pápulo-vesiculosa, própria dos países quentes, que se caracteriza por uma erupção mista de pápulas e vesículas, às vezes muito confluentes e ocupando geralmente as pregas do corpo acompanhada de intenso prurido, sobretudo nas crianças.

Os principais medicamentos são: *Croton* 3ª, *Rhus toxicodendron* 5ª, *Urtica urens* 3ª e *Pulsatilla* 5ª, de 3 em 3 horas. Durante a dentição, *Chamomilla* 5ª pode ser útil.

Apis mellifica 6ª internamente e *talco de Hamamelis* em uso externo.

Hoje em dia, pensa-se ser uma doença de causa alérgica.

BUBÃO

É a inflamação de um gânglio linfático da virilha, que costuma acompanhar as moléstias venéreas, como o cancro mole, o cancro sifilítico, a gonorreia, a balanite etc.

Para o tratamento, veja *Adenite*.

BURSITE
(Sinovite das bolsas serosas)

É a inflamação das bolsas serosas que existem no corpo, entre os tendões, ligamentos e músculos destinados a facilitar o seu deslocamento mútuo, e caracterizada por inchaço, dor e prejuízo dos respectivos movimentos.

Na forma aguda, *Aconitum* 3ª e *Belladona* 3ª alternados a cada hora, ou *Sticta pulmonaria* 1ªx; na forma crônica, sobretudo da bursite do joelho, *Kali iodatum* 1ªx, a cada 4 horas. Este remédio convém também à forma aguda. No dedo grande do pé, *Ruta* 1ª, *Benzoicum acidum* 3ªx ou *Agaricus* 3ªx. Quando melhora pelo repouso, uma dose de *Bryonia* 200ª, de 7 em 7 dias.

CABEÇA-DE-PREGO

Veja *Furunculose*.

CABELOS

Os cabelos dão lugar a várias moléstias: entre elas a mais comum é a *alopecia* ou *calvície*, de que tratamos em outro lugar. Mas não são só os cabelos da cabeça que caem; caem também as sobrancelhas e a barba, caso a que convém *Selenium* 30ª; e os cabelos do púbis, caso a que convém *Natrum muriaticum* 30ª, *Nitri acidum* 3ª, *Selenium* 30ª ou *Zincum* 5ª. *Helleborus* 3ª convém ainda à queda dos cabelos das sobrancelhas e do púbis. Além disso, os cabelos podem ser muito gordurosos (Veja *Seborreia*) ou muito secos (neste último caso, podem ser úteis *Kali carbonicum* 5ª, *Psorinum* 30ª ou *Sulphur* 30ª) e, enfim, embranquecer precocemente (*canície precoce*), o que se pode deter com *Phosphori acidum* 3ª, *Lycopodium* 30ª, *Secale* 5ª ou *Sulphuris acidum* 5ª. Para mudar a cor dos cabelos vermelhos para louros, *Salsaparilla* 18ª. Todos de 12 em 12 horas.

Existem *alopecias difusas* (senil, tóxica, prematura e na dermatite seborreica) e as *alopecias circunscritas* (cicatricial, não cicatricial (tipo-sifilítico), mecânica e areata).

Na areata, os alopatas estão usando com sucesso a *Cortisone* e o *Acth*, remédios esses que, quando prescritos, o podem ser somente por médico.

CACOETE
(Tique convulsivo não doloroso)

São movimentos espasmódicos crônicos de certos músculos, sobretudo da face e do pescoço, que obrigam os pacientes a frequentes trejeitos.

Os dois principais medicamentos são: *Hyosciamus* 3ª e *Tarantula hispanica* 5ª. Nas mulheres, *Sepia* 30ª. Podem também ser úteis: *Agaricus*, *Lycopodium*, *Mygale lasiodora*, *Cuprum*, *Zincum* e *Laurocerasus* (este no pigarro da laringe).

Veja a *Matéria Médica*. De 12 em 12 horas.

CÃIBRAS

Cãibra é uma contração enérgica de um músculo, de pequena duração e excessivamente dolorida: ordinariamente, é o músculo da panturrilha que sofre. As cãibras podem ocorrer como moléstia própria ou surgir como sintoma de outra moléstia, a cólera, a peritonite, a nefrite, a irritação intestinal etc.; outras vezes resultam da fadiga das pernas.

Neste último caso, dê-se *Arnica* 3ª, de 2 em 2 horas; se for devida a um embaraço gastrintestinal, *Nux vomica* 5ª, de 2 em 2 horas; em todos os casos, *Cuprum* 12ª é o principal medicamento, de 3 em 3 horas. *Magnesia phosphorica* 5ª pode também ser útil, e bem assim *Spongia* 3ª.

CÃIBRA DOS ESCRITORES

É uma neurose profissional, caracterizada pela impossibilidade de executar os movimentos de certo trabalho profissional (o de escrever, por exemplo), podendo, entretanto, executar quaisquer outros.

Essa dificuldade de escrever se observa nos escritores, escrivães, amanuenses etc. Logo que o doente se põe a escrever, surgem convulsões ou tremores no braço, ou ainda entorpecimento e meia paralisia, que não deixam escrever legivelmente.

Os principais medicamentos desta moléstia, que devem ser experimentados sucessivamente, são: *Argentum metallicum* 3ª trit., *Causticum* 5ª, *Gelsemium* 30ª, *Conium* 5ª e *Cuprum* 5ª. Duas doses por dia.

CALÁZIO

É um pequeno tumor, cujo tamanho varia de uma cabeça de alfinete a uma pequena ervilha, de forma hemisférica, que se desenvolve na borda da pálpebra, devido à inflamação de uma glândula de Meibomius causada por obstrução de seu ducto. Seu curso é lento e às vezes dura muito tempo.

Thuya 5ª é o principal remédio; mas *Calcarea carbonica* 5ª, *Conium* 3ª e *Staphisagria* 30ª são também muito úteis. *Platanus occidentalis* 2ªx sobretudo nas crianças. Depois de aberto o caso, dê-se *Hepar* 5ª. Todos os remédios devem ser dados de 4 em 4 horas. *Pomada de cyrtopodium* é útil.

CÁLCULOS BILIARES[155]

A *colelitíase* é a presença de concreções na vesícula biliar. Quando as concreções se encontram no colédoco, chama-se a essa entidade patológica de *Coledocolitíase*.

São pequenas concreções duras (pedras) que se desenvolvem nos canais do fígado e são expulsas para os intestinos com a bílis. É moléstia da própria idade madura e mais das mulheres que dos homens. A passagem dessas pedrinhas pelo canal hepático produz às vezes dor intensa que se chama *cólica hepática*; é uma cólica violenta que ocorre do lado direito, quase na boca do estômago, acompanhada às vezes de vômitos, sufocação, angústia no coração e, outras vezes, de icterícia; começa e passa logo, outras vezes se prolonga e se repete por acessos com intervalos variáveis. Esses intervalos podem ser até de um ano. As dores de barriga das mulheres idosas quase sempre são cólicas hepáticas. Pode, entretanto, complicar-se de inflamação dos canais e vesículas biliares (*angiocolecistite*), com acessos intermitentes ou remitentes de febre intensa e delírio (*febre intermitente hepática*) e, quando supurada, sintomas tíficos e morte.

A obesidade e a gravidez predispõem a cálculos.

Durante o acesso de cólica hepática, dê-se *Calcarea carbonica* 30ª de 15 em 15 minutos; se não aliviar ao cabo de duas horas, dê-se *Hydrastis*, *Carduus marianus* ou *Chelidonium majus* (Veja Matéria Médica). Contra o acesso, pode-se usar *Berberis vulgaris* T.M.; *Nux vomica* 30ª, também alivia as dores; o mesmo se pode dizer de *Dioscoreia villosa* 1ª. Nos intervalos dos acessos, *China* 1ª ou 5ª, *Nux vomica* 12ª, *Ricinus* 3ª ou *Ipeca* 5ª, de 12 em 12 horas, para evitar a reprodução. A icterícia consecutiva se combate com *Nux vomica* 5ª, de 2 em 2 horas. Em caso de *angiocolecistite*, com acessos febris e delírio, dê-se *Baptisia* 1ª alternada com *Podophyllum* 3ªx ou *Podophyllum* 3ªx com *Chelidonium* 1ª de hora em hora; se falharem e houver supuração, *Hepar* 5ª e *Rhus* 3ª. Contra a icterícia crônica, *Mercurius dulcis* 3ªx, de 4 em 4 horas. Nas cólicas, Magalhães Castro aconselhava o uso alternado de *Dioscorea* 3ªx com *Berberis vulgaris* T.M.

CÁLCULOS RENAIS[156]

É uma moléstia semelhante aos cálculos biliares, com a diferença de que dá nos rins – são as areias ou pedras dos rins, que às vezes determinam a conhecida *pedra da bexiga*. Quando as areias dos rins são expulsas com facilidade, por serem muito finas, não produzem incômodo algum e só são percebidas pelo depósito avermelhado que se nota no fundo ou nas paredes do urinol; quando, porém, esses cálculos são mais volumosos, determinam uma dor intensa, que se chama *cólica nefrítica* e que, partindo dos lombos, de um ou dos dois lados, prolonga-se para a bexiga e vai até os testículos e a coxa; há então náuseas, vômitos, suores frios e prisão de ventre com borborigmos. Pode haver um só ataque, e este durar uma ou duas horas, como também pode se repetir por várias vezes. Se o cálculo ficar preso, pode ocorrer a anúria (falta de urina) e a morte.

Pensa-se modernamente que os cálculos renais resultam de uma alteração na relação

---

155. Vide nota 150 (*Apendicite*).

156. *Idem.*

normal existente entre coloides e cristaloides da urina.

O estado coloidal da urina em pacientes com litíase renal é alterado por *injeção subcutânea de hialurodinase*.

Por essa razão, modernamente na alopatia está se usando esse produto com finalidade de dissolver os cálculos.

Outros usam os *géis de alumínio*, com o fito de evitar a formação de novos cálculos.

Nos casos de areias sem cólicas, dê-se *Lycopodium* 30^a ou *Ocimum canum* 30ª nos homens, e *Sepia* 30ª nas mulheres. Quando ocorrem as cólicas nefríticas, dê-se *Parreira brava* 5^a, 3^a ou T.M., de 15 em 15 minutos, só ou alternado com *Beriberis vulgaris* 3^a ou T.M. *Nux vomica* 30^a, *Salsaparilla* 3^a, *Eryngium aquaticum* 3^ax, *Thlaspi* T.M. e *Uva ursi* 3^ax podem também facilitar a passagem dos cálculos. Se houver anúria, *Digitalis* 5^a de hora em hora. Nos intervalos dos ataques, *Lycopodium* 30^a ou *Cantharis* 5^a, de 6 em 6 horas, ou então *Parreira* 5^a e *Beriberis* 5^a, uma semana um, outra semana outro. Havendo soluços, *Adrenalina* 3^ax. *Ocimum canum*. 30^a é também remédio da cólica nefrítica. *Lycopodium* 10.000^a, uma gota por mês, grande remédio, assim como *Calcarea renalis* 1.000^a.

A *Rubia Sepia* é um produto alemão que pode ser associado ao tratamento homeopático.

CALOS

São tumores constituídos pelo espessamento circunscrito da epiderme, devido a uma irritação externa constante, que tem habitualmente por sede as saliências laterais dos pés, comprimidos pelos sapatos mal feitos, ou a palma das mãos dos trabalhadores. Estes são calos duros; há outros, porém, que se formam entre os dedos do pé, que são moles. Podem se inflamar quando machucados e formar um pequeno abscesso.

De um modo geral, *Antimonium crudum* 5^a é o principal remédio dos calos duros, e *Sulphur* 3^a o dos calos moles.

Os medicamentos dos calos das mãos são: *Graphites* 5^a, *Sulphur* 5^a, *Ammonium carbonicum* 5^a e *Lycopodium* 30^a; dos pés, *Antimonium crudum* 5^a, *Sulphur* 30^a e *Ferrum picricum* 3^ax. Para os calos machucados, veja *Abscesso* e *Bursite*. Uma dose por dia.

Pomada de *Thuya*, além de *Thuya* 3^a, internamente, tem indicação.

CALVÍCIE

É a queda permanente dos cabelos da cabeça devida à debilidade geral ou local dos bulbos pilosos ou a uma emoção ou moléstia geral crônica; cai por fios e não por madeixas pouco a pouco.

Se for devida à debilidade, geral, *Phosphori acidum* 3^a ou *Selenium* 30^a; sifilítica, *Fluoris acidum* 30^a ou *Lycopodium* 30^a; depois do parto ou de uma moléstia grave, *Carbo vegetabilis* 12^a; durante o aleitamento, *Natrum muriaticum* 30^a. Em casos indeterminados, experimente-se *Arsenicum* 30^a, *Phosphorus* 5^a, *Kali carbonicum* 5^a, *Graphites* 30^a, *Natrum muriaticum* 30^a, de 6 em 6 horas.

CÂNCER
(Cancro)

É uma moléstia crônica muito grave que se caracteriza pelo desenvolvimento, em uma ou mais partes da economia, de um tumor duro, fixo, que cresce continuamente, depois ulcera, exalando um pus sanioso e fétido, e por fim mata por uma caquexia particular (emagrecimento, cor amarela da pele, debilidade crescente, perturbações digestivas, diarreia, febre hética, inchaços, síncopes, hemorragias). Sua duração é de alguns meses a muitos anos. Conforme a situação, isto é, a parte ou órgão do corpo em que tem a sua sede, o cancro pode, desenvolvendo-se, produzir diversas perturbações de vizinhança, sobretudo por compressão de outros órgãos e impedimento de certas funções do próprio órgão ou de órgãos vizinhos.

De um modo geral, *Arsenicum album* 3^ax ou *Arsenicum iodatum* 3^ax são os dois principais medicamentos do começo em qualquer caso de cancro, sós ou alternados com *Hydrastis* 1^a ou 5^a de 2 em 2 horas. *Asterias rubens* 30^a e *Gelium aparine* T.M. exercem uma salutar influência sobre a moléstia cancerosa em geral. Uma vez o cancro em evolução, *Conium* 30^a, *Calcarea carbonica* 30^a, *Hydrastis* 5^a, *Carbo animalis* 30^a, de 3 em 3 horas. *Carboneum sulphuratum* 1ª trit., restringe o crescimento do cancro.

O Dr. Grimer tem usado os *sais de Cádmio*, por exemplo, o *Cadmium sulphuricum* 3^a, no Câncer e diz obter resultados interessantes.

Ulcerado o cancro, *Silicea* 30^a é o melhor remédio (e aliviará frequentemente as dores na 2^ax trit.); *Condurango* 1^ax, *Echinacea* T.M., *Mercurius corrosivus* 3^a ou *Kreosotum* 3ª também convêm aos cancros ulcerados com supuração fétida e saniosa, de 3 em 3 horas. Contra os vômitos *Kreosotum* 3^a ou *Cuprum aceticum* 3^a (*Apomorphia* 3ª nos tumores cerebrais); dores ardentes, *Cedron* T.M., *Arsenicum* 5^a ou *Condurango* 1^ax; hemorragias, *Hamamelis* 3^a ou 1^a ou *Phosphorus* 5^a. Para evitar a reincidência do cancro, depois de operado, *Sanguinaria canadensis* 3^a ou *Arsenicum album* 3^ax, durante 2 anos. "*Kali sulphuricum* 3^a é específico dos epiteliomas" (Schussler).

PARTICULARMENTE SÃO INDICADOS:

Cancro

– da face	*Lobelia erinus* T.M. ou 3ª e 200ª
– da pele	*Thuya* 3ª; *Arsenicum* 5ª e *Phosphorus* 5ª alternados; *Cyrtopodium* T.M.
– dos lábios	*Arsenicum* 5ª, *Condurango* 1ªx, *Ranunculus* 3ª ou *Graphites* 5ª
– do nariz	*Arsenicum* 5ª, *Carbo animalis* 5ª, *Aurum* 30ª e *Bowdichea major* 3ª
– da língua	*Mercurius cyanatus* 3ª, *Kali cyanatus* 3ª alternados com *Muriatis acidum* 1ª ou 3ª, *Conium* 30ª, *Aurum* 30ª, *Carbo animalis* 5ª, *Nitri acidum* 3ª, *Galium aparine* T.M. e *Sempervivum tectorum* T.M.
– da laringe	*Hepar* 5ª, *Spongia* 2ª e *Thuya* 3ª
– do pescoço	*Hydrastis* 5ª, *Cistus canadensis* 1ªx e *Argentum nitricum* 5ª
– do esôfago	*Amonium muriaticum* 5ª, *Argentum nitricum* 5ª, *Condurango* 1ª, *Arsenicum* 5ª e *Kreosotum* 3ª
– do piloro	*Hydrastis* 5ª
– do estômago	*Uranium nitricum* 5ª, *Ornithogallum umbellatum* T.M., *Hydrastis* 5ª e *Arsenicum* 5ª alternados, ou *Arsenicum* e *Lycopodium* 30ª ou *Arsenicum* e *Phosphorus* 5ª; *Condurango* 1ªx, e *Cadmium sulphuricum* 5ª
– do intestino	*Ruta* 5ª e *Hydrastis* 5ª
– do reto	*Ruta* 5ª, *Lycopodium* 5ª, *Kali cyanatum* 3ª e *Gratiola* T.M.
– do fígado	*Nitri acidum* 3ªx e *Chlolesterinum* 3ªx
– da bexiga	*Arsenicum* 5ª, *Thuya* 3ª, *Argentum nitricum* 5ª, *Kreosotum* 3ª, *Phosphorus* 5ª e *Elaps* 5ª
– do pâncreas	*Calcarea arsenicosa* 5ª
– do seio	ainda fechado: *Conium* 30ª (sobretudo se devido a machucadura), ou *Calcarea fluorica* 12ª, *Lapis* 30ª, *Carbo animalis* 5ª e *Phytolacca* 3ª
	ulcerado: *Arsenicum iodatum* 3ªx, *Kreosotum* 3ª, *Hydrastis* 5ª, *Mercurius solubilis* 5ª, *Thuya* 3ª, *Condurango* 1ª ou *Asterias rubens* 30ª, *Phosphorus* 5ª (se sangrar muito)
– do ovário	*Conium* 30ª, *Carbo animalis* 5ª, *Staphisagria* 3ª, *Platina* 30ª alternado com *Lachesis* 30ª
– do útero	*Graphites* 5ª ou 30ª, *Secale* 3ª, *Thuya* 3ª, *Hydrastis* 5ª, *Kreosotum* 3ª, *Carbo animalis* 5ª, *Argentum metallicum* 5ª, é um bom paliativo do cancro do útero. Alterne-se de preferência *Graphites* e *Arsenicum iodatum*
– do testículo	especialmente dos limpadores de chaminés: *Fuligo ligni* 5ª; em outros casos, *Arsenicum* 5ª ou *Thuya* 5ª
– dos ossos	*Calcarea fluorica* 3ªx ou 6ª, *Symphitum* 3ª, *Hekla lava* 5ª e *Aurum* 30ª
– da espinha	*Hydrastis* 5ª
– caquexia cancerosa	*Arsenicum iodatum* 3ªx, *Hydrastis canadensis* 1ª, *Condurango* 1ª e *Asterias rubens* 30ª

Todos esses medicamentos devem ser dados ou alternados de 3 ou 4 em 4 horas. As 30ª de 3 em 3 dias, uma gota. Nas dores, *Lachesis* 30ª.
No início *Carcinosin* 200ª, 6 gotas uma vez por semana.
A *Radiunterapia* e a *Roentgenterapia* podem ser associadas ao tratamento homeopático.[157]

CANCRO DURO
(Cancro sifilítico)

É a primeira manifestação da sífilis, e aparece ordinariamente na mucosa do pênis; é uma mácula ou pápula seca, raras vezes com uma úlcera em forma de tenda, de base dura como se um pedacinho de cartilagem estivesse por baixo da pápula, de forma elíptica ou oval, fundo uniforme e polido, cor vermelha ou acinzentada, bordos salientes e talhados a pique. É indolor; não supura, sendo às vezes endurecimento sob a mucosa.

O principal medicamento é *Mercurius solubilis* 5ª; no caso de insucesso, recorra-se a *Mercurius proecipitatus ruber* 3ª ou a *Mercurius iodatum ruber* 3ª trit., uma dose a cada 4 horas. O Dr. Helmuth usava com sucesso o *Mercurius iodatus flavus* 1ªx trit., 2 tabletes pela manhã e à noite, espaçando mais as doses a cada semana; se havia tendência ao fagedenismo, *Mercurius corrosivus* 3ª e *Arsenicum iodatum* 2ª alternados. *Cinnabaris* 2ª é também um ótimo remédio, alternado com *Kali iodatum* 2ª, duas vezes por dia.

Injeções de *Mercurius auratus* D3 coll. ou *Bismuthum metallicum* D6 coll.

É aconselhável, logo ao se verificar o cancro duro, o tratamento abortivo, por injeções de 914, ministradas com os cuidados necessários, ou então *Arsenox*.[158]

Ultimamente, a *Penicilina*, usada na dose de 1.000.000 de unidades diárias, durante 10 dias, perfazendo um total de 10.000.000 de unidades.

CANCRO MOLE
(Cavalo)

É uma pequena úlcera que surge na mucosa do pênis depois de um coito impuro, indurável,

---

157. Entre nós, o homeopata Dr. Estevam de Almeida Prado fez pesquisas e estudos muito interessantes. O Dr. Alfredo di Vernieri defendeu a sua tese de docência para a cátedra de Clínica Médica Homeopática, com um trabalho sobre câncer.
158. No Hospital Hahnemanniano, fizemos um estudo terapêutico comparativo no cancro inicial, com idênticos resultados. Como, no entanto, pelo interior, ainda não existem médicos homeopatas, é aconselhável ao portador de um mal desses fazer o quanto antes um tratamento alopático, sob orientação de colega alopata.

escavada, irregular e anfratuosa, amarelada, lardácea ou lactescente e supurando abundantemente. Os bordos são cheios e talhados em rampa, base mole, dolorida: tende a se alastrar, é fagedênico. Quase sempre é acompanhado de um bubão (mula) na virilha.

Se o cancro mole é simples, alterne-se *Mercurius solubilis* 3ªx com *Nitri acidum* 3ª, de hora em hora; havendo bubão, alterne-se o *Mercurius* com *Hepar* 5ª ou *Carbo animalis* 6ª; se o cancro é fagedênico, alterne-se *Mercurius iodatum ruber* 3ª com *Nitri acidum* 2ªx, de 2 em 2 horas.

CANCRO VENÉREO

Veja *Cancro mole* e *Cancro duro*.

CANÍCIE

Veja *Cabelos*.

CAQUEXIA

É o estado de decadência geral do organismo, que acompanha os últimos períodos das moléstias crônicas graves; caracteriza-se por emagrecimento, debilidade geral, pele amarela, suja e pálida, olhar amortecido, perturbações gastrintestinais, fastio etc.

Os principais medicamentos são *Arsenicum iodatum* 3ªx, *China* 5ª, *Chinicum arsenicosum* 3ªx, *Iodum* 5ª e *Silicea* 30ª, em doses de 3 em 3 horas.

CARBÚNCULO

Veja *Antraz*.

CÁRIE DENTÁRIA

Contra a cárie dentária, há três medicamentos: *Calcarea fluorica* 5ª, *Fluoris acidum* 30ª e *Staphisagria* 5ª. Contra o tártaro dos dentes, *Chinicum sulphurica* 2ªx, *Bacillinum* 30ª, *Calcarea renalis* 3ª ou *Muriatis acidum* 3ª.

Todos esses remédios devem ser dados de 12 em 12 horas.

CÁRIE DOS OSSOS

É uma úlcera óssea, de natureza quase sempre tuberculosa, que corrói aos poucos o osso em que está situada. Começa por um abscesso pouco dolorido dentro do osso; esse abscesso vem a furo por uma ou mais bocas, que se constituem em fístulas e por elas emana um pus sanioso e ralo, de mau caráter, contendo pedacinhos de osso gangrenado. Dura muitos anos.

Começa-se por *Sulphur* 30ª, de 6 em 6 horas; depois de um mês, dá-se: cárie dos ossos chatos, *Aurum metallicum* 30ª, *Strontium carbonicum* 5ª; do esterno, *Conium* 30ª; dos ossos maxilares superiores: *Cistus canadensis* 1ª; ossos do queixo, *Phosphorus* 5ª; ossos da mão, *Angustura vera* 3ª; ossos do pé, *Platina muriatica* 5ª; ossos do nariz, da face e da mastoide, *Argentum nitricum* 5ª; do ouvido, *Fluoris acidum* 30ª; ossos das vértebras, *Calcarea carbonica* 30ª e *Silicea* 30ª alternados ou *Phosphorus* 30ª; da tíbia, *Asafoetida* 12ª. Todos de 6 em 6 horas.

Heckla lava 3ªx trit., no início.

CATALEPSIA

É uma forma de sonambulismo, caracterizada por um sono mórbido profundo, que pode surgir bruscamente ou lentamente, e durante o qual os doentes guardam uma imobilidade completa nas posições em que se colocam, o pulso e a respiração, bem como a temperatura do corpo, quase insensíveis, às vezes tendo a aparência de morte. Esse estado pode durar desde meia hora a vários dias, sem que o doente se lembre de que se passou durante o acesso.

O principal medicamento desta moléstia é *Cannabis indica* 6ª, de 3 em 3 horas; se falhar, experimente-se *Curare* 3ª ou *Cicuta* 6ª. Durante a menstruação, *Moschus Opium* 30ª tem suas indicações.

CATAPORAS
(Varicela)

É uma moléstia contagiosa, caracterizada por uma erupção de vesículas discretas, precedida de febre moderada, que cai ao aparecer a erupção; é própria da infância e ordinariamente benigna; dura uma semana e seca e desaparece sem deixar marcas na pele.

No começo, dê-se *Aconitum* 3ª de hora em hora; uma vez saída a erupção, *Rhus toxicodendron* 5ª ou *Antimonium tartaricum* 5ª, de 2 em 2 horas até secar.

CATARATA

É uma opacidade que ocorre nas lentes do cristalino ou de sua cápsula; pode dar em um olho só ou nos dois ao mesmo tempo. Começa por moscas volantes diante dos olhos e um enfraquecimento progressivo e lento da visão; depois, os objetos aparecem envoltos em uma nuvem; há tendência à miopia e na pupila, até então límpida, vai aparecendo uma mancha opaca que cresce continuamente. Os objetos vão aos poucos desaparecendo, até que fica apenas a percepção da luz e a pupila toma definitivamente uma cor cinzenta ou branca.

O mais útil de todos os remédios é *Causticum* 5ª, sobretudo nos homens; nas mulheres, *Sepia* 30ª ou *Secale* 30ª; *Iodoformium* 3ªx nas cataratas que progridem rapidamente; outros medicamentos úteis são: *Calcarea fluorica* 5ª, *Cannabis indica* 3ª, *Euphrasia* 3ª, *Rhus* 5ª e *Silicea* 30ª, uma dose a cada 12 horas. Externamente, pingue-se o *Suco de Cineraria maritima*, 1 gota 4 vezes por dia, sobretudo nos casos traumáticos. Depois da extração cirúrgica da catarata, *Senega* 3ª promove a reabsorção dos restos do cristalino e *Arnica* 1ª ou *Rhus toxicodendron* 3ª previnem a formação da irite e a supuração.

Staphisagria 30ª e *China officinallis* 6ª alternados, logo após a operação.

Os homeopatas franceses estão empregando *Dinitrofenolum* 5ª, 5 gotas, de 12 em 12 horas.

CATARRO

Veja catarro:
– da bexiga: *Cistite*.
– brônquico: *Bronquite* e *Tosse*.
– nasal: *Coriza*.

CAVALO

Veja *Cancro mole* e *Cancro duro*.

CAXUMBA

· Veja *Parotidite*.

CEFALALGIA[159]
(Dores de cabeça)

É uma moléstia aguda ou crônica, devida a múltiplas causas, resfriamentos, traumatismos, nevralgias, perturbações gástricas, congestões, neurastenia etc., caracterizada por dores na cabeça, na nuca, na fronte, ou em todo o crânio, contínuas ou intermitente, por acessos e de caráter íntimo muito variável.

Nas dores de cabeça nervosas, *Belladona* 3ª para as mulheres e crianças e *Nux vomica* 5ª

---

159. Aos estudiosos, recomendamos excelente artigo do Dr. R. Pernot, publicado no fascículo 2 de 1953, dos *Cahiers de Homéopathie et Thérapeutique Comparées*, revista editada por Vigot Fréres, Paris.

para os homens; histérica, em forma de clavus, *Ignatia* 5ª; devida a traumatismos ou excessos de luz e ruído, *Hypericum* 3ªx; dos alcoolistas, *Nux vomica* 3ª, *Bryonia* 3ª ou *Aceticum acidum* 3ª; dos estudantes, *Kali phosphoricum* 5ª ou *Natrum muriaticum* 30ª; urêmica, *Cannabis indica* 1ª; devida a muito cansaço, *Epigaea* T.M. ou *Ephegus* 1ªx; congestiva, com latejos, calor e vermelhidão para a cabeça, *Belladona* 3ª, *Glonoinum* 5ª ou *Mellilotus* 1ªx; congestiva crônica, geral e contínua, com surdez e zumbidos nos ouvidos, *Chininum sulphuricum* 3ªx; com dispepsia ou prisão de ventre, *Nux vomica* 5ª ou *Bryonia* 5ª; com turvação da vista e náuseas contínuas, *Iris versicolor* 1ª; se ao amarrar a cabeça com uma toalha para conservá-la quente alivia, *Silicea* 30ª, sobretudo se o exercício mental agrava; se ao amarrar uma toalha apertada alivia, *Argentum nitricum* 5ª. Dor de cabeça occipital, *Juglans cinerea* 3ªx e *Rhus glabra* 1ª; occipital com vertigens, *Cocculus* 5ª; de um lado só da cabeça, *Calcarea carbonica* 30ª; frontal, *Ptelea* 2ªx; sobre um só olho, *Sepia* 30ª; sobre o olho direito, *Sanguinaria* 3ª. *Iris* 3ª, por cima de um dos olhos, todos os dias voltando às mesmas horas, *Nux vomica* 30ª, logo depois do acesso e outra dose 4 horas depois; dor da menstruação, *Gelsemium* 5ª. Sifilítica, *Thuya* 30ª, *Cinnabaris* 3ª e *Apis* 3ªx. Reumática, *Guaiacum* 3ªx, *Phytolacca* 3ªx ou *Kali sulphuricum* 5ª. Depois de menorragia ou na menopausa, *Cactus* 5ª. Em geral, depois de hemorragias, *China* ou *Ferrum pyrophosphoricum* 3ªx.

Um bom remédio geral das dores de cabeça acidentais, é *Cannabis indica* 1ª.

O remédio deve ser dado de 3 a 6 em 6 horas.

CEGUEIRA NOTURNA

Veja *Hemeralopia*.

CELULITE ORBITÁRIA

É o abscesso dos tecidos que cercam o olho, é o abscesso da órbita; inflamação, dores, pálpebras vermelhas, inchadas e quentes, globo ocular saltado para a frente, febre, são os seus principais sintomas.

Quase sempre a infecção é propagada dos seios da face ou dos dentes.

O principal medicamento, que deve ser dado desde o começo, é *Rhus toxicodendron* 5ª de meia em meia hora, se a inflamação for muito violenta e rápida; se a inflamação não for de muita dor, se for lenta em seu curso (casos subagudos ou crônicos) e com pouca tendência à supuração, dê-se *Phytolacca* 3ª, de hora em hora; se o pus se formar, *Hepar* 5ª e *Mercurius solubilis* 5ª alternados; depois de aberto o foco de pus, *Silicea* 30ª, a cada 3 horas.

CÉRVICO-METRITE

Veja *Metrite*.

CHAGAS

Veja *Úlceras*.

CHOQUE

É o estado sincopal que ocorre depois dos grandes traumatismos, contusões, feridas ou esmagamentos, e depois das operações cirúrgicas, em certos operados, hemorragias, desidratações e intoxicações medicamentosas, caracterizado por extrema palidez, perda dos sentidos, suores profusos, fuga do pulso, e às vezes morte.

O seu principal medicamento é *Veratrum album*, 3ª ou 5ª *Camphora* T.M. (ou melhor, *injeções do Óleo camphorado*) e *Carbo vegetabilis* 30ª também podem ser úteis depois das operações. Uma dose pela boca, a cada 5 ou 10 minutos.

Toda medicação feita no sentido de sustentar o balanço eletrolítico deverá ser feita, ao lado de toda e qualquer outra medicação.

CIÁTICA

É a nevralgia do nervo ciático, que se prolonga desde as nádegas até o pé; a dor, ora é surda, ora é viva, obrigando o doente a manquejar, assestada na face posterior da coxa e da perna. Dura de alguns dias a vários meses e pode ser acompanhada de atrofias musculares da perna.

Pode ter várias causas.
a) Compressão ou trauma do nervo.
b) Desordens tóxicas, metabólicas ou doenças infecciosas envolvendo o ciático.

Outras lesões como impulsos nervosos gerados e levados ao ciático pelas fibras simpáticas e parassimpáticas do ânus, assim como alterações sacroilíacas.

Colocynthis 6ª, nos casos recentes; os casos antigos, *Arsenicum* 30ª ou *Gnaphallium* 1ª; se houver sensibilidade à pressão ao longo do nervo, *Aconitum* 1ª (nos casos recentes) ou *Rhus* 12ª (nos casos antigos ou associados ao lumbago); latejos e entorpecimentos, *Glonoinum* 5ª; de origem uterina, *Pulsatilla* 5ª; em casos rebeldes, *Lycopodium* 30ª; e, se houver atrofias musculares, *Plumbum* 30ª. Há muitos medicamentos: leia a *Matéria Médica*.

Hypericum, tintura-mãe, alternado com *Plantago*, tintura-mãe, de 2 em 2 horas.

CICATRIZES

Veja *Feridas*.

CICLITE[160]

É a inflamação do corpo ciliar do olho, caracterizada pela congestão dos vasos da zona ciliar e da conjuntiva, intensa fotofobia, vista enfraquecida, dores do globo ocular e lado da cabeça, estendendo-se mesmo ao pescoço, e, enfim, podendo chegar à supuração.

Os principais remédios desta moléstia são: *Gelsemium* 3ª e *Mercurius corrosivus* 3ª, sós ou alternados, a cada hora.

CICLOPLEGIA
(Paralisia da acomodação)

A paralisia do músculo ciliar do olho ou *Cicloplegia*, que causa a perda total do poder de acomodação e é acompanhada de midríase ou dilatação pupilar, ocorre sem causa aparente ou é o mais das vezes pós-diftérica; pode, entretanto, ser devida ao reumatismo, à sífilis ou a um traumatismo.

Sem causa aparente, dê-se *Causticum* 12ª; devida a reumatismo, *Rhus toxicodendron* 3ªx; a traumatismo, *Arnica* 3ªx ou *Hypericum* 3ªx; à sífilis, *Aurum muriaticum* 3ªx trit.; pós-diftérica, *Gelsemium* 30ª. *Atropina* também pode ser útil. Uma dose a cada 6 horas.

CIRROSE DO FÍGADO

É a esclerose do fígado; caracteriza-se pela proliferação do tecido conjuntivo do fígado, que, por sua retractibilidade ou hipertrofia, estrangula o órgão e extingue suas funções. Há duas espécies gerais de cirrose: uma, em que há ascite e desenvolvimento das vias superficiais do ventre, mas não há icterícia; outra, em que há icterícia, mas não há ascite[161]. Esta última oferece sempre um aumento (hipertrofia) do volume do fígado; na primeira variedade, pode haver atrofia ou hipertrofia do órgão. Em ambas, há hipertrofia do baço. Tanto uma como outra duram de um a três anos e matam por depauperamento geral do organismo (caquexia) e fenômenos nervosos (coma, convulsões e delírio). No seu curso, há fastio, prisão de ventre ou diarreia, emagrecimento, hemorragias, edema das pernas, palidez geral etc.

Com ascite e hipertrofia do fígado (fígado crescido) e sem icterícia, o melhor medicamento é *Mercurius dulcis* 3ª trit., 25 centigramas por dia em três doses; com atrofia ou icterícia, *Fhosphorus* 5ª ou 30ª, de 3 em 3 horas; com hipertrofia e ascite, *Muriatis acidum* 3ª ou 5ª ou *Lycopodium*

---
160. Na maioria dos casos, é uma *iridociclite*.
161. Na classificação moderna; Cirrose porta (Laennec); Cirrose biliar, na forma obstrutiva, infecciosa (Hanot), necrótica e cardíaca.

30ª, de 4 em 4 horas. *Aurum muriaticum* 2ªx ou 3ªx, *Ptelea trifoliata* T.M. e *Carduus marianus* T.M. podem ainda ser experimentados contra as cirroses do fígado: *Ceanothus* 1ª pode também ser útil para alternar, contra a hipertrofia do baço. *Apocynun cannabinum* nos casos em que há ascite. Ao lado da medicação, *alimentação rica em proteínas e hidratos de carbono e pobre em gorduras*.

CIRROSE INFANTIL

É uma moléstia dos países tropicais que ataca as crianças de peito, menores de um ano, e que se caracteriza por hipertrofia do fígado e icterícia, terminando por colemia e morte. Há pouca febre, fastio, prisão de ventre, náuseas, sede, urinas carregadas, inchaços dos pés, fezes descoradas, depauperamento geral. É moléstia particular da Índia. Dura de três a oito meses.

Calcarea arsenicosa 3ª é o principal medicamento. Outros remédios são *Silica* 30ª, *Nux vomica* 30ª e *Sulphur* 30ª. Todos de 4 em 4 horas.

CISTITE

É a inflamação aguda ou crônica da mucosa que forra a bexiga por dentro. Vem sempre após uma infecção dos rins, da próstata ou da uretra. Pode ser acompanhada de febre, dores na bexiga, ardor ao urinar, tenesmo vesical, urinas turvas com depósito de mucopus e mesmo com sangue. Quando crônica, a bexiga se dilata, há muitas dores ao urinar, muito pus na urina, que tem um forte cheiro amoniacal; pode produzir a morte por esgotamento ou por gangrena da bexiga.

Nos casos agudos, *Cantharis* 3ª de hora em hora; havendo febre, alterne-se com *Aconitum* 3ª; havendo sangue, *Terebinthina* 5ª, ou *Mercurius corrosivum* 3ª; se o depósito for simplesmente mucoso, *Dulcamara*; muitas dores, *Cannabis sativa* 3ª. Nos casos crônicos, *Lycopodium* 30ª. Outros remédios são: *Cantharis* 3ª, *Dulcamara* 3ª à 5ª, *Uva ursi* 2ªx, *Equisetum hyemale* 1ª, *Chimaphilla umbelata* T.M., *Cubeba* 3ªx e *Pulsatilla* 5ª; nos casos tuberculosos, *Arsenicum iodatum* 3ªx, *Sulphur* 30ª e *Phosphorus* 30ª. Devida a sondagens, *Prunus spinosa* T.M. Devida a operações cirúrgicas, *Populus* 1ªx. Na alopatia, *penicilina, diidrostreptomicina, terramicina, cloromicetina* etc., sob controle médico.

CLOASMA
(Panos)

São manchas da pele, mais ou menos escuras, pardas, amareladas ou negras, de tamanho e formas irregulares, que surgem especialmente no curso das caquexias ou nas mulheres, em consequência de moléstias uterinas ou no curso da gravidez. Essas manchas são chamadas pelo vulgo de *Panos* do rosto ou das mãos.

Nas mulheres sofrendo de irregularidade da menstruação ou moléstias do útero, *Caulophylum* 3ª; durante a gravidez, *Sepia* 30ª, *Lycopodium* 30ª, *Kali carbonica* 5ª e *Cadmium sulphuricum* 5ª podem também ser úteis. Panos nas mãos, *Ferrum magneticum* 5ª, *Sepia* 5ª e *Cadimum muriaticum* 1ª, têm suas indicações.

CLOROSE[162]

É a anemia das adolescentes. Tristeza, indiferença, preguiça, fraqueza muscular, cansaço, palidez da pele e das mucosas, palpitações, desmaios, amenorreia ou menorragia, flores-brancas, dores de cadeiras, nevralgias da fronte e das costelas, leves inchaços dos pés, dores de estômago, dispepsias são seus sintomas principais e que chegam pouco a pouco, constituindo um estado que pode durar por muito tempo, sem comprometer seriamente a vida da doente. Mas, outras vezes, esse estado se agrava, os inchaços aumentam, há hidropisias, falta de ar, diarreia, hemorragias, embaraços gástricos, febre, prostração, e o doente pode sucumbir.

O principal medicamento é *Ferrum Metallicum* 1ªx trit. (uma cápsula de 0,5 centigramas, ao almoço e ao jantar), sobretudo quando há amenorreia; nos casos com menorragia ou nos casos graves, com edemas excessivos, prostração e ansiedade extrema, dê-se *Arsenicum* 3ª ou *Ferrum arsenicosum* 3ªx, três vezes por dia. O Dr. Ludlam usava *Strychnina* e *Ferrum citricum* 3ªx, *Pulsatilla* 5ª, *Sepia* 30ª. *Calcarea carbonica* 30ª e *Cyclamen europeae* 3ª são também bons medicamentos da clorose das jovens. (Veja Matéria Médica). *Ignatia* 30ª convém aos casos devidos a pesares e contrariedades.

COBREIRO

Veja *Herpes*.

COCAINISMO

O cocainismo, assim como outras intoxicações crônicas por morfina, barbitúricos, anfetaminas etc., é uma condição pela qual um indivíduo se acostumou a repetir diariamente uma droga, da qual ele depende, devido a uma sensação de bem-estar que ela lhe provoca, e quando ele é obrigado a abandonar o seu uso, aparece uma alteração psíquica e desenvolve-se uma "síndrome de abstinência" característica, devida à alteração de certos processos fisiológicos.

O envenenamento lento pela cocaína é hoje bastante frequente entre os *habitués* deste perigoso tóxico – ele constitui o cocainismo-crônico, caracterizado por emagrecimento progressivo, enfraquecimento geral, pele amarelo-escura, tremor geral, especialmente da língua acompanhado de agitação muscular, cãibras, pupilas dilatadas, insônia, palpitações irregulares do coração, frequentes desmaios, memória enfraquecida, depressão mental, incapacidade para qualquer trabalho. Pode ocorrer, então, um estado de mania, com ideias de perseguições, alucinações dos sentidos, especialmente da pele, tentativas de homicídio, gênio ciumento etc.

Uma vez diminuída gradualmente a ingestão do tóxico pelo *habitué*, devem-se dar os medicamentos indicados pelos sintomas supervenientes; contra as palpitações cardíacas, *Cactus* 1ª; tremor geral, *Agaricus* 3ªx; desmaios, *Veratrum album* 3ª; depressão mental, *Anacardium orientale* 30ª; ideias de perseguição, *Nux vomica* 30ª. Uma dose a cada 3 horas.

De preferência esses pacientes necessitam ser internados.

COCCIGODINIA

Dores vivas de natureza nevrálgica, assestadas na região do cóccix, que se observam de preferência nas mulheres e se acentuam fortemente ao se levantar de uma cadeira, ao andar, tossir, espirrar, defecar etc. Podem ser algumas vezes de origem traumática.

De queda ou contusão, *Arnica* 5ª, *Rhus* 5ª ou *Ruta* 5ª são os medicamentos; de outro modo, *Causticum* 12ª, *Phosphorus* 5ª, *Paris quadrifolia*, 3ª ou *Lachesis* 5ª podem prestar bons serviços, especialmente o último, quando as dores se acentuam ao se levantar de uma posição sentada. Uma dose a cada 6 horas.

COITO

Em certos indivíduos, as relações sexuais são acompanhadas ou seguidas de certas perturbações nervosas, cuja reincidência se torna necessário combater.

O remédio mais geral dessas perturbações é *Kali carbonicum* 5ª, a cada 6 horas. No homem, particularmente quando, após o ato sexual, surgem: dores de cabeça, *Phosphori acidum* 12ª; dores nas costas, dê-se *Cannabis indica* 1ª; irritabilidade, *Selenium* 30ª ou *Calcarea carbonica* 30ª; náuseas ou vômitos, *Moschus* 3ªx; dores no períneo, *Alumina* 5ª; dores no cordão, *Arundo*

---
162. É uma anemia microcítica hipocrômica.

mauritanica 3ªx; dores na uretra, *Cantharis* 5ª; dores no pênis, *Argentum nitricum* 5ª ou *Sabal serrulata* T.M.; prostração ou fraqueza, *China* 5ª ou *Kali carbonicum* 5ª; vista fraca, *Kali carbonicum* 5ª; vertigem, *Bovista* 3ª; acesso de asma, *Ambra grisea* 5ª. Na mulher: desmaio durante o coito, *Platina* 30ª; dores na vagina, *Argentum nitricum* 5ª, *Berberis* 3ª ou *Staphisagria* 30ª (Veja *Vaginismo*); secura da vagina, *Belladona* 3ª, *Lycopodium* 30ª ou *Natrum muriaticum* 30ª; hemorragia depois do coito, *Kreosotum* 5ª. A cada 6 horas.

COLAPSO

Adinamia rápida, acompanhada de resfriamento geral, suores frios, dispneia, palidez mortal e morte (se não é atalhada) que surge no curso de certas moléstias agudas.

Camphora T.M. (prefira-se a injeção hipodérmica de 5 cm³ de *Óleo canforado*) é o principal remédio. No intervalo das injeções, dê-se *Veratrum album* 5ª, de 5 em 5 minutos. Nas crianças, até um ano, 6 gotas de óleo canforado em injeção. Os estimulantes circulatórios como *cardiazol-efedrina, cardiovitol* etc. O *oxigênio* é às vezes necessário.

COLECISTITE

A colecistite pode ser aguda ou crônica.

A aguda é a inflamação da vesícula biliar com o envolvimento dos bileductos. A crônica é uma sequela de repetidos ataques de colecistite aguda e quase sempre é associada com colelitíase.

Na aguda, *Carduus marianus* 1ª, *Chelidonium majus* 1ªx., *Taraxacum* T.M., *Berberis vulgaris* T.M. e *Belladona* 3ªx.

COLELITÍASE

Veja *Cálculos biliares*.

CÓLERA ASIÁTICA

É uma moléstia aguda e contagiosa, por vezes epidêmica, causada pelo *Vibrio coma*, caracterizada pela expulsão, em vômitos e diarreia profusa, de uma aguadilha serosa e incolor semelhante à água de arroz, por cãibras e fenômenos de algidez. A moléstia é rápida. Depois da diarreia e dos vômitos, ocorre a algidez, em que todo o doente fica frio, os olhos no fundo, a voz apagada, a pele fria e hálito frio, extrema ansiedade, sede e cãibras e morte. Em outros casos, a cólera não começa por diarreia e vômitos, mas, sim, de repente, logo pela algidez (colapso) – pode matar em algumas horas.

Logo no começo, se a cólera começa por diarreia, vômitos e se estes predominam na cena mórbida, alterne-se *Veratrum album* 5ª com *Arsenicum album*, de 10 em 10 minutos; se são as cãibras que predominam, alterne-se *Veratrum album* 5ª e *Cuprum metallicum* 5ª do mesmo modo; no período de algidez, alterne-se *Veratrum album* 5ª e *Arsenicum album* 5ª; enfim, se a cólera começa logo pelo colapso, dê-se *Camphora* T.M., de 5 em 5 minutos. Supressão de urinas, *Terebinthina* 3ª, *Cantharis* 5ª ou *Kali bichromicum* 3ª. Febre tífica consecutiva, *Rhus* 3ª ou *Phosphori acidum* 5ª ou ainda *Rhus* e *Bryonia* 3ª alternados.

Auxiliar o tratamento por soros, plasma etc. de acordo com a necessidade de cada caso. Na alopatia, *sulfaguanidina* e *cloromicetina*, sob controle médico.

CÓLERA INFANTIL

Veja *Diarreias infantis*.

COLERINA

Veja *Diarreia*.

CÓLICAS

Veja cólicas:
 – hepáticas: *Cálculos biliares*.
 – nefríticas: *Cálculos renais*.
 – uterinas: *Dismenorreia*.

CÓLICAS INTESTINAIS

Dores mais ou menos vivas no ventre, revestidas às vezes da forma de acessos; acham-se ordinariamente ligadas a várias dispepsias, (vermes, flatulência etc.); à moléstia do peritônio e ao envenenamento pelo chumbo (*cólica saturnina* ou *cólica dos pintores*) e a colites.

Colocynthis 3ª (só ou alternado com *Aconitum* 3ª), é um remédio maravilhoso das cólicas intestinais, sobretudo se há desarranjo dos intestinos e diarreia; se falhar, dê-se *Dioscoreia vilosa* 1ª ou 3ª, *Collinsonia* 2ª, *Antimonium tartaricum* 3ª ou *Magnesia phosphorica* 3ª ou 5ª ou ainda *Allium cepa* 2ª, estes três últimos remédios nas cólicas flatulentas. Cólicas flatulentas, *Iris* 30ª, *Cajuputum* 3ª ou 5 gotas de óleo puro, e ainda *Belladona* 3ª ou *Chamomilla* 3ª alternadas; *Mag-*

nesia phosphorica 30ª, Senna 3ª, Allium cepa 5ª ou ainda Anisum stellatum 3ª; hemorroidárias ou de indigestão, Nux vomica 5ª; devidas a vermes, Cina 5ª e, se falhar, China 2ª e Mercurius solubilis 5ª; com prisão de ventre, Plumbum 30ª; cólicas de chumbo, Opium 5ª; se falhar, Belladona 3ª; Platina 5ª; ou Alumina 5ª. Por acessos, Aranea diadema 30ª; Nux vomica 5ª previne a reincidência das cólicas flatulentas ou espasmódicas. Dores abdominais internas depois de uma operação, Staphisagria 30ª. Todos esses remédios devem ser dados de 15 em 15 minutos até aliviar; e todos devem ser tomados em água quente.

COMEDÕES
(Acne punctata ou Cravo)

É uma erupção de pequenas pápulas coroadas de pontos pretos, que dá sobretudo no rosto, muitas vezes de mistura com acne, e devida a uma desordem da função das glândulas sebáceas, em que a secreção espessada entope os condutos das glândulas sebáceas; ela pode supurar.

Os principais medicamentos desta moléstia são: Carbo animalis 5ª, Baryta carbonica 30ª e Selenium 30ª; outros medicamentos, porém, podem ser tentados: Juglans regia 3ª, Drosera 5ª, Sumbulus 3ª, Eugenia jambosa 3ªx e Sulphur 30ª, de 4 em 4 horas. Se supurar, Digitalis 2ªx. Localmente, uma solução bem diluída de Xilol é muito útil, como dissolvente das gorduras.

COMICHÃO

Veja Prurido.

COMOÇÃO CEREBRAL

E o estado que ocorre em consequência de um choque recebido pela cabeça; esse choque afeta toda a massa cerebral, produz a tontura, o atordoamento, a perda momentânea do movimento e da voz. Se mais intensa for a comoção, haverá perda de sentidos, relaxamento completo dos membros, com respiração irregular, pálpebras fechadas, pupilas dilatadas e imóveis, palidez do rosto, vômitos, urinas e evacuações involuntárias.

Dê-se logo Arnica 3ªx, de 10 em 10 minutos, até que a reação se produza; assim que ocorrer a reação, dê-se Aconitum 3ª, de 20 em 20 minutos, para moderá-la e evitar a inflamação. Se esta ameaçar, dê-se Belladona 3ª. Nos casos com mais de 24 horas, dê-se Arnica 1.000ª.

CONGESTÃO CEREBRAL[163]

É o afluxo agudo ou crônico de sangue para a cabeça, causado por emoções violentas, indigestões, pancadas no crânio, alcoolismo, excesso de fadiga etc. Surge, quando aguda, de repente, com atordoamento, tonteira, zumbido de ouvidos, embaraço da palavra, formigamentos nos membros, vacilação das pernas, oclusão dos sentidos, vontade de dormir, rosto vermelho, olhos injetados e bater das artérias do pescoço. Quando esse estado se agrava, há perda dos sentidos, ora com paralisia, de um lado, com convulsões da face ou dos membros. Não havendo apoplexia, essas congestões duram de meia a uma hora e em poucas horas ou dias se dissipam de todo. Quando crônica, manifesta-se por peso na cabeça, vertigens, sonolência, dores de cabeça e vermelhidão do rosto.

Logo aos primeiros sintomas de um caso agudo, dê-se Aconitum 3ª ou Belladona 3ª de 15 em 15 minutos, ou Ferrum phosphoricum 5ª. Nas crianças, dê-se Belladona 3ª. Se for devida ao calor do sol, Glonoinum 5ª, de 20 em 20 minutos. No curso de moléstias agudas com muita febre, Veratrum viride 1ª, de hora em hora. Devida à pancada. Arnica 1ª; devida a emoções desagradáveis, Ignatia 5ª ou Staphisagria 30ª.

Nos casos crônicos, Nux vomica 5ª, Opium 5ª e Zincum metallicum 5ª são os remédios, a cada 4 horas. Arnica 3ªx contra as vertigens e Sulphur 30ª contra a vermelhidão do rosto, também podem ser úteis.

CONGESTÃO HEPÁTICA[164]

A congestão ativa do fígado é caracterizada essencialmente por dor no hipocôndrio direito (por baixo das costelas), dor na espádua do mesmo lado, aumento do volume do órgão, com diminuição ou ausência de bílis no intestino (as fezes são descoradas, duras ou diarreias) e urinas diminuídas e muito vermelhas. Pode haver febre moderada e embaraço gástrico. Dura de algumas horas a alguns dias. Nos casos graves, evolui para atrofia amarelada aguda.

Se houver constipação do ventre e fezes duras e secas, dê-se Bryonia 5ª, de hora em hora, só ou alternada com Mercurius solubilis 5ª ou então Kali carbonicum 5ª; se houver diarreia descorada, Chelidonium 3ªx ou T.M. Devida ao impaludismo, Vipera 5ª nos adultos e Calcarea arsenicosa 30ª nas crianças. Nos alcoolistas, La-

---

163. Distinguir o angiospasmo, a apoplexia, o embolismo, a hemorragia e a trombose. A necessidade de um perfeito diagnóstico deve ser levada em conta, pois as indicações variam tanto para os homeopatas como para os alopatas, e uma medicação mal orientada pode prejudicar o paciente.

164. Hepatite aguda.

chesis 5ª. Devida a um acesso de cólera, *Chamomilla* 1ª. Com hemorroidas, *Hepar sulphuris* 5ª. Na menopausa, *Sepia* 30ª; devida a perturbações uterinas, *Magnesia muriatica* 5ª. Nas crianças, *Digitalis* 3ªx. Em casos mais prolongados, *Lycopodium* 30ª, *Ammonium muriaticum* 5ª ou *Podophyllum* 5ª, de 4 em 4 horas. *Boehravia hirsuta* 3ª é também remédio do fígado; o mesmo se diz de *Boldo* T.M. São também remédios de congestão hepática (Veja a *Matéria Médica*): *Carduus marianus*, *Chionantus virginicus*, *Ptelea*, *Leptandra virginica* e *Iris versicolor*.

CONGESTÃO PULMONAR

É uma moléstia aguda do pulmão, provocada às vezes por um resfriamento, caracterizada por um pouco de febre, opressão no peito, respiração acelerada e superficial, com falta de ar, tosse seca ou fraca, escarros estriados de sangue, palpitações do coração e edema pulmonar consecutivo, caso não seja logo entravada.

Logo no começo, *Aconitum* 3ª de 15 em 15 minutos, só ou alternado com *Phosphorus* 5ª, ou então *Ferrum phosphoricum* 3ª ou 5ª, de 20 em 20 minutos.

Se ocorrer o edema pulmonar, veja este verbete.

CONGESTÃO DA RETINA

Veja *Retinite*.

CONJUNTIVITE CATARRAL

É uma inflamação da conjuntiva, caracterizada por *coceira, ardor, agravação pela luz, lacrimejamento e pálpebras coladas pela manhã*. Pode se tornar crônica. É causada por infecção bacteriana ou alérgica.

No começo, com brando corrimento e também se for devida a corpos estranhos no olho, *Aconitum* 3ª ou *Ferrum phosphoricum* 3ª (se falharem, sendo devida a corpos estranhos, *Sulphur* 3ª); devida à eletricidade ou deslumbramento de luz, *Mercurius solubilis* 5ª; com grande secura dos olhos, *Belladona* 3ª ou *Euphrasia* 3ª; com quemose (inchaço edematoso da conjuntiva), *Arsenicum* 5ª ou *Guarea* 3ª; nas crianças voltando todos os anos no verão (conjuntivite vernal), *Sepia* 12ª ou *Nux vomica* 5ª. Todos de 2 em 2 horas. Crônica, *Arsenicum* 5ª, *Cinnabaris* 5ª ou *Sulphur* 30ª, de 6 em 6 horas; nos idosos, *Alumina* 30ª.

Não esquecer que, em qualquer oftalmia aguda, havendo extremo horror à luz, *Mercurius corrosivum* 3ª é um grande remédio; se falhar, *Antimonium tartaricum* 3ª pode ser útil.

CONJUNTIVITE ESTIVAL

De natureza alérgica. Associar à medicação homeopática do caso, os *anti-histamínicos de síntese* e o *colírio de Cortisone*, em uso local.

CONJUNTIVITE FLICTENULAR (Conjuntivite escrofulosa, Oftalmia estrumosa)

É uma inflamação da conjuntiva, caracterizada por pequenas áreas triangulares de vasos injetados, tendo em seu ápice pequena vesícula ou flictena, cujo conteúdo, ao princípio claro, torna-se depois amarelado, e, por fim, pode se ulcerar cicatrizando em seguida. Sua sede habitual é na porção esclerótica ou branca do globo ocular, sobretudo junto ao bordo da córnea (parte escura). Pode haver uma só vesícula; quando são muitas, há lacrimejamento, dores, pouca ou nenhuma fotofobia. É comum nas crianças escrofulosas e pode se tornar crônica por sucessivas recaídas. Aguda de 8 a 14 dias, crônica pode durar anos. Está sempre ligada à escrófula.

Os dois principais remédios desta moléstia são: *Calcarea carbonica* 30ª (ou *Calcarea sulphurica* 5ª, se houver adenites tórpidas) e *Sulphur* 30ª, que deverão ser empregados de acordo com suas características gerais; depois destes, *Graphites* 30ª é o mais valioso remédio que nós temos para todas as formas desta moléstia aguda ou crônicas, espacialmente havendo acentuada tendência à recorrência. Cada um deles pode ser alternado com: *Euphrasia* 3ª se houver muita secura; *Rhus toxicodendron* 5ª, havendo muitas vesículas; *Hepar* 5ª depois do sarampo ou quando numerosas e repetidas úlceras se formam; sem fotofobia e pouca vermelhidão, *Kali bichromicum* 3ª; *Chamomilla* 3ª durante a dentição; *Sulphur* 30ª se houver agravação por banhar os olhos com água. *Baryta iodada* 3ª também pode ser útil. Em qualquer caso, alterne *Calcarea carbonica* 5ª com *Graphites* 30ª. Em casos rebeldes, *Arsenicum* 5ª ou *Nitri acidum* 3ª. Todos de 4 em 4 horas. *Tuberculinum* 30ª, uma dose a cada 3 dias, pode ser muito útil.

CONJUNTIVITE PURULENTA

Uma moléstia dos olhos, caracterizada por intensa inflamação da conjuntiva com abundante corrimento de pus (matéria); há dores vivas, intolerância para a luz, esclerótica vermelha, pálpebra superior muito inchada, e, se ulcerar a córnea, pode produzir cegueira, o que não é raro. É ordinariamente produzida pelo contato do vírus purulento de outra moléstia: gonorreia, leucorreia, lóquios, difteria, abscessos etc. Suas principais variedades são:

Conjuntivite purulenta dos recém-nascidos ou *oftalmia neonatorum*, que ocorre nas crianças logo após o nascimento ou algum tempo depois.

Conjuntivite blenorrágica, que se desenvolve nos adultos por contato do pus da blenorragia.

Conjuntivite membranosa, com depósito de falsas membranas, na conjuntiva dentro e fora do tecido (*conjuntivite crupal*) ou na espessura do tecido da conjuntiva (*conjuntivite diftérica*), neste segundo caso, é acompanhada de febre e grande prostração.

Conjuntivite granulosa, ou *tracoma*, que se caracteriza pela aspereza e pelo aspecto granuloso da conjuntiva, que é hipertrofiada, e por um curso longo e crônico que pode acabar na cegueira. Veja *Tracoma*.

Conjuntivite folicular, que às vezes se confunde com o tracoma, caracterizada por pequeninos folículos ocupando ordinariamente o fundo do saco conjuntival na pálpebra inferior durante meses e mesmo anos.

O principal remédio da *conjuntivite purulenta* é *Argentum nitricum* 5ª ou 30ª, só ou então alternado, de 2 em 2 horas, com um dos seguintes: na conjuntivite dos recém-nascidos, *Aconitum* 30ª ou *Mercurius corrosivus* 3ª, ou *Nitri acidum* 3ª; na conjuntivite crupal, *Aceti acidum* 5ª ou *Kali bichromicum* 3ª; na conjuntivite diftérica, *Mercurius cyanatus* 3ª; na conjuntivite folicular *Natrum muriaticum* 5ª ou *Sepia* 5ª; em mulheres com perturbações uterinas, *Sepia* 12ª; com ulcerações da córnea e hipópio, *Hepar* 5ª. (Veja *Queratite supurada*).

CONSTIPAÇÃO

Dá-se o nome de constipação, entre o vulgo, à inflamação da mucosa dos canais superiores do aparelho respiratório, e mais especialmente o de *constipação de peito à laringite* ou *laringo-traqueíte* e à *bronquite aguda*.

Veja *Coriza*, *Gripe*, *Laringe*, *Febre de feno* e *Bronquite*.

CONSTIPAÇÃO DE VENTRE

É uma moléstia dos intestinos, caracterizada pela raridade e secura das fezes: só há evacuações com intervalos de 3 em 15 dias, ordinariamente em cíbalos secos e duros. Às vezes desejos inúteis de evacuar, outras vezes ausência completa desse desejo; pode ser acompanhada de flatulência, sobretudo nos neurastênicos.

Comece-se o tratamento dando *Sulphur* 5ª ou 30ª, de 6 em 6 horas, durante uma semana; depois alterne-se *Nux vomica* 12ª e *Sulphur* 12ª, de 4 em 4 horas; se falharem, dê-se *Hydrastis* T.M. (duas gotas em um pouco de água, uma vez por dia, antes de comer). Devida a moléstias uterinas, *Calcarea acetica* 3ª ou *Leptandra virginica* 2ªx. Pode-se usar ainda especialmente: com desejos e esforços inúteis de evacuar, *Nux vomica* 30ª ou 200ª; sem desejos de evacuar e fezes duras e secas, *Opium* 30ª, *Veratrum album* 3ª ou *Bryonia* 5ª ou 30ª; com cólicas, *Plumbum* 30ª; com hemorroidas, *Collinsonia* 3ª; com dores no ânus, *Graphites* 30ª; com fezes grandes, duras e secas, *Bryonia* 30ª; nos viajantes, *Platina* 30ª; com flatulência e ronco na barriga, *Lycopodium* 30ª; nas crianças, *Bryonia* 30ª ou *Alumina* 30ª; em crianças raquíticas, *Calcarea carbonica* 30ª e *Silicea* 30ª alternadas, um dia uma, outro dia outra, três doses por dia. Em casos rebeldes, alterne-se *Bryonia* 30ª e *Nux vomica* 30ª. Todos de 6 em 6 horas. *Silicea* 3ªx, dois tabletes de cada vez, duas vezes por dia, também pode ser útil. Depois de operações cirúrgicas, *Bryonia* 30ª e *Nux vomica* 30ª, alternadas a cada 2 horas. *Lactose*, uma ou duas colheres de sopa, pela manhã em jejum, é de grande utilidade.

Fenolftaleína 1ªx, 1 comp. antes de dormir (somente para adultos).

CONTRATURA ESSENCIAL

Veja *Tetania*.

CONTUSÕES
(Machucaduras)

Contusão é o resultado local do choque entre um corpo estranho e um ponto da superfície do organismo; pode produzir uma simples *mancha roxa* (equimose); ou uma *bossa sanguínea* (galo), ou uma *escara gangrenosa*, ou um *esmagamento*, conforme o grau de intensidade do choque. As dores produzidas são mais ou menos vivas, conforme a região do corpo e a natureza do instrumento na bossa sanguínea, podem determinar síncopes em casos mais graves. Pode haver tontoiras, suores frios o mesmo perda completa dos sentidos. O lugar contundido pode também se inflamar e assim produzir-se um abscesso.

Arnica 1ª ou 5ª, de hora em hora, é o principal medicamento das contusões, especialmente das partes moles, carnosas; tem grande poder para suspender e prevenir a supuração; *Bellis perennis* 3ªx é também remédio das contusões; equimoses prolongadas, *Sulphuris acidum* 3ª ou *Ledum* 3ª a cada 6 horas; contusões dos tendões e articulações, *Ruta* 3ª; contusões dos ossos (por exemplo das canelas), e golpes oculares, *Ruta* 3ª ou *Symphytum* 3ª; olho negro, consequência de um soco, *Ledum* 3ª; dos nervos e dos dedos dos pés e das mãos, *Hypericum* 3ª; dos seios, na mulher, *Conium* 3ª. Se ameaçar inflamação, trata-se como no caso de um abscesso. (Veja-se *Abscesso, Artrite, Periostite, Osteíte, Mastite* etc.) mas um bom remédio é *Arnica* 3ª. Convulsões, *Cicuta virosa* 5ª. Hemorragia intraocular consequente a uma contusão, *Sulphuris acidum* 5ª. Maus efeitos de contusões na espinha, *Conium* 30ª.

CONVULSÕES

Veja *Eclampsia, Epilepsia, Histeria, Meningite, Nefrite* etc.

COQUELUCHE
(Pertussis, Tosse comprida)

É uma moléstia epidêmica e contagiosa, provocada pelo *Hemophilus pertussis*, própria da infância, caracterizada por catarro brônquico e acessos de tosse quintosa que ordinariamente terminam por ânsia de vômitos, ou começa como uma simples bronquite agravada consideravelmente de pequenas expirações de intensidade decrescente, seguida de uma inspiração longa e sonora, à noite; depois a tosse se caracteriza – o acesso é acompanhado de vermelhidão do rosto, lábios roxos, olhos injetados e lacrimosos, e mesmo hemorragias subconjuntivas. O número dessas quintas de tosse varia muito: o período de bronquite do começo dura uma ou duas semanas; a bronquite final dura um tempo variável. Há casos de epistaxes, outros de espirros, outros de grande coceira no nariz; certas crianças sentem vir o acesso e choram. Entre as complicações da coqueluche, que podem ocorrer no seu curso, estão: as *epistaxes* muito repetidas e abundantes; a *hemiplegia* por hemorragia cerebral; a *diarreia*, levando às vezes ao marasmo; as *convulsões*, em que ora há simples espasmos da glote, ora convulsões generalizadas; a *congestão pulmonar* com escarros de sangue e falta de ar, é a pior de todas, a mais frequente, devida a resfriamentos; a *broncopneumonia*, que se reconhece pelo aparecimento de febre alta, muito catarro no peito, bater das asas do nariz, ou falta de ar, respiração acelerada, sonolência e a tosse perde o caráter da coqueluche para se tornar curta e catarral. Como consequências finais da moléstia, podem surgir tosses espasmódicas ou bronquites prolongadas e a tuberculose pulmonar.

Nos climas frios ou nos temperados e quentes, no inverno, ou no verão, com ventos frios, sempre, portanto, que houver risco de resfriamento, o doente de coqueluche deve ser mantido permanentemente dentro do quarto, se se quiser evitar a broncopneumonia e a prolongação da moléstia. A mudança de clima ou de ares *é sempre prejudicial*. Eis aí o primeiro preceito do tratamento da coqueluche.[165]

O diagnóstico precoce da coqueluche não é tão fácil. Na *Presse Médicale*, de 5.9.1953, na p. 1.143, está descrito o *sinal quinto-traqueal* de Raybaud, muito interessante.

Basta aplicar o polegar sobre os primeiros anéis traqueais, e o apoiar fortemente, mas sem violência e sem brutalidade, e empurrar desse modo a traqueia de diante para trás, na direção dos corpos vertebrais.

É uma manobra que deve ser feita de modo rápido, pois a sensação é desagradabilíssima. Uns instantes após o relaxamento da pressão, a criança, após uma curta angústia, tem uma respiração ampla e tosse.

Nas afecções não respiratórias, a tosse é leve e rápida. Nas inflamações banais das vias respiratórias, a tosse é breve e constituída de duas ou três tossidas destacadas.

Na coqueluche, após uma fase de angústias bem pronunciadas, a criança apresenta uma quinta de tosse bem caracterizada ou então um acesso de tosse rouca de tipo espasmódico.

Na bronquite do começo, dê-se *Aconitum* 3ªx alternado com *Ipeca* 3ª, de hora em hora. Uma vez os acessos caracterizados, dê-se *Drosera* 12ª à 30ª, a cada 3 horas, só ou alternada com *Corallium rubrum* 12ª se os acessos forem piores à noite. Com agravação noturna, pode-se também dar *Drosera* 3ª e *Belladona* 3ª ou 12ª à noite; em vez de *Belladona*, pode-se usar, à noite, *Passiflora incarnata* T.M., 2 ou 3 gotas depois de cada acesso. Depois que, no fim da moléstia, os acessos desaparecem e só resta a bronquite da convalescença, dê-se para terminar o tratamento *Pulsatilla* 5ª ou então *Ipeca* 5ª e *Bryonia* 5ª, alternados a cada 3 horas. *Trifollium pratense* 1ª é também um bom remédio da moléstia. Tal é o tratamento mais geral dos casos mais comuns, sem complicações.

Teste aconselhava que, em todos os casos, se começasse o tratamento dando *Corallium rubrum* 30ª (4 doses por dia) por 3 ou 4 dias, e depois *Chelidonium* 6ª (3 doses por dia) até o fim da moléstia, dando-se então *Pulsatilla* 5ª para a bronquite final (ou *Causticum* 12ª para tosse seca e *Lachesis* 6ª, havendo emagrecimento).

Mas os casos de coqueluche são variáveis e podem requerer outros remédios, sobretudo quando há complicações.

Drosera 12ª à 30ª – acessos de tosse bem nítidos, que terminam por vômitos alimentares e são acompanhados algumas vezes por perdas de sangue pelo nariz.

Belladona 5ª ou 12ª – quando há sintomas de congestão cerebral, faces vermelhas, olhos

---
165. A pediatria moderna aconselha os passeios matinais, à beira-mar, e ultimamente os voos a grande altura em aeroplanos, mas, creio eu, sem os resultados que se esperavam.

injetados, hemorragias no branco dos olhos, escarros de sangue, espasmos convulsivos das extremidades; quando há dor de estômago antes do ataque e a criança, antes do acesso, chora ou grita; ou, ainda, quando os acessos terminam por espirros.

Mephitis 3ª – quando a inspiração sonora é muito acentuada, larga e ruidosa e os acessos mais frequentes à noite. Excelente remédio.

Corallium rubrum 30ª – quando os acessos são muito juntos e repetidos e a tosse seca, muito rápida e curta.

Coccus cacti 5ª – quando os acessos terminam por vômitos de muco espesso e filante e urinas claras e copiosas.

Magnesia phosphorica 30ª – quando o rosto é lívido, o acesso terminando por grito agudo.

Kali carbonicum 5ª – quando há inchaço das pálpebras superiores.

Havendo laringismo estrídulo (espasmos da glote), sufocação e rosto muito azul, dê-se *Moschus* 1ªx para cheirar, durante o ataque, e, depois do acesso, dê-se *Ipeca* 1ª ou *Cuprum aceticum* 3ªx trit., uma dose a cada hora.

Em caso de convulsões, dê-se, durante o ataque, um pouco de éter para cheirar, e, nos intervalos, dê-se *Cuprum metallicum* 12ª ou 30ª, uma dose a cada 2 horas.

Havendo hemorragia cerebral, dê-se *Belladona* 3ª e *Arnica* 3ªx alternadas a cada hora.

Em caso de diarreia, o melhor remédio a alternar com o da coqueluche (*Drosera* ou outro) é *Cuprum arsenicosum* 3ª; mas podem também ser úteis *Rumex* 5ª ou *Veratrum album* 5ª.

Se ocorrer congestão pulmonar, alterne-se *Aconitum* 3ªx com *Phosphorus* 3ª, a cada 20 minutos.

Se as epistaxes forem muito frequentes e abundantes, alterne-se *Ipeca* 2ª ou *Hamamelis* 1ª com o remédio da coqueluche (*Drosera* ou outro).

Enfim, se ocorrer a broncopneumonia, os dois *principais* medicamentos são: *Phosphorus* 5ª e *Antimonium tartaricum* 3ª (ou *Antimonium arsenicosum* 3ª), que se deverá alternar com fé e persistência até que a febre caia e a tosse volte a ser coqueluchoide. (Veja *Broncopneumonia*). Uma dose a cada hora.

Se na convalescença persistir uma tosse espasmódica, dê-se *Carbo vegetabilis* 30ª ou *Sanguinaria* 3ª; bronquite prolongada, *Coccus cacti* 5ª. Uma dose a cada 2 horas.

Na coqueluche dos adultos, se *Drosera* falhar, dê-se *Coccus cacti* 5ª ou *Naphtalinum* 3ªx.

Finalmente, devemos dizer que um bom remédio geral da coqueluche consiste em uma mistura, na mesma porção, de *Belladona* 5ª, *Cuprum metallicum* 5ª, *Drosera* 12ª e *Ipeca* 2ª; 4 gotas de cada um, em meio copo de água, uma colherada de 3 em 3 horas. Esta mistura é igualmente eficaz em todas as tosses de acesso ou espasmódicas.

Convém dar, uma vez por semana, uma dose de *Coqueluchinum* 200ª ou 1.000ª O *autonosódio* em 200ª, uma vez por semana e em 30ª diariamente, é de resultados admiráveis.

Na alopatia está se usando a *terramicina, cloromicetina* e *aureomicina*. A *estreptomicina* é usada em nebulização. Todos esses sob controle médico.

CORAÇÃO

Veja *Anasarca, Angina de peito, Edema dos recém-nascidos, Endocardite aguda, Endocardite crônica, Hidropericárdio, Miocardites, Palpitações, Pericardite, Síncope* e *Taquicardia paroxística*.

COREIA[166]
(Mal ou Dança de São Guido)

É uma moléstia, ordinariamente de marcha crônica, caracterizada por contrações involuntárias, desordenadas, não ritmadas, que se agravam com cada movimento voluntário, e acompanhada de um enfraquecimento da força muscular. Dura de 6 a 8 semanas e cura-se; ou passa a estado crônico e se torna de cura muito difícil. Os movimentos involuntários cessam ordinariamente à noite; podem ter sede apenas em uma parte do corpo, como na cabeça, por exemplo, ou se generalizar a todo o corpo; e surgem às vezes em consequência de um traumatismo. O doente faz trejeitos e caretas tais e anda de modo tão sacudido e desordenado, que deram à moléstia o nome de *Dança de São Guido*. Quando essa moléstia se agrava, o doente pode morrer pelas desordens orgânicas provocadas pela agitação incessante. Hoje em dia é considerada parte do complexo reumatismal.

O principal medicamento dessa moléstia é *Agaricina* (Veja *Matéria Médica*); se falhar, dê-se *Mygale lasiodora* 3ª ou *Tarantula hispanica* 5ª ou *Belladona* 5ª e *Arsenicum* 5ª alternados, ou ainda *Aconitum* 1ª e *Gelsemium* 1ªx alternados; *Actea racemosa* 3ªx na coreia reumática e nas adolescentes com desordens menstruais; *Causticum* 12ª se é do lado direito e há dificuldade de falar; *Cina* 5ª ou *Tanacetum* 3ª se devida a vermes; *Zincum* 5ª com movimento dos pés; com histeria, *Sticta* 3ªx; com clorose, *Ferrum metallicum* (Veja *Clorose*); pequenos movimentos, *Cuprum* 5ª. Todos de 4 ou 6 em 6 horas. Em casos intratáveis: *Arsenicum album* T.M., 2 gotas duas vezes ao dia, nos adultos. *Belladona* 3ª e *Stramonium* 3ª alternados também podem ser úteis. *Rhus toxicodendron* 3ª e *Sulphur* 30ª são também de valor na coreia reumática.

---
166. Coreia de Sydenham.

Costumo iniciar o tratamento com uma dose de *Zincum metallicum* 1.000ª. Na alopatia, além do *Sulfato de magnésio injetável*, a *Cortisone* e o *Acth*, sob controle médico.

CORRIMENTO

Veja corrimento:
– de esperma: *Espermatorreia*.
– do nariz: *Coriza, Febre de feno* e *Rinite*.
– do ouvido: *Otite externa* e *Otite média*.
– da uretra: *Blenorragia*.
– da vagina: *Leucorreia*.

CORIZA
(Rinite simples, Defluxo, Resfriamento e Constipação do nariz)

É a inflamação aguda da membrana mucosa que forra internamente o nariz. É caracterizada por abundante corrimento mucopurulento do nariz, acompanhada de espirros e lacrimejamento. Pode haver febre moderada no começo, dor na raiz e sobre os olhos, olhos vermelhos, um pouco de rouquidão e perda do olfato. O corrimento nasal assa às vezes o lábio superior; ao princípio claro como água, torna-se por fim amarelo esverdeado. Nas crianças, a coriza é às vezes seca e entope as narinas, impedindo a criança de mamar e mesmo de dormir, pois ela não sabe respirar pela boca.

Quando crônica, a coriza constitui a rinite crônica (Veja *Rinite*).

Às vezes, a inflamação se estende às cavidades dos ossos da face e constitui o que se chama a sinusite (Veja *Sinusites*).

Logo no começo da coriza aguda, aos primeiros arrepios ou sensação de nariz obstruído e seco, *Camphora* T.M. em glóbulos ou discos, um cada 15 minutos, poderá abortar o acesso; se houver febre logo depois, *Aconitum* de meia em meia hora; *Mercurius solubilis* 5ª alternado com *Sulphur* 5ª pode também ser muito útil no começo. O mesmo se diz de *Nux vomica* 3ª; havendo entupimento do nariz, pouco corrimento e por vezes secura do nariz, pior em quarto quente ou fluente de dia, seco à noite, *Mercurius solubilis* 5ª ou *Nitri acidum* 3ª; havendo nariz vermelho e inchado, corrimento acre e espesso e espirros violentos, corrimento intenso com espirros frequentes e lacrimejamento, *Scorpio* 3ª; *Arsenicum* 5ª, havendo corrimento ardente, aquoso e acre, assados os lábios, agravando pelo ar frio; *Natrium muriaticum* 30ª, corrimento claro e líquido como água, produzindo erupção vesiculosa em torno da boca e do nariz; *Euphrasia* 3ª, lacrimejamento muito abundante e pouca coriza;

Allium cepa 1ª ou *Allium sativum* 1ª, muita coriza e pouco lacrimejamento, especialmente na *influenza* sem febre; *Pulsatilla* 3ª, catarro maduro, espesso, amarelo esverdeado, sem espirros; *Cyclamen europaeum* 3ª, nos casos de *Pulsatilla*, havendo espirros; *Magnesia muriatica* 5ª, se depois de passado o defluxo persistir a perda do olfato e do gosto; rouquidão no fim do defluxo, *Ipeca* 5ª. Nas crianças, coriza seca entupindo as narinas, *Sambucus* 1ªx ou 3ª, *Ammonium carbonicum* 5ª, *Dulcamara* 3ª e *Lycopodium* 5ª ou 30ª. Nas mulheres, *Gelsemium* 1ª. Se a coriza tende a descer para o peito, dê-se *Pulsatilla* 5ª, *Sanguinaria* 3ª, ou ainda *Kali iodatum* 3ª ou *Iodum* 3ª. Todos esses remédios devem ser dados de hora em hora. Chavanon aconselha aspirar *Acether*, duas a três vezes, diariamente.[167]

Na *hidrorreia* nasal, *corrimento* aquoso abundante sem inflamação, *Allium cepa* 3ª, *Euphrasia* 3ª e *Arsenicum* 3ª são os remédios; a cada 4 horas.

Os homeopatas alemães estão usando nas rinofaringites alérgicas uma mistura de *Guaiacum* 3ª, *Cistus canadensis* 3ª e *Sticta pulmonaria* 3ªx em partes iguais. Dessa mistura aconselham-se 5 gotas nas refeições principais.

COROIDITE[168]

É a inflamação da coroide, membrana interna da parte branca do olho, caracterizada por sintomas semelhantes aos do glaucoma, e por turvação serosa (*coroidite serosa*), manchas fibrinosas com ou sem atrofia (*coroidite plástica* ou *disseminada*) ou supuração entre a coroide e a retina, estendendo-se ao corpo vítreo e à íris, com perda da visão (*corio-retinite*).

Na coroidite serosa, que é a mais frequente, alternem-se, nos casos recentes, *Bryonia* 3ª e *Gelsemium* 3ª, a cada hora, ou então *Prunus spinosa* 3ª, se houver muitas dores; e nos casos crônicos, dê-se *Phosphorus* 30ª, de 4 em 4 horas.

Na coroidite plástica, quase sempre sifilítica, *Kali iodatum* 1ªx ou *Mercurius corrosivus* 3ªx é o remédio, a cada duas horas. Atrófica, *Pilocarpus* 3ªx.

Na coroidite supurada ou *panoftalmite*, *Rhus toxicodendron* 3ª é o principal remédio, de hora em hora; mas *Hepar* 12ª e *Silicea* 30ª também podem deter a supuração. Estendendo-se à íris (irido-coroidite), *Prunus spinosa* 3ª. Na alopatia, o *Acth*, a *Cortisone* ou *terapêutica não específica*, sob controle médico.

---

167. *Acether* é uma mistura de éter e acetona em partes iguais.
168. Doença que deve ser logo encaminhada ao oftalmologista.

COXALGIA
(Artrite do quadril)

É uma moléstia das articulações que unem a coxa ao tronco, caracterizada por claudicação e depois atitude viciosa do membro (encolhido e voltado para dentro), acompanhada de dor no quadril ou no joelho, atrofia muscular, contratura dos músculos periarticulares (que não deixa o membro se mover livremente) e ingurgitamento dos gânglios inguinais. Pode haver abscessos frios na articulação, os quais se abrem para a superfície externa da coxa ou para a nádega, formando fístulas com corrimento. Depois, a morte pode ocorrer por esgotamento progressivo ou tísica ou meningite tuberculosa. Pode curar, formando uma anquilose da articulação. Dura de 2 a 5 anos e é mais comum nas crianças escrofulosas.

No começo, dê-se *Iodoformium* 3^ax alternado com *Calcarea phosphorica* 3^ax, de 3 em 3 horas, ou com *Colocynthis* 3^a, se houver muita dor na perna; depois que se abrirem as fístulas, *Iodoformium* alternado com *Silicea* 3^a, ou com *Calcarea sulphurica* 3^a, a cada 2 horas. *Cistus canadensis* T.M. é também remédio desta moléstia.

Aplica-se *Calcarea carbonica* 200^a ou *Tuberculinum* 1.000^a, uma vez por semana. A *Dihidrostreptomicina* tem suas indicações e o *tratamento ortopédico* é complemento das duas terapêuticas, indicados pelo ortopedista.

CRAVOS

Veja *Boubas* e *Comedões*.

CRETINISMO

Veja *Idiotismo*.

CROSTA LÁCTEA

É uma erupção inflamatória da pele (*eczema impetiginoide*) caracterizada por vesicopústulas que se agrupam em áreas mais ou menos extensas, tendo uma base vermelha, crostas amareladas e muito ardor e prurido. É própria das crianças pequenas, sobretudo de peito, e dá especialmente na pele da face e no couro cabeludo.

O principal medicamento é *Viola tricolor* 3^a, de 3 em 3 horas; se não melhorar, dê-se *Sepia* 30^a, *Dulcamara* 3^a, *Mezereum* 3^a, *Hepar* 5^a ou *Kali muriaticum* 5^a. Externamente, pomada de *Lappa major*.

Na alopatia está se usando uma pomada de *acetato de dihidrocortisone* a 1%, para uso local.

Ao mesmo tempo, fazem uso de medicação *dessensibilizante* e *anti-histamínicos*, sob controle módico.

CRUPE
(Laringite catarral aguda da infância)

Esta moléstia deve ser distinguida do *crupe diftérico*, *membranoso* ou *verdadeiro crupe*, que adiante descrevemos sob o nome de *difteria*. É uma moléstia da infância (crianças de 6 anos) caracterizada pela inflamação catarral da mucosa da laringe, acompanhada de espasmos dos músculos laríngeos e acessos noturnos de forte dispneia, com tosse rouca semelhante à de cachorro. A falta de ar é súbita, o rosto roxo, angústia extrema; pode dar diversas noites seguidas, mas cura-se quase sempre. Às vezes febre.

No momento do acesso, *Moschus* 3^ax, de 5 em 5 minutos (e também para cheirar), ou *Aconitum* 3^a, de 10 em 10 minutos. O Dr. Cartier, entretanto, considera *Hepar* 5^a o único e melhor remédio do crupe, tanto para o acesso como da moléstia. Passando o acesso, alternem-se *Aconitum* 5^a, *Spongia* 2^a e *Hepar* 5^a, um depois outro, de 2 em 2 horas. O Dr. Von Boenninghausen aconselhava dar em série esses mesmos medicamentos na seguinte ordem: *Aconitum*, *Spongia*, *Hepar*, depois voltar ao *Aconitum* e assim sucessivamente, a cada 2 a 4 horas. Se esses remédios falharem, alterne-se *Ipeca* 12ª com *Bryonia* 12^a a cada hora. No acesso, a aplicação de uma esponja embebida em água muito quente ao pescoço da criança, na frente, é muito útil.

DACRIOADENITE

Inflamação, aguda ou crônica, da estrutura da glândula lacrimal, devida a traumatismo, resfriamentos ou infecções, caracterizada por dor, calor, vermelhidão e inchaço do ângulo interno das pálpebras. Se o inchaço for grande, pode resultar um deslocamento do globo ocular para baixo e para dentro. Na forma crônica, que é a mais comum, o tumor não é dolorido nem sensível ao toque. Quando agudo, pode supurar.

Na forma aguda, *Aconitum* 3^ax e *Belladona* 3^ax, alternados a cada 2 horas, abortam a inflamação. Se supurar, *Silicea* 5^a, alternada com *Mercurius solubilis* 5^a. Na forma crônica, *Calcarea iodatum* 3^a, *Baryta iodada* 3^a, *Kali iodada* 1^a ou *Phytolacca* 3ª são os remédios, uma dose a cada 6 horas.

DACRIOCISTITE

É a inflamação com ou sem abscesso do saco lacrimal do olho. Sem abscesso, há apenas inchaço do canto interno da órbita, abaixo do canto do olho, sem dor (dacriocistite catarral) com corrimento mucopurulento; é quase sempre devida à obstrução acidental do conduto lacrimal que vai ter ao nariz. *Pulsatilla* 6ª é o seu principal remédio, uma dose de 2 em 2 horas; se falhar, *Petroleum* 3ª. Havendo abscesso (dacriocistite flegmonosa há a mesma indicação), com vermelhidão, dores nas pálpebras e face edemaciadas, um pouco de febre e às vezes vômitos, os seus remédios são os do *abscesso* (veja este termo); mas *Silicea* 5ª, dada a tempo, evita ou aborta a supuração. Se a dacriocistite catarral for crônica, *Graphites* 5ª, *Calcarea carbonica* 5ª ou *Silicea* 5ª são os remédios; uma dose a cada 6 horas. *Fluoris acidum* 60ª, duas vezes por dia. Na alopatia, *penicilina, dihidrostreptomicina, terramicina, cloromicetina* etc., sob controle médico.

DANÇA DE SÃO GUIDO

Veja *Coreia*.

DEBILIDADE

O enfraquecimento geral do corpo pode ocorrer em diversas moléstias e se caracteriza habitualmente por palidez, cabeça pesada, tonteiras, fastios, má digestão, fraqueza geral e preguiça muscular.

Debilidade e caquexia em moléstia grave, *Arsenicum iodatum* 3ªx; com sensação de tremor interno, *Sulphuris acidum* 5ª; por perda de sangue ou de outros fluidos, leite, leucorreia etc., *China* 30ª; devida à escrófula, *Calcarea phosphorica* 3ª ou 3ªx; na convalescença das moléstias agudas, *China* 30ª, *Alstonia* T.M., *Kali phosphoricum* 5ª; na convalescença da *influenza, Psorinum* 30ª, *Phosphorus* 5ª, *Carbolicum acidum* 3ªx, *Avena sativa* 1ª ou *Natrium salicylicum* 3ª; nervosa ou neurastênica, *Phosphori acidum* 3ª ou 3ªx; por excesso de estudo, *Anacardium orientale* 3ª; por excessos sexuais, *Selenium* 30ª; por perda de sono, *Cocculus* 3ª; havendo raquitismo, *Silicea* 30ª; das crianças, *Ferrum phosphoricum* 2ªx; nos idosos, *Carbo vegetabilis* 3ª ou *Anacardium orientale* 30ª. Todos de 4 em 4 horas. Há outros tônicos de moléstias exaustivas.

DEDOS

Veja *Mãos*.

DEFLUXO

Veja *Coriza*.

DEGENERAÇÕES

Chama-se degeneração uma perturbação nutritiva de um ou mais órgãos do corpo, caracterizada pela transformação da matéria azotada dos tecidos em outra substância azotada ou não, mas imprópria para a vida do órgão. Daí resulta que, conforme o órgão ou órgãos atingidos, os sintomas variam, mas traduzindo sempre todas as consequências da insuficiência cada vez mais acentuada das funções do órgão e cujo fim é frequentemente um depauperamento lento e a morte.

As duas principais degenerações, que se encontram, são:

a) A *degeneração gordurosa*, também chamada *esteatose*, e que ataca mais frequentemente o coração, o fígado e os rins, caracterizada pela transformação da substância desses órgãos em gordura. Seus principais medicamentos são: degeneração gordurosa do coração, *Phosphorus* 30ª, *Arsenicum* 30ª, *Cuprum* 5ª, *Arnica* 6ª, *Phytolacca* 3ªx, *Aurum muriaticum* 3ªx ou *Phosphori acidum* 3ª; degeneração gordurosa do fígado, *Phosphorus* 30ª ou *Chelidonium majus* 3ª; degeneração dos rins, *Arsenicum* 30ª ou *Phosphorus* 30ª; *Crotalus terrificus* 5ª pode também ser útil. Contra a fraqueza cardíaca, devida à degeneração gordurosa do coração, *Strophantus* T.M. Todos de 4 em 4 horas.

b) A *degeneração amiloide*, que ataca especialmente o fígado e os rins, caracterizada pela transformação da substância do órgão em uma substância azotada, que lhe dá um aspecto homogêneo, semitransparente, lardáceo. Seus principais medicamentos são: degeneração amiloide do fígado, *Calcarea carbonica* 30ª, *Silicea* 30ª, *Nitri acidum* 30ª ou *Aurum muriaticum* 30ª; degeneração amiloide dos rins, *Phosphori acidum* 30ª, *Phosphorus* 5ª ou *Nitri acidum* 30ª. De 4 em 4 horas.

DELÍRIO

É o desvairamento passageiro do cérebro, que ocorre no curso de certas moléstias agudas, sobretudo febres.

Os principais medicamentos são: *Belladona* 3ª ou 5ª, *Hyosciamus* 3ª, *Stramonium* 3ª, *Lachesis* 5ª ou *Veratrum album* 5ª (veja *Matéria Médica*).

DELIRIUM TREMENS

Veja *Alcoolismo*.

DEMÊNCIA

É uma forma de loucura caracterizada pelo enfraquecimento gradual das faculdades mentais; pode ser primária ou secundária a outras moléstias (como a epilepsia, a sífilis etc.). Aguda, pode ser devida a más condições de vida ou masturbação.

Os três principais medicamentos desta moléstia, sobretudo quando aguda, são: *Phosphori acidum* 3ªx ou 5ª, *Anacardium* 3ª e *Calcarea phosphorica* 3ª. Se devida ao onanismo, *Conium* 3ª ou *Staphisagria* 5ª e *Bufo rana* 30ª. Devida à epilepsia, *Oenanthe crocata* 3ªx ou *Silicea* 30ª. Senil, *Aurum iodatum* 3ª ou *Phosphorus* 3ª.

Calcarea phosphorica 3ªx tanto convém à demência por masturbação, como à demência senil. *Bufo rana* 30ª na demência devida à masturbação dá grandes resultados.

DENGUE

É uma febre epidêmica dos países quentes e já comum no Brasil, caracterizada por dois períodos febris, separados por um período de remissão, sendo cada acesso febril acompanhado de uma erupção cutânea eritematosa e de dores muito vivas nas articulações, músculos e ossos. Cada um desses períodos dura 3 ou 4 dias. É provocado por um vírus.

No primeiro período, alterne-se *Aconitum* 3ªx e *Eupatorium perfoliatum* 1ª, de hora em hora; no segundo período febril *Gelsemium* 1ª e *Rhus venenata* 3ª, também de hora em hora. *Psorinum* 30ª, bom remédio.

DENTIÇÃO

É o processo normal de saída dos dentes nas crianças de peito; mas pode algumas vezes ser perturbado por vários acidentes que constituem a dentição difícil.

A criança se torna então agitada, impertinente, caprichosa, só se acomodando ao colo; as faces ficam vermelhas ou uma vermelha e a outra pálida; sua muito na cabeça e no pescoço; perde o apetite, mama pouco, sofre de insônia ou tem o sono muito agitado e entrecortado, chora e grita com frequência; suas forças caem, a criança enfraquece, mal podendo sustentar a cabeça, que apoia constantemente ao ombro de quem a carrega, chora e grita com frequência, às vezes tem febre, que pode ser muito intensa, sobretudo à noite, ou muito irregular em sua curva; a cabeça é muito quente, há prisão de ventre com ou sem cólica, vômitos e diarreia mais ou menos frequentes, bronquite com tosse e catarro; dores de ouvido com tumor e pus; convulsões etc. A criança se torna pálida, fraca, emagrecendo sensivelmente. As gengivas incham, tornam-se quentes e sensíveis, muito vermelhas ou esbranquiçadas, pruriginosas ou doloridas à pressão, há salivação às vezes abundante, a criança morde os corpos duros e mesmo o dedo que se lhe põe na boca.

O principal medicamento preventivo e curativo dos acidentes da dentição é *Calcarea phosphorica* 3ªx trit., um papel de 30 centigramas, a metade pela manhã e a outra metade à noite, em um pouco de água ou no leite da mamadeira. No intervalo, pode-se dar – *Aconitum* 3ª, se houver febre; *Coffea* 30ª, contra a insônia; *Belladona* 5ª, *Veratrum viride* 1ª ou *Artemisia vulgaris* 3ª se houver espasmos e convulsões; *Chamomilla* 30ª, *Cypripedium* 3ªx ou *Agaricus* 3ªx, havendo muita impertinência; sono inquieto, com os olhos meio abertos, *Belladona* 5ª; a criança passa bem o dia, mas é agitada e impertinente à noite, *Jalapa* 12ª; *Colocynthis* 2ªx ou 3ªx para cólicas; *Ipeca* 3ª, havendo vômitos; tosse, *Chamomilla* 12ª ou *Ferrum phosphoricum* 3ª; sintomas de meningite com estupor, *Cuprum aceticum* 3ª. *Kreosotum* 24ª é um bom remédio da dentição mórbida em qualquer caso; o mesmo se diz de *Terebinthina* 5ª. Nos adultos, acidentes provenientes da ruptura do dente do siso, *Magnesia carbonica* 5ª ou *Chionanthus* 3ª, de 3 em 3 horas. *Calcium phosphoricum* D6 coll. alternado com *Baryum carbonico* D6 coll.

DESCOLAMENTO DA RETINA

É a separação parcial ou completa da retina da coroide.

É uma moléstia dos olhos, caracterizada por perda parcial ou total da visão, distorção dos objetos, manchas negras ou fosforescências diante da vista, e, no olho, a retina oscilando com movimento do globo ocular e uma mancha esverdeada ou azulada no corpo vítreo.

Seus principais medicamentos são: *Gelsemium* 3ª, *Aurum metallicum* 30ª e *Apis* 3ª. Uma dose a cada 6 horas.

Repouso visual absoluto e cirurgia, ou a indicação feita pelo oftalmologista que deve ser procurado imediatamente.

DESLOCAMENTOS UTERINOS

São mudanças de posição do útero, mais ou menos persistentes e devidas a várias causas, sobretudo mecânicas. Dividem-se em *versões* (anteroversão, retroversão) e *flexões* (ântero, retro e lateroflexão): nas primeiras, todo o útero se volta para o respectivo lado; nas segundas, o colo fica fixo e o corpo se volta formando cotovelo; nas primeiras, os sintomas são de perturbações nos órgãos vizinhos, bexiga, reto, intestinos, vagina; nas segundas, há, além disso, dismenorreia por obstrução do colo; sintomas histéricos e dores acompanham umas e outras.

Os principais medicamentos dos deslocamentos em geral, versões e flexões, são; *Aurum metallicum* 30ª ou *Aurum muriaticum* 3ª, *Aletris* 3ªx, *Belladona* 3ª, *Sepia* 30ª, *Ferrum iodatum* 1ª e *Secale* 3ª. Os remédios mais importantes da queda da matriz são: *Stannum* 5ª ou 30ª, *Sepia* 30ª, *Helonias* 3ª *Ferrum iodatum* 3ª trit., *Lilium tigrinum* 30ª, *Kreosotum* 12ª, *Fraxinus americanus* 3ª, *Lappa* 3ª, *Nymphaea odorata* T.M. e *Murex purpurea* 30ª. Nas flexões, *Eupion* 3ª pode ser útil. Cada um desses remédios deve ser tentado por algum tempo, de 6 em 6 horas. Podem-se dar, na queda da matriz, 10 a 15 gotas de *Fraxinus americanus* T.M. três vezes ao dia. Caso não melhorar pelo uso dos medicamentos homeopáticos, fazer o tratamento cirúrgico.

DESMAIO

Veja *Síncope*.

DESORDENS CEREBRAIS

Chamamos desordens cerebrais a todas as anomalias das nossas faculdades morais ou intelectuais. Elas se dividem em quatro classes, segundo a ordem crescente de sua intensidade:
Tendências morais.
Alienação mental.
Loucura.
Idiotismo.

DESORDENS SEXUAIS

As desordens do instinto sexual, ou impulsos sexuais, são numerosas; ora a exaltação do apetite venéreo (constituindo o que se chama a *satiríase* no homem e a *ninfomania* nas mulheres); ora o excesso de potência sexual, com ereções frequentes (*priapismo*); ora a exaltação do instinto sexual, com masturbação e outras vezes crueldade (*sadismo*) etc.

Excesso de apetite venéreo, *Origanum* 3ª (também *Salix nigra* T.M.); ninfomania, *Cantharis* 3ª, *Hyosciamus* 3ª, *Murex* 3ª, *Gratiola* 30ª, *Platina* 30ª, *Phosphorus* 3ª, *Stramonium* 3ª, *Robinia* 3ª; satiríase, *Cantharis* 3ª, *Phosphorus* 5ª e *Picricum acidum* 3ª; masturbação, *Staphisagria* 3ª (Veja *Onanismo*); disposição de certas crianças a pegarem constantemente no pênis, *Bufo* 30ª; nos homens pederastas e nas mulheres lésbicas, *Platina* 30ª; imaginação lúbrica, *Platina* 30ª; mania de se pôr nu, *Hyosciamus* 3ª; exaltação sexual cruel, *Cantharis* 3ª; priapismo, *Cantharis* 3ª, *Causticum* 3ª, *Phosphorus* 5ª e *Picricum acidum* 30ª; falta de desejo sexual, *Barita carbonica* 5ª, *Conium* 30ª e *Lycopodium* 30ª nos homens, e *Causticum* 30ª nas mulheres; exaltação sexual em virgens, *Platina* 30ª e, em viúvas, *Apis* 5ª. Libertinismo, *Nux vomica* 12ª, *Platina* 30ª, *Causticum* 200ª e *Staphysagria* 3ª. Infidelidade conjugal ou aversão ao casamento, *Lachesis* 200ª. Aversão ao coito, *Graphites* 30ª ou *Natrium muririaticum* 30ª. Aversão ao marido, *Sepia* 30ª. Aversão ao outro sexo, *Ammonium carbonicum* 30ª. Ciúme, *Apis* 5ª, *Hyosciamus* 5ª, *Lachesis* 30ª e *Nux vomica* 5ª. Maus efeitos de ciúme exagerado ou amor contrariado, *Hyosciamus* 200ª. *Caladium* 5ª diminui os desejos sexuais na mulher. Perversão ou debilidade sexual nas jovens, *Sabal serrulata* T.M. Traumatismo do reto nos pacientes de pederastia, *Ratanhia* 3ª.

DESTRONCAMENTOS

Veja *Luxações*.

DIABETES AÇUCARADOS
(Urinas doces)

É uma perturbação de caráter crônico do metabolismo hidrocarbonado provocada pela produção ou uso inadequado da *Insulina endógena* e caracterizada por hiperglicemia, glicosúria, poliúria, polifagia, prurido, fraqueza, e perda de peso.

É uma moléstia caracterizada pela presença de açúcar nas urinas, por grande sede, grande apetite, impotência viril e por uma caquexia particular, cujo caráter é a tendência à tuberculose e à gangrena. As urinas são muito abundantes e grossas e perdem o cheiro comum; o emagrecimento vai se pronunciando aos poucos; furúnculos e abscessos aparecem, ou erupções pruriginosas e escamosas pela pele, sobretudo das mãos, pele seca, vista turva, catarata e, por fim, o diabético morre tuberculoso, albuminúrico ou por gangrena de uma parte do corpo. A moléstia pode durar muitos anos.

Os dois principais medicamentos são *Arsenicum* 3ª trit. e *Uranium nitricum* 3ª e que podem ser alternados, a cada 4 horas. Pode-se recorrer ainda a *Plumbum* 30ª, *Phosphori acidum* 3ªx, *Syzigium jambolanum* T.M. ou *Lacticum acidum* 3ª. *Rhus aromatica* T.M. (10 gotas por dia) é também um bom remédio. Igualmente, *Pancreatina* T.M., 20 gotas por dia.[169] Gangrena diabé-

---

169. A *Pancreatina* T.M. deve ser feita pela *Farmacopeia Homeopática Francesa* de Delpech, segundo o artigo *Tiroidina*.

tica, *Ecchinacea* T.M. O Dr. Steicólo aconselha misturar ou alternar *Syzigium* 3ªx com *Arsenicum* 6ª. *Aloxona* 5ª é indicada pela escola homeopática inglesa.

Na alopatia o uso da Insulina, Diabinese, Naridon etc., sempre sob controle médico.

DIABETES INSÍPIDO
(Poliúria)

É devido à perturbação da pituitária, crônica nas suas manifestações e caracterizada pela excreção de enormes quantidades de urina, associada a tremenda sede.

É uma moléstia caracterizada por urinas abundantes (é o que se chama poliúria), até 10 litros por dia, por sede intensa, urinas pálidas e límpidas, mas ralas (de baixo peso específico) e sem açúcar nem albumina. O doente emagrece aos poucos, a moléstia pode durar muitos anos e matar por depauperamento geral ou por moléstia intercorrente.

Os principais medicamentos desta moléstia são: *Natrium muriaticum* 30ª, *Murex* 5ª, *Ignatia* (nas mulheres nervosas ou histéricas), *Strophantus* 1ª, *Scilla* 2ª e *Ferrum phosphoricum* 3ªx trit. *Phosphori acidum* 3ª pode também ser muito útil e bem assim *Argentum metallicum* 30ª e *Crataegus* T.M., duas ou três doses por dia. Na alopatia, os preparados de *pituitária posterior* (*Tannato de pitressin oleoso*).

DIARREIA
(Catarro intestinal
ou Enterite catarral)

A diarreia é uma moléstia dos intestinos caracterizada por fezes líquidas e frequentes. Pode acompanhar outras moléstias ou ocorrer isoladamente. Quando só, a diarreia se acompanha às vezes de um pouco de febre, no começo, e depois de um leve embaraço gástrico. A diarreia pode ser aguda ou crônica; pode ser *aquosa*, *pastosa* ou *catarral* (esta, às vezes com sangue, constituindo a *enterocolite disenteriforme*); é mais ou menos frequente.

Nas diarreias agudas leves, *Chininum arsenicosum* 3ªx ou *Dulcamara* 3ª, de hora em hora; muito profusas e aguadas, *Veratrum album* 3ª, *Podophyllum* 3ª ou *Croton* 3ª; indigeridas e sem cólicas, *China* 3ª ou *Phosphori acidum* 3ª; diarreias ácidas, *Rheum* 3ª, biliosas, *Iris* 3ª ou *Podophyllum* 3ª; com muitas cólicas, alterne-se com *Colocynthis* 3ª; se houver febre, alterne-se com *Baptisia* 1ª; se houver puxos e fezes pequenas, catarrais e verdes, *Mercurius corrosivus* 6ª; diarreia em pequenas quantidades, pastosa, de cor escura, mau cheiro, sede e prostração, pior à noite, *Arsenicum* 5ª; com queda do reto, *Podophyllum* 3ª. Diarreia hemorroidária, *Aloë* 3ªx.

DIARREIA CRÔNICA

Podophyllum 5ª, *Calcarea carbonica* 3ª, *Sulphur* 30ª, *Arsenicum* 5ª ou *Phosphorus* 5ª; lientérica (com alimentos indigeridos), *China* 1ª ou 3ª; *Arsenicum* 5ª ou 30ª; agravada pela manhã, *Sulphur* 5ª, *Apis* 3ªx ou *Podophyllum* 5ª; somente de dia, *Petroleum* 3ª; à noite, *Arsenicum* 5ª, *Pulsatilla* 3ª, *Mercurius solubilis* 5ª, *Podophyllum* 5ª; logo depois de comer ou beber, *Arsenicum* 5ª, *China* 3ªx ou *Croton* 3ª; de natureza tuberculosa, *Iodoformium* 3ªx ou *Mercurius iodatus ruber* 3ª; devida a susto ou medo, *Gelsemium* 5ª.

Cada um desses medicamentos deve ser tentado durante alguns dias nos casos agudos ou algumas semanas nos casos crônicos; e de hora em hora nos casos agudos e de 3 ou de 4 em 4 horas nos casos crônicos.

Devemos, enfim, ajuntar que os dois remédios mais universais para a diarreia são: nos casos agudos, *Veratrum album* 3ª (quando a diarreia é solta e abundante) e *Mercurius dulcis* 3ªx trit. (quando é pequena e com puxos); *Podophyllum* 3ª ou então *China* 3ª e *Arsenicum* 6ª alternados, nos casos crônicos. (O Dr. R. Hughes aconselha *China* 1ª e *Arsenicum* 3ªx trit.) Depois de operações cirúrgicas, *Aloë* 1ª é frequentemente indicado.

DIARREIA CRÔNICA
DOS PAÍSES QUENTES

É uma moléstia crônica caracterizada por uma diarreia matinal muito rebelde, descorada, espumosa, aquosa e extraordinariamente abundante, acompanhada de timpanismo abdominal, dispepsia flatulenta, inflamação e erosão da mucosa da boca e da língua (que se conserva sempre limpa e envernizada) e emagrecimento o anemia progressiva, até à morte. Dura de 2 a 15 anos.

Os principais medicamentos são: *Sulphur* 30ª, indicado pela diarreia que obriga a saltar da cama, sem mais evacuações no resto do dia: *Podophyllum* 5ª, para a diarreia matinal, com evacuação normal no resto do dia, sobretudo quando as evacuações são excessivamente abundantes; *Aloes* 3ª, diarreia matinal com muitos gases; *Arum triphyllumilum* 3ª, quando predomina a inflamação da boca; *Kali bichromicum* 3ª e *Terebinthina* 3ª, língua lisa, envernizada; *Borax* 3ª e *Mercurius solubilis* 5ª alternados, nas crianças; *Arsenicum iodatum* 3ªx, na caquexia avançada. Esses remédios devem ser dados de 4 em 4 horas.

DIARREIAS INFANTIS
(Gastrenterite)[170]

São inflamações agudas ou crônicas da mucosa do tubo digestivo, que ocorrem nas crianças de peito, devidas sobretudo à alimentação imprópria e ao calor do verão. Classificam-se do seguinte modo:

Agudas	Enterite (enterocolite, ileocolite ou diarreia verde)	
	Catarro intestinal	Cólera infantil simples ou lientérica ou coleriforme
Crônicas	Catarro intestinal crônico	
	Enterite crônica (moléstia mucosa)	

Catarro intestinal simples – Neste caso, as fezes são amarelas ou amarelo-esverdeadas, ordinariamente ralas ou líquidas, contendo algumas vezes leite indigerido; a criança não fica muito caída nem abatida, vomita pouco, e o número de evacuações é de 4 a 8 vezes por dia. Há casos, entretanto, em que elas são muito aguadas e abundantes, ruidosas, com gases e expelidas do ânus em jorro. São ácidas e corrosivas, assando as partes das crianças, e acompanhadas de cólicas que cessam com a evacuação. Há febre e emagrecimento; às vezes, vômitos. Os dois primeiros remédios a empregar, neste caso, quando a diarreia é aguda e abundante, são *Veratrum album* 5ª e *Arsenicum* 5ª, dados alternadamente a cada hora; se falharem, dê-se *Croton* 3ª e *Podophyllum* 3ª alternados do mesmo modo. Havendo leite indigerido nas fezes, *Nux vomica* 3ª, *Pulsatilla* 5ª, *Hepar* 5ª ou *Magnesia carbonica* 5ª; se falharem, *Arsenicum* 5ª ou *Oleander* 5ª. Diarreia imediatamente depois de mamar ou de comer, *Croton* 5ª ou *Arsenicum* 5ª. Diarreia devida a lombrigas, *Spigelia* 3ª. Predisposição de certas crianças à diarreia de repetição, *Pulsatilla* 5ª.

Cólera infantil – Na cólera infantil, há desde o começo vômitos e evacuações aquosas, incessantes e muito abundantes, amarelo-esverdeadas, ralas, com água, febre ou resfriamento, síncope, emagrecimento incrivelmente rápido, prostração excessiva, suores frios e morte em convulsões ou coma, às vezes dentro de 24 horas. Os dois principais remédios a empregar neste caso são *Veratrum album* 5ª e *Arsenicum* 5ª alternados a cada meia hora e quase sempre são suficientes; se falharem, *Cuphea viscosissima* T.M. Na dentição, *Kreosotum* 5ª, 12ª ou 24ª din.

---

170. Para maiores esclarecimentos, leia-se o *Tratamento Homeopático das Diarreias Infantis*, pelo Dr. Nilo Cairo, 2. ed., São Paulo, 1917.

Enterite – Na diarreia verde ou enterocolite, que, em certos verões, toma o caráter epidêmico, a diarreia é cheia de catarro e habitualmente verde, pouco de cada vez, acompanhada de puxos, tenesmo, febre alta e prostração; as evacuações são muito frequentes e, em certos casos, podem conter sangue (é o que se chama a enterocolite disenteriforme); o emagrecimento é rápido e extremo. Não há gases intestinais. O principal remédio desta diarreia é *Mercurius dulcis* 3ª; se falhar, dê-se *Cuprum arsenicosum* 3ª, de hora em hora. Teste recomendava que se começasse por dar *Lycopodium* 30ª; outros, por *Ferrum phosphicum* 3ª ou *Podophyllum* 3ª. *Ipeca* 3ª também pode ser útil, alternada com *Mercurius corrosivus* 5ª.

Catarro intestinal crônico – Nesta forma de diarreia crônica, as fezes são pastosas ou ralas, azedas e mais ou menos frequentes, fétidas, indigeridas; há emagrecimento, anemia, inchaço e morte por depauperamento ou marasmo. De modo geral, alterne-se *Phosphori acidum* 5ª com *Calcarea acetica* 5ª, a cada 4 horas; se falharem, dê-se *Calcarea carbonica* 3ª pela manhã e à noite e, no correr do dia, 4 doses de um dos seguintes medicamentos: se a criança não enfraquece muito, *Phosphori acidum* 5ª; se a diarreia é muito azeda, *Rheum* 3ª; se a diarreia é indigerida, *Ferrum metallicum* 5ª, *Arsenicum* 3ª, *Hepar* 5ª, *China* 3ª ou *Oleander* 5ª; se é verde e espumosa, *Magnesia carbonica* 5ª.

Enterite crônica – Nesta forma, as fezes são catarrentas e pequenas, claras e gelatinosas, pouco frequentes, alternando às vezes com prisão de ventre e a criança emagrece cada vez mais. Pode durar muito tempo. Dê-se a *Calcarea carbonica* pela manhã e à noite ao deitar, e, no correr do dia, 4 doses de *Mercurius solubilis* 5ª, *Colchicum* 5ª, *Graphites* 5ª ou, se for indigerida, *Argentum nitricum* 3ªx.

Finalmente, devemos observar que toda diarreia que ocorre no período da dentição requer *Chamomilla* 5ª ou *Kreosotum* 5ª sós ou alternados com um dos medicamentos precedentes; se falharem, *Podophyllum* 3ª. Em crianças sifilíticas, *Kreosotum* 5ª é um bom remédio. Os alopatas estão usando com sucesso nas infecções intestinais a *Sulfaguanidina* e o *Succinysulfathiazole*. Ambos precisam de controle médico no seu uso.

A *Dihidroestreptomicina* e a *Cloromicetina*, puros ou em supositórios, têm suas indicações. Devem ser indicadas por médico.

DIFICULDADES ESCOLARES DA CRIANÇA
(Dislexias)

Existem crianças que têm dificuldades que nos adultos são representadas por afasias, agnosias, apraxias etc., e que nelas parecem representar mais uma agenesia de certos setores corticais como causa, e, portanto, poderem ser tratados não somente pela reeducação especializada, como também por medicamentos homeopáticos.

Existem vários tipos de dificuldades: perturbações ligadas à identificação dos sons; perturbações ligadas à identificação das formas; perturbações ligadas à expressão etc.

1. Disgnosias auditivas:
Carbo animalis – Os sons se misturam. Não se sabe de que lado eles vêm. Melancolia.

Chamomilla – Não entende nada. Falta de atenção. Atrapalha-se falando.

Chenopodium anthelminthicum – Hemiplegia direita. Afasia. Compreende mal a voz humana, mas é sensível aos ruídos.

Arsenicum album – Não compreende o que se lhe diz; surdez; inteligência fraca; perda do conhecimento e da palavra.

Audição diminuída para a voz humana: Arsenicum, Carbo animalis, Chenopodium anthelminthicum, Fluoris acidum, Phosphurus, Silicea e Sulphur.

Sons confusos: Carbo animalis, Secale cornutum e Platinum.

2. Disgnosias visuais:
Hyosciamus – Erros de leitura.

Conium – Compreende muito pouco do que lê. Erra muito ao falar e não usa de expressões acertadas.

Alumina – Não presta atenção à leitura. Fala e escreve as palavras de modo incorreto. Estrabismo e visão amarelada.

Causticum – Inverte a ordem das sílabas e palavras; confunde as palavras.

Erros de leitura: Hyoscycimus niger, Chamomilla, Lycopus, Mercurius, Silicea e Stannum.

Letras invertidas: Causticum, China, Lycopus e Straminum.

3. Perturbações do cálculo (Síndrome de Gertsmann):
Ammonium carbonicum – Erra escrevendo e contando números.

Crotalus – Erros de cálculo; falta de memória para coisas recentes.

Sumbul – Espírito confuso de manhã e lúcido à tarde. Erros escrevendo e contando números.

Calcarea carbonica – Inaptidão para as matemáticas.

Lycopus – Erros de cálculo; inverte letras ou sílabas ao escrever e usa termos impróprios ao falar.

4. Afasias de expressão:
Agaricus – Faz esforço para falar; dá impressão de que não se compreende o que fala.

Calcarea carbonica – Criança mole, que anda tarde. Confunde as palavras e se engana facilmente falando.

Natrum muriaticum – Atraso da palavra e da marcha; precipitação, medroso e erros falando.

5. Perturbações da orientação:
Glonoinum, Nux moschata e Petroleum são os remédios da falta de orientação no espaço. Perde-se nas ruas que conhece bem.

DIFTERIA
(Crupe pseudomembranoso, Angina diftérica ou Garrotilho)

É uma moléstia aguda contagiosa, provocada pelo *corynumbacterium diphteriae*, que se caracteriza pelo desenvolvimento de pseudomembranas na garganta, acompanhada de sintomas gerais mais ou menos graves – pouca febre, hálito fétido, dor de garganta, inchaço de gânglios do pescoço, prostração tífica e uma membrana muito aderente, cinzenta ou cinzento-amarelada, que nasce ordinariamente sobre uma das amígdalas inflamadas e vai se estendendo à úvula, à outra amígdala e, por fim, a toda a faringe. Se essa membrana se estende para baixo, à laringe, dá lugar a grandes acessos de sufocação (*difteria crupal*), e para cima do nariz dá lugar a um corrimento sanioso logo pela laringe (é o *crupe membranoso*), com tosse rouca apagada, e daí as membranas podem subir para a faringe. Pode haver rejeição dos alimentos e bebidas pelo nariz, devida à paralisação do véu do paladar, e albumina nas urinas; dura de 2 a 3 semanas. Há ainda uma *difteria nasal* (*rinite pseudomembranosa*), em que as membranas se localizam no nariz, há epistaxes e os sintomas gerais são benignos (mas podendo tomar uma feição grave, estendendo-se à garganta e à laringe), e uma *pseudodifteria* que ocorre no curso da escarlatina e torna os casos desta moléstia muito sérios, produzindo ulcerações da garganta, inflamações do pescoço e estado tífico grave. Enfim, há uma *difteria séptica* ou *maligna* em que a garganta toma um aspecto lívido ou hemorrágico, o hálito se torna fétido, corrimento acre sai do nariz, o pescoço se inflama, o pulso é fraco, as extremidades frias e a prostração profunda, terminando na morte. Na convalescença ficam várias sequelas da moléstia, especialmente fraqueza cardíaca, com lábios azuis e palpitações, rouquidão, deglutição difícil e paralisias incompletas dos olhos e dos membros.

Em simples angina diftérica, quando só a garganta é atacada, dê-se *Belladona* 3ª alternada com *Mercurius iodatus ruber* 3ªx; nos outros casos, de modo geral, alterne-se *Mercurius cyanatus* 6ª à 30ª com *Tarantula cabensis* 5ª ou 12ª. Dizem, entretanto, alguns médicos, que *Diphierinum* 200ª dado logo no começo, seja da difteria, seja da pseudodifteria da escarlatina, em qualquer caso, cortará rapidamente os progressos do mal. Todavia, outros remédios podem ser empregados, em alternação com *Mercurius cyanatas* ou com *Tarantula* e são: *Apis* 3ªx, *Kali bichromicum* 3ªx ou *Spongia* 1ª, quando as membranas se estendem à laringe (*difteria crapal*) ou nela começam (*crupe membranoso*), com tosse rouca e acessos de sufocação; *Kali bichromicum* 3ªx ou *Hepar* 3ªx, quando invadem o nariz, sendo que *Kalichloricum* 1ª previne a invasão do nariz pelo processo diftérico; *Cantharis* 3ª se há albumina na urina. Na *rinite pseudomembranosa*, pode-se alternar *Mercurius cyanatus* 5ª com *Kali bichromicum* 3ª; a alternação de *Kali bichromicum* com *Hepar* 3ªx, *Nitri acidum* 3ª ou *Arum tryphyllum* 3ª e alternação de *Kali bichromicum* com *Hepar* também dá bons resultados.

Na *pseudodifteria* da escarlatina, *Belladona* 3ª e *Mercurius iodatum ruber* 3ªx, alternados, são os remédios; *Phytolacca* 3ªx também pode ser útil.

Na *difteria séptica* ou *maligna*, alterne-se *Mercurius cyanatus* 3ª ou *Tarantula cubensis* 6ª com *Lachesis* 5ª (se a garganta é pálida ou lívida e há muita prostração); *Carbolicum acidum* 3ª ou *Ecchinacea* T.M. (se a garganta é muito inchada e enegrecida); *Rhus toxicodendron* (se o pescoço se inflama).

As doses devem ser dadas a cada meia a uma hora, conforme a gravidade do mal.

Chavanon aconselha o *Diphterotoxinum* P. C., 8.000ª, como preventivo, e até aconselha a vacinação em massa por esse produto.

Soro antidiftérico injetável de 10.000 unidades a 150.000 conforme a gravidade do caso.

Contra as sequelas da convalescença, *Gelsemium* 5ª ou 30ª é o principal remédio; entretanto, *Causticum* 12ª ou *Arsenicum iodatum* podem curar também a rouquidão e *Phosphorus* 30ª a fraqueza cardíaca com palpitações. As doses devem ser repetidas a cada 4 horas.

DIPLOPIA

A paralisia dos músculos oculares produz o que se chama a diplopia, isto é, a dupla imagem de um mesmo objeto, com estrabismo, vertigens e confusão da visão. Pode ser devida a traumatismo, a nevrites ou à sífilis.

Nos casos traumáticos, *Arnica* 3ªx é o remédio; devida a um resfriamento seco, *Aconitum* 1ª; ao reumatismo, *Causticum* 1ª ou *Rhus toxicodendron* 3ª (se devida à umidade); *Gelsemium* 30ª nos casos pós-diftéricos, sobretudo se a paralisia é do músculo reto externo, à qual convém também *Cuprum aceticum* 3ª; *Senega* 3ªx, quando o músculo paralisado é o reto superior, e *Argentum nitricum* 5ª ou *Natrum muriaticum* 30ª, quando é o reto interno; *Nux vomica* 12ª, quando há perturbações gástricas ou abuso de fumo ou de estimulantes; *Phosphorus* 30ª nos casos devidos a excessos sexuais e *Spigelia* 1ª se houver dores no olho e na cabeça. *Conium* 12ª também pode ser útil nesta moléstia. Uma dose a cada 6 horas. Em caso de sífilis, o remédio é *Kali iodatum* 1ªx ou *Aurum muriaticum* 3ª.

DISENTERIA[171]
(Cãibras de sangue)

Existem duas qualidades de disenteria. A bacilar, provocada pela *Shigella dysenteriae* e *paradysenteriae*, e a amebiana, provocada pela *Entameba hystolitica*.

Para a primeira, na alopatia, usa-se *Sulfaguanidina*, *Succinysulfathiazol*, *Phtalysulfathiazol* e *Cloromicetina*.

Contra a amebiana, *Emetina* e *Diodoquin*. Na homeopatia, a medicação abrange os dois tipos, variando a prescrição de acordo com os casos individuais.

É uma moléstia aguda, caracterizada pela emissão frequente de pequenas dejeções catarro-sanguinolentas acompanhadas de cólicas, puxos, tenesmo e emagrecimento, que podem levar à morte. A febre é pouca, mas, a cada passo, o doente cospe um pouco de catarro, misturado com sangue, fazendo muito esforço e com muitas cólicas; às vezes, sai só sangue; e, em casos graves (*disenteria gangrenosa*), saem retalhos apodrecidos da mucosa do intestino com cheiro muito fétido. A prostração é mais ou menos acentuada e pode aos poucos levar à morte. A disenteria crônica se caracteriza por evacuações pastosas espedaçadas com crises disentéricas.

O principal medicamento é *Mercurius corrosivus* 3ª só ou alterne-se o *Mercurius corrosivus* com *Colocynthis* 3ª se houver muito ardor ao urinar; com *Apis* 3ª, *Phosphorus* 3ª ou *Secale* 3ª se o ânus ficar aberto. Às vezes, *Secale* 3ª ou *Podophyllum* 5ª e *China* 3ª alternados dão bom resultado na disenteria, quando *Mercurius corrosivus* falha, e bem assim nas crianças, *Ipeca* 1ª e *Petroleum* 3ª alternados. Em casos graves gangrenosos, *Arsenicum* 5ª alternado com *Carbo vegetabilis* 3ªx. *Oenanthera biennis* 3ª é também remédio da disenteria aguda; bem assim *Ipeca* 2ª, *Hamamelis* 1ªx ou *Trillium pendulum* 1ª. Disenteria crônica, *Sulphur* 30ª, *Hepar* 5ª e *China* 5ª. Nos casos agudos, deem-se os remédios de meia em meia hora; nos crônicos, de 4 em 4 horas.

---

171. Para maiores esclarecimentos, leia-se o *Tratamento Homeopático das Diarreias Infantis*, pelo Dr. Nilo Cairo, 2. ed., São Paulo, 1917.

DISMENORREIA[172]
(Menstruações dolorosas)

É o período menstrual acompanhado de dores uterinas ou ovarianas, com dores de cabeça, peso no baixo ventre, náuseas, vômitos, às vezes um pouco de febre, irritação da bexiga, vontade frequente de evacuar etc.

Há duas formas gerais desta moléstia: uma em que as dores ocorrem principalmente, se não somente, antes do aparecimento da menstruação, aliviando ou cessando, quando esta aparece (dismenorreia obstrutiva); outra, em que as dores só aparecem com o fluxo menstrual e se prolongam por um ou dois dias, assestando-se ora nos ovários, ora no próprio útero (*dismenorreia nevrálgica*). Na dismenorreia obstrutiva há quase sempre fluxos escassos; na nevrálgica, fluxos abundantes.

No *primeiro* caso, pode ser devida a uma congestão dos órgãos da bacia ou a um espasmo do colo do útero.

Modernamente, divide-se, para estudar, a dismenorreia em dois tipos: a *primária* ou essencial, sem causa orgânica evidente, e a *secundária*, como sintoma de patologia pélvica.

A dismenorreia deve ser distinta da tensão pré-menstrual, na qual existem também náuseas, vômitos, nervosismo, lassidão, mas não dores.

A secundária pode ser devida a hipoplasia ou má posição uterina, doença pélvica de caráter inflamatório, tumores pélvicos (particularmente fibroides na submucosa uterina), endometriose, obstrução ao escoamento menstrual, doenças sistêmicas (anemia, tuberculose e sífilis), masturbação e congestão nasal.

Os fatores psíquicos e emocionais agravam a dismenorreia.

Se devida a congestão, há peso no baixo ventre, distensão do ventre, um pouco de febre, vermelhidão da face e dores no útero. Neste caso, alterne-se *Aconitum* 5ª (se a doente é sanguínea e o corrimento vermelho vivo) ou *Pulsatilla* 5ª (se é linfática e o fluxo escuro) com *Belladona* 5ª a cada meia hora, durante o acesso; e, nos intervalos das épocas, *Sabina* 5ª ou *Sepia* 12ª, a cada 6 horas. Se houver prisão de ventre ou hemorroidas, *Collinsonia* 2ª, tanto no ataque como nos intervalos.

Se espasmódica, dê-se *Gelsemium* 1ªx, *Secale* 5ª ou *Caulophyllum* 1ªx em água quente, a cada 10 minutos, durante o ataque; e, nos intervalos, *Actae racemosa* 5ª, *Caulophyllum* 3ªx, *Pulsatilla* 5ª ou *Cocculus* 1ª ou 5ª, a cada 6 horas.

---

172. Aos estudiosos, a aula proferida no curso de 1952, no Centro Homeopático da França, pela Dra. Léa de Mattos, é de grande proveito. Também aconselhamos o seguinte livro, da mesma médica, nossa patrícia radicada em Paris: *Gynecologie Homeopathique pratique*, publicado em 1964.

Outra forma deste primeiro caso é ainda a dismenorreia chamada *membranosa*, com expulsão de retalhos da mucosa; o melhor remédio, tanto para acesso como nos intervalos, é *Borax* 3ª. Se falhar, *Ustilago maydis* 1ª, *Viburnum* 1ª e *Guaiacum* 3ª.

Enfim, há uma dismenorreia obstrutiva, muito comum, por flexões do útero, sobretudo *anteflexão*; durante o acesso, o melhor remédio é *Chamomilla* 5ª ou 12ª e, nos intervalos das épocas menstruais, *Sepia* 30ª ou *Ferrum iodatum* 1ª trit., 3 doses por dia. A doente deve, neste caso, durante o ataque, permanecer imóvel, no leito, de ventre para cima.

No *segundo* caso, a dor só aparecendo com o corrimento, tem-se o que se chama a dismenorreia nevrálgica; aqui, as dores, que se prolongam por um ou dois dias, assestam-se ora nos ovários, ora no próprio útero. Assestando-se nos ovários, o melhor remédio é *Hamamelis* 5ª ou *Apis* 3ª e *Collinsonia* 1ª, se esses falharem, tanto nos ataques, como nos intervalos; nos ataques, pode-se também usar *Belladona* 3ª. Se as dores se assestarem no próprio útero, *Chamomilla* 5ª e *Coffea* 12ª alternados, ou então *Xanthoxyllum* T.M. ou 1ªx, *Viburnum* 1ª ou T.M. *Cocculus* 1ª ou ainda *Senecio aurens* 5ª, tanto na época, como nos intervalos.

Devemos, enfim, ajuntar que *Magnesia phosphorica* 5ª e *Actae racemosa* 3ª são dois bons remédios da dismenorreia espasmódica ou nevrálgica e que *Xanthoxyllum* convém também à dismenorreia com dores nos ovários. A alternância de *Chamomilla* 3ªx, *Belladona* e *Magnesia phosphorica* 3ªx dá resultados.

DISPEPSIA
(Má digestão)

É uma moléstia do estômago, caracterizada pela dificuldade e lentidão da digestão. A digestão dura muitas horas; há peso no estômago, repleção precoce, necessidade de desabotoar logo depois de comer, desenvolvimento de gases, calores para o rosto, palpitações, prisão de ventre, língua saburrosa, arrotos, flatulência gástrica e intestinal, sonolência e preguiça depois das refeições.

Os principais medicamentos da dispepsia são: *Nux vomica* 12ª ou 5ª uma hora antes e *Graphites* 12ª ou 5ª uma hora depois das duas principais refeições; havendo muitos arrotos, especialmente nos idosos, *Nux vomica* 3ªx e *Carbo vegetabilis* 30ª tomados do mesmo modo; com muita flatulência intestinal, sensação de repleção precoce, mal come alguns bocados, e sonolência depois de comer, *Nux vomica* 3ªx e *Lycopodium* 30ª, idem. Uma mistura de *Nux vomica* 5ª, *Sulphur* 5ª e *China* 5ª pode ser útil na dispepsia flatulenta. O mesmo se pode dizer de *Calcarea carbonica* 30ª e *China* 5ª' (se não há prisão de ventre) ou *Lycopodium* 30ª (se há prisão de ventre), dados em série um dia cada uma, três doses por dia. Dispepsia flatulenta com intermitência dos batimentos do coração, *Sparteina sulphurica* 3ªx; *Nux vomica* 5ª ou 30ª, pode também ser útil na dispepsia flatulenta. Atônica, com dilatação do estômago, *Hydrastinum muriaticum* 3ªx ou *Ptelea* 3ªx. Com vômitos matinais, *Nux vomica* 3ª ou *Capsicum* 3ª, sobretudo nos alcoolistas; nos consumidores de cerveja, *Kali bichromicum* 3ª; sensação de pedra no estômago e gosto amargo na boca, *Bryonia* 5ª; regurgitações e ruminação, *Phosphorus* 5ª; constante mau gosto na boca, devido a alimentos gordurosos, *Pulsatilla* 5ª; bebe muito e come pouco, *Sulphur* 5ª; dispepsia uterina, *Sepia* 5ª ou 30ª; neurastênica, *Nux vomica*, 30ª uma hora antes das refeições, *Sulphur* 30ª, pela manhã em jejum, alternado com *Kali phosphoricum* 3ª e *Pulsatilla* 5ª ou ainda *Ferrum picricum* 3ª ou *Cocculus* 5ª; clorótica, *Ignatia* 3ª ou *Pulsatilla* 5ª; histérica, *Ignatia* 5ª; sifilítica, *Hepar* 5ª. Língua branca de leite e flatulência de estômago, *Antimonium crudum* 5ª. Língua limpa e dispepsia, *Ipeca* 3ª. O mais ligeiro desvio do regime causa perturbação na digestão, *Natrum carbonicum* 5ª. Nos idosos, com palpitações do coração, *Abies nigra* 3ª. Nos fumantes, *Sepia* 30ª. Uma dose a cada 4 ou 6 horas.

DORES

Veja dores:
– da barriga: *Apendicite, Cólicas, Cólicas intestinais, Dismenorreia, Ovaralgia, Ovarite, Peritonite* e *Volvo*.
– do braço: *Angina de peito* e *Nevralgias*.
– de cabeça: *Cefalalgia*.
– nas cadeiras: *Lumbago*.
– nas coxas: *Nevralgias* e *Ciática*.
– de dentes: *Odontalgia*.
– do estômago: *Gastralgia*.
– da garganta: *Amigdalite, Difteria, Faringite* e *Sífilis*.
– de ouvido: *Otalgia*.
– do ovário: *Ovaralgia*.
– de peito: *Angina de peito, Pleurodinia, Pleuris, Pneumonia* e *Tísica pulmonar*.
– de útero: *Cancro do útero (Câncer), Dismenorreia, Endometrite, Fibromas, Metrite* e *Ulceração uterina*.

DORES NAS COSTAS

São dores que ocorrem nos músculos das costas, desde a nuca até aos lombos, em consequência de fadiga, resfriamento, umidade, irritações espinhais, neurastenia, hemorroidas, reumatismo, moléstias uterinas, tuberculose, raquitismo etc.

Se devidas à fadiga, *Arnica* 5ª ou *Berberis* 1ª; umidade, *Dulcamara* 3ª ou *Rhus toxicodendron* 5ª; irritação espinhal, *Nux vomica* 5ª, *Calcarea fosforica* 30ª e *Hypericum* 1ª; reumatismo, *Rhus toxicodendron* 5ª; neurastenia, *Oxalicum acidum* 3ª; hemorroidas, *Aesculus* 1ª; moléstias uterinas, *Pulsatilla* 3ª ou *Sepia* 12ª. Depois de operações cirúrgicas, *Berberis* 5ª. Um bom remédio das simples dores nas costas é *Pulsatilla* 3ª. De 2 em 2 horas.

ECLAMPSIA
(Convulsões)

O nome de eclampsia serve para designar apenas duas espécies de convulsões – as *convulsões infantis* e as *convulsões puerperais*. As primeiras, ordinariamente acompanhadas de febre, são em geral devidas à dentição difícil ou a vermes;[173] as segundas são em regra sintomáticas da albuminúria gravídica.

Antes de definirmos *eclampsia*, devemos saber o que é *pré-eclampsia*. Esta é um distúrbio tóxico grave, que aparece na gravidez e é caracterizado pela hipertensão, albuminúria, ganho de peso excessivo, edema e geralmente é considerado precursor do estado de eclampsia.

A eclampsia é o mesmo conjunto da *pré-eclampsia* ao qual se associaram as convulsões e o coma que podem progredir até a morte.

As convulsões são tônicas ou mais habitualmente clônicas; os acessos podem durar de alguns minutos a uma hora e podem se repetir com mais ou menos frequência, seguidos de sopor e prostração e podendo deixar depois de si paralisias das pernas ou de um dos lados (hemiplegia). Nas senhoras grávidas, os inchaços pronunciados das pernas e do rosto, as dores de cabeça, as vertigens e a presença da albumina na urina, durante os dois últimos meses da gravidez, fazem prever as convulsões no momento do parto.

Nas crianças, durante a dentição, *Belladona* 3ª e *Cicuta* 3ª ou *Cuprum* 5ª alternados; *Kreosotum* 12ª e *Artemisia vulgaris* 3ª também convêm. Devidas a lombrigas ou qualquer outra irritação intestinal, *Cinna* 5ª ou *Stannum* 3ª; devidas a medo ou castigo, *Ignatia* 5ª; devidas a susto, *Hyosciamus* 3ª. Sem causa aparente, *Helleborus* 3ª. Quaisquer convulsões muito violentas, *Cicuta* 3ª ou *Passiflora incarnata* T.M.

Se as convulsões puerperais forem devidas simplesmente à excitabilidade nervosa ou à ir-

---
173. O índice convulsivo depende muito da resistência individual. Há crianças que têm convulsões a temperatura de 38° C e outras somente com 40° C ou mais. A questão de dizer que a dentição ou verminose são causas de convulsões é assunto que os alopatas não aceitam.

ritação reflexa, *Ignatia* 12ª ou *Hyosciamus* 5ª, a cada hora, podem preveni-las, e *Belladona* 3ª combaterá o acesso.

Para prevenir as convulsões puerperais, devidas à albuminúria, *Mercurius corrosivus* 3ª, ou *Apis* 3ªx de 3 em 3 horas; a dar, desde que apareçam a albumina na urina e os inchaços. Uma vez manifestadas as convulsões na ocasião do parto, dê-se *Cuprum arsenicosum* 3ª ou *Belladona* 3ª e *Hydrocyanicum acidum* 6ª alternados; *Glonoinum* 5ª é também um bom remédio. "Uma pequena dose de *Phosphurus* 5ª agirá muito melhor na eclampsia puerperal do que uma forte dose de morfina" (W. Dewey). *Passiflora incarnata* T.M. também pode ser útil e bem assim *Apocynum* T. M, e *Veratrum viride* T.M.

Esses remédios devem ser todos dados de 10 em 10 minutos, de 15 em 15 minutos ou de meia em meia hora, conforme a violência do caso, durante o ataque.

Contra as paralisias que podem surgir depois das convulsões, *Gelsemium* 5ª ou 30ª é o remédio, de 3 em 3 horas. Além da medicação, dieta, repouso e sossego de espírito.

ECTIMA
(Impetigo ulceroso)

É uma inflamação da pele, aguda ou crônica, durando de 20 dias a alguns meses, que começa por uma pequena zona circular da pele, vermelha e inflamada, em cujo centro se desenvolve uma pústula larga, discreta e chata, colocada sobre uma base endurecida, cercada por uma auréola intensamente congestionada da pele, e secando em uma crosta volumosa, escura, firmemente aderente, abaixo da qual se encontra uma área menor de erosão ou ulceração. Pode ser única ou múltipla. Dá sobretudo nas pernas. Nos idosos, pode ser acompanhada de caquexia.

Os primeiros medicamentos são: *Antimonium tartaricum* 5ª e *Hepar sulphuris* 5ª alternados. Se falharem, *Silicea* 30ª de 4 em 4 horas. *Mezereum* 30ª também pode ser útil. Nos idosos, com caquexia, *Lachesis* 5ª ou *Arsenicum album* 5ª, que podem ser alternados. Externamente, *Mercurius iodatus flavus* 3ª (Veja *Matéria Médica*) ou *pós contra assaduras*.

Externamente, *Calendula* tintura-mãe.

ECTROPION

É uma moléstia dos olhos, caracterizada pelo reviramento da pálpebra para fora devido à inflamação crônica da pálpebra ou da conjuntiva ou às cicatrizes de feridas e abscessos desses órgãos. Quando é na pálpebra inferior, as lágrimas correm abundantemente pela face. A conjuntiva é sempre vermelha e inflamada.

Os dois principais medicamentos são: *Apis* 3ª ou *Borax* 3ª, de 3 em 3 horas.

ECZEMA[174]

É uma moléstia inflamatória da pele, aguda ou crônica e não contagiosa, caracterizada em seu começo por uma erupção do eritema, pápulas, vesículas ou pústulas, muitas vezes associadas e acompanhadas por certa infiltração, ardor e coceira, terminando pela exsudação de um líquido seroso ou puriforme, viscoso e pela formação de ragádias, crostas ou escamas.

Nessa erupção, pode predominar qualquer uma das formas de inflamação cutânea e se observa assim o *eczema eritematoso* (também chamado *assadura* ou *intertrigo*), o *eczema populoso*, o *eczema vesiculoso*, o *eczema pustuloso*, o *eczema de fendas*, o *eczema nodoso* ou *exfoliativo*.

O eczema pode ser agudo ou crônico, este último se estendendo às vezes por anos inteiros; pode dar em uma só parte do corpo ou se generalizar.

O principal remédio do eczema recente e simples é *Rhus toxicodendron* 5ª só ou alternado com *Croton* 3ª, de 2 em 2 horas, se houver muita coceira; nas crianças, pode-se alternar com vantagem *Rhus toxicodendron* 1ª e *Ledum* 15ª. Vesiculoso, nos artríticos, *Chininum sulphuricum* 1ªx ou *China* T.M. Pustuloso, nos escrofulosos, *Dulcamara* 3ª ou *Viola tricolor* 3ªx. Para o eczema crônico, há vários remédios: seco, farináceo, ardente, pruriginoso, *Arsenicum* 30ª; úmido, com rachaduras, pegajoso, *Graphites* 30ª. Eczema

---

[174]. Dermatite eczematosa, considerada modernamente uma dermatose alérgica. O ponto de vista homeopático puro difere essencialmente do conceito aceito pela escola oficial. O conceito hahnemanniano do eczema é o conceito hipocrático, que via nessa doença um esforço do organismo em eliminar para a superfície do corpo toxinas nascidas nas suas entranhas. É considerada uma doença de eliminação, e como tal deve ser tratada, de dentro para fora, a fim de evitar o aparecimento de doenças metastáticas também de caráter alérgico. Não é tão comum se ver nas crianças tratadas intempestivamente por pomadas a transformação de uma dermatite atópica ou diátese exsudativa dos antigos em asma? O agravamento de uma hipertensão de grau moderado após um tratamento abusivo com pomadas de um eczema antigo?

O excelente livro de Harrison, professor americano de Clínica Médica, já aceita o conceito de doenças metastáticas de fundo alérgico.

Cuidado, pois, no seu tratamento. Sempre essas doenças devem ser tratadas internamente, de dentro para fora. Aos estudiosos, aconselhamos os seguintes artigos publicados nos *Annales Homéopathiques Françaises*, em maio de 1964: "Signification des Métastases morbides", do Dr. H. Bernard; "Les métastases d'origine psorique", do Dr. J. Chabard; e "Dynamique immuno-biologique des alternances morbides", do Dr. Max Tétan.

rubrum, Mercurius corrosivus 3ª; com bolhinhas, *Rhus toxicodendron* 5ª; papuloso ou escamoso, e quanto mais coça mais arde, *Sulphur* 30ª; com muita coceira, *Croton* 3ª ou 5ª; da cabeça, *Hepar* 5ª ou *Kali muriaticum* 5ª; da face, *Croton* 3ª ou *Carbolicum acidum* 3ª; da barba, *Cicuta* 5ª; do bordo palpebral, *Graphites* 30ª, *Calcarea carbonica* 30ª ou *Belladona* 30ª; eczema generalizado das pálpebras, *Carbolicum acidum* 12ª; da orelha, pegajoso, *Graphites* 30ª ou *Petroleum* 5ª; da palma das mãos, *Hepar* 5ª, do dorso das mãos, *Bovista* 3ª ou 30ª; dos escrotos, *Croton* 3ª; eczema do conduto auditivo externo, *Graphites* 5ª, *Mezereum* 3ª, *Petroleum* 3ª ou *Psorinum* 30ª. Experimente-se *Comocladia dentada* 3ªx e *Lappa major* 1ªx; nos casos rebeldes, *Plica polonica*, 3ª e *Vinca minor* 3ª. Para fazer desaparecer as manchas deixadas na pele pelos eczemas, *Berberis vulgaris* 3ª. Intertrigo infantil ou assadura das crianças, veja *Intertrigo*. Intertrigo das mulheres debaixo dos seios, *Graphites* 3ª; dos homens entre o escroto e a coxa, *Hepar* 5ª. *Histaminum* 5ª, de 6 em 6 horas.

Nos casos crônicos, uma dose a cada 6 horas.

Um grande remédio externo dos eczemas é *Lappa major.*

EDEMA
(Inchaço)

Veja *Hidropisia.*

EDEMA ESSENCIAL[175]
(Edema angioneurótico)

É um inchaço isolado, até do tamanho de uma laranja, que ocorre isoladamente, por alteração local do sistema nervoso, sobretudo na face e nos órgãos genitais, sem ser acompanhada de moléstia alguma orgânica; assemelha-se às vezes a uma urticária.

Os principais remédios desta afecção são: *Agaricus* 3ªx, *Antipyrina* 3ªx, *Apis* 3ª e *Urtica urens* 3ªx, de 2 em 2 horas.

Na alopatia, os *anti-histamínicos de síntese*, Acth, Cortisona e seus derivados, sempre sob controle médico.

EDEMA DA GLOTE

O edema da glote é uma síndrome que ocorre no curso de outras moléstias, como a tísica da laringe, a sífilis laríngea, o abscesso da garganta, certas anginas e sobretudo a nefrite ou Mal de Bright; caracteriza-se pela infiltração edematosa do orifício da laringe, sobretudo ao inspirar, fácil expiração, dores e um pouco de inchaço externo da epiglote; há acessos de sufocação cada vez piores e, por fim, morte por asfixia ou colapso. Pode ser também alérgico.

O principal medicamento deste acidente é *Apis* 3ª ou *Apium virus* 5ª, que devem ser dados de meia em meia hora; se falhar, dê-se *Sanguinaria* 3ª, *Mercurius corrosivus* 3ª, *Chlorum* 5ª ou *Iodum* 3ªx.

EDEMA PULMONAR

É a transudação de soro sanguinolento no tecido e nos alvéolos dos pulmões, ocorrendo ordinariamente no curso de moléstias do coração, do pulmão e dos rins; pode ocorrer também independentemente de outra moléstia. Caracteriza-se por grande falta de ar, respiração acelerada e esforçada, estertorosa, tosse incessante e dolorida, com expectoração abundante de um líquido espumoso e sanguinolento, sem febre, face e lábios azulados, muitos roncos no peito. Se não for atalhada, a asfixia, cada vez maior, matará o doente.

Se o edema pulmonar surge no curso de uma moléstia do pulmão (pneumonia ou tísica), *Phosphorus* 3ª é o remédio; se falhar, *Tartarus emeticus* 3ª ou então *Atropina* 3ª. Edema pulmonar de moléstias dos rins ou ocorrendo em caso de hidropisia geral, *Apis* 3ªx. Nas moléstias do coração, *Digitalis* T.M., 10 gotas por dia, ou *Ammonium carbonicum* 3ªx. Devido à *influenza*, *Arsenicum* 3ª. Um bom remédio do edema pulmonar é *Adrenalina* 4ªx (a adrenalina comercial equivale à 3ªx, pois é uma solução a 1:1.000), 10 gotas em injeção hipodérmica, repetida 4 horas depois se não houver melhoras.

Quando não se souber a origem do mal, alterne-se *Apis* 3ªx e *Tartarus emeticus* 3ª.

Todos os medicamentos devem ser dados de 15 em 15 minutos ou de meia em meia hora. Alopaticamente, morfina e, nos casos superagudos, de morte iminente, uma sangria de 400 a 500 g é a salvação, e injeção de *Ouabaina endovenosa*, logo a seguir. Repouso e oxigênio.

Os homeopatas franceses aconselham *Yperite* 5ª, 2 gotas, de 3 em 3 horas.

EDEMA DOS RECÉM-NASCIDOS

Em crianças fracas e delicadas, pode ocorrer, nos primeiros dias de vida, um inchaço geral, começando pelas pálpebras e pelo dorso das mãos e dos pés, a qual resulta de fraqueza do coração.

---

175. Alteração de natureza alérgica. Aos estudiosos de Homeopatia, aconselhamos a leitura da excelente aula proferida no "Curso do Centro Homeopático de França", em 31 de janeiro de 1964, pelo Dr. Godechot sobre "Dermatoses alérgicas".

Kali carbonicum 5ª é o principal remédio; se falhar, Apis 3ªx, de 2 em 2 horas.

EFÉLIDES

Manchas pardo-amareladas que aparecem sobre a pele da face, pescoço, mãos e antebraços, nas pessoas linfáticas ou escrofulosas, sob a ação do sol. Seus principais medicamentos são: Veratrum album 5ª, Robinia 5ª e Kali carbonicum 5ª. A cada 12 horas.

ELEFANTÍASE

É uma moléstia crônica própria dos países quentes, provocada pela Filaria, caracterizada por crises febris (de intervalos mais ou menos longos), que duram 7 ou 8 dias, precedidas de calafrios e seguidas de suores abundantes, com dor de cabeça, prostração e náuseas ou vômitos, e que são acompanhadas de linfatite superficial de certa parte do corpo (pernas, escrotos, vulva, seios etc.), com ingurgitamento ganglionar, produzindo o espessamento da pele. Com a repetição dessas crises, a pele acaba por se hipertrofiar de tal modo que, quando se assenta nas pernas, que é o caso mais comum, vão estas aos poucos tomando a aparência das pernas de elefante; os escrotos podem descer até os joelhos e os seios até à virilha. Seu fim é ordinariamente a morte em uma dessas crises febris, que assumem caráter gravíssimo.

A crise febril deve ser tratada como uma linfatite ou uma erisipela (veja essas duas moléstias). Uma vez estabelecida a hipertrofia da pele, e nos intervalos das crises febris, o principal medicamento a empregar é Hydrocotyle asiatica 1ª. Se falhar, experimente-se: Myristica sebifera 1ª ou 3ªx; Calotropis gigantea 1ª ou 3ª; Graphites 30ª; Calcarea sulphurica 5ª; Silicea 30ª, Lycopodium 30ª; Carduus marianus 30ª; Hamamelis 1ª e Phosphurus 30ª. Todos de 6 em 6 horas.

EMBARAÇO GÁSTRICO

Veja Dispepsia, Febre gástrica e Indigestão.

EMBOLIA[176]

É uma das causas da apoplexia cerebral. Pode ocorrer em qualquer idade, e é responsável por 3% dos acidentes cérebro-vasculares.

---

176. Vide trabalho do conhecido neurologista paulista Dr. Roberto Medaragno Filho, lido na seção de Neurologia da APM, em 1953.

Nos jovens, a causa mais frequente da embolia é a endocardite bacteriana subaguda. Nos de meia idade e idosos, são trombos murais de coração, encontrados na fibrilação auricular, enfarte do miocárdio ou coração dilatado dos arterioscleróticos.

Os êmbolos gordurosos podem ocorrer às vezes em fraturas ou partículas gordurosas introduzidas acidentalmente nos vasos, por injeção.

EMBRIAGUEZ

Veja Alcoolismo.

EMPANTURRAÇÃO

Veja Flatulência.

ENCEFALITE LETÁRGICA
(Encefalite de von Economo)

É uma moléstia febril epidêmica, que começa com febre alta, dor de cabeça e dores pelo corpo, a que se seguem paralisias dos músculos dos olhos, acompanhadas ou seguidas de sono invencível, depois coma e morte. Supõe-se ser causada por um vírus.

O primeiro remédio a empregar no começo é Gelsemium 1ª; ocorrendo a letargia, alterne-se Gelsemium 1ª e Nux moschata 3ª; se o doente estiver no coma, Opium 30ª, a cada hora. Opium 200ª, 10 gotas 1 vez por semana.

ENDOCARDITE AGUDA

É uma moléstia do coração, caracterizada pela inflamação da membrana que forra por dentro o coração, produzindo febre, falta de ar, palpitações, angústias e opressão na região do coração. Ocorre quase sempre no curso de outras moléstias, como o reumatismo articular febril (causa mais frequente), a varíola, a escarlatina, a difteria, a pneumonia, a febre tifoide, a amigdalite aguda, em geral em todas as moléstias infecciosas. Perturbações acentuadas do lado do coração no curso de uma dessas moléstias indicam que ocorreu uma endocardite. O pulso se torna fraco e irregular, a febre surge ou aumenta (se já existe), os sintomas do coração aparecem. O doente pode morrer em síncope. Este é o caso comum ou benigno. Há, porém, outros casos que são malignos – é a endocardite grave, que, além de apresentar os sintomas precedentes, mais acentuados, é acompanhada de grande prostração, febre elevada intermitente, língua escura, pulso fraco, albuminúria, abscessos múltiplos e até hemorragias generalizadas, dispneia extrema.

Na endocardite comum benigna, os dois principais medicamentos são *Aconitum* 1ª ou *Veratrum viride* 1ª alternados com *Spigelia* 1ª, *Bryonia* 1ª, *Cactus* 1ª, *Colchicum* 3ªx ou *Naja* 5ª, de meia em meia hora ou de hora em hora; *Kalmia* 1ª também pode ser útil. Na endocardite grave, *Lachesis* 5ª e *Arsenicum* 5ª devem ser alternados; *Naja* 5ª também é um bom remédio desta forma de endocardite. Havendo hemorragias, *Crotalus horridus* 5ª está indicado; se houver abscessos múltiplos, alterne-se *Lachesis* 5ª, com *Pyrogenium* 30ª. De meia em meia hora ou de hora em hora. Transfusões repetidas e o *antibiótico* de escolha de acordo com o germe causador da infecção, sob controle médico.

ENDOCARDITE CRÔNICA
(Moléstia valvular do coração)

Quase sempre devida ao reumatismo, à arteriosclerose e à sífilis, a endocardite crônica se caracteriza por lesões valvulares do coração, dando lugar a falta de ar, palpitações, opressão do peito, bronquite crônica ou asma cardíaca, pulso irregular ou fraco, escarros de sangue, congestão do fígado, diminuição de urinas com albumina, perturbações digestivas, dores de cabeça, vertigens e, finalmente, inchaços, hidropisia geral e morte. Pode durar vários anos.

Para prevenir as más consequências de uma endocardite aguda reumática, dar, na convalescença do reumatismo, *Naja* 30ª, *Aconitum* 5ª ou *Spongia* 30ª, de 4 em 4 horas. Uma vez estabelecidas as lesões valvulares, dê-se *Arsenicum iodatum* 3ª, *Aurum muriaticum* 3ªx, *Lachesis* 30ª, *Veratrum viride* 1ª, *Spongia* 3ªx ou *Plumbum* 30ª, duas ou três doses por dia. Contra o eretismo cardíaco com fortes palpitações e falta de ar, *Cactus* 1ª ou *Digitalis* 1ªx, a cada hora. Havendo dores na região do coração, *Spigelia* 1ª ou 3ª. Contra a asma cardíaca, *Glonoinum* 5ª, *Lycopus* 1ª e *Naja* 5ª. Tosse seca e crônica dos cardíacos, *Arnica* 5ª, *Spongia* 3ª e *Laurocerasus* 3ª, *Digitalis* T.M. e *Arsenicum* 5ª (Veja *Anasarca*). *Apocynum cannabium* (10 gotas de T.M. por dia) e *Crataegus oxyacantha* (5 gotas de T.M., de 3 em 3 horas) são também bons remédios da hidropisia cardíaca; pode-se tentar igualmente, nesses casos, o *Arsenicum iodatum* 3ªx trit., 0,15 g depois das refeições. Pequenos inchaços hidrópicos das pernas, dos pés, tornozelos ou outros, *Arsenicum album* 5ª, *Bryonia* 3ª, *Kali carbonicum* 5ª ou *Lycopodium* 30ª, uma dose a cada 4 horas.

Escarros de sangue, veja *Hemoptise*. *Collinsonia* 3ª ou 200ª é também um tônico cardíaco, e bem assim *Phaseolus nanus* 5ª, *Calcarea arsenicosa* 5ª e *Sparteina sulphurica* 1ªx. Para o diagnóstico diferencial e para o estudo evolutivo muito interessante é o estudo dos protídeos sanguíneos pela eletroforese.

A *análise eletroforética da doença de Osler* é caracterizada pelo aumento das globulinas gama sem modificação das globulinas alfa e beta e pelo abaixamento da relação albumina/globulina. A cifra dos protídeos totais é normal ou ligeiramente aumentada.

A eletroforese confirma a clínica, pois podem-se distinguir as duas formas de endocardite infecciosa subaguda, a forma com cultura positiva e a forma com cultura negativa.

Na forma com cultura positiva, existe um aumento moderado das globulinas gama, sempre com taxa inferior a 30%, regulando entre 20 e 25%. Na forma com cultura negativa, existe um aumento exagerado das globulinas gama, passando de 30% e atingindo até 50% dos protídeos totais.

Em falta de um critério bacteriológico, uma hiperglobulinemia gama isolada, fala em um cardíaco febril a favor da doença de Osler; nas outras cardiopatias febris (doença reumatismal, síndrome da aurícula esquerda, arritmia completa, febre dos mitrais), a eletroforese dá resultados diferentes; a hiperglobulinemia gama e inconstante não atinge taxas consideráveis; ela se associa a uma hiperglobulinemia alfa na doença reumatismal; ela quase não existe nos mitrais febris onde sempre se encontra uma hiperglobulinemia alfa e beta. É preciso não se esquecer de que a hiperglobulinemia gama forte não é característica somente na endocardite subaguda com hemocultura negativa. Ela também é encontrada na doença de Liebman-Sachs, periarterite nodosa e numerosas doenças infecciosas subagudas.

A eletroforese é importante para o prognóstico. Se se constata uma taxa muito elevada de globulinas gama, o prognóstico é mau.

Quando um doente evolui para a cura, a taxa de gama globulina diminui e a relação albumina/globulina volta ao normal.

Esse estudo foi feito por Donzelot, Kaufmann, Bozke e Mende, e foi publicado na *Semaine des Hôspitaux*, 1953-29-1553-1540.

Como tratamento, penicilina, gota a gota endovenosa na dose de 1.500.000 unidades média diária, ou outros antibióticos, de acordo com o germe causador da infecção, sob controle médico.

ENDOMETRIOSE

Doença caracterizada pelo tecido do endométrio circundado por um estroma encontrado em tecidos fora do útero. Quase sempre nos ovários ou peritônio.

É caracterizado por dismenorreia, menorragia e distúrbios retais com massas nodulares que são palpáveis pela vagina, especialmente no fundo do saco.
Tratamento cirúrgico. Quando a cirurgia faz o paciente correr risco de morte, *aplicação de raios X*.

ENDOMETRITE
(Catarro uterino)

É a inflamação crônica da mucosa que forra internamente o útero. Quando essa inflamação se limita ao canal do colo uterino, chama-se *endocervicite* ou *endometrite cervical crônica*; quando ela se generaliza à mucosa da cavidade ou corpo do útero, chama-se *endometrite corpórea crônica* ou catarro uterino.

A *endocervicite* se caracteriza por leucorreia semelhante à clara de ovo cru, clara, viscosa, transparente, muito aderente e tenaz, frequentemente estriada de sangue, dores de cadeiras, sensação de peso na bacia, ardores nos ovários e no fundo da vagina, irregularidades menstruais, tenesmo da bexiga; depois, debilidade, anemia, falta de apetite, desarranjos de estômago e do sistema nervoso e fraqueza da vista, que podem durar longos anos. O colo do útero é vermelho e a mucosa pode apresentar, por vezes, como complicação, erosões granulosas ou ulcerações; então a leucorreia é purulenta.

A *endometrite corpórea crônica* se caracteriza por leucorreia aquosa viscosa, como água de goma, ou purulenta, intimamente misturada com sangue e corrosiva; menorragia (menstruações frequentes e prolongadas, parando e de novo voltando, por vezes abundantes e copiosas), hemorragias escassas ou copiosas (metrite hemorrágica), dismenorreia, fraqueza e endolorimento das cadeiras, tenesmo vesical; depois, desarranjos de estômago e do sistema nervoso, anorexia, anemia, debilidade, dores de cabeça, flatulência, prisão de ventre. Esse estado pode durar muitos anos.

Na *endometrite cervical crônica*, *Sepia* 12ª ou 30ª é o remédio mais geral; se o corrimento é albuminoso, *Borax* 3ª ou *Graphites* 3ª; se é branco, leitoso e profuso, *Calcarea ovorum* 2ª ou 3ª trit.; se houver erosões ou ulcerações, veja *Leucorreia* e *Ulceração uterina*. *Cantharis*, 3ª ou 5ª, é também um bom remédio desta moléstia.

Na *endometrite corpórea crônica*, o principal medicamento é *Arsenicum* 3ª; se falhar, *Carbolicum acidum* 30ª pode ser empregado; se o corrimento for fétido, corrosivo e assar, *Kreosotum* 12ª, *Mercurium corrosivus* 3ª ou *Nitri acidum* 3ª; havendo hemorragia pequena e constante (metrite hemorrágica), *Nitri acidum* 3ª e *Arsenicum* 3ª trit. alternados. Veja também *Leucorreia*.

ENFARTE DO MIOCÁRDIO

É o dano de uma parte do músculo cardíaco provocado por uma isquemia. Essa, por sua vez, é fruto de uma oclusão da artéria coronária e caracterizada por dor intensa precordial, opressão, náuseas, choque e dores que se irradiam pelo braço esquerdo, atrás do esterno para o dorso e às vezes alterações cardíacas, febrícula, leucocitose e aumento da hemossedimentação. Pode terminar rapidamente em morte.

Como tratamento de urgência: repouso, *Morfina*, *Papaverina*, oxigênio e os *anticoagulantes* (*dicumarol*, *heparina* etc.). Quando do uso desses últimos, é preciso um controle perfeito do tempo de protrombina.

Fora da medicação de urgência, *Cactus* T.M., *Arnica* 1ª, *Latrodectus mactans* 30ª e *Spigelia* 3ªx.

Por sua vez, a *Angina pectoris* tem sintomatologia semelhante ao enfarte. Ela, no entanto, é provocada por uma alteração tipo insuficiência. A *Insuficiência coronária aguda* tem sintomas mais acentuados e de duração mais prolongada do que a *Angina de peito*. Não encontramos aí alterações do ECG e achados de laboratórios próprios do enfarte.

ENFISEMA

É uma condição localizada ou difusa, aguda ou crônica, caracterizada pela perda de elasticidade e superdistensão dos alvéolos pulmonares, que se encontram distendidos e às vezes rotos (*enfisema alveolar* ou *vesicular*), e muitas vezes pela presença de ar nos tecidos (*enfisema intersticial*).

Seus principais sintomas são: opressão respiratória, respiração cansada, expiração prolongada, peito dilatado em forma de barril, quase imóvel ao inspirar, tosse seca ou sequida de expectoração espumosa, palavra cansada, voz veiada, palidez etc. Pode surgir em consequência da velhice, dos esforços musculares, das fadigas respiratórias profissionais, da bronquite crônica prolongada, da broncopneumonia, da coqueluche, da asma, da tuberculose pulmonar. Pode durar até 10 anos e terminar por desordens do coração com hidropisias e assistolia.

No enfisema recente, *Naphtalinum* 3ª trit. é o remédio, de 3 em 3 horas; no enfisema confirmado, *Lobelia inflata* 3ªx, *Grindelia* 5ª ou *Lobelia acetica* T.M., de 4 em 4 horas; se há muita bronquite, *Tartarus emeticus* 1ª; *Antimonium ar-*

senicosum 3ª trit., quando há excessiva dispneia e tosse; uma dose a cada meia a uma hora. Se a expectoração é abundante, alterne-se *Arsenicum* 30ª e *Carbo vegetabilis* 30ª. *Ammonium carbonicum* 30ª ou *Aspidosperma* T.M. podem ser experimentados. Havendo desordens cardíacas e hidropisias, *Kali carbonicum* 3ª ou 5ª, de 2 em 2 horas.

Na alopatia, o tratamento por aspiração brônquica, após o uso de substâncias liquifacientes do catarro.

Esse tratamento somente pode ser feito por especialista. Em São Paulo, os Drs. Plínio Mattos Barreto, Arruda Botelho e outros endoscopistas são especializados no assunto.

ENFRAQUECIMENTO

Veja *Debilidade*.

ENJOO DE MAR

É o conjunto de sintomas (náuseas, vômitos, prostração e às vezes arritmia do coração) que ocorrem, em certas pessoas predispostas, sob a influência do balanço do navio ou do vagão da estrada de ferro, em que viajam.

O melhor medicamento deste mal é *Petroleum* 3ªx, que pode ser tomado também como preventivo durante alguns dias, antes de viajar. *Cocculus* 3ª, *Tabacum* 30ª e *Apomorphia* 3ª podem ser igualmente úteis. Se houver arritmia cardíaca, *Lachesis* 5ª. De meia em meia hora como curativo, de 12 em 12 horas, durante duas semanas antes de viajar, ou de 3 em 3 horas durante a viagem.

Na alopatia, *Dramin* e *Dramamine*, ou produtos similares, sob receita médica.

ENTERITE

Veja *Diarreias*.

ENTERITE MUCOMEMBRANOSA
(Enterite regional)

É uma moléstia dos intestinos, mais frequente nos homens do que nas mulheres, caracterizada por períodos de prisão de ventre intercalados de crises diarreicas, acompanhadas de cólicas violentas e contendo retalhos em forma de membrana mucosa, ou massas de catarro semelhante à clara do ovo. Complica-se frequentemente com a queda dos intestinos (enteroptose). Pode terminar, nos casos sérios, por emagrecimento, anemia, caquexia e morte.

O principal remédio desta moléstia é *Mercurius corrosivus* 3ª, de 3 em 3 horas. Se falhar, dê-se, durante a prisão de ventre, *Aesculus* 3ªx ou *Hydrastis* T.M. (1 a 2 gotas às refeições) e *Sulphur* 5ª (de 6 em 6 horas); *Alumina* 30ª ou *Ammonium muriaticum* 3ª são também úteis neste período. Contra as cólicas, deem-se *Belladona* 3ª e *Chamomilla* 3ª alternados ou *Colocynthis* 3ªx e *Dioscorea* 3ªx ou *Magnesia phosphorica* 3ªx trit. ou 5ª, de meia em meia hora. Havendo diarreia, *Mercurius corrosivus* 3ª ou 5ª, de hora em hora. *Graphites* 3ª ou 5ª e *Sulphur* 5ª ou 30ª podem ser alternados quando não houver diarreia, mas apenas expulsão de catarro em retalhos. Havendo enteroptose, *Stannum* 5ª; *Calcarea acetica* 3ªx trit. pode ser também útil; *Nuphar luteum* 3ª e *Conium* 30ª, uma gota de três em três dias é tratamento que dá grandes resultados.

Na alopatia, os corticosteroides, sob controle médico.

ENTEROCOLITE

Veja *Diarreia* e *Diarreias infantis*.

ENTRÓPIO

É o contrário do ectrópion. É uma moléstia dos olhos caracterizada pelo reviramento das pálpebras para dentro, devido a uma contração espasmódica dos músculos orbiculares, ou às cicatrizes deixadas pelo tracoma ou outras causas.

Os principais medicamentos desta moléstia são: *Agaricus* 1ª ou *Belladona* 3ª ou ainda *Physostigma* 3ª, de 3 em 3 horas, no entrópio espasmódico; no entrópio devido a outras causas, *Calcarea carbonica* 30ª, *Borax* 30ª ou *Graphites* 30ª são os remédios.

ENURESE
(Incontinência noturna das urinas, em crianças acima dos três anos)

É uma moléstia própria da infância, caracterizada por urinar na cama à noite, dormindo, involuntariamente; algumas vezes, há também enurese durante o dia. Raramente se prolonga depois dos 15 anos.

Sulphur 30ª é o primeiro remédio a empregar; se falhar, experimente-se *Sepia* 30ª ou *Pulsatilla* 5ª nas meninas e *Causticum* 12ª ou 30ª nos meninos e *Calcarea carbonica* 5ª ou 30ª nas crianças fracas e gordas.

Se esses medicamentos ainda falharem, pode-se lançar mão dos seguintes: *Thyroidinum* 5ªx ou 6ªx (Veja *Matéria Médica*) ou *Atropina sulphurica* 3ª (1 gota por ano de idade diariamente) e mais *Cina* 5ª ou *Silicea* 30ª se houver sintomas de lombrigas; *Ferrum phosphoricum* 3ª trit. ou *Gelsemium* 3ª, se houver também enurese durante o dia; *Ignatia* 5ª ou 12ª nas crianças nervosas e irritáveis; *Staphisagria* 30ª, se devida à masturbação. Enfim, pode-se tentar *Plantago* 3ªx ou *Equisetum hyemale* 1ª ou T.M. *Óleo de Mullein* ou *Verbascum* T.M. ou 3ª podem também ser úteis.

Todos os remédios devem ser dados de 4 em 4 horas, 2 gotas de cada vez. O tratamento psicoterápico deve ser associado em inúmeros casos.

ENXAQUECA

É uma desordem paroxística caracterizada por uma dor, ocupando principalmente um dos lados da cabeça, acompanhada, em seu completo desenvolvimento, de náuseas e vômitos, e voltando por acessos irregulares. Começa às vezes por turvação da vista; a dor é martelante, penetrante, violenta, obrigando o doente a se deitar e a fugir do ruído e da luz; ocorrem vômitos com dores de estômago; e o acesso termina com um último vômito, ou com um sono reparador. Os acessos podem aparecer de ano em ano; outras vezes de mês em mês; e há casos em que esses são semanais e mesmo diários. A etiologia exata é desconhecida.

Durante o acesso, *Coffea* 5ª e *Belladona* 5ª alternados de meia em meia hora.

Nos intervalos dos acessos, *Belladona* 5ª se a enxaqueca é recente. Se o caso é antigo, *Sanguinaria* 3ª só ou alternada com *Nux vomica* 5ª ou dê-se *Chionanthus virginicus* T.M. Quando a dor se localizar sobre o olho esquerdo, *Spigelia* 30ª. Se falharem, alterne-se *Calcarea acetica* 3ª e *Sepia* 30ª, sobretudo nas mulheres, ou dê-se *Stannum* 5ª. *Ignatia* 30ª pode ser útil, quando as emoções deprimentes provocam o ataque, sobretudo em mulheres histéricas. Começando com perturbações da vista e com vômitos e náuseas frequentes, *Iris versicolor* 30ª só ou alternado com *Belladona* 12ª; *Gelsemium* 5ª também pode ser útil. Esses remédios devem ser dados com intervalos de 5 ou 6 horas. *Tilia europaea*, tintura-mãe, 5 gotas, 2 vezes ao dia.

Na alopatia, internamente os *anti-histamínicos de síntese*. Estão se usando também supositórios feitos de *Tartarus de ergotamina*, 2 mg, e *Cafeína*, 100 mg, para cada supositório. Usa-se um, no início da crise de enxaqueca, sob receita médica.

EPIDIDIMITE

É o aparecimento de um nódulo duro e dolorido no cordão epidídimo, com reação febril. Quase sempre é uma complicação que acompanha a uretrite, a prostatite, a prostatectomia ou o abuso de cateteres inadequados.

A epididimite tuberculosa é de marcha insidiosa e pode ser diagnosticada com a ajuda do laboratório. Nesses casos, é de grande valia o uso de *Tuberculinum* 200ª, acompanhado de *Pulsatilla* 3ªx ou *Belladona* 3ªx. Na alopatia, a *Estreptomicina* e a *Dihidro-streptomicina*, sob controle médico.

Na epididimite comum, com complicação da gonorreia, além dos antibióticos usuais, *Penicilina*, *Terramicina* etc., repouso, sob indicação médica.

Homeopaticamente, *Medorhinum* 200ª, *Solidago* T.M., *Clematis erecta* 3ªx, *Pulsatilla* 3ªx e *Belladona* 3ªx.

EPILEPSIA

É uma moléstia nervosa, caracterizada por acessos periódicos de perda súbita e completa dos sentidos, com espasmos tônicos e clônicos mais ou menos generalizados. Às vezes, em lugar do ataque, há apenas uma vertigem passageira, com movimentos de deglutição; outras vezes, o ataque é incompleto, sem perda de sentido, ou com perda de sentidos, mas sem convulsões (*pequeno mal*). Quando o acesso é completo (*grande mal*) é por vezes precedido da *aura*, uma sensação que anuncia o ataque; depois o doente solta um grito, perde os sentidos e cai duro no chão, retesado, com o dedo polegar fechado na palma da mão. Quinze segundos depois, começam as convulsões, movimento de deglutição, mordedura da língua, espuma na boca, suores, urinas involuntárias; depois o doente cai no coma e um sono reparador de algumas horas lhe restabelece as forças. Os intervalos dos acessos são às vezes de anos, outras vezes de meses, de semanas e mesmo dias; aparecem na época da menstruação e outras vezes só à noite. Pode durar muitos anos; mas pode terminar pela morte, na demência ou no *estado de mal*, em que o acesso dura diversos dias, com febre contínua, ou na loucura. Em muitos casos, é necessário esclarecer a causa por exames neurológicos.

Os dois principais medicamentos desta moléstia são *Oenanthe crocata* e *Hydrocynicum acidum* alternados de hora em hora (Veja estes dois medicamentos na *Matéria Médica*); se falharem, *Cuprum* 30ª. No pequeno mal, com simples vertigens, *Cannabis indica* T.M. ou *Causticum* 30ª; em pessoas escrofulosas e melancólicas, os ataques ocorrendo na lua nova, *Calcarea carbonica* 30ª, *Causticum* 30ª; ou *Silicea* 30ª; casos antigos e rebeldes, *Cuprum* 30ª ou *Cocculus* 12ª ou então *Belladona* 1ª e *Calcarea carbonica* 30ª em dias alternados; com complicações cerebrais, *Stannum* 5ª; nas reações de vermes, *Stannum* 5ª ou *Cina* 5ª; nas crianças em geral, *Ignatia* 12ª, *Cuprum* 30ª ou *Magnesia phosphorica* 5ª; nas mulheres nervosas, *Ignatia* 12ª; durante a época menstrual, *Cuprum* 30ª ou *Causticum* 30ª; ataques noturnos, *Cuprum* 30ª ou *Hepar* 5ª. Estupor pós-epiléptico prolongado, *Opium* 5ª, a cada 15 minutos. Podem ser também úteis: *Cicuta virosa* 5ª, *Borax* 3ª, *Artemisia vulgaris* 3ª e *Solanum carolinensis* T.M., *Nux vomica* e *Lycopodium* são remédios gerais muito importantes para os epilépticos. Em geral, três doses por dia. *Kali bromatum* 3ªx trit. tem grande indicação. Na alopatia, os anticonvulsivos, sob indicação médica.

EPISCLERITE

É uma inflamação da porção superficial da parte branca do globo ocular e da conjuntiva que a recobre, acompanhada de uma leve tumefação da parte afetada; há congestão do branco do olho, dores, fotofobia, mas não há corrimento conjuntival.

O principal medicamento é *Thuya* 3ª, de 2 em 2 horas; *Terebinthina* 3ª, *Crotalus terrificus* 5ª e *Kalmia* 3ª também podem ser úteis. *Bellis per* 3ªx e *Hamamelis* 1ªx têm indicação.

EPISTAXE

É a hemorragia pelo nariz. Pode aparecer isoladamente como moléstia local, ou no curso de outra moléstia sistêmica. Pode ser pequena, sem consequência, ou abundante e pôr a vida em perigo. Às vezes, vem acompanhada de peso na fronte, dor de cabeça, vermelhidão da face, coceira no nariz, outras vezes aparece sem outros sintomas. O sangue corre ordinariamente de uma só narina, gota a gota ou em jato contínuo, detendo-se por vezes e depois prosseguindo. Há pessoas sujeitas a reincidência frequente do mal.

Para deter a hemorragia, dê-se *Hamamelis* 1ªx, uma colheradinha das de chá da poção de 5 em 5 minutos, ou então *Trillium pendulum* T.M., 5 gotas por dia; se falhar, *Millefolium* 1ª dado do mesmo modo; contra a disposição à reincidência da epistaxe, *Ferrum phosphoricum* 3ª trit., *Carbo vegetabilis* 30ª ou então *Nux vomica* 5ª e *Sulphur* 5ª alternados, de 6 em 6 horas. Um bom remédio da epistaxe é *Ferrum picricum* 3ª. Nos idosos, *Agaricus* 3ª ou *Crotalus horridus* 5ª; nas crianças, durante o crescimento, *Arnica* 3ªx; passiva, dos jovens, em geral, *Bryonia* 5ª; ao lavar o rosto pela manhã, *Ammonium carbonicum* 3ª ou *Kali carbonicum* 5ª. Localmente, para deter a hemorragia, injeções na fossa nasal de água oxigenada, bem quente, podem ser úteis; mesmo resultado se obtém com uma bola de algodão embebida de *Adrenalina* 3ªx e introduzida no nariz.

Outros remédios da epistaxe (Veja a *Matéria Médica*) são: *Crocus sativus* 3ª e *Erigeron* 1ª.

Cesalpina ferrea, em uso externo, é útil em muitos casos. Deve ser usada a tintura-mãe.

EPITELIOMA

O câncer da pele pode ser *primário* ou *secundário*. O primário é propriamente originário da pele e o secundário é o resultante de extensão neoplásica de estruturas adjacentes ou de metástases disseminadas por via linfática ou sanguínea.

Os tipos mais comuns são: *Epitelioma baso-celular, epitelioma escamo-celular* e *epitelioma baso-escamocelular.*

EQUIMOSE

Chama-se equimose a contusão do primeiro grau, que deixa apenas uma mancha roxa na pele; essa mancha se estende pouco a pouco, vai tomando diversas cores, parda, esverdeada, amarelada, até voltar a pele à sua cor normal. É devida ao extravasamento de um pouco de sangue debaixo da pele, o qual vai se transformando com o tempo e dando essas diferentes cores à mancha.

O seu remédio é *Arnica* 1ª ou 30ª, de 2 em 2 horas; para apressar o seu desaparecimento, dê-se *Sulphuris acidum* 3ª, de 3 em 3 horas. *Ledum palustre* 3ªx tem indicações. *Bellis perennis*, tintura-mãe, dá bons resultados.

ERGOTISMO

É o envenenamento, agudo ou crônico, pelo *centeio espigado*: ora se apresenta sob a forma de gangrenas das extremidades ou hemorragias, ora sob a forma de convulsões e contraturas e perturbações mentais.

Havendo gangrena seca, *Lachesis* 5ª ou *Secale* 3ª são os remédios; gangrena úmida, ou hemorragias, *Crotalus horridus* 3ª; ergotismo nervoso, *Solanum nigrum* 3ª. De 2 em 2 horas.

ERISIPELA
(Fogo de Santo Antônio)

É uma moléstia contagiosa, às vezes epidêmica, caracterizada por uma inflamação da pele, de marcha progressiva. Pode ocorrer sem febre; mas, ordinariamente, a febre acompanha a lesão cutânea; há calafrios, náuseas ou vômitos no começo; as febres são remitentes, sede viva, língua saburrosa; a inflamação da pele, no lugar afetado, apresenta-se lisa e brilhante, escarlate, de bordo saliente bem nítido, propagando-se por continuidade às regiões vizinhas, às vezes com vesículas e bolhas. Pode ser acompanhada de abscessos profundos e toma, então, a forma maligna. O agente causador é o *Streptococcus hemolyticus*.

A erisipela mais comum é a da face, que se propaga às orelhas e às vezes ao couro cabeludo, e dura 2 a 3 semanas, terminando pela cura. Às vezes, invade a garganta (produzindo uma faringite erisipelatosa), a laringe (produzindo o edema da glote) ou o cérebro (produzindo delírios).

Se a erupção retrocede ou se suprime, podem ocorrer vômitos ou estupor.

Mas há uma erisipela maligna, que começa por febre alta e por grande prostração, às vezes 2 a 3 dias antes de aparecer a lesão cutânea; esta começa às vezes na perna por um ponto vermelho e daí se propaga gradualmente em torno. Os sintomas são graves, ansiedade, agitação, queda geral das forças, delírio musicante, carfologia, língua seca e escura, palavra difícil, petéquias, enfim, toda a síndrome tífica, e o doente sucumbe em um tipo de asfixia lenta.

Nos casos febris comuns e benignos, dê-se *Belladona* 1ª ou 3ª, se não houver bolhas; com bolhas, *Rhus toxicodendron* 3ª ou 5ª. Havendo muito edema, *Apis* 3ªx. Uma dose a cada hora.

Em caso de invasão da garganta ou da laringe, alterna-se *Belladona* 3ª com *Apis* 3ªx. Havendo delírio, se *Belladona* falhar, *Stramonium* 3ª. Se a erupção retroceder e houver vômitos, *Ipeca* 2ª; havendo estupor, *Cuprum aceticum* 3ªx. Em caso de abscessos, alterne-se *Lachesis* 5ª e *Tarantula cubensis* 5ª. As doses devem ser dadas a cada hora.

Para o inchaço que persiste depois da moléstia, *Apis* 3ªx ou então *Graphites* 30ª, *Sulphur* 30ª ou *Aurum metallicum* 30ª; se for dolorida, *Lycopodium* 5ª e *Hepar* 5ª alternados.

Na forma maligna, com febre alta e muita prostração, use-se logo, ao começo, *Aconitum* 1ª ou *Veratrum viride* 1ª de meia em meia hora; se o estado se agravar, dê-se, 48 horas depois, e prolongue-se por muitos dias, a seguinte fórmula:

China T.M.	120 a 300 gotas (2 a 5 gl)
Água filtrada	80 g
Xarope simples	40 g
Álcool retificado	40 g

Tome uma colherada das de sopa de 2 em 2 horas.

Nas crianças, usem-se apenas 60 gotas para 50 g de água, 20 g de xarope e 10 g de álcool, duas colheradinhas de chá de cada vez.

Caso *China* falhe, alterne-se *Lachesis* 5ª com *Arsenicum album* 5ª.

Na forma comum, podem ser úteis a *Quilandina* T.M. (8 gotas por dia) ou a *Cassia medica* T.M. (8 gotas por dia) ou 3ª. *Euphorbium* 3ªx também pode ser útil na erisipela da cabeça e do rosto; e, na erisipela do umbigo das crianças recém-nascidas, *Apis* 3ªx é o remédio.

Nos casos que ocorrem sem febre, alterne-se *Lycopodium* 5ª com *Hepar* 5ª, a cada hora.

Como medicação de grande eficiência, na alopatia, usa-se modernamente o *Prontosil*, injetável ou por via oral ou então o *Rubiazol*.[177] *Penicilina*, *Estreptomicina*, *Dihidrostreptomicina*, *Terramicina* são indicadas, sob receita médica, bem como as sulfas.

Para evitar a reincidência, nas pessoas sujeitas periodicamente à erisipela, deem-se *Graphites* 3ª trit., *Apis* 3ªx ou *Rhus toxicodendron* 3ª, de 4 em 4 horas.

Externamente, pincelem-se os bordos da erupção com *Veratrum viride* T.M.

ERITEMA

É uma vermelhidão da pele que desaparece temporariamente sob a pressão. Há duas espécies: o *eritema simples* e o *eritema exsudativo*.

O eritema simples é caracterizado por uma erupção de máculas avermelhadas, acompanhadas de ardor e às vezes de coceira. Há diversas variedades – o *eritema de indigestão*, o *eritema traumático* (devido à fricção, pressão ou machucadura), o *eritema caloricum* (resultante da exposição ao sol ou a um foco de calor), o *eritema escarlatinoide* (semelhante à escarlatina), e o *eritema venenatum* (devido à aplicação de substâncias irritantes, como o sinapismo) ou *medicamentosum* (devido a certos medicamentos).

O eritema exsudativo é um eritema inflamado, há duas variedades – o *eritema multiforme* constituído por elevações vermelhas papuliformes da pele, que às vezes toma a forma de círculos concêntricos (*eritema iris ou herpes circinatus* semelhante à *impigem ou linha do corpo*) e o *eritema nodosum*, caracterizado pela erupção de tumores vermelhos, até do tamanho de um pequeno ovo, usualmente limitado às pernas, às vezes acompanhado de dores reumáticas. Ambos podem ser acompanhados, no começo, de febre.

No eritema simples devido à indigestão, *Nux vomica* 3ª; devido à ação do sol, *Belladona* 3ª ou

---

177. Já existem produtos nacionais que podem perfeitamente substituir estes indicados.

Aconitum 5ª; no eritema escarlatiniforme, *Ferrum phosphoricum* 3ª trit. ou *Belladona* 3ª; no eritema dos recém-nascidos, logo depois de nascer, *Copaiva* 3ª; no eritema traumático, *Arsenicum* 1ª ou 3ª e *Arnica* 3ª; nas pernas dos idosos, *Mezereum* 3ª; *Mercurius vivus* 5ª é o remédio do eritema crônico.

No eritema multiforme, *Chininum sulphuricum* 1ªx, *Rhus toxicodendron* 3ª (se houver *eritema íris*), *Copaiva* 5ª ou *Antipyrina* 3ª; no *eritema Iris*, *Tellurium* 5ª; no *eritema nodosum*, *Chininum sulphuricum* 1ªx e *Rhus venenata* 3ªx ou *Ledum* 5ª (se houver dores reumáticas) ou *Apis* 3ª.

Todos esses remédios devem ser dados de 4 em 4 horas.

Se, em qualquer desses casos, houver febre, convém alternar o respectivo remédio com *Aconitum* 3ª, a cada hora.

ESCARLATINA

É uma moléstia muito contagiosa, provocada pelos *Streptococcus hemolyticus*, própria das crianças, caracterizada por febre, dor de garganta e uma vermelhidão difusa da pele seguida de descamação. Começa com calafrios, febres altas, muita dor de cabeça, dores de garganta, prostração, vômitos, sonolência. No dia seguinte, a erupção aparece, a pele fica vermelha, o rosto incha; a língua é saburrosa, mas depois fica bem limpa e vermelha, com as papilas salientes, dando à língua o aspecto de morango. Em vez de difusa (*escarlatina lisa*), a erupção pode ser de pequenos pontos vermelhos, pápulas e vesículas (*escarlatina miliar*); nos casos graves, pode ser azulada e até hemorrágica. A dor de garganta é acentuada, as amígdalas inchadas, às vezes com membranas brancas (*pseudodifteria*) e glândulas do pescoço ingurgitadas. Pode haver inflamação, artrites reumáticas e, no fim da moléstia, inflamação nos rins (nefrite) com anasarca e às vezes urinas com sangue. No fim da primeira semana, começa a descamação da pele; é na terceira semana que surge a complicação dos rins. A febre é sempre alta, sem remissão de manhã. Pode ocorrer meningite ou convulsões. Nos casos malignos, a morte pode ocorrer em 24 horas ou dois dias e, por vezes, a erupção não chega a aparecer; outras vezes é roxa, irregular ou hemorrágica e o doente morre rapidamente.

No começo, deem-se *Aconitum* 3ª e *Belladona* 3ª (ou *Aconitum* 5ª e *Coffea* 5ª na *escarlatina miliar*) alternados de hora em hora e, se o caso for benigno, devem ser dados até o fim da moléstia. Havendo muita prostração, *Rhus toxicodendron* 5ªx; angina muito acentuada com membranas brancas ou garganta inchada, *Belladona* 3ª alternada com *Mercurius iodatus ruber* 3ªx ou com *Apis* 3ªx; artrites, pleuris ou meningite, *Bryonia* 3ª; se a erupção é escassa, azulada ou não, mas os sintomas cerebrais são pronunciados, *Zincum metallicum* 5ª; se a erupção recolhe e há anemia e depressão do cérebro com estupor, *Cuprum aceticum* 3ª trit., mas se houver delírio, *Stramonium* 3ª; estomatite, *Arum triphyllum* 5ª; caxumbas, *Rhus toxicodendron* 3ª; inflamação do ouvido, *Pulsatilla* 3ª; muita inflamação do pescoço, *Lachesis* 5ª; diarreia, *Mercurius dulcis* 3ªx ou 5ªx. Nos casos malignos e graves, havendo erupção azulada e prostração muito grande ou então estado grave sem erupção, *Ailanthus glandulosa* 1ªx ou *Ammonium carbonicum* 3ªx trit. e mesmo *Lachesis* 5ª; com hemorragias, *Crotalus horridus* 3ª. Nefrite da convalescença, *Helleborus* 3ª, *Apis* 3ªx trit. ou *Arsenicum* 3ª; com urinas sanguinolentas, *Terebinthina* 3ª; uremia e convulsões, *Cuprum arsenicosum* 3ªx; urinas suprimidas, *Stramonium* 3ª; albuminúria persistente depois da moléstia, *Mercurius corrosivus* 3ªx, *Carbolicum acidum* 3ªx e *Mercurius iodatus* 3ªx com *Kali iodatum* 2ªx são dois bons remédios da escarlatina, a dar desde o começo da moléstia. *Hepar sulphuris* 3ª é também remédio da nefrite. Os remédios devem ser dados de hora em hora. Contra as sequelas da escarlatina no nariz e no ouvido, *Muriatic acidum* 3ªx, de 3 em 3 horas; entretanto, para a otorreia, *Hepar sulphuris* 3ª trit. é um bom remédio e bem assim *Mercurius solubilis* 5ª.

Tenho observado que a associação de um *anti-histamínico de síntese* (Benadril, Phenergan, Piribenzamina etc.) em forma de xarope, ao tratamento homeopático, é muito útil.

Até hoje não tivemos complicações renais (nefrite) nos pacientes tratados homeopaticamente ou com a homeopatia associada a anti-histamínicos.

Creio que é assunto que necessita ser investigado, a medicação intempestiva, principalmente pelos *antibióticos* ou substâncias que agem como *alérgenos*, são mais prejudiciais do que úteis.

Havendo já um alérgeno irritante da própria doença ou talvez substância que age de modo similar, a introdução de outros alérgenos vai piorar a situação. Por essa razão, as substâncias *anti-histamínicas*, agindo terapeuticamente por competição, evitam as complicações.

O que foi dito anteriormente é uma mera conjetura, mas creio que, em um futuro muito próximo, a investigação médica virá comprovar as asserções que hoje são hipotéticas. Tenho notado que os antibióticos somente convêm ser aplicados após o aparecimento da erupção e mesmo assim se continuar a febre acima de 38º C.

ESCARROS DE SANGUE

Veja *Hemoptise*.

ESCLERITE

É a inflamação da porção branca do globo ocular que ocorre mais comumente nas mulheres que sofrem de perturbações uterinas e caracterizada pela congestão dos vasos em torno da córnea ou por botões purpurinos sobre a esclerótica, com inchaço das partes afetadas, dores no globo ocular, lacrimação, fotofobia e fadiga da vista. Reincide com frequência.

O principal remédio da esclerite aguda é *Aconitum* 3^ax; se falhar, *Spigelia* 3^ax deve ser experimentado. Na esclerite crônica, *Thuya* 30^a, *Crotulus terrificus* 5^a e *Kalmia* 3ª são os remédios.

ESCLERODERMIA

É uma moléstia da pele, crônica, circunscrita ou difusa, caracterizada pelo endurecimento progressivo da pele e sua aderência aos órgãos subjacentes, de tal modo que não pode ser beliscada e se torna lisa, dura e tensa, sem qualquer mudança na cor ou qualquer sintoma de inflamação. Etiologia desconhecida.

Os seus principais medicamentos são: *Sulphur* 30^a, *Bryonia* 5^a, *Rhus toxicodendron* 3^a ou 5^a e *Hydrocotyla* 3^ax ou *Thyroidinum* 3^ax podem também ser úteis.

ESCLEROSE CÉREBRO-ESPINHAL
(Esclerose múltipla, esclerose em placas)

É uma moléstia caracterizada pelo endurecimento (esclerose) em placas múltiplas de toda a medula e do cérebro, por uma incoordenação espasmódica ou titubeante das pernas, acompanhados de paralisia progressiva. Começa por fraqueza e rigidez das pernas e dos braços, e às vezes dor e diplopia, com vertigem, ocorrem depois o tremor a cada tentativa de movimento (*tremor intencional*), desaparecendo pelo repouso; em seguida, nistagmo, atrofia óptica, fala defeituosa (separando e acentuando as sílabas), indiferença, perda da memória, dificuldade de mastigar e de engolir, paralisia da língua, contraturas e morte. A moléstia dura de 5 a 15 anos na média.

Os principais remédios são: *Silicea* 30^a, *Baryta muriatica* 3^ax, *Aurum muriaticum* 3^ax, *Argentum nitricum* 30^a, *Plumbum* 30^a (ou *Plumbum iodatum* 3^a), *Lathyrus sativus* 3^ax, *Tarantula hispanica* 30^a, *Arsenicum album* 30^a e *Picricum acidum* 3^a. Contra os tremores muito acentuados, pode-se alternar com *Hyosciamus* 1^a, *Agaricus* 3^ax ou *Mercurius solubilis* 30^a. Se for de origem traumática, *Hypericum* 3^ax. Uma dose a cada 12 horas. Injeções de *Aurum sulfuratum* D6 coll.

ESCORBUTO[178]

É uma moléstia caracterizada pela gangrena das gengivas e tendência às hemorragias, acompanhadas de anemia. As gengivas incham, amolecem e sangram facilmente; os dentes caem; manchas roxas aparecem por baixo da pele, às vezes se ulceram e constituem chagas; hemorragias ocorrem pelas diversas aberturas do corpo; e o doente sucumbe por esgotamento progressivo das forças. Nas crianças, a hematúria é às vezes o primeiro sintoma observado.

Se a lesão da boca predominar, *Mercurius dulcis* 3^ax ou 5^ax, alternado com *Muriatis acidum* 3^a ou *Nitri acidum* 3^a; surgindo hemorragias generalizadas, *Crotalus horridus* 3^a ou *Lachesis lanceolata* 30^a. Hematúria, *Phosphorus* 3^a. *Agave americana* 1^ax é também um bom remédio do escorbuto. Os remédios devem ser dados de hora em hora. Alimentação rica em vitaminas, principalmente vitamina C, *injetável* ou *por via oral*.

ESCORIAÇÃO

É uma esfoladura da pele, devida a ligeiros traumatismos, queda, pancada ou atritos.

O remédio interno é *Arnica* 3^a; externamente pode-se aplicar o *Óleo de Arnica*, o *Colódio de Arnica* ou o *Emplastro de Arnica* ou de *Calendula*. Escoriação nas crianças, veja *Intertrigo*. Quando a mais ligeira escoriação supura facilmente, *Borax* 3^a, *Silicea* 30^a ou *Graphites* 30^a, uma dose diariamente.

ESCRÓFULA

É uma afecção mórbida geral do organismo, dando lugar a várias moléstias, quase todas de natureza tuberculosa, sobretudo dos gânglios linfáticos (adenites tuberculosas), principalmente do pescoço, da pele e das mucosas, com tendência à cronicidade, à supuração e à ulceração.

Calcarea carbonica 30^a e *Silicea* 30ª são os dois principais medicamentos da escrófula e devem ser dados em dias alternados, de manhã e à noite, uma só dose. *Sulphur* 30ª também é um grande remédio da escrófula.

Contra as lesões tuberculosas das glândulas e dos ossos, o melhor remédio é *Iodoformium* 3^ax; e as moléstias escrofulosas da pele se curam com *Graphites* 12^a, *Berberis* T.M. e *Mercurius iodatus ruber* 3^ax.

As diversas moléstias escrofulosas serão tratadas como moléstias à parte.

---

178. É uma avitaminose, provocada pela falta de Vitamina C.

Iniciar o tratamento com *Tuberculinum* 1.000ª acompanhado de *Pulsatilla* 3ª, de 3 em 3 horas.

ESCROTOS

Veja *Cancro*, *Espermatorreia*, *Hematocele*, *Hidrocele*, *Nevralgias* e *Orquite*.

ESGOTAMENTO NERVOSO

Veja *Neurastenia* e *Espermatorreia*.

ESOFAGITE

A inflamação do esôfago, habitualmente provocada por irritantes externos ingeridos pela boca; caracteriza-se por dor, às vezes viva, e algumas vezes por dificuldade da deglutição.

Belladona 3ª e *Mercurius iodatus ruber* 3ª trit., alternados a cada hora, são os dois principais medicamentos, nos casos agudos; *Lachesis* 5ª, nos casos crônicos. Maus efeitos no esôfago por engolir lascas de ossos, *Cicuta virosa* 5ª.

ESOFAGISMO

É a contração espasmódica do esôfago, impedindo temporariamente a deglutição; dá a sensação de uma bola por trás do esterno e às vezes dores. É próprio das pessoas nervosas ou histéricas.

Os principais medicamentos são: *Baptisia* 5ª, *Naja* 5ª, *Ignatia* 5ª e *Gelsemium* 30ª. Nas mulheres, pode-se alternar *Asafoetida* 12ª e *Nux vomica* 12ª. *Cajuputum* 3ª também pode ser útil. Depois de operação cirúrgica, *Chelidonium majus* 3ªx. Uma dose a cada 4 horas.

ESÔFAGO

No esôfago podem ocorrer ulcerações: *Fluoris acidum* 30ª é o remédio mais usado. Se, entretanto, a ulceração for de natureza sifilítica, *Nitri acidum* 3ª é o remédio. As ulcerações, em geral, provocam dor ao deglutir e deixam, depois de cicatrizadas, estreitamento do órgão, que dificulta e mesmo impede a deglutição, provocando graves estados de desnutrição; *Graphites* 30ª, *Strontium carbonicum* 5ª ou *Condurango* 1ª podem ser empregados contra os estreitamentos cicatriciais. Maus efeitos no esôfago por engolir lascas de osso, *Cicuta virosa* 5ª é o remédio. As doses devem ser dadas de 4 em 4 horas. Veja *Esofagite*, *Esofagismo* e *Cancro*. Nas ulcerações, *Causticum* 6ª tem indicação. Nos tumores, indicação cirúrgica.

ESPASMO DA ACOMODAÇÃO

É uma excessiva tensão do músculo ciliar que frequentemente provoca miopia nos estudantes; com dores, vertigens e outros sintomas nervosos reflexos. O doente não vê bem a distância e, mesmo perto, falta-lhe às vezes a vista para ler tipo miúdo.

Os principais medicamentos são *Physostigma* 3ªx e *Pilocarpus pinnattus* 3ªx. De 6 em 6 horas.

ESPASMO DA BEXIGA (Estrangúria)

É uma contração nervosa temporária do colo da bexiga, usualmente devida a irritações uterinas na mulher, e no homem às emoções morais ou resfriamento, e nas crianças às lombrigas; caracteriza-se por micção dolorida e frequente, dores na ponta do pênis e nas coxas, vômitos, náuseas e urina gota a gota.

Camphora 3ªx trit., *Belladona* 3ª e *Aconitum* 3ª alternados a cada hora. Para evitar a reincidência, *Belladona* 1ª, de 4 em 4 horas. *Copaiva* 1ª e *Eupatorium purpureum* 3ª podem ser úteis nas mulheres; *Apis* 3ª, *Rhus aromatica* T.M., *Petroselium* 1ª, *Borax* 3ª e *Salsaparrilla* 3ª podem ser úteis nas crianças. Retenção de urina depois de operações pelvianas, *Causticum* 3ª ou *Cocculus* 1ªx.

ESPASMO DO ESÔFAGO

Veja *Esofagismo*.

ESPASMOS DA GLOTE

Veja *Laringismo estrídulo*.

ESPASMOS DA URETRA

É a contração nervosa das paredes do canal da uretra, produzindo dificuldades e às vezes mesmo impossibilidade de urinar. O jato de urina se torna de repente delgado e a urinação difícil, ardente e lenta; aparece em uns dias, em outros dias não; às vezes impede de urinar durante um dia inteiro.

Durante o espasmo, com retenção de urinas, *Camphora* 1ªx (1 gota de 5 em 5 minutos), ou *Belladona* 3ª, de 10 em 10 minutos. Contra as reincidências, *Clematis erecta* 5ª e *Nux vomica* 5ª, alternados de 4 em 4 horas. Veja *Estreitamento da uretra*.

ESPERMATORREIA
(Poluções noturnas)

É a emissão involuntária do esperma; pode ser contínua ou intermitente (à noite) em ejaculações involuntárias, que se chamam poluções e ocorrem durante o sono. Há debilidade geral, enfraquecimento intelectual, tristeza, anemia e às vezes impotência.

Devida à inflamação crônica da próstata, *Cantharis* 3ª ou *Staphisagria* 5ª; devida a excessos sexuais ou masturbação, *Causticum* 30ª ou *China* 5ª e *Origanum* 3ªx alternados; devida à blenorragia, *Cantharis* 3ª; na neurastenia, devida à debilidade nervosa, *Phosphori acidum* 12ª e *Staphisagria* 30ª ou *Phosphorus* 12ª alternados. Podem-se alternar também *Sulphur* 30ª e *Nux vomica* 2ª. *Gelsemium* 5ª é também remédio da espermatorreia devida à masturbação; *Digitalis* 3ªx é também um bom medicamento da moléstia. Outros remédios são: *Dioscorea villosa* 3ª e *Thuya occidentalis* T.M. Se houver impotência, veja *Impotência*. Deem-se os remédios de 3 em 3 horas.

ESPINHA

Veja as diversas moléstias medulares: *Ataxia locomotora*, *Atrofia muscular progressiva*, *Mielite*, *Paralisias* e *Poliomielite anterior aguda*.

ESPIRROS

É um sintoma que ocorre no começo de algumas moléstias agudas: *influenza*, coriza etc. Quando se torna muito incômodo e é preciso ser combatido, dê-se *Sabadilla* 3ª, de meia em meia hora. *Cyclamen* 5ª, *Senega* 5ª, *Asafoetida* 5ª, *Scorpio* 5ª e *Ipeca* 5ª podem também ser úteis. Veja *Rinite alérgica*.

ESPLENITE[179]

É o ingurgitamento inflamatório do baço, com dor por baixo das costelas do lado esquerdo do ventre, dor ao respirar e ao apalpar, às vezes febre, vômitos ou perturbações digestivas. Pode se tornar crônico e acabar em caquexia com hipertrofia do baço.

Ceanothus americanus é o principal medicamento. Se falhar, deem-se *China* 1ª, *Capsicum* 3ª ou *Ranunculus bulbosus* 3ª. De 2 em 2 horas. Em caso de supuração, veja-se *Abscesso*.

ESQUENTAMENTO

Veja *Blenorragia*.

ESTAFILOMA

É a projeção saliente da córnea, que chega a fazer hérnia entre as pálpebras e resulta em conjuntivite purulenta, com ulceração e perfuração da córnea, ou conjuntivite flictenular, com aumento de pressão intraocular.

Seus dois principais remédios são *Apis* 3ªx, se resultar de inflamação purulenta, e *Euphrasia* 3ª, se resultante de conjuntivite flictenular, a cada 4 horas. Tratamento cirúrgico.

ESTERILIDADE[180]

É o estado de impossibilidade de procriar. A esterilidade pode ser devida a várias moléstias do útero, dos ovários ou da vagina, e, neste caso, é preciso combater a moléstia que a determina; outras vezes, é uma incapacidade constitucional da mulher, congênita ou adquirida. Para um diagnóstico diferencial, quero lembrar aos leitores que as causas da esterilidade podem repousar tanto no *homem* como na *mulher*.

Convém esclarecer o caso analisando os dois lados:

Como fatores de esterilidade, tendo como causa o *homem*:
a) Desenvolvimento defeituoso dos testículos ou pênis.
b) Obstrução do epidídimo, *ductus deferens* ou uretra.
c) Doença testicular (após sarampo, gonorreia, tuberculose, sífilis) ou destruição (trauma, tumor, alcoolismo, raios x, avitaminoses, morfinismo e cocainismo).
d) Cripto-orquidismo.
e) Hipoantuarismo ou hipogonadismo.
f) Gigantismo pituitário, síndrome de Cushing; doença de Simmonds. Hipo e hipertireoidismo; diabetes mellitus.
g) Impotência.
h) Azoospermia, Oligospermia e Necrospermia.
i) Incompatibilidade do esperma, *ovum*, secreções vaginais e endocervicais.

Fatores que repousam na *mulher*:
a) Defeitos de ovários, trompas, útero, vagina e vulva.
b) Obstrução das passagens, útero, trompas.
c) Doença ovariana ou uterina (tuberculose do endométrio) ou destruição.

---

179. Na maioria das vezes, o baço é envolvido como parte constituinte de outras doenças (Hodgkin, Gaucher etc.).

180. Aos estudiosos, a série de palestras proferidas na Associação Paulista de Medicina, em novembro de 1953.

d) Hipoantuarismo ou hipogonadismo.
e) Gigantismo pituitário; acromegalia; síndrome de Cushing; doença de Simmonds; hipo e hipertireoidismo; diabetes mellitus.
f) Ciclos anovulatórios; falia de ruptura folicular e óvulos defeituosos.
g) Incompatibilidade do esperma, *ovum*, secreção vaginal e endocervical.
h) Estímulo estrogênico excessivo ou não antagonizado. Deficiência no estímulo da progesterona. Falta de resposta do endométrio aos hormônios ovarianos.

Para este caso, os dois principais remédios são *Borax* 3ª trit. ou 5ª e *Conium* 3ª, 5ª ou 30ª, de 12 em 12 horas; se falharem, *Cantharis* 30ª. *Helonias* T.M. pode também ser útil, e bem assim *Medorrhinum* 200ª, de 5 em 5 dias. Em geral, *Ustilago maydis* 5ª, duas doses por dia. É aconselhável fazer lavagens vaginais, de 1 colher de sopa de bicarbonato de sódio para 1 litro de água fervida morna, quando houver acidez.

Folliculinum 30ª, 6 gotas, 2 vezes por dia.

ESTÔMAGO

Veja *Acidez*, *Anorexia*, *Ardor do estômago*, *Arrotos*, *Atrepsia*, *Azia*, *Dispepsia*, *Gastralgia*, *Gastrite*, *Gastroptose*, *Hematêmese*, *Indigestão*, *Náuseas*, *Úlcera gástrica* e *Vômitos*.

ESTOMATITE

É a inflamação interna da boca. Pode ser *simples* ou *catarral*, *aftosa*, *ulcerosa* ou *gangrenosa*, ou, enfim, *parasitária* (sapinhos).

A mucosa da boca é vermelha, inchada e quente; a boca arde, a língua é saburrosa: há secura ou salivação, gosto amargo na boca. Na estomatite simples, a mucosa é revestida de um muco espesso; na estomatite aftosa, aparecem pequenas úlceras superficiais branco-acinzentadas, de forma circular, resultantes de vesículas que se rompem, e cercadas de um rebordo vermelho (são chamadas aftas); na estomatite ulcerosa, formam-se ulcerações, sobretudo nas gengivas, que sangram facilmente, os dentes se abalam, o hálito é fétido, há muita salivação, os gânglios linfáticos do pescoço ficam ingurgitados, febre, fraqueza e abatimento; na estomatite gangrenosa (*noma, cancrum oris*) que vem ordinariamente como complicação do sarampo, a boca gangrena em parte, os dentes caem, há corrimento fétido, febre à noite, abatimento, emagrecimento; a estomatite parasitária (*sapinhos*), que é produzida por um *cogumelo* (*saccharomyces albicans*), o qual enterra o seu micélio na mucosa e a ela adere fortemente, formando pontos brancos salientes espalhados por toda a boca, aparecem sobretudo nas crianças, no curso de moléstias dos intestinos, ou em estados de caquexias prenunciando a morte.

As estomatites costumam durar de 8 a 14 dias.

O principal medicamento da estomatite simples ou catarral é *Kali chloricum* 3ª trit.; entretanto, a alternação de *Mercurius* 5ª e *Belladona* 3ª pode ser igualmente útil. Na estomatite aftosa, dê-se *Borax* 3ª, *Sulphuris acidum* 3ª, *Arum tryphyllum* 3ª ou *Muriatis acidum* 3ª. Na estomatite ulcerosa, *Mercurius corrosivus* 3ª; falhando, dê-se *Kali chloricum* 3ª trit., *Nitri acidum* 3ª ou *Baptisia* 1ª; com hálito fétido, *Baptisia* 1ª ou *Capsicum* 3ª; sifilítica, *Mercurius corrosivum* 3ª; mercurial, *Hepar* 5ª ou *Baptisia* 1ª. Estomatite em moléstias caquéticas (cancro, tísica, Mal de Bright etc.), *Baptisia* 1ª, *Arsenicum album* 5ª ou *Mercurius corrosivus* 12ª. Na estomatite gangrenosa, *Mercurius dulcis* 3ªx só ou alternado com *Muriatis acidum* 3ª ou *Arsenicum* 3ª; se falharem e havendo muito enfraquecimento geral, *Lachesis* 5ª. Nos sapinhos, o principal remédio é *Borax* 3ª; se falhar, *Cinnabaris* 3ª trit. ou *Arum tryphyllum* 3ª e, em casos graves, *Mercurius corrosivum* 3ª. Os remédios devem ser dados de hora em hora.

ESTRABISMO

É o desvio para dentro ou para fora do eixo visual do olho; pode ser de um só ou de ambos os olhos: quando é para dentro, diz-se estrabismo *convergente* e o indivíduo afetado é chamado *vesgo*.

Se for consequência de convulsões, coqueluche, sarampo, coreia ou medo, *Belladona* 3ª, *Hyociamus* 3ª ou *Cicuta* 3ª; se for devido a lombrigas ou vermes, *Spigelia* 3ª, *Cina* 5ª ou 1ª, ou *Cyclamen* 3ª devem ser dados; *Alumina* 5ª, *Pilocarpus pinnatus* 3ªx, *Gelsemium* 5ª e *Stramonium* 3ª podem também ser úteis em outros casos, quando recentes. Uma dose a cada 2 horas nos casos recentes, e a cada 12 horas nos casos antigos.

ESTRANGÚRIA

Veja *Espasmo da bexiga* e *Espasmos da uretra*.

ESTREITAMENTO DO ESÔFAGO

Veja *Esôfago*.

ESTREITAMENTO LACRIMAL

É a obstrução quase sempre catarral, do conduto lacrimal do olho, produzindo corrimento de lágrimas e um pequeno tumor (*mucocele*), abaixo do canto interno do olho, cuja compressão faz surgir um pouco de mucopus misturado com lágrimas. Pode ser causa de dacriocistite.

Os principais remédios desta moléstia são: *Natrum muriaticum* 30ª; *Pulsatilla nigricans* 30ª pode também ser útil. Uma dose a cada 6 horas. Costuma-se alternar *Petroleum* 5ª e *Pulsatilla* 5ª. Se a causa for resfriamento, *Calcarea carbonica* 5ª.

ESTREITAMENTO DO RETO

É o estreitamento do canal do reto, espasmódico ou permanente, este devido à vegetação da retite crônica, às hemorroidas crônicas ou a cicatrizes resultantes de ulcerações disentéricas ou sifilíticas.

Devido a hemorroidas, *Sulphuris acidum* 5ª ou *Aesculus* 1ª; devido a cicatrizes, *Nitri acidum* 3ª ou *Graphites* 30ª; estreitamento espasmódico, *Belladona* 30ª ou *Nux vomica* 30ª. Devido a retite crônica, *Phosphorus* 30ª. Os remédios devem ser dados de 6 em 6 horas.

O tratamento cirúrgico é indicado caso a medicação homeopática não dê o resultado almejado.

ESTREITAMENTO DA URETRA

É o estreitamento do canal da uretra devido quase sempre à inflamação crônica da blenorragia; então há dificuldade de urinar, jato fino da urina e com pouca força, micções frequentes e com grande esforço, perturbações digestivas etc.

Os principais medicamentos são: *Clematis erecta* 3ªx ou 3ª, *Pulsatilla* 5ª, *Sulphur* 30ª e *Rhus toxicodendron* 5ª, de 6 em 6 horas. Nas operações de estreitamento da uretra, para combater o estado inflamatório, antes da operação, *Aconitum* 1ª, e os espasmos da uretra, *Cantharis* 3ª. Depois da operação, *Aconitum* 1ª prevenirá o calafrio. Veja *Espasmos da uretra*.

Tratamento especializado por dilatações em nada prejudica a medicação homeopática, quando feito por médico competente.

ESTROFULUS

Veja *Brotoeja*.

EXOSTOSE
(Nódulo ou tumor dos ossos)

É um tumor ósseo, que se desenvolve na superfície externa do osso, ordinariamente devido à sífilis terciária. Pode ser acompanhado de dores, principalmente à noite. Sua sede principal é nos ossos chatos da cabeça e da face.

Mercurius corrosivus 3ª ou *Aurum muriaticum* 3ªx são os dois principais medicamentos gerais. Especialmente na cabeça, *Kali bichromicum* 3ª ou *Heckla lava* 5ª; nos dedos, *Heckla* 5ª; na fronte, *Nux vomica* 5ª; com dores noturnas, *Mezereum* 3ªx ou *Stillingia silvatica* a 1ª. *Calcarea fluorica* 3ª também é um bom remédio.

FALTA DE SANGUE

Veja *Clorose*.

FARINGITE

É a inflamação da mucosa que forra a faringe, isto é, a inflamação da garganta. Quando aguda, caracteriza-se por granulações vermelhas e amareladas sobre as paredes da garganta, secura e dor de garganta, rouquidão variável e pigarro, havendo às vezes um pouco de surdez (*faringite granulosa*) ou simples vermelhidão da mucosa.

Na faringite aguda, se há febre, *Aconitum* 3ª e *Belladona* 3ª, alternados de hora em hora, são os remédios; não havendo febre, mas feridas na garganta, *Belladona* 3ª e *Mercurius iodatus ruber* 3ª trit. ou *Phytolacca* 1ª, alternados de hora em hora; havendo muito inchaço das paredes da garganta, *Apis* 3ª, de hora em hora. Pouca inflamação e muita dor de garganta (dor de garganta nervosa), *Lachesis* 5ª; feridas na garganta, *Hydrastis* 3ª trit.; muito pigarro, *Phytolacca* 3ª; muita tosse seca, *Capsicum* 3ª. Nos fumantes, consumidores de bebidas alcoólicas e oradores, *Nux vomica* 30ª. Seca, *Sanguinaria* 3ª; catarral, *Kali bichromicum* 3ª trit., *Nux vomica* 30ª à noite e *Sulphur* 30ª pela manhã também podem ser úteis, nos artríticos. Surdez devida à faringite granulosa, sobretudo nos idosos, *Mercurius dulcis* 3ªx trit.

FASTIO

Veja *Anorexia*.

FEBRE

É um conjunto de sintomas, que ocorrem no curso de várias moléstias agudas ou crônicas. Pode começar por arrepios; depois ocorre calor do corpo, respiração acelerada e quente, pulso frequente, agitação ou quietude, quebramento das forças, urinas raras e vermelhas.

Quando não se sabe em começo de que espécie de febre se trata, *Aconitum* 3ªx deve ser empregado por 24 horas; se, ao cabo desse tempo, a febre não tiver cessado com os suores que aparecem, é preciso recorrer a outros remédios (em geral, é *Baptisia* 1ª que se deve dar). Entretanto se, em vez de agitado, o doente estiver sonolento e com fraqueza e prostração musculares, então é *Gelsemium* 1ªx e não *Aconitum* que se deve dar logo no começo. Se houver muita dor de cabeça, pode-se alternar o *Aconitum* ou o *Gelsemium* com a *Belladona* 3ª. Nas crianças, dê-se *Gelsemium* 1ª. Com prostração, *Baptisia* 1ª, *Rhus* 3ª ou 5ª, *Arsenicum* 5ª. Febre muito elevada (40° C e 40,5° C), *Veratrum viride* 1ª ou *Pyrogenium* 5ª, sós ou alternados com *Belladona* 3ªx. Em febres graves, ameaçando aborto, dê-se *Baptisia* 1ª. Uma boa prática doméstica é começar o tratamento de uma febre de caráter ainda desconhecido por uma mistura de *Aconitum* 1ª, *Belladona* 1ª e *Bryonia* 1ª, 5 gotas de cada um na mesma poção. As doses devem ser repetidas de meia em meia hora, se a febre for muito forte. Na convalescença das febres prolongadas, dê-se *China* 30ª a cada 6 horas.

FEBRE [ESTUDO COMPARATIVO]

A fim de facilitar a escolha de um medicamento para *febre*, vamos fazer um pequeno estudo comparativo dos principais medicamentos usados na hipertermia.

Aconitum napellus. Empregado na 3ªx, é indicado quando o paciente tiver por características *pele seca, agitação e ansiedade*. Febre que vem repentinamente, quase sempre tendo por causa um golpe de ar.

Belladona. Indicada na 3ªx, tem por principais características o *grande abatimento* e os suores. Tremores acompanhados de extremidades frias. Doentes muito vermelhos e muito sujeitos a delírios.

Ferrum phosphoricum. Usado em 3ªx trit. apresenta *suores e sede*. O pulso em vez de ser cheio como nos outros medicamentos febrífugos, é um pulso deprimido. Pacientes anemiados e fatigados.

Bryonia alba. Usada na 3ªx e 5ª, apresenta, além da febre, *dor que melhora pelo repouso e pressão sobre o ponto dolorido*. Paciente quase imóvel, com grande sede para grande quantidade de água de cada vez. Além disso, ele tem uma dor de cabeça com impressão de que ela vai estourar. As dores são quase sempre ao nível de alguma serosa.

Arsenicum album 3ª, 5ª e 6ª. O paciente apresenta *grande prostração com agitação ansiosa*. O paciente tem medo da morte. Tremores de frio entre meia-noite e 3 horas da manhã. O paciente deseja ar fresco, mas quer o corpo bem agasalhado. *Sede muito grande, mas pequenas porções de água de cada vez*.

Gelsemium. T.M., 1ª e 3ªx. *Grande fraqueza*. O paciente não se sustém de pé. Face embrutecida. Quando transpira, o paciente melhora. Pulso irregular, intermitente e rápido nos casos agudos e lento, nos crônicos.

Pulsatilla. 3ª, 5ª e 6ª. A principal característica é a extrema variabilidade de sintomas. Agravação do doente em quarto quente e às 4 horas da tarde. Perturbações na circulação de retorno. O doente, apesar da febre, não tem sede. Pulso filiforme. Paciente melancólico e que gosta de que lhe ouçam os males de que se queixa, quer sejam físicos, quer morais.

Rhus toxicodendron. 3ª, 5ª e 6ª. O paciente de *Rhus* apresenta *uma necessidade de se locomover para melhorar*. Tosse acompanhando o tremor de frio. Urticária que piora pelo coçar. O estado de agitação desaparece logo que o paciente começa a transpirar. Língua com um triângulo vermelho na ponta. Herpes labial. Dores musculares e articulares.

Eupatorium perfoliatum. T.M., 1ªx e 3ªx. *Ansiedade e fraqueza*. Dores cabeça nauseosas. Peso e pulsação no occipital. Aversão pela luz. Suores profusos.

Veratrum viride T.M. Náuseas, vômitos e pulso cheio. Processos congestivos. Dispneia. Face lívida e delírio.

Nunca se deve aplicar mais do que cinco doses seguidas, de duas gotas a cada dose de tintura-mãe de *Veratrum viride*.

FEBRE AMARELA

É uma moléstia aguda caracterizada por uma febre remitente ou contínua, icterícia, albuminúria, vômitos pretos, sintomas hemorrágicos e ataxia dinâmica, alteração do sangue e degeneração gordurosa generalizada, especialmente do fígado, rins e capilares.

É provocada por um *vírus*.

Começa por grande febre, dores pelo corpo, sobretudo nas cadeiras, forte cefalalgia, rosto vermelho e vultuoso, olhos injetados e lacrimejantes, pálpebras semiabaixadas, olhar lânguido (faces de bêbado); a pele do colo e do peito se apresenta hiperemiada, vermelha como na escarlatina, o pulso é lento, e não frequente como nas outras febres; há abatimento geral e prisão de ventre. Este é o primeiro período. A remissão: todos os sintomas desaparecem ou diminuem notavelmente durante um ou dois dias e a convalescença pode começar; mas outras vezes aparecem os sintomas do terceiro período, chamado período hemorrágico e ataxia dinâmica – então surge a *ansiedade epigástrica*, em que o doente, angustiado, move-se constantemente, sem achar cômodo, e que é por vezes seguida do *vômito negro; a insônia; as hematêmeses* (*borra de café* ou *tinta de escrever*) e outras hemorragias por outros orifícios do corpo, boca, gengivas, ânus etc.; albumina na urina, urinas raras e até anúria, outras vezes vontade frequente de urinar, sem urinas; icterícia, delírio, sobressaltos tendinosos, carfologia, profunda prostração e morte.

Crotalus horridus 3ª ou Lachesis lanceolata 3ª são os principais remédios da febre amarela, na qual devem ser dados desde o começo, de meia em meia hora; Veratrum viride 1ª pode também ser útil neste primeiro período. No segundo período, se a língua é larga, inchada e saburrosa, dê-se Mercurius solubilis 5ª; se a língua é vermelha e limpa, dê-se Arsenicum album 5ª. Havendo, no terceiro período, agitação, insônia e angústia epigástrica, dê-se Arsenicum album 5ª alternado com Digitalis 1ªx; se surgirem vômitos pretos, alterne-se o Arsenicum ou a Digitalis com o Argentum nitricum 5ª ou a Bryonia 5ª; havendo estado nauseoso constante com vômitos pretos, Cadmium sulphuricum 5ª; Cantharis 30ª e Arsenicum 5ª alternados são os remédios da anúria e, se falharem, Phosphori acidum 3ª e Plumbum 30ª alternados. Quando, em vez das hemorragias, surgirem sintomas tíficos, veja Febre tifoide.[181]

FEBRE BILIOSA[182]

Caracteriza-se por febre alta e remitente, seguida, no segundo dia, de icterícia, insônia, cefalalgia, agitação, delírio, vômitos biliosos e diarreia biliosa abundante; o fígado e o baço aumentam de volume, com dor nos hipocôndrios; as urinas escassas e vermelhas; depois a adinamia, os sintomas tíficos, as hemorragias, sobretudo a hematúria, a dispneia, o coma e a morte completam o quadro desta moléstia. Dura de 8 dias a duas semanas.

Nas formas leves, Eupatorium perfoliatum 1ª; nas formas graves, Crotalus horridus 5ª ou Phosphorus 5ª. De hora em hora ou de meia em meia hora.

Para mais detalhes, siga o tratamento da febre amarela.

FEBRE DE CALOR

Veja Febre climática.

FEBRE DE CAROÇO

Veja Peste bubônica.

---

181. Para maiores esclarecimentos, leia-se A Febre Amarela e seu Tratamento Homeopático, Dr. Nilo Cairo (Curitiba, 1910, 68 p.).
182. Cremos que o Prof. Dr. Nilo Cairo descreveu o que modernamente chamamos a Icterícia infecciosa espiroquética ou doença de Weil, causada pelo Leptospira icterohemorrhagiae.

FEBRE CIRÚRGICA

As operações cirúrgicas podem ser seguidas de febre (febre cirúrgica traumática), que apresenta quatro variedades; a febre cirúrgica asséptica, a febre cirúrgica séptica, a febre cirúrgica supurativa e a febre septicêmica.

A primeira ocorre cerca de 12 ou 24 horas depois da operação; é geralmente leve, o doente se sente bem, e dura de poucas horas a 4 dias, curando-se ordinariamente por si. O principal remédio é Arnica 3ªx, que pode ser alternado com Aconitum 1ª se o operado estiver agitado; Gelsemium 1ª, se sonolento e quieto; em outros casos, Ferrum phosphoricum 3ª trit., havendo dor de cabeça, Aconitum 1ª e Belladona 3ªx alternados. Uma dose a cada 2 horas.

A febre séptica surge dentro de 2 dias após a operação e dura de 7 a 10 dias; a ferida é vermelha, inflamada e dói, a língua é seca, o pulso rápido, a temperatura elevada; há prostração e às vezes delírio. Neste caso, alterna-se Arsenicum album 5ª com Lachesis 5ª, uma dose a cada hora; ou então dê-se Ecchinacea T.M. (15 a 30 gotas a cada 2 ou 4 horas). Rhus toxicodendron 3ª também pode ser útil em lugar de Arsenicum, alternado com Lachesis ou com Ecchinacea.

Na forma supurativa, que pode ser consequente à precedente, a febre aparece dentro de 4 dias a 3 semanas após a operação; há formação de abscesso na ferida aparentemente cicatrizada, febre remitente, prostração e às vezes delírio. Neste caso, dê-se Arsenicum album 5ª ou Rhus toxicodendron 3ª em alternância com Hepar 12ª a cada hora; depois de evacuado o pus, Silicea é o remédio a cada 3 horas. Se ficar alguma fístula supurante, Pulsatilla 5ª é o melhor remédio, a cada 6 horas. Tanto na febre séptica, como na supurativa, Aconitum 1ª e Bryonia 1ª, alternados a cada hora, podem ser muito úteis no começo.

A febre septicêmica, que aparece vários dias após a operação, com ou sem abscesso, é de todas as formas a mais grave; começa por intensos calafrios e febre remitente, seguida de suores profusos, pode haver icterícia, prostração e diarreia; depois, estado tífico grave e morte. Neste caso, dê-se Arsenicum album 5ª alternado com Lachesis 5ª; ou então Rhus toxicodendron 3ª e Pyrogenium 30ª alternados, ou ainda Ecchinacea T.M. alternado com um dos precedentes. Veja Septicemia.

FEBRE CLIMÁTICA

É uma moléstia tropical aguda que ocorre ordinariamente durante os grandes calores, e se caracteriza por alta febre, coma e intensa congestão pulmonar; há dispneia, vômitos, cefalalgia, insônia, delírio e prostração. Dura de 4 a 9 dias.

Os dois principais medicamentos são *Aconitum* 3ªx e *Belladona* 3ª, alternados de meia em meia hora, ou então dê-se só *Veratrum viride* 1ª, de 20 em 20 minutos, se a febre for muito alta. *Glonoinum* 5ª tem indicação.

FEBRE DE DENTIÇÃO

Veja *Dentição*.

FEBRE EFÊMERA

É uma febre que começa com calafrios, seguidos de calor, e dura ordinariamente 1 ou 2 dias, terminando por uma crise de suores; há cefalalgia, dores pelo corpo, sensação de fadiga, sonolência ou agitação.

Se o doente estiver agitado, dê-se *Aconitum* 3ªx; se estiver sonolento, *Gelsemium* 1ª. De hora em hora.

FEBRE DE FENO[183]
(Rinite hiperestésica periódica)

É uma rinite aguda, acompanhada de conjuntivite, que ataca no verão ou outono, nos países frios, e é caracterizada por uma coriza intensa, com entupimento das ventas, lacrimação, às vezes febre e dor de cabeça, e acessos de asma, sobretudo à noite.

Os principais medicamentos destas moléstias são: *Arsenicum iodatum* 3ªx trit., *Chininum arsenicosum* 2ªx trit., *Naphtalinum* 3ªx, *Sanguinaria nitrica* 3ª, *Solanum lycopersicum* 3ª e *Sabadilla* 30ª, de hora em hora. Outro remédio é *Arundo mauritanica* 3ªx. *Ambrosia artemicefolia* 3ªx tem suas indicações.

Na alopatia, os *anti-histamínicos de síntese*, que podem ser associados ao tratamento homeopático, pois o seu processo de cura se baseia na terapêutica de competição, que não é nada mais do que a lei de semelhança aplicada na intimidade celular.

FEBRE FLUVIAL DO JAPÃO

É uma moléstia própria do Japão, caracterizada pelo aparecimento sobre a pele de uma escara inicial, cercada de uma zona inflamada, seguida de uma úlcera e linfatite com ingurgitamento dos gânglios linfáticos; febre elevada,

seguida, no sétimo dia, de um exantema papuloso, e acompanhada de conjuntivite e bronquite – com tosse incessante. Dê-se *Nitri acidum* 6ª alternado com *Lachesis* 30ª.

FEBRE GANGLIONAR[184]

É uma moléstia própria da infância, de 2 a 8 anos, durante alguns dias, e caracterizada por calafrios, febre alta, glândulas do pescoço inchadas, dificuldade de engolir e abatimento.

Os dois principais medicamentos são *Belladona* 5ª e *Mercurius iodatus ruber* 3ª trit., alternados de hora em hora.

FEBRE GÁSTRICA

Dura de 4 a 11 dias. Caracteriza-se por febre violenta e contínua, acompanhada, em começo, de náuseas e vômitos, e, depois, de cefalalgia intensa, abatimento, língua saburrosa, prisão de ventre ou diarreia, urinas raras e vermelhas, erupção de roséolas como no tifo. A convalescença é muito rápida.

Baptisia 1ª, de hora em hora, é o principal medicamento. Pode ser alternado com *Arsenicum album* 5ª.

FEBRE INTERMITENTE

Veja *Impaludismo*.

FEBRE DE LEITE

Veja *Febre puerperal*.

FEBRE DE LOMBRIGAS

Veja *Lombrigas*.

FEBRE MEDITERRÂNEA
(Febre de Malta)

É uma moléstia própria dos países tropicais, caracterizada por uma série de acessos febris, durando uma ou mais semanas, interrompida por um período de apirexia absoluta ou relativa, durante também uma ou diversas semanas, e

---

183. Doença alérgica e, como tal, deve-se saber qual é o alérgeno que desencadeia a crise. Conhecendo-se o alérgeno, é só dessensibilizar o organismo por doses homeopáticas do alérgeno.

184. Não se deve confundir com a angina monocitária, cujos estudos diferenciam da febre ganglionar. Os principais medicamentos da *angina monocitária* são: *Ecchinacea* T.M., *Arsenicum iodatus* 3ª trit. e *Calcaria iodatus* 3ªx.

acompanhada, no período febril, por dores e inchaços reumáticos nas articulações, suores profusos, nevralgias, sobretudo a ciática, anemia e às vezes orquite. A febre apresenta um acentuado aspecto de embaraço gástrico e é acompanhada de prostração.

É causada por um microrganismo do gênero *Brucella*, dos quais existem três qualidades afetando animais, mas podem ser transmitidos ao homem: a *Brucella abortus*, a *Brucella suis* e a *Brucella melitensis*.

No começo, enquanto não aparecem as dores reumáticas, *Baptisia* 1ª de hora em hora; depois que os inchaços articulares aparecem, alterne-se a *Baptisia* 1ª com a *Bryonia* 1ª ou *Rhus toxicodendron* 5ª, ou com o *Mercurius solubilis* 5ª, se houver profusos suores. Se ocorrer a ciática, dê-se *Colocynthis* 3ª. Outro remédio que pode ser útil nesta moléstia é *Colchicum* 3ªx.

Na alopatia, as *Sulfas*, *Estreptomicina*, *Cloromicetina* e *Aureomicina*, sob indicação médica.

FEBRE MILIAR

Veja *Miliária*.

FEBRE NEGRA

É uma moléstia aguda, própria da África, caracterizada por uma caquexia progressiva, emagrecimento, acessos de febre intermitente, hipertrofia do baço, anemia, extrema, coloração carregada da pele e inchaços vários.

Arsenicum iodatum 3ª trit., *Calcarea arsenicosa* 3ª trit., *Chininum arsenicosum* 3ª trit., *Natrum muriaticum* 30ª e *Sulphur* 30ª são os principais medicamentos.

FEBRE PUERPERAL

Toda febre que ocorre nos 12 primeiros dias depois do parto deve ser considerada febre puerperal (também chamada *infecção puerperal*). Pode ser leve e se apresentar com ingurgitamento dos seios (é o que antigamente se chamava *febre de leite*) ou pode ser grave e se desenvolver de um modo intenso, acompanhada ou não de metrite, flebite, peritonite ou salpingo--ovarite. Começa por grandes calafrios, seguidos de alta febre, pulso rápido, respiração curta e opressa, sede intensa, náuseas e vômitos, dores de cabeça, face congestionada, fisionomia ansiosa, delírio; há distensão, dor e grande sensibilidade do baixo ventre, supressão do leite e lóquios suprimidos ou escassos e com mau cheiro. Depois surgem sintomas tíficos, prostração e morte em colapso.

Veratrum viride 1ª e *Bryonia* 1ª, alternados de 20 em 20 minutos ou de meia em meia hora, desde o começo do acesso, cortam infalivelmente a moléstia dentro de 2 ou 3 dias. Para evitar a febre puerperal, dê-se logo depois do deliviramento *Arnica* 1ªx, de hora em hora, por vários dias sucessivos.

Se, entretanto, a febre puerperal já estiver plenamente desenvolvida, então dê-se: se for septicêmica, sem inflamação do útero, *Rhus toxicodendron* 3ª ou 5ª ou *Hyosciamus* 5ª; se for metrite, *Belladona* 3ª ou *Nux vomica* 30ª; se for peritonite, *Belladona* 1ª ou *Colocynthis* 3ª e *Mercurius corrosivus* 3ª, alternados; salpingo--ovarite, *Rhus toxicodendron* 3ª; veja *Phlegmatia alba dolens*, em Flebite. *Pyrogenium* 30ª e *Baptisia* 1ª podem também ser úteis na forma septicêmica. Após todos os partos trabalhosos, convém aplicar *Arnica* 1ª, *Veratrum viride* 1ª e *Bryonia* 1ª alternados, com grandes resultados, segundo os conselhos do Prof. Dr. Sabino Theodoro. As "*Sulfas*" da alopatia têm feito verdadeiros milagres, na febre puerperal, sob indicação médica.

Além das *Sulfas*, os *Antibióticos*, como *Penicilina*, *Estreptomicina*, *Terramicina*, *Aureomicina* etc. são de valor inestimável, mas sempre sob indicação médica.

FEBRE RECORRENTE
(Tifo recorrente)

É uma moléstia aguda, caracterizada por acessos de alta febre, durando de 5 a 7 dias, intervalos por períodos de apirexia, durando também de 5 a 7 dias ou mais. A febre é acompanhada de dores musculares, sobretudo das panturrilhas, insônia, prostração, diarreia e sede.

Baptisia 1ª é o remédio, se predominarem os sintomas gástricos, *Bryonia* 12ª, se as dores predominarem e se agravarem pelo movimento; *Rhus toxicodendron* 12ª, idem, se elas melhorarem pelo movimento. *Eupatorium perfoliatum* 1ª pode ser também útil.

FEBRE REMITENTE INFANTIL

É uma forma de febre gastrintestinal, própria da infância, caracterizada por aumento de febre à tarde e à noite e declínio ou diminuição pela manhã, sem suores; pode não haver calafrios, e durar muitos dias. A criança, esperta pela manhã, fica caída à tarde; há prisão de ventre ou ligeira diarreia, às vezes prostração.

O seu remédio é *Gelsemium* 1ª, que pode ser alternado com *Pulsatilla* 3ª ou *Antimonium crudum* 5ª, se os sintomas gástricos forem muito pronunciados, ou com *Hyosciamus* 3ª, se houver dores de cabeça ou delírio. De hora em hora.

FEBRE TIFOIDE

É uma moléstia aguda, caracterizada por febre elevada, duração de 3 ou 4 semanas e grande prostração, com diarreia, bronquite e às vezes delírio. Começa com pouca febre ou acessos intermitentes; a febre sobe aos poucos durante a primeira semana, conserva-se alta durante a segunda, às vezes a terceira e declina na terceira ou quarta, terminando no 21º ou no 28º dia; há muita prostração; erupção de manchas lenticulares como mordeduras de mosquitos; pulso a 104 e 110; língua seca saburrosa ou enegrecida; dor de cabeça; tosse e catarro; gargarejo no ventre ao lado direito; epistaxe; pode haver hemorragias intestinais. A prostração aumenta progressivamente, há delírio manso ou furioso e constante e o doente sucumbe na 2ª ou 3ª semana da moléstia.

Nos casos benignos e leves, a febre tifoide se assemelha a uma simples infecção gastrintestinal, mas seu curso é sempre de 14 ou 21 dias e às vezes mesmo de 40 dias. A febre é então pequena e o delírio raro.

Nos casos benignos, *Baptisia* 1ª alternada com *Arsenicum* 5ª uma hora um, outra hora o outro, são os dois principais medicamentos e devem ser usados durante todo o curso da moléstia.

Nos casos graves comuns, *Arsenicum album* 3ª, *Kali phosphoricum* 5ª, ou *Rhus toxicodendron* 3ª alternados com *Phosphori acidum* 3ª (se a diarreia é clara e pálida); se houver delírio à tarde e à noite, alterne-se à noite o *Arsenicum* 3ª com a *Belladona* 3ª (delírio furioso) ou *Hyosciamus* 3ª (delírio manso murmurante). *In extremis*. *Carbo vegetabilis* 30ª. A alternação de *Rhus toxicodendron* 5ª e *Bryonia* 5ª também dá bons resultados na febre tifoide.

Contra a epistaxe, dê-se *Ipeca* 1ªx de 15 em 15 minutos; contra a hemorragia intestinal, *Phosphori acidum* 3ª é o remédio; (também *Terebinthina* 3ª, *Nitri acidum* 3ª e *Millefolium* 3ªx, de 20 em 20 minutos); contra o limpanismo, *Colchicum* 3ª, a cada hora. Na convalescença, dê-se *China* 30ª, de 2 em 2 horas.

Modernamente, o emprego da *Cloromicetina* é de resultados surpreendentes. Deve-se ter o cuidado de não exagerar as doses e, quando no seu uso, estar sob cuidados do médico. A associação dos corticosteroides tem indicação, mas deve ser feita sob controle médico.

Veja *Tifo exantemático*.

FEBRES ERUPTIVAS

Veja *Alastrim, Cataporas, Dengue, Erisipela, Escarlatina, Miliária, Roséola, Sarampo, Tifo exantemático, Vacinose* e *Varíola*.

FEBRES GASTRINTESTINAIS

São as febres que se encontram mais comumente na prática. Também chamadas *infecções intestinais*, são febres de tipos vários, contínuas, remitentes ou intermitentes, de caráter benigno ou grave, que se caracterizam por temperatura moderada ou elevada, língua saburrosa, anorexia, náuseas ou vômitos, prisão de ventre ou diarreia moderada ou disenteriforme, cefalalgia, prostração, emagrecimento, às vezes delírio, cólicas, gastralgia, erupção de roséolas tíficas. Duram de 5 a 28 dias. A febre ora é pequena (38º C), ora elevada (39º C e 39,5º C) e a moléstia ora simula a febre gástrica, ora a febre tifoide, ora a febre palustre, ora a febre biliosa. Nas formas contínuas, deem-se *Baptisia* 1ª e *Arsenicum album* 5ª alternados ou alternem-se *Baptisia* 1ª e *Mercurius dulcis* 3ª trit. Nas formas remitentes, dê-se *Gelsemium* 3ªx trit. e, se falhar, alternem-se *Gelsemium* 1ª e *Natrum muriaticum* 30ª ou *Ipeca* 5ª e *Nux vomica* 5ª. Nas febres muito elevadas, *Veratrum viride* 1ª ou *Pyrogenium* 30ª alternado com *Belladona* 3ªx, de 20 em 20 minutos. *Rhus toxicodendron* 3ª e *Kali phosphoricum* 5ª, ou então *Rhus toxicodendron* e *Bryonia* 5ª, alternados a cada 2 horas, podem ainda ser úteis em casos com grande prostração. Na alopatia, usa-se atualmente a *Sulfaguanidina, Sulfatalidina* etc. debaixo dos cuidados médicos.

FEBRES PALUSTRES

Veja *Impaludismo*.

FENDAS

Veja *Rachaduras*.

FENDAS NO ÂNUS

São pequenas ulcerações longitudinais, que têm sua sede na borda do ânus, as quais tendem a se reabrir a cada defecação. Há muita dor ao evacuar e, depois de evacuar, aperto do ânus; um pouco de sangue depois da evacuação, simulando hemorroidas; a dor pode mesmo aparecer, sem a defecação, e é às vezes muito violenta. Pode haver uma única, duas ou três fendas.

Os dois principais medicamentos são *Nitri acidum* 3ª ou 5ª e *Sedum acre* 3ª ou 5ª, sós ou alternados, de 3 em 3 horas. Pode-se empregar ainda *Ratanhia* 3ª, *Petroleum* 3ª, *Agnus castus* 3ª e *Graphites* 30ª.

Castor equi 3ªx tem muita indicação.

FERIDAS

São soluções de continuidade da pele e tecidos subjacentes, determinadas per violências exteriores.

Se não determinadas por instrumentos picantes, *Ledum* 3ª é o remédio – assim como por agulhas, pregos, lascas de madeira, mordeduras de insetos, cobras não venenosas, pequenos animais (ratos, gatos etc.); por instrumentos cortantes (faca, vidro etc.), *Staphisagria* 3ª ou *Calendula* 3ª; feridas contusas ou laceradas, sobretudo por bala, *Calendula* 3ª ou *Hydrastis* 3ª ou ainda *Hamamelis*, extrato; se foi algum nervo atingido e a ferida é excessivamente dolorida, sobretudo quando se trata de prego cravado no pé ou lascas metidas debaixo da unha, ou machucaduras dos dedos por martelo ou queda de peso no pé ou outras feridas das mãos e dos pés, *Hypericum* 1ª ou 3ª é o remédio. Feridas no seio, *Conium* 30ª. Feridas nos pés causadas pelos sapatos, *Allium cepa* 5ª. Para prevenir e suspender a supuração depois das operações, *Arnica* 3ª (*Veratrum viride* 1ª também é remédio das hemorragias das amputações e das feridas); hemorragia depois da extração de um dente, *Trillium* T.M. Para prevenir a pioemia nas feridas sépticas, *Arnica* 3ª. Hemorragias por bala, *Aranea diadema* 6ª. Feridas do ventre, *Nux vomica* 3ª e *Veratrum album* 5ª alternados. Feridas dos tendões e ligamentos, *Rhus toxicodendron* 3ª. Grande depressão nervosa e perda de sangue por feridas laceradas, *Hypericum* 3ª. Convulsões, *Cicuta virosa* 5ª. Febre ou inflamação consequente a feridas de qualquer espécie, *Arnica* 3ª só ou alternada com *Aconitum* 3ª; feridas sépticas, *Lachesis* 3ª ou 5ª;[185] havendo gangrena, *Ecchinacea* T.M. ou *Sulphuris acidum* 3ª; erisipela, *Apis* 3ªx. Se houver supuração, *Pulsatilla* 5ª e *Arsenicum album* 5ª alternados. *Silicea* 30ª ou *Calcarea sulphurica* 30ª. Para favorecer a expulsão de corpos estranhos que se introduzem debaixo da pele, *Anagalis arvensis* 3ª e *Silicea* 30ª. Contra velhas feridas ou cicatrizes que se reabrem, *Causticum* 30ª. Cicatrizes doloridas, *Causticum* 30ª, *Silicea* 30ª e *Sulphuris acidum* 5ª. Cicatrizes que coçam, *Fluoris acidum* 30ª. Para amolecer cicatrizes velhas e duras ou viscosas, *Graphites* 30ª ou *Phitolacca* 5ª, sobretudo do seio. Velhas feridas cicatrizadas que se reabrem e supuram, *Crocus* 3ª. Ferinas purulentas, no início, *Pyrogenium* 30ª.

Veja feridas:
– na boca: *Estomatite*.
– na cabeça: *Eczema* e *Impetigo*.
– no nariz: *Ozena*, *Sífilis* e *Cancro*.
– nos ossos: *Fraturas*.
– na perna: *Úlceras*.
– no seio: *Cancro*.
– no útero: *Ulcerações uterinas*.

---

185. Veja *Pioemia* e *Febre cirúrgica*.

FIBROMAS

São tumores sólidos que se desenvolvem na pele e em certos órgãos, especialmente no útero, nos ovários e nos seios da mulher. Na pele, podem ser simples ou múltiplos e variam de tamanho, podendo tomar grandes proporções: são raros ou pedunculados. Fibroma uterino é um tumor duro localizado dentro da parede do útero e aumentando progressivamente; hemorragias, cólicas uterinas, leucorreia, peso, aumento de volume considerável do ventre, prisão de ventre, dificuldade de urinar. Localizado no ovário, atinge pequeno volume; o mesmo acontece no seio; é sempre indolor e não incomoda.

Os principais remédios internos dos fibromas da pele são: *Conium* 30ª, *Lachesis* 30ª e *Platina* 30ª.

Os principais medicamentos do fibroma uterino são: *Calcarea iodata* 3ªx, *Ustilago maydis* 3ªx, *Secale cornutum* 2ªx, *Lachesis* 5ª, *Platina* 5ª, *Thyroidinum* 3ª, *Kali iodatum* 3ªx, *Fraxinus americana* T.M.

Os principais medicamentos do fibroma do ovário são: *Conium* 30ª, *Lachesis* 30ª e *Platina* 30ª.

Os remédios do fibroma do seio são: *Conium* 30ª e *Carbo animalis* 5ª.

Uma dose, três vezes por dia.

Quando grandes e trazendo perturbações por compressão de órgãos vizinhos, indicação operatória.

FÍGADO

Veja *Cálculos biliares*, *Cancro*, *Cirrose do fígado*, *Cirrose infantil*, *Congestão hepática*, *Degenerações*, *Hepatite* e *Icterícia*.

FILARIOSE

Veja *Elefantíase* e *Quilúria*.

FIMOSE

Veja *Balanite*.

FISOMETRIA

É a emissão de gases, geralmente fétidos, pela vagina. São devidos à decomposição de líquidos orgânicos retidos dentro do útero. Às vezes, forma-se um tumor e o útero se dilata; neste caso é catarro uterino. *Sepia* 30ª, *Bromium* 5ª ou *Lycopodium* 30ª podem ser úteis, de 4 em 4 horas.

FÍSTULAS

São condutos anormais, que se produzem nos tecidos, devidos a um processo ulcerativo, dando escoamento a líquidos anormais (em geral, pus), ou normais: urinas, fezes e lágrimas, desviados de seu curso regular.

Sua abertura externa é ora saliente (quando a fístula é recente) e situada sobre um pequeno botão carnudo avermelhado, semelhante a uma lingueta, ora deprimida no fundo de um pequeno buraco. O escoamento do líquido é contínuo ou intermitente.

De um modo geral, *Pulsatilla* 5ª e *Silicea* 30ª alternados são os dois principais remédios das fístulas; se falharem, dê-se *Calcarea sulphurica* 5ª, a cada 3 ou 4 horas.

Fístula lacrimal, *Natrum muriaticurn* 30ª, *Sulphur* 30ª ou *Silicea* 30ª; fístula dentária, *Fluoris acidum* 30ª, *Calcarea fluorica* 5ª ou 200ª, *Berberis* 1ª ou *Paeonia* 3ª; fístula tuberculosa, *Tuberculinum* 30ª ou *Bacillinum* 100ª (1 gota de 7 em 7 dias) e, nos intervalos, *Calcarea carbonica* 30ª. Os remédios devem ser dados de 6 em 6 horas. Fístula abdominal, depois de operações no ventre, com muita flatulência, *Carbo vegetabilis* 5ª, de hora em hora.

FLATULÊNCIA

É um sintoma que ocorre no curso de várias moléstias, especialmente de dispepsia, caracterizado por excesso de gases no estômago e nos intestinos, com borborigmos, distensão do abdome ou do estômago, arrotos e expulsão de gases pelo ânus.

Se os arrotos predominam ou há tendência à diarreia, dê-se *Argentum nitricum* 5ª ou *Carbo vegetabilis* 5ª ou 30ª; se a flatulência é sobretudo intestinal e há prisão de ventre, dê-se *Lycopodium* 30ª. Distensão do estômago, depois de comer, *Nux vomica* 5ª; do abdome, *Apocynum cannabinum* T.M. Flatulência histérica, *Asafoetida* 12ª ou *Valeriana* 1ªx, *Cajuputum* 3ª, *Sparteina sulphurica* 3ªx, *Raphanus* 5ª, *Antimonium crudum* 5ª e *Nux moschata* 3ª são outros tantos remédios da flatulência (Veja a *Matéria Médica*). Flatos muito fétidos, *Rhus glabra* 1ª.

FLEBITE

É a inflamação da parede das veias, caracterizada por inchaço doloroso da veia, que se apresenta como um cordão duro debaixo da pele, com um pouco de febre e embaraço gástrico. Pode ser devida à febre tifoide, à tuberculose, ao cancro, à clorose, à sífilis, ao reumatismo, à gota, à gripe etc. Quando a flebite é das veias crurais das coxas, ocorrendo geralmente depois do parto, chama-se *phlegmatia alba dolens* e é acompanhada de febre alta, prostração e inchaço enorme da perna. Se a flebite supura, formam-se diversos abscessos ao longo da veia; há febre alta, calafrios repetidos e muita prostração, que pode levar à morte. A flebite pode passar ao estado crônico.

Flebite simples ou *phlegmatia alba dolens* não supurada, *Pulsatilla* 3ª alternada com *Hamamelis* 1ª ou com *Mercurium solubilis* 5ª, de hora em hora. Muito inchaço edematoso, sem febre, *Apis* 3ªx. Flebite séptica supurada, *Lachesis* 5ª ou 30ª, de hora em hora. Crônica, *Pulsatilla* 3ª e *Mercurius solubilis* 5ª, alternados de 3 em 3 horas. Flebite sifilítica, *Mercurius corrosivus* 6ª.

Repouso e terapêutica *anticoagulante* (Heparina e Dicumarol) é o que os alopatas estão fazendo. Aliás, o repouso no caso dessa terapêutica é relativo, mas deve somente ser usado sob indicação médica.

FLEIMÃO OU PHLEGMÃO

Veja *Abscesso*.

FLORES-BRANCAS

Veja *Leucorreia*.

FOGAGEM

Veja *Balanite*.

FOSFATÚRIA

Veja *Urinas*.

FRATURAS

É a ruptura de continuidade que ocorre em um osso, que se quebra geralmente em dois pedaços em consequência de um traumatismo; caracteriza-se por estalidos no lugar fraturado, dores, deformidade local, mobilidade anormal do osso e incapacidade funcional.

Além de *encanar* o osso fraturado, logo no começo, deve-se dar *Arnica* 3ªx, a cada 2 horas, só ou alternada com *Aconitum* 3ª, se houver febre. Uma vez passados os sintomas agudos, se quiser apressar a formação do calo e auxiliar a consolidação do osso, dê-se *Calcarea carbonica* 3ª trit. nas pessoas fracas, com perturbações do aparelho digestivo ou irregularidades menstruais, ou *Calcarea phosphorica* 3ª trit., nas pessoas com afecções do aparelho respiratório ou nos idosos de fraca vitalidade; 1 tablete de 4 em 4 horas. Pode-se alternar um destes dois medicamentos com *Ruta* 3ª ou *Symphytum* 3ª. Contra as contrações espasmódicas dos músculos da região fraturada, que tendem a deslocar os fragmentos do osso, *Arnica* 3ªx, *Cuprum* 5ª ou *Ignatia* 5ª, a cada 2 horas. Se a inflamação ocorre, *Belladona* 3ª e *Mercurius solubilis* 5ª são indicados em alternação a cada hora.

FRIEIRAS

É a inflamação circunscrita da pele, causada pelo frio e caracterizada por vermelhidão, inchaço, ardor, prurido e às vezes escoriações e ulcerações superficiais da parte afetada. Tem sede especial nas mãos e nos pés, sobretudo entre os dedos. Não deve ser confundida, como se faz geralmente, com o eczema interdigital.

Os três principais medicamentos são: *Pulsatilla* 3ª, *Agaricus* 3ªx e *Cantharis* 3ª; depois vem *Petroleum* 3ª, *Graphites* 5ª, *Calcarea muriatica* 1ªx trit., *Therebintina* 3ª e *Sulphur* 30ª. O Dr. Espanet aconselha *Pulsatilla* 3ª e *Mercurius solubilis* 5ª alternados. Uma dose a cada 4 horas. Externamente, *gliceróleo de Rhus*.

O Dr. Verulet, do Rio de Janeiro, aconselha *Petroleum* 200ª uma dose por semana.

FURUNCULOSE

Chama-se *furúnculo* uma inflamação aguda circunscrita da pele e tecidos subjacentes caracterizada por uma pápula dura e vermelha, muito dolorida, assentada sobre uma região de inflamação mais profunda, que supura, gangrena no centro e enfim cicatriza depois de ter expelido a massa gangrenada, que o vulgo chama *carnicão*. Dura de 1 a 4 semanas. Pode ser único ou múltiplo; quando aparecem e se sucedem vários furúnculos pelo corpo, a moléstia toma o nome de *furunculose* e é contagiosa, podendo se tornar epidêmica. Há muitas dores e pode haver febre, quando o furúnculo é grande ou a furunculose generalizada. É *autoinoculável*.

Hepar sulphuris 3ªx trit. é o principal remédio da furunculose. *Crotalus horridus* 5ª é um bom remédio do furúnculo. No começo de um só furúnculo, *Belladona* 1ª e *Mercurius iodatus ruber* 3ª trit. alternados de meia em meia hora podem abortar o ataque; o mesmo se diz de *Calcarea sulphurica* 12ª. Se não abortar, dê-se *Silicea* 5ª ou 30ª. Para evitar a volta, *Phytolacca* 3ª, *Silicea* 30ª ou *Sulphur* 30ª, de 6 em 6 horas. Podem ainda ser úteis: *Arnica* 30ª, *Bellis perenis* 3ªx e *Ecchinacea* T.M. A *Arnica* 30ª combate a predisposição à furunculose; uma dose diariamente. A *Anatoxina staphylococcica* pode auxiliar muito o tratamento.

Bier, o grande cirurgião, converteu-se à homeopatia após ver o surpreendente sucesso do emprego de *Sulphur iodatus* 3ªx trit. na furunculose.

Modernamente na alopatia, aplicações locais de *Tirotricina*, *Furacina* ao lado dos antibióticos por via injetável ou bucal, sob indicação médica.

Nos casos rebeldes, a aplicação de *raios X* é recomendada como adjuvante das duas terapêuticas.

GAGUEIRA

Moléstia caracterizada pela dificuldade de emitir a palavra; essa dificuldade consiste na hesitação, na repetição sacudida, na suspensão penosa, na impossibilidade mesmo de articular, seja todas as sílabas, seja algumas sílabas em particular.

Os principais medicamentos, que devem ser usados por muito tempo com perseverança, são *Stramonium* 5ª, *Hyosciamus* 5ª e *Mercurius cyanatus* 5ª. Nas crianças, *Bovista* 30ª. Uma dose diariamente.

Existem hoje médicos especializados na correção da voz. É um recurso a mais, a ser lançado, além da medicação da voz.

GALACTORREIA
(Excesso de leite materno)

Veja *Leite*.

GANGLION
(Quisto sinovial)

É uma sinovite crônica peritendinosa da articulação do punho ou do tornozelo, caracterizada por uma pequena bola arredondada e móvel, até do tamanho de um pequeno ovo, cheio de um líquido seroso e de paredes moles.

Os dois principais medicamentos desta moléstia são: *Ruta* 1ª e *Benzoicum acidum* 3ª ou 30ª; de 4 em 4 horas.

GANGRENA

É a morte parcial de uma parte do corpo por cessação de sua nutrição. É dita *seca*, quando a parte é seca, dura e lenhosa; é dita *úmida*, quando a parte apodrece e exala mau cheiro. Neste último caso, se a parte gangrenada é externa, há febre, embaraço gástrico, diarreia, prostração profunda e morte.

O principal remédio desta moléstia é *Lachesis* 30ª; se falhar, *Echinacea angustifolia* T.M.

deve ser empregada, de hora em hora. Gangrena seca dos idosos, *Secale* 3ª e *Arsenicum* 3ª alternados. *Crotalus horridus* 3ª ou *Lachesis* 5ª. Gangrena pulmonar, com febre, falta de ar, dores no peito e escarros enegrecidos e fétidos, *Arsenicum* 3ª, *Kreosotum* 3ª, *Allium sativum* T.M. ou 1ª e *Carbo vegetabilis* 5ª. Antrazes e furúnculos gangrenosos, *Carbo vegetabilis* 5ª. Gangrena diabética, *Ecchinacea* T.M. Veja *Moléstia de Raynaud*.

Os *antibióticos* são indicados na alopatia, e a cirurgia.

GARGANTA

Veja as diversas moléstias da garganta: *Amigdalite, Difteria, Hipertrofia das amígdalas* e *Faringite*.

GASTRALGIA
(Dores de estômago)

As dores de estômago estão ligadas ao reumatismo ou à dispepsia ou são puras nevralgias gástricas, sobretudo nos histéricos, nos cloróticos e nos neurastênicos; caracterizam-se por dores vivas, contínuas ou intermitentes, na boca do estômago, em forma de cãibras.

Bismuthum metallicum 3ª trit. ou 5ª e *Cuprum arsenicosum* 3ª trit. (ou *Cuprum metallicum* 30ª) são os principais medicamentos; doses a cada 4 horas. Nos acessos, *Chamomilla* 5ª alternada com *Belladona* 3ª ou *Ignatia* 5ª, também pode ser útil. *Ecchinacea angustifolia* T.M. deve ser empregada. Dependendo de moléstia uterina, *Borax* 3ª. Em pessoas robustas ou neurastênicas, dores calambroides, *Nux vomica* 5ª e *Sulphur* 5ª alternados. Cãibras de estômago de natureza reumática, com sensibilidade à palpação, *Bryonia* 5ª. Em pessoas fracas e apresentando dores ardentes, *Arsenicum album* 5ª. Em pessoas anêmicas e debilitadas, com dores calambroides e alívio, por comer, *Graphites* 3ª. Nos histéricos, *Ignatia* 5ª. Em casos rebeldes, *Plumbum* 30ª de manhã, *Opium* 5ª à tarde. Aliviada por comer, *Chelidonium* 3ª. Podem-se usar também 5 gotas de *Gaulheria oleum* 1ªx.

GASTRENTERITE

Veja *Diarreias infantis*.

GASTRITE
(Inflamação da mucosa gástrica)

É a inflamação do estômago. Pode ser aguda ou crônica. A gastrite aguda se caracteriza por falta de apetite, sede intensa, boca seca e gosto amargo, língua saburrosa, náuseas e vômitos sem febre. Existem quatro tipos de *gastrite aguda*: *aguda simples exógena, aguda corrosiva, aguda infecciosa* e *gastrite aguda supurada*.

No primeiro tipo, zonas de hiperemia, mucosidades excessivas e às vezes hemorragias da submucosa. No segundo tipo, necrose, formação membranosa e reação subsequente inflamatória (frequentemente hemorragia). No terceiro tipo, hiperemia, extravasamento sanguíneo e erosão da mucosa. No quarto tipo, inflamação difusa purulenta da submucosa com hiperemia da serosa e hemorragias, necrose, erosões e depósitos de fibrina na mucosa. Em alguns casos, existe formação de abscessos circunscritos da submucosa.

A gastrite crônica se caracteriza por perturbações digestivas, azia, prisão de ventre, língua saburrosa, náuseas, vômitos e outros sintomas de dispepsia.

Arsenicum 5ª, 12ª ou 30ª é o principal medicamento da gastrite aguda; *Mercurius dulcis* 3ªx também pode ser muito útil. Na gastrite crônica, *Arsenicum* 12ª ou 30ª, *Mercurius corrosivus* 5ª, *Kali bichromicum* 5ª e *Iodum* 3ª são os remédios; com dureza e dilatação do estômago, *Nux vomica* 30ª, *Pulsatilla* 5ª e *Hydrastis* 1ª podem ser igualmente úteis. Na gastrite fleimonosa ou supurada, com febre e prostração e muitas dores de estômago, veja *Abscesso*.

GASTROPTOSE

É a queda do estômago, devida ao relaxamento dos ligamentos gástricos e se caracteriza por sintomas dispépticos.

Os principais medicamentos são: *Rhus* 3ª, *Nux vomica* 5ª, *Arsenicum* 12ª e *Phosphorus* 5ª; de 4 em 4 horas.

A correção ortopédica pela cinta é indicação essencial, bem como a cirurgia.

GLÂNDULAS

Veja *Adenite, Febre ganglionar* e *Linfatismo*.

GLAUCOMA

É uma moléstia dos olhos, caracterizada por um aumento de dureza do globo ocular, que se nota quando comprimindo o dedo por cima da pálpebra fechada (é o que se chama *aumento de tensão*), dilatação pupilar sem reação à luz, turvação de córnea, encovamento da câmara anterior, vista escura, dores no olho e na cabeça, círculos luminosos e coloridos em torno dos focos de luz, às vezes febre, náuseas e vômitos. Começa de súbito e termina na cegueira completa. Pode ser aguda ou crônica.

Os dois principais medicamentos são: *Gelsemium* 3ª e *Osmium* 3ªx trit., de hora em hora nos casos agudos, e de 3 em 3 horas nos casos crônicos, sós, ou alternados. *Spigelia* 3ªx é muito útil contra as dores agudas desta moléstia. Começando por ataques recorrentes de nevralgia facial, *Phosphorus* 30ª. *Guarea* 3ª pode ser útil, assim como *Physostigma* 3ªx, *Bryonia* 5ª e *Prunus spinosa* 3ª.

A indicação cirúrgica se faz necessária em grande número de casos. *Convém ouvir o quanto antes a opinião do oftalmologista.*

GLOSSITE

É a inflamação aguda ou crônica da língua, podendo por si só ser uma doença ou então ser sintoma de outra doença qualquer. Há febre, inchaço enorme da língua, dores, dificuldade de engolir e por vezes acessos de sufocação produzidos pelo grande edema da base do órgão.

Belladona 5ª e *Mercurius solubilis* 5ª, alternados de meia em meia hora, são os dois principais medicamentos. *Apis* 3ª também pode ser útil.

GONORREIA

Veja *Blenorragia*.

GORDURA
(Excesso)

Veja *Obesidade*.

GOTA

É um distúrbio do metabolismo das purinas associado com ataques recorrentes de artrite aguda que pode se tornar crônica e deformante.

Aparece mais no ciclo médio da vida, mas pode aparecer também em qualquer idade. A proporção de homens atingidos para com o índice feminino é à razão de 19 para 1.

Doença de etiologia desconhecida.

O ácido úrico é o produto final do metabolismo das purinas e é excretado pela urina. A gota se caracteriza por vermelhidão, inchaço e dores vivas das pequenas juntas, que vão aos poucos se deformando pela deposição dos "tofi" gotosos.

Entre nós, as grandes articulações, como o joelho, são poupadas.

Durante o ataque, *Colchicum* T.M. (5 gotas de 4 em 4 horas) ou *Urtica urens* T.M. (5 gotas em uma xícara de água quente, de 3 em 3 horas). No intervalo, *China* 3ª e *Ledum* 1ª, alternados de 6 em 6 horas. Nodosidades gotosas nas articulações, *Ledum* 3ª, *Guaiacum* 3ªx ou *Ammonium phosphoricum* 3ªx trit., *Actaea spicata* 3ª e *Sabina* 3ªx dão grande resultado.

Na alopatia, a *Colchicina* e o *Benemidi* são os medicamentos aconselhados, mas sempre o devem ser feitos sob prescrição médica.

O regime isento de ácido úrico (evitando as purinas) é aconselhável como complemento indispensável às duas terapêuticas.

GOTA MILITAR

Veja *Blenorragia*.

GRAVÁLIA

Veja *Cálculos renais*.

GRAVIDEZ
(Incômodos)

Os incômodos e as síndromes que ocorrem com a mulher grávida são devidos quase todos a reflexos uterinos ou compressão do útero sobre os órgãos vizinhos. Os dois principais medicamentos desses incômodos são *Nux vomica* 5ª e *Pulsatilla* 5ª – que abrangem quase todos os casos.

Entretanto, são indicados especialmente contra:

Acne: *Sabina* 5ª.

Albuminúria: *Mercurius corrosivus* 3ª, *Apis* 3ªx, *Helonias* T.M.; com retinite, *Gelsemium* 5ª; veja *Eclampsia*.

Azia: *Calcarea carbonica* 30ª, *Nux vomica* 5ª, *Pulsatilla* 5ª, *Capsicum* 5ª, *Dioscorea villosa* 3ªx e *Argentum nitricum* 3ª.

Cãibras: *Chamomilla* 5ª ou *Veratrum album* 30ª.

Cólica hepática: *Dioscorea villosa* 1ª.

Diarreia: *Pulsatilla* 5ª e *Sulphur* 5ª

Dispepsia: *Ferrum phosphoricum* 3ª e *Cantharis* 5ª.

Dor de cabeça: *Glonoinum* 6ª.

Dores abdominais: *Actea racemosa* 3ª ou *Bellis perennis* 5ª.

Dores de cadeiras: *Kali carbonica* 5ª, *Nux vomica* 5ª, *Rhus* 5ª, *Arnica* 3ª ou *Bellis perennis* 3ª.

Dores de dentes cariados: *Kreosotum* 3ª, *Staphisagria* 3ª ou *Ratanhia* 3ª.

Dores devidas aos movimentos do feto: *Arnica* 3ªx.

Dores musculares: *Aletris farinos* 3ª e *Arnica* 3ª.

Dores nos seios: com inchaço, *Bryonia* 3ª; sem inchaço, *Conium* 30ª.
Dores uterinas: *Actea racemosa* 3ª.
Extrema sensibilidade nervosa: *Theridion* 30ª.
Falsas dores de parto: *Chamomilla* 5ª, *Pulsatilla* 30ª, *Actea racemosa* 3ª ou *Caulophyllum* 1ª.
Falta de ar e opressão: *Nux vomica* 5ª, *Lycopodium* 6ª, *Apocynum cannabinum* 5ª ou *Viola odorata* 3ª.
Febre: *Aconitum* 5ª.
Flatulência: *Nux vomica* 3ª.
Fraqueza da vista: *Kali phosphoricum* 3ª.
Hemorragias de placenta prévia: *Sabina* 3ª ou *Erigeron* 1ªx.
Hemorroidas: *Collinsonia* 3ªx, *Hamamelis* 5ª e *Muriatis acidum* 3ª.
Icterícia: *Phosphorus* 3ª.
Inchaço: *Bryonia* 30ª, *Apis* 3ªx ou *Arsenicum* 3ª.
Insônia: *Coffea* 30ª ou *Pulsatilla* 30ª (insônia ao se deitar); *Nux vomica* 30ª ou *Sulphur* 30ª (pela madrugada); *Sumbulus* T.M.
Irritabilidade de espírito: *Actea racemosa* 3ª e *Pulsatilla* 5ª.
Mania: *Stramonium* 5ª.
Mau humor: *Chamomilla* 30ª.
Medo exagerado da morte: *Aconitum* 5ª.
Morte do feto – para provocar a sua expulsão: *Cantharis* 5ª.
Movimentos do feto muito violentos: *Crocus* 3ª.
Nevralgia do rosto: *Sepia* 30ª ou 200ª, *Magnesia carbonica* 5ª ou *Calcarea fluorica* 5ª.
Palpitações de coração: *Aconitum* 3ª, *Cactus* 1ª, *Viburnum* 1ª e *Kalmia* 3ªx.
Panos ou manchas no rosto: *Sepia* 30ª, *Sulphur* 5ª ou *Lycopodium* 30ª.
Papeira: *Hydrastis canadensis* 1ª.
Perturbação do fígado: *Chelidonium* T.M., *Chionantus* T.M.
Prisão de ventre: *Collinsonia* 2ªx, *Sepia* 200ª ou *Opium* 5ª.
Prurido da vulva: *Collinsonia* 2ªx, *Sepia* 12ª, *Calladium* 3ª, *Arum tryphyllum* 3ªx ou *Ambra* 5ª; com vulvite folicular, *Borax* 3ª.
Prurido generalizado: *Dolichos pruriens* 3ª.
Salivação: *Sulphur* 30ª, *Natrum muriaticum* 30ª ou *Arsenicum* 12ª.
Simples náuseas: *Kreosotum* 3ª, *Lacticum acidum* 5ª, *Carbo animalis* 5ª ou *Senecio aureus* 3ª.
Soluços: *Cyclamen* 3ª.
Tenesmo da bexiga: *Belladona* 3ªx, *Pulsatilla* 5ª, *Nux vomica* 5ª ou *Populus tremuloides* 1ªx.
Tosse: *Aconitum* 12ª e *Belladona* 12ª alternados ou *Conium* 5ª.
Tristeza: *Lilium tigrinum* 30ª.
Urina-se ao tossir ou espirrar: *Causticum* 5ª.
Varizes: *Hamamelis* 1ª ou *Pulsatilla* 5ª. Doloridas, *Millefolium* 3ª.

Vômitos: *Nux vomica* 3ª ou 30ª, *Kreosotum* 3ª, *Apomurphium* 3ª, *Simphoricarpus racemosus* 3ªx, *Staphisagria* 3ª, *Amygdalis persica* T.M. e *Natrum phosphoricum* 3ª.

Todos esses medicamentos devem ser dados de 3 em 3 horas.

Contra o excesso de fecundidade ou concepção fácil, *Mercurius solubilis* 5ª ou *Natrum muriaticum* 30ª; a cada 12 horas.

Veja *Aborto*, *Hidrâmnios* e *Mola*.

GRETA DO ÂNUS

Veja *Fendas no ânus*.

GRIPE
(*Influenza*)

É uma afecção aguda, contagiosa, caracterizada por febre, prostração, dores pelo corpo e localização em vários órgãos, assumindo variadas formas.

A *forma comum* começa por arrepios de frio, seguidos de febre e violenta dor de cabeça, com peso doloroso nos olhos, às vezes vômitos, depois grande prostração geral, dores nas costas e nas cadeiras, às vezes dores por todo o corpo, outras vezes dores de garganta e até delírio. A face é vermelha, às vezes vultuosa como a dos bêbados. Dura, em geral, de 4 a 7 dias. Havendo ansiedade e agitação e muita prostração, dê-se *Arsenicum album* 6ª a cada hora; muita prostração, mas o doente permanecendo sonolento e apático, *Gelsemium* 1ª; face vultuosa e embrutecida como a dos bêbados, *Baptisia* 1ª ou *Crotalus horridus* 5ª. Cada um desses medicamentos pode ser alternado com *Belladona* 3ª, *Bryonia* 3ª ou *Glonoinum* 5ª, se a dor de cabeça for muito forte; ou com *Phytolacca* 3ªx ou *Rhus toxicodendron* 3ª, caso haja inflamação da garganta. Nos casos leves, em que a febre é intermitente, alterne-se *Gelsemium* 1ª com *Chininum arsenicosum* trit. ou *Natrum muriaticum* 5ª.

Na *forma catarral*, além dos sintomas precedentes, o aparelho respiratório é atacado. Se o nariz e a laringe são os únicos órgãos atingidos, há entupimento do nariz, defluxo, espirros, rouquidão e tosse; se, porém, os brônquios também se inflamam, tem-se a bronquite com tosse catarral. Neste caso, dê-se *Gelsemium* 1ª só ou alternado com *Mercurius solubilis* 5ª, se houver suores profusos e com mau cheiro, que não aliviam o doente; *Sabadilla* 3ª, se houver violentos e repetidos espirros; *Sanguinaria* 3ª, havendo tosse seca e incômoda; *Spongia* 2ª trit., rouquidão; *Hyosciamus* 3ª, tosse noturna; *Petroleum* 30ª, se a tosse abalar e agravar a dor de cabeça; se houver bronquite, *Kali bichromicum* 3ª trit.

ou *Antimonium tartaricum* 3ª, conforme houver pouco ou muito catarro no peito. Nos casos leves, sem febres, com defluxo, lacrimejamento e tosse, *Allium sativum* 1ª ou *Dulcamara* 3ª. Nos tuberculosos, um bom remédio é *Sticta* 1ª.

Na *forma reumática* ou *nervosa*, as dores gerais pelo corpo todo predominam sobre os sintomas comuns; há dores pelas carnes, pelos ossos e pelas juntas, sobretudo cadeiras, braços, joelhos, pernas e olhos. Neste caso, *Eupatoriam perfoliatum* 1ªx ou 5ªx é o remédio principal, convindo também à laringite e à tosse; se falhar, dê-se *Sticta* 1ª ou *Rhus toxicodendron* 3ª. Com *Eupatorium* pode-se alternar qualquer dos remédios indicados nas formas precedentes.

Na *forma gastrintestinal*, predominam os sintomas do estômago e dos intestinos; há falta de apetite, língua suja, náuseas e vômitos, dores de estômago, cólicas, prisão de ventre ou diarreia (esta às vezes tornando-se coleriforme) ou sintomas de apendicite ou de congestão de fígado. Pode tomar o caráter tífico e durar até 3 semanas ou mais. O remédio desta forma é *Baptisia* 1ª, que pode ser alternado com *Arsenicum album* 5ª ou *Kali phosphoricum* 3ª, se houver gastralgia e vômitos; *Cuprum arsenicosum* 3ª se houver gastralgia e vômitos incessantes (só vômitos, *Ipeca* 2ª); *Podophyllum* 30ª, se houver diarreia; *Veratrum album* 5ª, se a diarreia for coleriforme (muito aguada e abundante); *Colocynthis* 3ªx, contra as cólicas; *Chelidonium majus* 1ª em caso de congestão de fígado; *Rhus radicans* 5ª em caso de sintomas de apendicite. Se sintomas tíficos surgirem, alterne-se *Rhus toxicodendron* 3ª com *Bryonia* 3ª ou *Baptisia* 1ªx.

A *forma cerebral* se caracteriza por intensa dor de cabeça, delírio e sintomas de meningite (*meningismo gripal*) ou sopor com respiração de *Cheine-Stokes*. Em caso de meningite, alterne-se, no começo, *Belladona* 3ª e *Bryonia* 3ª; havendo estupor, *Apis* 3ªx e *Sulphur* 30ª; respiração de *Cheine-Stokes*, *Sparteina sulphurosa*, 1ªx ou *Grindelia* T.M. ou 5ª.

Na *gripe pulmonar* pode ocorrer, logo no início, uma broncopneumonia (*gripe pneumônica*), de curso irregular e prolongado e acompanhada de sintomas tíficos graves: alta febre, grande prostração, delírio, falta de ar, muito catarro e difícil expectoração, asfixia e morte. Nas mulheres grávidas de poucos meses, pode ocorrer o aborto. Os dois principais remédios são aqui *Phosphorus* 5ª e *Antimonium tartaricum* 3ª (ou *Antimonium arsenicosum* 3ª trit.) alternados. Havendo estado tífico, alterne-se *Arsenicum iodatum* ou *Rhus toxicodendron* 3ª de dia, com *Phosphorus* 6ª e, à noite, com *Antimonium tartaricum* 6ª. Nas mulheres grávidas, em vez de *Arsenicum* ou *Rhus*, dê-se *Baptisia* (este remédio prevenirá o aborto). Se, em vez da broncopneumonia, houver apenas pneumonia franca, com escarros cor de tijolo e pontadas, ou então pneumonia complicada de pleuris serosa, alterne-se *Bryonia* 12ª e *Phosphorus* 12ª um de dia, outro à noite, com *Arsenicum* 5ª. Se a pleuris, entretanto, for purulenta, *Hepar* 12ª é o remédio. Se, em vez das complicações precedentes, ocorrer simples congestão pulmonar, alterne-se *Aconitum* 1ª com *Phosphorus* 6ª, a cada hora. Havendo edema pulmonar, alterne-se *Arsenicum album* 5ª com *Antimonium tartaricum* 3ª; *Arsenicum iodatus* 3ªx trit. também pode ser útil. Se, em vez desses acidentes, houver astenia respiratória, com ameaça de paralisia dos pulmões e de asfixia, alterne-se *Carbo vegetabilis* 30ª com *Solanum aceticum* 3ª ou *Lobelia purpurascens* 3ª a cada 20 minutos.

Na *forma cardíaca*, em que predomina a tendência à síncope e ao colapso, a dispneia, dores cardíacas, pulso irregular, endocardite etc., alterne-se *Arsenicum album* 5ª com *Cactus* 1ª ou *Crataegus* T.M., se houver fraqueza e pequenez do pulso; *Agaricus* 3ª se houver palpitações, pulso irregular e falta de ar; *Spigelia* 1ª, dores no coração; *Carbo vegetabilis* 30ª ou *Veratrum album* 3ª, havendo iminência de colapso ou de resfriamento geral; *Moschus* 1ªx pingado a seco sobre a língua ou *Camphora* T.M. dado em um pequeno torrão de açúcar, a cada 5 ou 10 minutos, poderão deter também a queda das forças e do coração. Alguns goles de conhaque auxiliarão os remédios. Veja *Colapso*.

Enfim, na *forma hemorrágica*, seja em casos graves, seja em casos leves (o doente até de pé, andando), podem ocorrer hemorragias por um ou mais orifícios do corpo: sangue pelo nariz, pela urina, pelos escarros (hemoptises), pelos vômitos, pelas dejeções. Neste caso, alterne-se o medicamento fundamental (*Gelsemium* ou outro) com *Crotalus horridus* 3ª, *Terebinthina* 3ª ou *Kreosotum* 5ª.

A convalescença da gripe pode ser acompanhada de várias sequelas da moléstia: na debilidade nervosa, acompanhada de anorexia, aborrecimento, fácil fadiga, incapacidade para o trabalho, depressão de espírito etc., dê-se *Psorinum* 30ª ou então *Natrum salicylicum* 3ª trit., *Avena sativa* T.M., *Phosphorus* 5ª, *Phosphori acidum* 30ª, *Kali phosphoricum* 3ª ou *Iberis* 1ª. Se a prostração é profusa e acompanhada de emagrecimento, *Kali iodatum* 30ª ou *China* 30ª. Se o coração funcionar irregularmente, fraco, com ameaças de síncope, *Sparteina sulphurica* 2ªx, *Crataegus* T.M. ou *Cactus* 1ª. Contra o corrimento do ouvido, *Mercurius solubilis* 5ª. Havendo nevralgia, *Gelsemium* 3ª ou 30ª ou *Magnesia phosphorica* 5ª são os remédios; estado bilioso, *Carduus marianus* 3ªx. Em caso de tosse persistente e prolongada, dê-se, nas crianças, *Kali sulphuricum* 5ª e, nos adultos, *Sanguinaria* 3ª, *Sticta* 1ª, *Eriodyction* 2ª ou *Kreosotum* 3ª.

Durante o período agudo da moléstia, as doses devem ser repetidas de meia a duas horas, conforme a gravidade do caso. Nos casos comuns, febris, de hora em hora. Na convalescença, dê-se o remédio escolhido a cada 4 horas.

Para prevenir ataques recorrentes de *influenza* em pessoas muito sujeitas a eles, uma dose de *Tuberculinum* 200ª a cada semana, acompanhada de *Pulsatilla* 3ª a cada 2 horas.

Enfim, devemos dizer que bom remédio geral da gripe, na falta de indicações precisas, é uma mistura, na mesma poção, de *Gelsemium* 1ª, *Eupotorium perfoliatum* 2ª e *Phosphorus* 5ª, 8 gotas de cada um, em um copo de água, uma colherada a cada hora.

HELMINTÍASE

Veja *Lombrigas, Opilação, Oxiúros* e *Tênia*.

HEMATÊMESE

É o vômito de sangue. Ocorre no curso de várias moléstias – febre amarela, úlcera gástrica, cancro do estômago etc.

Na febre amarela, *Argentum nitricum* 5ª, *Bryonia* 5ª ou *Cadmium sulphuricum* 5ª.

Nos outros casos, *Ipeca* 1ªx alternado com *Millefolium* 1ª ou *Hamamelis* 3ªx. *Calcarea muriatica* 1ªx trit. pode também ser útil.

HEMATOCELE

É o derrame de sangue na cavidade da túnica vaginal do testículo; há aumento de volume do órgão e, em princípio, algumas dores.

Os principais medicamentos são: *Arnica* 5ª, *Bryonia* 5ª, *Pulsatilla* 5ª, *Aurum* 5ªx trit., *Graphites* 5ªx trit. e *Sulphur* 30ª, tomados em série, um a cada semana; duas doses por dia. Tratamento cirúrgico, caso a medicação não resolva.

HEMATOCELE PERIUTERINA

É uma extravasão de sangue na cavidade pelviana, ordinariamente por trás do útero, ocorrendo no curso de várias moléstias e caracterizada por dores violentas na região pelviana, vômitos e queda das forças; e às vezes a morte ocorre, se não há reação.

Para deter a hemorragia, *Hamamelis* 1ªx, de 15 em 15 minutos; sintoma de colapso, alterne-se com *Veratrum album* 5ª; a reação estabelecida, para provocar a reabsorção, *Arnica* 3ª ou *Sulphur* 5ª. Se ocorrer supuração, veja *Ovarite*.

Tratamento cirúrgico de urgência.

HEMATOMA DOS RECÉM-NASCIDOS

No recém-nascido, em virtude de traumatismos recebidos por ocasião de partos difíceis, podem-se produzir duas espécies de tumores ou bossas sanguíneas: uma na cabeça (*céfalo-hematoma*) e outra no pescoço, mas ambas sem importância. Em geral, aparecem dias depois do nascimento e duram algumas semanas.

O principal remédio do céfalo-hematoma é *Calcarea fluorica* 5ª e do hematoma do pescoço *Arnica* 5ª, de 4 em 4 horas. *Bellis perennis* 1ªx, 2 gotas a cada 3 horas.

HEMATOQUILÚRIA

Veja *Quilúria*.

HEMATÚRIA

É a emissão de sangue pelas urinas – urinas sanguinolentas. É sintoma que pode provir dos rins ou da bexiga e ocorre no curso de diversas moléstias (congestão renal, nefrite, púrpura, cálculos renais, cistite, papilomas, cancro da bexiga, hipertrofia da próstata, tuberculose e sífilis renais etc.).

Devida a nefrite ou congestão renal, *Terebinthina* 3ª ou 5ª ou *Phosphorus* 5ª; devida a cistite ou cálculos, *Cantharis* 3ª; devida a moléstias infetuosas agudas graves, *Crotalus horridus* 5ª ou *Lachesis lanceolata* 5ª. Em qualquer caso, se a hemorragia é abundante, alterne-se *Ipeca* 1ªx, *Millefolium* 1ª ou *Thlaspi bursa pastoris* T.M., de 20 em 20 minutos. *Hamamelis* 1ª ou 5ª é um grande remédio das hematúrias. Depois de operações cirúrgicas na bexiga, *Erigeron* 3ªx. Os remédios devem ser dados de meia em meia hora ou de hora em hora.

HEMATÚRIA ENDÊMICA (Bilharziose)[186]

É uma forma de hematúria, própria dos países tropicais, caracterizada pela emissão de uri-

---

186. É aconselhável aos médicos o trabalho sobre esquistossomoses, de autoria do Prof. Dr. Heraldo Maciel, conhecido higienista, assim como os trabalhos do Prof. João Alves Meira, das Faculdades de Medicina e Higiene da Universidade de São Paulo. Sobre as complicações cardíacas da Esquistossomose, o Prof. Dr. Ennio Barbato escreveu importante monografia publicada no *Post-Graduate Medicine*, Minneapolis, EUA.

nas sanguinolentas, contendo ovos de um parasita (a *bilharzia haematobia*), associada à cistite.
O principal medicamento é *Terebinthina* 3ªx.
Filix mas 3ª e *Mercurius vivus* 5ª podem também ser úteis. Contra a cistite, alterne-se com *Dulcamara* 1ª, *Cubeba* 3ªx ou *Uva ursi* 2ªx. Uma dose a cada 3 horas. Na alopatia, usa-se a *Fuadina*.

HEMERALOPIA
(Cegueira noturna)

É a cegueira parcial noturna, sem lesões do aparelho visual, ou devida à retinite pigmentosa. A vista é boa durante o dia, porém má durante a noite.
Lycopodium 30ª é o principal remédio, *Belladona* 5ª e *Nux vomica* 5ª alternados também podem ser úteis. Devida a retinite pigmentosa, *Phosphorus* 5ª. De 3 em 3 horas.

HEMIANOPSIA
(Hemiopia)

Falta de metade do campo visual do olho; os objetos são vistos sempre pela metade, quer verticalmente, quer horizontalmente.
Aurum metallicum 30ª e *Digitalinum* 3ª quando a metade horizontal dos objetos é invisível, e *Ammonium bromatum* 3ª trit., *Arnica* 5ª, *Lithium carbonicum* 30ª e *Ferrum phosphoricum* 3ª trit., quando a hemianopsia é vertical, sobretudo do lado direito; tais são os principais remédios. Uma dose a cada 6 horas.

HEMIPLEGIA

É a paralisia de um lado do corpo, ordinariamente do lado direito, perna, braço, face e língua, que ocorre habitualmente em decorrência da hemorragia cerebral, na arteriosclerose, embolia cerebral etc.
Comece-se por dar *Arnica* 3ªx ou 30ª só ou alternada com *Belladona* 5ª, durante 25 ou 30 dias. Depois, *Baryta muriatica* 3ªx trit., *Causticum* 12ª, *Plumbum* 30ª, *Nux vomica* 12ª ou *Lachesis* 5ª ou 30ª. De 4 em 4 horas.
Opium 30ª quando se estabelece o coma.

HEMOFILIA

É uma moléstia crônica, caracterizada pela tendência às hemorragias fáceis e difíceis de deter, ao menor traumatismo, de modo que a simples extração de um dente ou um corte no dedo pode pôr a vida do doente em perigo. As menores feridas sangram abundantemente. Inflamação das articulações às vezes ocorre no curso da moléstia.
Mercurius corrosivus 3ª alternado com *Crotalus horridus* 5ª ou *Phosphorus* ou 5ª são os principais remédios a dar por longo tempo, de 3 em 3 horas. Contra a hemorragia, *Ipeca* 1ªx alternada com *Millefolium* 1ª ou *Hamamelis* 3ªx ou 5ª, de 15 em 15 minutos. Contra as artrites, *Apis* 3ªx, de 4 em 4 horas, alternada com *Mercurius corrosivus* 6ª.

HEMOGLOBINÚRIA

Chama-se *hemoglobinúria* a passagem para a urina da hemoglobina do sangue, sem os glóbulos que a contêm normalmente, produzindo uma hematúria. Pode ser sintoma de outra moléstia ou ocorrer por acesso (*hemoglobinúria paroxística*), em consequência de resfriados ou de fadigas musculares ou genitais.
A *hemoglobinúria paroxística* é de caráter intermitente e causada pelo frio. Ela pode demorar de horas até dias e, às vezes, se encontra associada a uma pequena icterícia.
Arsenicum hydrogenisatum 3ª trit., *Kali bichromicum* 3ª trit. ou *Carbolicum acidum* 3ª. De 3 em 3 horas.

HEMOPTISE

É a hemorragia dos pulmões ou dos brônquios (seja em forma de simples *escarros de sangue*, seja em forma de *golfadas* ou *vômitos de sangue vermelho*), que ocorre, com sintomas, em várias moléstias (tísica pulmonar, congestão pulmonar, edema pulmonar, moléstias do coração, arteriosclerose, asma, bronquite crônica ou sanguinolenta, epilepsia, hemorroidas, suspensão da menstruação, gravidez, quistos hidáticos do pulmão etc.).
Nos escarros de sangue da tuberculose, *Acalypha indica* 1ª ou 5ª. Hemoptises abundantes, *Cesalpinea ferrea* T.M. alternada com *Ipeca* 1ª ou *Geranium maculatum* T.M. ou *Millefolium* 1ª. *Ferrum aceticum* 1ªx trit. também pode ser útil, sobretudo havendo tosse ofegante e opressão do peito. Traumática, *Arnica* 3ªx ou 5ª; *Lachesis* 5ª, menopausa. Hemoptises da tuberculose aguda, *Ferrum metallicum* 5ª. Nas hemorroidas, *Hamamelis* 1ª ou *Nux vomica* 5ª e *Sulphur* 5ª. Nas moléstias do coração, *Cactus* 1ª, *Lycopus virginicus* 1ª ou *Digitalis* T.M. *Ledum* 1ª é um bom remédio das hemoptises da tuberculose com tosse e acesso violento e das moléstias cardíacas. Nos *Quistos hidáticos* do pulmão, *Ipeca* e *Ledum* podem ser úteis.

HEMORRAGIAS

É um sintoma que ocorre, de vários modos, no curso de várias moléstias em consequência de acidentes vários. Contra as sequelas crônicas das hemorragias, dê-se *Strontium carbonicum* 5ª trit. Veja *Epistaxe*, *Feridas*, *Hematêmese*, *Hematúria*, *Hemoptise*, *Hemorroidas*, *Hemoglobinúria*, *Hemofilia*, *Menorragia*, *Metrorragia*, *Otorragia*, *Púrpura*, *Quilúria* etc.

HEMORROIDAS[187]

É uma moléstia crônica, caracterizada por ataques periódicos de ingurgitamento das veias hemorroidárias do reto, com dores e, por vezes, hemorragias. Os tumores hemorroidários ora fazem saliência fora do ânus, ora não; e as hemorragias ora são ausentes, ora pequenas, ora abundantes. Um pouco de febre e dores de cadeiras podem acompanhar o ataque. Em certos casos, as hemorroidas são habituais e constantes, com exacerbações, havendo continuamente dores e sangrias, e podem produzir estreitamento do reto. A prisão de ventre é habitual; mas, às vezes, há diarreia.

Hemorroidas sangrando muito, *Hamamelis* 1ªx, ou 5ª ou *Polygonum punctatum* 3ª ou 5ª, de hora em hora; aparecendo subitamente nas crianças, *Muriatis acidum* 3ª; nas mulheres, sobretudo grávidas, *Collinsonia* 1ªx; em cacho de uvas, aliviadas por água fria, com diarreia, *Aloes* 3ªx ou 3ª; muito sensíveis e doloridas, *Muriatis acidum* 3ª ou *Paeonia* 3ª; com muita coceira, *Ratanhia* 3ª; com muito tenesmo, ardor ou dor constritiva no ânus, *Capsicum* 5ª e, se falhar, *Nitri acidum* 3ª e *Calcarea phosphorica* 3ª alternados, ou ainda *Lachesis* 5ª. Nos intervalos dos ataques ou nas hemorroidas habituais, *Nux vomica* 3ª e *Sulphur* 5ª, alternados de 6 em 6 horas; *Polygonum* 3ª ou 5ª também é um excelente remédio. Diarreia, com ou sem cólicas, *Aloes* 3ªx. Hemorragias secundárias à operação de extirpação, *Nitri acidum* 3ªx. *Hipericum* também é remédio das hemorroidas.

Uso local de supositórios de *Paeonia*, *Hamamelis* ou *Aesculus*. O *Gliceróleo de Plântago* nos casos de muita dor com mamilos exteriorizados dá alívio.

HEPATALGIA

Veja *Cálculos biliares*.

HEPATITE[188]

É a inflamação do fígado, habitualmente terminada por supuração e formação de um abscesso dentro do órgão. É moléstia própria dos países quentes e quase sempre determinada pela disenteria. Apresenta, no começo, todos os sintomas da congestão hepática; depois ocorre febre alta todas as tardes, suores à noite, emagrecimento rápido, tosse seca, soluços, embaraço gástrico, prostração e morte, se o pus não for reabsorvido ou expelido.

No começo, *Bryonia* 3ª alternada com *Mercurius solubilis* 3ªx trit. ou *Mercurius dulcis* 3ªx. Uma vez formado o abscesso do fígado, *China* 3ª alternada com *Lachesis* 5ª ou *Arsenicum album* 5ª; ou então *Hepar sulphuris* 3ª. Em começo pode também ser usado o *Chelidonium* T.M. ou 3ªx. *Emetina* 1ªx é muito útil contra o abscesso do fígado. Uma dose a cada hora.

HÉRNIAS
(Abdominais)

São tumores que se formam nas vísceras contidas no abdome, ao se escaparem através das paredes desta cavidade. A mais comum é a hérnia inguinal, da virilha; ordinariamente não dá lugar a qualquer perturbação, mas pode se estrangular e determina então um estado muito grave, com colapso e morte.

Nux vomica 3ª é o remédio mais geral das hérnias simples, de 6 em 6 horas. Havendo irredutibilidade, *Opium* 5ª; hérnia estrangulada, *Belladona* 3ª e *Nux vomica* 3ª alternados, ou então *Plumbum* 5ª, de 10 em 10 minutos. Hérnia inguinal, *Lycopodium* 30ª. Em caso de colapso, *Veratrum album* ou *Camphora* 3ª; em caso de coma, *Opium* 5ª. Nos casos em que as melhoras não ocorrem, é aconselhável o tratamento cirúrgico.

HERPES[189]

É uma inflamação vesicular da pele, caracterizada por uma erupção de pequenas vesículas em grupos sobre uma base um pouco vermelha. Essas vesículas amarelecem e, por fim, formam crostas amarelas que caem sem deixar cicatriz.

Quando essas lesões aparecerem em torno dos lábios, chama-se a moléstia *herpes labialis*.

---

187. Aos estudiosos, aconselhamos a leitura da aula proferida pelo Dr. Daniaud, em 20 de março de 1953, no curso do Centre Homéopathique de France, sobre "D'anus et la région peri-anale".

188. O conceito de hepatite hoje em dia é diferente. Aos colegas, aconselhamos a leitura da excelente monografia sobre *ictericias*, de autoria do Dr. Carlos de Oliveira Bastos, publicada na *Revista da APM*, em setembro de 1953.

189. Tem como causa um *vírus*.

Quando se assentam nos órgãos genitais, *herpes progenitalis* (*preputialis* e *vulvaris*). Quando assentam ao longo de um tronco nervoso e são acompanhadas e seguidas (depois desaparecem) de dores nevrálgicas desse nervo, toma o nome de *herpes-zóster* (*zona* ou *cobreiro*). *Herpes circinatus*, veja Eritema. Enfim, há outra variedade, a *dermatite herpetiforme*, que, nas mulheres grávidas, toma o nome de *herpes gestationis*, e tem um curso crônico.

O remédio mais geral é *Rhus toxicodendron* 3ª.

Herpes labialis, *Natrum muriaticum* 30ª. *Herpes progenitalis*, *Rhus* 3ª ou *Croton* 3ª alternados com *Mercurius solubilis* 5ª. *Herpes-zóster* em moços, *Rhus toxicodendron* 3ª; nos idosos, *Mezereum* 3ª; *Ranunculus bulbosus* 3ª, *Graphites* 3ª, *Sempervivum tectorum* T.M., *Cistus canadensis* 3ªx e *Arsenicum* 5ª são remédios úteis no *herpes-zóster*. *Herpes circinatus*, *Baryta carbonica* 5ª ou *Tellurium* 5ª. Dermatite herpetiforme, *Antimonium tartaricum* 3ª, *Arsenicum* 5ª ou *Sulphur* 5ª. Contra as dores do *herpes-zóster*, *Prunus spinosa* 3ª ou *Sempervivum tectorum* 5ª. Todos de 4 em 4 horas. Para prevenir o herpes de repetição, *Arsenicum album* 3ª todos os meses, durante alguns dias, de 4 em 4 horas.

HIDRÂMNIOS
(Hidropisia do âmnios)

É uma moléstia do âmnios, durante a gravidez, caracterizada por excesso de líquido amniótico, aparecendo no quinto ou sexto mês de gestação e dando lugar a superdistensão do ventre, dificuldade de andar, palpitações, falta de ar, sufocações noturnas, síncopes e mesmo morte.

Um excelente remédio desta moléstia é *Apis* 3ªx, de 2 em 2 horas. *Apocyn cannabinum* 1ªx tem indicação.

HIDRARTROSE

É a hidropisia das juntas: uma artrite crônica, caracterizada pelo derrame abundante de serosidade na articulação. A do joelho é a mais comum. A articulação incha, o que prejudica um pouco os movimentos, mas não há dor.

Os principais medicamentos são *Apis* 3ªx, *Rhus toxicodendron* e *Iodum* 3ª, de 3 em 3 horas. *Calcarea carbonica* 30ª ao deitar. No joelho, *Cistus canadensis* 30ª.

Em casos rebeldes, alterne-se *Sulphur* 30ª com *Pulsatilla* 5ª, *Chamomilla* 30ª ou *Lycopodium* 30ª.

Eoriodyction californicum 1ª tem suas indicações.

HIDROCEFALIA
(Hidropisia do cérebro)

É uma moléstia crônica, própria da infância, caracterizada por excesso de soro na cavidade craniana, donde há aumento desmesurado de volume da cabeça, paresias e atrofia dos membros, retardamento da inteligência e atraso do desenvolvimento. Tais crianças raramente passam dos 5 anos.

Tuberculinum 100ª ou *Bacillinum* 100ª, uma gota de 8 em 8 dias; nos dias intervalados, tente-se *Apis* 3ª ou *Helleborus* 3ªx, de 3 em 3 horas. Se falhar, use-se *Calcarea carbonicum* 30ª ou *Calcarea phosphorica* 3ªx alternados com *Silicea* 30ª ou *Sulphur* 30ª. Nas famílias onde há tendência a esta moléstia, a mãe deve tomar, durante a gravidez, *Sulphur* 30ª e *Calcarea carbonica* 30ª por semanas alternadas, uma dose ao dia; o Dr. Von Grauvogl aconselha, neste caso, a *Calcarea phosphorica* 3ª trit.

HIDROCELE

É a hidropisia da túnica vaginal do testículo, caracterizada por excesso de líquido na cavidade desta serosa e aumento de volume do órgão.

Os principais medicamentos são: *Arnica* 3ª, *Bryonia* 5ª, *Pulsatilla* 5ª, *Aurum* 5ª, *Graphites* 5ª e *Sulphur* 30ª tomados em série, cada um de 6 em 6 horas, durante dois meses. *Rhododendron* 5ª também pode ser útil.

Repouso e uso de suspensório escrotal.

HIDROFOBIA

É uma moléstia aguda, que ocorre no homem em consequência da mordedura de um cão danado[190] que se caracteriza por dificuldade de engolir, abundante salivação e convulsões mais ou menos generalizadas, terminando em morte por espasmo dos músculos da respiração.

Arsenicum 6ª (só ou alternado com *Belladona* 5ª), de 2 em 2 horas, deve ser tomado logo depois da mordedura e prolongado por 2 ou 3 meses: ambos são preventivos da moléstia. Uma vez declarada a moléstia, *Tanacetum vulgaris* 3ªx, *Scutellaria* 3ªx ou *Stramonium* 1ªx devem ser experimentados. *Hydrophobinum* 100ª, duas vezes por semana. Fazer imediatamente vacina antirrábica, logo se suspeite ou positive que o animal estava doente. Nas complicações alérgicas da vacina, fazer uso de anti-histamínicos de síntese.

---

190. Todos os animais mamíferos, especialmente os carnívoros, podem transmitir a *raiva*.

HIDRONEFROSE

É a retenção da urina ao sair do rim, pela obstrução do ureter por um cálculo renal ou por compressões externas (tumores), por processos obstrutivos inflamatórios (inflamação tuberculosa ou não das vias renais superiores ou diminuição de seu calibre) ou então por atonia (comum na gravidez), e caracterizada pela grande distensão do bacinete e dos cálices do rim, dores e, por fim, anúria.

Para o tratamento, veja *Cálculos renais*.

Nos casos de obstrução, ela deve ser removida cirurgicamente. Nos casos de infecção tuberculosa, os alopatas estão usando *Dihidrido-estreptomicina*, sob controle médico.

HIDROPERICÁRDIO

É a hidropisia do pericárdio, caracterizada pelo abaulamento da região cardíaca, pulso pequeno, irregular e intermitente, palpitações, dispneia considerável, com acessos de sufocação e colapso.

É devido ao acúmulo de fluido seroso no espaço pericárdico.

Os principais medicamentos são: *Arsenicum* 5ª, *Apis*, 3ª *Kali carbonicum* 5ª ou *Veratrum album* 5ª, de hora em hora.

HIDROPISIA

É o inchaço parcial ou total do corpo, sem sintomas de inflamação das partes inchadas. O seu principal remédio é *Apis* 5ª. Pode-se também alternar *Arsenicum* 5ª com *China* 5ª. Veja *Anasarca, Ascite, Cirrose, Edema pulmonar, Edema dos recém-nascidos, Hidrotórax, Hidrocele, Hidrartrose, Hidrâmnios, Hidrocefalia, Hidropericárdio, Coração* e *Nefrite*.

HIDRORREIA NASAL

Veja *Coriza*.

HIDROTÓRAX

É a hidropisia da pleura; consiste no derrame de serosidade na cavidade desta membrana sem inflamação alguma e se caracteriza por dispneia e acessos de sufocação. Surge comumente acompanhado da anasarca, nas moléstias do coração e dos rins; mas pode também ocorrer em consequência de um pleuris (pleuris crônico).

Apis 3ªx ou 3ª e *Arsenicum* 5ª são os dois principais medicamentos. No hidrotórax do Mal de Bright, *Mercurius corrosivus* 5ª. Pressão ou dor no peito, depois de operação, *Abrotanum* 3ªx, a cada 2 horas.

HIPERTENSÃO ARTERIAL
(Doença vascular hipertensiva)

Uma perturbação devida à resistência anormal que as arteríolas apresentam ao fluxo sanguíneo, associada com um aumento das pressões sistólica e diastólica.

Existem inúmeras hipóteses para explicar a sua etiologia, que ainda permanece obscura. Doença que atinge grande proporção da população e é considerada uma das doenças da civilização ou pseudocivilização em que vivemos. É um verdadeiro fruto desse mundo de sobressaltos, desajustes etc. em que os diferentes *estresses* emotivos, físicos, tóxicos e químicos tomam parte.

Com o progredir das alterações patológicas desses pacientes, chegamos a uma fase maligna da doença, em que a necrose, uma hialinização mais avançada e hemorragias petequiais se apresentam principalmente nos rins e na retina.

A hipertrofia cardíaca pode ou não existir.

A doença pode existir sem sintomatologia no início, a não ser pressão elevada, descoberta por acaso ou curiosidade. Na maioria dos pacientes encontramos, com o evoluir, nervosismo, palpitações, insônia, fraqueza e dores de cabeça.

Como tratamento psíquico, aconselhamos o repouso mental e a mudança da rotina.

Na homeopatia, *Lachesis* 5ª, *Glonoinum* 5ª, *Arnica* 1ªx e uma mistura de *Crataegus, Cactus grandiflorus* e *Passiflora*, 5 g a cada um em tintura-mãe, 15 gotas, duas vezes ao dia.

Na alopatia, a associação da *Rauwolfia serpentina*, a *Apresoline* e dos derivados de *Veratrum viride*, tem dado resultados.

A dieta de arroz, para os casos mais graves. Aos colegas, aconselhamos ótimo artigo publicado no *The Medical Clinics of North America*, set. de 1953, de autoria do Dr. Robert W. Wilkins.

HIPERTROFIA DAS AMÍGDALAS

É uma moléstia crônica da garganta, particular à infância, caracterizada pelo aumento permanente do volume das amígdalas, determinando às vezes falta de ar, surdez, voz fanhosa etc. As amígdalas podem ser uniformemente aumentadas de volume (*hipertrofia mole* ou *glandular*), ou apresentar lóbulos e criptas irregulares em sua superfície, de notável dureza (*hipertrofia dura* ou *fibrosa*).

Contra a hipertrofia mole, *Calcarea phosphorica* 3ªx é o principal medicamento, uma dose pela manhã e outra à noite; havendo repetidos ataques de inflamação aguda, *Ignatia* 5ªx. Contra a hipertrofia dura, *Calcarea phosphorica* 3ªx, *Calcarea iodata* 3ªx e *Kali muriaticum* 3ªx. *Baryta carbonica* 5ªx também pode ser útil. Com surdez, *Hepar* 5ª. Contra as inflamações agudas, *Belladona* 3ª, a cada hora. *Denys* 200ª, uma vez por mês, acompanhado de *Phytolacca* 1ªx e *Agraphis* 3ª, têm dado bons resultados.

Na maioria das vezes, o tratamento homeopático resolve os casos de hipertrofia de amígdalas. A amigdalectomia (retirada cirúrgica) é pouquíssimo empregada ou aconselhada, quando o paciente faz corretamente o tratamento homeopático. Além do mais, é uma indicação sujeita a controvérsias científicas.

Nos casos alérgicos, é absolutamente contraindicada.[191]

HIPERTROFIA DA PRÓSTATA

Veja *Prostatismo*.

HIPOCONDRIA

Veja *Neurastenia*.

HIPOEMIA INTERTROPICAL

Veja *Opilação*.

HIPOPION

É uma coleção de pus na câmara anterior do globo ocular, que surge como complicação da irite supurada ou da queratite ulcerosa ou supurada (abscesso da córnea).

Seus principais medicamentos são: *Hepar* 5ª e *Silicea* 30ª; se falharem, *Senega* 3ª. Veja *Queratite* e *Irite*.

---

191. Em vista do abuso que existe na prática da amigdalectomia, desejo transcrever trecho do artigo de Lelong e Viallate, publicado nos *Anais Nestlé*, n. 53, sob o título "O papel da alergia na prática pediátrica: método de investigação e resultados terapêuticos": *Existem outros fatores que nos parecem favorecer igualmente as manifestações alérgicas respiratórias, podendo incluir-se entre eles a anestesia geral assim como as intervenções na nasofaringe; tão frequentemente praticadas sem necessidade nas crianças, em especial a amigdalectomia, que ainda pode transformar em asma distúrbios respiratórios até então relativamente discretos.*

HIPOTENSÃO ARTERIAL[192]

É a manifestação de um distúrbio no mecanismo que sustenta o nível da pressão sanguínea, no sistema cardiovascular.

Várias são as suas causas: redução do volume sanguíneo ou redução do fluxo; reflexos vagais; diminuição da resistência periférica por distúrbios vasomotores; colapso circulatório em doença endócrina com perturbações do equilíbrio, eletrolítico.

O tratamento deve ser feito somente quando se conhece o mecanismo da hipotensão do caso em estudo.

Na Homeopatia, *Veratrum album* 5ª, *Camphora* 3ªx trit., *Tabacum* 5ª, *Arsenicum album* 5ª e *Carbo vegetabilis* 30ª têm suas indicações. *Natrum muriaticum* 30ª é de grande valor.

HISTERALGIA

São dores nevrálgicas uterinas, que vêm e vão e tornam a vir, e se estendem às cadeiras e aos ombros.

Actea racemosa 3ªx e *Magnesia phosphorica* 5ª são os dois principais medicamentos, de 3 em 3 horas.

HISTERIA

É uma neurose quase exclusivamente própria do sexo feminino, caracterizada por ataques nervosos ou convulsivos, intervalados de períodos, em que predominam uma impressionabilidade mural extrema, acompanhada de *bolo histérico*, cefalalgia, analgesias, hiperestesias e múltiplas síndromes de caráter puramente nervoso. Em certos casos, os ataques convulsivos se assemelham muito estreitamente aos ataques epiléticos (*hístero-epilepsia*).

Contra o ataque histérico, *Moschus* 1ªx ou 2ªx para cheirar ou tomar de 15 em 15 minutos, ou então *Camphora* I.M.; nos intervalos dos ataques, dê-se *Ignatia* 3ª ou 5ª e mesmo 200ª, alternada com *Tarantula hispanica* 12ª ou 30ª. Se houver convulsões, *Cocculus* 3ª ou *Cuprum arsenicosum* 3ª nos intervalos. Hístero-epilepsia, *Tarantula hispanica* 12ª, *Zincum valerianicum* 3ª ou *Solanum carolinense* T.M. Nos intervalos, os remédios devem ser dados de 6 em 6 horas.

Outros remédios da histeria (Veja a *Matéria Médica*) são: *Crocus sativa*, *Nux moschata*, *Asa-*

---

192. Aos estudiosos, aconselhamos excelente artigo do Dr. Walter E. Judson, denominado: "Hypotension: Physiologic mechanism and Treatment", publicado no *The Medical Clinics of North America*, setembro de 1953.

foetida, Atropia, Castoreum, Gelsemium, Indigo, Lathyrus, Platina, Sumbulus e *Valeriana*.

ICTERÍCIA

É uma moléstia aguda, caracterizada pela cor amarelada da pele e do branco dos olhos, pelas urinas vermelho-escuras, pelo retardamento do pulso, prisão de ventre ou diarreia, anorexia, coceira pelo corpo e, às vezes, vômitos. Nos casos *malignos*, ocorrem hemorragias generalizadas, queda das forças, delírio, coma e morte.

A icterícia pode ser causada por vários processos e o diagnóstico diferencial dessas formas é difícil.

Ainda em 1952, foi esse assunto tema oficial do 1º Congresso Médico Regional da APM, realizado em Ribeirão Preto. A respeito, o Dr. Carlos de Oliveira Bastos escreveu bela monografia, publicada na *Revista da APM*, em setembro de 1953.

As icterícias podem ser provocadas por três mecanismos:
a) as hepatocíticas, hepatocelulares, parenquimatosas, hepatites, hepatoses etc. quando existem lesões primárias dos elementos celulares do fígado;
b) as obstrutivas, de retenção, colostáticas, cirúrgicas etc. provocadas por processos obstrutivos das vias biliares;
c) as hemolíticas, provocadas por alteração no sistema sanguíneo e retículo endotelial.

Por essa razão, mesmo para uma indicação homeopática, é necessário conhecer o tipo de icterícia.

Além da sintomatologia, torna-se necessário uma série de provas funcionais e exames de laboratório para um perfeito esclarecimento do caso.

Convém, pois, sempre, em presença de uma icterícia, apelar para o médico.

Chelidonium 1ªx ou 3ªx é o principal medicamento da icterícia catarral simples; entretanto, se houver prisão de ventre, *Nux vomica* 5ª ou *Mercurius dulcis* 3ª; se houver diarreia, *Chamomilla* 3ª ou *China* 5ª; sendo devida a susto ou emoção moral, *Bryonia* 5ª ou *Chamomilla* 3ª; devida a excessos sexuais, *China* 5ª, *Chionantus virginicus* 1ª e *Leptandra* 3ªx são também dois remédios úteis. Na forma maligna, dê-se *Phosphorus* 5ª alternado com *Crotalus horridus* 5ª ou *Lachesis lanceolata* 30ª; *Aconitum* T.M. é um bom remédio desta forma. Nos recém-nascidos, *Chamomilla* 5ª e *Mercurius solubilis* 5ª alternados. Nas crianças em geral, *Myrica* 3ª ou *Chionantus* T.M. ou 1ª. Depois de operações cirúrgicas, nos casos leves, *Mercurius solubilis* 5ª; em casos graves, *Arsenicum* 5ª e *Digitalis* 1ª alternados. Os remédios devem ser dados de hora em hora. *Berberis vulgaris* T.M., às refeições, dá resultados impressionantes.

Existe, modernamente, uma prova para o diagnóstico diferencial das icterícias, especialmente para os casos de obstrução cancerosa, denominada *prova de éter*.

A sua técnica foi publicada na *Presse Médicale*, em 5 de setembro de 1953, p. 1.143.

ICTIOSE

É uma moléstia crônica da pele, caracterizada pela hipertrofia da epiderme, constituindo uma superfície escamosa, seca e dura (*ictiose simples*) ou recamada de excrescências córneas, semelhantes aos espinhos do porco-espinho (*ictiose hystrix*). É congênita e heredofamiliar.

O principal medicamento é *Thyroidinum* 3ªx, 5ªx ou 6ªx, de 6 em 6 horas, uma pastilha. *Alumina* 30ª, *Calcarea fluorica* 5ª, *Arsenicum iodatum* 3ª, *Sepia* 5ª e *Thuya* 2ª podem ser tentados; *Graphites* 30ª e *Sulphur* 30ª alternados, também. *Platanus occidentalis* 1ªx tem indicação.

Na alopatia, *Tireoide* e *Vitamina A*, sob indicação médica.

IDADE CRÍTICA

Veja *Menopausa*.

IDIOTISMO

É o estado de desarranjo cerebral persistente, determinado pelo enfraquecimento ou perda total das faculdades intelectuais, impedindo a meditação e, portanto, a apreciação das modificações que comporta a existência das coisas exteriores. Pode ser congênita (e é então incurável) ou adquirida, devida a hidrocefalias, epilepsias, paralisias, meningites, escleroses dos sentidos (surdez e cegueira) ou papeira.

Neste último caso, a moléstia se chama *cretinismo*[193] e a papeira é acompanhada de deficiência mental. Quando o enfraquecimento das faculdades intelectuais não é completo, chama-se a moléstia *imbecilidade* ou *estupidez*, e há então vários graus desse estado. Quando a depressão mental é devida à ausência da glândula tireoide, diz-se *idiotismo cretinoide*.

Seus principais remédios são: *Aethusa, Aurum metallicum, Baryta carbonica, Bufo, Calcarea phosphorica, Kali phosphoricum, Plumbum* e *Sulphur*. No idiotismo cretinoide, *Thyroidinum* 3ªx (10 tabletes por dia). Veja *Matéria Médica*.

---

193. É o *mixedema infantil*, que é uma síndrome encontrada nas crianças e é resultante da absoluta falta de hormônio na tireoide.

IMPALUDISMO
(Febres palustres, Sezões, Malária, Febres intermitentes)

É uma afecção própria dos países quentes, caracterizada por um movimento febril, geralmente intermitente, reincidindo sob um tipo regular, em forma de acessos (que começam ordinariamente pela manhã) compostos de *calafrios*, *calor* e *suores*, intervalados por períodos de apirexia absoluta, durando esses períodos 24 horas (*febre palustre cotidiana*), 48 horas (*febre palustre terçã*) ou 72 horas (*febre quartã*). As febres cotidianas são raras, as mais comuns são as terçãs (um dia sim, outro não) e as quartãs (um dia sim, dois dias não). Entretanto, o acesso pode se desdobrar em dois. Neste caso, quando a febre é terçã, cada acesso dá dois subacessos, em dias sucessivos, separados por um período de remissão da febre (mas não de apirexia), então há febre remitente nos dois primeiros dias, seguida de uma intermitência, depois da qual há febre no terceiro dia (há, em suma, febre todos os dias, parecendo cotidiana). Se a febre é quartã, há dois dias de febre remitente e um dia de intermitência, depois da qual, dois novos dias de febre e assim em seguida.

Existem quatro tipos de parasitas causadores da *Malária*: *Plasmodium vivax*, *Plasmodium falciparum*, *Plasmodium malariae* e *Plasmodium ovale*.

Às vezes, durante o acesso, há vômitos biliosos, epistaxes e sangue nas urinas, em certos casos, um pouco de delírio; e, durante a moléstia, um pouco de anemia, que desaparece com a terminação da moléstia.

Essas febres são extremamente benignas e nunca matam, curando-se por si mesmas, depois de certo número de acessos.[194] Assim, as terçãs se curam espontaneamente depois de 5, 7 ou 9 acessos (raramente 11); as quartãs apanhadas no verão ao cabo de 6 meses, e as apanhadas no outono ao cabo de um ano ou mais. Mas, para isso, é preciso *não dar quinina*. A quinina não cura a febre palustre, interrompe apenas o curso dos acessos por certo número de dias; mas, em compensação, prolonga mais a moléstia e frequentemente a agrava, complica-a e a torna irregular e rebelde.[195]

Entretanto, o Dr. Hughes aconselha a 1ªx trit. (2 ou 3 tabletes a cada 3 ou 4 horas) e os Drs. Yahr e Fanelli a 1ª trit. cent. de *Chininum sulphuricum* contra as febres palustres.

Exceção feita dessas febres, tudo o mais que se atribui ao impaludismo, não é impaludismo; tais são as febres perniciosas, as febres biliosas, a caquexia palustre etc., que são moléstias distintas e devem ser tratadas como tais

(Veja *Febres gastrintestinais*, *Cirrose do fígado*, *Febre biliosa* etc.).

Nessas condições, o tratamento das febres palustres deve ser feito pelos remédios homeopáticos, convenientemente escolhidos.

De modo geral, os dois principais medicamentos das febres palustres recentes são *Nux vomica* 3ª ou 5ª alternados a cada 2 horas. Entretanto, esses medicamentos, como os outros, têm suas indicações especiais.

Nux vomica ou 5ª: Convém à terçã ou dupla terçã e às cotidianas. Casos recentes, com sintomas gástricos ou biliosos. Acessos à tarde ou à noite. Unhas azuis antes do acesso. O doente sente muito calor ao se cobrir e arrepios de frio se se descobre. A febre vem antes ou junto com o calafrio.

Ipeca 3ªx ou 5ª: Febre terçã, sobretudo epidêmica. Sintomas gástricos, náuseas, vômitos, diarreia. Casos recentes, sobretudo dos jovens. Calafrios sem sede. Acessos à tarde ou à noite. Durante a intermitência, sintomas gástricos e dores de cabeça.

Apis mellifica 3ª: Em geral, dupla terçã. Acesso prolongado às 3 ou 4 h da tarde. Calafrio com sede e suores sem sede. Sono depois do acesso. Urinas escassas. Urticária. É um dos principais remédios das febres palustres.

Gelsemium 1ª: Útil especialmente nas crianças. Poucos calafrios e poucos suores. Durante o acesso, prostrações musculares, sonolência e vertigens. Pouca sede. Acesso ao meio-dia.

Eupatorium perfoliatum 1ª: Sobretudo terçã. Acessos pela manhã precedidos às vezes de sede e de vômitos amargos. Calafrios precedidos de sede e dores pelo corpo. Dores por todo o corpo durante o acesso. Sintomas gástricos ou biliosos. O calafrio é acompanhado de uma sensação de pressão no couro cabeludo e de peso na fronte.

Plantago 3ªx: Convém a qualquer das febres palustres. Casos recentes, sem indicações especiais.

China 5ª: Febre terçã. Calafrio curto. Suores profusos com sede. Ausência completa de sede, durante o calafrio e a febre. Faces vermelhas e quentes e extremidades frias.

Cedron 2ª: Dupla terçã ou cotidiana, os acessos começando todos os dias à mesma hora. Muita dor de cabeça. A irregularidade periódica da volta do acesso é a sua indicação característica.

Polyporus offinalis 1ª: Acessos cotidianos ou de dupla terçã. Língua amarela, náuseas, bocejos, dores de cadeiras e pelas juntas. Suores profusos. Pouco calafrio.

Pulsatilla 5ª ou 6ªx: Quartã; casos antigos. Os acessos não vêm à mesma hora e mudam constantemente de aspecto. O calafrio é muito prolongado, sem sede; pouca febre. É útil também nas duplas terçãs rebeldes (3ªx ou T.M.).

Canchalagua T.M.: Qualquer febre palustre. Fortes acessos, sobretudo à noite, ardor nos olhos, zumbidos de ouvidos, náuseas, dores pelo corpo.

---
194. A concepção emitida pelo Dr. Nilo Cairo não é absolutamente endossada pelo revisor do livro.
195. Concepção não endossada pelo revisor.

Cornus florida 1ª: Quartãs antigas. Os acessos são acompanhados de sonolência e seguidos de grande debilidade. Sintomas do fígado.
Lachesis 5ª: É especialmente útil depois do abuso da quinina, cujos maus efeitos combate.
Ignatia 5ª ou 30ª: Convém aos casos de febre palustre, em que há sede durante o calafrio e ausência de sede durante a febre.
Eucalyptus T.M.: Não tem indicações especiais, dependendo de ser experimentado em qualquer caso.
Menyanthes trifoliata 3ª: Convém às febres quartãs, especialmente aos casos prolongados ou antigos. Muito frio nos pés e nas mãos.
Arsenicum album 3ªx ou 3ª: Febres quartãs, sobretudo depois de muita quinina. Casos antigos e prolongados, Acessos de longa duração, com muita sede, prostração, agitação e língua limpa.
Natrum muriaticum 30ª ou 200ª: Terçãs ou quartãs, sobretudo antigas e inveteradas. Convém, porém, também às cotidianas e às duplas terçãs recentes. O acesso é às 10 ou 11 horas da manhã. Pouca febre. Dor de cabeça martelante. Sede durante todo o acesso. Muitos suores. Em certos casos, herpes labial. Sintomas gastro-hepáticos: náuseas e vômitos biliosos. Anemia e emagrecimento. Casos prolongados com ingurgitamento do fígado e do baço.
Capsicum 3ª ou 5ª: Convém sobretudo às quartãs, com muito calafrio e sede intensa. Febre com sede e com suores; ou suores coincidem com a febre. Sede antes do calafrio.
Aranea diadema 5ª ou 30ª: É também especialmente adaptada às febres quartãs, com calafrios muito acentuados. Sensação de inchaço de certas partes do corpo. Sensação de frio e dores até nos ossos. Aumento de volume do baço.
Helianthus 1ª: Casos antigos, com congestão do baço, náuseas e vômitos.
Ostrya virginica 3ªx: Convém sobretudo aos casos em que ela é acentuada e há sintomas biliosos e náuseas frequentes.
Sulphur 30ª ou 200ª: Convém aos casos inveterados que duram há muito e resistem a todo tratamento. É remédio intercorrente.
Rhus toxicodendron 5ª: Convém aos casos em que os calafrios são acompanhados de tosse seca, e a febre, de urticária e agitação.
Chelidonium majus 1ª: Nas palustres em geral.
Na alopatia está se fazendo uso da *Quinina*, *Quinacrine* (atebrina), *Aralen*, *Paludine* (Hydrochloride chlorguanidine), *Plasmochin* (pamaquine) e *Pentaquine*.
A indicação de qualquer um desses produtos deve ser feita por médico.

IMPETIGO

É uma moléstia da pele, muito contagiosa, caracterizada por uma erupção, localizada habitualmente na face e nas mãos, sobretudo das crianças, constituída por pequenas vesículas isoladas, arredondadas e superficiais, que aumentam de tamanho, supuram e secam, em crostas amareladas, habitualmente sem zona vermelha, inflamáveis em torno.
Da face, *Viola tricolor* 3ª. *Antimonium tartaricum* 3ª ou *Antimonium sulphuratum aureum* 3ª trit. do resto do corpo; *Antimonium crudum* 5ª ou *Kali bichromicum* 3ª, *Hepar sulphuris* 3ª trit. ou *Silicea* 30ª podem também ser úteis. Uma dose a cada 4 horas.
Externamente, *Calendula*, tintura-mãe, ou *Cordia curassavica*, tintura-mãe, uma colher das de chá para meio copo de água fervida morna.
Na alopatia, aplicações locais de *solução de ácido bórico*, *solução de permanganato de potássio* a 1/10.000 ou *solução de soluto de Burow* a 1/20. *Penicilina*, *Estreptomicina*, *Terramicina* e *Eritromicina* têm indicação.
A *Furacina* e a *Tirotricina* localmente.

IMPIGEM

Veja *Tinea tonsurans*.

IMPOTÊNCIA

É ausência incompleta e passageira de ereção viril e anda às vezes associada à espermatorreia e poluções noturnas.
Perda completa do desejo sexual, *Onosmodium* 3ªx ou 30ªx.
Impotência simples, nos idosos, *Sabal serrulata* T.M., *Agnus castus* 3ªx ou *Lycopodium* 30ª; devida a um traumatismo, *Arnica* 3ªx e *Hypericum* 3ª alternados; devida à masturbação, *Staphisagria* 3ª, *Nux vomica* 3ª e *Bufo* 30ª alternados; devida a excessos sexuais, *Phosphori acidum* 5ª, *Graphites* 3ª ou *Conium* 5ª. São também bons remédios: *Turnera aphrodisiaca* T.M., *Selenium* 30ª, *Nuphar lacteum* 3ª e *Tribulus terrestris* T.M. No diabetes, *Moschus* 3ªx.
Na alopatia, a *Yohimbina*, os preparados de *Testosterone* por via injetável ou bucal, sob indicação médica.

IMPULSO SEXUAL

Veja *Desordens sexuais*.

IMPULSOS IRRESISTÍVEIS
(Alienação mental)

É o estado cerebral passageiro, determinado pela exaltação de uma paixão, altruísta ou egoísta, caracterizado por impulsos ou movimentos ir-

resistíveis que escapam ao império da vontade. Todo louco é um alienado, mas nem todo alienado é um louco.
Veja impulso:
 – suicida: *Arsenicum* 5ª, *Naja* 5ª e *Aurum metallicum* 5ª.
 – homicida: *Arsenicum* 5ª, *Platina* 30ª e *Hyosciamus* 3ª.
 – incendiário: *Stramonium* 5ª e *Ammonium muriaticum* 3ª.
 – destruidor: *Belladona* 5ª, *Cantharis* 5ª, *Stramonium* 5ª e *Veratrum album* 5ª.
 – para se mutilar (roer unhas, dedos, descascar feridas etc.): *Arsenicum* 5ª e *Agaricus* 5ª.
 – ao roubo: *Artemisia vulgaris* 5ª, *Nux vomica* 5ª e *Arsenicum* 5ª.
 – sexual: veja *Desordens sexuais*.

De 6 em 6 horas.

INCHAÇO

Quente, vermelho, latejante, inflamado, localizado, veja *Abscesso*; frio, branco, indolente, difuso, veja *Hidropisia*.
Veja inchaço:
 – das juntas: *Artrite*, *Hidrartrose* e *Reumatismo*.
 – da garganta: *Amigdalite*, *Difteria* e *Hipertrofia das amígdalas*.
 – das glândulas: *Adenite*.
 – dos seios: *Cancro* e *Mastite*.
 – dos testículos: *Orquite* e *Hidrocele*.
 – de todo o corpo: *Anasarca*.
 – do ventre: *Timpanismo* e *Ascite*.

INCONTINÊNCIA DE URINAS

Veja *Enurese*.

INDIGESTÃO

É a parada da digestão estomacal dos alimentos que se comeu, tendo por consequência a expulsão, por vômitos e diarreia em seguida, de alimentos indigeridos. Nos casos graves, há sonolência, falta de ar, convulsões ou perturbações mentais nas crianças.

Antes dos vômitos, logo no começo, para abortar a indigestão, alterne-se *Ipeca* 5ª e *Pulsatilla* 5ª, de 10 em 10 minutos (prefiram-se glóbulos); depois dos vômitos, *Nux vomica* 3ª, de hora em hora; se ocorrer diarreia, *Mercurius dulcis* 3ªx trit.; havendo febre, *Baptisia* 1ª; nas crianças, *Ferrum phosphoricum* 5ª ou, com convulsões ou sintomas cerebrais, *Belladona* 3ª e *Nux vomica* 3ª alternados; com sintomas de depressão nervosa, *Antimonium tartaricum* 3ª; com ameaça de congestão cerebral, *Aconitum* 3ª e *Belladona* 3ª, alternados. Simples embaraço gástrico, sem vômitos, *Antimonium crudum* 5ª.

INFECÇÃO

Veja infecção:
 – gastrintestinal: *Febres gastrintestinais*.
 – puerperal: *Febre puerperal*.

INFLAMAÇÃO

É um desarranjo dos tecidos de qualquer parte do corpo, caracterizado por *vermelhidão*, *calor*, *dor* e *tumefação* da parte, acompanhado ou não de febre e embaraço gástrico e terminado, seja em resolução, seja em induração crônica, seja na supuração (transforma-se em abscesso) ou na gangrena.

Os dois principais remédios de qualquer inflamação local, a dar logo no começo, são *Belladona* 3ª e *Mercurius solubilis* 5ª, alternados de hora em hora.
Veja *Abscesso*.
Veja inflamação:
 – das amígdalas: *Amigdalite*.
 – da aorta: *Aortite*.
 – do apêndice: *Apendicite*.
 – do baço: *Esplenite*.
 – da bexiga: *Cistite*.
 – da boca: *Estomatite*.
 – dos brônquios: *Bronquite*.
 – do coração: *Endocardite*.
 – da córnea: *Queratite*.
 – do escroto: *Orquite*.
 – da espinha: *Mielite* e *Meningite*.
 – do estômago: *Gastrite*.
 – do fígado: *Hepatite*.
 – da garganta: *Amigdalite* (se as amígdalas estão inchadas) ou *Faringite* ou ainda *Difteria*.
 – das glândulas: *Adenite*.
 – dos intestinos: *Diarreia*.
 – da laringe: *Laringite*.
 – da língua: *Glossite*.
 – dos olhos: *Conjuntivite* e *Olhos*.
 – dos ossos: *Osteíte* e *Osteomielite*.
 – dos ouvidos: *Otite*.
 – dos ovários: *Ovarite*.
 – das pálpebras: *Blefarite*.
 – da parótida: *Caxumba* ou *Parotidite*.
 – do pênis: *Balanite*.
 – do peritônio: *Peritonite*.
 – da pleura: *Pleuris*.
 – da próstata: *Prostatite*.
 – dos pulmões: *Pneumonia*.
 – dos rins: *Nefrite*.
 – dos seios: *Mastite*.

– da uretra: *Blenorragia*.
– do útero: *Metrite* e *Endometrite*.
– da vagina: *Vaginite*.
– das veias: *Flebite*.
– da vulva: *Vulvite*.

INFLUENZA

Veja *Gripe*.

ÍNGUAS

Veja *Adenite* e *Bubão*.

INSETOS

Veja *Picadas de insetos*.

INSOLAÇÃO

É uma moléstia produzida pela exposição ao sol, no tempo dos grandes calores. A face se congestiona ou empalidece, há falta de ar, vertigem, síncope, queda e, às vezes, coma e morte.

Contra o ataque agudo, *Glonoinum* 5ª, de 10 em 10 minutos; contra as nevralgias ou dores de cabeça crônicas, que às vezes subsistem por muito tempo depois dos ataques de insolação, *Natrum carbonicum* 5ª ou *Lachesis* 30ª, de 6 em 6 horas. Não pode suportar o calor do sol, *Hidrophobinum* 30ª, a cada 12 horas.

INSÔNIA

É a impossibilidade de conciliar o sono, que aparece só ou como sintoma de outra moléstia; só, constitui uma moléstia nervosa, determinada por várias causas: medo, emoções, preocupações etc.

Aconitum 12ª ou 30ª e *Coffea* 12ª ou 30ª são os dois principais remédios da insônia, sós ou alternados. Particularmente, dê-se aos dispépticos que não podem conciliar o sono ao se deitarem, *Nux vomica* 30ª; devida a preocupações de negócios ou nos escritórios, *Ambra grisea* 30ª ou *Gelsemium* 30ª; devida a pesares, *Ignatia* 5ª; devida a notícias agradáveis, *Coffea* 30ª; durante dentição, nas crianças, *Coffea* 30ª, *Chamomilla* 30ª ou *Aconitum* 30ª; devida a vermes, *China* 5ª. Insônia nas crianças, causada por dores agudas, *Chamomilla* 30ª. Insônia durante a primeira parte da noite, *Pulsatilla* 5ª; pela madrugada, *Bellis perennis* 3ª ou *Nux vomica* 30ª, três ou quatro doses por dia. *Cannabis indica* T.M.[196], 5 a 15 gotas por dia, *Passiflora incarnata* T.M., 30 a 60 gotas por dia, e *Avena sativa* T.M., 10 a 15 gotas por dia, bem assim *Camphora*, são também remédios da insônia nos adultos. Enfim, em pessoas escrofulosas ou sifilíticas, *Clematis erecta* 12ª pode ser útil. Fadiga por falta de sono, *Sticta* 3ªx.

INTERTRIGO

É a assadura das crianças de peito, caracterizada por uma vermelhidão intensa e quente, às vezes com esfoladuras, que aparece sobretudo nas virilhas e entre as nádegas e nos sovacos, provocando agitações e choro dos doentinhos. É às vezes provocada pela diarreia ácida e corrosiva de certas gastrenterites.

O remédio mais geral é *Chamomilla* 30ª ou *Graphites* 5ª; em casos obstinados reincidentes, *Lycopodium* 30ª; com esfoladuras, *Mercurius solubilis* 5ª; com bolinhas, *Rhus toxicodendron* 5ª. Durante a dentição, *Causticum* 5ª. *Aconitum* 5ª e *Belladona* 5ª, alternados, podem também ser úteis.

Localmente, a *Pomada de Calendula* com *óxido de zinco*, em *carbovax*.

INTESTINOS

Veja as diversas moléstias dos intestinos: *Apendicite, Cancro, Cólicas intestinais, Constipação de ventre, Disenteria, Diarreia, Diarreia crônica dos países quentes, Diarreias infantis, Enterite mucomembranosa, Fendas, Lombrigas, Oxiúros, Paralisias, Tênia, Tenesmo, Timpanismo, Prolapso do reto, Tuberculose intestinal* e *Volvo*.

INTOXICAÇÕES

Veja *Alcoolismo, Cocainismo, Ergotismo, Intoxicações alimentares, Morfinismo, Mordeduras de cobra* e *Tabagismo*.

INTOXICAÇÕES ALIMENTARES

A indigestão de carnes alteradas, frescas ou em conserva, produz às vezes um envenenamento, que se apresenta sob duas formas: a de sintomas gastrintestinais (vômitos, diarreia, febre, prostração, urticária etc.) e a de sintomas nervosos (perturbações da vista, depressão mental, secura e vermelhidão das mucosas, disfagia, afonia, prisão de ventre, acessos de sufocação etc.), a primeira podendo terminar por colapso e morte, a segunda por paralisia bulbar progressiva.

---

196. Somente sob prescrição médica.

Os medicamentos da primeira forma são *Veratrum album* 5ª, *Arsenicum* 3ª, *Urtica urens* 3ªx e *Camphora* T.M.; os da segunda, *Belladona* 3ª, *Naja* 5ª, *Lachesis* 5ª, *Pyrogenium* 30ª, *Tartarus emeticus* 3ª, *Lobelia purpurea* 3ª. Veja a *Matéria Médica*. De hora em hora.

IRITE

É a inflamação da íris, caracterizada por fortes dores no olho, estendendo-se à fronte ou a toda a cabeça, pior à noite, pelo tempo úmido e pelo frio, melhorada pelo calor; por uma zona congestiva irradiada no branco do olho em torno da íris; pela mudança de cor deste órgão, pupila contraída ou irregular, fotofobia e lacrimação. Pode ser sifilítica, reumática, traumática ou tuberculosa e ser simplesmente serosa (pouca inflamação), plástica ou supurada. Na irite serosa, a pupila é um pouco dilatada.

Os dois principais medicamentos das irites são: *Hepar* 5ª e *Mercurius corrosivus* 3ª sós ou alternados. Entretanto, *Gelsemium* 5ª é o mais importante remédio da irite serosa. Particularmente – sifilítica: *Mercurius corrosivus* 3ª, *Clematis Hecta* 3ª, *Aurum* 5ª, *Cinnabaris* 3ª; reumática: *Bryonia* 5ª; *Terebinthina* 3ª, *Rhus* 5ª, *Euphrasia* 3ª e *Kali bichromicum* 2ª trit.; traumática: *Belladona* 1ª ou *Bryonia* 3ª e *Arnica* 3ªx alternadas; havendo hemorragia na câmara anterior (irite esponjosa), *Hamamelis* 5ª; dores muito fortes, *Spigelia* 3ª ou *Cedron* 3ªx; supurada: *Hepar* 3ª e *Silicea* 5ª; sintomática de uma moléstia uterina: *Pulsatilla* 3ª e *Clematis erecta* 3ª alternadas. Irite tuberculosa, *Tuberculinum* 30ª. Depois de operações no olho, *Rhus* 3ª ou *Aconitum* 3ª e *Arnica* 3ª alt. Nos casos agudos, de 2 em 2 horas; nos casos crônicos, de 4 em 4 horas.

Externamente, deve-se dilatar a pupila, quando contraída, pingando no olho uma gota de uma solução de atropina a 1% a cada meia hora e, depois, a cada 2 horas, para mantê-la dilatada.[197]

LÁBIOS

Os lábios podem ser sede de várias lesões, ligadas a estados gerais mórbidos mais ou menos patentes, os quais às vezes constituem o sintoma predominante e precisam ser dominados.

Inchaço escrofuloso do lábio superior, *Hepar* 5ª, *Rhus venenata* 3ª ou *Sepia* 5ª; úlceras, *Mercurius corrosivus* 3ª ou *Nitri acidum* 3ª; rachaduras dos cantos da boca, *Condurango* 3ªx ou *Antimonium crudum* 5ª; rachaduras dos lábios, *Graphites* 5ª ou *Natrum muriaticum* 5ª. De 3 em 3 horas.

---

[197]. Convém ouvir a opinião de especialista, antes de empregar o indicado, pois é extremamente perigoso.

LACTAÇÃO

Veja *Leite*.

LAGOFTALMO

É a paralisia do músculo orbicular das pálpebras, que não se pode então fechar; o olho fica aberto, a pálpebra inferior cai e há escorrimento das lágrimas pela face (epífora).

Seu principal remédio é *Physostigma* 5ª; outros remédios são: *Causticum* 12ª e *Gelsemium* 30ª. De 6 em 6 horas.

LARINGE

Veja *Afonia, Cancro, Crupe, Edema da glote, Laringite, Laringismo estrídulo, Pólipos* e *Voz*.

LARINGISMO ESTRÍDULO
(Espasmo da glote ou Falso-crupe)

É uma nevrose laríngea, caracterizada por acessos de sufocação noturna, devida à contração espasmódica dos músculos constritores da glote, é moléstia própria da infância (crianças de 3 a 20 meses) e pode matar a criança em um só ataque. Está quase sempre ligada ao raquitismo.

Contra o acesso, *Moschus* 1ªx de 5 em 5 minutos; *Sanguinaria* 3ª, *Chlorum* 6ª, ou *Corallium rubrum* 12ª; *Gelsemium* 1ªx pode ser também útil. *Cuprum metallicum* 30ª ou 200ª é outro remédio a empregar. De 4 em 4 horas. Nos intervalos *Cuprum aceticum* 3ªx e *Sambucus* 1ª. *Spongia* 3ªx. Tem indicação *Bromum* 30ª, 2 vezes ao dia.

Veja *Adenopatia traqueobrônquica*.

LARINGITE
(Traqueíte, Laringotraqueíte)

É uma moléstia da laringe, caracterizada por tosse de acesso, secura e ardor, ou dor nesse órgão, rouquidão completa ou incompleta e raramente um pouco de febre. Pode ser aguda (constipação de peito) ou crônica, ou tuberculosa.

No começo, *Aconitum* 3ª ou *Ferrum phosphoricum* 3ª trit., de hora em hora; *Spongia* 3ª e *Kali bichromicum* 3ª alternados. *Sanguinaria* 3ª é também um bom remédio da laringotraqueíte aguda; do mesmo modo, *Rumex crispus* 3ªx, *Drosera* 1ª e *Naphtalinum* 3ª são bons medicamentos da tosse espasmódica incessante. Tosse rouca, com muita coceira na laringe, *Rumex crispus* 3ªx e *Mercurius solubilis* 3ªx, *Hyosciamus* 3ª ou *Passiflora* T.M. contra a tosse noturna.

Crônica, *Causticum* 5ª, *Arum triphyllum* 3ª ou *Hepar sulphuris* 3ª trit., de 6 em 6 horas.

Tuberculosa, *Spongia* 2ª trit., *Argentum nitricum* 5ª, *Nitri acidum* 3ª, *Iodum* 5ª, *Drosera* 1ª ou T.M. ou *Arsenicum iodatus* 5ª. De 6 em 6 horas.

Úlceras sifilíticas da laringe, *Mercurius iodatus ruber* 3ªx trit. ou *Kali iodatus* 1ªx.

LEICENÇO

Veja *Furunculose*.

LEITE

O leite materno ou das amas que amamentam pode sofrer várias alterações, tanto em sua quantidade como em sua qualidade.

De modo geral, depois do parto, *Pulsatilla* 5ª é muito útil para promover a secreção do leite, quando este é deficiente, ou melhorar a sua qualidade.

Ausente, *Urtica urens* 3ªx, *Pulsatilla* 5ª ou *Chamomilla* 12ª (se devido a um acesso de cólera); diminuindo ou ralo, *Agnus castus* 3ªx ou 12ª, *Medusa* 5ª, *Ricinus communis* 1ªx; *Spiranthes* 3ª ou *Asafoetida* 5ª, de má qualidade em pessoas pálidas e linfáticas. Criança rejeitando-o, *Sulphur* 30ª, *Calcarea carbonica* 5ª, *Silicea* 5ª, *Mercurius solubilis* 5ª; em excesso (galactorreia), *Pulsatilla* 3ª, *Borax* 3ª ou *Calcarea carbonica* 3ª; enfraquecimento pelo excesso de leite ou prolongando-se muito a lactação, *China* 3ª. Para fazer secar o leite nas mães que deixam de amamentar, *Pulsatilla* 3ª ou *Laccaninum* 3ª; *Palladium* 30ª combate a menstruação que aparece durante o aleitamento; *China* 30ª é também um remédio para as mães menstruadas que amamentam. A cada 4 horas.

LENTIGO

São manchinhas pardo-amareladas que se assestam por todo o corpo e não dependem da ação do sol, como acontece com as efélides. É próprio das pessoas escrofulosas, especialmente as de cabelo vermelho.

Os principais remédios desta afecção são: *Graphites* 30ª, *Sulphur* 30ª, *Sepia* 30ª e *Tabacum* 30ª. Particularmente nas mãos, *Ferrum magneticum* 5ª trit.; na face, *Kali carbonicum* 5ª ou *Sepia* 30ª; nos braços, *Petroleum* 5ª; no nariz, *Sulphur* 30ª ou *Lycopodium* 30ª; no peito, *Nitri acidum* 5ª; nas pernas, *Phosphorus* 5ª. A cada 6 horas.

LEPRA[198]

É uma moléstia crônica, mais frequente nos países tropicais, durando em geral muitos anos, caracterizada por manchas hipocrômicas, róseas, eritematosas e violáceas, tubérculos ou lepromas, infiltração difusa lepromatosa do rosto e membros; lesões dos nervos, traduzindo-se por anestesia, quer ao nível das manchas, quer em zonas sem modificação do tegumento; perturbações tróficas, como sejam: mal perfurante, bolhas, absorção óssea, deformidades e paralisias.

A lepra se apresenta sob três formas clínicas: *lepromatosa*, mais contagiante e mais grave; *tuberculoide*, considerada não contagiante, de bom prognóstico; entre ambas existe a forma *incaracterística*, transicional, que pode evoluir quer para a forma lepromatosa, quer para a forma tuberculoide.

Essa classificação se deve a estudos de leprólogos paulistas e é com satisfação que já a vemos quase adotada por todos os centros científicos do mundo.

Em breve, deverá ser dado à publicidade pelo Ministro da Educação um trabalho de difusão cultural sobre Lepra, trabalho esse de autoria dos Drs. Nelson de Souza Campos e Lauro de Souza Lima, e premiado por aquele Departamento governamental.[199]

Ao Dr. Nelson de Souza Campos, grande dermatologista paulista, devemos os esclarecimentos que modernizam o conceito de lepra neste livro.

Em matéria de Lepra, São Paulo ocupa o primeiro lugar do mundo, em matéria de organização, profilaxia etc. O que nos falta, no entanto, é um Instituto de Pesquisas e todo empenho no sentido de uma criação deve ser feito pelas autoridades e pelo povo.

Não podemos deixar de citar o interessante trabalho feito entre nós por José Rosenberg, Nelson de Souza Campos e Jamil N. Aun sobre a viragem da reação de Mitsuda, que fez dar novos rumos à profilaxia da lepra.

O Congresso Internacional de Leprologia reunido em Madri, em outubro de 1953, achou de tamanha importância o resultado desse trabalho científico que aceitou integralmente e recomendou as suas conclusões a todos os países participantes da Conferência. A seguir vai transcrito o que lá houve.

---

198. Doença que deve ser notificada ao Departamento Saúde Pública; e, ao contrário do que popularmente se pensa, já curável. Os asilos-colônias do Estado de São Paulo são citados como os mais bem organizados do mundo, e de onde saem curados inúmeros doentes por ano. É com verdadeiro júbilo que cito o nome do Dr. Salles Gomes, organizador do atual serviço de lepra do Estado de São Paulo, a quem deste modo presto uma modesta, mas sincera, homenagem.

199. Trabalho já divulgado na ocasião da revisão desta obra pelo Dr. Brickmann.

O certame chegou a conclusões que marcam novos rumos à leprologia, tendo a contribuição brasileira empolgado sobretudo pelo trabalho "Primeiros resultados da vacinação BCG na profilaxia da lepra", de autoria do Dr. Nelson de Souza Campos. Eis o resumo que, do certame, nos fez o médico paulista, que atuou, ali, como membro da Comissão de Imunologia:

> As recomendações mais importantes referiram-se à Profilaxia. Passaram a constituir doravante as bases da campanha antileprótica o Dispensário, a Educação Sanitária e a imunização conferida pela Calmetização; o Isolamento ficará restrito apenas a casos contagiantes, lepromatosos. É uma profunda modificação na diretriz seguida até hoje, em que a segregação constituía a base da Profilaxia. E foi adotada a mudança em virtude dos excelentes resultados tidos com a terapêutica sulfônica, principalmente nos casos incipientes. Daí a recomendar-se o Dispensário e a Educação Sanitária como elementos capazes de revelar os casos iniciais da moléstia, seja pelo exame de comunicantes, seja da coletividade.

Recomendado o BCG

Pela primeira vez, em congresso de lepra, recomendou-se o emprego da vacina BCG como elemento capaz de conferir um estado de resistência à infecção leprosa, cujo reflexo é a positivação da Reação de Mitsuda. Nesse ponto, a contribuição brasileira foi preponderante, pois sem dúvida é no Brasil, e sobretudo em São Paulo, que esses estudos vêm sendo realizados em mais larga escala e há mais tempo. O BCG, por via oral, em dose única ou, o que é melhor, pelo método de vacinação concorrente de Arlindo de Assis, vem tendo grande difusão. Aceito até pelos organismos alérgicos às provas tuberculínicas, esta circunstância permite o seu emprego indiscriminado a pessoas de todas as idades, independente de provas prévias. A absoluta inocuidade desse método de vacinação, já sobejamente demonstrada pela escola brasileira de tisiologia, favoreceu a que a leprologia se aproveitasse da capacidade de calmetização de tornar a lepromino-reação negativa em positiva para recomendar o seu emprego como auxiliar da campanha antileprótica.

Inúmeros trabalhos recentes provam a estreita relação imunobiológica entre tuberculose e lepra. Dentre os fatos demonstrativos dessa correlação, o mais importante, indiscutivelmente, é a propriedade do BCG de determinar, em elevada proporção de casos, a positivação da reação à lepromina, que é, todos sabem, um índice de resistência ao mal de Hansen. Embora se trate de experiência recente e se aguarde, para conclusão definitiva, o pronunciamento do tempo, os primeiros resultados objetivos do valor do BCG na prevenção do mal hanseniano já foram observados no Ambulatório Central do Departamento de Profilaxia da Lepra em São Paulo.

Resultados em São Paulo

Antecipando-se às recomendações do congresso, este serviço já vinha empregando o BCG entre os comunicantes de lepra, que se apresentam a exame, no Ambulatório Central. Eis os resultados:

De fevereiro de 1952 a junho do corrente ano, a incidência de lepra entre os comunicantes vacinados com o BCG foi de 0,50 (16 casos sobre 2.866) e todos sob forma tuberculoide, benigna. Entre os não vacinados com o BCG a incidência da lepra foi superior a 4% (248 casos sobre 6.141) sendo 6 de forma lepromatosa, 115 indiscriminada e 70 de forma tuberculoide.

Demonstram os números de modo incontestE o valor protetor da vacina contra a infecção leprosa, visto que, mesmo entre os comunicantes de lepra, evidentemente já contaminados, atuou protetoramente não só determinando menor incidência de casos, mas criando, nos mesmos, condições de defesa tais que a moléstia só incidiu sob forma tuberculoide – a modalidade clínica mais benigna da moléstia.

Esse fato, que deverá ter importância fundamental na orientação futura da profilaxia da lepra, merece doravante cuidadoso estudo para se conhecer em seu íntimo o mecanismo das correlações imunobiológicas entre tuberculose e lepra. Tal conhecimento só será possível com a generalização do emprego do BCG não apenas entre a população em geral como e principalmente entre os conviventes da lepra. Essa recomendação consta da Comissão de Epidemiologia e Profilaxia do 6º Congresso Internacional de Lepra.

Os principais medicamentos desta moléstia são: *Sepia* 5ª, 12ª ou 30ª; *Aurum metallicum* 30ª ou *Aurum muriaticum* 3ªx trit.; *Condurango* T.M. ou 1ª; *Hydrocotyla* T.M. ou 2ªx; *Secale cornutum* (uma parte de T.M. para 2 de álcool e 3 de água, uma colheradinha de chá por dia). *Hura brasiliensis* T.M. é também um remédio importante.

Cada remédio deve ser tomado com persistência por muito tempo, de 6 em 6 horas.

Na alopatia, as *Sulfonas* dão resultados classificados de miraculosos.

Os medicamentos antituberculosos estão também tendo indicação na Lepra.

Nas formas sulforresistentes, existe excelente monografia indicando a *Ciclosesina*.

LESÕES DO DISCO INTERVERTEBRAL

São lesões devidas à ruptura ou degeneração do disco intervertebral. São mais encontradiças nas últimas vértebras cervicais ou últimas lombares.

É uma dor terebrante, irradiando-se pelo trajeto das raízes e dos nervos, e piora tossindo, movimentando-se ou evacuando.

Usa-se modernamente a tração da cabeça para os casos cervicais e a tração das pernas, para os casos lombares.

Na alopatia, injeções endovenosas de *Leukotropin*, *Coltra*, *Leukosalil*, a *Novocaína* a 1% *endovenosa* são indicadas. Caso não haja melhoras, a injeção no local, por neurologista ou neurocirurgião.

Na Homeopatia, *Hypericum* T.M., *Plantago* T.M., *Gnaphallium* 1ªx, *Bryonia* 1ª (melhora pelo repouso), *Rhux toxicum* 3ªx (melhora pelo movimento) e *Dulcamara* 3ªx.

Se não ceder com o tratamento clínico, é necessário fazer mielografia, localizar a hérnia e removê-la cirurgicamente, por laminectomia.

LEUCEMIA[200]

É uma moléstia crônica, caracterizada por um aumento exagerado dos glóbulos brancos do sangue, com hipertrofia do baço, dos gânglios linfáticos ou da medula dos ossos, acompanhada de anemia progressiva e terminando habitualmente na caquexia, com enfraquecimento geral, edema e hemorragias. Às vezes há febre.

Ceanothus americanus 1ª alternado com *Ferrum picricum* 3ª trit. ou *Thuya* 3ª alternada com *Natrum sulphuricum* 3ªx; ou ainda *China* 1ª e *Phosphorus* 3ª alternados – são os remédios desta moléstia. *Scrophularia nodosa* 3ªx pode também ser útil. A cada 3 horas.

LEUCOPLASIA

É uma inflamação crônica, catarral, indolor da mucosa da face superior da língua, caracterizada pela hiperplasia do epitélio, formando manchas esbranquiçadas irregulares entre ilhas de mucosa normal vermelha. É um sinal pré-canceroso.

Os principais medicamentos são: *Taraxacum* 3ªx, *Natrum muriaticum* 5ª, *Nitri acidum* 3ª, *Kali bichromicum* 3ª trit., *Ranunculus sceleratus* 3ª e *Terebinthina* 3ª. De 4 em 4 horas. *Caninosin* 30ª, 6 gotas, 2 vezes ao dia.

Na alopatia, *Radioterapia*.

LEUCORREIA
(Flores-brancas)

A leucorreia é algumas vezes um simples sintoma de moléstia do útero ou da vagina: consiste em um corrimento escasso ou abundante, espesso, aquoso ou pegajoso, transparente, branco ou purulento, com ou sem sangue, e assando ou não as partes, sem cheiro ou com mau cheiro; outras vezes é constituída pelo simples aumento das secreções mucosas normais do canal vaginal (são as flores-brancas propriamente ditas). As causas são as mais variadas.

O remédio principal e mais geral desta moléstia é *Sepia* 30ª ou *Cantharis* 3ªx que também é um bom remédio geral. Quando é corrosivo e assa as partes, *Kreosotum* 3ª, *Nitri acidum* 3ª ou *Lilium tigrinum* 30ª. Devida a úlceras do colo, leitosa e profusa, *Calcarea carbonica* 30ª ou *Calcarea ovorum* 2ª ou 3ª trit. Devida ao catarro da vagina, corrimento albuminoso, *Borax* 1ªx ou 2ªx trit. (é muito comum nas jovens celibatárias). *Helonias* 1ª é também um excelente remédio geral. Esses remédios devem ser dados de 6 em 6 horas, com persistência.

Outros medicamentos são: *Actea racemosa* 3ª para as mulheres histéricas, com dores e hiperestesias; leucorreia amarela, espessa, tenaz, pegajosa, *Hydrastis* 3ªx ou *Kali bichromicum* 3ª; mais abundante pela manhã, *Graphites* 30ª ou *Carbo vegetabilis* 30ª; muito profusa, ou só de dia, *Alumina* 30ª; nas crianças, *Dulcamara* 3ª; nas meninas antes da puberdade, *Calcarea carbonica* 30ª ou *Pulsatilla* 5ª; na menopausa, *Lachesis* 5ª ou *Sanguinaria* 3ª; só de noite, *Causticum* 12ª; noturna ou poucos dias antes ou depois da menstruação, *Bovista* 3ªx; só de dia, *Platina* 30ª; em lugar da menstruação *China* 3ª, *Cocculus* 3ª ou *Nux mochata* 5ª; fétida, *Kreosotum* 3ª; muito profusa, com prurido vulvar, *Sepia* 30ª ou *Hydrastis* 1ª; sanguinolenta, *Thlaspi* T.M.; durante o aleitamento, *Calcarea carbonica* 3ªx.

LIENTERIA

Veja *Diarreia*.

LINFATITE
(Angioleucite)

É a inflamação dos vasos linfáticos, caracterizada por vermelhidão da pele, placas ou cordões, inchaço dos gânglios vizinhos, febre e embaraço gástrico, podendo às vezes degenerar em fleimão difuso (linfatite perniciosa) acompanhada de um estado geral tífico muito grave.

Nos casos benignos, *Belladona* 3ª e *Mercurius iodatus ruber* 3ª alternados de hora em hora são os medicamentos principais. Se houver muito edema, *Apis* 3ªx.

Na linfatite perniciosa, *Rhus toxicodendron* 3ª, *Arsenicum album* 5ª ou *Lachesis* 3ª. Uma dose a cada hora.

Na alopatia, sulfas e antibióticos, sob indicação médica.

---
200. Não somente sobre leucemias, mas sobre hematologia em geral, é muito interessante o capítulo publicado nos Archives of Internal Medicine, em setembro de 1953, sob o título: "Progress in internal medicine, review of the 1952 hematology literature".

LINFATISMO

É o estado mórbido caracterizado pela hiperplasia generalizada dos tecidos linfáticos do corpo e aumento do volume dos órgãos correspondentes (glândulas superficiais adenoides, tireoide etc.).
Calcarea carbonica 30ª, *Iodum* 5ª, *Baryta iodata* 3ª trit. e *Arsenicum iodatum* 3ª trit. são os principais medicamentos desta moléstia. Duas doses por dia.
Alternar *Thuya* 200ª, 6 gotas de manhã em jejum com *Denis* 200ª, 6 gotas de manhã em jejum, em semanas diferentes.

LINFOSSARCOMA
(Moléstia de Hodgkin)

É uma hipertrofia especial de caráter caquético, de uma ou mais glândulas linfáticas, superficiais ou profundas, que acaba na morte, por enfraquecimento progressivo geral.
Os principais medicamentos desta moléstia são: *Baryta carbonica*, *Badiaga*, *Lapis album*, *Arsenicum iodatum*, *Cistis canadensis* e *Scrophularia nodosa*. Três doses por dia. O Dr. Helmuth empregava com sucesso *Calcarea carbonica* 2ªx trit., três pastilhas à noite e pela manhã durante uma semana, e uma gota da tintura-mãe de *Arsenicum album* ao deitar, depois de comer, durante outra semana, e assim continuamente por diversos meses.
Na alopatia, além das aplicações de raios X, está se fazendo uso da *Cortisona, Mostarda nitrogenada* e dos *Antagonistas do Ácido fólico*, sob prescrição médica.

LÍNGUA GEOGRÁFICA

Veja *Leucoplasia*, com a qual não deve ser confundida.

LÍQUEN

É uma moléstia inflamatória crônica da pele, caracterizada por uma erupção de pequenas pápulas vermelhas, sem tendência à vesiculação ou pustulação, isoladas ou agregadas em massas escamosas, durando o seu corpo muitos anos. Quando as pápulas são pontudas e há enfraquecimento geral, anemia, caquexia e morte, chama-se *Lichen-rubrum*; quando as pápulas são achatadas e umbilicadas, a moléstia é mais benigna e tem o nome de *Lichen-planus*.
Os principais remédios desta moléstia são: no *Lichen-simplex*, *Sulphur* 30ª; no *Lichen-rubrum*, *Natrium arsenicosum* 3ª ou 5ªx, *Mercurius corrosivus* 3ª e *Arsenicum iodatus* 3ªx; no *Lichen-planus*, o melhor remédio é *Antimonium tartaricum* 5ª. De 4 em 4 horas.
Nos casos rebeldes, aplicações de pomada de *Radon* ou então aplicações de raios X.

LITÍASE

Veja *Cálculos*.

LOBINHO

Veja *Quisto*.

LOMBRIGAS
(Ascaridíase ou Bichas)

As lombrigas comuns das crianças produzem várias desordens, entre as quais são muito conhecidas as cólicas súbitas, as olheiras, o ranger de dentes à noite, a coceira do nariz, os sobressaltos noturnos com gritos e sustos, o apetite irregular, os vômitos sem causa gástrica, a diarreia, os sintomas de disenteria crônica, e os acessos de febre irregulares e sem explicação. Pode haver também ataque de convulsões, perda de sentidos, resfriamento e morte.
Cina T.M. ou 1ª, de 3 em 3 horas, é o principal medicamento da verminose. Se falhar, alterne-se *Mercurius solubilis* 5ª e *Sulphur* 5ª de manhã e à noite, ou *Spigelia* 3ª antes das refeições e *Viola odorata* 6ª ao deitar. *Stannum* 3ª trit. é também um bom remédio. Convulsões ou espasmos nervosos devidos a vermes, *Cina* 5ª, *Stannum* 30ª ou *Tanacetum* 3ªx. A febre verminosa se combate com *Spigelia* 3ª, e a diarreia requer este mesmo remédio. A tintura-mãe de *Spigelia*, posta em um lenço e dada para cheirar, deterá frequentemente as convulsões por lombrigas. Para combater a predisposição às lombrigas, *Antimonium crudum* 5ª ou *Calcarea carbonica* 3ª, de 12 em 12 horas, e *Teucrium marum verum* 1ªx contra os oxiúros.
Modernamente, na alopatia, os derivados da *Piperazina*, sob indicação médica.

LOUCURA

Veja também *Demência*, *Mania*, *Melancolia* e *Paralisia geral dos alienados*.
É o estado de desarranjo cerebral persistente, determinado pela exaltação de um sentimento, que, caracterizado pelo excesso de subjetividade, impede o cérebro de ter uma noção real do mundo exterior, de modo a harmonizar a sua existência com a dos outros. Se há exaltação

constante das faculdades cerebrais, a loucura se chama mania; se há depressão dessas mesmas faculdades, chama-se melancolia; se há fraqueza das faculdades mentais, chama-se demência; enfim, se a excitação se combina com a depressão e a fraqueza cerebrais e é acompanhada de paralisia geral progressiva, chama-se paralisia geral dos alienados (mania das grandezas).

LUMBAGO

É uma dor frequente e às vezes muito violenta (mialgia) de que sofrem os músculos sacrolombares. É devida algumas vezes ao reumatismo, outras vezes aos resfriamentos. A hérnia do disco também pode ser a causa.

O principal medicamento é *Rhus toxicodendron* 3^a; se falhar, alterne-se *Nux vomica* T.M. ou 1ª com *Bryonia* T.M. ou 1^a; outros medicamentos são: *Antimonium tartaricum* 5^a, *Calcarea fluorica* 30^a, *Cimicifuga* 3^ax, todos de 2 em 2 horas. Lumbago crônico, *Rhus* 5^a e *Sulphur* 5^a, alternados de 6 em 6 horas. Se tiver como causa a umidade, *Dulcamara* 3^ax. *Hypericum* T.M., é notável nesses casos, bem como *Ruta graveolens* 3^ax.

LÚPUS

É uma moléstia tuberculosa da pele e das membranas mucosas, caracterizada por uma erupção de nódulos, pápulas ou placas, que podem degenerar e ulcerar, deixando cicatrizes, depois de destruir os tecidos.

Arsenicum album 3^ax ou 30^a é o principal medicamento; outros remédios são: *Hydrastis* T.M., *Hydrocotyla* 3^ax e *Kali bichromicum* 3^ax trit., de 6 em 6 horas. *Tuberculinum* 200^a, 6 gotas semanalmente.

LUXAÇÕES

Luxação ou *destroncamento* é o deslocamento permanente de duas superfícies articulares em qualquer junta do corpo. Os destroncamentos mais comuns são os do ombro, do cotovelo e do tornozelo; ocorrem em consequência de quedas, pancadas ou maus jeitos.

Uma vez reduzida a luxação, isto é, postas as superfícies articulares no seu lugar, o que se obtém por meios mecânicos, deve-se dar *Rhus toxicodendron* 3^a só ou alternado com *Ruta* 3^a, de 3 em 3 horas. Se o inchaço da junta se prolongar, *Agnus castus* 5^a; especialmente do tornozelo, *Bovista* 5^a.

MACHUCADURA

Veja *Contusões*.

MAL DAS ALTITUDES
(Mal das montanhas,
Mal dos balões,
Mal do ar nos aviadores)

É o conjunto de acidentes mórbidos que ocorrem aos ascensionistas das grandes alturas, e se manifesta por mal-estar geral, náuseas, vômitos, apatia, sonolência, dispneia, palpitações, síncopes etc.

O principal remédio do *Mal das montanhas* e do *Mal dos balões* é *Coca* 5^a, e o do *Mal dos aviadores*, *Belladona* 3^a; a cada meia hora.

MAL DE BRIGHT

Veja *Nefrite*.

MAL DE GOTA

Veja *Epilepsia*.

MAL DE POTT

É a osteíte tuberculosa das vértebras, moléstia particular à infância; caracteriza-se por dores na espinha, deformidade da coluna vertebral, quase sempre corcunda, rigidez da espinha, abscessos abrindo-se a distância e uma debilidade progressiva com diarreia, que pode levar à morte.

Os principais remédios homeopáticos desta moléstia são: *Silicea* 30^a, *Calcarea carbonica* 30^a, *Calcarea phosphorica* 3^ax, *Aurum* 30^a e *Iodum* 3^a, três doses por dia; e, intercorrentemente, uma vez por semana, *Bacillinum* 100^a ou *Tuberculinum* 100^a.

O tratamento ortopédico é comum às duas terapêuticas. Na alopatia, a *Estreptomicina* e *Dihidro-Streptomicina* são indicadas, sob prescrição médica.

MAL DE SETE DIAS

Veja *Tétano*.

MALÁRIA

Veja *Impaludismo*.

MAMAS

Veja *Seios*.

MANCHAS DA PELE

Veja *Cloasma*, *Equimose*, *Efélides*, *Lentigo* e *Vitiligo*.

MANIA

É a forma de loucura caracterizada pela exaltação das faculdades cerebrais; é o contrário da *melancolia*, que se caracteriza pela depressão dessas faculdades. Pode ser *aguda* (com delírio, febre, alucinação, furor e às vezes morte em poucos dias), *subaguda* (mania de que não está louco ou mania de perseguição, também chamada paranoia) ou *crônica* (monomania).

Os remédios da mania são, com atos violentos, *Belladona* 1ª ou 2ª; se houver terror, *Stramonium* 3ª; se houver medo da morte, *Aconitum* 3ªx; havendo furor com raiva, *Cantharis* 3ª; imoralidade e excitação sexual, *Hyosciamus* 3ª; *Phosphorus* 3ª ou *Cantharis* 3ª; frenesi e extrema angústia mental, *Veratrum album* 3ª; ideias de perseguição, *Nux vomica* 3ª e *Bryonia* 3ª; mania religiosa, *Aurum muriaticum* 3ª trit., *Stramonium* 5ª e *Veratrum album* 5ª; histérica, *Platina* 30ª; mania crônica, *Anacardium orientale* 30ª. De 4 em 4 horas, durante meses seguidos.

MÃOS

Mãos rachadas das lavadeiras, pomada de *Calendula* ao se deitar, depois de lavar as mãos em água quente; rachaduras profundas e úmidas, *Graphites* 5ª; escoriações entre os dedos, *Graphites* 5ª; coceira, ardor e tremor, *Agaricus* 3ª (Veja *Tremor senil*); mãos frias, úmidas, viscosas, *Fluoris acidum* 5ª; secas e ásperas, *Natrum carbonicum* 5ª; nódulos gotosos das juntas dos dedos, *Benzoicum acidum* 3ª ou *Ledum* 3ª; pontas dos dedos rachadas e ásperas, *Petroleum* 3ª ou *Graphites* 5ª; mãos vermelhas dos jovens, *Carbo vegetabilis* 30ª; secura excessiva das mãos, *Lycopodium* 30ª ou *Zincum* 5ª; descamação, *Elaps* 5ª, simples coceira, *Fagopyrum* 3ª; rigidez das mãos ao escrever, *Kali muriaticum* 5ª; dedos curvos ou tortos, *Kali carbonicum* 5ª ou *Lycopodium* 30ª, pontas dos dedos grossas e ásperas, *Populus candicans* 1ªx ou T.M. ou *Antimonium crudum* 5ª; sensação de dedo morto, *Calcarea carbonica* 5ª; diminuição da sensibilidade dos dedos, *Carboneum sulphuratum* 3ª trit.; suores na palma das mãos, *Fluoris acidum* 30ª. As doses devem ser dadas duas vezes por dia. Nas mãos que racham até sangrar, a *Pomada de Castor equi*.

MARASMO INFANTIL

Veja *Atrepsia*.

MARASMO SENIL

Enfraquecimento e esgotamento de todas as funções do corpo, devidos à idade avançada das pessoas.

O remédio da velhice é *Baryta carbonica* 5ª, de 12 em 12 horas.

MASTITE

É a inflamação do seio da mulher, terminada ou não por supuração. Caracteriza-se por endurecimento circunscrito ou difuso do seio, dores, calafrios, febre, dores de cabeça, embaraço gástrico e língua suja.

Algumas vezes, os abscessos se repetem e o progresso mórbido torna-se crônico, durante meses.

Bryonia 5ª alternada com *Belladona* 3ªx de meia em meia hora, desde o começo; ou então *Phytolacca* 3ªx ou 3ª também de meia em meia hora; se o pus se formar, *Mercurius solubilis* 5ª e *Phosphorus* 5ª alternados são os remédios. Se a mastite surge logo depois do parto, *Belladona* 3ª e *Chamomilla* 5ª podem ser alternados. Aberto o foco supurado, *Silicea* 30ª ou *Calcarea sulphurica* 3ª trit., de 2 em 2 horas. Fístulas depois da mastite, *Phosphorus* 5ª e *Phytolacca* 3ªx, de 4 em 4 horas. Abscessos fistulosos crônicos (mastite crônica), *Phosphorus* 30ª, *Silicea* 30ª, *Phytolacca* 3ªx ou *Sulphur* 30ª. Uma dose a cada 6 horas. *Graphites* 30ª amolece as cicatrizes velhas e duras dos seios; de 12 em 12 horas. Massas endurecidas dentro do seio devidas a mastites repetidas, *Phytolacca* 3ªx, *Silicea* 30ª, *Chamomilla* 30ª, *Carbo animalis* 5ª, *Calcarea fluorica* 5ª ou *Conium* 30ª.

Esses mesmos medicamentos convêm à mastite dos recém-nascidos. Havendo formação de pus, *Pyrogenium* 30ª. Pomada de cirtopodium, em uso local. Sobre a pomada, calor seco.

Na alopatia, a *Penicilina* é indicada, assim como outros antibióticos, sob receita médica.

MASTODINIA

Veja *Nevralgias*.

MASTOIDITE

Veja *Otite*.

MASTURBAÇÃO

Veja *Onanismo*.

MAU HÁLITO

Devido a dentes cariados e a piorreia, *Carbo vegetabilis* 30ª; se falhar, *Hepar* 5ª ou *Nitri acidum* 5ª.

Quando não provém da falta de asseio da boca e dos dentes, resulta de vício de nutrição e provém de gases exalados pelo pulmão, aos artríticos, *Sulphur* 30ª; nos escrofulosos, *Calcarea carbonica* 30ª e *Silicea*; se aparecer só pela manhã, *Nux vomica* 12ª ou *Arnica* 30ª; à tarde ou à noite, *Pulsatilla* 5ª, especialmente nas meninas, na época da puberdade. Outros remédios são: *Nitri acidum* 5ª (cadaveroso); *Petroleum* 3ª (cebola ou alho); *Graphites* 12ª (urina); *Cantharis* 5ª (peixe), *Mercurius solubilis* 5ª (pútrido), *Aurum metallicum*. 30ª e *Aurum muriaticum* 3ª trit. são dois bons remédios gerais. Na piorreia, *Staphisagria* 3ª, é também bom remédio. Duas ou três doses por dia.

Na alopatia, usa-se a *Terramicina*, em doses pequenas, nos adultos. Um comprimido de 250 mg pela manhã e um à noite, por vários dias. A destruição de germes da flora gastrintestinal modifica esse meio, com reflexos benéficos sobre a halitose. Essa medicação deve ser feita sob prescrição médica.

MAUS EFEITOS DE

Abuso de bromureto de potássio: *Helonias*.
Abuso de café: *Nux vomica*.
Abuso de cerveja: *Carduus marianus*.
Abuso de chá: *China*, *Dioscorea* e *Selenium*.
Abuso de condimentos: *Nux vomica*.
Abuso de ferro: *Hepar* e *Pulsatilla*.
Abuso de ioduretos: *Phosphorus* e *Hepar*.
Abuso de mercúrio: *Argentum metallicum*, *Hepar*, *Nitri acidum* e *Mezereum*.
Abuso de mesa e doces: *Antimonium crudum*.
Abuso de remédios: *Nux vomica*.
Abuso de sal: *Phosphorus*.
Acessos de cólera: *Chamomilla*, *Colocynthis* e *Staphisagria*.
Alcoolismo: *Apocynum cannabinum* e *Spiritus querqus*.
Alimentos ou bebidas azedas: *Phosphori acidum*.
Amor contrariado ou ciúmes exagerados: *Hyosciamus*.
Andar de carro ou viajar de navio: *Petroleum* e *Cocculus*.
Castigos (nas crianças): *Ignatia*.
Coito: *Kali carbonicum* 5ª.
Coisas frias (água, gelados, sorvetes, saladas, frutas aquosas, como abacaxis, melancias etc.): *Arsenicum album* e *Dulcamara*.
Comer ostras e outros mariscos: *Urtica urens* e *Astacus fluviatilis*.
Continência sexual: *Conium*.
Desejo sexual anormal: *Hydrophobinum*.
Deslumbramento do fogo nos olhos dos fundidores: *Mercurius solubilis* 5ª.
Eletricidade: *Mercurius solubilis*.
Engolir lascas de osso: *Cicuta virosa*.
Erupções recolhidas: *Cuprum aceticum* e *Rhus*.
Esforços exagerados: *Arnica*, *Rhus* e *Formica*.
Excessos sexuais: *Conium*, *Nux vomica* e *Phosphori acidum*.
Fumaça e gás de iluminação: *Ammonium carbonicum*, *Arnica* e *Bovista*.
Inalação de gases mefíticos: *Anthracinum*.
Injúrias: *Staphisagria*.
Luar: *Thuya*.
Luz elétrica ou artificial nos olhos: *Pilocarpus pinnaus* 3ª.
Medo: *Gelsemium*.
Morar em casas ou aposentos úmidos ou se deitar sobre chão frio e úmido: *Dulcamara* 3ª, *Natrum sulphuricum* 3ª e *Rhododendron* 3ª.
Não urinar quando tem vontade: *Causticum*.
Pancadas ou choques na cabeça: *Natrum sulphuricum* e *Hypericum*.
Pancadas ou choques na espinha: *Conium*.
Perda de sono e excesso de trabalho mental: *Cocculus* e *Cuprum*.
Queda de uma altura ou esforço para levantar peso: *Millefolium*, *Arnica* e *Rhus*.
Súbitas emoções: *Coffea* e *Gelsemium*.
Supressão de corrimentos: *Lachesis*.
Surpresas agradáveis: *Coffea*.
Suspensão de suor dos pés: *Silicea*.
Suspensão de transpiração: *Aconitum*.
Susto: *Aconitum*, *Gelsemium* e *Opium*.
Tempestades: *Phosphorus* e *Rhododendron*.
Trabalho dentro de água: *Calcarea carbonica*, *Dulcamara* e *Magnesia phosphorica*.
Trabalho exagerado em operários agrícolas: *Arnica*.
Vacinação: *Thuya*.
Velar à noite, sobretudo estudando: *Colchicum* e *Conium*.
Vexames: *Petroleum*.
Vida intensa das cidades: *Calcarea phosphorica* e *Kali phosphoricum*.

MEDO

Medo da morte: *Aconitum*, *Phosphorus* e *Agnus castus*.
Medo da multidão (antropofobia): *Aurum metallicum*.
Medo de cães: *Tuberculinum*.
Medo de chuva: *Elaps* e *Rhododendron*.
Medo do espaço (agorafobia): *Arnica*.
Medo de ficar louco: *Cannabis indica*, *Calcarea carbonica*, *Cimicifuga*, *Alumina*, *Iodum* e *Medorrhinum*.

Medo de objetos pontiagudos: *Alumina* e *Silicea*.
Medo de parecer ridículo: *Palladium* e *Natrum muriaticum*.
Medo de ser assassinado: *Plumbum*.
Medo de ser envenenado: *Hyoscymus niger*, *Rhus* e *Kali bromatum*.
Medo de tempestade: *Rhododendron* e *Natrum carbonicum*.
Medo em geral: *Natrum phophoricum*, *Scutellaria* e *Stramonium*.
A dinamização em geral deve ser a 30ª. Uma dose a cada 2 dias.

MELANCOLIA

É uma forma de loucura, caracterizada por grande depressão mental e tristeza. Pode ser aguda ou crônica, com estupor, agitação de um lado para outro, resistência a tudo quanto se lhe quer fazer, ou delírio.

Com ideias de suicídio, *Arsenicum* 5ª ou *Aurum* 5ª; devida a pesar profundo, *Ignatia* 5ª; devida ao impaludismo, *Natrum muriaticum* 30ª; muito chorosa, *Pulsatilla* 5ª; com histerismo ou sonolência, *Nux moschata* 5ª; associada a desarranjos uterinos, *Actea racemosa* 3ªx ou *Sepia* 30ª; com palpitações, *Cactus* 1ª; com pulso lento e fraco, *Digitalis* 1ªx; resistente a tudo quanto se lhe quer fazer, *Nux vomica* 30ª; aversão à família, *Sepia* 30ª; com estupor (melancolia atônita), *Veratrum album* 5ª; casos crônicos, *Opium* 5ª. *Anacardium orientale* 30ª é ainda um bom remédio dos estados de melancolia profunda.

MENINGITE
(Leptomeningite cerebral aguda)

É uma moléstia aguda, habitualmente própria da infância, que ocorre quase sempre secundariamente a uma moléstia infetuosa, machucadura, dentição, otite média ou erisipela da cabeça e que se caracteriza, em princípio, por febre alta com forte dor de cabeça, delírio, excitação, vômitos-projetis e rigidez da nuca, e depois por prostração, apatia, coma, paralisias, pulso lento, respiração estertorosa e morte. Às vezes a febre é pouca e a moléstia começa insidiosamente simulando um simples embaraço gástrico. Paralisias e surdez podem ficar como sequelas da moléstia.

Na meningite aguda simples, logo no começo, dê-se *Veratrum viride* 1ª e *Belladona* 3ªx, alternados de meia em meia hora, se houver febre alta. Surgindo o estupor e a depressão, *Bryonia* 3ª e, se não melhorar, *Helleborus* 3ª (se há muito torpor mental e apatia dos sentidos), *Apis* 3ª (agitação nervosa e gritos encefálicos) ou *Sulphur* 5ª sós ou alternados com *Bryonia*.

Mercurius 5ª pode ser também útil aqui. Se houver convulsões, *Cicuta* 3ª ou *Cuprum arsenicosum* 3ª são remédios. *Iodoformium* é um bom medicamento a empregar desde o começo. Devida ao não desenvolvimento de um exantema (sarampo, escarlatina etc.), *Zincum metallicum* 3ª trit. Devida à retrocessão de uma moléstia infetuosa ou eruptiva ou de uma dentição difícil, *Cuprum aceticum* 3ª trit. é o remédio. Coma profundo com convulsões, contrações musculares e incontinência de fezes e urinas, *Opium* 30ª e *Gelsemium* 5ª ou 30ª combaterá as paralisias resultantes e *Silicea* 30ª e *Sulphur* 30ª, a surdez consecutiva.

Na alopatia, o *Antibiótico de escolha*, de acordo com o germe-causa, sob prescrição médica.

MENINGITE CÉREBRO-ESPINHAL EPIDÊMICA

É uma forma de meningite, que ordinariamente ocorre em pequenas epidemias, raramente atacando muita gente ao mesmo tempo e não se estendendo como a gripe, a varíola, o sarampo etc. Ataca mais as crianças do que os adultos. Começa de repente por vômitos ou convulsões, às vezes por dias de mal-estar, outras vezes por calafrios, e logo se acendem dor de cabeça, alta febre, pulso rápido, delírio, prisão de ventre, rigidez da nuca. O espírito é obtuso; há grande sensibilidade da pele ao toque, fotofobia, estrabismo, quemose, dificuldades de engolir, pernas e braços rígidos, opistótonos (a criança se arca toda para trás). Aparece, em torno dos lábios, uma erupção de bolinhas e, em certos casos (forma petequial), manchas roxas ou petéquias por baixo da pele do corpo todo. Em seguida, surge o coma, com incontinência de fezes e urinas, e a morte se segue a breve prazo. Na convalescença, encontram-se, como sequelas, paralisias, surdez, perda da memória, estrabismo, dor de cabeça, neurastenia etc.

Os principais remédios desta moléstia são: *Strychnia* 6ª e *Cicuta* 3ª, dados em alternação a cada hora. *Gelsemium* 1ª também é um bom remédio. *Cuprum aceticum* 3ªx poderá substituir *Cicuta*, caso os sintomas cerebrais predominem sobre os convulsivos. *Veratrum viride* 1ª poderá ser útil, nos casos fulminantes. *Rhus toxicodendron* 3ª e *Crotalus horridus* 3ª na forma petequial. O coma profundo requer *Opium* 30ª. Na convalescença, *Gelsemium* 5ª ou 30ª combaterá as paralisias; *Silicea* 30ª e *Sulphur* 30ª, a surdez; *Anacardium orientale* 30ª, a perda da memória; as outras sequelas tratando-se de neurastenia e vertigem, *Argentum nitricum* 30ª ou *Cocculus* 12ª; nevrite óptica, *Phosphorus* 30ª; nevralgia, *Actea racemosa* 5ª e *Gelsemium* 30ª. A cada 4 horas. Os alopatas estão usando com sucesso as "*Sulfas*".

Penicilina, Estreptomicina, Terramicina e *Cloromicetina* dão resultados na alopatia. Nos casos "a vírus", os alopatas usam a *Aureomicina*. A medicação alopática deve ser feita sob prescrição médica.

MENINGITE TUBERCULOSA

É a forma de meningite primitiva mais comum na infância. É de curso subagudo mais prolongado do que o das outras formas. Começa por pouca febre, dor de cabeça, vômitos-projetis, lentidão e irregularidade do pulso, respiração com paradas, estrabismo, olhos fixos, às vezes do pescoço e convulsões; em seguida estupor e coma, pulso rápido, dilatação pupilar, opistótonos, incontinências das fezes e urinas e morte ao cabo de três semanas de moléstia.

O principal medicamento desta moléstia é *Iodoformium* 2ªx ou 3ªx, a cada 2 horas e, se falhar, alterne-se *Helleborus* 3ª com *Digitalis* 1ª ou então dê-se *Lycopodium* 30ª, *Sulphur* 5ª ou *Zincum metallicum* 3ª trit. *Spongia* 3ªx também pode ser útil e bem assim *Calcarea carbonica* 30ª.

A *Estreptomicina* associada ou não ao *Promizole* e *Ácido para-amino-salicílico* têm sido usados com resultados promissores pela alopatia, mas isso deve ser feito somente sob prescrição médica.

MENOPAUSA

Menopausa é a época em que cessa a menstruação na mulher; em geral, dos 46 aos 50 anos de idade. É acompanhada habitualmente de várias desordens circulatórias e nervosas; bafos de calor para o rosto, cefalalgia, vertigens, palpitações, desfalecimentos de estômago, dispneia e insônia, dificuldades de urinar, dores lombares, distensão do ventre, hemorragias etc.

Lachesis 5ª ou 30ª é o principal remédio dessas desordens. Especialmente: *Theridion* 30ª, abatimento e irritabilidade, *Actea racemosa* 3ª; dores uterinas, *Actea racemosa* 3ª ou *Veratrum viride* 1ª; desordens urinárias, *Cantharis* 5ª; bafos de calor na cabeça, *Veratrum viride* 3ª, *Sanguinaria* 3ª ou *Amyl nitrosum* 30ª; vertigens com sangue para a cabeça e ruídos nos ouvidos, *Glonoinum* 5ª; dor de cabeça, *Lachesis* 5ª, *China* 5ª, ou *Ferrum* 5ª; *Aurum muriaticum* 3ªx, *Ustilago maydis* 1ª, e *Nitri acidum* 3ª; palpitações de coração à mais leve emoção, em mulheres gordas, *Calcarea arsenicosa* 5ª. Se falharem, alterne-se *Calcarea carbonica* 30ª com *Sepia* 30ª. Insônia, *Coffea* 30ª e dor de ouvidos *Sanguinaria* 3ª. O Prof. Dr. Alcides Nogueira da Silva faz grandes elogios ao *Nicotinic acidum* 5ª.

O tratamento hormonal associado ao homeopático é de grande resultado.

MENORRAGIA

É a menstruação muito abundante, que se assemelha à hemorragia; é profusa ou com épocas adiantadas ou muito prolongadas. Pode, ou não, ser acompanhada de dismenorreia.

Durante a menorragia, *Crocus* 3ªx ou *Hamamelis* 1ª ou 2ª, se o sangue é escuro e coalhado, sobretudo em mulheres jovens; *Ipeca* 1ª alternada com *China* 3ª ou *Sabina* 3ª, se o sangue é vermelho vivo; *Gossypium herbaceum* 3ª é também um bom remédio da menorragia, e bem assim *Ustilago* 1ª e *Chamomilla* 30ª. Nos intervalos das menstruações, *Calcarea carbonica* e *China* 5ª alternados ou *Arsenicum album* 5ª alternado com *Ignatia* 12ª. *Hydrastininum* 1ªx durante a época e a 2ªx ou a 3ªx nos intervalos das menstruações, *Calcarea carbonica* e *China* 5ª alternadas e se são profusas, *Aranea diadema* 5ª, *Ammonium carbonicum* 3ª, *Belladona* 3ª, *Platina* 30ª, *Calcarea carbonica* 30ª, *Cinnamomum* 1ª, *Thlaspi* T.M., *Nux vomica* 3ª. O Dr. Patzac aconselhava, nos intervalos, o uso de *Calcarea carbonica*, *Sulphur*, *China* e *Nux vomica*, dados um depois do outro, em série.

Durante a menorragia, uma dose de meia em meia hora; nos intervalos, três doses por dia.

MENSTRUAÇÃO

Veja *Amenorreia, Dismenorreia, Menorragia, Menstruação irregular* e *Menopausa.*

MENSTRUAÇÃO IRREGULAR

O período menstrual, que dura habitualmente 3 ou 4 dias, não é acompanhado normalmente de perturbação alguma da saúde geral da mulher; mas, em certos casos, aparecem várias irregularidades no escoamento do fluxo e desordens reflexas em outros órgãos, que é preciso combater por se tornarem muito incômodas.

É assim que, como irregularidade do escoamento do fluxo menstrual, este pode ser intermitente, caso a que convém *Kreosotum* 3ª, *Hyosciamus* 3ª ou *Sepia* 5ª; irregular, *Graphites* 5ª ou *Pulsatilla* 5ª; com mau cheiro, *Belladona* 3ª ou *Actea racemosa* 3ª; só de dia, com flores brancas à noite, *Causticum* 5ª; só à noite, desaparecendo de dia, *Bovista* 3ª; só ocorre quando anda, *Lilium tigrinum* 5ª; ou só à noite, quando deitada, *Magnesia carbonica* 5ª.

Entre as desordens reflexas, podem-se citar as seguintes:

Antes e durante o período:

Asma noturna, *Lachesis* 5ª; bafos de calor no rosto, *Sanguinaria* 3ª; dor de cabeça, *Actea racemosa* 3ªx; vista escura ou cegueira, *Cyclamen* 3ª ou *Pulsatilla* 3ª; dor de dentes, antes da menstruação, *Baryta carbonica* 5ª e, durante a menstruação, *Staphisagria* 5ª ou *Sepia* 12ª; dores na vulva, *Lachesis* 5ª ou *Platina* 5ª; dor ou inchaço nos seios, *Murex* 5ª, *Conium* 5ª, *Phytolacca* 3ª ou *Pulsatilla* 5ª; diarreia, *Ammonium carbonicum* ou *muriaticum* 3ª; erupções da pele, *Graphites* 5ª ou *Sulphur* 3ª; feridas na boca, *Phosphorus* 5ª; fraqueza geral, *Carbo animalis* 5ª; inchaço da face e dos pés, *Graphites* 5ª; inflamação dos olhos, *Pulsatilla* 5ª; insônia, *Agarirus* 3ª; mau humor, *Chamomilla* 5ª; perturbações gástricas, *Nux vomica* 3ª; desordens urinárias, *Cantharis* 3ª ou *Gelsemium* 5ª; desordens cardíacas, *Cactus* 1ª ou *Lithium carbonicum* 5ª; prisão de ventre, *Graphites* 5ª, *Natrum muriaticum* 5ª; *Silicea* 5ª ou *Plumbum* 5ª; olheiras fundas, *Sepia* 30ª ou *Cyclamen* 3ª; rouquidão, *Gelsemium* 5ª; salivação, *Pulex* 5ª; surdez, *Kreosotum* 3ª; desmaio, *Moschus* 3ªx; tosse, *Graphites* 3ª, *Lac caninum* 3ª ou *Sulphur* 5ª; dor do fígado, *Phosphori acidum* 5ª; ventre inchado, *China* 5ª ou *Cocculus* 3ª; ventre pesado, *Sepia* 5ª; zumbidos de ouvido, *Ferrum metallicum* 5ª ou *Kreosotum* 3ª; leucorreia, *Bovista* 3ªx; ataques epilépticos, *Cuprum* 5ª ou *Causticum* 30ª; ardor e coceira das partes antes e depois da menstruação, *Calcarea carbonica* 30ª; simples prurido vulvar, *Graphites* 30ª.

Depois do período:
Abatimento físico e mental, *Alumina* 5ª; fraqueza geral, *China* 30ª ou *Cocculus* 5ª; diarreia, *Pulsatilla* 5ª; dores nevrálgicas, irritabilidade e insônia, *Actea racemosa* 3ª; dores uterinas no intervalo dos períodos, *Bryonia* 3ª ou *Sepia* 30ª; erupções da pele, *Kreosotum* 3ª; dores de cabeça, *Lachesis* ou *Pulsatilla* 5ª; latejantes com dores nos olhos, *Natrum muriaticum* 30ª; leucorreia, *Kreosotum* 5ª; inchaço dos seios, *Cyclamen* 3ª; prurido vulvar, *Tarantula hispanica* 5ª ou *Conium* 5ª; traços de menstruação entre as épocas, *Bovista* 3ª; hemorragia no intervalo das épocas, *Hamamelis* 5ª ou *Ambra grisea* 5ª.

MENTAGRA

É uma moléstia da pele; uma foliculite aguda ou crônica das partes cabeludas da face, sobretudo do queixo, raramente de outras regiões do corpo providas de longos cabelos (púbis, axilas), caracterizadas pela presença de pápulas, pústulas e crostas amarelas arredondadas perfuradas por fios de cabelos.
Os principais remédios são: *Hepar sulphuris* 3ª, *Antimonium tartaricum* 5ª, *Cicuta* 6ª e *Graphites* 5ª. A cada 4 horas.

METEORISMO

Veja *Timpanismo*.

METRITE

É a inflamação da parede muscular do útero; pode se limitar ao colo ou se estender a todo o útero. No primeiro caso (metrite cervical), a moléstia é geralmente benigna e se limita a dores lombares e no baixo ventre, colo do útero dolorido e inchado, desordens menstruais, vertigens, dores de cabeça. Na forma aguda, seu remédio é *Belladona* 3ª e, na forma crônica, *Belladona* 3ªx, *Lachesis* 5ª e *Apis* 3ª se há menorragia ou menstruação normal, e *Antimonium tartaricum* 3ª se há menstruação escassa. No segundo caso (metrite corpórea), a moléstia é mais séria e pode ocorrer, quando aguda, (metrite aguda), como uma forma da febre puerperal (e, neste caso, quando plenamente desenvolvida, em caso de falharem *Veratrum viride* e *Bryonia*, o seu remédio é *Nux vomica* 30ª) ou em consequência de um resfriamento durante a menstruação, de machucaduras ou falta de asseio (e então o seu principal medicamento é *Belladona* 3ª); nesses casos, ela se caracteriza por calafrios, febre, fortes dores uterinas que se espalham pelo baixo ventre e nos lombos, peso, desordens menstruais, perturbações gastrintestinais e emagrecimento, *Belladona* 5ª ou *Aurum muriaticum* 3ªx são os remédios; se o útero é muito hipertrofiado e endurecido, *Calcarea iodatus* 3ªx, *Conium* 30ª ou *Arsenicum iodatum* 3ªx.

METRORRAGIA

É a hemorragia do útero, mais ou menos abundante, que ocorre fora das épocas menstruais (ligadas à menstruação, veja *Menorragia*) em consequência de várias moléstias do útero (metrite, fibroma, cancro, pólipos etc.) ou de aborto ou parto.
Ipeca 1ªx alternada com *Millefolium* 1ª ou então *Hydrastis* T.M. ou *Zengiber* T.M. Pode-se dar também *Cocainum* 1ª (10 gotas para 120 g de água)[201] ou *Thlaspi* T.M. *Drymis granatensis* 3ªx é também um bom remédio das menorragias. Hemorragia passiva, escura, muito fétida, com dores espasmódicas expulsivas, *Secale* 1ª ou *Chamomilla* 30ª; vermelha brilhante, com muitas dores de cadeiras, depois de aborto ou parto, *Sabina* 3ª, *Trillium* 3ªx ou *Cinnamomum* 1ªx; passiva, escura, sem dores, *Hamamelis* 1ª ou 5ª; pouca, rebelde, irregular, depois de aborto ou na menopausa, *Nitri acidum* 3ªx; devida a fi-

---
201. Só sob receita médica.

bromas ou pólipos uterinos, *Ledum* 5ª ou *Trillium* 3ªx; com mau cheiro, *Kreosotum* 3ª; nos intervalos das épocas menstruais, *Hamamelis* 1ª ou *Ambra grisea* 5ª; depois da menopausa, *Vinca minor* 3ª; antes da puberdade, *Cina* 3ª. Para evitar a recorrência, *Arsenicum album* 3ª. Durante a hemorragia, o remédio deve ser dado de 20 em 20 minutos. Prostração ou estado sincopal depois da hemorragia, *China* 12ª, de 10 em 10 minutos.

MIALGIAS

Veja *Dores nas costas*, *Lumbago* e *Torcicolo*. Quanto às dores musculares dos membros, geralmente devidas à gota crônica, o seu principal remédio é *China* T.M. ou 1ª; se forem devidas à fadiga ou à machucadura, o remédio é *Arnica* 3ª. *Actea racemosa* 3ª é sobretudo útil nas mulheres. *Rhododendron* 3ª quando as dores se agravam com o mau tempo. De 3 em 3 horas.

MIELITE

É uma inflamação difusa da substância interna da espinha, caracterizada pela paralisia dos membros inferiores, com atrofia dos músculos, anestesia e incontinência das urinas e das fezes. Quando aguda, pode ser acompanhada de febre, prostração e morte rápida em poucas semanas; quando crônica, pode durar anos.

Aguda, *Belladona* 5ª e *Nux vomica* 5ª alternadas de hora em hora (ou ainda *Belladona* 5ª e *Mercurius solubilis* 5ª alternados). Crônica, *Arsenicum album* 6ª, *Oxalicum acidum* 3ª ou *Plumbum* 30ª, a cada 12 horas.

MILIÁRIA

É uma moléstia aguda, caracterizada por uma erupção de inumeráveis pápulas vermelhas com vesículas nos vértices, que aparece em acessos sucessivos sobre a pele do tronco e dos membros, precedida e acompanhada de febre, ansiedade, violentas e tumultuosas palpitações do coração, opressão no peito, constrição do epigástrio (*barra epigástrica*), dor precordial e copiosos suores azedos de mau cheiro peculiares à moléstia. Dura até três semanas e pode matar o doente por síncope.

Aconitum 3ªx logo no começo. Suores excessivamente profusos, *Mercurius solubilis* 5ª ou *Jaborandy* 3ª. Havendo opressão no peito e palpitações, *Arsenicum* 5ª e *Cicuta* 5ª alternados. De hora em hora.

MIOCARDITES

Chamaremos miocardites às várias moléstias inflamatórias e degenerativas do músculo cardíaco.

As miocardites agudas ocorrem, como complicação, no curso de certas moléstias infetuosas (febre tifoide, escarlatina, difteria, febre puerperal etc.) e se caracterizam por pulso irregular e fraco, resfriamento geral (forma álgida), edemas (forma cardíaca), sincrônicas (a miocardite esclerosa ou degeneração esclerosa do miocárdio, a hipertrofia do coração e a degeneração gordurosa do músculo cardíaco). São caracterizadas clinicamente pelos mesmos sintomas de insuficiência cardíaca da endocardite crônica e terminando, como esta, na hidropisia e morte. Só um médico experimentado as pode distinguir.

Modernamente, o conceito é o seguinte: é uma inflamação aguda e algumas vezes crônica do músculo cardíaco. Não deve ser confundida com a *Miocardose*, que é uma degeneração não inflamatória, como as que acompanham a insuficiência coronária. A miocardite pode ser local ou difusa e intersticial ou parenquimatosa (ou as duas formas associadas), dependendo da causa. A cura é pela fibrose.

Na miocardite aguda, fraqueza e queda do coração *Crataegus* T.M., *Strophantus* T.M. e *Camphora*. (Veja *Colapso*).

Contra a degeneração esclerosa do miocárdio, *Baryta carbonica* 5ª ou *Baryta muriatica* 3ªx; contra a hipertrofia idiopática, *Aconitum* 5ª e *Arnica* 5ª; contra a degeneração gordurosa do coração, *Arsenicum album* 5ª, *Arnica* 6ª e *Phosphorus* 5ª; contra o excesso de gordura no coração, *Digitalis* 1ªx, *Phaseolus nanus* 5ª ou *Ferrum* 5ª; fraqueza cardíaca, *Phaseolus nanus* 5ª, *Strophantus* 1ªx ou *Crataegus oxiacantha* T.M. (4 gotas, 3 vezes por dia).

MIOPIA

É uma moléstia dos olhos, caracterizada pela impossibilidade de distinguir com nitidez os objetos ao longe, sendo-se obrigado para isso a aproximá-los dos olhos; os globos oculares são salientes, as pupilas dilatadas e as pálpebras semicerradas ao fixar as coisas a distância. É um erro de refração.

Os principais remédios para deter o mal são: *Physostygma* 3ªx, *Natrum sulphuricum* 5ª e *Gratiola* 5ª. A cada 12 horas.

MIRINGITE

É a inflamação da membrana do tímpano. Veja *Otite*.

MIXEDEMA

É uma caquexia geral do organismo, consequente a insuficiência ou ausência da glândula tireoide, caracterizada por uma anemia com fraqueza física e intelectual consecutiva; consunção lenta e degeneração gelatiniforme da pele, que se torna seca e dura, escamosa, espessa, fria e firme ao toque, de cor amarela, dando à fisionomia o ar de um idiota. É quase sempre fatal.
Aurum iodatum 3ª trit. e *Thyroidinum* 3ªx trit. são os principais remédios. Outros medicamentos são: *Argentum nitricum* 5ª, *Baryta carbonica* 5ª; *Calcarea iodatus* 3ª trit., *Arsenicum iodatum* 3ª trit. A cada 4 horas.

MOLA
(Mixoma cório-placentário)

É uma degeneração especial da placenta e das membranas do óvulo, semelhante à dos quistos hidáticos, formando dentro do útero um tumor mole e carnudo que, apesar da parada de desenvolvimento e morte do feto, dá lugar à distensão do ventre, como a gravidez ordinária e é acompanhada de hemorragias repetidas, e termina pela expulsão, com dores semelhantes às do parto, ao cabo de alguns meses, nove e até doze meses; pode, em alguns casos, coexistir com um feto, que nasce vivo e viável.
Para evitar a recorrência, *Calcarea carbonica* 30ª ou *Iodum* 3ªx, uma dose pela manhã e outra à tarde, durante a gravidez. Uma vez reconhecida a mola, *Caulophyllum* 1ª, *Sabina* 3ªx, *Cantharis* 5ª ou *Pulsatilla* 3ª, de hora em hora, para auxiliar e provocar a expulsão. Contra as hemorragias, *Trillium* 3ª e *Ledum* 5ª alternados (Veja *Metrorragia*).

MOLÉSTIA DE ADDISON

É uma caquexia crônica, caracterizada por anemia geral e fraqueza muscular progressivas, acompanhadas por uma coloração pardo-escura da pele (semelhante a dos mulatos) e desordens gerais da nutrição, terminando, depois de alguns anos de duração, em inchaço completo e morte. É devida a uma disfunção das glândulas suprarrenais.
Arsenicum iodatum 3ªx e *Argentum nitricum* 3ª são os dois principais remédios desta moléstia. *Antimonium crudum* 5ª, *Thuya* 30ª e *Natrum muriaticum* 30ª também podem ser úteis. A cada 6 horas. Associar ao tratamento homeopático injeções de *Córtex da suprarrenal* (*Cortiron*, *Slocort*, *Escatin* etc.). Alimentação rica em sal. A *Cortisone* e o *Acth* são os medicamentos mais em uso atualmente, sob prescrição médica.

MOLÉSTIA DE BASEDOW

Veja *Bócio exoftálmico*.

MOLÉSTIA DE HODGKIN

Veja *Linfossarcoma*.

MOLÉSTIA DE RAYNAUD

É uma gangrena, ordinariamente simétrica, das extremidades do corpo, devida ao espasmo das artérias dessas regiões. Ataca os dedos das mãos e dos pés, e mais raramente as panturrilhas, as nádegas, as faces, a ponta do nariz, as orelhas etc. Os dedos se tornam pálidos, exangues, enrugados e, depois de vários ataques, a região se cobre de bolhas e se processa uma gangrena seca que faz cair a parte atacada. Acompanha-se em geral de dores, rigidez muscular dos membros, perturbações gástricas; mas é raramente mortal.
O principal remédio desta moléstia é *Secale cornutrum* 3ª. Depois *Opium* 3ª ou *Lachesis* 5ª e *Ferrum phosphoricum* 3ªx. Uma dose a cada 20 minutos ou uma hora, durante os ataques, e a cada 4 horas, nos intervalos.

MOLÉSTIA DO SONO

É uma moléstia crônica própria da África, caracterizada por uma sonolência invencível, acessos irregulares de febre, emagrecimento progressivo, astenia muscular, coma e morte. Dura de alguns meses a vários anos.
Produzida pelos *Trypanosomas gambiense* e *rhodesiense*.
Como tratamento, os alopatas estão usando a *Tryparsamida*.
Os dois principais remédios desta moléstia são *Arsenicum album* 3ªx e *Nux moschata* 3ª ou 5ª ou 30ª. *Chloralum* 5ª e *Opium* 5ª podem também ser úteis. A cada 4 horas.

MOLÉSTIAS VENÉREAS

Veja *Balanite*, *Cancro mole*, *Cancro duro*, *Sífilis* e *Blenorragia*.

MOLLUSCUM

É uma erupção da pele, contagiosa, caracterizada por pequenos nódulos umbilicados, contendo matéria sebácea, e até do tamanho de pequenas ervilhas, que dá sobretudo na face e pode durar até um ano. Causada por um *vírus filtrável*.

Os dois principais remédios desta moléstia são: *Silicea* 30ª e *Teucrium marum verum* 3ªx. Outros remédios são: *Lycopodium* 30ª e *Kali iodatum* 3ª. De 4 em 4 horas.

MORDEDURAS DE COBRA

No Brasil, há inúmeras espécies de cobras, mas muitas delas não são venenosas. Entre estas, como mais frequentes em torno das habitações rurais, na roça, estão a *cobra come-pintos* e a *cobra nova* ou *jararacuçu do brejo* (de cor clara com manchas largas e escuras atravessadas sobre o dorso); o mesmo se diz da *caninana*, da *cobra-cipó*, da *cobra d'água*, da *jararaquinha do campo*, da *boipeva* (que se achata no chão, quando perseguida) e das *cobras-corais* que têm a cabeça bem distinta do corpo, olhos grandes e rabo fino e comprido. Todas as demais espécies são venenosas, especialmente as de cor clara com desenhos variados e escuros sobre os flancos, em forma de um V de pernas voltadas para baixo, a *cotiara* (desenhos triangulares sobre o flanco e dorso), a *surucucu* (desenhos losângicos atravessados sobre o dorso, cada losango com duas manchas da cor do corpo), a *cascavel* (com guizos no rabo) etc.

Essas cobras venenosas apresentam dois tipos gerais de envenenamento: um, caracterizado por grande inflamação local e abundantes hemorragias por vários orifícios do corpo (tais são a *jararaca*, a *urutu* e a *cotiara*); outro, caracterizado por pequena inflamação local, ausência quase completa de hemorragias, mas sintomas nervosos acentuados, prostração, convulsões, paralisias (tais são a *jararacuçu*, a *surucucu* e a *cascavel*). Destas, é a *jararacuçu* a que produz mais hemorragias.

O melhor remédio contra o envenenamento por mordedura de cobra é o *soro antiofídico*, que se encontra em ampolas, em qualquer farmácia.*

Há três espécies de soro: o *soro antibotrópico*, contra o envenenamento hemorrágico; o *soro anticrotálico*, contra o envenenamento nervoso, sobretudo pela cascavel; e o *soro antiofídico*, que serve para qualquer caso, quando não se pode distinguir a espécie da cobra que mordeu.

Nos casos comuns, a dose do soro deve ser, dos dois primeiros, 15 cm³, e do último 30 cm³; se o estado do paciente, porém, for grave, a dose deve ser o dobro destas; nos casos benignos, 10 cm³ dos dois primeiros e 20 do terceiro.

O soro é aplicado por injeção hipodérmica, no alto das costas, entre as palhetas ou omoplatas, a injeção devendo ser feita o mais cedo possível depois da mordedura, o melhor 2 ou 3 horas depois. A seringa deve ser grande e se pode fazer a aplicação em duas ou três injeções se não couber de uma só vez toda a dose. Se, ao cabo de 8 ou 10 horas, as melhoras não se acentuarem, deve-se repetir a injeção. Embora o paciente fique curado, pode haver uma recaída até 20 dias depois; é preciso, pois, estar prevenido, para se lhe dar nova injeção, caso isso aconteça. Quem já uma vez foi tratado de qualquer moléstia por soro[202] não pode tomar nova injeção de soro a não ser com cuidados especiais.

Não havendo o soro à mão, o único remédio que podemos aconselhar, mas do qual não temos experiência, é *Plumeria* 3ª, dado de meia em meia hora. Dizem também que a *Cortisone* dá resultados, mas somente deve ser usada se não houver soro antiofídico.

MORFEIA

Veja *Lepra*.

MORFINISMO[203]

É o envenenamento crônico provocado pela *morfina* em pessoas que têm o hábito de usá-la em injeções, como vício. Para curar os morfinômanos, é preciso ir diminuindo gradualmente a dose habitualmente tomada pelo paciente. Surgem então um conjunto de sintomas, que devem ser combatidos; tais são: fraqueza muscular geral, nevralgias, náuseas, vômitos, transpiração profusa, cólicas intestinais, dispneia, palpitações, insônia, prostração, agitação, perda de memória, caquexia, progressiva, que pode terminar pela morte.

Contra a fraqueza geral e a prostração, dê-se *Avena sativa* T.M.; contra as ameaças de síncope, e debilidade cardíaca, *Sparteina sulphurica* 1ªx; contra a insônia, *Passiflora incarnata* T.M. ou *Cannabis indica* T.M.; contra as perturbações mentais, *Cannabis indica* T.M.; suores profusos, *Jaborandi* 3ª; vômitos e náuseas, *Apomorphium* 5ª ou *Ipeca* 5ª; dispneia, fraqueza muscular, náuseas e vômitos, *Lobelia inflata* 3ªx; cólicas, *Dioscorea villosa* 1ª ou *Colocynthis* 3ª; nevralgias, *Chamomilla* 6ª e *Ipeca* T.M. Para combater o vício, *Ipeca* 30ª.

MOVITO

Veja *Aborto*.

---

*. Atualmente, no Brasil, o soro antiofídico é produzido por três laboratórios públicos – Instituto Butantan (São Paulo), Instituto Vital Brazil (Niterói-RJ) e Fundação Ezequiel Dias (Belo Horizonte-MG) – e disponibilizado pelo Programa Nacional de Imunização (PNI) do Ministério da Saúde. (Nota dos Editores desta 25ª edição.)

202. Fazer processo sub-intrante de Besredka.
203. O melhor tratamento é fazer a internação do paciente em sanatório especializado.

MULA

Veja *Adenite*.

NARIZ

Há certas moléstias ligeiras, sem importância, que se localizam neste órgão e merecem uma atenção especial. Assim, o constante pingar do nariz ao ar livre, *Solanum lycopersicum* 5ª; verruga, *Causticum* 12ª; rachaduras e feridas no nariz, *Petroleum* 3ª ou *Graphites* 5ª; inchaço escrofuloso, *Ferrum iodatum* 3ª trit.; espinha na ponta do nariz, *Borax* 3ª; descamação da pele do nariz, *Causticum* 12ª; crostas sanguíneas, *Strontium carbonicum* 5ª; dores prementes na raiz, *Capsicum* 3ª; vermelhidão do nariz depois das refeições, *Apis* 3ª; nas mulheres, *Borax* 3ª ou *Ammonium carbonicum* 5ª ou ainda *Calcarea carbonica* 30ª; ulceração interna, *Kali bichromicum* 3ª; perda do olfato, *Kali bichromicum* 3ª trit. e *Magnesia muriatica* 5ª; perversão do olfato, *Anacardium orienta* 3ª, *Sulphur* 30ª, *Belladona* 30ª ou *Paris quadrifolia* 3ª; coceira, *Agaricus* 3ª ou *Cina* 5ª. Veja *Cancro, Coriza, Espirros, Epistaxe, Rinite, Sinusites* e *Vegetações adenoides*.

NASCIDA

Veja *Furunculose*.

NÁUSEAS

É a primeira tentativa da necessidade de vomitar ou o esforço que a acompanha sem causar ainda o vômito. As náuseas sem vômitos aparecem às vezes na anemia e nas caquexias e também na histeria, ou então acompanham, com vômitos, certas moléstias do estômago.

Ipeca 3ª é o principal medicamento das náuseas contínuas; *Phosphorus* 5ª é também um bom remédio. Contra o enjoo de viagem de trens, *Cocculus* 3ª e *Petroleum* 5ª. Depois de operações cirúrgicas, *Nux vomica* 3ªx ou *Iris* 30ª.

NECROSE ÓSSEA

É a *gangrena em massa* do osso, e o pedaço do osso gangrenado chama-se *sequestro*; (quando a gangrena do osso é lenta, insensível e ulcerosa, chama-se *cárie* – veja este termo); pode ser acompanhada de sintomas inflamatórios, formação de abscessos e fístulas em torno do sequestro, febre hética, prostração, diarreia e às vezes morte.

Silicea 30ª alternada com *Symphitum* 3ª, de 2 em 2 horas. *Phosphorus* 5ª e *Arsenicum* 5ª podem ser úteis nos casos graves. Necrose fosfórica, *Mezereum* 30ª ou *Phosphorus* 5ª. *Pyrogenium* 30ª e *Echinacea* 1ª têm suas indicações nos casos infectados.

NEFRITE[204]

É a inflamação dos rins, caracterizada pela presença de albumina nas urinas escassas, inchaços parciais ou generalizados, dispneia e morte com convulsões ou coma. Pode ser aguda, com febre, devida a resfriamento, ou consecutiva a certas moléstias agudas, como a escarlatina, ou subaguda, de marcha lenta (*Mal de Bright*) com anasarca, ou ainda crônica (*nefrite intersticial* ou *esclerose renal*) sem inchaços digestivos e hemorrágicos. Há cefalalgia, vômitos, vertigens, perturbações da vista. Há, enfim, uma nefrite circunscrita, devida a contusões ou irritação de cálculos renais, que pode terminar em abscesso dos rins (é a *nefrite supurativa*); pode ser aguda ou crônica. O conjunto dos sintomas graves da nefrite é chamado *uremia*.

Nefrite aguda a *frigore*, *Aconitum* 3ªx, alternado com *Tuberculina* 30ª ou *Apis* 3ªx trit.; complicando a gripe, *Eucaliptus* 1ªx; depois da escarlatina ou de moléstias agudas, *Cantharis* 3ª, *Apis* 3ªx ou *Arsenicum* 5ª (também *Ferrum iodatum* 3ª trit.). Na convalescença, *Plumbum* 30ª fará desaparecer da urina os últimos traços de albumina.

Mal de Bright: *Arsenicum iodatum* 3ªx, *Arsenicum album* 3ª, *Terebinthina* 3ª, *Phosphorus* 3ª ou *Apis* 3ªx trit.

Crônica intersticial, *Aurum muriaticum* 3ªx ou *Plumbum* 30ª; na nefrite intersticial, o Dr. Pritchard aconselha ainda *Ferrum muriaticum* T.M., 1ª, 5 gotas três vezes ao dia.

Albumina da gravidez, *Mercurius cyanatus* 3ª ou *Apis* 3ªx.

Contra as perturbações digestivas, *Apocynum* T.M. ou *Nux vomica* 12ª ou 30ª; cefaleia urêmica, *Cannabis indica* 1ª; convulsões urêmicas, *Cuprum arsenicosum* 3ªx trit. ou *Phosphorus* 3ª; coma urêmico, *Opium* 5ª ou *Carbolicum acidum* 3ª. Muito inchaço, *Apis* 3ªx trit. ou *Apium virus* 3ª trit. ou *Arsenicum* 5ª e *China* 5ª alterna-

---

204. A *glomerulonefrite* é caracterizada por alterações inflamatórias nos glomérulos, e parece ser uma resposta alérgica a uma infecção.
A *nefrose* é caracterizada por uma degeneração das células epiteliais dos *tubuli* renais, e quase sempre é causada por uma intoxicação ou envenenamento. Não deve ser confundida com a *síndrome nefrótica*, que é uma doença renal caracterizada por edema maciço e albuminúria intensa.
A *nefrosclerose* é uma arteriosclerose renal associada à hipertensão, com fibrose subsequente, necrose isquêmica e destruição dos glomérulos.

dos, *Apocynum canadensis* e *Eupatorium purpureum* 1ª são também bons remédios da hidropisia renal.

Na nefrite supurativa aguda, *Mercurius corrosivus* 3ª é o principal remédio; se falhar, *Cannabis sativa* 3ª. Quando crônica, *Hepar* 5ª. *Umbauba* T.M. para aumentar a urina. *Serum anguillae* 30ª nas glomerulonefrites crônicas.

Abster-se de sal; repouso.

NEURASTENIA

É uma moléstia do sistema nervoso, caracterizada por um esgotamento nervoso crônico, manifestando-se por uma fraqueza irritável, permanente, na qual predomina o instinto conservador; há agitação mental, insônia, preocupação constante de seu estado de saúde, fadiga dos olhos, fraqueza da memória, debilidade muscular, dores espinhais, dispepsia flatulenta com prisão de ventre, palpitações, temores injustificáveis, tristeza e tendência ao suicídio.

Os dois principais medicamentos desta moléstia são: *Picricum acidum* 3ª trit. e *Gelsemium* 5ª ou 30ª. Na forma gastrintestinal, *Nux vomica* 12ª alternada com *Sulphur* 12ª ou *Lycopodium* 30ª (um dia um, outro dia outro); contra os temores infundados, *Stramonium* 5ª ou *Ignatia* 5ª; fraqueza de memória e perturbações dispépticas, *Anacardium orientale* 3ª ou 5ª; para espermatorreia e preocupação constante do seu estado de saúde, *Staphisagria* 3ª ou *Selenium* 30ª; *Phosphori acidum* 5ª; *Silicea* 30ª e *Kali phosphoricum* 3ª podem também ser úteis, e *Arsenicum* 30ª, ou *Aurum* 30ª combaterão a tendência ao suicídio. Na neurastenia espinhal, *Baryta muriatica* 3ªx trit., *Zincum* 30ª ou *Phosphorus* 30ª. Devida ao onanismo, *Platina* 30ª. Com a mania de que sofre de sífilis, *Hyosciamus* 5ª. Três doses por dia.

NEUROSE BAROMÉTRICA

É o conjunto de perturbações nervosas, que surgem, em certos indivíduos predispostos, sob a influência das variações da pressão barométrica; caracteriza-se por depressão ou agitação nervosa, incapacidade intelectual, mudança de caráter e de humor, dores nevrálgicas, tremores, medo, angústia, dores de cabeça, palpitações etc.

O principal remédio dessas perturbações é *Phosphorus* 5ª; se falhar, *Rhododendron* 3ª.

NEVO

É a chamada *marca de nascença*. Formações benignas, circunscritas na pele, que ocorrem como resultado no mau desenvolvimento congênito ou como uma hiperplastia posterior de "restos embrionários".

Os nevos pigmentados incluem vários tipos: *efélides* e *cloasmas*.

Existem ainda os *nevos hiperqueratósicos* e *verrucosos*. Os *hemangiomas*, o *angioma estrelado* e o *senil* são também considerados *nevos*.

O principal remédio é *Thuya* 12ª. Outros remédios são: *Calcarea carbonica* 5ª, *Lycopodium* 30ª, *Phosphorus* 30ª e *Fluoris acidum* 5ª. Uma dose a cada 6 horas. A radioterapia é aconselhada.

NEVRALGIAS

São nevrites, caracterizadas por uma dor de marcha e exacerbação irregulares, assestada sobre o trajeto de um nervo e seus ramos e apresentando, em pontos determinados, uma agudez considerável. Podem ser contínuas ou intermitentes.

Magnesia phosphorica 3ª trit. ou 5ª é o remédio mais geral de todas as nevralgias. Nevralgias rebeldes, *Silicea* 30ª.

Veja nevralgia(s):

– facial: *Thuya* 3ª e *China* 3ª, alternados de hora em hora, são os dois principais remédios. Contínua, devida a resfriamento, com calor da face e desespero do doente, *Aconitum* 30ª; dores intoleráveis, *Belladona* 3ª e *Chamomilla* 12ª alternadas; do lado esquerdo, *Spigelia* 30ª. Por cima de um dos olhos, cotidiana, voltando às mesmas horas, *Nux vomica* 3ª e *Cedron* 3ª; de origem gástrica, *Kali bichromicum* 3ª; de origem reumática, *Pulsatilla* 5ª; devida à obturação de um dente, *Mercurius solubilis* 5ª. Pele da face sensitiva depois de uma nevralgia, *Codeinum* 3ª. *Arsenicum* 3ª é também um bom remédio da nevralgia do rosto, pior à noite. No tique doloroso, os dois principais remédios são *Thuya* 6ª e *Coccus cacti* 6ª alternados; se falharem, *Arsenicum* 12ª só ou alternado com *Belladona* 12ª.

– do braço: Agravada pelo movimento, *Bryonia* 5ª; aliviada pelo movimento, *Rhus toxicodendron* 5ª, *Nux vomica* 5ª, *Kalmia* 1ª, *Pulsatilla* 5ª e *Sulphur* 5ª podem também ser úteis. Das unhas, *Allium cepa* 5ª ou *Berberis* 1ª.

– das pernas: Nas mulheres, ao longo do lado anterior da coxa, *Xanthoxylum* 3ªx, *Staphisagria* 3ª, *Gelsemium* 30ª, *Gnaphallium* 1ª ou *Colocynthis* 3ª. Ao longo do lado posterior das pernas, veja *Ciática*. Nevralgia do joelho, *Taraxacum* 3ª. Nevralgia dos tocos de amputação, *Kalmia* 3ª, *Hypericum* 3ªx, *Symphytum* 3ªx, *Allium cepa* T.M. e *Phosphori acidum* 3ª.

– intercostal: Veja *Pleurodinia*.

– do ovário: Veja *Ovaralgia*.

– do reto: *Belladona* 3ª é o principal remédio. *Croton* 3ª.

– dos escrotos: *Clematis erecta* 3ª, *Pulsatilla* 5ª, *Gratiola* 3ª, *Hamamelis* 5ª ou *Colocynthis* 3ª.
– do calcanhar: *Cyclamen* 30ª e *Ranunculus bulbosus* 3ª.
– dos olhos: *Bryonia* 3ª, *Spigelia* 30ª, *Cedron* 3ªx, *Cinnabaris* 5ª, *Actea racemosa* 3ªx e *Prunus spinosa* 3ª. Depois de operações, *Mezereum* 5ª.
– do cordão: *Oxalicum acidum* 5ª.
– dos seios: *Conium maculatum* 30ª; Mastodinia, *Phytolacca* 3ª e *Croton* 5ª.

NEVRITES

Nevrite é a inflamação e a degeneração do nervo, caracterizada por dores, paresias, tremores ou contraturas, perturbações psíquicas, atrofias e perturbações tróficas da pele e de outros tecidos, podendo ser causada por traumatismo, resfriamento ou por uma moléstia aguda infecciosa (difteria, varíola, tifo, impaludismo, gripe, reumatismo, escarlatina, sarampo) ou em envenenamento (álcool, mercúrio, arsênico, chumbo etc.). Quando a degeneração, nestes dois últimos casos, abrange vários ramos nervosos, chama-se *polinevrite*.

Quando é inflamação de um único nervo, chama-se *mononeurite*. Dois ou mais nervos, em áreas separadas cada um, *mononeurite multiplex*. Vários nervos simultaneamente, *polineurite*.

Quanto às causas, essas podem ser: *mecânicas, vasculares, infecciosas, tóxicas* e *metabólicas*.

Os sintomas são: *sensoriais, motores* e *vasomotores*.

Nevrite traumática, *Hypericum* 3ªx; devida a resfriamento ou a reumatismo, *Aconitum* 3ª ou *Rhus toxicodendron* 3ª. Polinevrite secundária a moléstias agudas, *Carboneum sulphurum* 3ª trit. ou *Veratrum album* 5ª; com atrofia muscular, *Plumbum* 30ª; alcoólica, *Nux vomica* 30ª ou *Arsenicum* 5ª; palustre, *Chininum sulphuricum* 30ª; pós-diftérica, *Gelsemium* 30ª; *Causticum* 12ª ou *Argentum nitricum* 30ª. *Phosphorus* 30ª, *Picricum acidum* 30ª (sobretudo das pernas) *Crotalus terrificus* 5ª e *Silicea* 30ª são também bons medicamentos. *Morphia* 3ª é igualmente um remédio geral das polinevrites. *Causticum* 5ª é um remédio muito útil para as paralisias locais devidas à nevrite. Nevrite óptica, com diminuição da vista, *Spigelia* 3ªx, *Duboisia* 12ª ou *Phosphorus* 30ª.

De 3 em 3 horas.

NEVROSES CARDÍACAS

Veja *Palpitações* e *Taquicardia paroxística*.

NICTALOPIA

Veja *Hemeralopia*.

NINFOMANIA

Veja *Desordens sexuais*.

NISTAGMO

É a oscilação involuntária dos globos oculares, que se observa sobretudo na infância, seja de um canto a outro do olho, seja verticalmente, seja circularmente.

Agaricus 3ªx, *Hyosciamus* 3ª e *Ignatia* 3ª são os seus três principais medicamentos. A cada 12 horas.

NÓ DE TRIPAS

Veja *Volvo*.

NÓDULOS

Veja *Exostose*.

NOMA

Veja *Estomatite*.

OBESIDADE

É uma das manifestações do artritismo; uma moléstia por perturbação da nutrição, caracterizada pela formação em excesso de gordura debaixo da pele e na intimidade das vísceras e acompanhada frequentemente de falta de ar, palpitações, fadiga fácil e aumento do coração. Existem as de causa endócrina.

Aurum 30ª e *Calcarea carbonica* 30ª são os dois principais remédios constitucionais: pastilhas de *Phytolacca* e *Fucus* são também bons medicamentos. Pode-se tentar ainda: *Fucus vesiculosus* T.M., 20 gotas às refeições, alternado com *Phytolacca bagas*, 20 gotas de cada vez, ou *Calcarea acetica*, T.M., 5 gotas de manhã e 5 gotas à noite, ou ainda *Calotropis gigantea* T.M. 5 gotas.[205] Nas endócrinas, esclarecer qual é a causa para o tratamento indicado.

---

205. O Dr. Joaquim Murtinho aconselhava o seguinte regime alimentar para a obesidade:
Pela manhã, das 7 para as 8 horas: 30 g de pão, 1 ou 2 xícaras de chá preto sem açúcar e fraco, 10 g de carne assada, fria, sem sal e sem molho.

OBSTRUÇÃO INTESTINAL

Veja *Volvo*.

ODONTALGIA

É a dor de dentes; por exposição do nervo dentário em dentes cariados, por efeito de um abscesso dentário ou por simples nevralgias do nervo dentário nos dentes sãos.

Plantago major 3ªx ou 3ª é o principal remédio de qualquer dor de dentes; *Magnesia phosphorica* 3ª trit. ou 5ª pode também ser muito útil. Especialmente em dentes cariados, *Kreosotum* 12ª, *Chamomilla* 30ª, *Mercurius solubilis* 5ª ou *Staphisagria* 3ª são os remédios. Se as dores são latejantes, *Belladona* 12ª e *Mezereum* 3ª. De natureza reumática, doendo toda a face, e produzidas pelo frio, *Pulsatilla* 5ª ou *Rhododendron* 3ª. Na nevralgia dentária, *Chamomilla* 5ª quando a dor é insuportável e aumentada pelo calor; *Coffea* 30ª, quando melhora por conservar água fria na boca; aliviada pelo calor, *Nux vomica* 5ª; voltando todos os dias à mesma hora, *Aranea diadema* 5ª e *Cedron* 5ª. Dores de dentes durante a menstruação, *Staphisagria* 3ª; durante a gravidez (veja *Gravidez*). Contra o abscesso da raiz dos dentes (*buchaca*) que se acompanha de inchaço do rosto e dores latejantes, os dois principais remédios são: *Belladona* 3ª e *Mercurius solubilis* 5ª alternados de meia em meia hora, ou então *Aconitum* 1ª e *Belladona* 1ª, alternados. Se a supuração não abortar, dê-se *Silicea* 30ª ou *Calcarea sulphurica* 30ª. Para evitar a reincidência dos abscessos alveolares, *Phosphorus* 5ª ou 30ª. Abscessos alveolares crônicos ou que não amadurecem, *Sulphur* 30ª. Dores provocadas pela extração ou obturação do dente ou pelo uso de dentes postiços, *Arnica* 3ªx. As doses devem ser repetidas a cada meia ou uma hora.

Veja *Nevralgia (facial)*.

OFTALMIAS

Veja *Olhos*.

OLHOS

De um modo geral, *Belladona* 3ª, *Euphrasia* 3ª e *Mercurius vivus* ou *corrosivus* 3ª são os três principais remédios de todas as inflamações agudas dos olhos e podem ser alternados entre si; e, havendo pus nos olhos, *Hepar sulphuris*, *Rhus toxicodendron*, *Argentum nitricum* ou *Silicea* devem ser escolhidos, todos da 5ª din. Nas inflamações crônicas, os principais remédios são: *Mercurius corrosivus*, *Graphites*, *Kali bichromicum*, *Nitri acidum* e *Arsenicum* 3ªx. Em estados sifilíticos, *Acidum nitricum* 3ªx e *Mercurius corrosivus* 3ªx; nas crianças escrofulosas, *Calcarea carbonica* 30ª. Depois de operações nos olhos, *Aconitum* 3ª é o principal remédio; mas havendo dores nas fontes, *Ignatia* 30ª, latejos na cabeça, *Rhus* 3ª; latejos nas fontes, *Thuya* 3ª; dores lancinantes nos olhos com vômitos e diarreia, *Asarum* 3ª; dores de cabeça com vômitos, *Bryonia* 3ª.

Veja as diversas moléstias dos olhos:

Essenciais: *Ambliopia*, *Hemeralopia* e *Hemianopsia*.

Das pálpebras: *Terçol*, *Calázio*, *Blefarite*, *Blefarospasmos*, *Entrópio*, *Ectropion*, *Quisto*, *Lagoftalmo*, *Ptose* e *Triquíase*.

Do aparelho lacrimal: *Dacrioadenite*, *Dacriocistite* e *Estreitamento lacrimal*.

Da órbita: *Celulite orbitária*.

Da conjuntiva: *Conjuntivite catarral*, *Conjuntivite flictenular* e *Conjuntivite purulenta*, *Quemose*, *Pterígio* e *Tracoma*.

Da córnea: *Queratite*, *Opacidade da córnea*, *Hipopion* e *Estafiloma*.

Da coroide: *Coroidite*.

Da retina: *Retinite* e *Descolamento da retina*.

Da íris: *Irite*.

Do cristalino: *Catarata* e *Glaucoma*.

Do nervo óptico: *Atrofia óptica*.

Dos músculos oculares: *Astenopia*, *Astigmatismo*, *Cicloplegia*, *Diplopia*, *Espasmo da acomodação*, *Estrabismo* e *Nistagmo*.

Miopia e *Presbiopia*.

OMODINIA

É o reumatismo agudo do músculo do ombro, caracterizado por leve inchaço, forte dor e impossibilidade de mover o braço.

O seu principal medicamento é *Ferrum metallicum* 5ª ou *Ferrum phosphoricum* 3ª trit., de 2 em 2 horas. No ombro direito, podem também ser úteis *Sanguinaria* 3ª e *Magnesia carbonica* 5ª; no esquerdo, *Nux vomica* 3ª e *Guaiacum* 1ªx têm indicação. Nos casos de Duplay existe uma calcificação que, irritando o nervo, provoca as dores. Nesses casos, *Hypericum* D1, ou tratamento especializado.

ONANISMO

É um exagero do instinto sexual pervertido, que leva à masturbação. Suas consequências

---

Almoço das 11 horas ao meio-dia: 120 g de frango assado sem sal e sem molho, 10 g de pão torrado e sem miolo, verduras (folhas) à vontade, contidas em água sem sal, 1 ou 2 xícaras de chá preto fraco e sem açúcar. Nada de lanche.

Jantar, às 7 horas da noite: 1 ou 2 ovos quentes, 10 g de pão torrado, verduras à vontade como ao almoço, 1 ou 2 xícaras de chá preto fraco e sem açúcar.

são a debilidade geral, neurastenia, espermatorreia, impotência e perturbações cerebrais até à loucura ou demência.

Os principais remédios são: *Staphisagria* 3ª, *Origanum* 3ª, *Causticum* 5ª, *Pulsatilla* 5ª, *Salix nigra* T.M., *China* 5ª, *Nux vomica* 3ª, *Sulphur* 30ª, *Coffea* 30ª e *Gratiola* 30ª. Disposição a pegar constantemente no pênis, *Bufo* 30ª. A cada 12 horas.

ONIXE

É a inflamação aguda ou crônica do leito da unha. Quando aguda, é acompanhada de dor e pode supurar, constituindo um abscesso subungueal; se a supuração tem lugar apenas em torno da unha, forma-se um *perionixe* ou *unheiro*.

Fluoris acidum 30ª e *Calcarea fluorica* 3ª trit. são os principais medicamentos do onixe; *Salsaparilla* 3ª também pode ser útil. Contra o unheiro, *Myristica sebifera* 3ª, *Cyrtopodium punctatum* e *Silicea* 5ª ou 6ª são os melhores remédios, este último depois da formação do pus. Nos casos agudos, uma dose a cada uma ou duas horas; nos casos crônicos, a cada 4 horas.

OPACIDADE DA CÓRNEA

É a perda parcial da transparência da córnea do olho, resultante de queratite, e pode ser mais ou menos intensa, com maior ou menor perda da vista. Recebe o nome de *nébula*, *mácula* ou *leucoma*, conforme o seu tamanho e intensidade, sendo o último uma mancha densa e branca, a maior de todas.

Os seus principais medicamentos são: *Calcarea fluorica* 5ª trit., *Cannabis sativa* 3ª, *Causticum* 12ª, *Nitri acidum* 5ª e *Silicea* 30ª; de 4 em 4 horas. *Mercurius corrosivus* 6ªx e *Calcarea carbonica* 30ª são também dois excelentes remédios. "Nenhum remédio excede *Calcarea carbonica* nas opacidades e ulcerações da córnea" (Dr. Dewey). *Crotalus horridus* 5ª pode também ser útil; do mesmo modo, *Euphrasia* 3ª.

Ver também *Catarata*.

OPILAÇÃO
(Anquilostomíase)

É uma moléstia crônica, caracterizada pela presença de anquilóstomos nos intestinos, anemia profunda e caquexia progressiva, acompanhada de perturbações gastrintestinais, palpitações, dor no coração, gosto pervertido (vontade de comer terra, barro, giz, carvão, pano etc.); palidez extrema e inchaços. É moléstia muito frequente no interior do Brasil.

Eucalyptus T.M., de 3 em 3 horas é o principal remédio. Se houver desordens gastrintestinais, *Mercurius solubilis* 5ª alternado com *China* 5ª ou *Anacardiun orientale* 3ª; dê-se *Spigelia* 3ª, se houver palpitações dolorosas do coração; *Apis* 3ªx e *Arsenicum album* 5ª, havendo inchaços; se houver gosto pervertido, para coisas não alimentares, em geral, *Alumina* 5ª ou *Pulsatilla* 5ª e *Nux vomica* 5ª alternados; para o carvão, *Cicuta* 5ª; para a terra, giz e cal, *Nitri acidum* 3ª; para giz, *Nux vomica* 3ª, *Calcarea carbonica*. 30ª e *Sabadilla* 3ª podem também ser úteis contra o gosto pervertido. *Cina*, tintura-mãe, tem grande indicação.

ORQUITE

É a inflamação do testículo, caracterizada por dores e inchaço, que pode ocorrer em consequência de uma machucadura externa ou por sonda da bexiga, de um resfriamento, de uma moléstia geral aguda ou de uma gonorreia. Pode terminar por supuração ao passar ao estado crônico, com atrofia do órgão.

Aguda, *Pulsatilla* 3ª e *Hamamelis* 3ª alternados de hora em hora. *Gelsemium* 1ª é também um bom remédio da orquite aguda, devida a resfriamento ou supressão da gonorreia. Crônica, *Aurum* 5ª, *Clematis erecta* 3ª, *Rhododendron* 3ª ou *Spongia* 3ª trit. são os remédios, de 4 em 4 horas. *Conium* 30ª e *Sulphur* 30ª alternados também podem ser úteis. Tuberculosa, *Iodoformium* 3ªx alternado com *Tuberculinum* 12ª de 4 em 4 horas, ou *Teucrium scorodonia* 5ª de 6 em 6 horas. Inchaço doloroso do cordão, depois de excitação genésica prolongada, *Salsaparilla* 3ª e *Clematis erecta* 3ª. Na alopatia, orquite gonocócica, *Penicilina*; tuberculosa, *Estreptomicina* e *Dihidrostreptomicina*, sob prescrição médica.

OSSOS

Dores nos ossos: na sífilis, *Mezereum* 3ª ou *Aurum muriaticum* 3ª trit.; na *influenza* ou na dengue, *Eupalorium perfoliatum* 3ª; para auxiliar a união dos ossos traturados, *Calcarea phosphorica* 3ª ou *Symphytum* 3ªx. Moléstias dos ossos maxilares, *Hekla lava* 30ª.

Veja as diversas moléstias dos ossos: *Acromegalia*, *Cancro*, *Cárie*, *Exostose*, *Fraturas*, *Mal de Pott*, *Necrose óssea*, *Osteíte*, *Osteomalacia*, *Osteomielite*, *Periostite* e *Raquitismo*.

OSTEÍTE

É a inflamação circunscrita do osso, caracterizada por inchaço e dor prejudicando os movimentos; quando aguda, pode ser acompanhada de febre e embaraço gástrico. Pode supurar e se tornar crônica.

Há, enfim, uma forma de osteíte, caracterizada pela hipertrofia do crânio e dos ossos longos, que se encurvam (*osteíte deformante de Paget*).

Nos casos agudos, *Mercurius solubilis* 5ª e *Belladona* 3ª ou *Phosphorus* 5ª, alternados de 2 em 2 horas; *Aurum* 5ª, *Iodum* 5ª, *Argentum nitricum* 5ª e *Mercurius solubilis* 5ª, alternados; depois de escoado o pus, *Calcarea sulphurica* 5ª. Osteíte crônica, *Nitri acidum* 3ª, *Aurum* 30ª e *Calcarea carbonica* 30ª são os principais remédios, de 4 em 4 horas. Osteíte deformante de Paget, *Calcarea phosphorica* 3ª trit. e *Staphisagria* 3ª alternados; outros remédios são *Aurum muriaticum* 3ª trit., *Iodoformium* 3ªx trit. e *Hekla lava* 3ª trit.

OSTEOMALACIA

É uma avitaminose provocada pela falta de vitamina D. Atinge mais frequentemente as crianças, que se apresentam nervosas e com insônia. Os ossos são frágeis e o peito tem o aspecto de peito de pombo.

Ao exame radiológico, as alterações ósseas são logo descobertas.

Nos adultos, as alterações ocorrem na espinha, pélvis e extremidades.

Os principais remédios são: *Phosphorus* 5ª, *Calcarea carbonica* 30ª, *Iodum* 3ªx, *Calcarea phosphorica* 3ª, *Silicea* 30ª e *Sulphur* 30ª. Na alopatia, *Vitamina D*, sob prescrição médica.

OSTEOMIELITE

É a inflamação aguda da medula do osso, caracterizada por dores no osso, inchaço, febre elevada, prostração, sintomas de tifo e morte.

Com muita febre, *Aconitum* 3ªx alternado com *Bryonia* 1ª ou *Mercurius corrosivus* 6ª (se houver muita dor); *Veratrum viride* 1ª pode substituir o *Aconitum*, se o doente não estiver agitado. Com prostração e sintomas tíficos, *Arsenicum* 5ª e *Phosphorus* 5ª alternados. Os remédios devem ser dados de meia em meia hora. *Hekla lava* 3ª trit. tem sua indicação ao lado de *Pyrogenium* 30ª e *Echinacea* T.M.

OSTEOSSARCOMA

Veja *Cancro dos ossos (Câncer)*.

OTALGIA
(Dor de ouvidos)

É a nevralgia do ouvido. Seu remédio é *Pulsatilla* 3ª só ou alternada com *Belladona* 3ª;

Magnesia phosphorica 5ª, *Ferrum phosphorico* 5ª e *Plantago* 2ªx também podem ser úteis. Nas crianças, *Chamomilla* 30ª ou *Batta americana* 5ª. Aplicação local de *Óleo de Mullein* ou uso interno de *Verbascum* 3ª.

Oscilococcinum 200ª, 6 gotas diariamente pela manhã.

OTITE EXTERNA[206]

É a inflamação do conduto externo do ouvido, caracterizada por dor e inchaço, terminando às vezes em corrimento. É circunscrita ou difusa.

A circunscrita é o chamado *furúnculo* do ouvido. Seu remédio é *Calcarea picrica* 3ªx ou 3ª, de 2 em 2 horas. Para evitar a reincidência, *Sulphur* 30ª, de 4 em 4 horas.

Picricum acidum 3ª pode também ser útil em caso agudo.

A difusa se caracteriza por inchaço e vermelhidão de toda a parede interna do conduto, que fica quase obstruído; há dores vivas e pode haver febre. *Aconitum* 1ª ou *Pulsatilla* 3ª e *Mercurius solubilis* 5ª alternados são os remédios, de hora em hora. Havendo corrimento glutinoso e pegajoso, dê-se *Graphites* 5ª.

Nos casos crônicos, há secura com esfoliação da pele do conduto externo, ou corrimento de pus mais ou menos espesso e corrosivo; se há secura, *Carbo vegetabilis* 5ª e *Kali muriaticum* 5ª são os remédios; se há corrimento, *Silicea* 30ª ou *Tellurium* 5ª (se é corrosivo); nos escrofulosos, *Calcarea carbonica* 30ª ou *Calcarea phosphorica* 3ª. Para evitar a reincidência da otite difusa aguda, *Nitri acidum* 3ª, de 4 em 4 horas.

OTITE INTERNA

É a inflamação do labirinto do ouvido, caracterizada por súbita ou gradual surdez, vertigens e, quando aguda, febre. Em certos casos, sobretudo crianças, pode haver vômitos, dores de cabeça e da nuca, delírio e, algumas vezes, convulsões simulando a meningite cérebro-espinhal (*otite interna exsudativa ou serosa*).

Seus remédios principais são: nos casos agudos, *Ferrum phosphoricum* e *Gelsemium* 3ª, alternados de hora em hora; nos casos crônicos, *Chinicum sulphuricum* 2ªx, de 3 em 3 horas. Na forma exsudativa, *Gelsemium* 30ª alternado com *Silicea* 30ª.

---

206. Aconselhamos aos estudiosos a leitura da aula proferida no Centre Homéopathique de France, em 27 de março de 1953, pelo Dr. Leissen, sobre "Les otites".

OTITE MÉDIA[207]

É a inflamação da membrana que forra por dentro a caixa do tímpano; caracteriza-se, quando aguda, por dores de ouvidos, surdez súbita e um pouco de febre, e, em alguns casos, por supuração da caixa, com corrimento purulento corrosivo. Nesta forma, dê-se *Pulsatilla* 3ª alternada com *Belladona* 3ª ou *Ferrum phosphoricum* 3ªx alternados, se ameaçar supuração; ameaçando mastoidite (com dor e inchaço do osso por trás da orelha), alterne-se *Dulcamara* 3ª e *Capsicum* 3ª de meia em meia hora; se o corrimento se prolonga, dê-se *Calcarea sulphurica* 3ª ou *Silicea* 30ª, de 4 em 4 horas. Se persistir alguma perfuração da membrana do tímpano, *Tuberculinum* 100ª.

Quando crônica, a otite média se apresenta sob três formas:

Forma catarral, com muito catarro da garganta, obstrução da trompa de Eustáquio, surdez mais ou menos rápida, poucas zoadas nos ouvidos, de cura relativamente fácil. Quando recente, *Pulsatilla* 3ª é o remédio; em casos mais antigos, *Sepia* 5ª, *Iodum* 3ªx, *Mercurius solubilis* 5ª ou *Mercurius iodatus ruber* 3ª são os remédios, de 3 em 3 horas.

Forma esclerosa (esclerose de caixa), com surdez gradual progressiva e lenta, secura do conduto auditivo externo, difusa, muita zoada pulsátil nos ouvidos e espirros, de cura relativamente difícil. Três são os principais remédios desta forma: *Kali muriaticum* 3ª, *Mercurius dulcis* 3ªx e *Lachesis* 5ª ou 30ª, que devem ser alternados em séries, um ao dia. *Graphites* 30ª também pode ser útil, quando a surdez melhora por andar de carro, de bonde ou de trem, enfim, em meio a ruídos; *Baryta muriatica* 3ªx, quando há estalidos nos ouvidos ao engolir; *Bromicum acidum* puro (5 a 30 gotas por dia), *Glonoinum* 5ª ou *Ferrum phosphoricum* 3ªx, para combater a zoada pulsátil dos ouvidos; secura e rigidez do conduto auditivo externo, *Ferrum picricum* 3ªx; membrana do tímpano espessada, *Mercurius dulcis* 1ªx ou *Arsenicum iodatus* 30ª. *Sulphur* 30ª e *Kali iodatum* 1ªx podem também ser úteis. Zumbidos nos ouvidos, *Actea racemosa* 1ª ou *Calcarea fluorica* 30ª. De 6 em 6 horas.

Forma supurativa, com surdez e corrimento persistente e pus, *Silicea* 30ª ou *Calcarea sulphurica* 5ª são os remédios; se falhar, alterne-se *Kali muriatica* 3ª com *Calcarea phosphorica* 3ª. Corrimento corrosivo, *Tellurium* 5ª; fétido, *Sulphur* 30ª. Nos corrimentos de pus que ficam depois do sarampo ou da escarlatina, *Mercurius solubilis* 5ª é um bom remédio. De 6 em 6 horas.

Oscilococcinum 200ª, 6 gotas diariamente pela manhã.

---
[207]. Aconselhamos aos especialistas em ouvidos, nariz e garganta a formidável obra *Thérapeutique, O. R. L. Homéopathique*, do Dr. Paul Chavanon.

OTORRAGIA

Hemorragia do ouvido. Seu principal remedia é *China* 1ª. *Cicuta virosa* 5ª também pode ser útil. Uma dose a cada meia hora.

OTORREIA

É o corrimento de pus pelo ouvido. Veja *Otite externa* e *Otite média*, formas crônicas com corrimento.

OUVIDOS

Excesso de cera no ouvido, *Conium* 3ª; cera endurecida, *Calcarea fluorica* 3ªx; falta de cera, *Spongia* 3ª; coceira, *Psorium* 30ª, *Mezereum* 3ª, *Nux vomica* 5ª e *Causticum* 5ª. Eczema, *Graphites* 5ª, *Mezereum* 3ª ou *Petroleum* 3ª. De 3 em 3 horas. Veja *Otite*, *Otalgia* e *Surdez*.

OVARALGIA

São as dores nevrálgicas dos ovários; atacam principalmente o lado esquerdo; voltam por acessos, podem ser muito intensas, até provocar vômitos e se prolongarem para as coxas.

Colocynthis 3ª é o principal remédio; se falhar, *Actaea racemosa* 3ªx, *Mercurius corrosivus* 3ª ou *Naja* 5ª. Outros medicamentos igualmente úteis são: *Zincum valerianicum* 3ªx, *Atropia* 3ª, *Sumbulus* 1ª, *Staphisagria* 3ª e *Collinsonia* 3ª. Uma dose a cada 3 horas.

OVÁRIOS

Veja *Cancro*, *Esterilidade*, *Fibromas*, *Quisto*, *Ovaralgia* e *Ovarite*.

OVARITE
(Salpingite, Salpingo-ovarite e Celulite pelviana)

É a inflamação do ovário e dos tecidos circunvizinhos, caracterizada por febre remitente, dores de cabeça, embaraço gástrico, vômitos, fortes dores do ovário, irradiando-se a todo o baixo ventre, frequentes desejos de urinar e defecar, às vezes com diarreia e sangue, prostração e, em casos graves, pós-parto, com formação de pus e morte em colapso. Mas, em regra, fora do estado puerperal, é moléstia benigna; o abscesso que se forma na cavidade pélvica rompe para o lado da vagina ou do reto e a doente sara completamente.

No começo, se a febre é muito alta, *Belladona* 3ª alternada com *Veratrum viride* 1ª, de meia em meia hora; depois, *Apis* 3ªx ou *Colocynthis* 3ª e *Mercurius corrosivus* 6ª, alternados de hora em hora, ou ainda *Rhus toxecondendrum* 3ª, se puerperal. Se supurar, *Lachesis* 5ª ou *Hepar sulphuris* 5ª e *Mercurius corrosivus* 6ª alternados; aberto o abscesso, *Silicea* 3ª.

Nos casos crônicos com endurecimento do ovário, dores, dismenorreia e perturbações intermitentes dos órgãos pelvianos, *Actaea racemosa* 3ªx e *Conium* 30ª são os dois principais remédios; *Aurum muriaticum* 3ªx, *Graphites* 30ª, *Platina* 30ª e *Thuya* 5ª podem também ser úteis. Uma dose, três vezes por dia.

Na alopatia, os *antibióticos*. *Raios X* nos casos rebeldes, *com prudência*, sempre sob prescrição médica.

OXALÚRIA

Veja *Urinas*.

OXIÚROS

São uns vermes pequeninos, esbranquiçados, finos como linha, que se encontram no reto, sobretudo nas crianças, causando dores nesse órgão, coceira no ânus e agitação, especialmente à noite e enurese noturna. Em certos casos, há sintomas de disenteria crônica.

Teucrium marum verum 1ª é o principal remédio, de 3 em 3 horas; *Sinapis nigra* 3ª, *Aesculus* 3ªx ou 1ª e *Ratanhia* 3ª podem ainda ser úteis. *Aconitum* 3ªx alivia quase sempre a coceira e agitação noturna. Tendência à diarreia, *China* 3ª. Pode-se tentar também o seguinte tratamento: *Lycopodium* 30ª durante 2 dias, três doses por dia; *Veratrum album* 12ª durante os 4 dias seguintes, três doses por dia, e *Ipeca* 3ª durante mais 4 dias, três doses por dia. Contra a predisposição que favorece o desenvolvimento dos oxiúros, *Cina* 5ª, uma dose pela manhã e outra à tarde.

Na alopatia, derivados de *Piperazina*, sob prescrição médica.

OZENA

Veja *Rinite atrófica*.

PALAVRA

Crianças que demoram a aprender a falar, *Natrum muriaticum* 30ª ou *Nux vomica* 5ª, a cada 6 ou 12 horas.

PALPITAÇÕES

Chama-se palpitação a percepção subjetiva dos movimentos do coração. As palpitações ocorrem por acessos, em pessoas nervosas, em consequência de várias causas; exercícios, emoção moral, excessos sexuais, pletora nas pessoas sanguíneas, anemia nas pessoas debilitadas, dispepsia, lombrigas, café ou chá, moléstias do útero, paixões, tristezas e na menopausa. Podem ocorrer também nas moléstias cardíacas.

Para dominar o acesso de palpitações nervosas, *Moschus* 3ªx, de 10 em 10 minutos, ou *Glonoinum* 1ª em olfação. Para evitar as reincidências dos ataques, de modo geral: *Cactus* 1ª e *Tarantula hispanica* 5ª alternados; quando histérica, *Nux moschata* 3ª; exercício mental ou emoção moral, *Coffea* 30ª; neurastenia, com tristeza, *Iodum* 3ª; devidas a excessos sexuais, *Phosphori acidum* 5ª; devidas a uma impressão moral agradável, *Badiaga* 5ª; devidas ao café, *Nux vomica* 5ª, e o chá, *China* 3ª; devidas ao fumo, *Gelsemium* 5ª; supressão de hemorroidas, *Collinsonia* 3ª; durante a menstruação nas jovens, *Cactus* 1ª ou *Crotalus horridus* 3ª; devidas à anemia, *Pulsatilla* 3ª e *Spigelia* 3ª; em pessoas sanguíneas, *Aconitum* 1ª ou 3ª; em mulheres celibatárias, *Bovista* 3ª; devidas à gota, *Sulphur* 5ª; dispepsia, *Nux vomica* 12ª ou *Hydrocyanicum acidum* 6ª; moléstias uterinas, *Lilium tigrinum* 5ª; na menopausa, *Lachesis* 5ª; devidas a lombrigas nas crianças, *Spigelia* 3ª; depois das refeições, *Pulsatilla* 5ª; quando devidas a moléstias orgânicas do coração, *Digitalis* T.M., ou 1ª e *Cactus* T.M. são os dois principais remédios. De hora em hora.

PANARÍCIO

É a inflamação aguda das partes moles do dedo, podendo ir à supuração, e caracterizada por dores lancinantes e pulsáteis, inchaço, vermelhidão, calor da parte, às vezes febre, embaraço gástrico e prostração.

Logo no começo, *Belladona* 3ª e *Mercurius solubilis* 5ª ou *Mercurius solubilis* 3ª e *Myristica sebifera* 1ª alternados, de meia em meia hora; ocorrendo a supuração, *Silicea* 5ª ou 30ª ou *Hepar sulphuris* 5ª, também de meia em meia hora. Aberto o foco purulento, *Calcarea sulphurica* 5ª, de 2 em 2 horas; a 12ªx pode abortar o panarício, sendo dada logo no começo. Melhor ainda, *Tarantula cubensis* 30ª.

Logo no início, localmente, pomada de *Cirtopodium*.

PANCADA

Veja *Contusões*.

PÂNCREAS

As moléstias do pâncreas são de sintomas muito obscuros; em regra, seja a pancreatite, seja o catarro do canal pancreático, manifestam-se por dores surdas e profundas na região do estômago, cólicas e diarreia líquida, espumosa e gordurosa. Pode haver vômitos e enfraquecimento geral.

O principal medicamento da pancreatite aguda é *Iris versicolor* 30ª mas *Mercurius solubilis* 5ª, *Belladona* 5ª e *Atropinum sulphuricum* 3ªx podem ser também úteis. Na pancreatite crônica, *Iodum* 3ª e *Phosphorus* 30ª são os dois principais remédios. Contra as dores ardentes do pâncreas, *Calcarea arsenicosa* 5ª. Para o catarro do canal pancreático, o melhor medicamento é *Belladona* 3ª alternada ou seguida por *Mercurius solubilis* 5ª. Nos casos agudos, o remédio deve ser dado de 2 em 2 horas; nos casos crônicos, de 4 em 4 horas.

PANOS

Veja *Cloasma*.

PAPEIRA

Veja *Bócio*.

PAPILOMAS

Veja *Pólipos*.

PARALISIA AGITANTE
(Doença de Parkinson)

É uma doença do sistema nervoso da mesma família da epilepsia, coreia, histeria etc., caracterizada pela rigidez muscular, progressiva e geral do corpo, acompanhada de tremores finos e constantes (exceto no sono) que começam pelas mãos, fraqueza dos músculos e debilidade mental. O corpo se move como peça inteiriça, o andar é troteado, e por vezes o doente não pode parar (*pressa*), a face rígida sem expressão, os braços flexionados sobre o peito, as mãos pendentes, os dedos polegar e indicador se unindo a se atritarem (*fazendo pílulas*). A moléstia dura de 10 a 40 anos.

É comum aparecer como sequela da encefalite epidêmica. Quando aparece em idosos, é causada por arteriosclerose. O *parkinsonismo tóxico* ocorre nas intoxicações pelo *monóxido de carbônio* e pelo *manganês*.

Plumbum 30ª e *Hiosciamus* T.M. ou 1ª são os dois principais medicamentos; entretanto, podem também ser úteis: *Mercurius solubilis* 12ª ou 30ª, *Zincum picricum* 3ªx, *Tarantula* 12ª e *Argentum nitricum* 30ª. Uma dose a cada 12 horas. *Avena sativa* T.M. é indicada.

Na alopatia, os *anti-histamínicos de síntese* e as drogas do *grupo Belladona*, sob indicação de médico especializado.

PARALISIA AMIOTRÓFICA

É uma moléstia da espinha, caracterizada por uma paraplegia espasmódica, seguida de atrofia muscular progressiva na parte superior do corpo; em certos casos, a atrofia precede a paraplegia. Com a atrofia, vêm contraturas nos braços, no pescoço e nos pés, e paralisias da língua, dos lábios e da garganta. Quando começa pelas pernas, chega a durar 30 anos; começando por cima, dura de 2 a 4 anos. Os principais remédios são: *Cuprum metallicum* 30ª e *Argentum nitricum* 12ª. Também podem ser úteis *Picricum acidum* 30ª, *Aurum muriaticum* 3ªx, *Phosphorus* 30ª, *Sulphur* 30ª e *Plumbum* 30ª. Uma dose a cada 12 horas.

A *Esclerose lateral amiotrófica*, a *Atrofia muscular progressiva* e a *Paralisia bulbar progressiva* são três desordens representando subdivisões de uma doença.

A etiologia é desconhecida e na alopatia não existe tratamento com base real a ser aconselhado. Existem, no momento, pesquisas em bom andamento.

PARALISIA DO ÂNUS

É a paralisia do esfíncter que fecha o ânus, causando incontinência das fezes, que saem então involuntariamente. Seu principal remédio é *Causticum* 3ª ou 12ª; mas *Phosphorus* 30ª, *Secale* 3ªx podem também ser úteis. Uma dose a cada 12 horas.

PARALISIA ATÁXICA
(Esclerose medular póstero-lateral)

É uma moléstia da espinha, de longa duração, caracterizada por uma paraplegia, na qual se combinam os sintomas espasmódicos e os atáxicos (de incoordenação dos movimentos). A esclerose resulta das artérias da medula. Há dores nas pernas e nos lombos. Os braços podem também ser invadidos, bem assim a face, a língua e os olhos (ciclopegia, atrofia óptica e nistagmo); há impotência sexual.

A *Esclerose amiotrófica lateral*, a *Esclerose primária lateral*, a *Paralisia bulhar progressiva*, a *Esclerose combinada subaguda*, a *Esclerose disseminada múltipla* e a *Seringomielia e bulbia* são escleroses provocadas por causa desconhecida e de terapêutica problemática, na alopatia, mas sob pesquisas, bem encaminhadas.

Os principais remédios são: *Baryta muriatica* 3ªx, *Aurum muriaticum* 3ª ou *Argentum nitricum* 30ª alternado com *Lathyrus* 3ªx. Uma dose a cada 12 horas.

PARALISIA DA BEXIGA

A paralisia ou atonia da bexiga se caracteriza pela impossibilidade de expelir a urina, e, portanto, pela retenção desta.

De um modo geral, *Opium* 5ª é o seu melhor remédio; nos idosos, *Nux vomica* 30ª. Em caso consequente à superdistensão, *Arnica* 3ªx ou *Causticum* 12ª; se devida a um traumatismo ou moléstia da espinha, *Ferrum muriaticum* 1ªx trit.

Quando a paralisia é do esfíncter vesical que fecha a bexiga e há incontinência (saída involuntária) da urina, sobretudo nos idosos, *Causticum* 12ª é o principal remédio; se falhar, *Gelsemium* 5ª ou *Conium* 30ª. Uma dose a cada 6 horas.

Veja *Enurese*.

PARALISIA BULBAR PROGRESSIVA
(Paralisia da língua, Paralisia lábio-grosso-faríngea)

Como o seu nome o indica, esta moléstia do bulbo (extremidade superior da espinha) se caracteriza pela paralisia, com atrofia sucessiva dos lábios, língua e garganta, acarretando desordens da palavra, da deglutição, da mastigação, depois da voz e, por fim, da respiração e da ação do coração. Há salivação, voz fanhosa, rouquidão, emagrecimento, falta de apetite, acessos de falta de ar, pulso rápido e morte por inanição ou pneumonia, dentro de 4 ou 5 anos.

Veja o que se disse na *Paralisia amiotrófica*.

Os principais remédios são: *Baryta carbonica* 5ª, *Mercurius solubilis* 30ª, *Anacardium orientale* 30ª, *Guaco* 5ª, *Naja* 5ª e *Plumbum* 30ª. Uma dose a cada 6 horas.

PARALISIA FACIAL
(Paralisia de Bell)

Esta moléstia se caracteriza pela paralisia de um lado do rosto, produzindo a conhecida boca torta e lacrimejamento devido à paralisia da pálpebra.

É uma *mononeurite facial*.

Nos casos recentes, *Aconitum* 1ª é o remédio; em casos crônicos, *Causticum* 12ª ou *Graphites* 30ª. Sifilítica, *Aurum muriaticum* 3ªx. Complicando-se com paralisia da língua, nos jovens, dê-se *Baryta carbonica* 30ª. Uma dose a cada 4 horas.

Na alopatia, *Cortisona*, *Acth* etc., sob controle médico. Associadas à Vitamina B1 e B12.

PARALISIA GERAL DOS ALIENADOS
(Mania das grandezas)

É uma forma de loucura, caracterizada pela mania das grandezas e acompanhada de fraqueza cerebral e de paralisia geral progressiva, com intermitências enganosas de melhora, terminando por fim na morte, por esgotamento geral.

Mercurius iodatus 3ª, *Nitri acidum* 3ª e *Kali iodatum* 1ªx são os principais remédios; *Cannabis indica* 1ª e *Veratrum album* 30ª podem também ser úteis. De 4 em 4 horas. *Syphillium* 200ª, 8 gotas, uma vez por semana.

PARALISIA DE LANDRY
(Paralisia ascendente aguda)

É uma paralisia que começa nas extremidades inferiores e rapidamente se estende para cima, envolvendo sucessivamente os pés, pernas, tronco, braço e face, e os músculos, do diafragma, coração e faringe. Os esfíncteres, os sentidos e a inteligência ficam intatos. É devida ao frio, alcoolismo, traumatismo, moléstia aguda. Seu curso é rápido. Começa por fraqueza das pernas, que se paralisam quase por completo em 48 horas, e depois sobe rapidamente, matando dentro de 4 ou 7 dias por síncope ou sufocação.

Os principais remédios são: *Veratrum album* 5ª, *Oxalicum acidum* 6ª, *Conium* 5ª, *Alumina* 30ª, *Rhus* 3ª e *Phosphorus* 30ª. Uma dose a cada meia hora.

PARALISIA PSEUDO-HIPERTRÓFICA

Ocorre dos 2 aos 21 anos, mais comum na infância. É uma degeneração ou distrofia muscular, caracterizada por uma hipertrofia inicial com fraqueza dos músculos. Os mais ordinariamente hipertrofiados são os das coxas, das panturrilhas e das nádegas, podendo haver ao mesmo tempo atrofia em outros. A criança tem dificuldade em subir escadas, é muito desastrada, tem o andar cambaleante e não consegue se levantar do chão sem o auxílio das mãos (põe-se primeiro de quatro, depois apoia uma mão no joelho, a outra no outro e só então, apoiada nos joelhos, põe-se de pé). Não é mortal, durando longos anos. Há dois outros tipos desta moléstia: o *Erb*, cuja atrofia começa no ombro e no braço, e o *Landouzy--Dejérine*, cuja atrofia começa na face, passando ao ombro e daí para baixo, estendendo-se por fim a todo o corpo.

Phosphorus 3ª ou 30ª é o seu principal remédio. Uma dose a cada 12 horas.

PARALISIAS

Paralisia é a supressão da motilidade voluntária nos músculos submetidos ao império da vontade. Há paralisias devidas a moléstias do cérebro e chamadas *paralisias cerebrais* e outras, devidas à moléstia da espinha e chamadas *paralisias espinhais*; enfim, outras de partes isoladas, devidas a moléstias dos nervos periféricos. As paralisias são às vezes acompanhadas de atrofia dos músculos paralisados; a pele é fria, pálida e por vezes seca e escamosa.

As *paralisias de origem cerebral* são em geral devidas a hemorragias ou obliterações por embolia ou trombose. Nos adultos, o resultado das hemorragias cerebrais e obliterações arteriais é a conhecida *hemiplegia* ou paralisia de um só lado do corpo (Veja *Apoplexia* e *Amolecimento cerebral*). Nas crianças, elas são em regra devidas a hemorragias causadas pelos partos difíceis ou prolongados e seu tipo principal é a *paraplegia espástica* ou *espasmódica* (Veja esta moléstia). Outras vezes, elas constituem uma verdadeira doença não sistematizada (como a epilepsia e a coreia): tal a *paralisia agitante*.

As *paralisias espinhais* são devidas a inflamações agudas ou crônicas (*esclerose*) da medula e se manifestam pela paralisia dos membros, sobretudo das pernas (*paraplegia*). Tais são: *Ataxia locomotora*, *Atrofia muscular progressiva*, *Esclerose cérebro-espinhal*, *Mielite*, *Seringomielia*, *Paralisia amiotrófica*, *Paraplegia atáxica*, *Paralisia de Landry*, *Paralisia pseudo-hipertrófica* e *Poliomielite anterior aguda*.

As *paralisias de partes isoladas* ou *paralisias periféricas* são devidas a causas múltiplas e variadas e afetam em geral um musculo ou um grupo de músculos isoladamente. Ora são traumáticas, ora por frio, ora consequentes a moléstias infecciosas, ora reumáticas, tóxicas, senis, sifilíticas etc., quase todas devidas a *nevrites* (veja *Nevrites*, *Paralisia facial*, *Diplopia*, *Paralisia da bexiga*, *Cicloplegia*, *Paralisia do ânus*, *Paralisias Isoladas*, *Ptose* e *Difteria*).

PARALISIAS ISOLADAS

Os nervos que determinam os movimentos das várias partes do corpo podem se paralisar isoladamente, produzindo paralisia parcial, de tal ou tal músculo ou grupo de músculos e, consequentemente, deformidades de sede e alcance muito variáveis.

Quando essas paralisias isoladas são de origem traumática, requerem *Arnica* 3ªx ou *Hypericum* 3ªx; quando histéricas, *Ignatia* 30ª ou *Cocculus* 12ª; quando sifilíticas, *Manganum aceticum* 3ªx ou *Aurum muriaticum* 3ªx; devidas ao frio, *Aconitum* 1ª, e à umidade, *Dulcamara* 3ª ou *Rhus toxicodendron* 3ª; quando de outra origem, *Causticum* ou *Rhus*. Especialmente: do punho e do pé, *Plumbum* 30ª ou *Ruta* 5ª; do pescoço, *Cocculus* 12ª ou *Plumbum* 30ª; da língua, *Baryta carbonica* 30ª ou *Causticum* 12ª; da faringe, *Silicea* 30ª, *Gelsemium* 5ª ou *Phosphorus* 30ª; do diafragma, *Gelsemium* 5ª; do braço (*paralisia de Erb*) ou antebraço (*paralisia de Klumpke*), *Cuprum metallicum* 30ª; das pernas, *Rhus toxicodendron* 3ª; nos idosos, em geral, *Conium* 3ª; com atrofia muscular, em geral, *Plumbum* 30ª. Uma dose a cada 6 horas.

PARAPLEGIA ESPÁSTICA
(Paraplegia espasmódica, Diplegia)

É uma moléstia que se encontra tanto nas crianças, como nos adultos, consistindo essencialmente em uma fraqueza das pernas acompanhada da rigidez espasmódica dos respectivos músculos. Os tendões são duros e tensos.

Devemos fazer certas diferenciações quanto à classificação, de acordo com as recentes aquisições médicas.

A *paralisia cerebral das crianças* é bilateral, normalmente simétrica e os distúrbios da motilidade não são progressivos e existem desde o nascimento. É chamada também de *doença de Lille* ou *paralisia espástica congênita*. Quando os sintomas se apresentam desde o nascer, o diagnóstico é fácil.

Quando os sintomas são notados posteriormente, devem-se distinguir das desordens progressivas degenerativas, como aparecem na doença de *Tay-Sach*. Outra doença que deve ser distinta é a de *Schilder*. Essas duas progridem inexoravelmente.

A *amiotrofia congênita* e as *distrofias musculares* se distinguem porque apresentam flacidez muscular.

Nas crianças, origina-se ao nascer, devida a uma hemorragia cerebral, causada por compressões mecânicas nos partos prolongados ou difíceis, a fórceps; esta hemorragia causa, por sua vez, uma esclerose do cérebro. Caracteriza-se, neste caso, a moléstia pelo atraso do andar; depois pelo retardamento do desenvolvimento, deficiência mental, pés tortos para dentro, atrofia muscular. Os principais remédios aqui são: *Lathyrus sativus* 3ªx, *Baryta carbonica* 30ª e *Silicea* 30ª; podem também ser úteis *Graphites* 30ª,

Baryta muriatica 3ªx, *Plumbum* 30ª e *Aurum muriaticum* 3ªx. Para combater o repuxamento dos tendões que entorta os pés, *Causticum* 12ª poderá ser um alternante. Duas doses por dia.

Nos adultos, a moléstia é de origem espinhal (esclerose lateral da medula) e é devida a traumatismo ou moléstias agudas; caracteriza-se por fraqueza e rigidez das pernas, superextensão do dedo do pé, espasmos das pernas, sobretudo à noite. Seus principais remédios são: *Lathyrus* 5ªx, *Manganum bioxydatum* 3ªx trit. e *Strichnia phosphorica* 3ªx. Uma dose 2 ou 3 vezes por dia.

PAROTIDITE
(Caxumba)

É a inflamação aguda da glândula parótida. É geralmente epidêmica, raramente terminando em abscesso. Caracteriza-se pelo inchaço do rosto por diante e abaixo da orelha, febre, agitação, dores e, nos casos graves, formação de um abscesso e, às vezes, morte. Pode se complicar de orquite, ovarite, mastite e pancreatite.

É provocada por um *vírus*.

Na caxumba primitiva, *Belladona* 3ª e *Mercurius solubilis* 5ª alternados são os dois principais medicamentos; se houver complicação dos testículos, ou dos seios, *Mercurius solubilis* 5ª e *Pulsatilla* 5ª alternados; complicação dos ovários, *Colocynthis* 3ª. Na parotidite secundária grave, com sintomas tíficos, *Rhus toxicodendron* 3ª é o remédio, só ou alternado com *Mercurius iodatus ruber* 3ªx; ocorrendo a supuração, *Arsenicum* 5ª e *Hepar* 5ª alternados, e, depois de descarregado o pus, *Calcarea sulphurica* 5ª ou *Mercurius solubilis* 5ª. Todos de hora em hora. Se a caxumba passa para o estado crônico e endurecida, *Aurum* 30ª; se se prolonga muito, *Pilocarpus* 3ªx, de 3 em 3 horas. *Phytolacca* 3ªx ou 3ª também é um bom remédio das caxumbas.

O repouso é necessário, principalmente quando a doença ataca crianças acima de 5 anos e adultos. As crianças abaixo de 5 anos também necessitam de repouso, mas as complicações nelas são bem mais raras.

PARTO

É o ato normal pelo qual nasce o feto. Anuncia-se por dores vagas, depois por perda de água, dores cada vez mais fortes e, finalmente, a expulsão da criança; em seguida são expelidas as secundinas e, durante algumas semanas depois, continua um corrimento sanguinolento (lóquios) que vai aos poucos clareando e, por fim, cessa. Ao cabo de 12 a 15 dias pode a parturiente se levantar.

Mas, durante o parto, podem ocorrer alguns acidentes, que cumpre corrigir.

Assim, apresentação viciosa do feto, *Pulsatilla* 5ª ou 30ª; endurecimento do colo do útero que por isso não se dilata, *Belladona* 3ª, *Gelsemium* 1ª ou *Caulophyllum* 1ª; dores fracas e preguiça do útero, parto demorado e prolongado, *Pulsatilla* 5ª ou 30ª e *Secale* 30ª sós ou alternados com *Caulophyllum* 1ª; dores excessivas e desesperadoras, *Coffea* 5ª ou *Chamomilla* 5ª; com medo de morrer, *Aconitum* 5ª; havendo desmaios, *Secale* 3ª, *Nux vomica* 5ª ou *Veratrum album* 5ª; retenção da placenta, *Caulophyllum* 1ª, *Hydrastis* 1ª, *Cantharis* 5ª ou *Pulsatilla* 5ª; retenção da placenta, com delírios, *Stramonium* 3ª; retenção da placenta, com tremores e tendência à hemorragia, *Ignatia* 3ª; havendo hemorragias antes ou durante as dores do parto, devidas à placenta prévia, *Sabina* 3ª; as hemorragias anteriores ao parto, devidas à placenta prévia, também se combatem com *China* 5ª; inércia uterina completa, sem esforço algum da paciente, *Causticum* 5ª; para prevenir a febre puerperal, dê-se logo depois do delivramento, *Arnica* 2ªx. Dados com antecedência de alguns dias, *Actaea racemosa* ou *Caulophyllurn* 1ª facilitam o parto; e *Pulsatilla* 5ª ou *Hydrastis* 1ª ou 5ª previnem a tendência à retenção da placenta; a cada 2 horas. Esses medicamentos devem ser dados com intervalos de 15 em 15 minutos. Veja *Febre puerperal*, *Eclampsia* e *Puerpério*.

As pequenas rupturas do períneo, que não exijam sutura, curam-se com aplicações locais de *Calendula*.[208]

PEDICULOSE
(Piolhos)

O corpo humano pode ser atacado por três espécies de piolho: o da cabeça, o do corpo e o do púbis (este último vulgarmente chamado *chato*). Para destruí-los pode-se usar localmente uma solução aquosa de tintura-mãe de *Staphisagria*. Internamente, sobretudo em pessoas piolhentas em que o mal reincide rebeldemente, dê-se *Staphisagria* 30ª, de 12 em 12 horas; *Natrum muriaticum* 30ª e *Psorinum* 30ª podem também ser úteis. Loção de DDT, externamente.

PEDRA

É a pedra da bexiga, constituída por um cálculo renal que se aloja nesse órgão e em torno do qual se vão precipitando novos sais, fazendo-o aumentar cada vez mais de volume; caracteriza-se clinicamente por dores na bexiga, que se es-

---

208. É aconselhável a perineorrafia e curativos calendulados em seguida.

tendem à ponta do pênis e aumentam pelos movimentos, por andar ou urinar, pela urinação frequente, pelo sangue na urina e catarro vesical. Ao cabo de longos anos, pode ocorrer a morte. Na alopatia, tratamento cirúrgico.

Os principais medicamentos são: *Cantharis* 5ª, *Sepia* 5ª, *Mezereum* 30ª e *Lycopodium* 30ª; duas doses por dia. Dores depois de litotomia, *Staphisagria* 3ª.

PELAGRA

É uma avitaminose por insuficiência alimentar caracterizada por uma erupção eritematosa da pele, acompanhada de descamação, diarreia crônica, tristeza, queda das forças e paralisias mais ou menos incompletas.

Seus principais medicamentos são: *Arsenicum* 3ª, *Secale* 5ª e *Gelsemium* 5ª. Uma dose a cada 3 horas. Associar ao tratamento homeopático. *Ácido nicotínico. Levedura seca pura* e *Extrato hepático.*

PELE

As diversas moléstias da pele, que são numerosas, são difíceis de diagnosticar, sendo, pois, conveniente que, para o diagnóstico, se recorra a um especialista, salvo aquelas mais comuns e conhecidas.

De um modo geral, elas se apresentam ordinariamente, nos casos mais comuns, sob um dos cinco aspectos seguintes ou combinadamente:

Eritema ou vermelhidão em placas, com ou sem saliência (tais são, por exemplo, o intertrigo e a urticária). O remédio mais geral dos eritemas é *Belladona* 3ª;

Pápulas ou pequenas saliências vermelhas e inflamadas (tais são, por exemplo, o líquen e o prurigo). O remédio mais geral das erupções papulosas é *Sulphur* 5ª;

Vesículas ou bolhas de água (tais são, por exemplo, o eczema, o herpes e o pênfigo). O remédio mais geral das vesículas é *Rhus toxicodendron* 3ª;

Pústula ou ulceração com crosta e pus (tais são, por exemplo, o impetigo e o ectima). O remédio mais geral das pústulas é *Antimonium tartaricum* 5ª (*Hepar* 5ª também é bom);

Escamas (tais são, por exemplo, a pitiríase, a psoríase). O remédio mais geral das escamas é *Arsenicum* 12ª.

PELVI-PERITONITE

Veja *Ovarite*.

PÊNFIGO

É uma moléstia da pele, caracterizada por uma erupção de bolhas que destacam em crostas, e é às vezes (pênfigo foliáceo) acompanhada de estado caquético que leva à morte.

Simples, *Rhus toxicodendron* 3ª e *Cantharis* 3ª alternados; foliáceo, *Arsenicum* 30ª ou *Mercurius solubilis* 5ª; nos recém-nascidos, *Ranunculus sceleratus* 3ª. De 2 ou 3 em 3 horas.

Na alopatia, no início, estão usando *Cortisone*. Entre nós, o Instituto de Pênfigo Foliáceo "Adhemar de Barros" está fazendo um trabalho notável, não somente no campo da pesquisa como no campo da hospitalização.

PÊNIS

Veja *Balanite*, *Cancro mole*, *Cancro duro*, *Coito* e *Impotência*.

PERICARDITE

É a inflamação aguda do pericárdio, membrana serosa que envolve externamente o coração. Pode ser aguda ou crônica, fibrosa (seca), exsudativa (serosa, supurativa, hemorrágica) ou fibroide (adesiva crônica, constritiva, *sinechio cordis* e *concretio cordis*). Ocorre geralmente no curso do reumatismo ou da nefrite crônica; caracteriza-se por febre, dores no coração, opressão e sufocação, pulso fraco e morte por síncope ou coma.

Reumática: *Aconitum* 1ªx logo no começo, alternado com *Bryonia* 2ª; se houver muita dor no coração, *Bryonia* 3ª alternada com *Spigelia* 3ª; muita pontada no pericárdio, *Arsenicum* 3ª ou *Apis* 3ª. Pericardite brightica, *Colchichum* 3ª ou *Arsenicum* 3ª, de hora em hora. Para reabsorver o exsudato, *Sulphur* 30ª, de 4 em 4 horas. Nos grandes derrames, é aconselhável a punção.

PERIOSTITE

É a inflamação da membrana que forra externamente a superfície do osso, caracteriza-se por dor, inchaço e, nos casos graves, com supuração, febre, embaraço gástrico e prostração. Pode ser devida ao traumatismo, ao reumatismo, à escrófula ou tuberculose ou à sífilis.

Aguda, simples, *Mezereum* 3ª; ameaçando supuração, *Mercurius solubilis* 5ª; o pus se formando, *Silicea* 30ª até o fim. Periostite orbitária, *Kali iodatum* 1ªx. Crônica, sifilítica, *Aurum muriaticum* 3ªx trit. ou 3ª; reumática, *Mercurius solubilis* 5ª; escrofulosa ou tuberculosa, *Silicea* 5ª e todas as semanas uma dose de *Bacillinum* 100ª;

traumática, *Ruta* 3ª e *Arnica montana* 3ª. De hora em hora, nos casos agudos; de 3 em 3 horas, nos casos crônicos.

PERITÔNIO

Veja *Ascite* e *Peritonite*.

PERITONITE

É a inflamação do peritônio, quase sempre secundária a outra moléstia. Pode ser aguda ou crônica (esta quase sempre tuberculosa). Quando aguda, caracteriza-se por dores vivas no ventre, que não pode suportar o mais leve toque, timpanismo, prisão de ventre ou diarreia, pulso fraco e frequente, resfriamento geral e morte; dura de 2 a 7 dias. Quando crônica e tuberculosa, os sintomas são mais mitigados, a moléstia dura semanas e mesmo meses e cura a maioria das vezes. Quando não provoca adesões fibrosas, causa obstrução intestinal.

Devida ao frio, *Aconitum* 3ªx e *Dulcamara* 3ª, alternados de meia em meia hora. Secundária a outra moléstia ou a traumatismo ou ferida do ventre, *Colocynthis* 1ª e *Mercurius corrosivus* 6ª alternados desde o começo; havendo sintomas tíficos, *Rhus toxicodendron* 3ª; urinas raras ou suprimidas, *Terebenthina* 3ª; colapso declarado, *Veratrum album* 30ª e *Carbo vegetabilis* 30ª alternados; devida a operações cirúrgicas abdominais, *Secale* 3ª, *Arsenicum iodatum* 3ª trit., *Calcarea carbonica* 30ª ou *Iodoformium* 3ªx; todos de meia em meia hora. Crônica ou tuberculosa, *Abrotanum* 3ª pode também ser útil; de 3 em 3 horas. *Tuberculinum* 200ª é ainda um bom remédio da peritonite tuberculosa.

Na forma tuberculosa, os alopatas estão fazendo uso da *Estreptomicina*. Na forma aguda, os antibióticos como *Penicilina*, *Terramicina*, *Cloromicetina* etc., sob indicação médica.

PÉS

Calosidades nas solas dos pés, *Antimonium crudum* 5ª. Pés inchados e cor de cera, *Apis* 3ª. Ardor na sola do pé, *Calcarea carbonica* 30ª. Coceira noturna, *Agaricus* 3ª e *Ledum* 3ª. Dores no calcanhar, *Cyclamen* 30ª ou *Ranunculus bulbosus* 3ª. Suores fétidos, *Silicea* 30ª ou *Petroleum* 3ª ou 5ª. Frios, úmidos e viscosos, *Calcarea carbonica* 30ª; frios à noite, nada conseguindo esquentar, *Carbo vegetabilis* 30ª ou *Aranea diadema* 5ª. Dor no dedo grande, *Dulcamara* 3ª. Eczema viscoso entre os dedos, *Graphites* 5ª. Bolhas e feridas pelo atrito do sapato, *Allium cepa* 5ª. Pé torto, *Plumbum* 30ª.

PESADELOS

São sonhos aterradores, que ocorrem no sono de algumas pessoas.

Kali bromatum 1ªx é o principal remédio nos adultos; nas crianças, *Stramonium* 3ª ou *Ignatia* 5ª e *Kali phosphoricum* 3ª trit., alternados. Com convulsões, *Paeonia* 3ª. Três doses por dia. *Cina* 30ª tem indicações.

PESTE BUBÔNICA
(Febre de caroço)

É uma moléstia aguda contagiosa, própria dos países quentes, caracterizada por uma febre elevada, grande prostração, sintomas tíficos e desenvolvimento de bubões da virilha, sovaco ou pescoço que vão ou não à supuração. Em vez de bubões, pode surgir uma erupção pustulosa pela pele (*peste cutânea*), ou uma broncopneumonia (*peste hemorrágica*) ou um estado geral muito grave e fulminante, matando dentro de 24 horas (*peste septicêmica* ou *fulminante*).

É provocada pela *Pasteurella pestis*.

Peste septicêmica, *Rhus toxicodendron* 3ª; peste bubônica, *Tarantula cubensis* 3ª e *Naja* 3ª alternados (*Lachesis* 5ª também pode ser útil); peste cutânea, *Naja* 5ª, *Hepar sulphuris* 5ª ou *Antimonium tartaricum* 3ª alternados; peste pneumônica, *Phosphorus* 30ª e *Antimonium tartaricum* 3ª alternados; peste hemorrágica, *Crotalus horridus* 5ª ou *Lachesis lanceolata* 5ª. Os medicamentos devem ser dados de meia em meia hora. *Soro antipestoso*.

Modernamente, a *Estreptomicina* associada à *Sulfadiazina*, sob indicação médica.

PICADAS DE INSETOS

As picadas de insetos, como marimbondos, abelhas, aranhas comuns, mosquitos etc. raramente são perigosas: produzem vermelhidão ou lividez do lugar mordido, um pouco de inchaço e dores às vezes vivas.

Ledum palusIre 3ª e *Apis* 3ª são os dois remédios de 15 em 15 minutos. *Calendula* em tintura, externamente, ou o próprio *Ledum*.

Os anti-histamínicos de síntese são úteis.

Pomada de anti-histamínicos ou de hidrocortisona.

PIELITE[209]

É a inflamação do bacinete do rim, caracterizada, no estado agudo, por febre, vômitos, dores

---
[209]. A pielite e a pielonefrite para fins de tratamento são consideradas uma única entidade mórbida.

vivas prolongando-se à bexiga e aos testículos, urinas com pus e sangue, frequentes desejos de urinar, e no estado crônico, com febre ética, urinas purulentas, dores, debilidade e emagrecimento crescente, podendo curar-se ou terminar em morte. Em geral, é devida a cálculos renais, blenorragia e infecção pelo Coli-bacilo.

No começo, Aconitum 3ª e Belladona 3ª alternados de hora em hora, se a febre é contínua ou remitente; Cantharis 3ª é o remédio, de 2 em 2 horas, podendo ser alternado com Belladona 3ª; Thuya 3ª também é muito útil. Nos casos crônicos, Uva ursi 3ªx, Thuya 1ª ou ainda Cantharis 3ª; havendo muita debilidade, alterne-se China 3ª e Arsenicum 3ª, a cada duas horas. Juniferus communis T.M. também é remédio da pielite crônica. Coli-baccilinum 200ª, 10 gotas, de 5 em 5 dias, tem grande indicação. Na alopatia, identificar o germe-causa e dar o antibiótico indicado, sob controle médico.

PIOEMIA
(Infecção purulenta)

É uma moléstia aguda, caracterizada pela tendência geral dos tecidos do corpo à supuração; é acompanhada de febre alta de tipo remitente ou intermitente, precedida de calafrios e seguida de suores, prostração, delírio, diarreia, formação de abscessos em vários órgãos e fraqueza extrema até à morte.

Pode ocorrer em consequência de um ferimento, de uma operação cirúrgica ou de um mau parto. No começo, Veratrum viride 1ª, de meia em meia hora, se a febre é contínua ou remitente; se a febre é de tipo intermitente, Chinicum sulphuricum 1ª ou então puro (1,5 g em 3 cápsulas de 0,5 g cada uma, tomadas com intervalos de 20 minutos ao terminar o acesso febril) ou então Pyrogenium 30ª, Mercurius cyanatus 30ª ou Ecchinacea T.M., de meia em meia hora. Havendo muita prostração, Chinicum arsenicosum 1ªx, Lachesis 3ª e Anthracinum 30ª também podem ser úteis. Arnica 3ªx previne a ploemia. O antibiótico indicado de acordo com o germe-causa.

PIORREIA
(Periodontite, Piorreia alveolar)

É uma supuração crônica dos alvéolos dos dentes, tendo por efeito o descalçamento destes, que ficam moles e caem, e acompanhada por crises de abscessos alvéolo-dentários reincidentes, dores de dentes frequentes e mau hálito.

O principal remédio desta moléstia é Staphisagria 3ª; outros medicamentos são: Mercurius corrosivus 30ª; Carbo vegetabilis 30ª, Cistus canadensis 3ª, Plantago 2ªx, Thuya 5ª, Kali carbonicum 5ª, Silicea 30ª e Ecchinacea T.M. De 12 em 12 horas. Lavar os dentes diariamente com solução de Água de Calendula e tomar internamente Silicea 200ª, uma dose a cada três dias. Calcaria renalis 3ª tem indicação.

Para o tratamento dos abscessos dentários, veja Odontalgia.

PIROSE

Veja Azia.
Natrum phosphoricum 3ª trit. tem indicação.

PLEURA

Veja Hidrotórax, Pleuris e Pleurodinia.

PLEURIS

É a inflamação da membrana que forra externamente o pulmão, entre este e a parede do peito; caracteriza-se por febre, tosse seca, pontada do lado, dor de cabeça, água no peito, falta de ar, insônia, e, por fim, cura em algumas, podendo entretanto, em certos casos, terminar por morte súbita, quando o derrame é muito grande. Pode, porém, supurar. Em regra, todo doente de pleuris é tuberculoso, pode se tornar crônico com derrames repetidos, durante anos.

Muita febre, Aconitum 1ª e Bryonia 3ª alternados; pouca febre, Bryonia 3ª e Cantharis 3ª alternados; se falharem, Senega 3ª; derrame muito rápido e abundante, Arsenicum album 5ª ou Apis 3ª; passada a febre, para reabsorver o derrame, Cantharis 3ª ou Ranunculus bulbosus 3ª; se há tendência à síncope, Arsenicum album 5ª ou Cantharis 3ª; ocorrendo no curso da tuberculose, Kali carbonicum 3ª, Arsenicum iodatum 3ªx trit. ou Iodoformium 3ªx; se o derrame custa a reabsorver, Sulphur 30ª ou Apis 3ª; reabsorvido o derrame, se a tosse continua e a convalescença tarda, Hepar 5ª; pleuris purulento ou complicado com bronquite, Hepar 3ª trit. Carbo vegetabilis 5ª também pode ser útil no pleuris purulento, e bem assim Aconitum 1ª e Arsenicum album 3ª, alternados, se o estado geral é muito grave. Pleuris crônico com derrames repetidos, Arsenicum album 5ª ou Apis 3ª. De hora em hora, Eriodyction californicum 2ªx também é um bom remédio de qualquer caso, para reabsorver o derrame. Pontada relíquia de pleuris, Carbo animalis 5ª. Opressão no peito depois de operação de empiema, Abrotanum 3ªx; o pleuris por confusão externa é a indicação de Arnica 3ªx. Asclepias tuberosa 1ª também pode ser útil no pleuris com-

plicando pneumonia ou tuberculose. Nos derrames grandes, a punção é aconselhável.
Repouso e boa alimentação.

PLEURODINIA

É a nevralgia intercostal, caracterizada por dores errantes pela parede do peito, às vezes vivas, agravadas pelos movimentos e pela tosse; às vezes localiza-se na região do coração, sobretudo nas jovens anêmicas ou sofrendo de desarranjos uterinos.

Ranunculus bulbosus 3^a é o principal remédio. Especialmente: *Bryonia* 3^a, quando a dor é acalmada pelo deitar sobre o lado dolorido; nos casos opostos, *Nux vomica* 5^a; dores contusivas nas carnes, *Arnica* 3^ax; devida a desarranjos uterinos ou à histeria, *Pulsatilla* 3^a ou *Actaea racemosa* 3^a; nas jovens anêmicas, *Arsenicum* 5^a ou *Ranunculus bulbosus* 3^a; na tísica pulmonar, *Guaiacum* 3^a ou 5^a e *Myrtus communis* 3^a. Podem ainda ser úteis: *Borax* 3ª trit. e *Kali carbonicum* 3^a. Uma dose a cada hora.

PNEUMONIA

É a inflamação do pulmão; caracteriza-se, nos casos ordinários, por fortes calafrios no começo, depois febre alta, pontada do lado, tosse catarral, com escarros de sangue ou cor de tijolo, dores de cabeça, falta de ar, prostração e ordinariamente cura no 7º dia, excepcionalmente no 5º e raramente no 9º dia da moléstia. Surgem então suores ou urinas abundantes, a febre cai e a moléstia está acabada. Pode, entretanto, em casos graves ou mal tratados, terminar pela morte, por síncope cardíaca ou edema pulmonar (nos idosos), por supuração do pulmão (nos jovens) ou passar ao estado crônico (*pneumonia crônica*). Pode também se prolongar pelo surto de um novo foco pneumônico (*pneumonia dupla*). Nas crianças e nos alcoólatras, a pneumonia pode tomar a forma cerebral, simulando a meningite, ora com convulsões, ora com estupor, estrabismo, opistótonos etc. Outras vezes, apresenta um caráter tifoide com grande prostração, estupor, delírio musicante, língua seca enegrecida, dejeções involuntárias, timpanismo e pode se tornar epidêmica em uma família, em uma prisão, em um quartel etc. Outras ainda são acompanhadas de vômitos e diarreia; sintomas biliosos (icterícia) ou pleuris seroso ou purulento (*pleuro-pneumonia*). Algumas vezes, na convalescença, ocorrem paralisias semelhantes às da difteria.

Logo no começo, não se sabendo ainda que é pneumonia, mas havendo calafrios e febre alta, *Veratrum viride* 1^a ou *Aconitum* 1ª deve ser dado de hora em hora. Mas, assim que se reconhecer o tipo comum da moléstia, deve-se dar *Bryonia* 12ª durante o dia e *Phosphorus* 12ª durante a noite, uma dose a cada 2 horas. Se o caso correr sem complicações, estes dois remédios bastam até o fim da moléstia. Às vezes, *Bryonia* só basta e o Dr. Hughes diz mesmo que *Bryonia* 1^ax, dada logo de começo, é capaz de abortar a pneumonia. Outros remédios não obstante poderão ser usados com igual sucesso; é assim a alternação de *Ferrum phosphoricum* 3ª trit. com *Kali muriaticum* 3ª trit., uma dose a cada hora; do mesmo modo, *Iodum* 1^ax trit., ou 3^ax trit., ou ainda *Calcarea iodatus* 3ª também podem curar a pneumonia. Se, chegando ao 7º dia, a febre tarda em cair, dê-se *Sanguinaria* 3^a a cada hora, só ou alternada com *Phosphorus* 5^a. Se se apresentam sintomas de catarro sufocante, *Phosphorus* 5^a e *Antimonium tartaricum* ou *Arsenicum* 3^a a cada meia hora; se falhar, *Kali carbonicum* 5^a. Se a febre aumenta, a língua seca, o pulso é pequeno, a expectoração purulenta, havendo assim sintomas de supuração do pulmão, dê-se *Sulphur* 5^a ou *Hepar* 5^a e *Sanguinaria* 3ª alternados, ou ainda *Arsenicum album* 5^a, *Pyrogenium* 30^a a cada meia hora. Se o pulso é pequeno e frequente, ameaçando síncope, *Crataegus* T.M. ou *Cactus*. Se ocorrer o edema pulmonar e sintomas de asfixia, *Phosphorus* 5^a e *Antimonium tartaricum* 3ª alternados, a cada meia hora.

Pneumonia retardada, prolongada ou indecisa, *Iodum* 3^ax trit., *Arsenicum iodatum* 3^ax trit., *Lycopodium* 30^a ou *Kali iodatum* 3^a.

Pneumonia crônica, *Lycopodium* 30^a ou *Sanguinaria* 3^a.

Nas mulheres grávidas, podendo ocorrer o aborto, que é sempre perigoso, alterne-se *Baptisia* 5ª com *Bryonia* 12ª durante o dia, e com *Phosphorus* 12ª durante a noite.

Tratando-se da forma cerebral, *Veratrum viride* 1ª alternado com *Bryonia* 3^a, se houver excitação ou convulsões e *Bryonia* 3ª com *Opium* 5^a, se houver estupor.

Se surgirem sintomas tifoides, alterna-se *Phosphorus* 5ª com *Hyosciamus* 3^a; *Rhus toxicodendron* 3ª também pode ser útil.

Havendo sintomas gastrintestinais, *Baptisia* 1^a e *Phosphorus* 5ª alternados.

Na pneumonia biliosa, com icterícia, dê-se *Chelidonium* 3^ax só ou alternado com *Phosphorus* 5^a, a cada hora; *Mercurius solubilis* 5ª também pode ser útil.

Na pleuropneumonia (havendo também pleuris), alterne-se *Bryonia* 3ª com *Antimonium tartaricum* 3^a ou *Phosphorus* 5^a, mas, *Asclepias tuberos* 1ª também pode ser útil. Contra as paralisias consecutivas, *Gelsemium* 5^a.

Os alopatas estão usando com grande sucesso a *Sulfapiridina*, o *Sulfaliazol* ou a *Sulfadiazina*.

Hoje em dia, além das *Sulfas*, usam-se os *Antibióticos* tais como: *Penicilina*, *Estreptomicina*, *Terramicina* e *Cloromicetina*.

A *Aureomicina* é indicada nas pneumonias a vírus.

A *Eritromicina* e a *Carbomicina* (*Magnamicina*), segundo trabalho de Paul A. Bunn e Ellen Cook, publicado nos *Archives of Internal Medicine*, de setembro de 1953, não são as drogas de escolha para o tratamento da pneumonia pneumocócica. Deve-se levar em conta, no entanto, que esse trabalho se baseou em pequeno número de observações. Todas as indicações alopáticas sob controle médico.

POLIOMIELITE ANTERIOR AGUDA[210]
(Paralisia espinhal infantil)

É uma moléstia aguda, às vezes epidêmica, caracterizada pela paralisia de partes isoladas, precedida de febre, dores de cabeça, vômitos em jato como na meningite, embaraço gástrico, prostração e emagrecimento. Ora são as mãos, ora o pescoço, ora os braços e as pernas que se paralisam e se atrofiam.

É uma doença "*a vírus*".

O principal remédio desta moléstia é *Gelsemium* 3ª ou 5ª, de 2 em 2 horas. *Plumbum* 30ª e *Sulphur* 30ª também podem ser úteis, alternados com *Gelsemium* 1ª, o mesmo se diz de *Causticum* 12ª e *Graphites* 3ª trit. se os primeiros falharem. Auxiliar o tratamento com o método de *Kenny*.

Em época de epidemias, evitar toda e qualquer vacinação e se abster de tratamento por injeções. As extirpações de amígdalas também devem ser evitadas, pois é muito maior a incidência da forma bulbar nos operados de amígdalas.[211]

POLINEVRITE

Veja *Nevrites*.

PÓLIPOS

São tumores moles e gelatiniformes, arredondados ou ovoides, ligados à mucosa por um pedúnculo, e de vários tamanhos, que se desenvolvem nas mucosas do nariz, do útero, da laringe e dos ouvidos; obstruem o canal, onde se assentam ou são acompanhados frequentemente de corrimentos e hemorragias. Na laringe, produzem a rouquidão. Mais comuns em terrenos alérgicos.

Os papilomas se distinguem dos pólipos por serem tumores fibrosos, verrucosos e duros ligados à mucosa por uma base larga e geralmente de pequeno tamanho.

Calcarea phosphorica 3ª trit. é o remédio constitucional mais geral (pela manhã e à noite); nos intervalos, *Thuya* 5ª ou 30ª é o medicamento mais útil, duas doses por dia. Especialmente: do nariz, *Teucrium* 3ªx, *Lemna minor* 3ª, *Mercurius iodatus* 3ªx trit., *Cadmium sulphuricum* 5ª, *Sanguinaria nitricum* 3ªx trit., ou *Formica rufa* 2ªx trit.; dos ouvidos, *Kali bichromicum* 3ªx trit., *Carbo animalis* 3ª trit., *Mercurius solubilis* 5ª; do útero, *Nitri acidum* 3ª, *Conium* 3ª, *Staphisagria* 3ª; da laringe, *Aurum* 5ª, *Kali bichromicum* 2ª trit., *Thuya* 5ª ou *Causticum* 30ª. Papilomas do nariz e da laringe, *Thuya* 5ª.

POLUÇÕES NOTURNAS

Veja *Espermatorreia*.

PONTADAS

O remédio mais geral das pontadas é *Kali carbonicum* 3ª ou 5ª, uma dose a cada hora.

PRESBIOPIA
(Vista cansada)

A vista cansada ou presbiopia consiste em ver pouco de perto; não poder ler, por exemplo, senão colocando o livro a distância. É o contrário da miopia.

Lilium tigrinum 30ª é o melhor remédio. Prematura, *Conium* 30ª. De 6 em 6 horas.

É aconselhável o uso de óculos indicados por médico ou pessoa especializada.

PRISÃO DE VENTRE

Veja *Constipação de ventre*.

PROCTITE

Veja *Retite*.

---

210. Aos estudiosos, aconselhamos a leitura do excelente trabalho da Dra. W. E. Neves, "Poliomielite", estudo clínico, publicado na *Revista da Associação Paulista de Medicina*, v. 64, de fevereiro de 1964.
211. A vacina Salk é uma indicação de primeira grandeza. Sabin está estudando os efeitos de uma vacina bucal que se espera dê ainda melhores resultados que a Salk.
    A vacinação deve ser feita quando não esteja havendo epidemia, e a vacina na pólio é preventiva e não curativa. A vacina Sabin, por via bucal, já existe no mercado.

PROLAPSO DO RETO
(Queda da via)

A queda do reto, particular às crianças, ainda que possa ocorrer também nos adultos e nos idosos, é de várias causas (prisão de ventre rebelde, diarreias, irritações de vermes, puxos etc.); caracteriza-se pela profusão, através do ânus, da mucosa do reto ou do próprio reto, constituindo um tumor vermelho e arredondado ou alongado, na extremidade do qual fica o orifício do ânus.

Ignatia 12ª e *Podophyllum* 12ª, alternados de 2 em 2 horas; *Phosphorus* 5ª ou *Aloë* 3ªx podem também ser úteis.

Nos adultos, *Arnica* T.M. ou *Ferrum phosphoricum* 5ª, de 2 em 2 horas. *Ruta graveolens* 6ª e *Ratanhia* 3ª são poderosos neste caso. *Causticum* 30ª tem suas indicações.

PROLAPSO DO ÚTERO

Veja *Deslocamentos uterinos*.

PROSTATITE

É a inflamação da próstata; pode ser aguda ou crônica: quando aguda, caracteriza-se por febre, dores e peso no período, micção dolorida e dificuldade de evacuar, podendo terminar em resolução ou na formação de um abscesso, que se abre na uretra ou no reto; quando crônica, caracteriza-se pelo corrimento uretral de um líquido branco amarelado, espesso, não viscoso, sobretudo durante a defecação, peso ou dor no períneo, impotência, sintomas de neurastenia.

Aguda, *Mercurius solubilis* 5ª e *Pulsatilla* 5ª, alternados de hora em hora; havendo supuração, *Mercurius solubilis* 5ª e *Thuya* 5ª, *Sabal serrulata* 3ªx ou T.M. (5 gotas), ou havendo supuração, *Sulphur* 30ª e *Nitri acidum* 30ª alternados, de 6 em 6 horas. *Parreira brava* 1ªx e *Popalus tremuloides* 1ªx têm indicação, assim como *Chimaphila umbellata* T.M.

PROSTATISMO
(Hipertrofia da próstata)

É a obstrução da bexiga provocada pela próstata. Caracteriza-se por aumento de volume do órgão, e dificuldade de urinar, exigindo o uso habitual da sonda, e de defecar, micção frequente e dolorida, catarro da bexiga, embaraço gástrico, emagrecimento, debilidade geral e morte por nefrite intersticial. É moléstia própria da velhice.

O aumento da próstata é devido a uma *hipertrofia benigna*, a um *carcinoma*, à *fibrose* ou *calculose prostáticas*.

A *hipertrofia benigna* e o *carcinoma* têm etiologia obscura, pelo menos aos conhecimentos atuais. A fibrose é uma complicação que segue à prostatite e é encontrada nos indivíduos de 30 a 50 anos.

Os principais medicamentos são: *Baryta carbonica* 5ª ou *Baryta muriatica* 3ªx trit., de manhã e à noite; durante o dia, *Pulsatilla* 5ª e *Secale cornutum* 3ªx trit. alternados uma semana um, outra semana outro, ou *Thuya* 3ª e *Conium* 12ª do mesmo modo, de 3 em 3 horas. Podem também ser úteis *Sabal serrulata* T.M. (5 gotas por dia) ou 3ªx e *Solidago virga aurea* T.M. (5 gotas por dia) ou 3ªx, um dia um, outro dia outro, ou *Ferrum picricum* 2ªx trit. ou 3ªx trit., ou *Thlaspi* T.M., de 3 em 3 horas; ou ainda *Selenium* 30ª, *Populus tremuloides* 1ªx, *Chimaphila umbellata* T.M. ou *Digitalis* 1ª ou 3ª. Na alopatia, os produtos à base de Testosterona.

Indicações cirúrgicas: A *retenção aguda*, a *infecção aguda*, os *grandes divertículos da bexiga* ou um aumento de intensidade nos sintomas da urina residual são indicações operatórias. Hoje em dia, de acordo com os casos, que são indicados pelo especialista, pode-se fazer a *resecção endoscópica* da próstata.

PRURIDO

É a coceira simples, localizada ou generalizada, da pele, constituindo uma nevrose cutânea sem erupção; pode ser contínua, intermitente ou remitente, agravar-se à noite, com mudanças de temperatura ou pelo próprio coçar.

O melhor remédio é *Dolichos pruriens* 3ªx; se falhar, *Sulphur* 30ª ou *Morphia* 5ª; *Fagopyrum* 5ª é também bom remédio. Coceira intensa pelo corpo ao se despir à noite para se deitar, *Rumex* 3ª. Especialmente do ânus, *Lycopodium* 30ª, *Petroleum* 3ª ou *Ratanhia* 3ª; do *mons veneris*, *Natrum muriaticum* 5ª ou *Carbo vegetabilis* 5ª; da vulva, *Arum tryphillum* 3ª, *Caladium* 5ª, *Ambra* 5ª, *Kreosotum* 3ª ou *Platina* 5ª; da extremidade do cóccix, *Bovista* 3ª ou *Nitri acidum* 3ª; pior por coçar, *Sulphur* 5ª. Do ânus, nas crianças, *Ferrum metallicum* 30ª. De 4 em 4 horas.

Os *anti-histamínicos de síntese* são aconselháveis na alopatia, assim como as injeções endovenosas de *solução de gluconato de cálcio*. Nos casos rebeldes, aplicações de raios x. Localmente, pomadas à base de hidrocortisona, sob prescrição médica.

PRURIGO

É uma nevrose crônica da pele, caracterizada por intensa coceira, seguida de uma erupção de pequenas pápulas avermelhadas, pálidas e discretas, assestadas principalmente na parte extensora dos membros e aparecendo intermitentemente, com intervalos de meses.

Mais comum em famílias onde existe alta incidência de doenças alérgicas. As instabilidades neurocirculatórias e emocionais, predispõem e exacerbam condições já existentes.

Os dois principais remédios são *Sulphur* 5ª e *Dolichos pruriens* 3ªx; de 6 em 6 horas. Outros medicamentos são: *Psorinum* 30ª, *Arsenicum album* 30ª, *Causticum* 5ª, *Conium* 5ª e *Mercurius solubilis* 5ª.

Anti-histamínicos de síntese na alopatia, sob indicação médica.

PSORÍASE

É uma moléstia crônica da pele, caracterizada por pápulas escamosas, que se alargam e agregam, formando sobre a pele regiões mais ou menos circulares, cobertas de escamas amarelas ou prateadas, que, destacadas, deixam a descoberto uma superfície vermelha cheia de gotinhas de sangue.

Dentre as inúmeras teorias emitidas sobre a sua etiologia, a que tem maior número de adeptos diz ser um distúrbio constitucional devido ao mau aproveitamento das gorduras e do metabolismo das vitaminas lipossolúveis.

Os principais medicamentos são: *Kali bromatum* 2ªx trit., *Borax* 2ªx trit. e *Thyrcidinum* 2ª trit. ou 3ªx trit., de 4 em 4 horas. *Arsenicum album* 12ª, *Sepia* 5ª (nas mulheres) e *Carbolicum acidum* 5ª, sobretudo nos casos recentes. *Psorinum chloricum* 200ª, 6 gotas de manhã, uma vez por semana, e *Arsenicum sufuratum flavus* 3ª, de 3 em 3 horas.

PTERÍGIO

É um pedaço triangular de conjuntiva ocular espessada, de cor avermelhada e opaca, que tem seu ápice sobre a córnea e sua base no canto interno do olho; aumenta muito lentamente e, na invasão da córnea, pode produzir a cegueira.

Os dois principais medicamentos são: *Zincum metallicum* 5ª e *Ratanhia* 1ª; de 8 em 8 horas. Nos casos rebeldes, *Sulphur* 30ª, *Guarea* 2ª e *Tellurium* 3ª trit.

PTIALISMO
(Salivação)

Veja também *Estomatite*.

O melhor remédio do ptialismo é *Mercurius solubilis* 5ª, de 3 em 3 horas. À noite, dormindo, também *Chamomilla* 5ª e *Syphilinum* 30ª.

Existem diversas causas de ptialismo. Ei-las, por ordem de frequência:

a) Medicamentos e venenos (mercúrio, arsênico, bismuto e tabaco).
b) Inflamação local (estomatite, piorreia, púrpura, anemia etc.).
c) Irritação local (dentes, cálculos salivares, aparelhos dentários).
d) Doenças infecciosas (raiva e varicela).
e) Estímulos reflexos (pelo fígado, útero, gravidez, ovário e estômago).
f) Distúrbios do sistema nervoso (enjoo dos viajantes, enxaqueca, histeria, paralisia agitante, encefalite letárgica, tique doloroso e tabes).
g) Idiopático.

PTIRÍASE

É uma moléstia inflamatória da pele, caracterizada por manchas vermelhas da pele, com o centro claro, acompanhada de calor ardente e exfoliação contínua da epiderme em escamas secas, às vezes com exsudação aquosa semelhante a suor. Os bordos das manchas são levemente salientes e mais vermelhos do que o centro. Pode durar de 6 a 8 semanas. Com tratamento seca logo.

Os principais remédios são: *Borax* 5ª ou 3ªx, *Arsenicum iodatum* 3ªx, *Natrum arsenicosum* 3ª trit., *Graphites* 5ª, *Cantharis* 30ª, *Borax* 2ª trit. e *Thyroidinum* 3ª trit.

PTOSE
(Blefaroptose)

É a paralisia mais ou menos completa do músculo elevador da pálpebra superior; esta cai e o olho não pode se abrir. Ocorre geralmente como sequela de várias moléstias dos olhos.

Seus principais remédios são: *Causticum* 12ª, *Rhus toxicodendron* 5ª e *Gelsemium* 30ª. Uma dose três vezes por dia.

PUERPÉRIO
(Estado puerperal)

É o estado em que fica a mulher, depois do parto, o qual se prolonga por 12 ou 15 dias após; durante esse período, podem ocorrer vários acidentes que cumpre combater.

Havendo febre depois do delivramento, veja *Febre puerperal*; hemorragia, veja *Metrorragia*; convulsões, veja *Eclampsia*. Contra as dores uterinas pós-parto, *Gelsemium* 1ª ou ainda *Actaea* 3ªx ou então *Chamomilla* 5ª e *Coffea* 30ª alternados (se forem insuportáveis); com cãibras nas pernas, *Cuprum metallicum* 5ª; contínuas, sem intermitências, *Secale cornutum* 3ª; cólicas intestinais, *Cocculus* 3ª ou *Nux vomica* 3ª; retenção de urinas, *Aconitum* 3ª de 15 em 15 minutos e depois de hora em hora, se falhar, *Belladona* 30ª, de 15 em 15 minutos, e, se a retenção persistir, *Hyosciamus* 3ª ou *Equisetum* 1ª. Incontinência de urinas, *Arnica* 30ª e *Belladona* 3ª; hemorroidas, *Pulsatilla* 30ª, *Collinsonia* 3ªx ou *Aconitum* 3ª e *Belladona* 3ª alternados. Sangue muito prolongado nos lóquios, *Sabina* 5ª; lóquios normais muito prolongados, *Calcarea carbonica* 30ª, *Caulophillum* 3ª ou *Secale* 3ª; lóquios com mau cheiro, sem haver infecção puerperal, *Kreosotum* 3ª ou *Carbo animalis* 30ª; lóquios profusos, *Ustilago* 1ªx; supressão dos lóquios com febre, veja *Febre puerperal*. Suores excessivos, *Sambucus* 3ª. Prisão de ventre, *Collinsonia* 3ª, *Veratrum album* 5ª ou *Zincum metallicum* 5ª. Diarreia, *Hyosciamus* 3ª ou *Pulsatilla* 5ª (sobretudo à noite). Mania puerperal, *Stramonium* 3ª ou *Hyosciamus* 3ª; melancolia puerperal, *Actaea racemosa* 3ª, *Platina* 5ª e *Pulsatilla* 3ª. Para combater a menstruação que aparece durante o aleitamento, *Palladium* 30ª; a queda da matriz ou a frouxidão das paredes do ventre, *Podophyllum* 12ª. Desordens do leite e dos seios, veja *Leite, Seios* e *Mastite*.

PULMÕES

Veja *Congestão pulmonar, Edema pulmonar, Enfisema, Gangrena, Hemoptise, Pneumonia, Soluços, Tísica pulmonar* e *Tosse*.

PÚRPURA

É uma moléstia caracterizada por um movimento febril mais ou menos intenso, com ou sem dores articulares e diarreia acompanhada de uma erupção de petéquias cutâneas e, em certos casos, de hemorragias generalizadas (*púrpura hemorrágica*), sobretudo epistaxes, hematêmeses e melenas, que podem levar a um estado lipotímico.

Os principais medicamentos são: na forma petequial simples, *Phosphorus* 5ª; na forma hemorrágica, *Crotalus horridus* 6ª ou *Lachesis lanceolata* 6ª, *Mercurius corrosivum* 5ª, *Sulphuris acidum* 5ª, *Phosphorus* 3ª e *Hamamelis* 5ª. De hora em hora. O Dr. Douglass aconselha *Arsenicum album* 3ª na forma petequial e *Sulphuris acidum* na forma hemorrágica. *Bothrops* 30ª tem indicações.

Vitaminas C, K e *Cortisone*, após ter identificado a *Púrpura*. Sob prescrição médica.

PÚSTULA MALIGNA

Veja *Antraz*.

QUEDA

Veja *Comoção cerebral, Contusões* e *Feridas*.
Veja queda:
– dos cabelos: *Calvície* e *Cabelos*.
– da via: *Prolapso do reto*.
– da matriz: *Deslocamentos uterinos*.

QUEIMADURAS

É uma lesão superficial produzida pela ação local do calor, acompanhada, quando é muito extensa, de sintomas mais ou menos graves, que podem levar à morte. No 1º grau, há simples vermelhidão da pele e um pouco de calor; no 2º grau, há dor mais ou menos intensa e, além da vermelhidão, formação de bolhas de água; no 3º grau, há destruição completa da pele e dos tecidos subjacentes em maior ou menor profundidade e extensão.

Simples vermelhidão, *Aconitum* 3ª e *Belladona* 3ª alternados; com bolhas, *Cantharis* 3ª ou *Rhus toxicodendron* 3ª; terceiro grau, *Arsenicum* 5ª; havendo supuração, *Silicea* 30ª; com úlceras do duodeno, *Kali bichromicrum* 3ª trit. Queimaduras por água fervendo ou vapor de água, *Apis* 3ª. De hora em hora. Velhas cicatrizes que doem, *Causticum* 30ª. Cicatrizes viciosas ou duras, *Thyosinaminum* 30ª ou *Graphites* 30ª.

Externamente: nas queimaduras de 1º grau, *Urtica urens* a 1:20 de água; nas de 2º grau, *Cantharis* a 1:40; havendo supuração ou nas de 3º grau, *Calendula* a 1:10 ou *Extrato de Hamamelis* a 1:2; conservando os panos no lugar e umedecendo-os frequentemente.

A seguir reproduzimos, em parte, o excelente artigo do Dr. Carlos E. A. Taquechel, publicado em *Vida Médica*, set. de 1953, e que achamos de grande utilidade.

> Cuidaremos das queimaduras provocadas por agentes térmicos, como os sólidos quentes, líquidos em ebulição, inflamáveis em combustão, chamas, vapores e gases, mais comuns em nosso ambiente de trabalho. Há vários métodos de tratar um queimado. Não tocaremos nos vários métodos. Limitar-nos-emos a apresentar nossa experiência com o método de S. Koch. Diremos algumas palavras, como preâmbulo, sobre:
> 1) idade e sexo;
> 2) extensão da queimadura;
> 3) profundidade da lesão;
> 4) local da queimadura.

Quanto à idade, diremos resumidamente que as mais extremas são suscetíveis de entrar em choque e que o mesmo pode ser esperado em crianças acima de 6 anos, com áreas cutâneas queimadas em uma extensão de 8% e em adultos com 18%. Qualquer criança com 10% ou mais e qualquer adulto com 20% ou mais de superfície cutânea queimada são candidatos à hospitalização.

Quanto à profundidade, damos preferência à classificação em três graus. Quando só é atingida a epiderme, caracterizando-se a lesão por eritema acompanhado de dor e ardor, o grau é o 1º.

No 2º grau, as lesões atingem a camada papilar da derme, com formações de flictenas, cujo conteúdo é um líquido citrino de composição semelhante ao soro. Este grau pode ser subdividido em superficial e profundo. No superficial, podemos esperar uma boa cicatriz, em cerca de 2 semanas. No profundo, geralmente, o queloide. No 3º grau, há destruição completa das camadas epiteliais e a cicatrização só se faz após a eliminação do esfacelo e da necrose. A eliminação dura 3 a 5 semanas.

Às vezes, neste grau, falta a dor, devido à destruição dos filetes nervosos superficiais.

A localização das queimaduras é também e deve ser considerada importante, sobretudo no que diz respeito ao prognóstico. Queimaduras na cabeça, por exemplo, devem ser mais temidas pela maior irrigação e sensibilidade, e pela possível inalação de chamas, gases ou vapores quentes e, nas crianças, pela maior proporção desse segmento. Nas pregas de flexão, pela maior exsudação e perda de líquidos e pelas sequelas articulares.

Em face do que acabamos de analisar, fazemos d'emblée, dois diagnósticos, o do grande queimado e o do pequeno queimado.

O grande queimado é o que exige hospitalização, e o pequeno, o ambulatório.

O critério encolhido para diagnosticar o grande ou o pequeno queimado resulta das inferências que fazemos quando analisamos conjuntamente idade, sexo, extensão, profundidade etc.

Cuidaremos sucessivamente do grande e do pequeno queimado.

O *grande queimado* evolui de acordo com o seguinte esquema:

Choque primário (dura 2 horas), choque secundário (48 a 76 horas), toxemia aguda (100 horas), toxi-infecção (100 horas em diante), cura.

De acordo com essa evolução, o tratamento será geral e local.

No *tratamento geral*, combatemos sucessivamente o estado de choque primário e o secundário. O primeiro é passageiro, enquanto o segundo, além de mais grave, é mais duradouro. Para facilidade de exposição, tomaremos as seguintes medidas, cuja cronologia não é rigorosa, porém, cuja indicação é categórica:

(1) sedação do doente;
(2) plasmoterapia e substitutivos;
(3) uso de antiinfecciosos;
(4) medidas gerais e exames de laboratório.

(1) Muitas substâncias têm sido usadas no combate à dor, porém, de todas elas, a morfina parece ser a melhor. Uma ampola de 0,01 g a intervalos variáveis (de 6 em 6 horas ou de 8 em 8 horas) – conforme o caso e a idade, por via intramuscular ou venosa é a dose recomendada. Nas crianças, podemos dar 1/6 da dose de morfina. Os americanos são simpáticos ao emprego de barbitúricos quando se associa o ptialismo ao colapso vasomotor.

(2) A destruição da pele acarreta um extravasamento de plasma em tão grandes proporções que, se 20% da superfície corporal forem queimados em um espaço de 8 horas, um volume total de plasma normal é perdido através da queimadura. É devido a essa grande perda de proteínas que se estabelece o estado de choque regido pela equação:

$$\frac{hemoconcentração + hipoproteinemia}{choque}$$

A terapêutica será a reposição plasmática, por meio de plasmoterapia intensa, guiada pelo hematócrito.

Um bom esquema é o de Harkins, que dá 100 cm³ de plasma, por unidade que ultrapasse o hematócrito normal, necessitando-se de 25% a mais, por grama inferior a 6 na proteinemia.

Na falta de plasma, o melhor substitutivo é o sangue total, que apresenta um único inconveniente, o de introduzir na circulação grande número de hemácias.

É de grande valor o sangue total na substituição do plasma, porque, embora seja menos intensivo e rápido que o plasma, diminui a hemoconcentração e introduz hemácias novas que vão substituir as destruídas pelo calor ou pela fragilidade globular adquirida, ou ainda, corrigindo uma anemia inaparente por verminose, subnutrição ou carência, tão comuns em nosso meio. Como complemento à plasmoterapia, administraremos soluções eletrolíticas que visam a substituir a perda de líquidos e eletrólitos, tão grande quanto a perda em proteínas. São medidas que devem ser instituídas rápida e eficazmente.

(3) No grande queimado, praticamente, as queimaduras estão infectadas. Com o advento dos modernos quimioterápicos e antibióticos, um passo muito grande foi dado contra a toxemia aguda das grandes queimaduras. Receitar penicilina e estreptomicina em largas doses. Podem ser usados outros antibióticos nos casos de resistência a tal medicação, devendo-se, então, apurar a etiologia da infecção ou associação infecciosa, colhendo-se e examinando-se o material com alça de platina.

(4) Por medidas gerais e exames de laboratório queremos nos reportar às condições de

sala de exame, do ambiente onde o doente é atendido pela primeira vez.

Todas as pessoas que tomam contato com o doente, inclusive o doente, devem usar máscaras. Qualquer objeto que tocar a ferida (dedos, instrumentos, ataduras etc.) deve ser esterilizado. O próprio ar da sala de curativos contamina a ferida, daí o uso de salas especiais e exclusivas desses casos em condições especiais de arejamento etc.

Cuidados referentes à identificação e exame sucinto do paciente, urgência na confecção dos exames de laboratório, cuidados na remoção do doente e vigilância são medidas que calibram a eficiência de um serviço.

Quanto aos exames de laboratório, são indispensáveis os seguintes:
a) *hematócrito* – para controle do choque;
b) *dosagem das proteínas* – para controle do choque;
c) *hemograma* – para o controle da toxi-infecção;
d) *dosagem de cloretos na urina* – para avaliar a perda de eletrólitos;
e) *reserva alcalina* – para avaliarmos o grau de acidose, consequente ao aumento de ácidos como o láctico e o pirúvico.

Outra medida de caráter geral e importante é a questão da diurese. Como esses doentes se desidratam muito, nada mais lógico do que controlarmos essa perda líquida, daí recomendarmos o uso da sonda vesical permanente. Um volume de urina de 50 a 200 cm³ nas primeiras 48 horas é índice de bom funcionamento renal. Volume urinário acima de 200 cm³ por hora é sinal de supermedicação hídrica; 30 cm³ por hora é sinal de alarme ou lesão renal; ou, ainda, insuficiência terapêutica. Oliver Cope recomenda um teste que consiste em dar um volume de 1.500 cm³ de soro glicosado isotônico, por exemplo, em um período de 40 a 60 minutos e ver se há aumento de diurese. Se houver, há insuficiência quantitativa, se não houver, há lesão renal. Chamamos a atenção para a questão dos regimes cardíacos hipocloretados ou oligúria e anúria preexistentes a queimaduras, que obedecem a outras causas.

Em seguida ao tratamento geral, passamos ao tratamento local, cuidando-se da queimadura propriamente dita. Evidentemente, só tratamos localmente a queimadura se o doente não está em choque.

Podemos, entretanto, pela manipulação da queimadura precipitar um, iminente, ou desencadear novo choque. Daí todo o cuidado nesse particular. A dor, a anestesia, o trauma, o medo etc., agravam o estado de pré-choque. O tratamento local é em resumo o curativo da queimadura e, tendo em mente que uma queimadura, sobretudo no grande queimado, é geralmente uma ferida contaminada, todo o esforço deve ser dirigido para a transformação dessa ferida em uma cirurgicamente limpa; contaminações posteriores ao primeiro curativo dependerão da técnica e aqui cabem as considerações feitas, quando analisamos as medidas gerais no tratamento geral do grande queimado.

O objetivo é auxiliar a natureza na sua defesa, isto é, na eliminação e remoção do esfacelo das camadas epiteliais, o que podemos conseguir com auxílio de abundantes lavagens de soro fisiológico morno. O debridamento cirúrgico não deve, e não pode ser feito, pelo menos antes das primeiras 96 horas e, quando for feito, devemos sedar bem o doente, inclusive anestesiá-lo se pudermos clinicamente ajuizar que essa anestesia não vai precipitar um choque.

As queimaduras são ferimentos que sangram muito quando manipuladas, sangramento esse que deve ser muito bem observado e evitado, para não trazer maior malefício ao doente. Esses detalhes só a prática nos ensina, mas aqui vão nossas recomendações.

O curativo que nós preconizamos é o curativo descrito originalmente por Koch com algumas variantes e que constitui o "método compressivo não adesivo" cujos princípios são os seguintes:
a) compressão moderada, evitando a perda plasmática;
b) proteção da ferida, da contaminação;
c) impedir a perda de calor;
d) não aderir à zona queimada;
e) proteger as terminações sensitivas, evitando a dor;
f) favorecer por tudo isso a cicatrização.

O curativo é feito da seguinte maneira:
a) aplicação de gaze abundantemente vaselinada e estéril, sobre a queimadura;
b) cobertura da mesma, com atadura de gaze estéril;
c) reforço desta última, comprimindo, moderadamente, com atadura de "crepon", estéril;
d) imobilização, se necessário, em posição de função, principalmente nos curativos posteriores, a fim de evitar as retrações cicatriciais.

Esses curativos, teoricamente, não deveriam ser renovados, porém, o mau cheiro e o estado em que ficam nos obrigam a trocá-los de 48 em 48 ou 72 em 72 horas, conforme o caso. Os primeiros curativos, de uma maneira geral, são trocados de 2 em 2 dias, ao passo que os últimos são feitos com intervalos progressivamente maiores.

A frequência de um curativo é função da eficiência técnica, na confecção do mesmo, e do caso em questão. Aos curativos, segue-se o enxerto dermo-epidérmico precoce, em superfície cutânea livre de infecção e de tecido de granulação.

Quando a queimadura é do 3º grau ou do 2º grau profundo, devemos proceder ao enxerto cutâneo o mais precocemente possível desde que as áreas a enxertar estejam em condições. Quais as condições?

Duas são fundamentais: ausência de infecção, o que se consegue com a eliminação do esfacelo e preparo da área pela raspagem ou curetagem do tecido de granulação. O melhor enxerto é o Olliver-Tiersh ou dermo-epidérmico, cujos retalhos poderão ser obtidos ou com a navalha, ou com o dermátomo de Padgett-Hood ou, ainda, com o dermátomo elétrico. O enxerto deve se seguir à preparação da área receptora, a fim de evitar a contaminação. Quanto à morfologia, diremos que quanto mais aderente e espessa a pele, tanto melhor para a retirada de enxertos, devendo a mesma repousar sobre músculos, favorecendo destarte a aplicação da navalha ou dermátomo. Em uma operação de enxerto somente 10% devem ser enxertados.

A operação deverá ser feita sob anestesia geral e assepsia, limpeza das áreas receptoras; podemos utilizar simplesmente o soro fisiológico. O fragmento cutâneo é dividido sobre gaze vaselinada, que é aplicada na zona doadora, dispensando, assim, a sutura. O curativo é feito pelo método já descrito, de Koch, e pode permanecer um tempo de 7 a 10 dias, devendo ser trocado antes, se houver indício. Os curativos subsequentes são feitos identicamente aos já descritos. As áreas cicatrizadas são deixadas a descoberto e, sobre elas, aplicamos uma camada de mercúrio-cromo, que forma uma película protetora.

As queimaduras do rosto, sejam superficiais ou profundas, deverão permanecer a descoberto, pela impossibilidade de as proteger. Por isso, nós idealizamos uma grade, protegida com gaze, cobrindo as extremidades do doente, e sobre as queimaduras aplicamos óleo de oliva estéril, ou outro qualquer.

O *pequeno queimado* é encarado identicamente ao grande queimado, sob o ponto de vista local, com a vantagem de não apresentar o estado de choque e as complicações decorrentes da extensão e profundidade das queimaduras. O objetivo é proteger a lesão da contaminação. Se há flictena, não rompê-la; se se romper acidental ou espontaneamente, auxiliar o debridamento, empregando o método cirúrgico e aplicando o curativo compressivo, não adesivo.

Se a queimadura é superficial, basta um curativo, pois, no fim de 10 a 14 dias, a cicatrização é completa. Se é profunda, a intervenção cirúrgica removendo a escara poderá ser feita, enxertando-se a área queimada a seguir. O uso de antibióticos está formalmente indicado.

No Hospital dos Servidores do Estado, o número de casos revistos, até setembro de 1952, foi de 105, sendo 55 (56,1%) da clínica cirúrgica de homens, com queimaduras de 1° e 2° graus com menos de 20% de área cutânea queimada, e 4 com queimaduras do 1°, 2° e 3° graus, com mais de 20% de área cutânea queimada. Os casos restantes foram da clínica cirúrgica de mulheres, sendo 32 (43,9%) do 1° e 2° graus, com menos de 20% de área cutânea queimada. O número de óbitos foi de 2 (3,3%) para a clínica cirúrgica de homens e 4 (11,1%) para a clínica cirúrgica de mulheres. Os enxertos pertencem todos à clínica cirúrgica de mulheres e foram em número de 9 (19,5%), todos com absoluto êxito (vide quadro a seguir).

	Clínica de homens	Clínica de mulheres
1° e 2° Graus (menos de 20%)	55 (56,1%)	32 (43,9%)
1°, 2° e 3° Graus (mais de 20%)	4	14
Óbitos	2 (3,3%)	4 (11,1%)
Enxertos	0	9 (19,5%)

QUELOIDE

É uma moléstia da pele, caracterizada pelo crescimento de um ou mais tumores fibrosos, redondos ou ovais, chatos e de superfície lisa, de variados tamanhos, e cujas margens emitem frequentemente projeções da mesma natureza, que se dilatam e retraem, podendo desaparecer espontaneamente ou persistir indefinidamente.

Fluoris acidum 30ª é o principal remédio interno, e depois dele se poderá empregar *Graphites* 30ª; ambos de 6 em 6 horas. Outros remédios são: *Silicea* 30ª, *Nitri acidum* 30ª e *Sabina* 5ª. *Thiosiaminum* 5ª internamente e *Pomada de Thuya* em uso externo, têm suas indicações. A aplicação de raios X pode ser indicada tanto pelos homeopatas como pelos alopatas.

QUEMOSE

É um inchaço edematoso da conjuntiva, caracterizado pela tumefação da parte branca do olho (esclerótica); a córnea aparece como no fundo de uma escavação cercada por uma coroa da conjuntiva inchada. Pode ser passiva ou inflamatória, esta acompanhando a conjuntivite catarral.

Na forma passiva, *Apis* 3ª é o remédio, na forma inflamatória, *Guarea* 3ª e *Arsenicum* 3ª, sós ou alternados, são os remédios, a cada hora. Muitas vezes, havendo muito horror à luz, *Mercurius corrosivus* 3ª corta rapidamente o ataque. *Rhus toxicodendron* 3ª também pode ser útil.

QUERATITE[212]

É a inflamação da córnea do olho (parte transparente que cobre o preto dos olhos), caracterizada por intensa fotofobia, blefarospasmo, zona congestiva irradiada em torno da margem da córnea, dores do globo ocular, lacrimação e flictenas (queratite flictenular ou escrofulosa das crianças), úlceras (úlceras de córnea, queratite ulcerosa), opacidade da córnea (queratite intersticial ou sifilítica das crianças), supuração (abscesso da córnea), ou invasão vascular com opacidade (queratite vascular ou *pannus*).

Graphites 5ª e *Mercurius solubilis* 5ª são os dois principais remédios da forma flictenular; se falharem, *Sulphur* 30ª ou *Apis* 6ª. Na forma ulcerosa, *Ipeca* 1ª, seguida, alguns dias depois, por *Apis* 5ª, e, se falharem *Arsenicum* 3ª, *Mercurius corrosivum* 3ª ou *Mercurius iodatus flavus* 3ªx; ulcerações indolentes e tórpidas, *Kali muriaticum* 3ª, *Kali bichromicum* 3ª, *Calcarea carbonica* 30ª, *Silicea* 30ª ou *Sulphur* 30ª. Contra a queratite intersticial, *Cannabis sativa* 3ª, *Mercurius corrosivum* 3ª ou *Aurum muriaticum* 3ªx trit. Contra a queratite, *Hepar* 3ª ou *Senega* 3ª e depois *Silicea* 5ª ou *Calcarea sulphurica* 3ª trit. Contra o *pannus* ou invasão da córnea por tecido com vasos sanguíneos, alterne-se *Aurum muriaticum* 3ª com *Hepar* 3ª ou, então, dê-se *Kali bichromicum* 3ª trit. Veja *Hipopion*, *Estafiloma* e *Opacidade da córnea*.

QUILÚRIA
(Urinas leitosas)

É uma linfovaricose dos países quentes, caracterizada pela existência de varizes linfáticas das paredes da bexiga e consequente derramamento, por ruptura, de quilo nas urinas, que se tornam assim brancas como leite. Algumas vezes, as urinas, além de lactescentes, se apresentam sanguinolentas – é o que se chama *hematoquilúria*. Pode durar anos, sem perigo para o doente, ainda que possa provocar anemia, depressão nervosa e debilidade geral.

Os principais medicamentos desta moléstia são: *Mercurius solubilis* 5ª, *Phosphori acidum* 3ª, *Carbo vegetabilis* 5ª, *Uva ursi* 5ª e *Iodum* 3ªx, de 3 em 3 horas. *Kali bichromicum* 3ªx é o principal medicamento da hematoquilúria e pode ser alternado com *Uva ursi* 1ª, *Hamamelis* 3ªx ou *Thlaspi* T.M. ou ainda *Benzoes acidum* 3ªx. *Viola odorata* 3ª, *Avena sativa* T.M., *Stillingia sylvatica* 1ª e *Lappa major* 1ª podem também ser úteis.

---

212. O Laboratório Smith Kline & French, dos Estados Unidos, lançou um produto chamado *Stoxil* em solução oftálmica para uso local. Deve ser usado sob prescrição médica e é indicado na queratite herpética (a vírus).

QUISTO

É uma cavidade artificial que se forma em certos órgãos (ovários, fígado, seios etc.) constituída por uma bolsa de tecido fibroso cheia de um líquido, que pode ser aquoso, gelatinoso ou espesso, sebáceo. Este último se chama *lobinho*. Os quistos aumentam de volume lentamente e alguns podem se tornar enormes.

O principal medicamento dos quistos aquosos é *Apis* 3ª ou 6ªx; o dos quistos gelatinosos ou coloides, *Kali bromatum* 3ª; o dos quistos sebáceos, *Graphites* 30ª ou *Carbo animalis* 30ª. Quistos sebáceos da pálpebra, *Staphisagria* 3ª. De 6 em 6 horas.

RACHADURAS

Veja *Fendas no ânus, Lábios, Nariz e Seios*.

RAIVA

Veja *Hidrofobia*.

RÂNULA

É um tumor quístico, mole, consequente à degeneração da glândula salivar; aparece por baixo da língua, ao lado do freio lingual, desenvolvendo-se lentamente e podendo entravar a mastigação e a palavra e mesmo a respiração.

Alterne-se *Mercurius solubilis* 5ª e *Thuya* 5ª, de 2 em 2 horas. Se falhar, dê-se *Calcarea carbonica* 30ª, *Ambra grisea* 5ª ou *Pulsatilla* 5ª.

RAQUITISMO

É uma moléstia crônica, própria da infância, caracterizada pelo amolecimento e deformação do sistema ósseo, associados à debilidade geral da nutrição e retardamento do desenvolvimento. Há suores na cabeça, ventre volumoso, pernas finas e fracas, agitação noturna (não pode suportar as cobertas), frouxidão de carnes, perturbações frequentes gastrintestinais.

Calcarea phosphorica 3ªx trit. ou 5ª é o principal remédio do começo; aparecendo as deformidades ósseas, dê-se *Calcarea carbonica* 30ª de manhã e à noite, e, durante o dia, *Ferrum phosphoricum* 3ª trit. (2 doses) ou *Phosphori acidum* 5ª. *Silicea* 30ª, que o Dr. R. Hughes considera o mais poderoso antirraquítico, pode também ser útil em lugar de *Calcarea phosphorica*; o Dr. Jousset aconselha alternar, um dia uma,

outro dia outra, *Calcarea carbonica* 12ª ou *Calcarea phosphorica* 6ª com *Silicea* 30ª. Crianças que demoram a aprender a falar, *Natrum muriaticum* 30ª ou *Nux moschata* 30ª. *Theridion* 5ª é também um bom remédio do raquitismo. Teste aconselhava *Mercurius solubilis* 5ª, *Colchicum* 5ª e *Sulphur* 30ª dados em séries, seis vezes por dia.
Vitamina A e D, sob prescrição médica.

RETINITE

É a inflamação da membrana que forra internamente o olho (retina), caracterizada por fotofobia excessiva, fagulhas luminosas na vista, enfraquecimento da visão e perturbações várias da vista, podendo terminar na cegueira. Pode ser *simples*, *albuminúrica* (ocorrendo no curso de uma nefrite), *sifilítica* (devida à sífilis terciária), *pigmentosa* (produzindo a cegueira noturna ou hemeralopia), e *tuberculosa* ou *focal*.
Frequentemente bilateral.

Na retinite simples e recente, *Belladona* 3ª é o remédio, que pode ser alternado com *Phosphurus* 5ª. Se houver simples congestão da retina, *Santoninum* 3ª ou *Ruta* 3ª (se devida a uso excessivo da vista); *Cactus* 1ª (se devida a moléstia do coração); *Pulsatilla* 3ª (se devida à suspensão da menstruação) e *Duboisia* 3ªx ou 12ª em outros casos. Na retinite simples e crônica, *Mercurius corrosivus* 5ª e *Plumbum* 30ª são os principais remédios; *Duboisia* pode também ser útil.

Havendo hemorragia da retina, *Lachesis* 5ª e *Phosphorus* 3ª são os medicamentos.

Na retinite albuminúrica, *Mercurius corrosivus* 6ª, *Gelsemium* 1ª e *Phosphorus* 3ª são os principais remédios. *Kali phosphoricum* 3ª e *Plumbum* 30ª podem também ser úteis.

Na retinite sifilítica, *Aurum muriaticum* 3ªx trit. e *Kali iodatum* 1ªx são os medicamentos mais importantes.

Na retinite pigmentosa, *Phosphorus* 5ª é o remédio; *Agaricus* 3ªx e *Nux vomica* 5ª também podem ser úteis.

Na retinite sifilítica é aconselhável iniciar o tratamento com *Syphilinum* 1.000ª.

Nos casos de retinite é sempre aconselhável a procura imediata de um oftalmologista.

RETITE
(Proctite)

É a inflamação aguda ou crônica das paredes do reto. Pode ser devida a traumatismo na pederastia, ou a certas moléstias do órgão (hemorroidas, ulcerações, tumores, blenorragia, sífilis, vegetação papilomatosas). Há dor ardente, coceira, escoamento mucoso ou mucopurulento, prisão de ventre, defecações dolorosas, tenesmo e, nos casos crônicos, estreitamento do reto.

A classificação moderna é a seguinte:
Proctite catarral aguda (alergia, abuso de álcool, reações locais medicamentosas, vermes intestinais, desordens neurogênicas, trauma, impacto fecal, corpos estranhos, prolapso etc.).

Proctite crônica hipertrófica, quase sempre sequela da aguda e envolve o cólon pélvico.

Proctite crônica atrófica, acompanha a constipação dos idosos enfraquecidos.

Nos casos de pederastia, *Ratanhia* 3ª; de sífilis ou de vegetação, *Nitri acidum* 3ª ou *Thuya* 30ª alternado com *Aloes* 3ªx ou *Antimonium crudum* 5ª, a cada 2 horas. Quando crônica, *Phosphorus* 30ª é o seu remédio mais geral, a cada 6 horas; com vegetação, *Nitri acidum* 3ª ou *Thuya* 30ª.

Veja *Estreitamento do reto*.

RESFRIAMENTO

É uma perturbação geral do organismo, prodrômica da coriza, *influenza* ou febre efêmera e se caracteriza por moleza geral, dores pelo corpo, cabeça pesada e anorexia; resulta da exposição ao ar frio ou à umidade.

Os remédios são: *Aconitum* 3ªx ou *Dulcumara* 3ª (Veja *Matéria Médica*), uma dose a cada meia ou uma hora.

REUMATISMO[213]

O reumatismo pode ser agudo ou crônico. O reumatismo agudo é uma moléstia aguda, mas de marcha lenta, durando às vezes mais de um mês, e se caracteriza pela inflamação dolorosa das articulações, acompanhada de febre, anemia e suores profusos, sobretudo à noite; complica-se às vezes com moléstias do coração (endocardite) ou do cérebro (meningite do reumatismo cerebral). Ataca algumas vezes diversas juntas, pulando de uma para outra, outras vezes se localiza em uma só. Às vezes, é contagioso.

Depois de um ou de vários ataques, o reumatismo pode se tornar crônico e se localiza em uma ou mais articulações, produzindo dores da junta e dificuldade de movê-la, bem como inchaço crônico.

Entretanto, o reumatismo se manifesta também por outras localizações isoladas; amigdalite, faringite, coreia, cefaleia, gastralgia, pleurodinia, torcicolo, lumbago, eritema nodoso, eczema, urticária, polinevrites etc., cujo tratamento se

---

213. A classificação moderna é muito extensa. Sob o ponto de vista prático e imediato, o que aí está serve perfeitamente de orientação.

encontrará no lugar próprio a cada uma dessas moléstias.

Reumatismo articular agudo; em geral, alterne *Aconitum* 3ª e *Bryonia* 3ª ou *Mercurius solubilis* 5ª e *Bryonia* 3ª, de hora em hora, ou então, dê-se *Chininum sulphuricum* 1ªx, 10 tabletes, de 2 em 2 horas e apliquem-se externamente panos embebidos em *Extrato de Hamamelis* a 1:2 de água; nas pessoas pálidas e louras, as dores saltando de uma junta a outra, *Pulsatilla* 3ª ou *Kali sulphuricum* 5ª; dores muito fortes nas juntas, *Gaultheria procumbens* 3ª ou *Ferrum phosphoricum* 3ª trit. e nos troncos nervosos, *Colchicum* 1ªx, de hora em hora; dores de garganta, *Phytolacca* 3ª ou *Guaiacum* 3ªx; com palpitações e dores cardíacas, *Kalmia* 3ªx; atacando o punho ou o tornozelo, *Ruta* 3ª ou *Actaea spicata* 3ª; atacando a mão ou o pé, *Ledum* 3ª ou *Caulophyllum* 3ª; atacando o punho, *Viola odorata* 3ª; atacando as costelas, *Ranunculus bulbosus* 3ª. *Mercurius solubilis* 3ª trit. em pastilhas é também um bom remédio a dar desde o começo, uma pastilha de 2 em 2 horas. *Rhamnus californica*, em T.M., é também remédio gabado no reumatismo agudo e no reumatismo muscular. Sopros valvulares do coração depois de reumatismo agudo, sobretudo em moços, *Naja* 5ª.

Reumatismo metastático, *Abrotanum* 3ª ou *Lithium carbonicum* 3ªx.

No reumatismo cerebral, *Opium* 5ª se há coma, e *Belladona* 3ª se há delírio.

Reumatismo crônico: *Sulphur* 30ª e *Rhus toxicodendron* 5ª em dias alternados, ou *Kali bichromicum* 3ª trit., de 4 em 4 horas; com lesões cardíacas, *Lithium carbonicum* 3ªx; pior quando o tempo se torna úmido, *Calcarea phosphorica* 5ª, *Rhododendron* 3ª, ou *Dulcamara* 3ª; dos músculos da faringe, dificultando a deglutição, *Lycopodium* 30ª; nos joelhos ou cotovelos, sem inchaço, *Argentum metallicum* 5ª; reumatismo do maxilar inferior, *Causticum* 30ª; reumatismo do ombro, *Ferrum phosphoricum* 3ª ou *metallicum* 5ª, *Kalmia latifolia* 1ª ou *Sanguinaria* 3ª; tornozelo inchado, *Ledum* 3ª; reumatismo muscular em geral, *Actaea racemosa* 3ª ou *Sanguinaria* 3ª. Com as articulações deformadas por concreções calcárias, *Ledum* 12ª ou *Guaiacum* 5ª.

O *Acth*, *Cortinam*, *Irgapyrin* ao lado dos *Salicilatos*, são as indicações alopáticas. Na gota, *Colchicina* e *Benemid*. Toda indicação alopática deve ser feita por médico.

RINITE AGUDA

Veja *Coriza*.

RINITE ALÉRGICA

Distúrbio nasal que é confundido com outras formas de *Rinite*, mas provocado pela hipersensibilidade da mucosa nasal a um *alérgeno*, ou, em certos indivíduos, a uma perturbação vasomotora (*rinite vasomotora*).

Os sintomas são: entupimento nasal, corrimento que vem ou para repentinamente e dores na raiz do nariz, simulando sinusite.

Afastar o alérgeno desencadeante, se possível. *Sambucus* 1ª, *Sabadilla* 3ªx, *Sanguinarium nitricum* 3ªx, *Wiethia* 3ªx, *Ambrosia* 3ªx e *Solanum lycopersicum* 3ªx são indicados.

Kali chromosulfuricum 3ª tem suas indicações.

Na alopatia, os anti-histamínicos de síntese (a associação de dois diferentes, o efeito é maior), *Cortisone* e *Acth*, sob prescrição médica.

RINITE ATRÓFICA
(Ozena)

É uma moléstia crônica do nariz, caracterizada pela atrofia das paredes internas desse órgão, acompanhada de uma secreção mucopurulenta muito fétida, formando crostas que se acumulam e se decompõem, de epistaxe, às vezes surdez e perda do olfato; as fossas nasais se alargam e suas paredes aparecem cobertas de crostas.

Aurum metallicum 5ª ou *Aurum muriaticum* 2ªx trit. ou 3ª trit. são os principais remédios; devida à sífilis, *Kali iodatum* 3ªx ou 2ªx ou *Nitri acidum* 3ª; *Kali bichromicum* 2ª trit., *Cadmium sulphuricum* 5ª, *Alumina* 30ª, *Eucalyptus* 2ªx, *Lemma minor* 3ª ou *Silicea* 30ª podem também ser úteis. Uma dose a cada 4 horas. *Syphilinum* 200ª, *Denys* 200ª uma vez por semana, conforme as características constitucionais do paciente.

Na alopatia, aplicações tópicas de *Mugólio*. Modernamente, injeções intramusculares de *Chalmougra* segundo comunicação feita à classe médica por distinto colega de Bauru, Estado de São Paulo.

RINITE HIPERTRÓFICA

É uma inflamação crônica catarral da mucosa e submucosa nasais, caracterizada pela hipertrofia dos cornetos, resultando em obstrução das fossas nasais e impossibilidade de respirar pelo nariz, sobretudo à noite na cama; pode haver dores de cabeça, surdez, conjuntivite, rouquidão, acessos asmáticos e outras desordens reflexas. É comum nos *alérgicos*.

Os remédios desta moléstia são: *Kali bichromicum* 3ª trit., *Bromium* 3ª trit., *Calcarea phosphorica* 3ªx trit., *Hydrastis* 2ª trit., *Thuya* 5ª, *Mercurius iodatus* 3ª trit. e *Kali iodatus* 3ªx. De 6 em 6 horas.

RINITE PSEUDOMEMBRANOSA

Veja *Difteria*.

RINS

Veja *Cálculos renais, Degenerações, Diabetes, Hemoglobinúria, Hidronefrose, Nefrite* e *Pielite*.

ROSÉOLA

É uma moléstia eruptiva febril, própria da infância, caracterizada por sonolência, febre moderada durante 2 ou 3 dias, acompanhada, precedida ou seguida de uma erupção generalizada, semelhante à do sarampo ou à da escarlatina, que começa pela febre e descama ou não, no fim de alguns dias, e de inchaço das glândulas cervicais posteriores. Não há sintomas catarrais, como no sarampo, nem língua de morango ou angina, como na escarlatina. É muito benigna. Dura ao todo cerca de 5 dias. *Belladona* 3ª, *Mercurius dulcis* 5ª e *Antimonium tartaricum* 5ª, alternados de hora em hora. Se houver febre alta, *Gelsemium* 1ªx.

ROUQUIDÃO

Veja *Afonia*.

RUPIA

Veja *Ectima*.

SALIVAÇÃO

Veja *Ptialismo*.

SALPINGO-OVARITE

Veja *Ovarite*.

SANGUE

Sangue pelo ânus: Veja *Hemorroidas, Disenteria, Febre tifoide, Cancro do reto (Câncer)* e *Fendas no ânus*.
Sangue pela boca: Veja *Hemoptise* e *Hematêmese*.
Sangue para a cabeça: Veja *Congestão cerebral*.
Sangue pelo nariz: Veja *Epistaxe*.
Sangue pelos ouvidos: Veja *Otorragia*.
Sangue pelas urinas: Veja *Hematúria*.
Sangue do útero: Veja *Metrorragia*.

SAPINHOS

Veja *Estomatite*.

SARAMPO

É uma febre eruptiva, caracterizada pela inflamação da membrana mucosa respiratória e por uma erupção de pápulas vermelhas, muito largas, de bordos irregulares, separadas entre si por porções de pele sã e terminando por uma descamação farinácea. Começa habitualmente como um defluxo, olhos vermelhos, corrimento pelo nariz, espirros, febre, dor de cabeça; dois ou três dias depois aparece a erupção, que entra em seca ao cabo de uma semana; há forte bronquite, às vezes com tosse violenta e incessante; às vezes há prisão de ventre, outras vezes diarreia. É na convalescença, quando a erupção começa a secar, que às vezes ocorre uma broncopneumonia ou a gangrena da boca, como complicação.
É causado por um *vírus*.
Existe logo no início da doença um sinal característico, são as *manchas de Koplick*, constituídas por pequenas manchas ou pontos avermelhados na abóbada palatina.
O período de incubação vai de 7 a 14 dias.
Gelsemium 1ª é o principal remédio; deve ser dado desde o começo, assim que se suspeita da moléstia, de hora em hora, só ou alternado com um dos seguintes: *Euphrasia* 3ª (se há muito corrimento dos olhos e do nariz); *Sabadilla* 5ª (se há muitos espirros com dor de cabeça frontal); *Ipeca* 3ª ou *Scilla* 3ª (se há muito catarro com tosse violenta incessante); *Coffea* 5ª (se a tosse é curta, seca e importuna); *Drosera* 1ª (se a tosse é espasmódica); *Spongia* 2ª trit. (se a tosse é rouca); *Mercurius solubilis* 5ª, *Pulsatilla* 3ª ou *Veratrum album* 3ª (se houver diarreia, 4 a 5 vezes por dia). No começo, para facilitar a saída do sarampo, alguns dão *Bryonia* 5ª e, em vez de *Gelsemium*, dão *Aconitum* 1ª, *Arsenicum* 5ª, *Pulsatilla* 5ª ou *Viola odorata*, 3ª. Para a tosse que fica depois do sarampo e que é às vezes rebelde, dê-se *Kali bichromicum* 3ª trit., *Dulcamara* 3ª ou *Sticta pulmonaria* 1ª, de 2 em 2 horas; rouquidão depois do sarampo, *Carbo vegetabilis* 30ª; otorreia, *Mercurius solubilis* 5ª; outras sequelas do Sarampo, sobretudo nos olhos, *Arsenicurn* 5ª. Contra a broncopneumonia, os dois remédios mais seguros são *Phosphorus* 3ª e *Tartarus eme-*

ticus 3ª, alternados de meia em meia hora. Epistaxes, *Ipeca* 1ªx. Sarampo maligno, com pouca erupção e muita prostração, *Arsenicum album* 5ª e *Lachesis* 5ª alternados. Sarampo hemorrágico, *Crotalus horridus* 5ª.

Se a erupção se recolhe e surgem sintomas meningíticos de estupor, coma ou convulsões, *Cuprum aceticum* 3ª trit. é o principal medicamento, de meia em meia hora; colapso, *Camphora* T.M. ou injeções de óleo canforado; agitações, delírio ou muito catarro no peito, *Bryonia* 5ª ou *Ammonium carbonicum* 3ª trit.

É aconselhável associar um *Xarope* ou *Elixir anti-histamínico*, na dose de uma colher das de chá, à noite.

Nas complicações, os antibióticos, sob prescrição médica.

SARDAS

Veja *Lentigo* e *Efélides*.

SARNA

É uma moléstia da pele, caracterizada pela presença de um animal parasita (o *Acarus* ou *Sarcoptus scabiei*) localizado em vesículas, pústulas e outras lesões (consecutivas estas ao grande prurido que a moléstia provoca); estas lesões começam ordinariamente nas mãos e entre os dedos.

Lobelia inflata 5ª e *Croton* 12ª, um dia um, outro dia outro, alternados, três doses por dia; *Sulphur* 30ª e *Hepar* 5ª também podem ser úteis. Externamente, friccione-se com *Essência de alfazema* ou *Bálsamo do Peru*; se falharem, experimente-se a *Pomada de Millian*.

A *Emulsão* ou *Loção de benzoato de benzila* é muito útil, em uso externo.

SATIRÍASE

Veja *Desordens sexuais*.

SEBORREIA
(Dermatite seborreica)

É uma desordem funcional das glândulas sebáceas da pele, caracterizada por uma secreção anormal, sob a forma de óleo, crostas ou escamas, que se acumulam na superfície cutânea. A sede mais comum é o couro cabeludo.

Os principais remédios da seborreia do couro cabeludo são: *Natrum muriaticum* 30ª, *Iodum* 5ª, *Phosphorus* 30ª, *Bryonia* 5ª e *Kali carbonicum* 30ª. Da face, *Arsenicum* 30ª, *Natrum muriaticum* 3ª e *Plumbum* 30ª; atrás das orelhas, *Graphites* 30ª; do nariz, *Calcarea carbonica* 30ª e *Vinca minor* 3ª; na fronte, *Kali bromatum* 3ª; das mãos, *Raphanus* 3ª; dos órgãos genitais do homem, *Mercurius solubilis* 5ª; dos órgãos genitais da mulher, *Sepia* 30ª. Uma dose três vezes ao dia. Na alopatia está sendo indicada a aplicação local de *Selsun* ou produto similar.

SEIOS

Rachaduras do bico dos seios, *Phellandrium* 5ª, *Sabal serrulata* 3ªx, *Arnica* 3ª, *Sulphur* 30ª, *Causticum* 5ª ou *Graphites* 5ª, de 4 em 4 horas; tumores duros do seio, *Conium* 30ª, *Carbo animalis* 5ª, *Scrophularia nodosa* T.M. ou *Calcarea fluorica* 5ª, de 4 em 4 horas; assadura debaixo do seio, *Graphites* 5ª; hipertrofia dos seios, *Phytolacca* 3ªx ou *Phosphorus* 3ª; dores se estendendo ao ombro quando a criança mama, *Croton* 3ª, ou a todo o corpo, *Phytolacca* 3ªx. Seios enrugados e atrofiados, *Sabal serrulata* T.M., *Iodum* 3ª, *Chimaphila* T.M. e *Conium* 30ª são os remédios. Bicos retraídos, *Salsaparilla* 3ª, *Silicea* 30ª ou *Hydrastis* 5ª. Depois de uma contusão no seio, dê-se *Conium* 30ª, uma vez por dia, durante dois meses.

Veja *Mastite*, *Cancro* e *Leite*.

SEPTICEMIA

É o envenenamento do sangue por matéria séptica vinda do exterior, que complica outras moléstias ou ocorre em virtude de feridas ou ferimentos e se caracteriza por um grande calafrio, cefalalgia, vômitos, embaraço gástrico, febre muito alta e contínua, grande prostração, urinas raras, delírio, coma e morte dentro de 3 a 15 dias.

Para prevenir a septicemia, nos ferimentos ou operações cirúrgicas, *Arnica* 3ª ou *Rhus toxicodendron* 3ª; uma vez desenvolvida a septicemia, seus remédios são: *Arsenicum* alternado com *Lachesis* 5ª, *Rhus toxicodendron* 5ª, *Anthracinum* 30ª ou *Pyrogenium* 30ª ou ainda *Ecchinacea* T.M., de meia em meia hora. No começo, *Veratrum viride* 1ª pode ser muito útil, dado de meia em meia hora. Identificar o germe-causa e aplicar o *Antibiótico* aconselhado.

SEZÕES

Veja *Impaludismo*.

SICOSE[214]

É uma diátese, isto é, afecção geral permanente do organismo, hereditária, ou adquirida, que se manifesta por moléstia da pele e das mucosas, especialmente gonorreia, verrugas, excrescências esponjosas, pólipos, etc.

Os dois principais medicamentos desta diátese são *Thuya* 5ª e *Nitri acidum* 5ª, dados alternadamente de 8 em 8 horas.

Segundo o Dr. John Clarke, é uma diátese esta, hoje, tão comum como a *psora* (*artritismo*), de modo que, quando se encontrar um caso obscuro de moléstia rebelde ao tratamento, deve-se dar *Thuya* 30ª (*na dúvida, dar Thuya*).

SÍFILIS

É uma afecção crônica, adquirida quase sempre em um coito com indivíduo infectado, caracterizada: por uma moléstia primária, o cancro duro (Veja *Cancro duro*); em seguida, algumas semanas ou meses depois, por moléstias cutâneas pruriginosas variadas, roséolas, pápulas, vesículas, pústulas, escamas, algumas vezes acompanhadas de febre intermitente (*sarna gálica*), e alopecia em mecha, placas mucosas da garganta ou inflamação dos olhos (*irite sifilítica*); e finalmente, meses ou anos após, por moléstias profundas dos ossos, dos tecidos e das vísceras, determinadas pela evolução e degeneração ulcerosa de tubérculos chamados *gomas sifilíticas*, as quais terminam na *caquexia sifilítica* que leva à morte. Causada pelo *Treponema pallidum*.

Nas crianças de peito, a sífilis é geralmente hereditária e começa quase sempre aos três meses por emagrecimento, pele de idoso, entupimento do nariz, grito rouco, pústulas pela pele, anemia, caquexia e às vezes morte.

Para o tratamento da sífilis primária, veja *Cancro duro*.

Na sífilis secundária; *Mercurius corrosivus* 3ª (2 a 12 gotas, três vezes ao dia, em uma colherada de água) é o principal remédio; nas crianças, *Mercurius iodatus flavus* 3ªx trit., *Mercurius dulcis* 3ªx trit., *Mercurius solubilis* 30ª ou *Mercurius corrosivus* 3ª. Se falhar, dê-se *Calotropis gigantea* T.M., *Cinnabaris* 3ª ou *Nitri acidum* 3ª ou 30ª, de 3 em 3 horas. Especialmente: cefaleia, *Thuya* 30ª; moléstias da garganta e do nariz, *Kali bichromicum* 3ª trit.; alopecia, *Fluoris acidum* 30ª ou *Lycopodium* 30ª; *Mercurius iodatus ruber* 3ªx

trit., na sífilis secundária (*Kreosotum* 12ª nos recém-nascidos). Veja *Irite*.

Na sífilis terciária, o principal medicamento é *Kali iodatum* 1ªx ou puro (este na dose de 10 g para 10 g de água destilada, 5 gotas ao almoço e 5 ao jantar); se falhar, dê-se *Aurum muriaticum* 2ªx trit. ou *Aurum muriaticum natronatum* 3ªx trit. (Veja *Matéria Médica*). Especialmente: dores noturnas dos ossos, *Mezereum* 3ª, *Asafoetida* 12ª ou *Stillingia* 3ªx (exostoses); artrite sifilítica, *Phytolacca* 3ªx ou *Guaiacum* 3ªx; úlceras supurantes, *Silicea* 30ª; úlceras fagedênicas, *Mercurius corrosivum* 3ªx; úlceras da boca, *Mercurius nitrosus* 3ªx ou *Mercurius sygnatus* 3ª. Caquexia sifilítica das crianças, *Ferrum iodatus* 1ªx. Diarreia, crianças sifilíticas, *Kreosotum* 12ª. De 3 em 3 horas. O Dr. Stokes considera *Podophyllum* um remédio para todas as formas de sífilis.

Na *tísica sifilítica*, simulando a tísica pulmonar, *Mercurius iodatus ruber* 3ªx ou *Mercurius corrosivus* 3ª alternado com *Kali iodatus* 1ªx.

Costumo indicar para o tratamento do cancro duro as injeções arsenicais.

A *Penicilina* é hoje a medicação de escolha no tratamento da sífilis. No *cancro duro*, a dose diária de 1.000.000 de unidades, por 10 dias, seguida de *Arsênico*, *Bismuto* ou *Mercúrio*, sob controle médico.

SÍNCOPE

É a perda temporária da consciência devida a uma anemia cerebral.

Os fatores predisponentes são: fadiga, permanência de pé por muito tempo, náuseas, dores, distúrbios emocionais, anemia, infecções, doenças cardíacas, hipertensão, arteriosclerose (especialmente cerebral) e outros estados que causam instabilidade vasomotora.

Moschus 1ªx para cheirar e *Veratrum album* 5ª, de 5 em 5 minutos, pela boca, são os dois principais medicamentos.

SINOVITE

Veja *Artrite*, *Bursite* e *Ganglion*.

SINUSITES

Os ossos da fronte e da face contêm cavidades, chamadas *seios*, que comunicam com a cavidade do nariz. Tais são os *seios maxilares* (*antros de Highmore*) dos ossos da face, os seios frontais dos ossos da testa, sobre os olhos, os *seios etmoidais* da abóbada do nariz. Quando a mucosa que forra esses seios se inflama e pro-

---

214. Constitui com a *Psora* e a *Sífilis*, a tríade das doenças crônicas de Hahnemann.
    Modernamente, Leon Vantder defende novas bases a respeito do conceito de doenças crônicas. No seu extraordinário livro *Doctrine de l'homéopathie française*, o leitor terá uma ideia exata do conceito das intoxicações. São teorias apaixonadas, e, na prática, o resultado é interessantíssimo.

duz catarro ou pus, tem-se o que se chama uma *sinusite*; pode ser devida às seguintes causas, que agem sozinhas ou combinadas, como fatores predisponentes:
a) Drenagem inadequada, por processo obstrutivo (desvio de septo, pólipos etc.).
b) Rinite crônica.
c) Debilidade geral, como a que se segue a doença séria.
d) Exposição e variação exageradas de temperatura ou umidade, ou então a ambas associadas.
e) Fatores emocionais.
f) Mudanças bruscas da pressão intranasal.
g) Abscessos dentários (maxilares).
h) Alergia.

Os germes, os mais variados, podem ser causa da sinusite. Há então dores na região dos seios, que podem ser muito agudas, às vezes por acessos repentinos, corrimentos mucopurulentos, e, em certos casos, perturbações oculares. Quando é o seio maxilar, as dores se estendem pela face ao olho e até ao ouvido; quando é o seio frontal, há dor de cabeça e peso sobre os olhos. Esse estado pode complicar os defluxos.

O principal remédio das sinusites, com corrimento mucopurulento, seja qual for a sua localização, é *Hydrastis* 5ª. "*Hydrastis* – diz o Dr. Cartier – curará por si mais sinusites do que qualquer outro remédio". Quando o corrimento se torna francamente purulento, *Silicea* 3ªx trit., *Hepar* 3ªx trit. ou *Pulsatilla* 5ª ou 3ªx são os principais remédios. Na sinusite frontal, *Kali bichromicum* 3ª trit. pode ser especialmente útil. Quando a sinusite for acompanhada de muita dor, *Gelsemium* 1ª poderá fazer bem. Enfim, na sinusite com perturbações oculares, *Silicea* 30ª poderá ser alternada com *Paris quadrifolia* 3ª ou *Comocladia dentata* 3ªx. As doses devem ser repetidas a cada 2 ou 3 horas.

Nas sinusites crônicas, em geral, *Calcarea sulphurica* 5ª. Sifilítica, *Mercurius iodatus flavus* 3ªx trit., *Aurum muriaticum* 3ª trit. ou *Kali iodatus* 1ªx. Nas crianças, *Calcarea carbonica* 30ª. A cada 4 horas. Tenho tido mais resultados com *Hydrastis*, tintura-mãe. Nas de causa alérgica, associam-se os *anti-histamínicos de síntese*.

SIRÍASE

Veja *Febre climática*.

SIRINGOMIELIA

É uma moléstia da espinha, caracterizada particularmente pela perda da percepção à dor e à temperatura, precedida ou seguida de paralisia de grupos de músculos dos membros, acompanhada de atrofia e várias alterações da pele, ossos e juntas. A pele apresenta erupções de várias espécies e tendência dos tecidos dos dedos ao panarício sem dor e, em geral, dos outros tecidos à supuração; nas extremidades, a pele é fria, azulada e suarenta. Os ossos são frágeis e as juntas, sujeitas a inchaços indolores.

É uma doença crônica progressiva, caracterizada pela cavitação e gliose. A causa ainda é desconhecida.

Os principais remédios são: *Phosphorus* 30ª, *Cuprum metallicum* 30ª, *Veratrum album* 30ª, *Hepar* 5ª (para as supurações), *Apis* 3ªx (para as artrites). *Calcarea phosphorica* 30ª seria talvez útil em caso de fragilidade dos ossos. Uma dose a cada 12 horas.

SOLITÁRIA

Veja *Tênia*.

SOLTURA

Veja *Diarreia*.

SOLUÇOS

Soluço é uma contração espasmódica e súbita do diafragma, que determina um abalo brusco das cavidades torácica e abdominal, acompanhada de um som pouco particular e de uma oclusão súbita da glote, interrompendo a respiração. Pode ser causado por um resfriamento, por uma perturbação da digestão, ou por uma moléstia grave, ordinariamente nos seus últimos dias. Há casos em que ele constitui uma verdadeira moléstia, cujo ciclo é de 3 a 6 dias e pode se tornar epidêmica; há então um pouco de febre e o soluço vem de meia a uma hora com intervalos de por acessos duas horas.

Nux vomica 3ª, *Cyclamen* 3ª e *Ginseng* 3ª ou T.M. são os principais remédios. Com acidez de estômago, *Sulphuris acidum* 5ª; depois de comer ou de beber, *Ignatia* 3ª; muito forte, *Natrum muriaticum* 5ª; histéricos, *Moschus* 3ª; persistentes e rebeldes, *Cicuta* 5ª ou *Kali bromatum* 3ªx, a cada 10 minutos. Nos últimos dias de moléstia fatal, de meia em meia hora, *Cajuputum* 3ª ou *Nux vomica* 3ª ou *Crataegus* T.M.

SONAMBULISMO

É uma neurose caracterizada por um sono mórbido, durante o qual o doente age e fala como se estivesse acordado, despertando, entretanto, sem se lembrar do que fez. É algumas vezes acompanhado de convulsões ou movimentos rápidos furiosos.

Bryonia 5ª é o principal medicamento, se falhar, *Kali bromatum* 3ª trit. Se houver convulsões, *Cicuta* 5ª; movimentos furiosos, *Belladona* 3ª alternados com *Bryonia* 3ª. De 3 em 3 horas.

SONO

O sono pode ser perturbado de vários modos. É assim que o paciente pode ser afetado de insônia (Veja *Insônia*), sonambulismo (Veja *Sonambulismo*), pesadelos (Veja *Pesadelos*). Encontram-se ainda as seguintes perturbações: muita sonolência, *Opium* 5ª ou *Nux moschata* 3ª (nos idosos, *Antimonium crudum* 5ª); disposição a dormir depois das refeições, *Lycopodium* 30ª ou adormecer e despertar subitamente com terror, *Cocculus* 3ª; maus sonhos e terrores noturnos, *Scutellaria* 3ªx nos adultos e *Chloralum* 5ª nas crianças (Veja *Pesadelos*); sonhos muito frequentes e vivos, *Cannabis indica* 1ª ou *Hyosciamus* 5ª; sono com os olhos meio abertos, *Chamomilla* 5ª ou *Zincum metallicum* 5ª; ri, dormindo, *Alumina* 5ª, *Causticum* 5ª ou *Lycopodium* 30ª; fala dormindo, *Helleborus* 5ª, *Zincum metallicum* 5ª ou *Cina* 5ª; estremecimentos elétricos ao adormecer, *Cuprum metallicum* 5ª; canta dormindo, *Belladona* 5ª, *Croccus* 5ª ou *Phosphori acidum* 5ª, *Stramonium* 5ª ou *Zincum* 5ª nos adultos, e *China* 3ª, nas crianças; salivação e boca aberta durante o sono, *Mercurius solubilis* 5ª ou *Chamomilla* 5ª ou *Nitri acidum* 3ª; sono de gato, *Sulphur* 30ª.

SUORES

Falta de transpiração pode constituir uma moléstia especial, que se caracteriza por pele seca e áspera (*anidrose*) ou ser sintoma de outra moléstia (diabetes, tuberculose, desordens nervosas, caquexias, moléstias da pele, paralisias etc.). Seus principais medicamentos são: *Aethusa* 3ª, *Natrum carbonicum* 5ª, *Phosphorus* 5ª e *Plumbum* 30ª.

Excesso de transpiração é sempre sintomático de outra moléstia: na tísica pulmonar, *Iodum* 3ªx, *Silicea* 5ª, *Phosphori acidum* 12ª e *Pilocarpus pinnatus* 3ª; na menopausa, *Pilocarpus pinnatus* 3ª ou *Phosphori acidum* 3ª; no reumatismo agudo, *Mercurius solubilis* 5ª ou *Jaborandy* 3ª; no puerpério, *Sambucus* 3ª.

Nas mãos, *Fluoris acidum* 30ª ou *Conium* 30ª; nos dedos, *Phosphorus* 5ª; nos pés, *Silicea* 30ª ou *Petroleum* 3ª; na cabeça das crianças, *Calcarea carbonica* 30ª ou *Chamomilla* 30ª; das axilas, fétidos, nas mulheres, *Sepia* 5ª ou 30ª, e nos homens, azedo, *Petroleum* 3ª; de todo o corpo, com mau cheiro, *Psorinum* 30ª ou *Nitri acidum* 3ªx.

De um lado só, *Benzenum* 3ª ou *Thuya* 5ª. Em partes isoladas e o resto do corpo seco, pés e pele frios, *Calcarea carbonica* 30ª; suores fétidos dos pés, *Silicea* 30ª. Na convalescença de moléstias agudas, *Sambucus* 3ª.

A transpiração nas mãos é muito agravada por fatores emocionais. Em exames, por exemplo, é uma questão desagradabilíssima para os estudantes que sofrem desse mal. Na alopatia, aconselha-se nesses casos a *Banthine*. O seu uso no entanto deve ser feito sob prescrição e vigilância médicas.

SUPURAÇÃO

Veja *Abscessos*, *Furunculose*, *Pioemia*, *Piorreia* etc.

SURDEZ

A surdez resulta ordinariamente de uma moléstia aguda ou crônica do ouvido (Veja *Otite*); há casos, entretanto, de aspecto particular, que merecem uma indicação à parte.

As causas da surdez total ou parcial são inúmeras.

Vamos citar algumas: anomalias do conduto auditivo externo; ouvido médio ou trompa de Eustáquio interferindo na condução das ondas sonoras até o ouvido interno, tais como: corpos estranhos, cerume, furunculose, osteoma ou estenose; perfuração, dilaceração ou inflamação da membrana do tímpano; anquilose dos ossinhos; inflamação aguda ou crônica do ouvido médio; tumores do ouvido médio; otosclerose; obstrução da trompa de Eustáquio por inflamação; tumor ou hipertrofia linfoide do ostium.

A audição pode ser alterada por desordens do ouvido interno, 8º nervo, vias de condução cerebral ou centro auditivo. Como causas dessa alteração podemos citar: doenças infecciosas, tumores do ângulo cerebelopontino, lobo temporal, 8º nervo ou coclear; traumas desses órgãos ou intoxicações por quinino, arsênicos, álcool, salicilatos ou mercúrio; distúrbios psíquicos, disfunções como ocorrem na senilidade ou por barulho excessivo; envolvimento otosclerótico do 8º par ou cóclea; causas várias como anomalias congênitas, leucemia, anemia e mixedema.

Devido a um traumatismo, *Arnica* 3ª; resfriamento súbito, *Aconitum* 5ª e *Belladona* 5ª alternados; devida à supressão de um corrimento, ou a um eczema, *Lobelia inflata* 3ª; supressão de uma erupção da cabeça, *Mezereum* 5ª; nervosa, *Phosphori acidum* 3ª, *Gelsemium* 3ª, *Lachesis* 5ª, *Magnesia carbonica* 5ª, *Anacardium* 5ª e *Ambra* 5ª; devida a quinina, *Gelsemium* 1ª; reumática, *Viscum album*, 1ª; ouve a voz, mas não distingue as palavras, *Causticum* 30ª; nos escrofulosos, espessamento do tímpano, *Calcarea carbonica* 30ª trit.; devida à hipertrofia das amígdalas, *Calcarea phosphorica* 3ªx trit.; devida à obstrução da trompa de Eustáquio, sobretudo nos idosos, *Mercurius dulcis* 3ª trit.; sifilítica, *Kreosotum* 5ª, *Kali iodatus* 1ªx ou *Aurum muriaticum* 3ªx trit. Zumbidos de ouvido, *Actaea racemosa* 3ªx trit. ou *Petroleum* 3ª. De 6 em 6 horas. É aconselhável um exame por otorrinolaringologista competente, pois hoje em dia existem inúmeras causas de surdez removíveis por cirurgia.

SUSPENSÃO

Veja *Amenorreia*.

TABAGISMO

É o envenenamento crônico produzido pelo abuso de fumar, caracterizado pelo enfraquecimento progressivo da memória, palpitações cardíacas, ação intermitente do coração, angústia precordial, dispneia asmática, degeneração gordurosa do coração, arteriosclerose, aortite crônica, náuseas, nevralgia, cegueira, impotência, espermatorreia etc.

Caladium 5ª, *Nux vomica* 30ª, *Lobelia inflata* 3ª e *Plantago* 1ª combatem o vício de fumar. Contra as moléstias nervosas dos fabricantes de cigarros, *Gelsemium* 30ª. Contra o hábito de mastigar fumo, *Arsenicum* 3ª; moléstias cardio-aórticas, *Kalmia latifolia* 3ª; angústia precordial, dores no coração, *Spigelia* 1ª; síncopes, *Veratrum album* 3ª; degeneração cardíaca, *Phosphorus* 5ª; palpitações, *Gelsemium* 5ª. Perturbações dispépticas, *Abies nigra* 3ª e *Sepia* 30ª. Nevralgias, *Sepia* 30ª. Cegueira, *Arsenicum* 5ª, *Phosphorus* 5ª, *Nux vomica* 3ª ou *Tabacum* 30ª. Impotência, *Lycopodium* 30ª. Faringite granulosa, *Calcarea phosphorica* 3ª trit. Insônia devida à supressão do vício, *Plantago* 1ªx.

TABES DORSALIS

Veja *Ataxia locomotora*.

TAQUICARDIA PAROXÍSTICA
(Moléstia de Bouveret)

É uma neurose do coração, caracterizada por uma frequência enorme do pulso, que ocorre sob a forma de paroxismos e que vai até 200 e mais batimentos por minuto.

Os principais medicamentos são: *Abies nigra* 3ª, *Agnus castus* 3ª, *Iberis* 1ª, *Lilium tigrinum* 3ª e *Naja* 5ª. *Adrenalina* 200ª, 4 gotas, 1 vez por semana.

Na alopatia, *Quinidina*, *Pronestil*, *Mecholyl* (contraindicado na asma e com cuidado em hipertensos). As manobras como compressão do sinus carotídeo, deitar-se com os pés para cima, vômitos provocados pela pressão dos lobos oculares, são comuns às duas terapêuticas.

Vamos apontar a lista de medicamentos empregados em todas as formas de arritmias, pelos alopatas:

Taquicardia sinusal e bradicardia: *Quinidina* e *Prostigmina*.

Taquicardia auricular paroxística: *Quinidina*, *Digital*, *Mecholyl*, *Neosynephrine*, *Prostigmina*, *Sulfato de Magnésio*, *Eméticos* e *Propylthicuracil*.

Fibrilação auricular: *Quinidina*, *Digital* e *Atebrina*.

Taquicardia nodal: *Quinidina* e *Prostigmina*.

Bloqueio cardíaco: *Atropina*, *Epinephrina* e *Cloreto de bário*.

Contrações prematuras: *Quinidina* e *Cloreto de Potássio*, *Diethilaminoethanol* e *Pronestyl*.

Taquicardia ventricular: *Quinidina*, *Atropina*, *Cloreto de potássio*, *Morfina*, *Sulfato de Magnésio*, *Diethilaminoethanol*, *Pronestyl* e *Digital*.

Ressuscitação: *Epinefrina*, *Procaína* e *Cloreto de bário*.

TÁRTARO DENTÁRIO

Veja *Cárie dentária*.

Remoção por dentista hábil e competente, a fim de evitar sequelas desagradáveis.

TENDÊNCIAS MORAIS

A alma é uma função do cérebro[215] e assim como se curam as várias perturbações das outras funções do corpo, assim também podem ser curadas as perturbações *para mais* ou *para menos* dos nossos instintos, do nosso espírito e das nossas qualidades de caráter. E, se assim não fosse, como se poderiam curar a loucura e a alienação mental? Todo indivíduo é dotado de vaidade, como todo fígado de secreção biliar, mas quando essa vaidade ou essa secreção biliar se excedem, tornam-se estados mórbidos que devem ser curados; então, se *Chelidonium* ou *Bryonia* podem dominar o fígado, *Palladium* poderá trazer a vaidade aos seus justos limites. É um exemplo. Os outros aqui vão a seguir:

Acanhamento: *Anacardium orientale*, *Ambra* e *Gelsemium*.

---

215. O Prof. Nilo Cairo era positivista, razão de ser do conceito então externado.

Apático, indiferente: *Phosphorus acidum, China, Sepia* e *Baptisia*.
Aversão à água e falta de asseio: *Ammonium carbo* e *Sulphur*.
Carola, beato: *Stramonium*.
Covarde: *Agnus castus* e *Arsenicum*.
Cruel, violento, desumano: *Anacardium orientale, Belladona, Cantharis, Nitri acidum, Platina, Stramonium* e *Veratrum album*.
Desanimado: *Stannum, Iodum* e *Aurum*.
Desconfiado: *Anacardium orientale, Apis, Hyoscyamus, Lachesis* e *Mercurius solubilis*.
Desejos de matar pessoas amadas: *Nux vomica*.
Desespero: *Natrum muriaticum*.
Desmazelado e sujo: *Capsicum, Sulphur* e *Tarantula hispanica*.
Ecoleriza-se facilmente, ofendendo-se por qualquer bagatela: *Staphisagria*.
Espírito de contradição: *Antimonium crudum*.
Falta de energia: *Aletris*.
Gosta muito da rua: *Bryonia*.
Impertinente: *Chamomilla*.
Indeciso, irresoluto: *Baryta carbonica, Ignatia, Pulsatilla, Graphites* e *Croccus*.
Irritável: *Nux vomica, Kali carbonicum, Bryonia, Colocynthis* e *Hepar*.
Leviano: *Fluoris acidum*.
Mau, vingativo, rancoroso: *Chamomilla, Sepia, Nitri acidum, Nux vomica* e *Cocculus*.
Medroso: *Scutellaria* e *Aconitum*.
Misantropo, egoísta: *Arsenicum, Lycopodium* e *Sulphur*.
Muito falador: *Agaricus, Lachesis* e *Stramonium*.
Muito riso: *Moschus, Cannabis indica* e *Hyoscyamus*.
Mulher altiva, fria e indiferente: *Sepia*.
Orgulhoso e arrogante: *Platina*.
Perverso: *Belladona* e *Cocculus*.
Pessimista: *Nux vomica*.
Preguiçoso, negligente: *Apis, Gelsemium, Kali phosphoricum, Phosphorus acidum, Graphites* e *Calcarea carbonica*.
Rabugento: *Antimonium crudum*.
Ralhador: *Conium, Moschus* o *Nux vomica*.
Remorso: *Cyclamen*.
Teimoso: *Silicea, Platina, Calcarea carbonica, Lycopodium* e *Nitri acidum*.
Tendência a se assustar facilmente: *Phosphorus*.
Tendência suicida ao ver faca ou sangue: *Alumina*.
Vadio: *Agaricus, Carbolicum acidum, Conium, Picricum acidum* e *Zincum*.
Volúvel: *Ignatia, Pulsatilla* e *Nux moschata*.

Todos esses remédios devem ser da 200ª dinamização. Uma dose a cada 8 dias.

TENESMO

É a contração espasmódica de um músculo esfíncter; pode ser do colo da bexiga ou do ânus, e caracterizado, no primeiro caso, por ardor ao urinar e urinas frequentes e poucas, e, no segundo caso, por dor ao evacuar e, depois de evacuar, desejos frequentes e inúteis. Surge no curso de várias moléstias das urinas, dos intestinos ou do útero e ovários.

Tenesmo vesical: *Cantharis* 3ª, *Mercurius corrosivus* 3ª, *Apis* 3ªx, *Eupatorium purpureum* 1ª, *Prunus spinosa* 3ª, *Ferrum phosphoricum* 5ª ou *Capsicum annum* 3ª

Tenesmo anal: *Mercurius corrosivum* 3ª, *Podophyllum* 12ª e *Ignatia* 5ª.

Nux vomica 200ª, 3 gotas, de 8 em 8 dias.

TÊNIA

É um verme chato, composto de anéis, os quais vão saindo aos poucos nas fezes, mas se renovam constantemente no intestino, desde que a cabeça fique lá dentro; produz, como todo verme intestinal, várias desordens intestinais e nervosas.

Os principais medicamentos são: *Filix mas* T.M. ou óleo etéreo (1 gota de 2 em 2 horas). *Mercurius corrosivus* 3ª, *Stannum* 5ª, *Cuprum aceticum* 3ª trit. e *Kali iodatus* (veja Matéria Médica).

Na alopatia, *Stannoxil* e *Hexylresoreinol*.

A semente de abóbora têm propriedades vermífugas.

TERÇOL

É uma inflamação aguda do tecido celular do bordo da pálpebra, que envolve o folículo de um fio das pestanas; começa por inchaço duro e vermelho, que às vezes se estende a toda a pálpebra, muito dolorosa, e termina frequentemente em supuração.

O principal remédio que deve ser dado logo no começo é *Pulsatilla* 3ª, só ou alternada com *Calcarea carbonica* 5ª; se não conseguir deter a marcha da moléstia e o pus se formar, dê-se *Hepar sulphuris* 5ª; se há muito inchaço de toda a pálpebra, *Rhus toxicodendron* 3ª; para prevenir a reincidência, *Staphisagria* 3ª, *Apis* 3ª, *Graphites* 30ª ou *Pulsatilla* 5ª. Diz o Dr. M. E. Douglas que *Pulsatilla* convém mais ao terçol da pálpebra inferior e *Staphisagria* ao da pálpebra superior, e *Lycopodium* ao do canto interno do olho. De hora em hora para curar; de 6 em 6 horas para prevenir. Localmente, pomada de *Cirtopodium*.

TETANIA

É uma neurose, caracterizada por espasmos tônicos, localizados principalmente nos membros, de caráter intermitente ou persistente, vindo subitamente e fixando as mãos e os pés na atitude característica chamada *espasmo, carpo-pedal* de flexão nas mãos e pés equinos.

O aumento da irritabilidade neuromuscular provém de uma diminuição da concentração do ionte cálcio no sangue.

Os dois principais remédios desta moléstia, nos ataques, são: *Magnesia phosphorica* 3ªx trit. e *Solanum nigrum* 3ª, uma dose a cada hora. Nos intervalos, dê-se *Calcarea carbonica* 30ª ou *Cuprum* 12ª, nas crianças, uma dose duas vezes por dia. *Aconitum, Nux vomica* e *Secale* poderão também ser úteis.

Na alopatia, nas convulsões, o *Hidrato de Cloral*. O *Sulfato de Magnésio* injetável e o *Tolserol*, na *Tetania*.

TÉTANO

É uma moléstia aguda, geralmente consequente a um ferimento do pé, caracterizada pela contração permanente dos músculos da face, determinando um aperto cerrado dos dentes e do tronco, sobretudo das costas e da nuca, determinando o reviramento do corpo, em arco para trás; essa contração, que se agrava por paroxismo, é muito dolorosa e mata habitualmente o doente por asfixia. É causado por uma *Exotoxina* elaborado pelo *Clostridium tetani*.

Os seus principais medicamentos são: *Helianthus annuus* 5ª, *Nux vomica* T.M. ou 1ª e *Hypericum* T.M. ou 1ªx. Nas crianças recém-nascidas (mal de sete dias), *Hydrocyanicum acidum* 3ª ou *Helianthus annuus* 5ª, *Magnesia phosphorica* 3ªx trit. pode também ser útil, e, bem assim, *Passiflora incarnata* T.M. Uma dose a cada meia hora. Para prevenir o tétano em pessoas que se ferem na palma da mão ou na planta do pé, *Hypericum* 1ªx, a cada 2 horas, durante alguns dias. Como preventivo, *Soro antitetânico*, 5.000 a 10.000 unidades.

TIFO

Veja *Febres gastrintestinais* e *Febre tifoide*.

TIFO RECORRENTE

Veja *Febre recorrente*.

É uma moléstia aguda, caracterizada por febre alta, estupor, delírio, diarreia e timpanismo, vômitos e uma erupção de petéquias, às vezes com hemorragias generalizadas. Dura de 2 a 3 semanas.

TIFO EXANTEMÁTICO

O principal remédio desta moléstia é *Rhus toxicodendron* 3ª, que pode ser alternado com *Belladona* 3ª, se houver dor de cabeça ou delírio ardente; *Hyosciamus* 3ª, se houver delírio musicante; *Opium* 5ª, se houver torpor; *Agaricus* 3ªx, se houver tremores; *Phosphori acidum* 3ª trit. ou *Phosphorus* 5ª, se houver muita prostração nervosa. Hemorragias, *Crotalus* 5ª.

Na alopatia, *Cloromicetina, Aureomicina* e *Ácido para-aminobenzoico* (*Paba*).

TIMPANISMO

É a distensão do ventre por gases acumulados no intestino; é sempre sintomática de uma moléstia geral. Seus principais medicamentos são: *Belladona* 5ª, *Terebinthina* 3ª, *Taraxacum* T.M., *Erigeron* T.M., *Colchicum* 3ª, *Nux moschata* 3ª e *Lycopodium clavatum* 6ª.

TINEA TONSURANS
(Impigem)

A *tinea* é uma moléstia parasitária da pele, caracterizada, na cabeça, por uma erupção de área circular, escamosa ou pustulosa, entrelaçada de cabelos quebrados, e, no corpo, por uma erupção de papulazinhas vermelhas dispostas em anéis (*impigem*).

Provocada habitualmente pelo *Microsporon Audonini*. Os fungos de origem animal como o *Trichophyton* também podem ser o agente causal.

Sepia 12ª ou 5ª, *Tellurium* 5ª e *Hepar* 5ª são os principais remédios, *Bacillinum* 30ª pode ser útil e bem assim *Bovista* 30ª. Duas doses por dia.

Na alopatia, os "*fungicidas*", localmente, e o *Griseovin, Grisoefrelvin* por via bucal, sob prescrição médica.

TINHA

Veja *Tinea tonsurans*.

TINNITUS AURIUM
(Ruídos dos ouvidos)

Veja *Otite média* e *Surdez*.

TÍSICA PULMONAR
(Tuberculose pulmonar)

É uma moléstia dos pulmões, caracterizada por um enfraquecimento geral, progressivo, acompanhado de tosse, escarros, sobretudo pela manhã, às vezes cor-de-rosa ou com estrias de sangue, outras vezes hemoptises, dores pelo peito, acessos de dispneia, falta de apetite; depois, febre à noite, suores noturnos, diarreia, grande emagrecimento e morte por esgotamento. Pode ser aguda ou crônica; quando crônica, pode marchar rapidamente, matando dentro de um ou dois anos, ou lentamente, ao cabo de muitos anos (tuberculose tórpida). É causada por um dos três tipos de *Mycobacterium tuberculosis*, que são idênticos na aparência – o humano, o bovino e raramente o aviário.

Em certos casos, a sífilis pulmonar pode simular a tísica pulmonar, aguda ou crônica, e, nesse caso, o tratamento é o da sífilis.

Aguda ou galopante, com febre alta e contínua, *Arsenicum* 5ª e *Phosphorus* 5ª alternados, ou então *Arsenicum iodatum* 3ªx, um tablete a cada 3 horas. Havendo hemoptises, *Ferrum metallicum* 5ª.

Crônica, sem febre, *Tuberculinum* 30ª, de 3 em 3 dias (para preparar este *Tuberculinum*, deve-se preferir o *Tuberculinum de Denys*, caldo filtrado de tuberculose humana, fazendo-se as diluições decimais em água destilada e glicerina, partes iguais, começando por 1 gota, depois 2, 3, 4 etc. até 20 de cada vez; depois se tomará do mesmo modo a 9ªx, a 8ªx e por aí abaixo até a 1ªx e, finalmente, a solução-mãe). Nos intervalos do *Tuberculinum*, dê-se *Arsenicum iodatum* 3ªx ou 3ª e *Calcarea phosphorica* 3ªx ou 3ª em dias alternados. Nas crises agudas, com febre, pontada e agravação da tosse, dê-se *Phosphorus* 30ª ou *Aconitum* 1ª e suspenda-se por uma semana o *Tuberculinum*. *Lycopodium* 30ª também pode ser útil nesta forma da tísica pulmonar.

Nos casos febris ou rápidos, não se deve usar a tuberculina; neste caso, deem-se: contra a febre, *Chininum arsenosicum* 1ªx trit., *Baptisia* ou *Ecchinacea* T.M.; contra a tosse noturna, *Hepar* 3ªx trit., *Conium* 3ªx ou *Hyosciamus* 3ª; rouquidão, *Spongia* 2ª trit.; tosse diurna, *Phellandrium* 5ª, *Drosera* 1ª e *Stannum iodatus* 2ªx trit.; suores noturnos, *Iodum* 3ª ou *Silicea* 5ª; diarreia, *Iodoformium* 3ª trit., ou *Phosphori acidum* 3ª. Cavernas, *Calcarea fluorica* 5ª trit. Se houver vômitos associados à tosse, *Drosera* 1ª; vômitos sem tosse, *Kreosotum* 3ª. Expectoração fétida, *Phellandrium* 12ª.

Mentha piperita 30ª e *Laucocerasus* 30ª são também dos remédios da tosse seca e atormentadora dos tísicos; e *Phosphorus* 30ª do exagero dos desejos sexuais.

Resfriamentos repetidos dos tuberculosos, *Solidago* 2ªx ou *Dulcamara* 3ª.

Zopfi, com sessenta anos de prática, dizia que os melhores medicamentos da tísica pulmonar são *Kali iodatum* e *Cannabis sativa* alternados.

A forma crônica lenta, bem tratada, é quase sempre clinicamente curável; a forma crônica rápida e a forma aguda galopante são quase sempre incuráveis.

A tísica sifilítica é sempre curável; por isso, em face de um doente suspeito de tuberculose pulmonar ou considerado tísico incurável, deve-se sempre pensar na sífilis, sobretudo quando não há bacilos de Koch nos escarros.

Repouso, clima, dieta e psicoterapia são comuns às duas terapêuticas, assim como inúmeros casos de indicação cirúrgica.

Na alopatia, a *Estreptomicina*, *Dihidrostreptomicina*, o *Ácido para-amino-salicílico* e as *Hidrazidas do ácido isonicotínico*, sob prescrição médica.

TIQUE DOLOROSO

Veja *Nevralgias*.

TORCEDURA

É o movimento forçado (mau jeito) dado a uma junta, sem deslocamento permanente das superfícies articulares e com distensão dos ligamentos e tendões; caracteriza-se por dores vivas, inchaço da junta, equimose debaixo da pele e impossibilidade de mover a articulação. Quando há deslocamento permanente das superfícies articulares, dá-se o que se chama de *luxação* ou destroncamento da junta.

Os principais remédios são: *Rhus toxicodendron* 3ª, *Bellis perennis* 3ªx, *Arnica* 3ª e *Ruta* 3ª. Uma dose de hora em hora. Torcedura crônica prolongada, com edema, especialmente do tornozelo, *Bovista* 3ªx ou *Strontium carbonicum* 5ª, de 6 em 6 horas. *Agnus castus* 3ª pode também ser útil.

TORCICOLO

É o *pescoço duro*, uma mialgia ou dor que dá nos músculos do pescoço, às vezes de um só lado, e que obriga a inclinar a cabeça do lado afetado; resulta de resfriamento ou de reumatismo.

Se devido a um resfriamento, *Aconitum* 3ªx; devido à umidade, *Dulcamara* 3ª; devido a reumatismo, *Lachnantes* 3ªx ou 3ª é o principal remédio. Se falharem, *Actea racemosa* 3ª, *Rhus toxicodendron* 3ª ou *Sticta* 3ªx, de hora em hora.

Há outra forma desta moléstia, que é de natureza espasmódica e acompanhada de atrofia muscular do lado para o qual se volta a cabeça e de dureza e hipertrofia dos músculos do lado oposto.

Seus principais remédios são: *Cicuta* 3ª, *Cuprum* 5ª, *Agaricus* 5ª e *Magnesia phosphorica* 3ª trit. Em casos recentes, *Aconitum* 3ªx e *Belladona* 3ª podem ser úteis. Torcicolo histérico, *Ignatia* 30ª.

Modernamente na alopatia, uma medicação de ação rápida é o *Coltrax* ou o *Beserol*, sob indicação médica.

TOSSE

A tosse é um sintoma que está sempre ligado a uma moléstia aguda ou crônica; neste último caso, pode se tornar tão predominante, que mereça um tratamento à parte.

Seca: *Aconitum* 5ª, *Sanguinaria* 3ª, *Phosphorus* 30ª, *Rumex* 5ª, *Bryonia* 5ª, *Mentha piperita* 3ª, *Hepar* 5ª, *Belladona* 3ªx e *Laurocerasus* 3ª.

Úmida: *Pulsatilla* 3ª, *Sanguinaria* 3ª, *Tartarus emeticus* 3ª, *Sticta pulmonaria* 3ª e *Sambucus* 3ª.

Noturna: *Hyosciamus* 3ª, *Hepar* 3ª trit., *Belladona* 3ª, *Conium* 5ª e *Opium* 5ª.

Espasmódica: *Drosera* 3ªx, *Ipeca* 3ªx, *Causticum* 5ª, *Corallium rubrum* 5ª, *Mephitis* 3ª e *Agaricus* 3ªx.

Rouca: *Hepar* 5ª, *Spongia* 2ª trit. e *Kali bichromicum* 3ª trit.

Cardíaca: *Lachesis* 5ª, *Lobelia* 3ª, *Sanguinaria* 3ª e *Laurocerasus* 3ªx.

Hepática: *Phosphorus* 3ª, *Natrum muriaticum* 30ª e *Hydrocyanicum acidum* 6ª.

Uterina: *Sepia* 12ª.

Vesical: *Causticum* 5ª, *Silicea* 3ª e *Natrum muriaticum* 30ª.

Dentição: *Cina* 5ª e *Bacillinum* 100ª.

Um bom remédio das tosses comuns é uma mistura, na mesma porção, de *Bryonia*, *Causticum* e *Phosphurus*. Se falhar, dê-se *Sanguinaria* 3ª.

TOXICOSE[216]

A diarreia aguda nas crianças, acompanhada de desidratação em grau acentuado, é chamada de *Toxicose*. Tanto a forma leve, *dispepsia aguda*, como a grave, a *toxicose*, exigem, por parte do pediatra, um modo de agir rápido no sentido de restabelecer o equilíbrio hídrico do petiz.

Os líquidos orgânicos: intersticial, intracelular e vascular, exercem papel de importância fundamental aos lactentes e a perda de parte apreciável de sua massa (desidratação) exige cuidados imediatos e bem orientados.

A desidratação aguda ocorre muito no verão e em casos de moléstias febris, ou moléstias acompanhadas de vômitos intensos. Quando a desidratação é acompanhada de diarreia, temos então as duas formas, *dispepsia aguda* em grau moderado e *toxicose*, quando é em grau mais sério.

Na *dispepsia aguda*, temos a diarreia acompanhada de vômitos, mas com pequena desidratação. A criança perde peso, fica mal humorada, irrequieta, olhos encovados, moleira deprimida, a pele fica seca, as mucosas sem vida, a urina escasseia e o *tonus* muscular fica reduzido. Na *toxicose*, os vômitos e a diarreia têm intensidade maior e a desidratação é bem profunda. Existem perturbações circulatórias (colapso) e alterações do sensório. Existem dois estados que se sucedem: no primeiro, excitação, irrequietude, ansiedade e hipertonia muscular. O segundo, depressão, inconsciência, palidez, extremidades frias e cianosadas e respiração de Cheyne Stokes. É um verdadeiro coma.

O que se tem a fazer imediatamente é a reidratação, isto é, restabelecer as reservas hídricas esgotadas.

Ao mesmo tempo em que perde água, o organismo perde também eletrólitos que entram na composição de seus líquidos. O cloro e o sódio são os iontes mais atingidos. O potássio também se esvai.

Sempre que possível, a reidratação deve ser feita por via bucal. Suspende-se a alimentação e se administra uma solução salina, em pequenas porções, durante 24 horas, na dose de 200 cm³ por quilo de peso por dia.

Para preparar essa solução, usam-se 2 g de cloreto de sódio, 10 g de citrato de sódio, 1 g de coramina ou cardiazol para 1 litro de água fervida. Deve-se administrá-la lentamente, dia e noite, com colherinha ou pipeta, quase gota a gota.

Caso o estado não melhore, é melhor então internar-se a criança em hospital, a fim de fazer, gota a gota, na veia, a seguinte solução: uma parte de soro fisiológico ou soro de Ringer, duas partes de soro glicosado isotônico a 5%. Devem-se administrar 30 gotas por minuto. Logo que chegar ao hospital, convém verificar a situação da crase sanguínea e dosar o CO_2, hematócritos, hemácias, relação albumino-globulinas etc.

Verificada a taxa de CO_2, injeta-se, gota a gota, a seguinte mistura:

Solução 1/6 mol. de lactato de sódio ... 50 cm³
Soro fisiológico .... 30 cm³
Soro glicosado isotônico q.s.p. .... 100 cm³

---

[216]. Baseado em notas de aula proferida pelo Prof. Dr. Cesar Pernetta, docente da Universidade do Brasil e catedrático da Faculdade Fluminense de Medicina, um dos maiores pediatras da América do Sul.

Usar 100 cm³ por quilo de peso nas 12 horas. Se pelo exame se verificar uma anemia, fazer uma transfusão de sangue total (20 cm³ por quilo de peso).

Se as proteínas totais estiverem abaixadas, fazer plasma (20 cm³ por quilo) ou soro albumina com baixo teor de sódio, na mesma dosagem.

Hoje em dia, para facilitar a absorção do soro subcutâneo, costuma-se associar a *hialorudinase*.

Como medicação homeopática, podem-se dar: *Arsenicum album* 3ª, *Veratrum album* 5ª e *Cuprum arsenicum* 5ª com bons resultados.

TRACOMA
(Conjuntivite granulosa)

É uma forma de conjuntivite, caracterizada por um aspecto áspero ou granuloso da conjuntiva, que se torna hipertrofiada, e por corrimento de pus dos olhos. Começa insidiosamente por fotofobia, lacrimejamento, pálpebras grudadas e sensação de areia nos olhos. A pálpebra superior se torna depois pesada e cai um pouco, fechando a meio os olhos. A conjuntiva é vermelha, espessada e granulosa, e o corrimento de pus mais ou menos abundante, conforme a agudez do caso. Enfim, a hipertrofia da conjuntiva desaparece e é substituída por tecido atrófico de cicatriz; a córnea pode também ser invadida e ocorre o *Panus*, isto é, a invasão da metade superior da córnea por vasos sanguíneos e tecido fibroso, úlceras ocorrem, os movimentos dos olhos se tornam difíceis e a cegueira pode ocorrer. Dura de meses a anos, podendo haver, no seu curso, períodos agudos. É causado por um vírus.

Os dois principais remédios desta moléstia são: *Kali bichromicum* 3ª trit. e *Aurum muriaticum* 3ª trit., sós ou alternados, um dia um, outro dia outro, 3 doses por dia. No começo, entretanto, podem ser úteis, *Aconitum* 3ª e *Belladona* 3ª, alternados a cada 4 horas. Nas exarcebações agudas, *Euphrasia* 5ª é o remédio, a cada 2 horas. Granulações muito finas, *Pulsatilla* 3ª. Também podem ser úteis: *Argentum nitricum* 30ª, *Sepia* 30ª, *Thuya* 30ª e *Kali muriaticum* 3ª. Contra as opacidades da córnea deixadas pelo *panus*, alterne-se *Aurum muriaticum* 3ª com *Hepar* 3ª trit. ou então dê-se *Kali bichromicum* 3ª trit., uma dose a cada 4 horas. Os alopatas estão fazendo uso das "*Sulfas*", local e oralmente, mas o seu uso deve ser feito sob observação de profissional competente.

TRAQUEÍTE

Veja *Laringite*.

TREMOR SENIL

É o tremor dos idosos, que começa na cabeça e daí se vai estendendo a outras partes do corpo.

Seu remédio é *Agaricus* T.M. ou 3ªx, de 4 em 4 horas. *Avena sativa* T.M. também pode ser útil.

TRIQUÍASE

É o reviramento das pestanas, para dentro, que crescem então para o lado do globo ocular, produzindo irritações e inflamações da conjuntiva e da córnea.

Os dois principais remédios desta moléstia são: *Borax* 30ª e *Graphites* 3ª, um a cada semana, alternadamente, de 6 em 6 horas.

TROMBOSE

Veja *Amolecimento cerebral*.

TUBERCULOSE INTESTINAL

A tuberculose do trato gastrintestinal é, na maioria das vezes, parte de um processo tuberculoso geral. É proveniente dos bacilos engolidos com o catarro, em doentes pulmonais. Pode ser produto também de uma tuberculose intestinal. É sempre uma complicação séria. Primeiro, aparecem as úlceras da parede, em seguida, são atingidos os nódulos linfáticos e placas de Peyer. Daí o processo se desenvolve em profundidade e extensão. Raramente as úlceras perfuram porque as lesões evoluem lentamente e com caráter fibroso. As lesões com o tempo podem causar estreitamentos e massas fibróticas no intestino. Nas crianças, a tuberculose bovina é a mais encontradiça e sempre se acha associada à tuberculose mesentórica.

No começo, *Denys* ou *Marmoreck* 200ª, 6 gotas semanalmente. *Calcarea carbonica* 30ª, *Iodoformium* trit. e *Mercurius iodatus ruber* 3ª são os principais medicamentos. Hughes aconselhava *Iodum* 3ªx trit. e *Arsenicum album* 3ª para a diarreia. Teste aconselha *Salsaparilla* 12ª, *Aloe* 6ª e *Colchicum* 12ª, em série, uma por semana, 3 a 4 doses por dia.

Na alopatia, *Estreptomicina*, *Dihidrostreptomicina*, *Ácido para-amino-salicílico* e *Hidrazidas de ácido isonicotínico*, sob prescrição médica.

TUBERCULOSE PULMONAR

Veja *Tísica pulmonar*.

TUMOR BRANCO

Veja *Artrite*.

TUMORES

Veja *Cancro*.

ÚLCERAS

Dá-se em geral o nome de *úlceras* às úlceras da pele e especialmente às das pernas – são soluções de continuidade do aparelho cutâneo com perda de substância, tendendo, por um processo destruidor de gangrena, a se perpetuar, sem reparação. Aumentam aos poucos, depois ficam estacionárias; os bordos são duros e violáceos, o fundo, pálido ou vermelho, supurante, crosta amarelada ou escura, zona inflamatória em torno: algumas sangram facilmente.

O principal medicamento é *Silicea* 30^a, de 6 em 6 horas. Outros remédios são: *Nitri acidum* 3^a, *Sulphur* 30^a, *Gallium aparine* T.M., *Paeonia* 5^a, *Geranium* 3^a, *Psorinum* 30^a, *Eupatorium dentroides* 5^a, *Graphites* 5^a, *Rhus glabra* 1^a, *Hepar* 5^a, *Lachesis* 5^a, *Arsenicum album* 30^a, *Tarantula cubensis* 5^a e *Phosphorus* 5^a. (Veja a Matéria Médica.)

ÚLCERA DE BAURU

O mesmo que *Botão do Oriente*.

Os alopatas estão usando, dentre outros produtos, o *Antimoniato de N. Metilglucamina* ou *Glucantime Rhodia*, com resultados.

O mesmo produto está sendo usado na *Esquistossomose* (*Schistosomose*).

ÚLCERA DUODENAL

Veja *Úlcera gástrica*.

ÚLCERA GÁSTRICA

É uma moléstia crônica, caracterizada por uma úlcera na parede do estômago, a qual se manifesta por uma dor aguda na boca do mesmo, que aumenta pela pressão e por comer e se estende à espinha, aliviando pelo vômito, este às vezes contendo sangue ou sendo de sangue puro, preto.

Alterne-se *Atropinum sulphuricum* 3^ax trit. (contra a ulceração) – tal é o tratamento mais geral; ou se alterne com *Argentum nitricum* 6^a, especialmente depois das queimaduras, quando a úlcera está situada na extremidade cardíaca do órgão; ou com *Arsenicum album* 6^a, quando há sensação de queimaduras e a ulceração é perto do piloro. Se houver hemorragias, *Phosphori acidum* 3^a ou *Geranium* T.M. Os remédios devem ser dados de 3 em 3 horas. O Dr. P. Jousset gaba muito o *Argentum nitricum* 6ª como o principal remédio desta moléstia. Na minha prática, *Ornithogalum*, tintura-mãe, tem dado grandes resultados.

Na alopatia, a *Banthine* é o produto mais usado atualmente.

Segundo a psicossomática, a úlcera é de origem psíquica. Os fatores emocionais e morais são grandemente responsáveis por essa doença, muito comum também nos "complexados" e "desajustados".

A psicoterapia é de valor incomensurável.

Aos colegas aconselhamos a leitura do excelente trabalho do Prof. Dr. Felício Cintra do Prado, denominado "Modernos métodos de tratamento das úlceras gástricas e duodenais", publicado nas *Publicações Médicas*, n. 185, de 1953.

O moderno tratamento de "refrigeração" não está tendo muitos seguidores.

ULCERAÇÃO UTERINA

É uma moléstia crônica do colo do útero, caracterizada pelo desenvolvimento de uma ferida no colo uterino, acompanhada de ardor na vagina, dores de cadeira e do útero, peso na bacia, moleza do corpo, emagrecimento e leucorreia purulenta, às vezes com sangue.

Os principais medicamentos desta moléstia são: *Mercurius corrosivus* 3^a, *Arsenicum album* 3^a, *Thuya* 3^a, *Silicea* 30^a, *Hydrocoyle* 5^a, *Nitri acidum* 3^a, *Nymphaea odorata* T.M., *Kresotum* 12^a e *Lycopodium* 30^a. De 4 em 4 horas.

UNHAS

Hipertrofia, *Graphites* 30^a ou *Antimonium crudum* 5^a; moles, *Thuya* 3^a ou *Plumbum* 30^a; secas e quebradiças, *Arsenicum* 5^a ou *Mercurius solubilis* 5^a; inflamadas, *Fluoris acidum* 30^a ou *Silicea* 30^a; encravadas, *Magnesia phosphorica* 30^a, *Teucrium* 3^ax ou *Nitri acidum* 3^a. Tendência de a pele aderir à unha que cresce, *Osmium* 5^a. Manchas brancas na unha, *Silicea* 3^a. Tendência a roer as unhas ou esfolar a pele, *Arsenicum* 30^a. Dores na raiz das unhas, *Allium cepa* 5^a, *Berberis* 1^a ou *Bismuthum* 5^a. Pontadas nas unhas dos dedos da mão, *Colchicum* 1^a. De 3 em 3 ou de 6 em 6 horas.

UNHEIRO

Veja *Onixe*.

UREMIA

Veja *Nefrite*.

URINAS

Com forte cheiro logo após a micção, *Benzoicum acidum* 3ª; desprendendo forte cheiro, depois de permanecer no vaso, *Cina* 3ª; com depósito de areia branca (fosfatúria), *Phosphori acidum* 5ª, *Stillingia* 1ª e *Hydrangea* T.M.; com depósito de areia avermelhada, cor-de-rosa ou cor de tijolo, *Lycopodium* 30ª, *Ocimum canum* 5ª ou *Sepia* 5ª; turva, sanguinolenta, com depósito escuro como café, *Terebinthina* 3ª; muito muco e pus na urina, *Chimaphilla umbelata* T.M.; película oleosa na superfície da urina, *Causticum* 5ª; desejos frequentes de urinar, mas, com ardor, *Cantharis* 3ª; desejos frequentes, mas urinando gota a gota, *Apis* 3ªx; incontinência durante o dia, *Ferrum phosphoricum* 5ª; frequente micção nos idosos à noite, *Causticum* 5ª; nas mulheres em geral, *Eupatorium purpureum* 1ª; desejos frequentes de urinar, nas jovens recém-casadas, *Staphisagria* 3ª; retenção de urinas, depois de operações cirúrgicas, *Causticum* 5ª ou *Populus tremuloides* 1ªx.

Azotúria, *Calcarea muriatica* 3ª trit., *Evonymus europaea* e *Senna* T.M. (4 gotas 3 vezes ao dia).

Oxalúria, *Oxalicum acidum* 12ª e *Kali sulphuricum* 5ª.

Veja urinas:
– doces: *Diabetes*.
– leitosas: *Quilúria*.
– sanguinolentas: *Hematúria*.

URTICÁRIA[217]

É uma moléstia da pele, caracterizada por uma erupção súbita e muito móvel de manchas largas, roxas ou brancas, muito pruriginosas, acompanhadas algumas vezes de um movimento febril bem acentuado. Aparece, algumas vezes, por acessos sucessivos e pode chegar a se tornar crônica, durante meses.

Nos casos agudos, *Apium virus* ou *Apis* 3ªx ou *Urtica urens* 3ª, de hora em hora; nos casos crônicos, *Apis* 3ª e *Arsenicum* 3ª alternados ou *Chloralum* 3ªx trit. Raue diz que, na forma crônica, *Hepar* pode ser considerado específico. Teste aconselha *Croton* para a urticária. *Antipyrinum*

---
217. Doença alérgica.

1ª pode também ser útil; *Copaiva* 1ª, *Astacus fluviatilis* 30ª, *Triosteum* 5ª e *Medusa* 5ª, igualmente. *Dulcamara* 3ª e *Bovista* 3ªx podem ser úteis nos reumáticos. Pierre Vanier aconselha *Fenobarbitalum* 5ª.

Na alopatia, os *anti-histamínicos de síntese*, *Cortisone* e *Acth*, sob controle médico.

ÚTERO

Veja *Amenorreia*, *Cancro*, *Deslocamentos uterinos*, *Dismenorreia*, *Endometrite*, *Fibromas*, *Hematocele periuterina*, *Histeralgia*, *Leucorreia*, *Menorragia*, *Menstruação irregular*, *Metrorragia*, *Metrite*, *Pólipos* e *Ulceração uterina*.

VACINOSE

É o conjunto de acidentes provocados às vezes pela vacinação: cefalalgia, vômitos, febre, prostração, urticária, às vezes delírio, convulsões, diarreia e outros sintomas agudos muito variáveis. Algumas vezes também, depois de passados os fenômenos agudos, surgem sequelas crônicas, que se prolongam por mais ou menos tempo, como úlceras, erupções pustulosas, dores de cabeça, nevralgia etc.

Se houver febre, dê-se *Aconitum* 3ª, a cada 2 horas, que se pode alternar com *Belladona* 3ª se a pústula estiver inflamada demais. Havendo muito edema, *Apis* 3ª; prostração, *Arsenicum* 5ª é o remédio; convulsões, *Cuprum* 5ª; diarreia, *Veratrum album* 5ª. Se após a queda da escara ficar alguma úlcera ou erupção pustulosa, dê-se *Silicea* 30ª, a cada 3 horas. Passados os sintomas agudos, *Sulphur* 30ª, de 6 em 6 horas, durante três dias. Se, depois, ocorrer alguma erupção pustulosa ou outra sequela imediata ou remota que se possa atribuir à vacina, *Thuya* 30ª é o remédio, a cada 6 horas. *Mezereum* 30ª é também remédio a dar em lugar de *Silicea* para as erupções pustulosas da vacinação.

VAGINISMO

É uma neurose da vagina, caracterizada por excessiva sensibilidade desta, acompanhada de espasmos musculares do órgão, impedindo o toque e o coito, que produzem intensas dores.

Os dois principais medicamentos são: *Belladona* 5ª e *Platina* 5ª, alternados de 4 em 4 horas; outros remédios que podem ser úteis são: *Sepia* 30ª, *Kreosotum* 3ª, *Apis* 3ª, *Plumbum* 5ª, *Ignatia* 5ª, *Zincum* 5ª, *Hamamelis* 3ª, *Natrum muriaticum* 30ª, *Spiranthes* 3ª e *Thuya* 3ª.

Veja *Coito*.

VAGINITE

É a inflamação da membrana que forra interiormente a vagina; esta se torna vermelha, inchada e com escoriações; há calor e ardor na vagina, sensação de peso, frequentes desejos de urinar com ardor, leucorreia fétida, purulenta, profusa, prurido na vulva. Pode ser aguda ou crônica; sua causa mais frequente é a blenorragia, mas pode ser devida a machucadura ou resfriamento.

Vaginite simples devida a traumatismo, *Arnica* 3ª; devida ao frio, *Aconitum* 3ª e *Mercurius solubilis* 5ª, alternados. Vaginite blenorrágica, *Sepia* 5ª e *Mercurius corrosivum* 3ª, alternados. Vaginite crônica, com leucorreia albuminosa, o melhor remédio é *Borax* 1ª trit.; mas podem também ser úteis: *Sepia* 12ª e *Mercurius corrosivum* 3ª, alternados; *Calcarea carbonica* 30ª nas mulheres escrofulosas, *Pulsatilla* 3ª, nas cloróticas, *Kreosotum* 3ª, quando o corrimento assa as partes. Havendo ulcerações, *Nitri acidum* 3ª é o remédio. Nos casos agudos, de hora em hora; nos casos crônicos, de 4 em 4 horas. Na vaginite blenorrágica, iniciar o tratamento com *Medorrhinum* 200ª.

Na alopatia, identificar o *germe-causa* e aplicar o antibiótico indicado, sob prescrição médica.

VARICELA

Veja *Catapóras*.

VARICOSE

É uma hipertrofia crônica das veias de certa região do corpo, caracterizada pelo aumento de espessura e pela saliência das veias, que se tornam flexuosas; a região da pele em que isso se dá se torna arroxeada e escura, depois coberta de escamas, e às vezes dolorosa e pode se ulcerar, constituindo a úlcera varicosa. As varizes da perna são as mais comuns.

As veias varicosas fazem parte de uma síndrome (conjunto de sintomas) hereditária, caracterizada por uma fraqueza geral das aponevroses (*fascias*) do organismo. A tendência para o aparecimento e reaparecimento de veias varicosas é de nascença, e não pode ser eliminada por nenhum método conhecido de tratamento. Numa experiência de vinte anos, não foi obtida nenhuma cura permanente das varizes, seja por métodos cirúrgicos, seja pelas injeções esclerosantes, seja pela combinação dos dois processos. Muitos artigos escritos por especialistas, referentes a resultados favoráveis, são devidos a um acompanhamento insuficiente dos doentes; às vezes, as varizes retornam após um período de oito anos ou mais.

Uma complicação frequente da cirurgia é o aparecimento do linfedema (perna inchada); este precisa ser estudado com mais cuidado. Se o linfedema aparecer em uma porcentagem elevada de casos, deve-se concluir que o tratamento cirúrgico não é muito aconselhável.

No organismo humano existe uma série de canais venosos acessórios, que constituem um fator de segurança; assim, quando o indivíduo sofre um acidente e lesa uma veia, a circulação é garantida por esses canais acessórios; no caso das varizes, o mesmo acontece; o paciente é operado, e os canais venosos acessórios garantem a circulação, mas acabam produzindo novas varizes.

O autor termina declarando que o tratamento conservador, por meio de injeções esclerosantes, é a terapêutica de escolha; mas, como as varizes constituem uma doença crônica, os resultados não são definitivos. O paciente deve ser acompanhado cuidadosamente e, sempre que necessário, uma esclerose suplementar deve ser feita. Nunca se pode afirmar que o paciente está perfeitamente curado.[218]

Os principais remédios das varizes cutâneas são: *Hamamelis* 5ª, *Fluoris acidum* 30ª, *Ferrum aceticum* 3ª, *Polygonum punctatum* 5ª, *Staphisagria* 3ª e *Zincum* 5ª. Às vezes, *Arnica* 3ªx e *Pulsatilla* 5ª, alternadas, dão bons resultados. Os mesmos medicamentos convêm para as úlceras varicosas, especialmente *Clematis vitalba*; também *Calcarea iodatus* 3ª trit. De 6 em 6 horas.

VARÍOLA
(Bexigas)

É uma moléstia aguda e contagiosa, febril, eruptiva, caracterizada por uma erupção pustulosa acompanhada de febre elevada e prostração. Provocada por um *vírus*. Divide-se em quatro períodos: período de erupção, primeiramente papulosa, depois vesiculosa; enfim purulenta, as vesículas sendo umbilicadas, e diminuição da febre; período de supuração, em que a supuração das pústulas é acompanhada de intensa febre, delírio, prostração; enfim, período de seca. Nas pessoas vacinadas, a varíola é benigna, em regra; não há supuração das vesículas nem a febre que a acompanha ocorre; a moléstia toma então o nome de *varioloide*.

O principal remédio é *Vaccininum* (Vacina) puro ou 3ªx, 5ªx e 6ªx diluições feitas em glicerina neutra, de hora em hora. Havendo hemorragias, *Crotalus horridus* 3ª. Desde o começo, podem ser também empregados *Antimonium tartaricum* 3ª, *Carbolicum acidum* 5ª trit., *Hydrastis* 1ª ou *Baptisia* 1ª. Teste aconselha *Causticum* 12ª e *Mercurium corrosivus* 3ª alternados.

A *Penicilina* é indicada, principalmente para evitar infecções secundárias dos estados vesiculares pustulosos, sob prescrição médica.

---
218. Opinião externada por grande especialista alopata.

VEGETAÇÕES ADENOIDES

Chama-se assim uma moléstia das crianças, caracterizada pela hipertrofia das glândulas linfoides do fundo do nariz e da garganta, dando lugar a tumores endurecidos ou moles, que obstruem a respiração pelo nariz e retardam o desenvolvimento físico e mental do doente, produzindo ao mesmo tempo várias desordens no organismo.

A fisionomia da criança se torna característica; só podendo respirar pela boca, anda sempre de boca aberta; o lábio superior se espessa e se encurta; o nariz se afila; as pálpebras pesam; a distribuição dos dentes é irregular; a expressão da face se torna, assim, vaga e estúpida. Há palidez e emagrecimento, desenvolvimento acanhado e facilidade de apanhar defluxos. A criança dorme de boca aberta, por vezes fica sufocada e desperta em sobressaltos (são as crianças que têm *terrores noturnos*); há, às vezes, um pouco de surdez e mesmo corrimento do ouvido, nariz sempre escorrendo, tosse seca ou úmida, voz entorpecida e confusa e um pouco de estupidez mental.

Várias perturbações podem então surgir como consequência da moléstia; dores de cabeça, bronquite asmática, laringismo estrídulo, gênio irritadiço, deformidades do peito, enurese noturna, coreia, tísica pulmonar etc.

Em regra, as vegetações adenoides desaparecem depois da puberdade; mas, até lá, causam males irreparáveis.

O principal remédio é *Calcarea phosphorica* 3^ax trit. coll. (um tablete 4 vezes ao dia). O Dr. Ivins prefere *Calcarea phosphorica* 30^a ou 200ª alternada com *Sanguinaria nitrica* 3^ax trit. Podem, entretanto, também ser úteis: *Hydrastis* 5^a, *Thuya* 30^a, *Agraphis nutans* 3^a, *Iodum* 3^ax trit., *Mezereum* 30^a ou *Calcarea iodatus* 3ª trit., que poderão ser alternados com *Calcarea phosphorica* 3^ax trit.

Externamente, instile-se, duas vezes ao dia, no nariz, às gotas ou em uma bola de algodão, um gliceróleo de *Hydrastis*. *Hydrastis* T.M., 1 parte, glicerina 6 partes. Em vez de *Hydrastis*, poder-se-á usar a *Thuya* T.M. O tratamento deve ser continuado durante meses.

Thuya 200^a ou *Denys* 200^a, 6 gotas uma vez por semana, de acordo com o tipo constitucional do paciente.

VEIAS

Veja *Flebite* e *Varicose*.

VERMES

Veja *Lombrigas*, *Oxiúros* e *Tênia*.
É muito comum no interior a expressão: "esta criança tem olhar de quem tem bichas".

Vou transcrever interessante artigo publicado na *Presse Médicale*, 61, n. 60, p. 1046, de 1953, e que vem confirmar cientificamente o que o nosso caboclo empiricamente já vinha fazendo. Eis o artigo, que também foi traduzido pelos *Arquivos de Biologia*, n. 314 de set. e out. 1953:

Apesar de constantes pesquisas e da variedade da farmacoterapêutica antiparasitária moderna, as afecções causadas por parasitas do trato intestinal são extremamente frequentes. Diversas são as causas. Em certos países, particularmente no Oriente, sua presença se torna obrigatória devido à poluição permanente das verduras, pela infinidade de indivíduos portadores de parasitose e pelo hábito de abluções após evacuações, o que favorece o transporte dos ovos pelas unhas. Disso tudo resulta um estado de endemia. Todo indivíduo parasitado permite-nos concluir que sua família inteira aloja os parasitas. Certos lugares, certos bairros constituem uma fonte permanente da infecção. De medo similar, a infância é um grande armazém de helmintíase. Não é raro ver-se, por ocasião de um tratamento vermífugo, eliminarem-se às centenas.

Seria, todavia, errado supormos que as parasitoses intestinais constituem um apanágio dos países quentes. A facilidade e a multiplicidade dos meios de transportes, as guerras, as migrações das populações contribuíram à sua divulgação. Os distúrbios causados pela amebíase são bem conhecidos, A cefaleia constitui um sintoma constante da giardiose. Há diarreia quando os flagelados multiplicam-se rapidamente sob forma vegetativa, e, ao contrário, uma prisão de ventre quando enquistados. As fezes são envernizadas por um muco tanto mais abundante quanto mais intensa a infestação.

Os vermes determinam uma sintomatologia constante: vertigens, cefaleias, gastralgias, dores periumbilicais particularmente à pressão, sialorreia e trisma noturno, prurido anal e nasal, incapacidade de resistir à fome, ligeiras perturbações hematológicas (a não ser provocadas por anquilóstoma).

A estes sintomas cardinais pode-se acrescentar um outro isolado por nós (Anghélos Keusséoglou) em 1940 (*La Presse Médicale*, 61, n. 50, p. 1046, 1955), que é infalivelmente presente em todos os casos de parasitose intestinal e que foi por nós confirmado em centenas de exames de fezes. Este novo sintoma é a dilatação pupilar.

O diâmetro da pupila humana varia, como é sabido, entre 2 a 5 mm. De acordo com R. Terrien "a pupila do recém-nascido mede 2-3 mm de diâmetro, quer dizer, quase o mesmo que a de um adulto durante o sono. Com a idade, a pupila torna-se mais larga atingindo aos 25-30 anos 4-5 mm. Daí em diante começa a retrair-se progressivamente até 50-70 anos, não ultrapassando nessa idade 3 mm. Todos aqueles valores referem-se a uma iluminação média de 100 velas aproximadamente".

Com o fim de despertar o sintoma, o doente é colocado com as costas para a luz ou em um quarto meio obscurecido. Às vezes basta fechar as cortinas ou colocar as mãos nos olhos do doente em forma de cabresto. Ao entardecer a observação é mais fácil sob condição de não nos encontrarmos perto de uma fonte de luz.

Desde que a intensidade da luz esteja baixa, as duas pupilas põem-se imediatamente em midríase. Não é necessário fazer medidas, sendo fácil avaliar uma dilatação anormal. Acontece, às vezes, que o fenômeno seja permanente. É claro que temos que eliminar todas as afecções locais ou de vizinhanças capazes de provocarem a midríase.

Amidríase parasitária é mais acentuada nos louros até o ponto de deixar somente um anel estreito de Iris em redor de um disco pupilar escuro. O olhar assume então aquela expressão estranha tanto apreciada antigamente pelas damas de Veneza, as quais a provocavam com belladona.

Praticamente, toda vez que nos encontramos frente a pupilas dilatadas podemos concluir pela presença certa de parasitas. Num olhar, o clínico treinado pode surpreender seu cliente informando-o da presença de vermes ou provocar sua estupefação caso o doente próprio já os tenha percebido. O médico poderá, muitas vezes, lhes atribuir os distúrbios gerais que o doente acusa e curá-lo, eliminando a causa após um exame de fezes para identificação da fauna parasitária.

Muitas vezes o laboratório nada descobrirá, tornando-se necessário vários exames até que finalmente se consegue fixar no microscópio um parasita. Nós próprios lembramo-nos de um caso com três análises negativas em que o nosso diagnóstico baseado na presença de midríase foi justificado pela eliminação oral de dois áscaris por ocasião de vômito ulterior.

Muitas vezes os parasitas associam-se. É comum encontrarmos no mesmo relatório Amebas, Giárdias, Áscaris e Tricocéfalos. Sua generalização é tamanha que, na opinião de certos médicos, nas localidades mais infetadas passam esses por hóspedes normais do intestino, sobretudo na infância, pelo menos no que se refere aos cestódios e aos anelídeos.

O perigo de sua tolerância é evidente, pois mesmo admitindo-se a possibilidade de uma cura espontânea por crise vernal, crise puberal ou graças a uma variação fortuita de pH intestinal, ninguém pode garantir que em um futuro distante o intestino não se possa ressentir de múltiplos microtraumas resultantes da sua presença.

É de suma importância, pois, a despistagem dos portadores de parasitas intestinais. Bem antes do que o laboratório, ao qual nem sempre podemos recorrer, especialmente na clínica particular, a dilatação pupilar constituirá um elemento precioso para o diagnóstico.

VERRUGAS

São tumores duros e cinzentos, constituídos pela hipertrofia circunscrita das papilas da pele, e durando indefinidamente.

O principal remédio desta afecção é *Thuya* 1ª ou 5ª; *Calcarea carbonica* 30ª, *Natrum carbonicum* 5ª, *Ferrum picricum* 3ª trit. e *Sabina* 3ª também podem ser úteis.

Thuya T.M., localmente.

VERTIGEM

É um sintoma que ocorre no curso de várias moléstias, mas que pode ser bastante predominante para exigir um tratamento especial; o doente se torna tonto, as coisas exteriores lhe parecem andar à roda, sente náuseas e tem suores frios e às vezes vômitos, e melhora deitando-se.

As causas da vertigem verdadeira podem ser as mais diversas. Vamos citar algumas:

Otogênicas: Miringite, otite média, tumores do ouvido médio, labirintite, petrosite, otosclerose, obstrução do canal auditivo externo ou da trompa de Eustáquio e doença de Meniére.

Tóxicas: Álcool, salicilatos, estreptomicina, opiáceos, nicotina, cafeína e vários sedativos.

Meio externo: Movimento, golpe de sol e mudanças repentinas da atmosfera.

Oculares: Glaucoma, cintilação forte etc.

Cardiovasculares: Hipertensão, arteriosclerose, hipotensão de postura, seio carotídeo irritável, insuficiência cardíaca.

Discrasias sanguíneas: Anemia, leucemia e policitemia.

Doenças infecciosas: Influenza, difteria, febre tifoide, infecção estreptocócicas, encefalite epidêmica, sífilis, sarampo, caxumba e herpes.

Neoplasias: Tumores do cérebro, cerebelo, ângulo cerebelopontino, 8º par e labirinto.

Causas variadas: Hemorragia, fatores psicógenos, epilepsia e esclerose múltipla.

O principal remédio é *Phosphorus* 5ª, sobretudo na vertigem nervosa; *Tabacum* 5ª pode também ser útil, sobretudo quando existem náuseas e vômitos, podendo-se alterná-lo com *Arnica* 3ª. *Theridion* 5ª é também remédio das vertigens com náuseas e vômitos. Nos idosos neurastênicos, com perturbações digestivas, *Cocculus* 3ª. Nas mulheres anêmicas, *Ferrum metallicum* 5ª. Nos cardíacos, *Digitalis* 1ª. Vertigens no escuro, *Stramonium* 5ª. Nas vertigens congestivas, *Belladona* 3ª, *Glonoinum* ou *Melilotus* 3ª. Vertigens de Meniére, *Bryonia* 3ª, *Chininum sulphuricum* 2ª trit., *Natrum salycilicum* 2ªx trit., *Gelsemium* 5ª e *Causticum* 12ª. Durante a menstruação, *Cyclamen* 3ª. De 3 em 3 horas. O Dr. Roberto Costa, conhecido clínico homeopata em Petrópolis, Rio de Janeiro, indica *Streptomicinum* 5ª, 6ª e 30ª, com grandes resultados.

Na alopatia, *Dramamine*, *Dramim* ou *Bonamina*, além de outros.

VITILIGO

É uma moléstia da pele, caracterizada por manchas brancas de descoloração da superfície cutânea, tendo sua sede de preferência na face, pescoço, mãos e órgãos genitais.

O principal remédio desta moléstia é *Arsenicum sulphuratum flavum* 3ª. trit., de 6 em 6 horas. Outros medicamentos: *Natrum carbonicum* 30ª, *Nitri acidum* 30ª, *Sumbulus* 3ª e *Zincum phosphoricum* 30ª. *Thuya* 12ª tem indicação.

Tenho usado ultimamente *Ácido Paraininobenzoico* de 3ª, a cada 4 horas, alternado com *Natrum muriaticum* 30ª.

Externamente estamos em fase experimental de uma mistura dos seguintes medicamentos – *Foeniculum* D2, *Petroselinum* T.M., *Apium graveolens* T.M., *Carum carvi* T.M. e *Anethum graveolens* D2, 10 g de cada um. Uso local duas vezes ao dia. Os resultados são promissores, mas o número de casos ainda é pequeno para se julgar.

Na França, os alopatas lançaram um produto à base de *Amni Majus*, produto esse que comercialmente foi lançado com o nome de *Meladinine*. O *Óleo de bergamota*, em uso externo, pode ser aconselhado tanto por hômeo como por alopatas.

VOLVO

É uma moléstia caracterizada pela oclusão do intestino, com impossibilidade da passagem das matérias fecais, acompanhada de um estado geral grave; vômitos alimentares biliosos ou fecaloides, grande prostração, suores frios, dispneia, prisão de ventre, timpanismo e dor viva no ventre, seguida de morte. Pode ser devida a acúmulo de matérias fecais ou estrangulamento interno.

Devida ao acúmulo de fezes, *Nux vomica* 3ª ou 200ª só ou alternada com *Opium* 5ª. Havendo estrangulamento, *Belladona* 5ª e *Plumbum* 5ª alternados ou ainda *Belladona* e *Opium* ou mesmo *Nux vomica* e *Opium*, também alternados. Dores abdominais depois de uma operação cirúrgica no volvo, *Dioscorea vilosa* 3ªx. Uma dose de meia em meia hora. Os homeopatas americanos aconselham um clister de óleo de *Erigeron*, leite e gema de ovo.

É aconselhável tratamento cirúrgico.

VÔMITOS

De origem gástrica, *Ipeca* 3ª; se houver estado sincopal, *Veratrum album* 5ª ou *Antimonium tartaricum* 5ª; não pode suportar alimento algum, *Ferrum phosphoricum* 5ª; vômitos crônicos da dispepsia, *Phosphorus* 3ª, que é também útil nos vômitos de sangue da úlcera gástrica e do cancro do estômago. Vômitos assim que levanta a cabeça do travesseiro, *Stramonium* 3ª; vômitos nervosos, logo após as refeições ou à noite, *Ferrum metallicum* 12ª; nas crianças, *Ae-* *thusa cynapium* 3ª ou *Mercurius dulcis* 3ªx trit. Vômitos simpáticos ou reflexos de outra moléstia (tísica, cancro, útero, mal de Bright etc.), *Kreosotum* 5ª. De origem cerebral, *Belladona* 5ª. Vômitos de sangue, veja *Hematêmese*. Devidos a anestésicos, *Phosphorus* 5ª. Biliosos, *Iris* 30ª. Depois de operações, *Nux vomica* 3ªx ou *Iris* 30ª.

VOZ

Fraqueza da voz: por muito falar, *Arnica* 3ª; devida a simples catarro, *Causticum* 5ª; histeria, *Ignatia* 12ª; na época da menstruação, *Gelsemium* 5ª; devida ao calor: *Antimonium crudum* 5ª. Veja *Afonia* e *Laringite*.

VULVITE

É a inflamação da vulva; caracteriza-se por secura, inchaço, vermelhidão, dor ou ardor, e às vezes prurido dos lábios vulvares.

Pouca inflamação, *Sepia* 30ª; inflamação intensa, sobretudo de natureza blenorrágica, *Mercurius corrosivus* 3ª e *Cantharis* 3ª alternados; havendo muito prurido, *Conium* 5ª; havendo alguma erupção, *Graphites* 30ª; *Dulcamara* 3ª é também um bom remédio. Veja *Prurido* e *Bartolinite*.

ZONA[219-220]

Veja *Herpes*. Na alopatia, está-se usando *Emetina*.

ZUMBIDOS DE OUVIDO

Veja *Otite média*.

---

219. Vide o artigo "Zona e Emetina", do Dr. J. Vidal, publicado *L'Hopital*, 615, 305, 1952.
220. Nas viroses está se usando o *Intorforon* o o 5 lodo-2-deoxy-ruridine (IDU). O IDU está sendo usado na queratite causada pelo herpes simples, vaccinid e outros vírus. Os franceses, Laboratório Delagrange, lançaram o *Virustat*.
    Os Interferons são proteínas não viróticas produzidas por células infetadas por vírus e não pelas células normais.
    Os Interferons inibem a reprodução dos vírus agudos sobre as células, mas não atacando os vírus diretamente.
    Existe uma evidência circunstancial sugerindo que a síntese do Interferon é diretamente controlada pelo ácido nucleico celular e que o vírus aí representa o papel de um agente irritante ou provocante.
    O volume 35, n. 5, de maio de 1964, do *Postgraduate Medicine* de Minneapolis, do qual o revisor do presente livro é correspondente no Brasil, é inteiramente dedicado à Virologia.

Apêndice

Tinha já terminado toda a revisão deste Guia Terapêutico Homeopático quando um fortuito encontro com o grande cientista patrício Dr. Afranio do Amaral veio me animar a escrever o capítulo que se segue.

Na primeira parte do livro do Dr. Nilo Cairo há um estudo de matéria médica, ao qual vamos acrescentar novas patogenesias de venenos animais, com dados que o Dr. Afranio do Amaral teve a gentileza de nos dar, e sob sua sábia orientação.

Classificação e afinidade dos venenos

Segundo os últimos estudos feitos no Instituto Butantã, pela plêiade de sábios dirigida pelo Dr. Afranio do Amaral, chegou-se à confirmação de que os princípios ativos dos venenos animais são substâncias químicas de núcleo central sulfuroso (*sulfolactona*) ligado a substâncias albuminosas. Se os compararmos com as toxinas microbianas, veremos a semelhança de ação, pois estas também têm o seu poder aumentado em presença dos albuminosos.

A classificação das substâncias ativas dos venenos animais, a mais usual e a seguida pelo mundo científico, deve-se ao Dr. Afranio do Amaral, e foi publicada em tese da Universidade de Harvard, em 1924. Ei-la:

1.	Proteolisina		
2.	Cardiotoxina		
3.	Citolisinas	Hemocitolisina	Eritrocitolisina
			Leucocitolisina
			Hemocromolisina
		Histocitolisina	Hemorragina, agindo sobre a parede dos capilares
			Hemorragina, agindo sobre as células conjuntivas
		Neurocitolisina	Sistema nervoso central
			Vago-simpático
			Aparelho neuromotor (diafragma e músculos estriados)
4.	Cromotolisina		
5.	Antibactericida		
6.	Precipitinogênio		
7.	Hepaglutinina		

8.	Papainoide
9.	Trombinogênio (fibrino-fermento)
10.	Anticitozima (Antifibrino-fermento)
11.	Lecitinase
12.	Quimosina
13.	Lipolisina

Os princípios ativos podem ter ação individual. O Dr. Afranio do Amaral acha, e aliás uma observação científica vem ao encontro desse modo de pensar daquele ilustre cientista patrício, que: os princípios básicos se reúnem em grupos primários, os quais, por inteiração com as substâncias do organismo no qual foram introduzidos, determinam a formação de princípios secundários, os quais, por novas inteirações, produzem novos efeitos patogênicos, farmacodinâmicos, tóxicos etc.

Ação do veneno

A ação do veneno é muito complexa. Em uma única modalidade de sua ação, seja a coagulante, temos a intervenção de diferentes princípios, para dar a resultante do caso, que é o coalho. O processo de se fazer a ação coagulante é feito em fases, como mostra o exemplo:
A) Liberação de Ca, por destruição de leucócito, de uma célula glandular qualquer ou excitação da paratireoide.
B) Interferência do Trombinogênio, para transformar a protrombina em trombina (Ação tripsínica ou proteolítica).
C) Ação do desdobramento do fibrinogênio em fibrina.

Se examinarmos a *hemólise* como se processa, veremos então que ainda mais complicado é o mecanismo. Eis o caso:

1ª fase
a) Ação da lecitinase, sobre a lecitina.
b) Formação de lecitida, ou de lisocitina.
c) Ação desta sobre o glóbulo vermelho.
d) Dissolução da hematia.
e) Ação de um fermento proteolítico sobre a hemoglobina.

2ª fase
f) Ação de uma anticitosina que impede a coagulação.
g) ção de uma histolisina sobre o endotélio capilar.
h) Dissolução da estrutura tissular.

Pelo exame dos casos citados, vemos quão complexa parece ser a ação dos venenos, e como as suas partes integrantes agem em sincronismo na diversidade de efeitos.

Tipos de envenenamento

Os princípios tóxicos e antigênicos do veneno das serpentes estão ligados às proteínas, lipoproteínas e enzimas, e são responsáveis pelos fenômenos e sintomas trazidos pela picada da serpente. Entre os princípios responsáveis, as proteolisinas, histocitolisinas e neurocitolisinas merecem particular atenção e qualquer deles causa extensa destruição dos tecidos ou afeta as funções vitais do organismo.

As proteolisinas e histocitolisinas são as substâncias flogogênicas contidas no veneno de cobra, e são as que afetam o local da picada, causando dor, inflamação, necrose e ultimando a mutilação. Elas são encontradas principalmente no veneno das solenóglifas.

As neurocitolisinas e a maioria das outras substâncias tóxicas têm uma ação sistemática sobre a respiração, circulação e metabolismo. São encontradas no veneno das proteróglifas e algumas solenóglifas como *Crotallus horridus*, *Echis carinata* etc.

Agora que já estudamos a constituição, classificação, ação dos venenos e os tipos de envenenamento, vamos às patogenesias de diversos venenos.

Os tipos de envenenamento e as patogenesias que se seguem foram colhidos no trabalho: *The Cyclopedia of Medicine* (Piersol), Snake, Bites: capítulo feito para esta enciclopédia médica pelo Dr. Afranio do Amaral.

MICRURUS FRONTALIS, LEMNISCATUS
(Cobras corais)

Nenhum fenômeno local, a não ser uma dor intensíssima. Fenômenos gerais sérios, constituídos por depressão e sonolência, tremores e convulsões, salivação e lacrimejamento. A morte ocorre por colapso.
Nesse veneno predomina a neurocitolisina com tropismo pelo vagossimpático.
Além da neurocitolisina agem a cardiotoxina, hemolisina, anticoagulina, lecitinase e lipolisina.
Dose: 6^a, 12^a, 30^a, 100^a e 200^a.

VIPERA RUSSELLII
(Daboia da Índia)

É uma das cobras mais perigosas do mundo. Forte reação local, com equimose e hemorragias. Tendência ao colapso, pulso rápido e filiforme, náuseas, vômitos, dilatação pupilar e perda da consciência. Se o paciente não morre imediatamente após a picada, o edema local se espalha com grande rapidez.
Hemorragias ao nível da picada ou das mucosas. Grande hematúria e albuminúria seguidas de anemia e emaciação intensa, que causam a morte. Não há intoxicação do sistema nervoso central.
O veneno contém histocitolisina, neurocitolisina (sistema central), cardiotoxina, anticoagulina e antibactericidina.
Dose: 6^a, 12^a, 30^a, 60^a, 100^a, 200^a, 500^a e 1.000^a.

BOTHROPS ALTERNATA, ATROX, JARARACA ou LANCEOLATA e JARARACUÇU
(Cobras de 4 ventas)

Fortíssima reação local, consistindo em edema que se espalha com grande rapidez, inflamação glandular, infiltração subepidérmica, sero-sanguinolenta, terrível dor, equimose e hemorragia ao nível da picada. Posteriormente, devido à ação do veneno sobre os tecidos e especialmente sobre as proteínas das células vermelhas e sobre a coagulação do sangue, sintomas gerais aparecem, consistindo em secura na garganta, sede, congestão e hemorragia, exceto no envenenamento pelo "habu". Essas hemorragias ocorrem através das mucosas oculares, bucal, gástrica, intestinal e vesical, ou através da pele. Albuminúria. Marasmo. Queda da temperatura. Gangrena tissular no local da picada, que progride até completa necrose e mutilação.
O veneno contém proteolisina, histocitolisina, hemolisina, trombinogênio, precipitinogênio, lecitinase, antibactericidina e quimosina.
Dose: 6^a, 12^a, 30^a, 100^a, 200^a, 500 e 1.000^a.

CROTALLUS TERRIFICUS
(Cascavel)

Praticamente não há reação local. Diminuição da visão ou completa cegueira, que leva de poucos minutos a muitos dias. Sensação de pescoço quebrado.
Ptose palpebral. Amaurose. Paralisia dos músculos respiratórios.
O veneno contém a neurocitolisina, trombinogênio, cromotolisina e hemocoagulante.
O veneno da cascavel começa a apresentar uma composição mais complexa, à medida que caminhamos para o Norte do Brasil e daí para a América Central. Isso vem provar a influência mesológica sobre a composição química dos venenos: há como uma adaptação dos princípios ativos do veneno à natureza dos tecidos dos animais de que as serpentes se nutrem. (Afrânio do Amaral, em *Bulletin of the Antivenin Institut of America*, v. 3, maio 1929).
Dose: 6^a, 12^a, 30^a, 60^a, 100^a, 500^a e 1.000^a.

ARANHAS VERDADEIRAS

Vide Afranio do Amaral, *Animais Venenosos do Brasil*.

Existem dois gêneros principais que determinam acidentes, o gênero *Lycosa* e o gênero *Ctenus*.
A verdadeira aranha se distingue da falsa, porque a verdadeira tem os ferrões movimentados no sentido convergente e a falsa tem as presas movimentadas em um sentido semiparalelo.

LYCOSA RAPTORIA

Veneno de ação local, citolítico. Dor insignificante; edema mais ou menos considerável, com formação de flictenas e uma zona esbranquiçada de necrose no centro da região atingida; mais tarde, escara seca limitada, em via de regra, à pele e ao derma. Essa escara ou porção gangrenada se destaca gradualmente e cai ao fim de vários dias, deixando na região atingida uma ulceração mais ou menos extensa de acordo com a gravidade do acidente.
Dose: 3^a, 6^a, 12^a, 30^a, 60^a, 100^a, 200^a, 500^a e 1.000^a.

CTENUS NIGRIVENTER

Veneno de ação geral neurotóxica. Dor cruciante local ou irradiada, seguida de calafrio intenso, suores frios abundantes, vertigens sucessivas, sensibilidade exagerada, pulsações rápidas e filiformes. Às vezes, retenção de urina.
Dose: 5ª, 6ª, 12ª, 30ª, 60ª, 100ª, 200ª, 500ª e 1.000ª.

ARANHA-CARANGUEJEIRA
(Mygalomorphae)

Vide Dr. Vital Brasil, em *Memórias do Instituto Butantã*, 1926.

GRAMMOSTOLA ACTEON

Atua principalmente sobre os animais de sangue frio. Sobre o animal de sangue quente, tem ausência de ação hemolítica, coagulante e proteolítica. Produz paresia, paralisias periféricas, *convulsões clônicas e tônicas*, e ao lado disto edema hemorrágico no ponto de inoculação e nas vísceras.
Dose: 5ª, 6ª, 12ª e 30ª.

ACANTHOSCURIA STERNALIS

Ação ligeiramente hemolítica. Produz paresias, salivação, desequilíbrio, imobilidade e sonolência. Excitação, dor intensa, espirros e estupor.
Dose: 6ª, 12ª e 30ª.

Seria interessante apresentar os produtos citados em via injetável, pois os produtos injetáveis preenchem ainda mais, nesses casos, as leis de Hahnemann, pois as patogenesias correspondem à experimentação, se forçarmos o termo, de substâncias introduzidas nos tecidos por picadas. Baseados nesse fato, foi que achamos os produtos injetáveis dos venenos citados, ainda mais dentro do *Similia similibus curantur*, mas depois de diluídos segundo as regras hahnemannianas.